河南省计量史

（1949—2014）

河南省质量技术监督局 编

中国质检出版社·北京

图书在版编目（CIP）数据

河南省计量史：1949—2014 / 河南省质量技术监督局编 .
—北京：中国质检出版社，2018. 5
ISBN 978-7-5026-4589-2

Ⅰ. ①河… Ⅱ. ①河… Ⅲ. ①计量学—历史—河南—1949—2014
Ⅳ. ① TB9-092

中国版本图书馆 CIP 数据核字（2018）第 074504 号

中国质检出版社出版发行
北京市朝阳区和平里西街甲 2 号（100029）
北京市西城区三里河北街 16 号（100045）
网址：www.spc.net.cn
总编室：（010）68533533　发行中心：（010）51780238
读者服务部：（010）68523946
中国标准出版社秦皇岛印刷厂印刷
各地新华书店经销
*
开本 880×1230　1/16　印张 57　字数 1707 千字
2018 年 5 月第一版　　2018 年 5 月第一次印刷
*
定价：480.00 元

《河南省计量史（1949—2014）》编委会

主　任　李智民

副主任　冯长宇　鲁自玉　傅新立　宋崇民

顾　问　魏翊生　戴式祖　刘景礼　高德领　张庆义　韩国琴　肖继业　张祥林　阴　奇

主　审　鲁自玉　傅新立

委　员（按姓氏笔画排序）

马长征　马学民　马道林　王广俊　王民学　王有全　王晓伟　王慧海　牛永清
付占伟　吕淑华　朱岩宏　乔金付　任　林　刘　伟　刘建璞　刘道星　许家书
孙银辉　苏　君　李小平　李绍锦　李振国　杨　杰　杨明镜　杨建民　何增涛
宋建立　张　华　张志刚　张居文　陆进宇　陈长海　陈传岭　武卫民　苗　瑜
范新亮　赵　锋　祖世泉　索继军　黄　杰　梁万魁　逯彦胜　葛占国　韩维军
程功浩　程振亚　程新选　翟庆新

主　编　李智民

副主编　苏　君

编委会办公室

主　任　苏　君

副主任　任　林　程新选　王晓伟　陈传岭　王有全　苗　瑜　王广俊

成　员（按姓氏笔画排序）

丁峰元　马睿松　王　刚　王　卓　王丽玥　王坤伦　王慧海　石永祥　任方平
刘　莹　孙晓萍　何力人　杜书利　李莲娣　李海防　李淑香　杨　倩　张　霞
张中杰　张华伟　张超超　张喜悦　张静静　苗红卫　尚　岚　赵　军　赵　瑾
赵建新　柯存荣　郜杰权　姜　鲲　徐　成　郭魏华　程晓军

总编撰　程新选

编　撰　赵建新　程晓军　柯存荣　李莲娣　任方平　杜书利　徐　成　郭魏华　杨　倩
张静静

编撰人员的具体编撰内容详见《后记》。

《河南省计量科学进步历程》章各节、目的编撰人详见各节首页的署名。

各省辖市《计量大事记》的编撰组织和编撰人详见第八章各节首页的署名。

各省直管县（市）《计量大事记》的编撰组织和编撰人详见第九章各节首页的署名。

序

计量是人类文明发展进步的重要基石，是促进科技进步、推动经济社会发展的重要技术支撑，是国家核心竞争力的重要标志。

计量世界博大无穷，计量历史源远流长。就其涵盖而言，作为实现单位统一和保证量值准确可靠的活动，计量关系国计民生的各个方面，无论是经济建设、政治建设、文化建设、社会建设、生态文明建设等宏观领域，还是贸易结算、安全防护、医疗卫生、环境监测、科学实验、统计数据等具体环节，都离不开准确一致的计量，都需要公平可靠的测量。可以说，度万物、量天地、衡公平，“没有计量，寸步难行”（聂荣臻语）。就其历史而言，从“黄帝治五气，设五量”到“协时月正日，同律度量衡”，从“车同轨，书同文”到“黄钟律管”“累黍定尺”，计量始终伴随着人类文明的进步而进步；从秦始皇统一度量衡到《中华人民共和国计量法》的颁布，再到国务院《计量发展规划（2013—2020 年）》的实施，计量始终是统一管理国家、维持国家秩序的重要手段；从结绳记事、布手知尺、举足为跬到量子计量基准，从“身为度、称以出”到 2000 万年不差一秒，计量更是科技进步的重要推动力和抢占科技发展制高点的关键；从古代度量衡发展到现代的十大计量，从农业文明时期的商品交换到“一次测试、一张证书，走遍全球”，计量无疑是推动经济社会发展的重要技术支撑。

经济要发展，计量须先行。中华人民共和国成立以来，河南省委、省人民政府高度重视计量工作。从设立计量处到成立计量局，从建立计量科学研究院到组建河南省质量技术监督局，河南省计量事业从无到有，从小到大，得到了长足发展，取得了显著成就。多年来，在省委、省人民政府的正确领导下，全省认真贯彻实施《中华人民共和国计量法》、国务院《计量发展规划（2013—2020）》等计量法律法规，省委、省人大、省政府先后颁布实施了《河南省计量监督管理条例》《河南省人民政府关于贯彻国务院计量发展规划（2013—2020 年）的实施意见》等 19 件计量法规规章，省政府计量行政管理部门发布实施了《河南省强制检定计量器具管理实施办法》等 75 件计量规范性文件，为全省计量事业发展奠定了坚实基础。全省计量基础设施不断完善，计量器具受检率和合格率持续提升，各类计量科研成果大量涌现，计量技术水平不断提高，计量服务保障能力得到不断增强。2014 年，全省已建立计量检定机构 345 个，建立计量标准 6137 个，其中省级最高社会公用计量标准 102 项，从事计量检定人员 8217 人，检定计量器具达 252 万台（件）。全省已形成了比较完善的计量管理体系、计量法规体系和量值传递体系。计量在推动河南工业化、信息化、城镇化、农业现代化的进程中，在推进中原崛起、河南振兴、富民强省的实践中发挥着越来越重要的技术支撑作用。

“以铜为鉴，可以正衣冠；以人为鉴，可以明得失；以史为鉴，可以知兴替。”作为中华民族与中华文明的主要发祥地，河南也有着悠久的计量历史和丰厚的计量文化。安阳殷墟出土的骨尺、牙尺是迄今发现年代最久远的量器；东汉张衡发明地动仪、北宋刘承珪首制精密戥秤、元代郭守敬建造量天尺、明代朱载堉所著《律学新说》，无不凸显了计量理论和计量实践的创新与突破；登封出土的战国廪陶量、宝丰出土的秦铁权、睢县出土的东汉光和大司农铜斛等，更是世界度量衡的珍品。中华人民共和国成立特别是改革开放以来，河南计量的发展历史不仅是一部计量事业和计量人的历史，也从一个侧面反映着河南几十年所发生的日新月异、翻天覆地的变化。编著《河南省计量史（1949—2014）》，回顾计量事业发展，总结工作经验教训，梳理计量历史脉络，记载计量重大事件，重现计量人文风采，存史、资政、教化，在当前全面贯彻落实党的十九大精神、全面建成小康社会、实现中华民族伟大复兴的中国梦的伟大征程中，尤其具有重要意义。

存史资治，彰往昭来。经过全省质监系统的共同努力，历经四个寒暑1200多个日夜，通过1000多名相关同志的搜寻、考证、座谈、整理以及执笔同志日以继夜的伏案编撰，《河南省计量史（1949—2014）》的编撰工作已经完成，共170万字的恢宏史著即将呈现在人们面前。这部史著细致梳理了中华人民共和国成立以来河南计量历史发展脉络，翔实记载了计量重大事件，全面总结了计量发展的历史成就与经验，全方位展示了计量人文风采。它不仅是一部记载河南计量事业发展的纪事史，更是一部反映计量文化、计量精神的纪实史和传承史。它不仅包括全省层面的计量大事要闻记载，也以大事记的方式第一次系统、全面地记录了各市县计量工作的发展历程，是各市县近现代计量史的大纲和简史。《河南省计量史（1949—2014）》的编撰，不仅对社会各界了解计量、认识计量、研究计量提供了重要的借鉴资料和文献参考，也必将对推动“三个转变”、提升全省质量水平发挥重要作用。

量值定义世界，精准改变未来。回顾计量历史，我们豪情满怀；展望计量未来，我们信心百倍。在《河南省计量史（1949—2014）》即将付梓之际，衷心希望各级各部门和全社会进一步认识计量、重视计量、加强计量、发展计量，更好地发挥计量在经济社会发展中的重要作用，同时也衷心希望全省质监系统高举中国特色社会主义伟大旗帜，沿着习近平新时代中国特色社会主义思想指引的方向，不忘初心，牢记使命，开拓进取，奋勇前进，继续谱写建设质量强省，让中原更加出彩的新篇章！

斯为序。

李智民

2017年12月8日

凡 例

一、《河南省计量史（1949—2014）》（以下简称《史》）编撰以马克思列宁主义、毛泽东思想、邓小平理论、“三个代表”重要思想、科学发展观和习近平新时代中国特色社会主义思想为指导，以传承历史、反映现实、服务社会、泽被后世为宗旨，力求做到思想性、资料性和科学性的统一。

二、《史》记述时间上限溯至中华人民共和国成立，少数史料溯至中国共产党领导下的当地人民政府成立，下限断至2014年年底；地域范围以2014年年底河南省行政区划为准。对原革命根据地和原平原省只记述其与河南省计量历史有关部分。

三、《史》采用“多章”结构，章为最高层次，共九章。

四、《史》采用述、记、志、录四种基本体裁，编年体，图表、照片穿插其中。首设“序”，阐述编撰《史》的重要意义和作用；次设“概述”，宏观记述河南省计量史。1949—2014年，河南省65年的计量史，分五个时期进行记述，设五章；第六章是“河南省计量科学进步历程”；第七章是“河南省计量大事记”。第一章至第七章是《史》的主体。再设各省辖市、省直管县（市）计量大事记，分别记述1949—2014年各省辖市、省直管县（市）发生的计量大事。再设附录一，辑录河南省部分计量法规规章；再设附录二，辑存中华人民共和国成立前的度量衡管理；再设附录三，辑录部分计量名词术语。最后设后记，记述《史》编撰始末。

五、《史》设章、节、目、子目、细目等层次，事以类从，横分纵述；对各章内容力求合理安排，避免重复。

六、组织机构、会议、文件、著作等名称一般用全称；过长的名称第一次出现时用全称，后用简称。地名用当时名称并随文夹注今名。一律都按公历纪年。机构、职务，按当时称谓记述。译名以通译为准。

七、《史》中注释，简短的采用文内注，较长的采用脚注。文中图表用所在章、节和排列序号三个数字编码；引用的计量文件中的图表，不再另编图表数字编码。

目 录

概述

1949年5月10日河南省人民政府成立，省会设在开封市，省政府在全省行使计量监督管理职能。1949年8月20日平原省人民政府成立，省会设在新乡市，省政府在全省行使计量监督管理职能。1952年11月15日中央人民政府委员会第19次会议决定，撤销平原省建制，原属平原省的新乡、濮阳、安阳及焦作矿区划归河南省管辖。1954年10月，经中央人民政府政务院批准，河南省省会设在郑州市，省政府由开封市迁到郑州市，河南省人民政府在全省行使计量监督管理职能。自此，河南省计量事业进入起步发展时期。

20世纪50年代初，河南省计量工作重点，一是管理市场贸易中使用的度量衡器具；二是推行公制，提倡市制，改16两1斤的木杆秤为10两制。

1957年7月，河南省商业厅成立计量处。1957—1958年，郑州、开封、洛阳等10地市相继建立计量检定管理所。

1958—1959年，市、地、县计量部门开始建立一些简单的、低等级的计量标准，开展了尺、秤等计量器具的检定与管理；各级计量部门全面贯彻执行国务院1959年6月发布的《关于统一我国计量制度的命令》；河南省人民委员会1958年2月制发《河南省计量检定管理试行办法》和《河南省计量检定收费暂行办法》。这一时期，由于"大跃进""大办钢铁""浮夸风"严重，计量管理工作失控，计量严重失实。

1959—1961年，国民经济发生困难，计量机构精简，人员下放。全省37个计量机构精简为21个，299名计量人员精简到151名。这一时期，计量部门一是贯彻"发展国民经济，以农业为基础，大办农业，大办粮食，为生产服务，为两当（当前、当地）服务"的方针；二是加强中、小型企业计量工作，为中、小型企业提高产品产量、质量和经济效益服务；三是加强商贸零售部门计量管理。这期间，河南省计量局建立了一些省级计量标准，开展了计量检定工作。

1963—1966年上半年，计量机构恢复，是河南省计量工作稳步发展时期。全省计量部门贯彻"以农业为基础，以工业为主导"的方针，强调"政治观点、生产观点、服务观点"，要求在计量检定工作中做到"三严"（严格、严肃、严密）。从1964年起，河南省计量局开始编制执行计量器具周期检定计划，184个单位的2676台计量器具列入周检计划，组织开展了计量检定协作。1965年，全省检定计量器具达8600台（件），比上年增长2倍多，计量器具合格率稳步上升。计量人员走出机关，深入厂矿、基层，开展检定和调查研究。河南省计量局大量增建了长度、温度、力学、电磁等省级计量标准，还建成了240㎡恒温实验室。1965年，河南省计量局建立使用保存河南省省级计量标准23项。地、市计量部门普遍增建了计量标准器具，部分计量部门创办了实验工厂。这一时期，全省计量技术革新成果达214项。

1966—1976年"文化大革命"时期，各级计量机构被大量撤销，计量人员下放基层劳动，计量制度遭到破坏，计量工作艰难进行，周期检定紊乱，许多计量器具失检失修，合格率降低。"文化大革命"后期，河南省计量工作开始恢复，计量机构逐步建立健全；计量标准和基础设施有所增加，计量管理加强；周期检定不断恢复，计量器具合格率回升。截至1976年，河南省计量局建立使用保存的河南省省级计量标准45项。

1975—1978年，河南省标准计量局开展了水、土、肥计量测试工作。全省各级计量机构共建立水、土、肥计量测试试点197个，为掌握水、土、肥的变化，合理施肥，提高农作物产量提供了科学资料。从1979年开始，这项工作由农业部门安排，河南省计量部门停止了试点。

1977—1984年是河南省计量事业稳定发展时期。1977年，河南省开始全面改革中医处方用药计量单位。1978年4月，河南省革命委员会颁布《河南省计量管理实施办法》。1979年，河南省计量局开展对计量系统的整顿，进行"五查"评比。从20世纪80年代开始，河南省全面加强了计量管理，特别是工业企业计量管理。1980年，全省进行了衡器大普查，此后连续几次检查，使商用衡器合格率上升。1980—1981年，省、地、市计量部门对516个大中型企业的计量工作进行了整顿。1983年8月，河南省计量局升格为副厅级；河南省计量测试研究所成立。1983年开始企业能源计量工作，要求耗能大户配齐管好能源计量器具。1983年，河南省计量局和河南省卫生厅联合发出通知，加强医用计量器具的检查和管理。1984 年 2 月，遵照国务院《关于在我国统一实行法定计量单位的命令》，河南省全面推行法定计量单位工作。1984 年开始，全省开展了工业企业计量整顿、创优产品计量审查和工业企业计量定级升级工作。

1978 年，河南省进行中医处方用药计量单位改革，更换戥秤 11 余万支。

1984 年，河南省全面展开工业企业计量工作定级升级工作，工业计量进入了突飞猛进蓬勃发展时期。自 1984—1992 年，河南省共有 41 家获得一级计量合格企业，1124 家获得二级计量合格企业，3175 家获得三级计量合格企业。工业企业计量工作定级升级工作的开展，促进了工业企业加强计量管理，提高了产品质量和经济效益。1992 年，根据国家有关规定，河南省停止了工业企业计量工作定级升级工作。

1985 年 9 月，《中华人民共和国计量法》（以下简称《计量法》）颁布。1986 年 1 月，河南省人大常委会通过了《关于实施中华人民共和国计量法的决议》。是年 4 月，河南省人民政府办公厅批转河南省计划经济委员会《关于实施计量法的报告》。1989 年 2 月，河南省技术监督局（以下简称河南省技监局）成立。1994 年 9 月，河南省技监局由副厅级升格为正厅级，列入省人民政府组成部门。河南省技监局贯彻实施《计量法》，建立健全河南省计量法规体系、计量管理体系和量值传递体系，对制造销售使用计量器具实施法制管理，依法进行计量标准考核、计量授权和计量认证，工业计量蓬勃展开，成绩卓然。河南省计量工作实施法制管理，计量事业沿着法制管理轨道，进入了快速发展时期。

1987 年，河南省计量部门建立了长度、温度、力学、电磁、无线电、放射性、时间频率、声学、化学等 9 大类 31 项 102 种计量标准。其中，长度计量标准能够检测各种几何形状、几何尺寸；温度计量标准可以检测到 2000 ℃高温和 –60 ℃低温；力值计量标准能够检定 1 MN 标准测力计；时间频率计量标准铯原子钟校频系统精确到 3000 年误差不超过 1s；电能计量标准在国内亦属先进。各级计量部门严格按照计量检定系统，编制周期检定计划，执行周期检定制度。1987 年，全省计量部门检测的各种计量器具达 662830 台（件）。

1984—1990 年，河南省在实行法定计量单位工作中，改制木杆秤 305015 支，台（案）秤 58738 台，竹木直尺 130000 支，血压表 18100 块，量提 23381 支，压力表 102817 块。改制了各类测力机、材料试验机等力值计量器具等。全省实施法定计量单位总获分率为 93.4%，达到了国家技术监督局的要求，基本上实现了国务院规定的向法定计量单位的过渡，保障了国家计量单位制的统一和量值的准确可靠。1990 年，河南省推行土地面积计量单位改革，经过新乡县、孟县试点，全面展开，全省各行业全面采用了国家规定的土地面积计量单位。

1986—1994 年，河南省技监局制发了规范性文件，对制造修理计量器具许可证依法实施监督管理和监督检查，规范了制造修理计量器具企业的计量管理，提高了计量器具产品质量。1987 年，全省共有制造计量器具企业 86 家，产品 560 种，规格 758 个。1993 年，全省取得制造修理计量器具许可证企业累计 745 个，计量器具新产品型式批准证书累计 43 个。

1986 年，河南省计量局印发《河南省计量标准器具考核实施办法（试行）》。1990 年，河南省技监局印发《计量标准考核工作程序》，实行了计量标准考评员制度，依法对计量标准建标考核，并进行监督检查，有效地提高了建立计量标准的数量和质量。截至 1994 年，全省共建立各级各类计量标准 1618 项，开展检定项目 2000 种。其中，河南省计量所建立河南省社会公用计量标准 9 大类 120 项，开展检定项目 400 多种；全省 17 个地市共建立社会公用计量标准 10 大类 650 项，开展检定项目 944 种；全省 113 个县（市）共建立社会公用计量标准 6 大类 376 项，开展检定项目 577 种；全省各级计量授权站 69 个，建立计量标准 234 项，开展检定项目 227 种；全省建立计量标准的企业、事业单位共有 120 家，建立计量标准 238 项。1989 年，全省强制检定 34 项 61 种计量器具，强制检定计量器具 953157 台（件），品种覆盖率 77%；全省技术监督系统检定计量器具 1197049 台（件）；全省法定计量检定机构共有计量检定员 1094 人。1990 年，全省共有计量检定员 10734 人。1994 年，全省强制检定计量器具 50 项 97 种，品种覆盖率 87.4%；强制检定计量器具 1014726 台（件）。河南省贯彻实施《计量法》，建立了省、地市、县（市）、授权机构、企业、事业单位计量技术机构组成的量值传递体系，依照检定系统表，开展周期检定，保障了国家计量单位制的统一和量值的准确可靠，为河南省的经济建设和社会发展做出了显著贡献。

1986年，河南省计量局制发《河南省产品质量检验机构计量认证程序》，实行了计量认证评审员制度，依法开展了对产品质量检验机构的计量认证，增强了产品质检机构的计量法制意识，提高了检测质量。1986—1994年，河南省技监局共组织评审通过计量认证196个产品质量检验机构，并颁发了计量认证合格证书。

1990年，河南省技监局结合全省实际，制发了《河南省计量授权工作程序》，通过组织考核，依法实施计量授权，开展计量检定；计量协作步入了法制管理时期。1989—1994年，河南省技监局对110个单位的274项计量标准实施了计量授权。《中国技术监督报》1990年1月刊发河南省技监局对河南省无线电计量协作进行计量授权的经验。

1987年，河南省的省、地（市）、县（市）三级计量行政和计量检测机构、专业部门的计量机构、企事业单位计量机构和群众性计量组织相辅相成，初步形成了全省性的计量管理网络。1987年，全省各级计量行政和计量检测机构已达到163个，计量管理和检测人员1891人。1985年，工业企业计量机构892个，计量人员11568人。河南省气象局、电力局、国防科工办和郑州铁路局均建立了本系统的计量机构。河南省计量测试学会内设11个专业委员会，有会员1021人。还建立了中南无线电计量协作组河南分组。1994年年底，全省18个地、市均成立了技术监督局，内设计量管理科，依法设置了法定计量检定机构，有计量技术人员728人。全省建立了省、市（地）、县（市）计量管理体系。

1985—1994年，根据国家计量法律法规，结合全省实际，制定颁布了河南省计量法规规章，基本建立了河南省计量法规体系。河南省人大常委会、省人民政府、省政府办公厅颁布了《河南省全面推行法定计量单位的实施意见》《关于实施计量法的报告》等计量法规规章5件，河南省计量局、河南省技监局等厅局发布《河南省工业企业计量工作定级、升级实施办法（试行）》《河南省申请办理“制造（修理）计量器具许可证”实施办法（试行）》《河南省计量授权工作程序》等计量规范性文件17件。

1986年，河南省计量局经培训考核，任命了第一批计量监督员27人；1989年已达532人；在规定区域实施计量执法。是年，河南省计量局编制完成了一套适用于县级以上政府计量行政部门处理计量违法、计量纠纷案件和进行计量技术仲裁的25种计量监督文书格式。河南省计量局在全国首创的计量监督文书格式受到了国家计量局的肯定和表扬，并在全国推广使用。1985—1994年，河南省计量局、河南省技监局有计划、多次组织开展了对社会公用计量标准器具、部门和企业事业单位使用的最高计量标准器具，以及用于贸易结算、安全防护、医疗卫生、环境监测方面的列入强制检定目录的工作计量器具进行计量监督检查，对计量违法案件，依法处罚。例如1993年，河南省技监局集中开展的一次计量执法检查，全省共检查集贸市场460个，商店、流动摊点31647个；检查计量器具43668台（件），合格32751台（件），合格率为75%，没收不合格计量器具2365台（件）；检查75个加油站，225台加油机，不合格65台，不合格率29%；对检查中发现的问题依法进行处理。全省全面贯彻实施国家计量法律法规和河南省计量法规规章，加强计量监督管理，实施计量行政执法，推动了河南省计量事业的持续发展。

1995—2014年，依据国家规定，河南省质量技术监督管理体制改革，实行质量技术监督系统省以下垂直管理。河南省进一步健全完善计量法规体系，加强计量机构和基础设施建设，强化计量监督管理和行政执法，依法管理制造和强检计量器具，开拓计量认证，规范计量授权，提升计量技术机构能力水平，注重计量服务，做好计量惠民工作，进行计量文化建设，河南省计量事业进入持续发展创新提升时期，为河南省经济社会发展和全面建设小康社会做出了重要贡献。

1999年，河南省质量技术监督系统实行垂直管理，进一步完善计量管理体系。2000年7月河南省技监局正式更名为河南省质量技术监督局（以下简称河南省质监局）。截至2008年年底，全省共有18个省辖市、108个县（市）和72个市辖区设置了质量技术监督局；各省辖市、县（市）计量所、质检所合并为质量技术监督检验测试中心，分别升格为副处级、副科级；全省质量技术监督系统人员总数 14460 人。

1995—2014 年，根据国家计量法律法规，结合全省实际，进一步健全完善河南省计量法规体系。河南省人大常委会、省人民政府颁布了《河南省计量监督管理条例》《河南省人民政府关于贯彻国务院计量发展规划（2013—2020 年）的实施意见》等计量法规规章 5 件；河南省质监局等委厅局制定发布了《河南省强制检定计量器具管理实施办法》《河南省地方计量检定规程管理工作程序》等计量规范性文件 43 件；河南省质监局修订发布了《河南省计量认证工作程序》《河南省计量合格确认办法》等计量规范性文件 9 件。全省计量法规体系不断健全完善，是计量工作法制管理的基础，有力地推动了计量事业持续发展与创新提升。

1995—2014 年，河南省质监局依照国家技监局、国家质监局、国家质检总局的要求，结合河南省实际，每年都多次发文，在元旦、春节、五一、国庆节、中秋节和“3·15”期间或夏粮征收、上半年、下半年等重要时段，定期和有计划地组织开展全省多领域、多类型、多项目的计量监督管理和计量监督检查。多次对加油机、出租汽车计价器、定量包装商品净含量、医疗卫生用计量器具、电能计量、电信计量、动态轴重仪等实施计量监督检查。2006 年，共监督检查机动车安全技术检验机构 58 家、检测线 80 条、在用计量器具 658 台（件）。监督检查前，平均受检率 92%，平均合格率 87%；监督检查后，平均受检率 100%，平均合格率 97%。2014 年对水表、电能表、加油机、热量表、加气机 5 种重点管理的计量器具抽检合格率为 100%。2014 年，全省法制性计量监督检查计量器具 87703 台（件），合格 62693 台（件），合格率 71.5%；计量器具性能监督检查计量器具 16441 台（件），合格 15883 台（件），合格率 96.6%。通过计量监督管理和计量监督检查，提高了计量器具合格率，维护了社会经济秩序，服务于国民经济建设。

1995 年以来，河南省质监局组织开展了对成品油零售企业、集贸市场、加油站、超限运输检查站、电子计价秤、移动电话市场、化肥等农资市场计量专项整治，效果显著。

1998 年，国家技术监督局发出《对河南省技术监督局“关于我省济源市技术监督局查处黄河小浪底三标计量违法案中违法所得计算问题请示”的批复》。河南省高级人民法院依据该《批复》二审（终审）判济源市技监局胜诉，黄河小浪底水利枢纽工程三标（法国承包商）败诉。这是河南省技监局查处的第 1 个计量违法案件，在社会上产生很大影响，有力推动了计量行政执法工作开展。河南省质监局稽查总队 2009—2014 年查处计量违法案件达 10 起。

1995 年以来，河南省质监局制发多件行政执法规范性文件，任命技术监督行政执法人员，加强计量行政执法，惩治计量违法行为，维护社会经济秩序，保护国家和消费者的合法权益。

河南省质监局继续实施制造计量器具企业年度审查和制造修理计量器具许可证考评员制度，发布监督管理文件，严格考核颁证，加强监督检查和专项检查整治，有效提高了河南省制造计量器具产品质量。截至 2014 年 12 月 31 日，全省共有制造计量器具单位 295 家，制造的计量器具有长度、温度、力学、电学、电离辐射、化学共 6 大类 87 种；修理计量器具单位 24 家；制造修理计量器具许可证考评员 179 人。

1996 年，河南省技监局发布《河南省强制检定计量器具管理实施办法》和强制检定工作计量器具目录及 92 种强制检定工作计量器具的布点规划，并进行强检计量器具登记备案。截至 2001 年，国家公布的强制检定工作计量器具目录已达 61 项 118 种。

2004 年，全省依法设置的计量检定技术机构 128 个，依法授权建立的计量检定机构 81 个，其他承担专项授权检定任务的机构 34 个，共 243 个。全省检定计量器具 1886566 台（件），其中强制检定工作计量器具 43 项 77 种 1651079 台（件），强制检定率 85% 以上。2004 年，全省强制检定计量器具比 1994 年的 1014726 台（件）增加了 62.7%。2014 年，全省依法设置的计量检定机构 127 个，依法授权的计量检定机构 218 个，共 345 个；检定计量器具 2519900 台（件）；强制检定计量器具 2381620 台（件），其中，强制检定计量标准器具 49357 台（件），强制检定 49 项 92 种工作计量器具 2332263 台（件）。2014 年，全省检定计量器具台（件）数比 2004 年增长了 33.6%；全省强制检定计量器具台（件）数比 2004 年增长了 44.2%，比 1994 年增长了 134.7%。全省检定计量器具的数量大幅度增加，检定质量的持续提升，保障了国家计量单位制的统一和量值的准确可靠，对于国民经济建设、维护社会经济秩序、提高产品质量和经济效益，提供了计量基础保障，做出了显著贡献。

1995年以来，河南省质监局依据《计量法》《计量授权管理办法》《法定计量检定机构考核规范》和《河南省专项计量授权考核规范》，实行法定计量检定机构考评员制度，开展了1997年的法定计量检定机构考核和计量授权，并依据计量授权证书有效期为五年的规定，又进行了2002年、2007年、2012年的五年复查和扩项的法定计量检定机构考核和计量授权。1997年，通过国家技监局主持的考核，河南省计量院获国家技监局颁发的计量授权证书和授权项目；2001年，获国家质量技术监督局（以下简称国家质监局）、中国实验室国家认可委颁发的实验室认可证书和认可项目；2008年，"国家水表质量监督检验中心"挂牌。通过河南省技监局主持考核，各省辖市计量所获河南省技监局颁发的"计量授权证书"和授权项目。通过各省辖市技监局主持的考核，各县（市）计量所分别获所在省辖市技监局颁发的"计量授权证书"和授权项目。通过省、省辖市、县（市）技监局主持的考核，省、省辖市、县（市）专项计量机构分别获省、省辖市、县（市）技监局颁发的"计量授权证书"和授权项目。通过对计量技术机构的计量考核和计量授权，促进了计量技术机构完善管理体系，改善环境条件，增加计量标准，提升技术能力，保证量值传递质量，为经济建设和社会发展提供优质的计量技术服务。

1981—2014年，河南省计量局、省技监局、省质监局根据国家计量法律法规规范的要求和《河南省地方计量检定规程管理工作程序》，加强了制定修订计量技术法规的监督管理，紧贴国民经济建设、科学技术发展和维护社会经济秩序的实际需要，组织有关单位制定修订了47个国家计量检定规程、国家计量技术规范和行业标准及96个河南省地方计量检定规程、地方计量技术规范和地方标准。这些计量技术法规的颁布实施，为全国和河南省的相关计量检定提供了依据，保障了国家计量单位制的统一和量值的准确可靠。

1995—2014年，计量技术机构能力水平得到持续发展创新提升。一是强化了各级计量技术机构的基础设施建设。1999年，河南省质量技术监督系统实行垂直管理以来，河南省计量院建成新恒温实验楼、平原新区试验发展基地和郑东新区计量检测楼；各省辖市、县（市）计量所、质检所合并为省辖市、县（市）检测中心，新建了检测大楼；各级计量授权站、企业事业单位计量实验室也都有了新的发展。计量技术机构基础设施的扩大和提升，为计量事业的发展打下了坚实的基础。二是计量标准持续增加和创新提升。河南省技监局、省质监局严格按照《计量标准考核办法》和《河南省计量标准考核工作程序》，坚持计量标准考评员制度，严格计量标准考核，加强计量标准监督检查，根据河南省的实际需要，增加了计量标准的数量，提升了计量标准的准确度等级。2004年，河南省计量院建立省级社会公用计量标准达160项。2008年，全省依法设置的法定计量检定机构建立社会公用计量标准1382项，计量授权计量技术机构建立计量标准265项，全省有国家计量标准二级考评员254人。2014年，河南省计量院建立省级社会公用计量标准10大类218项，比1994年建立的省级社会公用计量标准9大类120项增加了98项，增长了81.7%。全省依法设置法定计量检定机构建立的社会公用计量标准2263项，比1994年的1145项增长了97.6%。全省有国家一级计量标准考评员12人，国家二级计量标准考评员307人。三是加强了计量技术人员队伍建设。河南省技监局、省质监局根据国家质监局、国家质检总局关于计量检定员管理的有关规定和《河南省计量检定人员管理办法》，加强管理，严格理论考核和实际操作考核，计量检定人员的数量不断增加，能力水平不断提升，逐步适应河南省计量检定工作的需要。2014年，河南省依法设置的法定计量检定机构计量检定员3387人，其他计量授权单位的计量检定员2301人，企业事业单位的计量检定员2529人，共8217人。2006年，按照国家人事部、国家质检总局的要求，河南省实行注册计量师制度。2014年，全省共有一级注册计量师159人，二级注册计量师346人。全省高级计量技术人才层出不穷。2014年，全省质监系统共有国务院政府特殊津贴专家4人，均为河南省计量院计量专业技术人员；全国15个计量专业的全国计量技术委员会委员30人；教授级高级工程师20人，高级工程师156人。四是计量科研成果和计量著作大量涌现。河南省质量技术监督系统计量科技成果（1981—2014）

共163项，其中，获省部级科技成果奖26项，获厅局级科技成果奖128项。出版计量著作（1976—2014）共31部。报纸、刊物发表的计量论文（1985—2014）共221篇。五是能力验证和实验室比对绝大多数项目获满意结果。1995—2014年，河南省技监局、省质监局组织了4次能力验证和实验室比对，取得了良好的效果。河南省计量院2003—2014年共参加国家质检总局、国家认证认可监督管理委员会（以下简称国家认监委）、中国合格评定国家认可委等组织的实验室能力验证、实验室比对共105项，满意率97.1%。能力验证和实验室比对结果证明，河南省的量值传递和检测能力总体上是准确可靠的、令人满意的。河南省计量技术机构的基本条件和技术能力的持续发展创新提升，是有效服务于经济建设和社会发展的重要技术基础，是实施计量监督管理的重要技术支撑。

1995—2014年，河南省技监局、省质监局根据国家技监局、国家质监局、国家质检总局和河南省政府的部署和要求，在市场经济条件下，深化改革，强化计量服务，关注民生，计量惠民，为全面建设小康社会做出了重要贡献。一是完善企业计量检测体系和计量合格确认。根据《测量管理体系　测量过程和测量设备的要求》《计量检测体系确认规范》和《河南省计量合格确认办法》等的要求，实行了企业计量检测体系和计量合格确认评审员制度，严格评审，咨询帮扶，提供计量服务。1997—2008年，全省获完善计量检测体系企业56家，获A级计量合格确认企业588家，获B级计量合格确认企业1470家。二是强化能源计量服务。河南省质监局根据《能源计量器具配备和管理通则》和《河南省用能单位能源计量评定准则》，实行了能源计量评审员制度，为企业提供能源计量评定服务。2013年，全省已完成能源计量审查302家。三是开展计量为农业和农村工作服务。河南省质监局在每年夏收、秋收及农村电网改造期间，对在用计量器具进行周期检定，对农用生产资料和粮食类定量包装商品净含量等进行计量专项监督检查，查处计量违法案件，提高了在用计量器具的受检率和合格率。2005年2个月之内，全省监督检查1456个粮食收购点，964个粮食经营户，7276台（件）计量器具，查处计量违法案件125起。积极帮助乡镇企业、农办企业提高计量管理的能力，建立必要的计量测量手段，提高产品质量和经济效益。四是开展了商品房面积测量公正服务。河南省技监局发布了《河南省商品房销售面积计量监督管理办法》和《商品房面积测量规范》，部分省辖市、县（市）建立了房屋土地面积公正计量站。1999年，已有13个市（地）开展了商品房面积测量公正服务工作。五是开展了“光明工程”活动。根据国家质监局的要求，河南省质监局2000年3月在全省开展“光明工程”活动，发布了《河南省眼镜行业企业计量、质量等级评定规范》，实行了眼镜行业等级评定评审员制度。2002年年底，全省共培训眼镜行业人员644人，评定一级店46家，二级店71家，三级店75家。让人民配戴放心眼镜，让千万双眼睛更明亮。六是开展了“计量质量信得过和价格计量信得过”活动。1995年，全省开展了商业企业“无假冒伪劣、无缺斤短尺商品一条街（商店）”先进单位活动。1996—1999年，全省有14家石油产品批发企业和278家加油站获河南省技监局授予的“计量质量信得过”称号。七是深入开展了“关注民生、计量惠民”专项活动。2008—2009年年底，根据国家质检总局的要求，河南省质监局发布《开展“关注民生、计量惠民”专项行动实施方案》，推动河南省各项民生计量工作的全面开展，为全社会营造诚实守信、公平公正的和谐社会环境，受到了国家质检总局计量司的表扬。2012年，河南省质监局在全省开展“计量服务走进千家中小企业”活动，取得了很好成效。八是开展诚信计量评定，促进和谐社会建设。诚信计量是构建社会主义和谐社会的一块基石。2008年，河南省质监局发布《河南省商业、服务业诚信计量示范单位评定工作实施意见（试行）》。2010年，在“关注民生、计量惠民”专项行动的基础上，集中组织开展“推进诚信计量，建设和谐城乡”行动计划。2011年年底，河南省诚信计量自我承诺示范单位有：集贸市场79家，加油站499家，餐饮业142家，商店224家，医院149家，眼镜店165家；诚信计量示范单位120家。2013年，河南省质监局发布《开展“计量惠民生、诚信促和谐”活动实施方案》，提出具体要求，进一步深入开展该项活动。九是根据国家质检总局的要求，2012年，河南省质监局发布《河南省计量突发事件应急预案》，在全省开展了计量突发事件和计量风险大排查，有效提高了科学防范化解风险的能力，最大限度地预防和减少计量突发事件和计量风险造成的危害，维护社会稳定，促进经济社会可持续发展。2003年春夏，在抗击“非典”工作中，河南省计量所成绩显著，获得了中共河南省委的表彰。

1995—2014年，河南省各级计量测试学会、计量协会，积极发挥桥梁和纽带作用，开展计量咨询服务，承办计量人员培训，构建计量交流平台，为河南省计量事业持续发展做出了显著成绩。

1995—2014年，河南省开展了多层次计量协作和国内外计量管理和计量技术交流，助推河南省计量事业发展提升，使计量工作更好地为经济建设和社会发展服务。

2013年3月，国务院颁布《国务院关于印发计量发展规划（2013—2020年）的通知》。是年6月至9月，河南省质监局举办了全省《国务院计量发展规划（2013—2020年）》知识竞赛。2014年4月，河南省政府颁布《河南省人民政府关于贯彻国务院计量发展规划（2013—2020年）的实施意见》。是年6月，河南省质监局发布《河南省质量技术监督局关于贯彻落实〈河南省人民政府关于贯彻国务院计量发展规划（2013—2020年）的实施意见〉的意见》；7月，《河南日报》刊发河南省质监局局长李智民《落实计量发展规划　提升计量保障能力　促进经济社会发展——省质量技术监督局局长李智民〈关于贯彻国务院计量发展规划（2013—2020年）的实施意见〉答记者问》；7月，河南省质监局在南阳市召开了全省贯彻落实《国务院计量发展规划（2013—2020年）》及《河南省人民政府关于贯彻国务院计量发展规划（2013—2020年）的实施意见》宣贯会；8月，河南省质监局副局长冯长宇做客河南省政府门户网站《在线访谈》栏目，就《河南省人民政府关于贯彻国务院计量发展规划（2013—2020年）的实施意见》进行了解读。全省全面贯彻实施《国务院计量发展规划（2013—2020年）》和《河南省人民政府关于贯彻国务院计量发展规划（2013—2020年）的实施意见》，开启了河南省计量事业发展的新征程，已经取得了显著成绩。

1995—2014年，河南省技监局、省质监局加强计量文化建设，进行形式多样的计量宣传，开展“5·20世界计量日”活动，组织计量知识竞赛，编撰《河南省计量大事记》和《河南省计量史（1949—2014）》，提高全社会的计量意识，有力地促进了河南省计量事业的持续发展创新提升。

中华人民共和国成立65年来，在中共河南省委和河南省政府的领导下，全省全面贯彻实施《计量法》等国家计量法律法规，并结合河南省实际，制定颁布了《河南省计量检定管理试行办法》《河南省计量监督管理条例》等19件计量法规规章和《河南省工业企业计量工作定级、升级实施办法（试行）》《河南省申请办理“制造（修理）计量器具许可证”实施办法（试行）》《河南省计量标准考核工作程序》《河南省强制检定计量器具管理实施办法》等75件计量规范性文件。2014年，河南省建立各级质量技术监督局（政府计量行政管理部门）198个；建立计量检定机构345个；建立计量标准6137项，其中，依法设置计量检定机构的社会公用计量标准2263项（含河南省计量科学研究院建立的省级社会公用计量标准10大类218项，其中，省级最高社会公用计量标准102项，次级社会公用计量标准116项），依法授权计量技术机构的社会公用计量标准1354项，依法授权其他单位开展专项检定工作计量标准785项，建立在部门、企业事业单位的最高计量标准1735项；检定计量器具2519900台（件），其中，强制检定计量标准器具49357台（件），强制检定49项92种工作计量器具2332263台（件）；计量检定员8217人，其中，依法设置的法定计量检定机构的计量检定员3387人，其他授权单位的计量检定员2301人，企业事业单位的计量检定员2529人。计量机构基础设施不断新建扩建，计量器具受检率和合格率持续提高，计量科技成果大量涌现，高级计量人才层出不穷，大批能力验证结果合格满意。全省各级政府计量行政部门依照国家计量法律法规规章和河南省法规规章规范，建立计量体系，强化计量法制管理，计量技术能力水平持续提高，监督管理与服务相结合，关注民生，计量惠民，保障国家计量单位制的统一和量值的准确可靠，计量事业持续发展与创新提升，充分发挥计量工作的重要基石和技术支撑作用，为河南省国民经济建设、科学技术进步和社会全面发展做出了重要贡献。

计量历史灿烂夺目，计量征程任重道远。中共十九大精神和习近平新时代中国特色社会主义思想，为计量事业的发展指明了前进方向。河南省计量事业要持续发展创新提升，适应新时代、新形势、新任务的要求，不忘初心，牢记使命，改革创新，锐意进取，进一步加强计量法制管理，坚持监督管理与服务相结合，不断提升计量服务能力水平，创造河南省计量事业新的辉煌。

第一章

中华人民共和国成立后的计量事业起步发展时期

（1949—1965）

1949 年 5 月 10 日河南省人民政府成立，省会设在开封市。1949 年 8 月 20 日平原省人民政府成立，省会设在新乡市。1952 年 11 月 15 日中央人民政府委员会第 19 次会议决定，撤销平原省建制。原属平原省的新乡、濮阳、安阳及焦作矿区划归河南省管辖。1954 年 10 月，经中央人民政府政务院批准，河南省省会设在郑州市，省人民政府由开封市迁到郑州市。中华人民共和国成立初期，河南省各地经济凋敝，市场缺乏秩序，度量衡管理工作尤其艰难。河南省逐步建立计量机构，培训计量人员，颁布《河南省计量检定管理试行办法》，统一计量制度，建立计量标准，开展计量检定，开始了计量工作的艰辛探索。计量事业进入起步发展时期。

第一节　中华人民共和国成立初期的度量衡管理

一、颁布度量衡法规

河南省是个农业大省，工业不发达，省人民政府颁布的度量衡管理方面的行政法令多限于人民群众在市场交易中使用的度量衡器具和度量衡器具生产厂家及小作坊。

1948 年，中国共产党领导的河南省部分解放区政府注重度量衡的统一，太岳行署、太岳第三专署、济源县政府都曾下达过统一度量衡的命令，加强解放区的度量衡管理，并指定了度量衡生产厂家。1948 年 8 月济源县民主政府发出通知，要求从 9 月起改换新市秤、新市斤粮票。1948 年 10 月，华北人民政府太岳行署通令各县各级仓库与村公所一律使用鲍店秤厂所制市秤。1949 年 3 月，太岳第三专署发出命令，统一换用市尺。1949 年 6 月，济源县政府发出命令，统一度量衡换市秤、市尺，同时取消粮食交易用的斗，一律由新市秤计算。1949 年 7 月，太岳第三专署发出关于统一度量衡工作的指示，要求深入开展这项工作。1950—1955 年期间，河南省商业厅对改革度量衡制度及生产经销度量衡器具部门作了大量调查，并拟定了木杆秤改革意见的报告。但是在这一时期内，河南省没有建立专业计量管理部门，改革报告未被批准，改革工作也未能普遍进行。

二、度量衡管理机构

中华人民共和国成立初期，河南省度量衡的管理工作是由商业厅为主承办的。中央下达的有关计量方面的文件多是针对商业度量衡方面的，因此这项工作落实在商业厅市场处。市县无独立的度量衡管理机构，由政府商业、工商部门开展一些度量衡管理工作。

20 世纪 50 年代初期的开封市，根据当时中央指示精神，主要是加强商业部门的度量衡管理，限制旧杂制，推行市制，教育工商业者不得利用计量器具弄虚作假、大进小出等。开封市由商业局对全市度量衡进行管理。

新乡市建市之初，没有建立主管全市计量工作的机构。1949 年 7 月新乡专署专门下文，度量衡管理工作由政府各相关部门根据实际情况进行管理，商业由商管部门执行，土地改革由土地部门负责，粮食征购由粮食部门负责等。如延津县的度量衡工作，由县政府工商科领导，各行管部门（供销社、商业局、市管会、粮食局、交通局）具体执行。汲县（今卫辉市）的度量衡工作，由县政府工商科负责，各行管部门具体执行。根据新乡专署的指示，汲县开始统一度量衡工作，统一整顿行栈（粮行、盐行、商行）的斗、秤。

1950 年，许昌市度量衡的管理工作，由市政府工商科负责。

1951 年，原属平原省管辖的安阳市政府工商科负责度量衡管理，无专人负责，无标准器具。为满足社会需要，批准 7 个民国时期的老秤工负责修理木杆秤和竹木直尺。

三、度量衡管理

20 世纪 50 年代初，河南省根据中央指示精神开始改革度量衡旧器。这一时期河南省度量衡工作的重点，一是整顿混乱的度量衡制度，解决人民群众生产、生活中的紧迫度量衡问题。推行公制，提倡市制。改制的内容：推行衡器以市制为主、十六两制为辅的二制并用制度，限制其他旧杂制。1953 年以后，随着粮食统购统销政策的实施，十六两制被取缔，改以斤计算。二是管理市场贸易中使用的度量衡器具，打击弄虚作假、大秤进小秤出的不法分子。当时河南省内没有建立专门的度量衡管理机构，度量衡工作由政府管理，各行业主管部门（供销社、商业局、市管会、粮食局、交通局）具体执行。

度量衡管理的方法：首先，运用各种形式宣传教育，向群众说明改制的必要性，讲解统一我国度量衡制度的重要性，组织人力宣传市制的好处，取得支持。其次，利用社会上的个体户或制秤社，由政府组织实施。测量工具多沿用旧中国遗留下来的市制单位测量器具，经统一修理校准后继续使用。这些措施基本解决了中华人民共和国成立初期河南省内经济发展和商业贸易的度量衡需求。

（一）市场度量衡器具的管理

1. 度量衡器具的生产

中华人民共和国成立后，河南衡器生产有了较大发展。木杆秤生产遍布全省城乡，以长葛县、浚县、叶县为最多。长葛县木杆秤生产集中于董村乡。该乡有 69 个村，村村生产木杆秤，仅正式秤工就 3400 多人，辅助秤工达 7000 多人。每逢集会日，销售者达 700 多户，顾客除河南外，大多来自湖北、山西、陕西、宁夏、河北等省区。董村乡成为中国第二大衡器生产集散地。

根据对开封、新乡、洛阳、安阳、许昌、信阳、南阳、漯河、驻马店、商丘、周口等 11 市调查统计：共有度量衡制造厂商 72 户，从业人员 134 人，其中 95% 以上是个体手工业生产。这些从业人员缺少生产技术经验。从经营方式来看，绝大部分是自产自销，多数以制造为主，兼修为辅，少数也有以修理为主的。其特点如下：

（1）设备简陋。除了简单的手工工具外，无其他设备。生产规模较大的厂户，一般都有锯、锉、刨、钳、锤等工具，仅商丘市个别厂设有手摇机。生产规模较小的户，只有少数的锉刀和锤。如周口市 5 户 13 位从业人员仅有 5 把锉刀和 5 个锤。

（2）品种复杂。秤有木杆秤、刀钩秤、铜盘秤、台秤、毫计秤 5 种；尺有木竹尺、八折尺、光尺 3 种和计量用的量提。

（3）规格等级杂乱。在手工业厂户制造的秤、尺两类主要度量衡器具中，除尺的规格等级大体上保持一致外，秤基本上可分为 250 斤以下的大秤、100 斤以下的大秤、50 斤以下的小秤等 3 种类型。提子可分为半斤、四两、一两 3 种。由于规格等级杂乱，各地实际的划分也很不一致。

（4）精度计算等标准缺失，在衡器制造上表现最为突出。由于各地根本没有或很少有检定仪器及检定技术人员，因而对制造出来的秤是否准确，计算有无错误，无法进行检定，粗制滥造现象普遍存在。各厂户用以校秤的砝码，全部是中华民国时期所用的旧砝码或采用外省的砝码，没有砝码的凭借过去的经验计算制造，计量标准均有问题。由于杆秤三同（秤杆长短、秤砣大小、秤盘轻重相同）的计算标准问题未解决，加上粗制滥造，市制标准并不能保持准确一致。

（5）生产效率低。这与当时各制造厂户落后的生产方式分不开。以 11 市 72 户统计来看：平均每月总产量约可制大小秤 3460 根，台秤 5 台，尺 3020 根，技术较好的平均每人每天也仅能制小秤 4~5 根，一般可制小秤 2~3 根。生产 1 根 250 斤的大秤，1 个人需 20 个工时，3~10 斤的小秤需 4 个工时，因此产销之间的不平衡状态是存在的。

2. 度量衡器具的使用

20 世纪 50 年代初期，在河南省各交易市场和公私营企业中，历史上遗留下来的杂制度量衡器具繁多，单位量值不统一，计量器具五花八门，质量更是无人问津，边远地区尤甚。新制推行不彻底，更加剧了度量衡的混乱。当时纺织工业中主要使用英制尺，也有日制；在商贸中使用秤以市斤秤为主（1 斤等于 16 两，1 两等于 10 钱，1 钱等于 10 分，钱、分用于中医药计量单位），还有新、老市斤秤（比市斤秤量值大）等，均为杂砣秤（秤砣不统一），还有英制磅（1 磅为 0.4536 公斤）；在市场上用的尺，有市尺（俗称裁尺，1 尺等于 32 厘米，1 尺等于 10 寸，1 寸等于 10 分），还有土布尺（1 尺约等于 55 厘米 ~60 厘米），还有英制码（1 码为 91.44 厘米）。

（1）名称多。如秤有天平、台秤、地磅、木杆、戥子、刀钩、钢盘、新、老市斤秤（比市斤秤量值大）等；斗有新乡斗、汲县斗、延津斗、辉县斗、滑县斗等，量值各不统一，甚至于一个县内的乡与乡之间用的斗也不一致，斗形有方的，有圆的，形式多样；地积丈量多用弓（1 弓等于 5 尺，合 1.6 米）、竹皮尺（一般 4 丈 ~5 丈长，1 丈等于 10 尺，合 3.2 米）；尺有英尺、光尺、皮卷尺、布卷尺、八折尺、木竹尺、竹皮尺等。

（2）等级乱。有10吨重的地磅，也有500斤、300斤、250斤的普通磅。秤分300斤、250斤、200斤、70斤、35斤、30斤、25斤、22斤、8斤、5斤、3斤和钱、两、戥。计量的提有1两、2两、4两、半斤、2斤等。

（3）来源不一。有天津、上海、汉口等地来的，也有外省各地来的，加上本省各地制造的，不仅识别其性能和计算困难，而且产生了不少的纠纷，公私营企业特别是合营企业使用不准确的秤进行交易的现象则更普遍。由于度量衡器具的准确一致性和正确使用的原则没有保证，给国家和人民造成不少损失。

3. 度量衡器具的管理

根据“1949年河南省度量衡情况调查表”（见表1–1–1），对于当时河南省度量衡生产、使用、管理情况之混乱可见一斑。中华人民共和国成立初期，不仅是私商利用度量衡器具暗中大进小出，扣斤压两、少尺短秤欺蒙雇主的种种违法行为相当严重，而且在不少国营、合作社企业中压秤、短秤的现象也时有发生。根据1955年初对开封、新乡、洛阳、安阳、许昌、信阳、南阳、漯河、驻马店、商丘、周口等11市调查统计，查获类似违法性质的案件，达232种之多。比如开封市合营企业山海干果行使用加五秤收农民货物；漯河市7户屠宰商收灾民牛肉竟用加八秤；代销店郭长江酒提内暗加木片，3个月就少秤81斤；许昌市德丰杂货行用三杆秤大进小出牟取暴利。又如秤盘加钱、秤钩塞东西、新秤挂老秤锤等种种不法行为尤为常见。据此，1955年河南省商业厅在关于度量衡情况和今后管理意见的报告中写道，根据中央指示及省人民代表大会代表历届会议提案的反映，本省度政管理和检定工作，随着国家经济建设的迅速发展，人民群众对准备使用度量衡器日益迫切的要求，有统一加强的必要。根据初步的调查和摸底，提出今后管理意见如下：

第一，加强对度量衡器的统一管理，积极开展检定检查工作。由于度量衡器具与人民的日常生活和社会活动有极密切的关系，在国家的经济生活中具有极其重要的作用。因此，度量衡器具必须在其本身准确并被正确使用的条件下，方可满意完成其功用。一方面必须对制造、修理、贩卖和使用者加强管理，另一方面还必须积极开展检定、检查工作，保证其准确一致。经验证明：检定不仅是管理的中心，而且是稳步改革与统一现行度量衡制度所必需的，没有检定工作的管理，度量衡的改革与统一工作将无法完成。根据河南省现有条件做出要求：①检定地区：开始先从郑州、开封、洛阳、新乡、安阳、商丘、许昌、南阳、漯河、周口、驻马店、信阳等12市及焦作矿区，着重总结和积累经验，培养检定技术人员，然后再根据需要与可能，逐步扩大检定地区。②检定步骤：按先国营后私营、先企业后民用的顺序进行，如条件许可亦可同时进行。③检定重点：应以衡器检定为主，要认真地对台秤杆秤进行一次普检，通过普检熟练掌握技术。度器以竹木直尺为主，其他皮卷尺、布卷尺、折尺、钢直尺等，如设备许可亦可检定，否则可暂不进行检定。对于精度不高的量器如酒提、油提等，必须检定。对天平、砝码、玻璃仪器等精密器具因本省设备差，进行普检有一定困难，由各地、市根据当地情况自行确定。④检定应从制造、修理、贩卖和使用四方面入手，检定合格的准继续使用，不合格的予以修理或收缴禁止再用，严禁投机取巧，查获后按情节轻重分别处理。⑤建立检定、检查制度，按期进行复检和抽查，保证检定效果，改变计量使用中的混乱情况。

第二，统一现行度量衡制度，稳步进行杆秤、市尺的改革工作。度量衡改革是一项极为艰巨、复杂而又细致的科学技术工作，涉及面很广，在河南省又是首创，必须十分慎重，同时鉴于我国正处于社会主义高潮，在新形势下，工农生产、科学技术工作正获得一往直前的发展，作为控制和调整生产过程的计量器具的改革，有更为现实的迫切性。对此，应采取积极慎重态度。首先将作用范围较广的现行杆秤、市尺，从制度上加以改革统一，为将来推行“米突制”创造条件。因此要求各地在1956年上半年必须完成以下改革准备工作：

一是做好调查研究。抓紧对本地杆秤、市尺及其他计具量器的生产情况（制造厂商户数、人数、资金、设备、生产技能、年生产量、产品种类、销售数量、原料供应）和将来改制时的需要情况（各机关、团体、学校、部队、公私企业和民用需要数、需要新器制造和旧器改修数）做出全面的调查研究。

表1-1-1　1949年河南省度量衡情况调查表

类别/地区	度器		量器		衡器	
	种类	厘米/尺	种类	公斤/斗	种类	克/斤
开封	老尺	34.65	老斗	10	20两1斤秤	625
	百布尺（土布尺）	56	新斗	6.75	16两1斤秤	500
	市尺	33.3			10两1斤秤	500
郑州	尺	35	粮行斗	12	市秤	500
	尺	33.3			加3秤（20两）	625
	码尺	87.5			加半秤（20两）	750
	百布尺	56				
	弓尺	175				
新乡	裁尺（百布尺）	53.3	斗	10	秤	500
	市尺（老市尺）	32	斗	12.5		
	弓	160				
	市尺	33.3				
许昌	营造尺	32.5	五开方木斗（大）	12.5~14	库平秤	500
	裁衣尺	35	五开方木斗（小）	12~13	市平与直平	465
	量地尺	34	（小斗用于粮商）		戥子	
	木五尺	175			架秤（加一秤）	550
	百布尺六码	55.5			架秤（加二五秤）	625
	百布尺八码	63			线行秤	900
商丘	裁尺	35	木质圆斗	20	市秤	500
	市尺	33.3			加一秤	550
	白布尺	53.3			加二秤	600
	地弓尺（地亩专用）	172.3				
三门峡	营造尺（鲁班尺、木经尺）	32.2	县城斗	20	老秤（16两为1斤）	500
	五尺竿	161	千秋斗	28	新秤（官秤库平秤）	500
	量地尺（弓）	161	任村斗	18	合子秤	1000
三门峡	笨尺（百布尺）	37.02 38.64	南村斗	14		
	裁衣尺	33.42	新斗（斛）	7.5		
	新市尺	33.3				
漯河	市尺（小尺）	33.3	小斗	12.5	老秤（16两为1斤）	500
	白布尺（大尺）	56.1	大斗	25	新秤（16两为1斤）	500
濮阳	量布尺	37	斛	17.5	秤	576
	量地（步）	185				
	量路（里）	66600				

续表

类别 地区	度器		量器		衡器	
	种类	厘米/尺	种类	公斤/斗	种类	克/斤
南阳	白布尺（用于土布）	59.5	斛	10	16两秤棉花、油类	525
	市尺	33.3			烧烟、煤炭	550
					晒烟、黑矾	600
					山货瓜果	575
驻马店	竹木尺	29~31	木方斗	14	单面单毫秤	480~510
	土布尺	91~98	木圆斗	15	双面双毫秤	470~520
	木工尺（拐尺）	35~41	条半（木条编织）	12.5~14.5	双毫三面秤	450~515
	木工尺（五尺尺）	160~163			单毫两面秤	490~500
	量地尺	41~50				
周口	营造尺（工匠尺）	32	州斗	25	苏砝秤	600
	土布尺	51.6			漕砝秤	620
					市制秤	500
鹤壁	市尺	33.3	方斗（鹤壁集）	9.25	平秤	
	粗布尺	66.6	方斗（鹿楼集）	9.35	加三秤	551.7
	工匠尺	31.6	方斗（吕寨量米）	12.5	加三五秤	675.4
	弓尺	166.7	方斗（吕寨量麦）	16	加三七五秤	744.8
	仗秤	1000	升（10合升）	0.925	截半秤	758.6
			升（8升）	0.74	圆秤	827.6
信阳	木旧市尺	35	旧斗（60斤）	30	16两木杆秤	500
			旧斗（80斤）	40	16两木杆秤	500

二是做好宣传动员。为顺利推行改革工作，创造良好的群众基础，不但要使干部深刻了解有关度量衡改革的方针政策、任务和改革的目的，而且还必须结合有关部门向群众开展宣传教育工作，使他们真正懂得改革的重大意义。通过各种形式和场合，根据不同群众的切身利益与要求进行宣传，使政策变成广大群众的自觉行动，积极协助政府来搞好这一工作。凡试点地区均应拟定详细的宣传计划，宣传提纲，力求做到家喻户晓深入人心，以排除工作中的阻力。

三是试制新器。推行工作中，新器供应结合旧器改修是一个相当重要的问题，因此，对现行杆秤、市尺的改革，需要分别定出一个统一标准方能试制。根据中央指示精神，首先确定河南省度量衡以国际公制为标准制，市制为使用制，为照顾群众习惯目前仍采用市制，杆秤标准，应将原市制十六两一斤的秤（十六进位）一律改革为十两一斤制（十进位），使其接近公制。由于两变斤不变，改革起来困难不大，对民间旧杂制在新器供应后应逐渐予以废除。但目前通用的杆秤无论在数量、质量和规格上都极其复杂，新器供应还只是开始试制阶段，因此，对旧器的改修同样不能忽视。原则上对旧器应按十两秤改修使用。除戥秤可暂不进行改革外，盘秤、钩秤应按上述标准进行试制。市尺标准，仍采用十进位制，长度必须合乎 1/3 公尺，公市制比例为 1：3。两头必须包以铜或铝片，其色泽形式可不极其一致，除木竹直尺应按此标准进行试制外，其他尺可暂不进行改革和试制。新器试制供应是一个较复杂的问题，必须合乎技术规格要求，为此试制工作必须抓住两个环节：一方面，合营、工业、手工业的管理部门，组织厂商进行技术训练，帮助核其成本，改进技术，保证规格，提高质量，进行试制；另一方面，做好定量砣的设计试制工作，使其完全合乎新器标准秤的技术规格要求，这是杆秤改革工作的重要关键，试制式样报省审查合格后再大量制造。由于杆秤、市尺的改革要改变群众几千年来的历史习惯，影响极大，加上我们在工作实践、技术理论上极端缺乏经验，因此：①改革方针：必须采取由点到面，稳步推进的方针。②改革试点：在郑州、开封、商丘三市试点，并由各市拟定杆秤、市尺改革的具体实施方案报省批准后试行，以便取得经验推广至其他各市。③改革步骤：先从国营、合作社进行改革，而后在公私合营和私营主要行业进行，改革一个行业再进行另一个行业，民用部分改革放在最后。④做法：要从控制生产入手，首先禁止制造厂商修理旧器，交易用和民用秤、尺可暂准使用。破旧重修者可改换新器，以便逐渐统一用新制。⑤时间要求：第三季度开始，年末完成。

第三，组织领导。明确以各级人民委员会商业行政部门为度量衡的主管机关，度量衡器的统一管理检定改革工作，必须在当地党、政统一领导下有计划有步骤地进行。重点地区可根据工作需要，建立临时性的组织，指定专人掌握情况，研究推动工作，进行督促检定检查，发现问题解决问题，总结经验，指导与推动全面工作开展。

第四，人员配备。配备专业干部——这是决定工作能否顺利进行的关键问题。本着精简原则，由当地政府负责配备。尽量在现职干部中遴选调用，原则上不吸收新人员，但个别技术很好，政治上无问题者，经过严格审查，党政批准亦可酌情吸收。干部条件：一般应抽调现做度量衡工作的，或过去做过此项工作的，或具有初中以上文化程度，政治清楚，并有培养前途的青年充任，调配后加以短期训练再进行工作。各所站编制：检定所不超过四人；开封、新乡、洛阳、安阳等站三人；其余市、站二人；各所站长，调县、区级干部充任。

第五，经费来源。各检定所、站干部供给：办公费用由检定费内自给自足，收益赢余划归地方财政收入。开始两个月所需经费，仍由地方财政负担。

第六，仪器设备。度量衡检定仪器设备问题：事实证明，如缺乏检定设备即无法进行检定，检定设备不足，检定了也不能保证器具的准确，还会使不合格不准确的器具继续流动使用，造成交易使用上的混乱，因而添置一些最低限度的必要的检定设备是需要的，仪器设备应本着节约及逐步求得解决的精神解决。开办初期以能解决当前必需的如磅秤、杆秤、砝码、钢印等的检定仪器设备为限，以便于各市（区）检定。郑州检定所可购置一架天平，以供各市使用。原有仪器应尽量修理使用。购置仪器所需款项由当地财政拨支。

1955 年年末，河南省各地废除了一些旧有的不合理的衡器（如对花秤、加一秤、案秤等），初步统一了市尺的使用，检查取缔了交易市场中的投机行为。在部分市区设置了公用器具，大大方便了群众的正当交易，并开展了定期检定检查工作。参观学习外省检验，提高检定技术，这些都为进一步加强度量衡管理工作，创造了必要条件。以新乡市汲县为例：在商贸领域进行统一斗、秤的工作中，仅 10 天时间，共修理校准杆秤 274 支，以市制“斤”为单位，1 斤等于 16 两，1 斤为 500 克，1 两为 31.25 克，对合格者均打上火号，以“汲工”为记；整顿各种老式斗，从形式上看有方斗、圆斗，从量值上看有汲县斗、滑县斗、延津斗、新乡斗、辉县斗等，量值各不相同，一律换成汲县圆形斗，共 26 个。

（二）行业度量衡管理

1950 年，郑州铁路局成立电力厂、电力工区衡器检修所，主要负责运输方面的衡器检修。1953 年，河南省石油公司郑州分公司建立企业计量机构，人员总数 11 人，其中计量技术干部 2 人。这是中华人民共和国成立以后河南省建立计量机构较早的企业之一。1955 年，新乡衡器厂建立，该厂是河南省最早的衡器生产厂，主要生产木杆秤，兼台秤修配。新乡市有一家德兴磅厂，以生产木杆秤为主，兼修台、案秤，公私合营时，该厂解散，大部分人员进入粮食系统，少部分人员（郑伯录、王全录、沈佰顺等）成立制秤互助组，后改名衡器社。

（三）企业度量衡管理

中华人民共和国成立初期，河南的工业极其薄弱。据工商管理部门 1950 年对 2 个省辖市、10 个专辖市、2 个重点县的调查登记，其工业企业只有 136 户[其中以纸烟厂（43 户）、面粉厂（29 户）为多数]，8645 人。除了苏联、德意志民主共和国援助的几个大厂和若干部属企业以外，河南也发展了一批地方企业，这些地方企业也多是从手工业发展起来的，以支农为主的小型企业。河南省的企业度量衡管理非常薄弱。

（四）制造度量衡器具管理

河南省人民政府和各级计量部门历来都很重视制造经营经销计量器具的管理。河南省计量部门采取了“先国营、后集体、再个体”的工作方法，即首先把制造度量衡器具的国营企业计量器具管好，然后再管理好集体企业和个体企业。对国营企业是严把“合格”关。无合格证的，要送计量部门检定，不合格的要退货，不准销售。对生产计量器具的个体户，采取组织起来、定点制造的办法。如南阳地区计量所 1963 年对全区 166 个木杆秤制修人员进行考核，把全区划分为 50 个营业区、140 个营业点，为考核合格人员建立档案，颁发技术合格证，每人配发标准砝码 68 公斤。要求从业者只能在规定的营业点上生产活动，不许随意游动，其产品由计量部门实行抽检。同时还规定了十要十不准：要造十两秤，不准造十六两秤；要造刀扭秤，不准造麻扭秤；要用标准砝码造秤，不准比秤造秤；要造“一”字秤，不准造喜字秤；要装紧刀子，不准松动；要有统一编号，不准漏印出售；要保证质量，不准偷工减料、粗制滥造；要执行统一价格，不准牟取暴利；要在指定地点营业，不准到处乱窜；要互相监督，不准包庇。安阳、南阳、开封地区及河南生产木杆秤较多的长葛县、叶县、浚县对木杆秤的制修也都有具体的管理规定，对一些违反计量法令的行为依法进行处理。

第二节　建立计量机构和培训计量人员

随着我国国民经济的不断发展，特别是第一个五年计划的顺利实施，对加强计量管理、保证计量单位制的统一和量值的准确可靠提出了迫切要求，直接促进了计量机构的建立。1955 年，国家计量局建立，统一管理全国的计量工作，河南省计量机构也随后建立。河南省的省、地、市、县计量机构成立后，积极培训计量人员，开展计量检定工作。

一、建立省级计量机构

河南省商业厅 20 世纪 50 年代中期向河南省人民委员会递交了调查报告，陈述了建立计量机构的理由。因为河南省没有建立计量机构，对量具计器没有进行检定，已经影响到某些工厂的生产和销售。以郑州公私合营的华实厚铁工厂为例：该厂是专门生产台秤的，月生产 700～800 台。当年曾和西安等地签订了大批合同，由于生产的台秤成本高、技术低，规格要求没有标准，到了销售地，经当地检定机关检定不合格，西安、兰州、邯郸都相继提出撤销合同。该厂负责人曾到河南省商业厅要求给他们检定，但由于没有检定办法和收费标准，无法答应其要求。再如：商丘市手工业生产社运往西安供销社的千支大杆秤，因为全部不符合制造标准被退了货。河南省在计量制度上是公制、市制、英制、旧杂制夹杂使用，没有统一标准，在准确度上时常发生偏差。如全省粮食系统共有 2 万部台秤，其中就有 3000 部失灵，不敢使用；周口蛋厂购买郑州信昌（华实厚铁工厂前身）台秤，多出一两斤的现象很多，蛋粉出口后给国家造成很大损失。国营商业和供销社在收购和销售中，也因量具计器不准确，经常发生纠纷或事故。市场交易中的量具计器，由于没有检定管理，不法商人故意使用不准确的量具计器或对量具计器进行破坏，以达到少尺短秤、大进小出、欺骗群众、牟取暴利的目的，使消费者利益受损。

1956 年 9 月 6 日，河南省编制委员会〔56〕编办 278 号文印发《关于省商业厅新设计量机构、五大市商业局设专管计量工作人员的通知》，决定在河南省商业厅市场管理处内设计量科，编制 2 人；同时决定开封、安阳、新乡、洛阳、郑州 5 市商业局内配备专管计量工作的干部 1 人（见图 1–2–1）。地址在郑州市金水区政三街 4 号（1956 年 9 月—1957 年 11 月，见图 1–2–2）。办公室面积 20 平方米。

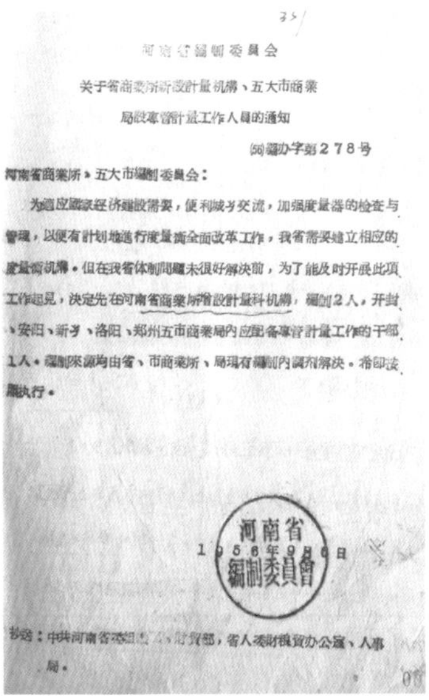

河南省編制委員会

关于省商業厅新設計量机構、五大市商業局設專管計量工作人員的通知

(56)編办字第278号

河南省商業厅、五大市編制委員会：

为適应國家経济建設需要，便利城乡交流，加强度量器的检查与管理，以便有計划地進行度量衡全面改革工作，我省需要建立相应的度量衡机構。但在我省体制問題未很好解决前，为了能及时开展此項工作起見，决定先在河南省商業厅增設計量科机構，編制2人，开封、安阳、新乡、洛阳、郑州五市商業局內应配备專管計量工作的干部1人。編制來源均由省、市商業厅、局現有編制內調剂解决。希即遵照执行。

河南省編制委員會
1956年9月6日

抄送：中共河南省委組織部、財貿部，省人委財糧貿办公室、人事局。

图 1-2-1
1956 年河南省编委增设计量机构文件

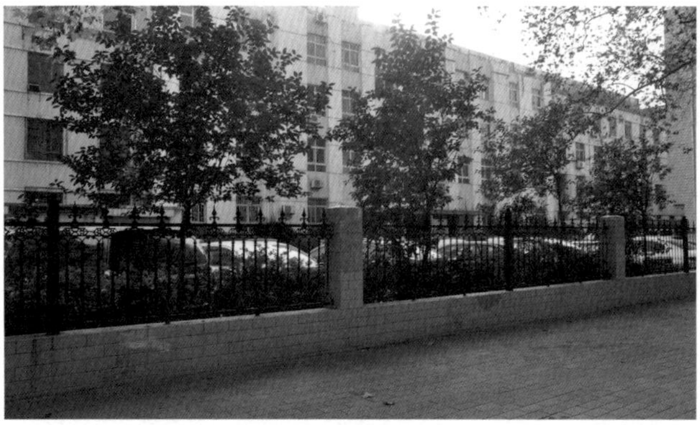

图 1-2-2
1956 年 9 月—1957 年 11 月河南省商业厅市场管理处计量科

1957 年 7 月 8 日，河南省编制委员会印发《关于建立计量检定管理机构的通知》(〔57〕编办字第 111 号，见图 1-2-3)，决定在河南省商业厅内设定计量处，编制 6 人。原文如下：

河南省编制委员会
关于建立计量检定管理机构的通知

〔57〕编办字第 111 号

商业厅、工业厅、服务厅，省供销社，省手工业管理局，各专区编委会，郑州、洛阳、新乡、开封、安阳、焦作、商丘、许昌、南阳、信阳市编委会：

遵照国务院直习字第 3 号关于核定各省、市计量机构和编制问题的通知，根据我省没有计量检定机构的情况，决定在商业厅内设立计量处，郑州、洛阳、新乡、开封、安阳、焦作、商丘、许昌、南阳、信阳市商业局(科)内设计量检定人员(具体编制附表)，负责市和所在专区之计量检定业务。人员编制暂由商业部门现有人员编制中调剂解决(将来自己收费解决)。对外可用“××市商业局计量检定所”名义。希自 1957 年 7 月份起执行。

附：编制表一份。

河南省编制委员会
一九五七年七月八日

抄送：中共省委组织部、工业部、财贸部，财贸委员会，省长办公室工业交通组，财政厅。

附件：　　　　　　省、市计量检定人员编制表

部名	省计量处	郑州市	洛阳市	新乡市	开封市	安阳市	焦作市	商丘市	许昌市	南阳市	信阳市	总计
编制数	6	5	4	4	3	3	2	2	2	2	2	35

说　明：郑州、焦作两市不兼办专区检定业务。

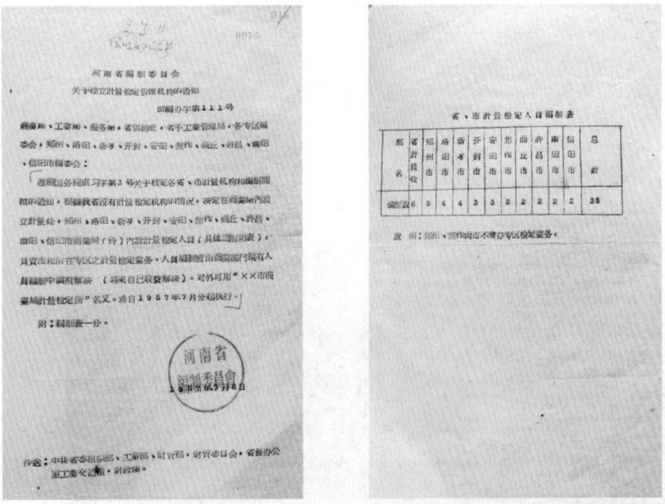
河南省编制委员会
关于建立计量检定管理机构的通知
（57）编办字第111号
商业厅、工业厅、服务厅、省供销社、省手工业管理局、各专区编委会，郑州、洛阳、新乡、开封、安阳、焦作、商丘、许昌、南阳、信阳市编委会：
遵照国务院直习字第3号关于核定各省、市计量机构和编制问题的通知，根据我省没有计量检定机构的情况，决定在商业厅内设立计量处，郑州、洛阳、新乡、开封、安阳、焦作、商丘、许昌、南阳、信阳市商业局（科）内设计量检定人员（具体编制附表），负责市和所在专区之计量检定业务。人员编制暂由商业部门现有人员编制中调剂解决（将来自己收费解决）。对外可用“××市商业局计量检定所”名义。希自1957年7月份起执行。
附：编制表一分。
河南省编制委员会
1957年7月8日
抄送：中共省委组织部、工业部、财贸部，财贸委员会，省长办公室工业交通组，财政厅。

省、市計量检定人員編制表

部名	省計量处	郑州市	洛阳市	新乡市	开封市	安阳市	焦作市	商丘市	许昌市	南阳市	信阳市	总計
編制数	6	5	4	4	3	3	2	2	2	2	2	35

說明：郑州、焦作两市不兼办专区检定業务。

图 1-2-3
1957 年河南省编制委员会《关于建立计量检定管理机构的通知》

当时计量处人员有周立勋、崔振明、王彤、卢悦怀。李友三任商业厅厅长，杨旭东任副厅长，分管计量处。地址在郑州市金水路 30 号（1957 年 12 月—1959 年 2 月，见图 1-2-4）。

图 1-2-4
1957 年 12 月—1959 年 2 月
河南省商业厅计量处

1957 年 8 月 24 日河南省商业厅 1069 号文《关于计量检定机构性质、任务、职权范围等几个方面问题的答复》中，对计量检定机构的性质、任务、职权范围、同各个部门的关系、领导关系、经费开支、业务开展、人员来源等问题作出规定。

1958 年 8 月 20 日，河南省人民委员会省长吴芝圃任命陈仲瑞为河南省商业厅计量处处长。陈仲瑞，男，1914 年出生，山东省莒县人，1938 年秋参加革命工作，1939 年 2 月参加中国共产党，1958 年任河南省商业厅计量处处长，1959 年任河南省科委标准处处长，1960 年任河南省计量标准局局长（见图 1-2-5 和图 1-2-6）。

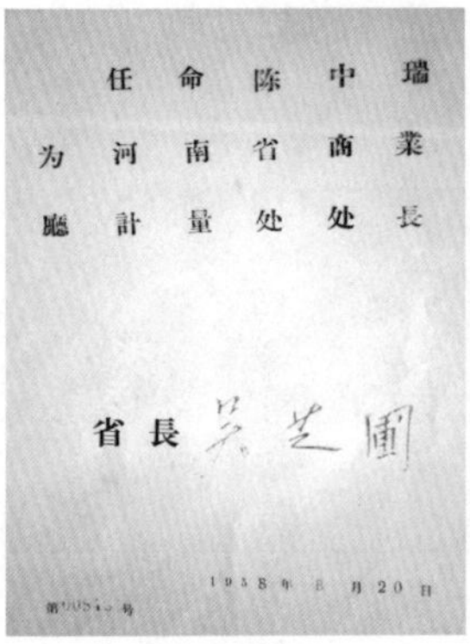
任命陈中瑞
为河南省商業
廳計量处处長
省長 吴芝圃
1958年8月20日

图 1-2-5
1958 年陈仲瑞任河南省商业厅计量处处长的任命书

图 1-2-6
1958 年河南省商业厅计量处处长陈仲瑞

1959年3月5日，中共河南省科学技术委员会党分组、中共河南省商业厅党分组联合发出〔59〕18号文，就河南省的计量工作状况向中共河南省人民委员会提交了《关于调整计量工作的领导关系的联合请示》（摘录）：随着工农业生产全面的更大跃进和大闹技术革命运动形势的发展，给计量工作提出了极其艰巨的繁重任务。计量工作是科学技术工作的组成部分，它的发展必须和工业、科学研究事业的发展相适应，又是综合性的工作。为此，计量工作在商业系统领导之下已经远远不能适应形势发展的需要。在河南省科学技术委员会正式成立之后，计量工作也是科委的主要工作之一。故经双方研究，并经省委财贸部和文教部同意，将商业厅计量处划给河南省科学技术委员会领导，并设为河南省科学技术委员会标准计量处。

河南省科学技术委员会计量标准处1959年3月搬迁至郑州市纬五路12号，至1959年10月（见图1-2-7，原办公楼已拆除，此图为旧址）。

图1-2-7
1959年3—10月河南省科学技术委员会计量标准处

1959年4月1日，河南省人民委员会《关于调整计量机构编制的通知》（豫人字第76号）批复，同意河南省商业厅计量处移交河南省科学技术委员会领导，并改设为河南省科学技术委员会计量标准处。移交后，河南省科学技术委员会计量标准处编制增至11人（见图1-2-8）。处长陈仲瑞、副处长巨福珠。

1959年4月9日，河南省科学技术委员会〔59〕科委计字第005号、河南省商业厅〔59〕商量字447号发出《关于建议变更计量工作领导关系的联合通知》，将河南省商业厅计量处移交河南省科学技术委员会领导。并建议将各专、市、县计量工作的领导关系作相应变更，由各地科委统一领导（见图1-2-9）。

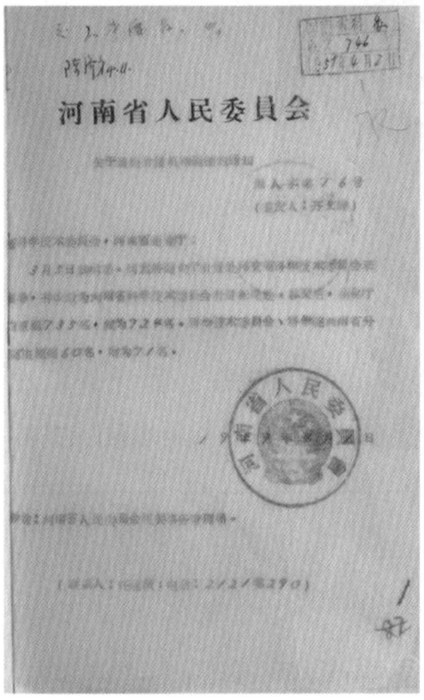

河南省人民委员会

图1-2-8 1959年河南人民委员会同意商业厅计量处移交河南省科学技术委员会的文件

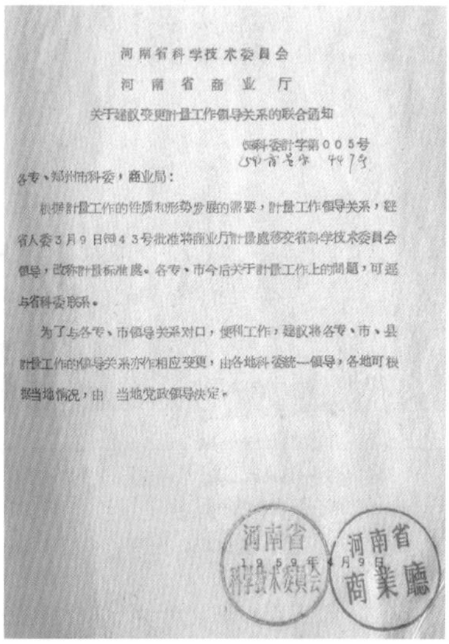

河南省科学技术委員会
河 南 省 商 业 厅
关于建議变更計量工作領导关系的联合通知

(59)科委計字第005号

各专、郑州市科委，商业局：

根据計量工作的性质和形势发展的需要，計量工作領导关系，經省人委3月9日(59)43号批准將商业厅計量處移交省科学技术委員会領导，改称計量标准處。各专、市今后关于計量工作上的問題，可逕与省科委联系。

为了与各专、市領导关系对口，便利工作，建議將各专、市、县計量工作的領导关系亦作相应变更，由各地科委統一領导，各地可根据当地情况，由 当地党政領导决定。

河南省科学技术委员会
河南省商業廳

图1-2-9 1959年河南省科委、河南省商业厅关于更变计量工作领导关系的联合通知

1959 年 7 月 1 日，中共河南省文化教育部〔59〕文干甲字第 010 号通知：省委常委会于 1959 年 6 月 30 日批准，陈仲瑞处长任省科委党分组委员。

1959 年 11 月，河南省科学技术委员会计量标准处搬迁至郑州花园路口 8 号。1960 年 5 月河南省科学技术委员会计量标准局亦在此地，直至 1960 年 8 月（见图 1–2–10）。

图 1–2–10
1959 年 11—1960 年 8 月河南省科委计量标准处、河南省标准计量局

1960 年 5 月 3 日，河南省人民委员会豫编字第 129 号文决定：将原省科委计量标准处改为河南省计量标准局，业务还包括标准化工作，编制 70 人（见图 1–2–11）。局长陈仲瑞，副局长巨福珠，在职人员 39 人，其中技术人员 23 人。

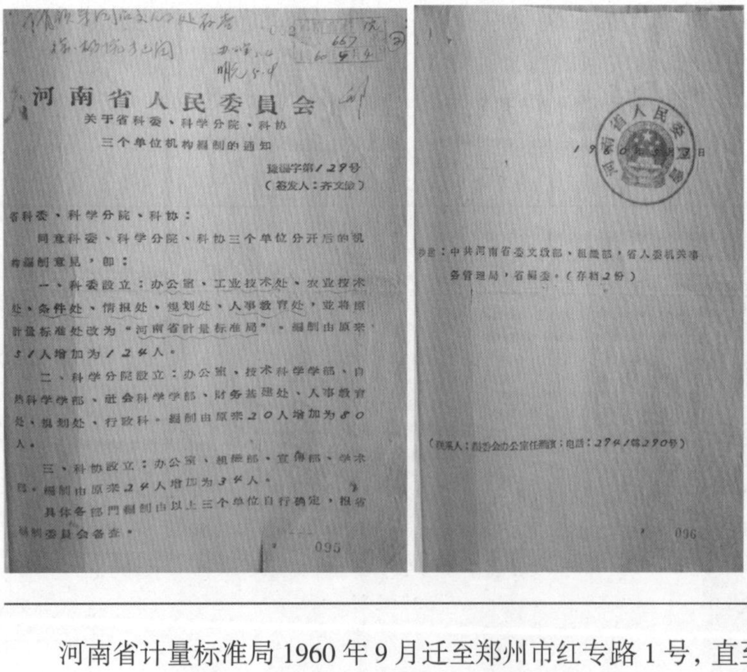

河南省人民委员会
关于省科委、科学分院、科协
三个单位机构编制的通知

豫编字第129号
（签发人：齐文俭）

省科委、科学分院、科协：

同意科委、科学分院、科协三个单位分开后的机构编制意见，即：

一、科委設立：办公室、工业技术处、农业技术处、条件处、情报处、規划处、人事教育处，並將原計量标准处改为“河南省計量标准局”。編制由原來51人增加为124人。

二、科学分院設立：办公室、技术科学学部、自然科学学部、社会科学学部、財务基建处、人事教育处、規划处、行政科。編制由原來20人增加为80人。

三、科协設立：办公室、組織部、宣傳部、学术部。編制由原來24人增加为34人。

具体各部門編制由以上三个单位自行确定，报省編制委員会备查。

095

1960年5月3日

抄送：中共河南省委文教部、組織部，省人委机关事务管理局，省編委。（存档2份）

（联系人：[illegible]；电话：2941转290号）

096

图 1–2–11
1960 年河南省人民委员会同意将河南省科委计量标准处改为河南省计量标准局的文件

河南省计量标准局 1960 年 9 月迁至郑州市红专路 1 号，直至 1989 年 9 月（见图 1–2–12）。

1963 年 7 月，陈济方任河南省计量标准局局长。陈济方，男，1917 年 5 月出生，河南省泌阳县人，1936 年 2 月参加革命工作，老红军，1936 年 3 月参加中国共产党（见图 1–2–13）。

1963 年 7 月始，河南省计量标准局单独成立了党支部。陈济方任河南省科委党组成员、河南省计量标准局局长、局党支部书记。

图 1–2–12
1960 年 9 月—1989 年 9 月河南省计量标准局、河南省计量管理局、河南省计量局

图 1–2–13
1963 年河南省科学技术委员会计量标准局局长陈济方

1964 年 3 月 13 日，河南省人民委员会豫文字第 171 号文件，同意将“河南省科学技术委员会计量标准局”改名为“河南省科学技术委员会计量管理局”。陈济方任局长。编制 90 人，归河南省人委建制，由河南省科委代管（见图 1–2–14）。

河南省科学技术委员会
收文 548 号
64.3.14

河南省人民委員会

关于更改計量标准局名称的批复

豫文委字第171号

省科委：

一九六四年三月十一日請示悉。省人委同意将“河南省科学技术委員会計量标准局”，改名为“河南省科学技术委員会計量管理局”。

1964年3月13日

抄送：各专員公署、各市人民委員会，各委員会，工业交通各厅、局。（存档2份）

042

图 1–2–14
1964 年河南省人民委员会同意将“河南省科学技术委员会计量标准局”改名为“河南省科学技术委员会计量管理局”的批复

1980 年 3 月，河南省计量管理局更名为河南省计量局，仍归河南省科委代管。

1965 年 12 月 31 日之前，先后任河南省计量局正、副科级干部人员名单：办公室主任：周汝英，李柏鲁；秘书（副科级）：周立勋，余蓟曾，景增智。人事科科长：钟巨德。综合技术科科长（代）：卜繁恕。长度科科长：崔炳金，景增智；副科长：卢悦怀。热工科科长：余蓟曾；副科长：马令曾。力学科科长：张先觉；副科长：周立勋。电学科科长：蒋治国、普书山；副科长：张隆上。实验工厂厂长：李长俊；副厂长：杨树龙。

二、建立各专区、市、县级计量机构

1956年，河南省编制委员会发文，决定在开封、安阳、新乡、洛阳、郑州5市商业局内设专管计量工作干部1人，负责本辖区的计量工作。1957年，河南省编制委员会发文，决定在郑州、洛阳、新乡、开封、安阳、焦作、商丘、许昌、南阳、信阳市商业局（科）内设计量检定所。地、市初步使用了度量衡器标准，开展了以衡器为主的度量衡检定管理工作。

河南省各专区、市、县级计量机构建立原则是：采取先重点后一般，重点市（县）的计量机构建立后可以担负起相距较近、工业比重较小的个别县的检定任务。关于人员多少，可根据工作需要由当地党政决定。关于专区所在地的市级机构在当前一般可以"一身二用"，最好作为专区科委的组成部分，并担负所在市的计量检定业务。 1957年，河南省商业厅发文，对计量检定机构的性质、任务、职权范围、同各部门的关系、领导关系、经费开支、业务开展、人员来源等问题作出了规定。此后，各地、市、县（包括县级市）计量机构相继建立，并开展了计量管理和计量检定工作。

郑州市：1957年郑州市商业局综合科负责计量管理，建立有检定市尺用的量端器及100克砝码、500克砝码、2000克砝码、5000克砝码、20千克砝码。郑州市计量检定管理所1958年3月成立，隶属郑州市商业局。张珍任所长，工作人员5人。地址：郑州西大街231号。紧接着巩县（4人）、荥阳县（3人）、登封县、新郑县、密县计量检定所相继成立。1958年，郑州市计量检定管理所设置了办公室、长度室、热电室、力学室，健全了内设机构。

开封市：1949—1955年开封市商业局行政科负责全市计量器具管理工作。1957年10月，在开封市商业局指导下，开始筹建开封市计量管理机构。1958年3月，开封市计量检定管理所成立，隶属市商业局，由5人组成，王喜武任第一任所长。1959年3月隶属科委领导，人员增加到10人。

洛阳市：1949年12月5日，根据洛阳市委的决定，成立洛阳市生产推进社，统一管理全市工业和商业。计量工作归生产推进社负责。1952年4月，成立洛阳市工商行政管理局。计量工作归洛阳市工商行政管理局负责。1954年8月，洛阳市升格为省辖市，当年撤销洛阳市工商行政管理局，成立洛阳市商业局，商业局市场管理科负责市场的计量管理工作。1958年3月，洛阳市在市商业局设立计量检定所，所长姜宏源，副所长白由进，工作人员7人。当时开展的业务是检修商业部门使用的台、案秤，木杆秤和木直尺。1959年初成立洛阳市计量检定所，隶属洛阳市科学技术委员会领导。

新乡市：1949年1月，新乡市度量衡由政府各相关部门根据实际情况进行管理。1958年初成立新乡市商业局计量检定管理所，隶属新乡市商业局市场科，计量人员5人，其中2人从事计量管理工作，负责人桑效功。地址在原市政府南院（今卫滨区政府），房屋面积约为18平方米，经费为差额补贴单位。随后延津县、汲县（今卫辉市）由县政府工商科负责度量衡工作，各行管部门（供销社、商业局、市管会、粮食局、交通局）具体执行。其他各县（市）计量工作的管理大体如此。

商丘市：1961年商丘行政公署成立计量管理办公室，工作人员8人。1964年商丘行政公署计量管理办公室更名为商丘行政公署计量标准所。杜群任第一任所长。全所有4名职工：杜群、李继明、任秀举、李宝荣。办公地址在原行署院内，两间办公用房。

安阳市：1956年，安阳市人民政府工商科负责管理度量衡工作。1956年，市商业局筹建市计量管理机构时，组织7个老秤工成立"度量衡合作组"，王保兴任组长，厂址在市南大街68号，4间门面房约80平方米。1957年12月26日正式成立"安阳市商业局计量检定管理所"。同时委任商业局市场科科长李森林兼计量所所长。先后配备了4名干部：冯忠正、张学南、庄彬彬、李九长。1958年3月24日，"安阳市商业局计量检定管理所" 改名为 "安阳市计量检定管理所"，隶属市商业局。1958年4月，"安阳市计量检定管理所" 正式开展检定木杆秤、台秤、案秤、竹木尺。9月，开始进行天平、砝码的检定、修理工作。安阳市计量检定管理所批准7个老秤工组织 "度量衡合作组" 参与制修木杆秤、竹木直尺等。

焦作市：1957年4月，焦作市商业局 "计量所筹备组" 在商业局市场管理科成立。由马殿文等人员筹备。是年8月，焦作市商业局计量检定管理所成立，办公地址设在焦作市商业局院内。第一任计量所长刘文清，马殿文是唯一的计量管理兼检定员，对市商业系统的衡器进行检定和修理。办公室和检定室共3间平房，约45平方米。1950年沁阳县专设计量管理机构。

许昌市：1949年由许昌市人民政府工商科负责许昌市度量衡的管理工作。1958年2月，许昌市商业局成立“许昌市商业局计量检定管理所”，工作人员仅2人，主要从事木杆秤和地秤的检修管理工作。1955年年底，禹县成立度量衡供销生产合作社。

信阳市：1957年奉信阳专员公署指示，由信阳专区商业局根据河南省编制委员会（57）编办字第111号文件的要求，以马元舟、李积才、付继忠3人为骨干，着手筹建计量机构（信阳市大同路中段，现四一路中段）。1958年经信阳市人民委员会批准正式成立“信阳市商业局计量检定所”，隶属信阳市商业局。同期，河南省商业厅计量处，调拨工业天平4架，量块（5等83块组）1套，四等25千克标准砝码20个，共计0.5吨，开始建立度量衡器标准，指定马元舟为临时负责人，开展以本市商业系统及农贸市场大量使用的简易计量器具共16种检定和管理工作。息县、潢川县分别成立商业局计量检定所，隶属县商业局。经信阳市商业局计量检定所请示，信阳专员公署同意组建信阳专区计量机构，并从罗山县、信阳县抽调两名工作人员，在信阳市商业局计量检定所的计量标准器的基础上开展信阳地区的计量检定及管理。同期，省计量局增拨50千克标准天平一架，一米线纹米尺一支，两支量端器。

南阳市：1958年南阳专员公署下发文件，成立南阳专员公署科学技术委员会计量管理所，事业单位，办公地址在南阳市新华街（老城），筹建了力学和长度实验室。

漯河市：1958年在漯河市商业局设立计量检定管理所。1959年市商业局将计量检定管理所移交市科学技术委员会。1960年建立计量标准。

平顶山市：1958年在平顶山市商业局成立计量检定所，建立4等砝码标准器具，对市场上3种商用计量器具进行检定和管理。

三门峡市：1958年5月，三门峡市成立计量检定所，隶属于市第一商业局，主要从事市场衡器管理。1959年成立三门峡市计量监督管理所，隶属于商业局，所长王建国，工作人员张继友、李西营。

鹤壁市：1957年3月26日，国务院批准鹤壁建市，当时的市计量工作由市商业局代管。在市商业局设衡器组，有工作人员2人，开展台、案秤的检修工作。1959年9月22日，鹤壁市科委发文，决定成立“鹤壁市计量检定管理所”，并颁发木质圆形印章一枚，于9月22日启用。由刘庆正负责，地址在市政府院内北面两间平房。

周口市：1963年10月，商水县计量所成立，隶属商水县手工业管理局。1965年6月6日，周口专区成立。周口专区下辖9个县：原商丘专区的鹿邑、郸城、沈丘、项城、淮阳、太康6个县和原许昌专区的西华、扶沟、商水3个县。商水县计量所改名为周口专员公署科委计量管理所，隶属于专署科委。周口专员公署科委计量管理所移交周口镇，搬迁至潘公街，此时，属双重领导，人员归周口镇委，业务、经费归专署科委。建立力学室，主要开展衡器及压力表的检定修理，以修理为主。

驻马店市：1965年6月15日，国务院批准河南省增设驻马店地区行政公署。随后行署批准成立驻马店地区计量所，隶属于科委，正科级单位。所长朱文德，有职工3人，建立长度1项计量标准。

济源市：1965年12月，县委会下达计量通告，成立县计量检定管理所，隶属于县科委。

濮阳市：1984年濮阳市标准计量局（副县级）成立。

1961年11月19日，河南省科学技术委员会计量标准局〔62〕科计标字24号《关于省、市计量机构合并问题的报告》向国家科委计量局汇报情况。1962年全省各级计量部门执行“精简机构，下放人员”的政策，全省原有37个地、市、县计量机构、299人，精简为21个机构、151人。1963年，计量机构又逐步得到恢复和发展。

三、多方并举，积极培训计量人员

随着我国社会主义经济建设的发展，各部门需要大量技术人才，以适应建设事业发展的需要。河南省从1956年开始，就注重计量技术人员的培训工作。河南省商业厅在关于1958年开展计量检定管理工作的意见中强调：在当前阶段，具体任务是积极培训干部，建立健全机构，充实仪器设备，逐步开展量具计器的检定管理工作和着手准备统一计量制度工作。随着计量网的建立与键全，必须加强计量技术干部的培训工作，凡有条件的专、市及厂矿企业，根据需要全面安排，有计划有组织地举办长、热、力、电等各种专业性训练班，其中省拟计划训练200人。在此同时，积极输送到国家计量局和各兄弟计量机构代为培训，以壮大计量技术队伍，迎接1958年河南省计量检定工作的全面开展。国家计量局为了帮助河南省开展计量工作，通过半年时间为河南省训练了29名学员。这些经过训练的学员是河南省计量队伍的基础。在计量工作开展初期，省里将这批力量集中起来，让他们在郑州、新乡、洛阳、开封4个地区实地学习检定管理工作，通过学习、实践，进一步领会与运用中央检定法，熟悉技术操作，了解与掌握一般量具计器的制造技术、性能和规格标准，能够单独进行工作。通过学习，培养提高后再回到原地区工作，并通过他们带动和帮助新来工作的同志。不仅如此，还抽调一部分计量工作人员到外省先进地区（如上海、辽宁、山东、河北）计量机构实习，并继续选派干部到国家计量局开办的长度、力学、热学、电学等较精密的小型训练班学习。但河南省需要大量的专业人员不能完全依赖国家计量局和其他地区支援，要在省内努力自行培养，加强业务知识学习，充实计量队伍。

1956年11月，河南省商业厅选派周立勋，开封市商业局选派沈书岑，新乡市商业局选派龚庆安、王瑞生，新乡地区专员公署商业局选派冯中正，安阳市商业局选派张学南、冯忠正，许昌市商业局选派胥银志，信阳市商业局选派马元舟、李积才、付继忠，洛阳市商业局派4人，一共29人参加国家计量局在南京举办的首期计量干部培训班，主要学习计量管理、长度计量和力学计量检定技术，1957年4月毕业，回当地后，即筹建计量机构（见图1-2-15）。

图 1-2-15
1956年河南省商业厅选派周立勋等29人参加国家计量局在南京举办的计量人员培训班 周立勋（第二排左五）

1957年9月河南省商业厅选派卢悦怀等参加国家计量局在南京举办的第二期计量干部培训班，1958年2月学完全部课程，成绩合格，获得毕业证书。卢悦怀毕业证书编号：中华人民共和国国家计量局计干字第陆拾捌号（见图1-2-16）。

为了增加计量部门的技术力量，提高技术人员素质，1960年8月，郑州大学数学系本科毕业生何丽珠和郑州大学化学系本科毕业生王志慧分配到河南省计量局工作。这是省局接收的第一批从大学分配来的本科毕业生。1962年河南省计量局送国家科委计量局培训转速及测力硬度检定人员1名。1964年，河南省计量局选派曾广荣参加国家计量局举办的1964年第一期量块修理训练班（见图1-2-17）。

图 1–2–16

1958 年卢悦怀获国家计量局计量干部训练班毕业证书

图 1–2–17

1964 年第一期量块修理训练班　曾广荣（第二排左六）

河南省商业厅计量处 1958 年举办电学、衡器、温度等方面的短期专业训练班，为基层计量部门和工矿企业单位培训 100 人。1959 年 11 月 20 日，新乡市第一期长度计量培训班在新乡市文化宫开学，共培训 59 人。1962 年 10 月，省标准计量局举办硬度训练班，培训硬度计量和硬度试验人员 15 名。1962 年 11 月，郑州市计量所举办力学计量训练班，培训了天平、台秤的检定、使用、修理人员 47 名，并常年举办计量技术讲座，为市内各企业培训以长度计量为主的检定技术人员。1963 年 2 月 14 日至 3 月 16 日，根据新乡地区科学技术委员会安排，新乡市计量检定管理所举办长度计量培训班一期。

1963 年各市先后建立四等量块标准，检定人员的培训迫在眉睫。河南省计量局长度实验室从 1964 年 1 月起按新乡、开封、许昌、安阳、商丘、信阳、三门峡、漯河、鹤壁、焦作、平顶山的顺序培训五等量块、六等量块检定人员。每期培训 2~4 人，培训时间 2~3 个月，全年共培训 11 人，举办万能量具检修训练班一次。

1964 年 10 月，河南省计量局举办全省高温计量检定员培训班（见图 1–2–18）。

图 1–2–18

1964 年全省高温检定员培训班

截至 1964 年年末，河南省科委计量管理局采取举办专业训练班、以师带徒等方法为各专、市计量部门，大、中型企业、科研单位培训了质量、密度、高温、压力、电测量等计量技术人员 204 人。除此之外，各专、市计量所也用以师代徒的方法培训了一些计量人员。

第三节　围绕中心工作开展计量检测

中华人民共和国成立以后，特别是1957年河南省各地建立计量机构以后，计量工作始终贯彻为国民经济服务的方针，密切结合各个时期经济建设的中心工作，全力为其服务，有效地促进了各个经济领域的发展，取得了突出成绩。

一、计量为钢铁生产服务

1957年12月，在“以钢为纲、全面跃进”的方针带动下，河南的计量工作，一方面筹建新项目，进行光学、声学及无线电、放射性等计量工作的研究；另一方面密切结合当时大办钢铁的需要开展给土高炉“戴眼镜”，测试炉温、水量、水压等计量工作。在为钢铁工业服务工作中，各级计量部门半数以上工作人员，参加大办钢铁运动。根据钢铁生产由小到大，由土到洋，工厂化、基地化的发展趋势，对现有土仪表不断改进，并研究试制钪铜和钨－石墨热电偶，以适用“小土群”（乡镇小钢铁厂）也适用“大洋群”（国有大型钢铁厂）的生产特点。以脱硫为中心，计量部门先后在安阳水冶炼铁厂、郑州纺建公司钢铁厂、许昌钢铁厂、偃城钢铁厂对28立方米以下的小高炉进行试点。在生产实际中找到高炉生产的风量的炉温的计量关键，在工作中通过和工人共同研究共同试验，密切结合当时大办钢铁的需要，没有条件创造条件，土法上马，解决了冶炼工业中风压、风量、炉温、化验等计量仪表问题，使全省已投入生产的高炉全部安装上土仪表。通过仪表的控制，积累了冶炼过程的科学依据。试点经验证明，加大热风钢管的尺寸，增加入炉风量，改变管式热风炉的管运体系、锈结质量、合理燃烧、蒸气清灰等技术措施，对钢铁生产的质量和产量的提高，均起到极为重要的作用。由于这些“土”仪表具备构造简单、造价低廉、易于掌握、使用方便、反应灵敏、效果良好等特点，为实现高炉的高产长寿发挥了重要的作用，并能很快为工人群众所掌握，把“死”仪表换成“活”仪表。由炉子支配人转变为人来掌握炉子。所以人们当时称土仪表为“听诊器”“万灵医生”和“望远镜”。

在“以钢为纲、全面跃进”的方针带动下，充分发动群众，依靠厂、矿大搞协作，开展长、热、力、电四大类计量检定工作。过去只能检定简单的度量衡器具，扩大到开展万能量具、电工仪表、压力、容量等36种，保证已开展检定的计量器具的准确一致和正确使用，促进了工业生产的发展。在1958年取得经验的基础上，把“大洋群”和“小土群”的计量仪器建立起来；以解决钢、铁脱硫为主的优质高产为目标，把热工计量的暂时计量标准建立起来。首先使省内较大钢铁厂现有的热电偶、毫伏计、光学高温计、风量、风压计等计量仪表的量值得到准确一致，充分发挥其应有的作用，同时对现有的“土”计量仪表不断研究改进，使其既适用于“小土群”也适应于“大洋群”的生产特点。在解决钢铁工业中的热工计量的同时，企业计量机构也随之建立，逐步培训热工计量技术人员。先从抓热工仪表的检定着手，逐步将质量、流量等有关力学计量建立起来。在当时标准仪器难以解决的情况下，在使用中挑选精度较高的仪表，经过校验建立临时标准，采取比较、校验的办法，开展检定工作，保证钢铁生产的质与量。1958年，国家计量局马达同志带领一个小组来河南，与省计量局一起，携带光学高温计，到禹县方山钢铁厂蹲点。各地、市计量部门根据省商业厅计量处的部署，也都深入基层，实行“三同”（同吃、同住、同劳动），给高炉“带眼镜”，测试炉温、水量、水压等计量检测工作。这一工作在当时符合大办钢铁形势的需要，因此受到基层单位和工人群众的赞扬。

1959年11月，国家计量局在江苏常州召开计量工作现场会，交流计量工作为钢铁生产服务的经验。郑州市计量检定管理所所长殷秀明作了大会发言，介绍在大办钢铁的群众运动中，郑州市计量所研制出风压、风量计和简易光学高温计，为小高炉测量风压、风量和温度，在全市推广。大会提出了全国计量战线要“学常州，赶郑州”的口号。

二、计量为机械工业服务

1959年以来，河南计量工作贯彻“以工业为主，为生产服务”的方针，以钢铁、机械工业为重点，以提高劳动生产率、保证产品质量为目标，积极开展为工业生产服务活动。摸索为机械工业服务的经验，以便于突破一点推广全面，省计量机构组织力量为机械工业服务，摸索出河南省机械工业生产中的计量关键问题（采矿、洗煤、炼焦、排灌、轧钢、发电、机车车辆），为机械工业突破重、大、精、尖技术关创造条件。根据河南省机械工业生产的实际情况，从抓生产的关键问题入手，解决机械工业生产中的计量问题。当时的做法是：①从提高量具仪表的普检开始。②从检查产品质量入手。分析产品质量事故（包括设备、技术条件、安全、原材料使用等），发现由于量具仪表不准和使用不当所造成的质量事故原因，从而加强计量检定，保证产品质量。③大力组织厂、矿和计量部门本身，试制量具仪表，以解决中、小型企业中量具不足和无检定设备的困难。在万能量具方面，组织试制千分尺、游标卡尺、卡规、塞规及测微计、百分表、千分表、专用块规等量具仪表。

1959 年 6 月，处长陈仲瑞带队参加国家科委计量局在湖北省武昌洪山宾馆召开的“计量工作为机械工业服务全国经验交流会”。根据全国计量工作会议的精神，河南省各专、市组织 26 个工作组，参加工作组的有 118 人次，以服务钢铁、机械工业为中心，先后到南阳地区镇平县（镇平机床厂）、安阳地区（安阳机床厂、安阳水冶钢厂）等企业搞试点，与工人“三同”调查研究，发现企业的生产工人善于敲“打”，不善于正确使用计量器具，使用的计量器具长期失修，从不检定，磨损相当严重，无法保证准确度，致使生产出来的产品合格率极低，产品滞销。根据找出的问题，分析原因，工作组制定了详细的改进实施方案。首先帮助企业培训专职计量人员，建立计量室，加强计量器具的管理，对在使用的计量器具定期维修检定，要求生产一线的工人正确使用计量器具。经过工作组认真仔细的工作，使企业的生产工效成倍增长，产品质量大幅度提高。如安阳中型机床厂，在试点前生产的齿轮 100% 不合格，铸件 20% 不合格，开展计量工作后，生产的齿轮合格率达到 100%，铸件废品率下降到 8%。另如许昌农机厂生产的 0902 小轴，提高效率 5.2 倍，零部件废品率一般下降 30% ~ 70%。

1959 年 8 月 29 日至 9 月 3 日，河南省科学技术委员会与河南省机械工业厅在安阳召开“计量工作为机械工业服务现场会”，参加会议的共有 101 个单位，国营与地方机械厂 54 个，138 位代表。省科委计量工作组作了《计量工作在安阳中型机床厂的试点工作报告》。会议通过试点工作报告、举办展览、现场参观、经验交流、小组讨论、大会发言等形式，具体认识计量工作在机械工业生产中的作用，明确在机械工业生产中开展计量工作的方法。通过加强企业计量工作管理，提高计量器具的合格率，促进产品质量提升取得新成绩。

1959 年 6 月 26 日《河南日报》以《提高机械工业产品质量》为标题，第一次发表计量工作方面的“社论”。社论（摘录）强调：机械工业的产品绝大部分是生产工具，一部分是国家急需的六大设备，质量不好，不仅使机械工业本身造成巨大浪费，还会使国民经济其他部门也受到损失。为了提高产品质量，有必要在计划落实的同时，对全省现有机械业进行一次全面的整顿。机械工业的特点是部件多，生产过程复杂，一个产品有时会经过百十道工序，几百个人的手，由上千个零件组成。只要有一个零件不合格就会影响整个产品的质量。在这种复杂的生产情况下，就特别要求有一套正常的生产秩序和严格的质量检查验收制度。目前，所有的机械厂急需整顿产品的工艺规程，使每一件产品都能根据设计图纸的要求，按照一定的生产路线，在一定的设备上用一定的操作方法组织生产。同时，还要建立和健全质量检查验收制度，做到件件零件经过检查，不合格的零件不出工序。又由于机械业对产品的精密程度要求极严格，有些产品的误差只能是一根头发丝的十几分之一。做这样精密的机械，必须有精密的生产设备和合适的工卡具。有的厂把负责供给工具和设备维修的车间，变成了制造产品的前方车间，这种状况要很快改变过来，大的机械厂都要恢复工具车间，小厂也要成立工具小组，保证供给标准的生产工卡具。同时，注意加强设备的管理和维修，有一万台以上机床的工厂需要设立专门机构来管理设备，每个机床都要固定专人使用，加强经常的维修，保证机器的正常运转。

《提高机械工业产品质量》社论的发表，对全省机械工业加强计量工作起到推动作用（见图 1-3-1）。

提高产品質量是增产节

平原机器厂领導和羣众共謀

加强質量检查 制訂检

提高机械工业产品質量

洛阳市机械工业热加工系統

开展同工种竞赛 提高鑄件質

安阳电机厂加强質量

十瓩电动机达到設計

造好渣 出好鉄

图 1–3–1
1959 年 6 月 26 日《河南日报》社论
《提高机械工业产品质量》

1961 年，河南省在计量工作上贯彻“调整、巩固、充实、提高”的八字方针。为了保证河南机械工业使用的量具、仪器准确一致和正确使用，适应机械工业增加品种，提高质量的需要，省科委计量标准局会同省机械厅发出《在全省范围内进行量具检查，加强计量工作的方案》。根据“方案”要求，由省科委计量标准局抽调郑州、新乡、洛阳 3 市计量所和洛阳轴承厂、矿山厂、郑州纺织机械厂的 13 名有经验的计量技术人员，对郑州、新乡、许昌、洛阳、信阳 5 个地、市的 7 个重点机械企业使用的计量器具进行检定，对 50% 以上的不合格量具进行修理，提高了量具的合格率。三年来省级与各专、市级计量部门分别与机械工业部门联合组织 26 个工作组 118 人次，深入重点机械厂进行试点，以“六保”（采矿、洗煤炼焦、排灌、轧钢、发电、机车车辆）产品为中心，通过从检查产品质量和检定万能量具入手。首先，了解在一般机械厂中有 50%~80% 的万能量具不合格，铸件质量低，一般不合格率在 30% 左右；其次，操作、检查制度不健全，计量工作的作用在企业中还没有被广大职工群众所了解和掌握。因而在部分企业中产品质量不高，翻修过多，装配时间过长、生产效率低。针对上述情况，发动群众，加强计量工作，建立与健全操作、检查制度。如安阳中型机床厂以前生产的齿轮绝大部分达不到设计标准要求，铸件不合格率在 30%~40%，成为生产中的两大难关。实际上齿轮不合格的原因是缺乏准确一致的量具测量，检查制度不严格；铸件质量低的原因是温度不高，操作制度不健全等。通过试点，开展计量工作后，齿轮全部达到合格，并有的超过了规定标准，铸件质量提高 80% 以上，从而对提高机械产品质量起到了很大作用。许昌市农业机械厂开展计量工作之后提高生产效率 3~4 倍，有的提高生产效率 5 倍以上。经各地区试点工作，摸索了不少经验，全省召开 10 多次为机械工业服务的现场会议，得到了及时普遍的推广，取得显著的效果，保证机械工业高产、优质、低成本、高效率的目的。

三、计量为农业服务

为农业“四化”服务方面，河南省计量部门对农业计量器具进行全面普检普修。重点解决排灌机械、动力设备、机耕农具、化学肥料等生产中的重大计量技术问题，促进农业现代化的发展。

1960年，河南的计量工作主要贯彻“发展国民经济，以农业为基础，大办农业、大办粮食，为生产服务，为两当（当前、当地）服务”的方针。在为农业服务上还开展红薯、蔬菜越冬保管，温度、湿度方面的计量工作，掌握红薯、蔬菜储藏的温度、湿度变化，确保其越冬、防腐。经过试点，取得了成绩，并与省农委联合发出通知。为此，河南省科学技术委员会在河南饭店召开了“红薯、蔬菜越冬储藏现场会”。河南省人民委员会副省长张柏园、河南省科学技术委员会主任边超毅、河南省科学技术委员会计量标准局局长陈中瑞、副局长巨福珠参加了会议。《河南日报》发表了评论。

1960年8月，河南省科委计量标准局在南阳召开农业化验计量工作现场会。农业化验计量的内容是对土壤养分、土壤酸碱度、水分等进行化验计量，掌握变化，采取措施，争取农业大丰收。在这次会议上贯彻全国计量系统蒲城化验计量工作会议精神，动员全省计量系统，开展农化计量工作，为农业丰收做贡献。1963—1964年继续贯彻国民经济“以农业为基础，以工业为主导”的总方针，贯彻“政治观点、生产观点、服务观点”。以支援农业解决农业生产中的计量技术问题为重点，以量值传递为中心，号召计量人员走出机关，深入厂矿、基层，开展检定和调查研究。全省计量部门在为农业服务中做了以下三方面工作。

（一）广泛开展衡器的普检普修

每年在夏粮、秋粮征收之前，各县计量部门对生产队、粮食部门、供销社收购点所用的衡器，全面检修一遍，保证收、售计量准确，防止秤量不准影响国家和人民群众利益。如孟县计量所，每年夏粮征收之前对各生产大队的衡器检修一遍，取得粮食部门的信任。粮食部门征收入库时，以大队衡器为准，不再过秤。上蔡县计量所，十分注意征购时检定、检查衡器，保证收购粮食、棉花、油料的秤量准确。

（二）大力开展农业机械工业的计量工作

河南计量工作以服务农业、提高产量、发展农业为前提，以大力开展农业机械工业的计量工作为重点，提高农机工业计量器具的合格率，提升促进农业机械的产品质量，为发展河南农机工业和发展河南农业贡献力量。

（三）开展农业化验计量工作

1960年，河南计量工作主要贯彻“发展国民经济，以农业为基础，大办农业、大办粮食，为生产服务”的方针，贯彻国家计量局在宜兴县召开的计量工作为中、小型企业服务的会议精神，是年4月召开固始现场会，12月召开镇平现场会。通过现场实践，说明加强中小企业计量工作的必要性，从而提高产量、质量，提高经济效益，促进工业生产的发展。8月在南阳又召开了农业化验计量工作现场会，要求大力开展农业化验计量工作，为农业丰收做贡献。

四、计量为商贸服务

计量工作在国内外贸易中起着重要的作用。在国内商业和集市贸易广泛地使用着各种计量器具。计量器具不准确危害甚大。河南自1957年建立各级计量机构以后，十分注重商业贸易中的计量工作。省、地、市、县各级计量机构开始进行量值传递，无一不是先从衡器入手的。河南的计量工作被称为“衡器起家”就是这个道理。衡器，广泛地使用于各个商业店、铺和集市贸易中。衡器不准确必然影响到国家、集体、个人三者利益，损害商业道德。为了保证商业计量器具的准确和发扬社会主义商业道德，为此各级计量部门做了大量工作。从1957年开始，河南省各级计量检定所每年对商贸用计量器具检定一次。在社、队（后来的乡、村），计量部门每年夏粮、秋粮征收时对粮食、供销社系统的衡器进行检定，保证征收时计量准确。在城市，计量部门对所有商店按月安排周期检定日程表，届时赴商户检定所用计量器具。由于“浮夸风”和自然灾害的影响，1961年河南人民生活上处在“低标准、瓜菜代”（粮食不够吃，以瓜菜代替）时期，物质供应比较紧张。河南省各级政府采取定量、凭证供应的办法。为了保证群众得到应得的标准，维护群众利益，防止缺斤短两，克扣群众，全省各级计量部门加强市场计量器具的管理，对商业度量衡器进行检查。如郑州市计量所组织力量对荥阳县商业用的计量器具进行检查，检查粮食、饮食、糕点、蔬菜等65个商店，其中有

49 个商店秤量不准。粮管所的秤每 50 斤就少一斤。各级计量部门开展这项工作，很受群众欢迎。

五、计量为军工服务

1965 年，河南计量部门是以支援农业、军工为重点，围绕军工、农机、化肥、农药等工业生产，开展检定工作。把军工计量的检测工作列为“重中之重，急中之急”。开封市计量所在为生产服务上提出了四优先：“军工优先、支农优先、生产急用优先、外地送检优先”。

河南计量部门提倡“下厂检定，服务上门”。1965 年下厂检定 150 人次，所到厂矿企业 209 个。开封市计量所提出了四下厂，即“能下厂检定的坚决下厂，能下厂修理的坚决下厂，能下厂解决的问题坚决下厂，能下厂开的会坚决下厂”，群众称赞他们“巧理千家事，温暖万人心”。通过下厂检定，了解了生产实际，密切了关系，提高了功效。

六、开展计量测试

河南省各级计量行政部门和各专业部门的计量检测机构及企业的计量室，在开展计量检定的同时，也进行大量计量测试工作，为生产和科研提供准确的测试数据，推动了科技进步和经济效益的提高。洛阳美术陶瓷厂生产唐三彩，1980 年以前是以眼观、手摸、舌舔等感官手段判断泥料、油料的配比、加工的细度、坯胎的含水量和烧成的温度，产品胎质松，釉色易脱落，合格率低。1978 年合格率为 62%，运输破碎率高达 51%。1980 年该厂计量室开展计量测试，用热电偶测量仪和光学高温计来测量、观察、控制炉温，用白度计测试胎质、釉色亮度，用精密天平检测坯体的含水量，用数显抗折试验机检测胎质的强度，使产品质量大大提高。1980 年烧成合格率为 73%，1981 年烧成合格率为 82%，产品胎质坚硬，釉色光洁，破碎率降到 2%。

省国防科工办 5104 区域计量站建站以后，为所属各厂矿企业，事业单位提供了大量的新产品测试和科研技术数据，保证了军工产品的质量。1972 年和 1973 年省气象局计量检定所先后开展电接风向风速仪的计量测试和制氢筒的水压试验。郑州铁路局计量检定所对 D721502 特种大型铁路货运列车重量进行计量测试。该车自重 104 吨，加上货物可达 200 余吨，而铁路运输要求不得超载，以免对本身和路基造成损害及行车事故的发生，但当时国内还没有大吨位的轨道衡用以确定大吨位货运车辆的重量。为解决这一问题，该所会同有关部门，利用 BT-120-1.5 型应变片作为传感元件，用 SC-16 光线示波器作为显示仪表，根据峰值信号的幅度来确定车辆的总重量，满足了铁路运输的要求。

七、机构人员、经费、设备和检定费

（一）机构人员

1959—1961 年出现了经济困难。国家提出精简机构的政策，全省计量部门执行“精简机构，下放人员”的政策，在这一过程中，河南省各级计量机构的建设几起几伏。据统计全省原有 37 个地、市、县计量机构，299 人，精简为 21 个机构，151 人。

（二）经费

收支的管理：对计量收入和支出的管理是采取差额管理或全部管理，各市可自行研究确定。

支出范围：主要是人员经费和计量检定仪器的增添修理和小型业务开支等。

（三）设备

解决计量检定设备工作，仍本着自力更生，就地取材，因陋就简，大力试制创造的原则，充分利用厂矿设备加工制造，解决一般检定设备的不足，对所需精密标准仪器应做好计划报请有关部门进行解决。对计量实验基地必须本着由小到大，因陋就简、勤俭办计量的原则，亲自动手，创造条件，开展计量技术的研究工作。仪器购置：1958 年 6 月以前省统一购置的各种仪器，均无价移交各市管理，各市业务部门应该编造固定资产报告表，报本级财政部门，同时报商业厅备份。从 1958 年 7 月起，所需仪器购置开支归各市财政负责。

（四）检定费

1958 年 5 月 19 日，河南省商业厅（〔58〕商量字第 406 号）河南省财政厅（〔58〕财行字第 92 号）印发《关于计量工作开支与检定费上交问题的联合通知》，通知郑州、开封、新乡、安阳四市第一商业局，洛阳、焦作、许昌、商丘、南阳、信阳六市商业局，郑州、开封、洛阳、新乡、安阳、焦作、许昌、信阳、商丘、南阳十市财政局，就 1958 年计量工作开支和检定费收入等问题规定如下：

（1）检定费收入。全省所有检定费，各地除开支 8000 元的业务费外，其余均上交省财政厅。因此，各地除按商业厅计量处 1958 年 4 月 22 日商量处字第 14 号通知范围分月开支外，其余款应于每月终汇交商业厅，对以前结存之检定费，应于接交后即汇交商业厅（郑州市人民银行行政区办事处账号 6199076）。

（2）第一季度各地已开支之款，凡属商量处字第 14 号通知规定范围者，应编报已购物品明细表一式两份送商业厅核销。

（3）计量工作开支，本年度检定所各项开支（工资、工杂费等）仍按商业厅 1957 年 8 月 27 日商市字第 1069 号通知第六条规定执行，由各市商业局开支，财政不另支付。计量检定费为一项规费，不予报税。

第四节　颁布《河南省计量检定管理试行办法》和《河南省计量检定收费暂行办法》

为统一河南省计量制度，保证量具计器的一致、准确和正确使用，适应社会主义建设事业发展需要，1957 年 12 月，河南省商业厅拟定《河南省计量检定管理暂行办法（草案）》和《河南省计量检定收费征收办法（草案）》，报请河南省财贸委员会审批。

1958 年 2 月 21 日，河南省人民委员会豫财贸齐字第 44 号通知颁布了《河南省计量检定管理试行办法》和《河南省计量检定收费暂行办法》（见图 1-4-1）。该《试行办法》共 15 条，对河南省的计量制度、设置计量检定管理所、制造、修理、使用计量器具缴纳检定费和违反本办法的过罚等作出规定。这两个《办法》是在国家颁布计量法令之前制定的，在河南省实施了 20 年。

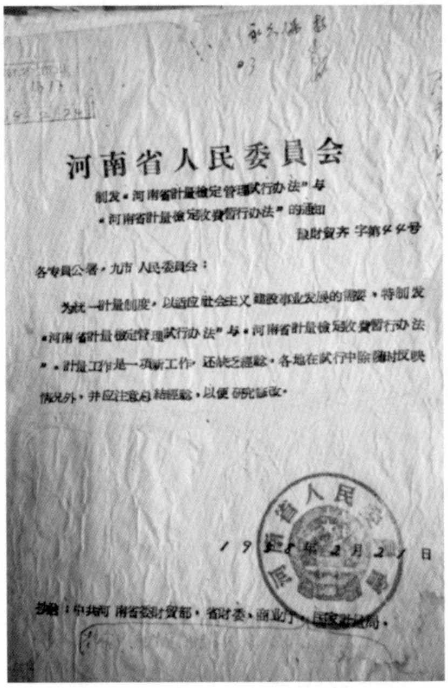
河南省人民委员会
制发"河南省計量檢定管理試行办法"与
"河南省計量檢定收費暫行办法"的通知
豫財貿齐 字第44号

各專員公署、九市人民委員会：

为統一計量制度，以适应社会主义建設事业发展的需要，特制发"河南省計量檢定管理試行办法"与"河南省計量檢定收費暫行办法"。計量工作是一項新工作，还缺乏經驗，各地在試行中除随时反映情况外，并应注意总结經驗，以便研究修改。

1958年2月21日

抄送：中共河南省委財貿部，省財委，商业厅，国家計量局。

图 1-4-1
1958 年河南省人民委员会颁发《河南省计量检定管理试行办法》与《河南省计量检定收费暂行办法》的通知

（一）《河南省计量检定管理试行办法》

原文如下：

第一条 为了统一计量制度，保证量具计器的一致，准确和正确使用，以适应国民经济发展和社会主义建设需要，特制定本办法。

第二条 我省计量制度以国际米突制（即国际公制）为标准制，市制为辅制。英制及其他旧杂制应逐步废除。

第三条 我省计量检定管理的领导机关暂定为商业厅，并在各市（进一步到县）设置计量检定管理所（以下简称计量检定管理机构）。

第四条 凡有计量检定管理机构或进行计量检定管理地区（在哪些地区进行，具体由商业厅划分），所有公私单位和个人的量具计器，均应按本办法之规定进行管理。

第五条 我省量具计器的检定品种范围，根据国家需要逐步扩充，具体由当地计量检定管理机构随时公布限期执行。

第六条 凡制造、修理和由外地运入未经当地或进口口岸计量检定管理机构检定的量具计器，均由生产者或经营者在出厂或运到后申请计量检定管理机构检定，经检定合格加盖合格印或发给合格证书，始准予出厂销售或使用。未经检定或检定不合格者一律不准出厂销售或使用。

第七条 凡工业、商业、交通运输业、农业、公用事业等单位和个人使用的量具计器，均应定期申请计量检定管理机构检定（一般半年或一年检定一次），不经检定者，不得继续使用。

第八条 凡制造、修理量具计器之生产部门，在产品规格和计量技术上，应接受计量检定管理机构的指导和监督。

第九条 对制造、修理、使用以及外地运入的量具计器，检定时除具有固定装置或笨重不易移动以及计量检定管理机构认为有必要赴现场检定者外，其他应一律送往计量检定管理机构指定地点受检。并按照规定缴纳检定费，其收费办法及标准另定之。

第十条 凡制造、修理、贩卖量具计器的单位和个人均须先向计量检定管理机构办理登记，并取得同意后，始得营业，有变更情况时，也要向计量检定管理机构备案。

第十一条 计量检定管理机构及其检定员对制造、修理和使用量具计器者的生产、经营、技术规格等情况，可以随时进行了解和检查，受检者有义务介绍有关情况和提供必要的资料，不得拒绝。由外地或进口口岸运入已经过检定的量具计器，应于运到后，及时报请计量检定管理机构检查。

第十二条 经过计量检定管理机构检定合格的量具计器，如果发现有变质损坏或其他原因失去准确性时，计量检定管理机构应注销其合格印、证，责成其进行修理重新申请检定，其中无法修理的，并得贴以禁用封条或加以铅封。

第十三条 凡违犯本办法规定的任何单位和个人，计量检定管理机构可以根据情节轻重给予教育、警告、没收器具，严重者交由司法机关处理。

第十四条 广大人民群众，对计量检定管理人员和生产、使用量具计器的单位、个人有权进行监督，并对违法犯纪行为向领导机关进行揭发和控告，以利于计量检定工作的开展。

第十五条 本办法自公布之日起实行，其解释、修正权属河南省人民委员会。

（二）《河南省计量检定收费暂行办法》

全文如下：

一、根据河南省计量检定管理试行办法第九条之规定，特制定本办法。

二、凡制造、修理、使用以及外地或进口口岸运入量具计器的单位和个人，申请计量检定管理机构检定者，均须按本办法规定向计量检定管理机构缴纳检定费，其缴纳费率标准另定之。

三、制造、修理以及由外地或进口口岸运入的量具计器，其检定费由生产经营单位和个人负责缴纳；使用的量具计器，其检定费由使用的单位和个人负责缴纳。

四、经检定不合格的量具计器，经修理后重新申请检定者，不论修理几次，每次复检均应另缴全费。

五、凡申请前往量具计器所在地检定者，除按收费费率标准增收20%检定费外，并须负担检定人员往返旅费及仪器搬运费，但固定式地秤与连续秤申请单位和个人只负担检定人员往返旅费及仪器搬运费，不再增收20%检定费。

六、各种量具计器之检定费，不论制造、修理、使用都应按检定收费标准收费。

七、量具计器之检定费由申请检定人于申请检定时缴纳，不论检定的量具计器合格与否，概不退还。

八、凡对量具计器准确性发生异议引起纠纷，申请计量检定管理机构鉴定（即仲裁）的量具计器须按检定的三倍收费（因鉴定与检定不同，鉴定技术要求高，花费工作量大，要得出结论），其鉴定费由申请鉴定人缴纳。

司法、检察、公安机关要求鉴定时可免缴鉴定费。

九、凡量具计器检定收费标准未列入的量具计器，如有申请检定者，由主管计量检定管理机构比照收费标准中类似品种收费，但事后须向省计量管理机构备案。

十、本办法自公布之日起实行，其解释权与修改权属河南省人民委员会。

1958年，河南省计量检定收费标准共281种（其摘录见表1–4–1）。

表1–4–1 河南省计量检定收费标准（摘录）

编号	计量器具名称	单位	检定费（元）
1	一级标准砝码	个	4.00
2	三级标准砝码	个	5公斤及以下0.15，5公斤以上0.40
3	分析砝码（不记实差不发证书）	个	0.10
4	10公斤以上的一、二、三级标准天平	架	15.00
5	二等分析天平	架	4.00
6	二、三等天平	架	1.00
7	架盘天平	架	0.60
8	500公斤以下的台秤	部	1.60
9	10吨以上的地秤	部	20.00
10	案秤	架	0.80
11	盘秤戥秤	支	0.10
12	50公斤以下钩秤	支	0.20
13	字盘秤（单盘双盘）	架	0.80（大型：分别按台秤地秤计算）
14	皮带秤（即连续秤）	部	20.00
15	象眼秤	架	0.20
16	轨道衡	部	200.00
17	各种一级标准浮计	只	1.00
18	普通浮计	只	0.05
19	滴管（衡量法）	只	0.60

续表

编号	计量器具名称	单位	检定费（元）
20	量瓶（容量法）	只	0.20
21	标准量器检定	具	2.00
22	注射器	只	0.04
23	石油池：100公吨以下	个	200.00
24	25公厘以下的水表	只	0.60
25	40灯以下的煤气表	只	0.60
26	标准真空计（包括弹簧式和液体式）0.2级以上的	只	3.00
27	标准弹簧式压力计0.2级~0.35级：0~50kg/cm^2 50kg/cm^2~500kg/cm^2 500kg/cm^{2}以上的	只	4.00 5.00 5.00
28	标准负荷式压力计0.2级以上的500kg/cm^{2}以上	只	21.00
29	弹簧式压力计（包括压力真空计）50~500kg/cm^2 0.5级及以下	只	1.20
30	负荷活塞式压力计0.5级及以下的500kg/cm^{2}以上的	只	12.00
31	3个度盘以上或拉压分别检定的万能材料试验机	台	80.00
32	三用硬度计	台	10.00
33	二用硬度计（布氏、洛氏或维氏）	台	6.00
34	三等标准弹簧测力计	台	30.00
35	水银标准箱	台	36.00
36	单击试验机	台	30.00
37	2个度盘工作测力计	台	30.00
38	固定式转速表（5点检定）	只	5.00
39	标准硬度块	块	1.00
40	竹木直尺	支	0.01
41	50公分以上的金属直尺	支	0.10
42	竹木折尺	支	0.02
43	50公尺以上钢卷尺	只	1.60
44	钢盒尺	只	0.04
45	木工用直角尺	只	0.20
46	一级标准线纹尺	只	10.00
47	线纹尺量端检定器	只	0.50
48	200公厘及以下，0.1公厘读数的游标卡尺及测深、测高、测厚游标卡尺	只	0.35
49	200公厘以上，0.1公厘读数的上列各种游标卡尺	只	0.50
50	千分尺	只	1.00

续表

编号	计量器具名称	单位	检定费（元）
51	各式百分表	只	1.00
52	中心规	只	0.10
53	读数大于10秒的水平仪	只	0.50
54	一级平晶	块	1.00
55	100公厘以上至500公厘的一等量块	块	12.00
56	100公厘以上至500公厘的五、六等量块	块	1.00
57	万能显微镜	台	25.00
58	立式Abbe测长机	台	6.00
59	螺纹千分尺	把	2.50
60	2级角度量块	角	0.50
61	螺纹环规	件	0.50
62	1级标准电池	只	5.00
63	100℃及100℃以下，0.5℃、1℃、2℃刻度的水银和液体温度计在三点上检定	只	0.15
64	300℃以上至300℃的水银和温度计在五点上检定	只	2.00
65	气象用各种温度计（干湿球温度计、最高最低温度计、气压表用温度计、地温计等）	只	0.05
66	一级标准水银温度计	点	0.80
67	标准体温计	点	0.50
68	二等标准热电偶	只	20.00
69	一等标准温度灯泡	只	30.00
70	电阻箱0.05级及以上	只	30.00
71	1~2.5级伏特计、安培计	只	2.00（每加1挡加1.00）
72	标准电度表	只	8.00（每加1挡加4.00）
73	几个量限的电流互感器	只	5.00（每加1挡加1.50）
74	直流电桥4位读数以上0.05级及以上	只	30.00
75	1级直流电位计5位读数以上	只	40.00
76	欧姆计、兆姆计、法拉计	只	5.00

河南省执行《河南省计量检定管理试行办法》不到 5 年，1959 年国务院发布《统一我国计量制度的命令》，河南省科委于 1964 年 1 月对《河南省计量检定管理试行办法》进行了修改，重新草拟了《河南省计量检定管理暂行办法（草稿）》，并在 1963 年 11 月召开的全省计量工作会议上进行了讨论，并送河南省经济委员会、河南省财贸委员会征求意见。河南省经委、河南省财贸委建议报河南省人民委员会审批后颁布，替代 1958 年 2 月颁发的《河南省计量检定管理试行办法》。根据河南省人民委员会于 1964 年 8 月 21 日对修改后的《河南省计量检定管理暂行办法》的批示，张伯园副省长指示：不必再由省人委下达。至于经费问题可提到省长办公会议解决。

第五节　贯彻实施国务院《关于统一我国计量制度的命令》

1959年，国务院发布了《关于统一我国计量制度的命令》。这是中华人民共和国成立后计量制度的第一次重大改革，对于统一全国计量制度，保证量值统一，具有重大的历史意义和现实意义。河南省为贯彻实施国务院命令，颁布了《关于木杆秤改革方案》，在全省统一计量制度，促进了生产建设和科学文化的发展。

一、国务院发布《关于统一我国计量制度的命令》

1959年3月22日国务院全体会议第86次会议，原则上通过了《科学技术委员会关于统一我国计量制度和进一步开展计量工作的报告》和《统一公制计量单位中文名称方案》。

（一）《关于统一我国计量制度的命令》

1959年6月25日，国务院发布了《关于统一我国计量制度的命令》，原文如下：

国务院关于统一我国计量制度的命令

一九五九年三月二十二日国务院全体会议第八十六次会议原则通过了《科学技术委员会关于统一我国计量制度和进一步开展计量工作的报告》和《统一公制计量单位中文名称方案》，现在发布命令如下：

一、国际公制（即米突制，简称公制）是一种以十进十退为特点的计量制度，使用简便，已经为世界上多数国家所采用，现在确定为我国的基本计量制度，在全国范围内推广使用。原来以国际公制为基础所制定的市制，在我国人民日常生活中已经习惯通用，可以保留。

市制原定十六两为一斤，因为折算麻烦，应当一律改成十两为一斤；这一改革的时间和步骤，由各省、自治区、直辖市人民委员会自行决定。中医处方用药，为了防止计算差错，可以继续使用原有的计量单位，不予改革。

二、在我国使用的英制，除了因为特殊需要可以继续使用外，应当一律改用公制。

有些偏僻地区和少数民族地区还在继续使用旧杂制的，应当照顾这些地区的群众习惯、民族特点和避免影响市场的交易，采取稳妥步骤予以改革。如何改革，由有关省、自治区人民委员会自行决定。

海里（浬）因为是国际间广泛通用的计算海程单位，可以继续使用。

三、凡是采用公制的，都应当按照[统一公制计量单位中文名称方案]逐步采用统一的公制计量单位中文名称；继续沿用市制的，计量单位名称不变。方案中未规定的计量单位中文名称，由中华人民共和国科学技术委员会制定公布施行。

四、为了保证我国计量制度的统一，计量器具的一致、准确和正确使用，应当迅速建立和健全国家的各种计量基准器和各级计量标准器以及地区的和企业的计量机构，构成全国计量网，进一步地开展计量工作。省、自治区、直辖市一级的计量机构，应当尽快地建立和健全起来。省、自治区、直辖市以下各级计量机构和企业的计量机构的建立，由省、自治区、直辖市人民委员会根据需要自行决定。各级计量机构统归同级科学技术委员会领导。在没有成立科学技术委员会的地方，由各该级人民委员会指定相应的部门领导。

中华人民共和国国务院

一九五九年六月二十五日

（二）《统一公制计量单位中文名称方案》

1959 年 6 月 25 日，国务院发布了《统一公制计量单位中文名称方案》，原文如下：

公制计量单位中文名称

类别	采用的单位名称	法文原名	代号	对主单位的比	折合市制
长度	微米	Micron	μ	百万分之一米（1/1000000米）	
	忽米	Centimillimetre	cmm	十万分之一米（1/100000米）	
	丝米	Decimillimetre	dmm	万分之一米（1/10000米）	
	毫米	Millimetre	mm	千分之一米（1/1000米）	一毫米等于三市厘
	厘米	Centimetre	cm	百分之一米（1/100米）	一厘米等于三市分
	分米	Decimetre	dm	十分之一米（1/10米）	一分米等于三市尺
	米	Metre	m	主单位	
	十米	Decametre	dam	米的十倍（10米）	一米等于三市尺
	百米	Hectometre	hm	米的百倍（100米）	一十米等于三市丈
	公里（千米）	Kilometre	km	米的千倍（1000米）	一公里等于二市里
重量（质量单位名称同）	毫克	Milligramme	mg	百万分之一公斤（1/1000000公斤）	
	厘克	Centigramme	cg	十万分之一公斤（1/100000公斤）	
	分克	Decigramme	dg	万分之一公斤（1/10000公斤）	一分克等于二市厘
	克	Gramme	g	千分之一公斤（1/1000公斤）	一克等于二市分
	十克	Decagramme	dag	百分之一公斤（1/100公斤）	一十克等于二市钱
	百克	Hectogramme	hg	十分之一公斤（1/10公斤）	一百克等于二市两
	公斤	Kilogramme	kg	主单位	
	公担	Quintal	q	公斤的百倍（100公斤）	一公斤等于二市斤
	吨	Tonne	t	公斤的千倍（1000公斤）	一公担等于二市担
容量	毫升	Millilitre	ml	千分之一升（1/1000升）	
	厘升	Centilitre	cl	百分之一升（1/100升）	一分升等于一市合
	分升	Decilitre	dl	十分之一升（1/10升）	一升等于一市升
	升	Litre	l	主单位	
	十升	Decalitre	dal	升的十倍（10升）	一十升等于一市斗
	百升	Hectolitre	hl	升的百倍（100升）	一百升等于一市石
	千升	Kilolitre	kl	升的千倍（1000升）	

注：市制重量单位是按十进制折算的。

二、国务院发布《关于统一我国计量制度的命令》前的情况

河南省自 1958 年“大跃进”以来，采取“先城后乡、分期分批、以改为主、逐步进行”的方针，在大部分城市中进行这一改革工作，统一木杆秤的计量制度，促进了生产，方便了群众。

1959 年国务院颁布命令之前，河南省根据中央指示精神开始改革度量衡旧器。河南省人民委员会曾于 1958 年 8 月 23 日以豫商字第 139 号通知印发了省商业厅草拟的《关于木杆秤改革的方案（草案）》，征求各地意见，并在部分城市进行改革。内容是：长度尺用市尺（1 尺等于 33.3 厘米）；衡器杆秤用市斤（1 斤等于 500 克）；改 16 两制为 10 两制。1953 年以后，随着粮食统购统销政策的实行，升、斗被取缔，改以斤计算。到 1958 年年末，全省已有 81 个市、县进行了改革，有的基本完成了任务。

1958 年，河南省在开展检定工作方面，采取依靠厂矿大搞协作的办法。这一方法，使只能开展 12 种计量器具的检定工作扩大到 36 种计量器具的检定。1958 年 7 月 15 日，新乡市人民委员会发布《为在全市试行市斤 16 两改 10 两制的通知》，要求 16 两秤及一些旧杂秤一律停止制造、销售和使用，全部改用 10 两秤。截至 9 月底，在全市范围内基本实现市斤 10 两制化。10 月 3 日，新乡市计量检

定管理所与国营平原机器厂、新乡电厂签订《新乡市计量器具委托检定暂行规定》。

1958年11月，郑州市人民委员会公布了《关于进行木杆秤改革方案》，将16两为1斤的旧制改为10两为1斤的市制，1斤的重量不变，改革的范围包括杆秤、酒提、油提、醋提等，中医处方用药仍保留16两1斤的旧制。1958年10~12月，许昌市商业局根据河南省人民委员会商业厅“关于木杆秤改革的方案（草案）”的通知要求，决定在全市进行木杆秤改革。由市制十六两制改为十两制，取消旧杂制秤。1959年5月，焦作市计量所新增天平和万能量具检定项目。全年检修各类分析天平及砝码7套、万能量具132把、天平17架。

截至1958年年末，河南省计量机构发展到32个，其中地市14个、县17个。建立了长、热、力、电四大类的部分计量标准。开展万能量具、电子仪表、压力、容量等36种计量器具的检定工作。

三、贯彻实施国务院命令情况

（一）河南省人民委员会贯彻实施国务院命令情况

河南省人民委员会按照国务院命令，结合河南省部分地区1958年进行木杆秤改革的情况，对1958年《关于木杆秤改革方案》草稿进行修改，于1959年9月1日向各专署、市、县人民委员会及省直各厅、局颁发《“关于木杆秤改革方案”希贯彻执行的指示》，确定在全省范围内实行木杆秤改革。改革范围是钩秤、盘秤等木杆秤和油、酒、醋等提具；改革的内容是，改16两1市斤为10两1市斤，1公斤（1000克）等于2市斤；改革的方法步骤是，“先城后乡，分期分批，以改为主，逐步进行”，结合当前生产有计划有步骤地进行改革，以适应我省生产建设和科学文化发展的需要。要求在1960年年底以前全省改革完毕。该指示还对10两制秤的生产及计量检定提出了具体要求。河南省计量机构贯彻省人委指示，在全省范围内形成改革木杆秤的高潮，从省到县各级政府，均制定了具体改革方案，并组织了专门机构负责此项工作。由于改16两制为10两制使用方便，群众乐于接受，改制工作进展顺利。到1960年年末，全省各地、市除南阳地区外都基本上按要求完成了改制任务。南阳地区1963年实现了木杆秤10两化。这次计量制度改革做到了完全、彻底。此后所有杆秤生产厂社只准生产公制秤和10两1斤的市制秤。所有机关、单位、国营集体工商业直至广大农村的生产小队都换用了公制和改革后的市制秤。16两1斤的旧秤，仅在民间偶有所见。

1. 河南省人民委员会1959年9月1日《颁发“关于木杆秤改革方案”希贯彻执行的指示》（豫科技字第31号），全文如下：

各专员公署，各市、县人民委员会；省直各委、厅、局、行，省农科所，科学院河南分院，省检察院，省人民法院：

省人民委员会曾于1958年8月23日以豫商字第139号通知印发了“关于木杆秤改革方案（草稿）”，征求各地意见，并在部分城市进行了改革。现根据国务院6月25日发布的“关于统一我国计量制度的命令”中关于将市制十六两一斤改为十两一斤的规定精神，结合我省部分地区进行改革的情况，对原改革方案草稿进行了修改，随文颁发，在全省范围内实行。希各地根据“先城后乡、分期分批、以改为主、逐步进行”的方针，结合当前生产，有计划有步骤地进行改革，以适应我省生产建设和科学文化发展的需要。

附：河南省人民委员会关于木杆秤改革方案

河南省人民委员会关于木杆秤改革方案

国务院于今年6月25日公布了“关于统一我国计量制度的命令”，明令将十六两为一斤改为十两为一斤。全国各地正在进行改革，不少省、市已经改革完毕。我省自1958年大跃进以来，采取了“先城后乡、分期分批、以改为主、逐步进行”的方针，在大部分城市中进行了这一改革工作，统一了木杆秤的计量制度，促进了生产，方便了群众，目前已由点到面的向农村深入开展。为了更好地贯彻国务院“关于统一我国计量制度的命令”，进一步在全省范围内进行这一改革，提出如下意见。

一、改革范围、内容与方法步骤

1. 改革内容：原定十六两为一斤的市制木杆秤，改为十两为一斤，一两等于改革前的一两六钱，一斤的重量不变，市制十六两木杆秤改革时，其构造形式、分类标志、技术要求和秤量检定，均应按照国家计量局木杆秤检定试行规程进行。

2. 改革范围：凡属十六两为一斤的市制木杆秤，以及其他计量器具，不论钩秤、盘秤、戥秤和油提、酒提、醋提等都包括在改革范围之列，但对中药用的戥秤，可暂缓改革。

3. 改革后单位名称：

（1）改革后市制木杆秤单位名称可分：

1 公斤 =10 公两 =100 公钱 =1000 公分 =10000 公厘 =100000 公毫 =1000000 公丝。

2 市斤 =20 市两 =200 市钱 =2000 市分 =20000 市厘 =200000 市毫 =2000000 市丝。

（2）市制单位与公制单位换算：1 公斤 =2 市斤，100 克 =2 市两，10 克 =2 市钱，1 克 =2 市分，1 分克 =2 市厘。

4. 方法步骤：必须坚决贯彻“先城后乡、分期分批、以改为主、逐步进行”的方针。凡城市中改革完的应当总结经验，迅速推广到公社、生产大队；城市还未进行改革的，要先在城市进行，取得经验后再向公社发展。总之，要由点到面，逐步深入，彻底改完。

二、为了使木杆秤改革工作顺利进行，彻底完成任务，必须做好以下几项工作：

1. 木杆秤改革，实际上是改旧器换新器。因此，对木杆秤的使用数量和生产力量，应当通过典型调查，了解全面，以便安排生产，分期分批，有计划有步骤地进行改革。

2. 组织生产，在全面进行改革中，制造一定数量的十两制木杆秤，及时地供应市场需要，是顺利完成改革工作的重要条件。因此，各专署、市、县人民委员会应当根据当地情况，责成有关部门组织制造厂（社），安排生产。为了节省物力，减少原料供应上的困难，应尽量做到以改为主，利用旧制秤改制新秤。

3. 作好木杆秤检定工作准备。在木杆秤改革中，对于十两制木杆秤需要进行严格地检定，试制合格后方可生产、销售、使用。因此，需要做好木杆秤的检定准备工作。

（1）检定木杆秤所需标准砝码，决定由省科学技术委员会负责委托有关工厂制造。

（2）检定木杆秤所需技术人员，各专、（市）人委可责成计量检定管理所开办短期训练班培训。

4. 大力做好木杆秤改革的宣传工作。木杆秤改革是一项具有历史意义的，并且关系到我省五千万人民生活习惯的重大改革。改革后，对我省工农业的促进将发生重要作用，因此，在改革前和改革中，必须通过多种形式（广播、报纸、黑板报等）向群众进行广泛而深入的宣传，说明木杆秤改革对于促进国民经济发展，便利物资交流，减少折算麻烦等重大意义，做到家喻户晓，人人皆知。在改革过程中，要进行充分地说服动员工作，严防强迫命令现象发生。

5. 各有关部门要主动配合协作。木杆秤改革工作涉及面很广，必须各部门、特别是工业，商业等部门的配合协作。因此，在各级人委统一领导下，应以科委为主，责成各有关单位共同负责，适当分工和协作，保证顺利完成木杆秤改革工作。

三、时间要求：根据我省情况，要求在 1960 年上半年全省范围内彻底改革完毕。在进行改革期间，可暂允许十六两制秤在市面使用。

2. 与此同时，结合河南省具体情况，1959 年河南省人民委员会对计量部门做出如下指示：

一、统一我省计量制度国际公制（即米突制，简称公制），国务院已明令公布为国家基本计量制度，在全省范围内推广使用。原来以国际公制为基础指定的市制，在我省人民日常生活中已经习惯通用，可以保留。

原定十六两为一斤的市制，因为折算麻烦，应一律改为十两为一斤（斤的重量不变，一两等于十六钱），要求在本年内基本改完。中医处方用药，为了防止计算差错，可以继续使用原有的计量单位，暂不予改革。

我省少数单位中现用的英制，除特殊需要并经当地计量管理部门同意后，可以继续使用外，应一律改为公制。对其他旧杂制，应采取稳妥步骤予以改革。

海里(浬)因为是国际间广泛通用的计算海程单位，不予改变，继续使用。

凡是采用公制的都应当按照国务院公布的“统一公制计量单位中文名称方案”，逐步采用统一的公制计量单位中文名称；继续沿用市制的，计量单位名称不变。该方案中未规定的计量单位中文名称，待国家科委制定公布后施行。

二、进一步开展计量工作，建立全省计量网和各级计量标准器

(一)根据以优质高产为中心的技术革命运动的形势，和当前生产对计量工作的要求，迅速建立省内各级地方和企业计量机构，开展计量工作，是保证产品质量、提高劳动生产率的重要技术措施。自 1957 年以来，我省 14 个专区、市和个别专区的县已建立了计量检定管理所，这些机构都需要在技术力量和设备上充实健全。未建立机构的专(市)和县(市)应根据生产需要逐步把计量机构建立起来。如当前建立机构条件尚不成熟，也必须设置专职人员，在同级科学技术委员会的统一领导下开展工作。在人员编制上，根据生产需要和计量工作发展情况，由各专(市)和县(市)人民委员会决定。

在河南省生产企业中，大部分厂矿企业设立计量机构，对生产很有影响，应当根据生产需要，迅速建立厂、矿计量室(站)或设专人负责计量工作。已建立计量机构的厂、矿应充实设备和技术力量。各生产厂、矿对计量工作应加强领导和重视，有关厅、局对本系统计量工作的开展要作出安排。

(二)建立各级计量标准器是统一我省计量制度和计量器具一致、准确和正确使用的物质基础。根据我省当前情况，主要是利用大型企业及有关部门现有设备和技术力量，分工协作，首先把省级的长度、热工、电学、力学等方面的计量标准器建立起来。各专(市)特别是郑、汴、新、洛等工业比重较大的地区，也应建立必要而又能建立的各专(市)级计量标准器，以保证国家每种量值的统一传递。各厂、矿、企业应根据企业产品等级，设置相应的企业计量基准，负责本厂的各种量值的统一传递。计量工作基础较好的大型企业对这一工作应积极支持和承担任务。

(三)为了保证计量工作的开展，财政上应当保证计量工作正常发展所必需的经费(包括计量标准器的购置、人员经费和业务费)。

根据中央财政部和国家计量局〔57〕财预量字第 97 号、量人字第 64 号联合通知《关于地方计量机构财务管理工作的几项规定》和国务院 6 月 25 日国科周字第 185 号《关于统一我国计量制度和进一步开展计量工作的补充通知》精神，对各级计量机构的经费全部纳入管理，采取全额管理的办法，由各级科学技术委员会编造预算由同级财政支出。

(四)统一领导、全面规划是全面开展计量工作为生产服务的重要保证。

(五)由于计量工作是科学技术工作的一部分，我省各级计量机构应统归同级科学技术委员会领导。

(六)原属各级商业部门领导未交科委的，应迅速移交。各级计量管理部门应在各级科委统一领导下，负责本地区内全部(包括中央与地方企业)计量工作的规划，组织力量，全面开展计量工作。

(二)河南省科学技术委员会贯彻实施国务院命令情况

1961 年 2 月，河南省科学技术委员会要求省直各有关委厅局、各专市、郑州市人委、新华通讯社河南分社、河南人民广播电台、河南日报社、河南人民出版社、南阳日报社在工作中认真执行，并大力宣传国务院命令。

1959—1962 年，河南省全面贯彻实施国务院《关于统一我国计量制度的命令》，认真贯彻了以调整为中心的“调整、巩固、充实、提高”的八字方针和科学技术工作为国民经济建设服务特别是为当地工农业生产服务的方针，计量工作密切结合工农业生产和科学研究发展的需要，积极地、切合实际地建立健全了省、专(市)级的计量标准，进行了量值传递，大力开展检定工作，基本上保证已开展检定的一般量具计器的准确一致和正确使用，对保证产品质量、提高劳动生产率、大力支援农业起到了积极作用。几年来各级计量机构，在当地党委和政府的重视支持下，对一般衡器密切结合改制进行，在已建计量机构的地区，初步扭转了集市贸易开放以来出现的秤支

混乱、计量制度不一的混乱局面，同时对商业、粮食等主要部门的衡器，进行周期检定，以保证在以人定量供应的情况下给以足斤满两，不使人民群众吃亏，保证国家、集体、个人的利益，从而促进广大人民群众的生产积极性，对恢复和发展国有企业生产、巩固集体经济，作出了显著成绩。各级计量机构，通过工作充实了计量技术基础，提高了检定技术水平，扩大了测量范围，增加了检定品种。全省各级计量机构初步建立了质量、硬度、端度、密度、电动势、高温、中低温、压力等省、专、市级的计量标准，开展了天平、砝码、硬度、大中小型衡器、万能量具和各种电器仪表、热工仪表的检定工作。到 1962 年 11 月底，郑州等 5 个专、市、县计量检定机构共检定了 95528 件计量器具，其中，长度方面检定了 9616 件，热工方面检定了 9905 件，电学方面检定了 4535 件，力学方面检定了 71472 件。保证了已进行检定的计量器具的准确一致和正确使用，对提高产品质量、科学研究数据的正确及对商业流通和分配交换中的度量衡器的准确一致做出了成绩。由于各专、市、县的计量工作的迅速开展，也促使省级计量中心的逐步形成。在和生产关系最为密切的长、热、力、电等主要方面，已经建立了端度、角度、质量、测力、硬度、密度、电动势、电阻、高温、中低温、压力等 12 项省级标准，开展了二等以下量块、线纹米尺、各种几何量光学仪器、硬度计、材料试验机、标准天平、砝码、直流标准仪器、交流电气仪表、交直电气仪表和各种热工仪表的检定工作。虽然省级计量标准在标准器的精度方面，或测量范围方面及检定技术方面和实际需要尚有较大距离，还不能适应工农业生产和科学研究发展的需要，但就当时已开展检定情况看，已解决了工农业生产、科学研究和人民生活所急需解决的部分准确计量问题。在开展检定工作的同时，密切配合机械工业部门对省营重点工厂的产品质量技术管理工作进行了检查，从已进行检查的郑州重型机器厂、许昌通用机械厂、安阳机床厂的情况来看，计量工作仍然是企业技术管理中的薄弱环节。通过产品质量检查，进一步提高了企业领导对计量工作的重视。随着工农业生产和计量工作的快速发展，河南省在计量专业机构建设方面，已由 1953 年的 29 个发展到 62 个，计量技术干部由 1958 年的 81 人发展到 178 人，企业计量机构由 1958 年的 11 个发展到 73 个，企业计量技术人员发展到 504 人。除此之外，全省各县科委均设有计量干部，大部分中小型企业在技术检查科（股）也设置了计量检定人员。

（三）各地、市贯彻实施国务院命令情况

1959 年 9 月 2 日，焦作市计量所在全市推行 10 两为 1 斤木杆秤改制工作。

1959 年 10 月 15 日，安阳市人民委员会发出《关于建立该市长度、力学、电学、热工计量标准的通知》。

1959 年 11 月，为保证木杆秤改革的实施和如期完成，鹤壁市计量所组织外地木杆秤修制人员 9 名，进行木杆秤由 16 两制改为 10 两制的改革工作。截至 11 月中旬，共改革杆秤、提具等 850 余件，在市区基本上实现了 10 两制。

1960 年 6 月 19 日，信阳市人民委员会颁发《关于信阳市计量检定管理办法》。加强本市计量管理，逐步废除旧杂制，加快对全市四个农贸集市（东关、南关、白马桥、老菜场）木杆秤的改革步伐（16 两制改为 10 两制）。

1961 年 4 月，焦作市计量所发文规定工业、商业等企事业单位或个人使用的计量器具实行周期检定（半年检定 1 次），未经检定不得使用。上半年木杆秤检定 921 支，其中不合格率 33.2%。12 月，对自由市场流动使用的木杆秤、竹木直尺等计量器具进行现场检查、检定。1963 年 4 月，由市科委、市市场管委会、市物价委、市手工业管理局 4 部门联合下发了《关于进一步加强计量器具管理的联合通知》，要求全市各部门贯彻国务院“关于统一我国计量制度”的命令，加强木杆秤、仪器、仪表、衡器的生产修理及使用管理工作，实行定期送检制度。

1962 年 1 月 25 日，新乡市人民委员会发布《关于计量器具主要管理事项的通知》。

1962 年 12 月 29 日，南阳专员公署以〔62〕署办字第 53 号文件转发专署科委计量所“关于一般衡器的检定报告”，要求各县（市）人民委员会认真贯彻《国务院关于统一我国计量制度的命令》，由计量所组织衡器检定人员对全专区的衡器开展一次普检普修，一律不准使用 16 两秤，以便尽速统一我国计量制度。1963年8月6日，南阳专员公署以〔63〕宛署办字第34号文下发通知，加强计量器具管理，保证计量器具准确一致，贯彻国务院《关于统一我国计量制度的命令》和《河南省计量检定管理办法》的规定，要求各县（市）人民委员会按要求发布《关于加强计量器具管理通告》。从1960年3月到1963年3月，南阳专署科委计量所组织衡器技术人员66人，历时3年，改秤104800支，全区实现“杆秤十两化”。

1964年4月，商水县计量所发布《关于加强计量管理工作的意见》，废除非十进位计量器具。

四、禁止英制和公市制同器并刻

1957年及以前各省、市、自治区生产的度器，有的将英制和公、市制的器具分别制造，有的将英制和公、市制的器具同器并刻，很不一致，给计量检定监督管理工作带来一定困难。为此，1957年河南省商业厅根据国家计量局文件精神，要求全省今后新生产的度器，一般禁止英制和其他计量制度同器并刻，如个别使用部门必须使用英制和公、市制在同器上并刻的度器时，应由使用部门申请经计量机关批准后始准少量生产，但应严加管理，不准在市场上销售；对进口的英、公制旧器并刻的度器，在1957年以前签订合同的器具，作特殊情况处理，不受此限制；英制度器一律进行检定；目前各地缺乏英制标准尺，暂用公制标尺进行检定。

第六节　建立计量标准和开展周期检定

为了适应和促进国民经济全面持续跃进和科学技术工作的飞跃发展，传递国家计量基准量值，确保河南省各级各类计量器具准确一致和正确使用，1959年3月，河南省科委标准计量处就关于建立省级计量标准作出规划。本着节约精神，依靠各方面力量，充分利用现有技术水平，建立长度、热学、力学、电学四大类标准，开展全省各种计量标准器的校、检工作，满足厂矿、学校、科学研究部门的需求。1959年，除力学标准拟由省计量部门自己建立外，长度标准拟建立在洛阳拖拉机厂，电学标准拟建立在省电业局中心试验所，热工标准拟建立在郑州热电厂。1965年，河南省科委计量管理局建立使用保存河南省省级计量标准23项，其中，长度4项、温度5项、力学13项、电磁1项。

全省各市中型以上厂矿企业，都根据本地区的情况，根据本厂生产规模的大小、生产的性质、产品的精度、量具的多少、人力、物力、设备条件，本着建、传、管、准的方针，按照建起来，传下去，随建随传的原则，分别建立起地方与企业等级不同的标准器。省计量局自1960年起，一方面积极培训本单位已有的技术人员；另一方面广泛吸收各大学专业对口的毕业生和有实践经验的计量专家，同时开始建造符合计量量值传递需要的检定实验室，从人员、环境和设备各方面准备开展符合本省生产建设需要的计量检定的条件。1964年，经国家计量局和河南省科委批准，河南省科委计量管理局正式承担起河南省的长度、温度、力学、电磁的量值传递工作。

中华人民共和国成立至1987年，河南省逐渐建立了长度、热学、力学、电磁、无线电、时间频率、电离辐射、声学、化学等9大类、31项、102种计量标准，能够对数百种使用的计量器具进行检定。各专业部门、科研机构和一些企业也都建立了各自的计量标准。

一、长度计量标准

中华人民共和国成立后，从1959年起，各级计量管理部门、专业部门、大中型企业和科研机构逐渐建立起线值、角度、渐开线、平面度、粗糙度等5项等级精度较高的长度标准，并广泛应用于工业生产和科研部门。成功研制了一些长度计量标准器具和标准设备，应用于计量检定和测试工作。如1983年河南省计量测试研究所研制的“激光测量仪”带有微处理机，可对线值、轴类的精密零件进行直接测量，获省人民政府科技成果奖和国家计量局科学进步奖。

（一）省级计量标准

河南省计量测试研究所建立的线值、角度、渐开线、粗糙度、平面度等 5 项长度计量标准为省级标准（见表 1-6-1）。

表1-6-1 河南省计量测试研究所长度计量标准

项目	种别		范围及精度	建立时间
	等级	标准器		
线值	一等标准	量块	100mm以下 ±（0.05~0.1）μm 1.001mm~1.009mm ±0.05μm（9块组） 0.991mm~0.999mm ±0.05μm（9块组）	1967
	二等标准	段标尺	100mm ±0.5μm	1960
			200mm ±0.5μm	1963
	二等标准	量块	100mm以下 ±（0.07~0.15）μm 125mm~500mm ±（0.20~0.5）μm	1964
	二等标准	量块	600mm~1000mm ±（0.6~1.0）μm	1980
			1.001mm~1.009mm ±0.07μm（9块组）	1964
			0.991~0.999mm ±0.07μm（9块组）	1984
	二等标准	米尺	1m ±1μm	1970
角度	一等标准	角度块规	15°~90°	
		正多面棱体	0°~360° ±0.35"	1976
渐开线	标准	渐开线检查仪	基围R100mm ±3μm	1972
粗糙度	标准	单刻线样板	±（1~3）%	1969
平面度	工作标准	平晶	<φ150mm ±0.05μm	1980

1. 线值标准：该所建立的一等量块标准是河南省计量部门的最高标准，用于检定各部门的二等量块标准。1964 年河南省计量局检定员王秀轩在检定量块（见图 1-6-1）。

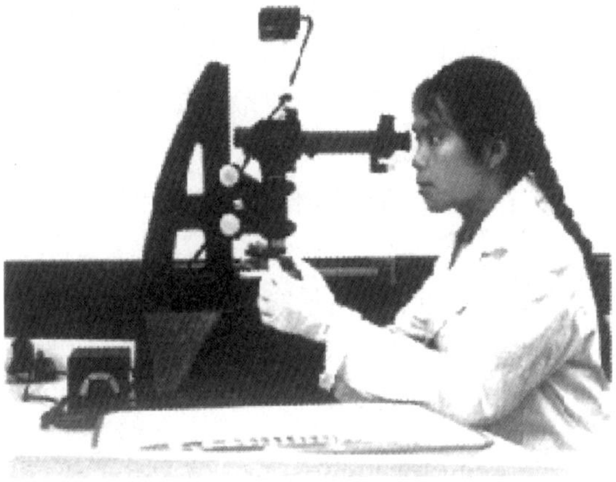

图 1-6-1
1964 年王秀轩在检定量块

2. 角度标准：该所建立有角度块规和正多面棱体标准。角度块规用于检定角度块、角度样板等。正多面棱体是圆分度中一种高精度标准，主要用于检定光学分度头、测角仪、分度台等。

3. 渐开线标准：该所建立有工作标准器渐开线检查仪，用于检定和调整渐开线齿轮仪器的原值误差。

4. 粗糙度标准：该所建立有工作标准单刻线样板，可以检定双管显微镜和干涉显微镜的示值误差。

5. 平面度标准：该所建立有平晶标准，用于测量仪器的工作台、平面测帽、量块工作面、平尺等量具的平面度。

1965 年河南省计量局检定员曾广荣在检定角度块（见图 1–6–2）。

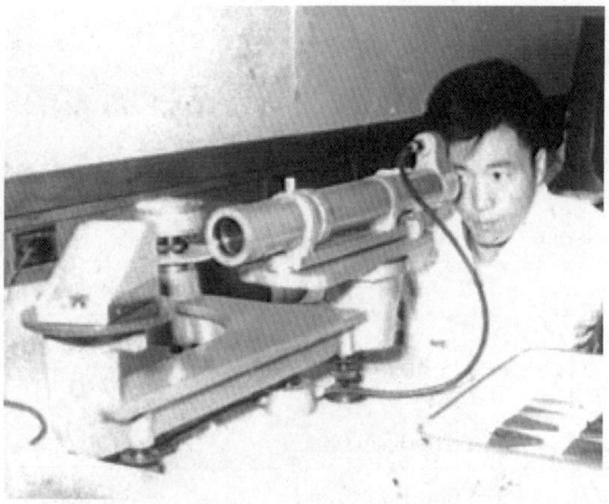

图 1–6–2
1965 年曾广荣在检定角度块

（二）地、市级计量标准

从 1959 年起，全省各市、地相继建立了长度计量标准。长度标准项目较多，等级精度较高的是洛阳、开封、郑州、新乡、安阳等市和南阳地区。其中，洛阳、开封、新乡市和南阳地区建立了线值、角度、粗糙度、平面度 4 项长度标准，洛阳、南阳线值最高标准是二等量块，开封、新乡线值最高标准是三等量块。郑州、安阳二市建立了线值、角度、粗糙度 3 项长度标准，郑州线值最高标准是二等量块，安阳线值最高标准是三等量块。许昌、鹤壁市和信阳地区建立了线值、平面度 2 项长度标准，许昌线值最高标准是三等量块，鹤壁、信阳线值最高标准是四等量块。其余市、地除濮阳外都仅建立了 1 项线值标准。驻马店地区线值最高标准是二等量块，焦作、漯河市和周口地区线值最高标准是三等量块，平顶山和商丘地区线值最高标准是四等量块，三门峡市线值最高标准是五等量块。濮阳市未建立长度标准。

（三）专业部门计量标准

河南省国防科学工业办公室 5104 区域计量站和郑州铁路局计量检定所建立了自己的长度计量标准。

5104 区域计量站建立有线值、角度、粗糙度、平面 4 项长度标准。该站线值最高标准柯氏干涉仪也是河南省线值最高标准设备，其精度为 $\pm(0.03+0.52l)\mu m$，测量范围 125mm，可以检定一等量块。此外，还建立二等量块和测长机（精度 0.001mm，测量范围 3m）；角度标准 C_{20} 精密测角仪精度为 0.1″，测量范围 0º ~ 360º 。

郑州铁路局计量检定所建立有线值、角度、粗糙度、平面 4 项标准，线值最高标准是四等量块。

一些厂矿企业、科研机构特别是大型机械工业、机械研究所也都建立有长度计量标准。有的数量较多，等级精度较高，如洛阳第一拖拉机制造厂、洛阳轴承厂都建立有二等量块标准。

二、热学计量标准

热学计量包括温度计量和材料热物理性能的测试。

河南省计量所建立了高、中、低温计量标准，能够检测低等级的热学计量标准器具及工作用计量器具。市、地计量部门大都建立有高温或中温计量标准。各专业部门和一些大型厂矿企业，特别是大型冶炼企业也都建立有热学计量标准。

20 世纪 70 年代以后，河南省计量部门研制成功一些热学计量器具，如新乡市计量所研制的标准热电偶；洛阳市计量所研制的热学计量中重要附属设备标准光学高温计电源，获省级科技成果奖。

（一）省级计量标准

1. 高温标准：河南省计量所建立有一等标准光学高温计、一等标准铂铑 – 铂热电偶和二等标准辐射高温计。一等标准光学高温计可以测量 800℃ ~ 2000℃的温度，用于检测各部门使用的标准温度灯；一等标准铂铑 – 铂热电偶可以测量 300℃ ~ 1300℃的温度，用于检测各部门使用的二等标准热电偶；二等标准辐射感温器可以测量 900℃ ~ 2000℃的温度，用于检测同型号工作用辐射高温计。

2. 中温标准：河南省计量所建立有一等标准水银温度计，可以测量 –30℃ ~ 300℃的温度，用于检测二等标准水银温度计。

3. 低温标准：河南省计量所建立有标准汞铊低温温度计，可以测量 –60℃ ~ 0℃的温度，用于检测工作用玻璃液体低温温度计。

（二）地、市级计量标准

河南省除焦作、三门峡、濮阳和信阳等 4 地、市外的 13 个地、市计量部门建立有高温或中温计量标准。

郑州市建立有高温标准二等标准铂铑 – 铂热电偶（测量范围 300 ℃ ~ 1300 ℃）和标准温度灯（测量范围 800 ℃ ~ 2000 ℃）。洛阳市有高温标准一等标准铂铑 – 铂热电偶（测量范围 419.58℃ ~ 1084.5℃）。开封市建立有高温标准二等标准铂铑 – 铂热电偶（测量范围 0 ~ 1300℃）、中温标准玻璃温度计（测量范围 –30℃ ~ 300℃）。新乡市建立有高温标准二等标准铂铑 – 铂热电偶（测量范围 300℃ ~ 1300℃）和标准温度灯（测量范围 700℃ ~ 2000℃）。安阳市和驻马店地区建立有高温标准二等标准铂铑 – 铂热电偶（测量范围 300℃ ~ 1300℃）。平顶山市建立有高温标准二等标准铂铑 – 铂热电偶（测量范围 0 ~ 1200℃）、中温标准二等标准水银温度计（测量范围 0 ~ 300℃）。鹤壁市建立有高温标准二等标准铂铑 – 铂热电偶（测量范围 300℃ ~ 1600℃）和标准温度灯（测量范围 900 ~ 2000℃）。漯河市建立有高温标准二等标准铂铑 – 铂热电偶（测量范围 0 ~ 1600℃）、中温标准二等标准水银温度计（测量范围 –30℃ ~ 300℃）。许昌市和商丘地区建立有高温标准二等标准铂铑 – 铂热电偶（测量范围 0 ~ 1600℃）。南阳地区建立有高温标准二等标准铂铑 – 铂热电偶（测量范围 0 ~ 1600℃）、标准温度灯（测量范围 900℃ ~ 2000℃）和中温标准二等标准水银温度计（测量范围 0 ~ 300℃）。周口地区建立有高温标准二等标准铂铑 – 铂热电偶（测量范围 300℃ ~ 1600℃）。

（三）专业部门计量标准

河南省电力、气象、铁路等专业部门都建立有本系统的热学计量标准。河南省电力试验研究所建立有高温标准一等标准铂铑 – 铂热电偶（测量范围 300 ℃ ~ 1300 ℃）、中温标准一等标准水银温度计（测量范围 –30 ℃ ~ 500 ℃）。省气象局计量检定所建立有二级温度标准装置（测量范围 –60 ℃ ~ 80 ℃）。郑州铁路局计量检定所建立有中温标准二等标准水银温度灯（测量范围 –30℃ ~ 300℃）。一些大型工矿企业，特别是冶炼企业，如安阳钢铁公司和各热电厂也都建立有高、中温标准。

三、力学计量标准

河南省建立起质量、容量、流量、密度、压力、真空、测力、硬度、转速等多项力学计量标准，比其他计量标准更广泛地服务于生产、科研和人民生活。

（一）省级计量标准

1. 质量标准：河南省计量所建立的质量标准有工作基准砝码、一等标准公斤组、克组、毫克组砝码和大质量标准砝码。工作基准砝码用于检定一等毫克组砝码；一等标准公斤组砝码用于检定二等标准公斤组砝码；一等毫克组砝码用于检定二等毫克组砝码；大质量标准砝码用于检定四等大砝码。

2. 容量与流量标准：河南省计量所建立的容量与流量标准有一等标准金属量器、液体流量标准装置和气体流量标准装置。一等标准金属量器，用于检定水、油、气体流量标准装置；液体流量标准装置和气体流量标准装置，分别用来检定各种液体流量计和气体流量计。

3. 密度标准：河南省计量所建立有一等标准密度计和一等标准酒精计，分别用来检定轻工、化工、石油、商贸等部门使用的二等标准密度计和二等标准酒精计。

4. 压力与真空标准：河南省计量所建立的压力与真空标准主要有一等标准活塞压力计、一等标准补偿式微压计、二等标准电离真空计校准装置、二等标准玻璃膨胀法校准装置。一等标准活塞压力计用于检定二等标准活塞压力计；二等标准补偿式微压计用于检定补偿式微压计；二等标准真空电离真空计校准装置用于检定电离真空计；二等标准玻璃膨胀法校准装置用于检定热偶、电阻真空计。

5. 测力标准：河南省计量所建立的测力标准主要有 1000 kN、60 kN、6 kN、1000 N 二等标准测力机，用于检定三等标准测力计和负荷传感器。

6. 硬度标准：河南省计量所建立的硬度标准主要有一等标准布氏硬度块、一等标准洛氏硬度块、一等标准维氏硬度块和一等标准表面洛氏硬度块，分别用来检定标准布氏硬度计、标准洛氏硬度计、标准维氏硬度计、标准表面洛氏硬度计。

7. 转速标准：河南省计量所建立有标准转速装置，每分钟转 10 万次，用于检定 0.5 级转速表，进行工程现场测试。

河南省计量测试研究所力学计量标准见表 1–6–2。

表1–6–2 河南省计量测试研究所力学计量标准

项别	种别		范围及精度		建立时间
	等级	标准器			
质量	工作基准	砝码	1g	±0.001mg	1973
	一等标准	砝码组	1kg～20kg	±（0.5～25）mg	1983
			1g～500g	±（0.005～0.4）mg	1960
			1mg～500mg	±0.004mg	1960
	大质量标准	大砝码	500kg	±（25～50）g	1984
容量	一等标准	金属量器	10L～1000L	±0.025%	1984
		玻璃量器	0.05ml～2000ml		1984
流量	标准	液体流量标准装置	$0.016m^3/h \sim 45m^3/h$	±0.1%	1978
		气体流量标准装置	$0.1m^3/h \sim 30m^3/h$	±0.2%	1985
密度	一等标准	酒精计组	0～100%	±0.1%	1964
		密度计组	$0.65g/cm^3 \sim 2.00g/cm^3$	$\pm2\times10^{-4}$　$\pm5\times10^{4}$	1964
压力	一等标准	活塞压力计	0.04MPa～0.6MPa	$\pm2\times10^{-4}$（$0.4kgf/cm^2 \sim 6kgf/cm^2$）	1963
			0.1MPa～0.6MPa	$\pm2\times10^{-4}$（$1kgf/cm^2 \sim 60kgf/cm^2$）	1963
			1MPa～60MPa	$\pm2\times10^{-4}$（$10kgf/cm^2 \sim 600kgf/cm^2$）	1963
			5MPa～250MPa	$\pm2\times10^{-4}$（$50kgf/cm^2 \sim 2500kgf/cm^2$）	1966
		活塞压力真空计	0.25MPa（$2.5kgf/cm^2$）	疏空–0.1MPa 疏空70mmHg　$\pm2\times10^{-4}$	1975
		微压计	0～1500Pa（0～150mmH_2O）	±0.4Pa（±0.04 mmH_2O）	1973
			0～2500Pa（0～250mmH_2O）	±0.5Pa（±0.05mmH_2O）	1973
压力	二等标准	水银压力真空计	0～0.1MPa（0～8mmHg）	±45Pa（±0.34mmHg）　疏空–0.1MPa（疏空760mmHg）	1965
	三等标准	水银压力计	0～0.133MPa（0～1000mmHg）	±250Pa（±1.75mmHg）	1965
		水柱压力计	0～10000MPa（0～1000mmH_2O）	±17.5Pa（±1.75 mmH_2O）	1965

续表

项别	种别		范围及精度		建立时间
	等级	标准器			
真空	标准	静态膨胀法装置（玻璃）	（5 × 103 ~ 10^{-1}）Pa	± 10%	1982
测力	二等标准	测力机	1000kN、60kN	± 1 × 10^{-3}	1981
			6kN	± 5 × 10^{-4}	1981
	三等标准	测力计	5000kN、3000kN	± 0.3%	1978
			2000kN	± 0.3%	1963
	三等标准	测力计	1000kN、600kN、300kN、100kN、60kN、30kN、10kN	± 0.3%	1960
	三等标准	测力计	36kN、3kN、2.5kN、1.5kN、1kN、0.6kN、0.5kN	± 0.3%	1960
硬度	一等标准	布氏硬度块	2 ~ 3块一套10D^2、30D^2	±（0.5 ~ 1.0）%	1969
		洛氏硬度块	5块一套　HRA　HRB（高中低）HRC	±（0.3 ~ 0.5）HR	1969
		维氏硬度块	3块一套　HV5　HV10　HV30	± 1.5%	1969
		表面洛氏硬度块	6块一套　HR（15N、30N、45N）HR（15T、30T、45T）	±（0.3 ~ 0.5）HR（N、T）	1972
转速	标准	转速装置	3r/min ~ 10000r/min	± 0.01%	1967
			300r/min ~ 40000r/min	± 0.05%	1967
		出租汽车计价器检定装置	0 ~ 9999m	0.5% ± 1m	1987

（二）地、市级计量标准

力学计量标准是地、市、县计量部门建立项目最多、最为普遍的一类计量标准。郑州市建立了一等标准毫克组、克组和三等标准公斤组砝码，二等标准活塞压力计，三等标准测力计，二等标准布氏、洛氏硬度计，0.5 级标准转速表。洛阳市建立了二等标准毫克组、三等标准克组和四等标准公斤组砝码，一等标准活塞压力计，二等标准表面洛氏硬度块和肖氏硬度块。开封市建立了一等标准毫克组、二等标准克组和公斤组砝码，二等标准活塞压力计，三等标准测力计，布氏、洛氏硬度块。新乡市建立了一等标准毫克组、克组和二等标准公斤组砝码，二等标准活塞压力计，三等标准测力计，布氏、洛氏硬度块。安阳市建立了二等标准毫克组、克组和三等标准公斤组砝码，二等标准活塞压力计，三等标准测力计，二等标准布氏、洛氏硬度块，0.5 级标准转速表。平顶山市建立了二等标准毫克组、克组和三等标准公斤组砝码，二等标准活塞压力计，0.5 级真空校验仪，三等标准测力计，二等标准硬度块，0.5 级标准转速表。鹤壁市建立了二等标准毫克组，三等标准克组和四等标准公斤组砝码，二等标准活塞压力计，三等标准测力计，二等标准洛氏硬度块。漯河市和信阳地区建立了二等标准毫克组、克组和三等标准公斤组砝码，二等标准活塞压力计，三等标准测力计，二等标准布氏、洛氏硬度块。焦作市和商丘地区建立了二等标准毫克组、克组和三等标准公斤组砝码，二等标准压力计。许昌市建立了二等标准毫克组、克组和公斤组砝码，二等标准活塞压力计，三等标准测力计，二等标准布氏、洛氏、维氏硬度块。南阳地区建立了二等标准毫克组、克组、公斤组砝码、2 级密度计，二等标准活塞压力计，三等标准测力计，二等标准布氏、洛氏、维氏硬度块，0.5 级标准转速表。周口地区建立了二等标准毫克组、克组和三等标准公斤组砝码，二等标准活塞压力计，二等标准布氏、洛氏硬度块，0.4 级标准真空表。驻马店地区建立了二等标准毫克组、克组和三等标准公斤组砝码，二等标准活塞压力计，0.4级标准真空表，0.5级标准转速表。三门峡地区建立了二等标准毫克组、克组和四等标准公斤组砝码。濮阳市建立了四等标准公斤组砝码，二等标准血压计。

（三）专业部门计量标准

河南省气象、电力和郑州铁路局所属的专业部门都建立了本系统的力学计量标准。省气象局计量检定所建立了 2 级大气压力标准装置，测量范围是（840 ~ 1090）kPa，双管（0 ~ 1090）kPa，总不确定度 0.15 kPa；2 级风速标准装置，测量范围是（0.4 ~ 30.0）m/s，总不确定度 2.6%。省电力试验研究所建立了一等标准活塞压力计、转速表校验装置、振动表校验装置。郑州铁路局计量检定所建立了二等标准活塞压力计、一等标准毫克组、二等标准公斤组砝码、标准血压计、轨道衡检衡车。河南省一些大型厂矿企业、部分科研单位也都建立有力学计量标准。

四、电磁计量标准

河南省计量部门从 20 世纪 60 年代起开始建立电磁计量标准。到 1978 年底，电磁计量标准计有电阻、电动势、电容、电流电压比例、电能、音频电量、直流标准系统、磁参数等 8 项。除濮阳市外，市、地计量部门都建立了电磁计量标准，能够对一般的电磁仪表进行检定。电力、国防科工办等专业部门及大中型厂矿企业，特别是大中型发电厂、供电局也建有较多的电磁计量标准。

自 20 世纪 70 年代以后，河南省在电磁计量仪器研制方面取得了很大成绩。1984 年，开封市计量所研制的三相交流电度表校验台，设计合理，精度高，实用性强，获得了科技成果奖。1986 年，中牟县中州电工仪器厂研制的可调式互感器和低功率因数互感器均获国家专利。可调式互感器不仅变化误差可调，而且还带有独立的角差调整装置，适于配合电流表、电压表、电功率表、电度表、继电器和变速器。低功率因数互感器能和任何一种电工测量仪表的功率因数相配合，减少合成误差。

（一）省级计量标准

1. 电阻标准：河南省计量所有二等标准电阻、比较电桥，可对 0.01 级以下的电阻、0.01 ~ 0.05 段电桥和 0.01 ~ 0.02 级电阻箱进行检定。

2. 电动势标准：河南省计量所有一等标准电池组、直流电位差计，分别用来检定二等以下标准电池组和 0.002 ~ 0.02 级电位差计。

3. 电容标准：河南省计量所建立有电容电桥标准和标准电容器。电容电桥标准可以检定 0.05 级以下电容；标准电容器可以检定 0.01 级以下电容器。

4. 电流比例标准：河南省计量所有电流比例标准 0.01 级电流互感器，可以检定 0.05 级以下的电流互感器。

5. 电能标准：河南省计量所建立有三相全电子式电度表检定装置。该装置自动化程度高，操作方便，功能齐全，能够对单相、三相、有功、无功各种电度表进行检定，是河南迄今唯一的高精度电度表检定装置，在全国范围内亦属先进。

6. 音频电量标准：河南省计量所建立有精密电表校验装置，能够对发电、供电、用电以及电器生产等部门使用的大量 0.2 级以下的电流表、电压表、电功率表进行检定。

7. 直流标准：河南省计量所建立有直流电压校准装置，用于检定直流数字电压表。该装置具有精度高、测量速度快、抗干扰能力强、读数直观等特点，是河南最高标准，在全国范围内亦属先进。

8. 磁参数标准：河南省计量所建立了硅钢片磁性能检定装置和永磁材料检定装置，分别用于检测硅钢片和永磁材料。

河南省计量测试研究所电磁计量标准见表 1–6–3。

表1–6–3 河南省计量测试研究所电磁计量标准

项别	种别		范围及精度	建立时间
	等级	标准器		
电阻	二等标准	电阻	$(10^{-1} \sim 10^{4})\ \Omega$ $\pm 5\times 10^{-6}$	1967
电动势	一等标准	电池组	$(1.018600 \sim 1.0186900)$ V 年变化<3×10^{-5}V	1967
电容	标准	电容	10^{-5}pF ~ 1μF $\pm 1\times 10^{-4}$	1971
电流比例	标准	工频电流互感器	0.5A ~ 5000A $\pm 1\times 10^{-4}$	1965
			0.001A ~ 2000A/0.1A ~ 0.5A ~ 1A ~ 5A $\pm 2\times 10^{-5}$	1986
电能	标准	电能标准装置	$230/\sqrt{3}$V、$100/\sqrt{3}$V、0.2A、15A $\pm 1\times 10^{-4}$	1986
		单相电能标准装置	±0.05%	1986
		交流电能标准装置	±0.015%	1988
音频电量	标准	交直流电流电压电功率标准装置	0V ~ 300V、0A ~ 10A 交流 ±0.05% 40Hz ~ 1000Hz 直流 ±0.03%	1972
直流标准系统	标准	直流校准系统标准装置	0 ~ 1100V $\pm 3\times 10^{-6}$	1985
磁参数	标准	磁参数检定装置	±1.5%	1975
		硅钢片标准检定装置	磁感1% 铁损1.5%	1984

（二）地、市级计量标准

到 1987 年，全省各地、市计量部门中，除濮阳市外，都建立了电磁计量标准，能够对一般的电磁仪表进行检定。郑州市建立了 0.005 级标准电阻箱和 0.002 级直流电位差计，0.05 级 3 表校验台。洛阳市建立了 0.01 级标准电阻箱，0.05 级直流电位差计，0.001 级标准电池组，0.05 级 3 表校验台。开封市建立了 0.002 级直流电位差计和 0.02 级直流电桥，二等标准电池组，0.05 级多用电表校验台，0.6 级单相电度表检定装置和 3 相电度表检定装置，0.002 级电压互感器校验仪。新乡市建立了 0.1 级标准电阻和 0.01 级直流电位差计，二等标准电池组，电表校验装置。安阳市建立了 0.01 级标准电阻和直流电位差计，0.02 级直流电桥。平顶山市建立了 0.02 级直流电位差计、0.05 级直流电桥、0.01 级直流电阻箱，0.001 级电池组，0.5 级标准电度表。鹤壁市建立了 0.01 级标准电阻，0.01 级直流电位差计，0.05 级电桥，0.02 级电阻箱，二等标准电池组，0.5 级标准电度表。漯河市建立了 0.05 级电位差计，0.02 级标准电阻箱，二等标准电池组，电表校验台。焦作市建立了 0.01 级标准电阻，0.01 级直流电位差计，0.01 级电阻箱，0.02 级电桥，0.6 级单相电度表校验台，0.04 级电表校验台。许昌市建立了 0.01 级标准电阻、0.01 级直流电位差计、0.02 级电桥、0.01 级电阻箱，0.005 级标准电池组。南阳地区建立了 0.01 级标准电阻、0.01 级直流电位差计、0.01 级电位差计，0.6 级单相、三相电度表检定装置。信阳地区建立了 0.01 级直流电位差计和 0.01 级电阻箱，0.5 级电流表、电压表。周口地区建立了 0.6 级单相电度表校验台，0.05 级电表校验装置。驻马店地区建立了 0.01 级直流电位差计、0.05 级电桥、0.01 级电阻箱。商丘地区建立了 0.01 级电位差计、0.05 级电桥、0.01 级电桥。三门峡市建立了 0.6 级单相电度表校验台。

（三）专业部门计量标准

省电力实验研究所建立的电磁计量标准有二等标准电池，二等标准电阻、7105A 数字表直流检验系统，2885 交流功率标准，2885 功率变换器，IV2–3 电能，M4069 电能标准，0.002 级电流互感器，0.0002 级电压互感器。河南的大中型厂矿企业建立的电磁计量标准有 0.01 级标准电池，0.01 级标准电阻，0.01 级电阻分压箱，0.01 级直流电位差计，0.02 级直流电桥，0.01 级直流电阻箱，0.1 级直流电表检定装置，0.01 级互感器，2 级互感器校验仪，0.1 级标准电能表，0.15 级电度表校验装置，0.15 级交流表校验装置。

五、其他计量标准

除长度、热学、力学、电磁等 4 项计量标准外，河南还根据经济济发展需要，从 20 世纪 70 年代开始，建立了无线电、电离辐射、时间频率、化学、声学等5项计量标准。但这些标准在河南省建立的不多，是计量工作中的薄弱环节。

（一）无线电计量标准

电子技术的迅速发展要求计量测试的参数不断增加，测试精度提高、速度加快。因此无线电计量作为一种新的计量技术，在工业、国防、科研等领域得到广泛应用。从20世纪70年代末开始，河南省计量所建立了无线电计量标准示波器校准仪、高频标准接收机、失真度仪检定装置、心电图机检定仪，分别用来检测工作用示波器、信号源、失真仪和医用光电图机（见表1–6–4）。地市级计量部门中，仅开封和南阳建立有示波器标准，可检测通用示波器。郑州、洛阳、新乡、驻马店等市、地的一些中央部属研究单位和一些专业部门也建有无线电计量标准。

表1–6–4 河南省计量测试研究所无线电计量标准

种别		范围及精度	建立时间
等级	标准器		
标准	示波器校准仪	0～200r 0.5%	1969
	失真度仪检定装置	0.1%～100% ±1%	1983
	高频标准接收机	0～30MHz≤±0.3dB	1979
	心电图机检定仪	5×10^{-3}	1987

（二）电离辐射计量标准

电离辐射计量也是一项新的计量技术，主要应用于卫生、国防、科研等部门。进入20世纪80年代，河南省计量所建立了照射剂量标准装置，能够对医疗部门的钴治疗机进行检定（见表1–6–5）。另外，个别医疗卫生部门也建立了电离辐射计量标准。1987年，河南省有电离辐射计量器具15种，计量部门多不能检定。

表1–6–5 河南省计量测试研究所电离辐射计量标准

项别	种别		范围及精度	建立时间
	等级	标准器		
照射量剂量标准	标准	γ射线测量装置	2.5dkg<±3%	1982
		中能射线基准装置	<（2～3）%	1982

（三）时间频率计量标准

从20世纪70年代开始，河南省计量所建立了铯原子钟校频系统，精确到3000年误差不超过1秒，测时的分辨力达亿分之一秒。铯原子钟可对石英晶体振荡器、电子计数器、时间间隔测定仪、石英钟等进行检测，在全国范围内亦属先进（见表1–6–6）。

表1–6–6 河南省计量测试研究所铯原子钟校频系统

项别	种别		范围及精度	建立时间
	等级	标准器		
原子频率	基准	铯钟 石英钟	1.5MHz、10MHz 日稳定度 $\pm1\times10^{-12}$ 精准度 $\pm1\times10^{-11}$	1970
			老化率 $\pm1\times10^{-10}$	1979
	标准	频率测量装置	精度 $\pm1\times10^{-11}/3$	1981
时间	标准	数字频率计	1×10^{-3}	1979

（四）化学计量标准

20 世纪 80 年代中期，河南省计量所建立了酸碱度、可见光分光光度计和滤光光电比色计等标准，可对工作用酸碱度计、分光光度计、比色计进行检测（见表 1–6–7）。河南省化学研究所也建有部分化学计量标准。地、市计量部门中，仅郑州、开封、南阳建有化学计量比色计标准干涉滤光片，用以检定分光光度计。到 1987 年底，河南各部门使用的化学计量器具有 20 余种，计量部门仅建 3 种标准，大部分化学计量器具不能检定。

表1–6–7　河南省计量测试研究所化学计量标准

项别	种别		范围及精度	建立时间
	等级	标准器		
酸碱度	标准	pH标准缓冲物质	pH标准物质 0 ~ 14pH ± 0.01pH 电测： ± 0.01%	1983
可见光分光光度计	标准	干涉滤光片	λ 360 ~ 800mm ± 2mm 吸光度2%	1985
滤光光电比色计	标准	吸光度标准溶液		1985

（五）声学计量标准

除郑州市个别企业建有声学计量标准外，河南省计量部门尚未建立声学标准，仅有一台“一型精密脉冲声级计”，可检测线性声压级 A、B、C、D 声级和脉冲声，并能进行简单频谱分析，测试范围 30dB ~ 140dB，精度 0.3dB。

六、建立计量标准和开展周期检定概述

河南省从 1957 年建立省、市级计量机构以后至 1987 年，积极贯彻为国民经济建设服务的方针，逐步建立了与工农业生产关系最为密切的有关的计量标准，大力开展量值传递工作。河南科委计量标准局从 1960 年起筹建计量标准，次年建立一等量块、高温、压力、硬度、质量、电磁等计量标准器具，开展计量检定工作。在《河南省一九六三——一九七三计量技术发展规划（草案）》中可详细了解当时河南省建立计量标准的概况。

前 5 年的主要任务是：根据调整、巩固、充实、提高的方针，把长度、热工、力学、电学 4 大类计量的 20 项 37 种省级标准建立起来，初步形成量值传递系统，大力开展检定工作，并尽快承担起仪器、仪表的整修任务。积极充实和认真培养计量技术人才，为后 5 年的发展创造条件。

后 5 年的主要任务是继续完成无线电、化学 2 类计量标准的建立工作，巩固提高标准的精度，扩大测量范围，争取长度、热工、力学、电学、无线电、化学 6 类计量 29 项 47 种计量标准大部分达到国家先进水平。

市级计量标准的建立，根据目前各市工业布局和今后生产发展需要，结合现有的基础条件制定。其中，郑州、洛阳两市 10 年内建立长度、热工、力学、电学 4 类 14 项 19 种计量标准，新乡、开封建立 4 类 9 项 15 种计量标准，安阳、许昌、信阳、南阳、商丘、漯河、三门峡 7 市拟建立 4 类 8 项 10 种计量标准，焦作、鹤壁、平顶山 3 个矿区市建立 3 类 6 项 9 种计量标准。

县级计量机构 10 年内主要是开展一般衡器的检定管理工作，并根据需要开展压力表和万能量具的检定工作。

到 1963 年，河南省科委计量管理局已建立长度、热工、力学、电学 4 大类 13 个项目的省级计量标准。专、市级计量机构分别建立有长度计量标准：①四、五等量块；②二级线纹米尺。热工计量标准：①二级标准热电偶；②二级标准水银温度计。力学计量标准：①二级公斤组标准砝码；②二等克组标准砝码；③三级标准活塞压力计；④标准洛氏硬度块。电学计量标准：①二级标准电池；② 0.5 级标准安培、伏特、瓦特表。

（一）长度计量标准的建立和发展

从1959年起，河南省省级长度计量标准器的建立本着因地制宜，因陋就简，自力更生和充分利用现有计量技术力量和计量仪器设备的精神，在“依靠厂矿，大搞协作，有啥建啥”的原则下，根据生产需要进行。1959年7月13日，河南省科学技术委员会，河南省机械工业局〔59〕科委计字第024号、〔59〕机电字050号向洛阳第一拖拉机厂发函征求意见，拟利用洛阳第一拖拉机厂现有的技术力量将本省长度标准设在该厂。1960年3月24日河南省科学技术委员会〔60〕科委计字第012号文通知：经过选择研究，并经国家计量局批准，将河南省科学技术委员会的长度计量标准器建立在洛阳第一拖拉机厂。洛阳第一拖拉机厂中央计量室除担负本厂的计量工作外，承担河南省的长度计量标准器的量值传递工作，对外行使河南省科学技术委员会长度计量实验室的职权。随着洛阳拖拉机厂建立省级长度计量标准器，开展长度量值传递工作之后，河南省计量标准局的一等标准量块、一级线纹米尺、一级标准角度块和二等玻璃刻度尺经过国家标准的校验正式建立，省计量标准局各科计量标准器也随后着手筹建，这为保证国家每种量值的统一传递奠定了物质基础。

（二）热工计量标准的建立和发展

随着形势任务的变化和发展，河南省计量部门建立了高、中、低温计量标准，能够检测低等级的热学计量标准器具；市、地计量部门大都建立有高温或中温计量标准。各专业部门和一些大型厂矿企业，特别是大型冶炼企业也都建立了热学计量标准。20世纪70年代以后，河南省计量部门研制成功一些热学计量器具，如新乡市计量所研制了标准热电偶；洛阳市计量所研制了热学计量中重要附属设备标准光学高温计电源，获得省级科技成果奖。1963年河南省计量局建立了一等标准水银温度计、二等铂铑铂热电偶等热学计量标准。

（三）力学计量标准的建立和发展

从1957年起，河南省建立起质量、容量、流量、密度、压力、真空、测力、硬度、转速等多项力学计量标准，比其他计量标准更广泛地服务于生产、科研和人民生活。河南省在力学计量器具研制方面也取得一定成绩，如河南省计量局1965年研制成功一等标准50升金属量器，用于检定油罐车、加油机及各种流量标准装置；研制了一等标准水银压力计（精度 ±0.02%），用于检定低压标准压力表、标准真空表和液体压力计。开封仪表厂研制成功标准体积管流量标准装置和大口径腰轮流量计，解决了石油流量的计量问题，获第一机械工业部科技成果一等奖。国家物资局郑州储运公司工程师徐平均研制出中国第一台10吨电容式吊钩电子秤，成为衡器领域一项重大技术突破，徐平均被国家科委批准为有突出贡献的中青年专家。1973年，陈济方局长找到省革委会领导戴苏理特批了30万元设备购置费，购买了100吨二等标准测力机，创建了省级测力标准，是全国第三个建立此项计量标准的单位。

（四）电学计量标准的建立和发展

河南省计量部门从20世纪60年代起开始建立电磁计量标准。1960年5月16日，河南省科学技术委员会〔60〕科委计字第013号“关于建立我省电学计量标准器的报告”，确定在河南省电业局中心试验所建立省级电学计量标准器（安培计：0.2级，伏特计：0.2级，瓦特计：0.2级，电阻：0.02级，标准电池：0.2级，电流互感器：0.1级，电压互感器：0.2级）。到1963年，省级电学计量标准建有：①直流仪表的检定；②交流仪表的检定；③直流标准仪器的检定；④一级标准电池；⑤一级标准电阻。1965年建立了工频电流互感器标准。

河南省各级计量行政部门和专业部门所属的计量检定机构逐步建立完善一套严密的计量器具周期检定制度。

各级计量检测机构多年来检定了大量的计量器具，为各方面提供了准确数据，并有效地服务了经济建设和人民生活。如1962年，省、地、市计量部门检定长度计量器具9685台（件），合格率不到40%。1977年河南省计量局配合省机械工业厅检查了10个机械行业，共检定计量器具332件，合格率49.4%。1979年市场贸易度量衡器具普查中，检定杆秤90162件，合格率52.41%；检定台秤、地秤、案秤43735台（件），合格率50.11%；检定各种量提30753件，合格率为47.2%；检定竹木直尺26596支，合格率为71.5%。零售包装商品58.4%秤量不够。有的医疗卫生用计量器具长期使用不检修，合格率很低，特别是县级以下医疗部门使用的血压计等计量器具合格率更低，有些仅为 30% 左右。不合格的计量器具经计量检测部门检修合格后，提高了计量的准确度。

各专业计量检测机构也都对受其检定的计量器具，编制周期检定计划，并按规定时间，进行周期检定。

计量检定工作中，小型的计量器具，通常由受检单位派人携带，送交计量检测机构检定。对于不易搬动的大型计量器具，如光学仪器、测力机及流量等方面的计量器具，则由计量检测机构派人员携带计量标准器，赴受检单位检定。对某些生产计量器具的企业，为保证其产品质量，常由计量检测机构派人员驻厂逐件检定。除周期检定外，计量检测机构还对经营或生产的产品不定期进行抽查检定。

1956—1957 年河南省商业厅选派人员参加国家计量局的计量干部训练班，学习计量检定技术。1957—1958 年郑州等 10 市成立了计量检定管理所，同时开展了杆秤、台秤、案秤、竹木尺等项目的检定工作；1959 年以后又相继开展了工卡量具、天平、砝码、量块、压力表等项目的检定工作。河南省科委计量标准局从 1960 年起筹建计量标准，次年建立量块、高温、压力、硬度、质量、电磁等计量标准器具，开展计量检定工作。

1963—1965 年是计量检定工作稳步发展的时期。河南省计量局建立长度、热工、力学、电磁等 4 个恒温实验室，技术人员素质较好，在全国计量系统处于先进行列。从 1963 年起，省和市地计量检测机构按照国家颁布的各种检定规程所规定的检定周期，对受检的计量器具，每年年初即编制周期检定计划，受检单位必须按计划接受检定，超过周期而未检定的计量器具视为不合格，不准使用。到 1965 年，省、地和部分县计量器具周期检定制度已相当健全，检定计划编制得详细具体，执行也较严格。这一时期，新建计量标准器逐年增多，检定数量不断上升，质量也有所提高。1964 年，仅河南省计量局就检定计量器具 2676 台（件），1965 年增至 8600 台（件）。1966 年，“文化大革命”开始，计量机构精简，人员下放，周期检定制度遭到破坏，各级计量检测机构也停止编制周期检定计划，计量器具检定数量下降。

1978 年中共十一届三中全会以后，河南省计量检定工作得以恢复发展。各级计量检测机构增建了许多高精度、大量限的计量标准器具。河南省计量所增加了时间频率、放射性、声学、无线电 4 大类计量检定项目；市、地普遍开展了长度、热学、力学、电磁 4 大类计量检定。计量检定制度逐步恢复健全，周期检定计划开始重新编制。到 1987 年，省和市、地以及大部分县的计量检测机构都编制了周期检定计划，并按计划通知受检部门接受计量检定，秩序井然。1987 年，河南省各级计量检测部门检定计量器具达 662839 台（件）。

七、量值传递关系

中华人民共和国成立后，根据国家计量局的规定，河南逐渐建立完善了一整套量值传递制度，对受其检定的各种计量器具都制定了量值传递关系图，依照各自不同的计量检定系统，严格进行量值的逐级传递。各级计量部门按照传递关系和计量检定系统表，严格进行周期检定，量值传递秩序良好。

（一）计量部门量值传递关系

计量工作的量值传递是由高级到低级，由中央到地方逐级传递量值的。国家的最高计量基准器具存放在中国计量科学研究院。中国计量科学研究院将国家基准量值传递到河南省省级计量标准器具，河南省省级计量标准量值传递到市、地计量标准器具，市、地计量标准量值传递到县和部门计量标准器具，县和部门计量标准量值再传递到各部门使用的工作计量器具。

中国计量科学研究院将少量计量基准量值传递到中南计量测试中心（设在湖北省武汉市），河南等中南数省的一部分计量标准器具由该中心量值传递，河南省传递到市、地，市、地传递到县，县传递到各部门使用的计量器具。但是，如果有一些计量标准器具因上一级传递部门检定不了，则必须越级检定。河南省有一大部分省级标准器具即是直接送中国计量科学院检定，河南省计量局又可直接检定县级计量标准器具和生产、经营、使用的计量器具。“河南省计量标准器具量值传递关系总框图”见图1–6–3。

计量部门对每一种受检的计量器具都制定了各自不同的计量检定系统表（又称量值传递系统表），以图表结合的形式，明确规定了由国家计量基准到各级地方标准，以及普通工作计量器具的量值传递程序，包括名称、测量范围、精度和传递方法等。计量部门根据计量检定系统表进行量值传递。质量、温度、时间频率计量器具、量块、标准电池、无线电信号发生器计量检定系统表框图见图1–6–4～图1–6–9。

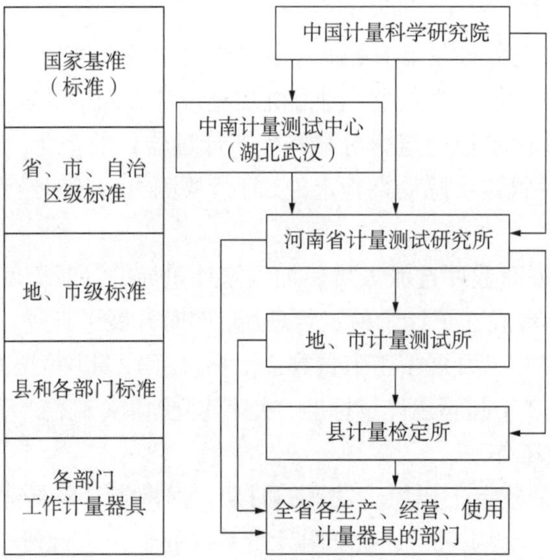

图1–6–3
河南省计量标准器具量值传递关系总框图

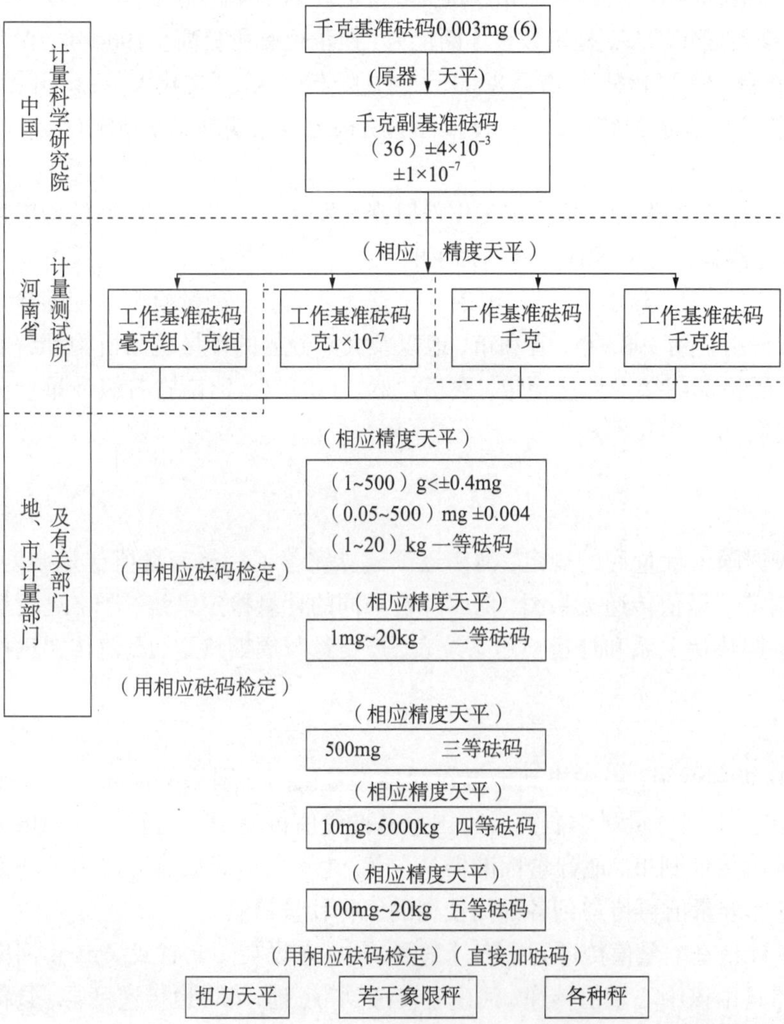

说明：该图表明河南计量测试研究所建立了工作基准砝码和一等砝码标准。由中国计量科学研究院传递量值，可对地、市及有关部门二等以下砝码进行传递。

图1–6–4
质量计量器具检定系统表框图

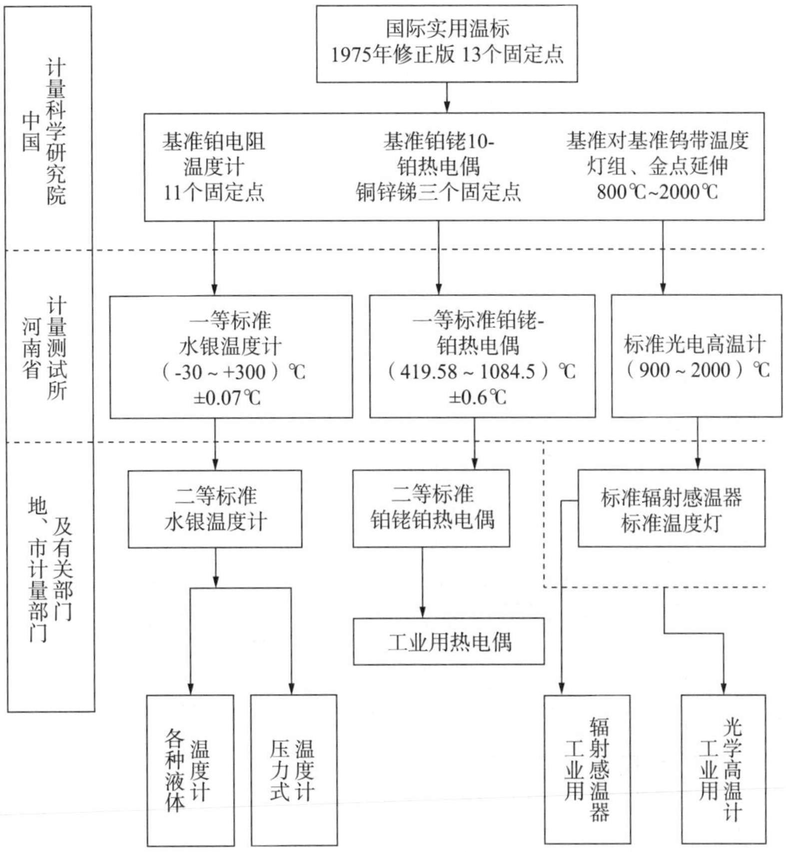

说明：该图表明河南省计量测试研究所建立了一等水银温度计、二等标准铂铑-铂热电偶和标准光电高温计、辐射感温器标准，由中国计量科学研究院传递量值。省对地、市计量部门和有关部门进行传递。

图 1-6-5 温度计量检定系统表框图

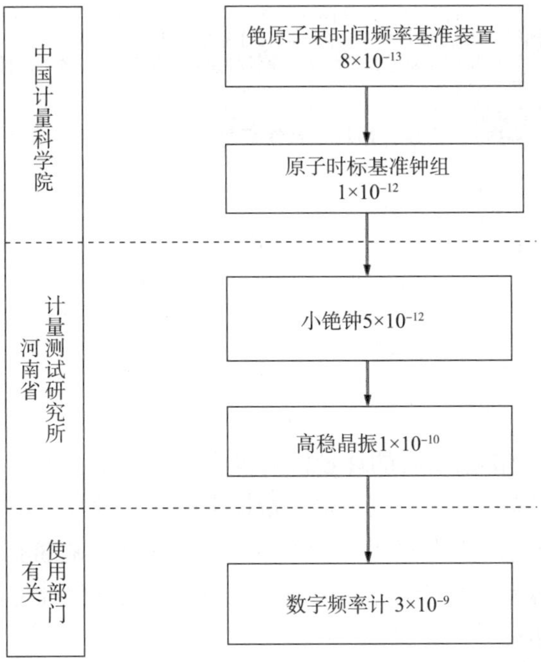

说明：该图表明河南省计量测试研究所建立了铯原子钟和高稳晶振标准，由中国计量科学研究院传递量值。对各部门使用的数字频率传递量值，地、市计量部门没有建立此项标准。

图 1-6-6 时间频率计量检定系统表框图

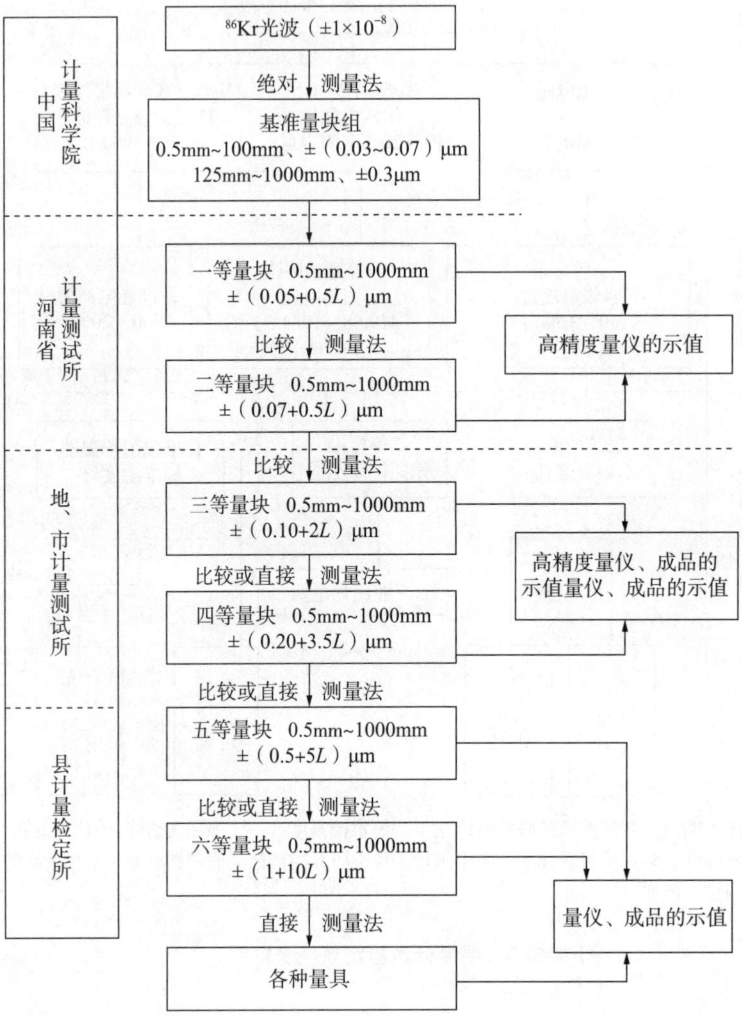

说明：量块是长度计量中的一项重要计量标准。该图表明河南省计量测试研究所建立了一等量块标准，与中南测试中心同等，直接由中国计量科学院传递量值。地、市和县级计量行政部门普遍建立了量块标准。一等量块以下还有5个等级传递各种量具。同时表明河南机械工业相当发达。

图 1-6-7 量块计量检定系统表框图

（二）专业部门量值传递关系

河南省的气象、铁路、电力等专业部门所属的计量检测机构也都建立了各自不同的量值传递关系，并根据这种关系开展计量检定工作。河南省气象局计量检定所建立的气象用计量标准器具大都接受国家气象局计量检定所检定。国家气象局的计量标准器具受国家计量基准器具检定。省气象计量标准器具主要用以检定全省各气象台、站和部分非气象系统的工作用气象计量器具。河南省气象计量器具检定系统表框图见图 1-6-10。

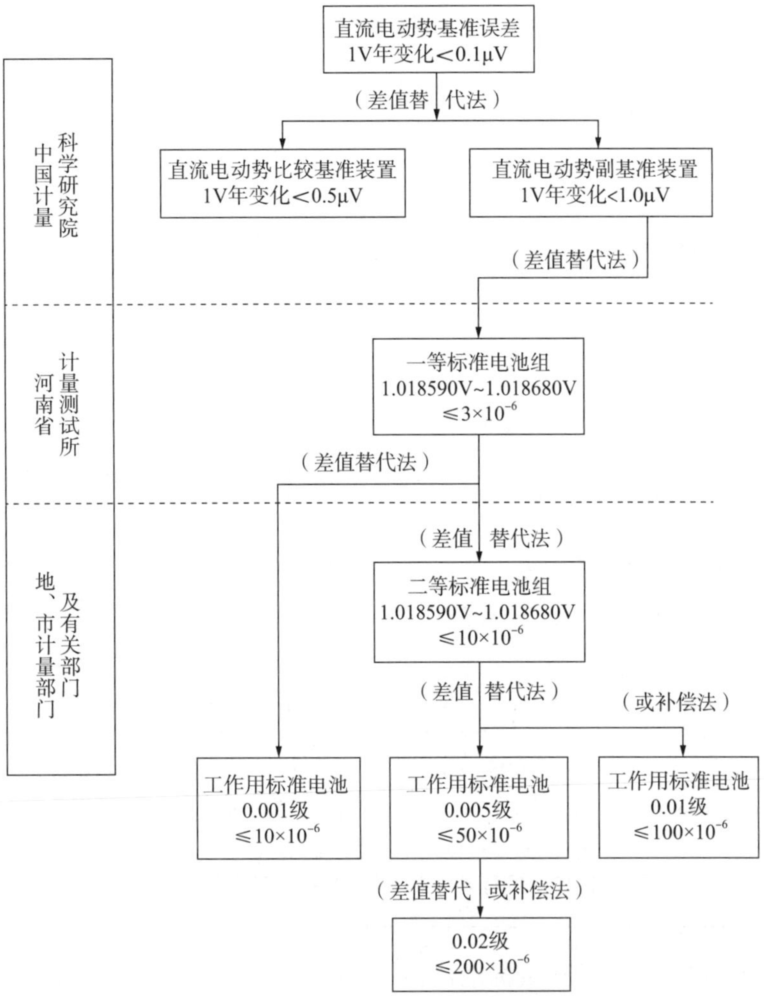

说明：该图表明河南省计量测试研究所建立了一等标准电池组标准，由中国计量科学研究院传递量值，对地、市计量部门和有关部门建立的二等以下标准电池进行量值传递。

图 1-6-8　标准电池计量检定系统表框图

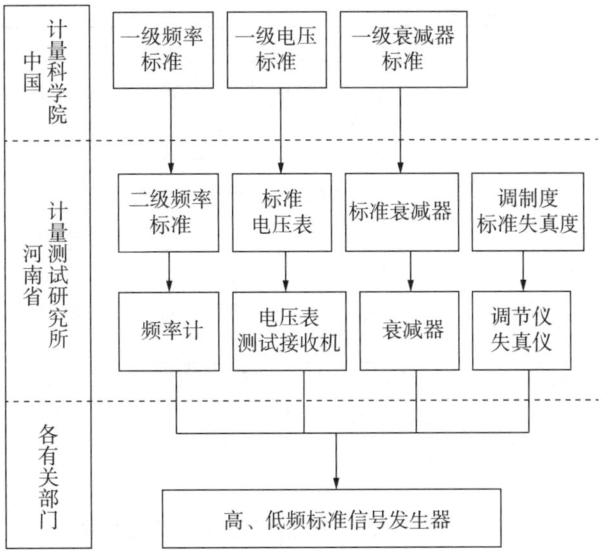

说明：该图表明河南省计量测试研究所建立了二级频率、电压表、衰减器、失真度标准。由中国计量科学院研究院传递量值，对各有关部门的标准信号发生器传递量值。地、市计量部门没有建立此标准。

图 1-6-9　无线电信号发生器计量检定系统表框图

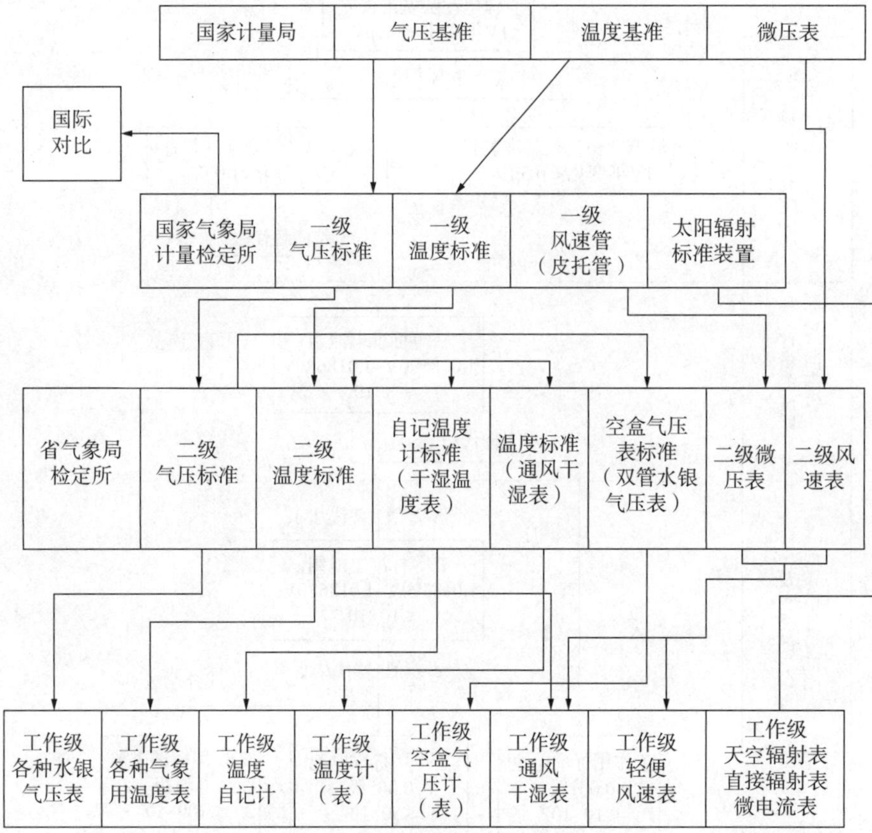

图 1-6-10　河南省气象计量器具检定系统表框图

郑州铁路局计量检定所建立的计量标准器，一部分由河南省计量所传递量值，如力学和无线电等方面的计量器具；另一部分由铁道部计量研究所和国家轨道衡计量站传递量值，如检衡车和轨距尺等专业计量器具。郑州铁路局计量检定所向本系统的工作用计量器具或非本系统的铁路用计量器具传递量值。郑州市铁路局计量器具检定系统表框图见图 1-6-11。

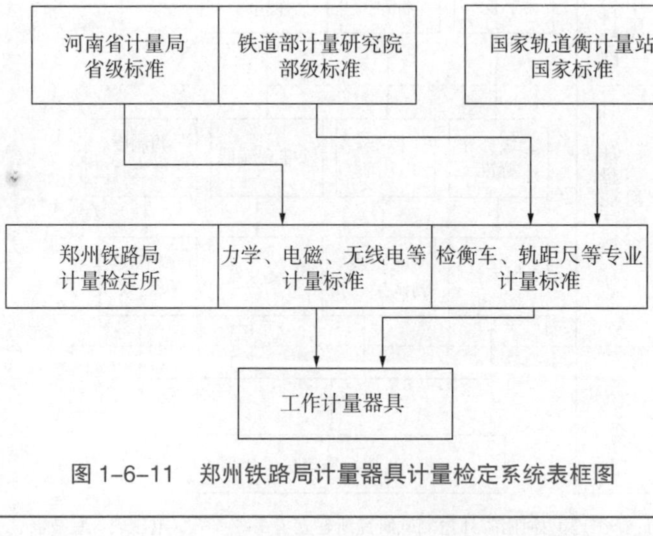

图 1-6-11　郑州铁路局计量器具计量检定系统表框图

河南省电业系统的计量标准器具主要受水电部电力科学研究院检定，也有一部分由国家计量局计量科学研究院、国家高压计量站及省计量所传递量值。河南省电力工业局电力试验研究所对下属电业局、电厂、供电局传递量值。河南省电力系统计量器具检定系统表框图详见图 1-6-12。

八、发布《河南省一九六三——九七二年计量技术发展规划（草案）》

河南省计量局印发了《河南省一九六三——九七二年计量技术发展规划（草案）》。该《规划（草案）》强调：

（一）建立健全全省计量检定网是实现量值传递的组织保证。目前全省只有 34 个计量管理机构，其中，省级计量机构 1 个，市级计量机构 13 个，专区计量机构 6 个，县级计量机构 14 个，总人数 281 人。在部分企业中建立了计量室、站，但大部分中、小型企业尚未建立计量机构。河南省当前整个计量工作，技术基础薄弱，监督管理工作跟不上，计量监督网还没有形成，全省 8 专、14 市、105 县大部分没有计量管理机构。10 年内在全省范围内建成郑州、洛阳、开封、新乡、安阳、焦作、鹤壁、商丘、三门峡、漯河、平顶山、信阳、南阳等 14 个市级计量管理所和 105 个县的县级计量检定所。10 年计划发展的人数总共为 1099 人（其中技术人员 1033 人，包括省局修理人员），除去现有总人数 281 人（其中技术人员 251 人），10 年内应增加 818 人（其中技术人员 782 人）。10 年内全省共需国家分配的大专毕业生 75 人和中专生、行政人员 743 人。前 5 年建立健全机构，配齐人员，后 5 年重点是培养提高全省具有一定水平的计量技术队伍。

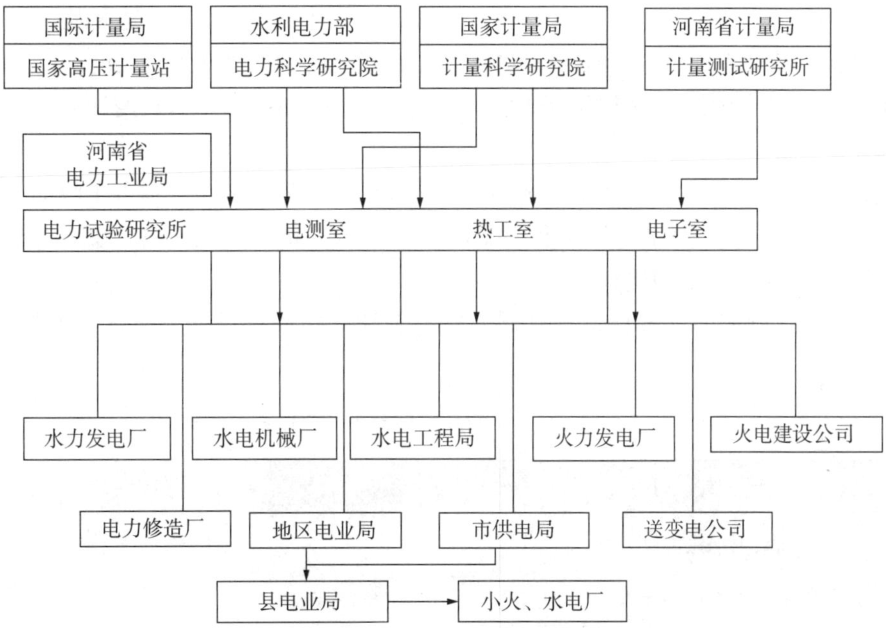

图 1-6-12　河南省电力系统计量器具计量检定系统表框图

（二）各企业、事业等单位均应建立计量室（站），凡是大量使用计量仪器、仪表的企业、事业主管部门，应设置计量机构和一定数量的人员管理计量工作，督促其所属单位严格遵守计量管理制度，以保证本系统内计量仪器、仪表一致、准确和正确使用。

（三）计量监督管理工作是组织保证。10 年内必须全面加强监督管理工作，正确地贯彻计量政策法令，系统地制定我省有关计量管理制度，组织计量网的建立和量值传递，建立起全省的计量检定系统，切实保证检定工作的开展。

九、开展周期检定情况

（一）建立周期检定制度

根据 1961 年国家科委计量局〔61〕量综字第 121 号文《关于加强检定工作，提高检定质量的几项措施（草案）》提出的“在检定工作中贯彻严肃性、严格性、严密性，以提高计量检定质量”的要求，河南省各级计量行政部门和专业部门所属的计量检定机构逐步建立完善了一套严密的计量器具周期检定制度，编制周期检定计划，并按规定时间，进行周期检定。

以河南省长度计量量值传递范围为例：河南省省级长度计量标准器量值传递范围：①河南省各单位（包括中央各厂矿及驻本省的各单位企业）凡作传递长度计量标准器的量值（包括长度、端度、角度、表面光洁度、平行性、平面性、螺纹、齿轮）均由河南省长度计量标准器进行国家的周期检定。②各厂矿企业，凡已建立企业计量标准者，可由厂的计量标准器进行自检，未建立企业标准或不具备检定技术条件（包括室温条件）者，由省科委长度计量实验室进行国家的周期检定或指定具有检定能力的厂矿企业计量室进行周期检定。③各专、市已建立地区标准者，各市、县及各厂矿的计量标准器，均由地区计量标准器直接进行国家的周期检定，如地区计量标准器尚未建立起来或地区计量标准器检定不了的，仍由河南省长度计量标准器直接进行国家的周期检定。

关于几项职权任务划分的规定：①各地区凡需建立地区长度计量标准器者，必须先将所建标准器的等级报请省科委同意后方可进行。②各厂矿凡需建立厂级标准者，也必须事先报请省科委或地方科委审查同意后方可进行。③省长度计量实验室对各级长度计量室在业务上是指导关系。④省局长度计量室对地方和厂矿企业长度计量室的工作有权检查和监督，各地方和企业部门应积极接受检查并认真介绍情况，但对未执行本规定的地区和企业，省长度计量实验室有责任提出批评意见；如有严重违犯者，可根据河南省计量管理暂行办法处理之。⑤省局长度计量实验室负责省内各级长度计量标准器的检定，各地区及企业均应按照规定时间送检。⑥省局长度计量实验室对各地区及企业在建立长度标准器及仪器的检定、修理方面应尽力给予技术援助。⑦各企业、部门之间如因长度计量量值的准确性发生异议时，由省局长度计量实验室根据国家检定规程鉴定仲裁。⑧负责全省长度计量方面的光学仪器检定、修理工作。

检定费收取：①在进行各级长度计量标准器、仪器的检定和修理时，本着少收的原则进行收费，以用于省长度计量标准器的维护、检修及印制证书和检定人员劳动报酬等。②外出检定、检修时，受检单位应予食、宿和工作上的便利。

河南省气象计量检定所气象计量器具周期检定表和郑州铁路局检定所计量器具周期检定表见表 1–6–8 和表 1–6–9。

表1–6–8　河南省气象计量检定所气象计量器具周期检定表

气象计量仪器名称	检定周期
各种气象用水银温度表	出厂3年，复检5年
气象用有机液体温度表	3年
温度自记计	3年
动、定槽水银气压表	3年
单、双管水银压力表	3年
空盒气压表	3年
气压自记计	3年
毛发温度表	1年
温度自记计	3年
轻便风速表	3年
磁感应风速表	3年
电接风向风速表	3年
通风干湿表	3年

表1-6-9 郑州铁路局计量检定所计量器具周期检定表

类别	项目	检定周期
长度	标准轨距尺	1年
	轮对内距尺	1年
	标准踏面样板	1年
	车轮检查器	半年
温度	玻璃管温度计	1年
	压力式温度计	1年
力学	天平	1年
	标准压力表	1年
	医用血压计	1年
	台、地秤	1年
	轨道衡	半年

（二）开展周期检定

1960 年 6 月，河南省科委计量标准局在河南省固始县召开“第一次全省计量工作会议”。这次会议一方面传达、贯彻全国计量工作会议精神，另一方面是推广计量工作如何为中、小型企业服务的经验。要求参加会议的人员必须是各地、市和重点县科委主抓计量工作的领导和计量所长。参加会议的代表有 100 多人，会议取得了圆满成功。会后，各级计量部门根据计量工作会议精神，积极组织人力、物力开展周期检定工作。

河南省机械、煤炭、电力、纺织、交通等工业所使用的计量仪器仪表数量多，精度高，例如，机械制造工业中的光学仪器据不完全统计有 295 台，二等量块有 20 套，三等、四等标准量块有百套以上，材料试验机 146 台，硬度计 350 台，硬度块的消耗量在 1550 块左右。全省共有 184 个单位 2676 台计量器具列入周检计划。对某些生产计量器具的企业，为保证其产品质量，常由计量检测机构派人员驻厂逐件检定。除周期检定外，计量检测机构还对经营或生产的产品不定期进行抽查检定。除对本系统下属单位计量器具进行检定外，一些专业计量检测机构还检定了其他有关部门使用的计量器具。如省气象局计量检定所承检了民航、纺织、蛋品、煤矿、机械、钢铁、测绘、农林科研、军队等非气象部门使用的气象计量仪器。郑州铁路局计量检定所承担了河南及山西的部分非铁路系统使用的 100 余台轨道衡的检定和修理任务。

郑州、开封、新乡、洛阳、安阳等主要工业城市以工业为主开展计量检定工作；平顶山、鹤壁、焦作等矿区计量所的检定工作重点是服务于煤炭工业。

1962 年 11 月全省各级计量机构初步建立了质量、硬度、端度、线纹、密度、电动势、高温、中低温、压力等专、市级计量标准，开展了天平、砝码、硬度、大中小型衡器、万能量具和各种电器仪表、热工仪表的检定工作。据不完全统计，1962 年 1—6 月省局共检定了 1102 件计量仪器仪表，其中，长度方面检定了标准量块和光学仪器 187 台（套）；热工方面检定了光学高温计、标准热电偶等 418 件；力学方面检定了万能材料试验机、硬度计等 87 台；电学方面检定了精密电位计、电桥、标准电池、电阻和 0.5 级以上的交直流仪表等 408 台（件）。各专、市计量机构 1962 年 1—11 月共检定 95528 件计量器具。

1964 年，河南省科委计量管理局组织 33 人深入 151 个厂矿企业，用了 1599 天（次）的时间开展调查研究，摸清了部分量值传递项目的工作量，为克服送来就检，不送不管的状况，编制出周检计划。到 1964 年底河南省计量标准量值传递 184 个单位，其中机械和农机系统 56 个；冶金煤炭系统 15 个；水利电力系统 25 个；建筑工程系统 27 个；铁道系统 11 个；国防系统 9 个；化工单位 5 个；科研单位 12 个；大专院校 11 个；其他 10 个。全年共检定计量器具 2676 台（件）。较 1963 年有了大幅度的提高。为以后每年进行周期检定奠定了基础。

1965 年，计量器具检定数量是河南省从 1957 年建立计量机构开展计量检定工作以来最高的一年。全年共检定计量器具 32 万台（件），是 1964 年检定 12 万台（件）的两倍多。省计量局全年检定计量 8600 台（件），是 1964 年检定 2676 台（件）的 3 倍多。

1963 年至 1966 年上半年，是河南计量工作稳步发展时期。全省计量部门贯彻“以农业为基础，以工业为主导”的方针，强调“政治观点、生产观点、服务观点”，要求在计量检定工作中做到“三严”（严格、严肃、严密）。从 1963 年起，计量人员走出机关，深入厂矿、基层，开展检定和调查研究，为编制周期检定计划做准备。1964 年，河南省的计量工作在量值传递中贯彻“三严”（严格、严肃、严密），严字当头，一丝不苟，贯彻检修结合和少花钱多办事，勤俭办计量事业的精神，深入基层搞调查研究，摸清了部分量值传递项目的工作量，为克服送来就检，不送不管，编制周检计划，提供了可靠的依据。到 1965 年，省、地、市和部分县计量器具周期检定制度已相当健全，检定计划编制得详细具体，执行也较严格，中央直属厂矿和部分省、市属机械制造工厂执行得较好。如第一拖拉机厂、轴承厂、矿山机器厂、郑州发电设备厂、洛阳机床厂、安阳机床厂等都建有检定系统和周期检定日程表，对全厂量具均有检定卡片、登记、编号并注有周期流转制度，执行较严，基本上没有使用失准量具的现象。煤建公司和煤建合营、粮食系统和盐务局 5 个月检定一次。服务业和商业（煤建除外）半年检定一次。工业、交通运输、农业等单位一年检一次。

1. 长度计量

1961 年，河南省科委要求各有关单位将现有的量块、角度块、线纹米尺、光学仪器的名称、型号、产地、数量详细统计报河南省科委计量局，以便开展周期检定及普检普修工作。1962 年 1—6 月长度方面检定了标准量块和光学仪器 187 台（套）。1963 年 8 月开始对光学仪器执行周期检定工作。1963 年 4 等以上量块共安排 23 套的周期检定任务（全省 40 套），这是根据 1962 年送检单位的原有标准和新建标准数量而决定的。1963 年 5 月，河南省科委计量标准局就 1962 年 10 月开始的机械光学仪器的检修工作情况、普遍存在的问题，并对今后的工作和仪器保养、使用等方面具体意见向省委各厅、局，国家科委计量局等领导机关进行汇报。

1963 年 10 月 28 日，在郑州召开全省各专、市所长度计量工作会议。省机械工业厅派人参加。会期 9 天，11 月 5 日上午结束。大会传达了全国长度计量工作会议精神，各专、市汇报了一年来长度计量工作开展的情况，交流了各专、市在开展长度计量工作方面的经验和教训。省局巨福珠副局长到会作了重要讲话。

2. 热工计量

河南省热工计量工作，积极贯彻党的以农业为基础、以工业为主导发展国民经济的总方针和调整、巩固、充实、提高的方针，本着因陋就简，自力更生，奋发图强的精神，克服不少困难，积极开展计量器具的检定工作，为工农业生产和科学研究、国防建设服务，取得了一些成绩。根据 1963 年的调查，开封化工厂、郑州铝业公司、洛阳拖拉机厂在生产中所使用的热电偶均在 150 支以上，全省在生产中使用的热电偶达 5000 支以上，0.5 级以上标准压力表在 500 块以上，而工业用表的数量就更多了。全省有金属加工企业 325 个，其中属中央的 20 个，省属的 64 个，其他系统的 241 个。煤炭系统有焦作、鹤壁、平顶山、龙门、义马、新密等 6 个矿务局。纺织工业全省有 215 个企业，大型的纺织工业在郑州、洛阳、安阳、新乡、浚县等均计有 10 个以上。这些厂矿企业由于生产对计量工作的迫切要求，对河南省热工计量工作的发展，确实起到一定的推动作用。

河南省计量局热工计量工作是从 1961 年开始的，经过 3 年的努力，从小到大发展起来。1963 年共检定各种热工计量器具 882 件，与 1962 年检定数量 537 件相比增长 64%。其中检定标准和工业用热电偶 152 支，光学高温计 47 支，高温毫伏计 80 块，标准和工业用压力表 266 块，活塞压力计 6 台，液体温度计 300 支，铂电组温度计 17 支，比率计 5 块。

3. 力学计量

河南省计量局的测力硬度计量工作从 1960 年开始是在设备极其简陋、人员技术水平不高的情况下进行的。利用当时的技术设备条件，根据生产的需要积极开展检定工作。

（1）测力计量：1959 年 10 月，河南省科委决定，由省科委计量标准处、省建筑科学研究所、黄委会水利研究所、郑州重型机械厂组成测力硬度协作组，自 1959 年 10 月开始，对全省 100 吨及其以下的材料试验机、硬度计进行周期检定；并规定收费标准。进行了 4 个周期：绝大部分使用中的材料试验机基本上 1 年左右可以检定一次。据不完全统计全省有材料试验机 118 台，这些仪器担负着全省的材料试验任务，半数以上失准或损坏。在检定中对一些失准的试验机进行了调正和修理工作。1961—1962 年期间，由于机构、人员变动检定数量相应减少，到 1963 年检定及调修数量显著增加，全年共检定材料试验机 99 台，调正修理 18 台，因而保证了材料试验机的一致准确和生产的顺利进行。

（2）硬度计量：1960—1961 年期间，对河南省使用中的硬度计 191 台进行了部分检定，并配备了部分"旧值"硬度块，后由于国家科委计量局采用"新值"问题未最后确定，所以硬度计的检定处于停止状态。从 1963 年开始，集中进行新洛氏硬度基准量值传递的准备工作。首先转发国家科委计量局关于传递新基准量值的通知，拟定工作计划，并组织力量进行典型调查。举办了两次技术报告会，讲解硬度计检定调正修理技术，先后共有 76 个单位 171 人（次）参加会议。组织标准硬度块的生产和定度工作。在洛阳轴承厂进行新洛氏硬度基准传递试点工作，并总结了试点经验。

（3）技术人员培训。1960—1962 年共举办两次测力硬度训练班，为生产和计量部门培训试验机、硬度计检定、操作、调正修理人员 65 名。河南省科委计量管理局用以师带徒和送外地学习共培训检定技术人员 6 名。开展了天平、砝码的检定，全年全省共检定天平 950 架，砝码 6050 斤（个）。台、地、杆秤，全省共检定和改制 83300 件，一般合格率在 70% 左右。

（4）1964 年，河南省科委计量管理局发文，开展了电阻式真空计、热偶式真空计、转动式压缩真空计检定和机械真空泵的极限真空度的测定工作。

4. 电学计量

1962 年 5 月，河南省科委计量标准局通知各专、市计量所，1962 年省局开展直流电位差计、直流电机、标准电池、标准电阻、电阻箱、电压表、电流表、单相瓦特表、检流计等 9 个项目的检定工作，并逐步将这些量值传递到厂矿、企业、研究机关等基层单位。据不完全统计，1962 年 1—6 月共检定精密电位计、电桥、标准电池、电阻和 0.5 级以上的交直流仪表等 408 台（件）。

1964 年 1 月 11 日至 20 日，河南省标准计量局在洛阳召开河南省第一次电学计量专业会议。部分专、市计量所和重点厂、矿、科研单位中电学计量负责同志参加会议。这次会议主要是贯彻全国电学计量会议精神、总结我省几年来电学计量工作、交流工作经验、研究与组织全面开展电学计量为产生建设服务。会议着重商讨编制河南省电学计量检定系统，整顿内部秩序，逐步实行技术考核等问题。

1965 年 2 月，为适应工农业生产和科学研究发展的需要，省局经过较长时间的筹建和调试，互感器标准及测量设备已全部建成并开展检定工作。

（三）对计量器具开展"三普"

1."三普"为国民经济建设服务

1962 年，河南省的计量工作贯彻"为国民经济、为当地工农业生产服务的方针"。开展工业计量器具的检查、检定、修理（普查、普检、普修，简称"三普"）工作，为促进工业特别与农业有关的工业发展服务；开展商业度量衡器的检查、检定工作，以保证国家、集体、个人三者之间的利益。

1964 年 9 月，河南省计量局派出工作组，对郑州柴油机厂计量工作的开展情况进行调查，历时 21 天。郑州柴油机厂生产的 2105-3 型柴油机是支援农业的重要产品。对 2105-3 型柴油机国家技术检定的结果表明：产品质量较前有所提高。但同时在柴油机的设计、工艺、性能、零部件质量方面，仍存在不少问题。例如，在检定中检查了 14 种 36 件零部件，合格的仅有 3 件，基本合格的 14 件，不合格的 19 件，不合格率占 52%；再如，据调查热处理车间等单位使用的 8 支热电偶、5 个毫伏计、7 块压力表从未经过计量部门检定。有色金属熔炼车间的一只热电偶保护套管破裂，电极外表脱皮，电极中间断裂，铸造车间的光学高温计物镜破裂等，仍在使用。因此造成浇注、退火、淬火、渗碳时的温度忽高忽低；铸件有砂眼、淬裂，渗碳过厚，硬度不均等，致使产品大量报废。又如，该厂在配电盘上使用的 20 只电流表、4 只电压表，都是连续使用 6 年未经计量部门检定（按规定半年应检定 1 次）。在生产中柴油机额定马力的试验，该厂是采用柴油机带动试车发电机，由试车发电机的电动输出来测定柴油机的马力。而输出功率用的电流表、电压表、三相功率表未经检定，因此试车发电机就会存在系统误差。所以在柴油机检定时发现额定马力不足问题。

南阳专区计量所积极开展“三普”工作，效果很好。1963 年 2 月经专署批准，举办了一个 10 人为期两个月的检定员训练班。开展台秤普检普修。全区有 3991 台台秤，除粮食部门 1654 台自己修理外，其他工商部门还有台秤 2337 台，分布在 200 多个集镇，从 1964 年 1 月到 11 月，南阳所深入到 176 个集镇，检修 316 台次，完成任务的 68%。为了及时检修他们的台秤，内乡县七里坪供销社派了两个同志跑 18 里路，冒雨雪帮助运砝码。南阳电厂陈明顺同志说：“我们的煤亏损几百吨，希望计量所每隔几个月就来把磅校一校。”纠正人为的台秤失准现象，限制非法修理台秤的活动，建立台秤卡片。通过两年来的台秤普检普修，对所有的台秤进行了全面的登记，如使用单位、厂牌、器号、秤量、用途、司秤人、检定人、修理人等都记入卡片，通过卡片加强检定人员的责任。如南阳县生产部 0627 号台秤，司秤人员反映检修后仍有毛病，经查对卡片，系衡器组尹思正所修，随即派尹思正进行重修；邓县综合公司 0087 号台秤检修不久，元球丢失，经查对卡片，按原来型号另配元球，节约了人力，保证了台秤的正常使用。1963—1964 年两年中共检定台秤 3160 台，合格 380 台，占总数的 12%；不合格的 2788 台，占总数的 88%；修复 2537 台，占不合格数的 91%。

新乡市计量所大力开展“三普”工作，成效显著。1964 年 1—11 月，新乡市普检工作在商业、工业、城市建筑三个系统中的 212 个单位进行。共检定地秤 33 台，全部不合格；台秤 1835 台，合格率为 75%；案秤 97 台，合格率为 64.5%；木杆秤 1348 支，合格率为 98%。经过普检发现该市衡器失准情况较为严重。例如，新乡水泥厂检定 8 台台秤都不合格，其中一台 500 公斤秤是配料秤，经检定游铊示值误差为 +2kg，100kg 游铊示值误差为 +4.50kg，又一个 100kg 游铊示值误差为 +7kg，200kg 游铊示值误差为 +8kg。总计示值误差为 +21.5kg，在配料比上是不能达到标准的，大大影响产品质量。又如，新乡冷冻厂有一台 1000kg 台秤，落不到底不灵，开、进游铊 2kg 不见动，增铊 50kg ~ 100kg 示值误差为 −0.5kg，200kg 示值误差为 −1.5kg。据该厂反映，1964 年运往东北的一批肉 10 万斤，除溶化后损耗外还多运去 1000 多斤肉。又如，煤建中转站，有一个 20 吨地秤，1 吨秤量示值误差为 −12kg、2 吨称量示值误差为 −25kg，右边后脚示值误差为 +8kg，左边前后脚示值误差为 −25kg，3 吨示值误差为 −30kg，6 吨示值误差为 −55kg，7 吨示值误差为 −65kg，8 吨示值误差为 −73kg，9 吨示值误差为 −82kg，10 吨示值误差为 −107kg，15 吨示值误差为 −137kg，20 吨示值误差为 −177kg。这是在全年检定中发现的几个例子，类似这样情况还不少。检定人员在检定中遇到这样的台秤都要向厂方负责人汇报，以便引起他们的重视。

2. 普检方法

在方法上主要是以固定小组为主，按照路线分片包干、检修结合、逐户进行。1964 年在开展普检时，首先建立组织，包干到底。由于责任明确，组织健全，1964 年 1—11 月，完成普检数量达 212 个单位，计量器具 3313 件，比 1963 年全年完成数增加 62 个单位，数量增长 13.88%。

3. 市场管理

市场管理工作主要是对集市贸易市场商贩使用的木秤进行普查。每年进行三四次检查。每次均以所长挂帅，组织三四个小组（除有要紧工作全体出动），每组均有工商行政管理局 1 人参加，分赴贸易集中地点进行普查。全年累计检查 752 支各种量限的木秤，其中不合格的有 165 支，旧制 16 两秤 3 支，除 3 支非十两秤给予没收外，其余 165 支不合格秤也分别按轻重给予扣留或加盖不合格印处理。由于加强了市场管理，集市贸易基本是合理的。

4. 企业自检

1963 年新乡柴油机厂自检情况：1962 年 5 月该厂对全厂所有量具、仪器进行全面普检普修和集中管理，保证了正常的周期检定，扭转了群众对计量工作的看法。以前厂计量员下车间收量具仪器，现在变成主动送上门来周期检定，所有计量器具不经检定或没有合格证，操作人员拒绝使用。1963年4—12月共修理各种量具仪器887件次，其中：卡尺类365件，千分尺类297件，百分表类186件，其他39件。由于加强了计量检定工作，保证和不断提高了产品质量。

十、新洛氏硬度基准量值传递

硬度计量基准和标准是保证硬度量值准确传递的物质技术基础和科学依据。硬度计量，20世纪50年代初期国际上没有公认的“原器”，只有公认的测定硬度的标准方法，因此各国都必须建立自己的国家基准和标准。我国在1959年以前没有国家硬度基准，1959年后采用苏联基准硬度块作为中国临时的硬度基准。洛氏硬度计在工业企业中的应用十分广泛，而在20世纪60年代初国内洛氏硬度量值却十分混乱。为解决此状况，国家科委计量局于1962年建立了中国正式的新洛氏硬度基准（以下简称新基准），并作出在全国逐步以“新基准”代替原苏联“旧基准”的决定。1963年2月又召开全国硬度计量工作会议，对传递“新基准”的工作做了具体的指示与部署。

河南省计量局决定从1963年3月—1964年3月为本省由“旧基准”向“新基准”过渡时期，并组织力量到郑、汴、新、洛、安五市的14个厂矿进行硬度计量工作调查，在郑州、洛阳召开两次小型座谈会，派技术人员赴中南测力硬度培训班学习硬度计检定、调整修理技术。河南省科委计量局于1964年3月30日至4月4日，在洛阳召开全省硬度计量工作现场会议，推广洛阳轴承厂“新基准”量值传递试点工作经验，组织厂矿生产了一批硬度块，并分配给部分厂矿使用，同时订购了一批标准硬度块，检定、挑选了标准压头，调整了河南省科委计量局现有硬度计。

“新基准”值的量值传递是实际的技术工作，工作量极大，由于“新基准”值与旧值有较大的差数，加之河南省多数硬度计长期失检失修，所以硬度计90%以上均有调整修理任务。这项任务的完成是传递“新基准”值的技术关键。为了取得“新基准”值的量传递经验，河南省科委计量局又于1963年11月在洛阳轴承厂进行“新基准”值的量值传递试点工作，并取得初步经验。河南省“新基准”值的量值传递工作全面展开，并通过建立量值传递制度，真正统一省内洛氏硬度量值，提高了产品合格率。

十一、加强计量管理

1963年11月7日—17日在郑州市召开全省计量工作会议。参加会议的有各专（市）科委、各专（市）、县计量所和部分厂矿企业，以及省直有关厅（局）的负责同志和工程技术人员90余人。会议传达贯彻全国标准计量工作会议精神，讨论《中华人民共和国计量管理办法（草案）》和《河南省1963—1972年计量技术发展规划（草案）》及《河南省计量管理暂行办法（草案）》，并对工作作了安排。

1964年3月16日，河南省各专、市所长座谈会在郑州召开。会议议题是：研究1964年全省计量工作安排意见；讨论编制省十年计量规划的办法；汇报1963年11月全省计量会议的贯彻情况与开展计量工作情况。会期6天。

1964年8月，省委书记吴皓、刘仰桥莅临河南省计量局视察工作，并视察了实验室。

据初步统计全省拥有台秤、地秤6万台左右，木杆秤百余万支，切实保证衡器的一致准确，正确使用，对促进全省工农生产发展，保证交换分配的公平合理，巩固集中经济意义十分重大，因此，加强衡器管理是我省各级计量部门经常性的重要任务之一。

经过几年对一般衡器的管理检定工作，河南省计量局于1964年12月下旬，在南阳市召开衡器管理工作经验交流会议。参加会议的有各专、市和部分县计量所长、技术人员36人。会议主要是总结和交流我省几年来衡器管理的工作经验，明确今后任务。交流南阳、郑州、新乡、开封市等地区衡器管理工作经验和检定技术。南阳专区计量所1964年不仅完成1429台秤的检定，而且基本杜绝了旧16两制秤的生产，在城镇集市实行了10两制。将农村生产队80%以上的公用秤也改为10两制。

有效地贯彻执行了国务院《关于统一我国计量制度的命令》。该所还广泛地开展宣传，仅1964年就印发一万余份布告、通告，3万份加强衡器管理的宣传标语，并主动取得了市管、手管、工商行政等管理部门的协助，推动了衡器管理工作的发展。

第七节　大力开展计量检定协作

中华人民共和国成立以后至1965年，河南省的行业和企业计量机构相继成立。当时，河南省政府计量行政部门的计量检定人员缺少，计量标准尚未完全建立，计量检定能力较弱，难以满足全省经济建设和社会发展对计量检定的要求。鉴于此，河南省政府计量部门组织行业、企业单位的计量机构，及其计量检定人员和计量标准，大力开展计量检定协作，按照分工对河南省企业、事业单位的有关计量器具进行计量检定，取得了显著成效。

一、行业和企业计量机构

（一）行业计量机构

河南省建立专业计量机构的行业主要有气象、铁路、电力等部门。这些机构负责本系统的计量管理，组织量值传递。

1. 气象机构

根据国家计量局和中央气象局统一部署，河南省气象局于1958年11月成立仪器检定所，负责检定省级以下126个气象台站和省内非气象系统所用的气象计量仪器。

2. 铁路机构

1950年，郑州铁路局成立电力厂、电力工区衡器检修所，主要负责运输方面的衡器检修。1955年成立压力表检查室，主要负责机车用压力表的检查修理。1964年成立郑州铁路局衡器管理所，负责衡器的配备、检定和修理。

3. 电力机构

1958年，河南省建立了中原电业管理局中心试验所，后三易其名（河南省电业检修所、河南省电力科学试验所、河南省电力试验研究所）。在建所的同时，组建仪表室（后为电测室）。该所共有计量检测、管理人员56人，主要负责河南电业系统的计量管理、量值传递、仪表维修等工作。另外，郑州热电厂、郑州363电厂、洛阳热电厂、焦作丹河电厂、平顶山姚孟电厂，焦作、安阳、开封、平顶山电厂等建有热工计量班组。

4. 流量计量站

设在新乡134厂的流量计量站于1966年成立，是航空航天工业部的部级流量站，有职工17人。该站建有水流量、气体流量、燃油流量等计量标准装置。主要负责本系统30多台流量标准装置的周期检定，并对省内外国防系统150个单位的流量仪表以及民用水泵、石油、化工行业80多个单位的流量仪表进行校验。

（二）企业计量机构

中华人民共和国成立以后，随着工业的发展，河南省企业计量工作取得长足进展。许多大型企业，如郑州电缆厂、郑州第二砂轮厂、洛阳轴承厂、洛阳第一拖拉机制造厂、洛阳407厂等，在建厂时就设立了计量机构，车间有计量站，厂有中央计量室。还有一些大型企业，如安阳钢铁公司、郑州铝业公司、洛阳第一拖拉机制造厂、河南油田等，不仅设有检测计量器具的计量室，而且有管理企业计量工作的计量管理处。郑州热电厂、郑州363电厂、洛阳热电厂、焦作丹河电厂、平顶山姚孟电厂等建有热工计量班组。1956年郑州纺织机械厂建立计量机构，人员总数47人，其中计量技术干部6人。1957年12月郑州热电厂建立计量机构，人员总数37人，其中计量技术干部7人。1958年郑州发电设备厂、郑州工程机械厂、郑州勘察机械厂、郑州文化用品厂先后建立了计量机构。1958年中铝河南分公司建厂，厂名为郑州铝业公司，后改名为五〇三厂，直属冶金部。1959 年郑州铝业公司成立了机械动力处电气试验室，是公司最早成立的计量技术机构雏形，电器技术人员兼管计量与仪表，人数几十人。1959 年郑州磨料磨具磨削研究所、郑州电缆厂、郑州煤矿机械厂等企业先后建立了计量机构。1960 年底郑州柴油机厂、河南水利机械厂、郑州变压器厂、郑州市汽车制造厂改装厂等企业先后建立了计量机构。1960 年末全省建立计量机构的大、中、小型企业（包括中央企业）共 73 个，计量人员 504 人。1961 年郑州铝厂建立了计量机构，计量人员总数 302 人，其中计量技术干部 48 人。1962 年郑州客车修配厂、河南省纺织机械厂等企业先后建立了计量机构。1963 年郑州第二砂轮厂、中国船舶工业总公司第七研究院第七一三所等先后建立了计量机构。1964 年底郑州电器厂、郑州车辆厂、郑州无线电总厂、郑州机床厂等企业先后建立了计量机构。1965 年郑州印染厂、郑州齿轮厂、郑州水工机械厂、河南中州煤矿机械厂等企业先后建立了计量机构。郑州铝业公司、洛阳第一拖拉机制造厂、河南油田等大型企业，不仅设有检测计量器具的计量室，而且有管理企业计量工作的计量管理处。

河南省计量局在 1962 年用将近 5 个月时间，对全省机械工业方面计量仪器的情况进行下厂进车间调查，发现诸多问题。

仪器失准较普遍。洛阳轴承厂的 25 台仪器经检定全部不合格，第一拖拉机厂的 70 台仪器，经检定 50 台不合格，不合格率为 71%，一机部洛阳轴承研究所 9 台仪器经检定有 8 台不合格，不合格率达 90%。没有认真贯彻执行检定规程。洛阳第一拖拉机厂有专职检修人员，但该厂仪器的不合格率也较大，有些不合格项目较严重。如工具精测室的大型投影仪投影屏照亮直径（10 倍物镜）偏差为 600mm ± 40mm，而实际照亮直径只有 350mm，几乎超过偏差的 1 倍，在影像重新调正清晰时仪器示值变动（三倍物镜）偏差应为 0.005mm，而实际偏差为 0.1mm，超过偏差的 19 倍。有三台工具显微镜镜头测角分度扳的分度中心与螺旋线回转中心的重合性偏差应为 1 分，而实际为 2 分，超过偏差的 1 倍。仪器使用率高。洛阳轴承厂的仪器负荷重，每天从早至晚仪器很少闲着，因而磨损高，有的偏差超过 20 倍。由于存在着以上问题，所以给生产和科研方面也带来不同程度的损失。如一机部洛阳轴承研究所在干涉显微镜上测量的轴承表面光洁度往往与生产单位测量的有出入，他们测量结果是 13 级，生产则测量为 12 级，大部分偏差错一级，因而引起相互怀疑，认识不一致，使生产不能顺利进行。除此以外，其他各厂也有不同程度的问题存在。根据 1962 年不完全统计，河南省机械光学仪器约有 250 台，其中有 200 台是本省有条件检定和整修的，实际检定 155 台，不合格的 118 台，占 76%，其中洛阳拖拉机厂的 70 台光学仪器不合格的达 50 台，洛阳轴承厂的 25 台光学仪器全部不合格。其他 50 台仪器均是我省无条件检定的，如乌式干涉仪、干涉显微镜、双管显微镜、中型投影仪等。由于这几种仪器从来未进行过检定，绝大部分镜头成像模糊，示值失准，生产单位和科研单位要求检定很迫切。在我省已经检定的 11 种仪器中，还有应检定而因检具和工具不足而未检定的项目，如测长机 100mm 以上示值缺 100~1000mm 大量块和辅助工具台，光学分度头基座导轨直线性因缺 0.02mm/m 水平仪，不能检定直线性方面的。1959 年洛阳市的地方工厂，有计量室的不到 10%，当时全市有万件以上量具，70% 失准。郑州砂轮厂是一个大厂，但该厂使用的卡尺 66% 不合格，千分尺 40% 不合格，百分表 90% 不合格。1961 年信阳地区检定信阳车辆厂、驻马店拖拉机修理厂的千分尺、游标卡尺，90% 不合格。1962 年信阳地区检定万能量具 48 件，合格率只有 10%，检定的压力表 75 台，合格率为 50%。1962 年南阳地区检定万能量具 404 件，合格率为 59%，检定热电偶 137 只，合格率为 23.3%。全省企业计量机构开展计量检定的情况：电学方面：充分利用电力工业系统的设备，开展电流、电压等电工仪表检定。力学方面：进行天平、砝码、压力表、硬度计的检定工作。热学方面：除了为钢铁服务的热电偶、毫伏计、高温计、风量风压计等检定工作外，将中温方面的液体温度计也开展起来。长度方面：开展了万能量具的检定。有的还开展了气象仪表的检定。1962 年，省、地、市计量部门共检定长度计量器具 9685 件。

存在上述问题的原因：一是河南省的计量检定水平不高，未严格执行计量检定规程；二是河南省政府计量部门计量检定力量薄弱，不能对使用中的计量器具全部实施计量检定。

二、组织企业、事业单位开展计量检定协作

1959年7月30日，中共河南省委豫发〔59〕94号文批准河南省科委党分组《关于开展计量与标准化工作的请示报告》（以下简称《报告》），《报告》要求，在以优质高产为中心的群众技术革命运动之际，开展与加强计量与标准化工作是适时的，必要的，特别是钢铁、机械工业方面，应当依靠当地厂矿，通过厂矿之间协作，发动群众，把以热工、长度为主的长度、热工、电学、力学4大类计量工作迅速开展起来，力求保证产品质量、提高生产效率。

当时河南省计量机构本身力量是极为薄弱的，在全党全民办工业一日千里"大跃进"中，单靠计量机构的孤军作战，显然是不行的，还必须坚决贯彻计量工作依靠党的领导、走群众路线的工作方法，组织四面八方力量，群策群力，把厂矿、学校、科学研究部门的计量力量都组织起来。根据各部门的技术力量、设备情况，加强协作，统一规划，按业分片，使其分别承担一部分计量仪器的校、检任务，改变原来那种利用率不高的状况，解决当时生产建设"大跃进"中的计量问题。特别是对县、社工业中关系最大的压力表、万能量具、高温计、材料试验机的检定，保证计量器具在一切工矿企业和科学技术研究部门充分地发挥作用，并积极改进现有的和创造更新的计量技术，从而为工业生产和科学技术发展提供必要的条件。同时，要通过准确的计量来保证与人民密切相关的农产品分配、市场交易等经济活动能够顺利进行。

自1958年以来，河南省计量部门在全面规划、统一领导的指导思想下，组织现代化的大型企业计量技术力量，在首先保证本企业生产任务完成的前提下，大力支援全省计量工作。例如，洛阳拖拉机厂、轴承厂、矿山机器厂，郑州纺织机械厂、安阳中型机床厂等，除了帮助培训一批计量技术干部外，在物质方面还支援全省标准量块、标准硬度块等设备。再如，把建工研究所、黄河水利委员会等单位的测力计和测力计量技术人员统一组织起来开展工作，取得了很大成绩。1958年年末，全省计量机构发展到32个（其中地、市14个，县17个），共有计量工作人员100余人。建立了长、热、力、电4大类的部分计量标准。计量部门采取依靠厂矿、事业单位大搞协作的办法，使只能开展12种计量器具的检定工作扩大到万能量具、电子仪表、压力、容量等36种计量器具的检定。

1959年10月，河南省科委为了贯彻计量工作"以工业为主，为生产服务"的方针，本着充分利用本地区现有技术设备的原则，由河南省科委计量标准处、省建筑科学研究所、黄委会水利研究所、郑州重型机械厂组成测力硬度协作组，自1959年10月开始，对全省各厂、矿、企业、科研院所、大专院校等部门100吨及其以下的材料试验机、硬度计进行周期检定。

1959年12月，河南省科委在向国家计量局《简报河南省关于建立计量网的材料》中写道：河南省现有计量检定机构62个，计量人员179人；已建立组织的大、中、小型企业（包括中央企业）共73个，计量人员504人；共建立长、热、力、电4个协作组织，参加单位共118个，其中骨干企业22个；省级长度计量标准已建立，热、力、电方面的计量标准正在酝酿建立；全年共组织了26个工作组，参加工作组的有118人。

1962年11月，洛阳市计量所会同洛阳轴承厂、矿山机械厂技术人员，配合省局对郑州、新乡、信阳、洛阳、许昌5个地、市的7个重点机械企业的计量器具进行检定，对不合格的计量器具进行修理。

1964年底，全省计量标准量值传递单位共有184个，其中机械和农机系统56个、冶金煤炭系统15个、水利电力系统25个、建筑工程系统27个、铁道系统11个、国防系统9个、化工单位5个、科研单位12个、大专院校11个、其他13个。全省检定计量器具120000台（件）。

第八节　创办实验工厂和研制计量器具

中华人民共和国成立至1987年，河南省在力学计量器具研制方面也取得了一定的成绩。河南省

计量部门为适应全国和河南省计量检测工作需要，1960年以来，创建了一些研制生产计量器具的实验工厂。河南省计量局实验工厂成立于1962年。该厂1965年研制生产了一等标准水银压力计（精度 ±0.02%），用于检定低压标准压力表、标准真空表和液体压力计；1966年研制生产了一等标准50升金属量器，用于检定油罐车、加油机及各种流量标准装置；1973—1978年研制生产了“百分表示值检具”300余台，销往河北、山西、山东、广东、广西、浙江、河南等省区。这些产品都是计量标准器具，用于计量检定工作。李长俊1964年任河南省计量局实验工厂厂长。部分有条件的地、市计量部门从20世纪70年代起建立了小型实验工厂。这些工厂一般只有三五个人，设备简单，能生产一两种产品。如郑州市计量测试所实验厂生产的“光栅式百分表检定仪”，洛阳市计量测试所实验工厂生产的“光学高温计电源”，开封市计量所实验工厂生产的“电度表校验台”，新乡市计量所实验工厂生产的“热电偶”，安阳市计量所生产的“光度计”“离子计”等。这些计量标准器精度较高，不仅适用于计量检测部门，而且也适用于工业企业、军事院校、科研单位等。部分县级计量部门也下设有生产衡器的小厂和门市部，主要产品是木杆秤和定量铊等。有的实验工厂还制造直尺、折尺、量提等计量器具。

1989年2月，河南省技术监督局成立。1989年10月，河南省技监局从郑州市红专路1号搬迁至郑州市花园路21号。河南省计量局实验工厂也随之搬迁至郑州市花园路21号。河南省计量局原址郑州市红专路1号，经河南省政府同意，已有偿转让给河南省科学院。河南省技监局未在河南省计量所内设置实验工厂，实验工厂人员也分别安排到河南省计量局、省计量所内设部门。至此，河南省计量局实验工厂停办。河南省各地、市、县计量部门设置的实验工厂也大多在20世纪90年代停办。

第二章

“文化大革命”时期的计量工作

（1966—1976）

1966 年 6 月，“文化大革命”开始。“文化大革命”时期，河南省各级计量机构被大量撤销，大批计量人员下放基层，计量制度遭到破坏，周期检定紊乱，许多计量器具失检失修，合格率降低。“文化大革命”后期，河南省计量工作开始恢复，各级计量机构逐步恢复建立，计量基础设施、计量标准器具和计量检定人员有所增加，计量管理逐渐加强，周期检定不断实施，计量器具合格率回升。

第一节　计量制度遭到破坏 计量工作艰难进行

“文化大革命”时期，河南省计量制度遭到破坏，省、地、市、县计量机构、厂矿企业计量室大量被撤销。全省地、市、县共有59个计量管理机构，“文化大革命”中撤销了32个。大批计量技术人员被下放基层劳动，计量制度和量值传递的周期检定计划被破坏。生产、科研、交易等部门用的计量器具不能按期送检，计量器具合格率降低。有些贵重计量仪器腐蚀生锈，对生产科研造成很大损失。河南省70个机械企业的计量工作，执行计量器具周期检定制度的只有14个。

一、省级计量机构状况

河南省计量管理局1966年实有84人。“文化大革命”开始后，河南省计量局局长陈济方、副局长巨福珠、王化龙、许遇之和数名科长均“靠边站”被批斗。省局内先后成立“筹委会”和数个战斗队等群众组织，群众之间形成对立局面。河南省计量局计量工作受到严重影响，但未停止计量检定工作，财务管理未乱，计量标准和设备、财产未遭到破坏。

1968年3月，经河南省革命委员会批准，河南省计量局革命委员会成立，主任陈济方，副主任温天文。1968年10月，河南省计量局人员集中到河南省科委学习，后下放到西华，再到信阳罗山五一农场进行“斗、批、改”。河南省计量局确定7名留守人员：孟献新、胡成华、王秀轩、李淑贤、何丽珠、林继昌、赵淑华，孟献新为留守人员负责人。计量工作基本处于停顿状态。

1969年7月，河南省计量局人员结束“斗、批、改”，从信阳罗山五一农场返回郑州。

1970年1月，河南省计量局人员下放，只留下28人维持局面。行政领导划归河南省计划委员会。1971年，河南省计量局干部继续下放到洛阳地区宜阳县。巨福珠、皮家荆、肖汉卿、周立勋、景增智等数十人在宜阳县农村为驻队干部；张隆上、马令曾等数人下放到宜阳化肥厂。河南省计量局28名留守人员继续留局维持局面。河南省计量局党支部书记陈济方，副书记王化龙，委员孟献新。日常检定工作可部分维持。河南省计量局的“斗、批、改”由河南省省直“斗、批、改”二团领导。同年河南省计量局划归河南省计划委员会代管，同年4月任命白亚平、崔海水为局负责人，主持河南省计量局工作。河南省计量局党支部书记白亚平、副书记崔海水，支部委员孟献新、刘世明。

1971年“九一三”事件后，“极左思潮”得到一定程度的抑制，国民经济在“文化大革命”期间获得一次调整整顿的机会。1971年12月至1972年2月，国务院召开了全国计划会议并下发1972年全国计划会议纪要。周恩来总理提出要整顿工业经济秩序，整顿企业管理，把产品质量放在第一位的要求。河南省计量工作为适应整顿工业经济秩序、整顿企业管理、提高产品质量的要求，自1972年起开始恢复。

1972年2月，河南省计量局接收第二次分配的北京大学力学专业程新选、清华大学光学仪器专业吴帼芳、清华大学精密仪器专业哈柏林、天津大学计时专业韩丽明、天津大学热工仪表专业杜书利、天津大学精密仪器专业王桂荣、浙江大学光学仪器专业赵立传、武汉大学无线电专业付克华、北京工业学院无线电专业陈海涛、新乡师范学院物理专业丁再祥等理工科专业毕业的10名大学本科毕业生，充实了计量检定实验室技术力量。河南省计量局下放人员陆续回局。又调入数十名年轻人员分配到实验室和局实验工厂。此时，河南省计量局恢复到“文化大革命”前的90人编制。河南省计量工作开始恢复。

1972年11月，河南省计量局改为河南省标准计量局。1974年2月河南省计量局重新划归河南省科委代管。河南省计量局党支部书记陈济方，副书记王化龙，委员孟献新、郜广胜、李国政。1976年9月，张相振从部队转业，任河南省计量局党支部第二书记。1973年，周立勋任河南省计量局热工科科长，田福章任人事科副科长。

二、地、市、县计量机构状况

各地、市、县计量工作受到“文化大革命”的冲击更严重。

1966年“文化大革命”开始，开封市计量工作遭到严重破坏，特别是1971年，开封市计量所抽调27人，成立开封市无线电厂，仪器设备被带走，许多计量技术人员改行，仅留不足10人坚持工作，开封市的计量工作陷入停滞、瘫痪状态。南阳地区计量所原有15人，下放后只留5人。商丘地区计量所1961年成立，“文化大革命”前8人，后发展为18人，开展长热力电部分项目，1968年下放到商丘市，1970年又收回到专区；该地区共有3个计量所，“文化大革命”中全部被撤销。鹤壁市计量所1960年有工作人员13人，“文化大革命”中被撤销一段时间，1970年8月恢复。

许昌市计量所被撤销，人员和二三十万元的仪器设备被下放到工厂。三门峡市计量所“文化大革命”中有工作人员7人，4人发工资，3人属自理。周口专区计量所是1965年年初商丘、周口划分专区后才筹建的，当时仅有6人，开展工作为检修台秤、木杆秤，到1968年增加到16人，到1969年已能开展长度、热学、力学、电学4个检定项目。该所当时的困难是房子潮湿须整修，计量标准须提高。漯河市计量所原有3人，革委会成立后被撤销，仅留下1人，1971年11月恢复，有4人，开展的工作主要是检定天平、压力、台秤、毫伏计、万能量具等。该所主要问题是底子薄、缺仪器、缺技术、缺标准。平顶山市计量所“文化大革命”前8人，开展的检定项目为长度、力学、电学，“文化大革命”中均被撤销。1972年恢复，有工作人员3人。该所主要问题是仪器积压多年，有损坏，须检修，房子太少。信阳地区计量所1970年下放到信阳市，有工作人员7人。

1968年1月，洛阳市科委、洛阳市计量所仅剩9名工作人员，计量工作处于瘫痪状态。计量管理被破坏，商贸计量周期检定制度基本停止，市场少尺短秤的现象比较普遍。1971年洛阳市革命委员会又作出决定，在科技站计量所抽出部分技术人员，成立洛阳市无线电厂，大量仪器被带走，迫使计量人员改行。1973年因全市厂、矿企业和商业部门计量仪器失准，急需检定、维修，迫使科技站陆续开展部分计量检定业务，仅有10余个项目维持工作。1976年新乡市计量管理所职工总数达到33人，12人具有中专以上文化程度者，占34%。

由于机构减少，人员下放，计量工作得不到应有的重视，产品事故频发。如洛阳拖拉机厂计量室原归厂检查处领导，被下放到工具分厂和机器分厂，人员减少一半。同时11个分厂的80%～90%仪表工改行、下放，计量检测人员都改变了工种。废除计量仪表的检查、校检制度。仅1972年6月该厂就连续发生两次重大事故。机器分厂热处理6 mm厚锰钢板，由于温度控制仪器失准，一次报废20吨；锻压分厂为407厂热处理高级合金钢汽轮机叶片，由于不看温度控制仪表，一次报废28万元。

安阳地区各市县14个计量所，被撤销了6个，许多计量仪器被分散了，有的搁置不用，甚至损坏，严重干扰了计量工作的开展，致使有些县的计量器具6年得不到检定和检修，给工农业生产带来很大损失。汤阴县1967年全县台秤和木杆秤的合格率达到90%以上，而1972年计量器具普查的结果，合格率下降到40%；瓦岗公社南园大队的一个木杆秤100斤的示值误差为-7斤，1台磅秤1000斤的示值误差为+12斤。鹤壁市抽查一个工厂的加工车间，21把游标卡尺合格的只有1把，千分尺23把只有2把合格，最大误差为0.28 mm。安阳县白壁机械厂的一个热处理炉，由于温度计失准，致使整炉工件烧毁。

厂矿企业生产上使用的计量器具合格率只有10.8%。如郑州纺织机械厂的贵重计量仪器，因缺乏管理而生锈。县管企业使用的计量器具合格率更低。由于计量法规得不到贯彻，管理停滞，市场上交易使用的计量器具失准率更高。如郑州市手工业大楼，卖糕点糖果的案秤，经检查1斤只有6两。商丘酒厂生产的“林河大曲”1斤装的只有9两。

三、培训人员

1972年10月河南省计量局选派人员参加中国计量科学研究院举办的“全国直流电阻仪器检定规程学习班”；选派杜书利参加中国计量科学研究院在沈阳举办的“全国真空计量培训班”；选派人

员（郑州、新乡各 1 人）参加中国计量科学研究院和黑龙江省计量管理处、哈尔滨工业大学共同举办的“长度精密测试短训班”，学习期限两个半月。1972 年 12 月 23 日至 1973 年 1 月，河南省计量局力学科林继昌、程新选在湖南省长沙市、湘潭市参加国家标准计量局举办的“全国测力硬度计量专业会议”，学习测力硬度计量技术。国家标准计量局于寿康副局长出席这次会议并讲话，蔡正平、林巨才等讲课（见图 2–1–1）。

图 2–1–1　1972 年全国测力硬度计量专业会议全体代表合影　于寿康（第一排左十四）、蔡正平（第一排左二十）、林巨才（第一排左十九）、程新选（第四排左七）、林继昌（第四排左八）

1972 年之前，根据 1948 年国际实用温标（1960 年修正版）建立了我国温标。1972 年 7 月 28 日，中国科学院发出《关于采用“1968 年国际实用温标”的通知》和《关于采用“1968 年国际实用温标”的措施》，决定 1973 年 1 月 1 日起，我国正式采用“1968 年国际实用温标”。河南省计量局积极贯彻实施“1968 年国际实用温标”。1972 年 12 月新乡市计量所在汲县举办了“贯彻 68 国际实用温标学习班”。

1973 年 3 月河南省计量局在洛阳市举办“全省电学计量学习班”。1973 年 4 月，根据中南地区无线电计量协作组会议安排，河南省计量局与省国防工办、新乡 760 厂共同商定，于 4 月 17 日至 24 日在新乡市举办“甚低频接收机学习班”。1973 年 5 月河南省计量局在安阳市举办“光学高温计学习班”；1973 年 7 月在新乡市举办“全省天平、砝码检定规程学习班”。1973 年 6 月河南省计量局选派姜清华、朱景昌参加中国计量科学研究院在西安举办的测力计量学习班，内容主要为讨论 6 吨以下二等测力机检定规程，交流二等测力机检定、维修和检定三等测力计等操作技术。此后，各单位的 6 吨以下二等测力机将由本单位自行调整和进行初步检定。1975 年 1 月，为了搞好水土测试为我省农业生产服务，河南省计量局委托汤阴县计量所举办水土测试学习班，全省各地、市 33 人参加。1975 年 4 月，河南省局委托开封市计量所举办水平仪检修人员学习班。洛阳、三门峡、许昌、新乡、安阳、焦作、郑州、南阳、鹤壁、驻马店、周口、商丘，每所各 1 人参加，历时 1 个月。1975 年 8 月，新乡市计量所在郊区西王村、北站区南张门举办土壤速测培训班 3 期，培养农民技术人员 66 人。1975 年 12 月河南省计量局在新乡市召开量块检修经验座谈会，交流长度计量为工农业生产服务的经验和量块检修技术经验，各地、市共有 33 人参加。在开展农业计量测试工作的同时，为农业部门培训了 2737 名农业计量测试骨干。

1975 年 4 月河南省计量局举办河南省测力硬度规程宣贯培训班（见图 2–1–2）。

1975 年 12 月河南省计量局举办量块检定员培训班（见图 2–1–3）。

图 2–1–2　1975 年河南省测力硬度规程宣贯培训班合影 林继昌（第二排左三）、朱景昌（第二排左五）

图 2–1–3　1975 年量块检定员培训班合影 景增智（第二排左六）、刘文生（第二排左七）

四、新建计量标准

“文化大革命”期间，河南省、市、地新建计量标准详见第一章第六节各级各类计量标准统计表和阐述。1976 年河南省计量局建立使用保存的河南省省级计量标准 45 项，其中，长度 9 项、温度 5 项、力学 24 项、电磁 5 项、无线电 1 项、时间频率 1 项，比 1965 年河南省计量局建立使用保存的河南省省级计量标准 23 项，增加了 22 项，增长率 95.7%。

五、开展计量检定

（一）厂矿企业计量检定

1974 年河南省计量局大力组织人员分赴专、市、厂矿、企业、基层单位，开展检定修理工作。据统计下厂检定达 150 余人次，所到单位 209 个；并有两个“乌兰牧骑”式的检定工作组，一个是测力、硬度工作组，另一个是光学仪器工作组。他们常年下厂检定，及时发现和解决生产中的计量难题，保证计量器具的准确、一致和正确使用。如新乡工具厂生产的“金钢牌”钳子，出口 40 多个国家，由于硬度计失准，钳子硬度偏低，导致外贸部门退货。经河南省局测力、硬度工作组检定修理后，使硬度计达到要求，对生产合格产品起到很大作用。20 世纪 60~70 年代，河南省计量局力学科林继昌、李世忠、姜清华、程新选等到地（市）、县、建筑工地、设在山区的军工厂等企业、事业单位检定材料试验机、硬度计，携带多台三等标准测力计等计量标准器具，一台 1 MN 的三等标准测力计就有 35 kg。当时，条件艰苦，交通不便，只能乘坐火车、长途汽车、公共汽车、三轮车，有时还用架子车拉计量标准器具；到企业职工食堂吃饭，用粮票买饭票，粗粮细粮搭配；每次到企业事业单位都能圆满完成计量检定任务。省纺织机械厂有一台英国进口光学分度头，精度很高，因缺少检具无法检定，不能使用并已生锈，经河南省局光学仪器工作组协同该厂制造检具，做了检定修理，使这台仪器用于生产。安阳市计量所计量人员在安阳蛋厂检查发现，当年生产的一批出口蛋白粉，生产时由于温度计失准，结果没把细菌杀死，造成 3 吨价值 3 万元的蛋白粉报废。开封市计量所提出“四下厂”，即能下厂检定的坚决下厂，能下厂修理的坚决下厂，能下厂解决的问题坚决下厂，能下厂开的会议坚决下厂。如对开封化肥厂用的 17 台天平、18 套砝码合理安排，在 15 天内全部完成检修，该厂非常满意，群众称赞他们“巧理千家事，温暖万人心”。郑州市计量所 1973 年抽调实验室主任到郑州车辆厂、柴油机厂、变压器厂进行蹲点调查，发现和解决了许多问题。

（二）气象行业计量检定

河南省计量局和河南省气象局组成调查组，从 1975 年 3 月开始先后在郑州、驻马店、洛阳、开封等地区对气象系统以外的有关厂矿、部队、企业事业单位进行调查。从 6 个地区 34 个单位调查统计看，现有各种气象仪器 2630 件，棒状温度表 8450 支。仅郑州市 6 个单位就有气象仪器 499 件，主要有温度表，温、湿度计，水银气压表和风速表。而温度表的数量最大。例如，郑州国棉四厂，一个车间干湿球温度表就有 180 多支。调查中发现了诸多问题。再如，郑州 503 厂去上海购买一支水银气压表，路途中为了运输方便将水银全部倒出，造成仪器损坏影响工作。又如，洛阳冷冻厂由于毛发温度表失灵等原因造成库存鸡蛋损坏五六万斤。郑州国棉四厂全厂有 42 人专做气象记录，每班投入 12 人，但由于仪器长期失检，记录数字各种各样，给生产造成一定困难。河南省计量局提出建立气象计量机构、培训气象计量检定人员等意见。

（三）农业计量检定

根据国家计量总局先后在山西闻喜县和江苏宜兴县召开的两次计量工作为农业服务，开展水、土、肥测试的会议精神，1975 年 4 月 18，河南省局在汤阴县召开了水、土、肥计量测试现场会，汤阴县计量所介绍了经验。此外，还先后在汤阴县、百泉农专举办水、土、肥测试学习班，同时在兰考县进行磁化水灌溉的试点。通过一系列的工作，各地、市和部分县搞了 197 个水、土、肥计量测试试点。此次会议之后，河南省局又多次召开计量工作为农业服务会议，举办农业计量测试学习班，为地、市、县购置一部分药品、速测箱，同时还印制学习资料。各地、市、县根据河南省局要求，积极开展水土肥的测试、磁化水试验、氨水测试、沼气水肥测试、激光育种、低频电流处理种子等项目。这项工作坚持抓了 4 年，全省有 40 个地、市、县计量所开展这项工作。由小面积试点，逐步扩大到大面积推广。根据 1976 年统计，全省有 200 万亩田地进行了土壤测试。根据测试结果，进行合理施肥，不仅大幅度提高了产量，而且节约了肥料，降低了成本。如 1976 年商丘县五里杨大队 1210 亩麦田经过植株测试合理施肥后，比 1975 年少施氨肥 36300 斤，少施磷肥 30250 斤，而亩产小麦 897 斤，比上一年共增产 102850 斤。农民说：“农业计量就是好，小麦缺啥早知道，合理施肥能增产，盲目施肥不增收。”汤阴县对 10 个公社 140 个生产队进行氨水测试，只有 6 个生产队的氨水不跑氨。周口、兰考开展磁化水浇麦，周口镇增产 16%，兰考增产 9.31%。实践证明，这项工作，对于掌握水、土、肥变化情况，合理施肥，科学种田，增加产量有很大作用。开展农业计量测试工作，需要一些化验药品和化验设备，为此，河南省各级计量部门在 1974 年以前为农业服务开支 30 万元。河南省局还组织开展了红薯、蔬菜越冬保管温度、湿度方面的计量检测工作，正确掌握红薯、蔬菜储藏的温度、湿度变化，确保其越冬、防腐。经过试点，取得了成绩，并与河南省农委联合发出通知，进行推广。为此，河南省科委在河南饭店召开了“红薯、蔬菜越冬储藏现场会”。

从 1979 年开始，河南省局开展的水、土、肥计量测试工作，由河南省农业部门安排，河南省计量部门停止了这项工作。

（四）各地、市检修项目

1. 长度计量

（1）量块

1972 年厂矿企业使用较多的量块是四、五等标准，全省约有 1480 套。从 1973 年开始郑州市各单位的三、四、五等量块由郑州市计量所检修。洛阳市、新乡市、开封市、驻马店地区计量所分别承担洛阳市和洛阳地区、新乡地区、开封市和开封地区、驻马店地区的四、五等量块的检修任务。信阳地区的四、五等量块的检修，由驻马店地区计量所承担。商丘地区、安阳地区、许昌地区、周口地区、南阳地区、平顶山市计量所负责检修上述地、市的五等标准量块。

（2）光学仪器

全省有光学仪器近 1000 台，从 1973 年第二季度开始，洛阳市和洛阳地区、新乡市和新乡地区、南阳地区的光学仪器，分别由洛阳市、新乡市、南阳地区计量所检修。上述地区的军工单位的光学仪器检修，需要计量所积极承担。其他地区的光学仪器的检修仍由河南省局负责。

2. 热工计量

（1）热电偶

1972 年部分地、市计量所已建立二、三等标准热电偶，从 1973 年起，河南省局只接受二、三等标准热电偶的送检。驻马店计量所承担平顶山市、许昌地区标准热电偶检修。开封市计量所承担周口地区的标准热电偶检修。1976 年 7 月，河南省局批准郑州市、洛阳市和新乡市计量所自 1976 年 10 月起开展授权范围内的二等标准铂铑 – 铂热电偶的检定工作。

（2）光学高温计

从 1973 年第二季度开始，工业用光学高温计河南省局不再接受检定，由地、市计量所开展检定。驻马店地区计量所承担信阳地区、许昌地区、平顶山市的光学高温计的检修。开封市计量所承担商丘地区、周口地区、开封地区的光学高温计的检修。洛阳市计量所承担洛阳地区的光学高温计的检修。

（3）压力表

大部分地、市计量所建有 0.4 kg~6 kg，1 kg~60 kg 的二等活塞压力计。从 1973 年开始，开封市、洛阳市、郑州市、新乡市、安阳市、南阳地区、驻马店地区计量所承担本市、本地区的 10 kg~600 kg 的压力计的检修。开封市计量所承担开封地区、商丘地区、周口地区的 10 kg~600 kg 标准及工业用压力表的检修。驻马店地区计量所承担许昌地区、信阳地区、平顶山市的 10 kg~600 kg 标准及工业用压力表的检修。600 kg 以上的标准压力表和 2.5 kg 以下的标准压力表及真空表，仍由河南省局负责检修。

3. 力学计量

1972 年全省有布、洛氏硬度计 1000 余台。1973 配给郑州市、洛阳市、新乡市、南阳地区计量所二等标准硬度块及 3 吨和 150 公斤测力计。从 1973 年第二季度开始，郑州市、新乡市和新乡地区、洛阳市和洛阳地区、南阳地区的布、洛氏硬度计分别由上述计量所进行检修，省局不再接受送检。其他地区的硬度计仍由河南省局负责检修。

4. 电学计量

（1）电学仪器

1972 年新乡市、开封市、洛阳市计量所已有 0.015 级电位差计，开展 0.03 级及以下电位差计的检修工作。从 1973 年开始，新乡市和新乡地区、开封市和开封地区、洛阳市和洛阳地区的 0.03 级及以下电位差计，省局不再接受送检，由上述市计量所负责检修。其他各地、市计量所多数都有 0.03 级电位差计，可以开展 0.05 级以下电位差计的检修工作。从 1973 年开始，省局不再接受 0.05 级以下电位差计的送检，由各地、市计量所负责检修。各地、市计量所，多数都有 0.05 级的电桥和 0.02 级标准电阻箱，从 1973 年开始省局不再接受 0.1 级以下工业用电桥和 0.1 级电阻箱的送检，由各地、市计量所负责检修。

（2）电工仪表

1972 年全省约有 20000 余只 0.5 级电表。各地、市计量所大部分都已具备检定 0.5 级电表的条件，从 1973 年第二季度开始，省局不再接受 0.5 级电表的送检，有条件的计量所也可开展 0.2 级电表的检修工作。1975 年 8 月，河南省局正式开展适用于音频范围为 40Hz~20kHz、精度为 ±0.01% 及 ±0.01% 以下的标准电容、电容箱、可变电容器的检定工作（见表 2–1–1）。

表2–1–1　从1975年1月起部分地、市计量所扩大电学计量器具检修项目表

单位名称	1975年扩大的检修项目	承担协作任务
新乡市计量所	① 0.02级高电势直流电位差计	
	② 0.05级低电势直流电位差计	
	③ 0.02级标准电阻箱	
	④ 0.02级分压箱	
	⑤ 0.05级直流电桥	
	⑥ 0.1级交流电表	
	⑦ 0.1级直流电表	
开封市计量所	① 0.02级标准电阻箱	暂时承担安阳地区、新乡地区的检修任务
	② 0.02级分压箱	
	③ 0.05级低电势直流电位差计	
	④ 0.05级直流电桥	
	⑤ 0.1级直流电表	
南阳地区计量所	① 0.02级高电势电位差计	暂时承担开封地区、商丘地区、周口地区的检修任务
	② 0.05级低电势电位差计	
	③ 0.05级直流电桥	
	④ 0.1级直流电表	

六、经费来源

以收抵支差额补助。

七、经费状况

当时，河南省计量部门开展工作所需经费十分艰难。1975 年 7 月 19 日河南省计量局给河南省科委的《关于 1975 年我省计量事业费划转情况和意见的报告》中说（摘录）：

根据财政部〔74〕财事字 324 号文件精神，河南省计量事业经费自 1975 年 1 月 1 日开始改列“工业、交通、商业部门的事业费类”的“工业、交通、商业部门的事业费款”。经河南省科委和河南省财政局商定，今年河南省地、市、县计量部门的计量事业费由各级科委和财政局划转。从目前划转情况看，存在问题比较突出：

第一，有个别地区迟迟不予划转，如舞阳工区。还有的虽有初步意见，但一直未下文落实，如安阳地区科委等。

第二，划转数字比 1974 年显著下降，1974 年 36 个地、市、县计量所上级拨款总数为 66.2 万元，加上河南省局下拨事业费 47 万元，总计 113.2 万元。1975 年各地、市、县共划转 35.25 万元，加省

局47万元共计为82.25万元，比1974年减少30.95万元，这样，计量工作不但不能发展，连正常工作也难以维持，不少计量人员工资也发不下去。例如：焦作市计量所编制25人，1974年上级拨款1.04万元，1975年划转7000元，每人平均280元，发工资也不够。又如，开封市计量所，编制35人，1974年拨款3万元，1975年划转2万元，该所仅工资和公杂费就需5万元。

第三，随着国民经济建设事业的发展，计量工作的服务范围不断扩大。自开展为农业服务的工作以来，我省有20个地、县（区）计量机构相继建立，这些新建机构都没有划转计量经费，影响计量工作的开展。例如：沁阳县计量所成立以后，由于没有计量经费，发不了工资，有2个工人到县五金社当临时工。如南阳地区计量所，1974年26人，上级拨款1.835万元，1975年增加为30人，仅划转1.5万元，工作无法开展。新乡市所辖县计量所，由于管理体制的原因，经费严重不足，财政拨款每年大都是3000元，发展缓慢，举步维艰。除了辉县所、汲县所、延津县所逐步有了自身独有的办公用房之外，其他县所的办公用房均为租用，但也只有一二间而已，实验室、办公室合二为一，有的破烂不堪。其他市、地区所辖县所的办公、检定经费和基础设施也大多如此。为贯彻中央和国务院负责同志关于“把这个行业搞上去”的重要批示，并考虑到新建机构和各级计量部门积极开展为农业服务工作的实际需要，单位要求迅速解决1975年计量经费，在基本维持1974年水平的基础上略有增加，需划转计量事业费128万元。

八、技术革新和计量著作

（一）技术革新

河南省计量技术人员发扬自力更生，奋发图强的革命精神，试制与革新了许多计量器具，提高了工作效率，解决了许多问题。1966年河南省工交展览展出的革新的计量器具达214项。如洛阳矿山机器厂的电磁测重仪，是全国首创。洛阳轴承研究所的电子示波式转速表，具有国内先进水平，每分钟达15万转，解决了高转速测量。有的具有普遍应用推广价值，如手提式硬度计、锤击式硬度计、高温现场检查仪等。河南省局1965年革新的项目有20余项。长度科试制的水平仪检定装置，具有普遍应用价值。热工科改变活塞压力计装置后，由原来只能检定1块标准表，提高到同时能检定2块。力学科改进检定砝码方法，采取“并检法”，由原来检定2个砝码要10次读数，减少为7次读数。电学科改装电压表校验台，原来该台只能检定到300伏的电压表，改装后可以检定到1000伏的电压表。河南省局实验工厂试制成功一等50升流量计。郑州市计量所自制了万能电源和表头校验器，提高了检定效率10倍。南阳专区计量所试验了无砝码检定台秤的革新技术，获初步成效。

1972年和1973年河南省气象局计量检定所先后开展电接风向风速仪的计量测试和制氢筒的水压试验。郑州铁路局计量检定所对D721502特种大型铁路货运列车重量进行计量测试。1975年河南省有全民煤矿161个。为了做好煤炭生产服务工作，经河南省局研究，并与有关部门协商，由焦作市计量所研制建立风洞和瓦斯检定器校正仪，承担全省煤矿、气象等部门的瓦斯检定器和风速表的检修工作。

1975年4月，新乡市计量所试制出工业用铂铑－铂热电偶，经检定性能合格；7月，又试制出一等和二等标准铂铑－铂热电偶，并开展二等标准热电偶的量值传递，主要研制人高进忠、周瑞琴。1976年，洛阳市计量所接受中国计量学院关于研制“标准光学高温计工作电源”的任务。

（二）计量著作

1976年12月，郑州市仪表厂王永立、郑州市计量管理所贾三泰、郑州市机床厂闫景文编著的《万能量具的修理》，介绍了游标卡尺、外径千分尺和百分表的工作原理、构造、检定方法和修理技术，290千字，由机械工业出版社出版。

九、计量标准配备和检修

（一）计量标准的配备

河南省局根据各市的情况分类配备，大体分为三种类型：第一类为郑州市；第二类为洛阳市、焦作市、新乡市、开封市，作为重点配备城市；第三类为安阳市、商丘市、许昌市、南阳市、信阳市，作为一般城市配备。

（二）扩大检修项目和组织协作网

1972 年 12 月，河南省计量局要求地、市计量所扩大检修项目和组织协作网，使计量工作更好地为"三大革命运动"服务，对本地区和协作区厂矿、企业、事业单位的计量器具编排 1973 年周期检定计划，检修结合，认真实施。开展修理的有：活塞压力计、电流表、功率表、电桥、附加电阻、大量块等 8 个项目的修理工作。当时河南省局能够进行一般调修的项目约占全部检定项目的 90% 以上。

十、印证规定和管理

为规范检定印的制造、保管和使用，国家标准计量局 1973 年 8 月 6 日印发《关于检定印的制造、保管与使用的暂行规定》（〔73〕国标计字第 018 号）。主要内容：经各级计量机构检定合格并在检定规程中规定要盖检定印的计量器具，均应盖检定合格印。原盖有合格印的计量器具，经周期检定或检查发现不合格时，应在原合格印上加盖注销印。计量器具经检定后不许拆卸的部分，应盖以火漆封印。规定检定印样式、尺寸。河南省检定印代号为 N。检定印一年更换一次。检定印应由专人负责保管，并应建立领用、归还签收制度。

1973 年 9 月 1 日，河南省标准计量局印发《转发国家标准计量局印发"关于检定印的制造、保管与使用的暂行规定的通知"和我省 1974 年检定印的刻制问题的通知》（豫标计字〔73〕第 28 号），要求洛阳、安阳、开封、新乡、信阳、许昌地区科委，各地、市、县计量所将本单位的检定印使用、保管情况进行一次检查；关于河南省 1974 年度检定印的制造，请按国家标准计量局规定的印模，由各地区计量所（没有计量机构的由地区科委）、省辖市计量所统一自行制作，发给地辖市、县计量所（没有计量机构的县，暂不制作和发放），并报河南省标准计量局备案；印证启用时间不得超过 1974 年 1 月 1 日。

河南省标准计量局规定的"河南省各地、市、县计量所的检定印模代号"：河南省计量局 4N001，郑州市计量所 4N002，开封市计量所 4N003，洛阳市计量所 4N004，平顶山市计量所 4N005，安阳地区计量所 4N006，安阳市计量所 4N007，安阳县计量所 4N008，林县计量所 4N009，汤阴县计量所 4N010，淇县计量所 4N011，浚县计量所 4N012，濮阳县计量所 4N013，滑县计量所 4N014，清丰县计量所 4N015，南乐县计量所 4N016，长垣县计量所 4N017，范县计量所 4N018，内黄县计量所 4N019，鹤壁市计量所 4N020，新乡地区计量所 4N021，新乡市计量所 4N022，焦作市计量所 4N023，新乡县计量所 4N024，沁阳县计量所 4N025，济源县计量所 4N026，博爱县计量所 4N027，孟县计量所 4N028，温县计量所 4N029，武陟县计量所 4N030，获嘉县计量所 4N031，辉县计量所 4N032，汲县计量所 4N033，原阳县计量所 4N034，延津县计量所 4N035，封丘县计量所 4N036，修武县计量所 4N037，商丘地区计量所 4N038，商丘市计量所 4N039，商丘县计量所 4N040，夏邑县计量所 4N041，柘城县计量所 4N042，睢县计量所 4N043，宁陵县计量所 4N044，民权县计量所 4N045，虞城县计量所 4N046，永城县计量所 4N047，开封地区计量所 4N048，开封县计量所 4N049，兰考县计量所 4N050，中牟县计量所 4N051，登封县计量所 4N052，通许县计量所 4N053，尉氏县计量所 4N054，杞县计量所 4N055，荥阳县计量所 4N056，巩县计量所 4N057，新郑县计量所 4N058，密县计量所 4N059，周口地区计量所 4N060，商水县计量所 4N061，西华县计量所 4N062，扶沟县计量所 4N063，淮阳县计量所 4N064，太康县计量所 4N065，鹿邑县计量所 4N066，郸城县计量所 4N067，沈丘县计量所 4N068，项城县计量所 4N069，周口镇计量所 4N070，信阳地区计量所 4N071，信阳县计量所 4N072，息县计量所 4N073，光山县计量所 4N074，潢川县计量所 4N075，罗山县计量所 4N076，新县计量所 4N077，固始县计量所 4N078，商城县计量所 4N079，淮滨县计量所 4N080，信阳市计量所 4N081，驻马店地区计量所 4N082，确山县计量所 4N083，汝南县计量所 4N084，平舆县计量所 4N085，新蔡县计量所 4N086，上蔡县计量所 4N087，西平县计量所 4N088，遂平县计量所 4N089，正阳县计量所 4N090，泌阳县计量所 4N091，驻马店镇计量所 4N092，许昌地区计量所 4N093，漯河市计量所 4N094，许昌市计量所 4N095，许昌县计量所 4N096，鲁山县计量所 4N097，郏县计量所 4N098，叶县计量所 4N099，襄县计量所 4N100，禹县计量所 4N101，长葛县计量所 4N102，临颍县计量所 4N103，鄢陵县计量所 4N104，舞阳县计量所 4N105，郾城县计量所 4N106，宝丰县计量所 4N107，南阳地区计量所 4N108，南阳市计量所 4N109，南阳县计量所 4N110，方城县计量所 4N111，内乡县计量所 4N112，西峡县计量所 4N113，淅川县计量所 4N114，邓县计量所 4N115，新县计量所 4N116，唐河县计量所 4N117，桐柏县计量所 4N118，镇平县计量所 4N119，南召县计量所 4N120，社旗县计量所 4N121，洛阳地区计量所 4N122，三门峡市计量所 4N123，宜阳县计量所 4N124，偃师县计量所 4N125，洛宁县计量所 4N126，灵宝县计量所 4N127，陕县计量所 4N128，渑池县计量所 4N129，新安县计量所 4N130，孟津县计量所 4N131，汝阳县计量所 4N132，临汝县计量所 4N133，伊川县计量所 4N134，栾川县计量所 4N135，嵩县计量所 4N136，卢氏县计量所 4N137。

注：1. 第一位阿拉伯数字为公历年份末尾一个字，“4”表示 1974 年。2. 拉丁字母（或汉字）为省的代号，“N”表示河南省。3. 省后面的阿拉伯数字为计量机构的代号，“002”为郑州市计量所。4. 检定印的尺寸，按国家标准计量局〔73〕国标计字第 018 号文中的“检定印尺寸表”中的尺寸制作。5. 检定印的样式，按国家标准计量局〔73〕国标计字第 018 号文中“检定印样式”表制作。

国家标准计量局〔73〕国标计字第 018 号文规定的“检定印样式”见图 2-1-4。

一、合格印

1.錾印（阳文）、烙印（阳文）、喷印（阴文）。

图例：3K01

说明：（1）第一位阿拉伯数字为公历年份末尾一字，“3”表示1973年。

（2）拉丁字母（或汉字）为地区代号，“K”表示湖南地区。

（3）地区代号后面的阿拉伯数字为计量机构的代号，“01”表示湖南省计量标准管理局。

2.钳印（阴文）

图例：

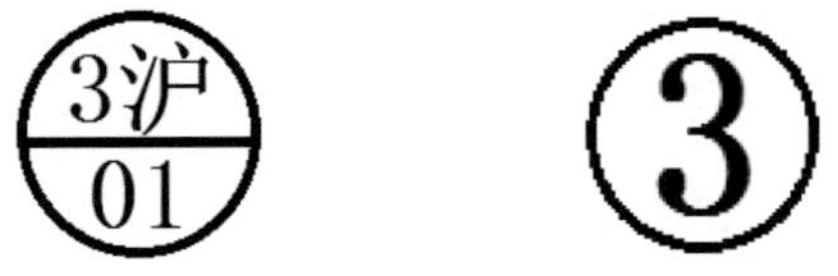

（正面）（背面）

说明：（1）正面横线上面的阿拉伯数字为公历年份末尾一字，“3”表示1973年；汉字（或拉丁字母）为地区代号，“沪”表示上海地区。横线下面的阿拉伯数字为计量机构的代号，“01”表示上海市计量测试管理局。

（2）背面阿拉伯数字为封讫的月份，“3”表示3月份。

二、注销印

图例：———

三、漆封印样式与钳印正面相同。

图 2-1-4 检定印样式

国家标准计量局〔73〕国标计字第 018 号文规定的“检定印尺寸表”见表 2-1-2。

表2-1-2 检定印尺寸表

检定印种类	尺寸（毫米）			用印的计量器具举例
	长	宽	直径	
錾印	4	2		2克及2克以下克砝码（3等及3等以下）、增铊、戥秤等
	6	3		钢直尺、钢合尺、3克及3克以上克砝码（3等及3等以下）、增铊、杆秤、木直尺、折尺、水准标尺、金属直角尺、钢卷尺、布卷尺、台秤、容重器、案秤、字盘秤等
	8	4		大砝码、大杆秤、大天平、轨道衡、地秤等
烙印	12	6		竹尺、竹液体量器等
喷印	12	4		吸管、滴管、浮计、体温计、玻璃温度计等
	18	6		量瓶、量筒、量杯、注射器、啤酒杯等
钳印			9	水表、煤气表、弹簧式压力表等
漆封印	根据所封部位的尺寸自行规定			电工仪表、电阻、电子仪器等
注销印	尺寸与合格印同			

第二节 计量工作为军工生产和“五小”工业服务

一、计量工作为军工生产服务

1966年5月11日，全国计量工作会议在常州召开，会议主要议题是交流计量工作为地方军工生产服务的经验。河南省计量局交流题目是：“我省计量工作是怎样为军工生产服务的”；郑州市计量所交流的题目是：“郑州市计量管理所关于为军工生产服务的情况”。1972年，为贯彻全国军民计量工作座谈会精神，河南省计委、河南省国防工办共同组织于10月12日在郑州召开了河南省军民计量工作座谈会，参加会议的有省直各委、局，各地、市计委、国防工办、计量部门以及部分军工企业等63个单位共66人，会议主要议题是介绍本地区计量工作在“斗、批、改”中的经验、问题和建议，如何积极发挥计量工作在整顿产品质量中的作用，计量工作如何更好地为军工生产服务等。河南省计委副主任杜银初、河南省国防工办副主任路国滨、河南省计量局负责人白亚平到会并分别讲话。新乡地区计委李全勇、新乡市计量所、封丘县计量所、孟县计量所刘明迟发言，汇报坚持进行计量检定，为军工生产、提高产品质量和市场服务的情况。军工厂的同志汇报计量工作情况。国防工厂258厂有长度计量人员25人，热工计量人员8人，有50多台贵重计量仪器，有的一等计量仪器还没有开箱，一是用不上，二是没有实验室，三是实验室不符合要求。军工760厂有计量人员40多人，每一两个月都能对本厂各车间计量器具普检一遍。为了贯彻落实全国和河南省“军民计量工作座谈会”精神，充分发挥各地、市计量部门计量标准的作用，适应工农业生产的迫切需要，大力协同，就地就近解决计量器具的检修问题，保证量值传递一致、准确，河南省局于1972年12月9日发出《关于地、市计量所扩大检修项目和组织协作网的通知》，通知各相关地、市对本地区和协作地区安排计量器具的周期检定。

河南省计量局以支援农业、军工为重点，围绕军工、农机、化肥、农药等工业生产，积极开展检定工作。河南省局突出抓了为军工生产服务，把军工生产的检定任务列为重中之重，急中之急。凡军工单位送检的计量器具均优先检定，保证质量。全年共为21个军工单位检定1600多台（件）计量器具，约占检定计量器具总数的20%。河南省局长度科承担了“260”军工产品的检定任务，河南省委要求用一个月的时间把375件军工产品检定出来，这等于平时8个月的工作量。长度科的同志采取合理安排人力，充分利用计量仪器等措施，终于按期完成检定任务。

二、县级计量所为“五小”工业开展计量检定服务

河南省县以下企业数量大，设备简陋，计量工作尤为薄弱，严重影响着产品质量。为了使县级计量部门增加量值传递项目，为“五小”工业（小化肥厂、小煤窑、小钢铁厂、小机械厂、小水泥厂）服务，河南省计量局从1976年开始至1978年，每年有计划地无偿配备省内5个重点县（巩县、淮阳、济源、滑县、禹县）计量标准仪器53台，分别是量块4套、百分表检具5台、标准热电偶5台、AC15流量计4台、UJ31电位差计5台、标准电池5个、UJ36电位差计5台、600kg活塞压力计5台、电流表5台、电压表10台；价值5669元。连续3年共支援15个县计量所，使其能够开展万能量具、天平、砝码、压力表、工业用热电偶等检定项目，提高了为“五小”工业服务的能力。

第三节 无线电计量协作

无线电计量广泛分布在计量行政管理、科研、生产等各部门，且各具特点。为便于工作，长期以来，国家一直采用协作的形式解决无线电计量问题，设有东北、华北、西北、西南、华东、中南6个协作组，构成了覆盖全国的无线电计量协作网。中南无线电协作组河南分组成立于1973年，由河南省计量局任分组组长单位，河南省电子研究所等任副组长单位。分组下设4个小组：豫东协作小组由郑州市标准计量局任组长单位；豫南协作小组由南阳地区管理所任组长单位；豫西协作小组由014中心任组长单位；豫北协作小组由新乡22所任组长单位。河南分组的协作活动接受中南无线电计量协作分组的领导，纳入河南省计量行政部门计量管理工作的范围，并由其负责日常协调工作。

国家科委计量局1964年3月在北京召开全国无线电计量工作会议，着重讨论了无线电计量量值传递项目的范围、组织无线电计量协作、加强组织管理等工作。1972年5月，在北京召开的军民计量工作座谈会期间，又召开无线电（包括时间频率）计量专业座谈会，参会代表85人，河南省计量局参加了会议。针对无线电计量工作中存在的问题，会议重点讨论了健全无线电计量量值传递系统和组织协调工作，并提出了加强无线电计量工作的措施。这次会议设置的东北、华北、西北、西南、华东、中南6个协作组，构成了覆盖全国的无线电计量协作网。

1974年3月，中南地区无线电计量协作组会议在广州召开，参加会议代表共49人。会议总结了中南地区无线电计量1973年协作活动开展的情况，并在此基础上交流如何搞好无线电计量工作的经验。1973年，中南无线电计量协作分组沟通了区域内的协作渠道，量值传递不断建立和健全；标准研制工作加快了速度，技术交流和人员培训工作普遍开展，周期检定制度逐步恢复。计量人员深入到“三大革命运动”第一线，为经济建设，国防建设和科学研究服务，做出了成绩，积累了经验。

第四节 建设河南省计量局计量恒温楼

河南省科委计量标准局1960年9月迁至郑州市红专路1号，实验室面积340平方米。1963年，国家科委下达地方科研单位基建项目1963年投资分配指标，其中分配给河南省科委投资10万元安排河南省计量实验室改建工程。1963年10月5日开工，至1965年4月7日建成，共改建了240平方米的恒温实验室，新建了260平方米的恒温机房。1965年4月8日，河南省科委计量局恒温改造工程验收接管，并投入使用。该项工程包括土建、采暖、空调、冷冻、自动控制、电气照明、动力配电、给排水、变电所及外线工程等9个部分，工程总造价389817.13元。

随着工农业生产的发展，不仅原已开展的计量检定项目需要扩大范围，而且还有电磁、电感、电容、测力、流量、时间频率等12个项目亟待开展。为了适应河南省计量事业发展的需要，拟新建实

验室 1500 平方米，其中使用面积 900 平方米。1973 年 1 月 15 日，河南省计量局向河南省计委报送了关于建设计量实验室的报告。河南省计划委员会 1973 年 1 月 16 日批示：“同意建设，请建委研究安排设计事宜。”

1974 年春节刚过，河南省计量局派李长俊、张景信、肖汉卿 3 人对山西、陕西调研，带回了这两省新建的计量大楼的基建方案和设计图。是年 3 月，河南省计量局成立局基建办公室，由王化龙副局长领导，普书山负责（办公室主任兼），成员有肖汉卿、张海卿、贾仙芝、彭小凯、马炳新、姜清华、张景义和路治中等 10 多人。

河南省计量局经河南省计划委员会批准，投资土木建筑经费 30 万元，在河南省计量局现址扩建实验室 1800 平方米，并列入 1974 年基本建设计划。根据河南省工农业生产、国防科研等对计量工作的要求和计量事业的发展，上述扩建的实验室仍不能满足需要，经请示国家标准计量局，同意补助河南省计量局基本建设经费 30 万元（〔74〕国标计字第 049 号），将实验室的建筑面积扩大到 4000 平方米。河南省计量局 10 多年来发展很快，在为河南省工农业生产、国防、科研服务等方面发挥了积极作用，但当时的实验室、办公地址不适应当前和今后的发展形势，需要另建基地，要求将扩建的实验室地址改建在河南省粮食厅以北、红专路以南。河南省革命委员会计划委员会于 1974 年 8 月 27 日批复，同意河南省计量局扩建实验室 4000 平方米，建筑地址改在花园路东侧、红旗路北侧。土建总投资控制在 60 万元以内。并要求尽快会同有关部门联系进行设计，在新地址作长远建筑规划图，并报省建委审批（见图 2-4-1）。

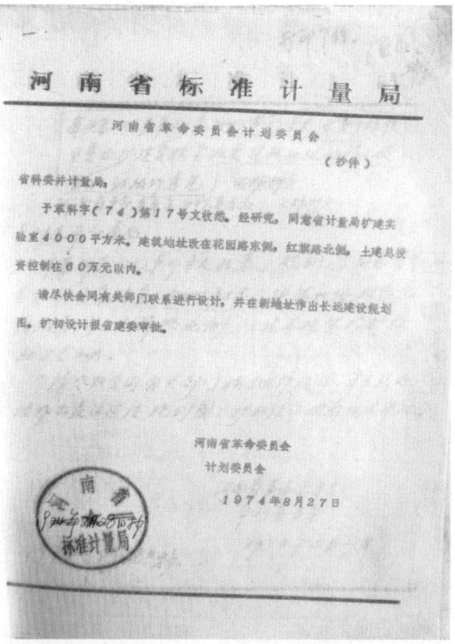
河南省标准计量局

河南省革命委员会计划委员会

（抄件）

省科委并计量局：

于革科字（74）第17号文收悉。经研究，同意省计量局扩建实验室4000平方米。建筑地址改在花园路东侧，红旗路北侧。土建总投资控制在60万元以内。

请尽快会同有关部门联系进行设计，并在新地址作出长远建设规划图。扩初设计报省建委审批。

河南省革命委员会

计划委员会

1974年8月27日

图 2-4-1
河南省计划委员会同意河南省计量局建设计量恒温实验楼的批复

1974 年 9 月 20 日，河南省计量局制定局基本建设规划（1974—1977 年）。1974 年：计量恒温楼一座，实验室面积 4000 平方米。土建投资 60 万元（另已购设备费 25 万元）。1975 年：①继续建计量恒温楼，安装投资 40 万元。②变电所，建筑面积 300 平方米，投资 5 万元。③锅炉房，建筑面积 400 平方米，投资 5 万元。④深井、水塔、泵房，投资 10 万元。⑤职工宿舍楼一座，建筑面积 2000 平方米，投资 10 万元。1976 年：①测试恒温楼，建筑面积 5000 平方米，投资 120 万元。②职工宿舍楼一座，建筑面积 2000 平方米，投资 10 万元。③汽车房，建筑面积 400 平方米，投资 5 万元。④食堂，建筑面积 5000 平方米，投资 6 万元。1977 年：①试验办公楼，建筑面积 5000 平方米，投资 30 万元。②仓库，建筑面积 1100 平方米，投资 5 万元。③职工宿舍楼一座，建筑面积 2000 平方米，投资 10 万元。规划建筑地址在花园路东侧、红旗路北侧、政六街西侧，东西长 217.8 米，南北长 120 米。

1974 年 9 月，河南省计量局经 6 次选址，最后确定新地址为郑州市花园路东侧、红旗路北侧、政六街西侧。1972—1973 年，河南省计量局党支部书记白亚平，多次向河南省计划委员会汇报，获得河南省计划委员会的支持。1974 年 2 月，河南省科委党组成员、河南省标准计量局党支部书记陈济方继续争取尽早征地。1974 年下半年开始在郑州市花园路东、红旗路北、红专路南征地，截至 1975 年第一期征地完成，共计征地 21.55 亩，建设河南省标准计量局综合实验楼。

河南省建筑设计院承担河南省计量局计量恒温楼的设计任务。设计依据为河南省革命委员会生产指挥部对河南省科委豫革科字〔74〕17 号文的批示、河南省计委对河南省科委豫革科字〔74〕17 号文的批示、郑州市城建局等关于该建设项目的批文。1975 年 3 月 27 日，河南省革委会科委同河南省建委同意计量恒温楼设计方案。计量恒温楼系一生产兼科研技术楼，技术要求高，恒温要求最高为 20℃ ±0.1℃，防微震要求为不大于 0.1 微米。为了满足该建筑生产特需的防震要求，西面外地距花园路红线 40 米左右，南面外墙距红旗路红线 40 米 ~50 米。设计面积 4195 平方米，其中恒温面积 1201 平方米（注：不包括该楼的附属建筑，如冷冻机房、变电站、锅炉房等的面积）。为满足恒温要求，采用南北朝向一字形平面，分东西两段。西段由于濒临花园路以及保证顶层水塔的水压，设计 7 层，采用框架结构；东侧为计量恒温楼的主体部分，3 层建筑，采用混合结构。为保证计量的生产要求，楼内设置相应的空调恒温、通风采暖、供电、电力照明及给排水设备，以及防磁防震防尘措施。预计投资 1257200 元，其中土建投资 631700 元。

至此，河南省计量局计量恒温楼开工建设。

第三章

改革开放和计量事业稳定发展时期

（1977—1984）

1976 年 10 月，粉碎了“四人帮”，“文化大革命”结束，国民经济建设等各项事业逐步恢复发展。1977 年 5 月，国务院颁布《中华人民共和国计量管理条例（试行）》，全国计量工作开始整顿并走入正轨。1978 年 3 月，全国科学大会在北京召开，邓小平作重要讲话，强调科学技术是生产力。大会制定了《一九七八年至一九八五年全国科学技术发展纲要（草案）》。会上宣读了郭沫若的《科学的春天》。自此，计量事业迈入稳定发展时期。1978 年 12 月，中共十一届三中全会在北京召开，标志着改革开放和社会主义现代化建设时代的开始，揭开了中国经济体制改革的序幕。

中共十一届三中全会决定把全党的工作着重点转移到社会主义现代化建设上来。计量工作是社会主义现代化建设的重要技术基础，要实现社会主义现代化建设也就对计量战线工作的各个方面提出更高、更紧迫的要求。1979 年，五届全国人大二次会议政府工作报告通过全国工作重点转移和对国民经济实行“调整、改革、整顿、提高”八字方针的重大决策。河南省政府按照八字方针对全省的厂矿企业进行全面整顿。河南省计量局配合有关部门对厂矿企业的计量工作进行“五查”整顿、对河南省的计量技术机构进行“五查”评比。通过“五查”评比，计量技术机构的精神面貌焕然一新，为进一步在本省内开展量值传递、计量测试、能源计量，提升企业产品质量，振兴河南经济打下良好基础。河南省计量局为了打好基础，积蓄力量，抓紧建立各种计量标准，加强计量队伍建设，开拓量值传递、计量测试工作，计量事业呈现出了新的面貌。

第一节　颁布《河南省计量管理实施办法》

1977 年 5 月 27 日，国务院颁布的《中华人民共和国计量管理条例（试行）》是全国各地区、各部门整顿计量工作，加强计量管理，发展计量事业共同遵循的国家计量法规。1977 年 7 月，全省计量工作会议在郑州召开，各地、市、县计量所长参加会议。会议传达贯彻《中华人民共和国计量管理条例（试行）》，为今后河南省加强计量管理、发展计量事业作出安排与部署。

遵照河南省革命委员会 1977 年 7 月 28 日豫革〔1977〕34 号文指示精神，河南省计量局立即组织力量，在调查研究、总结经验的基础上，着手《河南省计量管理实施办法》的起草工作。是年 9 月中旬，提出《河南省计量管理实施办法》初稿，发送给省直各有关委局、地、市、县计量所和部分厂矿征求意见，有的地、市计量所还召开座谈会进行讨论。11 月中旬，河南省计量局又召开了地、市计量所负责同志会议，根据各方面的意见，对初稿进行反复修改。1978 年 1 月 11 日，河南省标准计量局向河南省革命委员会报送了《关于颁发〈河南省计量管理实施办法〉的请示报告》（豫标计字〔78〕第 001 号）。

1978 年 4 月 24 日，河南省革命委员会颁布《河南省计量管理实施办法》（豫革〔1978〕60 号）（见图 3-1-1）。《河南省计量管理实施办法》在贯彻《中华人民共和国计量管理条例（试行）》的基础上，结合河南省的基本计量制度、计量管理机构、各级生产主管部门和企事业单位计量工作、各级计量标准制度、量值传递的原则、生产修理计量器具、进口计量器具的管理、计量检定的要求等方面作出具体规定。

《河南省计量管理实施办法》共十八条，原文如下：

第一条，为了贯彻《中华人民共和国计量管理条例（试行）》，进一步加强对计量工作的管理，健全计量体系，以适应社会主义革命和社会主义建设的需要，特制定本办法。

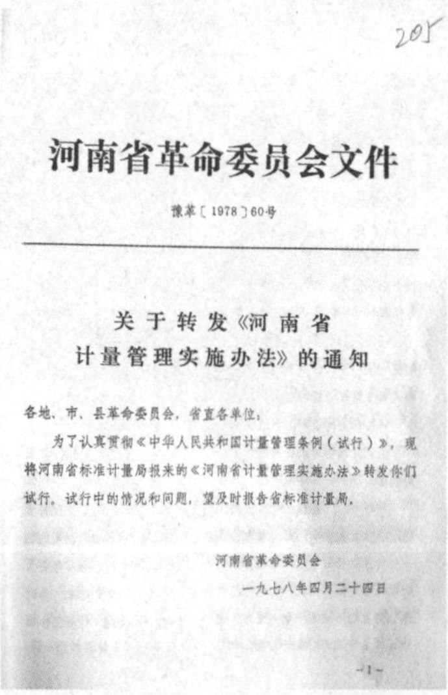
205

河南省革命委员会文件

豫革〔1978〕60号

关于转发《河南省计量管理实施办法》的通知

各地、市、县革命委员会，省直各单位：

为了认真贯彻《中华人民共和国计量管理条例（试行）》，现将河南省标准计量局报来的《河南省计量管理实施办法》转发你们试行。试行中的情况和问题，望及时报告省标准计量局。

河南省革命委员会

一九七八年四月二十四日

-1-

图 3-1-1
1978 年河南省革命委员会颁布《河南省计量管理实施办法》

第二条，计量工作必须贯彻执行毛主席的无产阶级革命路线，在党的一元化领导下，以阶级斗争为纲，加强管理，统一量值，实行专业队伍与群众运动相结合，计量测试与生产建设相结合，检定与修理相结合的原则，为阶级斗争、生产斗争和科学实验服务。

第三条，我省的基本计量制度是米制（即“公制”），在国家的统一规划下，逐步采用国际单位制。计量单位的中文名称、代号和采用方案按国家的规定执行。

目前保留的市制，要逐步改革。

英制，因特殊需要使用的单位和部门，要报经河南省标准计量局批准，否则一律不准使用。

第四条，计量机构是负责贯彻国家计量法令，执行计量监督管理，建立计量标准，组织量值传递和测试工作，保证计量制度的统一和计量器具的一致、准确与正确使用的专职机构。各级革命委员会要根据“精兵简政”的原则，把计量机构建立和健全起来。为避免机构重迭，地区所在地辖市、镇，可不设计量机构，计量工作由地区计量管理部门负责管理。

第五条，省标准计量局是省革命委员会主管标准化、计量工作的职能部门，负责管理全省标准化和计量工作。地、市、县标准计量管理机构，是同级革命委员会的职能部门，负责管理本地区的标准化和计量工作。

各级标准计量管理部门设立的研究、检定、修理、测试机构和实验工厂，为事业单位。

第六条，省直各工业、基本建设、气象等部门，要根据工作需要设计量机构或相应的计量技术机构，商业、外贸、物资、农林、卫生、粮食等部门和地、市各工业及有关部门，要设专职人员，管理本系统的计量工作。

厂矿、企业、事业等使用计量器具的单位，要根据生产需要设计量机构，或在技术检查部门设专职人员，负责管理本单位的计量工作。要建立健全计量管理制度，开展计量器具检定和测试工作。

第七条，要在国家统一规划下，根据我省工农业生产、国防建设和科学研究发展的需要，按照条块结合，以块为主的原则，进行统筹规划，合理布局，建立健全我省各级计量标准器，并按照就地、就近的原则，组织安排量值传递和计量测试工作，以保证量值的统一，及时解决生产、科研中存在的计量测试问题。

各地、市、县标准计量管理机构建立最高一级计量标准，须经上级计量管理部门审查批准；部门和厂矿、企业、事业单位建立最高一级计量标准，须经当地计量管理部门审查批准。

第八条，生产、修理计量器具的企业，须报经当地计量管理部门审核同意，并向工商行政管理部门办理开业登记。对生产、修理计量器具的个人，计量管理部门应会同工商行政管理部门对其进行政治审查和技术考核，组织起来，指定地点进行经营，不准任意流动。

第九条，生产、修理计量器具的企业，必须坚持无产阶级政治挂帅，严格执行计量、检验制度，保证产品质量。计量管理部门要加强管理，进行质量监督检查。对生产、修理的计量器具必须实行国家检定，不合格的产品不准出厂。

国家检定由计量管理部门执行。对产品质量稳定，计量、检验机构和制度健全，具备进行国家检定技术条件的企业，计量管理部门可批准由企业执行，并发给检定印证。

第十条，计量器具的新产品，必须按照国家规定的办法进行技术鉴定，合格后方准投入生产。

第十一条，新进口的计量器具，由省标准计量局组织检验。经检验不合格需向国外提出索赔的，由省标准计量局对外出证。

我省进口计量器具的计划，有关部门要会同省标准计量局审定。严禁进口违反我国计量制度和不合乎使用要求的计量器具。

第十二条，国家明令禁止使用和无国家检定合格印证的计量器具，不准收购和销售。

第十三条，使用计量器具的单位，应根据实际需要合理选择计量器具，加强对计量器具的管理，按照检定周期进行检定，不准使用不合格的计量器具。

计量管理部门对各单位使用计量器具的情况，要进行监督检查和技术指导。

第十四条，计量器具的检定，必须按照国家标准计量局颁布的检定规程进行。经检定合格的计量器具，发给检定证书或盖合格印。

受检计量器具的单位或个人，要按照国家制定的收费办法和收费标准交纳检定费。

第十五条，计量人员要高举毛主席的伟大旗帜，树立全心全意为人民服务的思想，积极宣传和模范执行国家计量法令，普及计量知识，发扬“三老四严”的工作作风，为革命努力学习业务，做到又红又专，在计量工作中发挥骨干作用。

对计量技术人员要进行技术考核，经考核合格的方准独立进行检定工作和签发检定证书，并应力求稳定，以保证量值传递的准确性。

第十六条，凡生产、进口、销售、使用、修理、检定计量器具的单位和个人，都必须遵守本办法的规定。对违反国家计量法令和本办法规定，不服管理，或利用计量器具进行非法活动，破坏社会主义经济和公共利益的单位和个人，计量管理部门有权给予批评教育、通报、罚款、没收工具、停业等处分。情节严重的，交司法部门处理。

第十七条，本办法的解释，由省标准计量局负责。

第十八条，本办法自发布之日起施行。

河南省计量局根据1978—1985年全国计量事业发展规划纲要的要求，结合河南省的计量工作实际制定《一九七八年至一九八五年河南省计量事业发展规划》，提出了10项具体任务（摘录）：

第一，搞好计量战线的整顿，建立健全各级计量标准，开展量值传递和测试工作。省级在已建长、热、力、电四类30项计量标准的基础上，拟再建30 ~ 40项，1985年达到无线电、时间频率、理化、放射性、光学、声学等10类60 ~ 70项计量标准，地、市级8年内达到长、热、力、电、理化、无线电、时间频率等7类25 ~ 35项计量标准，县级8年内达到长、热、力、电、理化5类10 ~ 20项计量标准。达到基本适应实现四个现代化的要求。

第二，进一步做好计量为农业服务的工作。

第三，加强计量管理工作。全面落实《中华人民共和国计量管理条例（试行）》和《河南省计量管理实施办法》的各项规定，建立健全各项计量规章、法令。逐步把各级计量管理机构建立健全起来。

第四，加强计量网的建设。

第五，加强计量队伍的建设。争取在1985年前创办我省计量中等专业学校。到1985年，河南省计量管理局所属研究所的技术人员计划达到250人，地、市60 ~ 80人，县15 ~ 20人。

第六，把计量测试科研工作搞上去，不断提高计量测试技术水平。

第七，提高计量专用设备的生产维修能力，搞好物资供应工作。

第八，加强计量学术交流，广泛开展协作活动。

第九，加强计量情报工作。

第十，在国家的统一规划下，搞好进一步统一我国计量制度和国际单位制的推广工作。

《河南省计量管理实施办法》的颁布和《一九七八年至一九八五年河南省计量事业发展规划》的实施，规范和推动了河南省计量工作，促进了河南省计量事业稳定发展。

第二节　计量监督管理逐步加强

1977年，国务院颁布《中华人民共和国计量管理条例（试行）》。1978年4月，河南省革命委员会颁发《河南省计量管理实施办法》。河南省计量局贯彻国民经济“调整、改革、整顿、提高”的方针，狠抓计量系统的整顿，加强计量监督管理，特别是工业企业计量监督管理。1980年，河南省人民政府转发国家经委、科委、计量局《全国厂矿企业计量管理实施办法》。同年，河南省人民政府颁发《河南省度量衡管理暂行规定》，全省进行衡器大普查，此后连续几次检查，使商用衡器合格率上升。河南省计量局组织对大中型企业的计量工作进行整顿；开展企业能源计量工作，要求耗能大户配齐管好能源计量器具；加强医用计量器具的检查和管理；开展工业企业计量整顿、创优产品计量审查、产品质量检验机构计量认证和工业企业计量定级升级工作；在全省全面推行法定计量单位。

一、颁布河南省计量法规规章

1949—1984年，河南省根据国家的有关要求，在计量工作的艰辛探索中，制定颁布了24件河南省计量法规规章，逐步加强计量监督管理，促进河南省计量事业起步和稳定发展，为河南省国民经济建设和稳定社会经济秩序做出了显著贡献。中共河南省委、河南省政府颁布计量管理法规规章共9件：河南省人民委员会颁布《河南省计量检定管理试行办法》和《河南省计量检定收费暂行办法》《关于木杆秤改革的方案（草案）》；中共河南省委批准省科委党分组《关于开展计量与标准化工作的请示报告》；省人民委员会颁布《颁发"关于木杆秤改革方案"希贯彻执行的指示》；省革命委员会颁布了《关于转发〈河南省计量管理实施办法〉的通知》、批转河南省标准计量局、卫生局、商业局、军区后勤部《关于改革中医处方用药计量单位的请示报告》；省政府颁布《河南省度量衡管理暂行规定》《关于转发〈河南省计量器具检定修理收费办法〉和〈河南省计量器具检定修理收费标准（试行）〉的通知》以及《关于贯彻执行〈国务院关于在我国统一实行法定计量单位的命令〉的通知》。河南省计量局等委办厅局发布计量规范性文件共15件：《关于地、市计量所扩大检修项目和组织协作网的通知》《转发国家标准计量局印发"关于检定印的制造、保管与使用的暂行规定的通知"和我省1974年检定印的刻制问题的通知》《中医处方用药计量单位改革实施细则》《一九七八年至一九八五年河南省计量事业发展规划》《关于加强衡器生产销售管理的联合通知》《加强厂矿企业计量管理工作的意见》《河南省厂矿企业计量管理细则（试行）》《河南省厂矿企业计量工作"五查"整顿的通知》并附《河南省厂矿企业计量工作"五查"整顿方案》《关于继续开展厂矿企业计量工作"五查"整顿的通知》《关于加强我省计量器具生产、销售管理的通知》《关于工业企业全面整顿中做好计量整顿工作的通知》并附《河南省工业企业计量整顿标准（试行）》《关于创国优产品企业报送计量情况的通知》《河南省创优产品计量测试情况审查表》《河南省工业企业计量工作定级升级实施办法（试行）》《河南省工业企业计量检定人员技术考核办法（试行）》。

二、逐步加强计量监督管理

（一）制造修理计量器具管理

1979年，针对社会上存在个体流动木杆秤制修人员的情况，河南省计量局、商业局、税务局规定：制修木杆秤的单位和个人，须经当地计量部门审核同意，并在工商行政管理部门办理营业登记后方准营业。

1980年9月1日，河南省人民政府颁发了《河南省度量衡管理暂行规定》。河南省计量局1981年对水表生产企业提出要具有完整的产品技术标准、水表校验装置必须经计量部门检定合格、有健全的质量检验制度等具体要求，并对水表生产厂进行技术考核，加强对其质量监督和抽查工作。

河南省计量局1981年组织各级计量部门在全省进行了一次计量器具生产厂的普查，基本摸清了全省计量器具的生产情况。为了尽快解决计量器具生产中存在的问题，同年8月，河南省计量局在郑州召开计量器具产品质量调查汇报会议，各地、市计量部门和省直有关厅、局、公司参加，会议就全省计量器具生产企业的产品存在的问题进行汇总，就如何加强计量器具生产和销售管理、实行国家检定、保证产品质量等问题做了认真研究。为了加强我省计量器具生产、销售管理，促进各项生产建设的发展，河南省计量局联合省机械工业厅、省工商局、省二轻局、省企业局、省商业厅、省供销社、省电力工业局于同年9月30日印发《关于加强我省计量器具生产、销售管理的通知》，对加强计量器具生产和销售管理、实行国家检定、保证产品质量事项做了相关规定，特别对我省电度表生产企业的监督和管理做了具体规定。河南省计量局召开计量器具生产、销售管理会议，强调要着重解决河南省计量器具生产企业存在的两个突出问题：一是个别产品盲目发展；二是计量器具产品质量低劣。如单相电度表生产企业全省就有98家之多，一些不具备生产条件的企业盲目发展电度表生产，合格率仅为20%。新乡市有4家电度表企业，经抽查全部不合格。以上情况表明，亟须采取有效措施，提高计量器具产品质量，加强对计量器具生产厂的监督和管理。

1983年，河南省计量局进一步加强对计量器具产品，特别是能源计量器具产品的质量监督，组织了一次对电度表、水表和水表检定装置生产厂家的产品质量检查评比活动，对使用中的电度表检定装置进行了一次普遍检定，促进了能源计量器具产品质量的提高和量值的准确传递。在1984年全国第七次“质量月”活动中，河南省部分计量部门对市场上经销的计量器具进行了一次监督性抽查，据统计共抽查了14个省市50个企业生产的19个品种50个规格的451台（件）产品，合格317台（件），平均合格率为70%，为今后全面开展对计量器具的监督管理工作摸索了一些经验。

根据《河南省计量管理实施办法》《河南省厂矿企业计量管理细则（试行）》《河南省度量衡管理暂行规定》《关于加强我省计量器具生产、销售管理的通知》，河南省生产、修理计量器具的企业，必须报经当地计量管理部门同意后，始得申请营业。在技术上应接受计量检定管理机关的指导和监督。计量器具产品应由计量部门及其批准的企业进行计量检定，不合格者不得出厂，商业部门亦不得销售。计量产品必须实行三包（包修、包换、包退）。生产、修理计量器具的个人，应定点生产，不得随意游动。河南省各级计量行政管理部门依照上述有关计量法规、规章，在计量器具出厂检定、产品抽查、定点制造、核发许可证、新产品定型鉴定和样机试验等方面加强监督管理。

（二）厂矿企业计量工作“五查”整顿

为了贯彻“调整、改革、整顿、提高”的方针，加强厂矿企业计量技术基础工作，提高产品质量，结合河南省厂矿企业计量工作情况，河南省标准计量局于1979年7月提出“加强厂矿企业计量管理工作的意见”；是年8月，河南省经委、科委联合印发《河南省厂矿企业计量管理细则（试行）》，对厂矿企业计量机构的管理、监督、计量标准的建立、计量检定、计量管理制度等都作了具体规定。如《细则》规定“企业计量机构要统一管理本企业的长度、热学、力学、电磁、无线电、理化等各项计量工作；企业计量工作由负责质量的厂长或总工程师领导”。又如“企业建立最高一级计量标准，要经当地计量部门审查批准，并组织量值传递。因生产需要，必须建立由省或国家直接传递的高精度计量标准，要逐级上报省或国家计量部门审批后，接受省或国家一级的量值传递”。再如“凡购进和自制的计量器具，需经检定合格、编号、登记后方可入库；库存计量器具需发放时，如已超过检定周期，必须重新检定合格后才能发放；未经检定或检定不合格的不准入库、不准发放”。

1980年5月12日，河南省政府办公厅向地、市、县政府转发国家经济委员会、国家科学技术委员会、国家计量总局颁发的《全国厂矿企业计量管理实施办法》，要求各地结合厂矿计量工作整顿，认真贯彻，付诸实施。

河南省计量局于1980年5月在洛阳召开各地、市计量部门和重点厂矿企业座谈会，研究修改河南省计量局制定的《河南省厂矿企业计量工作“五查”整顿方案》。5月21日，河南省经委发出《关于开展厂矿企业计量工作“五查”整顿的通知》。要求各地、市经委加强对整顿企业计量工作的领导，组织工业和计量部门成立“五查”整顿领导小组，并责成计量部门具体负责“五查”整顿的检查工作，按《河南省厂矿企业计量工作“五查”整顿方案》要求，切实把厂矿企业计量工作整顿好，充分发挥计量技术基础的作用，以适应工业生产现代化建设的需要。厂矿企业计量工作“五查”整顿的内容：一查计量标准器是否合格，主要配套设备是否符合技术要求，技术档案是否齐全；二查量值传递系统是否建立起来，有无周期检定计划；三查技术水平，能否正确理解检定规程，操作是否正确，检定结果是否符合要求；四查各项规章制度建立执行情况；五查检修任务完成情况。河南省计量局和郑州市计量所共同组成“五查”工作组，从1980年6月3日至6月11日在郑州电缆厂、第二砂轮厂进行了“五查”试点，并邀请省机械工业厅、郑州市经委以及各地、市计量部门派代表参加该“五查”试点。

“五查”试点结束后，河南省计量局随之向各地、市计量部门作了具体安排。各地、市在经委、科委主持下召开会议，进行研究，由经委牵头，组成“五查”领导小组，制定“五查”方案，共组织187人的技术力量，向各厂矿企业发出了“五查”整顿的通知，从而，一个深入细致的“五查”活动在全省厂矿企业中展开。洛阳市抽调23人，组成重工、轻工、军工三个“五查”组，从7月3日起，对各企业开始“五查”工作。郑州市在试点以后，于7月4日开始“五查”工作。南阳地区的厂矿企业从5月中旬到7月底进行了自查，在柴油机厂进行“五查”验收试点，然后又分三个组赴各县厂矿企业进行检查验收。开封地区召开厂矿企业计量工作“五查”整顿工作会议，孔百川副专员讲了话，部署计量工作“五查”整顿工作。新乡市于1980年5月成立工交企业计量工作“五查”整顿领导小组，开展工矿企业计量工作“五查”整顿工作。河南省大部分企业对这次“五查”工作很重视。如洛阳机床厂为迎接“五查”，认真地进行自查，计量室的人员连续70天没有休息，清查长、热、力、电、理化各实验室的全部计量器具，逐件进行登记、编号、检修，澄清家底，同时还建立了10项规章制度，修订周检计划，建立技术档案。郑州第一柴油机厂接到“五查”通知以后，首先由厂长、总工程师、车间主任、检查科长、计量技术人员等19人组成“计量工作‘五查’整顿委员会”。将“五查”工作列为6月全厂的重点工作，开展全厂性的大检查。

1980年7—9月河南省各地、市历时3个月时间共检查354个企业。从“五查”结果看，河南省厂矿企业计量工作普遍薄弱，存在不少问题。1981年5月，河南省计量局又发出《关于继续开展厂矿企业计量工作“五查”整顿的通知》，决定对1980年“五查”过的企业要抽查10%～20%。从这次复查的情况看，各企业经过1980年的计量工作“五查”，普遍重视计量工作，加强领导，增加计量技术人员，健全各项规章制度，建立量值传递系统，增拨资金，添置计量设备，计量器具的合格率和产品质量都有很大提高。例如，郑州电缆厂、油泵油嘴厂、锅炉厂都充实了技术力量，郑州轴承厂等企业拨款建立计量室。根据8个地、市统计，1981年共复查计量器具7608台件，合格的5261台件，合格率为69%；而1980年“五查”时的合格率为46%。可以看出，两年检查对比合格率上升了23%。再如，许昌地区1981年复查各种计量标准器1720台件，合格率为77%；复查配套设备195台，合格率为72%；复查在用量具2451台件，合格率为70%。与1980年“五查”时合格率对比，标准器的合格率提高了41.5%，配套设备的合格率提高了19.8%，在用量具的合格率提高了44%。信阳地区息县化肥厂，在1980年“五查”时最差，只得了7分；1981年复查时该厂在用量具合格率达到100%。洛阳橡胶厂党委书记说：“从前忽视计量工作，吃了不少苦头，现在加强了计量工作，尝到了甜头，提高了轮胎质量，降低了成本。如台、地秤过去无人管，进料不准，影响质量，浪费了资金。如轮胎厚度，以前没有测量，薄了影响质量、不耐用、达不到性能指标，厚了提高成本、浪费原料。经过‘五查’以后，这些问题都得到了解决。”类似上述情况，在复查中比较普遍。但也有少数企业虽然经过1980年的“五查”，仍然没有变化，问题依然存在。据12个地、市统计，1981年又完成了162个企业的“五查”整顿工作。1980年、1981年两年共对516个工矿企业进行了计量工作“五查”整顿。“五查”以后，工矿企业计量器具合格率普遍提高。据8个市、地7608台（件）在用计量器具统计，“五查”前合格率为46%，“五查”后提高到60%。

计量工作“五查”整顿是河南省厂矿企业计量工作历史上第一次大整顿、大促进、大提高。厂矿企业通过“五查”提高了企业领导对计量工作的认识，整顿了企业计量秩序，加强了企业计量管理，提高了企业产品质量和经济效益。

1982年，据全省34个冶金企业统计，计量人员总数由1980年的517人发展到1982年的1222人，占企业职工总数的1.3%。有9个企业的计量工作全部实现统一管理，其余企业也统管2～3大类。1980—1982年用于计量设施的投资总额达288.31万元，3年中计量检测手段增加了3.6倍。如1982年平顶山帘子布厂进口帘子布拉力试验机，测量准确度和测量能力显著提高。该厂进口的拉力试验机验收组有李培昌、姜清华、付克华、陈景龙（见图3-2-1）。

1983年4月，经河南省政府批准，河南省经委、科委在郑州召开全省厂矿企业计量工作会议。参加会议的有120人。会议提出的奋斗目标：争取5年内把全省大中型企业的计量检测手段配齐、管好，10年内使所有厂矿企业的计量检测工作都能得到根本改善，使计量工作真正成为企业质量保证体系中的重要环节，成为经营管理的重要手段，为后10年经济振兴打下坚实的技术基础。

图 3-2-1
1982 年平顶山帘子布厂进口帘子布拉力试验机验收组合影 李培昌（第二排左一）、姜清华（第二排左四）、付克华（第二排左二）、陈景龙（第二排左三）

1984 年 2 月，河南省企业整顿领导小组和河南省经委联合发出《关于工业企业全面整顿中做好计量整顿工作的通知》，同时下达《河南省工业企业计量整顿标准（试行）》。河南省计量局于 1984 年 3 月—5 月在在洛阳第一拖拉机制造厂进行企业计量整顿试点，制定《计量整顿试点方案》。同年 5 月 21—23 日，以河南省计量局副局长张祥林为组长，朱文渊、张玉玺为副组长，李培昌、刘文生、陈海涛、杜书利、顾宏康、史双来、方宇蓉、张顺芳、张根意、沈长纬为成员的河南省计量整顿验收组，对第一拖拉机制造厂的计量整顿工作进行验收。验收组听取了总厂《计量整顿工作总结》的汇报，分三个小组重点抽查了油泵、75 发、75 装、球铁、精铸 5 个分厂和计量处、能源处、供应处、材料研究所等 4 个处、所的计量工作，查看资料和计量器具，询问部分技术人员、管理人员、检修人员和计量器具的使用人员。通过三天的检查，按照《河南省工业企业计量整顿标准（试行）》，经验收组评议评定，一致通过计量整顿验收评分为 94.5 分。1984 年，地、市计量部门共完成 109 个企业的整顿验收任务，其中，企业计量整顿验收合格的有 69 个。

1984 年 4 月，国家计量局颁发《工业企业计量工作定级、升级办法（试行）》。同年 9 月，河南省经委转发河南省计量局制定的《河南省工业企业计量工作定级升级实施办法（试行）》，要求自 11 月 1 日起，在全省企业中试行。1984 年 10 月 17 日，河南省计量局在洛阳市召开 70 多个企业参加的全省工业企业计量工作会议，河南省计量局张祥林副局长作了《大胆改革，开拓前进，在企业改革中切实把计量工作整顿好》的报告。会议交流我省工业企业计量整顿的经验，贯彻《河南省工业企业计量工作定级、升级实施办法（试行）》，研究下一步企业计量工作的任务。河南省工业企业计量工作进入新的发展时期。

（三）商业贸易计量管理

1979 年 7 月，河南省标准计量局、商业局、供销社、工商行政管理局、第二轻工业局联合转发商业部、供销合作总社、工商行政管理总局、轻工业部、国家计量总局《关于加强商业部门计量管理工作的通知》，提出对商业、供销系统的基层商店和城乡集市贸易中使用的计量器具进行一次全面普查；建立公平秤、公平尺，将计量准确、买卖公平、秤平、提满、尺码足列入服务公约，明文公布；对包装商品（包括袋装、盒装、瓶装）要保质保量，秤量不足不准投入市场；各基层商店要设兼职计量员负责管理、校验本单位的计量器具。1980 年 9 月，河南省政府颁发《河南省度量衡管理暂行规定》，对商业贸易在用计量器具的周期检定、发扬社会主义商业道德等都作了明确规定。1981 年，河南省计量局和省机械工业厅等厅局联合发文，加强河南省计量器具生产、销售管理。要求商业部门对销售的计量器具认真进行一次清查。1982 年，河南省计量局和省商业厅等厅局联合发文，要求春节前开展度量衡检查评比活动，要求各地结合本地的情况，开展宣传教育，推动建立管理制度，加强监督管理，做到买卖公平。

（四）医疗卫生计量管理

1982 年，河南省计量局对部分医疗部门使用的钴 60 γ 射线治疗机、深部 X 射线治疗机等进行检测。检测结果表明：医疗部门使用的计量器具没有严格进行周期检定，计量器具，特别是基层医疗部门的失准率较高。1983 年 8 月，河南省计量局和省卫生厅联合发文，加强全省医用计量器具管理，要求各地全面开展医用计量器具的普检工作，严格执行医用计量器具的周期检定制度。1984 年 4 月，南阳地区计量所和西峡县计量所对西峡县级以上医疗卫生部门使用的血压计、血压表进行普检，合格率仅为 6%。驻马店地区计量管理所检查市属 7 个医疗单位 11 种 81 台（件）医用计量器具，发现仅有 19 台执行了周期检定制度，受检率为 22.6%。

（五）专业部门计量管理

1980 年，郑州铁路局在组建计量管理所的同时，对其辖区内各站使用的衡器进行一次普检和普修。1983 年，郑州铁路局发文，加强医用计量器具管理，并对 25 种医用计量器具普查登记，对血压计进行检定。1984 年，郑州铁路局制发《郑州铁路局计量管理办法》《关于开展计量普查工作的通知》，对所属各单位开展计量“五查”（即查计量机构的建立健全，计量标准器的配备，计量器具的使用、维修和保养，计量人员的技术业务水平及各项计量规章制度的建立执行情况），检查能源计量器具的配备率和检测合格率，使各基层单位的能源消耗大大降低。

河南省国防工业系统 5104 区域计量站负责全省军工企业的计量管理。该站成立以后，逐渐建立健全 7 种计量管理制度。

河南省电力试验研究所 1981 年颁发《电测仪表监督工作条例》，1982—1984 年对全省电业系统进行整顿和检查评比。

（六）衡器普查和管理

河南省人口众多，衡器量大面广，1979 年仅台秤一项即有 20 万台以上，而木杆秤数量则更大。衡器的准确与否关系贸易结算和国家、集体、个人三者的利益。1979 年 2 月，根据开封市计量管理所对开封市衡器厂产品质量抽查的情况，河南省革委会第二轻工局、河南省标准计量局决定开封市衡器厂的衡器产品由开封市计量管理所实行出厂检定。

为了整顿和加强衡器工作，1979 年初，河南省计量局和省商业局、粮食局、供销社联合发出《关于进行一次衡器普检的联合通知》。为此，河南省计量局举办了两期衡器学习班，为各地、市、县培训了 104 名衡器检修人员，购置 100 余吨标准砝码和 170 套酒精计，同时和省二轻局协商安排生产了 30 万件衡器的零配件。同年 7 月初，中央商业部、轻工部、国家工商总局、国家计量总局、国家供销总社联合发出《关于加强商业部门计量管理工作的通知》，河南省计量局随即主持召开了省商业局、二轻局、工商局、供销社会议，研究“二部二局一社”的联合通知精神，成立了“河南省衡器普查办公室”并联合转发“二部二局一社”的《通知》。各地、市、县根据两个联合通知精神，认真、广泛地开展度量衡的检查。

河南省计量局和各地市计量部门抽出 40 余人参加五个物价检查分团，分赴各地检查商业贸易中的度量衡器。全省多地都将公社以上的度量衡器基本上进行普查。如商丘地区普查了 212 个公社，5000 多个单位。各地、市、县共检定各种度量衡器 191246 台（件），其中：台、地、案秤 43735 台（件），合格 21915 台（件），合格率为 50.11%；木杆秤 90162 支，合格的 47254 支，合格率为 52.41%；竹木直尺 26596 支，合格的 19016 支，合格率为 71.5%；各种提具 30753 件，合格的 14515 件，合格率为 47.2%。其中，酒店使用的提具 70% 以上偏低；零售包装商品 58.4% 秤量不足。

河南省这次衡器普查工作，各级党委十分重视支持，有的地、县委书记亲自主持召开衡器普查会议，有的担任普查组长。全省有 43 个地、市、县革委会发布加强计量管理的布告。有 48 个地、市、县委或县革委会下发了加强计量管理和开展衡器普查的文件，各地、市、县都转发了两个联合通知。

商丘地区革委会主持召开会议，研究两个联合通知，作了具体部署。辉县、夏邑、永城、虞城、柘城、商城、息县、杞县、尉氏、开封都是县委书记亲抓衡器普查工作。商城县委常委三次召开会议研究衡器普查工作，9月召开全县182人参加的计量会议，县委书记石华同志亲自到会作了总结。夏邑县县委在一年中下发了五个计量方面的文件。内黄县革委会将9万元的电学仪器设备交给县计量所开展电学计量工作。周口地区过去九县一镇未配一个计量所长，1979年七个县党委给计量所配了所长。永城、潢川、柘城等县都严肃处理了少尺短两、掺杂兑假，抗拒检查，刁难辱骂计量人员等事件。全省衡器普查工作，受到广大人民群众普遍欢迎。临汝县的群众说“给全县人民办了一件好事”。永城县的群众说“计量所能经常检查，群众就不吃亏”。平顶山市的群众把衡器检查人员说成是“包青天来了”。

经过一年来的度量衡器普查，各地普遍加强计量工作的管理。许多地、市、县的商业零售门市部都设立标准尺、秤，不少部门配备专兼职计量人员。这次度量衡器的大检查，也发现当时河南省度量衡管理工作中存在有度量衡器普遍严重失准，经营作风及度量衡的管理比较薄弱等问题。1979年12月15日，根据全省衡器普查的结果，河南省标准计量局向河南省人民政府呈报《关于加强衡器管理的报告》，报告当前衡器管理方面存在的主要问题，提出八条建议。

1979年4月，河南省商业局、省标准计量局、省税务局联合发出《关于加强衡器生产销售管理的联合通知》，规定凡生产、修理木杆秤的单位和个人，须经当地计量管理部门审核同意，并向工商行政管理部门办理开业登记后，方准营业。生产的木杆秤必须经计量部门检定合格后打上合格印记，方准销售。1980年5月，省商业厅、省粮食厅、省供销合作社、省工商行政管理局、省计量局联合印发《关于进一步加强度量衡器管理的通知》。

1980年9月1日，河南省政府颁发《河南省度量衡管理暂行规定》（以下简称《暂行规定》）。《暂行规定》共十三条，主要内容：生产、修理度量衡器具的单位和个人，必须报经计量部门审核，否则，工商行政管理部门不予登记，不发营业执照；度量衡产品由计量部门检定，无合格印证者，不准出厂、销售和使用；流动的制、修人员须经工商、计量部门核准，方能营业；使用未经检定的、超期的、失准的度量衡器具，计量部门有权封存。各基层单位要做到计量准确，买卖公平，要设立“公平秤”、“公平尺”；各工、商业部门，要设立计量管理机构和专（兼）职人员，管理本系统度量衡工作；计量人员凭省计量局制发的《河南省计量管理检查证》，进行监督检查；凡违犯本规定者，计量部门有权给予批评教育、没收、罚款、责令停业等处分，情节严重的，送交司法部门处理。

1981年12月10日，河南省计量局、省二轻局、省商业局、省工商局、省供销社联合转发国家计量总局等5部（局）《关于不准制造、销售管型弹簧秤的通知》。河南省计量局1982年组织开展全省衡器工作检查评比活动。

河南省地处中原，杆秤生产有悠久的历史，生产量大，产地也比较集中。如长葛县、叶县、浚县等，有的人家几代都做秤，有“杆秤之乡”的称号。1982年，全省杆秤生产实行定量铊，1983年，据不完全统计，生产各种规格杆秤53万支，生产单位为保证产品的信誉，实行“三包”。全省杆秤生产企业中，国营生产单位较少，仅有7个生产厂，集体性质的有113个，个体秤工占绝对优势，有19374户。国营、集体杆秤生产厂分别隶属于二轻、社队企业和少数计量部门。个体秤工基本上都是经过计量技术考核和工商行政管理部门登记批准后开业的。杆秤制造修理，在我省还是沿用手工操作，生产方式比较落后，生产效率低，劳动强度大。1983年以后，50市斤以下杆秤销量增大，修理量也随着增加。国营、集体单位生产的杆秤价格比较稳定，各地物价部门有统一规定，但是，全省没有统一的价格，其幅度分别是：2市斤～5市斤杂杆盘秤每支3元～5元，10市斤～50市斤杂杆钩秤每支6元～7.5元，100市斤～300市斤杂杆钩秤每支10元～27元。个体秤工制造修理杆秤的价格，虽当地有统一规定，但没有认真执行，一般采取浮动价格。

1984年3月，河南省计量局、省第二轻工业厅组织对全省的杆秤情况进行调查，发现杆秤生产、使用中存在如下主要问题：杆秤生产量大，粗制滥造的情况比较严重，特别是个体秤工生产的杆秤漏检的还不少，不能保证量值统一准确。国营商业部门中存在对杆秤管理较差的情况，一些基层商店经营作风仍存在一定问题，有些单位还抗拒计量检查。计量部门也存在轻视杆秤管理，工作不力，有时在检定时没有严格把关，不能保证产品质量的问题。杆秤生产方式落后，如何做到产品标准化、系列化、改变生产管理上的混乱状态，是一个需要进一步解决的问题。

第三节　中医处方用药计量单位改革

1977 年 6 月，河南省标准计量局向河南省科委党的核心小组并转河南省革命委员会报送关于贯彻《国务院批转国家标准计量局等单位关于改革中医处方用药计量单位的请示报告》。同年 7 月，河南省革委会转发国务院批转国家标准计量局、卫生部、商业部、总后勤部《关于改革中医处方用药计量单位的请示报告》，1978 年 6 月又批转河南省标准计量局、卫生局、商业局、军区后勤部的请示报告，就河南省中医处方用药计量单位改革工作中的若干问题作了具体规定。7 月，召开各地、市有关部门参加的全省改革会议，传达贯彻国务院和省革委会文件，并结合我省实际情况，对改革工作作了全面部署。9 月末，各地、市改革试点基本结束，又用 2 个月的时间在全省普遍展开中医处方用药计量单位改革。11 月初召开第二次全省改革工作会议，总结前阶段工作，解决存在的问题，部署检查验收，进一步推动改革工作健康发展。截至 1978 年年底，各地、市、县的检查验收工作基本完成。

这次中医处方用药计量单位改革工作涉及计量、卫生、商业、化工、部队后勤、出版、教育等部门，包括各类医疗卫生单位，中药生产和经营单位，戥秤生产单位，出版单位出版的中医中药书刊杂志、药典、规范和教材等。要把过去一直沿用的以 16 两为 1 斤的旧制全部改为以“克”（g）为主单位，“毫克”（mg）为辅助单位的米制计量单位。为了保证改得既快又好，河南省要求抓好医疗卫生单位的处方、划价和调剂，经营单位的划价、调剂和账目，生产单位的投料、成品剂量和包装标识。对于书刊、杂志、药典、规范和教材，要求出版部门在新出版和修订再版时，一律改为米制计量单位。

我省改革工作任务大、时间紧，在做法上采取“以块为主、条块结合”的方法。河南省革委会成立“中医处方用药计量单位改革领导小组”，由河南省革委会领导同志任组长，省科委、省标准计量局、省卫生厅、省商业局、省军区后勤部的领导任组员，并成立办事机构；各地、市也都成立改革领导小组和办事机构。各地、市改革领导小组根据河南省的要求，统一领导和部署本地区的改革工作。各地区先选择一个试点县，再分期分批在面上铺开。9 月底试点结束，全部任务在 11 月底前完成，12 月组织检查验收。从 1979 年 1 月 1 日起全省一律实行米制计量单位。

制造米制戥秤是实行改革的必要条件。改革前，戥秤只有禹县衡器厂小批量生产，其他市、县衡器门市部也有进行零星生产的，但都未列入生产计划，材料自筹，规格不一。各地的生产能力也不一样。当时全省使用的各种戥秤约 15 万余支，要在一年的时间里，生产出这么多的米制戥秤并把旧戥秤更换下来，是一项艰巨的工作。为保证改革工作的完成和新生产的米制戥秤的质量，米制戥秤由省革委会改革领导小组统一组织安排生产和分配，所需原材料和试制经费列入省改革领导小组的物资、经费计划。省商业局组织收购和销售，省标准计量局根据国家规定的规格组织试制和检定。河南省商业局医药公司先进行药价换算，然后印刷新的价格本。各使用单位，包括农村使用医疗站，购买米制戥秤的费用，自行解决。在改革时，旧戥秤一律由各级改革领导小组按其利用价值作价收回，统一处理。回收旧制戥秤所需费用列入改革经费计划，处理收入缴财政。

根据国务院文件的精神和上述改革中几个具体问题的意见，河南省中医处方用药计量单位改革领导小组研究提出了所需物资，见表 3-3-1、表 3-3-2。地、市、县中医处方用药计量单位改革领导小组所需物资、经费，由各地、市、县革命委员会安排解决。各卫生医疗单位及中药材收购、销售单位和中成药制药厂，改革所需物资、费用自行解决。

表3-3-1　河南省中医处方用药计量单位改革领导小组所需物资

序号	名称	规格	数量	用途
1	铜材	黄铜 ϕ 15mm ~ 18mm	20吨	戥秤砣
2	铜材	黄铜薄板0.5mm ~ 0.6mm	20吨	戥秤盘
3	楠木	原木	10吨	戥秤杆
4	木材	原木	20立方米	包装
5	白书皮纸	80克 ~ 120克	70吨	印价格本及宣传材料
6	塑料布	28丝 ~ 30丝	15吨	印价格本皮
7	感光薄膜	10丝 ~ 11丝	5吨	印价格本皮
8	压力机	J53-160型	1台	戥秤砣试制和生产
9	车床	CMA6125型	2台	戥秤砣试制和生产
10	台式钻床	Z4006型	1台	戥秤砣试制和生产
11	剪板机	Q11 ~ 3 × 800	1台	戥秤盘生产

表3-3-2　河南省中医处方用药计量单位改革领导小组所需经费

序号	项目	金额（万元）	用途
1	活动经费	20	宣传、会议等活动费用
2	价格本印制费	40	印制中药材统一收购、销售价格本，全国、省内中成药统一销售价格本共四种十六万册
3	米制戥秤试制费	5	米制戥秤的试制
4	回收旧戥秤费	0.2	省直所属各卫生医疗、中药经营单位旧戥秤的回收
	合计	65.2	

河南省为了使改革具有可操作性，河南省中医处方用药计量单位改革领导小组办公室于1978年5月印发《中医处方用药计量单位改革实施细则》，主要内容：①中医处方用药计量单位改革以后，一律采用米制计量单位的“克”（g），“毫克”（mg）为辅助单位，废除以十六两为一斤的“两”“钱”“分”等旧制计量单位。米制和旧制计量单位换算见表3-3-3。②改革后的中药材批发以公斤（kg）为基本计价单位，零售以“克”（g）为基本计价单位，零售核方计价，多味配方每味计价保留到“厘”，每张药方合计金额保留到“分”，“分”以下四舍五入。③中药处方的书写，一律横书，其计量单位既可用中文名称（克、毫克），也可用代号（g、mg）书写。米制与旧制计量单位换算见表3-3-3。

表3-3-3　米制与旧制计量单位换算表

十六进位旧制单位	米制单位（克）	十六进位旧制单位	米制单位（克）	说明
1厘	0.03125	1钱	3.125	一、米制单位比值： 1公斤（kg）=1000克（g） 1克（g）=1000毫克（mg）
2厘	0.0625	1.5钱	4.6878	
3厘	0.09375	2钱	6.25	
4厘	0.1250	2.5钱	7.8125	
5厘	0.15625	3钱	9.375	

续表

十六进位旧制单位	米制单位（克）	十六进位旧制单位	米制单位（克）	说明
6厘	0.1875	3.5钱	10.0376	二、十六进位旧制的“一钱”等于米制3.125克（g），为简便起见可不计尾数，以“3克”表示。
7厘	0.21875	4钱	12.50	
8厘	0.2500	4.5钱	14.1125	
9厘	0.20125	5钱	15.625	
1分	0.3125	5.5钱	17.1875	
2分	0.625	6钱	18.75	
3分	0.9375	6.5钱	20.3125	
4分	1.2500	7钱	21.875	
5分	1.5625	7.5钱	23.4375	
6分	1.875	8钱	25.00	
7分	2.1875	8.5钱	26.5625	
8分	2.500	9钱	28.125	
9分	2.8125	9.5钱	29.6875	
		1两	31.25	

按国家规定的规格，结合河南省使用习惯，米制戥秤的规格定为200g和15g两种秤量，刀纽或线纽均可。秤量200g戥秤，其第一纽秤量为50g～200g，第二纽秤量为0～50g，定量铊为25g。秤量15g的戥秤，其第一纽秤量为5g～15g，第二纽秤量为0～5g，定量铊为5g。米制戥秤的生产由禹县、长葛县等衡器厂（社）承担，由河南省医药公司根据各需要计划，下达分配方案；各地、市医药公司负责经营，担负所属县（市）医药公司和卫生、部队等医疗单位的供应任务。出厂价格由衡器生产单位提供生产成本，由县计量所和商业局共同拟订出厂价格，报县计委（物价主管部门）提出审批意见，报请地区计委批准执行。批发价在出厂价格的基础上，核加15%综合差率制订。卫生医疗单位所需米制戥秤，按照批发牌价供应收费。截至1978年7月20日，米制戥秤已生产60520支，先分配各地、市（见表3-3-4）。由产地医药公司进行收购，按上述分配的数量及时调拨。各地、市在7月底前报省改革领导小组所需戥秤数量，省改革领导小组及时安排生产，组织供应。经省改革领导小组重新研究，一致同意旧戥秤不再作价，由各市、县医药公司在供应新戥秤时全部无偿回收，秤杆在当地计量部门监督下一次销毁（无计量部门的由科委代管），秤盘和铊凡能利用的由市、县计量部门暂存，戥秤生产单位回收利用，以降低生产成本。

1978年7月11日，经河南省革委会批准，河南省革委会中医处方用药计量单位改革领导小组在郑州召开中医处方用药计量单位改革工作会议，会期5天，约150人参会。会议传达贯彻国务院和省革委会关于改革工作的指示，部署全省的改革工作，解决改革中的具体问题。1978年年底，河南省完成中医处方用药计量单位改革工作，共将11万余支旧制戥秤更换为米制戥秤。

1978年12月10日，各地（市）、县对县以下改革单位进行普遍验收，地、市进行抽查。截至1978年年底，全省18个地、市，120个县（市、镇），共有医药经营、医疗卫生、兽医、制药、中医院校等近5万个改革单位，从1979年1月1日起实行米制计量单位。河南省改革领导小组在各地、市检查验收的基础上，1979年2月下旬到3月中旬重点抽查了3个地区、2个市、8个县（镇）共45个单位的改革情况。总的来看，各地对这次改革工作都很重视，改得认真，普遍实行米制计量单位，达到了预期目的。1979年4月5日，河南省中医处方用药计量单位改革领导小组发出《关于全面结束我省中医处方用药计量单位改革工作的通知》。至此，河南省全面完成中医处方用药计量单位改革工作。

表3-3-4　河南省中医处方用药计量单位改革领导小组戥杆分配表

调出单位	品名 各计	单位	数量	规格	安阳	新乡	商丘	周口	开封	洛阳	许昌	信阳	驻马店	南阳	郑州市	洛阳市	开封市	平顶山市	安阳市	新乡市	焦作市	鹤壁市
			60520		5460	5280	5260	5260	5460	5880	5880	5460	5460	5880	770	850	850	650	530	530	530	530
长葛县	200克戥	支	8800	力扭长铜盘木杆铜铊	600	600	600	600	600	700	700	600	600	700	500	400	500	300	200	200	200	200
长葛县	200克戥	支	2000	力扭长铝盘楠木杆铜铊	200	200	200	200	200	200	200	200	200	200								
长葛县	200克戥	支	26600	绳扭长铜盘楠木杆铜铊	2500	2700	2500	2500	2500	2700	2700	2500	2500	2700	100	100	100	100	100	100	100	100
长葛县	200克戥	支	5300	绳扭长铝盘楠木杆铜铊	600	100	500	500	600	600	600	600	600	600								
长葛县	200克戥	支	4800	绳扭圆铜盘楠木杆铜铊	500	500	400	400	500	500	500	500	500	500								
长葛县	200克戥	支	1400	绳扭圆铝盘楠木杆铜铊	100	200	100	100	100	200	200	100	100	200								
长葛县	15克（分厘）	支	1000	骨杆铜铊	60	80	60	60	60	80	80	60	60	80	50	50	50	50	30	30	30	30
禹县	200克戥	支	9800	绳扭长圆铜铝盘骨杆铜铊	900	900	900	900	900	900	900	900	900	900	100	100	100	100	100	100	100	100
长葛县	200克戥	支	820	绳扭长圆铜铝盘楠木杆铜铊											20	200	100	100	100	100	100	100

第四节 计量“五查”评比和计量人员考核

一、地、市计量“五查”评比

1978 年 12 月召开的全国计量工作会议决定在全国开展“五查”评比活动。“五查”是查计量基准器、标准器是否符合技术要求，精度是否准确可靠，配套仪器，设备是否符合要求，技术档案是否齐全（并对所有基准、标准、测试仪器及主要的配套设备进行登记）；查量值传递是否按周期进行，是否认真执行检定规程；查检定人员的技术水平是否符合要求；查实验室的各项制度建立执行情况和清洁卫生；查完成检定、修理任务的情况。

1979 年 9 月 6 日，国家计量总局印发《关于对省、市、自治区计量局开展“五查”评比活动进行评比的通知》，组成了 3 个检查组，从 9 月中旬开始，分别对全国（除西藏自治区外）28 个省、市、自治区计量部门进行检查。1979 年 9 月，国家计量总局派“五查”工作组对河南省计量局进行检查、验收，工作组由甘相福（无线电）、何开茂（电学）任组长，共计 10 人。工作组对河南省计量局的“五查”工作给予肯定，同时，提出存在的问题和改进的建议，促进河南省计量工作上一个新的台阶。

1979 年，河南省计量局根据国家计量总局要求制定发布河南省“五查评比”方案，全省“五查”评比全面展开。各地、市计量部门相继成立“五查评比小组”，13 个地、市开展自查工作，只有两个市计量所没有进行自查。许多计量技术人员加强业务学习，不少同志加班加点学习业务，背规程到深夜。许多同志还加强计量仪器设备的维护。有的实验室请有经验的老同志讲课。“五查”评比是河南省计量部门 20 多年来的第一次，没有经验。河南省采取两种方法：第一种是先对河南省计量局各实验室进行“五查”，采取讲（自述）、问（提问）、查（检查）、作（操作）、写（总结）、评（评比）；第二种是在省局“五查”结束之后，对地、市计量部门进行“五查”，方法是查、问、作、谈（座谈）、评。“五查”工作分三步进行：第一步河南省计量局对各实验室进行“五查”，检查 6 类 24 项 60 种 249 台（套、件）仪器设备，合格的有 241 台（套、件），合格率为 96.8%；第二步是河南省计量局组织“五查”检查组，到洛阳市计量所进行“五查”试点；第三步是河南计量局组成 4 个“五查小组”分赴 15 个地、市计量部门进行“五查”。

河南省计量局 1980 年 9 月组织 29 名工程技术人员，组成量值传递质量检查组，经过一个月的时间，对 15 个地、市（安阳、新乡地区除外）计量局（所）建立的 21 项 206 台（套、件）计量标准器以及量值传递情况进行了检查。①计量标准情况。这次检查的 15 个地、市计量部门各种计量标准器和主要配套设备共 944 台（套、件），合格的 685 台（套、件），占 72.56%（不合格的原因是大部分计量标准器超期未送检），其中标准器 688 台（套、件），合格的 524 台（套、件），占 76.16%。合格率高的是南阳地区和郑州市计量所。开展的计量检定和测试项目较多的是开封市计量所。而有一个地区计量所，除了衡器项目以外，其他项目都未很好开展起来。技术档案和历史记录保存得比较完整、认真的是南阳地区和郑州市计量所。南阳地区所开展的 17 个项目中有 15 个都有原始记录，其中有保存 9 年的，有 9 个项目近三年的记录一点也不少。但也有一个市计量所开展的 14 个项目，记录没有一个符合要求的。②量值传递情况。不少地、市计量部门都编制有量值传递的周期检定计划。15 个地、市局、所中，14 个局有量值传递的周检计划（项目多少不等、完整程度各有不同）。其中，周检计划执行较好的是南阳地区、驻马店地区和开封市计量所。南阳地区从 1974 年以来，每年都编制有量值传递的周检计划。但多数局、所没有认真执行周期检定计划，处于“送来就检，不送不管”的状态。1979 年只有一个市计量所没有编制周检计划。在检定工作中，也有个别所的个别项目，未按计量检定规程进行。③技术水平。总的来看，多数地、市计量局、所的技术水平还是合格的。④规章制度。15 个地、市计量局、所都建立一些规章制度。制度比较全面的是南阳地区、鹤壁市计量所。南阳地区所建立 8 种不同的制度；鹤壁市建立所长、组长、技术人员三种责任制。但有不少计量所只有一个综合制度，有一个市计量所只在信纸上写了几条制度像是一个草稿。⑤任务完成情况。1979年各地、市计量检定测试和收入计划完成得较好。全省1979年收入较1978年增加近20万元。15个地、市多数都有检定和收入的计划指标（但多数只有经济指标，缺少台、套、件计划）。有4个地市什么指标也没有，干多少算多少。检定工作任务完成得好、收入最多的是郑州市计量所。从15个地、市计量部门“五查”中看出，计量部门存在不少问题。通过“五查”，省、地、市局、所都加强了计量管理工作。如整顿了基、标准器，编制了量值传递系统和周期检定计划，建立健全了各项规章制度，加强了业务学习，促进了技术水平的提高。各地、市普遍反映“五查”是一次深入的业务大检查、大整顿。实践证明，“五查”是一项行之有效的整顿措施。经省“五查”评比组评议和河南省计量局审定，评定南阳地区计量所、郑州市计量所、安阳市计量所、开封市计量所、漯河市计量所为“五查”评比先进单位。洛阳市计量所的长度室、驻马店地区计量所的热工室、鹤壁市计量所的电学室、焦作市计量局的衡器组，河南省计量局长度基准室、热工高温室、力学测力硬度室、电学直流仪器室为先进室、组。河南省地、市计量“五查”评比于1980年年底结束。

二、恢复计量人员职称评定

1979年12月，国务院批转国家科委、国家经委、国务院科技干部局关于颁发《工程技术干部技术职称暂行规定》的请示报告和《工程技术干部技术职称暂行规定》（以下简称《暂行规定》）。根据该《暂行规定》，工程技术干部的技术职称定为高级工程师、工程师、助理工程师、技术员、技师。自此，计量技术人员职称评定得以恢复。河南省标准计量局1979年12月11日成立“计量技术评审小组”，张相振任组长，王化龙、张隆上任副组长，徐奇、孟宪新、肖汉卿、李培昌、何丽珠、皮家荆任成员，负责组织对本局计量技术人员的技术考核，并提出授予技术人员技术职称的意见。计量技术评审小组制定《河南省计量局关于确定工程技术干部技术职称的实施方案》。1980年6月，河南省科委成立科学技术干部技术职称评定委员会。1980年8月，河南省计量局成立由王化龙、张相振、钟巨德、罗征祥、马玉、皮家荆、肖汉卿7人组成的技术职称评定委员会，王化龙任主任委员，张相振、钟巨德任副主任委员。新组成的技术职称评定委员会对河南省计量局一批符合条件的工程技术人员进行复查评定。朱景昌由研究实习员套改为助理工程师；马士英、张景信、杜新颖、周英鹏、朱石树5人被确认为助理工程师；吴帼芳、付克华、陈海涛、赵立传、杜书利、韩丽明、程新选、郑任威8人被确定为助理工程师；王颖华、杜建国、沈卫国、程晓军、李新建、陈瑞芳、李春梯7人被确定为技术员。

三、首次对地、市计量技术人员考核

1979年，为贯彻全国计量工作会议精神，促进计量技术人员提高业务水平，河南省计量局决定对全省地、市、县计量管理部门的计量技术人员进行一次技术考核。这次考核的范围为长度、热工、力学、电学计量中的主要项目。河南省计量局组织编写和印发《计量人员技术考核内容提纲》，内容有计量基础理论、计量检定规程和计量检修技术。《提纲》共六册，分别为长度，温度，电学，力学的衡器和天平、砝码部分，力学的压力部分，力学的测力、硬度部分。

河南省计量局决定在1980年11月对各地、市计量所（局）从事长、热、力、电计量工作的检测人员进行一次技术考核。河南省计量局成立由一名副局长参加的技术考核领导小组，研究考核办法和评分标准。1980年参加河南省计量局举办的衡器培训班人员结业考试成绩，被认定为这次考试结果。计量基本知识为必考内容，各专业考核项目分别进行。长度计量有万能量具检定、万能量具修理、量块、光学仪器；热工计量有热电偶、测温毫伏计、电子电位差计、光学高温计、压力；力学计量有天平砝码、台、案秤、硬度、拉力、压力和万能材料试验机；电学计量有电表、电桥、电位差计、万用表、电度表。

1980年11月22日，全省分14个考场同时进行笔试；12月2日至20日进行实际操作考核。对笔试和实际操作均合格者，颁发“计量技术考核证书”。这次参加考核的单位共16个，应参加考核人员285名，实际参考人员213名，占74.7%。参加考核项次269（有56名应考人员考核两项）项，合格项次 239，占 88.8%。这次考核，促进了计量人员的学习积极性，提高了计量检测技术；对地、市计量所（局）计量检测人员的技术水平有了较详细的了解，也摸清了各单位的仪器设备状况，为今后发展全省计量事业，提供了依据。这次考核也反映出少部分应考人员对规程不太熟悉、操作不太熟练，发现有些计量所检定规程和检定表格不齐全，设备不配套等问题。河南省计量局针对这次考核中发现的问题，进行研究，采取了应对措施。

河南省计量局 1982 年 1 月对地、市计量部门计量检测人员进行第二次技术考核。参加考核的有全省 15 个地、市的 99 名计量技术人员，对 90 名考核合格人员颁发“计量技术考核证书”。

为适应四化建设的需要，提高计量系统领导干部的业务技术管理水平，河南省计量局于 1981 年 10 月在郑州举办第一期地、市、县计量所（局）领导干部业务技术训练班，参加人员有 41 人，历时 35 天。训练班学习计量概论、误差理论基本知识、国际单位制、长、热、力、电方面的专业知识。该训练班是中华人民共和国成立以来，河南省计量行政部门第一次举办的针对系统领导干部的训练班。通过这次培训，说外行话、办外行事、瞎指挥的事情大大减少。训练班达到预期目的，对全省计量工作起到推动作用。

四、首次对省级计量技术人员考核

1984 年国家计量总局先后发出《关于对全国省级计量机构计量检定人员进行考核的通知》和《省级计量机构计量检定人员考核工作的若干具体规定》。河南省计量局成立考核办公室，组织河南省计量测试研究所的计量检定人员报考。1984 年 9 月，全国计量检定人员考核委员会派人携带试卷来河南省进行笔试和操作考试。见图 3–4–1。这次考核，河南省共有 43 人次参加，及格者 40 人次，其中 1 人 1 项获全国第一名，2 人 2 项获全国第二名，笔试平均分数列全国第三名，受到国家计量局的表彰。河南省 43 人次参加长度、温度、力学、化学、电磁、无线电、时频 7 个专业 23 个项目的考试，大部分人员每人只报 1 个项目，程新选和陈景龙分别报了 2 个项目。国家计量总局对 6 个优秀单位和 131 个优秀个人颁发荣誉奖状或证书。河南省计量局获得优秀单位第三名；程新选取得力值项目第一名，获全国计量检定人员考核委员会颁发的荣誉证书（见图 3–4–2）；孔庆彦取得流量项目第二名、陈海涛取得数字电压表项目第二名，均获全国计量检定人员考核委员会颁发的荣誉证书。

图 3–4–1
1984 年河南省省级计量机构计量检定人员参加全国统一考试　监考人员董金祥

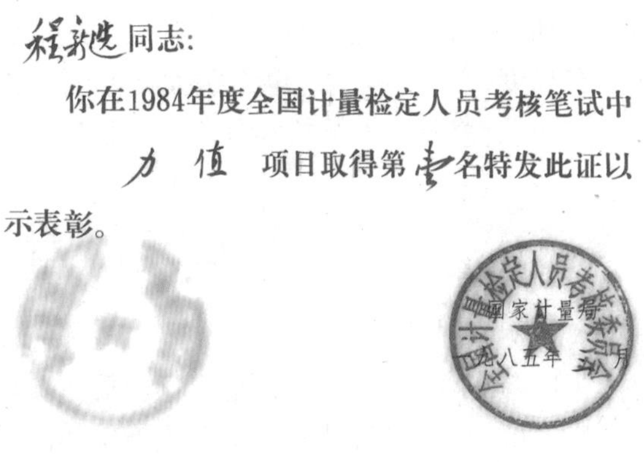

程新选同志:
你在1984年度全国计量检定人员考核笔试中 力值 项目取得第壹名特发此证以示表彰。

图 3–4–2
1984 年程新选获全国计量检定人员考核委员会颁发的荣誉证书

1984 年 10 月河南省计量局组织的操作考核开始。河南省计量局任命李培昌、肖汉卿、张景信、张玉玺、孟宪新、刘文生、林继昌、李世忠、朱石树、阮维邦、周英鹏、何丽珠、杜国华等 13 人为省级计量检定人员操作考核主考人员。按照全国考核办公室的要求，1985 年 1 月底，河南省省级计量检定人员的操作考核工作除硬度块项目因样品未到而未考外，其余项目的考核工作全部完成。河南省这次参加实际操作考核的共33人，考核项目共24项，其中时间频率、容量、大质量项目是结合建标由国家计量院组织考核，真空项目由湖北省计量局派主考人员进行考核。参加操作考核的人员全部合格。根据中南地区考核协调会议的安排，河南省派两名主考人对湖南省计量局的电流互感器、电压互感器两个项目的检定人员进行了考核。

1985年，全国计量检定人员考核委员会第二次对全国省级计量机构计量检定人员进行考核。河南省24人次参加长度、力学、电磁、无线电、时间频率5个专业16个项目的笔试，考试及格21人次。6个优秀单位和笔试成绩前5%的优秀个人获得了国家计量总局的荣誉奖状或证书。河南省计量局韩丽明获得质量项目第一名，周秉时获得电桥电阻箱项目第一名。

五、首次对工业企业计量检定人员进行技术考核

为加强工业企业计量队伍的建设，根据国家经委、国家科委、国家计量局颁发的有关文件规定，河南省决定对工业企业计量检定人员进行技术考核。

1984年9月河南省计量局印发《河南省工业企业计量检定人员技术考核办法（试行）》（以下简称《考核办法》），共9大项27分项。考核对象为全省各工业企业中直接从事计量检定、复核和签证工作的现职计量人员，考核项目为国家已颁布计量检定规程的检定项目。《考核办法》规定报考条件和免考条件。考核内容分理论考试和实际操作考核，分别进行，实行百分制，两项均达到60分以上者为合格。《考核办法》还对考核纪律和发证作了规定，经审查认可者，发给“河南省计量检定人员考核合格证”。经考核取得合格证的计量检定人员，方可从事所考核项目的检定、复核和签发检定证书工作。考核不合格者，不能独立进行检定工作和出具检定证书。

1984年10月，河南省计量局批准成立“河南省工业企业计量检定人员考核委员会”，河南省计量局副局长张祥林任主任委员，张隆上任考核办公室主任。同年11月15日，河南省考核委员会组织对洛阳市、郑州市、开封市、新乡市、安阳市、驻马店地区和新乡地区等7个地、市考核。考核项目有量块、万能量具、热电偶、电子电位差计、压力、三表和衡器。各项考试试卷于11月24日前由河南省考核办公室派专人送达各地，11月25日进行考试。考试结束后，由河南省考核办公室组织统一阅卷和判分。河南省共有235个工业企业的924名计量人员报考，合格的有718人，另有免考人员234人，共计952人获得计量检定人员技术考核合格证书。

1985年，河南省计量局组织第二次工业企业计量检定人员的技术考核工作，除驻马店地区以外的16个地、市的工业企业计量检定人员参加考核。申请考核企业201个，报考人数1010名。考核项目有长度、温度、力学、电学四大类17个检定项目。考核合格的有676人，免考的274人，共计950人获得计量检定人员技术考核合格证书。

第五节　计量标准不断增加

1977年以后，计量标准的建立逐步规范。1981年7月，国家计量总局发出《关于建立计量基准、标准的申报、审批和授权检定的几点意见》（以下简称《意见》），就建立计量基准、标准的申报、审批和授权检定工作作了具体规定。该《意见》规定：一是国家计量基准、标准，各省、市、自治区计量机构的最高一级计量标准以及各地区、部门企业、事业单位建立的与其相当等级的计量标准，由国家计量总局负责审批和授权检定；地（市）县计量机构的最高一级计量标准，以及企业、事业单位建立与其相当等级的计量标准，由各省、市、自治区计量管理局负责审批和授权检定。二是凡要筹建计量基准、标准的单位，须事先向负责审批的单位提出申请（申请内容应包括筹建计量基准、标准的项目名称、等级、必要性和依据以及现有条件等），经批准后再正式筹建。凡各地区、各部门企业、事业单位已具备一定条件，拟承担社会量值传递任务者，亦需要事先向负责审批的单位提出申请，经批准后才能对外开展检定。同年8月，河南省计量局转发该《意见》。此后，河南省各级计量部

门和其他各部门以及企业、事业单位建立最高一级计量标准，均按此《意见》实施。《一九七八年至一九八五年河南省计量事业发展规划》提出，要根据河南省生产建设的实际需要和工作量大小，有计划地把适合河南省工农业生产特点所急需的计量标准尽快建立起来。8 年内，省级在已建长、热、力、电四类 30 项计量标准的基础上，拟再建 30 ~ 40 项，1985 年达到无线电、时间频率、理化、放射性、光学、声学等 10 大类 60 ~ 70 项计量标准；地市 8 年内达到长、热、力、电、理化、无线电、时间频率等 7 大类 25 ~ 35 项计量标准。根据这个目标，河南省计量局加强计量标准建设，计量标准不断增加，扩大对河南省国民经济建设和科学技术发展的计量服务能力。截至 1984 年，河南省计量所建立使用保存的河南省社会公用计量标准共有 8 大类 66 项，其中，长度 12 项、温度 5 项、力学 33 项、电磁 7 项、无线电 3 项、时间频率 3 项、电离辐射 2 项、化学 1 项，比 1976 年河南省计量所建立使用保存的河南省社会公用计量标准 45 项增加了 21 项，增长率为 46.7%；地、市级计量标准有长度、温度、力学、电磁共计 4 大类 64 种，开展计量检定，实施量值传递。详见第一章第六节各级各类计量标准统计表和阐述。

1984 年，河南省计量所林继昌、程新选、韩丽明、徐耀月、陈海涛、付克华用省级计量标准检定计量器具的照片（见图 3-5-1 ~ 图 3-5-6）。

图 3-5-1
1984 年林继昌、程新选在检定测力计

图 3-5-2
1984 年程新选在定度洛氏硬度块

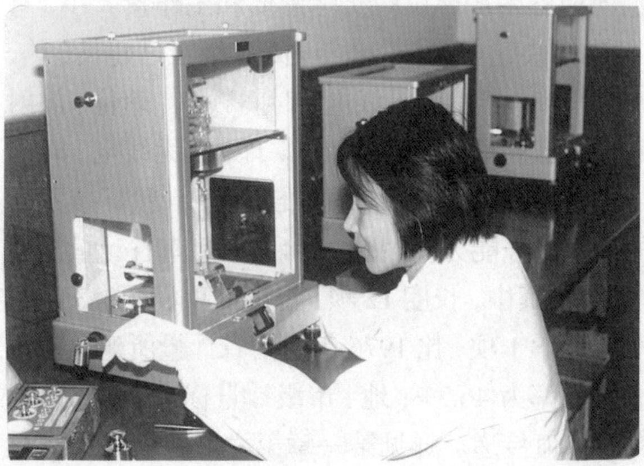

图 3-5-3
1984 年韩丽明在检定砝码

图 3-5-4
1984 年徐耀月在检定电学计量器具

图 3-5-5
1984 年陈海涛在检定电学计量器具

图 3-5-6 1984 年付克华在检定时间频率计量器具

第六节 创优产品计量审查

1984年1月，国家经济委员会下达《1984年国家优质产品、优质食品评优计划》，规定上报国家优质产品、优质食品的企业必须接受计量审查，审查不合格者，不能上报，要求计量部门组织考核落实。同年3月，河南省计量局向各有关企业发出《关于创国优产品企业报送计量情况的通知》，随后制定《河南省创优产品计量测试情况审查表》，开展河南省计量史上第一次创优产品计量审查工作。

1984年3—6月，河南省计量局对创国优的产品进行计量审查，有33个企业的41种产品审查合格同意上报，其中有18个企业的21种产品经国家评选获得质量奖。同年5—7月，河南省16个地、市计量局（所）对创部优、省优的产品进行计量审查，其中：创优企业199家，创优产品241种，审查合格企业189家，预评上的产品167种（见表3-6-1），并上报。经评定，最终有189个审查合格企业的167种产品被评上部优、省优。这次审查评定工作，各计量局（所）一般都采取听、看、查、测、议、评的方法，即听企业领导汇报，看技术标准、图纸和有关技术文件，查计量器具受检率和完好情况，现场测试，审查小组分析评议，评分并提出审查意见，个别征求主管部门和企业领导意见后再开会向企业主管部门和企业领导（有的企业扩大到部分中层干部）宣布审查结果，对企业在计量工作中的成绩给予充分肯定，同时也明确指出不足之处和今后努力的方向。通过创优产品的计量审查，促进企业和企业主管部门对计量工作的重视，对企业的技术进步，保证和提高产品质量，提高经济效益，以及科学管理、文明生产都起到很大的推动作用。计量审查后，某厂厂长说："通过创优计量审查工作，认识到了在当前企业面临着提高素质和经济效益的挑战中，生产工艺和管理全过程都要有计量数据作保证，因此要切实把计量工作抓上去。"有的厂长说："以前我很少过问计量工作，这次计量审查'逼上梁山'才过问此事，听了检查组的意见，对我震动很大，才知道我厂计量工作存在这么多问题，难怪我们的产品质量有时出现不稳定现象。"洛阳长征布鞋厂曾因计量不准而数次出现废品，6台设备上的电压表、电流表都不准。电流表上指的15 A，实际只3 A；毫伏计指的是860 ℃，实际只600 ℃。后来将计量仪器全部送市计量所检定，花了1600元，仪表指示准确了，产品质量稳定。该厂领导说："这些钱该花！"通过创优产品的计量审查，体现了以"管理"促"检定"的效果。例如，南阳地区计量所对12个企业进行计量审查后，计量器具的受检率较过去提高20%以上。在审查中不少企业反映说："计量上不去，创优没保证。"计量部门反映说："'管'字上马，送检车拉（意即加强管理后，送检的多了）。"

表3-6-1 1984年河南省创优质产品计量审查情况汇总表

计量所（局）	创优企业数	创优产品数	审查合格企业数	不合格企业数	未查情况不明企业数	预评上的产品数	备注
新乡地区	4	4	4			2	
南阳地区	12	12	12			9	
许昌地区	12	17	9	3		14	
周口地区	9	9	9			6	
洛阳地区	6	6	4		2	4	
商丘地区	2	4	2			3	
信阳地区	9	9	7		2	7	
驻马店地区	5	6	5			2	
郑州市	41	57	40	1		36	
开封市	21	22	21			17	

续表

计量所（局）	创优企业数	创优产品数	审查合格企业数	不合格企业数	未查情况不明企业数	预评上的产品数	备注
新乡市	14	14	14			11	
洛阳市	25	35	23	2		23	
焦作市	6	6	6			5	
安阳市	23	30	23			21	
平顶山市	6	6	6			4	
鹤壁市	4	4	4			3	
合计	199	241	189	6	4	167	

第七节　计量工作为农业发展服务

为进一步提高农业计量测试水平，河南省计量局1977年2月在辉县百泉农学院举办大寨田土壤肥力测试训练班。对参加学习班的学员按年龄、文化程度、工作经验等规定的条件进行选拔。同年9月，河南省计量局在商丘地区计量所召开全省计量为农业服务工作汇报会，要求进一步开展1978年农业计量测试工作。

1978年，河南省各级计量部门积极开展土、水、肥化验和植株营养诊断工作。全省有60多个地、市、县计量所开展农业化验工作，抓大、中、小试验点172个，测试土壤和植株面积达274.2万余亩。凡根据测试结果进行合理施肥缺啥补啥的作物，都收到了不同程度的增产效果，为各级党委指导农业生产提供了科学依据。但是，全省开展化验的近300万亩土地约有80%以上都须补施氮肥和磷肥，由于缺乏肥料，常常使试验落空。

根据财政部、国家标准计量局《关于划转一九七八年科技三项费的通知》，1978年5月6日，河南省革委会财政局、河南省标准计量局联合印发《关于下达一九七八年科技三项费的通知》，将承担科研任务所需经费分配给商丘地区、安阳地区，洛阳市计量所，相应增加地、市1978年“新产品试制”预算指标（见表3–7–1）。

表3–7–1　1978年科技三项费分配表

承担任务单位	款数（万元）	项目名称	备注
商丘地区			
兰考县计量所	0.4	磁化水在农业上的应用（磁化水改良盐碱地）	
商丘县计量所	0.3	土、水、肥测试在农业上的应用	
安阳地区			
安阳市计量所	0.2	农用点化学分析仪	
洛阳市计量所	2.1	激光育种（0.1万元），精密稳压电源（2.0万元）	
合计	3.0		

各单位根据科研计划和资金拨付情况进行落实。在计量为农业服务试点方面，1978年安排四项内容：一是大面积及低产田改造中的计量测试研究，由商丘县计量所承担。根据实验结果初步总结，得出必须在土壤含水量为17%的情况下，所测得的土壤肥力的数据，才有指导生产的意义。二是磁

化水灌溉改良盐碱地，由兰考县计量所承担。进行小麦、水稻两个试点：在闫楼公社大付唐大队试验 0.25 亩小麦，浇磁化水 4 次，与大田对比分蘖多，长势好，增产为 9.31%；在三义寨公社南马庄大队试验 1.6 亩水稻，比不用磁化水浇的长势好。三是激光照射育种，由洛阳市计量所承担。与偃师县、洛阳市果品研究所结合对无籽西瓜、棉花和果树种子进行试验，与洛阳市农科所结合对大白菜进行试验。四是通用离子计的研制，由安阳市计量所承担。本年度主要是对上年试制的农用离子计进行改进和完善，并试制 10 台。该离子计不仅适用于土壤测试，而且也可用于环境保护、卫生防疫、医药、冶金等化验测试。在电源的研制方面，由洛阳市计量所承担。一等光学高温计电源是在上年试制的基础上，本年度进行改进、试制，然后进行产品检定。

河南省有 40 多个地、市、县计量所进行土壤植株测试工作，其中少数几个地、县有常规分析设备，建立较完备的化验室，测试工作也由小面积试点扩大到大面积推广。商丘县郑各大队 1300 亩麦田经土壤测试，1978 年总产 784020 斤，亩产 604 斤，比 1972 年总产增加 224000 斤，斤成本由 1977 年的 3 分 4 厘下降为 2 分 3 厘 6。农民说："农业计量就是好，小麦缺啥早知道。合理施肥能增产，盲目施肥不增收。"商丘县计量所在为农业服务中，创造了"水浴法"代替"油浴法"测定有机质。兰考县小麦田磁化水灌溉增产 9.31%。低频电流处理种子，汤阴、沈丘等县均作了多次试验，效果良好。沈丘县在 18 个点试验，有 17 个点增产，沈丘杨果公社小麦试验结果每亩增产 171 斤。淮阳县在沼气水肥试验中，摸出了沼气池合理配料多产沼气。洛阳市激光育种试验，使无籽西瓜提高发芽率一倍多。

河南省各级计量部门几年来认真贯彻计量工作为农业服务的方针，扎扎实实地进行各项农业计量测试的试点，做了大量的工作，取得了很好的效果。不少县级计量部门被评为支农先进单位。

从 1979 年开始，河南省计量局开展的水、土、肥计量测试工作，由河南省农业部门安排，河南省计量部门停止了这项工作。

第八节 计量科研和计量技术交流

1978 年全国科学大会之后，全国大力开展科学研究，河南省各级计量部门密切结合计量工作实际，开展计量技术研究，起草计量技术法规，进行计量技术交流，取得了可喜的成果。

一、研制计量检测仪器

1980 年，河南省计量局参加中国计量科学研究院等单位与德意志联邦共和国共同进行的卫星时间同步实验项目，获得 1980 年全国计量科研成果二等奖。1981 年，受河南省地震局委托，河南省计量局孟宪新等研制的 YCT-100 型应变传感器检定台，为河南省地震局承担的弦频式钻孔应变仪提供测试数据，并开展对外测试工作，填补了河南省高精度受载应变计仪器的空白（见图 3-8-1）。1983 年，河南省计量局皮家荆等研制成功的 LTY-100 型立式激光测量仪，获得河南省科技成果三等奖（见图 3-8-2）。该仪器在国内首次研制成功，是一种带有微处理机的小型接触式激光干涉仪，它以稳频氦氖激光波长作为长度标准，实现对长度高精度绝对测量，能够测量 100 mm 的二等量块等线值、轴类的精密零件，对量块的量值传递带来良好的改革前景。1984 年河南省计量局还研制成功同步广播晶振校频仪，该仪器结构简单，设计合理，精度较高，是一种适用于广播技术的新型仪器。

1980 年，安阳市计量所研制的通用离子计适用于医药、卫生、防疫、环境保护、土壤分析的测试，达到国内同类产品的先进水平，获河南省重大科技成果三等奖。1981 年，安阳市计量所张志明研制的 GC-1 型指针式、GC-2 型数字式光度计适用于灯泡生产企业对其产品进行比较测量，也适用于实验室对其他光度值进行测量，填补了国家光度计量测试方面的空白，获河南省重大科技成果三等奖和国家计量总局计量科研成果四等奖。

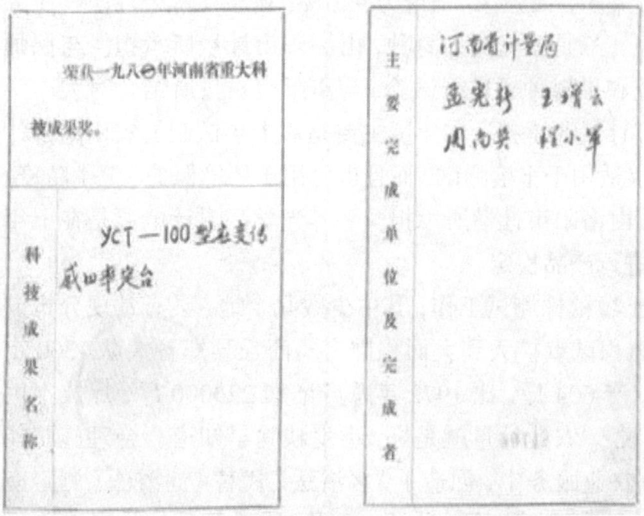

图 3–8–1
1981 年 YCT–100 型应变感应器检定台获河南省重大科技成果奖

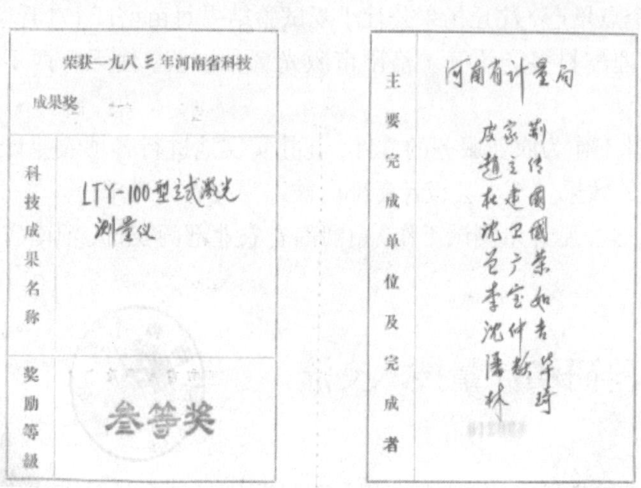

图 3–8–2
1983 年 LTY–100 型立式激光测量仪获河南省科技成果奖

1982 年，郑州市计量所研制成功直流三表检定仪；还研制了水平仪零位检定器和热电自动检定装置，均投入使用。1984 年，国家物资局郑州储运公司研制成功具有国际水平的 10 吨电容式吊钩电子秤，成为衡器生产领域的一项重大技术突破，该公司徐平均被国家科委批准为有突出贡献的中青年专家。

南阳地区计量所张志锋完成的“数字式工频表新方案”项目和雷全恩完成的“衡器检修应用技术的研究与推广”项目，获得 1982 年南阳地区科技成果二等奖。雷全恩编写的《常用衡器基础知识及检修讲义》被河南省计量局采用，作为全省衡器计量检定员专用培训教材，获得南阳地区科技成果二等奖和河南省科技成果三等奖。

1984 年，开封市计量所研制的单相和三相交流电度表校验装置，设计合理，精度高，实用性强，获得科技成果奖。开封仪表厂研制成功的标准体积管流量标准装置和大口径涡轮流量计，解决了石油流量的计量问题，获得第一机械工业部科技成果一等奖。

二、制定修订计量检定规程

1978 年，国家标准计量局下达给河南省 7 项计量检定规程制定、修订任务。河南省财政局、河南省标准计量局 1978 年 9 月根据财政部和国家标准计量局《关于划转 1978 年计量检定规程补助费的通知》，发文从科技三项费的新产品试制费中支出 2.5 万元，对承担起草计量检定规程的单位给予不同额度的补助，其中最少的 1000 元，最多的 9000 元。此后，第一拖拉机制造厂等起草 JJG 275—

81《多刃刀具角度规》，洛阳矿山机器厂等起草 JJG 78—82《基节仪》和 JJG 79—82《周节仪》，中原量仪厂等起草了 JJG 356—84《浮标式气动量仪》和 JJG 396—85《电感式比较仪试行》。1983 年 9 月 17 日，全国电动量仪、气动量仪和流量国家计量检定规程归口单位河南省计量局主持召开《浮标式气动量仪》《电感式比较仪》国家计量检定规程审定会，河南省计量局局长魏翊生、省计量局张隆上、孟宪新、任方平参加审定会（见图 3-8-3）。1984 年 12 月河南省计量测试研究所牛淑之、任方平起草了 JJG 466—86《指针式气动量仪》，1985 年 4 月商丘地区计量管理所李纪明、陈月全等修订 JJG 19—85《量提》。

图 3-8-3
1983 年《浮标式气动量仪》《电感式比较仪》国家计量检定规程审定会　局长魏翊生（第二排左六）、张隆上（第二排左三）、孟宪新（第二排右三）、任方平（第一排左五）

三、计量著作

郑州市计量管理所贾三泰、王永立编写了《机械式量仪修理》，该书共八章，主要介绍千分表、内径百分表、扭簧比较仪、杠杆百分表、刀口式测微计、杠杆齿轮式测微表、杠杆卡规和杠杆千分尺等量仪的工作原理、检定方法、调整修理技术和必要的误差分析，分上、下两册，分别为 159 千字和 188 千字，由中国计量出版社于 1982 年、1983 年出版。

1983 年，郑州市计量管理所王永立、阎景文、贾三泰编著的《公差与测量》一书，由中国农业机械出版社出版，全书 278 千字，是中国农业机械出版社组织编写的《机械工人培训丛书》之一，成为中级培训读物。安阳市计量所张志明、刘长让编著的《光电比色计的使用与修理》于 1981 年由《郑州计量》编辑部出版。

四、初期的国际学术交流

1982 年 8 月，由国家计量总局外事处副处长余大同和河南省计量局副局长皮家荆等组成的中国计量代表团，赴澳大利亚悉尼参加亚太地区计量规划组织第二次总结大会。会议代表还参加了“发展中国家计量培训班”，由澳大利亚应用物理处的计量专家进行讲学，共分 6 大部分，24 个专题。并到应用物理处的有关实验室参观实习。代表团在回国途中，应中国香港十进制委员会的邀请，访问了中国香港地区。这是我国计量系统第一次派代表团到澳大利亚国家计量测试所（NML）即应用物理处本部访问。

1983 年，河南省计量部门接待两次外宾，并进行计量技术交流活动。应国家计量局邀请，意大利国家计量研究所热物性测量专家佛朗西斯科·理吉尼博士和夫人，于 1983 年 8 月 22 日到河南省计量局、洛阳市计量所进行为期 9 天的参观访问。河南省计量局副局长皮家荆负责该项工作。理吉尼博士在热物理学术讨论会上作了 1 次学术报告，并进行 3 次学术交流（见图 3-8-4 和图 3-8-5）。应河南省计量测试学会的邀请，澳大利亚应用物理处交流电学计量专家巴里 · D · 英格利斯博士 1983 年 9 月先后到河南省计量局和郑州市计量所、洛阳市计量所参观、讲学。

图 3–8–4
1983 年意大利国家计量研究所佛朗西斯科·理吉尼博士作学术报告

图 3–8–5
1983 年佛朗西斯科 · 理吉尼博士（前排左四）和河南省计量局等人员合影　皮家荆（前排右一）

1985 年 1 月，应河南省计量测试研究所、河南省计量测试学会的邀请，英国达创（Datron）公司陈廉到郑州进行学术交流。

五、国内计量技术交流

河南省计量局还举办多次国内计量技术交流活动。1982 年 11 月，河南省计量测试学会、郑州市计量测试学会举办温度仪表培训班（见图 3–8–6）。

图 3–8–6
1982 年温度仪表培训班

1983 年 5 月，河南省计量局举办河南省冲击技术交流会，中国计量科学研究院李庆忠作冲击计量技术报告，河南省计量局副局长王化龙（主持工作）、副局长皮家荆出席会议（见图 3-8-7）。

1984 年 8 月，河南省计量局举办河南省天平技术培训班，河南省计量局局长魏翊生、河南省计量局副局长阴奇、河南省计量测试研究所副所长李培昌出席培训班（见图 3-8-8）。

图 3-8-7
1983 年河南省冲击计量技术交流会
王化龙（前排左六）、李庆忠（前排左七）

图 3-8-8
1984 年河南省天平技术培训班 魏翊生（前排左八）、阴奇（前排左六）、李培昌（前排左七）

1984 年 10 月河南省计量局举办河南省“三表”技术培训班（见图 3-8-9）。

图 3-8-9
1984 年河南省“三表”技术培训班
李培昌（第二排左九）、杜新颖（第二排左七）、杜国华（第二排右五）、吴发运（第二排右三）、李春梯（第二排右四）

第九节 贯彻实施国务院《关于在我国统一实行法定计量单位的命令》

1984 年 2 月 27 日，国务院发布《关于在我国统一实行法定计量单位的命令》。这是中华人民共和国成立后计量制度的第二次重大改革。确立国家法定计量单位制，对于推动技术进步，发展国民经济，扩大国际经济文化交流具有重要意义。《命令》全文如下：

国务院关于在我国统一实行法定计量单位的命令

1959 年国务院发布《关于统一我国计量制度的命令》，确定米制为我国的基本计量制度以来，全国推广米制、改革市制、限制英制和废除旧杂制的工作，取得了显著成绩。为贯彻对外实行开放政策，对内搞活经济的方针，适应我国国民经济、文化教育事业的发展，以及推进科学技术进步和扩大国际经济、文化交流的需要，国务院决定在采用先进的国际单位制的基础上，进一步统一我国的计量单位。经 1984 年 1 月 20 日国务院第 21 次常务会议讨论，通过了国家计量局《关于在我国统一实行法定计量单位的请示报告》、《全面推行我国法定计量单位的意见》和《中华人民共和国法定计量单位》。现发布命令如下：

一、我国的计量单位一律采用《中华人民共和国法定计量单位》（附后）。

二、我国目前在人民生活中采用的市制计量单位，可以延续使用到 1990 年，1990 年底以前要完成向国家法定计量单位的过渡。农田土地面积计量单位的改革，要在调查研究的基础上制订改革方案，另行公布。

三、计量单位的改革是一项涉及到各行各业和广大人民群众的事，各地区、各部门务必充分重视，制订积极稳妥的实施计划，保证顺利完成。

四、本命令责成国家计量局负责贯彻执行。

本命令自公布之日起生效。过去颁布的有关规定，与本命令有抵触的，以本命令为准。

中华人民共和国国务院

一九八四年二月二十七日

附：中华人民共和国法定计量单位

我国的法定计量单位包括：

（1）国际单位制的基本单位（见表 1）；

（2）国际单位制的辅助单位（见表 2）；

（3）国际单位制中具有专门名称的导出单位（见表 3）；

（4）国家选定的非国际单位制单位（见表 4）；

（5）由以上单位所构成的组合形式的单位；

（6）由词头和以上单位所构成的十进倍数和分数单位（见表 5）。

法定计量单位的定义、使用方法等，由国家计量局另行规定。

表1　国际单位制的基本单位

量的名称	单位名称	单位符号
长度	米	m
质量	千克（公斤）	kg
时间	秒	s
电流	安［培］	A
热力学温度	开［尔文］	K
物质的量	摩［尔］	mol
发光强度	坎［德拉］	cd

表2　国际单位制的辅助单位

量的名称	单位名称	单位符号
平面角	弧度	rad
立体角	球面度	sr

表3　国际单位制中具有专门名称的导出单位

量的名称	单位名称	单位符号	其他表示式例
频率	赫 [兹]	Hz	s^{-1}
力；重力	牛 [顿]	N	$kg \cdot m/s^2$
压力；压强；应力	帕 [斯卡]	Pa	N/m^2
能量；功；热	焦 [耳]	J	N・m
功率；辐射通量	瓦 [特]	W	J/s
电荷量	库 [仑]	C	A・s
电位；电压；电动势	伏 [特]	V	W/A
电容	法 [拉]	F	C/V
电阻	欧 [姆]	Ω	V/A
电导	西 [门子]	S	A/V
磁通量	韦 [伯]	Wb	V・s
磁通量密度，磁感应强度	特 [斯拉]	T	Wb/m^2
电感	亨 [利]	H	Wb/A
摄氏温度	摄氏度	℃	
光通量	流 [明]	lm	cd・sr
光照度	勒 [克斯]	lx	lm/m^2
放射性活度	贝可 [勒尔]	Bq	s^{-1}
吸收剂量	戈 [瑞]	Gy	J/kg
剂量当量	希 [沃特]	Sv	J/kg

表4　国家选定的非国际单位制单位

量的名称	单位名称	单位符号	换算关系和说明
时间	分 〔小〕时 天（日）	min h d	1min=60s 1h=60min=3600s 1d=24h=86400s
平面角	〔角〕秒 〔角〕分 度	″ ′ °	1″ =（π/648000）rad （π 为圆周率） 1′ =60″ =（π/10800）rad 1° =60′ =（π/180）rad
旋转速度	转每分	r/min	1r/min=（1/60）s^{-1}
长度	海里	n mile	1n mile=1852m （只用于航程）
速度	节	kn	1kn=1n mile/h =（1852/3600）m/s （只用于航行）
质量	吨 原子质量单位	t u	1t=103kg 1u≈1.6605655×10^{-27}kg
体积	升	L，（l）	1L=1dm^3=$10^{-3}m^3$
能	电子伏	eV	1eV≈1.6021892×10^{-19}J
级差	分贝	dB	
线密度	特〔克斯〕	tex	1tex=1g/km

表5　用于构成十进倍数和分数单位的词头

所表示的因数	词头名称	词头符号
10^{18}	艾［可萨］	E
10^{15}	拍［它］	P
10^{12}	太［拉］	T
10^{9}	吉［咖］	G
10^{6}	兆	M
10^{3}	千	k
10^{2}	百	h
10^{1}	十	da
10^{-1}	分	d
10^{-2}	厘	c
10^{-3}	毫	m
10^{-6}	微	μ
10^{-9}	纳[诺]	n
10^{-12}	皮[可]	p
10^{-15}	飞[母托]	f
10^{-18}	阿[托]	a

注：1.周、月、年（年的符号为a），为一般常用时间单位。2.〔　〕内的字，是在不致混淆的情况下，可以省略的字。3.（　）内的字为前者的同义语。4.角度单位度分秒的符号不处于数字后时，用括弧。5.升的符号中，小写字母l为备用符号。6.r为“转”的符号。7.人民生活和贸易中，质量习惯称为重量。8.公里为千米的俗称，符号为km。9.10^4称为万，10^8称为亿，10^{12}称为万亿，这类数词的使用不受词头名称的影响，但不应与词头混淆。

国务院颁布《关于在我国统一实行法定计量单位的命令》和《中华人民共和国法定计量单位》后，河南省计量局立即电话通知各地、市计量部门组织收看和学习。1984 年 4 月 3 日，河南省计量局向河南省人民政府呈文，请河南省人民政府转发《国务院关于在我国统一实行法定计量单位的命令》和《全面推行我国法定计量单位的意见》。1984 年 6 月 22 日，河南省人民政府向各地行政公署、各市、县人民政府、省直各单位发出《关于贯彻执行〈国务院关于在我国统一实行法定计量单位的命令〉的通知》（豫政〔1984〕88 号）（见图 3-9-1）。《通知》全文如下：

国务院《关于在我国统一实行法定计量单位的命令》已印发给你们，望认真贯彻执行。在我国统一实行法定计量单位是我国计量工作的一次重大改革，对于推进技术进步，发展国民经济，扩大国际经济、文化交流具有重要意义。这项工作涉及到国民经济、文化教育、科学技术等各个领域和人民生活的各个方面，与每个人密切相关。各地市、各部门务必充分重视。为保证一九九〇年以前在我省全面实行我国统一的法定计量单位，特对有关问题通知如下：一、各级政府一定要加强对这项工作的领导，认真做好各部门之间的协调工作，解决好改革工作中出现的问题，把推行法定计量单位当成一件大事切实抓好。我省推行法定计量单位的工作，由计量局具体负责；各地、市、县的推行工作，由同级计量行政管理部门具体负责。省直各部门、各直属机构，要根据国务院《命令》的规定和要求，制订出本部门推行法定计量单位的实施计划，并配备专人负责实施。二、各地市、各部门都要采取多种形式，大张旗鼓地宣传、普及有关法定计量单位方面的知识，宣传法定计量单位的优越性和推行法定计量单位的重要意义。报刊、广播、电视、出版等部门要积极予以配合，切实做到家喻户晓。三、实行法定计量单位后，现行的一些计量单位将被取消，大量的计量仪器设备要改制或更新，各级计量部门要加强技术指导，会同有关单位广泛举办法定计量单位专业讲座和培训班；组织制订计量仪器设备改制和计量产品改造的技术方案，进行试点，总结交流经验，有计划、有步骤地进行改革。四、各级政府要根据实际需要拨出专款作为推行法定计量单位宣传贯彻的经费。各厂矿、企业、事业单位进行计量仪器设备改制和计量产品改造所需经费，要纳入省、地、市和部门的技术改造计划，并认真落实，确保法定计量单位的推行。

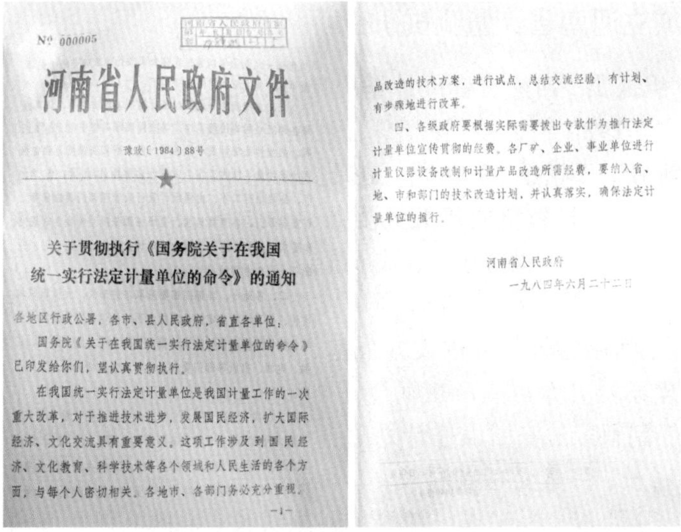
№ 000005

河南省人民政府文件

豫政〔1984〕88号

关于贯彻执行《国务院关于在我国统一实行法定计量单位的命令》的通知

各地区行政公署，各市、县人民政府，省直各单位：

国务院《关于在我国统一实行法定计量单位的命令》已印发给你们，望认真贯彻执行。

在我国统一实行法定计量单位是我国计量工作的一次重大改革，对于推进技术进步，发展国民经济，扩大国际经济、文化交流具有重要意义。这项工作涉及到国民经济、文化教育、科学技术等各个领域和人民生活的各个方面，与每个人密切相关。各地市、各部门务必充分重视。

—1—

品改造的技术方案，进行试点，总结交流经验，有计划、有步骤地进行改革。

四、各级政府要根据实际需要拨出专款作为推行法定计量单位宣传贯彻的经费。各厂矿、企业、事业单位进行计量仪器设备改制和计量产品改造所需经费，要纳入省、地、市和部门的技术改造计划，并认真落实，确保法定计量单位的推行。

河南省人民政府

一九八四年六月二十二日

图 3-9-1
1984 年河南省人民政府发布《关于贯彻执行〈国务院关于在我国统一实行法定计量单位的命令〉的通知》

1984 年 8 月 23 日，河南省计量局向河南省财政厅报送《关于解决推行法定计量单位所需宣传贯彻经费的报告》，并附送从 1984 年到 1990 年期间推行法定计量单位工作所需宣贯经费的详细预算。

1984 年 10 月 4 日至 10 月 6 日，经河南省人民政府批准，河南省计量局在郑州召开河南省推行法定计量单位工作会议。河南省政府副省长阎济民、省人大常委会副主任邵文杰、省政协副主席郝福鸿、省经委副主任高体尧和各市、地、省直部门、各大专院校、驻豫部队及新闻单位等的代表 150 多人出席了会议。会上，阎济民副省长强调推行法定计量单位的意义，号召大家树立高度的责任心，勇于创新，锐意进取，把这项工作抓紧抓好。邵文杰副主任、郝福鸿副主席、高体尧副主任均作了重要讲话。邵文杰副主任说："推行法定计量单位是一项有历史意义的工作。这次会议将载入《河南省志》。"与会代表对河南省计量局提出的《河南省全面推行法定计量单位的实施意见》（征求意见稿）提出了补充和修改意见。国家计量局单位制办公室副主任杜荷聪专程前来参加会议，并就全国推行工作情况和法定计量单位知识作了宣讲。河南省计量局副局长张祥林在总结中说，认真贯彻这次会议精神，扎扎实实地做好推行法定计量单位的各项工作。会后，河南电视台对会议作了电视新闻报道，播放了河南省计量局局长魏翊生就我省推行法定计量单位答记者问的录像节目，河南省广播电台作了新闻报道，《河南日报》和《河南科技报》也就会议及法定计量单位知识作了报道和介绍。河南省推行法定计量单位工作会议的规格和内容安排，省直厅局、地、市、县、院校等单位争相效仿。河南省计量局和地、市计量部门选派20人参加国家计量局举办的法定计量单位宣传贯彻技术会议，为我省培养了宣讲骨干。河南省计量局印发3万多份文件和宣传材料，省直厅局、地、市、县计量部门、院校等单位开展多种形式的宣传活动，如张贴布告、出动宣传车、办各种板报、搞街头咨询服务、发宣传资料等。河南省粮食研究所和郑州粮食学院还编写法定计量单位宣传贯彻材料。河南省推行法定计量单位工作，70%的市、县及省直12个厅、局都召开了法定计量单位宣传贯彻会议。各级计量部门和有关部门举办法定计量单位学习班、技术讲座268次，参加19381人，编印法定计量单位资料704万册（张）。此外，还采取电视、广播等各种形式普及法定计量单位方面的知识。各级政府拨给计量部门法定计量单位宣传费用计19.25万元。

1984年11月28日，河南省计量局向省人民政府报送《呈请印发"河南省全面推行法定计量单位的实施意见"的报告》。1985年1月18日，河南省人民政府办公厅发布《河南省全面推行法定计量单位的实施意见》。河南省推行法定计量单位的工作继续深入展开。

第十节　河南省计量局升格和河南省计量测试研究所成立

一、河南省计量局升格为副厅级局并成立河南省计量测试研究所

1979年3月，巨福珠任河南省科委党组成员、河南省标准计量局局长、局党支部书记，局党支部副书记张相振、王化龙，副局长王化龙。1980年3月，巨福珠任河南省科委党组成员、河南省计量局局长、局党支部书记，局党支部副书记张相振、王化龙，副局长王化龙、皮家荆，局党支部委员钟巨德、崔炳金、孟宪新。1982年7月7日省科委机关党委豫科分党字〔82〕第16号文批复同意中共河南省计量局支部委员会由王化龙、王世贤、牛遂成、董金祥、崔炳金、钟巨德、孟宪新组成，王化龙、王世贤主持党支部全面工作。河南省计量局副局长王化龙（主持工作）、皮家荆。同年7月29日，河南省科委党组决定：河南省计量局内设办公室、人事科、计划财务科、行政科、动力科、长度科、力学科、热工科、电学科九个科室。崔炳金任办公室主任，张隆上任副主任；董金祥任人事科科长，齐文彩、徐奇任副科长；普书山任计划财务科科长；陆根成任行政科科长，景增智任副科长；钟巨德任动力科科长，张景义任副科长；李长俊任长度科科长，孟宪新任副科长；林继昌、李培昌任力学科副科长；肖汉卿、张玉玺任热工科副科长；牛遂成任电学科科长。同年11月24日，河南省科委党组决定魏翊生参加中共河南省计量局支部委员会为委员。

巨福珠，男，1927年12月出生，山西省左权县人，1941年2月参加革命工作，1950年2月入党，1979年3月任河南省标准计量局局长（见图3-10-1）。

1983年8月19日，河南省编制委员会印发《关于省经委企事业机构设置及人员编制的批复》（豫编〔1983〕163号），批复河南省计量局事业编制128名（含河南省计量测试研究所事业编制98名及河南省计量学会编制）（见图3-10-2），河南省计量测试研究所成立。河南省计量局划归河南省经济委员会代管，并升格为副厅级局。1983年11月中共河南省委任命魏翊生为河南省经济委员会党组

成员、河南省计量局局长（副厅级）（中共河南省委豫发〔1983〕283号）。魏翊生的《河南省计量局局长任命书》由河南省人民政府省长何竹康签发。张祥林、阴奇任河南省计量局副局长。1984年3月2日，河南省编制委员会印发《关于省计量局机构的批复》（豫编〔1984〕46号），批复同意河南省计量局下设办公室、计量管理处、省计量测试所，人员编制维持原数不变（见图3-10-3）。河南省计量局升格为副厅级局并成立（以下简称河南省计量所），充分体现了河南省委、省政府对计量工作的重视和支持，极大地推动了河南省计量事业的快速发展。

图3-10-1
1979年河南省标准计量局局长巨福珠

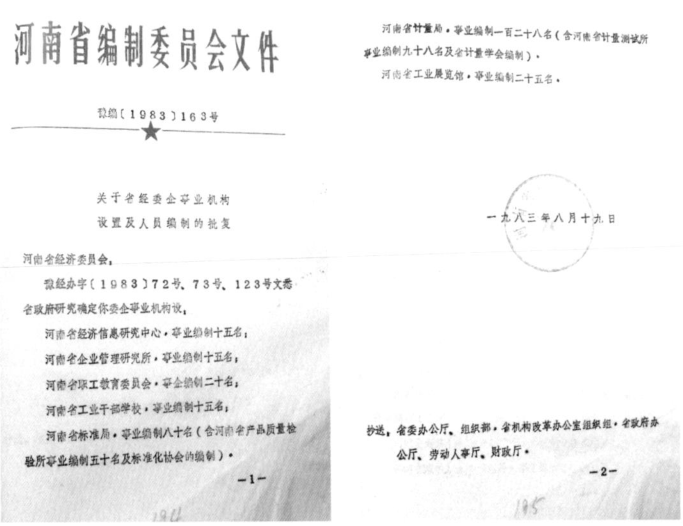

河南省编制委员会文件

豫编〔1983〕163号

关于省经委企事业机构
设置及人员编制的批复

河南省经济委员会：

豫经办字〔1983〕72号、73号、123号文悉，省政府研究确定你委企事业机构设：

河南省经济信息研究中心，事业编制十五名；

河南省企业管理研究所，事业编制十五名；

河南省职工教育委员会，事企编制二十名；

河南省工业干部学校，事业编制十五名；

河南省标准局，事业编制八十名（含河南省产品质量检验所事业编制五十名及标准化协会的编制）。

－1－

河南省计量局，事业编制一百二十八名（含河南省计量测试所事业编制九十八名及省计量学会编制）。

河南省工业展览馆，事业编制二十五名。

一九八三年八月十九日

抄送：省委办公厅、组织部，省机构改革办公室组织组，省政府办公厅、劳动人事厅、财政厅。

－2－

图3-10-2
1983年河南省编制委员会关于河南省计量局事业编制的批复文件

河南省编制委员会文件

豫编〔1984〕第46号

关于省计量局机构的批复

河南省经济委员会：

豫经人〔1983〕282号文收悉。经研究，同意省计量局下设办公室、计量管理处、省计量测试所，人员编制维持原数不变。

一九八四年三月二日

抄送：省委办公厅、组织部、政府办公厅、劳动人事厅。

图3-10-3
1984年河南省编制委员会关于河南省计量局内设机构的批复文件

二、河南省计量行政管理与计量技术机构分设

根据豫编〔1984〕46 号文的批复，1984 年 7 月 6 日河南省计量局印发《关于我局办公室、计量测试研究所下设科、室的决定》（豫量字〔84〕第 62 号），决定原办公室计量管理方面的业务由计量管理处承担；办公室设秘书科、人事教育科、行政科、动力科 4 个科；河南省计量测试研究所下设办公室、长度室、热工室、力学室、电磁室、无线电室、情报资料室 7 个室。并设河南省计量局计量志编辑部（见图 3–10–4）。全局共有职工 147 人，其中省局机关 41 人，河南省计量测试研究所 106 人。河南省计量局党组及时把在册人员进行明确分工和定位。河南省计量行政管理与计量技术机构分设，有利于加强计量行政管理工作和计量技术机构的发展，更好地为国民经济建设和科学技术进步提供计量服务。

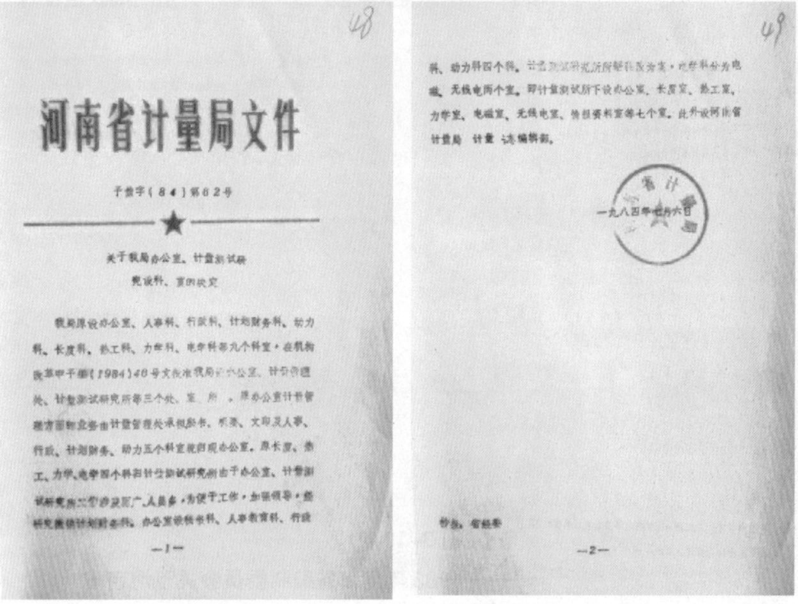
河南省计量局文件

豫量字（84）第62号

关于我局办公室、计量测试研究所设科、室的决定

—1—

—2—

图 3–10–4
1984 年河南省计量局办公室、河南省计量测试研究所科室设置的文件

1984 年河南省计量局机关内设机构及负责人：办公室副主任齐文彩，秘书科科长陈景春，人事教育科科长董金祥，行政科科长陆根成、副科长马炳新，动力科科长张景义、副科长路治中。河南省计量局计量管理处副处长张隆上；主任工程师张景信、张玉玺。河南省计量测试研究所副所长李培昌。河南省计量所内设机构及负责人：办公室主任牛遂成、副主任付克华，长度室主任孟宪新、副主任赵立传，热工室主任肖俊岩、副主任杜书利，力学室主任林继昌、副主任程新选，电磁室主任杜新颖、副主任周英鹏，无线电室主任陈海涛、副主任杜建国，情报资料室副主任孙健。

河南省计量所是河南省计量局的直属技术机构，内设长度室、热工室、力学室、电磁室、无线电室、动力科和办公室。1987 年，共有职工 110 人。主要职责：建立各类省级标准器具；组织计量量值传递；开展各类计量测试；对产品质量检验机构进行计量技术认证；对各部门最高计量标准器具进行技术考核；对计量器具产品进行质量监督检查；对计量纠纷进行仲裁。

三、河南省计量恒温楼竣工投入使用

河南省标准计量局计量恒温楼由河南省建一公司承建。该楼共需建设经费 139.5 万元，建设初期投资 70 万元（其中河南省投资 40 万元，国家标准计量局投资 30 万元），尚需 69.5 万元。1978 年秋季，国家标准计量局又给河南省计量局拨补助款 80 万元，河南省政府同意将河南省计量局原址（郑州市红专路 1 号）转让给河南省科学院，并由该院付给转让费 135 万元，由此开始河南省计量局办公楼工程建设（河南省计量局第二期工程），包括建设一栋办公楼和一栋宿舍楼。规划将河南省

计量局办公楼与计量恒温楼同建一处。进行第二期征地 23.43 亩（15620.001m^2），加上第一期征地 21.55 亩（14366.667m^2），合计共征地 44.98 亩（29986.668m^2）。

1980 年河南省建设厅组织通过建筑物实体验收，建筑面积 6500m^2；1981 年组织通过建筑物技术性能验收。1981 年，河南省建筑科研所（即河南省建筑质检站）通过 2 个月的现场试验检测，通过建筑物技术性能验收，全部达到设计要求，建筑面积 5000m^2，恒温面积 1200m^2，高 7 层，实验室恒温精度（20±0.5）℃，其中技术要求最高的实验室，其恒温精度达到（20±0.05）℃，防震要求最高的实验室其地坪的垂直振幅不超过 ±0.05μm，均提交检测报告书。河南省计量局计量恒温楼建设工程竣工并全部通过验收，投入使用。

1981 年 8 月 20 日，河南省副省长兼省科委主任罗干到河南省计量局视察，察看新建计量恒温楼，听取河南省计量局的工作汇报，肯定了成绩，提出了要求。截至 1982 年上半年，河南省计量局长度、热工、力学、电学大部分计量检测项目陆续搬迁到郑州市花园路 17 号，即现在的郑州市花园路 21 号，只有真空、互感器、硅钢片、电离辐射、示波器等项目仍留在郑州市红专路 1 号。河南省计量局行政办公机构和河南省计量测试学会仍留在郑州市红专路 1 号。1983 年，河南省计量所成立，河南省计量所及所有计量检测项目均搬迁至郑州市花园路 21 号（见图 3-10-5）。河南省计量所的检测实验室面积和环境条件有了很大的扩大和改进，提高了检测能力，能够更好地为河南省经济建设和社会发展服务。

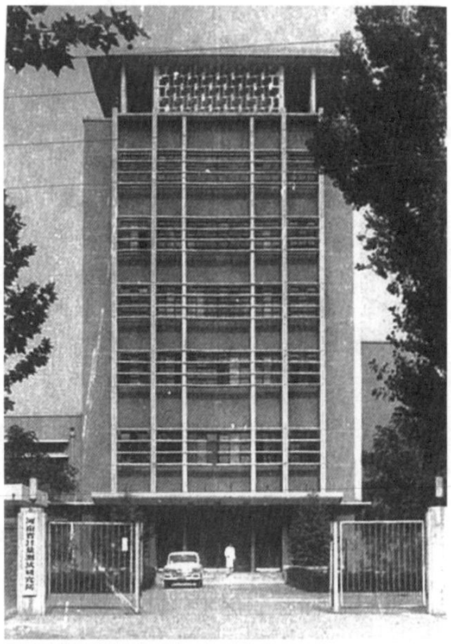

图 3-10-5
1983 年河南省计量测试研究所

第十一节 河南省计量测试学会成立

河南省计量测试学会是计量测试科技工作者自愿结合的群众性学术团体，是联系计量测试科技工作者的纽带，受河南省科学技术协会和挂靠单位河南省计量局领导，并接受中国计量测试学会的业务指导。河南省计量局从 1980 年 9 月开始筹备河南省计量测试学会。经河南省科协批准，1981 年 5 月 5 日至 8 日，河南省计量测试学会筹备委员会在郑州成立，并开展工作。

1981 年 7 月 4 日至 6 日，“河南省计量测试学会成立暨学术交流大会”在郑州召开，代表河南省 272 名会员的 82 名会员代表和 15 名列席代表出席大会。中共河南省委书记张树德出席闭幕式并讲话。河南省科委副主任杨林波出席开幕式，并代表河南省计量测试学会筹备委员会主任、河南省计量局局长巨福珠致开幕词。河南省科学技术协会主席徐子佩出席开闭幕式并讲话。中国科学院学部委员、中国计量测试学会理事、国防科委洛阳测量通讯总体研究所副所长陈芳允研究员参加大会，并作了《谈谈宇航技术对计量测试的一些要求》的学术报告。河南省计量测试学会筹备委员会副主任、河南省计量局副局长皮家荆作了《学会筹备工作报告》。中国计量测试学会给大会发来贺电。会议通过了《河南省计量测试学会章程》，选出 52 名理事，17 名常务理事，聘请陈芳允为名誉理事长，聘请河南省科委高级工程师李崇实任顾问。1981 年 8 月 7 日，河南省科协批复河南省计量测试学会正副理事长和秘书长人选：巨福珠任理事长，皮家荆、马国祥、安鸿烈、王永立任副理事长，皮家荆兼任秘书长，俞丹、林精权、刘颖、何金田、朱石树任副秘书长。会议交流论文 64 篇，译著 1 部。

河南省计量测试学会设立秘书组、普及与教育组、编辑组和咨询服务组等 4 个工作组，设立几何量、温度、力学量与物理常数、电磁、电子、时间频率、电离辐射、流量和理化9个专业组，并确定各组正副组长和秘书。河南省计量测试学会正式开展活动。河南省计量测试学会的成立，对于计量测试学术交流、开展计量测试的应用研究，普及计量测试科学技术知识，提高计量测试科技水平，促进计量测试科学技术的发展，起到积极的推动作用。此后，郑州市、洛阳市等也相继成立计量测试学会，并开展活动。

1982年8月30日至9月10日，河南省计量测试学会副理事长兼秘书长皮家荆应邀到澳大利亚做学术访问。1983年河南省计量学会在全国首次举办青少年计量测试夏令营，营员一共有88人。河南省计量学会咨询服务部1983年在郑州、洛阳设分部，学会换届后又增设3个，一年多时间完成项目82个，社会经济效益100多万元。同年9月河南省计量学会邀请澳大利亚联邦科学与工业研究组织巴里·D·英格利斯博士做专题报告，近千人参加报告会。据不完全统计，1984年河南省地、市计量部门的计量检定测试和管理人员中80%都是初高中文化程度，在县级计量部门中90%都是初中文化程度。为此，河南省计量学会决定举办各种类型学习班，以培训计量测试技术人员。

1984年11月14日，河南省计量学会在开封市召开第二届会员代表大会，到会76人。河南省科协董建新、河南省计量局副局长阴奇、开封市计量局副局长韩长瑞等参加会议。朱石树主持会议，宣读了陈芳允的贺信，马国祥致开幕词，王永立作工作报告，表彰奖励了47名学会活动积极分子。会议修改了河南省计量测试学会章程，选举了39名理事，13名常务理事。在二届一次理事会上，选举河南省计量局局长魏翊生为理事长，马国祥、王永立、刘颖为副理事长，朱石树为秘书长，陈海涛、胡林、何金田、顾宏康为副秘书长。国防科委洛阳测量通讯总体研究所副所长、国防科工委委员、中国科学院学部委员、中国计量测试学会理事、研究员陈芳允续任名誉理事长，聘任国务院学位、学衔委员会委员、国务院科学发明评委会委员、中国计量测试学会副理事长、清华大学教授梁晋文为顾问，李崇实续任顾问。聘任工作、专业技术委员会17名主任委员和召集人。学会秘书处专职秘书田锁文。

第十二节　河南省计量检定收费办法和收费标准

1958年，河南省人民委员会颁布《河南省计量检定收费暂行办法》，共制订57种计量器具的收费标准。1980年，河南省国防、科研和工农业生产等领域中使用的各种计量器具已发展到上千种，亟须增加新的收费标准，以统一全省计量检定收费标准。

1977年，国务院颁布的《中华人民共和国计量管理条例（试行）》第十三条规定："检定计量器具的收费办法和收费标准，由国家标准计量局会同有关部门制定。"1981年，国家计量总局印发的《关于制定计量器具检定收费标准的通知》指出："关于计量器具检定收费问题，经与财政部、国家物价总局研究决定，暂不制定全国统一的收费标准，由各省、自治区、直辖市计量管理局会同财政局、物价局按照收回工本的原则，自行制定收费标准，报省、自治区、直辖市人民政府批准后，颁布实行。"

从1981年8月开始，河南省计量局、物价局抽调人员，组织调研，召开15次各种类型座谈会，广泛征求河南省财政厅等厅局和企业、事业单位及计量部门的意见，本着从低收回工本的原则，对1958年河南省人民委员会颁发的《河南省计量检定收费暂行办法》进行补充修订，反复修改，并参考9个省、市的收费办法和收费标准，制定全省统一的计量器具检定修理收费标准，共993种。

1982年1月11日，河南省计量局以豫量字〔82〕第02号文将《河南省计量器具检定修理收费办法》和《河南省计量器具检定修理收费标准》上报河南省人民政府，请求批转试行。同年3月24日，河南省人民政府颁布《关于转发〈河南省计量器具检定修理收费办法〉和〈河南省计量器具检定修理收费标准（试行）〉的通知》（豫政〔1982〕33号）。该《收费办法》共9条，规定：凡生产、销售、进口、修理和使用计量器具的单位，必须接受国家检定，并按《收费标准》交纳检修费。计量部门对使用中的计量器具进行监督性检查（不包括周期检定），免收检定费。计量器具的仲裁检定费，由失准一方加倍交付。受政法、工商、物价部门委托进行的检定，免收检定费。该《收费标准（试行）》共涉及628种计量器具的检定修理收费标准，其中：长度计量器具175种，温度计量器具29种，力学计量器具252种，电学计量器具135种，其他计量器具37种。《河南省计量器具检定修理收费标准（试行）》摘录见表3-12-1。河南省人民委员会1958年颁布的《河南省计量检定收费暂行办法》同时废止。

表3-12-1　河南省计量器具检定修理收费标准（试行）摘录

序号	计量器具名称	精度、规格	单位	收费标准（元）					
				检定	调修	小修	中修	大修	加挡
1	量块	二等 ＞500～1000mm	块	22.00				40.00	
2	量块	五等 100mm以下	块	1.00				1.50	
3	万能工具显微镜		台	50.00		55～100.00	190～250.00	400～800.00	
4	游标卡尺	0～150mm， 0.1mm	把	0.60		4.00	5.00	6.00	
5	平面平晶	一级 ϕ100～150mm	块	10.00				35.00	
6	竹木直尺	0～1000mm	支	0.03					
7	贝克曼温度计	1/100℃	支	15.00					
8	体温计		支	0.20					
9	二等标准活塞压力计	0.1~2.5kgf/cm^2	台	40.00		15.00	30.00	50.00	
10	精密血压计	0～300mmHg	台	5.00		5.00	10.00	15.00	
11	煤气表	50L～500L	只	1.00		2.00	4.00		
12	水表	ϕ25mm以下	只	0.50		1.00			
13	台秤 （标尺、增砣式）	100kg以下	台	1.50		3.00	5-7.00		
14	地中衡 （标尺、增砣式）	15T	台	30.00		130.00	220—280.00	300.00	
15	二等公斤组砝码	1kg~20kg	个	4.00	4.00				
16	天平	三级2g	架	20.00		75.00	150.00	180.00	
17	三等标准测力计	6T以下 （不包括6T）	台	15.00					
18	材料试验机	200T～500T	度盘	40.00		40.00	100.00	200.00	
19	二等洛氏硬度块		块	2.00					
20	洛氏硬度计		台	12.00		12.00	20.00	35.00	
21	标准电池	二等	只	23.00					
22	标准电阻	0.005～0.02	只	8.00					
23	直流电位差计	0.005级	台	100.00		50.00	100.00	160.00	
24	单相电度表	0.5级	支	15.00		15.00	25.00	30.00	8.00
25	三相电度表	0.5级	支	45.00		30.00	50.00	80.00	20.00
26	数字频率计	10^{-8}以下	台	100.00		50.00	100.00	200.00	
27	秒表		支	4.00		5.00	10.00	15.00	
28	示波器		台	40.00		40.00		80.00	
29	失真仪		台	40.00					
30	温度计		台	8.00					
31	酸度计	0.02级±0.005pH	台	10.00		20.00	30.00	45.00	
32	分光光度计		台	12.00		20.00	30.00	40.00	

第四章

贯彻实施《计量法》和建立计量管理体系时期

（1985—1994）

1985 年 9 月《中华人民共和国计量法》颁布。这是中华人民共和国成立后的第一部计量法律，是中国计量史上的一座里程碑，标志着我国计量工作进入法制管理时期。《计量法》颁布后，河南省人大作出《关于实施中华人民共和国计量法的决议》，河南省政府办公厅批转河南省计划经济委员会《关于实施〈计量法〉的报告》。1989 年 2 月河南省技术监督局成立，为河南省政府统一管理组织协调全省技术监督工作的职能部门。1994 年 9 月河南省技监局由副厅级升格为正厅级，列入河南省政府组成部门。河南省各级计量行政部门和计量技术机构逐步建立健全和不断发展。河南省技监局按照河南省人大、河南省政府的要求，大力宣传、全面贯彻实施《计量法》，建立河南省计量管理体系和量值传递体系，发布和完善计量规范性文件，完成向法定计量单位过渡，实施计量行政执法，首创计量监督文书，对制造计量器具进行法制管理，依法开展计量器具管理、计量标准考核、计量授权和计量认证，开展工业计量，为河南省经济建设、科技进步和社会发展做出了显著贡献。河南省计量事业沿着法制管理轨道，进入了快速发展时期。

第一节 河南省技术监督局成立升格及建立河南省计量管理体系和计量法规体系

一、1985年至1989年2月河南省计量机构情况

河南省计量局由正处级升格为副厅级局后，归河南省经济委员会代管。河南省经济委员会党组为了加强计量工作，促进计量事业的发展，非常重视并及时选拔任命河南省计量局内设处、室和河南省计量测试研究所的处级干部。1986 年 4 月，程新选任河南省计量局办公室副主任（主持工作），张景义任副主任；张隆上任河南省计量局计量管理处副处长（主持工作），张玉玺任副处长；肖汉卿任河南省计量测试研究所总工程师。同年 6 月，阴奇任河南省计量局局机关党总支书记，王化龙任副书记；下设三个基层党支部：程新选任局机关党支部书记，牛遂成任省计量测试研究所党支部书记，徐奇任局老干部党支部书记。同年 12 月，肖汉卿任河南省计量测试研究所所长，李培昌任省所党支部书记。

崔炳金任河南省计量志编辑部主任，王彤任副主任。

截至 1989 年 2 月，河南省计量局机关事业编制 34 人（含史志办 3 名），实有 46 人。河南省计量测试研究所事业编制 98 人，实有 120 人。河南省计量局共有职工 166 名，中共党员 48 名，共青团员 17 名。具有专业技术职称和中等专业以上学历的专业技术干部 78 名。其中：工程师 32 名，助理工程师 12 名，技术员 3 名，未定技术职称的 31 名。河南省计量局内设办公室、计量处、河南省计量测试研究所。河南省计量局拥有 5000 平方米的计量恒温楼，其中恒温面积 1200 平方米。已经建立长度、温度、力学、电磁学、无线电等 9 类 83 种河南省省级计量标准，开展计量检定测试工作。全省建立了 133 个计量管理机构，拥有 3725 名计量技术专业队伍。河南省的计量网已经初步形成。在工业、农业、军工、医疗卫生、科学技术以及人民生活等各个领域发挥了重要作用。

二、组建河南省技术监督局

为了适应建立社会主义商品经济新秩序的需要，加强政府对全社会的技术经济监督职能，1988 年 11 月 4 日，河南省计划经济委员会向河南省政府提出《关于组建河南省技术监督局的报告》。河南省政府副省长刘源批示："经省委常委讨论决定，把省标准、计量和计经委质管部门的机构与职能合并，组成统一的管理、协调的监督部门。原则上同意计经委报告。速请编委批准机构和编制，报省政府正式下文。"1989 年 1 月 16 日，河南省编制委员会印发《关于建立河南省技术监督局的通知》（豫编〔1989〕8 号）。见图 4-1-1。

《关于建立河南省技术监督局的通知》全文如下：

为了加强对技术监督工作的统一领导，省委、省政府决定，撤销河南省计量局、河南省标准局，组建河南省技术监督局（副厅级机构），为省政府统一管理组织协调全省技术监督工作的职能部门。它的主要任务是：贯彻执行国家技术监督的方针、政策；统一管理全省的标准化、计量和质量监督工作，并对质量管理进行宏观指导；研究制定适合我省的技术监督政策和法规；实施技术监督，保护国家、集体、个人和企业的合法权益，维护正常的社会经济秩序。

省技术监督局的主要职能：

1. 贯彻执行国家技术监督工作的方针、政策、法律、法规；及时向省政府反映有关情况，报告工作，提出建议。

2. 负责制定全省有关标准化、计量和产品质量监督管理的有关法规、制度，并组织实施。

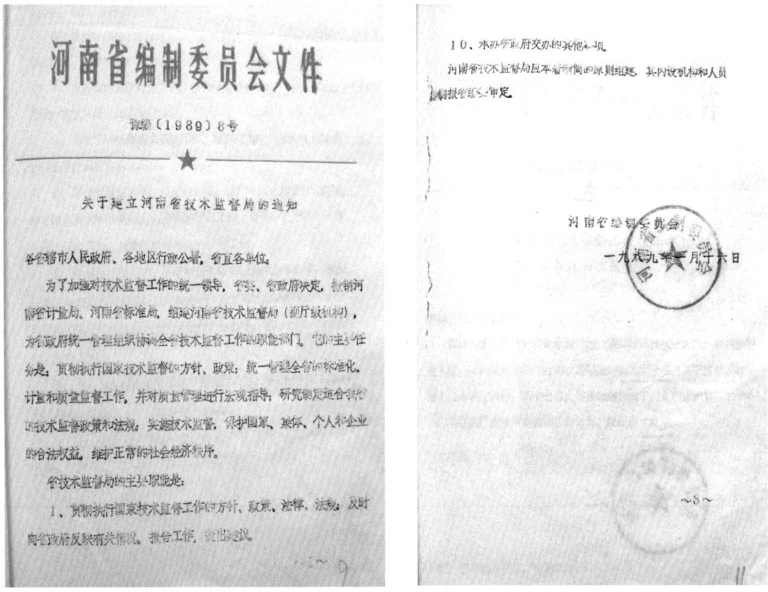
河南省编制委员会文件

豫编〔1989〕8号

关于建立河南省技术监督局的通知

各省辖市人民政府、各地区行政公署，省直各单位：

为了加强对技术监督工作的统一领导，经省委、省政府决定，撤销河南省计量局、河南省标准局，组建河南省技术监督局（副厅级机构），为省政府统一管理组织协调全省技术监督工作的职能部门。它的主要任务是：贯彻执行国家技术监督的方针、政策；统一管理全省的标准化、计量和质量监督工作，并对质量管理进行宏观指导；研究制定适合我省的技术监督政策和法规；实施技术监督，保护国家、集体、个人和企业的合法权益，维护正常的社会经济秩序。

省技术监督局的主要职能是：

1、贯彻执行国家技术监督工作的方针、政策、法律、法规；及时向省政府反映有关情况，报告工作，提出建议。

10、承办省政府交办的其他事项。

河南省技术监督局应本着精简的原则组建，其内设机构和人员编制报省编委审定。

河南省编制委员会

一九八九年一月十六日

~8~

图 4-1-1
1989 年河南省编制委员会《关于建立河南省技术监督局的通知》

3. 负责管理全省标准化工作。组织制订、修订、审批和发布省级标准、监督标准的贯彻执行。

4. 负责管理全省计量工作。推行法定计量单位，贯彻执行国家统一计量制度，组织量值传递。

5. 负责管理全省质量监督工作。组织对重要产品的质量监督，管理全省产品质量认证工作。

6. 对全省质量管理进行宏观指导。推广现代化质量管理方法，参与国家质量管理奖企业的评审和管理工作。负责省优产品的评审和评优管理工作，负责生产许可证的管理工作。

7. 组织建立公正的、具有权威性的省级技术监督体系；组织制定省实施技术监督的事业发展规划；负责对行业的和地方的技术监督机构以及社会技术监督组织进行业务指导，协调行业和专业的技术监督工作。

8. 负责有关技术监督工作的宣传、教育，科学研究，情报工作，参与有关国内外的交流和合作活动。

9. 领导和管理直属的事业、企业单位；指导有关协会、学会工作。

10. 承办省政府交办的其他事项。

河南省技监局应本着精简的原则组建，其内设机构和人员编制报省编委审定。

1989 年 2 月，戴式祖任河南省技监局局长、局党组书记；徐俊德、郭欣、张祥林、史新川任河南省技术监督局副局长。

1989 年 2 月 25 日，河南省技监局成立大会在省委礼堂召开（见图 4–1–2）。副省长刘源、国家技术监督局副局长李保国、省顾委常委岳肖峡、省政协副主席魏钦公、省军区副司令员王英洲、省政府副秘书长刘书祥、河南省技监局局长戴式祖和副局长徐俊德、郭欣、张祥林、史新川出席会议。参加大会的共有 153 个单位 600 余人。刘书祥副秘书长主持会议并致开幕词。副省长刘源、国家技术监督局副局长李保国、河南省技监局局长戴式祖等领导讲话。河南省技监局是全国第五家成立的省级技术监督局。

1989 年 2 月 28 日，河南省编制委员会印发《关于省技术监督局机构编制的批复》（豫编〔1989〕115 号），同意省技术监督局申报的机构编制及各处室职能；河南省技监局设 9 个职能处室，即办公室、综合计划处、人事教育处、科技宣传处、政策法规处、标准化处、计量管理处、质量监督处、质量管理处。计量管理处主要职责：负责推行国家法定计量单位；管理省级计量标准；组织量值传递；贯彻国家计量检定规程，组织制定地方计量检定规程；依法监督管理全省计量器具；组织计量认证、计量仲裁检定，调节计量纠纷；指导和协调各部门、地区的计量工作。原挂靠在河南省计划经济委员会的河南省质量管理协会和挂靠在河南省计量局、河南省标准局的协会、学会，均挂靠于河南省技监局。原河南省计量局、河南省标准局直属的河南省计量测试研究所、河南省产品质量监督检验所、河南省标准情报研究所、河南省纤维检验所交河南省技监局领导。

图 4-1-2
1989 年 2 月 25 日河南省技术监督局成立大会
李保国（第一排左六）、刘源（第一排左七）、
王英洲（第一排左四）、戴式祖（第一排左九）

1989 年 3 月 16 日，河南省第一次技术监督工作会议在郑州召开。出席会议 100 余人。省长程维高、副省长刘源出席会议并讲话。戴式祖局长简要回顾了 1988 年的工作，对 1989 年计量等方面的工作提出要求（见图 4-1-3）。

图 4-1-3
1989 年全省第一次技术监督工作会议

河南省技监局的成立，标志着河南省计量事业进入了一个新的发展时期。计量工作成为河南省技术监督局三大主体职能之一，计量管理作用得到充分发挥，计量体系建设得到强化，法制建设进一步加强。

河南省技监督成立后，局本部暂设在郑州市红专路 1 号（原河南省计量局地址），原标准、计量、质量管理方面的日常业务工作照常在原办公地址进行：标准方面在郑州市纬二路 9 号（原河南省标准局地址）；计量方面在郑州市红专路 1 号（原河南省计量局地址）；质量管理方面在郑州市纬二路 23 号院 3 号楼 324 房间。

河南省技监局于 1989 年 10 月 8 日从郑州市红专路 1 号搬迁至郑州市花园路 21 号河南省计量测试研究所综合实验楼（见图 4-1-4）。

1989 年，国家技术监督局副局长李保国到河南省计量所调研（见图 4-1-5），河南省技监局局长戴式祖、副局长张祥林、局办公室副主任张景义，河南省计量所所长肖汉卿、副所长付克华陪同。

1989 年，河南省技监局局长戴式祖到河南省计量所检查指导工作（见图 4-1-6）。

1990 年，河南省技监局张祥林副局长随国家技术监督局考察团赴德国进行参观考察。

图 4-1-4
1989 年 10 月—2003 年 11 月河南省技监局办公楼

图 4-1-5
1989 年国家技监局副局长李保国（左四）到河南省计量所调研 戴式祖（左五）、张祥林（左一）、张景义（左八）、肖汉卿（左七）、付克华（左三）

图 4-1-6
1989 年河南省技监局局长戴式祖（左一）到河南省计量所检查指导工作

三、河南省技术监督局升格

1994 年，河南省进行省直机构改革。根据中共中央、国务院批准的《河南省党政机构改革方案》，1994 年 9 月 19 日，中共河南省委、河南省人民政府印发《关于印发〈河南省省直机构改革实施意见〉的通知》（豫发〔1994〕16 号），河南省技监局列入河南省政府组成部门，规格由副厅级升为正厅级（见图 4-1-7）。戴式祖任局长、党组书记，徐俊德任副局长、党组成员。局内设机构有办公室、

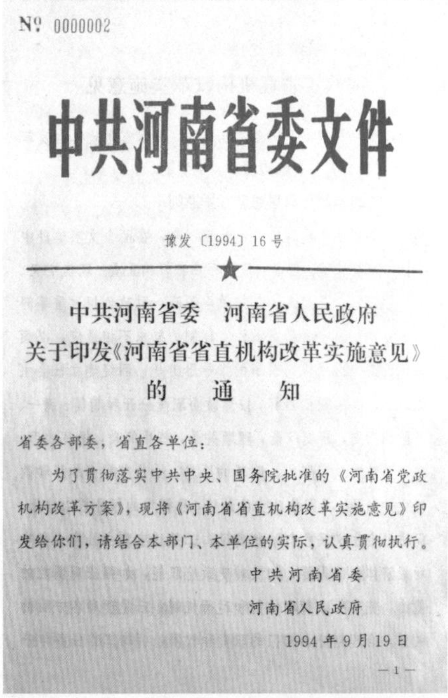

№ 0000002

中共河南省委文件

豫发〔1994〕16号

★

中共河南省委　河南省人民政府
关于印发《河南省省直机构改革实施意见》
的　通　知

省委各部委，省直各单位：

为了贯彻落实中共中央、国务院批准的《河南省党政机构改革方案》，现将《河南省省直机构改革实施意见》印发给你们，请结合本部门、本单位的实际，认真贯彻执行。

中共河南省委
河南省人民政府
1994年9月19日

—1—

图 4-1-7
1994 年中共河南省委，河南省人民政府印发《关于印发〈河南省省直机构改革实施意见〉的通知》

综合计划处、政策法规处、人事教育处、科技宣传处、标准化处、计量管理处、质量监督处、质量管理处和史志办公室。局设机关党委、机关团委、机关工会。直属机构有河南省计量测试研究所、河南省产品质量监督检验所、河南省纤维检验所、河南省标准情报研究所、河南省技术监督培训中心、质量时报社。挂靠在河南省技监局的单位有河南省计量测试学会、河南省计量协会、河南省标准化协会、河南省质量管理协会、河南省质量检验协会、中南无线电计量协作组河南分组。

1994 年底，河南省技监局（含直属、挂靠单位）共有职工 370 人，其中局机关 100 人。河南省技监局的升格，充分体现了河南省委、省政府对计量工作的重视和大力支持，促进了河南省计量事业的快速发展，为河南省经济建设和科技进步做出更大贡献。

四、河南省计量测试研究所概况

1989 年河南省计量所共有职工 120 人。截至 1994 年，河南省计量所内设机构为：办公室、业务科、财务科、动力科、长度室、热工室、力学室、电磁室、测试技术室、流量室、方园计量技术开发公司、华冠计量设备厂、河南省麦肯测控技术有限公司、河南省眼镜计量检测公正站、河南省方圆计量事务所，全所共有职工 128 人。

1987 年，河南省计量局局长魏翊生委派河南省计量局副局长阴奇、局办公室副主任程新选、局计量处张景信到北京国家计量局汇报建设河南省计量测试研究所郑州市花园路 21 号院综合实验楼的工作。国家计量局拨款 80 万元基本建设费。河南省计量所郑州市花园路 21 号院综合实验楼于 1987 年 11 月开工，1989 年 9 月竣工并投入使用，6 层，建筑面积 4000 平方米，河南省计量所部分检测项目搬入此楼。1993 年国家技监局副局长李志民在河南省技监局局长戴式祖陪同下到河南省计量测试研究所调研（见图 4-1-8）。

图 4-1-8
1993 年国家技监局副局长李志民（左二）到河南省计量所调研

五、市、地技术监督机构的组建

河南省技监局组建后，对于发展河南省经济，建立社会主义商品经济新秩序，起到日益重要的作用。河南省地、市、县级技术监督工作机构还存在着不少问题，直接影响政府技术监督职能在全省的有效行使，亟待解决。为此，为了组建河南省市、地、县技监机构，河南省技监局遵照省委、省政府决定，按照国家技术监督局“三定”方案原则，于1989年5月向河南省政府呈送《关于地、市、县级技术监督工作机构设置意见的报告》，提出，参照国家和河南省技监局“三定”方案的原则，撤销地、市、县标准计量局，组建各级技术监督局，并将各级经委计委（计经委）质量管理部分职能并入。1989年8月，河南省技监局在平顶山市举办“河南省技术监督理论研讨会”，戴式祖局长、史新川副局长，平顶山市马连兴市长出席会议（见图4-1-9）。65人参加了研讨会，收到论文112篇，评出优秀论文43篇，其中有计量管理和计量技术方面的论文多篇。河南省技监局科技宣传处处长程新选等15人宣讲论文。戴式祖局长主持会议并作总结讲话。史新川副局长致开幕词。会议对于技术监督机构建设等各项工作起到积极的推动作用。

图4-1-9
1989年河南省技术监督理论研讨会
戴式祖（主席台左二）、史新川（主席台左一）、马连兴（主席台左三）、程新选（左排左一）

1989年10月10日晚，河南省技监局在河南省人民会堂举办全省首届技术监督文艺汇演。《计量杂谈》等计量节目获一等奖。10月18日晚，河南省电视台选播，宣传效果很好。

1989年河南省技监部门共有固定职工3499人。全省17个市（地）中，14个建立了技术监督（标准计量）局，2个正在组建技术监督局，1个为标准计量办公室；125个县（市、部分市辖区）中，建立技术监督（标准计量）局的仅有47个，建立计量（标准计量）办公室的有25个，尚有53个仍为计量（标准计量）所（见表4-1-1）。55项111种强制检定工作计量器具能执行强检的为26项48种。多数市（地）、县的计量经费仍维持在20世纪70年代初的水平。

1990年8月，河南省技监局、省政府法制局联合呈报省政府《关于落实国家技术监督局、国务院法制局进一步实施〈计量法〉的建议的意见》（以下简称《意见》）。该《意见》对加强计量行政执法机构的建设、加强计量技术机构的建设、解决经费渠道等方面起到了积极的推动作用。1994年底，全省18个地、市均成立技术监督局，设置计量科或计量管理科，配备专门的计量行政管理人员，并依法设置法定计量技术机构，计量技术人员有728人。

六、对计量技术机构进行整顿和监督检查

为更好地贯彻《计量法》，按照国家计量局的部署，1988年，河南省计量局对全省各级法定计量检定机构进行了整顿和检查评比。河南省计量所和市、地计量检定机构先后开展了整顿自查工作。河南省计量局组织检查组对省计量所，市、地级法定计量检定机构进行检查验收，并在新乡市进行检查验收总结和评比工作。这次整顿，大多数市、地计量行政部门和所属的计量检定机构都把它作为1988年的一项重点工作，认真对待，抓出了成绩，对促进法定计量检定机构自觉贯彻落实《计量法》，加强自身建设起到了促进作用，达到了预期目的。新乡市、洛阳市、漯河市、郑州市、开封市计量所被评为这次整顿的优秀单位。驻马店地区和商丘地区计量管理所经整顿补课，复查验收及格。

表4-1-1　1989年河南省技术监督机构、人员情况表

机构名称	合计	专业技术人员	业务管理人员	行政人员	工人	辅助人员	集体所有制人员
合计	3499	937	645	726	1171	20	373
河南省小计	322	118	64	58	78	4	2
河南省技监局	87		43	34	10		2
河南省质检所	53	24	7	7	13	2	
河南省计量所	120	68	13	10	27	2	
河南省纤检所	45	14		5	26		
河南省标准情报所	17	12	1	2	2		
地、市小计	1406	474	339	285	298	10	61
郑州市标准计量局	35		22	8	5		
郑州市质检所	21	11	4	1	4	1	
郑州市计量所	63	47	2	10	4		
郑州市计量器具研制所	14	7	2	1	4		1
郑州市衡器管理所	4	2	2				
开封市标准计量局	44		31	10	3		
开封市质检所	33	12	5	6	10	2	
开封市计量所	68		4	10	22	2	24
洛阳市技术监督局	38	30	23	12	3		
洛阳市质检所	42		6	10	16		
洛阳市计量所	69	10	12	8	1		
平顶山市技术监督局	28	48	14	9	3	2	
平顶山市质检所	19		2	5	11		
平顶山市计量所	39	1	2	3	24		
安阳市技术监督局	31	10	16	11	4		
安阳市质检所	29		6	3			
安阳市计量所	59	20	7	12			
安阳市纤检所	8	40		2			
安阳市情报所	8	6		2			
新乡市技术监督局	38	5	26	12			
新乡市质检所	24		5	6	2		
新乡市计量所	47	11	9	9	11		
新乡市技术监督实验工厂	8	18	2	2	4		
焦作市技术监督局	21		13	5	3		
焦作市质检所	19			2	14		2
焦作市计量所	35	3	1	4	15		9
濮阳市标准计量办公室	18	15		2	2		
许昌市标准计量局	26	14	15	8	3		
许昌市质检所	42	24	6	10	2		
许昌市计量所	38	30	4	4			7
漯河市标准计量局	8		4	2	2		
漯河市计量所	13	5	1	3	4		
三门峡市标准计量局	20		16	2	2		
三门峡市质检所	7	2		3	2		
三门峡市计量所	11	11					
三门峡衡器站	4	3			1		
鹤壁市标准计量局	16		6	7	1	2	
鹤壁市质检所	9	5			4		
鹤壁市计量所	34	6		8	20		
商丘地区标准化办公室	14		9	2	3		
商丘地区质检所	4	4					
商丘地区计量所	36	7	5	8	16		1
商丘地区计量器材公司	19		3		16		5
周口地区标准化办公室	32	8	6	11	7		
周口地区计量办公室	32	20	6	6			3
驻马店地区标准计量局	22		9	9	4		
驻马店地区质检所	9	4		1	4		
驻马店地区计量所	23	3	2	3	15		
南阳地区技术监督局	20		17	2		1	

续表

机构名称	合计	专业技术人员	业务管理人员	行政人员	工人	辅助人员	集体所有制人员
南阳地区质检所	7	6			1		
南阳地区计量所	29	2	1	7	19		
信阳地区技术监督局	27		11	14		2	
信阳地区质检所	9	5	2	2			
信阳地区计量所	29	15		8	6		
信阳地区纤检所	4	4					
县小计	1771	345	242	383	795	6	310

注：此表合计数不包括集体所有制人员数。

国家技术监督局于 1989 年 10 月中旬对各级法定计量检定机构进行抽查，河南省计量所和郑州、洛阳、开封、新乡、安阳、许昌市和每市 2 个县级计量所被抽查，取得了预期效果。

1991 年，河南省技监局对法定计量检定机构和省有关部门计量技术机构进行计量执法监督检查，共检查了河南省计量所和 17 个市、地法定计量检定机构及郑州铁路局郑州计量所等。被检查单位对自查和检查中发现的问题进行整改，达到了预期的目的。

七、建立河南省计量法规体系

1985—1994 年，根据国家计量法律法规，结合河南省实际，制定颁布河南省计量法规规章，基本建立了河南省计量法规体系。河南省人大、省政府、省政府办公厅颁布计量法规规章共 5 件：省政府办公厅颁布《河南省全面推行法定计量单位的实施意见》，省人大通过《关于实施中华人民共和国计量法的决议》、省政府办公厅颁布《批转省计划经济委员会〈关于实施计量法的报告〉的通知》，省政府批转河南省技监局《关于加速推行法定计量单位工作意见的报告》，省政府办公厅《批转省技术监督局关于我省全面推行土地面积计量单位改革的报告的通知》。河南省技监局等厅局发布计量规范性文件共 17 件：《河南省工业企业计量工作定级、升级实施办法（试行）》《河南省企业能源计量验收暂行规定》《河南省企业能源计量验收评分标准（试行）》《河南省产品质量检验机构计量认证程序》《河南省产品质量检验机构计量认证考核评审细则》《河南省产品质量检验机构初访内容和要求》《河南省工业企业计量定级、升级考核评审办法（试行）》《河南省计量标准器具考核实施办法（试行）》《河南省申请办理“制造（修理）计量器具许可证”实施办法（试行）》《河南省计量器具新产品样机试验管理办法》《河南省计量器具新产品样机试验细则（试行）》《河南省推行法定计量单位检查验收办法》《河南省计量标准考核工作程序》《河南省计量授权工作程序》《河南省职工计量监督管理办法》《河南省计量收费标准》《河南省计量工作三年（1995—1997）计划》。河南省计量法规体系的建立对于贯彻实施《计量法》奠定了坚实的计量法规基础，推动了河南省计量事业的持续快速发展。

八、组织编纂《河南省计量志》

根据河南省地方史志编纂委员会和国家计量总局编写《当代中国计量事业》的通知要求，河南省计量局成立计量志编辑部，并于 1984 年 9 月在郑州召开全省《计量志》编写工作会议，参会的人员有 26 人。河南省计量局局长魏翊生、《河南省志》编辑部主任王迪参加会议并分别作了讲话。《计量法》颁布以来，编写计量志的工作取得一定的成绩。全省约有 100 个市、地、县已编写出或正在编写计量志。有 10 多个市、地、县的计量志已报送到河南省计量志编辑部。其中，安阳、洛阳、南阳编写的计量志在河南省计量志工作会议被评为先进单位。河南省计量志编辑部编写的《河南省志・计量志》中的“河南省计量工作概况”章 1987 年荣获河南省地方志编纂委员会三等奖。河南省计量局主编的《中国古代度量衡论文集》1990 年 2 月由中州古籍出版社出版。

第二节 实行法定计量单位和改革土地面积计量单位

一、完成向法定计量单位过渡

1985年1月18日，河南省人民政府办公厅发布《河南省全面推行法定计量单位的实施意见》（豫政办〔1985〕3号）（见图4–2–1）。

《实施意见》要求（摘录）：在1985年6月底前完成活塞式压力计、标准压力表、工作压力表、真空计、测力机、材料试验机、磁性材料测量设备、木杆秤等改制试点，及时总结经验，进行推广。从1985年起，新制定的产品技术标准、工艺文件都要使用法定计量单位，河南省已批准发布的技术标准，省、地、市标准部门和其他标准归口单位都要着手进行修订，在1987年以前，全部产品标准都要改用法定计量单位；各厂矿企业等生产单位，要在执行新的产品标准时使用法定计量单位，并对使用中的仪器设备、测试设备进行改制。从1986年开始，杆秤、竹木直尺、皮尺、卷尺一律按法定计量单位生产；所有国营、集体、个体商店、门市部、饭店从1986年起一律使用法定计量单位；农贸市场、个体流动摊贩，市场允许使用到1990年底；医疗卫生部门在放射性诊断、治疗中，从1987年起采用法定计量单位，但在1990年以前必须用旧单位注明。在1990年底以前，在全省范围内，全面完成向法定计量单位的过渡。未设置计量行政部门的地区行署和市、县人民政府要尽快安排成立“计量管理机构”，负责推行法定计量单位工作。

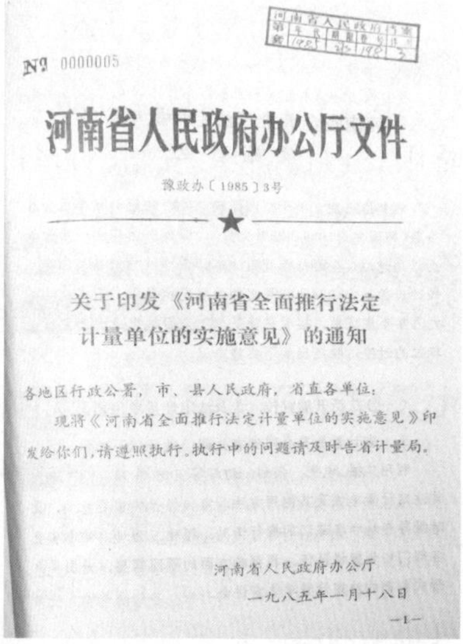
№ 0000005

河南省人民政府办公厅文件

豫政办〔1985〕3号

关于印发《河南省全面推行法定计量单位的实施意见》的通知

各地区行政公署，市、县人民政府，省直各单位：

现将《河南省全面推行法定计量单位的实施意见》印发给你们，请遵照执行。执行中的问题请及时告省计量局。

河南省人民政府办公厅

一九八五年一月十八日

—1—

图4–2–1
1985年河南省政府办公厅发布《河南省全面推行法定计量单位的实施意见》

截至1985年2月底，各市、地和省直部门结合其实际情况和国家、省的要求，分别制订各自推行法定计量单位的具体实施计划，保证这项工作得以稳步推行。全省分期、分批进行了计量器具的改制，着重抓了测力计、材料试验机、电离真空计、标准压力表、活塞压力计、木杆秤、竹木直尺等计量器具的改制。全省共安排129个改制试点。河南电视台对长葛县木杆秤、竹木直尺，郑州市花园春糖烟酒商店推行千克秤活动进行了录像报道。试点结束后，全省对试点单位组织244次检查验收，并交流经验，进行推广。

材料试验机计量单位改制从1985年2月开始。河南省计量局印发《关于对各种材料试验机和测力等仪器设备进行改制的通知》，要求全省各单位的万能试验机、二等标准测力机、力传感器、测力计、称重传感器、称重仪等各种类型的材料试验机和测力等仪器设备，要在1987年底以前全面完成改制任务，以便在全省稳妥地、全面地完成由kgf、kgf/mm²、kgf·m等旧的力、力矩、应力、能量等的计量单位向其法定计量单位N（牛顿）、N·m（牛·米）、Pa（帕斯卡）、J（焦耳）等的过渡。由河南省计量所对改制后的计量器具进行检定，合格的颁发检定合格证书。1986年，为推行法定计量单位，河南省计量所程新选编著了《推行力的法定计量单位与改制力值计量仪器》讲义，于1986年10月21日至10月28日、1987年3月7日至3月13日在河南省计量局委托河南省计量测试学会举办的“各种材料试验机和测力等仪器设备及各种材料试验机的力值改制技术培训班”上讲授。河南省计量所力学室主任林继昌、副主任程新选完成河南省计量所力学室100t、6t、600kg、100kg二等标准测力机等9台力值计量标准器具改制为1MN、60kN、6kN、1kN等的砝码质量计算、设计、安装、调试等力值改制工作。

杆秤计量单位改制从1985年7月开始，是将现行的市制——市斤、市两，改为法定计量单位——千克（kg）、克（g）。根据JJG 17—80《杆秤》和同年六七月间在青岛召开的全国杆秤改制座谈会议精神，结合河南省使用习惯，决定河南省统一实行13种规格杆秤。新制造的千克（kg）杆秤，一律实行定量铊，废除非定量铊，并按规定对定量铊进行标志。竹木直尺计量单位的改制同时从1985年7月开始，是将现行使用的市制计量单位—市尺、市寸，改为法定计量单位——米（m）、厘米（cm）。用于商贸交易的竹木直尺，统一规定为50厘米（cm）和100厘米（cm）两种规格，对两种规格的竹木直尺技术要求仍按JJG 2—80《竹木直尺》执行。

压力计量单位改制从1985年8月开始，对活塞式压力计、弹簧式压力表、液体压力计、真空计及其他压力仪表，根据不同的类型采取不同的方法改制。标准活塞压力计的改制是将旧制的kg/cm^2改为Pa，方法是，另配一套以MPa为计量单位的专用砝码。弹簧式压力表的改制一是更换成以MPa为计量单位的新表盘，二是利用原表盘改动其字码。液体压力计是将mmHg和mmH_2O改为Pa，一是更换刻度标尺，二是采用单位换算的方法，换算公式：$1Pa=7.50064\times10^{-3}mmHg=1.01912\times10^{-4}mmH_2O$。真空计的改制是将Torr（相当于mmHg）改为Pa，一是更换表头度盘，二是用单位换算的方法，换算公式：$1Pa=7.50064\times10^{-3}Torr$。其他压力仪表的改制，大部分是将mmHg和毫巴（mbar）改为Pa。真空仪表计量单位改制从1987年5月开始。真空仪表种类较多，改制方法较复杂，河南省组织有关真空计生产厂进行改制，改制后的真空仪表一律经河南省计量所检定合格后才准予使用。各市、地计量部门还将真空仪表的改制列入计量定级升级检查项目之列。

血压计、血压表计量单位的改制从1988年1月开始，年底基本结束。血压计、血压表计量单位的改制采用双刻度的形式，改制后的血压计、血压表其刻度以kPa单位为主，同时保留mmHg单位，其换算关系：1 mmHg=0.13332 kPa，例如，300 mmHg=40 kPa（修约到个位）。标准血压计计量单位的改制采取更换双刻度标尺的办法，一律在原mmHg的单位上增加kPa单位，原表测量上限300mmHg改为300分格，以满足同时检定kPa和mmHg两种刻度的需要。对于无法更换刻度尺的标准血压计，采取更新设备的办法解决。台式血压计计量单位的改制方法是把原血压计标尺一侧换成kPa刻度，使其成为kPa和mmHg的双刻度形式。血压表计量单位的改制方法为更换kPa和mmHg的双刻度表盘，检定后分别给出kPa和mmHg单位的数值。

1993年国家技术监督局、卫生部和国家医药管理局联合发文，对血压计量单位的使用做了相应的补充规定，考虑到我国国情并借鉴国际上其他主要国家血压计量单位的使用情况，规定可以使用千帕斯卡（kPa）和毫米汞柱（mmHg）两种血压计量单位。即在临床病历、体检报告、诊断证明、医疗证明、医疗记录等非出版物中可使用毫米汞柱（mmHg）或千帕斯卡（kPa）。在出版物及血压计使用说明中可使用千帕斯卡（kPa）或毫米汞柱（mmHg），但如果使用毫米汞柱（mmHg）应注明与kPa的换算关系。根据国际交流和国外期刊的需要，可任意选用mmHg或kPa。

量提计量单位改制从1988年3月开始，是将现行的标注质量（重量）法定计量单位的克、千克，改为只能标注容量法定计量单位的毫升、升。新制造的量提，一律标注容量单位。根据JJG 19—85《量提》，结合河南省使用习惯，统一实行6种规格量提（0.05升、0.1升、0.2升、0.25升、0.5升、1升）。

河南省组织生产各种压力表盘13万个，米尺11万支，量提检定用容量标准球200套。各地还从外地购进一批特殊用压力表盘。河南省计量所、郑州、开封、洛阳等市举办压力仪表和力值改制技术人员培训班6期，培训300余人；河南省化工研究所以师带徒培训压力表改制技术人员60余名。

商业部门直接涉及人民群众日常生活，影响面广，推行工作困难。1986年10月，河南省计量局、省商管委、省粮食局、省供销社联合组成检查组，重点抽查郑州、开封、洛阳、新乡、许昌等市及部分所辖县。主要检查法定计量单位知识的宣传普及情况；公文、统计报表、账表卡、发票货单、新印刷的票证、新编印的资料、包装装潢等使用法定计量单位情况；计量器具更新改制情况以及下一步更新改制计划。通过这次检查活动，河南省各地商业、粮食、供销系统的推行工作取得了新的进展。

1989年11月28日，河南省技监局、省轻工业厅联合转发国家轻工业部、国家技术监督局的文件，要求自行车、日用保温容器等轻工产品认真实行法定计量单位，自行车车轮直径使用mm，日用保温容器容量使用l(升)。

1990年3月14日，河南省技监局向河南省政府呈送《关于加速推行法定计量单位迎接国家对我省检查验收的报告》。3月22日，河南省技监局印发《河南省推行法定计量单位检查验收办法》，对检查验收的范围、内容、要求、评分标准、程序、组织、时间安排及结果的处理作具体规定。4月19日，河南省政府批转河南省技监局《关于加速推行法定计量单位工作意见的报告》，各地很快进行安排部署。截至6月底，全省以政府或行署名义行文的有郑州、开封、洛阳、新乡、许昌、焦作、漯河、鹤壁、三门峡、南阳、商丘等11个市、地。不少市、地和部门专门成立主要领导同志挂帅的“推行法定计量单位检查验收领导小组”。在检查验收过程中，各市、地、部门印制、张贴各种宣传材料，举办检查验收学习班，召开检查验收工作会议，并结合企业、事业单位的计量定级、升级、计量标准考核、计量认证、计量授权、计量信得过、产品创优评优和“计量宣传周”等活动，再次广泛开展法定计量单位的宣贯、推行工作。截至8月底，各地区、各部门对照检查验收评分标准基本完成自查验收工作。12月12日至19日，由河南省技监局戴式祖局长任组长，郭欣、张祥林副局长任副组长的检查组，依照《实施法定计量单位检查考核表》，分三个分组对我省6个市（地）、部门的20个单位进行抽查。第一分组抽查机械电子工业厅、河南日报社、省人民医院、省直第一门诊部、省科技出版社，以及驻马店地区行署办公室、地区计量所、集贸市场。第二分组抽查河南师范大学、国营116厂、新乡晚报社，以及安阳市人民商场、市电视台、市医院。第三分组抽查开封计算机研究所、开封市仪表二厂、开封医专，以及周口地区广播电台、地区计量所、集贸市场。其中，新乡市的自查验收工作搞得最好。该市共验收1244家合格单位，市区检查合格率为96.5%，各县（市）抽查合格率为86%。此外，周口市人民广播站领导重视，工作扎实，在抽查验收中得分率为100%。

据各市（地）调查统计，全省7年来在推行法定计量单位的工作中，改制木杆秤305015支，台（案）秤58738台，竹木直尺130000支，血压表18100块，量提23381支，压力表102817块。另外，医疗卫生部门改制量大，涉及200多个计量单位，工作不易协调，相对不尽如人意。1990年12月23日，河南省技监局向河南省政府和国家技术监督局呈送《关于七年来我省实施法定计量单位工作的总结报告》，全面总结河南省7年来实施法定计量单位的工作。河南省实施法定计量单位的理念已深入人心，并已形成一支具有较高技术素质的骨干宣传教育队伍；用于量值传递的各级计量标准器具已改制完毕；市制计量器具已大幅度被取缔，基本禁绝市制计量器具的生产和使用；英制单位的使用受到严格限制；各单位的公文、统计报表等，已认真使用法定计量单位。全省实施法定计量单位总获分率为93.4%，达到了国家技监局的要求，基本上实现国务院规定的向法定计量单位的过渡。

二、改革土地面积计量单位

1990年7月27日，国务院第65次常务会议批准国家技术监督局、国家土地管理局、农业部共同拟定的关于改革我国土地面积计量单位的方案，决定采用的土地面积计量单位名称是：平方公里（100万平方米，km^2），公顷（1万平方米，hm^2），平方米（1平方米，m^2）。1990年12月28日，国家技术监督局、国家土地管理局、农业部发出《关于改革全国土地面积计量单位的通知》，从1992年1月1日起正式应用。1991年3月15日，经河南省政府批准，河南省技监局、省土地管理局、省农牧厅联合转发《关于改革全国土地面积计量单位的通知》，要求逐步采用新的土地面积计量单位。自1992年1月1日起，在统计工作和对外签约中一律使用规定的土地面积计量单位。

1992年3月5日，河南省政府副省长刘源批示：同意改革土地面积计量单位试点工作，除两个省试点县外，各市、地要按照两局一厅的要求，结合当地实际情况选择自己的试点，各级政府和财政部门在经费上要予以支持。为此，1992年河南省财政厅拨专款3万元，河南省技监局向国家技术监督局申请了相应的经费支持。

1992—1993年，新乡县和孟县按计划进行试点工作。孟县1992年6月26日印发《关于我县改革土地面积计量单位实施方案》（孟政〔1992〕66 号），要求各乡、镇和县直各部门贯彻落实。新乡县政府主要领导 1992 年 6 月召开了领导小组全体会议，充分讨论具体的实施办法、步骤，并印发《新乡县改革土地面积计量单位实施方案》（新政〔1992〕95 号），对试点工作目标、措施、方法、步骤及时间安排作具体部署。新乡县、孟县利用广播、电视、录像、宣传图画和文字资料等，开展广泛的宣传活动。孟县主管县长发表电视讲话；新乡县印发宣传材料 600 余份，编印《改革土地面积计量单位问答》600 余套；两县还对有关人员进行了培训。新乡县在小冀镇苗庄换算“土地承包合同书”及“土地清册”。孟县把土地面积汇总表（公顷市亩双轨制）直接发到村组，开始自下而上的换算改制工作，自 1993 年 10 月起，各类公文、报表、契约一律采用新的面积单位。新乡县改制从 1993 年 8 月 10 日到 8 月 30 日结束，全县统一进行换算，在土地征用、土地登记等工作中，一律采用新的土地面积单位。

新乡县、孟县在基本完成改革土地面积计量单位试点任务后，采取不同方法进行了检查验收。孟县印制了《验收标准》，全县 254 个行政村中 234 个村验收合格，合格率 92%，其余 20 个行动迟缓的村，经帮促后也完成了改制工作。新乡县制定了《新乡县土地面积计量单位改革验收细则》，对县直机关和 10 个乡镇、20 个行政村进行检查，共查验文件、稿件、报刊、报表、合同、契约等 4100 余件，其中涉及土地面积计量单位使用的 539 份，改制使用新单位的 476 份，占应改数的 88.3%。20 个行政村改制率平均为 59%。1992 年 11 月，河南省技监局、省土地管理局、农牧厅共同对两试点县进行检查验收，抽查包括县政府办公室在内的县直机关的部分公文、简报和新闻广播稿件，并在两县各抽查一个乡镇。检查结果表明，两试点县的改制工作均达到了河南省要求的检查验收标准。为了促进改革土地面积计量单位的改革工作，国家技术监督局于 1992 年 9 月底对全国各省的先进试点县进行了表彰，河南省新乡县和孟县被授予“全国改革土地面积计量单位先进县”称号。河南省技监局、省土地管理局、省农牧厅 1994 年 1 月 17 日向河南省政府呈报《改革土地面积计量单位试点工作总结》（豫技量发〔1994〕17 号）。

1992 年新乡县、孟县的省级试点启动后，商丘、许昌、郑州、南阳 4 地、市分别在永城县、长葛县、巩义市、南阳市，开展试点工作。1993 年 4 月，河南省技监局又发出《关于进一步做好土地面积计量单位改革试点工作的通知》，除上述 6 个县（市）仍要继续深入开展外，要求其他各市、地也要积极行动起来，结合当地情况确定本地区的一个试点县开展试点工作，以便探索经验，为土地面积计量单位改革全面进行做好准备。河南省人民政府办公厅 1994 年 4 月 15 日印发《批转省技术监督局关于我省全面推行土地面积计量单位改革的报告的通知》（豫政办〔1994〕21 号）（见图 4-2-2），全文如下：

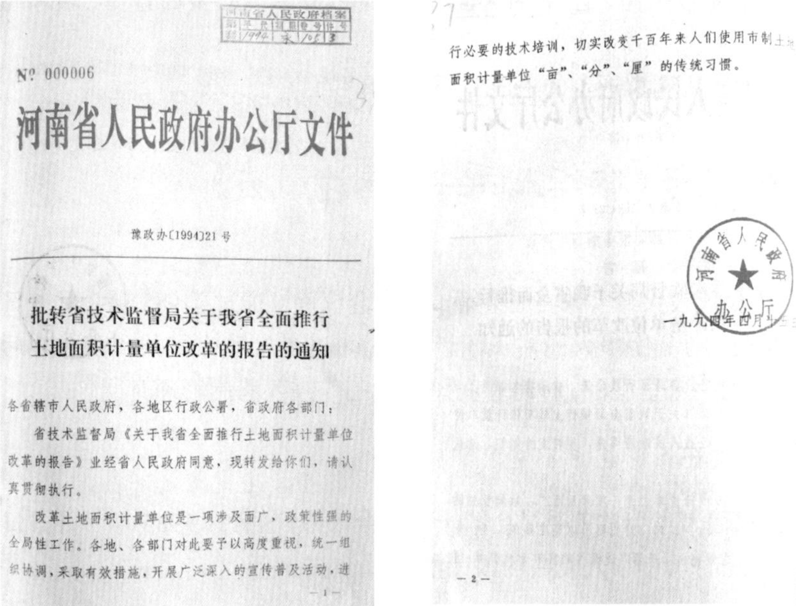
河南省人民政府档案

№ 000006

河南省人民政府办公厅文件

豫政办〔1994〕21 号

批转省技术监督局关于我省全面推行土地面积计量单位改革的报告的通知

各省辖市人民政府，各地区行政公署，省政府各部门：

省技术监督局《关于我省全面推行土地面积计量单位改革的报告》业经省人民政府同意，现转发给你们，请认真贯彻执行。

改革土地面积计量单位是一项涉及面广，政策性强的全局性工作。各地、各部门对此要予以高度重视，统一组织协调，采取有效措施，开展广泛深入的宣传普及活动，进

—1—

行必要的技术培训，切实改变千百年来人们使用市制土地面积计量单位“亩”、“分”、“厘”的传统习惯。

河南省人民政府办公厅

一九九四年四月十五日

—2—

图 4-2-2
1994 年河南省人民政府办公厅批转河南省技术监督局《关于我省全面推行土地面积计量单位改革的报告》

各省辖市人民政府、各地区行政公署、省政府各部门：

省技术监督局《关于我省全面推行土地面积计量单位改革的报告》业经省人民政府同意，现转发给你们，请认真贯彻执行。

改革土地面积计量单位是一项涉及面广，政策性强的全局性工作。各地、各部门对此要予以高度重视，统一组织协调，采取有效措施，开展广泛深入的宣传普及活动，进行必要的技术培训，切实改变千百年来人们使用市制土地面积计量单位“亩”、“分”、“厘”的传统习惯。

河南省人民政府办公厅批转的河南省技术监督局《关于我省全面推行土地面积计量单位改革的报告》的主要内容有（摘录）：

最近，国家技术监督局根据各地试点经验和我国实际情况，提出“力争在本世纪末全面使用新的土地面积计量单位，实现统一土地面积计量单位的最终目标”。为废除历史沿用的市制单位，实现统一我国土地面积计量单位的目标，现提出我省全面推行土地面积计量单位改革的意见如下：

第一，各地要结合当地实际情况制定出本地区的改革土地面积计量单位实施计划，通过试点或借鉴其他地区试点的经验，有步骤向农村推广普及，力争在1998年底以前，全省各行各业要全面采用国家规定的土地面积计量单位。

第二，自1995年起，各级政府机关在公文、统计报表中要一律使用规定的土地面积计量单位。

第三，报纸、刊物、图书、广播、电视，从1995年起要使用规定的土地面积计量单位。

所有再版出版物重新排版时，都要按规定土地面积计量单位进行修订。古籍、文学书籍不在此列。

教育部门在新编教材中要普遍采用规定的土地面积计量单位，必要时可对市制土地面积计量单位予以介绍。

第四，自1995年起，农业科研与技术服务等方面的企事业单位的研究报告、学术论文以及技术信息资料等均要使用规定土地面积计量单位。为方便广大农民群众应用，允许在规定单位之后，将市制单位写在括号内。

第五，自1996年起，各人民团体、企事业单位的公文、统计和农村新签订或重新签订的合同、契约要一律使用规定的土地面积计量单位。

第六，自1999年起，全省各行业要全面采用国家规定的土地面积计量单位，不允许再使用市制土地面积计量单位。

第七，改革土地面积计量单位需要改变人们千百年来的习惯，是一项涉及面广，政策性强的全局性工作。各级政府要统一组织和领导，开展广泛深入宣传、普及活动，提高全社会对改革土地面积计量单位重要意义的认识。要采取有效措施，进行各种形式的培训，并给以必要的宣传、培训经费，所需费用应纳入各级财政预算。

全省各行业从1999年起，已全面采用国家规定的土地面积计量单位。

第三节　贯彻实施《中华人民共和国计量法》

1985年9月6日，第六届全国人民代表大会常务委员会第十二次会议审议通过，1985年9月6日中华人民共和国主席令第二十八号公布了《中华人民共和国计量法》。这是中华人民共和国成立后的第一部计量法律，是中国计量史上的一座里程碑，标志着我国计量工作进入法制管理时期。

一、《中华人民共和国计量法》颁布

1985年9月6日第六届全国人民代表大会常务委员会第十二次会议审议通过，1985年9月6日中华人民共和国主席令第二十八号公布了《中华人民共和国计量法》，全文如下：

中华人民共和国计量法

（1985 年 9 月 6 日第六届全国人民代表大会常务委员会第十二次会议审议通过 1985 年 9 月 6 日中华人民共和国主席令第二十八号公布 自 1986 年 7 月 1 日起施行）

第一章 总 则

第一条 为了加强计量监督管理，保障国家计量单位制的统一和量值的准确可靠，有利于生产、贸易和科学技术的发展，适应社会主义现代化建设的需要，维护国家、人民的利益，制定本法。

第二条 在中华人民共和国境内，建立计量基准器具、计量标准器具，进行计量检定，制造、修理、销售、使用计量器具，必须遵守本法。

第三条 国家采用国际单位制。

国际单位制计量单位和国家选定的其他计量单位，为国家法定计量单位。国家法定计量单位的名称、符号由国务院公布。

非国家法定计量单位应当废除。废除的办法由国务院制定。

第四条 国务院计量行政部门对全国计量工作实施统一监督管理。

县级以上地方人民政府计量行政部门对本行政区域内的计量工作实施监督管理。

第二章 计量基准器具、计量标准器具和计量检定

第五条 国务院计量行政部门负责建立各种计量基准器具，作为统一全国量值的最高依据。

第六条 县级以上地方人民政府计量行政部门根据本地区的需要，建立社会公用计量标准器具，经上级人民政府计量行政部门主持考核合格后使用。

第七条 国务院有关主管部门和省、自治区、直辖市人民政府有关主管部门，根据本部门的特殊需要，可以建立本部门使用的计量标准器具，其各项最高计量标准器具经同级人民政府计量行政部门主持考核合格后使用。

第八条 企业、事业单位根据需要，可以建立本单位使用的计量标准器具，其各项最高计量标准器具经有关人民政府计量行政部门主持考核合格后使用。

第九条 县级以上人民政府计量行政部门对社会公用计量标准器具，部门和企业、事业单位使用的最高计量标准器具，以及用于贸易结算、安全防护、医疗卫生、环境监测方面的列入强制检定目录的工作计量器具，实行强制检定。未按照规定申请检定或者检定不合格的，不得使用。实行强制检定的工作计量器具的目录和管理办法，由国务院制定。

对前款规定以外的其他计量标准器具和工作计量器具，使用单位应当自行定期检定或者送其他计量检定机构检定，县级以上人民政府计量行政部门应当进行监督检查。

第十条 计量检定必须按照国家计量检定系统表进行。国家计量检定系统表由国务院计量行政部门制定。

计量检定必须执行计量检定规程。国家计量检定规程由国务院计量行政部门制定。没有国家计量检定规程的，由国务院有关主管部门和省、自治区、直辖市人民政府计量行政部门分别制定部门计量检定规程和地方计量检定规程，并向国务院计量行政部门备案。

第十一条 计量检定工作应当按照经济合理的原则，就地就近进行。

第三章 计量器具管理

第十二条 制造、修理计量器具的企业、事业单位，必须具备与所制造、修理的计量器具相适应的设施、人员和检定仪器设备，经县级以上人民政府计量行政部门考核合格，取得《制造计量器具许可证》或者《修理计量器具许可证》。

制造、修理计量器具的企业未取得《制造计量器具许可证》或者《修理计量器具许可证》的，工商行政管理部门不予办理营业执照。

第十三条 制造计量器具的企业、事业单位生产本单位未生产过的计量器具新产品，必须经省级以上人民政府计量行政部门对其样品的计量性能考核合格，方可投入生产。

第十四条 未经国务院计量行政部门批准，不得制造、销售和进口国务院规定废除的非法定计量单位的计量器具和国务院禁止使用的其他计量器具。

第十五条 制造、修理计量器具的企业、事业单位必须对制造、修理的计量器具进行检定，保证产品计量性能合格，并对合格产品出具产品合格证。

县级以上人民政府计量行政部门应当对制造、修理的计量器具的质量进行监督检查。

第十六条 进口的计量器具，必须经省级以上人民政府计量行政部门检定合格后，方可销售。

第十七条 使用计量器具不得破坏其准确度，损害国家和消费者的利益。

第十八条 个体工商户可以制造、修理简易的计量器具。

制造、修理计量器具的个体工商户，必须经县级人民政府计量行政部门考核合格，发给《制造计量器具许可证》或者《修理计量器具许可证》后，方可向工商行政管理部门申请营业执照。

个体工商户制造、修理计量器具的范围和管理办法，由国务院计量行政部门制定。

第四章 计量监督

第十九条 县级以上人民政府计量行政部门，根据需要设置计量监督员。计量监督员管理办法，由国务院计量行政部门制定。

第二十条 县级以上人民政府计量行政部门可以根据需要设置计量检定机构，或者授权其他单位的计量检定机构，执行强制检定和其他检定、测试任务。

执行前款规定的检定、测试任务的人员，必须经考核合格。

第二十一条 处理因计量器具准确度所引起的纠纷，以国家计量基准器具或者社会公用计量标准器具检定的数据为准。

第二十二条 为社会提供公证数据的产品质量检验机构，必须经省级以上人民政府计量行政部门对其计量检定、测试的能力和可靠性考核合格。

第五章 法律责任

第二十三条 未取得《制造计量器具许可证》、《修理计量器具许可证》制造或者修理计量器具的，责令停止生产、停止营业，没收违法所得，可以并处罚款。

第二十四条 制造、销售未经考核合格的计量器具新产品的，责令停止制造、销售该种新产品，没收违法所得，可以并处罚款。

第二十五条 制造、修理、销售的计量器具不合格的，没收违法所得，可以并处罚款。

第二十六条 属于强制检定范围的计量器具，未按照规定申请检定或者检定不合格继续使用的，责令停止使用，可以并处罚款。

第二十七条 使用不合格的计量器具或者破坏计量器具准确度，给国家和消费者造成损失的，责令赔偿损失，没收计量器具和违法所得，可以并处罚款。

第二十八条 制造、销售、使用以欺骗消费者为目的的计量器具的，没收计量器具和违法所得，处以罚款；情节严重的，并对个人或者单位直接责任人员按诈骗罪或者投机倒把罪追究刑事责任。

第二十九条 违反本法规定，制造、修理、销售的计量器具不合格，造成人身伤亡或者重大财产损失的，比照《刑法》第一百八十七条的规定，对个人或者单位直接责任人员追究刑事责任。

第三十条 计量监督人员违法失职，情节严重的，依照《刑法》有关规定追究刑事责任；情节轻微的，给予行政处分。

第三十一条 本法规定的行政处罚，由县级以上地方人民政府计量行政部门决定。本法第二十七条规定的行政处罚，也可以由工商行政管理部门决定。

第三十二条 当事人对行政处罚决定不服的，可以在接到处罚通知之日起十五日内向人民法院起诉；对罚款、没收违法所得的行政处罚决定期满不起诉又不履行的，由作出行政处罚决定的机关申请人民法院强制执行。

第六章 附 则

第三十三条 中国人民解放军和国防科技工业系统计量工作的监督管理办法，由国务院、中央军事委员会依据本法另行制定。

第三十四条 国务院计量行政部门根据本法制定实施细则，报国务院批准施行。

第三十五条 本法自1986年7月1日起施行。

二、河南省宣传贯彻实施《计量法》

（一）河南省计量局多次向河南省人大、河南省政府汇报宣传贯彻实施《计量法》的工作

《计量法》颁布后，河南省计量局多次向河南省人大、河南省政府领导汇报宣传贯彻实施《计量法》的工作。1985年9月13日，河南省计量局局长魏翊生向河南省人大副主任纪涵星及河南省人大财经委员会正、副主任汇报全省计量工作情况、当前存在的问题和宣贯、实施《计量法》的意见。9月14日，纪涵星副主任等参观河南省计量所。9月17日，魏翊生局长向省司法厅副厅长吕振卿介绍计量工作情况，并就省计量局、司法厅密切配合，做好《计量法》的宣贯工作和《计量法》施行后的监督执法问题交换意见。9月21日，副省长秦科才到河南省计量所调研；局长魏翊生和副局长张祥林、阴奇向秦科才汇报了全省计量工作现状、实施《计量法》准备工作的意见和《计量法》实施前亟待解决的问题。9—11月，局长魏翊生、副局长张祥林先后赴新乡、许昌、周口3个地区和新乡、洛阳、开封3个市以及10个县（市）检查《计量法》宣传贯彻和实施准备工作情况，并就实施《计量法》、健全计量行政执法机构等和行署、市、县党委、人大常委会的领导同志交换了意见。11月21日，河南省计量局向省政府呈送《关于实施〈计量法〉的请示报告》，对实施《计量法》有关的计量体制、执法技术手段、执法队伍和宣贯经费问题提出了请示意见。省委常委、副省长秦科才专门听取河南省计量局领导的汇报。12月3日，魏翊生局长第二次向河南省人大副主任纪涵星、郭培鋆作了汇报。12月30日，河南省人大常委会发出《关于印发省人大财经委员会〈关于计量法的宣传计划〉的通知》。

（二）河南省人大通过《关于实施〈中华人民共和国计量法〉的决议》

1986年1月19日，在河南省六届人大常委会第十八次会议上，河南省计量局局长魏翊生受河南省政府的委托，向大会汇报《计量法》的宣传贯彻问题。1月25日，河南省六届人大常委会第十八次会议通过了《关于实施〈中华人民共和国计量法〉的决议》（见图4-3-1）。

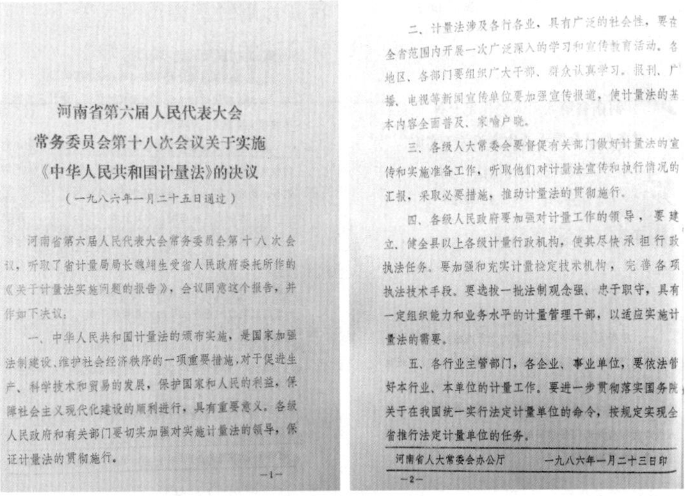
河南省第六届人民代表大会
常务委员会第十八次会议关于实施
《中华人民共和国计量法》的决议
（一九八六年一月二十五日通过）

河南省第六届人民代表大会常务委员会第十八次会议，听取了省计量局局长魏翊生受省人民政府委托所作的《关于计量法实施问题的报告》，会议同意这个报告，并作如下决议：

一、中华人民共和国计量法的颁布实施，是国家加强法制建设、维护社会经济秩序的一项重要措施，对于促进生产、科学技术和贸易的发展，保护国家和人民的利益，保障社会主义现代化建设的顺利进行，具有重要意义。各级人民政府和有关部门要切实加强对实施计量法的领导，保证计量法的贯彻施行。

—1—

二、计量法涉及各行各业，具有广泛的社会性，要在全省范围内开展一次广泛深入的学习和宣传教育活动。各地区、各部门要组织广大干部、群众认真学习。报刊、广播、电视等新闻宣传单位要加强宣传报道，使计量法的基本内容全面普及、家喻户晓。

三、各级人大常委会要督促有关部门做好计量法的宣传和实施准备工作，听取他们对计量法宣传和执行情况的汇报，采取必要措施，推动计量法的贯彻施行。

四、各级人民政府要加强对计量工作的领导，要建立、健全县以上各级计量行政机构，使其尽快承担行政执法任务。要加强和充实计量检定技术机构，完善各项执法技术手段。要选拔一批法制观念强、忠于职守，具有一定组织能力和业务水平的计量管理干部，以适应实施计量法的需要。

五、各行业主管部门，各企业、事业单位，要依法管好本行业、本单位的计量工作。要进一步贯彻落实国务院关于在我国统一实行法定计量单位的命令，按规定实现全省推行法定计量单位的任务。

河南省人大常委会办公厅　　一九八六年一月二十三日印

—2—

图4-3-1
1986年河南省人大常委会通过《关于实施〈中华人民共和国计量法〉的决议》

《决议》提出了五条要求：

第一，中华人民共和国计量法的颁布实施，是国家加强法制建设、维护社会主义经济秩序的一项重要措施，对于促进生产、科学技术和贸易的发展，保护国家和人民的利益，保障社会主义现代化建设的顺利进行，具有重要的意义。各级人民政府和有关部门要切实加强对实施计量法的领导，保证计量法的贯彻施行。

第二，计量法涉及各行各业，具有广泛的社会性，要在全省范围内开展一次广泛深入的学习和宣传教育活动。各地区、各部门要组织广大干部、群众认真学习。报刊、广播、电视等新闻宣传单位要加强宣传报道，使计量法的基本内容全面普及、家喻户晓。

第三，各级人大常委会要督促有关部门做好计量法的宣传和实施准备工作，听取他们对计量法宣传和执行情况的汇报，采取必要措施，推动计量法的贯彻施行。

第四，各级人民政府要加强对计量工作的领导，要建立、健全县以上各级计量行政机构，使其尽快承担行政执法任务。要加强和充实计量检定技术机构，完善各项执法技术手段。要选拔一批法制观念强、忠于职守，具有一定组织能力和业务水平的计量管理干部，以适应实施计量法的需要。

第五，各行业主管部门，各企业、事业单位，要依法管好本行业、本单位的计量工作。要进一步贯彻落实国务院关于在我国统一实行法定计量单位的命令，按规定实现全省推行法定计量单位的任务。

（三）河南省政府办公厅批转《关于实施〈计量法〉的报告》

河南省政府办公厅 1986 年 4 月 5 日发出《批转省计划经济委员会〈关于实施计量法的报告〉的通知》（豫政办〔1986〕36 号）（见图 4-3-2），全文如下：

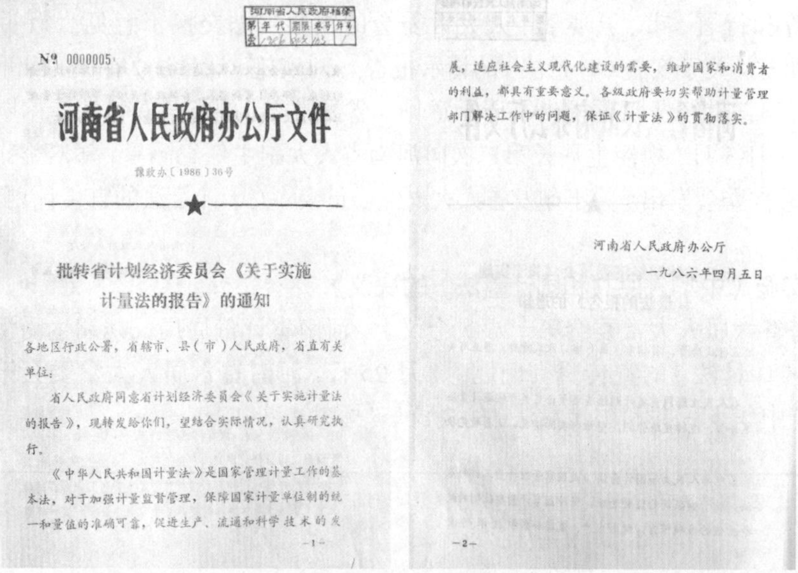

№ 0000005

河南省人民政府办公厅文件

豫政办〔1986〕36号

批转省计划经济委员会《关于实施计量法的报告》的通知

各地区行政公署，省辖市、县（市）人民政府，省直有关单位：

省人民政府同意省计划经济委员会《关于实施计量法的报告》，现转发给你们，望结合实际情况，认真研究执行。

《中华人民共和国计量法》是国家管理计量工作的基本法，对于加强计量监督管理，保障国家计量单位制的统一和量值的准确可靠，促进生产、流通和科学技术的发

-1-

展，适应社会主义现代化建设的需要，维护国家和消费者的利益，都具有重要意义。各级政府要切实帮助计量管理部门解决工作中的问题，保证《计量法》的贯彻落实。

河南省人民政府办公厅

一九八六年四月五日

-2-

图 4-3-2
1986 年河南省政府办公厅《批转省计划经济委员会〈关于实施计量法的报告〉的通知》

各地区行政公署，省辖市、县（市）人民政府，省直有关单位：

省人民政府同意省计划经济委员会《关于实施计量法的报告》，现转发给你们，望结合实际情况，认真研究执行。《中华人民共和国计量法》是国家管理计量工作的基本法，对于加强计量监督管理，保障国家计量单位制的统一和量值的准确可靠，促进生产、流通和科学技术的发展，适应社会主义现代化建设的需要，维护国家和消费者的利益，都具有重要意义。各级政府要切实帮助计量管理部门解决工作中的问题，保证《计量法》的贯彻落实。

河南省计划经济委员会 1985 年 11 月 21 日向河南省政府报送的《关于实施计量法的报告》的主要内容：

为了做好实施计量法的准备工作，根据计量法的规定和我省计量工作的实际情况，现就有关问

题和我们的意见报告如下：第一、关于健全计量机构的问题：目前，全省十七个地、市，只有郑州、开封、洛阳、新乡、安阳、平顶山、濮阳市和驻马店地区等建立了政府计量行政部门。其余九个地、市和一百一十五个县（市）及市辖区计量所，不属于政府的计量行政部门，主要从事计量器政监督管理职能，配备监督管理人员。编制由各级政府研究确定。第二、关于增加计量检测技术手段问题：经国家计量局考核批准，省计量局现已建立了长度、热学、力学、电磁、无线电、化学、声学、时间频率、电离辐射等九类、二十九项、九十三种计量标准（国家计量标准有十类、六十七项、二百九十一种）；地、市计量部门一般都建立了长度、热学、力学、电磁等部分计量标准；县级计量部门一般也建立了长度、力学等部分计量标准。但目前我省的计量标准品种少、等级低，与经济发展的需要很不适应。省计量局需要增建四十种计量标准。地、市、县需要增建的更多。为了尽快地把强制管理的计量检测手段建立起来，各级财政要有计划地给计量部门一定的投资，逐年予以解决。第三、关于完善执法队伍问题。我省计量管理队伍非常薄弱，全省计量部门专职管理人员只有七十九人。计量法要求县以上人民政府计量行政部门设置计量监督员。计量监督员是执法人员，建议各级政府的人事部门，要在计量法实施之前，协助各级计量部门适当地充实、调整一批法制观念强、忠于职守、正直无私、有一定组织能力的干部到计量管理岗位上来。经过培训，组成一支精干的计量执法队伍。第四、关于解决宣传计量法的经费问题：建议各级财政根据各地情况，适当地增拨一定的专项费用，以保证计量法宣传贯彻工作顺利进行。以上报告，如无不妥，请批转执行。

河南省宣传贯彻实施《计量法》在全省全面展开。

（四）召开宣传贯彻《计量法》大会

1986 年 3 月 8 日，河南省政府在郑州召开河南省宣传贯彻《计量法》大会。省政府副省长秦科才、省人大常委会副主任丁石、省政协副主席闫济民、国家计量局副局长孟昭仟分别作重要讲话。各地（市）专员（市长），经委、财委主任，各县县长，省直部、委、厅、局，中央部属在郑单位、郑州市部分市直单位、大专院校，部队院校、新闻单位，大、中型厂矿企业科研单位，省和部分地、市、县计量局（办、所）等负责同志、干部和计量监督管理人员等 1000 余人参加了大会。河南省政府办公厅孙光华副秘书长主持会议。4 月 25 日，河南省计量局将“河南省宣传贯彻《计量法》大会文件”印发给各地、市、县计量局（办、所）。据统计，为贯彻实施《计量法》，有 97 个市、地、县作了决议，发了通知，有 108 个地、市、县召开了宣传贯彻《计量法》大会。5 月 28 日，河南省计经委、河南省计量局联合发出《关于认真贯彻执行豫政办〔1986〕36 号文的通知》，要求各地区行政公署，省辖市、县（市）人民政府在 1986 年 7 月 1 日前要建立健全各地、市、县（市）人民政府计量行政机构，增加计量检测技术手段，完善计量执法队伍，解决宣传实施《计量法》的经费问题，确保《计量法》的贯彻和施行。7 月 1 日，河南省人大副主任纪涵星发表“认真贯彻实施《计量法》”的电视讲话，河南省广播电台也播发了有关《计量法》的广播讲话。

1986 年 9 月 6 日，“河南省暨郑州市庆祝《计量法》颁布一周年大会”在河南人民会堂举行，2000 人参加大会。河南省政府副省长赵正夫、省人大常委会副主任范濂、省政协副主席郝福鸿、省计经委副主任杨显明、省计量局局长魏翊生、省司法厅副厅长吕振卿、省检察院副检察长李伟、省法院副院长钱晔，郑州市政府副市长杨铁林、市人大秘书长吴天保、市政协副主席王树廉等出席会议。国家计量局给大会发来了贺电。赵正夫、范濂、杨铁林等省、市领导讲了话。杨显明副主任宣读了河南省第一批计量监督员名单，郑州市经委陈嘉洪副主任宣布郑州市获得《制造计量器具许可证》企业名单和获得计量定级合格证书的企业名单。

（五）宣传贯彻《计量法实施细则》

1987 年 2 月 1 日，《中华人民共和国计量法实施细则》发布实施。7 月 23 日，河南省计量局发文，有计划地在全省贯彻实施《计量法》和《计量法实施细则》，对实行国家法定计量单位，各级社会公用计量标准的考核发证，部门和企业、事业单位最高计量标准的考核发证，计量检定人员的考核发证，建立健全全省计量监督管理体系，实行强制检定计量器具的管理，制造和修理计量器具的考核发证，产品质量检验机构的计量认证，计量授权，制订地方计量法规，工业企业计量定级、升级等

11 方面的工作进行了部署。

（六）编制宣传贯彻《计量法》剧本和电视剧

1. 1988 年 2 月 6 日，省计量局在郑州召开宣传贯彻《计量法》新闻界座谈会。河南日报、河南电视台等 13 家河南省、郑州市新闻单位 16 人参加此次座谈会。

2. 在宣传贯彻《计量法》工作中，河南省计量局先后印发《计量法》布告 20000 份，《计量法》单行本 10000 份，全省各级计量部门共编印材料 141000 册（张）。建立 3 个计量法制宣传栏，组织编写了有关宣传文章。河南省计量局与新乡市文化局等联合组织编写电视剧《黄河岸边》《生死攸关》两个剧本；与省电视台合作，录制了电视小品《生活与计量》；与省广播电视厅联合编导了电视报道剧。

3. 制作我国第一部宣传贯彻《计量法》的电视剧《死亡调查报告》

《计量法》颁布过后，为采取多种形式宣贯《计量法》，经过河南省计量局组织有关人员充分酝酿讨论向国家计量局推荐了一部因计量器具不准造成人身伤害方面的剧本。故事情节大致是一位在生产一线的工作人员，因突发事故到医院检查，由于医用仪器长期未经计量检定，计量数据不准，病人超剂量接受射线检查与治疗，致使病人死亡，后经调查发现病人死亡原因是计量器具不准造成的医疗事故所致，给病人家庭和社会造成极大伤害。此剧本报国家计量局后，国家计量局很重视，提出联合摄制该剧，经费由国家计量局出资 3 万元，河南省出资 2 万元，制作完成后赶在《计量法》实施前在中央电视台播出，推动全国宣传贯彻《计量法》。

河南省计量局经协商决定由新乡文化局具体承办该剧的制作，河南省计量局作为制片和监制。总政文工团团长、中国音协副主席时乐濛担任该片顾问和作曲，总政文工团师职作曲家陆祖龙联合作曲。八一电影制片厂曲维甲担任编剧、导演。该剧在新乡辉县拍外景，后期制作在北京，总政文工团、歌舞团为该剧免费演唱、配音录制。经努力该剧在预定时间完成后，经河南省计量局和新乡文化局双方领导审定后报国家计量局，国家计量局审定后报中央电视台。在此期间，在北京请有关领导和专家审阅，特别是请八一电影制片厂师职著名作家王愿坚、中央电视台有关领导和专家审定后，一致同意在《计量法》正式实施之前，由中央电视台安排黄金时间播出。该剧于 1986 年 6 月 22 日晚在中央电视台播出，之后又播出一次。北京几家报纸、河南日报、郑州晚报等河南有关新闻单位同时进行了报道，并配发了剧照，在社会上引起了一定反响，达到了宣传《计量法》重要性的预期效果，推动了《计量法》的宣传贯彻工作。

三、贯彻实施《计量法》大检查

1988 年 4 月，国务院法制局、国家计量局印发《关于对〈计量法〉实施情况进行全面检查的通知》，决定在全国对《计量法》两年来的实施情况进行一次全面检查。检查内容：全面检查《计量法》及其实施细则关于法定计量单位、计量检定、计量认证、计量器具质量监督，部门、企业、事业单位计量工作和各项规定贯彻执行情况和执法工作情况等。所有检查项目均进行评分。

1988 年 5 月 26 日，省人大常委会办公厅印发《关于对〈计量法〉实施情况进行检查的通知》。6 月 4 日，河南省政府法制局、河南省计量局联合转发了国务院法制局、国家计量局《关于对〈计量法〉实施情况进行全面检查的通知》。1988 年 8 月 1 日，河南省政府办公厅召开《计量法》实施情况检查工作会议。8 月 30 日，河南省大常委会办公厅发出 1109 号传真电报通知，决定 9 月 5 日至 20 日开展全省实施《计量法》情况检查，组建检查团及其组成人员，要求各市、地做好准备并组织当地全国或省人大代表 2 ~ 3 人随团活动参加。

9 月 2 日，省人大常委会副主任郭培鋆召开河南省《计量法》检查团全体人员会议，安排全省的检查工作，通过河南省《计量法》实施情况检查团组成名单：河南省人大常委会副主任郭培鋆任团长，省政府副秘书长刘书祥、省人大财经委副主任常保琦、省人大教科文卫委副主任李光照、省人大常委会委员何家濂、省人大财经委委员王荣业任副团长；检查团下设 4 个分团：豫北分团、豫南分团、豫东分团、豫西分团，其中：豫东分团团长为河南省计量局局长魏翊生，豫南分团团长为省人大教科文卫委副主任李光照、副团长为河南省计量局办公室副主任程新选。9 月 5 日，各检查分团启程分赴全省各市、地进行《计量法》实施情况的检查工作，24 日全部检查结束，历时 20 天。河南省《计量法》检查团共检查全省 12 个市，5 个地区，23 个县（市），31 个计量局（办），28 个计量检定所，33 个行业主管部门，16 个供电局（所），17 个统计局，16 个报社，17 个市、地政府、行署的文件，50 家工业企业，24 家制造计量器具企业，10 家修理计量器具企业，34 家个体工商户，36 个医院，44 个商店，33 个集贸市场。共抽查报纸 32 份，政府文件 90 份，统计报表 46 份，商品标价签 880 个，商贸计量器具 660 台（件），医用计量器具 144 台（件），授权电力部门执行强制检定的电能表 128 只，制造计量器具生产厂的 95 种产品。这次检查的重点是《计量法》及其《实施细则》关于法定计量单位，计量检定、计量认证、计量器具质量监督，以及部门，企业、事业单位计量工作各项规定的落实情况。根据各部门不同情况，分别侧重检查统计局 1988 年上半年各种统计报表、《河南日报》等 7 月的法定计量单位的使用情况、河南广播电台等单位 7 月播出的广告和文稿、企业及商店的统计报表、商品标价、医疗卫生单位使用的并列入强制检定目录的计量器具强制检定情况，以及产品质量检验机构的计量认证情况等。

1988 年 10 月 6 日至 10 月 9 日，由全国人大法工委、国家法制局、国家技术监督局、中南六省计量局组成的 24 人的国家检查团对河南省《计量法》实施情况进行检查。10 月 6 日上午，召开汇报会议。检查组全体人员、河南省政府副秘书长刘书祥、省政府法制局负责人栗公武，省计量局局长魏翊生、副局长张祥林等 33 人参加会议。刘书祥主持会议。魏翊生代表河南省政府向检查组汇报《河南省〈计量法〉实施情况自查总结》。国家技监局监督检查司副处长赵威和检查组组长、湖北省计量局副局长刘锡麟讲了这次检查的目的、要求和方法步骤。检查团共分 5 个工作小组，在郑州市和新乡市进行检查。检查组共抽查 2 个政府机关、4 个主管部门、3 个事业单位、4 个新闻单位、5 个工厂、4 个医院、3 个综合商店、3 个集贸市场、14 个个体工商户，总共 42 个单位，抽查了政府文件 58 份，统计报表 3 份，报纸 5 天 10 张，电视广告、电台广播稿 10 件，计量标准 151 套，计量器具 48 件，物价标价签 30 种，各种证件（制造、修理计量器具许可证、检定员证、样机试验证书、型式批准书、计量认证证书、最高计量标准证书、社会公用计量标准等）275 件。10 月 9 日，检查组向河南省通报检查结果和评议意见。按国家计量局制定的三大部分，34 个计分检查项目，以 500 分制量化评分标准，经逐项检查计分，检查组对河南省的检查评分结果：第一部分，实施《计量法》的组织领导工作：标准分 100 分，检查得满分，计 100 分。第二部分，《计量法》的执行情况：标准分 250 分，检查得分 186.8 分。第三部分，计量执法工作：标准分 150 分，检查得分 131.7 分。三个部分合计标准分 500 分，检查得分 418.5 分，按 100 分制折算为 83.7 分。检查组充分肯定了河南省宣传贯彻实施《计量法》所取得的显著成绩；针对检查反映出来的问题，向河南省提出中肯的建议。

《河南日报》1988 年 10 月 18 日第二版刊登了河南省计量局程新选撰写的《全省计量法检查结束》的报道（见图 4-3-3）。

一些违章单位受到惩罚
许昌肉食品价格低于全省
全省计量法检查结束
价比百家价低 利让万人利高
"老不知足"

图 4-3-3
1988 年河南日报刊载《全省计量法检查结束》的报道

为强化计量执法监督，河南省技监局于 1989 年 10 月 20 日至 11 月 10 日对部分市、地贯彻实施《计量法》的情况进行一次监督抽查。为保证《计量法》在河南省进一步贯彻实施，落实国家技术监督局、国务院法制局关于《检查〈计量法〉的实施情况及建议》，1990 年 8 月，河南省技监局、河南省政府法制局联合向河南省政府呈报，报道《关于落实国家技术监督局、国务院法制局进一步实施〈计量法〉的建议的意见》，提出从加强计量行政执法机构的建设、加强计量技术机构的建设、解决经费渠道、开展计量法制宣传教育、加强计量职业教育等五个方面采取有效措施，进一步贯彻实施《计量法》。

第四节 实施计量行政执法

依据《计量法》规定，河南省计量局根据需要设置计量监督员，在全国首创计量监督文书格式，在全省开展计量行政执法，推动了《计量法》的宣传贯彻实施。

一、任命计量监督员

计量监督员是具有专门职能的计量执法人员，负责在规定的区域、场所巡回检查，并可根据不同情况在规定的权限内对违反计量法律、法规的行为，进行现场处理，执行行政处罚。1986 年 4 月，河南省计量局举办了第一期地、市、县级计量监督员培训班（见图 4-4-1）。

图 4-4-1
1986 年河南省第一期计量监督员培训班
河南省计量局局长魏翊生（第二排左九）、副局长张祥林（第二排左三）、副局长阴奇（第二排左八）、局办公室副主任程新选（第二排左十）、局计量管理处副处长张隆上（第二排左二）、局计量管理处副处长张玉玺（第二排左五）、张景信（第二排左六）、徐敦圣（第二排左四）

根据《计量法》规定，经国家计量局和河南省计量局分别培训考核，1986 年 8 月 29 日，河南省计量局批准任命河南省第一批计量监督员，并颁发“中华人民共和国计量监督员证”和“中国计量监督”证章。河南省首批计量监督员共 27 人：张玉玺、张景信、徐敦圣、骆钦华、于雁军、孙素文（女）、樊汴明、顾宏康、东庙森、李静、夏玉荣（女）、李荣华、秦彪、王广中、刘印海、谢巧云（女）、王相友、李付章、张淑静（女）、尹洪山、胜庚雪、谢振启、曹岱智、张有生、张运昌、杨学东、窦俱全。1986 年 11 月 20 日，河南省计量局任命张隆上等 92 人为计量监督员。1986 年 12 月 2 日至 6 日，河南省计量局在信阳市召开全省计量监督会议，讨论实施计量监督中的有关问题，并就“计量监督文书”的实施和使用进行了培训。1987 年 6 月，河南省计量局任命周顺堂等 140 人为计量监督员。1988 年河南省计量局任命李凯军等 209 人为计量监督员。截至 1988 年年底，全省已任命的计量监督员共计 468 名。计量监督员对维护《计量法》的权威，推动《计量法》实施，保障国家和人民的利益，发挥了重要作用。

1989 年河南省唐河县标准计量办公室制定《唐河县义务计量监督员管理办法》《义务计量监督员案件处理汇报制度》，在 20 个乡、镇建立义务计量监督网络。当年，乡、镇义务计量监督员处理计量违法案件 279 起，在社会上起到了良好的作用。

二、河南省首创计量监督文书格式

1986 年 6 月在河南省计量局召开的地、市和部分县计量局（所）长《计量法》研讨会上，潢川县计量所介绍他们在潢川县人民检察院、潢川县人民法院的帮助和指导下，编制用于处理计量违法案件的 6 种计量监督文书格式，受到与会同志的好评。在征求国家计量局有关同志的意见后，河南省计量局决定由潢川县和商丘地区从《计量法》开始施行起进行试用。同年 11 月，河南省计量局编制成了一套比较完整的，适用于县级以上政府计量行政部门处理计量违法、计量纠纷案件和进行计量技术仲裁的 25 种计量监督文书格式。11 月 27 日，河南省计量局印发《关于统一使用计量监督文书的通知》，决定从 1987 年 1 月 1 日起在全省试用。计量监督文书格式样本共 25 种，分别为：计量监督卷宗；计量监督副卷；卷宗目录；现场检查笔录；封存（扣押）计量器具通知书；暂时控制通知书；立案审批表；应诉通知书；调查笔录；调查委托书；结案审批表；行政处罚报批表；计量违法案件移送书；行政处罚决定通知书；行政处罚决定执行笔录；没收计量器具清单（三联）；强制执行申请书；建议书；计量监督现场处罚单（三联）；计量纠纷调查笔录；调解书；计量仲裁检定承办通知书；计量仲裁检定结果通知书；通知；送达回证。附件：申诉书附件；法定代表人证明书；授权委托书；计量仲裁检定申请（委托）书。计量监督文书格式的试用，取得了良好的效果，有力地推动了《计量法》的实施，充分显示了统一的、规范的计量监督文书的重要作用（见图 4-4-2~ 图 4-4-4）。

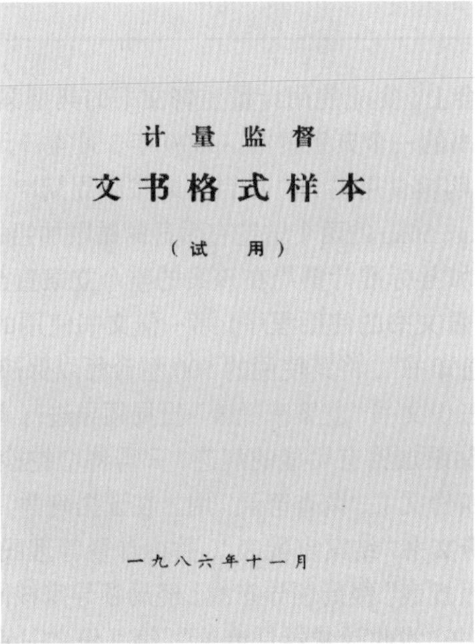

计 量 监 督

文 书 格 式 样 本

（试　用）

一九八六年十一月

图 4-4-2　计量监督文书的封面

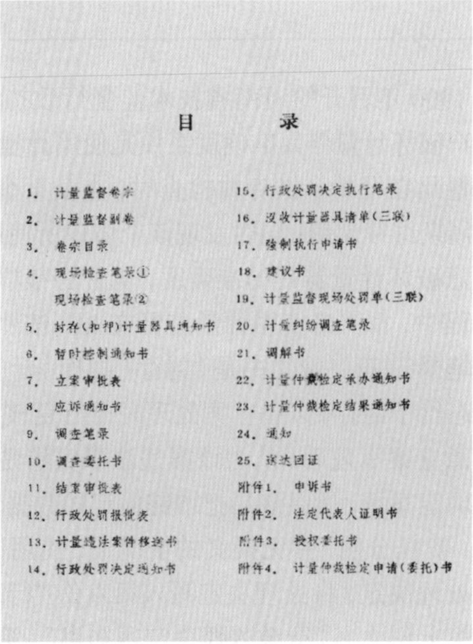

目　　录

1. 计量监督卷宗
2. 计量监督副卷
3. 卷宗目录
4. 现场检查笔录①
   现场检查笔录②
5. 封存（扣押）计量器具通知书
6. 暂时控制通知书
7. 立案审批表
8. 应诉通知书
9. 调查笔录
10. 调查委托书
11. 结案审批表
12. 行政处罚报批表
13. 计量违法案件移送书
14. 行政处罚决定通知书
15. 行政处罚决定执行笔录
16. 没收计量器具清单（三联）
17. 强制执行申请书
18. 建议书
19. 计量监督现场处罚单（三联）
20. 计量纠纷调查笔录
21. 调解书
22. 计量仲裁检定承办通知书
23. 计量仲裁检定结果通知书
24. 通知
25. 送达回证

附件1. 申诉书
附件2. 法定代表人证明书
附件3. 授权委托书
附件4. 计量仲裁检定申请（委托）书

图 4-4-3　计量监督文书的目录

1987 年 7 月在山东省烟台市召开的全国计量监督员工作经验交流会上，河南省计量局介绍河南省试用计量监督文书的情况。河南省计量局将半年多来河南省各地试用统一的计量监督文书的情况，于 1987 年 8 月 31 日上报国家计量局。河南省计量局在全国首创的计量监督文书格式受到国家计量局的肯定和表扬。为了健全计量执法程序，提高计量执法水平，国家计量局在河南省制定的执行文书的基础上，修改制定一套“计量监督文书”格式。1988 年 4 月 15 日，国家计量局印发《关于发送计量监督文书格式的函》，将该文书格式及使用说明发至全国各省、自治区、直辖市（标准）计量局、各计划单列市（标准计量局）、各国家专业计量站。要求各地结合当地实际情况试用。有关购买“计量监督文书”事宜，可直接与河南省计量局联系。《中国计量》1987 年第 11 期刊载了河南省计量局程新选的《执法中发挥计量监督文书的作用》的文章，介绍河南省计量局首创“计量监督文书格式”的做法、经验、使用效果和作用，受到广泛关注和肯定。

（　　）计监封字第　　号

计 量 监 督

封存(扣押)计量器具通知书

(　　)计监封字(　　)第　　号

______________：

你单位________的下列计量器具______________

______________________________根据《中华人民共和国计量法》第　　条、《中华人民共和国计量法实施细则》第　　条规定，予以封存(扣押)。

1. 封存期限：

2. 在封存期间，不准使用、销售或转移；不得改变其技术状态。

封存计量器具清单

计量器具名称	规格型号	数　量	存放、安装地点

被封存(扣押)单位代表人：

见 证 人：姓名________工作单位________

执行人员：　　　　　　(计量监督印章)

记 录 员：　　　　　　年　　月　　日

图 4-4-4

计量监督封存（扣押）计量器具通知书

在 1990 年召开的河南省技术监督行政执法研讨会上，交流使用计量监督文书的典型案例。永城个体户破坏计量器具准确度案便是使用计量监督文书的一个典型案例。1990 年 3 月 4 日，永城县标准计量局在马桥乡洪寺村检查时，查获某个体户收购粮食用的 500 型台秤未按照周期申请检定，超检定周期继续使用；同时发现该个体户所使用的 25kg、50kg 的两个增砣有明显的钻眼加铅的痕迹，实属有意破坏计量器具的准确度，坑害售粮群众。永城县标准计量局在该案的整个立案直至结案、处罚过程中，都严格使用计量监督文书。按照计量监督文书的使用程序，第一份文书使用的是“现场检查笔录”，第二份文书是“封存（扣押）计量器具通知书”，将其使用的 500 型台秤以保持原来的技术状态给予封存，以备立案处理时再行复核用。第三份文书“立案审批表”报局领导进行审批，局领导同意立案审理后，认为该案违法事实清楚，增砣钻眼加铅有明显的痕迹，只需将增砣检定一下就可以确定案情，所以该局把增砣检定的数据作为第四份文书“调查笔录”用。在证据确凿，违法事实清楚，责任分明，并无疑义的情况下，使用了第五份文书“结案审批表”，并由计量管理股集体研究作出处理决定，将处理决定写入第六份“行政处罚报批表”报局领导审批，经局领导审核同意后，使用了第七份文书“行政处罚决定通知书”，第八份文书“没收计量器具清单”，第九份文书使用“通知”和第十份文书“送达回证”，要求违法人按照处罚决定缴纳罚金，直至送达人将罚金收回，该案结束。

三、计量监督检查和计量行政执法

1986 年 2 月，河南省技监局组织商贸计量大检查，各级政府计量部门的领导亲自带队，检查的对象主要是从事商贸经营的国营、集体、个体门市部、摊点，重点是节日供应的零售和包装商品。这次检查结合 1985 年 12 月 15 日省工商、计量等 5 单位《关于对全省食品生产经营企业进行全面检查的通知》进行。维护了社会主义商业信誉，保护了消费者利益。

1989 年，河南省技监局组建后，把加强法制教育，增强法治观念，充实执法力量，提高人员素质，严格执法等作为重要内容来抓。1989 年全省有专职、兼职行政执法人员 2039 人。任命 532 名计量监督员。1989 年，全省技术监督系统认真开展商贸计量监督检查工作，全省参加检查的人员 900 多人次，检查农贸市场 730 多个，商店 20225 家，定量包装商品 18858 袋（包），各种计量器具

53134台（件）。1990年，全省共检查计量器具24470件，没收不合格计量器具1798件，处理计量违法行为507起。1990年，河南省技监局印发《河南省职工计量监督管理办法》。1991年，全省共检查计量器具20626台（件），没收非法计量器具1754台（件）。1992年，全省共检查计量器具25309台（件），合格21314台（件），合格率为84%，没收不合格计量器具1724台（件）。1993年，河南省技监局集中开展一次计量执法检查，共检查了集贸市场460个，商店、流动摊点31647个；检查计量器具43668台（件），合格32751台（件），合格率为75%，没收不合格计量器具2365台（件）；检查75个加油站，225台加油机，不合格为65台，不合格率为29%；罚没款27.1675万元。对检查中发现的问题依法进行了处理。

1994年第二季度国家技监局组织对北京至郑州段107国道上的部分加油站的监督检查，在河南省抽查郑州、新乡、安阳市的23个加油站的27台加油机，无检定证书10台，超周期使用2台，无铅封19台，拒检2台，其中最大正误差为+1.8%，最大负误差为–0.82%（规定最大允许误差为±0.3%），总合格率仅为37%。河南省技监局10月对310国道商丘至开封段抽查26台加油机，其中合格为7台，占26.9%。17个市、地监督抽查809个加油站1965台加油机，其中不合格为821台，不合格率为42%。省局检查的310国道商丘至开封段宁陵县柳河镇福宁加油站，在2台加油机油枪下暗装三通管道，一边加油，一边回油到油库，宁陵县柳河镇石化加油站两台加油机和开封县曲兴农机加油站私自更换主动齿轮，改变传动比，造成加油机严重失准，以假数据欺骗加油用户。多数不合格的加油站为南方来内地的承包经营者，作弊手法各不相同。还发现商丘地区虞城县、宁陵县、开封县的计量技术机构检定工作质量较差，出具的检定证书不规范，有的检定证书中没有检定结论和主管、核验人员签字，甚至有一处3台加油机检定证书是一个编号。河南省技监局依法进行了处理。

1994年7月，商丘地区技监局在商丘地区检察院法纪科配合下，检查310国道李门楼加油站的3台长空牌齿轮传动机械式加油机时，发现传动齿轮被更换，由原来24齿更换成了27齿，致使加油机计费转动加快10%，也就是说实际给用户加0.9升油时，加油机显示数为1升。该加油站共3台加油机，其中有两台被更换齿轮。发现问题后，为了防止加油站转移证据，检查组决定立即封存加油机，封存油罐和油品。就在检查组办完手续，准备抽取油品异地封存时，李门楼乡公安派出所所长带领两辆警车和十几名警察赶来，撕毁了技术监督局和检察院的证件，把检查组一行强行看押在一处房子里，后又转移到派出所。扣押理由是加油站报案，有人抢劫。后来检察院检察长带领商丘地区公安局副局长赶来解救才被放出。但是油品已经被转移，加油站老板也跑了。据检察院同志说加油站是给派出所交了保护费的。这是一起严重的破坏计量器具准确度计量违法案件，主观故意明显。但是加油站拒绝提供更换齿轮的具体时间，致使违法所得无法计算。商丘地区技监局按照惯例和检查笔录给加油站下达了没收加油机和违法所得，并处2万元罚款的处罚决定。当时违法所得无法计算，笔录上加油站承认一两个月没人动过加油机了。商丘地区技术监督局按1个月的数量计算了违法所得。处罚通知书发出后，加油站认为没有依据，法院也采信了他们的说法，处罚陷入僵局。为此，商丘地区技监局向河南省技监局法规处写了请示报告。河南省技监局法规处副处长时广宁带领商丘地区技监局有关人员赴北京向国家技监局法规司汇报，争取到行政解释。据此，商丘地区技监局计算违法所得时，就从上次加油机检定算起，加大了罚没力度。该案件的处理，对于遏制故意破坏计量器具准确度的违法行为具有很大震慑作用，维护了交易中的公平正义，彰显了《计量法》的权威。

河南省技监局根据1994年9月6日国务院召开的全国进一步加强物价管理工作电视、电话会议上国务院总理李鹏关于"各级商业、工商管理、物价、技术监督部门要协调配合，加强对流通领域的综合治理，严厉查处假冒伪劣商品，惩治欺行霸市、哄抬物价和暴利欺诈行为"的要求和国家技术监督局《关于大张旗鼓地开展市场商品质量、计量监督大检查和"打假"活动的紧急通知》的部署，在全省17个市、地组织安排市场商品质量、计量监督大检查工作。截至1995年1月4日，全省共出动15757人次；检查（商品、定量包装食品、计量器具）总标值13832万元；现场检查商店12528家；

检查集贸市场 423 个；检查商品 70424 批次，合格商品 54265 批次；检查食品标签 26123 种，食品标签合格 18920 种；现场检查计量器具 18117 台（件），计量器具合格 14822 台（件）；检查定量包装食品 7551 种，定量包装食品合格 5579 种；查获假冒伪劣商品标值 1696.19 万元；没收劣质计量器具 1846 台（件）；现场处罚经销单位 3161 家；端掉制、售假冒伪劣商品窝点 242 个；移送司法机关大案要案 10 起。此次检查自 1994 年 10 月 10 日起，至 1995 年 1 月 4 日止，历时近 3 个月，涉及经销单位 12000 余家，检查商品总标值约 13000 万元，是当时几年来河南省开展市场商品集中检查中规模最大、范围最广的一次活动，体现了技术监督部门质量、标准、计量三位一体综合执法的合力，证明了技术监督工作在市场经济建设中的重要作用，有力地打击了制、售假冒伪劣商品的不法行为，为建立稳定的市场经济秩序，保障国家和消费者的利益，做出了贡献。此次大检查中发现存在的主要问题，集中在一些市场紧俏商品和一些集贸市场个体摊贩在用计量器具上。计量监督检查当中查出的突出问题是：个别加油站人为增设三通油管、更换标准齿轮破坏加油机准确度和使用小砣克扣消费者及定量包装食品实物重量同标准不符等情况。信阳市技监局接群众举报，在信阳市“有一处”加油站查处该站人为破坏计量器具，将原标准齿轮换成 25 齿，致使每 100 升汽油少付给用户 25.01 升。在该局视察的国家、省及市人大代表参加并目睹查处的全过程。按照国家及河南省技监局的统一部署，1995 年 1 月 10 日前后，全省 15 个市、地进行统一销毁活动，据不完全统计，全省共销毁各类假冒伪劣商品价值 647 万余元。此次活动得到了各地党委、人大、政府等部门的支持，信阳地委副书记徐保江、行署副专员姚振民、南阳市副市长王照平、郑州市人大、政协等地领导同志参加了现场销毁，许多市地还组织宣传车，新闻部门进现场采访，收到了较好的效果。

河南省技监局 1994 年对全省医疗卫生单位依法组织进行了计量监督检查。全省检查省、市（地）、县、乡级医院、卫生院、门诊部，企事业单位医院、卫生所，个体医院、诊所及卫生防疫、药检保健、计划生育和验光配镜、美容等医疗卫生单位共计 1688 家；检查强检计量器具约 2 万余台（件）。其中，南阳地区检查 400 余家，5455 台（件）；驻马店地区检查 288 家，1884 台（件）；新乡市检查 149 家，995 台（件）。全省医疗卫生方面的强制检定计量器具受检率平均约为 65%，基本上反映了我省医疗卫生方面强检工作的现状。各市、地受检率水平差异较大，最高的达到 89%，最低的仅为 30%。全省省、市（地）、县、乡各级医疗卫生单位受检率水平也有较大差异，省、市（地）级单位受检率较高，县、乡级单位受检率较低。大医疗卫生单位受检率较高，小医疗卫生单位受检率较低。河南医科大学第一附属医院和安阳市眼科医院受检率分别达到 98.5% 和 100%。个别地区个别单位的计量器具则从未检定过，受检率为零。法定计量单位的使用情况较好。检查中通过抽查病历、化验报告、处方、文件等，从整体来看，多数采用法定计量单位，全省平均采用率达 90% 以上。但仍有使用非法定计量单位的情况，如个别的血压计、氧压表未改制，使用“毫米汞柱”“ppm”和“万单位”等非法定计量单位。全省医疗卫生单位自建计量标准器的较少，但已建心脑电图检定仪、血压计检定装置等，均都通过计量标准考核，标准器周检率达到 100%。在检查中，对于违法情节严重的部分单位，依法进行了查处。平顶山市处罚了 14 家单位，罚没款 5150 元；安阳市处罚了 9 家单位，罚没款 3250 元。许昌、三门峡、南阳、开封等市、地也对违法情节严重的单位进行了处罚。

1994 年，河南省技监局加强了《零售商品称重计量监督规定》和《关于在公众贸易中限制使用杆秤的通知》的宣传贯彻。

四、河南省政府召开计量先进单位表彰大会

1991 年，国家技术监督局、商业部和国家工商行政管理局联合组织全国计量先进商业企业和集贸市场评选活动。9 月 3 日，河南省政府召开“河南省表彰国家计量先进单位大会”（见图 4-4-5）。河南省人大副主任郭培鋆、河南省副省长秦科才、河南省政协副主席刘玉洁和河南省计经委、省技监局、省工商局、省商管委、省供销社等单位的有关领导及代表 250 多人参加了大会。秦科才副省长在会上作了重要讲话。河南省政府代表国家技术监督局、商业部和国家工商行政管理局向河南省荣获国家计量先进单位颁发了奖状和奖牌。河南电视台和河南日报社等新闻单位对会议作了采访和

报道。郑州电缆厂等 41 个单位荣获“国家计量先进单位”称号。郑州市刘胡兰副食品大楼等 3 个单位荣获“全国商业计量先进单位”称号。安阳市友谊路集贸市场等 4 个单位荣获“全国计量先进集贸市场”称号。焦作市贸易大厦等 3 个单位荣获“河南省计量先进集贸市场”称号。

图 4–4–5
1991 年河南省表彰国家计量先进单位大会
郭培鋆（左六）、秦科才（左五）、刘玉洁（左八）

第五节　制造计量器具的法制管理

《计量法》规定：“制造、修理计量器具的企业、事业单位，必须具备与制造、修理的计量器具相适应的设备、人员和检定仪器设备，经县级以上人民政府计量行政部门考核合格，取得《制造计量器具许可证》或《修理计量器具许可证》。”《计量法》施行以来，河南省计量局、河南省技监局制发《河南省计量器具新产品样机试验管理办法》等规范性文件，每年组织不同形式的监督检查，对制造修理计量器具实施法制管理。

一、补发制造、修理计量器具许可证

（一）制造计量器具许可证标志

CMC 是“中国制造计量器具许可证”标志，是“China Metrology Certification”的英文缩写，意为“中国制造计量器具许可证”（见图 4–5–1）。

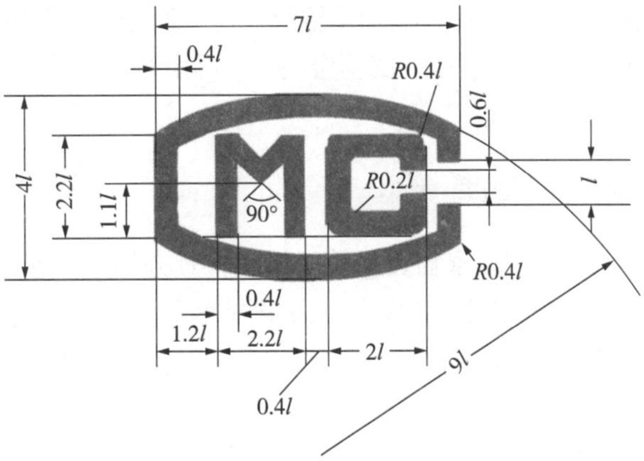

图 4–5–1　制造计量器具许可证标志

1.CMC 标志的含义是“中国制造计量器具许可证”，其中，外圈“C”是“中国”的英文“China”的第一个大写字母，圈内“M”是“计量器具”的英文“Metrology”的第一个大写字母，圈内“C”是“许可证”的英文“Certification”的第一个大写字母。

2. 标志的规格：“l”表示外圈“C”缺口处的尺寸，在“l”前边的数字是 l 的倍数，表示各处尺寸与缺口处尺寸的相对大小；采用此标志时，可根据实际情况将 l 放大或缩小。

3. 标志的颜色：自选。

4. 取得制造计量器具许可证的企业，可在其生产的计量器具上标注 CMC 标志。该标志表明：制造计量器具企业具备生产该计量器具的能力，所生产的计量器具的准确度等级、最大允许误差和可靠性等指标符合法制要求。

（二）制造计量器具许可证书2014年模板

制造计量器具许可证书 2014 年模板（见图 4-5-2）。

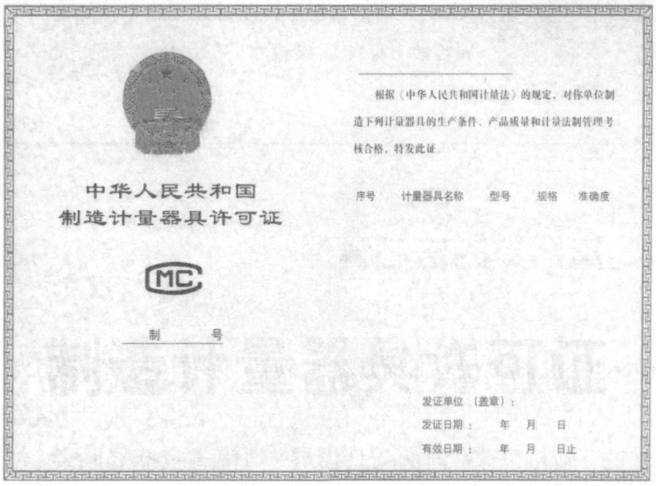

中华人民共和国
制造计量器具许可证
制　号

根据《中华人民共和国计量法》的规定，对你单位制造下列计量器具的生产条件、产品质量和计量法制管理考核合格，特发此证。

序号　计量器具名称　型号　规格　准确度

发证单位（盖章）：
发证日期：　年　月　日
有效日期：　年　月　日止

图 4-5-2
制造计量器具许可证书 2014 年模板

（三）《计量法》实施前后，补发制造、修理计量器具许可证

根据国家计量局的要求，1986 年 11 月 14 日，河南省计量局发出《关于补发制造、修理计量器具许可证的通知》。《计量法》实施前，河南省制造计量器具的企事业单位约有 95 家，其中国营企业约 35 家，集体乡镇企业 60 家，集体和乡镇企业占有一定的分量。制造木杆秤的个体户约有 700 个。发放制造计量器具许可证 61 家，占应发证的 64%。1986 年 7 月 1 日前，按国家计量局的规定，对符合条件的，都补发了许可证，共27家。1986年7月1日以后，河南省按国家计量局的要求，发放“两证”工作纳入《计量法》的轨道，即对符合国家计量局发布的《关于补发制造、修理计量器具许可证的暂行规定》条件的，仍补发许可证，对产品不符合《暂行规定》条件的，按《计量法》规定的程序办理，即首先由技术部门对产品做样机试验，样机试验合格后，再由政府计量行政部门考核生产条件是否合格，合格者发给制造计量器具许可证。

二、制造修理计量器具许可证管理

根据国家计量局、国家工商局、国家物资局关于组织检查办理《制造计量器具许可证》情况的通知要求，1987 年 6 月，河南省计量局成立以副局长张祥林为组长的检查领导小组，组织检查办理制造（修理）计量器具许可证的情况，全省共检查 1277 个制造、使用和销售单位，4243 种（累计）计量器具共计 10 万余台（件）。经检查发现有 19 个企业的部分产品未取得许可证，有的产品是无证生产，均责令停止生产和销售，待取证后才能恢复生产。流通领域大量的无许可证或有证无标志的计量器具已按国家计量局的规定处理。1988 年6月，河南省计量局举办计量器具生产企业法制管理研讨会，同时宣传贯彻了《计量器具新产品定型鉴定管理办法》《制造、修理计量器具许可证管理办法》《河

南省计量器具新产品样机试验管理办法》《计量器具新产品定型鉴定（样机试验）工作指南》等法规规章。1988 年 12 月，河南省计量局发出通知，要求已取得《制造计量器具许可证》的产品，企业必须具备保证产品质量的出厂检定条件，对产品进行出厂检定，经检定合格的出具产品合格证，方准出厂销售。对暂不具备出厂检定条件的少数乡镇、小型企业，可经颁发许可证的政府计量行政部门同意后，与具备出厂检定条件的企业、事业单位签订出厂检定合同，委托其在一定的时间内执行出厂检定，但必须由本企业根据检定结果出具产品合格证。

三、计量器具新产品的管理

《计量法》规定："制造计量器具的企业、事业单位生产本单位未生产过的计量器具新产品，必须经省级以上人民政府计量行政部门对其样品的计量性能考核合格，方可投入生产。"

（一）计量器具型式批准标志和编号

1. 计量器具型式批准标志

计量器具型式批准标志是 CPA，由 "Pattern Approval Certification" 三个英文单词的第一个字母组成（见图 4-5-3）。

（1）标志的使用：经型式批准的计量器具，在其产品和说明书上可以使用此标志。

（2）标志的规格：图中只规定出相对尺寸。*l* 标志外圈 C 的缺口处的尺寸。采用标志时，可根据实际情况放大或缩小。

2. 计量器具型式批准的编号

颁发型式批准证书和采用此标志时，在标志下面应标出批准的编号（包括批准年份、批准单位的省份代码、计量器具类别和批准顺序号）。共八位数字，数字的字号尺寸自定。使用时，标志与编号一起采用；其中：前两位数字——批准时的年份，第三位符号——计量器具的类别编号，第四、五、六位数——批准的顺序编号（从 101 开始），第七、八位数字——省级计量局的代码（按 GB 2260—84 填写）。计量器具类别和类别编号是：长度 L，化学 C，热工、温度 T，声学 S，力学 F，电离辐射（放射性）A，电磁 E，光学 O，时间频率 K，无线电 R。

（二）计量器具型式批准证书2014年模板

计量器具型式批准证书 2014 年模板（见图 4-5-4）。

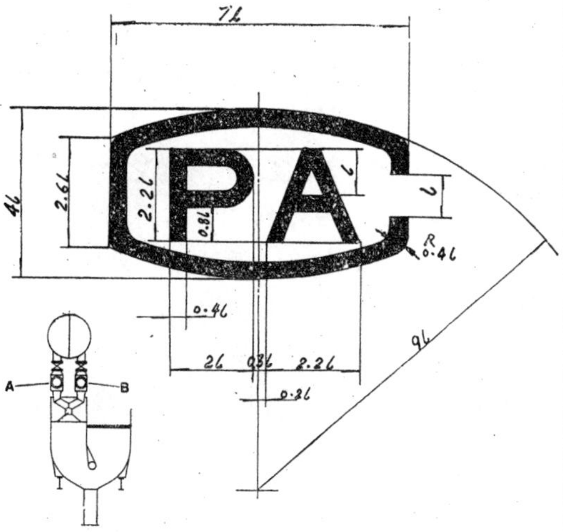

图 4-5-3 计量器具型式批准标志

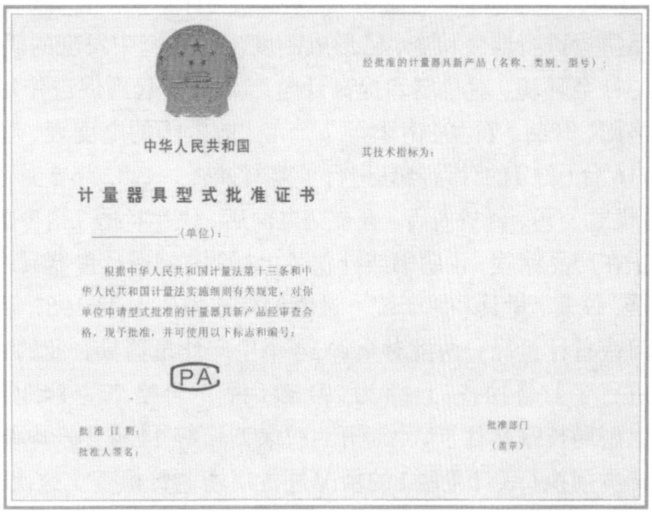

图 4-5-4 计量器具型式批准证书 2014 年模板

（三）依法管理计量器具新产品

河南省计量局 1987 年 9 月颁发的《河南省计量器具新产品样机试验管理办法》共 23 条，规定样机试验程序，样机试验监督管理等，为样机试验的法制管理提供了依据。1989年5月，河南省技监局颁发《河南省计量器具新产品样机试验细则（试行）》，作为具体实施样机试验的技术依据。根据《管理办法》，1989年全省14个企业取得了《计量器具新产品样机试验合格证书》。河南省技监局委托国家技术监督局授权的技术机构，组织对河南省10个厂家的11种全国性的计量器具新产品进行了定型鉴定，并颁发了“计量器具型式批准证书”。委托河南省计量所，对河南省的38个厂家47个品种的计量器具新产品进行样机试验，颁发“样机试验合格证书”。截至1989年年底，河南省技监局已对20种计量器具新产品颁发了“计量器具型式批准证书”，有109种产品经样机试验合格。1990年，对5个单位生产的8种全国性计量器具新产品颁发了“计量器具型式批准证书”；对39个厂家的59个计量器具新产品颁发了“计量器具样机试验合格证书”。1991年，对5个单位的7种计量器具新产品颁发了“计量器具型式批准证书”；对43个企业的50多种计量器具新产品颁发了“样机试验合格证书”；对6个企业的7种产品进行了考核，并颁发了“制造计量器具许可证”。1992年，河南省技监局确定对5种计量器具实行省重点管理；对18个重点管理计量器具的生产企业进行了复查换证，经考核向8个企业换发了“制造计量器具许可证”；对5个单位的5种新产品颁发了“计量器具型式批准证书”；向52个单位70种计量器具新产品颁发了“计量器具样机试验合格证书”。1993年，河南省技监局对3个单位4种计量器具颁发了“计量器具型式批准证书”，对65个单位80种计量器具新产品颁发了“样机试验合格证书”，对24个单位45种计量器具产品颁发了“制造计量器具许可证”。截至1993年，全省取得制造修理计量器具许可证企业累计745个，计量器具新产品计量器具型式批准证书累计43个。1994年，河南省技监局对4个单位3种产品颁发了“计量器具型式批准证书”；对69个单位76种计量器具新产品颁发了“样机试验合格证书”，对22个单位进行了考核评审，并颁发了“制造计量器具许可证”。全省计量器具新产品纳入法制管理。

四、计量器具产品质量监督检查

1985年7月，根据国家经委关于开展工业产品质量检查的要求，河南省计量局组织抽查省内10个计量器具生产厂的水表、台秤、电度表、压力表、温度计，共5个品种，20个规格，206件计量产品，由省、地（市）计量部门共同到计量器具生产厂产品仓库抽样、加封后送有关计量技术机构进行计量检定。抽查结果：水表36只，合格26只，合格率72.2%；电度表20块，合格18块，合格率90%；压力表24块，合格23块，合格率95.8%；台秤6台，全部合格，合格率100%；温度计120只，合格113只，合格率94.2%。《计量法》施行以后，河南省几乎每年均安排对计量器具的产品质量进行监督检查，已形成制度。对检查中发现的问题责令整改并依法处罚，逐步形成优胜劣汰的社会环境，对稳定和提高计量产品质量起到促进作用。1986年6月，河南省计量局组织对郑州、洛阳、开封、新乡、南阳等7个市、地生产的电度表、温度计、台秤、案秤等4个品种、11个规格的116台（件）的计量器具进行了监督抽查。1987年2月，河南省计量局发文，规定河南省各经销单位（机电公司、百货商店、五金交电商店、供销社等）销售的计量器具，凡系1987年1月1日以后出厂，未在产品铭牌、说明书或外包装上标明“制造计量器具许可证”标志CMC的（包括各种计量装置、仪器、仪表、量具和用于统一量值的标准物质），自1987年4月15日起，一律不准销售。6月和10月，河南省计量局分两批对全省14个生产计量器具企业的16个品种32个规格367台（件）的计量器具进行了监督抽查，合格为291台（件），合格率为84.8%。1988年3月，河南省计量局组织检查组，由副局长张祥林带队，对开封仪表四厂等11家生产电能表和热工仪表校验台、水表的计量器具生产厂贯彻执行《计量法》的情况进行现场监督检查。这次检查进一步推动了全省计量产品的法制管理工作。1989年，河南省技监局对7个制造计量器具的企业生产的玻璃温度计、活塞压力计、精密压力表、台秤、案秤、电子吊秤等7种产品17种型号规格76台（件）计量器具进行监督检查；1990年，对中原量仪厂等16个计量器具生产厂生产的水表、数显电感测微仪等6种计量器具进行监督检查；1991年，对计量器具产（商）品质量进行监督检查；1992年，对全省计量器具制造、修理业进行监督检查，各市、地共检查了178个企业，约占全省计量器具制造、修理业总数的82%；1993年，安排两次全省性的计量器具产（商）品质量监督检查，共抽查计量器具16种，抽查结果表明，第二季度的合格率为84.7%，第四季度合格率为85.75%；是年部署对进口计量器具的监督检查；1994年，对全省的39个单位的26种计量器具产（商）品进行了监督检查，合格率为92.3%；是年，组织在洛阳、安阳、郑州、新乡、开封、南阳等市（地）对市场销售的单相电能表进行抽查，抽查电能表637只，合格率为75.67%，对全省制造压力表和燃油加油机的企业进行产品统检，统检合格率分别为97.2%和100%。是年，河南省实行了计量器具制造业年审制度。河南省技监局对省重点管理的计量器具范围进行了调整，调整后的计量器具品种：电能表、电能表检定装置、水表检定装置、高精度电流表、高精度电压表、高精度功率表、电压表、燃油加油机、定量包装机。同年8月，河南省技监局在洛阳举办制造计量器具许可证评审员整顿注册培训班，提高了评审员的素质，保证了考核工作质量。《计量法》颁布实施以后，河南省的计量器具制造、修理业在获得较快发展的同时，已基本纳入法制管理的轨道，管理状况良好。

五、1987年河南省制造修理计量器具情况

1987年底，全省共有制造计量器具企业86家，产品560种，规格758个（见表4-5-1）。以开封、郑州、洛阳为最多。主要产品：温度仪表、流量仪表、各种校验台、电度表、电压表、电流表、功率表、各种玻璃量器、各种互感器、各种汽车用仪表、各种量仪、水表等。这些产品既有工作计量器具也有计量标准器具，如电度表校验台、水流量校验装置、光通量标准灯、活塞压力计、标准温度灯、量块等。其中，有些是国内仅有的新产品，如国家物资局郑州储运公司生产的“电容式电子吊秤”，中牟中州电子仪器厂生产的“可调式高精度低功率因数互感器”，郑州无线电仪器厂生产的“多功能数据分选仪”，许昌无线电厂生产的“数字储存示波器”，开封仪表四厂生产的“便携式红外线辐射测温仪”等。

表4-5-1　1987年河南省制造计量器具企业　　单位：个

地市名称	制造计量器具厂家	主要产品	品种	规格
郑州市	19	各种温度计、汽车里程表、汽油表、互感器、水表、密玉专用油石量块、密玉专用角块等	60	122
开封市	26	各种水表、各种电能表校验台、各种流量计、热电阻、热电偶、孔板、水流量校验装置等	128	131
洛阳市	8	各种玻璃量器、热电偶、热电阻、压力表、温度表、垂直量仪等	59	65
新乡市	3	蒸汽流量计、玻璃量器	21	22
安阳市	1	各种玻璃量器	78	78
南阳地区	5	电流、电压互感器、电能表、温度计、水准仪	20	59
平顶山市	3	高压低压电能计量箱、压力表校验台	7	3
驻马店地区	1	电能表	6	11
许昌市	4	压力表、功率表、频率表、水表、示波器	55	52
漯河市	3	各种压力表、活塞压力计、真空表	58	151
鹤壁市	4	各种热量仪、各种测定仪、分析仪、测温仪	14	14
商丘地区	5	各种玻璃量器、钢卷尺	21	26
信阳地区	2	汽车用水温表、压力表、电流表、油表、电流互感器	22	14
焦作市	2	水表、电流互感器、电能表校验台	11	10
合计	86		560	758

说明：1.各地、市中包括县。2.产品中不包括木杆秤生产厂家。

全省制造计量器具企业中，有不少技术水平较高，是国家或河南省的重点企业。如中原量仪厂和开封仪表厂都是国家计量一级企业，又是机械工业部的重点企业。中原量仪厂设备由日本引进，其产品“电动量仪”“气动量仪”等有96个品种134个规格，精度高，应用广，远销全国各地。开封仪表厂主要生产流量仪表，其产品“标准体积管流量装置”为全国仅有。此外，漯河仪表厂、许昌电表厂、驻马店电表厂、开封衡器厂、郑州热工仪表厂、商丘钢卷尺厂等都是河南省生产计量器具的重点企业。20世纪70年代以后，随着计量器具数量、品种的增加，修理计量器具的专业厂、店、户也大量涌现。据1987年统计，全省核准颁发修理计量器具许可证的厂、店有68家，个体修理户1752户（见表4-5-2）。修理的产品大多是计量仪器仪表、衡器、量具等。

表4-5-2 1987年河南省获修理计量器具许可证企业

市、地名称	获修理计量器具许可证单位（个）	个体户（个）
郑州市	26	113
开封市		143
洛阳市	7	94
新乡市		8
安阳市	2	20
焦作市		12
鹤壁市		7
濮阳市	3	50
三门峡市		19
平顶山市	9	163
许昌市		131
驻马店地区	13	95
漯河市	2	57
周口地区		203
商丘地区	1	230
南阳地区		217
信阳地区	5	190
合计	68	1752

说明：各地、市包括所属县、区。

第六节 依法强制检定计量器具

县级以上人民政府计量行政部门对社会公用计量标准器具，部门和企业、事业单位使用的最高计量标准器具，以及用于贸易结算、安全防护、医疗卫生、环境监测方面的列入强制检定目录的工作计量器具，实行强制检定。这是法制计量管理的重要内容，是贯彻实施《计量法》的重要任务，是政府计量行政部门的重要职责。

一、河南省第一批实行强制检定的工作计量器具

1987年5月7日，河南省计量局转发国务院发布的《中华人民共和国强制检定的工作计量器具检定管理办法》，要求各地方、各部门和各单位严格执行《管理办法》中的各项规定，并要求各级计量行政部门切实制定出本地区实行强制检定的实施方案，并逐项落实，付诸实施。是年7月，河南省计量局印发了《关于贯彻实施〈中华人民共和国计量法〉和〈中华人民共和国计量法实施细则〉的几项实施意见》，对实行强制检定计量器具的管理作了相关规定。河南省第一批实行强制检定的工

作计量器具共32项67种（见表4-6-1）。根据布点规划，安排河南省计量所实行强制检定的共16项22种；市、地计量所实行强制检定的共26项54种；县（市）计量所实行强制检定的共12项33种；省级授权实行强制检定的共6项10种；省级委托实行强制检定的共2项5种。对实行强制检定的最高计量标准，要求各级计量行政部门造册建卡，并由其指定的计量检定机构安排周期检定；对强制检定的工作计量器具，要求有关的企业、事业单位登记造册，向指定的计量检定机构申请周期检定。10月22日，河南省计量局在安阳市召开全省市、地计量局长会议进行部署。

表4-6-1 1987年河南省第一批实行强制检定的工作计量器具布点规划

强制检定项目	强制检定明细目录	省计量测试研究所	市、地计量部门	县级计量部门	备注
1.尺	（1）竹木直尺		检定	检定	
	（2）套管尺		检定	检定	
	（3）钢卷尺		检定	检定	
	（4）带锤钢卷尺		检定	检定	
	（5）铁路轨距尺				拟授权郑州铁路局计量所检定
2.玻璃液体温度计	玻璃液体温度计	检定	（部分市、地）检定		
3.体温计	体温计		检定	（部分县）检定	
4.石油闪点温度计	石油闪点温度计	检定			拟授权省石油公司承担部分检定任务
5.砝码	（1）砝码	检定	检定	检定	
	（2）链码	检定	检定		
	（3）增铊		检定	检定	
	（4）定量铊		检定	检定	
6.天平	天平		检定	（部分县）检定	
7.秤	（1）杆秤		检定	检定	
	（2）戥秤		检定	检定	
	（3）案秤		检定	检定	
	（4）台秤		检定	检定	
	（5）地秤		检定	检定	
	（6）皮带秤		检定	（部分县）检定	
	（7）吊秤		检定	（部分县）检定	
	（8）电子秤		检定	（部分县）检定	
	（9）行李秤		检定	（部分县）检定	
	（10）邮政秤		检定	（部分县）检定	
	（11）计价收费专用秤		检定	（部分县）检定	
	（12）售粮秤		检定	（部分县）检定	
8.定量包装机	（1）定量包装机	检定	检定	（部分县）检定	
	（2）定量灌装机	检定	检定	（部分县）检定	
9.轨道衡	轨道衡				国家已授权轨道衡计量站郑州分站检定
10.容重器	谷物容重器		检定		

续表

强制检定项目	强制检定明细目录	省计量测试研究所	市、地计量部门	县级计量部门	备注
11.计量罐、计量罐车	（1）立式计量罐	检定	（部分市、地）检定		拟授权省石油公司承担部分检定任务
	（2）卧式计量罐	检定	（部分市、地）检定		拟授权省石油公司承担部分检定任务
	（3）球形计量罐	检定	（部分市、地）检定		拟授权省石油公司承担部分检定任务
	（4）汽车计量罐车	检定			
	（5）铁路计量罐车				国家已授权铁路罐车容积计量检定站西安分站检定
12.燃油加油机	燃油加油机	检定	（部分市、地）检定		拟授权省石油公司承担部分检定任务
13.液体量提	液体量提		检定	检定	
14.食用油售油器	食用油售油器		检定	检定	
15.酒精计	酒精计	检定	（部分市、地）检定		
16.密度计	密度计	检定	（部分市、地）检定		
17.煤气表	煤气表	检定	（部分市、地）检定		
18.水表	水表		（部分市、地）检定	（部分县）检定	
19.压力表	（1）压力表		检定	（部分县）检定	
	（2）风压表		（部分市、地）检定	（部分县）检定	
	（3）氧气表		（部分市、地）检定	（部分县）检定	
20.血压计	（1）血压计		检定	（部分县）检定	
	（2）血压表		检定	（部分县）检定	
21.眼压计	眼压计		检定		
22.出租汽车里程计价表	出租汽车里程计价表	检定			
23.电度表	（1）单相电度表		（部分市、地）检定	（部分县）检定	
	（2）三相电度表	检定	（部分市、地）检定	（部分县）检定	
24.测量互感器	（1）电流互感器	检定	（部分市、地）检定		拟授权省电业局承担部分检定任务
	（2）电压互感器		（部分市、地）检定		拟授权省电业局承担部分检定任务
25.心、脑电图仪	（1）心电图仪	检定	（部分市、地）检定		
	（2）脑电图仪	检定	（部分市、地）检定		
26.照射量计（含医用辐射源）	（1）照射量计				委托湖北省计量局或中国计量科学研究院检定
	（2）医用辐射源	检定			
27.电离辐射防护仪	（1）射线监测仪				委托湖北省计量局或上海市、四川省计量局检定
	（2）照射量率仪				
	（3）放射性表面污染仪				委托湖北省计量局或中国计量科学研究院检定
	（4）个人剂量仪				委托湖北省计量局检定

续表

强制检定项目	强制检定明细目录	省计量测试研究所	市、地计量部门	县级计量部门	备注
28.活度计	活度计				委托湖北省计量局检定
29.酸度计	（1）酸度计	检定	（部分市、地）检定		
	（2）血气酸碱平衡分析仪		（部分市、地）检定		
30.瓦斯计	瓦斯报警器		（部分市、地）检定		
31.分光光度计	可见光分光光度计	检定	（部分市、地）检定		
32.比色计	（1）滤光光电比色计		（部分市、地）检定		
	（2）荧光光电比色计		（部分市、地）检定		
合计：32项	67种	16项22种	26项54种	12项33种	

1988年年底，全省17个市、地已完成2103740台（件）的强制检定计量器具的调查登记工作，其中，贸易结算1822876台（件），医疗卫生107696台（件），环境监测112299台（件），安全防护60869台（件）。1989年6月21日，河南省技监局下达计量标准器具的强制检定计划。河南省计量标准器具的强制检定主要由河南省计量所执行。这次下达的强检计划，是对实行强制检定的社会公用计量标准和部门、企业、事业单位的最高计量标准，执行定点定期检定。从1990年起，在执行该计划的基础上，逐年下达补充调整计划，逐步理顺和完善。各送检单位此后每年按计划规定的周期检定时间按时送检或接受现场检定。

二、强制检定工作计量器具

（一）定点强制检定

1989年4月7日，河南省技监局发文，落实强制检定工作计量器具定点检定，要求各市、地对强制检定工作计量器具实行定点定期检定，当地不能开展或根本无条件开展的项目、品种，需申报河南省技监局计量管理处，统一安排定点强制检定。

（二）首次强制检定

1991年国家技术监督局发布了《关于颁发〈强制检定的工作计量器具实施检定的有关规定〉（试行）的通知》，9月24日河南省技监局结合河南省的具体情况对该《规定》中的有关问题进行了明确，主要包括：（1）竹木直尺、（玻璃）体温计、液体量提，一般授权制造厂在计量器具出厂前实施首次强制检定。（2）直接与供气、供水、供电部门进行结算用的生活用煤气表、水表和电能表，多采取授权供气、供水、供电管理部门或其计量技术机构执行强制检定，并对首次强制检定后使用期限作了规定。（3）不直接与供气、供水、供电部门进行结算用的生活用煤气表、水表、电能表属非强制检定工作计量器具，也实行只作首次检定，限期使用，到期轮换的检定形式。1993年，河南省技监局对首次强检的竹木直尺、玻璃体温计、液体量提采用了强检标志管理，强检标志为CCV，规定自1993年9月1日起生产的无首次强检标志的竹木直尺、玻璃体温计、液体量提禁止销售和使用。

（三）授权强制检定

从1989年起，河南省技监局授权相应单位的计量技术机构，在规定的项目和区域内执行水表、电能表等强制检定。

三、强制检定的实施

为加强医疗计量器具的管理，1987年河南省人大对省直、郑州市部分医疗卫生单位贯彻实施

《计量法》情况进行检查。8月20日，河南省人大召开有关主管部门和医疗卫生单位参加的座谈会。8月24日至9月1日，按照省人大的要求，河南省计量局、郑州市标准计量局对省人民医院、省肿瘤医院、郑州市中医院医疗用的列入《中华人民共和国强制检定的工作计量器具目录》的体温计、血压计、血压表、氧气表、分光光度计、比色计、戥秤、天平、砝码共9种计量器具组织强制检定，检定合格率仅为56.8%。9月3日，河南省人大在河南省人民医院召开检查省直、郑州市医疗卫生单位贯彻实施计量法情况汇报会。要求各级卫生主管部门、医疗卫生主管部门、医疗卫生单位和计量部门要密切配合，根据《计量法》的规定，依法做好医疗卫生部门的计量工作。

1988年，河南省计量局印发《关于出租汽车安装使用里程计价表的规定》，就有关出租车汽车里程计价表的安装、使用、检定和监督检查等问题作了规定。该规定自1988年11月1日起施行，出租车汽车里程计价表纳入法制管理轨道。

1989年底，全省对31项52种强制检定工作计量器具实行强制检定，全省强制检定工作计量器具953157台（件），项目和品种的覆盖率分别为规划的97%和77%。

1990年，河南省技监局印发《1990年至1992年河南省强制检定工作计量器具实施规划》。1990年全省已有43项73种计量器具具备了强检能力，品种覆盖率为66%。全省检测计量器具907158台（件），受检率为62%。纳入全省重点考核的15种强检项目，全年检测数为235610台（件），受检率为84%。

1991年，全省已具备45项78种计量器具的强检能力，品种覆盖率达70.3%。全省共强制检定各种计量器具1273000多台（件），总体受检率达79%。

1992年，全省强制检定的工作计量器具达到45项83种，品种覆盖率为75%，检测数量为936184台（件），平均受检率达65.5%。

1993年，全省全年强检能力已达48项91种，品种覆盖率为82.7%。全省共强制检定各种计量器具935854台（件）。

1994年，河南省技监局制定《强制检定计量器具管理手册》；新增公路管理速度监测仪、荧光分光光度计、红外分光光度计、荧光光电比色计等强检项目。全年全省强检能力已达50项97种，品种覆盖率为87.4%，强检各种计量器具1014726台（件）。河南省贯彻实施《计量法》，逐步建立和完善了监督管理和强制检定网络，不断增加强制检定项目和品种，服务了生产建设，维护了社会经济秩序。

1994年，根据国家技监局等的要求，河南省在公众贸易中限制使用杆秤。

第七节　建立河南省量值传递体系

河南省计量局、河南省技监局贯彻实施《计量法》，建立量值传递体系，将国家计量基准所复现的单位量值逐级传递到工作计量器具，保证国家计量单位制的统一和量值的准确可靠，为河南省经济健康发展和维护社会经济秩序作出了重要贡献。

一、建立河南省社会公用计量标准

河南省计量所是河南省法定计量检定机构，1994年6月，已建立使用保存河南省社会公用计量标准9大类120项，其中，长度23项、温度9项、力学38项、电磁25项、无线电9项、时间频率3项、光学1项、电离辐射3项、化学9项，比1984年建立的河南省社会公用计量标准66项增加了54项，增长率为81.7%；对全省各级各类计量标准器具进行量值传递，对400多种计量器具开展检定。河南省计量所建立的省级社会公用计量标准绝大部分接受中国计量科学研究院的量值传递，极少数接受中国测试技术研究院、中南计量测试中心的量值传递。河南省计量所建立的省级社会公用计量标准有多项都处于国内省级领先水平。如1985年初，河南省计量所力学室副主任程新选起草的《关于购置一等标准测力传感器建立河南省一等测力标准装置的报告》，经河南省计量局局长魏翊生签发，获得河南省财政厅的财政拨款，引进德国 HBM 公司生产的标准测力传感器，建立河南省省级最高社会公用计量标准一等标准测力装置，处于国内省级领先水平。1989 年，河南省计量所从西德（联邦德国）引进的 ZERA 型高精度电度表检验装置处于国内省级领先水平。1994 年 6 月，河南省计量所建立使用保存的各类社会公用计量标准（含省级最高社会公用计量标准和次级社会公用计量标准）（见表 4–7–1 ~ 表 4–7–9）。

表4–7–1 长度计量标准

序号	计量标准名称	不确定度或准确度等级或最大允许误差	测量范围	开展检定项目
1	一等量块标准装置	±（0.07+L）μm	（0.5~100）mm	二等量块
2	二等量块标准装置	±（0.10+2L）μm	（0.5~1000）mm	三等量块
3	二等量块标准装置	±（0.07+L）μm	（600~1000）mm	测长机
4	三等量块标准装置	±（0.20+3.5L）μm	（0.5~100）mm （5.12~100）mm （125~500）mm	四等量块
5	四等量块标准装置	±（0.50+5L）μm	（0.5~271.9）mm	五等量块
6	正24面棱体标准器组	1.6″	0 ~ 360°	光学分度头（台）、测角仪、多齿分度台
7	角度块标准装置	3.6″	0 ~ 90°	角度块
8	水平仪检定装置	1.2″	0 ~ 2 mm/m 0 ~ 40′	合象水平仪、框式水平仪、条式水平仪
9	钢直尺检定装置	±（0.03+0.02L）mm	0~1000 mm	钢直尺
10	木（折）直尺检定装置	（0.03~0.25）mm	0~1000 mm	木直尺、木折尺 0 ~ 5m钢卷尺
11	检定千分尺量棒标准器组	1.1 μm	0~1000 mm	千分尺量棒
12	二等金属线纹尺标准装置	（0.2+0.8L）μm	0 ~ 1000 mm	1米万能工具显微镜
13	二等玻璃线纹尺标准装置	0.5 μm	0~200 mm	线纹比长仪、投影仪、工具显微镜
14	检定光学仪器标准器组			各种光学仪器
15	平面度检定装置	20 nm	≤ ϕ 140 mm，≤300 mm	平面平晶、平行平晶、刀口尺对板
16	单刻线样板标准装置	（1~3）%		光切显微镜、干涉显微镜
17	检定光面量规标准器组	1.4 μm	外尺寸：0~450 mm 内尺寸：（10~200）mm	光面量规、标准量规、孔轴径
18	检定螺纹量规标准器组	3.5 μm	外尺寸：0 ~ 450 mm 内尺寸：（10~200）mm	螺纹量规、螺纹零件
19	齿轮检定装置	3 μm		5级以下M_1~M_{10}齿轮测量
20	触针式电动轮廓仪检定装置	（2~3）%	Ra：（9 × 10^{-2} ~ 4.1）μm	触针式电动轮廓仪
21	经纬仪水准仪检定装置	1.03″		光学经纬仪、水准仪、平板仪
22	斜块式测微仪检定器检定装置	15 μm	（0.02~1000）μm	斜块式测微仪检定器
23	电动比较仪检定装置	14 nm	（0.01~2000）μm	电动比较仪

表4-7-2 温度计量标准

序号	计量标准名称	不确定度或准确度等级或最大允许误差	测量范围	开展检定项目
1	一等铂电阻温度计标准装置	3.92 mK	0 ~ 419.527 ℃	二等铂电阻温度计
2	一等水银温度计标准装置	5.5×10^{-2} ℃	（-30 ~ +300）℃	二等水银温度计
3	二等水银温度标准装置	0.3 ℃	（-30 ~ +300）℃	工作用玻璃液体温度计 压力式温度计 双金属温度计
4	一等铂铑$_{10}$-铂热电偶标准装置	0.5 ℃	（300 ~ 1300）℃	二等铂铑-铂热电偶、标准镍铬-镍硅、镍铬-考铜热电偶
5	光电高温计标准装置	（2.0 ~ 3.4）℃	（900 ~ 2000）℃	标准温度灯
6	辐射感温器检定装置	3.0 ℃	（900 ~ 2000）℃	工作用辐射感温器
7	电子自动电位差计检定装置	41 μV	XW、EW系列	电子自动电位差计
8	配热电偶用动圈仪表检定装置	7×10^{-4}		配热电偶用动圈仪表
9	配热电阻用动圈仪表检定装置	0.22%		配热电阻用动圈仪表

表4-7-3 力学计量标准

序号	计量标准名称	不确定度或准确度等级或最大允许误差	测量范围	开展检定项目
1	一等活塞式压力计标准装置	2.1×10^{-4}	（-0.1~250）MPa	二等活塞压力计
2	一等补偿式微压计标准装置	0.54 Pa	0~2.5 kPa	二等补偿式微压计
3	二等活塞式压力真空标准装置	5.3×10^{-4}	（-0.1~0.25）MPa	精密压力表 精密真空表
4	活塞式血压计标准装置	5.3×10^{-4}	（8~40）kPa	标准血压计 标准血压表
5	金属量器检定装置	5×10^{-6}	（1~2000）L	一等标准金属量器
6	水流量标准装置	9.5×10^{-4}	ϕ（15~50）mm	各种水流量计、水表
7	钟罩式气体流量标准装置	2×10^{-3}	0~2000 L	转子气体流量计涡流气体流量计煤气表
8	计量加油机检定装置	8.2×10^{-4}	100 L	计量加油机
9	二等金属量器标准装置	2.5×10^{-4}	（0.5~1000）L	标准量器
10	玻璃量器检定装置	$5 \times 10^{-5} \sim 1 \times 10^{-2}$	（0.05~2000）mL	玻璃量器
11	膨胀法低真空标准装置	10%	（5×10^{-3}~1×10^{-1}）Pa	热传导式热偶、电阻真空计
12	二等电离真空计标准装置	10%	（10^{-1}~10^{-4}）Pa	工作用电离真空计
13	克工作基准砝码装置	4 μg	0~500 mg	一等毫克组砝码
14	一等砝码标准装置	U=0.004 mg（k=3） U=（0.005~0.4）g（k=3） U=（0.05~28）mg（k=3）	（1~500）mg （1~500）g （0.5~20）mg	二等砝码
15	二等砝码标准装置	U=0.02 mg（k=3） U=（0.03~1.2）g（k=3） U=（2~90）mg（k=3）	（1~500）mg （1~500）g （1~20）mg	三等砝码 三级天平
16	三等大砝码标准装置	U=7.5 g（k=3）	500 kg	四等大砝码

续表

序号	计量标准名称	不确定度或准确度等级或最大允许误差	测量范围	开展检定项目
17	一等测力传感器标准装置	1×10^{-4}	10 N~1 MN	二等测力机 电子拉力机
18	二等测力机标准装置	5×10^{-4}	100 N~1MN	三等测力计 测力传感器
19	三等测力计标准装置	3×10^{-3}	100 N~5 MN 10 N~1 MN	拉力、压力、抗折、万能材料试验机
20	洛氏硬度块检定装置	0.3 HR	HRA、HRB、HRC	二等洛氏硬度块
21	表面洛氏硬度块检定装置	0.3 HR（N・T）	HR（15N.30N.45N） HR（15T.30T，45T）	二等表面洛氏硬度块
22	布氏硬度块检定装置	1.0%	$10D^2$，$30D^2$	二等布氏硬度块
23	维氏硬度块检定装置	1.5%	HV5，HV10，HV30	标准维氏硬度块
24	布氏硬度计检定装置	1.3%	$30D^2$，$10D^2$	布氏硬度计
25	洛氏硬度计检定装置	0.27 HRC		洛氏硬度计
26	表面洛氏硬度计检定装置	0.53 HR（N・T）	HR（15N，30N，45N） HR（15T、50T、45T）	表面洛氏硬度计
27	维氏硬度计检定装置	1.2HV	HV5，HV10，HV30	维氏硬度计
28	振动台检定装置	5%	位移：0~30 mm 速度：0~300 mm/s 加速度：0~1000 m/s^2	机械、电动及液压振动台
29	转速标准装置	1×10^{-3}	（30~40000）r/min	转速表
30	一等密度计标准装置	（2~5）$\times10^{-4}$ g/cm^3	（0.65~2.00）g/cm^3	二等密度计 二等石油密度计 标准玻璃浮计
31	一等酒精计标准装置	1×10^{-3}	0~100%	二等酒精计
32	出租汽车计价器检定装置	0.5% ± 1m		出租汽车计价器
33	计量罐检定装置	$V_{立}$1000：384.4 L $V_{卧}$50：75 L	20 m^3以上	计量罐（立、卧式）
34	汽车计量罐检定装置	5×10^{-4}	（5~10）m^3	汽车计量罐
35	容积式油流量计检定装置	4×10^{-4}	ϕ（25~28）mm	容积式油流量计
36	皂膜流量标准装置	（10～600）mL 0.85% （1～6）L 0.49%	≤6 L/min	2.5级气体流量计
37	流量二次仪表检定装置	0.22%		流量积算器、计算器、加减器、乘法器、开方器等
38	差压（压力）变送器检定装置	9×10^{-4}		差压（压力）变送器、差压计

表4-7-4　电磁计量标准

序号	计量标准名称	不确定度或准确度等级或最大允许误差	测量范围	开展检定项目
1	一等电池标准装置	1μV	1.01860 V~1.01867 V	二等电池
2	二等电池标准装置	11.58μV	1.018550 V~1.018680 V	标准电池
3	一等直流电阻标准装置	$5\times10^{-6}\Omega$	（10^{-1}~10^{4}）Ω	二等直流电阻及相应的电阻量具
4	二等直流电阻标准装置	$10^{-5}\Omega$	（10^{-3}~10^{5}）Ω	标准直流电阻及过渡电阻
5	电容标准装置	1.5×10^{-4}	10^{-5}pF~1μF	0.05级电容器
6	直流电位差计标准装置	1×10^{-6}		0.002级直流电位差计
7	直流电位差计标准装置	3×10^{-5}	0~2.1111110V	0.01级直流电位差计
8	直流电桥及电阻箱检定装置	2.5×10^{-5} 2×10^{-8}	（10^{-2}~10^{5}）Ω （10^{-4}~10^{3}）Ω	0.01级直流电桥直流电阻箱、直流分压箱
9	直流数字电压电流表检定装置	DCV：3×10^{-6} DCV：5×10^{-5}	0~110 V	0.001级直流数字电压电流表
10	三用表校验仪检定装置	DCV：3×10^{-5} DCI：3×10^{-4} ACV：$1.5\times10^{-3}\sim6\times10^{-4}$ ACI：3×10^{-3} Ω：4×10^{-4}	0~1000 V 0~10 A 0~100 MΩ	三用表校验仪
11	交直流电压电流功率表标准装置	DC：3×10^{-4} AC：5×10^{-4}	0~300 V 0~10 A	0.1级交直流电压表电流表功率表
12	直流电压源检定装置	电压表法：（1.6~2.3）$\times10^{-5}$ 微差法：2.7×10^{-6}	0~1300 V	直流电压源 直流电流源
13	工频相位表检定装置	0.10°	0~360°	0.5级工频相位表及功率因数表
14	数字欧姆表检定装置	1.0×10^{-3}~1.1×10^{-5}	1 Ω~100 MΩ	数字欧姆表
15	接地电阻表检定装置	0.3%		接地电阻表
16	直流高压高阻器检定装置	0.14%	（10^{2}~10^{12}）Ω	0.5级高压高阻器及1.5级直流电压表
17	电流互感器检定装置	3×10^{-5}	（0.001~2000）A/（0.1~0.5），（1~5）A	0.01级电流互感器
18	电流互感器检定装置	1.5×10^{-4}	（5~2000）A （0.1~100）A	0.05级电流互感器
19	电压互感器标准装置	3×10^{-5}	（$100/\sqrt{3}$~380）V/$100\sqrt{3}$，100，220 V	0.01级电压互感器
20	硅钢磁性测量标准装置	铁损：1.5% 磁感：1.0%		硅钢片铁损及交流磁化曲线
21	三相电能表标准装置	1.5×10^{-4}	3×（$100/\sqrt{3}$~$230\sqrt{3}$）V 3×（0.2~15）A	0.05级单三相电能表
22	电能表校验台检定装置	5×10^{-4}	3×（0.2~5）A 3×（100~400）V	0.1~0.6级电能表校验台
23	电压互感器检定装置	6×10^{-6}	（100~1000）V	电压互感器
24	绝缘电阻表检定装置	1.5%	0.1 kΩ~1000 GΩ	5.0级绝缘电阻表
25	直流高阻计标准装置	VR：16.1×10^{-3} VI：109.5×10^{-4}	0~1000 V （10^{-4}~10^{-2}）A （10^{4}~10^{13}）Ω	绝缘电阻测量仪

表4-7-5 时间频率计量标准

序号	计量标准名称	不确定度或准确度等级或最大允许误差	测量范围	开展检定项目
1	铯原子频率标准装置	1×10^{-11}	（1、5、10）MHz	晶振、高稳晶振
2	石英晶体频率标准装置	1×10^{-10}/天	1 μHz~1GHz 10^{5}s~10^{-8}s	数字频率计、通用电子计数器及相应时频测量仪
3	时间检定仪标准器	秒表：3ms 电子秒表：3 μs	0.5ms~6520s	秒表、电秒表、电子毫秒表、计数器

表4-7-6 无线电计量标准

序号	计量标准名称	不确定度或准确度等级或最大允许误差	测量范围	开展检定项目
1	失真仪检定装置	（1~5）%	（0.03~100）%	失真度测量仪
2	晶体管图示仪检定装置	1.1%	V：100 mV~200 V I：100 μA~10 A	晶体管图示仪
3	示波器标准仪检定装置	时间：5×10^{-3} 直流电压：2×10^{-4} 脉冲电压：5×10^{-4}		示波器校准仪
4	示波器检定装置	时间：1.2% 电压：1.4%	0.1 μs~0.5s	通用示波器
5	信号发生器检定装置	（0.5~1）dB	（-10~130）dB	高低频信号发生器
6	心脑电图机检定仪检定装置	频率：5×10^{-7} 直流电压：2×10^{-4} 交流电压：2.3×10^{-3} 失真度：0.10		心脑电图机检定仪
7	心电图机检定装置	频率：5×10^{-3} 定标电压：1.2×10^{-2}	10 μV~1 V （0.5~100）Hz	心电图机
8	脑电图机检定装置	幅度：7×10^{-3} 时间：1×10^{-3}		脑电图机
9	雷达测速仪检定装置	0.1 km/h	0~99 km/h	雷达测速仪

表4-7-7 电离辐射计量标准

序号	计量标准名称	不确定度或准确度等级或最大允许误差	测量范围	开展检定项目
1	照射量剂标准装置	X射线：2% γ射线：3%		医用辐射源X射线、γ射线^{60}Co医用加速器
2	医用诊断X辐射源检定装置	2.5%	（1×10^{-6}~5×10^{-3}）C·kg^{-1}·s^{-1}	医用诊断X辐射源
3	γ防护仪检定装置	4.5%	（10^{-7}~10^{-4}）C·kg^{-1}·h^{-1}	γ辐射防护仪

表4-7-8　化学计量标准

序号	计量标准名称	不确定度或准确度等级或最大允许误差	测量范围	开展检定项目
1	酸度计检定装置	0.01pH	0~14pH	酸度计
2	可见分光光度计检定装置	波长：（1~2）nm	（360~800）nm	可见分光光度计
3	紫外可见分光光度计检定装置	波长：0.5nm 透射比：5×10^{-3}	（200~1000）nm	单光束紫外可见分光光度计
4	滤光光电比色计检定装置	±0.5nm ±0.5%		滤光光电比色计
5	黏度计检定装置	（1.5~6.0）$\times10^{-3}$	（1~10^5）mm^2/s	毛细管黏度计、滚动落球黏度计、旋转黏度计
6	旋光仪检定装置	0.004°	（-5~35）°	目视旋光仪 自动旋光光仪 旋光糖量仪
7	粉尘采样器检定装置	6×10^{-2}	（10~80）L/min	粉尘采样品
8	氧弹热量计检定装置	0.2%	（1~1.5×10^4）J/℃	等温型氧弹热量计/绝热型氧弹热量
9	原子吸收分光光度计检定装置	Cu：1.5% Cd：4.5%	0~5 μg/mL	原分吸收分光光度计

表4-7-9　光学计量标准

序号	计量标准名称	不确定度或准确度等级或最大允许误差	测量范围	开展检定项目
1	屈光度计检定装置	0.01D 0.02D	0~±20D （±20~±25）D	屈光度计（焦度计）

二、建立地、市社会公用计量标准

各地区、省辖市法定计量检定机构根据地方特点和需要建立的社会公用计量标准，一是向县级法定计量检定机构的计量标准进行量值传递，二是对部门和企业事业单位建立的计量标准和工作计量器具进行量值传递。1994年6月，全省17个地、市共建立社会公用计量标准10大类650项，开展检定项目944种。各地区、省辖市建立社会公用计量标准和开展检测项目（见表4-7-10）。各地区、省辖市法定计量检定机构建立的社会公用计量标准（见表4-7-11）。

表4-7-10　1994年6月各地区、省辖市建立社会公用计量标准和开展检定项目统计表

项目名称	郑州市	开封市	商丘地区	周口地区	新乡市	安阳市	鹤壁市	焦作市	濮阳市	洛阳市	三门峡市	平顶山市	南阳地区	许昌市	漯河市	驻马店地区	信阳地区	合计
计量标准（项）	67	56	27	29	54	54	34	30	16	58	15	30	49	50	28	23	30	650
检定项目（种）	98	84	35	34	86	83	45	40	25	77	26	45	79	76	38	28	45	944

三、建立县（市）级社会公用计量标准

县（市）级法定计量检定机构根据各县经济发展和社会需要建立的计量标准，对辖区内的工作计量器具进行量值传递。多数县（市）仅开展固定式杠杆秤和移动式杠杆秤的计量检定，部分县（市）还开展量具、压力等计量器具的计量检定。1994年6月，全省113个县（市）共建立社会公用计量标准6大类376项，开展检定项目577种。1994年6月各县（市）建立社会公用计量标准和开展检定项目（见表4-7-12）。1994年6月各县（市）建立社会公用计量标准（见表4-7-13）。

表 4-7-11　1994 年 6 月各地区、省辖市建立社会公用计量标准统计表

序号	类别	计量标准项目	郑州市	开封市	商丘地区	周口地区	新乡市	安阳市	鹤壁市	焦作市	濮阳市	洛阳市	三门峡市	平顶山市	南阳地区	许昌市	漯河市	驻马店地区	信阳地区	合计
1		二等量块标准装置	市				市	市				市		市	地	市		地		8
2		三等量块标准装置	市	市	地	地	市	市	市	市		市		市	地	市	市	地		14
3		检定游标类量具标准器组	市	市	地	地	市	市	市	市		市	市	市	地	市	市	地	地	16
4		检定测微类量具标准器组	市	市	地	地	市	市	市	市		市	市	市	地	市	市	地	地	16
5		检定指示类量具标准器组	市	市	地	地	市	市	市	市		市	市	市	地	市	市	地	地	16
6		四等量块标准装置		市	地		市	市	市	市		市			地		市	地	地	11
7		五等量块标准装置																地		1
8		木（折）直尺检定装置	市					市				市				市				4
9		角度规标准装置	市	市	地		市	市	市			市		市	地	市			地	11
10		水平仪检定装置	市	市	地	地	市	市	市	市		市	市	市	地	市			地	14
11		合像水平仪检定装置						市												1
12		检定光学仪器标准器组	市	市			市	市				市			地	市				7
13	长度	一级平晶标准装置	市				市	市		市		市				市				6
14		经纬仪、水准仪检定装置	市																	1
15		1 级角度块标准装置		市				市												2
16		样板直尺检定装置	市	市			市		市	市		市				市				7
17		直角尺检定装置					市													1
18		杠杠千分尺检定装置		市																1
19		三等金属线纹米尺标准装置					市													1
20		皮革面积计检定装置					市	市												2
21		平尺平板检定装置	市					市		市					地	市				5
22		百分表检定仪检定装置										市			地					2
23		千分表检定仪检定装置										市			地					2
24		检定光面量规标准器组	市																	1
25		钢卷尺检定装置	市																	1
长度计量标准合计			15	11	7	5	14	15	8	9		14	4	7	12	12	5	7	6	151

续表

序号	类别	计量标准项目	郑州市	开封市	商丘地区	周口地区	新乡市	安阳市	鹤壁市	焦作市	濮阳市	洛阳市	三门峡市	平顶山市	南阳地区	许昌市	漯河市	驻马店地区	信阳地区	合计
1		二等铂电阻温度计标准装置	市				市	市				市								4
2		二等水银温度计标准装置	市	市			市					市							地	5
3		一等标准铂铑 $_{10}$- 铂热电偶标准装置									市	市				市		地	地	5
4		二等标准铂铑 $_{10}$- 铂热电偶标准装置	市	市			市		市	市		市		市	地					8
5		镍铬 - 镍硅热电偶标准装置							市						地					2
6		体温计检定装置	市				市					市								3
7		二等标准铂铑 - 铂热电器标准装置						市												1
8	温度	电子自动平衡电桥检定装置	市			地	市			市	市	市			地		市			8
9		配热电偶用温度仪表检定装置	市	市	地	地		市	市	市	市	市		市	地	市	市	地	地	15
10		配热电阻用温度仪表检定装置	市	市		地		市			市	市				市	市	地	地	10
11		电子自动电位差计检定装置	市	市	地	地	市	市	市	市	市	市		市	地	市	市	地	地	16
12		二等温度灯标准装置					市													1
13		温度变送器检定装置						市												1
14		热量计检定装置							市											1
15		光学高温计检定装置	市									市			地					3
温度计量标准合计			9	5	2	4	7	6	5	4	5	10		3	6	4	4	4	5	83
1		一等毫克组砝码标准装置	市	市			市	市												4
2		一等克组砝码标准装置	市					市												2
3		二等克组砝码标准装置	市	市	地	地	市	市	市	市			市	市	地	市	市	地	地	15
4		三等克组砝码标准装置						市							地			地		3
5	力学	二等公斤组砝码标准装置	市	市				市	市		市	市			地					7
6		三等公斤组砝码标准装置		市	地	地		市		市		市	市	市		市	市	地	地	12
7		四等公斤组砝码标准装置		市	地	地	市	市	市	市		市	市	市	地	市	市	地	地	15
8		一等活塞压力计标准装置										市								1
9		二等活塞压力计标准装置	市	市	地	地	市	市	市	市	市	市	市	市	地	市	市	地	地	17

续表

序号	类别	计量标准项目	郑州市	开封市	商丘地区	周口地区	新乡市	安阳市	鹤壁市	焦作市	濮阳市	洛阳市	三门峡市	平顶山市	南阳地区	许昌市	漯河市	驻马店地区	信阳地区	合计
10	力学	二等补偿式测微计标准装置	市																	1
11		三等测力计检定装置	市	市		地	市	市	市	市		市		市	地	市	市		地	13
12		血压计（表）检定装置	市	市	地	地	市	市	市	市	市		市	市	地	市	市		地	15
13		精密压力表标准装置	市	市	地	地	市	市	市	市	市	市	市	市	地	市	市	地	地	17
14		布氏硬度计检定装置	市	市		地	市	市	市	市		市			地	市	市		地	12
15		表面洛氏硬度计检定装置	市									市			地					3
16		洛氏硬度计检定装置	市	市	地	地	市	市	市	市		市		市	地	市	市		地	14
17		维氏硬度计检定装置	市	市				市				市			地	市				6
18		肖氏硬度计检定装置										市								1
19		显微硬度计检定装置	市												地					2
20		加油机容量检定装置	市	市	地	地	市	市	市	市		市	市	市	地	市	市	地	地	16
21		玻璃量器检定装置	市	市	地		市	市	市		市	市					市			9
22		出租车计价器检定装置	市				市					市								3
23		汽车里程表检定装置	市				市				市				地	市				5
24		售油器检定装置	市				市	市	市				市		地					6
25		小负荷试验机检定装置	市																	1
26		水表试验装置检定装置		市																1
27		微小力值材料试验机检定装置					市	市				市								3
28		材料试验机检定装置			地								市							2
29		量提检定装置							市			市				市				3
30		冲击试验机检定装置										市								1
31		容重器检定装置													地					1
32		二等密度计标准装置														市				1
33		二等酒精计标准装置														市				1
34		转速表检定装置					市													1
35		汽车计量罐检定装置																	地	1
力学计量标准合计			20	15	10	10	16	18	13	10	6	18	9	9	17	15	11	7	11	215

续表

序号	类别	计量标准项目	郑州市	开封市	商丘地区	周口地区	新乡市	安阳市	鹤壁市	焦作市	濮阳市	洛阳市	三门峡市	平顶山市	南阳地区	许昌市	漯河市	驻马店地区	信阳地区	合计
1	电学	直流电位差计标准装置	市	市			市	市	市			市			地	市	市		地	10
2		直流电位差计标准装置	市	市			市					市								4
3		直流电桥检定装置	市	市	地					市		市	市	市	地	市	市	地	地	12
4		直流电桥及电阻箱检定装置	市			地	市	市	市											5
5		三相电能表检定装置	市	市	地			市	市			市		市	地	市		地	地	11
6		绝缘电阻表检定装置	市						市						地	市				4
7		电流互感器标准装置	市	市			市					市				市				5
8		电压互感器标准装置	市	市			市													3
9		钳形电表检定装置	市							市					地	市		地		5
10		交直流电流电压表检定装置	市						市											2
11		二等电池标准装置		市			市	市	市			市								5
12		万用表检定装置		市			市					市				市				4
13		交直流电流电压功率表检定装置		市			市			市		市		市						5
14		直流电阻箱检定装置		市	地					市		市		市	地	市	市	地	地	10
15		单相电能表标准装置		市		地	市	市												4
16		直流电流电压表检定装置					市													1
17		直流电流电压功率表检定装置			地	地									地	市	市	地		6
18		交直流电流电压欧姆表检定装置				地														1
19		检流计检定装置	市																	1
20		三用表校验仪检定装置														市				1
电学计量标准合计			11	11	4	4	10	5	6	4		9	1	4	7	10	4	5	4	99
1	无线电	心脑电图机检定装置	市								市	市		市	地	市			地	7
2		示波器检定装置		市																1
3		心电图机检定装置		市	地	地	市	市	市	市		市	市	市	地	市	市			13
4		脑电图机检定装置		市		地				市										3
无线电计量标准合计			1	3	1	2	1	1	1	2	1	2	1	2	2	2	1		1	24

续表

序号	类别	计量标准项目	郑州市	开封市	商丘地区	周口地区	新乡市	安阳市	鹤壁市	焦作市	濮阳市	洛阳市	三门峡市	平顶山市	南阳地区	许昌市	漯河市	驻马店地区	信阳地区	合计
1	时间	时间检定仪标准器	市					市				市								3
时间频率计量标准合计			1					1				1								3
1	化学	酸度计检定装置	市	地	地	地	市	市	市	市	市	市		市	地	市	市		市	15
2		可见分光光度计检定装置	市	地	地	地	市	市			市	市		市	地	市	市		市	13
3		紫外可见分光光度计检定装置	市	地	地	地	市	市			市	市			地	市	市		市	12
4		高精度紫外可见分光光度计检定装置						市												1
5		滤光光电比色计检定装置	市			地	市	市			市	市		市	地	市				9
6		电导仪检定装置	市																	1
7		二等酒精计标准装置					市													1
8		旋光仪检定装置	市					市												2
9		粉尘采样器检定装置		市																1
10		汽车排气分析仪检定装置		市																1
化学计量标准合计			6	5	3	4	5	6	1	1	4	4		3	4	4	3		3	56
1	光学	焦度计检定装置	市	市			市	市						市		市				6
2		验光镜片检定装置	市	市				市						市		市				5
3		激光中功率标准装置		市																1
4		激光小功率标准装置		市																1
光学计量标准合计			2	4			1	2						2		2				13
1	电离辐射	医用激光源检定装置	市	市																2
2		医用超声源检定装置		市																1
电离辐射计量标准合计			1	2																3
1	声学	超声功率计标准装置	市												地	市				3
声学计量标准合计			1												1	1				3
合计			67	56	27	29	54	54	34	30	16	58	15	30	49	50	28	23	30	650

说明：表中“市”是指建立使用保存该项社会公用计量标准的是该市法定计量检定机构且量值传递的行政区域为本省辖市；“地”是指建立使用保存该项社会公用计量标准的是该地区法定计量检定机构且量值传递的行政区域为地区。

表4-7-12　1994年6月各县（市）建立社会公用计量标准和开展检定项目统计表

地区、省辖市	县（市）名称	计量标准（项）	检定项目（种）	地区、省辖市	县（市）名称	计量标准（项）	检定项目（种）	地区、省辖市	县（市）名称	计量标准（项）	检定项目（种）
郑州市	中牟县	4	6	新乡市	辉县市	10	14	洛阳市	孟津县	2	3
	荥阳县	5	6		卫辉市	11	14		汝阳县	1	2
	巩义市	15	23		新乡县	6	10		伊川县	4	6
	新郑县	5	7		获嘉县	7	12		嵩县	2	3
	密县	6	9		延津县	5	8		栾川县	2	3
	登封县	1	2		原阳县	3	4		宜阳县	8	13
	合计	36	53		封丘县	4	7		洛宁县	2	3
开封市	开封县	1	2		长垣县	3	5		新安县	2	4
	尉氏县	1	2		合计	49	74		偃师县	1	2
	杞县	2	3	安阳市	安阳县	5	8		合计	24	39
	通许县	3	4		内黄县	3	6	三门峡市	陕县	3	3
	兰考县	5	7		林县	6	9		渑池县	2	4
	合计	12	18		汤阴县	5	8		卢氏县	3	5
商丘地区	商丘县	5	7		滑县	6	10		灵宝县	2	4
	宁陵县	1	2		合计	25	41		义马市	2	3
	民权县	2	3	鹤壁市	浚县	5	7		合计	12	19
	睢县	4	5		淇县	5	7	平顶山市	叶县	3	4
	虞城县	3	4		合计	10	14		宝丰县	1	2
	永城县	2	4	焦作市	济源市	6	11		汝州市	1	2
	夏邑县	2	3		沁阳市	5	8		襄城县	1	2
	柘城县	4	6		孟县	2	4		鲁山县	1	2
	合计	23	34		修武县	4	5		郏县	2	3
周口地区	淮阳县	2	4		武陟县	5	6		舞钢市	2	3
	商水县	1	2		博爱县	4	5		合计	11	18
	西华县	1	2		温县	4	5	南阳地区	南阳县	2	4
	扶沟县	1	2		合计	30	44		邓州市	4	7
	郸城县	1	2	濮阳市	濮阳县	1	2		内乡县	5	8
	鹿邑县	1	2		清丰县	5	7		唐河县	1	2
	太康县	1	2		范县	3	5		社旗县	1	2
	沈丘县	1	2		南乐县	5	8		桐柏县	2	3
	项城县	3	4		台前县	4	6		新野县	4	5
	合计	12	22		合计	18	28		镇平县	2	3
许昌市	禹州市	10	12	漯河市	临颍县	5	8		南召县	2	3
	长葛县	7	10		舞阳县	10	14		淅川县	5	8
	鄢陵县	2	3		郾城县	4	7		方城县	2	3
	许昌县	1	2		合计	19	29		西峡县	3	5
	合计	20	27	驻马店市	新蔡县	1	2		合计	33	53
					泌阳县	1	2	信阳地区	信阳县	3	5
					遂平县	5	6		罗山县	2	4
					西平县	2	3		息县	1	2
					正阳县	1	2		淮滨县	1	2
					平舆县	1	2		潢川县	5	6
					确山县	1	2		固始县	3	5
					上蔡县	6	8		商城县	1	2
					汝南县	5	6		光山县	2	3
					合计	23	33		新县	1	2
									合计	19	31
								河南省各县（市）合计		建立社会公用计量标准376项	开展检定项目577种

表 4-7-13　1994 年 6 月各县（市）建立社会公用计量标准统计表

地区、省辖市	县（市）名称	竹木直尺检定装置	检定游标类量具标准器组	检定测微类量具标准器组	检定指示类量具标准器组	电子自动电位差计检定装置	自动平衡电桥检定装置	配热电偶用动圈仪表检定装置	配热电阻用动圈仪表检定装置	二等克组砝码标准器	三等公斤砝码标准器	四等公斤砝码标准器	三等测力计标准装置	加油机检定装置	精密压力表标准装置	血压计检定装置	汽车里程检定装置	三项电能表标准装置	交直流电压电流欧姆表装置	单项电能表检定装置	可见分光光度计检定装置	滤光光电比色计检定装置	心电图机检定装置	建立计量标准数
郑州市	中牟县										县	县			县	县								4
	荥阳县		县	县							县	县				县								5
	巩义市		市	市	市			市		市	市	市	市	市	市	市	市	市			市	市		15
	新郑县									县	县	县			县	县								5
	密县									县	县	县		县	县	县								6
	登封县									县														1
	合计		2	2	1			1		4	5	5	1	2	4	5	1	1			1	1		36
开封市	开封县											县												1
	尉氏县											县												1
	杞县											县								县				2
	通许县	县										县			县									3
	兰考县									县	县	县			县		县							5
	合计	1								1	1	5			2		1			1				12
商丘地区	商丘县									县				县					县	县			县	5
	宁陵县									县														1
	民权县											县								县				2
	柘城县									县	县	县			县									4
	睢县		县	县								县			县									4
	虞城县		县	县								县												3
	永城县											县						县						2
	夏邑县											县			县									2
	合计		2	2						3	1	6		1	3			1	1	2			1	23

续表

地区、省辖市	县（市）名称	竹木直尺检定装置	检定游标类量具标准器组	检定测微类量具标准器组	检定指示类量具标准器组	电子自动电位差计检定装置	自动平衡电桥检定装置	配热电偶用动圈仪表检定装置	配热电阻用动圈仪表检定装置	二等克组砝码标准器	三等公斤砝码标准器	四等公斤砝码标准器	三等测力计标准装置	加油机检定装置	精密压力表标准装置	血压计检定装置	汽车里程检定装置	玻璃量器检定装置	液体量提检定装置	三项电能表标准装置	交直流电压电流欧姆表装置	单项电能表检定装置	可见分光光度计检定装置	滤光光电比色计检定装置	心电图机检定装置	建立计量标准数
周口地区	淮阳县											县			县											2
	商水县											县														1
	西华县											县														1
	扶沟县											县														1
	郸城县											县														1
	鹿邑县											县														1
	太康县											县														1
	沈丘县											县														1
	项城县											县		县								县				3
	合计											9		1	1							1				12
新乡地区	辉县市		市	市	市	市		市		市	市			市	市			市								10
	卫辉市		市	市		市	市	市	市	市		市		市	市							市				11
	新乡县									市		市		市	市		市					市				6
	获嘉县		县	县						县		县		县	县	县										7
	延津县									县		县		县	县	县										5
	原阳县											县		县	县											3
	封丘县									县		县				县						县				4
	长垣县											县				县			县							3
	合计		3	3	1	2	1	2	1	6	1	7		6	6	4	1	1	1			3				49

续表

地区、省辖市	县（市）名称	竹木直尺检定装置	检定游标类量具标准器组	检定测微类量具标准器组	检定指示类量具标准器组	电子自动电位差计检定装置	自动平衡电桥检定装置	配热电偶用动圈仪表检定装置	配热电阻用动圈仪表检定装置	二等克组砝码标准器	三等公斤砝码标准器	四等公斤砝码标准器	三等测力计标准装置	加油机检定装置	精密压力表标准装置	血压计检定装置	汽车里程检定装置	玻璃量器检定装置	液体量提检定装置	三项电能表标准装置	交直流电压电流欧姆表装置	单项电能表检定装置	可见分光光度计检定装置	滤光光电比色计检定装置	心电图机检定装置	建立计量标准数
新乡地区	长垣县											县				县			县							3
	合计		3	3	1	2	1	2	1	6	1	7		6	6	4	1	1	1			3				49
安阳市	安阳县									县	县	县		县	县											5
	内黄县									县		县				县										3
	林县		县	县	县					县		县			县											6
	汤阴县									县	县	县		县		县										5
	滑县									县	县	县		县	县	县										6
	合计		1	1	1					5	3	5		3	3	3										25
鹤壁市	浚县									县	县	县		县	县											5
	淇县									县	县	县		县	县											5
	合计									2	2	2		2	2											10
焦作市	济源市	市	市	市	市							市			市											6
	沁阳市		市	市	市							市			市											5
	孟县											县			县											2
焦作市	修武县		县	县								县			县											4
	武陟县		县	县								县			县										县	5
	博爱县		县	县								县			县											4
	温县		县	县								县			县											4
	合计	1	6	6	2							7			7										1	30

续表

地区、省辖市	县（市）名称	竹木直尺检定装置	检定游标类量具标准器组	检定测微类量具标准器组	检定指示类量具标准器组	电子自动电位差计检定装置	自动平衡电桥检定装置	配热电偶用动圈仪表检定装置	配热电阻用动圈仪表检定装置	二等克组砝码标准器	三等公斤砝码标准器	四等公斤砝码标准器	三等测力计标准装置	售油机检定装置	加油机检定装置	精密压力表标准装置	血压计检定装置	汽车里程检定装置	玻璃量器检定装置	液体量提检定装置	三项电能表标准装置	交直流电压电流欧姆表装置	单项电能表检定装置	可见分光光度计检定装置	滤光光电比色计检定装置	心电图机检定装置	建立计量标准数
濮阳市	濮阳县											县															1
	清丰县										县	县				县	县				县						5
	范县										县	县					县										3
	南乐县										县	县				县	县				县						5
	台前县										县	县				县	县										4
	合计										4	5				3	4				2						18
洛阳市	孟津县										县	县															2
	汝阳县											县															1
	伊川县	县									县	县				县											4
	嵩县											县				县											2
	栾川县											县				县											2
	宜阳县									县	县	县		县		县	县	县			县						8
	洛宁县										县	县															2
	新安县											县				县											2
	偃师县											县															1
	合计	1								1	4	9		1		5	1	1			1						24
三门峡市	陕县											县			县	县											3
	渑池县											县				县											2
	卢氏县											县			县	县											3
	灵宝县											县				县											2
	义马市											市				市											2
	合计											5			2	5											12

续表

地区、省辖市	县（市）名称	竹木直尺检定装置	检定游标类量具标准器组	检定测微类量具标准器组	检定指示类量具标准器组	电子自动电位差计检定装置	自动平衡电桥检定装置	配热电偶用动圈仪表检定装置	配热电阻用动圈仪表检定装置	二等克组砝码标准器	三等公斤砝码标准器	四等公斤砝码标准器	三等测力计标准装置	售油机检定装置	加油机检定装置	精密压力表标准装置	血压计检定装置	汽车里程检定装置	玻璃量器检定装置	液体量提检定装置	三项电能表标准装置	交直流电压电流欧姆表装置	单项电能表检定装置	可见分光光度计检定装置	滤光光电比色计检定装置	心电图机检定装置	建立计量标准数
平顶山市	叶县											县			县	县											3
	宝丰县											县															1
	汝州市											县															1
	襄城县											县															1
	鲁山县											县															1
	郏县											县			县												2
	舞钢市											市			市												2
	合计											7			3	1											11
南阳地区	南阳县											县				县											2
	邓州市										市	市				市	市										4
	内乡县											县			县	县	县	县									5
	唐河县											县															1
	社旗县											县															1
	桐柏县										县	县															2
	新野县											县			县	县		县									4
	镇平县											县			县												2
	南召县											县			县												2
	淅川县									县	县	县				县	县										5

续表

地区、省辖市	县（市）名称	竹木直尺检定装置	检定游标类量具标准器组	检定测微类量具标准器组	检定指示类量具标准器组	电子自动电位差计检定装置	自动平衡电桥检定装置	配热电偶用动圈仪表检定装置	配热电阻用动圈仪表检定装置	二等克组砝码标准器	三等公斤砝码标准器	四等公斤砝码标准器	三等测力计标准装置	售油机检定装置	加油机检定装置	精密压力表标准装置	血压计检定装置	汽车里程检定装置	玻璃量器检定装置	液体量提检定装置	三项电能表标准装置	交直流电压电流欧姆表装置	单项电能表检定装置	可见分光光度计检定装置	光干涉型甲烷测定仪检定装置	催化燃烧型甲烷测定仪检定装置	滤光光电比色计检定装置	心电图机检定装置	建立计量标准数
南阳地区	方城县											县			县														2
	西峡县											县					县	县											3
	合计									1	3	12			5	5	4	3											33
许昌市	禹州市		市	市	市			市	市			市				市					市					市	市		10
	长葛县		县	县	县			县				县				县					县								7
	鄢陵县											县				县													2
	许昌县											县																	1
	合计		2	2	2			2	1			4				3					2					1	1		20
漯河市	临颍县									县		县			县	县	县												5
	舞阳县		县	县	县					县	县	县			县	县	县						县						10
	郾城县									县	县	县					县												4
	合计		1	1	1					3	2	3			2	2	3						1						19
驻马店市	新蔡县											县																	1
	泌阳县											县																	1
	遂平县		县	县	县							县				县													5
	西平县											县				县													2
	正阳县											县																	1
	平舆县											县																	1
	确山县											县																	1
	上蔡县	县	县	县	县							县					县												6

续表

地区、省辖市	县（市）名称	竹木直尺检定装置	检定游标类量具标准器组	检定测微类量具标准器组	检定指示类量具标准器组	电子自动电位差计检定装置	自动平衡电桥检定装置	配热电偶用动圈仪表检定装置	配热电阻用动圈仪表检定装置	二等克组砝码标准器	三等公斤砝码标准器	四等公斤砝码标准器	三等测力计标准装置	售油机检定装置	加油机检定装置	精密压力表标准装置	血压计检定装置	汽车里程检定装置	玻璃量器检定装置	液体量提检定装置	谷物量重器检定装置	三项电能表标准装置	交直流电压电流欧姆表装置	单项电能表检定装置	可见分光光度计检定装置	光干涉型甲烷测定仪检定装置	催化燃烧型甲烷测定仪检定装置	滤光光电比色计检定装置	心电图机检定装置	建立计量标准数
驻马店市	汝南县		县	县	县	县						县																		5
	合计	1	3	3	3	1						9				2	1													23
信阳地区	信阳县											县			县	县														3
	罗山县											县				县														2
	息县											县																		1
	淮滨县											县																		1
	潢川县		县	县								县				县					县									5
	固始县											县			县	县														3
	商城县											县																		1
	光山县											县				县														2
	新县											县																		1
	合计		1	1								9			2	5					1									19
总计		4	21	21	11	3	1	5	2	26	26	109	1	1	31	59	24	7	1	1	1	7	1	7	1	1	1	1	2	376

说明：表中“县”是指建立使用保存该项社会公用计量标准的是该市法定计量检定机构且量值传递的行政区域为本县；“市”是指建立使用保存该项社会公用计量标准的是该市法定计量检定机构且量值传递的行政区域为本县级市。

四、各级计量授权站建立计量标准

河南省的气象、铁路、电力等行业部门所属的计量技术机构也都建立各自不同的计量标准，经河南省技监局计量授权，对行业内进行授权范围内工作计量器具的量值传递。郑州铁路局计量检定所建立的计量标准器，一部分接受河南省计量所量值传递；河南省电业系统的计量标准器具，一部分接受河南省计量所量值传递。截至1994年6月河南省共有各级计量授权站69个，建立计量标准234项，开展检定项目227种。

（一）省级计量授权站建立计量标准

截至1994年6月河南省共有省级计量授权站20个，建立计量标准134项，开展计量检定项目113种（见表4-7-14）。1994年6月河南省省级计量授权站建立计量标准（见表4-7-15）。

表4-7-14　1994年6月河南省省级计量授权站建立计量标准和开展检定项目统计表

序号	省级授权站名称	计量标准（项）	检定项目（种）	序号	省级授权站名称	计量标准（项）	检定项目（种）
1	河南省纤维站	5	8	11	河南省地方煤矿安全仪器维修检定中心	4	4
2	河南省气象计量站	4	5	12	鹤壁矿务局安全仪器计量站	3	3
3	河南省粮食科学研究所	1	1	13	焦作矿务局安全仪器计量站	4	4
4	河南省石油站	4	4	14	义马矿务局安全仪器计量站	2	2
5	河南省振动计量站	1	4	15	河南省纺织站	8	15
6	河南省邮电管理局通信计量站	3	5	16	中国船舶总公司第七研究院七一三研究所	2	2
7	中国物资储运总公司郑州公司计量中心站	2	4	17	中国人民解放军测绘学院测绘仪器检修中心	1	4
8	航空航天工业部第十四区域计量站	7	11	18	机械电子工业部第二十七研究所	1	2
9	洛阳跟踪与通信技术研究所	4	4	19	国营第六七〇厂	3	3
10	机械电子工业部第二十二研究所	7	9	20	郑州铁路局授权站有：郑州计量管路所、中心医院、水电段、电务段、工务段、机务段等53个单位	68	19
合计：河南省省级计量授权站计量标准134项，河南省省级计量授权站开展计量检定项目113种							

表4-7-15　1994年6月河南省省级计量授权站建立计量标准统计表

序号	省级计量授权站名称	计量标准名称	计量标准（项）
1	河南省纤维站	纤维长度仪检定装置、纤维比电阻仪检定装置、原棉水分测定仪检定装置、纤维强力机检定装置、八兰烘箱检定装置	5
2	河南省气象计量站	风速表检定装置、湿度表检定装置、气压表检定装置、二等水银温度计标准装置	4
3	河南省粮食科学研究所	容重器检定装置	1
4	河南省石油站	钢卷尺检定装置、石油温度计检定装置、石油密度计检定装置、石油流量计检定装置	4

续表

序号	省级计量授权站名称	计量标准名称	计量标准（项）
5	河南省振动计量站	低频振动标准装置	1
6	河南省邮电管理局通信计量站	载波电平标准装置、电信载平衰减器检定装置、微波功率标准装置	3
7	中国物资储运总公司郑州公司计量中心站	大砝码标准器、四等公斤砝码标准器	2
8	航空航天工业部第十四区域计量站	相位标准装置、调制度仪检定装置、高频电压标准装置、信号发生器检定装置、三厘米波导小功率标准装置、元器件参数检定装置、示波器检定装置	7
9	洛阳跟踪与通信技术研究所	高频衰减标准装置、微波功率标准装置、高频电压标准装置、示波器检定装置	4
10	机械电子工业部第二十二研究所	示波器检定装置、高频电压标准装置、高频衰减标准装置、元器件参数检定装置、场强测量仪检定装置、信号发生器检定装置、微波功率标准装置	7
11	河南省地方煤矿安全仪器维修检定中心	矿用机械风速表检定装置、催化燃烧型甲烷测定仪检定装置、粉尘采样器检定装置、光干涉型甲烷测定仪检定装置	4
12	鹤壁矿务局安全仪器计量站	矿用机械风速表检定装置、催化燃烧型甲烷测定仪检定装置、光干涉型甲烷测定仪检定装置	3
13	焦作矿务局安全仪器计量站	粉尘采样器检定装置、光干涉型甲烷测定仪检定装置、催化燃烧型甲烷测定仪检定装置、矿用机械风速表检定装置	4
14	义马矿务局安全仪器计量站	催化燃烧型甲烷测定仪检定装置（2个测量范围）	2
15	河南省纺织站	织物密度镜检定装置、纤维切断器检定装置、袜子横拉仪检定装置、检定织物厚度仪标准器组、检定织物测长机标准器组、纱浆温度仪检定装置、熨烫耐洗仪检定装置、色牢度仪检定装置	8
16	中国船舶总公司第七研究院七一三研究所	声级计检定装置、声校准器检定装置	2
17	中国人民解放军测绘学院测绘仪器检修中心	电磁波测距仪检定装置	1
18	机械电子工业部第二十七研究所	医用激光源检定装置	1
19	国营第七六〇厂	调制度仪检定装置、示波器检定装置、信号发生器检定装置	3
20	郑州铁路局授权站有：郑州计量管路所、中心医院、水电段、电务段、工务段、机务段等53个单位	主要授权项目：二等砝码标准装置、加油机检定装置、油流量计检定装置、精密压力表标准装置、血压计检定装置、绝缘电阻表检定装置、铁路轨距尺、检定铁路机车车轮踏面样板标准器组等	68
合计			134

（二）地市级计量授权站计量计量标准

截至 1994 年 6 月，河南省共有地、市级计量授权站 36 个，建立计量标准 83 项，开展计量检定项目 94 种。1994 年 6 月河南省地、市级计量授权站建立计量标准和开展检定项目（见表 4-7-16），1994 年 6 月河南省地、市级计量授权站建立计量标准（见表 4-7-17）。

表4-7-16　1994年6月地、市级计量授权站建立计量标准和开展检定项目统计表

序号	地、市授权站名称	计量标准（项）	检定项目（种）	序号	地、市授权站名称	计量标准（项）	检定项目（种）
1	郑州矿务局化验以表计量站	1	2	19	鹤壁市水表计量检定测试站	2	2
2	郑州市流量仪表站	4	4	20	濮阳市计量器具检修站	2	3
3	郑州市水表检定测试站	5	5	21	洛阳市自来水公司水表厂	3	3
4	郑州铝厂	6	8	22	第一拖拉机厂职工医院仪表室	1	2
5	开封日用化工厂	2	3	23	国营一二四厂计量室	1	1
6	开封空分设备厂	1	1	24	平顶山矿务局科研所无线电计量站	2	2
7	开封制药厂	1	2	25	平顶山矿务局安全仪器计量站	4	4
8	开封化肥厂	3	3	26	平顶山市水表检定站	4	4
9	开封煤气表检定测试站	1	1	27	平顶山煤气表检定站	3	3
10	开封水表检定测试站	7	7	28	义马矿务局计量中心站	3	5
11	商丘地区计量测试技术开发中心	2	4	29	义马矿务局安全仪器计量站	2	2
12	商丘地区水表检测站	3	3	30	南阳市仪表厂	1	1
13	周口市水表检定测试站	3	3	31	南阳市水表检定测试站	2	2
14	新乡市水表检定测试站	2	2	32	南阳市卫生局计量站	1	2
15	安阳市自来水公司	1	1	33	南阳市环境保护计量站	1	1
16	河南省平原制药厂	1	1	34	许昌市水表检测站	2	2
17	安阳市煤气表检定站	1	1	35	驻马店市制药厂	2	1
18	鹤壁市煤气表检定站	1	1	36	信阳市水表检定测试站	2	2
合计：地、市级计量授权站计量标准83项，地、市级计量授权站开展计量检定项目94种							

表4-7-17　1994年6月各地、市级计量授权站建立计量标准统计表

序号	地、市级计量授权站名称	计量标准名称	计量标准（项）
1	郑州矿务局化验以表计量站	二等克砝码组标准装置	1
2	郑州市流量仪表站	孔板检定装置、压力变送器检定装置、双波纹管差压计检定装置、电动开方积算器检定装置	4
3	郑州市水表检定测试站	水表检定装置（5个检测范围）	5
4	郑州铝厂	二等克砝码组标准装置、精密压力表标准装置、三项电能表标准装置、滤光光电比色仪检定装置、可见分光光度计检定装置、大砝码标准器组	6
5	开封日用化工厂	二等活塞压力计标准装置、四等克砝码组标准装置	2
6	开封空分设备厂	二等活塞压力计标准装置	1

续表

序号	地、市级计量授权站名称	计量标准名称	计量标准（项）
7	开封制药厂	精密压力表标准装置	1
8	开封化肥厂	二等活塞压力计标准装置、四等公斤组标准装置、自动定量包装机检定装置	3
9	开封煤气表检定测试站	钟罩式气体流量标准装置	1
10	开封水表检定测试站	水表检定装置（7个检测范围）	7
11	商丘地区计量测试技术开发中心	三等测力计标准装置、洛氏硬度计检定装置	2
12	商丘地区水表检测站	水表检定装置（3个检测范围）	3
13	周口市水表检定测试站	水表检定装置（3个检测范围）	3
14	新乡市水表检定测试站	水表检定装置（2个检测范围）	2
15	安阳市自来水公司	水表检定装置	1
16	河南省平原制药厂	二等水银温度计标准装置	1
17	安阳市煤气表检定站	钟罩式气体流量标准装置	1
18	鹤壁市煤气表检定站	钟罩式气体流量标准装置	1
19	鹤壁市水表计量检定测试站	水表检定装置（2个检测范围）	2
20	濮阳市计量器具检修站	加油机容量检定装置、四等公斤组标准装置	2
21	洛阳市自来水公司水表厂	水表检定装置（3个检测范围）	3
22	第一拖拉机厂职工医院仪表室	血压计检定装置	1
23	国营一二四厂计量室	三等量块标准装置	1
24	平顶山矿务局科研所无线电计量站	示波器检定装置、低频信号源检定装置	2
25	平顶山矿务局安全仪器计量站	粉尘采样器检定装置、光干涉型甲烷测定仪检定装置、催化燃烧型甲烷测定仪检定装置、矿用机械风速表检定装置	4
26	平顶山市水表检定站	水表检定装置（4个检测范围）	4
27	平顶山市煤气表检定站	煤气表检定装置（3个检测范围）	3
28	义马矿务局计量中心站	精密压力表标准装置、二等克组砝码标准装置、四等公斤组砝码标准装置	3
29	义马矿务局安全仪器计量站	矿用机械风速表检定装置、作业场所粉尘采样器检定装置	2
30	南阳市仪表厂	二等水银温度计标准装置	1
31	南阳市水表检定测试站	水表检定装置（2个检测范围）	2
32	南阳市卫生局计量站	血压计、表检定装置	1
33	南阳市环境保护计量站	玻璃量器检定装置	1
34	许昌市水表检测站	水表检定装置（2个检测范围）	2
35	驻马店市制药厂	玻璃量器检定装置、二等水银温度计	2
36	信阳市水表检定测试站	水表检定装置（2个检测范围）	2
合计			83

（三）县（市）级计量授权站建立计量标准

1994 年 6 月，河南省共有县（市）级计量授权站 13 个，建立计量标准 17 项，开展计量检定项目 20 种。1994 年 6 月县（市）级计量授权站建立计量标准和开展检定项目（见表 4–7–18），1994 年 6 月县（市）级计量授权站建立计量标准（见表 4–7–19）。

表4-7-18　1994年6月县（市）级计量授权站建立计量标准和开展检定项目统计表

序号	地市授权站名称	计量标准（项）	检定项目（种）	序号	地市授权站名称	计量标准（项）	检定项目（种）
1	荥阳县水表计量检定站	1	1	8	唐河县长度计量测试站	3	6
2	巩义市水表检定测试站	1	1	9	唐河县计量检定第一分站	2	2
3	密县水管所	1	1	10	社旗县制药厂计量检定站	2	2
4	登封县自来水公司计量站	1	1	11	长葛县水表检测站	1	1
5	新野县自来水公司	1	1	12	禹州市水表检测站	1	1
6	社旗县化肥厂	1	1	13	确山县自来水管理站	1	1
7	正阳县自来水公司	1	1				
合计：县（市）级计量授权站计量标准17项，县（市）级计量授权站开展计量检定项目20种							

表4-7-19　1994年6月县（市）级计量授权站建立计量标准统计表

序号	县（市）级计量授权站	计量标准名称	计量标准（项）
1	荥阳县水表计量检定站	水表检定装置	1
2	巩义市水表检定测试站	水表检定装置	1
3	密县水管所	水表检定装置	1
4	登封县自来水公司计量站	水表检定装置	1
5	新野县自来水公司	水表检定装置	1
6	社旗县化肥厂	精密压力表标准装置	1
7	正阳县自来水公司	水表检定装置	1
8	唐河县长度计量测试站	检定游标类量具标准器组、检定测微类量具标准器组、检定指示类量具标准器组	3
9	唐河县计量检定第一分站	精密压力表标准装置、玻璃量器检定装置	2
10	社旗县制药厂计量检定站	标准玻璃量器检定装置、基本玻璃量器检定装置	2
11	长葛县水表检测站	水表检定装置	1
12	禹州市水表检测站	水表检定装置	1
13	确山县自来水管理站	水表检定装置	1
合计			17

全省计量授权站 69 个，全省计量授权计量标准 234 项。

五、企业、事业单位建立计量标准

河南省部分企业、事业单位也经过河南省技监局的计量标准考核，建立本单位的计量标准，对单位使用的工作计量器具进行量值传递。1994 年底，建立计量标准的企业、事业单位共有 120 家，建立 238 项计量标准。

六、各级计量技术机构进行量值传递

各级计量技术机构按照计量检定系统表和国家计量检定规程，对计量标准和工作计量器具进行量值传递，实施周期检定。1994 年，全省强制检定各种计量器具就达 1014726 台（件）。

河南省各级计量技术机构检测计量器具情况：

1987 年，《计量法》实施初期，河南省省、地、市、县计量部门检测计量器具共计 9 大类 662846 台（件）（见表 4-7-20）。1990 年全省各级计量技术机构检测计量器具 907158 台（件），受检率为 62%；检测台（件）数比 1987 年增长了 36.9%。

表4-7-20 1987年河南省省、地、市、县计量部门检测计量器具统计表

单位：台（件）

地区	合计	长度	热学	力学		电磁	光学	声学	化学	放射性	无线电	时间频率
				小计	其中：衡器							
	662846	117500	36897	412636	234910	94727	55	25	455		248	303
省计量测试研究所	43965	31757	3291	4553	170	3784		25	35		217	303
郑州市	61841	19494	1556	25867	10729	14924						
开封市	53225	7181	2357	34818	15550	8869						
洛阳市	27455	16730	760	9030	7252	900			35			
平顶山市	50332	977	195	47669	11745	1436	55					
安阳市	41279	4977	2640	23393	11733	10269						
新乡市	44478	9721	4791	21078	13082	8888						
焦作市	30565	3868	4695	18900	13744	3097					5	
濮阳市	8677		550	7927	7622	200						
许昌市	19221	2020	1000	14043	13253	1918			240			
漯河市	14042	2987	1282	9627	3597	146						
三门峡市	21780	100		19814	6385	1840					26	
鹤壁市	13531	3704	2230	6138	2751	1459						
周口地区	32737	2091	1523	21288	21043	7780			55			
驻马店地区	46811	2822	2145	35446	25177	6398						
南阳地区	29796	4737	718	21676	17142	2575			90			
信阳地区	40619	2247	4251	29496	18948	4625						
商丘地区	82492	2087	2913	61873	34987	15619						

河南省已经按照《计量法》的要求，建立由省级、地市级、县（市）级、授权机构、企业、事业单位计量技术机构组成的量值传递体系，对全省各级各类计量器具开展周期检定，保障国家计量单位制的统一和量值的准确可靠，为河南省经济建设和社会发展作出了显著贡献。

第八节　计量标准考核步入法制轨道

一、依法实施计量标准考核

计量标准考核是《计量法》赋予政府计量行政部门的法定职责。为迎接《计量法》正式施行，1986年6月，河南省计量局组织对16个地、市计量机构的317项计量标准进行考核，其中优秀为204项，合格为73项，不合格为40项。河南省计量局对考核合格的277项计量标准颁发计量标准考核证书。这次考核中，南阳地区、开封市、洛阳市、新乡市计量所被评为优秀单位。是年，国家计量局组织对河南计量测试研究所的44项最高社会公用计量标准的考核，其中38项取得国家计量局颁发的计量标准考核证书。1986年10月，河南省计量局印发《河南省计量标准器具考核实施办法（试行）》，对1986年7月1日以前建立的各项计量标准的考核发证问题予以明确，对考核分工及申请程序、考核内容和要求、考核收费等作出规定。1987年，河南省计量局根据该《实施办法》，对河南省计量所42项最高社会公用标准和162项次级社会公用标准，17个市、地计量所建立的259项计量标准，以及省直有关部门建立的75项计量标准进行考核。是年，国家计量局对河南省计量所建立的2项最高社会计量标准进行考核。

1987年2月1日，经国务院1987年1月19日批准，国家计量局发布实施《中华人民共和国计量法实施细则》。7月，国家计量局发布《计量标准考核办法》。1988年1月，河南省计量局发文，规定从1988年开始，执行《计量标准考核办法》，执行计量标准计划性考核和计量标准考评员制度。计量检定人员考核取证，执行《计量检定人员管理办法》。1988年5月，河南省计量局聘任赵立传等22人为河南省第一批计量标准二级考评员，9月又聘任陈瑞芳等23人为第二批计量标准二级考评员。是年，国家计量局考核河南省计量所的5项最高计量标准。河南省计量局考核河南省计量所的14项次级计量标准和市（地）计量所及省属企事业单位的157项最高计量标准，考核全省187名计量检定人员。同时，河南省计量局委托无线电计量协作组河南分组对各单位建立的56项无线电计量标准进行考核。

1989年2月，河南省计量局发文，要求申报1989年计量标准考核项目并安排了考核复查工作。6月，河南省技监局发文，安排计量标准考核复查工作。是年，河南省共完成计量标准考核151项（含国家技术监督局委托进行考核的部分项目）。河南省计量所完成152项计量标准考核工作。按有关规定，取得计量标准合格证书后，属社会公用计量标准的，由组织建立该项计量标准的政府计量行政部门审批颁发社会公用计量标准证书；属部门最高计量标准的，由主管部门批准使用；属企业事业单位最高计量标准的，由本单位批准使用。

1990年，为使计量标准考核规范化，河南省技监局制发《计量标准考核工作程序》，并下达河南省1990年新建计量标准考核计划，共176项，分别下达到具体承担考核的计量技术机构和申报考核单位；1991年，下达考核计划315项。1992年，河南省技监局发文，强调要严格执行考评员制度和加强对计量标准考核的监督。1993年，河南省技监局对63个单位的95项计量标准进行考核，并颁发计量标准合格证书对70个单位的194项计量标准进行复查考核；对部分企业的38项计量标准合格证书超过有效期而未申请复查考核的计量标准，按有关规定通知停止使用。

1993年6月，河南省技监局组织18个小组，分别对河南省计量所、17个市（地）计量所等全省法定计量检定机构的750项社会公用计量标准进行监督检查。检查结果表明：大多数的社会公用计量标准“两证”齐全，并在有效期之内；计量标准器具及其配套设备配备齐全，且计量性能、精度等级能满足检定规程要求；按规定每项计量标准配备的检定人员在2人以上；环境条件能满足计量检定规程的要求。同时，在检查中也发现有部分社会公用计量标准超周期使用、配套设备不齐全、工作环境条件不符合要求等问题。通过监督检查，进一步增强了被检查机构的计量法制观念。对检查中发现的问题，河南省技监局责令有关单位于9月底完成整改任务。1994年，河南省技监局对全省计量标准考评员进行培训整顿；经考核合格，又聘任48名二级计量标准考评员；对全省56个单位的70项计量标准进行考核，颁发了计量标准合格证书；对88个单位的180项计量标准进行了复查考核。

中华人民共和国国民经济和社会发展第七个五年计划（1986—1990）期间，河南省已建省级最高计量标准46项，次级计量标准32项。全省市（地）级建立最高计量标准347项，次级计量标准165项。全省县级建立计量标准338项。全省企业、事业和有关部门建立最高计量标准的有818个单位，2633项。全省计量检定人员考核发证10734人（项）。1989—1994年，河南省共完成新建计量标准考核2000多项，并对到期的计量标准进行复查考核。贯彻实施《计量法》，河南省计量标准考核已步入法制管理轨道，成效显著。

二、计量标准比对

保证计量单位制的统一和量值准确可靠是计量工作的根本任务。为掌握河南省量值传递过程中量值可靠真实信息，根据《计量法》及《计量法实施细则》的有关规定，河南省从1991年起开展计量比对工作。

1991年，河南省技监局组织量块和克组砝码的计量标准比对。河南省计量所为比对主持单位，17个市、地计量所为比对参加单位。河南省计量所提供比对用量块和克组砝码。9月14日，参加比对单位到河南省计量所讨论计量标准比对方案。量块比对执行JJG 100—81《0.5~1000 mm 2~6等0~4级量块》，进行中心长度和平面平行性比对，采用一字式比对方式；砝码比对执行JJG 99—81《砝码》，进行质量修正值比对，采用环式比对方式。比对程序是，河南省计量所将比对用计量标准按检定规程要求进行首次检定，各参加比对单位按比对日程安排表（见表4-8-1和表4-8-2）按时取回传递标准，实施比对检定后将检定数据（检定记录）寄送河南省计量所并保密；传递标准准时送达河南省计量所或下一个参加比对单位。河南省计量所对循环后的传递标准进行第二次检定，取每比对小组前后两次数据的平均值与参与比对单位出具的检定数据进行比较分析，以验证同一量值不同计量标准装置的准确性一致程度。比对数据在1/3允许误差之内为优秀，在2/3允许误差之内为合格，对超出2/3允许误差的单位收回其计量标准合格证书，限期3个月整改，河南省技监局重新组织进行计量标准复查考核。此次比对情况作为1991年全省技术监督系统法定计量检定机构评比先进的条件之一。河南省技监局以《通报》形式公布了各参加比对单位的检定数据和比对结果。

表4-8-1 1991年量块比对日程表

取样日期	返样日期	三等量块组	四等量块组
9月14日	9月17日	郑州	开封
9月19日	9月23日	驻马店	商丘
9月25日	9月28日	南阳	信阳
10月3日	10月7日	新乡	鹤壁
10月9日	10月12日	安阳	平顶山
10月15日	10月18日	许昌	焦作
10月21日	10月24日	洛阳	漯河
10月26日	10月30日		周口

1993年，河南省技监局组织电能表标准装置的计量标准比对。河南省计量所主持，已经建立电能计量标准的14个市、地计量所和8个大中型企业参加。河南省技监局对这次比对获优秀和合格的单位，颁发证书予以鼓励。对这次比对中发现的问题，依法进行处理。

表4-8-2 1991年砝码比对日程表

比对组别	取样日期	比对单位	标准下传日期	比对单位	返样日期
第一组	9月14日	开封	9月17日	商丘	9月20日
第二组	9月2日	驻马店	9月26日	信阳	9月29日
第三组	10月3日	平顶山	10月7日	南阳	10月10日
第四组	10月12日	郑州	10月15日	许昌	10月17日
第五组	10月19日	漯河	10月23日	周口	10月26日
第六组	10月29日	洛阳	10月31日	三门峡	11月4日
第七组	11月6日	安阳	11月8日	鹤壁	11月11日
第八组	11月13日	焦作	11月15日	新乡	11月7日
			11月18日	濮阳	11月21日

1994 年，河南省技监局组织可见光分光光度计检定装置计量标准比对。河南省计量所主持，已建立该项计量标准的 14 个市、地计量所和 7 个企业、事业单位参加。河南省技监局对比对合格单位进行表彰，对比对结果不符合的计量标准提前进行标准复查。凡参加本次比对的计量检定技术人员，均为 1994 年度计量检定员复查考核合格，可持检定员证办理可见光分光光度计项目注册复查手续。

河南省计量标准比对工作已经纳入法制管理，从而更加规范有效。

三、技术职称评定

计量专业技术职称评定是政府对计量技术人员的业务知识、技术水平和工作业绩的肯定，将极大地调动计量技术人员的积极性，促进计量事业的发展。据 1984 年统计，全省 1500 名计量技术人员中具有工程师职称的仅有 38 人，无高级工程师职称，迫切需要进行计量技术人员技术职称评定。

1987 年 3 月，根据国务院和河南省关于各类专业技术职务评定的规定，河南省计量局成立职称改革工作领导小组，由魏翊生、李培昌、张玉玺、程新选、董金祥 5 人组成，魏翊生局长任组长。1987 年 9 月 8 日，河南省计量局成立工程技术职务中级评审委员会，魏翊生局长任主任委员，曹毓齐、朱文渊任副主任委员，徐国富、肖汉卿、林继昌、肖俊岩、陈海涛、赵立传、周英鹏、张玉玺、刘文生、徐敦圣任委员。1988 年，河南省计量所按评定工作程序，共评出高级计量工程师：肖汉卿、林继昌、阮维邦、何丽珠、李培昌、付克华 6 人；计量工程师陈海涛等 21 人；技师（工程师级）曾光荣；助理计量工程师苗瑜等 27 人；计量技术员顾瑞霞等 3 人；会计师赵淑华等 2 人；助理会计师袁宏民等 3 人；助理经济师彭平；助理馆员彭晓凯等 2 人。上述人员均通过验收，获得任职资格。

1992 年，河南省技监局重新组建工程系列中级专业技术职务评审委员会，戴式祖局长任主任委员，徐俊德、张祥林、文荣征任副主任委员，马文卿、张景信等 17 人任委员。1992 年，王颖华等人任工程师；经河南省工程系列高级专业技术职务评审委员会评审通过，肖俊岩、马士英、吴发运、杜新颖、孟献新 7 人任高级工程师；马连宏等 45 人（含河南省计量所多位计量专业人员）任工程师或助理工程师。1993 年，陈海涛、路治中、焦永德、赵立传、周英鹏、陆婉清、朱石树等 15 人任高级工程师；马长征等 22 人任工程师或助理工程师；孙毅等 41 人任工程师；袁宏民、邵惠荣等 14 人任经济师、馆员。1994 年，韩丽明、杜书利等 3 人任高级工程师；王继东、王广俊、马睿松等 20 人任工程师。

1992 年，经河南省职称改革领导小组批准，在河南省计量所、河南省产品质检所进行职称改革评聘分开试点，为一批有学历、资历、工作业绩等方面达到评审条件的专业技术人员提供进职的机会，调动了其工作积极性，促进了技术监督事业的发展。

第九节 计量授权

计量授权是指县级以上人民政府计量行政部门，依法授权予其他部门或单位计量检定机构或技术机构，执行《计量法》规定的强制检定和其他检定测试任务的授权行为。河南省技监局进行计量授权从1989年初起步，国家技术监督局是年11月发布实施《计量授权管理办法》后进一步规范。通过计量授权，有效地发挥和利用了社会资源，推动了行业、企业、事业单位计量管理和计量检定工作，促进了计量事业的发展。

一、依法对计量技术机构计量授权

河南省技监局1989年4月6日印发《关于无线电计量检定授权的通知》，决定自4月15日起授权航空航天工业部第14区域计量站等7个单位的计量技术机构，在规定的合作项目和区域内执行强制检定和其他检定、测试任务（见表4-9-1），并颁发“河南省技术监督局计量授权检定专用章”一枚。《中国技术监督报》1990年1月20日以《河南省无线电计量协作组规划量传网点做好授权工作》为标题予以报道，并加了编者按，给予充分肯定并推荐。

表4-9-1 1989年河南省计量授权情况一览表

被授权单位	计量标准项目	授权开展检测地区
安阳市技术监督局	紫外光分光光度计标准装置	全省
航空航天工业部第14区域计量站	精密差值相位发生器标准装置、检定调制度标准装置	全省
省邮电通信计量站	载频电子、载频衰减标准装置	全省
机械电子工业部第22研究所	场强校准装置	全省
洛阳跟踪与通信技术研究所	高频及微波衰减标准装置	全省
省微波通信计量站	微波小功率标准装置	全省
省纺织产品质量监督检验测试中心	纺织行业专用计量器具	全省纺织行业
省石油公司计量站	二等标准车载容器、二等水银温度计、二等石油密度计、二等标准钢卷尺	在全省石油系统用于贸易结算中使用的有关计量器具
航空航天工业部第14区域计量站	高频小电压、接收器、检定示波器、三厘米小功率计、元器件参数	洛阳市、三门峡市、南阳地区
机械电子工业部第22研究所	高频电压、高频衰减、接收机、检定示波器、同轴小功率、元件参数标准装置	新乡市、安阳市、鹤壁市、濮阳市、焦作市
洛阳跟踪与通信技术研究所	同轴小功率标准装置	洛阳市、三门峡市、南阳地区
航空航天工业部第613研究所	高频中电压标准装置	洛阳市、三门峡市、南阳地区
国营760厂	检定调制度、接收机、检定示波器标准装置	新乡市、安阳市、鹤壁市、濮阳市、焦作市

河南省技监局于1989年4月和8月又进行两次计量授权。计量授权的具体做法，一是河南省技监局根据需要与被授权单位达成授权意向后，被授权单位建立的计量标准经政府计量行政部门主持考核合格，并提出授权申请；二是经河南省技监局研究同意并经组织考核合格后，发出授权通知并发给计量授权专用章；三是被授权单位须接受政府计量行政部门的监督并定期汇报工作情况。

1990年，河南省技监局制发《河南省计量授权工作程序》，对计量授权的申请、申请授权的受理、计量授权的考核等都作了具体规定。各市、地技术监督部门进行计量授权的清理整顿工作，共清理整顿19个单位37项计量标准。河南省技监局是年11月印发《关于印发对各市、地计量授权项目清理整顿审核意见的通知》及《计量授权项目审核意见表》（见表 4-9-2）。

表4-9-2 1990年计量授权项目审核意见表

被授权单位	检定项目	审核意见
洛阳市自来水公司	水表	同意承担洛阳市区水表的强制检定
洛阳市煤矿救护队	瓦斯测定器	不进行计量授权
洛阳市医疗器械修配管理所	血压计 血压表	撤销其计量授权
解放军5408厂	燃油加油机	撤销其计量授权
洛阳第一拖拉机厂	蒸汽流量计	不进行计量授权
新乡103厂	精密压力表、转速表	该项目已由省计量测试
开封市自来水公司	水表	同意承担开封区计量
开封化肥厂	铁路计量罐车	撤销其计量授权
开封化肥厂	差压流量计	该项已由省计量测试研究所承担计量检定
中原油田长度计量站	四等量块、小角度测量仪	该两项同意承担濮阳市及所辖县的计量检定
周口市自来水公司	水表	同意承担周口地区的计量检定

1991 年，河南省技监局通过组织考核，对河南省气象计量站等 6 个单位的轻便式风速表等 13 项计量标准进行计量授权；1992 年对河南省石油计量站等 13 个单位的 56 项计量标准进行计量授权；1993 年对河南省计量所、机械电子工业部第二十七研究所、义马矿务局、开封市计量所等 4 个单位的木直尺等 64 项计量标准进行计量授权；1994 年对解放军测绘学院、中国船舶工业总公司第七一三研究所、郑州市铁路局郑州计量管理所及有关站（段）55 个单位的 77 项计量标准进行计量授权。1989—1994 年，河南省共对 110 个单位的 274 项计量标准进行计量授权。贯彻实施《计量法》，河南省计量授权工作步入法制管理时期。

二、无线电计量协作纳入法制管理

河南省计量局 1986 年 3 月发布《河南省无线电计量协作实施办法》。省无线电计量协作分组积极开展计量协作，取得很好的成绩，被评为 1986 年度中南地区无线电计量协作活动先进单位。1986—1987 年，河南省计量局两次委托河南分组承办全省无线电计量检定人员考核工作，共考核 230 人，其中 223 人考核合格，获得计量检定人员技术考核合格证书。1988 年上半年，河南分组组织编制《河南省无线电、时间频率计量量值传递网络图》，提出《河南省无线电、时间频率量值网点推荐方案》，供计量行政部门参考。组织召开了河南省地方计量检定规程 JJG（豫）12-88《失真仪检定装置》审定会，举办 7 个无线电计量检定规程宣传贯彻会，组织计量技术论文交流会，主持考核无线电计量标准 71 项，人员考核 26 人次。1989 年 4 月 6 日，河南省技监局发出《无线电计量检定授权的通知》（详见本节“一、对计量技术机构依法授权”）。1991 年 6 月，在新乡市召开河南分组年会，32 个单位 40 多名代表出席，讨论中南技术开发中心章程（讨论稿），对无线电计量授权项目的有关问题进行协调。河南分组和洛阳小组联合组织了一次计量保证方案研讨会，会上由 014 中心计量站等单位作了“关于适合我国国情的计量保证方案”的事例讲解，收到了良好效果。河南分组的具体事务由河南省计量所无线电室负责。1985 年以后，河南分组连续四年被评为中南无线电计量协作组先进分组。无线电计量协作步入法制管理轨道。

第十节 依法开展计量认证

《计量法》规定："为社会提供公证数据的产品质量检验机构，必须经省级以上人民政府计量行政部门对其计量检定、测试的能力和可靠性考核合格。"《计量法实施细则》规定："为社会提供公证数据的产品质量检验机构，必须经省级以上人民政府计量行政部门计量认证。"根据《计量法》《计量法实施细则》和国家计量总局的有关要求，河南省计量局 1986 年制发《河南省产品质量检验机构计量认证程序》《河南省产品质量检验机构计量认证考核评审细则》和《河南省产品质量检验机构计量认证初访内容和要求》，在全省范围开展计量认证工作。

一、计量认证标志

1. 计量认证标志的图形

整个图形由英文字母 CMA 组成，C 为外框（见图 4-10-1）。

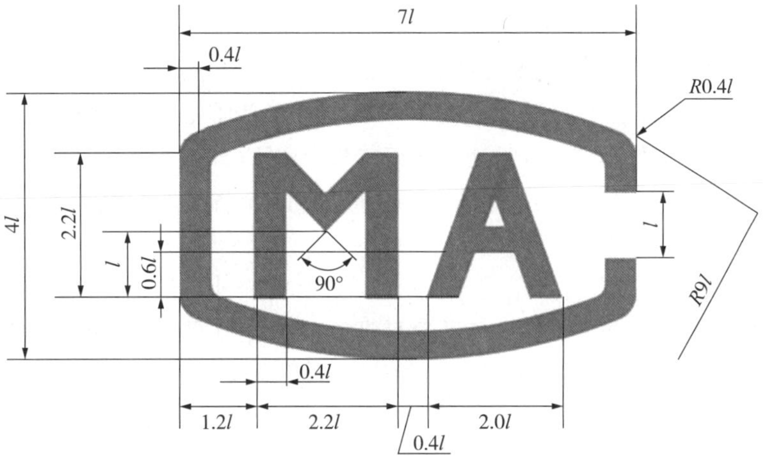

图 4-10-1 计量认证标志

2. 计量认证标志的使用

取得计量认证合格证书的产品质量检验机构，可按计量认证合格证书上所限定的通过计量认证项目，在其检测报告上使用此标志。

3. 计量认证标志的规格

采用计量认证标志时，可根据情况按比例放大或缩小。

4. 计量认证标志字母的含义

CMA 分别由英文"China Metrology Accreditation"3 个词的第一个大写字母组成，意为"中国计量认证"。

5. 计量认证证书编号

在计量认证标志下面标出计量认证合格证书编号，字号与尺寸自定。

6. 计量认证的专业类别代码

A 机械，B 化工，C 轻工，D 纺织，E 冶金，F 地质，G 矿产，H 电子，I 邮电，J 石油，K 电机，L 安全、消防、防护，M 船舶，N 铁路，P 交通，Q 食品，R 建设（建材、城建、建工），S 医药，T 煤炭，U 环保，V 农、牧、渔、林，W 航空、航天，Y 计量，Z 其他。

7. 计量认证标志的位置

应印在产品质量检验机构检测报告的左上方。

二、计量认证在全省展开

1986年，河南省计量局按照《河南省产品质量检验机构计量认证程序》和《河南省产品质量检验机构计量认证考核评审细则》，对河南省电子产品质量监督检验站和河南省水泥质量监督检验测试中心站进行计量认证，并颁发计量认证合格证书。河南省计量局1985年底受理河南省电子质检站的计量认证申请。为了搞好这次计量认证工作，河南省计量局和省电子质检站的总工程师反复讨论该站要求认证的范围（参数、量程、精度）。1986年4月初，河南省计量局派人专门对该站进行初步了解，按照国家计量局印发的《质量评价机构计量认证管理办法（草案）》的要求，提出改进措施。河南省电子质检站根据建议，对需要完善的规章制度进行全面修订，共制定各项工作制度20种；并根据要求，该站将主要测试仪器和设备分别送到中国计量科学研究院、河南省计量所等单位进行检定，先后送检计量标准仪器35台（件），自检121台（件），达到计量标准器具量值溯源的目的。7月，该站进行自查，并将自查结果向河南省计量局作了汇报。根据该站自查的结果，河南省计量局成立计量认证评审组，河南省计量局的人员任组长，电子工业部4057厂总工程师任副组长，成员有：工业部22所、造船总公司612所和省机械电子厅科技处各1人，河南省计量局2人。8月11日，河南省计量局发出正式评审通知，8月12日评审组集中，听取河南省计量局组织的预审报告和该站的自查总结。8月13日至14日，评审组现场评审，采取"听""查""看""评""讲"的方式，完成对该站的计量认证现场评审。河南省计量局审核批准后，对该站颁发计量认证合格证书。

1987年4月，河南省计量局召开省直有关厅局主管产品质量监督检验站工作的负责人会议。5月，召开全省计量认证工作会议，布置计量认证工作。8月，印发《关于对各产量质量检验机构限期申请计量认证的通知》。1987年底，河南省计量局共对11个省级质检机构进行计量认证并颁发计量认证合格证书。

为保证计量认证质量，河南省计量局于1987年开始实施计量认证评审员制度。是年7月，河南省计量局举办全省第一批计量认证评审员学习班。1988年9月，河南省计量局从各单位推荐的300多名人员中，经培训考核合格，聘任张玉玺等90人为河南省第一批计量认证评审员，并指定6人为评审组长，初步形成有多种专业技术人员组成的计量认证评审队伍。1989年，河南省技监局从河南省计量所聘任18名计量认证评审员。1990年3月河南省技监局对河南省40多名评审员进行复核换证。

1988年，河南省共有省级质检机构81个、市（地）级质检机构约200个、县级质检机构约300个，国家级（包括部级）质检机构在河南省的共15个。是年，有51个省级质检机构提出计量认证申请。1988年6月河南省计量局发出《关于委托部分市标准计量局负责组织对本辖区市、县级产品质量检验机构计量认证的通知》，对地、市级计量认证工作范围、步骤、方式、审批等提出具体要求。河南省计量局直接组织计量认证，并先期委托郑州、新乡、开封市标准计量局对辖区内的产品质检机构进行计量认证。

1989年11月，河南省技监局对市（地）及县级产品质检机构计量认证进行安排，郑州、新乡、开封三市的技监局分别组成评审组，对各自管辖的质检机构进行计量认证评审。是年，河南省计量所完成9个质检机构的计量认证。

1990年，为了简化手续，根据国家技监局有关文件规定，河南省技监局发文，规定省及市（地）产品质检所、纤维检验所和省级产品质检中心站的计量认证和审查认可要一次完成。是年，河南省技监局组织完成4个省级、14个部门级和1个市、地级质检机构的计量认证，并颁发计量认证合格证书。当年，河南省技监局组织抽查18个单位，被抽查的单位基本上能保持原计量认证时的水平。1989—1990年，河南省技监局配合国家技术监督局完成10个质检机构的计量认证。据统计，国家和各部委设在河南的检测中心和质检机构有22个，省级和厅局级质检机构有89个。

1991年，河南省技监局批准成立河南省计量认证环境监测评审组，截至1992年，组织完成全省17个市、地环境监测站、5个地区所在市环境监测站的计量认证。是年，河南省技监局先后任命

148名计量认证评审员。全省有30个质检机构获得计量认证合格证书。对1987—1989年期间取得计量认证合格证书的55个产品质检机构随机抽取21个(其中16个省级站,5个行业站),进行监督检查。检查情况表明,大多数产品质检机构都能保持原计量认证时的条件,有的还有不同程度的提高。检查中也发现部分产品质检机构存在一些违背《计量法》和计量认证有关规定的问题,河南省技监局依法进行处理。

1992年,河南省技监局组织省直有关部门成立地矿、环保、化学等计量认证专业评审组;经培训考核聘任192名计量认证评审员。是年,全省共完成计量认证考核评审并颁发计量认证合格证书31个,复核换证1个,单项认证单位1个。河南省技监局对22个已取得计量认证合格证书的单位进行监督检查。检查结果是大部分质检机构能保持原计量认证时的水平,少数质检机构出现有检测项目超出规定范围、计量认证标志使用不当等问题。

1993年,全省共完成计量认证考核评审47个单位,颁发计量认证合格证书25个单位。根据有关规定,河南省技监局对计量认证合格证书5年有效期满的6个单位进行复检,经复检合格换发计量认证合格证书。1994年,全省44个质检机构通过计量认证,27个质检机构通过计量认证复查换证。1986—1994年,河南省技监局共组织通过评审计量认证196个产品质检机构,并颁发计量认证合格证书。

河南省计量局依法实施计量认证,强化了产品质检机构的计量法制意识,提高了检验检测能力和水平,保证了量值统一准确和检测数据公正可靠,为社会提供公正数据,从而更好地服务于国民经济建设和社会发展。

第十一节 工业计量蓬勃发展

自1985年以来,河南省加强工业计量工作,开展工业企业计量工作定级、升级,进行能源计量验收,组织计量为乡镇企业服务,全省工业计量蓬勃发展,有效提高了产品质量和经济效益,为国民经济建设作出了重要贡献。

一、工业企业计量工作定级、升级

用定性评价,定量考核的方法,对工业企业计量工作水平作出全面衡量,是国家对工业企业计量工作实施全面监督服务的有效方法。国务院国发〔1982〕157号文件规定了企业计量工作的十年奋斗目标,工业企业计量工作定级、升级就是具体实现这一奋斗目标所采取的政策性措施。1984年4月,国家计量局向全国计量部门发布《工业企业计量工作定级、升级办法(试行)》。是年9月,河南省经委颁布《河南省工业企业计量工作定级、升级实施办法(试行)》。该《实施办法》规定(摘录):凡新建、扩建企业须取得三级计量合格证书后方可验收开工生产;现有企业必须取得三级计量合格证书后方可申请产品生产许可证,参加部门和地方产品评优活动及质量管理奖评选;获得二级计量合格证书的企业,可参加国家质量奖及先进单位、六好企业的评选;获得一级合格证书的企业,授予"国家计量先进企业"称号,产品可以使用"计量信得过"标志;获得各级计量合格证书的企业,可进行一次性奖励;各级政府计量行政管理部门对获得计量合格证书企业,可随时检查,发现计量条件有所降低时,限期整顿,仍不合格者,吊销其计量合格证书,作降级处理。该《实施办法》自1984年11月1日起实施。同年10月,河南省计量局召开全省工业企业计量工作会议,全面部署全省工业企业计量工作定级、升级工作。自此,河南省工业企业计量工作定级、升级在全省全面开展,工业计量进入突飞猛进蓬勃发展时期。

1985年,河南省计量局根据国家计量局的要求,为不影响企业产品创优,优先安排创优企业的计量工作定级,并于2月专门召开会议进行部署。3月,河南省计量局发文安排全省工业企业计量定级、升级工作;编印《河南省工业企业计量定级、升级评分细则(试行)》、评分说明及企业计量工作基础情况统计表等资料。是月，在主管部门配合下，河南省计量局选择郑州电缆厂作为工业企业计量定级试点。4 月，在郑州电缆厂召开河南省工业企业计量定级、升级试点大会，全省有 90 多个大中型企业和各地、市分管领导参加。会后，河南省计量局即组织由省、地（市）计量部门、企业主管部门和部分企业计量机构的代表参加的近 70 人的定级考核队伍，分机电、冶金、化工、纺织、医药等 5 个行业考核组，根据企业自查申报，分别进厂开展检查验收工作。河南省工业企业计量定级、升级工作由点到面全面展开。5 月，河南省计量局转发国家计量局《关于企业申请一级计量合格证书的暂行办法》，规定申请一级计量合格证书的企业，必须取得二级计量证书且半年以上者；符合一级计量合格标准的企业，由国家计量局统一发证书。6 月底，经验收达到二级计量水平的已有 36 个企业，共审查 46 种申报国优产品的计量检测条件，而全省申报省、部优产品企业的三级计量考核工作仍在进行。通过这一阶段的实践，证明计量管理部门对企业计量工作进行定级，确实起到帮促作用，因而深受企业和其主管部门的欢迎和支持。1985 年 9 月，河南省计量局印发《河南省小型工业企业计量定级、升级评分办法（试行）》。9 月 25 日，河南省计量局在郑州召开工业企业计量定级、升级工作座谈会，参加座谈会的代表除省局外还有全省 17 个地（市）的代表共 21 人。会议确定了管理队伍，明确了工业企业计量定级、升级工作重点和制定定级、升级工作规划等 11 项重点工作。是年，全省共完成企业定级 323 个，其中二级企业 57 个，三级企业 266 个。

1986 年 9 月，河南省计量局发布《河南省工业企业计量定级、升级考核评审办法（试行）》；10 月，聘任张玉玺、刘文生、贾三泰等 161 人为河南省工业企业计量定级、升级考核评审员，参加二级、三级计量的考核评审工作。国家计量局在河南省聘任张玉玺等 10 名一级计量评审员。1986 年全省计量部门共完成 453 个企业的计量定级，其中：定一级企业有郑州铝厂、第一拖拉机制造厂，定二级企业 73 个，定三级企业 378 个。1987 年 5 月，河南省计量局组成以顾宏康、刘文生、张玉玺为组长的评审组，分三组对申报一级计量的洛阳铜加工厂等 12 家企业进行了预评审。8 月组成以陈玉新、张玉玺为组长的评审组，分两组对申报一级计量的郑州电缆厂等 8 家企业进行计量评审（见图 4–11–1）。1987 年的两次一级计量企业评审均形成资格审查报告上报国家计量局。

图 4–11–1
1987 年河南省一级计量企业评审大会
戴式祖（右二）、张玉玺（右四）

经宁波总评会评定，并经国家计量局审定，最终确定 1987 年度一级计量企业。河南省有 11 个企业被评为一级计量企业，即开封空分设备厂、许昌继电器厂、洛阳铜加工厂、河南省安阳机床厂、河南省平原制药厂、南阳防爆电机厂、开封仪表厂、洛阳轴承厂、郑州电磁线厂、洛阳耐火材料厂、郑州电缆厂。1987 年，全省计量定级、升级的企业共 802 个，其中一级企业 11 个，二级企业 93 个，三级企业 698 个。

1988—1991 年，河南省继续蓬勃开展工业企业计量定级、升级工作。河南省计量局发文，从 1988 年起，申报二级计量的企业，全部由市、地计量行政部门组织考核评审；逐步把计量定级、升级组织考核权委托给有关主管部门。对计量器具在100件以下的企业，简化报送审批材料。通过工业企业计量工作定级、升级，工业企业计量工作的面貌发生了明显变化。首先，领导重视，办工业不办计量，抓生产不抓计量的状况，有了初步改善。企业不仅在原有基础上采取一系列加强计量工作的措施，而且有规划，有设想。洛阳矿山机器厂副厂长（总工程师）提出了要逐步形成“计量中心”，计量工作要向“控制性”发展的奋斗目标，给企业计量工作带来新的活力。其次，企业计量工作普遍实现统一管理，多数企业都是在贯彻定级工作文件的过程中建立比较健全的统一管理机构和管理制度，企业计量工作突破长期以来基本局限于量值传递的狭窄范围，开辟为生产、质量、经营、科研全面提供计量保证的广阔领域。企业用于计量检测手段配备、更新的资金大幅增加。例如，焦作铁路电缆信缆车间过去计量器具配备率只有45%，用料不计量；计量定级后，计量器具配备率达到100%，用料须过秤，消耗有定额，仅1987年1—4月就节约原材料61吨，约合人民币11万元。邓县化肥一厂定级后，能源和原材料消耗下降，仅焦煤、烟煤、电能、润滑油4项就使吨化肥成本下降16元，一年可增加效益64万元。此外，企业的计量检测环境、检测水平和计量技术素质等均有不同程度的改善或提高。例如，1984年11月河南省计量局组织的第一次企业技术考核，全省共234个企业、1157名计量检定人员参加，合格的共有1091人，占考核总数的94.3%，取得了较好成绩。自1984—1992年，河南省开展企业计量定级、升级工作，共有41家企业获得一级计量合格企业称号，1124家企业获得二级计量合格企业称号，3175家企业获得三级计量合格企业称号，到期计量验收合格的企业有2143家。

为切实减轻企业负担，1991年国务院生产办公室发出《关于暂停对企业的评优升级活动和清理整顿各种对企业检查评比的通知》。据此，国家技术监督局于1992年3月发出《关于当前工业企业计量工作的若干意见》，决定企业计量定级考核工作停止进行。该《意见》指出（摘录）：近几年来，企业计量定级工作，为提高企业产品质量，降低能源和原材料消耗，改善经营管理，实行责任制考核，推进技术进步，提高经济效益起到了应有的作用，为企业建立科学的质量保证体系打下了良好的技术基础。我局发布的第17号令，关于《企业计量工作定级升级管理办法》中对企业计量工作的基本要求，是根据《中华人民共和国计量法》的原则提出的，经多年实践证明是符合企业实际需要的。企业仍应参照这些要求，并结合企业的实际，继续加强企业的计量工作。国家技术监督局也要求各级政府计量行政部门和企业主管部门计量管理机构，应本着指导和服务为主的原则，积极组织力量为企业排忧解难，提供技术服务。1992年，根据国家有关规定，河南省停止了工业企业计量工作定级、升级工作。工业企业计量工作定级、升级工作的开展，促进了工业企业加强计量管理，提高了产品质量和经济效益。

二、企业能源计量

加强企业能源计量工作，节能降耗，提高产品质量和经济效益，是国民经济建设的基本要求。1982年8月，全国能源计量器具配备、管理工作座谈会在开封召开，会议修订了《企业能源计量器具的配备、管理通则》。1983年，国家经济委员会印发《企业能源计量器具配备和管理通则（试行）》。国家计量局1983年发文要求，对列入全国100个耗能标准5万吨以上的企业，要达到该《管理通则》的要求，并对这些重点企业组织检查验收。河南省的郑州第二砂轮厂、洛阳矿山机器厂、河南石油勘探开发公司、中原油田、焦作矿务局、新乡化纤厂等6个重点企业列入其中。

1984年7月，经国家经委、国家计量局组织的中南地区联合验收组验收，郑州第二砂轮厂等4个企业验收合格并获得“企业能源计量合格证”，其中郑州第二砂轮厂被评为全国能源计量先进单位。河南省计量局在郑州第二砂轮厂召开现场会，推广该厂的经验，对全省企业能源计量工作作了部署。8月20日，河南省节约能源领导小组、河南省计划经济委员会联合发布《关于全面加强能源计量工作的通知》，要求对年耗能折合标准煤千吨以上企业要按照《通则》配齐、用好、管好能源计量器具，由计经委主管部门和计量行政部门进行验收。

1985年6月，河南省计量局发布《河南省企业能源计量验收暂行规定》和《河南省企业能源计量验收评分标准（试行）》。7月，河南省计经委、河南省计量局在洛阳市联合召开全省能源计量工作会议，按行业安排了年耗标准煤5万吨以上企业的能源验收计划。截至1985年，河南省共验收年耗标准煤5万吨以下企业426个。

1986年5月，河南省计经委、河南省计量局联合发文，要求能源计量验收工作结合工业企业计量定级、升级考核评审和企业能量平衡同时进行。

1987年1月，根据中共河南省委办公厅、河南省人民政府办公厅《关于严格控制各类评比、检查、验收活动的通知》，为给企业创造生产、改革的良好环境，河南省计量局发文，要求各市、地计量部门的计量定级、升级考核评审，能源计量验收等工作能同步进行的要同步进行。1987年3月，河南省计经委、河南省计量局联合发文，要求完成对年耗能标准煤5万吨以上企业和年耗能标准煤1万吨以上5万吨以下企业的能源计量验收工作。对年耗能标准煤5千吨以上1万吨以下和5千吨以下企业的能源计量验收工作，仍由各市、地经委牵头，会同计量（标准计量）局（办、所）和企业主管部门，组织有关专业技术力量进行。对年耗能标准煤5千吨以下企业的能源计量验收工作，河南省计经委、河南省计量局不再作统一安排，由各市、地经委会同计量部门自行部署安排验收发证。

1989年6月，河南省计经委、河南省技监局联合印发《在能源管理和节能升级工作中对计量工作的几点意见》。为避免对企业的重复考核，决定对企业的能源计量验收不再单独进行，对企业计量工作水平的考核，以计量定级、升级级别来体现。

1992年，河南省技监局组织对郑州玻璃厂等8个企业进行大宗物料和能源计量方面的重量、容量、流量、电量等4种量的计量。通过现场考察，8个企业对4种参量的计量器具配备基本齐全，除蒸汽流量计和部分水表外，都能按周期进行检定，保证了量值准确可靠，为节能降耗发挥了重要作用，取得了较好的经济效益。调查中也发现一些问题，蒸汽计量问题最为突出，有6个企业安装的各种型号蒸汽流量计不能正常运转；有的企业对计量器具产品选择不当，大型衡器还可进一步发挥作用，还有一些厂的部分水表选择的产品不好，半年就不能正常运行；物料进厂和用能虽经过检测，但发现短缺也得不到解决。1992年12月，河南省技监局向省长助理钟力生和河南省计经委呈送《关于国营大中型企业大宗物料和能源计量的调查报告》，12月10日，钟力生批示："调查反映出来问题不少，望技术监督局继续加强这方面的工作。"为此，河南省技监局提出，尽快组建蒸汽流量计标准装置；组织建立社会公用称重网，对社会开展公证检测；进一步开展《计量法》的宣传，对大宗物料和能源供应部门和单位加强计量监督。要求各级技术监督部门要大力开展这方面的咨询服务工作，并加强对计量器具产品质量监督。

三、加强乡镇企业计量工作

1990年1月5日，全国乡镇企业工作会议在北京召开，学习中共十三届五中全会精神，贯彻发展乡镇企业"调整、整顿、改造、提高"的八字方针。会上有12位代表作了经验介绍，河南省周口地区乡镇企业局局长王冠军作了《立足平原实际，优化产业结构，加快发展乡镇企业步伐》的经验介绍。5月，全省乡镇企业工作会议召开，河南省技监局局长戴式祖作了《以质量为中心，促进乡镇企业健康发展》的报告。

1990年3月，河南省技监局组织开展对农用物资及农副产品计量监督检查。全省14个市、地86个县（市）共有2718人次参加对3030个单位的检查活动。检查计量器具5994件，对计量违法行为处罚507起，罚款90283.1元，没收计量器具317件。检查情况表明，多数经销、生产农用物资及农副产品的单位计量秩序是好的，做到了公平交易，执行了《计量法》的有关规定。极少数企业和单位仍存在不少问题。通过计量监督检查，处理了计量违法行为，提高了计量法规意识，对保护农民的生产积极性起到了良好效果。

1992年6月，根据《计量法》和《中共中央关于进一步加强农业和农村工作的决定》的有关规定，河南省技监局、省乡镇企业管理局印发《关于加强乡镇企业计量工作的意见》，提出进一步加强乡镇企业计量工作，并对乡镇企业的各级领导、各市（地）、县计量部门和乡镇企业主管部门分别提出了要求。

第十二节　颁布《河南省计量收费标准》

《计量法实施细则》规定：“建立计量标准申请考核，使用计量器具申请检定，制造计量器具新产品申请定型和样机试验，制造、修理计量器具申请许可证，以及申请计量认证和仲裁检定，应当缴纳费用，具体收费办法和收费标准，由国务院计量行政部门会同国家财政、物价部门统一制定。”

1991 年，国家技术监督局、国家物价局、财政部发布《关于印发计量收费标准的通知》及《计量收费项目及收费标准》。此前，河南省执行的是河南省政府 1982 年 3 月 24 日发布的《河南省计量器具检定修理收费办法》和《河南省计量器具检定修理收费标准（试行）》已经 9 年了，促进了河南省计量事业的发展。9 年来，计量器具品种规格不断增加，市场经济情况变化较大，亟须制定新的《河南省计量收费标准》。1991 年 11 月 20—23 日，河南省技监局计量管理处在 8 个地、市计量所会议上，就贯彻执行国家技术监督局、国家物价局、财政部计量收费标准及制订河南省计量器具修理收费标准的原则进行研究，并安排计量器具修理费的测算工作。是年 11 月 24—26 日，召开 6 个市、地计量所和河南省计量所会议，根据计量收费的原则和计量器具修理费的测算情况，提出河南省计量器具收费标准的初步意见。河南省物价局的有关人员参加了这次会议。

河南省计量器具收费标准是在不高于全国计量收费标准的前提下，本着不以盈利为目的的原则，在国家收费标准已定的 1230 项计量器具检定收费基础上，对其中的 616 项增订修理收费标准，对国家收费标准中尚未列入的铁路、气象、纤维纺织、通讯、环境保护等 86 种专业计量器具的检定、修理收费标准作了补充；根据河南省计量工作发展特点，新增 106 种计量器具的检定、修理收费标准；对少量计量器具的检定收费标准，比照全国计量收费标准向下作了适当调整。同时还制定计量标准考核、制造计量器具许可证考核、计量认证评审、计量器具样机试验、标准物质定级鉴定、仲裁检定等项收费标准。计量检定收费标准的测算，主要是考虑计量技术活动物化劳动与活劳动的消耗，收费构成主要是：计量检定工作用房折旧及维修费、检定用设备折旧费、检定用低值易耗品的消耗、检定时的能源消耗、检定人员补助工资、量值传递保证费、管理费等。考虑到计量检定机构多为差额拨款单位，工资不摊入成本。

1992 年 7 月 6 日，河南省技术监督局（豫技量发〔1992〕150 号）、河南省物价局（豫价市字〔1992〕137 号）、河南省财政厅（豫财综字〔1992〕58 号）联合印发国家技术监督局、国家物价局、财政部 1991 年 7 月 4 日发布的《关于印发计量收费标准的通知》和《河南省计量收费标准》，于是年 8 月 1 日实施。1992 年的《河南省计量收费标准》包括计量标准考核、制造（修理）计量器具许可证、产品质量检验机构计量认证、仲裁检定、计量器具型式批准、计量器具检定修理等收费标准。其中，计量器具检定修理共 1230 种，新增 106 种：长度 220 种、新增 39 种，热学 66 种、新增 9 种，力学 429 种、新增 30 种，电磁学 174 种、新增 14 种，无线电 116 种、新增 10 种，时间频率 33 种，声学 32 种，光学 49 种、新增 1 种，电离辐射 34 种，物理化学 77 种、新增 3 种。另外增加环境保护 6 种、通讯 6 种、铁路 12 种、气象 12 种、纤维纺织 50 种，共计 86 种专用计量器具的检定修理收费标准。《河南省计量收费标准》（摘录）（见表 4-12-1）。

表4-12-1　1992年河南省计量收费标准（摘录）

序号	计量器具名称	准确度及等级	测量范围	单位	收费标准（元）				备注
					检定	小修	中修	大修	
C-2-2	量块	1等	>100 mm	块	100.00				
C-17-17	标准金属线纹尺（含光栅尺）	1、2等	0~1000 mm	支	900.00				
C-33-33	万能工具显微镜	±（1+L/100）μm	200 × 100 mm	台	110.00	120.00	320.00	800.00	

续表

序号	计量器具名称	准确度及等级	测量范围	单位	收费标准（元）				备注
					检定	小修	中修	大修	
R-6-226	标准铂铑$_{30}$-铂铑$_{6}$热电偶	1等	1200~1600 ℃	支	300.00				
R-38-258	贝克曼温度计		-20~125℃	支	80.00				
L-4-290	砝码	1等	1~500g	个	35.00				
L-74-360	地秤（用检衡车检定）		≤5t	台	100.00	100.00	200.00	300.00	不用检衡车检定收50元
L-115-401	金属量器	2.5×10^{-4}	200~500L	只	380.00	70.00			
L-148-434	燃油加油机	0.3%		台	90.00	50.00	100.00	200.00	
L-168-454	活塞式压力计	5×10^{-5}	0.04~0.6MPa	台	350.00				
L-350-636	金属洛氏硬度计		HR25~95	台	30.00	20.00	60.00	80.00	布、维两用加检一种加收20元
L-380-666	拉力、压力和万能材料试验机	0.5级	1000~2000kN	盘	150.00	100.00	200.00		每加一个度盘加收40元
D-2-717	标准电池	1等	1.0186800~1.0185900V	只	30.00				
D-107-822	单相电能表	2.0级	220V 1~20A	只	5.00	4.00	6.00	10.00	安装式
D-142-857	单相电能表检定装置	0.05~0.1级	220V 0~100A	台	250.00				
W-10-899	精密交流电压校准源	2级	10Hz~1MHz 0.25~100V	台	400.00				
W-40-929	失真度测量仪	±（5~10）%	2 Hz~100 kHz	台	100.00	80.00	150.00	250.00	
SP-19-1024	数字式频率计	10^{-9}以上	1~1000 MHz	台	450.00	100.00	200.00	300.00	全面检定
SP-26-1031	电子毫秒表	±2%	0~1000 ms	台	50.00				数字式
S-9-1047	声级计	1级精密脉冲	20~140 dB	台	70.00				
S-32-1070	医用超声源			台	360.00				
G-34-1104	白度计	二级		支	87.00				
G-46-1116	屈光度计			台	180.00	50.00	110.00	180.00	
DL-29-1148	医用加速器高能X辐射源		常规	台	300.00				
DL-30-1149	X射线诊断机			台	100.00				
WH-21-1174	原子吸收分光光度计			台	200.00	100.00	300.00	500.00	
WH-43-1196	液相色谱仪			台	340.00				
环-6	烟度计			台	50.00				
通-5	串杂音测试仪		宽频、广播、电话	台	200.00	80.00	150.00	240.00	
铁-1	铁路轨距尺			支	12.00	8.00	15.00	20.00	
气-2	轻便风速表			台	40.00		30.00		
纤-47	日晒牢度仪			台	200.00	100.00	200.00	300.00	

1992 年 8 月 1 日后新增计量器具的检定、修理收费标准，由河南省技监局比照同类计量器具收费标准制定临时收费标准，报河南省物价局批准后执行。各级政府计量行政部门和所属的计量技术机构及授权对社会开展计量检定测试的技术机构，根据该规定的收费项目和收费标准向当地物价部门申领《收费许可证》，并使用财政部门统一印刷的收费票据。《河南省计量收费标准》还对计量检定费及修理费的有关收费要求作了说明。《河南省计量收费标准》的发布实施，进一步推动了河南省计量事业的规范、有序发展。

第十三节　河南省计量协会成立和省计量学会广泛开展工作

一、河南省计量协会成立

河南省计量协会是计量管理部门、计量技术机构、企业、事业单位的计量机构、计量器具制造修理企业、计量经营服务部门等有关单位和计量工作者为促进计量工作的科学管理，加快计量工作的发展，推动优质计量服务而自愿联合组成的全省性计量行业组织。

1991 年中国计量协会成立。河南省技监局 1992 年 2 月成立以局长戴式祖为组长的河南省计量协会筹备组，拟定《河南省计量协会章程（草案）》。是年 4 月 21 日，河南省技监局向河南省民政厅报送《关于成立河南省计量协会的申请》。是年 6 月 23 日，河南省民政厅批准成立。河南省计量协会的业务主管部门为河南省技术监督局。河南省计量协会筹备组又报经河南省民政厅、财政厅、物价局批准，办理行政事业性收费许可证，并被河南省民政厅列为全省性社会团体免税试点单位，取得从事各种咨询、劳动服务，举办短期培训、展览、竞赛，发行报刊杂志等会务活动收入免税的优惠条件。

截至 1992 年 11 月 10 日，收到 84 个会员单位推荐的理事候选人 93 名。截至是年 11 月 30 日，收到申请参加协会并已批准为团体会员的单位 230 个，个人申请 450 多人。1992 年 12 月 3 日，河南省计量协会召开第一次会员代表大会。参加会议的有市（地）技术监督部门、省直有关部门的计量管理机构、大中型厂矿企业的计量机构、计量器具制造修理企业等共 233 个团体会员单位。河南省人大常委会副主任郭培鋆出席会议并讲话。会议听取关于河南省计量协会筹备工作的报告，讨论通过《河南省计量协会章程（草案）》，选举通过第一届理事名单。戴式祖任理事长，张祥林任常务副理事长，张隆上任副理事长，张景信任副理事长兼秘书长。1993 年 4 月 3 日，戴式祖理事长主持召开河南省计量协会第一届理事会常务理事会。研究协会工作组织机构、发展会员和 1993 年工作要点，确认 236 个单位为团体会员，批准张富瑞等 483 人为个人会员。

河南省计量协会第一届秘书处秘书长张景信，副秘书长李凯军、时广宁、汪通、陈海涛、胡谦、牛淑芝。联络部部长靳长庆，副部长王彤、彭小凯，成员叶康年等 15 人。开发部部长苗瑜，副部长赵晓林、李晓新。计量仪器仪表工作委员会主任委员刘伟，副主任委员孙素文等 5 人，委员李兴国等 9 人。工业计量工作委员会主任委员顾坤明，副主任委员臧宝顺、刘文生等 6 人，委员顾宏康等 28 人。计量检测工作委员会主任委员肖汉卿，副主任委员徐敦圣、刘式谦、王顺舟、张志明、陈玉新，委员李玉侃、徐世莹、高进忠、暴许生、王敢峰、范学详、徐成等 15 人。

河南省计量协会成立后，积极开展活动，为河南省计量事业的发展作出贡献。

二、河南省计量测试学会成绩显著

河南省计量测试学会成立以来，宣传贯彻《计量法》，广泛开展各项工作，取得了显著成绩。

（一）开展技术咨询服务

1985 年 12 月，河南省计量学会温度专业委员会以沈启祥技师为主导研制成功 WYT-A 型温度仪表检定台，LYJ 型流量仪表检定台。受省煤炭厅的委托，学会帮助义马矿务局建立“计量中心实验室”，代培计量检定人员 6 名，1987 年该厂取得“企业三级计量合格证书”。学会理事贾三泰和学会登封工作站申少欣等为登封少林啤酒厂提供咨询服务，运用软科学方法，把标准、计量和质量管理融为一体，改善和提高了企业的技术水平和管理水平，使该厂经济效益大大提高，投入产出比达到 1∶49.66，接近美国 1∶50 的水平，“少林牌啤酒”达到国家标准，荣获一级金杯奖，这项成果在 1988 年初省政府召开的乡镇企业工作会议期间，在河南电视台的节目中作了专题介绍。

（二）创办函授教育

1986 年 8 月，河南省计量学会委托洛阳工学院承办计量测试函授专科班。经参加全国成人高考，录取 633 名学员，并设立郑州、洛阳、新乡、平顶山等 4 个函授站，8 月 26 日正式开学，共开设几何量测量、力学量测量和热工测量仪表 3 个专业。经自学、面授、实习考试、毕业设计答辩，1989 年第一届 490 名学员获得洛阳工学院毕业证书，国家承认其大专学历。当时，在高等院校开办计量函授教育在全国还是第一家。

从 1986 年起，三年制学历教育共招收 6 届（开设几何量、力学、温度、电磁、计量管理、计量测试和质量检测 7 个专业），共录取新生 1442 名。从 1987 年起又在外省、市进行招生。1987 年，除在本省招收计量测试及管理专业 175 人外，在北京市招生 75 人，在辽宁省招生 69 人；1988 年在本省招生 177 人，在北京市招生 49 人，在山西省招生 73 人；1989 年在本省招生 66 人，在山西省招生 46 人，在苏州市招生 45 人。1991 年，“计量测试”专业函授专科班毕业 116 人。1993 年，1990 级“计量测试”专科班函授生通过 3 年面授学习，37 人取得毕业证书。他们在技术监督部门或企业有关岗位上发挥了应有的作用。

（三）创办民办科研实体

1987 年 10 月，河南省华达自动测试研究所成立，郑炳昕任所长，与河南省计量测试学会为挂靠关系。1989 年 5 月领到工商营业执照。该所完成科研成果 10 项，所长郑炳昕获三项专利，有“TDB 系列单相、三相电能表校验装置”，1990 年 8 月获得河南省技监局颁发的“计量器具型式批准证书”。

（四）开展计量学术交流活动

1989 年，应河南省计量学会邀请，澳大利亚物理研究所的英格理斯博士来郑进行学术交流，皮家荆、朱石树等参加了学术交流会（见图 4–13–1）。

图 4–13–1
1989 年英格里斯博士（第二排左五）在郑州进行学术交流　皮家荆（第二排左四）、朱石树（第二排左九）

11 月，国家技术监督局和中国计量测试学会、中国标准化协会在四川省成都市召开“电子计算机技术应用成果交流会”，河南省技监局副局长史新川、科技宣传处处长程新选等代表河南省参加了会议，河南省有四项科技成果分别获二等奖、三等奖。1990 年，河南省计量学会参加组织 3 次学术交流会，有多篇会员的论文进行交流。

1991 年，河南省计量学会围绕“质量、品种、效益年”开展活动，举办 5 次学术交流会，梁晋文教授作了“国内外计量测试技术与展望”的学术报告。1993 年 7 月，河南省计量学会在郑州举办“河南省首届青年计量科技论文交流会”，13 个单位的 45 名代表参加会议。河南省科协主席张涛、副主席张鸿雁，河南省技监局局长戴式祖、理事长张祥林出席会议并讲话。会议交流学术论文 31 篇，出版了《河南青年计量测试科技论文交流会论文选集》。

三、河南省计量测试学会换届

河南省计量测试学会二届二次理事扩大会议于 1989 年 3 月召开，增补张祥林为二届理事会常务副理事长，主持学会日常工作。

1989 年 12 月 14 日，河南省计量学会召开第三届会员代表大会。常务理事长张祥林作了《继往开来，进一步开创学会工作的新局面》的工作报告，朱石树秘书长作了《关于修改学会章程的报告》。大会表彰和奖励了魏翊生等 40 名 1987 年至 1989 年度学会活动积极分子。学会成立 7 个工作委员会、13 个专业委员会和 1 个民办科研机构（河南省华达自动测试研究所），分别聘任主任委员和所长。会议选举张祥林、马国祥、王永立等 52 人为河南省计量测试学会第三届理事会理事，选举张祥林、马国祥、王永立等 18 人为常务理事。张祥林当选学会理事长，王永立、刘颖、张自杨、张隆上当选为副理事长，朱石树当选为秘书长。

四、河南省计量测试学会庆祝成立10周年

1991 年 11 月 28 日，河南省计量学会在郑州举办“庆祝河南省计量测试学会成立 10 周年纪念大会”，650 多人参加会议。理事长张祥林作“河南省计量测试学会十年简要回顾”的报告。大会表彰了从事计量测试工作已满 30 年的 147 名会员和参加革命工作已满 30 年的 320 名会员，表彰学会活动积极分子 194 人（17 人次被省科协评为先进个人，2 人被评为河南省先进科技工作者，1 人被省政府评为优秀科技工作者，2 人获中国计量测试学会表彰），为评选出的先进集体和个人颁发荣誉证书，举办计量工作 30 年茶话会，编辑印发《庆祝河南省计量测试学会成立十周年纪念册》，鲁绍曾、吴百川、戴式祖、张祥林分别为纪念册题词。

第五章

质量技术监督管理体制改革和计量事业持续发展创新提升时期

（1995—2014）

自 1995 年以来，在中共河南省委、河南省人民政府的领导下，全省贯彻实施党的十四大以来历次党代会精神和邓小平理论、“三个代表”重要思想、科学发展观、习近平新时代中国特色社会主义思想，改革开放，中原崛起，全面建设小康社会。社会主义市场经济新形势，给计量工作提出了新要求、赋予了新任务，也迎来了新的发展机遇。全省全面贯彻实施《计量法》，结合河南省实际，进一步建立健全完善计量管理体系、计量法规体系和量值传递体系。全省质量技术监督系统实行垂直管理，《河南省计量监督管理条例》《河南省强制检定计量器具管理实施办法》《河南省人民政府关于贯彻国务院计量发展规划（2013—2020 年）的实施意见》等计量法规规章规范性文件的颁布实施，计量技术机构能力水平的快速提升，为计量事业的发展奠定了坚实的基础。计量机构基础设施不断新建扩建，计量器具受检率和合格率不断增高，计量科技成果大量涌现，高级计量人才层出不穷，大批能力验证结果合格满意，计量技术能力水平持续提高，保障了国家计量单位制的统一和量值的准确可靠。河南省技监局、河南省质监局强化计量法制管理，坚持监督管理与服务相结合，加强计量行政执法，强化制造和强检计量器具管理，依法实施计量标准考核、计量授权和计量认证，关注民生，计量惠民，注重计量文化建设，充分发挥计量的重要基石和技术支撑作用，为河南省经济建设、科技进步、社会发展和中原崛起、全面建设小康社会做出了重要贡献，是河南省计量事业持续发展创新提升时期。

第一节　质量技术监督系统实施垂直管理

一、河南省质量技术监督管理体制和职责

（一）河南省技术监督局职能

河南省人民政府办公厅于1995年11月28日印发《河南省人民政府办公厅关于印发河南省技术监督局职能配置、内设机构和人员编制方案的通知》（以下简称《通知》）（豫政办〔1995〕114号）。《通知》指出：《河南省技术监督局职能配置、内设机构和人员编制方案》经省机构编制委员会办公室审核，已经省政府批准，现予印发。《方案》内容有（摘录）：根据《中共河南省委、河南省人民政府关于印发〈河南省省直机构改革实施意见〉的通知》（豫发〔1994〕16号），省技术监督局为省政府组成部门，统一组织实施全省标准化、计量和质量工作，实行标准化、计量、质量三位一体的工作体制。主要职责：统一监督管理全省计量工作，推行法定计量单位，组织建立省级社会公用计量标准，制定有关计量器具的地方计量检定规程，组织量值传递，确保国家量值的准确统一；统一监督管理全省制造、修理、进口、销售、使用的计量器具，推行国际法制计量组织的计量器具证书制度，贯彻国际实验室工作导则，组织计量认证，推进计量工作与国际惯例接轨。省技术监督局内设10个职能处室，其中计量处的职责：监督实施计量法律、法规；负责推行国家法定计量单位，管理省级最高计量标准和社会公用计量标准，组织制定有关计量器具的地方计量检定规程；组织和管理全省量值传递，依法监督管理全省制造、修理、进口、销售、使用的计量器具；组织对质量检验机构、测试和校准实验室计量认证；推行国际法制计量组织的计量器具证书制度，贯彻国际实验室工作导则；指导和协调部门和地方的计量工作；负责对计量测试公证服务机构进行指导和监督。

河南省人民政府办公厅于2000年6月12日印发《河南省人民政府办公厅关于印发河南省质量技术监督局职能配置内设机构和人员编制规定的通知》（豫政办〔2000〕51号），内容有（摘录）：《河南省质量技术监督局职能配置、内设机构和人员编制规定》经省政府批准，现予印发。根据中共河南省委、河南省人民政府《关于印发〈河南省人民政府机构改革实施意见〉的通知》（豫文〔2000〕40号），设置河南省质量技术监督局。河南省质量技术监督局是省政府主管全省标准化、计量、质量工作并行使执法监督职能的直属机构。其职能有：统一管理全省计量工作；推行法定计量单位和国家计量制度；组织建立省级社会公用计量标准；制定地方计量检定规程和技术规范；组织量值传递；监督管理全省制造、修理、进口、销售、使用的计量器具；规范和监督市场计量行为。省质量技术监督局设11个职能处（室）和机关党委。其中计量处的职责：组织实施计量法律、法规，负责推行国家法定计量单位、管理省级最高计量标准和社会公用计量标准，组织制定地方计量检定规程和技术规范；组织全省量值传递；依法监督管理全省计量器具，规范市场计量行为，组织计量仲裁检定；推行国际法制计量组织的计量器具证书制度，贯彻国际实验室工作导则；规范社会公正计量服务机构。

河南省人民政府办公厅于2009年4月23日印发《河南省人民政府办公厅关于印发河南省质量技术监督局主要职责内设机构和人员编制规定的通知》（豫政办〔2009〕56号），内容有（摘录）：河南省质量技术监督局，为省政府直属机构。主要职责：负责统一管理全省计量工作，推行法定计量单位和国家计量制度，依法管理计量器具及量值传递和比对工作，负责规范和监督商品量及市场计量行为。省质量技术监督局设13个内设机构，其中计量处的职责：组织实施国家计量法律、法规；负责推行国家法定计量单位，管理省级最高计量标准和社会公正计量标准，组织制定地方计量检定规程和技术规范；组织全省量值传递和比对工作；依法管理全省计量器具，规范和监督市场计量行为，组织计量仲裁检定；推行国际法制计量组织的计量器具证书制度；监督管理计量检定机构、社会公正计量机构及计量检定人员的资质资格；统一管理和监督对校准、检测、检验实验室技术能力的

计量认证工作。

为了适应改革开放、经济建设和社会发展的新形势、新任务的要求，河南省技术监督、质量技术监督中计量工作职能和计量处的职责不断扩展和加强，日臻完善，河南省计量事业持续发展提升，贡献愈加显著。

（二）河南省质量技术监督系统实行垂直管理

中央机构编制委员会办公室、中华人民共和国人事部、国家质量技术监督局于1999年2月7日联合印发《关于实施质量技术监督管理体制改革方案有关机构编制和人员管理问题的通知》（中编办发〔1999〕13号）。《通知》强调（摘录）：按照《中共中央、国务院关于地方机构改革的意见》（中发〔1999〕2号）和《国务院批转国家质量技术监督局质量技术监督管理体制改革方案的通知》（国发〔1999〕8号）的有关规定，省级质量技术监督局应比照国家质量技术监督局“三定”规定中的职能调整和主要职责，落实职能配置，理顺工作关系。要将质量管理和锅炉、压力容器、电梯、防爆电器等特种设备安全监察监督管理职能及相关技术机构一并划入省级质量技术监督局。省以下质量技术监督系统实行垂直管理后，有关人员编制的管理权限上收到省一级，即县级和县级以上质量技术监督局机关、专职执法机构、技术机构人员的行政编制和事业编制数上划到省一级。实行省以下质量技术监督系统垂直管理，是党中央、国务院加强质量技术监督工作的一项重大措施。管理体制改革后，各级质量技术监督局机关和稽查队人员列为行政编制，技术机构人员列为事业编制。

河南省人民政府于1999年6月1日向各省辖市人民政府、各地区行政公署、省政府各部门发出《河南省人民政府关于印发河南省质量技术监督管理体制改革实施方案的通知》（豫政〔1999〕41号）。《通知》要求：河南省人民政府同意《河南省质量技术监督管理体制改革实施方案》，现印发各地，请认真贯彻执行（见图5–1–1）。

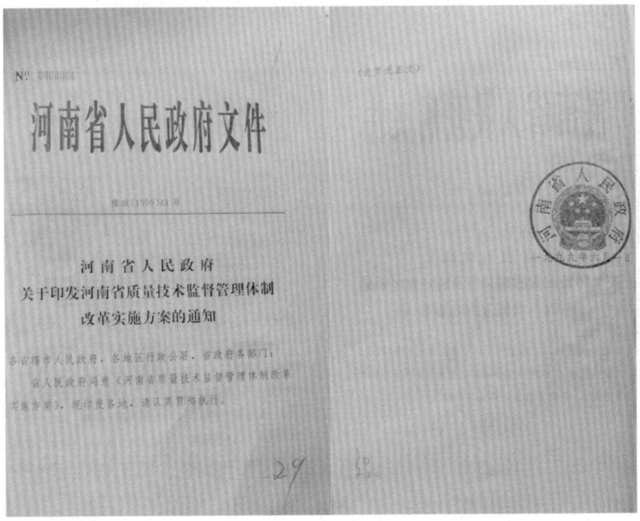
河南省人民政府文件

河南省人民政府
关于印发河南省质量技术监督管理体制
改革实施方案的通知

图5–1–1
1999年《河南省人民政府关于印发河南省质量技术监督管理体制改革实施方案的通知》

《实施方案》的内容有（摘录）：1.指导思想和基本原则。2.具体方案。（1）关于机构设置。①行政机构管理：a.省质量技术监督局为河南省人民政府的工作部门。b.市地级质量技术监督局为省质量技术监督局的直属机构。c.县、县级市质量技术监督局（以下简称县级质量技术监督局）为上一级质量技术监督局的直属机构。②技术机构管理：根据履行政府职能和专业发展的需要，按照机构重组联合、资源合理配置的原则，可设置计量基准与计量标准研制和检定、标准研究制定、质量检验、专业纤检、锅炉压力容器检测等技术机构。各级技术机构是同级质量技术监督局的直属事业单位。（2）关于编制管理。（3）关于干部管理。（4）关于财务经费管理：质量技术监督管理体制实行垂直管理后，省质量技术监督局按照“收支两条线”的规定，对全省质量技术监督系统财务经费实行统一管理，市地质量技术监督局对全市地质量技术监督系统财务经费实行统一管理。3.具体步骤：河南省质量技术监督管理体制改革工作分六步进行：第一步，6月底前完成市地局和县级局领导班子。第二步，7月底前完成市地、县（市、区）局领导班子、机构编制、经费保障和技术机构情况专题调查研究工作，提出具体实施方案。第三步，在全省机构改革方案中，提出河南省质量技术监督系统新划入职能后的行政、事业编制意见。第四步，根据新核定的编制方案，完成省、市地、县（市、区）三级质量技术监督部门行政机关公务员过渡、办理离退休手续、公务员考录、人员分流和新划入职能的移交划转工作。第五步，做好三级质量技术监督技术机构的合并、人员留用和分流工作。第六步，年底前完成质量技术监督系统现有资产的清理、登记和上划，明年按新的财政管理体制运行。4.组织实施。

根据1999年5月7日河南省政府第四十一次常务会议精神，成立河南省质量技术监督管理体制改革领导小组：中共河南省委副书记、河南省人民政府常务副省长李成玉任组长，副省长张涛任副组长，成员有省委组织部副部长张龙之等9人。领导小组办公室设在河南省技术监督局，刘景礼任办公室主任。

1999年6月9日，河南省政府在郑州召开全省质量技术监督管理体制改革工作会议（见图5-1-2）。河南省人大常委会副主任张世英、省人民政府副省长张涛、省政协副主席杨光喜、省政府秘书长贾连朝及省直有关部门负责人出席会议，各市、地政府分管领导和组织、人事、编办、财政、技术监督部门的负责人共150人参加会议。河南省人民政府办公厅副主任曹国营主持会议。会议宣读了河南省政府印发的《河南省质量技术监督管理体制改革实施方案》（豫政〔1999〕41号）。河南省技术监督局局长刘景礼传达全国质量技术监督管理体制改革工作会议精神。张涛副省长在讲话中强调指出：改革现行质量技术监督管理体制，实行省级以下质量技术监督系统垂直管理，完全符合河南省实际，对加强全省质量工作，加大打击假冒伪劣商品的力度是一个很好的机遇。这项工作政策性强、涉及面广、难度大。各级和各有关部门要大力支持，积极配合技术监督部门做好体制改革工作。同时，他还要求全省技术监督部门要研究新情况、解决新问题，努力开创质量技术监督新局面。

图5-1-2
1999年全省质量技术监督管理体制改革工作会议
张世英（右七）、张涛（右六）

中共河南省委组织部、省人事厅、编办、财政厅的负责人分别在会议上讲话，均表示拥护中共中央、国务院的决策，按照中共河南省委、河南省人民政府的统一部署，积极主动配合质量技术监督部门搞好体制改革。河南省质量技术监督系统垂直管理实施工作全面展开。截至1999年6月19日，河南省质监局接收147名副处级以上干部，其中县处级领导干部86名，非领导职务的副处级以上干部16名，离退休干部45名。各市地、县（市）的技术监督局分别为正处级、正科级行政机构；市地、县（市）技术监督局设立质量技术监督稽查队，分别为副处级、副科级，公务员管理；各市地、县（市）计量所、质检所、情报所合并成为市地、县（市）质量技术监督检验测试中心，分别为副处级、副科级事业单位。2008年年底，全省共有18个省辖市、108个县（市）、50个市辖区、15个经济技术开发区、4个高新技术开发区及小浪底、黄泛区、郑州航空港区设置了质量技术监督局。除郑州市外，其他省辖市还设有特种设备安全检测中心、纤维检验所。全省质量技术监督系统人员总数14460人。

河南省质量技术监督系统实行垂直管理后，进一步健全和完善了计量体系，加强了计量监督管理，强化了计量行政执法，实施了计量检测基础设施建设，增加了计量标准，扩大了计量技术人员队伍，提高了计量检测能力和水平，彰显了计量工作对国民经济建设、科学技术进步和社会全面发展的重要技术基础和技术保障作用。河南省计量事业持续发展创新提升，为中原崛起、全面建设小康社会做出了重要贡献。

（三）河南省质量技术监督局更名挂牌

2000年7月18日，举行河南省技术监督局更名为河南省质量技术监督局的更名挂牌仪式。局长刘景礼为省局更名揭牌（见图5-1-3），省局机关和二级机构人员150多人参加更名揭牌仪式（见图5-1-4）。

图5-1-3　2000年河南省质量技术监督局局长刘景礼为更名揭牌刘景礼（左一）

图5-1-4　2000年河南省质量技术监督局机关和二级机构人员参加更名揭牌仪式

2003年12月，河南省质监局从郑州市花园路21号河南省计量院综合实验楼搬迁至郑州市花园路21号河南省计量院国家农业工程测试技术中心、国家质量技术监督郑州培训中心大楼（地下1层，地上16层），见图5-1-5、图5-1-6。

图5-1-5
2007年3月河南省质量技术监督局大门

（四）调整河南省质量技术监督行政管理体制

河南省人民政府办公厅于2014年4月8日印发《河南省人民政府办公厅关于调整省级以下工商质监行政管理体制的通知》（豫政办〔2014〕31号）。《通知》要求（摘录）：根据《中共中央国务院关于地方政府职能转变和机构改革的意见》（中发〔2013〕9号）和《国务院办公厅关于调整省级以下工商质监行政管理体制加强食品安全监管有关问题的通知》（国办发〔2011〕48号）要求，经省政府同意，现就调整我省省级以下工商、质监行政管理体制有关问题通知如下：（1）总体要求：调整省级以下工商、质监行政管理体制工作，要坚持因地制宜原则，结合我省实际，积极稳妥推进行政管理体制调整工作。（2）主要任务：①调整行政管理体制。将现行工商、质监省级以下垂直管理调整为由市、县级政府分级管理，业务上接受上级工商、质监部门的指导和监督，领导干部实行双重管理，以地方管理为主。调整后，市、县级工商、质监部门为同级政府工作部门。省辖市属区工商、质监部门行政管理体制，由各省辖市结合自身实际研究确定。②划转机构编制。按照编制随职责走、人随编制走的要求，将市、县级工商、质监部门及其所属行政机构、事业单位的机构编制，整建制划转市县按照权限分级管理，分别纳入各级行政、事业机构编制总额，由同级机构编制部门管理。省辖市属区工商、质监部门及其所属行政机构、事业单位的人员编制管理权限，由各省辖市结合自身实际研究确定。③做好相关工作。省委组织部、省编办、财政厅、人力资源社会保障厅、工商局、质监局等部门要制定详细工作方案，共同做好行政管理体制调整中机构和人员编制、干部人员档案、工资、经费、资产等移交工作，确保划转移交工作平稳有序进行。（3）组织实施：全省工商、质监行政管理体制调整工作在省委、省政府的统一领导下，各相关部门通力配合，要于2014年4月底前完成。

图 5-1-6
2003年12月河南省质量技术监督局办公楼

河南省调整省级以下质量技术监督行政管理体制工作，即将现行质量技术监督省级以下垂直管理调整为由市、县级政府分级管理的工作，已于2014年4月底前完成。

（五）河南省省级政府计量行政部门人员入职情况

中华人民共和国成立以来，河南省计量事业的发展和取得的显著成就，这是全省各级政府计量行政部门和全省计量人员在中共河南省委、河南省人民政府的领导下共同努力奋斗的结果。现仅将河南省省级政府计量行政部门人员和省级计量技术机构人员入职任职等情况予以辑录。

1. 河南省政府计量行政部门内设计量处人员在计量处的工作时间及在计量处工作期间的最高任职（1983—2014，34人）：张隆上：1983—1989，处长。张玉玺：1983—1990，副处长。张景信：1983—1997，处长。刘文生：1983—1995，助理调研员。陈玉新：1983—1995，助理调研员。靳长庆：1983—1997，调研员。徐敦圣：1983—1999，调研员。时广宁：1984—1995，副处长。李凯军：1984—1993，副处长。田锁文：1984—1986，主任科员。程振亚：1984—1990、2000—2014，助理调研员。苗瑜：1990—2014，调研员。彭晓凯：1990—1998、2002—2007，调研员。王建辉：1991—2010，副处长。刘伟：1991—1995，主任科员。张效三：1995—2000，调研员。姚伟：1995—2000，科员。黄震峰：1996—2002，主任科员。郝敬鸿：1996—2000，主任科员。王有全：1998—2013，处长。汪洋：2000—2003，主任科员。张华伟：2002—2006，工程师（借调）。王文军：2003—2011，主任科员。王慧海：2003—2014，主任科员。张志刚：2005—2012，主任科员。张华：2006—2014，主任科员。任林：2010—2014，调研员。范新亮：2010—2014，副处长。孟宪忠：2011—2012，处长。丁峰元：2013—2014，高级工程师（借调）。苏君：2012—2014，处长。付占伟：2013—2014，副处长。付江红：2013—2014，工程师（借调）。王坤伦：2014 年，助理工程师（借调）。

2. 河南省政府计量行政部门、省级计量技术机构人员入职时间（1957—2014，514 人）：1957 年：李友三、杨旭东、焦水芳、周立勋、卢悦怀、巨福珠。1958 年：王培玉、边超毅、徐子佩、陈仲瑞、李培昌、张隆上、王彤、马令增、陈景春、李崇实。1959 年：王柏松、丁树仁、冯存仁、杨怀家。1960 年：王化龙、马世英、何丽珠、赵淑华、曾广荣、陈景龙、龚秉金、景增智、李春生、马怀恩、张盛、王世惠、崔振明、夏家蓉、杭忠林、蒋治国、王志慧、粟守申、董效信。1961 年：肖汉卿、阮维邦、王秀轩、卫曾皇、马炳新、普书山、杜仁义、吴晓藏。1962 年：张景信、刘文生、李世忠、李成谋、李国政、袁之培、宋天顿、朱宏德、范纯友、杨树龙。1963 年：陈济方、张永祥、许遇之、郜广胜、杜国华、孟宪新、林继昌、张景义、张玉玺、崔炳金、张永太、姜清华、张士惠、温天文、顾瑞霞、王志远、余蓟曾、周汝英。1964 年：周尚英、周英鹏、杜新颖、吕中华、李长俊、朱石树、钟巨德、张爱华、杨春荣、王凤之、钟慰靖、卜繁恕、杨翠娟、胡成华、刘棣华、王守聚、李嵩石、王世贵、王育民、付素梅、李成玉。1965 年：高凌成、彭平、王法喜、李淑贤、张先芝、张先觉、吴晓钦、赵守智、马店文、石文峰、朱允璋、郝强山、皮家荆、王礼正。1970 年：牛遂成。1972 年：白亚平、崔海水、程新选、吴国芳、哈柏林、韩丽明、陈海涛、杜书利、付克华、赵立传、丁在祥、王桂荣、肖俊岩、李宝如、杜广才、郭书萍、徐耀月、任坤珍、李春梯、许昌志、朱景昌、吴发运、邵琪彬、李效忠、孙健、王英林、吕云岐。1973 年：徐奇、田福章、李柏鲁、陆兴泽、贾仙芝、耿凤梅、赵文治、李宗智、宋玉杰、任方平、牛淑之、田锁文、孙玉玺、李小江、王志中。1974 年：卫习珍、杨文峰、路治中、张海卿、朱琨、李新建。1975 年：司石滚、陈全柱、孔庆彦、彭晓凯、时广宁、刘理华、陈瑞芳。1976 年：张相振、杜建国、谷秀真、张卫华、程振亚、靳长庆、王霞。1977 年：赵建新、王颖华、方仲平、宋建平、张玉东、刘建国、张辉生。1978 年：安生、蒋传兰、白宏文、金秀兰、王淑芳、白留凤、程晓军、马玉、任建华、陆根成、白兰玉、沈卫国。1979 年：苗瑜、陈桂兰、郑任威、石艳玲、卫春媛、王增云。1980 年：张保宪、李中起、董金祥、郭俊川。1981 年：周小兰、巨辉、王振花、李忠义、姚伟、李振亚。1982 年：王世贤、李国强、周向重、袁全美、朱金花、孙毅、海更生、裴松、耿建波、铁大同、陆婉清、罗征祥、周富拉、周庆恩、李凯军、袁宏民、徐敦圣、陈玉新、齐文彩。1983 年：魏翊生、张祥林、阴奇、邵惠荣、刘中堂。1984 年：陈传岭、周秉时、李黎军、宋群慧、金华芳、李绍堂、王彦、阴华峰。1985 年：韩金福、李自珍、许建国。1986 年：王有全、刘振兴、李峰。1987 年：杨明镜、苗红卫、邹晓华、刘全红、李淑香、崔耀华、王书升。1988 年：赵发亮、陈清平、赵军、王全德、单岩。1989 年：焦永德、李莲娣、马睿松、刘沛、崔广新、朱永宏、朱卫民、王继东、杨光、杨峰。1990 年：马长征、张东红、王卓、黄玉珠、张志清、隋敏、高玉梅。1991 年：王广俊、王刚、姜鹏飞、闫继伟、陈睿峰、杜正峰、袁文成、张卫东、贾晓杰、孙晓全、王朝阳、朱茜、马雪梅、周山中、陈正平、韩丽、王建辉、刘伟。1992 年：郜杰权。1993 年：吴勤、何开宇。1994 年：赵瑾。1995 年：张效三。1996 年：张华伟、张艺新、孟洁、张中杰、刘文芳、孔小平、许建军、尚岚、高瑞红、黄震峰、郝敬鸿。1997 年：张晓明、张奇峰、石岩、孟宪忠。1998 年：张喜悦、张中伟。1999 年：郭胜、黄成伟。2000 年：葛伟三、汪洋。2001 年：李姝、王磊、汪宗轩、李群、窦金身。2002 年：王洪江、毕建萍、朱青荣、石永祥、戴金桥、刘丹、魏辉、李振杰、冯海盈、贾红斌、叶献峰、俞建德、范乃胤、周文辉、任峰、李峰、陈玉斌。2003 年：王娜、李锦华、张丽、樊玮、王文军、王慧海。2004 年：唐云、徐凯、杨武营、李岚、王帆、刘权、付江红、张勉、陈兵、邵峰、卫平、贾会、孙晓萍、丁力、龙成章、朱小明。2005 年：李海防、张冬冬、胡博、司延召、戴翔、暴冰、何凯利、杨圣河、李洁、李安国、米付生、张志刚。2006 年：郑黎、刘欣、张燕、张霞、姬学智、李博、苏清磊、崔馨元、谷田平、孙钦密、师恩洁、乔淑芳、慕媛、李亚芳、张华。2007 年：何力人、徐博伶、宋笑明、卜晓雪、郭美玉、宁亮、齐芳、刘涛、秦国君、丁峰元、金明花、黄品、梁平、王方方。2008 年：段云、王钟瑞、刘沙、胡胜高、孟陵甫、刘秀刚、刘广、孙刘宝、王刘涛、李丹、任楠、袁丹。2009 年：宋崇民、石岩、郝宝国、阎良、雷军锋、朱梦晗、张柯、周建伟、宋君、许芬、王玮、李贤达、赵芳芳。2010 年：张佩佩、李胜春、崔子敬、周强、范鹏、张硕、邹炳蔚、陈永强、刘恒、姜鲲、张运红、秦勤、冯薇、范新亮。2011 年：陆进宇、张楠、孙万森、冯帅博、刘风玲、左传胜、李伟娜、陈媛媛、杨凌、赵伟明、陶犖、杨金龙、李琛、刘莹、张晓锋、牛瑞营。2012年：李佳、赵迎晨、杨战国、任翔、唐建平、葛笏良、孙彦楷、王双玲、王延昭、李建鹏、赵熙、高翔、刘锐、刘晓丽、李玉峰、胡昱麟、林芳芳、韩魏、戎思晓、杨楠、苏君。2013年：王坤伦、陈浩、孙军涛、侯永辉、刘斌杰、张柏林、程鹏里、李博、毛森、周光、靳振宇、古晓辉、冯鑫、周新刚、刘宾武、刘红乐、路兴杰、张毅哲、郭名芳、单海娣、王阳阳、张锁、范博、李文燕、刘威、王蕾、汪卫华、田利华、王东丽、付占伟。2014年：郭魏华、李颖、薛重喜、高申星、王竟驰、王韩朋、吕沛丙、姚杉、王慧、张召、殷智祺、唐盟、马振奇、杨倩、邹君臣、付翀、李垚博、杨涛涛、唐博、张朋、于冰、张静、江浩、孙鹏龙。河南省政府计量行政部门人员入职统计时间是1957年至1989年2月24日。

二、河南省计量技术机构职责

（一）河南省计量测试研究所职责

1995年6月13日，中共河南省技术监督局党组任命程新选任河南省计量测试研究所所长、所党总支书记；孙玉玺、陈传岭任副所长；焦永德任所党总支副书记（副处级）（豫技党组字〔1995〕4号）。

河南省机构编制委员会于1995年11月22日印发《关于河南省技术监督局直属事业单位机构编制方案的通知》（豫编〔1995〕24号），其中有保留河南省计量测试研究所。主要任务：研究建立保存社会公用计量标准，进行量值传递，执行强制检定、仲裁检定、非强制检定、委托检定和计量测试任务；起草技术规范；承担标准考核、样机试验、定型鉴定、计量认证、计量合格确认等技术执法任务。规格相当于处级；事业编制102名，其中领导职数4名；经费实行全额预算管理。

1996年，河南省计量所内设办公室、人事教育科、业务科、动力科、财务科、长度实验室、热工实验室、力学实验室、电磁实验室、无线电实验室、流量实验室、性能实验室、化学医疗实验室、出租汽车计价器检定站。1997年，新设立仪器收发科。1998年，将化学医疗学实验室分为化学实验室和电离辐射实验室，新建河南省机动车检测线检测站。

2001年8月，河南省计量所共内设16个科室，其中职能科室6个，实验室10个。在职职工106人，其中专业技术人员86人。在专业技术人员中：教授级高级工程师2人，高级工程师23人，中级职称43人，初级职称19人。

（二）河南省计量测试研究所更名

2003年，为适应社会主义市场经济和中国加入世界贸易组织（WTO）的需要，更好地完成上级赋予的任务，发挥其在全省计量科学研究和计量检测的领头作用，为全省全面建设小康社会，为科学技术进步和社会全面发展做贡献，河南省计量所提出将“河南省计量测试研究所”更名为“河南省计量科学研究院”，河南省质监局同意并上报河南省机构编制委员会。程新选所长多次向河南省编委办公室汇报河南省计量所更名的必要性和紧迫性，获得了支持。河南省机构编制委员会办公室2003年12月31日向河南省质监局发出《关于河南省计量测试研究所更名的通知》（豫编办〔2003〕106号）（见图5-1-7）。该《通知》内容如下：

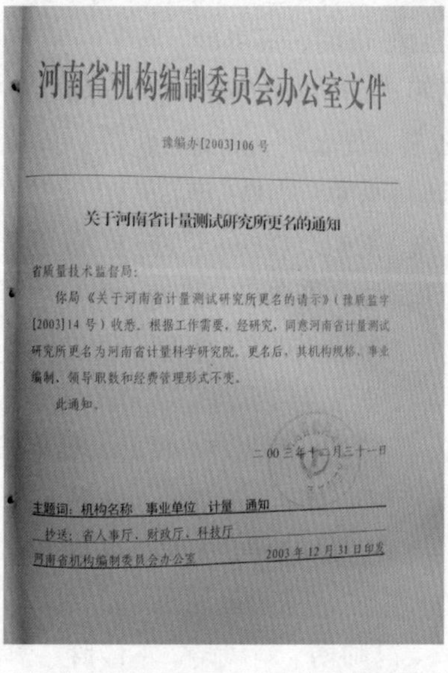
河南省机构编制委员会办公室文件

豫编办[2003]106号

关于河南省计量测试研究所更名的通知

省质量技术监督局：

你局《关于河南省计量测试研究所更名的请示》（豫质监字[2003]14号）收悉。根据工作需要，经研究，同意河南省计量测试研究所更名为河南省计量科学研究院。更名后，其机构规格、事业编制、领导职数和经费管理形式不变。

此通知。

二〇〇三年十二月三十一日

主题词：机构名称 事业单位 计量 通知

抄送：省人事厅、财政厅、科技厅

河南省机构编制委员会办公室 2003年12月31日印发

图5-1-7 2003年河南省编办《关于河南省计量测试研究所更名的通知》

你局《关于河南省计量测试研究所更名的请示》（豫质监字〔2003〕14号）收悉。根据工作需要，经研究，同意河南省计量测试研究所更名为河南省计量科学研究院。更名后，其机构规格、事业编制、领导职数和经费管理形式不变。

河南省质监局2004年1月13日印发《关于河南省计量测试研究所更名的通知》（豫质监字〔2004〕3号）。河南省计量测试研究所更名为河南省计量科学研究院（以下简称河南省计量院），在全国属于更名较早的省级计量测试研究所，是河南省质量技术监督系统第一个由“所”更名为“院”的直属技术机构。

河南省质监局党组于2004年1月13日印发《关于程新选等同志职务任免的通知》（豫质监党组字〔2004〕3号），决定：程新选任河南省计量科学研究院院长、院党总支副书记，王洪江任河南省计量科学研究院党总支书记、副院长，陈传岭、葛伟三任河南省计量科学研究院副院长。2004年1月15日，举行了河南省计量测试研究所更名为河南省计量科学研究院的更名挂牌仪式。河南省质监局局长包建民，副局长魏书法、黄国英、陈学升、冯长宇，局党组纪检组长李刚，巡视员韩国琴和省局各处室处长、副处长、省局各二级机构党政“一把手”及河南省计量所全体干部职工等180多人参加了河南省计量科学研究院的更名揭牌仪式。局长包建民、巡视员韩国琴为“河南省计量科学研究院”揭牌。河南省计量科学研究院院长、院党总支副书记程新选讲话。河南省计量科学研究院党总支书记、副院长王洪江主持揭牌仪式（见图5-1-8）。

图5-1-8
2004年1月河南省计量测试研究所更名为河南省计量科学研究院揭牌仪式　韩国琴（左三）、程新选（右二）、王洪江（左二）、陈传岭（右一）、葛伟三（左一）

（三）河南省计量院机构改革

2005年，河南省进行省属社会公益及农业类科研机构改革，要求自2006年起全面实施。

河南省机构编制委员会2005年10月25日印发《关于河南省计量科研究院等事业单位机构编制方案的通知》（豫编〔2005〕54号），内容（摘录）：根据《河南省人民政府关于深化省属社会公益及农业类科研机构管理体制改革的意见》（豫政〔2005〕29号）文件精神，河南省计量科学研究院等事业单位机构编制方案已经省机构编制委员会批准，现通知如下：保留河南省计量科学研究院，确定为非营利性科技服务机构，为省质量技术监督局直属事业单位，主要任务：研究、建立、使用、维护省级社会公用计量标准，为社会提供量值传递，执行强制检定和法律规定的其他检定、测试任务，起草技术规范，为实施计量监督提供技术保障等。机构规格相当于处级，核定事业编制95名，其中领导职数4名，专业技术人员不得低于85%，经费实行全额预算管理。

河南省质监局2011年6月10日发文，将河南省计量器具产品质量监督检验站更名为河南省计量器具产品质量监督检验中心、河南省计算机和网络产品质量监督检验站更名为河南省计算机和网络产品质量监督检验中心。

（四）中共河南省计量科学研究院委员会成立

2001年，根据中共河南省直属机关工作委员会的要求，中共河南省计量所总支部组织编写了《中共河南省计量测试研究所总支部委员会争创‘五好’基层党组织活动工作手册》，赵建新、李莲娣编写，所党总支副书记葛伟三审核。是年8月，经河南省计量所所党总支部讨论通过，所党总支书记程新选签发颁布实施，获得了上级党委的充分肯定和表扬。

2006年1月，中共河南省计量院党总支下设5个党支部，职工124人，聘用人员12人，党员95人。中共河南省质量技术监督局机关委员会2006年3月3日印发《关于转发〈中共河南省委省直机关工作委员会关于同意成立中共河南省计量科学研究院委员会的批复〉的通知》（豫质监机党字〔2004〕12号）。河南省计量院党总支2006年5月8日召开全体党员大会，选举产生了中共河南省计量科学研究院第一届委员会，王洪江任书记，刘伟、程新选任副书记（正处级），陈传岭、杨明镜、王广俊、李莲娣任委员。河南省质监局机关党委副书记葛占国出席会议并讲话（见图5-1-9）。

图5-1-9
2006年中共河南省计量科学研究院第一届委员会成立　葛占国（左四）、王洪江（左五）、刘伟（左三）、程新选（左六）

（五）河南省计量测试研究所所徽

河南省计量测试研究所于1999年12月8日印发《关于印发〈河南省计量测试研究所所徽图案〉和〈河南省计量测试研究所所徽使用管理规定〉的通知》（豫量所发〔1999〕67号），颁布《河南省计量测试研究所所徽图案》《河南省计量测试研究所所徽使用管理办法》。

河南省计量测试研究所所徽图案

第一条　河南省计量测试研究所所徽图案如右图：

HNIMT

第二条　图案是“计量”的汉语拼音“JILIANG”的两个字头字母“JL”的装饰变形，组成了圆规的形象。此圆规形象又靠近了国家质量技术监督行徽图案。

第三条　“JL”组成的圆规形象的底角为直角，寓意“矩”，圆规画出圆与其底角的直角包含“有规矩才能成方圆”的理念，寓意计量的科学性、严谨性、公正性和法制性。

第四条　圆规直角下的圆点为红色，象征本所以计量检定、校准、测试、检验和科学研究为工作核心，寓意着本所服务热情和工作赤诚。

第五条　圆规、圆、英文字母为蓝色，象征着本所“团结、创新、务实、奉献、高效、廉洁”的作风。

第六条　“HNIMT”是“河南省计量测试研究所”英文“Henan Institute of Metrology and Testing”的缩写。

第七条　图案颜色为第四条、第五条所规定的颜色，如有特殊情况需用其他颜色时，应选择庄重、清晰的颜色，必须经所长批准后才能使用。图案底色不做统一规定，但底色与图案颜色应有明显区别。

《河南省计量测试研究所所徽》由所长程新选提出的初步设计，经河南大学教授肖红艺术加工而成。经河南省编制委员会办公室批准，河南省计量测试研究所2003年12月31日更名为“河南省计量科学研究院”，“HNIMT”即更改为“HNIM”；“HNIM”即为“河南省计量科学研究院”英文“Henan Institute of Metrology”的缩写（见图5-1-10）。

图5-1-10 河南省计量科学研究院院徽

（六）河南省计量所召开建立四十六周年庆祝大会

1957年，河南省商业厅成立计量处，主管全省计量工作，建立省级计量标准，对全省开展量值传递；1983年8月19日，河南省计量测试研究所成立。2003年8月7日，河南省计量所印发《关于河南省计量测试研究所成立纪念日的决定》（豫量所发〔2003〕78号），决定：1957年8月19日为河南省计量测试研究所建立纪念日，1983年8月19日为河南省计量测试研究所成立纪念日。2003年8月19日，河南省计量测试研究所建立四十六周年、成立二十周年大会在该所二楼大会议室召开（见图5-1-11）。出席会议的有河南省质监局巡视员韩国琴、计量处处长王有全、调研员兼副处长苗瑜、副处长王建辉等，河南省计量所退休领导原所长肖汉卿等和离退休干部职工赵淑华等，在河南省计量所工作过的河南省质监局机关党委专职副书记孟宪忠、河南省质监局计划科技处调研员孙玉玺等，所长程新选，所党总支书记王洪江，副所长陈传岭、葛伟三等全所干部、职工，共150多人。程新选作了庆祝讲话。河南省质监局、河南省计量所领导向从事计量工作三十年的同志颁发了荣誉证书。

图5-1-11
2003年河南省计量测试研究所建立四十六周年暨成立二十周年大会韩国琴（第一排左五）、王有全（第一排左四）、苗瑜（第一排左七）、孙玉玺（第一排左八）、孟宪忠（第一排左一）、程新选（第一排左六）、肖汉卿（第一排左三）

三、计量技术机构的发展和业务开拓

（一）河南省计量院持续快速发展

河南省计量所于1995年完成检测各种计量器具33828台（件）；新建计量标准、新上项目等21项；完成全省有关单位的402项计量标准考核等项技术执法任务。1996年，实行了所中层干部聘用制，共聘任中层干部31人，并颁发了聘任证书。是年，完成了检测计量器具32749台（件）；新建计量标准4项；全省有关单位的216项计量标准考核和复查（其中复查242项）；完成生产条件考核51个企业、样机试验101个企业219个规格；完成计量器具抽查75个企业201台（件），对121个省重点管理计量器具制造企业进行了年审工作。

河南省计量所于1996年5月内设机构（14个，15个牌子）及负责人：（1）办公室：主任韩金福，副主任赵发亮。（2）人事教育科：科长赵建新，副科长李莲娣。（3）业务科（所科学技术委员会办公室）：科长牛淑之（兼科学技术委员会办公室副主任），副科长陈海涛（兼科学技术委员会办公室副主任）（正科级）、宋建平、阮维邦（兼科学技术委员会办公室主任）（正科级）。（4）财务科：科长李自珍，副科长袁宏民。（5）动力科：科长路治中。（6）仪器收发科：科长周尚英。（7）长度实验室：主任赵立传、副主任任方平。（8）热工实验室：主任肖俊岩，副主任李黎军。（9）力学实验室：主任韩丽明，副主任王广俊。（10）电磁实验室：主任周英鹏，副主任何丽珠、杨明镜。（11）无线电实验室：主任杜建国，副主任朱卫民。（12）流量实验室：主任杜书利，副主任孔庆彦。（13）化学医疗学实验室：主任王颖华，副主任陆婉清。（14）性能实验室：主任程晓军。出租汽车计价器检定站：站长铁大同，副站长王书升。

1997年，河南省计量所顺利通过了国家技术监督局对省级法定计量检定机构授权考评；检测各种计量器具40705台（件）；新建计量标准和新上技术改造项目等59项。并在实验室开展“创先进实验室、争优秀检定员”活动。完成了计量认证10个单位。完成计量标准考核320项，其中新建118项，复查202项。完成计量器具生产厂生产条件考核16个单位。完成样机试验61个单位104个品种。完成计量器具监督抽查34个生产企业70台（件）。郑州市人民政府、河南省技术监督局1998年5月8日发文，划分了河南省计量所和郑州市计量所检定出租汽车计价器工作范围和数量。1998年，对全省公安系统机动车安全性能检测线（站）的计量器具实施依法检定。1998年检测各种计量器具38032台（件）；新建计量标准和新上技术改造项目等27项；完成了计量认证23个单位，完成计量标准考核300项，其中新建143项，复查157项；完成生产条件考核31个单位；完成样机试验130个单位281个品种；完成计量器具产品质量监督抽查2个产品17个厂家37台（件）；完成计量器具产品质量委托检验5个产品6个企业123台（件）；完成仲裁检定2个产品5个企业26台（件）。1999年，建立“河南省汽车油罐车计量检定站”（与省所流量实验室一个机构两个牌子）和“河南省商品量公正计量站”（与省力学实验室一个机构两个牌子）。1999年，对全省各油品经销单位和个人使用的汽车油罐车依法进行强制检定。

1999年，河南省计量所全年检测计量器具45409台（件），比上年增长19.3%；检测收入比上年增长了30.24%，创该所历史最高水平。新建计量标准和新上技术改造项目等30项。2001年，建立了加油机税控装置检定标准，完善了水表、煤气表、衡器定型鉴定计量标准装置，并取得了国家质检总局的定型鉴定资格授权。开展了动态轴重仪强制检定、电磁兼容试验、电能表定型鉴定工作。开展了三辰公司、百合公司生产的出租汽车税控计价器的出厂检定和出租汽车税控计价器的选型工作。自筹资金下达了5批新建和技术改造社会公用计量标准项目计划。完成检测计量器具86479台（件）。

1999年至2003年12月，河南省计量所新建和技术改造省级社会公用计量标准项目212项，投入资金1990万元，仪器设备投资是1998年底全院仪器设备固定资产原值937万元的2.12倍，提高了检测能力，社会服务面逐年扩大，检测量逐年增加，检测收入逐年提高，取得了显著的社会效益和经济效益。从美国、丹麦、德国、瑞士引进了一批先进的计量仪器设备，仪器设备固定资产从1998年底的937万元增至1713万元，其中有11辆计量检测用车。

2000年12月，河南省计量所校准/检测实验室通过中国实验室国家认可委评审组的评审，于2001年4月9日获取了国家质量技术监督局、中国实验室国家认可委员会颁发的实验室认可证书，证书号为NO.0464号。

2002年，河南省计量所通过了国家质检总局对省级法定计量检定机构的复查考核授权。获得了国家质检总局的水表、电能表、煤气表、衡器的定型鉴定授权。2003年，河南省计量院建立了长度、温度、力学、电磁学、无线电、时间频率、电离辐射、化学、声学、光学等10大类156项省级社会公用计量标准，其中省级最高社会公用计量标准74项，次级社会公用计量标准82项，开展80多项计量测试项目，检定400多种计量器具，开展88种计量器具产品质量检验项目。建立了电磁兼容试验室，对社会开展电磁兼容试验。

2004年，河南省计量院完成检测计量器具72382台（件），通过了中国实验室国家认可委对河南省计量院的监督评审和河南省质监局对设在河南省计量院的河南省计算机和网络系统工程质量监督检验站的计量认证/审查认可（验收）评审，完成了计量认证58家和计量认证监督评审64家，参加了14项计量标准的实验室间的比对和能力验证，实现了技术档案电子文档管理。起草了《质量手册》（第四版）等760份技术文件。承担了调整全省计量检定收费标准的成本测算工作。调整计量检定收费标准成本测算涉及面广，工作量大。根据省质监局和省价格成本调查队的要求，调整全省计量检定收费标准成本测算数据，曾 6 易其稿，经省成本调查队监审，已报省发展和改革委员会审批。积极向国家质检总局、省财政厅、省科技厅、省质监局申请拨款 845 万元，自筹资金 216 万元，共计 1061 万元，用于新建和技术改造省级社会公用计量标准项目 91 项。自筹资金 91 万元购置计量检测专用汽车 8 部（其中更新 2 部），向国家质检总局申请拨款 700 万元，购置 30 项省级社会公用计量标准仪器，经政府采购招标，已到货，并完成了安装调试。河南省计量院 2004 年新增仪器设备固定资产 1152 万元。2004 年 12 月，河南省计量院仪器设备 3261 台（件），仪器设备固定资产原值 1913 万元；建有长度、温度、力学、电磁学、无线电、时间频率、声学、光学、电离辐射、化学共 10 大类 160 项省级社会公用计量标准，其中，省级最高社会公用计量标准 78 项、次级社会公用计量标准 82 项，对 400 多种计量器具开展计量检定。计量标准快速增加，检测水平显著提高，综合实力不断增强，跃入了全国省级法定计量检定机构的前列。进一步树立了“团结、创新、务实、奉献、高效、廉洁”的院风。完成了河南省质监局向河南省计量院移交的新建恒温实验楼的基建手续交接工作。河南省计量院对新建恒温实验楼基建工程投入资金 54.46 万元，完成了新建恒温试验楼的主体竣工验收、屋面防水工程和缸砖铺设工程以及外墙保温、外墙涂料、窗户的考察调研和招标。完成了综合实验楼技术改造方案的论证和招标。2004 年，河南省计量院共完成计量器具生产条件考核 90 个企业，计量器具定型鉴定 43 个企业 120 个品种，计量器具样机试验 128 个企业 440 个品种，计量仲裁检定 7 个企业 15 台（件）。遵照国家质检总局的安排，完成了对全国 6 个省 30 个厂家的水表国家监督抽查工作，圆满地完成了国抽任务，受到了国家质检总局的肯定。承担了河南省电能表检定装置和部分省辖市定量包装商品监督抽查工作，圆满完成任务，受到了河南省质监局的肯定。2004 年，全院共完成计量标准考核 289 项，其中新建 156 项，复查 133 项。培训外单位计量检定人员 19 人，协助有关部门培训计量检定人员 900 多人。完成了 11 项国家有关部门组织的计量标准的实验室比对和能力验证，力学室承担的洛氏硬度计比对受到了国家实验室认可委的通报表扬。完成了 86 家检测机构的计量认证，其中监督评审 30 家。完成了 5 项国家计量检定规程和 2 项河南省地方计量检定规程的编写工作。通过了国家质量监督检验检疫总局考核组对河南省计量院申报的“国家水表产品质量检验中心”的现场考核和省科技厅对河南省计量院申报的“河南省计量工程技术研究中心”的现场考核。河南省计量院获得了 2004 年度河南省科技进步奖二等奖 1 项、三等奖 1 项，获得了河南省质监局科学技术成果奖一等奖 5 项、二等奖 4 项、三等奖 3 项。3 项科技成果通过了河南省科技厅组织的科技成果鉴定。

国家质检总局 2005 年 11 月 25 日发文，同意筹建国家水表质量监督检验中心（国质检科〔2005〕470 号）。

河南省计量院 2005 年 1 月内设机构（21 个，31 个牌子）和负责人：（1）办公室：主任韩金福，副主任王刚。（2）人事教育部：部长赵建新（兼任院党总支办副主任，正科），副部长李莲娣（兼任院党总支办主任，正科）。（3）财务部：部长张喜悦，副部长张东红。（4）业务发展部（院科学技术委员会办公室）：部长杨明镜（兼任院科学技术委员会办公室主任），副部长宋建平。（5）质量管理部（院计量标准、计量检定人员考核办公室）：部长王广俊（兼任计量标准、计量检定人员考核办公室副主任），副部长王卓（兼任计量标准、计量检定人员考核办公室主任）（正科级）。（6）仪器收发部：部长尚岚，副部长郜杰权。（7）动力部：部长赵发亮，副部长金华芳。（8）长度与光学实验室（河南省眼镜公正计量站、河南省土地房屋面积公正计量站）：主任黄玉珠（兼任河南省眼镜公正计量站、河南省土地房屋面积公正计量站站长），副主任张卫东、邹晓华（兼任河南省眼镜公正计量站、河南省土地房屋面积公正计量站副站长）。（9）热工实验室：主任张晓明，副主任李淑香。（10）力学实验室：主任刘全红，副主任张中杰。（11）质量实验室（河南省商品量公正计量站）：主任孙毅（兼任河南省商品量公正计量站站长），副主任何开宇（兼任河南省商品量公正计量站副站长）。（12）河南省动态轴重仪检定中心：主任王书升，副主任张奇峰。（13）电磁和电力实验室：主任周秉时，副主任苗红卫。电能实验室：主任马睿松（兼任河南省计量科学研究院驻河南省金雀电器股份有限公司电能表出厂检定站站长），副主任刘沛（兼任河南省计量科学研究院驻河南省金雀电器股份有限公司电能表出厂检定站副站长）。（14）电磁兼容与安全和环境条件实验室：主任赵军，副主任程晓军。（15）无线电与时间频率和声学实验室：主任杜建国，副主任朱卫民。（16）液体流量与容量实验室（河南省汽车油罐车计量检定站）：主任崔耀华（兼任河南省汽车油罐车计量检定站站长），副主任孔庆彦（兼任河南省汽车油罐车计量检定站副站长）。（17）气体流量与压力实验室（河南省蒸汽流量计量检定站）：主任朱永宏（兼任河南省蒸汽流量计量检定站站长），副主任孙晓全（兼任河南省蒸汽流量计量检定站副站长）。（18）化学与环境保护实验室：主任朱茜，副主任孔小平。（19）医学与电离辐射实验室：主任马长征，副主任张中伟。（20）河南省机动车检测线计量检定中心：主任隋敏，副主任王全德。（21）河南省出租汽车计价器计量检定中心：主任石永祥，副主任郭胜。

1996 年 5 月 22 日至 2004 年 2 月 17 日期间，曾任河南省计量所正科级行政职务、2004 年 2 月 17 日之后不再担任正科级行政职务的人员有：1998 年，袁宏民（财务科科长）、周尚英（仪器收发科科长）、王颖华（化学实验室主任）、陆婉清（电离辐射实验室主任）；2001 年，任方平（长度实验室主任）。2004 年 2 月 17 日，河南省计量所行政科室的“科长、副科长”更名为“部长、副部长”。2006 年 2 月 20 日，河南省计量院各实验室“主任、副主任”更名为“所长、副所长”。

2005—2014 年，河南省计量院有博士研究生 5 人：2005 年中国科学院研究生院光学工程专业博士研究生郑黎；2011 年北京工业大学光学工程专业博士研究生王广俊；2011 年吉林大学无机化学专业博士研究生李佳；2013 年北京工业大学光学工程专业博士研究生朱卫民；2013 年中国矿业大学应用化学专业博士研究生路兴杰。

2008 年，河南省煤层气计量检测中心由河南省计量院联合河南省煤层气开发利用有限公司组建。2008 年 10 月 3 日至 10 月 17 日，河南省计量院刘全红赴非洲安哥拉，对河南省大河筑路集团在安哥拉承包的公路修建项目的实验室所使用的材料试验机和测力仪进行了校准。这是河南省计量院第一次到国外进行计量校准工作。

河南省计量院 2014 年 12 月内设机构（25 个，28 个牌子）及负责人：（1）行政管理部：部长郭胜，党委办主任李海防（兼任副部长）（正科级）。（2）财务管理部：部长张喜悦，副部长张东红。（3）发展计划部：部长张中杰。（4）质量管理部：部长王卓，副部长苗红卫。（5）业务管理部：部长尚岚，副部长何凯利（兼任客户管理与营销中心主任）（正科级），赵瑾。（6）质检中心管理部：部长赵军，副部长孟洁。（7）技术培训部：部长李淑香，副部长张华伟。（8）后勤保障部：部长王刚，副部长姬学智。（9）河南省计量工程中心：部长马睿松（兼任网络技术部部长），副部长张卫东、郑黎。（10）新乡平原新区实验基地综合管理部：部长石永祥，副部长崔子敬、王全德。（11）长度计量研究所：所长黄玉珠，副所长贾晓杰、苏清磊。（12）热工计量研究所：所长张晓明，副所长孙晓全、戴翔。（13）力学计量研究所：所长刘全红，副所长冯海盈、孙钦密。（14）质量计量研究所：所长孙毅，副所长何开宇。（15）电能计量研究所：所长刘沛，副所长姜鹏飞。（16）电磁兼容计量研究所：所长周秉时，副所长陈清平。（17）电磁计量研究所：所长刘文芳，副所长丁力。（18）无线电计量研究所：所长崔广新。（19）声学计量研究所：所长朱卫民，副所长卫平。（20）液体流量计量研究所：朱永宏，副所长闫继伟。（21）气体流量计量研究所：所长崔耀华，副所长胡博、邹晓华。（22）化学计量研究所：所长朱茜，副所长孔小平、许建军。（23）医学计量研究所：所长张中伟，副所长黄成伟。（24）机动车检测线计量研究所：所长张奇峰，副所长秦国君。（25）动态轴重仪计量研究所：所长王书升，副所长司延召、徐凯。

2014 年 12 月，河南省计量院仪器设备 3702 台（件），固定资产原值 8669 万元；建有长度、温度、力学、电磁学、无线电、时间频率、声学、光学、电离辐射、化学共 10 大类 218 项省级社会公用计量标准，其中：省级最高社会公用计量标准 102 项、次级社会公用计量标准 116 项，对 517 种计量器具开展计量检定。

（二）地（市）、县（市）计量检定机构持续发展

各地区、省辖市和县（市）法定计量检定机构持续发展，不断提升计量检测能力水平。

（三）各级计量授权站不断提升检测能力

各级计量授权站不断发展，提升计量检测能力水平。

（四）企业计量机构为提质增效服务

河南省企业计量技术机构不断发展，为提升产品质量和增加经济效益作出了重要贡献。例如，郑州铝业公司的计量机构的发展就是一个例子。1959 年，郑州铝业公司成立机械动力处电气试验室。截至 2010 年 5 月，中国铝业河南分公司总计控室在册员工，由建立之初的几十人，发展到如今的 385 人。其中，工程技术人员 95 人（高级职称 22 人、中级职称 47 人）。下设 5 科（生产计划科、技术开发科、计量管理科、企业管理科、稽查保卫科）、1 室（办公室）和 9 个车间（仪表车间、自控车间、计量车间、检修车间、标准室、仪表室、电气控制室、自动化、计算中心）。维护在线自动化仪表 4 万余台（套），自控系统 117 套，放射源 532 颗。总计控室固定资产原值达到 2870.6 万元，公司标准设备由最初的几十台，增加到 900 余台，设备的装备水平已达到了国内先进水平。1989 年，郑州铝业公司通过省计量局考核，建立了企业 18 项最高计量标准。1990 年 3 月 1 日，郑州铝厂获国家一级计量单位称号。1992 年 6 月 6 日，中国长城铝业公司获河南省质量技术监督局颁发的“专项计量授权证书”，取得在全公司范围内（包括分布在省内各地的矿山）开展压力、地中衡、戥秤天平、单（三）相电能表、滤光光电比色计、可见光分光光度计等 6 项强制检定工作的资质。1999 年 12 月 23 日，中国长城铝业公司通过国家质量技术监督局组织的现场评审，取得“完善计量检测体系合格证书”，同时获“国家计量先进单位”称号。2004 年 9 月 13 日，中铝河南分公司计量校准实验室获得中国实验室国家认可委员会颁发的国家实验室认可证书，成为中铝公司第一家获得国家计量校准实验室认可证书的企业，开展校准项目 50 项，校准领域涉及长度、热学、力学、时频、电学、理化。又如：中国计量协会 2006 年 6 月 26 日印发中计协函〔2006〕15 号文，授予河南省“中国（虞城）钢卷尺城”称号。

四、河南省质量技术监督系统计量工作奖励

中华人民共和国成立以来，河南省计量工作成绩显著，涌现出了许多先进单位和先进个人，受到了国家和河南省领导机关和有关部门的表彰和奖励。

2003 年 2 月，中共河南省委授予河南省计量所“河南省思想政治工作先进单位”称号。在郑州黄河迎宾馆召开的全省思想政治工作大会上，中共河南省委书记李克强、副书记王全书给河南省计量测试研究所所长、所党总支副书记程新选颁发了奖牌（见图 5-1-12、图 5-1-13）。

图 5-1-12
2003 年中共河南省委书记李克强（第二排右一）、省委副书记王全书（第二排右二）给河南省计量所“河南省思想政治工作先进单位”授奖牌，河南省计量所所长、所党总支副书记程新选（第一排右二）接奖牌

河南省质监局于 2003 年 3 月 5 日向全省质监系统发出《关于转发中共河南省计量测试研究所总支部委员会〈加强和改进思想政治工作，促进我省计量事业全面发展〉思想政治工作经验的通知》（豫质监办发〔2003〕48 号），《通知》强调（摘录）：中共河南省计量测试研究所总支部委员会在加强

和改进思想政治工作，积极探索新形势下思想政治工作新路子，促进计量事业发展，实现党建工作和计量事业双丰收，积累了许多成功的经验。现将他们的主要做法和事迹材料转发给你们（市局要向县区局转发），请各单位认真组织学习，结合单位实际，结合当前全省质监系统的热点、难点问题，加强本单位的思想政治工作建设，向省计量所总支部那样，做到党建和质监事业双丰收、共发展，以实际行动实现党的十六大提出的奋斗目标。

2003 年 6 月，中共河南省委授予河南省计量所"全省防治非典型肺炎工作先进基层党组织"称号（见图 5-1-14）。

图 5-1-13　2003 年中共河南省委授予河南省计量所《河南省思想政治工作先进单位》称号并颁发奖牌

图 5-1-14　2003 年中共河南省委授予河南省计量所"全省防治非典型肺炎工作先进基层党组织"奖牌

2006 年 8 月，国家质检总局授予河南省计量院"全国质量监督检验检疫科技兴检先进集体"称号（见图 5-1-15）。

图 5-1-15
2006 年国家质检总局授予河南省计量院"全国质量监督检验检疫科技兴检先进集体"奖状

河南省质量技术监督系统计量工作单位获奖一览表（1989—2014）共 50 项（见表 5-1-1）。河南省质量技术监督系统计量工作个人获奖一览表（1983—2014）共 31 项（见表 5-1-2）。

表 5-1-1 河南省质量技术监督系统计量工作单位获奖一览表（1989—2014）

序号	获奖单位名称	奖励名称	颁发机关	颁发时间
1	河南省新乡市	实施《计量法》全国先进市	国务院法制局、国家技术监督局	1989 年 1 月 16 日
2	河南省新乡县	土地计量面积计量单位改革全国先进县	国家技术监督局	1993 年 9 月 14 日
3	新乡市人民政府	实施法定计量单位全国先进集体	国家技术监督局	1994 年 11 月 15 日
4	河南省计量测试研究所	河南省技术监督工作先进集体	河南省技术监督局、河南省人事厅	1995 年
5	河南省计量测试研究所	1995—1996 年度先进党总支	中共河南省委省直机关工作委员会	1997 年 6 月
6	河南省技术监督局	全面完成计量工作三年计划先进单位	国家技术监督局	1998 年 3 月 4 日
7	河南省新乡市技术监督局	全面完成计量工作三年计划先进单位	国家技术监督局	1998 年 3 月 4 日
8	河南省安阳市称重计量公正站	完成计量工作三年计划社会公正计量行（站）先进单位	国家技术监督局	1998 年
9	河南省孟县	土地计量面积计量单位改革全国先进县	国家技术监督局	1998 年
10	河南省计量测试研究所	河南省技术监督系统先进集体	河南省人事厅、河南省技术监督局 豫人奖〔1999〕8 号	1999 年 1 月 21 日
11	河南省计量测试研究所	河南省直机关 2001 年度工会财务工作先进单位	河南省直属机关工会工作委员会 豫直工〔2002〕27 号	2002 年 5 月 16 日
12	河南省计量测试研究所	2001—2002 年度河南省思想政治工作先进单位	中国共产党河南省委员会	2003 年 2 月
13	河南省计量测试研究所团支部	2001—2002 年度红旗团支部	共青团河南省直属机关工作委员会 豫直团〔2003〕5 号	2003 年 4 月 28 日
14	河南省计量测试研究所力学实验室工会小组	2000—2002 年度先进工会小组	河南省直属机关工会工作委员会 豫直工〔2003〕4 号	2003 年 5 月 8 日
15	河南省计量测试研究所工会	2002 年度工会财务工作先进单位	河南省直属机关工会工作委员会 豫直工〔2003〕19 号	2003 年 5 月 16 日
16	中国共产党河南省计量测试研究所总支部委员会	2000—2002 年五好党支部	中共河南省委省直机关工作委员会	2003 年 6 月

续表

序号	获奖单位名称	奖励名称	颁发机关	颁发时间
17	河南省计量测试研究所	河南省防治非典型肺炎工作先进基层党组织	中国共产党河南省委员会	2003 年 6 月
18	河南省计量测试研究所工会	2003 年度工会财务工作先进单位	河南省直属机关工会工作委员会　豫直工〔2004〕18 号	2004 年 6 月 4 日
19	河南省计量科学研究院化学和环境保护实验室	2004 年度河南省“双学双比”“巾帼建功”活动先进集体	河南省“双学双比”“巾帼建功”活动协调小组　豫双协〔2005〕2 号	2005 年 3 月 6 日
20	河南省计量科学研究院工会	2003—2004 年度省直先进基层工会	河南省直属机关工会工作委员会　豫直工〔2005〕12 号	2005 年 4 月 26 日
21	河南省计量科学研究院团支部	2003—2004 年度五四红旗团支部	共青团河南省直机关工作委员会　豫直团〔2005〕4 号	2005 年 4 月 28 日
22	中国共产党河南省计量科学研究院总支部委员会	河南省“五型”机关党支部	中共河南省委组织部、省委先进性教育活动领导小组办公室、省委省直机关工作委员会　豫组〔2005〕42 号	2005 年 6 月 27 日
23	河南省计量科学研究院化学和环境保护实验室	河南省“三八”红旗集体	河南省妇女联合会豫妇〔2006〕7 号	2006 年 3 月 1 日
24	河南省计量科学研究院	全国质量监督检验检疫科技兴检先进集体	国家质量监督检验检疫总局	2006 年 8 月
25	河南省计量科学研究院团支部	河南省直 2005—2006 年“五四”红旗团支部	共青团河南省直属机关工作委员会　豫直团〔2007〕10 号	2007 年 5 月 24 日
26	中国共产党河南省计量科学研究院委员会	河南省直 2005—2006 年“五好”党组织	中共河南省委省直机关工作委员会　豫直文〔2003〕34 号	2007 年 6 月 26 日
27	河南省计量科学研究院动态汽车衡计量研究所	2006 年度河南省“青年文明号”	共青团河南省委 河南省青年文明号活动组委会　豫青联字〔2007〕74 号	2007 年 12 月 18 日
28	河南省计量科学研究院	河南省“青年文明号”	河南省直属机关工会工作委员会	2008 年 7 月
29	河南省计量科学研究院气体流量计量所	河南省直机关“工人先锋号”	河南省直属机关工会工作委员会　豫直工〔2009〕10 号	2009 年 2 月 9 日
30	河南省计量科学研究院气体流量所工会小组	河南省直机关 2007—2008 年度先进工会小组	河南省直属机关工会工作委员会	2009 年 4 月
31	中共河南省计量科学研究院委员会	河南省直机关 2007—2008 年“五好”党组织	中共河南省委省直机关工作委员会　豫直文〔2009〕31 号	2009 年 6 月 24 日

续表

序号	获奖单位名称	奖励名称	颁发机关	颁发时间
32	河南省计量科学研究院	全省科技情报（信息）系统先进集体	河南省科学技术厅　豫科〔2009〕97号	2009年8月18日
33	河南省计量科学研究院	河南省“三八红旗集体”	河南省妇女联合会	2010年2月
34	河南省计量科学研究院客户服务大厅	河南省“三八红旗集体”	河南省妇女联合会	2010年3月
35	河南省计量科学研究院	河南省“五好”基层党组织	中共河南省委组织部	2010年6月
36	河南省计量科学研究院	河南省“巾帼文明岗”	河南省妇女联合会	2010年8月
37	河南省计量科学研究院	全国质量监督检验检疫“科技兴检”先进集体	国家质量监督检验检疫总局	2010年9月
38	河南省计量科学研究院质量管理部	2010年河南省“双学双比”“巾帼建功”活动先进集体	河南省“双学双比”“巾帼建功”活动协调小组　豫双协〔2011〕3号	2011年3月8日
39	河南省计量科学研究院团支部	河南省直2009—2010年“五四”红旗团支部	共青团河南省直属机关工作委员会	2011年5月
40	河南省计量科学研究院	全国质量监督检验检疫系统先进基层党组织	中国共产党国家质量监督检验检疫总局党组	2011年6月
41	河南省计量科学研究院	2009—2010年省直机关“五好党委”	中共河南省委省直机关工作委员会	2011年6月
42	河南省计量科学研究院	2011年计量诚信优秀单位	中国计量测试学会	2011年11月
43	河南省计量科学研究院	河南省直机关“工人先锋号”	河南省直属机关工会工作委员会	2012年4月
44	河南省计量科学研究院院动态汽车衡计量研究所	全省共青团系统创先争优活动先进青年文明号集体	河南省青年联合会　豫青联字〔2012〕33号	2012年6月28日
45	河南省计量科学研究院	2012年计量诚信优秀单位	中国计量测试学会	2012年11月29日
46	河南省郑州市质量技术监督局	全国质量技术监督机构民生计量工作先进单位	国家质量监督检验检疫总局	2012年12月3日
47	中国共产党河南省计量科学研究院党委	河南省直机关2011—2012年“五好”基层党组织	河南省直属机关工会工作委员会　豫直文〔2013〕32号	2013年6月27日
48	河南省计量科学研究院	河南省“节能先进单位”	河南省人力资源保障厅、河南省发展和改革委员会文件　豫人社〔2013〕42号	2013年12月5日
49	河南省计量科学研究院	河南省直机关2012—2013年“五一劳动奖状”	河南省直属机关工会工作委员会　豫直工〔2014〕10号	2014年3月18日
50	河南省计量科学研究院	河南省直机关“五一劳动奖状”	河南省直属机关工会工作委员会	2014年4月

表 5-1-2　河南省质量技术监督系统计量工作个人获奖一览表（1983—2014）

序号	姓名	单位名称	奖励名称	颁发机关	颁发日期
1	肖汉卿	河南省计量测试研究所	河南省科技先进工作者	中国共产党河南省委员会、河南省人民政府	1983 年 12 月
2	程新选	河南省计量局	全省党员马克思主义基本理论系统化教育工作先进工作者	中国共产党河南省委宣传部	1988 年 4 月
3	张景信、朱石树、徐敦圣	河南省计量局	有突出成绩的计量工作者	国家技术监督局	1995 年
4	林继昌、韩金福	河南省计量测试研究所	河南省技术监督工作先进工作者	河南省技术监督局、河南省人事厅	1996 年 1 月
5	杜建国	河南省计量测试研究所	河南省跨世纪学术技术带头培养对象	河南省人事厅	1996 年 5 月
6	程晓军、赵建新、陆婉清	河南省计量测试研究所	河南省技术监督系统先进工作者	河南省人事厅、河南省技术监督局　豫人奖〔1999〕8 号	1999 年 1 月 21 日
7	程新选	河南省计量测试研究所	河南省优秀专家	中国共产党河南省委员会、河南省人民政府	2002 年 5 月 24 日
8	程新选	河南省计量测试研究所	国家质量监督检验检疫总局优秀科研工作者	国家质量监督检验检疫总局	2003 年 11 月
9	陈传岭	河南省计量测试研究所	国家质量监督检验检疫总局优秀科研工作者	国家质量监督检验检疫总局	2004 年 3 月
10	张中杰	河南省计量测试研究所	2004 年省直青年岗位能手	共青团河南省直属机关工作委员会　豫直团〔2004〕5 号	2004 年 4 月 21 日
11	李莲娣	河南省计量科学研究院	河南省直机关 2003—2004 年优秀党务工作者	中共河南省委省直机关工作委员会　豫直文〔2004〕27 号	2005 年 11 月 25 日
12	张晓明	河南省计量科学研究院	河南省直机关 2003—2004 年优秀共产党员	中共河南省委省直机关工作委员会　豫直文〔2005〕27 号	2005 年 11 月 25 日
13	李莲娣	河南省计量科学研究院	河南省“三八”红旗手	河南省妇女联合会　豫妇〔2006〕7 号	2006 年 3 月 1 日
14	韩金福	河南省计量科学研究院	河南省直机关 2005—2006 年度工会优秀个人	河南省直属机关工会工作委员会　豫直工〔2007〕19 号	2007 年 4 月 10 日
15	张奇峰	河南省计量科学研究院	2006 年度青年岗位能手	河南省青年联合会　豫青联字〔2007〕74 号	2007 年 12 月 18 日
16	王书升、徐凯	河南省计量科学研究院	河南省车辆超限超载治理工作先进个人	河南省车辆超限超载治理工作联席办公会议文件　豫治联〔2008〕2 号	2008 年 6 月 5 日

续表

序号	姓名	单位名称	奖励名称	颁发机关	颁发日期
17	王洪江	河南省计量科学研究院	2006—2008 年河南省直机关“五一劳动奖章”	河南省直属机关工会工作委员会　豫直工〔2008〕36 号	2008 年 7 月 25 日
18	王洪江	河南省计量科学研究院	河南省先进工作者	河南省人民政府　豫政〔2009〕31 号	2009 年 4 月 23 日
19	王娜	河南省计量科学研究院	河南省直 2007—2008 年“五四”模范团干部	共青团河南省直属机关工作委员会　豫直团〔2009〕11 号	2009 年 5 月 25 日
20	徐博伶	河南省计量科学研究院	河南省直机关优秀共青团员	共青团河南省直属机关工作委员会　豫直团〔2009〕11 号	2009 年 5 月 25 日
21	宋崇民、刘文芳	河南省计量科学研究院	河南省直机关 2007—2008 年优秀共产党员	中共河南省委省直机关工作委员会　豫直文〔2009〕31 号	2009 年 6 月 24 日
22	马睿松	河南省计量科学研究院	全省科技情报（信息）系统先进个人	河南省科学技术厅　豫科 [2009]97 号	2009 年 8 月 18 日
23	尚岚	河南省计量科学研究院	2010 年河南省“双学双比”“巾帼建功”活动先进个人	河南省“双学双比”“巾帼建功”活动协调小组　豫双协〔2011〕3 号	2011 年 3 月 8 日
24	徐博伶	河南省计量科学研究院	2010 年河南省优秀共青团员	共青团河南省直属机关工作委员会	2011 年 5 月
25	杨明镜	河南省计量科学研究院	河南省直机关 2009—2010 年优秀共产党员	中共河南省委省直机关工作委员会	2011 年 6 月
26	付江红、胡博	河南省计量科学研究院	2010 年度省直青年岗位能手	河南省直属机关工会工作委员会、河南省直属机关青年联合会	2011 年 8 月
27	陈传岭	河南省计量科学研究院	河南省直机关 2011—2012 年度工会工作先进个人	河南省直属机关工会工作委员会　豫直工文〔2013〕5 号	2013 年 3 月 5 日
28	李博	河南省计量科学研究院	河南省直机关 2012 年青年岗位能手	河南省直属机关青年联合会	2013 年 9 月
29	赵军	河南省计量科学研究院	河南省“节能先进个人”	河南省人力资源保障厅、河南省发展和改革委员会文件　豫人社〔2013〕42 号	2013 年 12 月 5 日
30	黄玉珠	河南省计量科学研究院	河南省直机关 2012—2013 年“五一劳动奖章”	中共河南省委省直机关工作委员会　豫直工〔2014〕10 号	2014 年 3 月 18 日
31	黄玉珠	河南省计量科学研究院	河南省先进工作者	河南省人民政府　豫政〔2014〕38 号	2014 年 4 月

五、领导视察计量工作

1957—2014年，国家、部委、省、部委司局、省厅局级领导先后到河南省商业厅计量处、河南省科学技术委员会计量标准处、河南省科学技术委员会计量标准局、河南省科学技术委员计量管理局、河南省标准计量局、河南省计量局、河南省技术监督局、河南省质量技术监督局和河南省计量测试研究所、河南省计量科学研究院视察、调研和检查指导计量工作，有国家级领导：国务委员王勇；部委级领导：武衡、李保国、李志民、李传卿、王秦平、刘平均、李长江、蒲长城、支树平等；省级领导：吴皓、刘仰桥、张树德、罗干、纪涵星、郭培鋆、阎济民、刘源、李克强、张涛、尹晋华、徐济超、赵建才等；部委司局级领导：东征、丁其东、宣湘、刘新民、宋伟、马肃林、韩毅、王建平、钟新明等；省厅局级领导：黄兴维、马世民、张文学、李孟顺等。河南省计量局、河南省技术监督局、河南省质量技术监督局到河南省计量测试研究所、河南省计量科学研究院检查指导工作的领导，有魏翊生、戴式祖、刘景礼、包建民、高德领、张庆义、李智民等。1957—1994年，领导视察、调研和检查指导计量工作的部分照片和记述见第一章至第四章。1995—2014年，领导视察、调研和检查指导计量工作的部分照片和记述见图5-1-16至图5-1-40。

1995年9月29日，河南省科委副主任黄兴维在条件财务处处长宰文甫陪同下到河南省计量所调研，对实验室的部分项目进行了具体指导，并表示在提高技术装备上予以支持（见图5-1-16）。

1995年12月25日，国家技监局综合计划司处长金海青来河南省计量所检查工作，察看了实验室的大部分检测项目，包括出租车计价器计量标准。金海青此行是就国家技监局批准河南省计量所新建的"两个中心"项目进展情况而来检查的。

国家技监局局长李传卿于1997年3月17日至20日来郑州参加全国技术监督纪检监察会议期间，听取了河南省技监局党组的工作汇报，并在河南省局处以上干部座谈会和有市、地局局长参加的座谈会以及听取郑州市局工作汇报会上，分别作了重要讲话。河南省技监局1997年4月印发《李传卿同志在河南视察时的讲话》。要求各市、地认真学习领会，结合本地本部门实际，贯彻执行。

1997年，河南省人大常委会财政经济委员会副主任张文学到河南省计量所调研（见图5-1-17）。

图5-1-16 1995年河南省科委副主任黄兴维（第一排右一）到河南省计量所调研 宰文甫（第二排左一）

图5-1-17 1997年张文学（右二）到河南省计量所调研

1998年，河南省人民政府副省长张涛、省人事厅厅长林艾英在局长刘景礼陪同下到河南省计量所调研（见图5-1-18）。

1998年，河南省人民政府副省长张涛到河南省计量所调研（见图5-1-19）。

1998年，河南省技监局局长、局党组书记刘景礼到河南省计量所检查指导工作（见图5-1-20）。

图 5-1-18
1998 年河南省副省长张涛（左一）、人事厅厅长林艾英（左三）到河南省计量所调研

图 5-1-19　1998 年河南省副省长张涛（前排左二）到河南省计量所调研

图 5-1-20　1998 年河南省技监局局长刘景礼（右一）到河南省计量所检查指导工作

2001 年 8 月 16 日，河南省人民政府省长李克强在河南省质监局处以上干部会议上作重要讲话。他说：近几年来，河南省质量技术监督局认真履行职责，在监督市场与服务企业方面做了一些有特色的工作，在队伍建设和基础设施建设方面取得了明显的成效，在打假联合行动、整顿和规范市场经济秩序工作中，也取得了丰硕的战果，许多工作是走在全国前列的，特别是得到了国家局领导的充分肯定。现在我们的主要任务，就是以江泽民同志“三个代表”重要思想为指导，认真贯彻朱镕基总理到质检总局的重要讲话精神和国家质检总局地方局长会议精神，把我们河南省的质量技术监督工作提高到一个新的水平。李克强重点讲了三个问题，也是向河南省质量技术监督战线干部职工提出三点要求：第一，全省质量技术监督系统在“质量强省”方面，要发挥重要作用。刚才张涛同志讲，要抓好标准化工作、计量工作、认证工作，这些都是基础性的工作，意义非常重大。我再强调一点：对于标准化、计量、认证的基础性工作，一定要加强。第二，要深化打假斗争。现在全国范围内正在开展整顿和规范市场经济秩序的工作，这是一场具有经济意义、政治意义的战略性任务，是当前一项紧迫的工作。第三，要寓服务于监督之中。我听省质量技术监督局多次汇报，要把执法监督与服务企业有机结合起来，这个口号和做法很好，现在的问题是在要把这个观念深入人心。一定要看到我们政府部门主要的职责是服务，执法监督也是服务人民群众，打假是为了保障人民群众生命财产安全，我们提高质量是为了强省。

2001 年 8 月 16 日，河南省人民政府省长李克强在副省长张涛、省政府秘书长刘其文、河南省质监局局长刘景礼陪同下视察河南省计量所。进入河南省计量所南实验楼门厅内，李克强一行按照河南省计量所的规定，穿上了白大褂进入实验室检查指导工作。他听取了河南省计量所所长程新选汇报的省计量所的基本情况和为国民经济建设作出的工作成绩。他主要视察了河南省计量所的大测力实验室、电磁兼容实验室和仪器收发室。在大测力室，程新选向李克强汇报了1MN力标准机的精度、作用和为黄河小浪底水利工程、飞机场、桥梁建设、公路建设等国家重点工程建设提供检测技术服务的情况。对于程新选的介绍，李克强很重视，具体询问了为黄河小浪底水利工程提供检测技术服务的情况。李克强听后表示很满意。到电磁兼容实验室，程新选向李克强汇报了已经建立的静电、放电抗干扰实验、雷击浪涌、脉冲串、电压跌落、工频电磁场、脉冲磁场、高频电磁场抗扰度实验7个项目和开展检测试验的情况，以及对本省电子电工产品适应WTO要求进入美国、欧洲等市场所起到的作用。李克强说：电磁兼容实验工作非常重要，一定要努力搞好这项工作，这对我们的产品打入国际市场很有意义。程新选还向李克强汇报了河南省计量所已经建立的省级最高社会公用电能计量标准、时间频率计量标准的准确度、用途和作用，李克强表示赞同。在仪器收发室，李克强高兴地和仪器收发室人员握手，并说：你们是窗口部门，一定要搞好服务。李克强询问了计量检定收费标准的情况。程新选回答说：是执行的国家技术监督局、国家物价局、财政厅1991年制定的计量收费标准。李克强表示很满意。省长亲临河南省计量所视察工作，这是河南省计量所历史上的第一次（见图5-1-21、图5-1-22）。

图5-1-21
2001年河南省省长李克强（左三）视察河南省计量所（一）

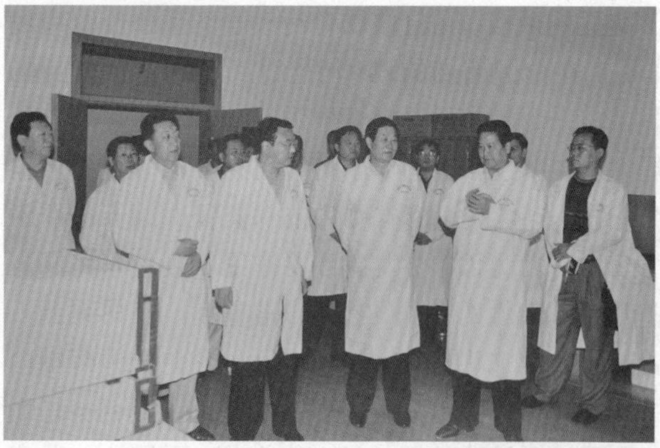

图5-1-22
2001年河南省省长李克强（前排左二）视察河南省计量所（二）

2001年12月26日，国家质检总局局长李长江、副局长蒲长城视察了河南省质监局、省计量所。局长李长江视察了省计量所大测力室、电磁兼容室等，所长程新选汇报了工作，得到了李长江的充分肯定（见图5-1-23）。

2002年，国家质检总局计量司司长宣湘到河南省计量所调研（见图5-1-24）。

2002年，中共国家质检总局党组副书记、副局长王秦平到河南省计量所调研（见图5-1-25）。

2004年，中共国家质检总局党组书记李传卿视察河南省计量院（见图5-1-26）。

图 5-1-23　2001 年国家质检总局局长李长江（左三）视察河南省计量所

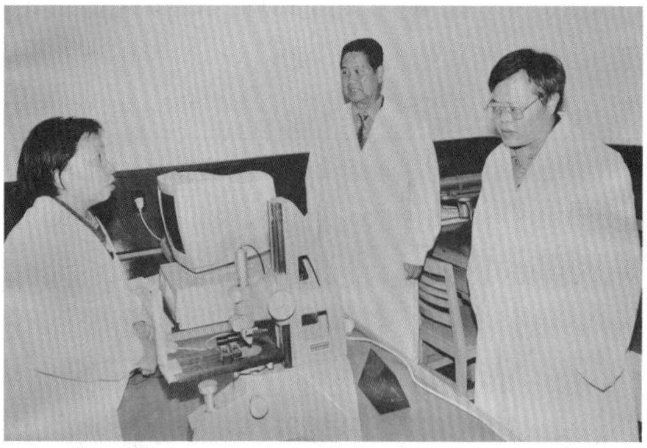

图 5-1-24　2002 年国家质检总局计量司司长宣湘（右一）到河南省计量所调研

图 5-1-25　2002 年国家质检总局党组副书记、副局长王秦平（左二）到河南省计量所调研

图 5-1-26　2004 年中共国家质检总局党组书记李传卿（左三）视察河南省计量院

2004 年，河南省科技厅副厅长马世民在社会发展处处长王志忠、计划处副调研员武升平等陪同下到河南省计量院调研（见图 5-1-27）。

图 5-1-27
2004 年河南省科技厅副厅长马世民（右一）、处长王志忠（右二）到河南省计量院调研

河南省质监局于 2006 年 7 月 31 日印发中共国家质检总局党组书记李传卿 2006 年 7 月 19 日在省局机关及二级机构干部职工大会上的讲话。李传卿在讲话中指出（摘录）：坚持对水表、电表、燃气表、热力表的“四表”和电话计时计费装置、医疗卫生计量器具的监管，扎扎实实地把计量执法办成“民生计量工程”，因为这些都是关系到老百姓切身利益的，可把它概括为“民生计量工程”。加强对节

能型产品的计量执法检查，这些产品很大程度上跟计量有关系。

2007 年，河南省质监局局长、局党组书记高德领，河南省质监局纪检组长李刚到河南省计量院检查指导工作（见图 5-1-28）。

图 5-1-28
2007 年河南省质监局局长高德领（左一）、局纪检组长李刚（右二）到河南省计量院检查指导工作

2008 年，中共国家质检总局党组副书记、副局长支树平到河南省计量院调研（见图 5-1-29）。

2008 年 11 月 21 日，在河南省质监局纪检组长李刚和计量处处长王有全陪同下，国家质检总局计量司司长韩毅、法制计量处副处长王英军到安阳进行计量工作调研；并到河南省计量院调研（见图 5-1-30）。2009 年 7 月 24—26 日，国家质检总局计量司司长韩毅等计量司全体党员来安阳市举办了党日活动。

图 5-1-29
2008 年中共国家质检总局党组副书记、副局长支树平（左二）到河南省计量院调研

图 5-1-30
2008 年国家质检总局计量司司长韩毅（左三）到河南省计量院调研　副处长王英军（左五）

2010 年，河南省质监局局长、局党组书记张庆义到河南省计量院检查指导工作（见图 5-1-31）。

图 5-1-31
2010 年河南省质监局局长张庆义（左二）到河南省计量院检查指导工作

2011 年 5 月 13 日，中共河南省委常委、省纪委书记尹晋华到河南省计量院调研。他考察了量块、小质量、电磁兼容、电能、燃气表、音速喷嘴等实验室和国家水表中心，对河南省计量院的工作表示肯定，并提出了希望和要求。河南省质监局局长张庆义，副局长冯长宇、刘永春、姜慧中、柴天顺、尚云秀，省纪委副厅级纪律检查员鲁自玉，河南省质监局监察室主任梁金光、办公室主任刘道星陪同。调研期间，河南省计量院院长宋崇民汇报了工作（见图 5-1-32、图 5-1-33）。

图 5-1-32
2011 年河南省省委常委、省纪委书记尹晋华（左六）到河南省计量院调研 张庆义（左七）、冯长宇（左四）、刘永春（左八）、柴天顺（左九）、尚云秀（左十）、鲁自玉（左十一）、梁金光（左二）、刘道星（左十二）、宋崇民（左一）

图 5-1-33
2011 年河南省省委常委、省纪委书记尹晋华（左一）到河南省计量院调研

2011 年 7 月 13 日，河南省人民政府副省长赵建才到河南省计量院调研（见图 5-1-34）。

2012 年 4 月 6 日，国家质检总局计量司副司长刘新民、副巡视员马肃林、中国计量协会秘书长（副司局级）王建平到河南省计量院调研（见图 5-1-35）。

图 5-1-34
2011 年河南省副省长赵建才（左三）到河南省计量院调研

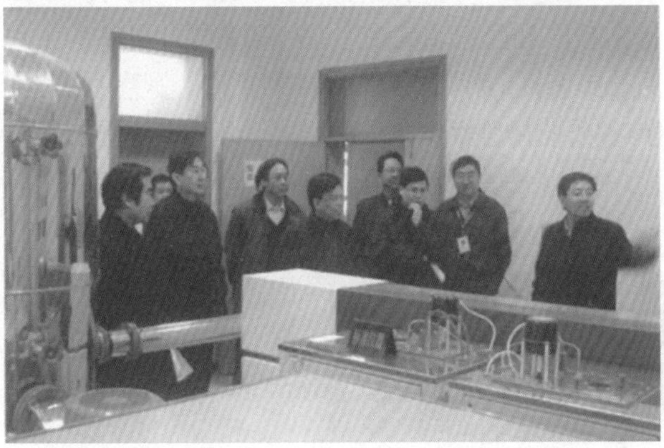

图 5-1-35
2012 年国家质检总局计量司副司长刘新民（右一）、副巡视员马肃林（左二）、中国计量协会秘书长（副司局级）王建平（左三）到河南省计量院调研

2013 年 5 月 15 日，河南省质监局局长、局党组书记李智民到河南省计量院检查指导工作（见图 5-1-36）。

2013 年 7 月 2 日，河南省质监局局长李智民在许昌市质监局局长王晓伟陪同下到许昌市检测中心检查指导计量工作（见图 5-1-37）。

图 5-1-36　2013 年河南省质监局局长李智民（左三）到河南省计量院检查指导工作

图 5-1-37　2013 年河南省质监局局长李智民（左二）到许昌市检测中心检查指导计量工作

2014 年 1 月 10 日，国务委员王勇在国家质检总局局长支树平、河南省人民政府副省长王艳玲、河南省质监局局长李智民等陪同下视察河南省计量院。王勇参观了河南省计量院客户服务大厅、电能实验室、电磁兼容实验室、LED 半导体照明产品检测实验室。河南省计量院院长宋崇民汇报了河

南省计量院的工作，中共河南省计量院党委书记陈传岭作了有关工作情况汇报。王勇对客户服务大厅的工作人员说："要好好工作，全心全意为人民服务。"他在察看了电能实验室自主研制的电能计量标准后，充分肯定了河南省计量院的科研创新能力，并指示要加强科技成果的转化和应用，进一步探索科技成果推广转化运行机制，积极开展与企业高校的多方合作，加快创新科技成果的产业化步伐，更好地服务经济社会发展。他察看了电磁兼容实验室自行研制的抗电磁干扰多功能电源系统后，肯定电磁兼容所的科研技术能够及时跟上产业的发展，并鼓励电磁兼容所要不断增强科研创新和服务企业的本领。他在参观LED半导体照明产品检测实验室时充分肯定了LED检测实验室在服务新型企业，推动行业技术进步、节能环保等方面所发挥的作用，他说："LED是新兴产业，国家鼓励的产业，现在这个节能产品国家都是鼓励的，为节能产品你们要多做一些工作，这个方面的选择很对。"（见图5-1-38、图5-1-39）。

图 5-1-38　2014 年国务委员王勇（前排中）视察河南省计量院（一）　支树平（第二排左三）、王艳玲（第二排左二）、李智民（第二排左四）

图 5-1-39　2014 年国务委员王勇（左五）视察河南省计量院（二）　支树平（左三）、王艳玲（左四）、李智民（左六）、冯长宇（左二）、苏君（左八）、宋崇民（左一）、陈传岭（左七）

2014年3月20日，河南省人民政府副省长徐济超在河南省质监局局长李智民、副局长贾国印、科技信息处（审计处）处长袁宏民、主任科员韩冠华陪同下检查指导河南省质监局计量工作（见图5-1-40）。

图 5-1-40
2014 年河南省副省长徐济超（右一）到河南省计量院检查指导工作　李智民（左三）、贾国印（左四）、袁宏民（左二）、韩冠华（左一）

第二节 颁布《河南省计量监督管理条例》

自《计量法》颁布以来，根据国家技监局、国家质监局的部署，河南省进行了多层次、多方位的纪念宣传活动，进一步促进了《计量法》的全面贯彻实施。为了使《计量法》的实施更具可操作性，并突出河南地方特色，2000 年河南省人大常委会颁布《河南省计量监督管理条例》（以下简称《条例》）。《条例》的颁布施行，标志着河南省计量监督管理工作跨入依法管理的新阶段，是河南省计量史上的一座里程碑，具有深远的历史意义和重大的现实意义。

一、纪念《计量法》颁布十周年

1995 年 11 月 3 日，河南省人大财经委、河南省技监局召开全省庆祝《中华人民共和国计量法》颁布十周年电话会议。参加电话会议的有河南省人大常委会领导、省人民政府各部门、河南省技监局等省直厅局负责同志以及全省各市地县人大、政府和各部门负责同志。河南省技监局局长戴式祖、省人民政府法制局副局长王平均、河南省人大常委会副主任钟力生依次讲了话。

戴式祖在讲话中说：1985 年 9 月 6 日，第六届全国人大常委会第十二次会议通过了《中华人民共和国计量法》，并于 1986 年 7 月 1 日起开始施行。随后，国务院和国家计量行政部门相继发布了近三十个计量法规和规章，形成了较为完整的计量法律体系。10 年来，在各级党委、人大、政府的领导和支持下，在各有关部门的通力合作下，全省广大计量工作者共同努力，为贯彻实施《计量法》做了大量工作，取得了突出成绩，使我省的计量工作基本上纳入了法制管理轨道，促进了计量事业的发展，为我省经济发展、科技进步以及社会主义市场经济体制的建立发挥了积极作用。

第一，《计量法》在我省的宣传普及和贯彻实施，为政府强化计量监督提供了有效的法律保证。目前，已建省级计量行政机构 1 个，市、地级 17 个，县（市、市辖区）级 121 个，有 1520 人的计量监督管理队伍。已建法定计量检定机构省级 1 个；市、地级 18 个；县（市）级（包括市辖区）139 个，有计量科技人员 2277 人。截至 1994 年底，河南省已建社会公用计量标准 10 类 113 项，市、地已建 10 类 407 项，县（市、区）已建 6 类 474 项；同时，授权部门、企事业单位的 91 个技术机构的 296 项计量标准对社会或部门内部开展计量检定，基本形成了覆盖全省的量值传递体系，较好地实现了量值溯源，保证了量值准确可靠。55 项 111 种强制检定的工作计量器具，已实行强制检定 97 种，总受检率达 70%。政府计量监督体系和计量技术保障体系已基本形成，为《计量法》的实施奠定了基础，为我省的经济和社会发展提供了技术保障。

第二，基本完成了向国家法定计量单位的全面过渡，保障了计量单位的统一。1984 年，国务院发布《关于在我国统一实行法定计量单位的命令》，召开了推行国家法定计量单位的会议。据不完全统计，培训宣讲骨干上千人；宣传面达数万人次；印发宣传和普及法定计量单位的材料上百万份。同时，有计划、有步骤地进行计量器具改制，到 1989 年底，基本完成了压力、测力等全部计量标准计量器具的改制，改制或更换木杆秤 30 余万支，台地、案秤 5.8 万台，竹木直尺 13 万余支，量提 2 万余只，血压计（表）1.8 万余件，压力表 10 万余只，测力机 500 余台。1990 年，全省法定计量单位的使用率达到了 93.4%，并通过国家检查验收。1992 年国家公布土地面积计量单位改革方案后，我省在孟县、新乡县进行了改革试点，1993 年完成了试点任务并通过了检查验收，两县获国家土地面积计量单位改革先进县，受到国家表彰。目前这项工作正在全省逐步铺开，预计可按照省政府的要求在 1998 年完成改革任务。

第三，依法加强对计量器具制造、修理、销售的管理，促进了计量器具制造业的发展和产品质量的提高。根据《计量法》及国家有关计量法规、规章的规定，我局先后制定了《河南省申请办理制造（修理）计量器具许可证实施办法（试行）》《河南省计量器具新产品样机试验管理办法》及其《实施细则》。通过培训考核，聘任了各类专业的制造计量器具许可证生产条件考核评审员，对指定承担计量器具产品样机试验的技术机构进行了计量认证，并对 8 种重要计量器具的制造实行了省重点管理。

截至1994年底，办理计量器具新产品型式批准46种，样机试验439种；通过生产条件考核合格，取得制造计量器具许可证的由1986年的40余个企业增加到296个企业，1199个个体工商户。取得修理许可证的单位89个，个体工商户1097个。并按规定进行了复查和不定期的监督检查，对不能保持生产条件的，先后吊销了10个单位的制造计量器具许可证。同时，从1986年开始，全省每年都有计划地安排对制造单位和经销单位经销的计量器具产品进行质量监督抽查，合格率逐年提高。1994年抽查的26种产品，合格的24种，合格率达到92.3%，其中我省生产的产品全部合格。

第四，在工业企业开展了计量定级、升级工作，加强了企业的计量基础。我省已通过计量定级的企业有：一级计量合格的企业41个，并受到国家表彰，被授予国家计量先进单位；二级1124个；三级3175个；计量验收合格企业2143个。通过计量定级、升级，增强了企业领导和职工的计量意识和计量法制观念，促进了企业的计量基础工作，对改善企业管理，提高产品质量，节能降耗，技术进步都发挥了积极作用，取得了明显的经济效益和社会效益。据1986年至1999年不完全统计，通过计量定级的5792个企业，用于计量的投资69.941万元，取得的计量经济效益为270897万元，投入产出比为1∶3.87，而且，用于计量的投资，大部分为固定资产投资，将在以后长期发挥作用，取得更大的经济效益和社会效益。

第五，对为社会提供公证数据的产品质量检验机构，开展了计量认证工作。经过培训和实践，已形成了专业比较齐全、稳定的计量认证评审队伍。已有116个省级（包括行业），77个市、地级，14个县级产品质量检验机构和其他测试技术机构通过了计量认证，改善了检测数据的管理和量值溯源状况，初步建立了质量管理体系，保证了检测数据的准确可靠，提高了检验质量和信誉。越来越多的企业在推销或购买产品时，寻求通过计量认证的产品质量检验机构进行检验；各级法院把通过计量认证的产品质量检验机构检验结果，作为处理质量案件的依据。

第六，加强计量监督管理，依法查处计量违法行为，有效地维护了国家和人民群众的利益。在《计量法》颁布之后，就开始对计量行政执法人员进行严格的培训和考核，并根据计量行政执法的特点和需要，制定了一套比较完整、规范的，适用于处理计量违法案件、计量纠纷调解和计量仲裁检定的计量监督文书，从1987年开始在全省正式使用，保证了计量行政执法的严肃性和案件的处理质量，推动了计量执法活动的开展。仅1987年，全省就查处计量违法案件16879起，引起司法诉讼的无一起败诉。同时，在监督执法中，切实贯彻监督与服务相结合，处罚与教育相结合的原则，对被处罚单位或个人，做好《计量法》的宣传，提高计量意识，增强计量法制观念，帮助搞好整改。例如：有一个企业，因生产的瓶装产品少量而受到处罚，计量部门帮助企业加强了计量基础工作，实行了定额管理，提高了企业管理水平，取得了很好的经济效益，厂长感慨地把这次处罚称作“因祸得福”。除加强日常的监督外，对新出现的、群众反映强烈的“热点”“焦点”问题，集中力量在全省范围内重点进行了计量监督检查。近几年重点组织了农用物资和农副产品、粮食、棉花、烟叶、石油、铁路客货运、医疗卫生等方面的计量监督检查，打击了利用计量器具牟取暴利，损害人民健康的计量违法行为，维护了国家和人民群众的利益，为净化市场环境，促进市场的健康发展发挥了积极作用，受到了政府和群众的关注和支持。

第七，提高了计量队伍的整体素质，促进了科学计量的发展，开拓了计量服务的新领域。为了适应贯彻实施《计量法》的需要，自1985年以来，省、市（地）政府计量行政部门和计量技术机构、计量测试学会、无线电协作组、计量协会等计量中介组织，充分发挥各自的优势，采取举办培训班、计量函授等形式，进行了各种计量技术、管理培训考核，加强了计量科学技术研究和开发，积极开展了计量社会化服务。据不完全统计，参加计量监督员培训考核的1200余人，参加各种计量评审员、考评员培训考核的1000余人，参加法定计量检定机构计量检定人员培训考核的3000余人次，参加企业计量检定人员培训考核的11000人次，参加质检机构计量认证培训的3000余人次，参加局长岗位培训考核的300余人，参加计量管理函授培训的10800余人，参加计量测试专科培训并取得大学专科毕业证书的1455人。取得科研成果20余项，开发计量器具新产品10余种。建立了称重、金银饰品、眼镜等社会公正计量站17个，对社会开展公正计量测试。积极开展了ISO 10012等国际标准的宣贯和咨询服务。不仅大大提高了政府和企业计量队伍的素质，提高了科学计量的水平，为《计量法》的贯彻实施发挥了重要作用，而且在新形势下，开拓了新领域，探索了新的路子，深化了计量工作的改革。

《计量法》颁布实施十年来，虽然取得了上述突出成绩，但也存在一些不容忽视的问题：一是社会计量意识和计量法制有待于进一步增强；二是利用计量器具损害人民群众利益，牟取暴利的计量违法行为还普遍存在；三是一些地方和部门单纯从眼前局部利益出发，《计量法》的贯彻实施还没有落到实处；四是一些企业在转换经营机制过程中，把本应强化的计量工作削弱了，造成计量工作滑坡。这些问题的存在，主要原因在于宣传教育不够，执法不严，工作力度不大。同时也说明，计量工作面临的任务仍然相当艰巨，需要下大的力气加以解决。关于下一步的工作，省人大和省政府领导还要作重要指示，现就技术监督部门的工作提出以下几点意见：一是要认真贯彻执行我省计量工作三年计划（1995—1997），切实把《计量法》落到实处。二是要加强计量队伍的建设。三是要深入、持久地开展《计量法》的宣传教育。四是要加强对企业计量工作的指导、服务。积极引导，帮助企业按照 GB/T19022.1（ISO 10012-1）等国际标准完善计量检测体系，以适应建立质量体系和现代企业制度，提高市场竞争能力和经济效益的需要。

王平均在讲话中说：计量工作是经济建设中的一项重要的技术性基础工作。经济越发展，越需要加强计量工作；经济越搞活，越需要加强计量法制监督。加强计量监督管理最核心的内容，是保障计量单位制的统一和量值的准确可靠。计量单位制的统一和量值的准确可靠，是解决可能影响生产建设和经济秩序的问题，保证经济发展和生产、科研、生活能够正常进行的必要条件。《计量法》颁布实施以后，我国计量管理工作进一步走上了法制化的轨道，政府计量监督体系和计量技术保障体系已基本形成。特别是近几年来，随着市场经济发展的需要，计量部门和有关部门除了加强日常监督外，还对群众关心的“热点”“焦点”问题，集中力量进行了监督检查。但是，我们也必须清醒地看到，当前，一些工业企业，在转换经营机制的过程中，削弱了计量工作，影响了企业的产品质量和经营管理，买卖双方因计量失准引起的经济纠纷日益增多；故意破坏计量器具的准确度和伪造数据，损害国家和人民利益和作弊行为屡见不鲜；一些单位的计量器具失准失修的现象，仍然比较严重，直接影响着人民的生命和财产安全，同时也损害了河南的形象。这些问题都需要在今后工作中，认真加以解决。下面，我结合政府法制工作提出几点意见：第一，各有关方面和部门要进一步充分认识加强计量法制监督管理工作的重要性和紧迫性，加强对本地区、本部门计量工作的领导。第二，要加大宣传力度，使《计量法》深入人心。第三，要切实加强各有关单位，特别是工业企业贯彻执行计量法的工作。随着生产技术的日益先进和现代企业制度的建立，计量工作已越来越成为企业生产和管理的基础条件之一。第四，各级政府法制机构要进一步重视和支持计量工作，配合计量行政管理部门搞好计量法制建设。计量法制建设是政府法制工作在计量管理方面的具体体现，搞好计量法制工作，对于加强政府法制工作具有重要的促进作用。

钟力生在讲话中说：1985 年 9 月 6 日，第六届全国人大常委会第十二次会议通过的《中华人民共和国计量法》，是一部重要的法律。它是我国计量工作的基本法，它涉及国民经济的各个部门，人民生活的各个方面，是任何单位和个人从事计量活动必须遵守的法律准则。《中华人民共和国计量法》是我国制定的第一部社会主义的计量法律。它的颁布和实施标志着我国的计量工作进入了法制管理的新阶段，也是我国人民经济生活中的一件大事。省人大对此非常重视。在《计量法》颁布之后，省六届人大常委会就发出了关于计量法宣传计划的通知；省六届人大常委会第 18 次会议认真听取了省政府《关于计量法实施问题的报告》，并作出了《关于实施中华人民共和国计量法的决议》；在《计量法》开始施行之日，省六届人大常委会副主任纪涵星同志发表了重要讲话。在《计量法》实施一周年之际，省人大财经委组织人大代表对省会部分医院贯彻执行计量法的情况进行了检查；1988 年，省人大办公厅发出了《关于对计量法实施情况进行检查的通知》，并组织省人大检查团分别对全省 17 个市、地进行了检查，以监督、推动《计量法》的贯彻执行。十年来，我们各级计量部门，在各级党委、政府的领导下，在各级人大的监督、支持和有关部门的积极配合下，大力开展宣传工作，坚决依法行政，《计量法》的贯彻实施取得了很大的成绩，促进了计量事业的发展，为我省经济发展、科技进步以及维护国家和人民群众利益发挥了积极作用，涌现出了一大批贯彻执行《计量法》的先进集体和先进计量工作者。特别是近几年来，围绕社会出现的“热点”“焦点”问题，加强了市场计量监督，为发展市场经济，维护市场的经济秩序，作出了贡献。这些成绩同全省经济所取得的成绩一样，将永载史册。实践表明，在发展社会主义商品经济，建立社会主义市场经济体制的新形势下，计量工作、《计量法》显得尤为重要。同时，还应看到，要使《计量法》得到全面贯彻落实，仍是一项长期而艰巨的任务。目前，还有一些地方和部门对《计量法》缺乏正确认识，受眼前短期经济利益的驱动，搞地方或部门保护主义，使《计量法》未得到认真的贯彻执行，甚至无视《计量法》的规定，对制造、销售缺秤短量的产品、假冒伪劣计量器具以及损害消费者利益的计量违法行为采取保护纵容的态度。在市场上，缺秤短量，利用计量器具坑害用户牟取暴利的计量违法行为还存在。例如，博爱县有一个村干部，以集体名义与别人联合，在河南省通往山西省的公路干道上办了两个加油站，采取破坏加油机准确度的手段，少给用户油达49%，在技术监督部门对其进行查处时，竟受到当地个别公安干警的阻扰；商丘地区有一个乡粮管所办了一个加油站，承包给了一位南方人经营，采取同样的手段坑害用户，在技术监督部门对其查处过程中，受到当地的百般阻挠，最后承包人一逃了之。这些不仅严重损害了广大消费者的利益，而且损害了党和政府在人民群众中的声誉，也损害了我省的市场环境和商贸形象。为进一步宣传、贯彻《计量法》，为此，我提出以下几点要求：第一，要进一步加强《计量法》的宣传教育。要克服地方保护主义和部门保护主义，消除“以言代法”“以权压法”的行为。第二，要强化市场计量监督管理，加大执法力度。第三，要加强计量执法队伍的建设。第四，建议各级政府加强对《计量法》实施工作的领导。第五，各级人大要加强对《计量法》的实施和计量执法的监督、指导。

二、河南省人大颁布《河南省计量监督管理条例》

2000年5月27日，河南省第九届人大常委会第十六次会议审议通过《河南省计量监督管理条例》，自2000年8月1日施行。《河南省计量监督管理条例》（以下简称《条例》）共分八章四十八条。内容涉及立法宗旨、适用范围、管理职责，有关法定计量单位的使用、计量器具管理、商贸计量、计量检定、认证和确认、计量监督等计量行为规范，以及违反相应规范应承担的法律责任。《条例》是一部重要的地方性法规。《条例》以《计量法》《计量法实施细则》和其他有关法律、行政法规为依据，借鉴和参考了有关规章和其他省、自治区、直辖市地方性法规的好的做法和成功经验，总结了河南省计量监督管理工作的经验教训，针对河南省计量监督管理工作中出现的新情况和新问题，对国家法律、行政法规进行了细化和补充，具有较强的可操作性和河南省地方特色，对于全面深入贯彻实施《计量法》，强化计量监督管理，推动河南省计量事业持续发展创新提升具有重要意义，是河南省计量史上的一座里程碑。

（一）制定《条例》的必要性

计量工作是现代化工业生产的三大支柱之一，是现代化企业管理的重要技术基础。《计量法》实施15年来，河南省的计量监督管理工作走上了法制化、规范化的轨道，对于保证法定计量单位制的统一和量值的准确可靠，服务经济建设，维护国家利益和社会公共利益，保护经营者和消费者的合法权益，做出了积极贡献。随着经济体制改革的深化和社会主义市场经济的逐步建立，计量活动与人民群众的日常生活联系越来越密切，计量活动也日趋多样化、复杂化。由于《计量法》及《计量法实施细则》出台时间较早，对新形势下出现的新情况、新问题，如商品贸易中大量出现的商品量计量不准确，欺骗消费者的问题，商品房销售面积计量问题，已成为消费者关注热点；出租车、电信、水、电、煤气等行为用于贸易结算的计量器具的规范管理问题等。而有关计量法律、法规规范不够具体，对计量违法行为的处罚有的缺乏可操作性，对计量违法行为规定的处罚力度偏轻，使一些计量争议和纠纷不断出现，缺斤短两、不按照计量数据结算、销售假冒伪劣计量器具等行为时有发生，得不到及时处理。这些问题的存在，扰乱了市场经济秩序，损害了国家利益和社会公共利益，同时也损害了公民、法人或者其他组织的合法权益，影响了社会经济的发展。因此，迫切需要根据计量法律、法规的规定，结合河南省的实际情况，制定一部体现河南省地方特色、切实可行的地方性法规。

（二）《条例》起草过程

1996年，河南省技监局就开始着手《条例》的起草工作，在深入调查研究和广泛征求系统内各单位、各市地计量行政主管部门意见的基础上，形成了《河南省计量监督管理条例（征求意见稿）》，在加强计量器具管理、强化商贸计量监督、明确计量认证范围、规范计量技术机构管理、倡导企业计量工作与国际惯例接轨及法律责任等问题上，对《计量法》的条款规定作了细化和补充，本着加强管理、深化改革、促进发展、便于操作的原则，又对征求意见稿进行多次讨论、推敲、修改，形成了《条例（草案）》（送审稿），报请河南省人民政府审定。此后，省人民政府法制局又征求了省直有关厅局和各市地人民政府的意见，对《条例（草案）》（送审稿）逐章逐条进行研究和修改，经省人民政府常务会议审议通过后，于1999年7月31日正式将《条例（草案）》提请河南省人大常委会审议。

（三）《条例》审议通过

省人大财经委为搞好《条例（草案）》的初审工作，在《条例（草案）》的起草过程中，提前介入，了解起草的情况。接到省人民政府提请的《条例（草案）》后，省人大财经委及时印发给河南省人大常委会委员、省直有关部门和各市（地）、县（市）人大常委会征求意见。针对立法中的几个问题，与省人民政府法制局、河南省技监局一起，到计量立法搞得比较好的安徽、广西、江苏等省（区）学习考察。1999年12月，与省人民政府法制局、河南省技监局到洛阳等地进行调研。在洛阳分别召开了市直有关部门、部分县技术监督部门、计量器具生产经营企业及部门企业、科研单位和计量人员4个座谈会。2000年1月17日，与省人民政府法制局联合召开了省直有关部门座谈会。征求意见中，大家提出了不少好的修改意见和建议。根据这些意见和建议，省人大财经委会同省人民政府法制局、河南省技监局进行了认真的研究修改。1月18日，邀请有关方面的专家、学者对《条例（草案）》进行了论证、修改。并就修改后的《条例（草案）》征求了省人民政府法制局的意见。3月7日，省人大财经委召开会议，对《条例（草案）》进行了审议，提出了初审意见和《条例（草案）》（初审修改稿）。3月20日，向河南省人大常委会主任会议做了汇报，主任会议同意提请省人大常委会审议。

2000年3月27日，河南省技监局局长刘景礼在河南省第九届人民代表大会常务委员会第十五次会议上，作了《关于〈河南省计量监督管理条例（草案）〉的说明》。省人大财经委作了关于《河南省计量监督管理条例（草案）》初审情况的报告。河南省九届人大常委会第十五次会议对《条例（草案）》进行了第一次审议，常委会组成人员提出了一些好的修改意见和建议。省人大常委会法制工作委员会根据国家有关法律、法规的规定和常委会组成人员提出的修改意见，在省人大财经委提出的《条例（草案）》（初审修改稿）的基础上，从河南省计量监督管理的实际出发，对《条例（草案）》进行了研究，并于4月19日至21日，会同河南省技监局进行了研究论证。河南省技监局局长刘景礼，计量处处长王有全、副处长苗瑜，河南省计量所所长程新选等参加了研究论证。4月28日，又会同河南省人大财经委、河南省政府法制局、河南省技督局，对《条例（草案）》作了进一步研究和修改，形成了《条例（草案）》（审议修改稿）。在5月22日—27日召开的河南省第九届人大常委会第十六次会议上，河南省人大法工委副主任雷庆同作了《关于〈河南省计量监督管理条例（草案）〉审议修改情况的报告》；常委会组成人员对《条例（草案）》及其审议修改稿进行了第二次审议。河南省人大法工委根据常委会组成人员的审议意见又作了一些修改。5月27日，河南省人大法工委副主任雷庆同作了《关于〈河南省计量监督管理条例（草案）〉审议修改情况的补充报告》，形成了《条例（表决稿）》。2000年5月27日，河南省第九届人民代表大会常务委员会第十六次会议审议通过《河南省计量监督管理条例》，自2000年8月1日起施行；并发布了第二十六号公告（见图5-2-1）。

在《条例（草案）》的审议修改过程中，始终坚持了这样几个原则：一是在与国家法律、行政法规不相抵触的前提下，解决河南省计量监督管理工作中的实际问题，突出地方特色，增强法规的可操作性。二是注重对广大人民群众关心的热点、难点问题作出较为明确的规定，切实保护用户和消费者的合法权益。三是坚持权利与义务对等原则，在赋予计量行政主管部门执法权力的同时，对其执法行为进行约束和规范，加大对计量监督管理人员违法失职行为的惩处力度。

河南省人民代表大会常务委员会公告

（第二十六号）

《河南省计量监督管理条例》已经河南省第九届人民代表大会常务委员会第十六次会议于2000年5月27日审议通过，现予公布，自2000年8月1日起施行。

河南省人民代表大会常务委员会

2000年5月27日

图 5-2-1
2000 年 5 月 27 日河南省人民代表大会常务委员会公告（第二十六号）

（四）宣传贯彻《条例》

河南省人大常委会财政经济工作委员会、河南省质监局2000年6月12日联合印发豫人常财〔2000〕6号文，要求：全省要认真学习宣传贯彻《河南省计量监督管理条例》。第一，充分认识《条例》贯彻实施的重要性，深入学习宣传《条例》。第二，认真贯彻《条例》。结合河南省实际，特别是对用于水、电、燃气、热力、燃油等贸易结算的计量器具以及电话计时计费、里程计价的计量等热点行业的计量监督管理等，都作了明确规定，为计量执法提供了更充分的法律依据。各级质量技术监督部门作为执法机关，要认真履行法律赋予的监督管理职责，管理好本地区的计量工作。各级人大要支持质量技术监督部门的执法工作，帮助解决执法中存在的问题，促进《条例》的贯彻实施。第三，加强对《条例》贯彻的领导和监督检查。为配合《条例》的实施，河南省质监局2000年7月20日发出豫质监量发〔2000〕147号文，决定从2000年8月1日—2000年9月1日开展《条例》宣传月活动。《中国计量》杂志全文刊登了《条例》，并发表了河南省质监局局长刘景礼署名的文章《河南省计量事业发展的里程碑》。

2000年7月26日，河南省人大财经委和河南省质监局联合在郑州举行《河南省计量监督管理条例》颁布新闻发布会。河南省质监局局长刘景礼在讲话中说：《河南省计量监督管理条例》颁布实施。既是全省法制工作的一大成就，也是质量技术监督工作的一大幸事，它标志着全省计量工作朝着法制化、规范化的方向又迈进了一步，具有深远的历史意义和重大的现实意义。作为国民经济的一项重要管理基础和技术基础，计量始终与社会同步发展，在经济建设中起到举足轻重的作用。为了能适应当前市场经济条件下计量监督管理工作的需要。急需根据计量法律、法规的规定，结合河南省的实际情况，制定河南省计量监督管理的地方法规，作为对现有法律、法规和规章的重要补充。早在1996年，河南省技监局就已经将《条例》的起草工作列入议事日程，在深入调查研究和广泛征求意见的基础上，起草了《条例（草案）》，报请省人民政府审定，此后，省人民政府法制局又在征求各省直厅局、各市地意见的基础上，对《条例（草案）》进行了反复研究和修改，经省政府常务会议审议通过后，于1999年7月31日起正式提请省人大常委会审议。省人大财经委经过省内外大量的调查研究和深入广泛的征求意见后，进行了初审；在财经委初审的基础上，省人大法制工作委员会又进行了审议和修改。2000年5月27日，省九届人大常委会第十六次会议通过了《条例》。概括地讲，《条例》主要有以下几个特点：一是补充完善了对计量器具的监督管理措施。《条例》从计量器具的制造、修理、安装、出租、进口、销售等环节对《计量法》中有关监督管理措施进行了补充和完善。《条例》第十三条对安装、出租的计量器具明确了管理要求，为解决出租不合格计量器具及私自改装、安装计量器具问题提供了法律依据；《条例》第九条对制造、修理计量器具企业名称、地址、批准项目等发生变化时应办理的有关手续进行了规定；《条例》第十二条对伪造、冒用、转让、借用许可证标志的行为予以严格禁止。这些规定对当前条件下有效防止超范围生产计量器具，堵塞生产和流通环节的漏洞，强化计量器具的监督管理将起到积极作用。二是强化商贸计量监督行为。当前，商品交易与贸易往来中的计量纠纷时有发生，这些纠纷多数源于对用于结算的计量器具的准确性、可靠性的争议或标注量与结算量的不符。目前我国现有的法律、法规对市场交易行为的规定过于简略，缺乏可操作性。对此《条例》专列第四章《商贸计量》，对生产、分装、销售定量包装商品或零售商品的行为，现场计量交易行为、计时计费、计程计费交易行为、能源计量、物料计量以及房地产计量等提出了明确的要求和监督规定。这些也将是今后很长一段时间内计量监督工作的重点。三是进一步加大了对计量违法行为的处罚力度。《条例》按照《计量法》《行政处罚法》及国家质量技术监督局规章的要求，进一步细化了对骗取、伪造、租用、借用、转让《制造计量器具许可证》、使用不合格计量器具坑害消费者、缺秤少量、伪造数据等违法行为的处罚规定，体现了过罚相当的原则，使监督和执法工作更具有可操用性。同时，加大了对欺骗、冒用、弄虚作假、玩忽职守等行为的处罚力度，体现了有法必依、执法必严的原则，对维护正常的社会经济秩序起到积极的作用。四是促进计量科学进步，鼓励和引导河南省企业计量工作积极与国际惯例接轨，提高计量管理和质量管理水平。《条例》第四条规定"县级以上人民政府应当将计量科技进步纳入国民经济和社会发展计划，鼓励开展计量科学技术研究，推广使用先进的计量器具"；《条例》第二十七条要求计量检定机构应建立完善的质量体系；第三十一条规定企业、事业单位应积极提高计量技术能力和管理水平，按照国际标准的要求进行计量检测体系确认等。河南省人大常委会财政经济工作委员会副主任张文学在讲话中说：《河南省计量监督管理条例》的颁布实施是河南省计量工作在法制建设上迈出的重要一步，对促进河南省技术进步，提高产品质量，维护社会主义市场经济秩序，发展生产力，保护国家、公民、法人和其他组织的合法权益将起到积极的促进作用。第一，充分认识《条例》的重要性：一是《条例》适应了河南省经济发展的需要。二是《条例》为河南省计量工作提供了充分的法律依据。具有较强的可操用性，又突出地方特色。第二，准确把握《条例》的精神实质。立法的过程就是走群众路线的过程。针对立法的几个问题先到外省进行学习考察，又到洛阳召开座谈会听取各方面的意见。接着，又听取省直有关部门的意见和邀请专家学者进行论证。根据大家的意见和建议，认真推敲，反复修改，数易其稿。在《条例》的修改过程中，始终坚持了与上位法不抵触、与同位法相协调的原则，重点解决河南省计量工作中的实际问题，突出地方特色。一是细化和丰富《计量法》关于计量监督的内容。二是注意发挥主管部门和有关部门两个积极性。三是坚持"该管的要管好，不该管的要放开"的原则。四是坚持法律责任与法律义务相对应的原则。五是坚持权利与义务对等的原则。六是抓住群众关心的"热点"问题加以规范。七是《条例》体现了方便群众，保护消费者权益，对侵犯消费者利益的行为都给予严厉处罚的精神。八是对合法的生产者和经营者是支持的、保护的，对违法的生产者和经营者是处罚的、制裁的，它充分体现了法的威力和法的震慑作用。第三，认真做好《条例》的宣传和贯彻。2001 年，河南省质监局继续加大了《河南省计量监督管理条例》宣贯工作，指导全省各地加大了计量器具管理、商贸计量、计量检定、计量认证等方面监督力度。尤其是加强了对电能表、电话计时费装置的监督管理力度，维护了需求双方的利益和市场经济秩序，促进了河南省经济的发展。

（五）修改《条例》

2004 年 12 月 3 日，河南省质监局向省人大法制工作委员会报送了《河南省质量技术监督局〈河南省计量监督管理条例〉修改意见的报告》（豫质监字〔2004〕108 号）。

2005 年 3 月 31 日，河南省第十届人民代表大会常务委员会第十五次会议通过了《关于修改〈河南省计量监督管理条例〉的决定》。河南省质监局 2005 年 4 月 19 日印发《关于贯彻执行修改后的〈河南省计量监督管理条例〉的通知》（豫质监量发〔2005〕114 号），《通知》要求：现将河南省人民代表大会常务委员会修改后的《河南省计量监督管理条例》印发给你们。河南省第十届人民代表大会常务委员会第十五次会议根据《中华人民共和国行政许可法》的规定，决定对《河南省计量监督管理条例》作如下修改：第一，第十三条修改为："安装、出租的计量器具，依法应当实行强制检定的，未按照规定申请检定或者检定不合格的，不得使用、出租。" 第二，第二十三条第三款修改为："对未列入强制检定管理目录的计量器具，县级以上计量行政主管部门应当进行监督检查。" 第三，第二十九条修改为："为社会提供公证数据的产品质量检验机构，应当经省级以上计量行政主管部门计量认证，并按国家有关规定申请复查。新增加项目必须申请单项计量认证。" 第四，第三十条修改为："经计量认证合格的产品质量检验机构应当按照认证的项目范围开展工作，对出具的数据负责。" 第五，第三十二条修改为："法定计量检定机构和依法授权的计量检定机构的检定人员必须经过县级以上计量行政主管部门考核合格，取得计量检定人员资格证件后，方可从事计量检定工作。" 第六，第四十条第（三）项修改为："（三）未取得计量认证合格证书的产品质量检验机构使用计量认证标记及编号为社会提供数据的，责令改正，没收所收取的费用，并处以所收取费用的一倍以上三倍以下的罚款。" 第七，条例中的 "市（地）" 修改为 "省辖市"。修订后的《河南省计量监督管理条例》自 2005 年 5 月 1 日起施行，请认真贯彻执行，严格遵守修订后的条例。各市局要召开宣贯会议，加强计量监督管理，并利用广播、电视、报纸等新闻媒体广为宣传，使消费者了解并遵守本条例，维护消费者的合法权益。修改后的《河南省计量监督管理条例》详见 "附录一（一）河南省计量监督管理条例"。

三、纪念《计量法》颁布20周年

河南省质监局 2005 年 5 月 19 日发出豫质监量发〔2005〕172 号文，决定开展《计量法》颁布 20 周年纪念活动。河南省质监局 2005 年 9 月 1 日印发《关于表彰 "计量工作先进单位" 和 "计量工作先进个人" 的决定》（豫质监量发〔2005〕323 号），决定：

为庆祝《计量法》颁布实施 20 周年，提高全社会的计量意识，鼓励先进，促进计量事业的发展，根据各省辖市质监局和有关单位推荐，经严格审查并征求有关方面意见，我局研究决定，对近几年来在计量工作中成绩突出的河南省计量科学研究院等单位予以表彰，并授予 "计量工作先进单位" 称号，对从事计量工作 20 余年的苗瑜等个人予以表彰，并授予 "计量工作先进个人" 称号，现将名单（排名不分先后）予以公布，望被表彰的计量工作先进单位和计量工作先进个人再接再厉，为计量事业做出更大的贡献。

计量工作先进单位名单（199 个单位）：

省直：河南省计量科学研究院、中国人民解放军信息工程大学测绘学院训练部测绘仪器维修中心、河南省岩石矿物测试中心计量检定站、郑州铁路局计量管理所。

郑州市：郑州市质量技术监督检验测试中心、新郑市质量技术监督检验测试中心、新密市质量技术监督检验测试中心、巩义市计量检定测试所、郑州永通特钢有限公司、河南天和电子衡器有限公司、郑州市燃气监测中心、郑州市自来水总公司、中国铝业股份有限公司河南分公司、登电集团水泥有限公司、郑州煤电股份有限公司米村煤矿、正星科技有限公司、中国石油化工股份有限公司河南郑州中牟石油分公司、郑州煤炭工业（集团）有限责任公司供电处、郑州中原电子衡器有限公司、郑州东方企业集团股份有限公司、河南省郑州市特钢厂、河南航海电子衡器有限公司。

商丘市：商丘市质量技术监督检验测试中心、民权县质量技术监督检验测试中心、河南商丘商电铝业集团有限公司、商丘市电业局、永城矿区工程质量检测站、商丘市第一人民医院、虞城县亚东量具有限公司、虞城县科建量具有限公司。

安阳市：安阳市质量技术监督检验测试中心、安阳钢铁集团有限责任公司、河南东方能源股份有限公司、安阳市环境保护监测中心站、安阳市卫生防疫站、中国石油化工股份有限公司河南安阳林州经销部、林州市汽车运输有限公司运通石油城、林州市大众石油有限责任公司。

济源市：河南济源钢铁（集团）有限公司、济源市建设工程质量检测站、济源市质量技术监督检验测试中心、豫港（济源）焦化集团有限公司、济源市太行水泥有限公司、河南奔月浮法玻璃有限公司。

开封市：开封空分集团有限公司、开封市汴京水表厂、开封市盛达水表厂、开封市流量计厂、开封红旗仪表有限责任公司、开封市建设工程质量检测站、开封市环境保护监测站、中国石油化工股份有限公司河南开封石油分公司、开封市质量技术监督检验测试中心、开封市眼病医院大明眼镜行、开封市供水总公司、开封制药（集团）有限公司、开封亚太啤酒有限公司、河南天地药业股份有限公司、中国化学工程第十一建设公司、开封市大庆电器有限公司、开封市煤气表检定测试站。

洛阳市：洛阳市质量技术监督检验测试中心、洛阳 LYC 轴承有限公司、中国一拖集团有限公司、中国航空工业第一集团公司洛阳电光设备研究所、中国石油化工股份有限公司洛阳分公司、中国石油天然气第一建设公司、洛阳铜加工集团有限责任公司。

平顶山市：平顶山市质量技术监督检验测试中心、天瑞集团汝州水泥有限公司、平顶山燃气总公司、平顶山市建设工程检测技术中心、平顶山星峰集团有限责任公司、平高集团有限公司、平顶山煤业（集团）有限责任公司、平顶山煤业（集团）安全仪器计量检定站、舞钢劳动卫生职业病防治研究所、平顶山市天佳仪表有限责任公司、河南天广水泥有限公司、汝州市电业公司。

濮阳市：清丰县质量技术监督检验测试中心、濮阳市绿洲精细化工有限公司、台前县质量技术监督检验测试中心、濮阳县质量技术监督检验测试中心、濮阳县解放路光华眼镜店。

驻马店市：驻马店市豫源电气有限公司、驻马店市白云纸业有限公司、驻马店市高新区汇丰电缆有限公司、驻马店电业局计量中心、驻马店市悦泉啤酒有限公司、驻马店市森淼食品有限公司、郑州三氏乳业有限公司驻马店分公司。

漯河市：临颍县电业局、漯河市曙光医疗器械有限公司、漯河市环境监测站、漯河汇通商业连锁有限公司、漯河市第二人民医院、漯河鸿翔香料有限公司、漯河市中心医院、漯河市建安工程质量检测中心。

许昌市：许昌市水表检定测试站、河南许继仪表有限公司、许昌市质量技术监督检验测试中心、河南豪丰机械制造有限公司、许继集团有限公司、许昌鄢陵国家粮食储备库、鄢陵县锦华纺织品有限责任公司、河南奔马股份有限公司。

信阳市：河南省石油公司信阳石油分公司、信阳市电业局计量所、安钢集团信阳钢铁有限责任公司、潢川县质量技术监督检验测试中心、光山县人民医院、信阳市信电电器有限公司、信阳市第六人民医院。

周口市：周口恒昌计量自控设备有限公司、河南瑞特电气有限公司、河南邦杰实业集团有限公司、河南莲花味精股份有限公司、金丝猴食品股份有限公司。

三门峡市：三门峡市质量技术监督检验测试中心、三门峡新华水工机械有限责任公司、义马煤业（集团）有限责任公司、义马市质量技术监督局、三门峡中原量仪股份有限公司、义马煤业（集团）水泥有限责任公司、中金黄金股份有限公司河南中原黄金冶炼厂、渑池县质量技术监督检验测试中心、三门峡富达热电有限公司、灵宝市电业局计量站、中国人民武装警察部队黄金第六支队实验室、三门峡市农产品质量安全检测中心、三门峡市自来水公司水表检定维修站、灵宝市自来水公司、灵宝市质量技术监督检验测试中心、卢氏县熊耳水泥有限公司、卢氏县人民医院、中国石油化工股份有限公司河南三门峡陕县石油分公司、义马煤业（集团）有限责任公司观音堂煤矿。

焦作市：武陟县质量技术监督检验测试中心、沁阳市质量技术监督检验测试中心、焦作市质量技术监督检验测试中心、孟州市质量技术监督检验测试中心、博爱县质量技术监督检验测试中心、温县质量技术监督检验测试中心、焦作市中医院、焦作市水表检定站。

新乡市：获嘉县卫生防疫站、新乡医学院一附院、新乡县质量技术监督检验测试中心、河南省新谊药业股份有限公司、延津县质量技术监督检验测试中心、新乡市公路管理局工程质量检测中心、新乡市环境保护监测站、河南省新乡市卫生防疫站、新乡市工程质量检测站、新乡市新源电子衡器有限公司、长垣县质量技术监督局、河南省矿山起重机有限公司、河南豫中起重集团有限公司、河南重工起重机集团有限公司、河南省飞马起重机械有限公司、新乡锅炉制造有限公司。

鹤壁市：河南省同力水泥有限公司、鹤壁煤矿安全仪器计量站、鹤壁煤业（集团）有限责任公司机电设备测试中心、鹤壁市天健电子科技有限公司、鹤壁市九鼎仪表有限公司、鹤壁市天宇仪器仪表制造有限公司、鹤壁市高科煤质仪器有限公司、鹤壁市新星分析仪器有限责任公司、鹤壁煤业（集团）有限责任公司供电处、鹤壁市电业局、鹤壁市天龙媒质仪器有限公司、鹤壁链条有限责任公司、鹤壁市科奥仪器仪表制造有限公司、鹤壁市国用商贸有限公司、中国石油化工股份有限公司河南鹤壁石油分公司、浚县种子公司、浚县绿宝农药厂、鹤壁市智胜科技有限公司、鹤壁煤电股份有限公司电厂、鹤壁市仪表厂有限责任公司。

南阳市：河南油田技术监测中心环境监测站、河南油田技术监测中心计量检定站、新野县质量技术监督检验测试中心、南阳市民威民爆有限公司、南阳防爆集团有限公司、邓州市教育眼镜公司、邓州市久友面粉有限公司、唐河县质量技术监督检验测试中心、河南省西峡汽车水泵股份有限公司、南阳普康药业有限公司、西峡县内燃机进排气管有限责任公司、淅川县质量技术监督检验测试中心、唐河县自来水公司、社旗县质量技术监督检验测试中心、河南天冠企业集团有限公司。

计量工作先进个人名单（302 人）：

省直单位：苗瑜、彭晓凯、程振亚、程新选、陈传岭、牛淑之、孙毅、韩丽明、张卫华、陈桂兰、周富拉、陈海涛、宋建平、李莲娣、杜建国、程晓军、张辉生、李绍堂、杜书利、孔庆彦、李宝如、韩金福、周秉时、铁大同、巨辉、任方平。

郑州市：徐成、张向新、黄玲、于雁军、李景周、胡绪美、邓立三、平建工、许锡生、张湛军、施东文、申峰、王相臣、刘松涛、李冬英、位智彬、朱国宝、白洪才、杨淑芳、朱全美、李丰才、付永亮、周志坚、王京红、付子傲、刘玉峰。

商丘市：吴秀英、李孝兰、张茂友、张保柱、刘武成、姜学振、张杰、李晓东、闫月霞、李治国、赵朝峰、张允彩。

安阳市：蔡国强、路彦庆、邵宏、陈怀军、樊忠志、朱先俊、王庆民、王家保、韩天荣、张玉林、石保龙、徐瑞芹、梁建林、张柏元、徐云林。

济源市：吴斌、聂乃建、卫欣、郑小平、李领富、牛建新、史才平、原喜周、黄本功、李有福。

开封市：赵勇、郑凤仁、董铁山、肖九凡、张志中、张玉民、王书文、赵保义、王瑞祯、孙胜、张兰秋、黄建设、郭纪隆、吴立宏、周凌、罗梅、杨如璞、杨志强、宋华、张志安、张金锁、张山群、李家众、石放明、厉书政、高素芳、金炜、马冬梅、徐雨新、陈美玲、闫经建、耿新民、郑志、郑法、凌炎、蔡纪周、张明、田向东、张肃燕、连克勤、赵伟、李晓燕、王建国、赵青华、宋洪、王建军、魏东、王发生、冯民山、王敢峰、苗豫生、王自和。

洛阳市：崔喜才、杨进飞、李伟、刘兰芝、王李娜、刘秀霞、张田锋、张秋阳、刘群英。

平顶山市：陈国顺、秦志阳、谢冬红、宋尚德、李合群、王素芳、王志信、王伟、王跃军、周重阳、王春雷、蔡保明、许玉巧、高中红。

濮阳市：刘善斌、刘兴柱、黄忠和、肖章宪、董化相、史德合、徐承良、王成林、王继留、张志国。

驻马店市：李飞、李建平、李世延、程吉顺、李越英、马德新、闫建国、李刃、宋建民、李世营、冷宣如、刘卫东、赵连梅、梁文喜、麻玉娥、王学文。

漯河市：臧英杰、杨宏丽、张进华、杨振东。

许昌市：暴许生、刘荣立、左新建、燕金怀、谢晓红、张开天、杨留占、秦久长、袁宏央、王德安、赵爱珍、孙建英、朱永智、王慧萍、王春英、施文华、彭金荣。

信阳市：董永红、何全能、王建国、赵发斌、王胜伦。

周口市：张峰、冯平、黄河、翟来营、周利、王秋义。

三门峡市：魏淑霞、陈华山、孔维玲、刘成立、任龙选、李涛、杜林峰、陈芳智、王坤生、董红霞、姚长水、王社平、李伟民、吴志敏。

焦作市：王春玲、刘文忠、李太平、陈胜利、张金玲、刘灵霞、王树延、刘群成、徐和平、原新平、王玉胜、张礼义、李鲁豫、周彩霞、和建一、葛洪鹏。

新乡市：时相卿、何光星、郭玉明、周瑞琴、赵莉、吕会建、戚露霞、孙淑莲、张玉怀、王明新、卫国。

鹤壁市：晋巍、单生、顾国良、董兰根、鲁玉平、盛春生、宋保平、曹建强、李恒清、李和平、赵瑞民、刘艳敏、胡玉海、陈莉、叶彩敏、张风琴、李付合、姚中有、张希俊、侯志伟。

南阳市：程文萍、李海宇、庞瑞侠、曹振波、刁志昌、黄向杰、侯读义、常文龙、李铁、崔玉成、李保元、杨晓明、陈同明、全浙峰、吕自国、李俊岐、李怀忠、李学江、魏新月。

国家质检总局2005年9月发文，给河南省计量科学研究院程新选等河南省的多个单位的多位人员颁发了“从事质检工作（计量）30年以上”荣誉证书。

第三节 实施河南省计量工作规划

河南省技监局、省质监局实施了《河南省计量工作三年（1995—1997）计划》和《河南省质量技术监督局（2003—2005）三年计量工作规划》及每年度的计量工作计划，在强化计量监督管理、加强监督与服务相结合、提高计量技术机构能力水平和开拓信息化建设等方面持续发展创新提升，取得了显著成绩。

一、实施《河南省计量工作三年（1995—1997）计划》

1994年，根据国家技监局的部署，河南省技监局发布实施《河南省计量工作三年（1995—1997）计划》。“三年计划”是计量工作“九五”计划承前启后的重要组成部分，也是“九五”计划后三年的重要部署。

河南省三年内计量工作的目标任务：要贴紧经济、贴紧市场、贴紧质量，重点抓好以下几个方面的工作：一是强化市场计量监督。二是大力发展社会公正计量站（行）。三是切实抓好强制检定工作。到1997年强制检定标准计量器具的受检率要达到98%；强制检定工作计量器具品种覆盖率达到95%，重点抓好100种，受检率达到90%。四是强化计量器具产品质量的监督管理。积极进行GB/T 19000标准和计量器具OIML证书制度的宣传。五是加强对企业计量工作的分类指导、服务。对大中型企业宣传、推行GB/T 19000、ISO 10012标准，完善计量检测体系。六是加强对各级法定计量检定机构和检测实验室的监督管理。要对社会公用计量标准和部门、企事业单位的最高计量标准进行一次清理、确认。继续坚持每年进行1~2项计量标准的比对。加强计量认证工作。重点加强对县级质检机构和为社会提供公证数据的其他检测实验室的帮促，力争到1997年98%通过计量认证。河南省技监局各级计量行政部门组织全省计量部门贯彻实施，取得了显著成效。

1998年2月16日，河南省技监局发文表彰1997年计量工作先进单位，有郑州市技监局、河南省计量所等27个单位。

1998年3月4日，国家技监局发文授予河南省技监局、河南省新乡市技监局为全面完成计量工作三年计划先进单位；河南省安阳市称重计量公正站为完成计量工作三年计划社会公正计量行（站）先进单位。

二、《河南省质量技术监督局（2003—2005）三年计量工作规划》颁布实施

河南省质监局2003年5月9日印发《河南省质量技术监督局（2003—2005）三年计量工作规划》，主要内容：第一，计量工作的总体任务。第二，计量工作的指导方针。第三，计量工作的发展目标：涉及群众生活的重要商品量计量抽查合格率达到90%以上；国家实施重点管理的计量器具产品质量抽查合格率达到90%以上；贸易结算、医疗卫生、安全防护、环境监测以及执法监督等领域使用的计量器具强制检定受检率达到90%以上；用于量值传递和计量监督的社会公用计量标准完好率达到95%以上。培育发展1~2家具有国际先进水平的法定计量检定机构。三年内有30%的市级以上法定计量检定机构整体水平达到国家先进水平。三年内有30%的产品质量检验机构和其他检测实验

室规范化管理水平达到国家先进水平。省辖市级计量队伍中要有 70% 的人员取得大专以上学历，县级要有 50% 以上的计量人员取得大专以上的学历。三年内帮助 10~15 家企业取得国家完善计量检测体系确认。第四，实现计量目标的具体措施。第五，计量工作重点和方法：争取四项重点突破：一是电能计量；二是电信计量；三是医疗卫生计量；四是铁路计量。河南省质监局采取多种措施，组织贯彻实施，取得了显著成绩。

三、贯彻落实全省计量工作年度计划

（一）1995 年全省计量工作目标

1995 年 1 月 14 日，河南省技监局局长戴式祖在全省计量工作座谈会说：这次全省计量工作座谈会是一次及时的会议、重要的会议、鼓劲的会议、务实的会议；计量工作要处理好 4 个关系；要把加强计量工作的五项任务落到实处。

河南省技监局计量管理处 1995 年工作目标责任：（1）强化市场计量监督。起草《河南省市场计量监督管理条例》；办好社会反映强烈的 5 件实事；做好以定量包装商品为主的 20 种商品在生产、批发、零售 3 个环节以量为重点的计量监督检查。（2）加强计量器具产品质量的监督管理。组织进行制造、修理计量器具许可证的检查整顿；做好计量器具制造单位的年审工作；对 20 种强制检定计量器具产（商）品进行质量抽查，对标准电能表、电能表检定装置、水表等 3 种产品进行质量跟踪监督检查；帮助一个计量器具制造厂进行质量体系和产品质量认证。（3）切实抓好强制检定工作。制定《强制检定计量器具管理实施办法》，管好 90 种强检工作计量器具的定点定期检定。（4）加强法定计量检定机构、授权计量技术机构和为社会提供公正数据的技术机构的监督管理。对法定计量检定机构进行整顿，组织对加油机、衡器检定人员的培训，加强县政府质检机构的计量认证工作。（5）加强对企业计量工作的指导、服务。制定《乡镇企业计量合格确认标准》及审核办法，对乡镇企业和中小型企业开展计量合格确认工作；对 3 ~ 5 个有条件的大中型企业进行计量检测体系评估，召开全省工业计量大会。（6）大力发展社会公正计量站（行），争取 3~5 个已建立的社会公正计量站（行）通过考核。（7）搞好计量信得过活动，在医疗卫生单位和石油批发、零售单位开展计量信得过活动。（8）继续推行土地面积计量单位改革、帮助市、地抓好 1/4 县的改革。（9）庆祝《计量法》颁布 10 周年，大力开展宣传活动。（10）建立联络网，沟通信息、交流经验，加强计量工作的宏观指导，编印《河南计量信息》。

（二）2001 年全省计量工作要点

河南省技监局 2001 年 2 月 2 日印发《2001 年计量工作要点》。2001 年，全省计量工作的指导思想：深入贯彻党的十五届五中全会和中央经济会议精神，围绕全省质量技术监督中心工作，切实贯彻“三个面向，一个围绕”的工作方针，以加强法制计量为重点，着力实施“390”计划，进一步完善计量法规体系的建设，全面提高计量在经济建设、社会发展和科技进步中的有效性。第一，大力宣传贯彻《河南省计量监督管理条例》。起草制定销售计量器具管理办法和定量包装商品监督管理办法。第二，突出对重点管理计量器具的监督管理。围绕国家质量技术监督局颁发的六种计量器具的生产必备条件，加大对电能表、水表、煤气表、衡器、燃油加油机、出租汽车计价器生产企业的监督管理力度。第三，加强法定计量检定机构建设。宣贯 JJF 1069—2000《法定计量检定机构考核规范》，安排 2~3 个条件好的技术机构按《规范》进行复查考核。第四，面向企业搞服务，引导企业加强计量基础工作。继续开展计量合格确认评审，组织企业积极参与完善计量检测体系确认，在定量包装商品生产企业推行计量保证能力评价活动。第五，加强计量监督，推动计量法律法规的贯彻执行。重点加强对医疗卫生领域和供水、供电、供气使用的强检计量器具的专项监督。第六，加强计量认证工作，依法管理检测实验室。第七，围绕费改税工作，稳步推行税控计量器具的使用。第八，进一步推动“光明工程”计划的实施。加强对眼镜生产，验光、配镜企业的监督管理。推进对验光配镜单位的等级评定工作。第九，加强廉政建设，树立科学、公正、廉洁、高效的行业形象。

（三）2008 年计量工作要点

河南省质监局 2008 年 1 月印发《2008 年全省计量工作要点》。河南省质监局计量处 2008 年 3 月印发《2008 年各省辖市计量工作责任目标》和《计量工作责任目标考核表》，法制计量 50 分，企业计量管理 40 分，计量管理综合工作 10 分。每项最高项得分不超过规定分值，扣完为止，总得分最高为 100 分。2008 年 4 月 2 日，河南省质监局召开全省计量工作会议，副局长肖继业作了《以服务发展经济为目标，全面推进计量工作，共建和谐社会，为实现河南新跨越提供强有力的技术保障》的报告，主要内容（摘录）：紧紧围绕国务院和省政府“十一五”规划工作目标，在全面加强能源计量工作上狠下功夫；紧紧围绕促进和谐社会建设为目标，在突出抓好民生计量工作上狠下工夫；紧紧围绕为河南经济又快又好发展提供技术基础保障的目标，在着力提高计量技术机构建设上狠下功夫。计量处处长王有全作了《抓住机遇 强化服务 为建设和谐社会做好计量工作》的讲话，主要内容为（摘录）：2007 年计量工作回顾；计量工作存在的主要问题；2008 年全省计量工作的安排。

（四）2013 年全省计量工作

2013 年 3 月 1 日，河南省质监局召开了全省质监系统计量工作会议，副局长冯长宇在会上讲了五点意见（摘录）：一是要在突出重点上下功夫；二是要在破解难点上求突破；三是要在打造亮点上花气力；四是要在强化措施上出实招；五是要在提升素质上见成效。计量处处长苏君作了《提质增效 持续求进 奋力实现全省计量工作新跨越》的工作报告，对 2012 年计量工作进行回顾和部署 2013 年计量工作，内容（摘录）：第一部分，2012 年计量工作回顾。第二部分，扎实工作，努力实现全省计量工作新跨越。2013 年全省计量工作的总体思路是：以邓小平理论、“三个代表”重要思想、科学发展观为指导，深入学习贯彻党的十八大精神，落实全省质监工作会议和全国质检系统计量工作视频会议部署，围绕一个中心，突出抓好六项工作，以全面提高计量工作水平和有效性为计量工作的总体要求，充分发挥计量在中原经济区建设中的基础保障作用，实现全省计量工作新跨越。强调以下几点：第一，围绕一个中心。第二，突出抓好民生计量工作，服务保障和改善民生。第三，突出抓好能源计量工作，服务节能减排和生态建设。第四，突出抓好安全计量工作，构筑坚实防线。第五，突出抓好计量监管，切实履行职能。第六，突出抓好计量服务，服务经济社会发展。第七，突出抓好自身建设，不断提高服务能力。第三部分，落实好今年工作的五项措施。

河南省质监局 2013 年 3 月 13 日印发《2013 年全省质监系统计量工作要点》（豫质监量发〔2013〕75 号），内容（摘录）：2013 年全省质监系统计量工作的总体要求是，深入学习贯彻党的十八大精神，落实全省质监工作会议和全国质检系统计量工作视频会议工作部署，以科学发展观为指导，围绕建设中原经济区和省局“抓质量、保安全、促发展、强质监”的工作方针，以保障国家计量单位制的统一和量值的准确可靠为中心，以民生计量、能源计量、安全计量为重点，提质增效，持续求进，全面提高计量工作水平和有效性，充分发挥计量在中原经济区建设中的基础保障作用。第一部分：夯实计量技术基础，为抓质量提供技术支撑。第一，加强量传溯源体系建设。一是加强计量标准建设，完善量传溯源体系。二是加强量值传递准确性的监督。三是加强地方计量技术法规体系建设。四是贯彻落实国务院《计量发展规划（2013—2020 年）》。第二，强化企业计量检测体系建设。一是完善企业计量检测体系，提高产品质量。二是继续推广“C”标志工作。第二部分：强化计量监督管理，为保安全提供计量保障。第一，抓好民生计量，强化计量监督。一是加强重点管理计量器具的强制检定工作。二是集中开展电子计价秤专项整治。三是强化商品量计量监督管理。第二，规范行政许可，加强安全计量。一是加强与安全相关计量器具制造许可监管。二是加强重点行业安全用计量器具监督管理。第三，增强忧患意识，强化风险管理。一是加强计量风险管理。二是提高风险应对和处置能力。第三部分：深化计量服务工作，为促发展发挥有效作用。第一，加强计量服务体系建设。建立健全产业计量服务体系。第二，建立健全诚信计量体系。一是建立健全诚信计量运行机制。二是开展诚信计量单位创建活动。第三，抓好能源计量工作，服务节能减排。一是开展重点用能单位能源计量审查工作。开展对 300 家企业的能源计量审查工作。二是进一步完善能源计量数据公共平台。积极做好 1032 家重点用能单位的能源计量数据在线采集和实时监测的准备和实施工作。三是开展城市能源计量建设示范活动。今年选择3~5个能源计量工作基础扎实的城市，创建全国、全省能源计量建设示范城市。第四部分：加强计量自身建设，为强质监提升能力素质。第一，加强计量技术机构建设。一是开展计量工作“调研年”活动。二是加强法定计量检定机构管理。认真做好法定计量检定机构授权到期换证考核工作。三是加强对系统外各专业授权机构的管理。第二，加强计量人员队伍建设。一是加强计量管理人员培训。二是进一步规范计量检定员考核工作。继续做好注册计量师全国统考和考前培训工作。三是加强计量科技创新人才队伍建设。第三，加强计量信息化建设。加强省级计量信息平台建设，实现信息共享。第四，加强党风廉政建设。一是加强廉政建设。二是加强作风建设。第五，加强计量宣传工作。认真做好节日计量宣传。充分利用“3·15”“计量日”“质量月”等主题活动抓好节日宣传，组织开展免费检测、现场咨询、开放实验室等宣传活动。

河南省2013年计量工作总结（摘录）：2013年，河南省计量工作按照省局的总体部署和要求，全面落实全省质监工作会议和全国质检系统计量工作电视电话会议精神，以科学发展观为指导，围绕中原经济区建设和省局“抓质量、保安全、促发展、强质监”的工作方针，认真贯彻党的十八大会议精神，以全面提高计量工作水平和有效性为宗旨，大力宣贯《河南省人民政府关于贯彻国务院计量发展规划（2013—2020年）的实施意见》，扎实开展“计量调研年”，突出民生能源计量重点，加强基层能力建设，强化计量专项监管，不断谋求计量工作新突破和计量服务新举措，解放思想，开拓进取，圆满完成各项工作任务，为河南省经济社会的全面发展做出了显著贡献。

第一，加强计量标准建设，提高检定的能力和水平。一是结合全省经济社会的发展、产业集聚区的发展，企业提高产品质量、提升检测手段和计量检定/校准工作的需要，全省各级计量技术机构建立计量标准的积极性提高，加大了对计量标准的投入，提高检定能力和水平，新建和改造了大量社会公用计量标准。全年省局受理计量标准考核申请442项，同比（303项）增长45.87%，其中新建计量标准244项，同比（175项）增长39.43%，复查考核178项，全省共颁发计量标准考核证书322项。二是法定计量技术机构管理水平得到提升。按照《法定计量检定机构复查考核方案》，省局抽调50余名专业技术骨干组成6个考核组，对18个市级法定计量技术机构进行复查换证考核。从考核结果看，18个市级法定计量检定机构基本情况都较以往有了明显的进步和提高，无论是承担法律责任的能力、进行质量管理的能力还是提供检定/校准/检测服务的能力都有长足的发展和进步。焦作市质监局对法定计量检定机构和授权计量检定机构组织开展了检定工作质量倒查及证书质量评价工作。平顶山市质监局下发了《关于加强对法定技术机构和专项计量授权技术机构管理的通知》，使业务工作常态化，规范化，确保了各类计量技术机构工作规范和高效。郑州市质监局结合各县（市）的产业布局和发展，制定了《技术机构三年发展规划（2013—2015年）》。三是加强人员培训提高素质。全年已完成154名一级注册计量师的注册工作，共注册项目2734项。省局组织了计量基础理论、压力、互感器、衡器、定量包装商品检测等17期检定员培训班，共培训人员1500余人。举办法定计量检定机构考评员、内审员培训班3期。培训注册法定计量检定机构考评员214名、内审员160名。对市、县局计量岗位上的120名公务员进行了集中培训。培训重点用能单位能源计量审查人员和师资人员103人。培训制造、修理计量器具许可考评员54名。新乡质监局在全系统内，积极举办计量知识竞赛、技能比武等活动。

第二，强化计量专项监督检查，维护市场经济秩序。一是开展了全省定量包装商品净含量计量监督检查工作。对全省1196家企业的2518个批次的样品进行了抽样检测，其中：净含量合格2307个批次，不合格211个批次，合格率为91.6%；标识合格2450个批次，不合格68个批次，合格率为97.3%。二是印发了《关于开展电子计价秤“证后检查”工作的通知》，对2家电子计价秤生产企业开展了证后检查，针对检查中发现的部分原始检验记录填写不规范，一些设备的标识未及时更换等问题，企业进行了整改。三是组织对金银制品加工和销售领域进行专项计量监督检查，共抽查生产加工单位41个，抽查样品数337件，抽查称重计量器具111台件，其中合格105台件，未检定3台件，超过检定周期3台件。抽查销售单位818个，抽查样品数5575件，未使用法定计量单位110件，抽查称重计量器具1188台件，其中合格1071台件，未检定89台件，检定不合格2台件，超过检定周期26台件。四是开展重点领域安全用计量器具专项监督检查，其中提交自查报告的企业580家，实施现场抽查的企业数269家，企业自查安全防护用强检计量器具55045台件，质监部门抽查安全防护用强检计量器具情况9836台件，具有有效期内检定证书的9206台件，抽查合格率93.4%。五是根据国家质检总局计量司的要求和省局领导批示精神，在全省范围内对加油站的在用加油机开展专项检查，共检查加油站5673家，基本覆盖了全省所有正常营业的加油站，其中中石化加油站1990家，中石油加油站761家，社会加油站2922家。检查中发现问题的12家加油站全部是社会加油站，发现的问题主要是私自更换芯片、私自改动芯片、私自改动主板、破坏铅封、检定数据超差等。各市局还结合当地计量工作实际，组织开展了形式多样的专项监督检查工作，焦作市质监局开展了农资计量专项监督工作。濮阳市质监局开展了四表专项监督检查。信阳市质监局组织开展了对谷物容重器的强制检定工作，依法查处2家单位。平顶山市质监局对全市烟叶市场开展了计量专项监督检查。

第三，抓好民生计量工作，服务保障和改善民生。一是在集贸市场、加油站、餐饮行业、商店超市、医疗机构、配镜行业、道路交通、公用事业、中小学校、社区乡镇等与人民群众生活密切相关的10个领域组织开展"计量惠民生、诚信促和谐"双十工程活动，全省诚信计量自我承诺示范单位1011家，其中加油站347家、集贸市场336家、餐饮业328家；对513家中小学校和521家社区乡镇免费提供了计量服务。查处各类计量违法案件96起，组织培训5100余人，发放宣传材料73200余份，媒体报道186次，免费检定个人用血压计23100个。二是认真开展了计量检定服务窗口建设活动，成立了6个督导组进行督导。目前，18个市级计量检定机构和77个县级计量技术机构设置了服务大厅并进行信息公开。

第四，抓好能源计量，促进节能减排工作。一是省局印发了《开展重点用能单位能源计量审查工作的实施方案》（豫质监量发〔2013〕77号），督促各省辖市局对列入"省千家企业节能低碳行动"名录的企业进行摸底调查，建立企业能源计量档案，实施重点帮扶，为开展重点用能单位能源计量审查奠定了基础。二是省局培训能源计量审查工作师资103人，培训重点用能单位能源计量管理人员830人。全省已完成能源计量审查302家。南阳市质监局对51家重点用能单位分类指导，严格审查，设立县区局观察员制度，落实属地管理，便于日后监管。

第五，抓好企业计量，提高管理水平和产品质量。一是加强了计量器具生产企业产品质量和监督管理工作，强化了动态管理，建立了企业档案，安排了证后监督。全年，新增省级制造计量器具生产企业9家。计量器具新产品型式批准受理237份，发证168份；制造计量器具许可受理99份，发证90份；制造计量器具许可（复查换证）受理58份，发证41份。二是以计量合格确认、完善计量检测体系、"C"标志评价等为企业加强计量的管理平台，帮助企业节能降耗、增加效益，提高企业计量管理水平。全省全年通过A级计量合格确认企业35家，完善计量检测体系3家。

第六，抓好计量宣传，世界计量日宣传活动卓有成效。从4月20日到5月28日，全省上下紧紧围绕"计量与生活"活动主题，开展了多种形式的计量宣传及咨询服务活动。5月15日，省局举办了全省质监系统2013年第二期质量大讲堂，全省质监系统共3000余人听了视频报告。5月19日，河南省质监局联合郑州市政府，围绕"计量与生活"的宣传主题，在郑州绿城广场举办了"5·20世界计量日"现场咨询活动，60家企业，约1300人参与活动。周口市局在"5·20"期间承办的第四届大型"度量衡之光"文艺晚会，宣传形式新颖，影响面大，社会效果很好。在整个"5·20世界计量日"活动期间，各级质监部门和企业设置各类咨询台1320多个，为群众免费提供咨询服务23000余人次，发放宣传资料14万多份，现场摆放展板1600多块，为群众免费检定血压计、电子秤、人体秤、眼镜等3万余台件，免费修理2800余台件；全省147家计量技术机构实验室进行了向社会开放日。组织召开各类座谈会152次；包括《中国质量报》《大河报》《河南商报》《郑州晚报》河南电视台、郑州电视台等近10家国家、省、市级新闻媒体对活动进行了采访报道360次。

第七，质量立省、计量先行，认真宣传贯彻国务院《计量发展规划（2013—2020年）》。一是宣贯活动轰轰烈烈。河南省质监局在全省质监系统和相关企业广泛深入地开展了《计量发展规划》知识竞赛活动。25 日下午，决赛在河南电视台 8 号演播厅举行。国家质检总局计量司巡视员刘新民、河南省政府副秘书长万旭，河南省质监局局长李智民和省局领导班子成员参加了决赛活动。《计量发展规划》电视知识竞赛现场录像已在法制频道、新农村频道两次播出。二是召开了贯彻落实国务院《计量发展规划（2013—2020 年）》工作领导小组会议。结合河南省实际，起草了《河南省人民政府关于贯彻国务院计量发展规划（2013—2020 年）的实施意见》。广泛征求了系统内及有关厅局和专家、企业意见，对反馈的意见和建议进行归类整理，做好省长办公会上会前的各项前期准备工作。

第八，深入调研谋发展，破解难题创亮点。一是河南省质监局先后到商丘市、驻马店市、漯河市、许昌市、郑州市、安阳市、信阳市、南阳市、平顶山市、焦作市、永城市、宁陵县、正阳县、临颍县、温县进行工作调研，召开各种座谈会。摸清基层计量工作的现状、存在的突出问题，形成了《全省计量工作调研报告》，针对问题，分析原因，研究制定切实可行的措施。二是积极探索，构建省市县三级计量技术机构和谐发展机制。以非高速公路超限站动态汽车衡检定为切入点，建立了由河南省计量院以检定为主和各省辖市、省直管试点县（市）质监局以监管为主相互协作、密切配合的工作机制。鹿邑县与河南省计量院合作开展医疗卫生计量器具检定，对全县 72 家公共医疗卫生机构的在用医疗计量器具实行了全面强制检定，强检率首次达到 100%，结束了全县医疗计量器具由于缺乏技术力量 10 多年没有进行强制检定的历史。安阳市质监局制定了《关于促进全市计量技术机构项目建设及推进计量技术机构检测合作的意见》。三是积极开发强检计量器具数据平台。河南省质监局联合河南省计量院，开发了强检计量器具管理平台，目前已在进行试点，下一步各市、县要利用平台，开展强检计量器具摸底调查并录入数据库。郑州市采取了边对强检计量器具普查登记进行基本数据收集边开发软件的办法，已完成了对全市主要 6 类行业使用的 40 余种强检计量器具进行普查登记，并录入计量器具检定信息平台。四是创立了新的计量检定员考核取证模式。河南省质监局印发了新的《河南省计量检定人员管理办法》，明确省、市管理权限和办事流程，对计量检定员的考核工作适当下放，大大提高了办事效率，精简了程序。同时加强对各市的师资、培训、发证工作的监管。此项举措解决了长期困扰计量技术机构、企业计量检定员证取证难，培训频次少，周期长的问题。五是积极创新，拓展项目范围。各地围绕当地特色、经济发展和新兴产业，围绕河南产业发展，大力开拓新项目。河南省计量院购置了高标准的 LED 照明灯具检测设备、高端手机综测仪和声学材料检测设备、一流的电子产品电磁兼容试验设备；建立了国家电冰箱能效标识计量检测实验室、河南省热量表检测中心、河南省重点用能单位能源计量数据采集平台。全年新建计量标准 11 项，22 种标准物质投入量化生产，约 30% 的业务收入来自新开拓的检测领域。郑州开创了全省对“电子警察”实施计量检定工作的先河。郑州市政府下发了《郑州市人民政府关于印发郑州市道路交通技术监控设备计量监督管理规定的通知》共对全市 65 家物流、快递行业 78 台秤依法进行了检定。

第九，扎实抓好以群众路线教育实践活动和行风廉政建设。一方面扎实开展群众路线教育实践活动；另一方面以抓“四风”为突破口，全面抓好党风廉政建设工作。一是紧紧围绕中央八项规定，坚持“标本兼治、综合治理、惩防并举、注重预防”的工作方针，深入开展党风廉政建设和反腐败工作，为计量工作的廉洁高效和计量事业的科学发展提供坚强保证。二是抓好行风评议各项工作，切实转变工作作风。

（五）2014 年全省计量工作

河南省质监局 2014 年 2 月 22 日印发《2014 年全省质监系统计量工作要点》（豫质监量发〔2014〕55 号），要求结合工作实际，认真贯彻落实。该《计量工作要点》（摘录）如下：2014 年河南省计量工作的总体思路是：以邓小平理论、“三个代表”重要思想、科学发展观为指导，深入学习贯彻党的十八届三中全会精神，大力宣贯河南省人民政府《关于贯彻国务院计量发展规划（2013—2020 年）的实施意见》，坚持“质量立省、计量先行”的工作理念，紧紧围绕“抓质量、保安全、促发展、强质监”的工作方针，以全面提高计量工作水平和有效性为计量工作的总体要求，充分发挥计量在经济社会建设中的基础保障作用，实现全省计量工作新跨越。一是大力宣贯河南省人民政府《关于贯彻国务院计量发展规划（2013—2020 年）的实施意见》。二是推进计量信息化建设。开发“三系统一库”为核心的“河南计量信息网”，即建立以计量行政管理系统、计量行政许可系统、计量检定系统、计量信息数据库为主要内容的计量信息网，实现计量工作的网络化、信息化、动态化管理。三是加强三级计量标准体系建设。四是加大对技术机构的监督管理力度。做好到期县级法定计量技术机构的复查考核工作。五是大力提升人员素质。2014 年下半年，开展一次对各市计量检定员培训考核发证的监督审查工作。六是加强计量器具生产企业监管。按照 15%~20% 的比例对现场审核工作质量进行抽查。七是加强强制检定工作。八是加强安全计量工作。对列入国家强制检定工作计量器具目录的安全防护用强检计量器具（压力表、压力变送器、热电偶、热电阻、可燃气体报警器、烟尘报警器、有毒有害气体报警器等）加大强制检定工作。九是加强企业计量工作。帮助企业实施计量检测体系确认和计量合格确认，引导企业进行 C 标识和能源计量评定。十是开展电机专项监督检查。十一是强化国家城市能源计量中心（河南）建设。十二是继续开展重点用能单位能源计量审查工作。今年完成 400 家企业的能源计量审查工作。十三是推行法定计量单位工作。组织开展对大（中、小）学教材、新闻报纸、刊物、图书、广播、电视中使用法定计量单位情况的监督检查。十四是深化民生计量工作。探讨推行民生计量协管员制度。十五是推进诚信计量。继续开展“计量惠民生、诚信促和谐”双十工程。十六是加强地方法制建设。认真做好《河南省计量监督管理条例》修订的准备工作。十七是完善计量技术法规体系。十八是加强计量文化建设。启动《河南省计量史》的编撰工作。十九是加强计量宣传工作。二十是加强党风廉政建设。

2014 年 2 月 28 日，河南省质监局召开了全省计量工作会议，副局长冯长宇作了《抓住机遇 科学谋划 努力实现我省计量工作新跨越》的讲话。他主要围绕“抓基层、强基础、严监管、重服务”讲了四个方面的意见（摘录）：第一，抓基层，提升计量监管能力和检测水平。第二，强基础，提升计量保障能力。第三，严监管，切实履行计量法定职责。第四，重服务，提高计量服务能力和水平。计量处处长苏君作了《与时俱进 奋力进取 开创全省计量工作科学发展新局面》的工作报告，对 2013 年计量工作进行回顾，规划 2014 年计量工作（摘录）：第一部分，2013 年计量工作回顾。2013 年，全省计量工作在省局党组的正确领导和总局计量司的业务指导下，大力宣贯国务院《计量发展规划》，扎实开展“计量调研年”，突出民生计量、能源计量、安全计量工作重点，加强基层能力建设，强化计量专项监管，圆满完成了各项目标任务。第二部分，2014 年计量工作思路和主要任务。围绕 2014 年全省计量工作思路，今年我们将着力抓好七个方面的工作。第一，大力宣贯《河南省计量发展规划实施意见》。第二，强力推进三级计量标准体系建设。第三，强力推进计量信息化建设。第四，继续抓好民生计量工作。抓住医疗卫生、贸易结算、安全防护等涉及人民群众切身利益的重点领域，进一步凸显民生计量的惠民效果。认真组织开展与人民群众生活密切相关的民用四表、加油（气）机、出租车计价器、医用计量器具、集贸市场结算用衡器等计量器具的强制检定工作。第五，继续抓好能源计量工作。今年完成 400 家企业的能源计量审查工作。第六，继续抓好安全计量工作。第七，加大计量监管工作力度。加大监督抽查力度，按照 15%~20% 的比例对现场审核工作质量进行抽查。第三部分，做好今年工作的四项保障措施。第一，开展“计量技术机构能力提升”活动。第二，加强地方法制建设和执法力度。认真做好《河南省计量监督管理条例》修订的准备工作。第三，继续探索构建三级技术机构协作发展新机制。第四，加强计量文化建设和宣传工作。启动《河南省计量史》的编撰工作。

2014 年全省计量工作总结（摘录）：2014 年，全省计量工作在中共河南省质监局党组的正确领导和国家质检总局的业务指导下，深入学习落实国务院《计量发展规划（2013—2020 年）》，大力宣贯《河南省人民政府关于贯彻国务院计量发展规划（2013—2020 年）的实施意见》，坚持“质量立省、计量先行”的工作理念，紧紧围绕“抓质量、保安全、促发展、强质检”的工作方针，扎实推进能源计量、民生计量、法制计量等重点工作，真抓实干，开拓创新，圆满完成了各项目标任务。第一，强化顶层设计，认真贯彻落实《河南省人民政府关于贯彻国务院计量发展规划（2013—2020 年）的实施意见》（以下简称《实施意见》。2014 年 7 月 2 日，河南日报刊发河南省质监局李智民局长答记者问专刊，《落实计量发展规划 提升计量保障能力 促进经济社会发展》；冯长宇副局长在河南省政府门户网站就《实施意见》贯彻落实开展了在线访谈活动；召开了《实施意见》宣贯会。第二，加快信息化建设，有序开展计量器具普查。为推动全省计量工作信息化、网络化、动态化管理，坚持“统一规划、分步实施、持续完善”的原则，开发了“一网一库三系统”为框架的“河南计量信息网”，经过反复调试，目前已进入试用阶段，“河南计量信息网”的建成，标志着河南省已迈入计量信息化时代，必将大大提升计量监管的有效性和工作效率。目前已完成医疗卫生用计量器具普查登记入库 15 万台（件）。特别是洛阳、郑州、南阳、商丘等省辖市局和滑县、汝州、邓州等直管县局，领导重视、认识到位、方法得当，较好地完成了任务，为下一步实现基层医疗机构在用计量器具强检费用政府买单的民生计量工作和动态监管奠定了坚实的基础。第三，强化基础建设，计量服务和保障能力进一步提升。一是各市县技术机构围绕当地产业发展、经济社会发展及监管工作的需要，大力拓展项目范围，上项目的积极性大大提高。全年省局受理计量标准考核申请 599 项，在去年同比增长 46% 的基础上今年又增长 17%，其中新建计量标准 218 项，复查考核 381 项。2014 年省局共颁发计量标准考核证书 406 项。二是全省各级计量技术机构计量管理体系进一步完善，管理水平得到进一步提升，完成 54 家计量技术机构计量授权考核工作。历时半年，省局近年来首次在全省范围内组织开展了 0.4 级精密压力表量值比对工作，21 个参比实验室中有 19 个实验室比对结果为满意。三是人员素质进一步提高。省局完成了 154 名一级注册计量师和 346 名二级注册计量师的注册工作，注册工作质量和工作效率受到国家质检总局好评。2014 年注册计量师资格考试一级参加 165 人，二级参加 397 人。省局举办了一期基层计量管理人员培训班，培训人员 100 人。委托计量学协会、省计量院举办“计量基础知识”考核 6 期，共计 1032 人，举办非自动衡器等 12 个规程宣贯班，培训人员 1258 名。第四，加强计量监督，深入开展“双十工程”。加强对加油站的计量监管，首次对涉嫌加油站作弊的中石油河南销售公司进行了约谈。开展了省会城市商品包装计量监督专项检查，检查生产企业 38 家，132 个批次的商品；国庆节开展了定量包装商品净含量国家计量监督专项抽查工作，共抽查生产企业 158 家，473 个批次的产品，净含量标注不合格 24 个批次，合格率 94.9%；净含量不合格 4 个批次，合格率 99.2%。对全省 15 家安全用计量器具制造生产企业开展了核查，发现超范围生产案件 1 起、超期生产企业 1 家，并进行了处理。开展民用“四表”专项监督检查工作。全省共抽查居民小区 390 个。检查电表总数 28974 块，检查水表总数 27539 块，检查燃气表总数 23714 块，检查热量表总数 8728 块，检查检定机构 67 个。在全省范围内广泛开展“计量惠民生，诚信促和谐”双十工程。目前全省已实现 420 家连锁商店和超市、医院和眼镜店实现诚信计量自我承诺，为 385 家中小学校和社区乡镇提供免费计量服务。第五，服务节能减排，能源计量工作扎实有效。一是积极开展城市能源计量建设示范工作。国家城市能源计量中心（河南）投入 1000 余万元资金，初步构建了水、电、气、油、煤等主要能源及耗能工质的能耗在线采集系统。二是不断加强能效标识市场监管力度。重点开展全省电冰箱（冷柜）等制冷产品能效“虚标”专项整治活动；承担了全国 20 家冰箱生产企业 100 多个型号的产品进行监督抽查任务；与省工信厅联合对我省电机生产企业开展能效标准和标识执行情况进行了专项核查，共核查生产企业 34 家，抽样检测产品 14 台。三是开展重点用能单位能源计量审查工作，今年已完成 409 家。第六，坚持监管与服务并重，企业计量得到进一步加强。一是加强了计量器具生产企业许可工作。制造计量器具新产品型式批准申请 214 份，发证 185 份；制造（修理）计量器具许可证申请 90 份，发证 79 份；制造（修理）计量器具许可证复查换证申请 62 份，发证 47 份。其中不予许可 34 家。二是加强计量器具生产企业许可证前抽查和产品质量抽查工作。印发了《关于进一步加强制造计量器具产品监督管理工作的若干意见》，全年安排制造计量器具许可证前抽查 20 家，对发现的问题及时反馈，提高了现场审查的工作质量。建立了计量器具生产企业产品质量抽查制度，今年共抽查了 124 家企业的 247 批次产品，涉及液体流量、气体流量、光学、电能、化学、电磁相关计量器具的生产领域。三是以计量合格确认、完善计量检测体系、“C”标志评定等为企业加强计量工作的管理平台，积极引导企业采用国际先进的计量管理体系，提高计量管理水平。A 级计量合格确认发证 28 家，B 级计量合格确认发证 107 家，“C”标志评定 126 家。第七，计量法制建设迈上新台阶。一是河南省人民政府颁布了《河南省人民政府关于贯彻国务院计量发展规划（2013—2020年）的实施意见》，科学规划了我省计量发展方向，制定了发展目标，明确了总体要求、重点任务和保障措施。二是启动能源计量立法工作。成立了《河南省用能和排污计量监督管理办法》起草领导小组，赴10余个市开展了前期调研，目前已形成征求意见稿，正在广泛征求意见。三是加强计量技术法规制修订工作。组织专家对河南省计量院等单位起草的17个地方计量检定规程进行审定，已批准颁布11个，是发布检定规程最多的一年。四是推进加气机转换计量方式的改制工作。积极组织贯彻实施《压缩天然气加气机》国家计量检定规程。全省322个加气站的1722支加气枪，大部分已经完成了改造，走在全国的前列。第八，世界计量日活动卓有成效。全省围绕“计量与绿色中国”这一主题，在“5·20世界计量日”前后组织开展了以“四进入”为主要内容的计量宣传活动。各级质监部门和企业设置各类咨询台1500多个，为群众免费提供咨询服务24000余人次，发放宣传资料15万多份，现场摆放展板1800多块，为群众免费检定血压计等等民生计量器具3万余台件；全省150家计量技术机构组织了“实验室开放日”。组织召开各类座谈会165场次，新闻媒体对活动进行的采访报道350次。第九，加强计量文化建设。为真实、准确、完整地展现中华人民共和国成立以来河南省六十五年的计量历史，科学、系统、客观地记载和评价计量工作重要决策和有关重大事件，反映河南省计量科学技术的发展历程和成就，经省局局长办公会研究，决定启动《河南省计量史》编撰工作，成立了以局长李智民为组长的领导小组，印发了《关于编撰〈河南省计量史〉的通知》。召开了《河南省计量史》编撰工作领导小组第一次会议，对《河南省计量史》的编撰工作进行了安排部署。制定了《河南省计量史（1949—2014）》编写计划。各项资料收集、查阅档案，走访调查等工作正在有条不紊地进行。

第四节　计量监督管理

计量监督管理是《计量法》赋予政府计量行政部门的重要职责，计量监督检查是实施计量监督管理的重要措施。1995年以来，在社会主义市场经济条件下，河南省技监局、省质监局依照国家技监局、国家质监局、国家质检总局的要求，结合河南省的实际情况，每年都多次发文，安排部署在全省范围内开展多领域、多类型、多项目的计量监督管理和计量监督检查，对全面贯彻实施《计量法》，保障国家计量单位制的统一和量值的准确可靠，维护市场经济秩序，保护国家、集体和个人的利益，推动河南省社会经济发展，起到了重要作用，成绩卓著。

一、依法实施计量监督管理

（一）加油机计量监督管理

1995年，河南省技监局对天然气、石油液化气、煤气供销进行一次计量监督检查。据统计，全省检查了中原石油勘探局、河南石油勘探局、平顶山焦化厂、鹤壁矿务局、天然气、煤气公司、石油液化气站等299个单位，参加检查人数218人，检查强制检定计量器具256台（件），抽检罐装液化气罐5455瓶。全省石油液化气共检查了16个公司，在用计量器具56台，合格率为54%，查液化气罐4350罐，合格率为39%。河南省技监局和有关省辖市技监局对检查中发现的问题进行了查处。

1998年，河南省技监局在全省开展加油站计量监督检查工作。全省共检查加油站3945个，加油机12480台，合格率90%。在检查电脑加油机中发现了万位回零计数器，有的经改装后可在机外键盘上调整流量系数和累计数，还有的通过遥控装置人为破坏加油机的准确度。一些厂家生产的加油机不用改装就可以在机外键盘上调整流量系数和累计数（如广州恒山加油机）。

2000年，河南省国家税务局、河南省质监局发文要求：按照《计量法》的有关规定，全省安装的所有加油机税控装置必须由河南省计量所进行首次强制检定；加油机加装税控功能过程中的计量检定，由各市、地计量所承担；改造结束后的周期强制检定，原管理模式不变；税控初始化由国税部门负责。2000年，省国家税务局、省质监局联合发文，要求全省加油机安装税控装置工作统一采用省加油机安装税控装置领导小组经过试点、招标确定的税控装置。是年，国家质检总局发布了加油机强制检定合格标志，式样见图 5-4-1。

2004 年，河南省质监局在全省范围内开展加油站燃油加油机计量监督专项检查活动。2006 年，河南省国家税务局、河南省质监局向中石化河南分公司、中石油河南分公司发文要求：凡是装运轻质燃油的汽车油罐车，均应向河南省计量院建立的河南省汽车油罐车计量检定站申请进行周期检定，取得计量检定合格证和容量表后方可装运轻质燃油，进行贸易交接。

河南省质监局 2007 年在全省范围内组织开展了燃油经营单位的计量监督检查工作。

图 5-4-1　加油机强制检定合格标志

2008 年，河南省质监局制发了《河南省加气机强制检定管理暂行规定》，共十五条，从 2008 年 6 月 1 日起施行。要求各计量技术机构要建立加气机强检档案；规定了计量检定机构违反规定应受到的处罚和承担的法律责任；规定了各地市、县（市）质监部门计量监督管理职责。

2009 年 3 月 17 日，河南省商务厅、河南省质监局、河南省安全生产监督管理局、河南省石油成品油流通行业协会决定对管理突出、规范经营、规范服务的中国石油化工股份有限公司河南郑州石油分公司扬子路加油站等 82 座加油站予以表彰，授予河南省成品油经营企业 2008 年度“管理示范加油站”称号。是年，河南省质监局在全省范围内集中组织开展了一次加油机专项计量监督检查，全省此次共出动执法人员 5000 余人，检查了加油站 4180 家，加油机 15205 台，使用非税控加油机 54 台，已超过 7 年的税控加油机 3421 台，2006 年 9 月 8 日以后制造使用具备防作弊装置的加油机 7148 台，其中防欺骗功能已启动的加油机数 5073 台。

2001 年 11 月 11 日，河南省质监局向河南省发改委报告了河南省计量院提供的“河南省各标号油品的质量与体积折算系数 k 值表”（见表 5-4-1）。

表 5-4-1　河南省各标号油品的质量与体积折算系数 k 值表

	汽油 90#	汽油 93#	汽油 97#	柴油 0#	柴油 -10#
2009 年	1323	1315	1302	1158	1151
2010 年	1322	1312	1300	1157	1150
平均 k 值	1323	1314	1301	1158	1151

注：河南省计量科学研究院只对本次确认的数据负责。

根据国家质检总局 JJG 996—2012《压缩天然气加气机》的规定，对于以体积计量的压缩天然气（CNG）加气机，需更改为以质量计量的加气机。车用压缩天然气加气机由体积计量更改为质量计量后，质量价格按照供气合同中标准状态下的密度进行转换。

为了贯彻如上要求，打击利用加气机实施计量作弊，切实维护市场经济秩序，保护消费者的合法权益，2014 年，河南省质监局在全省范围内开展了对加气机的专项计量监督检查，要求：制造压缩天然气加气机的生产企业，均应以质量（kg）显示加气量；经营销售压缩天然气加气机的企业，2014 年 6 月 3 日零时后不得销售以体积显示加气量的压缩天然气加气机；压缩天然气加气站在用以体积显示的压缩天然气加气机，2014 年 6 月 3 日零时前，需更改为以质量显示的加气机；新建的压缩天然气加气站 2014 年 6 月 3 日零时后不得安装以体积显示加气量的压缩天然气加气机。

（二）出租汽车计价器计量监督管理

河南省技监局 1995 年颁布了《河南省出租汽车里程计价表计量监督管理办法（试行）》，共十二条，其中要求：生产计价表的单位，必须取得制造计量器具许可证。计价表的计量技术性能必须满足计量检定规程和以下技术条件：第一，显示功能：显示字码清晰，易于读数。一是收费金额显示应不少于4位，分辨到0.10元。二是营运里程显示应不少于4位，分辨到0.10公里。三是低速及等候时间显示应不少于2位，分辨到1分钟。四是计价表应有现行工作状态显示灯，且用中文标注。第二，操作功能：一是计价表外操作键不得多于2个。二是昼/夜转换由内部时序控制自动转换。三是空车牌翻下应为往返状态，空车标志与本机联动。第三，存储查询功能：一是存储300次以上必要的营运数据。二是当班累计及总累计必要数据。三是设打印机接口和数据传输接口。第四，可靠性功能：一是能承受强电磁场、高压脉冲、汽车点火系统的干扰。二是传感器工作寿命不低于1年。三是在（-10~+50）℃环境下能正常工作。四是具有防护措施和防作弊功能。并对违反有关规定的计价表的制造、修理、使用的单位、个人进行资格罚、财产罚的四条规定。

（三）定量包装商品计量监督管理

为了规范市场计量行为，保护广大消费者的合法权益，同时检阅全省定量包装商品生产企业的计量守法意识和计量管理水平，河南省技监局于1999年组织了对河南省年产值100万元以上的定量包装商品生产企业的计量监督工作。此次检查企业101家，共检查14大类、50多个品种的定量包装商品，共检查237批次，其中合格172批次，不合格65批次，综合合格率72.6%；涉及不合格企业29家，占检查企业总数的28.7%。分大类来讲，面粉类，共检查19个批次，不合格率26%；方便面41个批次，不合格率37%；肉制品27个批次，不合格率为11%；饮料类23个批次，不合格率9%；白酒类24个批次，不合格率42%；啤酒类20个批次，不合格率为70%；调味品类24个批次，不合格率为21%；饲料类11个批次，不合格率为0；小食品类9个批次，不合格率为33%。检查组调查表明，95%以上的不合格企业在定量包装商品生产上没有配备一定精度的定量包装设备，达不到国家技术监督局1995年颁布的《定量包装商品计量监督规定》的要求。

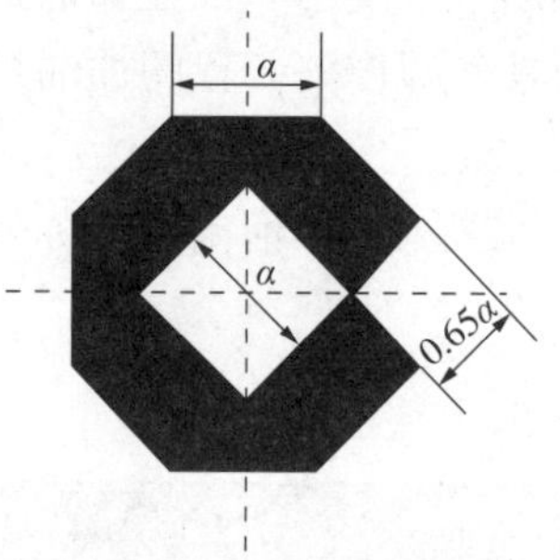

图5-4-2　定量包装商品计量保证能力合格标志

2001年5月25日，国家质监局印发的《定量包装商品生产企业计量保证能力评价规定》及《定量包装商品计量保证能力合格标志图形使用规定》规定定量包装商品的量限范围是：质量5g~25g，体积5mL~25L，长度没有限制。定量包装商品计量保证能力合格标志图形见图5-4-2。

2003年，河南省质监局要求各地应在调查摸底的基础上，建立定量包装生产企业计量管理档案，实施动态化管理。2005年，国家质检总局颁布的《定量包装商品计量监督管理办法》共二十四条，并规定了法定计量单位的选择、标注字符高度、允许短缺量、计量检验抽样方案（见表5-4-2~表5-4-5）。

表5-4-2　法定计量单位的选择

	标注净含量（Q_n）的量值	计量单位
质量	Q_n < 1000克	g（克）
	Q_n ≥ 1000克	kg（千克）
体积	Q_n < 1000毫升	mL（ml）（毫升）
	Q_n ≥ 1000毫升	L（l）（升）
长度	Q_n < 100厘米	mm（毫米）或者cm（厘米）
	Q_n ≥ 100厘米	m（米）
面积	Q_n < 100平方厘米	mm^2（平方毫米）或者cm^2（平方厘米）
	1平方厘米≤ Q_n < 100平方分米	dm^2（平方分米）
	Q_n ≥ 1平方米	m^2（平方米）

表 5-4-3 标注字符高度

标注净含量（Q_n）	字符的最小高度（mm）
$Q_n \leqslant 50g$ $Q_n \leqslant 50mL$	2
$50g < Q_n \leqslant 200g$ $50mL < Q_n \leqslant 200mL$	3
$200g < Q_n \leqslant 1000g$ $200mL < Q_n \leqslant 1000mL$	4
$Q_n > 1kg$ $Q_n > 1L$	6
以长度、面积、计数单位标注	2

表 5-4-4 允许短缺量

质量或体积定量包装商品的标注净含量（Q_n）/g 或 ml	允许短缺量（T）*	
	Q_n 的百分比	g 或 ml
0~50	9	—
50~100	—	4.5
100~200	4.5	—
200~300	—	9
300~500	3	—
500~1000	—	15
1000~10000	1.5	—
10000~15000	—	150
15000~50000	1	—
长度定量包装商品的标注净含量（Q_n）	允许短缺量（T）	
$Q_n \leqslant 5m$	不允许出现短缺量	
$Q_n > 5m$	$Q_n \times 2\%$	
面积定量包装商品的标注净含量（Q_n）	允许短缺量（T）	
全部 Q_n	$Q_n \times 3\%$	
计数定量包装商品的标注净含量（Q_n）	允许短缺量（T）	
$Q_n \leqslant 50$	不允许出现短缺量	
$Q_n > 50$	$Q_n \times 1\%$ **	

注：* 对于允许短缺量（T），当 $Q_n \leqslant 1kg(L)$ 时，T 值的 0.01g(ml) 位修约至 0.1g(ml)；当 $Q_n > 1kg(L)$ 时，T 值的 0.1g(ml) 位修约至 g(ml)；

** 以标注净含量乘以 1%，如果出现小数，就把该数进位到下一个紧邻的整数。这个值可能大于 1%，但这是可以接受的，因为商品的个数为整数，不能带有小数。

表 5-4-5 计量检验抽样方案

第一栏	第二栏	第三栏		第四栏	
检验批量 N	抽取样本量 n	样本平均实际含量修正值（$\lambda \cdot s$）		允许大于 1 倍，小于或者等于 2 倍允许短缺量的件数	允许大于 2 倍允许短缺量的件数
		修正因子 $\lambda=t_{0.995}\times\frac{1}{\sqrt{n}}$	样本实际含量标准偏差 s		
1~10	N	—	—	0	0
11~50	10	1.028	s	0	0
51~99	13	0.848	s	1	0
100~500	50	0.379	s	3	0
501~3200	80	0.295	s	5	0
大于 3200	125	0.234	s	7	0

样本平均实际含量应当不小于标注净含量减去样本平均实际含量修正值（$\lambda \cdot s$）

即 $\bar{q} \geqslant (Q_n - \gamma \cdot s)$

式中：$\bar{q}$——样本平均实际含量 $\bar{q}=\frac{1}{n}\sum_{i=1}^{n} q_i$；

Q_n——标注净含量；

λ——修正因子；

s——样本实际含量标准偏差 $s=\sqrt{\frac{1}{n-1}\sum_{i=1}^{n}(q_i-\bar{q})^2}$。

注：①本抽样方案的置信度为 99.5%；

②本抽样方案对于批量为 1~10 件的定量包装商品，只对单件定量包装商品的实际含量进行检验，不作平均实际含量的计算。

2006 年，河南省质监局印发《定量包装商品生产企业计量保证能力证书》，有效期为 3 年；进一步落实推广“C”标志工作的鼓励政策，扶优限劣，对获得“C”标志的定量包装商品一律免予净含量计量监督检查。发布“定量包装商品生产企业计量保证能力证书”样式（见图 5-4-3）。

定量包装商品生产企业
计量保证能力证书

________________：

根据《定量包装商品生产企业计量保证能力评价规定》和《定量包装商品生产企业计量保证能力评价规范》，经核查你单位自我评价结果，符合要求，特颁发此证书。

证书编号：________________

你单位生产的以下定量包装商品准予使用计量保证能力合格标志（C 标志）。

序号、产品名称、品牌、规格（名义净含量）

发证日期：

有效期至：

发证机关（盖章）：

图 5-4-3 定量包装商品生产企业计量保证能力证书

2006 年，国家质检总局《关于加强定量包装生产企业计量保证能力评价工作的通知》，规定了开展 C 标志评价的定量包装商品的量限调整为以质量标注：0~50 千克；以体积标注：0~50 升；以长度标注：无限制；以面积标注：无限制；以计数方式标注：无限制。

河南省质监局 2007 年制发《河南省定量包装商品生产企业计量保证能力评价工作程序》，对申请、申请受理、评审委托、现场评审、评审材料、审批发证、复查、监督检查、项目增加、费用作出了规定；并规定《定量包装商品生产企业计量保证能力证书》有效期 3 年。

2009 年，河南省质监局组织开展的治理商品过度包装工作，全省共出动工作人员 1000 余人次，检查月饼生产企业 600 余家，商场和食品超市 1300 余家，茶叶专卖店 189 家，酒类综合批发部 317 家。“双节”期间，还要求各市局结合全省下半年定量包装商品净含量和集贸市场监督检查工作加强对米（包括大米、小米、杂粮等）、果汁（含蔬菜汁）、调味料、熟肉制品、小食品（包括糖果、蜜饯等）、电线电缆、油漆、涂料、牙膏、汽车用润滑油等 10 种定量包装商品净含量的抽查力度，但对下半年已安排的种类不再做重复性抽查。

（四）医疗卫生计量监督管理

1998 年，河南省计量所建立了河南省省级医用 CT 机社会公用计量标准检定装置，对全省各医疗单位使用的医用 CT 机依法进行强制检定。

河南省技监局 2000 年收到河南省政府领导同志在新华通讯社 2000 年 2 月 2 日（第 444 期）《国内动态清样》上的批示后，向河南省人民政府报送了书面汇报，内容有：用于医疗卫生方面的计量器具量大面广，发展很快，遍布省级及各市、地、县、乡医疗卫生单位，达 20 多万台（件），河南省、市地、县各级计量技术机构都相继建立了用于医疗卫生方面的计量标准，开展了强制检定和计量检定工作。2000 年，全省从事医疗卫生方面的计量检定人员已达 300 多人，已建立了一支由 10 多名高级工程师、100 多名工程师、160 多名助理工程师等组成的专业计量技术队伍。全省拥有医疗卫生方面的计量检定实验室 150 多个，实验室总面积 3000 多平方米，固定资产 3000 多万元。中华人民共和国成立以来，大力开展了医疗卫生方面的计量检定工作。全省投入 700 多万元已建立了医用超声源计量标准、医用激光源计量标准、医用辐射源等医疗卫生方面的计量标准，分布全省省级及各市、地、县 100 多个计量技术机构，每年可检定用于医疗卫生方面的计量器具 18 万多台（件），取得 1500 多万元的直接经济效益和很好的社会效益，对贯彻实施《计量法》作出了显著的成绩。

2000 年，国家质监局《关于加强医用强制检定计量器具监督管理的通知》要求：国家质监局《关于明确医用超声、激光和辐射源监督管理范围的通知》（技监局量发〔1998〕49 号）明确指出，“依据《中华人民共和国强制检定的工作计量器具管理办法》的规定，诊断仪（或治疗仪）中的医用超声、激光和辐射源必须强制检定合格后，方可使用。各级人民政府计量行政部门设置或授权的计量检定机构应当依据国家有关计量检定规程，对诊断仪（或治疗仪）中的医用超声、激光和辐射源实施强制检定”。

2002 年，国家质检总局发出《关于进一步加强“医用三源”计量监督管理工作的通知》。2003 年，国家质检总局发文，明确“多参数病人监护仪”属于计量器具。2004 年，河南省共有 CT 机 359 台，已申请河南省计量院实施检定 265 台，强制检定率为 74%；较 2003 年 CT 强制检定率不足 30% 有大幅提高。鹤壁、濮阳、安阳、商丘、济源、焦作、平顶山等 7 个省辖市 CT 强制检定率超过 90%，达到省局下达的强制检定率 90% 的目标。18 个省辖市 CT 强制检定工作开展不平衡。CT 强制检定率未达 90% 的省辖市有 11 个，其中 8 个省辖市 CT 强制检定率在 60%~90% 之间，还有 3 个省辖市 CT 强制检定率不足 60%。河南省质监局 2005 年对医疗卫生强检计量器具组织进行了专项监督检查。2011 年，河南省质监局要求各省辖市局要对本辖区内需要进行计量检定或校准的放射性测量仪器设备提供及时服务，以对监测放射性污染物提供技术支持，若本辖区内技术机构不具备检定或校准能力的，积极与河南省计量院联系检定或校准。

（五）电能计量监督管理

河南省技监局 1995 年对标准电能表、电能表检定装置和水表等 3 种计量器具进行产品质量跟踪监督检查，促进产品质量的升级。

1999 年 9 月，河南省技监局发文要求：住宅电能表、水表、燃气表、热量表属于贸易结算用强检计量器具，住宅开发建设或施工单位在安装前必须向当地技监局指定的法定计量检定机构申请首次强制检定。住宅安装的电能表、水表、燃气表、热量表，未经技术监督部门指定的计量检定机构首次强制检定合格的，建筑工程质量检验部门验收时应不予通过。

2000 年 10 月，河南省质监局、河南省建设厅联合发文要求：凡在本省行政区内新建、改造、扩建的住宅、写字楼、商业楼等建设中安装使用的电能表、水表、燃气表、热量表，必须具有制造计量器具许可证标志、编号和出厂合格证；必须经质量技术监督部门依法设置的计量检定机构或授权的计量检定机构对首检合格的电能表等四表出具“检定合格证书”和“首检合格标志”后方可使用；要确保四表受检率达到 100%。

河南省质监局 2000 年 5 月在周口市组织召开了电能计量监督管理会议，安排部署了全省开展电能计量器具强制检定情况监督检查的工作。全省有 11 个省辖市质监局成立了电能计量执法检查领导小组，如周口市质监局成立了由局长陈学升为组长的电能计量执法检查领导小组，漯河市质监局成立了由局长李光琦任组长的电能计量执法领导小组，从而确保了电能执法检查的实施。据不完全统计，全省检查电能计量检定机构 200 余家，计量标准 1000 余套；抽查检定电能表 4000 余块，其中，企业与公司贸易结算用电能表 600 余块。从这次电能计量监督检查结果来看，情况堪忧。相当一大部分电力企业的电能计量检定机构无视《计量法》和《河南省计量监督管理条例》的规定，依法取得计量授权证书或社会公用计量标准证书，长期违法计量检定工作。除南阳市等少数地区的电能计量检定机构取得计量授权证书外，大部分电能计量检定机构均未取得计量授权证书，非法开展计量检定。少数计量检定机构使用未经计量标准考核合格的计量标准违法开展量值传递。许昌、信阳、驻马店、开封、安阳、新乡市电能计量检定机构未建立电能表校验台检定装置标准，违法对当地县级电力计量检定机构的电能表检验台进行检定。对在用电能表的抽查情况表明，全省在用电能表合格率低，全省抽查的 4000 余块电能表，平均合格率约为 70%，全省各地情况也不平衡，最低的地区平均合格率不足 40%。个别电力单位，还长期使用不合格电能表，多收取农民和企业巨额电费，非法牟取暴利。在农网改造中发现，有些地方大量安装使用未经首次检定合格的电能表，严重违反《计量法》，造成电能计量的混乱。周口市发现，未经首次计量检定直接安装的电能表 1.6 万块；驻马店市也发现未经首次计量检定直接安装的电能表数千块。另外，各地电力公司还大量安装使用非法计量检定机构检定的电能表。个别县电力局电能表检定管理混乱。

2001 年 8 月，河南省经济贸易委员会、河南省质监局、河南省电力公司联合到内蒙古、湖北、云南三省区进行了电能计量工作调研。返回河南后，三部门联名向河南省人民政府上报了《关于我省电能计量工作指导意见的报告》，河南省电力公司表示接受河南省质监局的计量监督管理。2003 年，河南省质监局制定了《河南省电能计量工作实施方案》。是年，河南省质监局与省电力公司联合发出了《关于加强对电能计量标准考核工作的通知》，明确了电力企业的电能计量标准由质监部门按照 JJF 1033—2001《计量标准考核规范》的规定统一考核、发证；电力企业的计量检定人员由河南省质监局统一培训、考试换证，方可上岗。2003—2006 年，河南省质监局对河南省电力系统的 4000 余名电能计量检定人员进行了 30 多个班次的计量基础知识、电能计量专业知识、实际操作技能培训考核，核准、换发了计量检定员证件。经过两年多的努力，2005 年，18 个省辖市级电力公司的电能计量标准考核工作已近结束。河南省计量院建立的 0.01% 三相电能计量标准是河南省最高社会公用计量标准，负责维护河南省电能计量的量值统一、准确；河南省电力试验研究院建立的 0.01% 三相电能计量标准是河南省电力公司的企业最高计量标准，负责保证本公司用于贸易结算电能数据的准确可靠。河南省质监局统一安排部署计量授权后的监督管理，组织河南省计量院和省辖市级法定计量检定机构分别承担授权后的复核检定，以计量技术手段实施监督，依据计量授权期限按每年不低于 10% 的比例定期抽查复核检定，由此产生的费用河南省电力公司缴纳。

为了加强电能计量监督管理工作，确保电能计量数据量值的准确可靠，保护电能生产者、经营者、使用者的合法权益，根据《计量法》《电力法》等的规定，2006 年 12 月联合制发了《关于进一步加强电能计量监督管理的通知》，提出了10条要求。

为切实维护广大人民群众的合法权益，2014年，河南省质监局在全省开展了电能表、水表、燃气表、热量表计量专项监督检查工作，要求确保国务院《计量发展规划（2013—2020年）》提出的计量发展量化目标中明确要求国家重点管理计量器具受检率到2020年达到95%以上。

（六）电信计量监督管理

电子收费计时器（含电话自动计费器）广泛用于国内宾馆、饭店、公用电话亭和收费停车场等场所的计时收费，与消费者的切身利益密切相关。国家技监局1995年7月发文要求，必须加强对电子收费计时器的计量监督管理。经国务院授权，国家质监局1999年将电话计时计费装置纳入《中华人民共和国强制检定的工作计量器具目录》。1999年，河南省技监局要求：凡使用贸易结算用的电话计时计费装置（包括公用电话计费器，磁卡、IC卡电话，程控电话计费装置等）的单位或个人必须按照规定将所用的电话计时计费装置登记造册，报当地技监局备案，并向当地技监局指定的计量检定机构申请周期检定。河南省目前主要有单机型公用电话计时计费器、集中管理集中收费型电话计时计费装置、IC卡公用电话计时计费装置、用户交换机及局用交换机计时计费装置等，市（或部分县）级法定计量技术机构负责承担本辖区单机型公用电话计时计费器、集中管理集中收费型电话计时计费装置、IC卡公用电话计时计费装置、用户交换机计时计费装置的强制检定；局用交换机计时计费系统的强制检定由河南省计量所负责。是年，国家质检总局再次明确电话计时计费装置属于国家依法制定的强制检定工作计量器具。电信服务是关系国计民生的一项重要事业。据有关报道，全国通信年交易额超过6000亿元，涉及的用户超过7亿，年计量结算服务次数超过几百亿次，通过计量收取的费用超过3000亿元。而其中大部分用来进行计量的计时计费装置自投入使用后从未进行过计量检定和量值溯源，因此电信计量收费成为近几年来消费者投诉的热点之一，河南省技监局也经常收到消费者有关电信计量的投诉。

2004年3月，河南省质监局依法组织了第一次对全省11个省辖市和部分县电话计时计费装置的监督检查，并于2004年7月向各电信企业单独进行了检查结果的通报。全省各电信企业平均计费话单准确率达87.8%。计费话单差错率为12.2%，收费差错率为1.62%，计时计费装置计量结果总体水平与现有技术规范要求有较大距离。2005年4月，河南省质监局组织了第二次全省电话计时计费装置监督检查。结果是：各电信企业的计时计费装置总体状况有了较大的改善和提高，准确率达95.11%。计费话单差错率为4.89%，比上年降低了7.31%。降低幅度达60%。多收费情况平均比上年有了较大下降，降低了1.58%，收费准确率达到99.99%。话单格式也有了较大的改进。2005年11月，河南省质监局就电话计时计费装置监督检查结果、部分产品质量抽查结果和抗禽流感工作进展等内容召开了新闻发布会。这次会议的计量工作目的主要是肯定各电信企业在2004年监督检查后，对电信计量问题整改所取得的成绩。

2005年12月，河南省通信管理局、河南省信息产业厅、河南省发展和改革委员会、河南省公安厅、中华人民共和国郑州海关、河南省国家税务局、河南省地方税务局、河南省工商局、河南省质监局印发《河南省移动电话机市场秩序专项整治实施方案》。此项专项整治工作已于2006年2月底结束。

为认真贯彻落实党中央、国务院提出的关注民生、构建社会主义和谐社会的总体要求及国家质检总局“关注民生、计量惠民”的工作要求，切实履行国务院赋予质监部门加强电话计时计费装置管理的职能，做好电话计时计费装置的强制检定及其监督管理工作，根据《计量法》《河南省计量监督管理条例》等法律法规规定，结合河南省电信消费市场的实际情况，河南省质监局2010年进一步加强电话计时计费装置计量监督管理工作。要求各地要继续推进“电信消费放心工程”，通过严格监管和广泛宣传，大力营造电信消费和谐氛围，提高消费者对电信计费的信任度，减少电信消费中的计费计量纠纷。是年，河南省质监局在对信阳市质监局的《复函》中明确指出：信阳联通公司使用的局用交换机计时计费装置无论放置何处，其局用交换机计时计费装置属于终端用户，必须接受计量检定。

（七）动态轴重仪计量监督管理

河南省发展计划委员会、河南省财政厅、河南省交通厅2003年7月发文，决定：报河南省政府批准，决定自2003年8月1日零时起，在全省各路桥通行费收费站（包括高速公路通行费收费站）实行对载货汽车超载运输计重收费。收费标准：对载货汽车超载运输实行计重收费。对超载30%以内（含30%）的车辆，按规定的通行费标准收；对超载30%~50%（含50%）的车辆，按规定通行费标准的50%加收；对超载50%~100%（含100%）的车辆，按规定的通行费标准1倍加收；对超载100%以上的车辆按规定的通行费标准3倍加收。

河南省质监局、河南省交通厅公路管理局2003年7月发文规定：全省公路收费站实施计重收费工作由河南省交通厅公路管理局统一计划安排。各公路收费站要遵照有关法规和文件的要求，统一设置动态计重仪器设备，对载货汽车实施称重计量，为计重收费提供准确的计量数额。全省公路收费站的动态计重系统的计量检定，由河南省质监局统一计划安排，由河南省计量所统一进行计量检定，其他任何单位不得强制进行检定。

河南省交通厅、河南省公安厅、河南省发展和改革委员会、中共河南省委宣传部、河南省质量技术监督局、河南省安全生产监督管理局、河南省工商行政管理局、河南省监察厅、河南省财政厅、河南省人民政府法制办公室、河南省人民政府纠正行业不正之风办公室、中国人民解放军河南省军区后勤部、中国人民武装警察部队河南省警备司令部2005年5月联合发文要求：全车辆超限超载率控制在6%左右、95%以上的“大吨小标”车辆的标定吨位得到更正；依法对超限超载车辆严管重罚；严格计量检定。全省超限检查站使用的动态轴重仪，必须持有有效期内的检定合格证书，凡使用未经检定或超过检定周期计量器具的，由质量技术监督部门依据《计量法》查处。是年，河南省质监局要求各省辖市局建立超限超载检测站的计量管理档案，报河南省质监局备案。全省超限站及收费站的动态计重系统的计量检定工作，由河南省质监局统一安排检定计划，由河南省计量院统一进行计量检定。交通部、公安部、国家发展和改革委员会、中宣部、国家工商总局、国家质检总局、国家安全监管总局、国务院法制办、国务院纠风办2007年10月发文要求质监部门对治超工作所需的检测设备依法实施计量检定。

2013年5月，河南省质监局发文，加强全省非高速公路超限站动态汽车衡强制检定工作，建立由河南省计量院以检定为主和各省辖市、省直管试点县（市）质监局以监管为主相互协作、密切配合的非高速公路超限站动态汽车衡检定工作机制。

（八）社会公用计量行计量监督管理

1995年7月，国家技监局制发《社会公正计量行（站）监督管理办法》。国务院计量行政部门对中国境内的社会公正计量行（站）实施统一监督管理。省级人民政府计量行政部门负责受理本行政区域内建立社会公正计量行（站）的申请，并组织计量认证和定期复查。市（地）、县级人民政府计量行政部门负责对本行政区域内社会公正计量行（站）依法实施监督。国家技监局计量司1997年要求加强社会公正计量行（站）监督管理，以规范管理社会公正计量行（站），使之公正计量服务健康发展。

（九）计量检定行为规范

1995年4月，河南省技监局发文要求，严禁重复检验、重复检定，技监部门不得强行指定承检单位。

2006年4月，河南省质监局制发《计量检定校准行为规范管理的暂行规定》，对计量检定、校准行为规范作出了8项规定。严禁有些企业、事业单位的内部计量技术机构，在未获得计量授权的情况下，跨企业、跨行业、跨行政区域，向社会提供计量检定、校准服务，出具计量检定、校准证书。

2006年，河南省质监局要求计量专业技术机构治理商业贿赂，作为党风廉政建设和反腐败工作的重要任务之一，作为今年反腐倡廉的重点，认真落实国家质检总局对全国计量专业技术机构提出的三条要求。是年，河南省质监局计量处召开了河南省计量院和省级计量授权技术机构加强整治商业贿赂的座谈会，按照《河南省质量技术监督局关于认真开展治理商业贿赂专项工作的实施方案》的要求，部署了计量技术机构治理商业贿赂工作。要求各计量技术机构围绕本单位存在的突出问题和重点岗位人员的问题搞好“六查”。经过自查和检查，计量技术机构从思想上、行动上对治理商业贿赂工作的重要性有了更深刻的理解，认识到在今后的工作中一定要严格要求自己，克己奉公，廉洁自律，树立“八荣八耻”的荣辱观，坚决杜绝商业贿赂行为。虽然没有发现商业贿赂问题，为了防患于未然，河南省质监局正在建立健全防治商业贿赂的长效机制。

（十）培训基层计量行政管理人员

为加强计量监管工作，提高基层计量行政管理人员的业务能力，河南省质监局于 2013 年 6 月举办了全省计量行政管理人员培训班。培训内容：计量相关法律法规；计量监管实务；行风廉政教育；《计量发展规划（2013—2020 年）》；能源计量工作；监管实例——加油机监管。培训人员：全省 18 个省辖市局、108 个县（市）局从事计量行政管理的人员各 1 人，共 130 人。

河南省质监局为加强计量监管工作，提高基层计量行政管理人员的业务能力，于 2014 年 5 月举办了全省计量行政管理人员培训班。培训内容：计量相关法律法规；计量监管实务；能源计量工作；监管实例。培训人员：18 个省辖市局从事计量行政管理的人员各 1 人；省直管试点县（市）局和各县（市）局从事计量行政管理的人员各 1 人；各省辖市城区分局从事计量行政管理的人员各 1 人；参加培训人员 200 人。

二、加强计量监督检查

（一）加强计量器具监督检查

计量器具的准确可靠是保证量值统一，维护市场经济秩序和消费者合法权益，保证广大人民人身安全和健康的重要基础。河南省技监局、河南省质监局加强了对机动车、加油机、煤矿、医疗卫生、药品生产、称重等计量器具的监督检查，是保证计量器具准确可靠的有力措施。

1995 年，河南省技监局对省内部分加油站出售的成品油质量、加油机计量及质量管理等方面进行了综合检查，检查结果：市场成品油质量平均合格率不足 70%。加油机计量失准，人为破坏现象突出。此次经对 641 台加油机进行计量监督检查，合格 482 台，合格率为 75.2%。加油机计量不合格，除部分是因为加油机机械磨损严重，又未按检定周期进行检定造成超差外，人为破坏加油机准确度的现象十分突出。例如，通过改变电脑加油机的技术参数进行作弊；采用私自安装回油管，克扣用户等。1996 年河南省技监局会同郑州铁路局，组成检查组对郑州铁路分局、洛阳铁路分局的开封（车站、医院）、长垣车站、郑州分局医院等 9 个单位的铁路车站行包秤、铁路医院医疗卫生强检计量器具进行了监督检查，共检查强检计量器具共计 705 台（件），抽查 219 台（件），合格 178 台（件），合格率为 81%；不合格强检计量器具 41 台（件），不合格率为 19%。河南省卫生厅、河南省技监局 1998 年联合对医疗单位使用强制检定计量器具及其管理实施了检查，重点检查了血压计（表）、医用辐射源（X 射线治疗机）、验光镜片组等。河南省技监局 1999 年对各棉花收购站、棉花加工厂（站）等棉麻、纺织企业用于贸易结算的原棉水份测定仪，原棉要质分析机，皮辊试轧车，回潮率测定仪进行了监督检查。是年，河南省技监局组织各市、地技监局对辖区内医疗卫生单位在用的强检计量器具进行了计量监督检查，有的医院存在问题严重，令人不寒而栗。

2005 年，河南省质监局针对近期郑州大平煤矿、平顶山煤矿等生产安全事故频发，组织省内产煤区所在的平顶山、焦作、鹤壁等 9 个省辖市局对强检计量器具进行计量监督检查。全省共检查煤矿企业 500 余家，共检查用于安全防护的计量器具 29664 台（件），其中瓦斯计 24055 台（件），风压表 3243 台（件），粉尘测量仪 104 台（件），其他计量器具，如一氧化碳检测器等 2262 台（件）。通过此次检查，受检率均从 75% 左右上升到 85% 以上。河南省的煤矿用计量器具生产企业共有 13 家，均已办理制造计量器具许可证，河南省质监系统有安阳市、平顶山市、洛阳市和禹州、登封市质检中心分别建立了瓦斯类计量标准。

2006 年，河南省质监局组织对全省的对外称重计量器具进行了计量监督检查，共检查 1796 个单位 2806 台。查处的主要问题有：计量器具未按周期进行检定，超期使用；对外称重未通过计量认证；计量作弊（其中，使用遥控器作弊案新乡市 1 起，三门峡市 1 起，安阳市 1 起；使用遥控器作弊、手动作弊案信阳市9起）；对外称重单位计量法制观念淡薄等。是年，河南省质监局组织开展了机动车安全技术检验机构在用计量器具计量监督检查，共检查机动车安检机构58家，机动车检测线80条。查处了使用不合格计量器具案件1件，其他案件1件。存在的主要问题：机动车安全技术检测机构一些项目未进行检测出据数据，致使一些计量器具闲置而没有进行计量检定。部分公安系统安检技术机构法制计量意识淡薄，对计量监督检查工作重视不够，检测设备相对老化，设备超负荷运转现象突出（见表5-4-6）。是年，河南省质监局还对贵金属饰品的销售市场及相关计量器具、药品生产企业强检计量器具进行了监督检查。

表5-4-6 2006年河南省机动车安全技术检验机构在用计量器具监督检查前后分类统计表

计量器具名称	在用计量器具		监督检查前		监督检查后		注
	总数（台件）	其中应检数（台件）	受检率（%）	合格率（%）	受检率（%）	合格率（%）	
声级计	45	45	92	87	100	97	
汽车排放气体测试仪	48	48	92	87	100	97	
烟度计	48	48	92	87	100	97	
轴重仪	47	47	92	87	100	97	
制动检验台	48	48	92	87	100	97	
车速表检验台	47	47	92	87	100	97	
测滑检验台	47	47	92	87	100	97	
前照灯检测仪	47	47	92	87	100	97	
其他计量器具	281	114	92	87	100	97	
合计	658	491	92	87	100	97	

注：1.受检率＝已检定计量器具台件数/计量器具应检台件数。

2.合格率＝具有有效期内检定证书的计量器具台件数/计量器具应检台件数。

2007年，河南省质监局开展了在用汽车衡计量专项监督检查，共检查汽车衡制造单位41个，在用汽车衡5128台，其中，贸易交接用汽车衡4578台，公路计重收费用汽车衡451台，治理超限超载用汽车衡99台。从监督检查前后对比看，各地监督检查后的受检率和合格率均有所提高。其中，破坏计量器具准确度案件7起；其他案件37起，均为在用汽车衡超期未检定。从监督检查情况看，各汽车衡制造单位除个别的检测设备没有按期送检外，其他均符合《制造计量器具许可证考核规范》的要求。各省辖市和县检测中心，均建立有开展检定汽车衡的计量标准（见表5-4-7）。

2007年，河南省质监局对全省燃油经营单位进行了计量监督检查。全省共检查3427家加油站、38家油库及365台油罐车，检查在用加油机14680台，流量计888支，密度计587支、量油尺562把，其中受检率分别是99%、95%、92%、92%。查处利用加油机作弊案件54起，并给予了相应的处罚。是年，河南省质监局开展了眼镜制配场所计量监督检查，共检查眼镜店900余家，其中已通过等级评定的360余家；共检查计量器具1540余台件，计量器具配备率99%，经过计量监督检查和整改，在用计量器具受检率已达到97%。是年，河南省质监局对进口计量器具进行了监督检查。全省质监系统共出动执法和技术工作人员2254人，检查进口计量器具单位420家，检查销售进口计量器具单位124家，进口计量器具1445台件，其中未依法办理进口型式批准计量器具183台件，未依法办理进口检定计量器具32台件，未依法办理进口型式批准计量器具案件数52件，未依法办理进口检定计量器具案件数27件。对检查中发现的问题进行了处理。

2008年，河南省质监局加强了计量专项监督检查工作。据不完全统计，全省共检查集贸市场1273家，检查在用计量器具107372台（件）；检查加油站2462家，检查在用加油机8649台，查处利用加油机计量作弊52起；检查眼镜制配场所610余个，眼镜店在用计量器具检定合格率97%。针

表 5-4-7　2007 年河南省在用汽车衡监督检查情况统计表

地区	汽车衡生产企业数（个）	在用汽车衡				监督检查前		监督检查后		查处的计量违法案件数	
		总数（台件）	贸易交接用汽车衡台件数（台件）	公路管理用汽车衡		在用计量器具受检率（%）	在用计量器具合格率（%）	在用计量器具受检率（%）	在用计量器具合格率（%）	其中利用计量器具进行作弊案件数（件）	其他案件数（件）
				公路计重收费用汽车衡台件数（台件）	治理超限超载用汽车衡台件数（台件）						
开封	5	577	525	48	4	90	90	96	92		
鹤壁		6	2	2	2	83	83	100	100		
济源		150	147	1	2	96	100	100	100		5
商丘		207	80	120	7	100	100	100	100		
南阳	1	122	78	34	10	100	100	100	100		
周口		26	3	19	4	100	100	100	100		
三门峡	1	341	323	13	5	100	100	100	100		
漯河	2	152	146	4	2	95	98	98	100		
驻马店	1	169	155	6	8	90.2	90.2	92.2	92.2		
安阳	1	502	463	26	13	86	78	94	100	2	14
新乡	12	561	530	18	13	89	89	100	100		12
濮阳		120	118	0	2	87.7	84.4	100	100		
洛阳	2	288	253	32	3	99	100	100	100		
平顶山	1	612	568	38	6	83	83	91	91	5	
信阳		68	26	38	4	80	80	86	100		
焦作	2	471	450	15	6	95	95	100	100		
许昌		86	76	7	3	93	93	100	100		6
郑州	13	670	635	30	5	94	90	98	95		
合计	41	5128	4578	451	99					7	37

对河南省涉及有相关计量器具软件的143家企业进行了监督检查。通过这次检查，广大制造计量器具企业提高了对软件的防作弊功能的认识。周口、信阳、鹤壁、焦作等市组织计量技术人员对夏粮购销用计量器具及大型粮食储备库进行了监督检查，保护了农民利益，维护了粮食收购秩序。郑州市质监局组织开展对公安、交通管理部门使用的轴重仪、电子汽车衡、机动车测速仪等的强制检定情况进行了检查，保证老百姓驾放心车、安全车。

2009年，全省共免费检测近10万台件的生活计量器具。全省共检查电子计价秤销售企业343家，修理企业21家，无证修理企业12家，检查集贸市场、餐饮店共计3428家，检查电子价秤总数25159台（件），查处计量违法案件406起。共检查加油站4180家，加油机15205台，使用非税控加油机54台，已超过7年的税控加油机3421台，2006年9月8日以后制造使用具备防作弊装置的加油机7418台，其中防欺骗功能已启动的加油机数5073台。全省共检查进口计量器具单位420家，检查销售进口计量器具单位124家，进口计量器具1445台件，其中未依法办理进口型式批准计量器具183台件，未依法办理进口计量器具检定32台件。

河南省质监局2011年对煤矿企业，2012年对加油机和热量表、2013年对金银制品加工领域，2014年对加气机进行了监督检查。

2014年，河南省质监局在全省开展了民用四表计量专项监督检查，提出要保证完成《国务院计量发展规划（2013—2020年）》提出的国家重点管理计量器具受检率到2020年达到95%以上的要求。是年，河南省计量院按照国家质检总局、河南省质监局、郑州市质监局的要求，承担了电能表等14种计量器具产品质量国家监督抽查、省级监督抽查和省、市级定期监督检查工作，监督检查情况（见表5-4-8）。

表5-4-8 2014年河南省计量器具产品质量监督检查汇总表

类别	任务来源	产品名称	计划批次	实抽批次	实抽企业数量	合格率（%）
监督抽查	国家质检总局	冷水水表	40	23	23	100
	合计		40	23	23	—
	河南省质量技术监督局	LED灯	30	17	14	88
		电磁流量计	36	32	16	100
		电能采集终端	24	13	16	92
		呼出气体酒精含量探测器	4	1	1	100
		可燃气体检测报警器	30	8	3	87.50
		一氧化碳检测报警器	21	4	1	25
		互感器	85	50	9	96
		称重显示器	12	5	5	100
		电能表	24	21	8	未完成
	合计		266	151	73	—
定期监督检查	河南省质量技术监督局	冷水水表	—	24	8	100
		热量表	—	16	4	100
		税控燃油加油机	—	10	2	100
		压缩天然气加气机	—	5	3	100
	合计		—	55	17	—
	郑州市质量技术监督局	电能表	—	8	4	100
		冷水水表	—	4	3	100
		膜式燃气表	—	6	4	100
	合计		—	18	11	—

2014 年，河南省计量院承担的包括重点管理的计量器具 5 种、非重点管理的计量器具 9 种共 14 种计量器具质量监督检查工作，体现了以下特点：①产品涵盖范围比较广，接受监督检查的企业有 124 家，涉及液体流量、气体流量、光学、电能、化学、电磁相关计量器具的生产领域。监督抽查计划抽检 306 批次，实际完成 174 批次；定期监督检查完成 73 批次。②重点管理的计量器具产品质量相对稳定，抽检合格率均为 100%。河南省是水表生产的传统基地，经过几十年的发展，产品种类包括机械水表和电子水表等各种产品，产量和产值均在行业内居于前列，成为国内水表主要生产基地之一。电能表生产企业 10 多家，拥有上市公司 5 个，年总产（销）量 20 多亿元，在全国位居前十名，在国内电能表生产领域占有一席之地。压缩天然气加气机生产企业 3 家，年总产（销）量接近 8000 万元；税控加油机生产企业 2 家，年总产（销）量约占全国 40%，在全国生产领域内居于龙头地位。监督检查中发现的问题：①抽样率较低：计划抽检 306 批次，实际完成 174 批次，抽检率不足 60%。主要原因是，在激烈的市场竞争中，企业变化比较大。呼出气体酒精含量探测器、可燃气体检测报警器、一氧化碳检测报警器属于化学类计量器具，具有行业特殊性，大多采用订单式生产，成品库中通常是零库存，无法正常抽样。②部分非重点管理计量器具抽检合格率较低：为 LED 灯、电能采集终端、可燃气体检测报警器。一氧化碳检测报警器并未列入国家重点管理计量器具目录，其监督和管理上存在一定空白。抽检不合格项目主要集中在电磁兼容项目，可见企业在生产环境、检测能力、质量控制等方面存在较大差异，造成产品质量不稳定，抽检合格率较低。③企业有超制造计量器具许可证范围生产现象。

2014 年，全省法制性计量监督检查，共检查计量器具 87703 台（件），合格 62693 台（件），合格率 71.5%；计量器具性能监督检查，共检查计量器具 16441 台（件），合格 15883 台（件），合格率 96.6%。

（二）开展餐饮业等计量专项监督检查

2007 年，五一节期间集中开展了计量专项监督检查工作。重点对餐饮业、加油站、出租车、集贸市场（含商店超市）、眼睛制配场所等与老百姓密切相关的重点市场集中开展了“五查五放心”计量专项监督检查。即：一查餐饮计量，让老百姓吃放心饭；二查油站计量，让老百姓加放心油；三查里程计价，让老百姓坐放心车；四查集贸市场，让老百姓买放心菜；五查眼镜制配，让老百姓戴放心眼镜。全省共检查餐饮业 1162 家、加油站 2514 个、出租车计价器 7479 台、集贸市场（含商店超市）781 家、眼镜制配场所 520 家。其中，查处计量违法案件 89 起。

（三）定量包装商品净含量监督检查

为切实贯彻党中央、国务院关于加强宏观调控，抑制通货膨胀，做好 1996 年元旦、春节期间供应和稳定物价工作的要求，河南省技监局 1996 年在全省范围内开展了元旦、春节期间市场商品质量、计量监督检查及“打假”第四战役活动。截至 1996 年 3 月 21 日，全省共出动检查人员 17419 人次，检查（商品、定量包装食品、计量器具）总标值 15211.78 万元，现场检查商店 13825 家，检查集贸市场 494 个，检查商品 52306 批次，合格商品 28258 批次，检查食品标签 7498 种，食品标签合格 5961 种，现场检查计量器具 11708 台（件），计量器具合格 8211 台（件），检查定量包装食品 4402 种，定量包装食品合格 3513 种，查获假冒伪劣商品标值 1374.128 万元，没收劣质计量器具 1379 台（件），现场处罚经销单位 3456 家，罚没款 118 万元，端掉制、售假冒伪劣商品窝点 119 个，移送司法机关大案要案 4 起。河南省政府副省长俞家骅在 1996 年 1 月 18 日河南省技监局编发的《河南质量监督》第一期简报《全省元旦、春节期间市场商品质量、计量监督检查及“打假”活动初战告捷》上批示：“很好，但目前存在的问题还很多，对大家关心的焦点问题一定要狠打，抓住不放，与其他部门一起联手开展，让省内居民吃放心肉，喝放心酒，买到名、实、价、量相符的商品，用我们的工作切切实实为老百姓办事。”河南省人大常委会副主任钟力生、河南省政协经济委员会主任李光前、河南省技监局局长戴式祖、副局长徐俊德、赵亚平及郑州市人大、政府、政协的主要领导在 1995 年 12 月 8 日检查的高潮日，随郑州市技监局检查组到现场指导工作（见图 5-4-4）。另外，安阳市、平顶山市、南阳市、信阳地区、焦作市等市、地人大、政府（行署）、政协的主要领导也都参加了高潮日的检查活动。表明了各级领导关心群众生活的心愿和打假治劣的决心。河南省内各主要新闻部门，河南省电视台、河南日报、质量时报及市、地新闻部门对本次活动都给予了多次内容详细的报道，为大检查活动的开展创造了良好的外部条件。

河南省技监局1997年2月在全省组织开展了全省元旦、春节期间市场商品质量、计量监督检查及“打假”活动中，共出动检查人员27219人次，检查各类市场460个，现场检查计量器具9305台（件），计量器具合格7022台（件），检查定量包装商品5825批次，定量包装商品净含量合格4760批次，查获假冒伪劣商品标值1098.03万元，没收劣质计量器具541台（件），现场处罚经销单位1779家，端掉制售假冒伪劣商品窝点76个，移送司法机关大案要案7起。是年，河南省技监局组织开展了对全省15种定量包装商品进行计量监督检查。检查的15种定量包装商品是，面粉、方便面、干面条、糕点、糖果、食用油、火腿肠、食盐、瓷瓶装白酒、干水产品、罐装液化气、农药、茶叶、干果、大米等。检查其净含量的偏差和净含量的标注方式是否符合《定量包装商品计量监督规定》的要求。

图5-4-4
1996年河南省人大常委会副主任钟力生（第一排左二）在“双节”前夕检查市场计量器具

1997年12月发文，元旦、春节期间在全省开展市场商品质量、计量执法检查及“打假”活动。

河南省技监局1998年“3·15”期间在全省组织开展了计量专项监督检查。检查的对象主要是国家技监局确定的几种定量包装商品，如速溶食品、大礼包、儿童膨化食品、巧克力、高级润肤水、玉兰油美白霜、郑明明防晒霜等。检查结果表明，生产形成规模、产品信誉高、领导重视的定量包装商品生产企业，配备了符合要求的计量器具；有的小型手工包装的企业，也配备了符合要求的计量器具。如：焦作市共检查了210家批发、零售企业（商店），19个生产企业的89个品种，其中奶粉10个生产企业14种产品全部合格；大礼包合格率100%，儿童膨化食品合格率98%，巧克力合格100%，其他净含量平均合格率为95%。国营商业企业，特别是大型国有商场经销的定量包装商品符合《定量包装商品计量监督规定》的要求，净含量标注规范，合格率高。平顶山技监局在检查中发现，50%以上的商户销售的定量包装商品其净含量标注与实际不符；有60%的在用计量器具未经检定。火车站、汽车站个体户经销的定量包装商品问题更为严重。如：山东宋江冰糖厂生产的冰糖，标注净含量250克，单袋最大负偏差105克；广西巴马糖厂生产的白砂糖，标注50公斤，单袋最大负偏差4公斤；河南淮阳春秋食品厂生产的麻辣方便面，标注净含量70克，最大负偏差为26.6克。检查中发现少部分生产企业使用非法定计量单位。如：辽宁国际化妆品有限公司生产的艾依绵羊油，净含量计量单位标注为“盎司”；安阳一小企业生产的面包仍用市斤标注；江苏蒙达化妆品有限公司生产的美国梦达玉兰油润肤露包装标注净含量为130克/瓶，瓶体却标注净含量为130毫升。有的市、地在搞好定量包装商品检查的同时，积极开展了商品房面积的测量活动。例如，许昌市在“3·15”期间，根据消费者的投诉，对28套商品房面积进行了测量，为消费者挽回经济损失1.8万元。许昌电视台在《记者观察》栏目就此事进行了约10分钟的专题报道，在社会上产生了较大的影响。各地对检查中查出的问题，依据计量法律、法规的有关规定，作了相应处理。

1999 年 3 月 12 日，国家质监局颁布了《商品量计量违法行为处罚规定》。河南省技监局于 2000 年春节前在省会郑州组织开展了一次对市场定量包装商品的计量监督检查。

2000 年 3 月 13 日，河南省技监局召开了新闻发布会，发布了 2000 年元旦、春节“双节”市场商品质量、计量大检查情况。这次河南省技监局组织开展的以“米袋子、菜篮子、火炉子”等与百姓生活密切相关商品为内容的“查市场、保双节”执法大检查活动，共出动执法人员 75924 人次，现场检查在用计量器具 28921 台(件)，合格计量器具 22977 台(件)；检查定量包装商品 12524 批次，合格定量包装商品 10083 批次。商品房销售面积计量问题，为是年消费者投诉的焦点之一。此次通过对商品房销售面积计量监督检查发现，销售面积缺量的情况不同程度地存在，个别被监督检查房屋缺量面积较大。如，检查安阳市开发区房地产开发公司房屋销售面积 4954.07 平方米，缺量面积 383.746 平方米。此次共检查房屋总数 940 套，缺面积房屋 183 套，监督检查总面积 91807 平方米，缺量面积总数 762.4 平方米。缺面积房屋占被检查房屋总数的 19.47%。主要问题是阳台未封闭，按已封闭阳台计算；公用面积重复分摊；檐廊面积分摊等。对此次检查中有问题的房屋开发商，已立案处理。

河南省质监局 2003 年在全省范围内开展了 2003 年第一季度定量包装商品净含量专项抽查。抽查商品：以质量标注净含量的商品，如米、面粉、食用油、调味品、饺子、汤圆等；以体积标注净含量的商品，如白酒、啤酒、牛奶、饮料、纯净水等；以长度标注净含量的商品，如电线、电缆等。

河南省质监局 2003 年 8 月发布《对食品药品放心工程加强计量监督工作的实施方案》。这次监督检查要以“三个代表”重要思想为指导，认真贯彻落实国务院、国家质检总局的要求，结合本地实际，努力实现在用计量器具受检率达到 90% 以上，定量包装商品净含量平均抽样合格率达到 80% 以上的目标。检查对象是全省范围内生产米、面粉、方便面、食用油、纯净水、啤酒、葡萄酒、白酒、味精、茶叶、茶饮料、速冻食品、牛奶、奶粉等食品类定量包装商品生产企业。检查的内容包括：从事辐射加工的食品生产企业，是否按照国家技监局、国家科委《关于发送〈辐射加工计量器具监督管理暂行规定〉的通知》(技监局量发〔1990〕222 号)要求，办理了“辐射加工计量许可证”。河南省质监局组织开展了 2004 年第二、第三季度定量包装商品净含量专项抽查。河南省质监局从 2005 年 11 月开始到 2006 年第一季度，在全省范围内组织开展了定量包装商品净含量和零售商品计量监督检查；开展了 2006 年下半年定量包装商品净含量专项监督抽查；开展了 2007 年上半年定量包装商品净含量和集贸市场监督检查；委托郑州市质监局对 2007 年第二季度实施定量包装商品净含量国家专项抽查；开展了 2007 年五一期间(4 月 15 日至 5 月 15 日)计量专项监督检查工作；开展了 2007 年对流通和生产领域定量包装商品净含量和集贸市场的定期检查，共检查定量包装生产企业和商业零售企业共 1434 家，检查 2782 批次，合格 2490 批次，合格率 89.5%。

河南省统计局 2007 年 9 月 29 日发出《关于同意河南省质量技术监督局实施定量包装商品净含量监督专项抽查的函》。

河南省质监局组织开展了 2008 年“双节”及上半年定量包装商品净含量定期检查和集贸市场监督检查；开展了 2008 年下半年定量包装商品净含量和集贸市场监督检查。全省此次共检查定量包装生产企业和商业零售企业共 1294 家，检查 20077 批次，合格 1896 批次，合格率 91.3%。对检查中存在问题的生产企业和商业零售企业及时下达了责令整改通知书，并限期进行了整改检查。

2009 年 9 月，河南省质监局发文决定对国家质检总局安排的关于对省会城市开展对月饼包装计量监督检查工作委托郑州市质监局实施。

河南省质监局 2009 年在全省范围内开展了对流通和生产领域定量包装商品净含量和集贸市场的计量监督检查工作。全省此次共检查定量包装生产企业和商业零售企业 1281 家，共检查 2361 批次，合格 2182 批次，合格率 92.4%，比上半年同期增长了 1.1%。

2009 年，全省对米、面粉、食用油、乳制品、电线电缆等 4921 个批次进行监督抽查，净含量检验合格 4567 个批次，合格率为 92.8%。全省共检查月饼生产企业 600 余家，商场和食品超市 1300 余家，茶叶专卖店 189 家，酒类综合批发部 317 家。

河南省质监局组织开展了2010年春节及上半年定量包装商品净含量和集贸市场监督检查；组织开展了2010年下半年定量包装商品净含量和集贸市场监督检查；组织开展了2011年春节及上半年定量包装商品净含量和集贸市场监督检查；组织开展了2011年下半年定量包装商品净含量和集贸市场监督检查；委托郑州市质监局开展了2011年商品包装计量监督专项检查。

为进一步贯彻落实《国务院办公厅关于治理商品过度包装工作的通知》要求，河南省质监局组织开展了2012年商品包装计量监督专项检查，重点围绕五一、中秋、国庆等重要节假日开展检查。

根据国家质检总局印发的《定量包装商品计量监督管理办法》，河南省质监局组织开展了2012年下半年流通和生产领域定量包装商品净含量和集贸市场监督检查。抽查商品种类：以质量标注净含量的商品，如月饼、面包、杂粮、冷冻食品、保健食品、冰淇淋、麻辣食品、调味品、肉制品、茶叶、水泥、化肥、农药等；以体积标注净含量的商品，如食用油、各种酒类、乳制品、饮料、包装饮用水、油漆、涂料、化妆品、洗发液、洗涤用品、汽车润滑油等。

河南省质监局委托郑州市质监局开展了2013年商品包装计量监督专项检查、2013年国庆节前定量包装商品净含量国家计量监督专项检查、2014年商品包装计量监督专项检查和2014年国庆节前定量包装商品净含量国家计量监督专项抽查工作。

河南省质监局组织开展了2013年双节暨上半年全省定量包装商品净含量专项监督检查，对全省1196家企业的2518个批次的样品进行了抽样检测，其中净含量合格2307个批次，不合格211个批次，合格率为91.6%，标识合格2450个批次，不合格68个批次，合格率为97.3%。抽检范围涉及电线电缆、调味品、食用油、米、面粉、饮品、纯净水、冰激凌、方便食品、茶叶、各种酒类、牛奶、饮料、纯净水、酱油、醋等定量包装商品。存在问题：生产领域法制计量意识有待进一步提高。主要表现在生产企业对定量包装商品加强监督抽查的认识不够深入，企业不能积极地加强计量管理，从而采取有效措施保证其产品计量合格。生产企业对定量包装知识了解不够，部分企业没有设置专（兼）职计量管理人员或专（兼）职计量员，反映出对相关知识及法律法规知识的缺乏，宣传力度不够。部分定量包装商品生产者和销售者对检查不理解，以致检查工作没有得到应有的理解和支持。定量包装商品生产者、经营者在用计量器具强检率不高。大中型生产企业、超市生产和销售的定量包装商品净含量合格率较高，而小型企业、小商店则较差。

河南省质监局组织开展了2013年下半年流通和生产领域定量包装商品净含量和集贸市场计量监督检查。抽查对象：定量包装商品净含量检查在各省辖市及县（市、区）定量包装商品生产企业的包装现场或成品库内；流通市场及超市。检查各省辖市及县（市、区）集贸市场在用的计量器具检定和使用情况，确保集贸市场使用的计量器具准确可靠。

河南省质监局组织开展了2014年双节暨上半年流通和生产领域定量包装商品净含量和集贸市场计量器具监督检查，以及2014年下半年流通和生产领域定量包装商品净含量和集贸市场结论监督检查。

2014年，河南省质监局组织抽查定量包装商品净含量473批次，合格445批次，合格率94.1%。

为深入贯彻落实国务院《计量发展规划（2013—2020年）》，进一步加强对定量包装商品的计量监督管理，保护消费者的合法权益，河南省质监局2014年12月发文，决定于2015年上半年在全省范围内开展定量包装商品净含量计量监督专项抽查。

（四）推行法定计量单位监督检查

1997年8月至9月，河南省技监局会同河南省教委、省新闻出版局对河南人民出版社、河南医科大学出版社、河南大学出版社出版的教材进行了检查。共抽查3种、8本自编教材，发现非法定计量单位6个、不规范的地方有23个。检查中发现一些教材仍在使用非法定计量单位，如非法定计量单位“埃”“高斯”“度”等。在使用上还有不规范的地方，如“微微秒”词头重叠使用。针对查处的问题已按有关法律法规的规定责令其改正。

1998年，河南省质监局与河南省广播电视、新闻出版部门对河南省广播电台、电视台及报社贯彻法定计量单位和《量和单位》国家标准（1993年版）执行情况进行了检查。从各市、地上报来的情况看，还存在一些问题。部分单位无专（兼）职人员管理此项工作，稿件、节目的审核人员缺乏法定计量单位的知识，执行法定计量单位意识不强，如亩、担、磅、斤、卡等经常出现，计量单位符号大小写不分、词头并用等。检查中发现土地面积“亩”的使用较为普遍，达 90%。存在的原因：一是来自中央电视台、新华通讯社、《人民日报》的影响，二是这些年来增加的新人较多，缺乏法定计量单位的学习。这次检查，为督促新闻媒体推行法定计量单位发挥了重要作用。

2000 年 6 月，河南省技监局发文，对广告使用法定计量单位进行检查，要求边检查、边宣传、边解决实际问题。

2001 年，河南省质监局在全省范围内开展了中、小学教材执行法定计量单位的检查。据统计，全省共抽查了 150 个单位，抽查教材、报纸、广告等 720 种、3 万多份，其中法定计量单位差错率约 3%，比往年有所下降。

（五）开展“购物放心一条街”活动

2000 年 7 月，河南省质监局制发《创建“购物放心一条街”活动考核验收细则》，开展创建“购物放心一条街”活动。该《考核验收细则》满分为 100 分，其中规定：“考核项目：在用计量器具管理 2 分；考核内容：使用计量器具、设施符合计量有关规定；扣分标准：查计量器具管理档案，记录不完整扣 1 分，计量器具未检定扣 2 分。”

三、健全完善河南省计量法规体系

1995—2014 年，根据国家计量法律法规，河南省结合本省实际，进一步健全完善了河南省计量法规体系。河南省人大常委会、河南省政府颁布计量法规规章共 5 件：河南省人大常委会通过《河南省计量监督管理条例》《关于修改〈河南省计量监督管理条例〉的决定》；河南省政府颁布《关于公布取消停止征收和调整有关收费项目的通知》，国家质检总局、河南省政府签署《关于实施质量兴省战略 推动中原崛起全面合作备忘录》，河南省政府颁布《河南省人民政府关于贯彻国务院计量发展规划（2013—2020 年）的实施意见》。河南省质监局等委厅局制定发布计量规范性文件共 43 件：《河南省出租汽车里程计价表计量监督管理办法（试行）》《河南省石油商品批发、零售企业〈计量质量信得过〉考核（复查）办法（试行）》《河南省计量器具销售报验规定（试行）》《河南省强制检定计量器具管理实施办法》《河南省实施强制检定的工作计量器具目录》《河南省医疗卫生单位计量合格确认办法》《河南省企业计量合格确认办法》DB41/015—1998《商品房面积测量规范》《河南省商品房销售面积计量监督管理办法》《河南省计量检定人员管理办法》《河南省计量标准考核（复查）工作要求》《河南省质量技术监督行政执法监督实施办法》等规范性文件、DB41/148—2000《河南省眼镜行业企业计量、质量等级评定规范》《关于纳入国家重点管理计量器具生产企业制造计量器具许可证考核必备条件的原则要求》、“开展‘价格、计量信得过’活动”、《河南省销售计量器具管理办法》《〈河南省计量监督管理条例〉释义》《河南省计量检定人员考核发证及管理规定》《河南省质量技术监督局（2003—2005）三年计量工作规划》《河南省地方计量检定规程管理工作程序》《河南省计量检定人员考核取证补充规定》《河南省计量检定、校准行为规范管理的暂行规定》《关于调整我省计量检定收费标准的通知》《河南省定量包装商品生产企业计量保证能力证书》、JJF（豫）1001—2006《河南省计量合格确认规范》《河南省计量合格确认规范》《河南省计量检测体系审核员管理办法》《创建“购物放心一条街”活动考核验收细则》、《河南省定量包装商品生产企业计量保证能力评价工作程序》、DB41/T520—2008《河南省用能单位能源计量评定准则》、JJF（豫）1002—2008《河南省专项计量授权考核规范》《开展“关注民生、计量惠民”专项行动实施方案》《河南省商业、服务业诚信计量示范单位评定工作实施意见（试行）》《河南省商业、服务业诚信计量评定规范（试行）》《关于降低部分收费标准的通知》《河南省加气机强制检定管理暂行规定》《河南省用能单位能源计量评定办法》《河南省企业专供出口计量器具备案程序》《河南省计量突发事件应急预案》《开展重点用能单位能源计量审查工作的实施方案》《开展“计量惠民生、诚信促和谐”活动的实施方案》《关于进一步加强制造计量器具产品监督管理工作的若干意见》《河南省质量技术监督局关于贯彻落实〈河南省人民政府关于贯彻国务院计量发展规划（2013—2020年）的实施意见〉的意见》。河南省质监局修订发布计量规范性文件共9件：《河南省技术监督局计量认证工作程序（1996年）》《河南省计量标准考核工作程序》《河南省计量认证工作程序（1998年）》《河南省计量器具新产品样机试验工作程序》《河南省计量认证工作程序（2001年）》《河南省企业计量合格确认办法（2002年）》《河南省计量合格确认办法（2006年）》《河南省（资质认定）计量认证工作规范（2007年）》《河南省计量检定员考核发证管理规定》。这是河南省计量工作法制管理的基础，有力地推动了河南省计量事业持续发展提升。

第五节　计量专项整治

1995年以来，河南省质监局按照国务院、国家质检总局、省人民政府的要求，在全省范围内组织开展了成品油零售企业、集贸市场、加油站、超限运输检查站（点）、移动电话市场秩序、电子计价秤、化肥等农资市场计量专项整治，维护了市场经济秩序和广大消费者的合法利益，对于中原经济区建设和河南省社会经济快速发展作出了贡献。

2000年4月，河南省经贸委、河南省工商局、河南省国税局、河南省技监局联合发文，决定对河南省成品油零售企业（加油站、点）清理整顿，要求技监部门依法加大市场监管力度，严厉打击成品油缺斤短两及不正当竞争等违法行为，坚决取缔流动加油站。

根据国务院办公厅《关于开展集贸市场专项整治工作的通知》《关于开展加油站专项整治工作的通知》和国家质检总局《关于开展集贸市场和加油站专项整治工作有关问题的通知》，2002年3月5日、3月15日省人民政府分别召开了整治集贸市场和加油站电视电话会议，对开展集贸市场、加油站专项整治工作进行了全面部署。为把此项工作落在实处，依法履行质监部门职责，完成国务院、省人民政府赋予的任务，河南省质监局2002年3月18日印发了《关于开展集贸市场和加油站专项整治工作的通知》，内容有：河南省质监局2002年3月以来，全省质量技术监督系统在国家质检总局、河南省人民政府的领导下，认真按照国务院办公厅《关于开展集贸市场专项整治工作的通知》《关于开展加油站专项整治工作的通知》以及省人民政府电视、电话会议的要求，周密部署，积极行动，在全省范围内开展了"两个专项整治"工作，取得了阶段性成果。3月15日，接国务院办公厅及国家总局关于开展"两个专项整治"工作的通知等精神后，河南省质监局立即召开了各职能处室联席会议，进行了部署。3月20日，河南省质监局发出了《关于开展集贸市场和加油站专项整治的通知》（豫质监量发〔2002〕83号），对两项整治工作作了具体安排，对全省加油站负责人培训1200人（次）。在河南省质监局领导的带领下，在省辖各市局配合下，联合新闻单位，对河南境内107、310国道上加油站进行了集中整治抽查工作，此次共抽查15家加油站，发现违法嫌疑的加油站共5家，通过取证落实，对违法问题依法做出处理。据统计，在两个专项整治工作中，全省质监系统共出动执法人员3.2万人次，检查集贸市场1295个，商场门店715家，检查在用计量器具79811台（件），合格率为88%，受检率由整治前的15.2%上升到81.5%；集贸市场设置公平秤1426台（件），由原来的51.2%上升到98.6%，其受检率由整治前的21.4%上升到98.5%；对定量包装商品抽检200余个品种、4239个批次，其中合格3670个批次，合格率为86.6%，较去年上升了近3个百分点。检查加油站2583个，加油机14004台，受检率由整治前的85.6%上升到95.7%，合格率为98.3%；查处计量违法案件737起。"两个专项整治"工作在全省取得了阶段性的成果。河南电视台、《河南法制报》《大河报》《商报》《科技报》等多家新闻单位，对"两个专项整治"工作作了大量的宣传报道，取得了良好的社会效应。

根据河南省人民政府《关于转发省交通厅等部门河南省车辆超限超载治理工作实施方案的通知》精神，报经省人民政府同意，河南省交通厅公布了新增设的第一批50个干线公路临时流动超限检查点和已经设置的55个干线公路、25个高速公路超限检查站（点）。河南省质监局参加了河南省车辆超限超载治理工作办公室 2004 年 7 月 1 日在郑州黄河公路大桥超限检查站举行的“河南省车辆超限超载治理工作全面启动仪式”。

2005 年 8 月，河南省质监局办公室发文，要求：各省辖市质监局要建立超限超载检测站的计量管理档案，报省局备案。全省超限站及收费站的动态计重系统的计量检定工作，由河南省质监局统一安排检定计划，由河南省计量院统一进行计量检定。是年 12 月，河南省通信管理局、省信息产业厅、省发展改革委、省公安厅、郑州海关、省国税局、省地税局、省工商局、省质监局 9 厅局联合发出《关于印发〈河南省移动电话机市场秩序专项整治实施方案〉的通知》。

为严厉打击走私、冒牌、拼装和翻新移动电话机及电池配件的违法行为，整顿移动电话机市场秩序，维护消费者合法权益，保障移动电话机产业健康发展，河南省通信管理局、河南省信息产业厅、河南省发展和改革委员会、河南省公安厅、中华人民共和国郑州海关、河南省国家税务局、河南省地方税务局、河南省工商行政管理局、河南省质量技术监督局 2005 年 12 月联合发出《关于印发〈河南省移动电话机市场秩序专项整治实施方案〉的通知》。

2009 年，河南省质监局组织开展了电子计价秤专项整治活动。此次专项整治活动共出动执法和技术工作人员 4500 余人次，检查电子计价秤销售企业 343 家，修理企业 21 家，无证修理企业 12 家，检查集贸市场、餐饮店共计 3428 家，检查电子计价秤总数 25159 台（件），共查处计量违法案件 406 起。河南省质监局 2010 年在全省组织开展了化肥等农资计量专项整治工作。

为维护化肥等农资市场计量秩序，河南省质监局 2010 年在全省组织开展了农资计量专项整治工作。

2013 年，为了进一步强化对电子计价秤生产环节的监督管理，提升生产环节企业质量主体责任和产品质量，河南省质监局在全省范围内组织开展了两次电子计价秤“证后检查”工作。检查目的：进一步整顿和规范电子计价秤生产企业及称重传感器等相关配件企业，对取得制造计量器具许可证的企业进行检查，督促企业落实产品质量主体责任，提高产品质量。检查方式：检查采取执法人员与技术人员相结合的专项检查方式。检查内容：重点检查电子计价秤生产企业是否按照批准的型式组织生产，是否持续保证与制造许可相适应的生产条件，是否封装后依然可从键盘等外部对量程或者重力补偿调整装置进行调整。针对本辖区内的电子计价秤生产企业进行产品质量监督抽查，对历年监督中的不合格企业和不合格项目要进行重点抽查，对电子计价秤的关键零部件称重传感器生产企业进行检查。

第六节　计量行政执法

随着社会主义市场经济的发展，市场交易的数量不断增加。在贸易结算、安全防护等领域，一些不法分子在经济利益的驱动下，破坏计量器具准确度，缺秤短量，发不义之财，严重损害了国家和消费者的合法权益。为了加强计量监督，惩治计量违法行为，维护社会经济秩序，保护国家和消费者的合法权益，1995 年以来，河南省技监局、河南省质监局依照《计量法》《计量法实施细则》《河南省计量监督管理条例》和国家质监局、国家质检总局的要求，制定了 10 多项行政执法规范性文件，大力组织开展了集贸市场、加油机、商品量计量、称重计量、电能计量、电信计量等领域和制造计量器具许可证的计量行政执法行动，取得了很好的成效，维护了市场经济秩序，保障了社会经济发展。

1995 年，河南省技监局制定了《河南省技术监督行政执法人员考核验证工作实施方案（报批稿）》，获得国家技监局政策法规宣传教育司同意。

国家技术监督局 1995 年 6 月 30 日发出《关于印发〈技术监督行政执法标志使用管理规定〉的通知》（技监局法函〔1995〕282 号）。《技术监督行政执法标志使用管理规定》，共十二条，并附有技术监督行政执法标志图案（见图 5–6–1）及其说明。

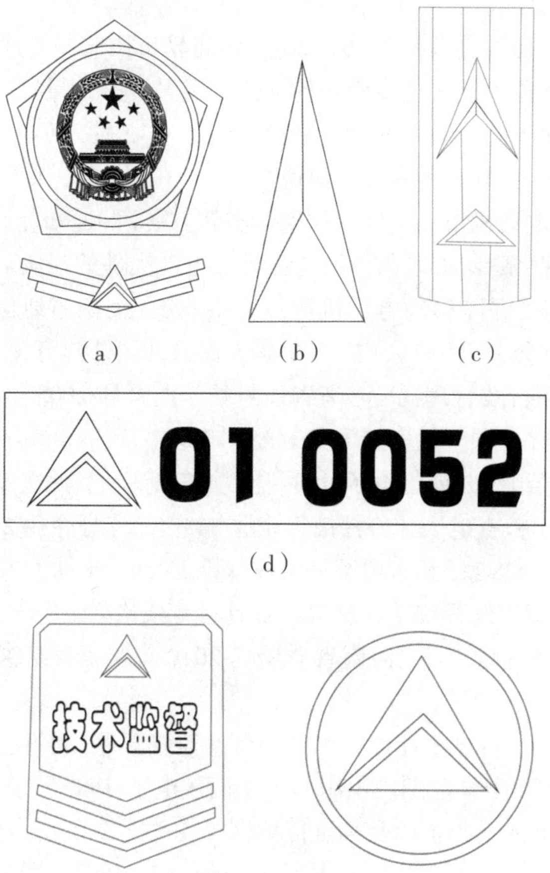

（a）（b）（c）（d）（e）（f）

图 5-6-1　技术监督行政执法标志图案及其说明

1. 帽徽

帽徽（图 5-6-1（a））：由主徽和徽托组成。主徽是一个五边形图案，正中是国徽，外围是深蓝色椭圆形和五个金黄色的三角形连成的五边形。徽托：是由一个行徽和三个重叠的 V 形连接而成，整体是金黄色。

2. 领章

领章（图 5-6-1（b））：金属制成的三角形，是行徽的变形图案。

3. 肩章

肩章（图 5-6-1（c））：深蓝色布作底托，上衍三条金黄色丝带并附金属制作的变形的行徽图案。

4. 胸徽

胸徽（图 5-6-1（d））：金属徽章。大红色漆底，徽章左部饰金黄色行徽，右部刻有六位数字。数字的排列是：从左边计前两位是省级技术监督部门的序列号，后四位是本省行政执法人员的编号。

5. 臂章

臂章（图 5-6-1（e））：深蓝色布作底托，金黄色丝带衍边，上中部是行徽图案，中间部位写明“技术监督”字样，下方是三条金黄色丝带制成的重叠的 V 形。

6. 纽扣

纽扣（图 5-6-1（f））：金属纽扣。纽扣表面的中间饰一凸出的行徽。

河南省技监局的胸徽数字的排列是：从左边计前两位是 41，后四位是河南省技术监督行政执法人员的编号。

1995 年 7 月 27 日，河南省技监局向河南省人民政府纠风办报送了《关于夏邑县技术监督局乱收费问题的处理情况》。事情经过：1994 年 6 月 19 日上午，夏邑县计量所派 3 位检定修理人员租用机动三轮车拉着砝码等工具，先后到太平乡、孔庄、韩镇粮管所执行任务。他们到了这三个单位后，对使用衡器均未进行检定，就分别填写了检定证书，发给了合格证并收取了检定费共 550 元，砝码运输费 100 元。处理情况：夏邑县人民政府进行了通报批评；夏邑县技监局对当事人进行了处分，商丘地区技监局在本辖区进行了通报批评。

1995 年，河南省技监局同省电力工业局开展了对河南省电力部门计量执法检查工作，抽查了郑州市电业局、商丘市电业局、新乡市电业局、许昌市电业局、焦用电厂、新乡火电厂、丹河电厂、河南省送变电公司、河南省电力试验研究所等 26 个供电单位和 10 个发电单位。从检查的整体情况看，各电力部门增强了计量法律意识；基本掌握了法定计量单位的正确使用；建标覆盖率达 80% 以上。从检定人员素质看，高中以上文化程度占 80% 以上，计量技术人员占 20%。从检测环境和设备上看，各单位已建立计量标准恒温试验室，标准条件保持整洁，对计量器具基本实现了统一管理。

河南省技监局 1996 年在全省开展了定量包装商品计量执法检查，检查情况表明大型企业生产、经销的产、商品基本上符合《定量包装商品计量监督规定》的要求；名牌产品的净含量及标注方式规范，合格率较高。如：活力 28 洗衣粉、百事可乐、西施兰夏露等。检查中发现，小企业、个体户生产、经销的定量包装商品缺秤短量、净含量标注混乱现象较为严重。特别是休闲小食品、方便面等存在问题较多。如：豫许龙凤食品有限公司生产的咸香果仁标注 150g 实称 40g，河南省丰晨有限公司生产的袋装花生标注 180g 实称 75g，山东潍坊广通食品厂生产的方便面标注 70g 实称 47.8g，海南文昌县东城食品厂生产的“椰子肉”标注净重 100g 实称 50~60g，商家还声称已作了降价销售。洛阳市检查的香皂平均净含量合格率为零。进口包装商品合格率低，新乡市查出一商店经销的美国开心果标注 18g 实称 11g，开封市检查的美国大杏仁、金提子净含量均不合格。据全省 17 个市地不完全统计，检查定量包装商品生产企业 158 家，检查定量包装商品 289 种，净含量合格 220 种，合格率为 76.1%，净含量标注方式合格 251 种，合格率为 86.9%；检查定量包装商品 904 种，净含量合格 832 种，合格率为 92%，净含量标注方式合格 876 种，合格率 97.9%。

河南省技监局 1997 年 3 月印发《关于省局机关、局属单位着装和标志使用的通知》。河南省质量技术监督行政执法人员执法时必须持本人的执法证。2014 年，河南省质量技术监督行政执法人员的执法证盖有“河南省人民政府行政执法专用章”，编号为“豫 O–717300”，“717300”为每位执法人员的顺序号。

河南省技监局 1997 年 7 月发文任命程新选等 20 位同志为技术监督行政执法人员：程新选（综合），孙玉玺（综合）、陈传岭（综合）、杜正峰（综合）、宋建平（综合）、王书升（计量）、马瑞松（计量）、王广俊（计量）、安生（计量）；质量执法人员 11 人。上述执法人员证件必须由所在单位统一保管。

河南省技监局 1998 年 3 月 24 日向国家技监局报送了《关于我省济源市技术监督局查处黄河小浪底三标计量违法案中违法所得计算问题的请示》（豫技法发〔1998〕53 号）。《请示》内容：1997 年 7 月 13 日，河南省济源市技监局根据中国供货商的投诉，组织执法人员和检定人员，依法对其境内黄河小浪底水利枢纽工程三标（法国承包商）工地使用的意大利产 50 吨地中衡进行了现场检定。经检定该地中衡严重不合格，最大误差超出国家允差近 20 倍，济源市技术监督局决定立案查处。经调查取证，三标使用的地中衡在 1997 年初因故损坏后，于 1997 年 3 月 18 日私自请不具备法律资格的机械工业部第十七计量站（地点在洛阳拖拉机厂），对该地中衡进行了修理检定，在检定不合格的情况下，出具了检定合格证。从此日起，三标开始使用无规定检定印证的不合格计量器具。在查清事实的基础上，济源市技术监督局根据《计量法实施细则》第五十一条，依法做出如下行政处罚：第一，没收三标 1997 年 3 月 18 日至 7 月 12 日之间的违法所得 38.731 万元；第二，没收不合格计量器具；第三，处以 2000 元罚款；第四，赔偿济源石化供销公司 1997 年 3 月 18 日至 7 月 12 日期间的经济损失 3.573 万元。三标接到行政处罚决定书后，向济源市人民法院起诉，一审三标败诉。三标又向河南省高级人民法院上诉，省高院于 1998 年 3 月 13 日开庭公开审理此案。但在审理此案过程中，三标提出济源市技术监督局用 1997 年 7 月 13 日的检定结果来计算从 3 月 18 日至 7 月 12 日的违法所得不合理。因此，省高院要我局拿出违法所得计算的法律依据，而我国现行的计量法律法规对此没有明确规定和计算原则，致使省高院在判决此案时遇到困难。在已知三标使用不合格计量器具的起、止时间，又有证据证明该期间误差与最后检定结果相一致的情况下其违法所得的计算问题，我局经口头请示国家技术监督局后，此案的计算方法是：第一，按称重段分别计算，并减去相应允差；第二，依据 1997 年 7 月 13 日的检定结果，从 3 月 18 日开始计算到 1997 年 7 月 12 日。由于是口头答复，省高院要求应有文字依据。为此，特请国家局给予答复。河南省技术监督局政策法规宣传处副处长时广宁与济源市技术监督局局长李军星赴北京将河南省技术监督局的《请示》呈报国家技术监督局，并进行了详细汇报。国家技术监督局 1998 年 3 月 24 日发出《对河南省技术监督局“关于我省济源市技术监督局查处黄河小浪底三标计量违法案中违法所得计算问题请示”的批复》（技监局监发〔1998〕52 号）。《批复》曰：你局“关于济源市技术监督局查处黄河小浪底三标计量违法案中违法所得计算问题的请示”函（豫技法〔1998〕53 号）收悉，现就有关问题答复如下：在查处计量违法案件中，对于经依法检定发现的使用不合格计量器具的违法行为，在有充分证据证明其违法行为发生的起止时间，且此期间内该计量器具的不合格状态未改变的情况下，可依据依法检定的结果计算违法所得。河南省高级人民法院依据该《批复》二审（终审）判济源市技术监督局胜诉，黄河小浪底水利枢纽工程三标（法国承包商）败诉。这是河南省技术监督局查处的第一个涉外计量违法案件，在社会上产生很大影响，有力推动了计量行政执法工作。

河南省技监局 1998 年 4 月发文，委托河南省纤维检验局开展纤维计量器具行政执法工作。河南省技监局 1999 年 4 月 2 日转发国家质监局令第 3 号《商品量计量违法行为处罚规定》。

河南省技监局 1999 年 5 月发文，任命牛淑芝、陈海涛、赵建新、赵发亮、陈桂兰、王刚、韩金福、李莲娣、赵瑾为技术监督行政执法人员。

河南省技监局 1999 年 9 月发文任命杜书利（计量）、孔庆彦（计量）、闫继伟（计量）、李国强（计量）为技术监督行政执法人员。

河南省质监局 1999 年 11 月印发了《河南省质量技术监督行政执法监督实施办法》《河南省质量技术监督行政执法过错责任追究办法》《河南省质量技术监督行政案件办理制度》《河南省质量技术监督行政执法人员管理办法》《河南省质量技术监督局行政复议规则》《河南省质量技术监督行政赔偿试行办法》《河南省质量技术监督没收物品管理办法》《河南省质量技术监督行政执法案卷管理办法》共 8 个行政执法规范性文件。

1999 年 12 月，新乡市技监局组织执法人员对各县电能表检定情况进行了全面监督检查，发现延津等电业局电能表检定装置的检定证书系新乡市电业局计量所出具，经查，该所属违法开展量传工作，依法下达了行政处罚决定书。12 月 23 日，新乡市技监局向各县发文宣布新乡市电业局计量所开展电能表检定装置的检定工作属违法行为，证书无效。

河南省质监局于 2001 年 2 月印发《关于印发国家质量技术监督局修订的质量技术监督行政执法文书（修订试行本）的通知》。

河南省质监局于 2001 年 8 月印发《内部明电》，通知：根据省政府主要领导的批示，电能计量、电信计量因职能问题引起的违法行为暂停处罚。

1999 年，河南省某县李某来信询问该县土改时土地丈量使用的是什么尺子。河南省质监局计量处向李某出具了便函，予以回复。在回复中，依据《河南省志 · 计量志》记载，客观地介绍了计量制度沿革、中华民国时期至 1959 年前新旧制并用的状况，解释了旧制的含义，提出土改时使用的尺子应为旧制。2003 年 11 月 20 日，河南省某县农民王某以河南省质监局出具的错误证明，该证明被法院等有关部门在处理纠纷中采信，以影响其宅基地使用权利为由，向河南省质监局所在省辖市的某区人民法院提起行政诉讼，请求法院判令河南省质监局撤销错误证明，并履行作证义务。区人民法院认为，河南省质监局出具便函，不属人民法院的受案范围。河南省质监局依据《河南省志 · 计量志》出具的便函内容正确。法院二审裁判后，李某没有申诉。

河南省质监局2001年9月13日发出第2号《要情报告》，内容：2001年9月6日，郑州市质监局接到国家质检总局和国家税务总局批转的传真电报，要求对郑州市“甲天下加油城”对税控加油机作弊坑害消费者一事进行查处。当日下午，郑州市质监局会同市国税局迅速组织成调查组对“甲天下加油城”21台电脑税控加油机进行了突击检查。发现该加油站人为改动了加油机的电脑主机板，在收款柜台发现中央管理控制系统于2001年5月15日15时输入了新的程序。检查人员还发现流量系数可在四位数内任意设定。当检查人员将流量系数设置在9999时，加油机上显示出油量为34.77升，而实际供油只有20升，缺少14.77升，误差为42%。联合调查组当即研究决定：将21台加油机电脑主控板拆除，中央控制系统主机暂扣。经该加油机厂方人员鉴定，“甲天下加油城”在用的21台税控加油机电脑主机板已被私自改动，可以随机改变流量系数，造成多记数少给油的违法行为。据了解，该加油站在加油时“看人下菜”，本地车辆加油误差在10%以上，外地车辆加油误差可高达42%。该加油城还改变了中央控制系统电脑硬盘中的管理系统文件，以减少加油机日累计或月累计数。这说明该加油城在非法侵害消费者利益的同时，又偷逃了国家税收。“甲天下加油城”位于107国道郑州段、注册登记名称为“郑州广发加油城”，总投资500多万元，占地约15亩，油站的法人叫蔡某，系福建省莆田人。据调查，该加油站于2001年5月6日正式开业，每天的销售额在2万元左右，近10吨油。若按10%的误差计算，每天可获1吨油的非法利润，自开业至今最低累计非法获油120吨，折合人民币24万元。目前，此案件正在进一步调查处理中。这是河南省查获不法分子运用高科技在税控加油机上作弊的第二起案件。

河南省质监局2001年11月发出明电，要求安阳、鹤壁、新乡等8个市局立即对107国道沿线的加油站（除中石化、中石油两大集团加油站外）进行执法检查，据统计，107国道沿线的安阳、鹤壁、新乡等8个质量技术监督部门共出动执法人员204人，检查社会加油站127个，检查加油机777台，查处有违法行为的加油站9个，查处计量违法加油机34台，查处违法货值总额0.92万元。基本规范了107国道沿线社会加油站的经营行为。

2001年11月7日晚，中央电视台《焦点访谈》栏目播出“难查的偷油机”节目，报道了郑州市质监局查办郑州市广发（甲天下）加油城案件的情况。由于郑州市质监局没有做好有关工作，使本来正面报道查办案件的节目变成了对质检系统的曝光。2001年9月6日，郑州市质监局先后收到国家税务总局、国家质检总局的传真批件，要求对郑州市郊107国道的广发（甲天下）加油城私改税控加油机、偷税漏税、缺斤少两的违法行为进行查处。现场检查发现：①21台加油机铅封全部被拆掉；②流量系数可在四位数内任意设置，检查人员把系数设定在“9999”时，加油机输出显示为34.77升，而实际给油只有20升，负偏差为42.5%。③当检查人员打开21台加油机时，发现税控电脑主机板后面有一根红色的金属线直接连在税控芯片的一端，明显做了手脚。④在检查该油站微机管理系统中，发现2001年5月15日15：30时输入了一个新的管理文件。鉴于上述情况，郑州市质监局和郑州市国税局共同研究决定：对该油站下达停业并接受调查的决定；将21台税控主机板和后台二套管理系统硬盘全部拆除并查扣。通过对该油站委托法人林某的多次审问和交代，进一步调查了甲天下加油城在税控加油机上进行作弊的作案情节和涉案人。查封了该加油站的财务票据。通过票据、账本、交税单据的核查，查清该油站从2001年5月16日至8月31日共销售汽油308398.55升，柴油180623.60升，折合人民币1065591.31元。郑州市政府牵头，市质监局、市公安局刑警支队联合组成的专案组，案件即日起由郑州市局移交市公安局查办。11月4日，联合专案组将该油站负责人林某抓获；11月5日下午，将该油站法人蔡某抓获归案；11月6日，专案组同志奔赴河北省邢台市，11月7日下午将私改税控加油机的作弊人郝某（女）及其丈夫抓获，至此5名涉案人员已抓捕4人。在此计量违法案件办理过程中，郑州市质监局多次向郑州市政府、省质监局汇报，省质监局也多次向省政府领导、国家质监局领导进行了汇报。

河南省质监局向国家质检总局报送《关于对加油机计量违法案件中违法所得计算问题的请示》（豫质监字〔2001〕104号）。《请示》内容：郑州市质监局检查发现：郑州广发加油城在用的21台税控加油机经现场测试，其流量系数可通过操作面板输入密码后更改。流量系数的改变所导致的加油

量误差最大可达到 -42.5%。但是，该加油城日常营业中设定的流量系数是多少，却无法予以认定。因为作弊加油机断电后，该加油机的流量系数即全部恢复正常，且行政相对人拒不承认使用该手段作弊。针对上述情况，河南省质监局认为，在处理这类计量违法案件中，当事人故意作弊并隐瞒事实真相或拒不提供违法证据的，违法所得应按照监督检查中发现的计量器具可达到的最大误差计算。国家质检总局 2001 年 11 月 20 日发出《对河南省局关于加油机计量违法案件中违法所得计算问题的请示的答复》（质检执函〔2001〕9 号）。《答复》指出：①对有充分证据，能够确定计量器具误差的，依据确定的计量误差计算违法所得；②对当事人故意破坏计量器具并隐瞒事实真相或者有关违法证据，使计量器具的误差难以确定的，依据监督检查中发现的计量器具可以达到的最大误差计算；③对违反《计量法》的规定，涉嫌犯罪的案件，应当依据《行政机关移送涉嫌犯罪案件的规定》，尽快移送公安部门，并积极协助公安机关进行查处。

2001 年，河南省质监局加大了专项计量执法监督检查的力度。一是在全省范围内开展了中、小学教材执行法定计量单位的检查。据统计，全省共抽查了 150 个单位，抽查教材、报纸、广告等 720 种、3 万多份，其中法定计量单位差错率约 3%，比往年有所下降。二是在夏、秋农产品收购和农用生产资料中加强了计量监督检查。据不完全统计，全省出动计量监督检查人员 7000 人次，检查粮食购销单位 1600 多个，农用生产资料销售单位 1200 个，在用计量器具 10 万台件，检查发现超周期使用计量器具 350 多个单位，不合格计量器具 1000 多台件，各级质量技术监督部门分别对其进行了处理。三是开展了定量包装商品净含量及生产、使用、销售计量器具单位的监督检查。全省共抽查 496 个企业，603 个品种，合格 510 个批次，不合格 93 个，合格率 84%。不合格率 16%，其中饮料不合格率占 10%，调味品、食品不合格率约占 20%，酒类不合格率占 15%。

河南省质监局 2002 年 9 月 18 日发出《对许昌市质监局关于在查处烟站压秤坑农一案中有关问题的请示的答复》（豫质监量发〔2002〕301 号）。《答复》如下：①电子秤（烟叶收购机）属计量器具。利用科技手段调整误差系数的行为属《计量法》《河南省计量监督管理条例》调整范围。②违法所得的计算：对有充分证据，能够确定计量器具误差的，依据确定的计量误差计算违法所得；对当事人故意改变计量器具的误差系数且不提供或隐瞒事实真相，破坏违法证据，使计量器具的实际误差难以确定的，可依据监督检查中确认的该计量器具可以调整到最大误差计算。③对违反计量法律、法规涉嫌犯罪的案件，严格按照《行政机关移送涉嫌犯罪案件的规定》及时移送司法部门。

河南省质监督局 2002 年在 107 国道和 310 国道沿线加油站组织开展了专项执法检查。

河南省质监局于 2003 年 4 月 15 日发出《关于对计量违法行为实施处罚问题的通知》，对计量违法行为行政处罚程序做出了规定。

2003 年 12 月，河南省质监局接到河南省政府副省长刘新民对河南移动通信有限责任公司《关于协调解决登封纠纷事件的紧急请示》的批示后，立即组织专题调查组，调查结果：登封电信纠纷起诉为个人行为，宣传报道属媒体炒作，整个事件不是行政行为。

河南省质监局 2005 年在全省范围内积极组织开展了对路经河南省的交通主干线沿线加油站和城乡结合部路段沿线加油站的计量执法检查，全省共出动检查人员 240 人次，检查加油站 2010 个，检查加油机 8740 台，其中：合格 8390 台，不合格 350 台，受检率 94%，合格率 96%；查处计量违法案件 21 起，没收作弊芯片 2 块，查封加油机 35 台。

2008 年，博爱县质监局在检查博爱县许良镇吕店六六六磅房的电子汽车衡时发现：在电子汽车衡的称重显示器后盖，发现输入线路上面有一个用黑色的胶带包着的装置，大约有 5cm。称重显示器型号为 XK3190-D9，内安装的遥控盗窃器，经现场试验，其遥控器上的 A、B、C、D 四个键分别有如下功能：按 C 键称重显示器显示为“0kg”；按 A 键显示为“-100kg”；按 B 键显示为“+120kg”；按 D 键显示为“+360kg”。市局依法对该电子汽车衡进行了查封，执法人员对检查全过程进行了录像并对该电子汽车衡进行了立案。2008 年 1 月 28 日，经焦作市质量技术监督局案件审理委员会审议决定：对该电子汽车衡使用者给予以下行政处罚：①责令赔偿损失 74.4 元；②没收 SCS-100-QC 型电子汽车衡一台；③没收全部违法所得；④并处 1000 元罚款。此案于 2008 年 4 月 15 日结案。

2009 年以来，根据群众举报，周口、濮阳、商丘、信阳、开封、济源 6 个省辖市质监局查处了中石化、中石油河南分公司的 27 家加油站破坏加油机计量准确度案件。

2009 年 7 月 16 日，开封市中级人民法院向河南省质监局提出了司法鉴定委托，要求对陶某、刘某、王某盗窃案涉及的被盗电量进行计量技术鉴定。河南省质监局于是年 7 月 28 日聘请有关专家，在郑州召开了电能计量技术司法鉴定会。鉴定结论如下：①从接线运行方式照片上显见三相用电计量回路中 C 相接线端异常，不能保证有效连接。专家组认定该案人为窃电事实确凿。②被窃电量计算结果：C 相电流缺失造成的少计电量为 51070.4kW · h。

2009 年 5 月 19 日，河南省质监局稽查总队行政执法人员联合某市质监局稽查大队行政执法人员，并在该市质检中心计量检测人员的配合下，依法对中国石油天然气股份有限公司某加油站进行了监督检查，检查时该站站长张某在现场，执法人员出示了执法证件。现场检查发现该加油站共计 8 台加油机中有两台在脉冲发生器后发现内有无线接收装置。两台加油机主板及脉冲发生器铅封完好，标志为某市质检中心。执法人员要求该站工作人员提供遥控装置，该站负责人张某称已丢失，两台安装有无线脉冲装置的加油机是改动过的，两台加油机改动后的负偏差为 -4%。执法人员现场做了笔录，并依法对涉嫌计量的装置采取了封存措施，并通知其到省局接受进一步调查处理。随后执法人员对该加油站站长张某进行了调查，据张某供述：其于 2008 年 12 月 21 日花费 4000 元在其站内 6 号（汽油）、4 号（柴油）加油机分别安装了无线摇控脉冲发生器，其目的在于控制加油机的出油量，实现计量作弊。提供作弊装置的是一操南方口音的男子，是上门来推销其服务的，此人目前下落不明，无法查找。两台作弊加油机各有一个摇控器控制，摇控器上有 A、B、C、D 四个控制键，按 A 和 B 键少给消费者 2% 的油量，按 C 键少给消费者 4% 的油量，按 D 键恢复正常，摇控器于现场检查前两天丢失（现场检查时某市检测中心技术人员对该站上述加油机进行了计量检测，当时出油量符合国家法定计量偏差标准）。该站站长张某承认其自 2008 年 12 月 21 日至 2009 年 5 月 19 日期间通过摇控器实现计量作弊及故意破坏计量器具准确度的违法事实。2009 年 6 月 9 日，经生产厂家检验证实，在该站现场封存的加油机主板在脉冲发生器内部增加了脉冲振荡板，该振荡板在加油时会增加脉冲数量，造成主机板显示数据与实际加油量不符，干扰整机的计量准确度。同时，读取了上述两块加油机主板 2008 年 2 月至 2009 年 5 月份的月加油数据（升）及加油金额，经计算该站加油机自安装作弊装置后至 2009 年 5 月 19 日累积销售汽油 120349 升，计 603418 元；柴油 230085 升，计 1085835元。主要证据：现场检查笔录、照片，调查笔录、计量器具的记录数据、有关账目、厂家出具的脉冲振荡板增加脉冲数量的技术证明及读取数据。违法所得计算方式：汽油违法所得，第一，2008 年 12 月油量（计算当月平均值 ×10 天）为：3508 升 ÷31 天 ×10 天 =1131 升。第二，合计 2008 年 12 月、2009 年 1~5 月油量为：1131 ＋ 26259 ＋ 25065 ＋ 28639 ＋ 23606 ＋ 15649=120349 升。第三，2008 年 12 月金额（计算当月平均值 ×10 天）为：18729 元 ÷31 天 ×10 天 =6041 元。第四，合计 2008 年 12 月、2009 年 1~5 月金额为：6041 ＋ 130714 ＋ 121857 ＋ 141430 ＋ 122156 ＋ 81220=603418 元。第五，2008 年 12 月、2009 年 1~5 月汽油平均价格为：603418 ÷ 120349=5.01 元 / 升。第六，汽油违法所得为：120349 × 2% × 5.01 元 / 升 =12058 元。第七，柴油违法所得：（计算方法同汽油）230085 × 2% × 4.71 元 / 升 =21670 元。第八，按 5 倍计算罚金（12058 元＋ 21670 元）× 5=168640 元。处理结果：根据以上事实和证据，办案人员将案件提交河南省质监局案件审理委员会进行了审理。案审委认为：案件事实清楚、程序合法、证据充分，中国石油天然气股份有限公司某加油站的行为构成故意破坏计量器具准确度，已违反了《河南省计量监督管理条例》第十四条“使用计量器具涉及公共利益和他人利益的，不得有下列行为：（三）破坏计量器具准确度”之规定，依据《河南省计量监督管理条例》第三十九条规定，建议给予下列行政处罚：（1）责令改正；（2）没收加油机主板两块；（3）没收汽油违法所得和柴油违法所得 33728元；（4）处违法所得 5倍罚款 168640元。2009 年7月 18 日，下达了《行政处罚告知书》，在法定期限内中国石油天然气股份有限公司河南某地销售分公司没有提出申诉、申辩理由，也没有要求听证。2009 年 8 月 18 日，下达了《行政处罚决定书》。该公司履行了全部行政处罚决定。

2013 年 11 月 28 日，根据举报，河南省质监局稽查总队执法人员出示执法证件后，在河南省计量院计量检定人员和相关技术人员配合下，依法对河南中油高速公路油品股份有限公司位于连霍高速公路民权服务区南区的商丘第一加油站进行了执法检查，现场对该加油站正在使用的加油机一一进行检测，发现该加油站在用的一台93# 汽油加油机超出了最大允差范围的10倍以上；另在该台加油机显示器与计控主板之间发现带有接收装置的连接线一条，经执法人员长达一个小时的认真查找，最后在该站围墙附近的草地内发现了一个用于作弊的遥控器。根据现场检查情况，举报情况基本属实，执法人员现场对涉嫌作弊加油机予以封存，对加油机计控主板予以扣押，稽查总队以涉嫌计量作弊对该加油站立案查处。执法人员将涉案加油机计控主板及遥控装置送至加油机生产公司鉴定，该公司出具的鉴定结论显示：加油机计控主板的厂家铅封已损坏，遥控装置非加油机生产公司所有。根据鉴定结论，该加油站超出最大允差范围的一台加油机所用遥控装置为人为安装。立案后，该加油站的负责人到河南省质监局稽查总队接受调查，其承认通过人为增加作弊装置进行计量作弊的事实。经调查，该站自2013年9月27日开始对加油机进行计量作弊，造成加油机示值误差超差达到5.1%，自2013年9月27日至11月28日，该公司共销售93# 汽油172106.47升，销售金额1280941.0元。该加油站获得违法所得为：65327.99元。经河南省质监局案审会审议，该加油站通过在加油机计控主板与显示器之间增加作弊装置进行计量作弊、克扣车主加油量的行为属于利用计量器具作弊，其行为已经违反了《河南省计量监督管理条例》第十四条之规定。河南省质监局案审会依据《河南省计量监督管理条例》第三十九条之规定给予该加油站以下行政处罚：（1）责令改正破坏加油机准确度的行为；（2）没收加油机；（3）没收违法所得陆万伍仟叁佰贰拾柒元玖角玖分（65327.99元）；（4）处违法所得五倍罚款叁拾贰万陆仟陆百叁拾玖元玖角伍分（326639.95元）。该案执行完成，已结案。

河南省质监局稽查总队2009—2014年查处的计量违法案件共有10起。第一，2009年：（1）中国石油化工股份有限公司河南周口石油分公司，2010年执行到位30万元。（2）平舆县胡某加油站涉嫌破坏加油机计量准确度案，2010年执行终止。第二，2011年：（1）漯河市汇鑫油业有限公司改变计量器具准确度案，罚没9万多元。（2）漯河市三隆实业有限公司改变计量器具准确度案，罚没6万多元。（3）中国石油天然气股份有限公司河南南阳第八十二加油站破坏计量器具准确度案，罚没4万多元。（4）邓州市成信加油站破坏计量器具准确度案，罚没5万多元。第三，2012年：河南孟电集团水泥有限公司破坏计量器具准确度案，罚没15万元左右。第四，2014年：（1）潢川县沙河店加油站涉嫌破坏加油机准确度案，罚没24万多元。（2）河南省公路工程专用仪器设备检定站涉嫌未取得计量授权开展计量器具校准案，罚没25万元。（3）河南中油高速公路油品股份有限公司商丘第一加油站破坏计量器具准确度案，罚没加滞纳金128万元。

2014年年初，河南省质监局稽查总队依法查处了一起加油站计量作弊案件，涉案加油站为民权县高速公路服务区标注为“中国石油”的加油站，该加油站涉案金额大，影响恶劣。为保护消费者权益，维护市场公平，同时也为了保护“中国石油”这一著名品牌的信誉，2014年2月20日河南省质监局发文，对中国石油河南销售分公司进行约谈。

第七节　加强制造、修理计量器具管理

加强制造、修理计量器具监督管理，提高计量器具质量，依法制造、修理、销售、使用计量器具，是保障国家计量单位制的统一和量值准确可靠的基础。河南省质监局根据《计量法》等计量法律、法规和规章的要求，结合河南省实际，制定了具体的规定和实施办法，加强了制造修理计量器具的监督检查、专项检查、专项整治，建立了制造修理计量器具考评员队伍，严格考核、发证程序，提高颁证质量，维护市场经济秩序，保护国家和消费者的利益，推动、促进和保障了河南省经济建设和社会发展。

1995年，河南省技监局对制造、修理计量器具许可证进行检查整顿。这次检查，对计量器具制造单位，重点解决无许可证、超许可证范围和有效期从事生产以及生产条件下降的问题；对计量器

具修理单位，重点解决无许可证和出厂检定条件不完善的问题。是年，河南省技监局对长葛衡器市场进行了整顿治理。长葛历来被称为“木杆秤之乡”，特别是该市的董村镇，有着悠久的木杆秤制造历史，其产品销售范围除河南省外还覆盖了西北、华北和东北各省市。但是长期以来，该市衡器市场一直处于自由发展状态，缺乏应有的规范。长葛市现有衡器制造单位不少于 10 家，经销衡器的店铺近 20 家，这些生产经销者大多集中在该市董村乡的董村和高庄村。据估计，从业人员逾 6000 人，每年衡器销售额超亿元，是全国闻名的三大衡器及零配件市场之一。但是检查中发现，该衡器市场严重存在诸多问题，导致该市衡器市场有发展成为伪劣衡器生产、集散地的可能。为此，河南省技监局在 1995 年“质量万里行”活动中，对该市衡器市场进行了检查和治理。

1995 年，河南省技监局组织对 105 个单位制造生产的 141 种计量器具新产品进行了样机试验，并颁发了样机试验合格证书；经过组织对生产条件的考核，对 63 个单位的 102 种计量器具新产品颁发了制造计量器具许可证（见表 5–7–1）。

表 5–7–1　1995 年取得制造计量器具许可证的单位及产品名单

单位名称	产品名称
郑州市航海电子衡器厂	电子汽车衡
黄河电子技术开发公司	单相标准功率电能表
河南省威特电子衡器开发所	电子汽车衡
漯河市衡器厂	地中衡
驻马店市科委双宝电子研究所	单相电能表校验台
驻马店地区电表厂	单相电能表、三相四线有功电能表、单相防窃电能表、三相三线多功能电能表、三相四线无功电能表、三相三线有功电能表，单相电子式电能表、三相四线多功能电能表、三相四线多费率电能表、三相三线复费率电能表
漯河宏泰集团实业总公司	全电子汽车衡、地上衡
郑州市音达新技术研究开发中心	测深仪、单颗料金刚石抗压强度测定仪、非接触超声波水位仪
驻马店市仪表厂	单相交流电能表
郑州开益电子公司	电子数显百分表
河南省华达测控仪器公司	单相便携式电能表校验装置
郑州华达自动测试研究所	单相交流电能表校验标准装置、三相交流电能表校验标准装置
开封中亚电气设备厂	三相电能表检定装置
郑州市赛达电子高科技开发经营部	单相标准功率电能表
焦作市四达衡器厂	台秤
漯河市蓝天仪表厂	一般压力表、电接点压力表
焦作市中原衡器厂	台秤、案秤
驻马店地区自动化工程公司	交流数字电流表
郑州电子秤厂	台秤、案秤
长葛市董镇衡器厂	台秤
开封衡器厂	电子汽车衡、机电地中衡系列杠杆式弹簧度盘秤
新乡市衡器厂	电子台秤、智能核子秤、无线数据传输电子吊钩秤、机电结合秤、多功能包装机、电子汽车衡、双面弹簧度盘秤
郑州科尔电气实业有限公司	便携式电能表校验装置、单相电能表检定装置
河南省计算中心科林电子公司	三相电能表检定装置
新乡市计量技术测试所第二仪器厂	标准金属量器
许昌市许继仪表厂	三相四线有功电能表

续表

单位名称	产品名称
漯河市热工仪表厂	电接点压力表、汽车真空表
郑州蒙太电子研究所	单相电能表校验装置、单相标准功率电能表
河南省水利勘测总队	光学经纬仪、水准仪
郑州电子秤厂综合服务商行	电子计价秤、度盘秤、固定式杠杆秤、移动式杠杆秤
长葛市神鹰衡器厂	台秤
郑州市东方衡器厂	台秤、案秤
驻马店地区天运机械电子技术开发有限公司	数字式电流表、数字式电压表、数字式功率表、数字式工频表
长葛市天平衡器厂	台秤
内黄县环球衡器厂	台秤、案秤
郑州天元新技术研究所	三相交流电能表检定装置
郑州华迪光电公司	多功能标准电能表
南阳市电业局计量所	三相三线有功最大需量复费率电能表、三相三线无功最大需量复费率电能表
焦作市衡器厂	台秤、案秤
安阳市铁西中州衡器厂	双面弹簧度盘秤
机械工业部洛阳拖拉机研究所	发动机油耗转速自动测量仪
开封市普球实业有限公司压力表厂	一般压力表
郑州市衡器厂博爱分厂	台秤
南阳市衡器厂	高精度电子自动秤
开封市同舟仪表电器厂	一般压力表
中国人民解放军信息工程学院实验工厂	手提式计价电子秤
长葛市中原衡器厂	台秤
长葛市神州衡器厂	台秤
长葛市天马衡器厂	台秤
长葛市金龙衡器厂	台秤
长葛市五洋衡器厂	台秤
长葛市中南衡器厂	台秤
长葛市衡星衡器厂	台秤
长葛市真鹰衡器厂	台秤
长葛市中州衡器厂	台秤
长葛市中华衡器厂	台秤
长葛市五州衡器厂	台秤
长葛市长松衡器厂	台秤
长葛市华山衡器厂	台秤
许昌衡器厂	台秤
长葛市衡源衡器厂	台秤
长葛市国宝衡器厂	台秤、案秤
长葛市天龙衡器厂	台秤
河南华明电气有限公司	交流数字电压表

为了加强对计量器具市场的管理，河南省技监局于1996年1月10日豫技量发〔1996〕10号文发布了《河南省计量器具销售报验规定（试行）》，共12条，从1996年5月1日起施行。1997年，根据有关规定，河南省技监局撤销了该文。

自1994年实施计量器具制造业年度审查制度以来，河南省计量器具制造业在规范化管理方面有所进步。河南省技监局1996年进行了计量器具制造业1995年度审查及普查工作；7月3日发文吊销了郑州光大测控成套有限公司（93）量制豫字01000150号制造计量器具许可证及附件；对制造、销售、使用电子收费计时器开展监督检查。

1996年，河南省技监局组织进行全省衡器商品质量监督检查。据15个市、地的不完全统计，这次检查共抽查经销单位和个体商户316家，抽查各种衡器3913台，合格3575台，合格率为91.4%。从全省检查的整个情况看，大多数衡器经销单位和个体商户计量法制观念较强，经营思想也较端正，能够遵守计量法律、法规的有关规定，抵制伪劣产品的法律意识有所增强，主要经营名优产品和正规厂家生产的产品，并重视进货质量验收。这次检查也发现少数单位和个体商户制造、销售质量低劣、冒用他人厂名、厂址和未经样机试验合格及未申请制造计量器具许可证的衡器，各地依法进行严肃处理。

1996年，河南省技监局委托经国家技术监督局授权的技术机构，对鹤壁市气体检测管厂等三家企业生产的三类计量器具完成了定型鉴定，并由河南省技监局核发了型式批准证书；对84个单位198种计量器具新产品核发了样机试验合格证书；向52个单位制造的84类128种计量器具新产品核发了制造计量器具许可证。

1997年，河南省技监局进行了1996年度制造计量器具企业年审工作。应参加年审315家，合格246家，合格率78.1%，明显好于1995年。对长葛市已取得制造计量器具许可证的21家台、案秤生产厂家进行考核审核监督检查。是年，共对62个单位申请的90类121种计量器具新产品核发了样机试验合格证书，向32个单位制造的60类112种计量器具新产品核发了制造计量器具许可证。

1997年，国家技监局明确DD28型电能表不属于违法计量器具。河南省技监局发文，制止对衡器等产品实行“准销证”做法；撤销了河南省技监局〔1996〕10号文《关于印发〈河南省计量器具销售报验规定（试行）〉的通知》。是年，河南省技监局对省政府打假办确定为集中“打假”专项活动中重点整顿的长葛衡器市场，本着“帮促、引导、规范、发展”的原则，进行整顿提高。为此，河南省技监局调查组从8月5日~15日分两次对25家计量器具生产厂进行了走访调查。调查发现：长葛衡器市场前期整顿效果显著；多数衡器厂生产条件落后亟待提高；个别个体户违法生产，被依法查处；提出了对长葛衡器市场的7条整改意见。

河南省技监局1997年进行了1996年度制造计量器具企业年审工作。应参加年审315家，合格246家，合格率78.1%，明显好于1995年。对长葛市已取得制造计量器具许可证的21家台、案秤生产厂家进行考核审核监督检查。1997年又有10家企业正在办理取证手续。是年，共对62个单位申请的90类121种计量器具新产品核发了样机试验合格证书，向32个单位制造的60类112种计量器具新产品核发了制造计量器具许可证。

1998年，国家质监局计量司发文明确在国内制造专供出口的计量器具不必办理制造计量器具许可证；国家质监局发文明确，对外商在中国设立计量器具维修站停发修理计量器具许可证。是年，颁发计量器具许可证61家（其中复核换证10家），样机试验合格证83家。各市地计量行政部门全年共审核330家，合格280家，对不合格的企业，限期整顿。

1999年1月，河南省技监局公布了获得首批“河南省计量器具制造企业重点保护产品”企业及申请保护产品：①许继变压器有限公司：高电压等级电压、电流互感器；②河南省金雀电气（集团）有限公司：电能表；③漯河裕立仪表有限公司：Y-100，Y-150压力表；④郑州正星机器有限公司：电脑计量加油机；⑤河南思达电子仪器股份有限公司：三相电能表检定装置；⑥洛阳南峰航空精密机电有限公司：电涡流测功机；⑦开封市长风电器仪表厂：水表；⑧开封市黄河仪表厂：工业热电偶；⑨开封市自动化仪表厂：温度变送器。

1999年2月14日国家质监局发出第2号令，发布了《制造、修理计量器具许可证监督管理办法》（以下简称《管理办法》），于公布之日起施行。该《管理办法》共有总则、制造许可证的申请、考核和发证、修理许可证的申请、考核和发证、制造、修理许可证的监督管理和附则五章三十三条。制造、修理许可证有效期为三年。国家质监局质技监局政发〔1999〕41号文发布了“首批重点管理的计量器具目录”：电能表、水表、煤气表、衡器（不含杆秤）、加油机（含加油机税控装置）、出租汽车计价器。凡列入该目录的计量器具（除加油机），其制造许可证的申请、考核和发证工作由河南省技术监督局统一管理。加油机税控装置的生产向省局申请，样机试验由国家质监局指定的技术机构承担，样机试验合格后由省局考核发证。税控加油机的生产向国家局申请，由国家局统一组织考核发证。国家质监局质技监局量发〔1999〕123号文印发了《制造、修理计量器具许可证考评员培训考核、聘任规定》，由国家质监局颁发考评员资格证书。全省对制造修理计量器具企业1998年度年审共有404家企业，其中合格296家、合格率为73.3%，需要整改12家，占3.0%；由于停产、转产或拒不参加年审及有严重违法违规需吊销、撤销制造计量器具许可证77家，占19.0%。全省修理计量器具参加年审的企业9家，全部合格，占2.2%。

河南省技监局、河南省地方税务局1999年10月18日联合印发豫技字〔1999〕53号文，决定在全省推行使用出租汽车税控计价器，并提出了八条要求。

2000年2月1日河南省技监局发出《关于对税控加油机进行出厂检定的通知》（豫技办发〔2000〕25号）：授权郑州正星机器有限公司对本公司生产的税控加油机进行出厂检定。出厂检定必须按JJG 443—1998《燃油加油机》中首次检定的要求进行逐台检定。由河南省计量测试研究所派员组成驻郑正星机器有限公司出厂检定监督站，对该公司的出厂检定实施监督，进行部分税控加油机的全项目检定、主要技术参数检定、主要部件检定等出厂检定监督工作。

2000年12月13日河南省质监局印发《关于纳入国家重点管理计量器具生产企业制造计量器具许可证考核必备条件的原则要求》，对生产规模、生产设施、生产设备、检测设备、必备条件的执行等提出了要求。是年，河南省质监局全年样机试验企业数96个，其中已取证的单位61个，办理样机试验合格证书75个；颁发制造计量器具许可证16家；计量器具新产品定型（型式批准样机）1家。是年，协同河南省国家税务局，进行了燃油加油机加装税控装置的试点工作，对加油机税控装置进行了招标选型，安排部署了在全省实施燃油加油机加装税控装置的工作。

2001年河南省质监局发文，授权河南省计量所承担焦作百合科技责任有限公司生产的出租汽车税控计价器和周口三辰机器制造有限公司生产的税控加油机的出厂检定工作。

2001年，河南省质监局、河南省地方税务局联合发文，在全省推行使用出租汽车税控计价器，提出了九条具体要求。是年，河南省质监局发布了河南省质监系统内使用的电能表检定装置选型结果为：河南省思达高科技股份有限公司和郑州三晖电气股份有限公司生产的电能检定装置。对省内重点管理的衡器、水表等制造计量器具生产企业的生产条件进行了考核，并对考核合格的企业及其产品予以通报。河南省质量技术监督局2001年12月10日豫质监量发〔2001〕316号文制发《河南省销售计量器具管理办法》，共有十四条，其中要求经营销售计量器具应当建立并执行进货检验制度，验明计量器具产品合格证明和其他标识。是年，国家质检总局国质检量函〔2001〕622号文要求制造计量器具企业设立的维修站不再办理修理计量器具许可证。

2001年，河南省质监局进一步落实国家对电能表、水表、煤气表、衡器生产企业必备条件的要求，召开了考核验收工作布置会和验收现场会，完成了对电能表、水表、煤气表、衡器方面的141家生产企业必备条件验收工作，合格86家，不合格55家；受理样机试验136个，完成样机试验审批并颁发样机试验证书129个，颁发型式批准证书13个；组织对67家的计量器具制造、修理企业进行生产条件考核，复查合格后，经批准颁发制造或修理计量器具许可证。

2002年，河南省质监局通报了经整改后考核合格的企业及其产品情况和考核不合格吊销其计量器具制造许可证的企业。是年10月，河南省质监局发文，要求：已经取得制造修理计量器具许可证的单位，生产、修理许可证范围外的其他类型的计量器具，必须另行申请取得具有相应许可证范围的制造修理计量器具许可证；已经取得制造修理计量器具许可证的单位，生产、修理许可范围内的计量器具，但其量程、准确度等级和型号与取得的制造修理计量器具许可证的许可范围不同的，也必须在取得计量器具新产品型式批准或样机试验证书后，按照管辖权限申请换发制造修理计量器具许可证，可不再进行生产条件考核等。

2002 年，河南省制造计量器具企业复核换证 82 家，其中省级 34 家。全省新发证 55 家，其中省级 15 家。是年，型式批准和样机试验数 185 个，对 300 多家计量器具制造、修理企业进行了监督检查，其中整改 20 家，吊销计量器具许可证 10 家，切实做到了扶持一批好企业，整顿一批差企业，有效地保证了计量器具的产品质量。

2004 年 6 月 21 日国家质检总局印发国质检量函〔2004〕483 号文，公布了制造、修理计量器具许可证考评员名单，其中河南省有 40 人：赵发斌、范志永、扶志、王涛、魏东、李晓燕、蔡国强、黄玲、张向新、张卫东、阎库、柯存荣、刘志国、王玉胜、张敏、柴玉民、张福祥、高淑娟、谢冬红、张国卿、房安洲、胡保丁、赵仲剑、单生、吴用芳、靳庆云、王培虎、田敏先、徐军涛、苗润苏、阎福岭、王建平、郭卫华、王宗芳、曹晓冬、靳红军、魏淑霞、蔡纪周、程振亚、罗泽华。

2005 年 5 月 20 日，国家质检总局发布第 74 号令，公布了修订的《计量器具新产品管理办法》，自 2005 年 8 月 1 日起施行。是年，国家质检总局国质检量函〔2005〕586 号文，公布了制造、修理计量器具许可证考评员名单，其中河南省的复查换证人员有 85 人：牛淑之、苗瑜、张明、李林林、冯民山、乔爱国、李荣华、侯永胜、朱迪禄、陈怀军、史光明、李占红、李有福、李兴海、吴秀英、张保柱、李凯、李事营、赵美云、姚新、尹祥云、宋祥生、臧宝顺、孔令毅、王有全、彭晓凯、叶康年、燕金怀、刘荣立、李福民、左新建、庞庆胜、张宏、何永祥、林平德、杨金功、郭伊莉、王丽、陈四新、石洪波、马龙昌、程新选、陈传岭、陈海涛、赵立传、任方平、李淑香、石艳玲、韩丽明、孙毅、司天明、骆钦华、于雁军、刘全红、周英鹏、马睿松、刘沛、周秉时、苗红卫、杨明镜、杜建国、崔广新、朱卫民、陈清平、孙晓全、孔庆彦、李绍堂、崔耀华、朱永宏、张辉生、安生、王颖华、朱茜、尚岚、铁大同、王书升、张卫华、何开宇、王广俊、王卓、杜新颖、程晓军、裴松、马长征、赵军。

2005 年 10 月 8 日国家质检总局以《中华人民共和国国家质量监督检验检疫总局公告（2005 年第 145 号）》，公布了《中华人民共和国依法管理的计量器具目录（型式批准部分）》，自 2006 年 5 月 1 日施行。该《目录（型式批准部分）》共有 75 项 225 种。

2005 年，河南省制造、修理计量器具许可证公告资料汇编统计，全省截至 2005 年 12 月 31 日，共发有效证书单位 470 个（不含木杆秤），制造单位 430 个，其中省局发证 175 个，市局发证 255 个；修理单位 40 个，其中省局发证 5 个，市局发证 35 个。截至 2005 年 12 月 31 日，由于不符合国家“必备条件”要求、未申请复查换证、停产等情况，原证书注销的单位共计 111 个，制造单位 108 个，其中省局发证 52 个，市局发证 56 个；修理单位 3 个，其中市局发证 3 个。并阐述了存在的问题，提出了要求。

截至 2005 年 12 月 31 日，河南省制造、修理计量器具许可证统计情况见表 5–7–2。

表 5–7–2　2005 年河南省制造、修理计量器具许可证统计表

地区	制造单位数（个）	修理单位数（个）	合计
省局	175	5	180
郑州市	45	18	63
开封市	23	3	26
洛阳市	14	4	18
平顶山市	13	2	15
安阳市	7	—	7
鹤壁市	18	1	19
新乡市	25	6	31

续表

地区	制造单位数（个）	修理单位数（个）	合计
焦作市	2	—	2
濮阳市	9	—	9
许昌市	16	—	16
漯河市	4	—	4
三门峡市	5	—	5
商丘市	42	—	42
周口市	5	—	5
驻马店市	1	1	2
南阳市	10	—	10
信阳市	4	—	4
济源市	12	—	12
合计	430	40	470

注：不含木杆秤。

国家质检总局于2006年1月13日发出2006年第5号公告，公布了《中华人民共和国进口计量器具型式审查目录》，共有测距仪等75项。

国家质检总局于2006年6月23日发文：根据原国家质监局《关于委托中国计量测试学会管理标准物质的通知》（质技监局量函〔2001〕118号）中组织成立全国标准物质管理委员会具体管理标准物质的有关要求，全国标准物质管理委员会继续承办该通知中规定的5项具体管理工作。

2006年12月30日国家质检总局印发国质检量函〔2006〕1046号文，公布了张华伟等38名同志取得制造、修理计量器具许可证考评员资格，其中新获证人员有张华伟、孔小平、许建军、孟洁、张奇峰、黄玉珠、贾晓杰、邹晓华、张卫东、周富拉、杜正峰、樊玮、王全德、隋敏、李锦华、俞建德、黄成伟、刘文芳、张中杰、王朝阳、陈玉斌、朱小明、张志清、王守义、陈睿锋、姜鹏飞、石永祥、闫继伟、雷建军、刘鹤鸣、孔淑芳、李萍、刘沛。

2006年，河南省质监局组织全省计量管理人员和衡器计量专业技术人员28人，共分14个组，对91个衡器制造计量器具许可证企业进行了监督检查。监督检查的范围：电子地上衡、地中衡、汽车衡；电子吊秤；机械案秤、台秤：电子台秤等衡器类制造计量器具单位。监督检查的内容：厂房面积，生产、检测设备，检定人员，生产经营。监督检查结果：符合国家要求的单位78个；合并的单位2个；注销的单位5个；需要整改的单位6个。存在的主要问题：检测设备不能及时按检定周期进行检定：检测设备损坏，不能及时修理和购置。

2007年，河南省质监局计量处启用了新的制造（修理）计量器具许可证申请书和制造（修理）计量器具许可证复查换证申请书。国家质检总局2007年10月9日发文，公布了重点管理的计量器具目录（第二批）：①热能表；②粉尘测量仪；③甲烷测定器（瓦斯计）。

2007年12月29日国家质检总局公布了新修订的《制造、修理计量器具许可监督管理办法》（总局第104号令），制造、修理计量器具许可有效期为3年，自2008年5月1日起施行。是年，河南省质监局共颁发型式批准证书120份，制造计量器具许可证89份，共查处无证生产企业12家，对全省的30余家企业进行了监督检查。

2007年12月29日国家质检总局公布了新修订的《制造、修理计量器具许可监督管理办法》（总局第104号令）。该《管理办法》共有总则、申请与受理、核准与发证、证书与标志、监督管理、法律责任、附则七章。制造、修理计量器具许可有效期为3年。自2008年5月1日起施行。

2008年12月22日国家质检总局印发国质检量函〔2008〕843号文，公布胡海涛等156名同志取得制造、修理计量器具许可证考评员资格。其中，前119名为新获得制造、修理计量器具许可证考评员证书的人员，后 37 名为复查换证人员。其中，新获证的河南省人员有 34 人：张华、王文军、张志刚、王娜、胡博、郑黎、丁峰元、孙晓萍、贾会、宋羿、马占坡、路立文、赵臻、王宜伟、刘英、王发生、于兆虎、蔡君惠、宋文、司天明、高嘉乐、李振东、何永祥、王建伟、许雪芹、田静霞、蒋平、刘建功、刘建华、李世柱、路彦庆、王灵耀、朱阿醒、于军。

截至 2008 年 12 月 31 日，河南省质监局共发河南省制造、修理计量器具许可证 394 个（不含木杆秤）。其中，制造单位 350 个，省局发证 162 个，市局发证 188 个；修理单位 44 个，省局发证 6 个，市局发证 38 个。是年，由于不符合国家“必备条件”要求，未申请复查换证、停产等情况，原证书注销的共计 184 个，其中：制造单位 177 个，省局发证 99 个，市局发证 79 个；修理单位 7 个，市局发证 7 个。

2008 年，河南省质监局转发了国家质检总局印发的《关于发布催化燃烧型甲烷测定器（报警仪、传感器）、光干涉式甲烷测定器、粉尘采样器制造计量器具许可证考核必备条件》《关于发布热能表制造计量器具许可证考核必备条件》的通知和《关于‘家庭用’衡器管理有关问题的通知》。制造“家庭用”衡器，如人体秤、健康秤、厨房秤等，可免于申请制造计量器具许可证，但必须在产品的明显部位标注“家庭用 ×× 秤”等永久性字样。“家庭用”衡器不得用于贸易结算。

2008 年，河南省质监局举办了制造、修理计量器具许可证评审员学习班，34 人参加了培训。是年，新产品型式评价受理 118 份，许可证生产条件考核受理 33 份，计量性能试验 103 份，复查换证生产条件考核受理 51 份；颁发型式批准证书 111 份，许可证 56 份（其中换发证书 44 份，新颁发证书单位 12 个），计量性能试验完成 98 份。各市质监局对辖区内的部分计量器具生产企业进行了监督检查。开封市局对重点管理的水表生产厂进行了计量监督抽查，抽查合格率为 90%，并检查销售计量器具单位 12 家。漯河市质监局检查全市衡器生产企业 4 家，销售单位 15 家，并分别签订了诚信生产、经营承诺书，免费检定电子秤 2896 台件，漯河电视台、有线台、报社进行了跟踪报道，从不同角度对计量工作进行了宣传，产生了积极的社会影响。

2009 年 3 月 16 日河南省质监局制发《河南省企业专供出口计量器具备案程序》，对调整范围、提交材料、办理程序、办理时限等作出了规定。是年，河南省质监局 2009 年 5 月 4 日发文，要求按照 JJG 162—2007《冷水水表》规定的水表型式评价大纲进行型式评价。

2010 年，国家质检总局部署开展了对出租车计价器生产企业为期 1 个月的专项检查活动。全国共有出租车计价器生产企业 15 个省（市）38 家，通过企业自查和各省级质监部门核查的方式，发现有 7 家出租车计价器的生产企业（其中有河南省濮阳市仪表厂）在近 6 年内出现过“黑屏”“死机”等非正常停止工作的情况。发现问题的生产企业已采取更换芯片等措施，基本解决了问题，保障了出租车的正常运营。是年，河南省质监局制发了《互感器制造计量器具许可考核必备条件》。

2013 年 7 月 23 日河南省质监局计量处印发《关于执行膜式燃气表和压缩天然气加气机型式评价大纲有关说明的通知》（豫质监量函〔2013〕58 号），明确要求：JJF 1354—2012《膜式燃气表型式评价大纲》于 2013 年 3 月 3 日实施；JJF 1369—2012《压缩天然气加气机型式评价大纲》于 2013 年 6 月 3 日实施。上述两个规范分别取代了 JJG 577—2005《膜式燃气表》和 JJG 996—2005《压缩天然气加气机》的型式评价大纲部分，并对部分条款进行了修改。要求自文件下发之日起，全省膜式燃气表和压缩天然气加气机制造企业应于许可证到期时，重新按照计量器具新产品提交型式批准许可申请。

河南省质监局 2013 年 12 月 30 日印发《关于进一步加强制造计量器具产品监督管理工作的若干意见》（豫质监量发〔2013〕536 号），该意见要求（摘录）：结合河南省实际，现就进一步加强制造计量器具产品监督管理工作提出如下意见。第一，进一步规范许可发证工作，把好市场准入关：①进一步明确许可发证工作分工。制造国家重点管理计量器具的生产企业由省局负责受理、考核、发证；制造非国家重点管理计量器具的生产企业，由企业所属省辖市、省直管试点县（市）质监部门负责受理、考核、发证。②进一步规范行政许可工作。各级质监部门应将制造计量器具行政许可的名称、依据、实施主体、条件、程序、期限、收费依据（收费项目及标准）以及需要提交的材料的目录等内容向社会公布，便于企业查询。③提高现场考核工作质量。④加强考评员队伍建设。第二，进一步加强计量器具证后监督管理，实现对获证企业的产品的有效监督：进一步明确监管职责；建立和完善获证企业的档案；建立本地区获证企业的管理档案，做到一企一档，并进行定期更新；建立日常监督和定期监督检查制度；进一步加强对获证计量器具产品的监督检查力度。第三，进一步加强信息互通，不断强化社会监督；加强信息互通机制建设；加大信息公开力度。

2014年，河南省质监局举办了制造（修理）计量许可管理人员培训班。是年，在全省范围内组织开展了安全用计量器具制造许可专项核查工作。认真贯彻执行了国家质检总局关于做好制造、销售、进口国务院规定废除和禁止使用的计量器具审批工作的要求。是年，为进一步规范全省制造计量器具许可，加大对生产企业的服务和帮扶，河南省质监局计量处12月22日发文，要求企业可以按系列提交计量器具新产品型式批准申请，发证部门按产品测量范围发放制造计量器具许可证。具体有以下两种方式：一是按系列产品申报，二是按单一产品或系列产品自选申报。

2014年，河南省共有制造修理计量器具许可证考评员179人，其中：河南省制造修理计量器具考评员中的公务员和退休人员50人；在职的河南省制造修理计量器具考评员共129人，其工作单位、姓名和专业（在括号内）如下：

河南省计量科学研究院72人，李淑香（热工计量等）、朱永宏（热工计量）、张勉（电磁计量）、胡博（流量计量等）、暴冰（气体流量）、王书升（力学计量）、宋笑明（化学计量）、朱茜（化学计量）、赵军（电磁计量）、孙晓萍（化学计量）、朱小明（电磁计量）、何开宇（力学计量）、李博（化学计量）、张华伟（计量管理）、戴翔（高温计量）、孔小平（化学计量）、齐芳（声学计量）、崔耀华（热工计量）、王娜（电磁计量）、尚岚（化学计量）、杨明镜（计量管理）、叶献锋（无线电计量等）、卫平（声学计量）、王卓（电磁计量、计量管理）、李锦华（机动车检测计量）、丁峰元（化学计量）、崔馨元（中低温计量）、张奇峰（力学计量）、陈传岭（无线电计量）、张书伟（化学计量）、朱卫民（声学计量）、李振杰（热工计量）、崔广新（时间频率计量等）、张卫东（几何量计量）、石永祥（机动车检测计量）、孙钦密（力学计量等）、陈玉斌（质量计量）、陈睿锋（气体流量计量）、刘全红（力学计量）、孙毅（力学计量）、铁大同（计价器计量）、孙晓全（热工计量）、邵峰（电磁计量）、宁亮（电磁计量）、周文辉（气体流量计量）、樊玮（气体流量计量）、谷田平（液体流量计量等）、孟洁（化学计量）、雷军锋（化学计量）、冯海盈（力学计量）、刘文芳（电磁计量）、姜鹏飞（电能计量）、陈清平（电磁计量）、许建军（化学计量）、邹晓华（长度计量等）、郑黎（机动车检测）、周秉时（电磁计量）、贾红斌（电磁计量）、黄成伟（电离辐射计量等）、王全德（机动车检测计量）、张燕（时间频率）、闫继伟（流量计量）、王朝阳（质量计量）、俞建德（无线电计量）、段云（液体流量计量等）、王钟瑞（电能计量）、贾晓杰（长度计量）、刘沛（电磁计量）、秦国君（力学计量等）、贾会（化学计量）、杜正峰（电能计量）、张志清（流量计量等）。

安阳市质量技术监督检验测试中心3人：高庆斌（计量管理）、邵宏（计量管理）、陈怀军（热工计量）。

济源市质量技术监督检验测试中心3人：位志鹏（医学计量等）、李明生（化学计量等）、任佩玲（电学计量）。

焦作市质量技术监督检验测试中心3人：许雪芹（理化计量等）、田静霞（长度计量等）、李勇（计量管理）。

开封市质量技术监督检验测试中心2人：万全寿（压力计量等）、胡方（计量管理）。

漯河市质量技术监督检验测试中心3人：高峰（计量管理）、刘沛（力学计量）、党桢（理化计量等）。

南阳市质量技术监督检验测试中心3人：陶炜（压力等）、赵云丽（电学等）、王有生（计量管理）。

平顶山市质量技术监督检验测试中心2人：王三伟（长度计量等）、闫国旗（长度计量等）。

濮阳市质量技术监督检验测试中心2人：霍磊（计量管理）、葛广乾（计量管理）。

新乡市质量技术监督检验测试中心 8 人：倪巍（热工计量等）、苗润苏（电磁计量）、司天明（长度计量）、徐军涛（衡器计量）、高嘉乐（压力计量等）、柴金柱（长度计量等）、郭新方（流量计量）、王蕾（热工计量等）。

延津县质量技术监督检验测试中心 1 人：王兴宏（计量管理）。

许昌市质量技术监督检验测试中心 2 人：刘玉峰（电学计量）、彭学伟（计量管理）。

周口市质量技术监督检验测试中心 2 人：康改绘（热工计量）、王海峰（衡器计量）。

驻马店市质量技术监督检验测试中心 2 人：李双明（计量管理）、叶继勇（衡器计量）。

郑州市质量技术监督检测中心 21 人：张卫东（长度计量）、阎库（力学计量）、柯存荣（电学计量）、刘志国（衡器计量）、刘宏伟（医学计量）、钱琳（医学计量、计量管理）、王志远（热工计量）、张昕燕（计量管理）、贺建军（出租车计价器计量）、朱江（时间频率计量）、任祥慧（出租车计价器计量）、吴彦红（长度计量）、李虎（压力计量）、安志军（力学计量）、张保建（可燃气体计量）、张向宏（力学计量）、张现峰（力学计量等）、邵晓明（流量计量）、孙璟（电学计量）、孙树炜（计量管理、化学计量）、马占坡（计量管理）。

担任河南省制造修理计量器具许可考核组组长的条件：一需是高级工程师、一级注册计量师以上专业技术职称或在本专业岗位工作 15 年以上；二需担任相关专业部、室、所的副部长、副主任、副所长以上职务。

为加强河南省制造、修理计量器具许可管理，优化审批流程，切实推行政务公开，实行“大厅受理、一次告知，内部运行、全程可查，公开承诺、限时办结”等制度，规范制造、修理计量器具许可的申请、考核和发证工作，打击假冒和无证制造、修理计量器具的违法行为，保护各计量器具制造、修理企业和消费者的利益，满足计量器具使用单位了解所选购计量器具情况和品种的需要，河南省质监局计量处根据河南省质监局和各省辖市质监局颁发的制造、修理计量器具许可证的资料编制了截至 2014 年 12 月 31 日河南省制造、修理计量器具许可汇编。本汇编颁发证书的截止时间为 2014 年 12 月 31 日。目录如下：

（1）河南省质量技术监督局：河南省质监局发证制造单位（167 个）：河南思达高科技股份有限公司、郑州恒科实业有限公司、郑州三晖电气有限公司、郑州市中健达仪器仪表有限公司、郑州市恒达电子衡器有限公司、河南天和电子衡器有限公司、河南航海电子衡器有限公司、河南许继仪表有限公司、许昌瑞贝卡水表有限公司、许昌衡器厂、河南省郑州衡器厂、沁阳市御龙电子衡器厂、焦作市衡器厂、焦作市中原衡器厂、焦作市台秤厂、漯河市恒信衡器有限公司、安阳市衡器厂、安阳市长城衡器厂、河南金雀电气股份有限公司、郑州引领科技有限公司、郑州安然测控设备有限公司、新乡市新源水表有限公司、新乡市衡器厂、开封仪表三厂、开封市盛达水表有限公司、开封利源流量计有限公司、开封市威特衡器厂、开封市电子衡器发展有限公司、蓝天集团开封衡器厂有限公司、开封市测控技术有限公司、开封市中原水表厂、开封市京华水表厂、河南省天平衡器有限公司、开封市汴京水表厂、开封市华瑞仪表有限公司、河南威特衡器有限公司、郑州万特电气股份有限公司、三门峡市自来水公司水表厂、开封市四方压力表厂、河南平开电力设备集团有限公司、焦作市百合科技有限责任公司、商丘市清泉仪表有限公司、平顶山电子衡器制造有限公司、洛阳高新三 L 电子产品有限公司、河南江河重工集团有限公司、新天科技股份有限公司、濮阳市合众石油科技开发有限公司、新乡天丰电子衡器有限公司、河南天成实业有限公司、焦作市四达衡器厂、河南津衡电子衡器有限公司、中国建筑二局洛阳建筑工程机械厂、郑州亚太衡器有限公司、焦作市星源水表有限责任公司、驻马店市大众电子科技有限公司、焦作市豫星衡器厂、新乡市中鑫电子衡器有限公司、正星科技有限公司、郑州格瑞克石油设备有限公司、洛阳天平电子衡器有限公司、南阳市四方电子衡器厂、河南鑫源电子衡器有限公司、洛阳金富尔科技有限公司、郑州市豫中衡器有限公司、郑州顺利达包装技术有限公司、洛阳佳一机电设备有限公司、漯河恒泰衡器有限责任公司、新乡市金钟衡器设备有限公司、三门峡市天源电子衡器有限公司、新乡市豫新衡器制造有限公司、河南丰博自动化有限公司、郑州标远科技有限公司、洛阳贝尔东方电气有限公司、博爱泰山衡器厂、郑州市博特电子衡器有限公司、新开普电子股份有限公司、河南迪生电子科技有限公司、新乡市新诚衡器厂、郑州凯宇包装设备有限公司、博爱县恒大衡器厂、洛阳至圣科技有限公司、郑州光力科技股份有限公司、郑州三和水工机械有限公司、驻马店市恒升电子衡器有限公司、郑州海富机电设备有限公司、焦作市玉牛衡器厂、平顶山市海达利电器有限公司、洛阳海科机械有限公司、安阳县鑫奥电子有限公司、郑州今迈衡器有限公司、郑州吉星包装机械设备有限公司、河南省中安防护器材有限责任公司、开封威利流量仪表有限公司、开封市茂盛机械有限公司、洛阳祺恒机械有限公司、平顶山煤业（集团）有限责任公司天成实业分公司、郑州市上街区晶利电子制造厂、鹤壁市山城区晨晖分析仪器有限公司、河南金地利电子衡器有限公司、郑州水工机械有限公司、郑州市长城机器制造有限公司、郑州市安正电子衡器有限公司、郑州中州电子衡器有限公司、许昌远方工贸有限公司、焦作市花城衡器厂、三门峡市安全器材厂、郑州朗科精工衡器有限公司、郑州伊海电气设备有限公司、鹤壁市京申科技实业有限公司、焦作市汇丰衡器厂、郑州创源智能设备有限公司、河南中煤电气有限公司、洛阳中安煤矿仪器制造有限公司、郑州华鑫电子衡器有限公司、北京鑫源九鼎科技有限公司河南分公司、郑州华威水工机电工程有限公司、河南恒达机电设备有限公司、平顶山宇恒高科电气自动化有限公司、郑州海盛电子科技有限公司、河南先恒电子衡器有限公司、商丘市华誉升达电子有限公司、修武县利民机械有限公司、鹤壁市德政气体检测有限公司、河南紫光捷通有限公司、郑州市天汇机电设备厂、郑州三金石油设备制造有限公司、新乡市金星电子衡器有限公司、郑州自来水投资控股有限公司水表厂、平顶山市天成电子衡器有限公司、新乡四方包装机械有限公司、郑州春泉暖通节能设备有限公司、开封开流仪表有限公司、郑州紫金自动化设备有限公司、郑州志田电子科技有限公司、郑州大成称重设备有限公司、河南美华科技股份有限公司、开封市华瑞仪表有限公司、河南天宇仪表有限公司、南阳市亚龙筑路机械制造有限公司、河南华表仪控科技有限公司、洛阳暖盈电子技术有限公司、郑州创威煤安科技有限公司、河南长兴精工科技有限公司、洛阳九智科技有限公司、博爱县津马衡器厂、淅川西岛光电仪表科技有限公司、河南省昱华电子有限公司、河南正荣恒能源科技有限公司、遂平县诚信电子衡器厂、郑州沃众电子衡器有限公司、博爱县鸿翔衡器厂、郑州建工建筑机械制造有限公司、南阳市润祥工贸有限公司、新乡市金利通衡器有限公司、兰考凯力电子有限公司、鹤壁市雅丽安全仪器有限责任公司、河南省豫源电子衡器有限公司、周口益恒计量设备有限公司、郑州方斗机电设备有限公司、博爱县许良镇准峰衡器厂、开封市普盛仪表有限公司、郑州中原铁道工程有限责任公司计量分公司、封丘县黄河衡器厂、新乡市铁龙轨道衡有限公司、河南航海电子衡器有限公司、河南天和电子衡器有限公司、河南中软信息技术有限公司。

（2）郑州市。郑州市质监局发证制造单位（33个）：郑州玻璃仪器厂、郑州市凯贝特互感器有限公司、郑州赛奥电子股份有限公司、河南思达自动化仪表有限公司、郑州三晖互感器有限公司、河南汉威电子股份有限公司、郑州威达电子有限公司、郑州永邦电气有限公司、郑州通宇科技有限公司、河南乾正环保设备有限公司、郑州沃力特电气有限公司、河南华南医电科技有限公司、正星科技有限公司、郑州优德实业股份有限公司、河南精科仪表科技有限公司、河南同兴仪器设备有限公司、河南驰诚电气有限公司、河南省智仪系统工程有限公司、河南新科源石油设备有限公司、河南省日立信股份有限公司、郑州市管城回族区双晶仪器设备厂、郑州畅想自动化设备有限公司、河南中安电子探测技术有限公司、河南英特电气设备有限公司、河南长润仪表有限公司、郑州威诺电子有限公司、河南鑫一电气设备有限公司、河南力测机械设备有限公司、郑州永邦测控技术有限公司、郑州光力科技股份有限公司、郑州迪凯科技有限公司、河南宏天实业有限公司、河南卓达电气有限公司。郑州市质监局发证修理单位（10个）：河南天和电子衡器有限公司、中国人民解放军信息工程大学地理空间信息学院全军测绘仪器检修中心、郑州先科测绘仪器有限公司、河南省恒源石油有限公司、郑州市立奇石油设备有限公司、河南蓝骐石化科技有限公司、河南航海电子衡器有限公司、森思达能源技术服务有限公司、郑州市金水区中信测绘仪器销售部、中储恒科物联网系统有限公司。

（3）开封市。开封市质监局发证制造单位（21个）：开封利源流量计有限公司、开封仪表有限公司、开封开仪自动化仪表有限公司、开封红旗仪表有限责任公司、开封威得流量仪表有限公司、开封市宋都仪表成套厂、开封市精华仪表厂、开封天恒仪表有限公司、开封市大庆电器有限公司、开封开德流量仪表有限公司、开封青天伟业流量仪表有限公司、开封开创测控技术有限公司、开封宏达自动化仪表有限公司、开封市永合仪表机械有限公司、开封市利特仪表厂、河南思科测控技术有限公司、开封华旭自动化仪表有限公司、开封市威尔沃流量仪表有限公司、开封奥泰仪表有限公司、开封百特流量仪表有限公司、开封捷特仪表有限公司。

（4）洛阳市。洛阳市质监局发证制造单位（9个）：中钢集团洛阳耐火材料研究院有限公司、凯迈（洛阳）机电有限公司、洛阳联启仪表制造有限公司、洛阳市谱瑞慷达耐热测试设备有限公司、洛阳瑞清科技有限公司、洛阳特耐实验设备有限公司、洛阳晨诺电气有限公司、洛阳欧克迈自控工程有限公司、洛阳乾禾仪器有限公司。洛阳市质监局发证修理单位（1个）：洛阳市西工区雅娣电气服务部。

（5）平顶山市。平顶山市质监局发证制造单位（9个）：平顶山市天勤仪表有限责任公司、平顶山市精密仪表厂、平高集团有限公司、平顶山市碧源科技有限公司、平顶山市东方京电电器设备有限公司、中国平煤神马能源化工集团有限责任公司天成实业分公司、平顶山市电子衡器制造有限公司、平顶山中瑞伟业商贸有限公司、平顶山市检测技术服务中心。

（6）安阳市。安阳市质监局发证制造单位（2个）：内黄县中美电器厂、安钢集团自动化有限责任公司。

（7）新乡市。新乡市质监局发证制造单位（13个）：新乡禹王石化仪表厂、河南省获嘉县新力高压电器有限公司、河南安达高压电气有限公司、新乡市恒冠仪表有限公司、河南天润测控仪表有限公司、新乡市阳光电器制造有限公司、新乡金象科技有限责任公司、河南省邦力电器有限公司、新乡市宝山电力设备厂、河南省汇科高压电器有限公司、河南新航流量仪表有限公司、河南省获嘉县协力电器有限公司、新乡市东昌测绘仪器有限公司。

（8）焦作市。焦作市质监局发证制造单位（4个）：河南省友来金科技有限公司、河南省绿博能源设备有限公司、焦作市解放区振泰光电器材销售中心、焦作市解放区民主南路平光测绘仪器眼镜店。

（9）濮阳市。濮阳市质监局发证制造单位（3个）：中原特种车辆有限公司、濮阳市中义兴仪表厂、濮阳市永辉仪表有限公司。

（10）许昌市。许昌市质监局发证制造单位（14个）：河南易和电器有限公司、河南金鹏电力设备有限公司、河南许继仪表有限公司、许昌市长江高压计量设备有限公司、河南森源电气股份有限公司、河南豫冠电力设备有限公司、长葛市宏鑫电器配套有限公司、许昌市华光电器有限公司、许昌中衡电气有限公司、长葛市电力工业公司电气设备公司、许昌智能电力电器有限公司、许继电气股份有限公司、许昌永新电气股份有限公司、河南毅达电气科技有限公司。

（11）漯河市。漯河市质监局发证制造单位（2个）：漯河市恒信衡器有限公司、漯河市恒泰衡器有限责任公司。

（12）商丘市。商丘市质监局发证单位（1个）：河南省中分仪器股份有限公司。

（13）周口市。周口市质监局发证制造单位（8个）：项城市跃升电子有限公司、周口中博电器科技有限公司、河南瑞特电气有限公司、河南恒昌计量自控设备有限公司、周口平高智能电气有限公司、北京博瑞莱智能科技周口有限公司、河南平智电气有限公司、河南平康电气有限公司。

（14）驻马店市。驻马店市质监局发证制造单位（1个）：河南豫科电气有限公司。

（15）南阳市。南阳市质监局发证制造单位（4个）：南阳市润祥工贸有限公司、南阳金冠电气有限公司、襄阳中启电气设备制造有限公司南阳分公司、南阳市天达同兴石油技术有限公司。

（16）信阳市。信阳市质监局发证制造单位（4个）：信阳核工电气有限公司、信阳信互电器有限公司、信阳华电电器有限公司、信电电器集团有限公司。

（17）济源市。济源市质监局发证制造单位（15个）：济源市天坛电器有限公司、河南省济源市天山电器厂、济源市高新互感器有限公司、河南省济源市三星电子电器厂、济源市平光电器有限公司、济源市宏达电力设备制造厂、济源双星电气有限公司、济源市新丰电气有限公司、济源市科龙电气有限公司、济源市三鑫电器有限公司、济源市金城电器有限公司、济源市华中电器有限公司、济源市赵涛计量贸易有限公司、济源市益创电气开关有限公司、济源市华亿科技电力电器有限公司。

据统计，截至 2014 年 12 月 31 日，河南省共有制造计量器具单位 295 家，修理计量器具单位 24 家（见表 5–7–3）。

表 5–7–3 2014 年河南省制造、修理计量器具单位统计表

序号	发证单位	制造计量器具单位（个）	修理计量器具单位（个）
1	河南省质量技术监督局	161	6
2	郑州市质量技术监督局	33	10
3	开封市质量技术监督局	21	—
4	洛阳市质量技术监督局	9	1
5	平顶山市质量技术监督局	6	3
6	安阳市质量技术监督局	2	—
7	新乡市质量技术监督局	12	1
8	焦作市质量技术监督局	2	2
9	濮阳市质量技术监督局	3	—
10	许昌市质量技术监督局	14	—
11	商丘市质量技术监督局	1	—
12	周口市质量技术监督局	8	—
13	驻马店市质量技术监督局	1	—
14	南阳市质量技术监督局	4	—
15	信阳市质量技术监督局	4	—
16	济源市质量技术监督局	14	1
各省辖市质监局颁发许可证单位合计		134	18
合计		295	24

注：

①河南省质监局颁发修理计量器具许可证 6 个，修理力学专业的轨道衡和加油机 2 种计量器具。

②省辖市质监局颁发修理计量器具许可证 18 个，修理长度、力学、电磁学和化学专业的 24 种计量器具。

据统计，截至 2014 年 12 月 31 日，河南省共有制造计量器具单位 295 家，制造的计量器具有长度、温度、力学、电学、电离辐射、化学共 6 大类 87 种，全省制造该 87 种计量器具的企业累计 529 个（见表 5–7–4）。

河南省制造、修理计量器具许可概述：

第一，河南省重点管理的计量器具（11 种）：（1）1999 年 2 月 11 日国家质监局政发〔1999〕第 41 号文颁布的首批重点管理的计量器具目录：电能表、水表、煤气表、衡器（不含杆秤）、加油机（含加油机税控装置）、出租车计价器 6 种。（2）国家质检总局计量司量函〔2007〕第 837 号文公布的第二批重点管理的计量器具有热能表、粉尘测量仪、甲烷测定器（瓦斯计）3 种。（3）河南省增加了修理轨道衡和加气机 2 种重点管理的计量器具。

第二，河南省颁发制造、修理计量器具许可证业务分工：（1）河南省质监局颁发 11 种重点管理的计量器具的制造、修理计量器具许可证。（2）各省辖市质监局：①颁发非重点管理的计量器具的制造计量器具许可证。②颁发重点管理和非重点管理的计量器具的修理计量器具许可证。

表 5-7-4　河南省制造计量器具许可证企业和产品品种统计表

（统计截止日期：2014 年 12 月 31 日）

单位：个

序号	计量专业	序号	制造计量器具品种名称	获省质监局制造计量器具许可证制造该种计量器具的企业	获省辖市质监局制造计量器具许可证制造该种计量器具的企业	全省获制造计量器具许可证制造该种计量器具的企业合计	郑州市企业	开封市企业	洛阳市企业	平顶山市企业	安阳市企业	鹤壁市企业	新乡市企业	焦作市企业	濮阳市企业	许昌市企业	漯河市企业	三门峡市企业	商丘市企业	周口市企业	驻马店市企业	南阳市企业	信阳市企业	济源市企业
1	长度	1	测厚仪		1	1			1															
2	温度	2	体温计		1	1	1																	
		3	热量计	7	1	8	3	1	2			2												
		4	温度变送器		1	1		1																
3	力学	5	案秤	1		1	1																	
		6	台秤	25		25	3	1			1		3	13		1	1		2					
		7	皮带秤	2		2	1	1																
		8	吊秤	9		9	8	1																
		9	电子秤	17		17	8	1	2				2				1		2			1		
		10	称重传感器	1		1	1																	
		11	定量包装机	9	1	10	4	1					1	1		1				2				
		12	定量灌装机	1		1	1																	
		13	混凝土搅拌站称重配料装置	12		12	5		6													1		
		14	电子汽车衡	46		46	16	5	3	2	1		10	1			2	1			3	2		
		15	轴动仪	1		1	1																	
		16	地上衡	2		2	1			1														

续表

单位：个

序号	计量专业	序号	制造计量器具品种名称	获省质监局制造计量器具许可证制造该种计量器具的企业	获省辖市质监局制造计量器具许可证制造该种计量器具的企业	全省获制造计量器具许可证制造该种计量器具的企业合计	郑州市企业	开封市企业	洛阳市企业	平顶山市企业	安阳市企业	鹤壁市企业	新乡市企业	焦作市企业	濮阳市企业	许昌市企业	漯河市企业	三门峡市企业	商丘市企业	周口市企业	驻马店市企业	南阳市企业	信阳市企业	济源市企业
3	力学	17	万能试验机		1	1	1																	
		18	抗折试验机		3	3			3															
		19	电涡流测功机		1	1			1															
		20	蠕变试验机		1	1			1															
		21	燃油加油机	2		2	2																	
		22	玻璃量器		1	1	1																	
		23	压缩天然气加气机	1		1	1																	
		24	液体发放计量装置	1	1	2	2																	
		25	液位计		11	11	6	2					3											
		26	密度监视器		1	1	1																	
		27	煤气表	3		3	2														1			
		28	燃气表	6		6	5			1														
		29	热量表检定装置	1		1	1																	
		30	冷水水表	26		26	3	11	1				1	3	1	1		1	1		1	2		
		31	热水水表	7		7	3	4																
		32	高压水表		2	2									2									
		33	气体检漏仪	2		2	2																	
		34	旋进漩涡流量计	1	1	2	1	1																
		35	流量传感器		2	2		2																
		36	流量计	1	18	19	2	14					1		1					1				

续表

单位：个

序号	计量专业	序号	制造计量器具品种名称	获省质监局制造计量器具许可证制造该种计量器具的企业	获省辖市质监局制造计量器具许可证制造该种计量器具的企业	全省获制造计量器具许可证制造该种计量器具的企业合计	郑州市企业	开封市企业	洛阳市企业	平顶山市企业	安阳市企业	鹤壁市企业	新乡市企业	焦作市企业	濮阳市企业	许昌市企业	漯河市企业	三门峡市企业	商丘市企业	周口市企业	驻马店市企业	南阳市企业	信阳市企业	济源市企业
3	力学	37	喷嘴		2	2		2																
		38	孔板（流量测量节流装置）	2	11	13		11		2														
		39	经典文丘里管		3	3		3																
		40	气体密度继电器		2	2				2														
		41	密度监视器		3	3	1			2														
		42	压力表	1	10	11		1	1	2				2	3							2		
		43	压力变送器	7		7	3	1	2		1													
		44	压力试验机		1	1			1															
		45	氧气表	2		2									1							1		
		46	氨压表		1	1																1		
		47	乙炔表		3	3									2							1		
		48	风速仪		1	1	1																	
		49	血压计		2	2	1						1											
		50	烟尘、烟气排放连续监测装置	1	1	2								2										
		51	需氧量测定仪	1		1	1																	
		52	粉尘测量仪	1		1	1																	
		53	燃气加气机	2		2	1								1									
		54	机动车测速仪		1	1	1																	
		55	出租汽车税控计价器	1		1								1										

续表

单位：个

序号	计量专业	序号	制造计量器具品种名称	获省质监局制造计量器具许可证制造该种计量器具的企业	获省辖市质监局制造计量器具许可证制造该种计量器具的企业	全省获制造计量器具许可证制造该种计量器具的企业合计	郑州市企业	开封市企业	洛阳市企业	平顶山市企业	安阳市企业	鹤壁市企业	新乡市企业	焦作市企业	濮阳市企业	许昌市企业	漯河市企业	三门峡市企业	商丘市企业	周口市企业	驻马店市企业	南阳市企业	信阳市企业	济源市企业
4	电磁学	56	单相电能表	8	1	9	6		1							1					1			
		57	三相电度表	7	1	8	6		1							1								
		58	宽量程精密标准电能表	1		1	1																	
		59	单项电能表检定装置	4		4	3														1			
		60	三项电能表检定装置	4		4	3														1			
		61	电能表多功能耐用试验装置	1		1	1																	
		62	电流互感器	14	38	52	5	1	1	1	1				1	8				2	1	2	4	25
		63	电压互感器	17	31	48	5	1	1	1	1					6				1	1	2	3	26
		64	组合互感器	1	16	17	4						2			3				1			3	4
		65	互感器	1		1										1								
		66	电压智能计量控制装置		1	1							1											
		67	高压永磁真空负荷控制计量装置		1	1														1				
		68	差压变送器		1	1		1																
		69	预付费计量箱	1	17	18	4		1	2			1			6				2			1	1

续表

单位：个

序号	计量专业	序号	制造计量器具品种名称	获省质监局制造计量器具许可证制造该种计量器具的企业	获省辖市质监局制造计量器具许可证制造该种计量器具的企业	全省获制造计量器具许可证制造该种计量器具的企业合计	郑州市企业	开封市企业	洛阳市企业	平顶山市企业	安阳市企业	鹤壁市企业	新乡市企业	焦作市企业	濮阳市企业	许昌市企业	漯河市企业	三门峡市企业	商丘市企业	周口市企业	驻马店市企业	南阳市企业	信阳市企业	济源市企业
4	电磁学	70	高压电能计量箱（干式）		19	19	1		1	2			5			2				4	1		1	2
		71	负荷开关高压计量箱		3	3							1											2
		72	继电器校验仪		1	1	1																	
5	电离辐射	73	心电图仪		1	1	1																	
6	化学	74	硫化氢测定仪		4	4	4																	
		75	氨自动分析仪		1	1	1																	
		76	烟气分析仪		1	1	1																	
		77	一氧化碳报警器	5	5	10	8			1		1												
		78	二氧化碳传感器	2	1	3	1			1		1												
		79	瓦斯测定仪	2		2	1			1														
		80	甲烷报警器	8		8	1		1	2	1	2						1						
		81	甲烷测定器	6		6	2		1	1		2												
		82	可燃气体检测报警器		6	6	6																	
		83	气体探测器		1	1	1																	
		84	气相色谱仪		2	2	1												1					
		85	化学需氧量测定仪		1	1	1																	

续表

单位：个

序号	计量专业	序号	制造计量器具品种名称	获省质监局制造计量器具许可证制造该种计量器具的企业	获省辖市质监局制造计量器具许可证制造该种计量器具的企业	全省获制造计量器具许可证制造该种计量器具的企业合计	郑州市企业	开封市企业	洛阳市企业	平顶山市企业	安阳市企业	鹤壁市企业	新乡市企业	焦作市企业	濮阳市企业	许昌市企业	漯河市企业	三门峡市企业	商丘市企业	周口市企业	驻马店市企业	南阳市企业	信阳市企业	济源市企业
6	化学	86	多种气体测量仪		1	1	1																	
		87	呼出气体酒精含量探测器		2	2	2																	
全省18个省辖市获生产许可证制造87种计量器具累计企业数目汇总				284	245	529	169	67	32	24	6	8	32	23	12	31	4	3	6	14	11	15	12	60

注：

①河南省质监局为生产重点管理的计量器具颁发制造、修理计量器具许可证。

②河南省各省辖市为生产非重点管理的计量器具颁发制造、修理计量器具许可证。

③截至2014年12月31日，获河南省质监局颁发的制造计量器具许可证的161个企业共制造5个计量专业重点管理的49种的计量器具，制造该49种计量器具的企业累计284个。

④截至2014年12月31日，获各省辖市质监局颁发的制造计量器具许可证的134家制造计量器具企业共生产6个计量专业的54种非重点管理的计量器具，制造该54种计量器具的企业累计245个。

⑤截至2014年12月31日，全省295家获制造计量器具许可证的企业共生产6个计量专业的87种计量器具，制造该87种计量器具的企业累计529个。

第三，制造、修理计量器具许可证的编码：一是国家质监局1999年4月23日印发《关于制造、修理计量器具许可证监督管理有关问题的通知》（质技监局量发〔1999〕108号），规定：制造许可证的编号样式为：A制B号；修理许可证的编号样式为：A修B号。其中："A"为国家、省、自治区、直辖市的简称。国家简称"国"；"B"为地、市、县的行政区代码和许可证的顺序号，共八位数字，其中1~4位填写国家标准GB/T 2260—1995规定的地、市、县行政区代码，5~8位填写许可证的顺序号。如国家局或省级质量技术监督部门发证，前四位数字为0000。二是河南省制造、修理计量器具许可证的编码：（1）河南省质监局：豫制00000000；（2）郑州市：豫制01000000；（3）开封市：豫制02000000；（4）洛阳市：豫制03000000；（5）平顶山市：豫制04000000；（6）安阳市：豫制05000000；（7）鹤壁市：豫制06000000；（8）新乡市：豫制07000000；（9）焦作市：豫制08000000；（10）濮阳市：豫制09000000；（11）许昌市：豫制10000000；（12）漯河市：豫制11000000；（13）三门峡市：豫制12000000；（14）南阳市：豫制13000000；（15）商丘市：豫制14000000；（16）信阳市：豫制15000000；（17）周口市：豫制16000000；（18）驻马店市：豫制17000000；（19）济源市：豫制0881000000。修理计量器具许可证，将"豫制"改为"豫修"即可。

第四，河南省颁发的制造、修理计量器具许可证的数量：截至2014年12月31日，河南省质监局共为167个企业颁发了河南省重点管理的5个计量专业的49种计量器具的制造、修理计量器具许可证，其中：（1）为161个企业颁发了5个计量专业的49种计量器具的制造计量器具许可证。（2）为6个企业颁发了1个计量专业的2种计量器具的修理计量器具许可证。截至2014年12月31日，各省辖市质监局为152个企业颁发了6个计量专业的65种计量器具的制造、修理计量器具许可证，其中：（1）为134家制造计量器具企业颁发了6个计量专业的54种计量器具的制造计量器具许可证。（2）为18个企业颁发了4个计量专业的24种计量器具的修理计量器具许可证。

第八节 强制检定计量器具管理

县级以上人民政府计量行政部门对社会公用计量标准器具，部门和企业、事业单位使用的最高计量标准器具，以及用于贸易结算、安全防护、医疗卫生、环境监测方面的列入强制检定目录的工作计量器具，实行强制检定。这是《计量法》赋予县级以上人民政府计量行政部门的法定任务。1995年以来，根据国家质检总局的要求，河南省技监局、省质监局结合全省实际，不断加强对"两标四强"的计量监督管理，加大对强制检定计量器具的立制和建档要求，强检率和合格率持续提高，有效地保障了国家计量单位制的统一和量值的准确可靠，为经济社会发展、维护国家、人民的利益提供了重要计量保障。

国家技监局计量司1995年4月发文通知：1994年，国家技术监督局、国家工商行政管理局联合印发《关于在公众贸易中限制使用杆秤的通知》，这是政府为规范市场计量行为，维护广大消费者的合法权益采取的重要措施，在全国引起很大反响，受到广大消费者的欢迎。

1995年，河南省严禁使用非法定单位"扎"作为贸易结算的计量单位，强调：制造啤酒量杯的企业，必须申请制造计量器具许可证；经首次检定合格的，应在容器上印制中国强制检定标志（CCV），不需要再印刻制造计量器具许可证标志（CMC）。

1995年，河南省计量所对量值传递和四大类强制检定工作，通过微机监控周检计划、按季度上报河南省技监局计量处24项强检工作计量器具周检计划内的漏检数量，取得支持，有效地开展了工作。

河南省技监局、河南省贸易厅、河南省轻工总会于1996年1月发文，要求加强啤酒量杯监督管理，并结合河南省实际提出5条贯彻落实意见，要求从1996年7月1日起一律使用符合国家规定要求的散装啤酒量杯，旧的散装啤酒量杯停止使用。

1996年1月河南省技监局制发《河南省强制检定计量器具管理实施办法》，共十六条，其中要求：

使用强制检定计量器具的单位和个人，必须将使用的强制检定计量器具填写《强制检定计量器具管理手册》，报当地市、县级人民政府计量行政部门备案。强制检定的煤气表、水表、电能表分别由供气、供水、供电的管理部门负责进行统一登记备案，一般用户不再进行登记备案。使用强制检定计量器具的单位和个人，必须按照《强制检定计量器具管理手册》中确定的检定周期，向指定的计量技术机构申请检定，不得擅自变更。使用强制检定计量器具的单位和个人，未进行备案的，送检时按计划外送检收取检定费。使用强制检定计量器具的任何单位、个人和执行强检的计量技术机构违反本办法规定的有关计量法律、法规的，依法追究法律责任。

1996 年 1 月河南省技监局还制发了《河南省实施强制检定的工作计量器具目录》和《河南省实施强制检定的工作计量器具检定布点规划》。决定自 1996 年开始，在全省范围内，对用于贸易结算、安全防护、医疗卫生、环境监测方面并列入《中华人民共和国强制检定的工作计量器具明细目录》中的 96 种强制检定工作计量器具实施强制检定，除只作首次强检的竹木尺、液体量提、体温计和国家已指定计量技术机构执行强检的铁路计量罐车外，对 92 种强制检定的工作计量器具作了检定布点。

河南省强制检定的工作计量器具目录：（1）竹木直尺；（2）套管尺；（3）钢卷尺；（4）带锤钢卷尺；（5）铁路轨距尺；（6）皮革面积计；（7）玻璃液体温度计；（8）体温计；（9）石油闪点温度计；（10）热量计；（11）砝码；12）链码；（13）增砣；（14）定量砣；（15）天平；（16）杆秤；（17）戥秤；（18）案秤；（19）台秤；（20）地秤；（21）皮带秤；（22）吊秤；（23）电子秤；（24）行李秤；（25）邮政秤；（26）计价收费专用秤；（27）售粮机；（28）定量包装机；（29）定量灌装机；（30）轨道衡；（31）谷物容量器；（32）立式计量罐；（33）卧式计量罐；（34）球形计量罐；（35）汽车计量罐车；（36）铁路计量罐车；（37）燃油加油机；（38）液体量提；（39）食用油售油器；（40）酒精计；（41）密度计；（42）糖量计；（43）煤气表；（44）水表；（45）液体流量计；（46）气体流量计；（47）蒸汽流量计；（48）压力表；（49）风压表；（50）氧气表；（51）血压计；（52）血压表；（53）眼压计；（54）汽车里程表；（55）出租汽车里程计价表；（56）公路管理速度监测仪；（57）振动监测仪；（58）单相电度表；（59）三相电度表；（60）分时记度电度表；（61）电流互感器；（62）电压互感器；（63）绝缘电阻测量仪；（64）接地电阻测量仪；（65）场强计；（66）心电图仪；（67）脑电图仪；（68）照射量计；（69）医用辐射源；（70）射线监测仪；（71）照射量率仪；（72）个人剂量计；（73）激光功率计；（74）医用激光源；（75）超声功率计；（76）医用超声源；（77）声级计；（78）CO 分析仪；（79）CO2 分析仪；（80）SO_2 分析仪；（81）测氢仪；（82）硫化氢测定仪；（83）酸度计；（84）血气酸碱平衡分析仪；（85）瓦斯报警器；（86）瓦斯测定仪；（87）汞蒸气测定仪；（88）水焰光度计；（89）可见分光光度计；（90）紫外分光光度计；（91）荧光分光光度计；（92）原子吸收分光光度计；（93）滤光光电比色计；（94）荧光光电比色计；（95）粉尘测量仪；（96）屈光度计。

河南省技监局要求全省 1996 年 7 月 1 日起正式使用全国统一的“检定 / 校准证书”。

1996 年，新乡市技监局强检计量器具登记备案工作成效显著，是年 6~8 月份工业企业、医疗卫生、交通、商业等 16 个部门的市属及驻市单位的强检计量器具，进行了备案注册，占备案总数的 70%。现已办理备案手续的有 120 家。

1999 年 1 月国家质监局发文，将“1. 电子计时计费装置：电话计时计费装置；2. 棉花水分测量仪：棉花水分测量仪；3. 验光仪：验光仪、验光镜片组；4. 微波辐射与泄漏测量仪：微波辐射与泄漏测量仪”纳入《中华人民共和国强制检定的工作计量器具目录》的工作计量器具明细目录。至此，强制检定工作器具目录已达 59 项 116 种。是年 11 月，河南省技监局 1999 年转发南阳市人民政府办公室批转《南阳市技术监督局关于对车速里程表实施强制检定的报告》，要求各市、地技监局在对车速里程表实施强制检定时借鉴。

2000 年 3 月河南省技监局要求使用无有效检定证书或未经检定合格蒸汽流量计的，技术监督部门将依法进行查处。

2000 年河南省质监局加强了医用强制检定计量器具监督管理，对于使用未经检定、超检定周期和检定不合格的计量器具的，要责令其停止使用，限期整改。对于拒不改正以及阻碍计量监督检查的，要依照现行法律、法规严肃处理，必要时可通过新闻媒介予以曝光。是年，河南省质监局加强了调整强制检定工作计量器具检定周期管理工作。

2001 年，国家质检总局将燃气加气机、热能表 2 项 2 种计量器具纳入《中华人民共和国强制检定的工作计量器具目录》。至此，强制检定工作计量器具目录已达 61 项 118 种。

2002 年，全省共强制检定计量器具 1076327 台（件）（含强制检定计量标准），受检率达 95% 以上。

2003 年 11 月的 1 天晚上 12 点至次日凌晨 4 点，河南省质监局计量处处长王有全、河南省计量所所长程新选、所党总支书记王洪江、所党办主任李莲娣、所力学室主任王广俊，冒着严寒，到郑州花园口黄河公路大桥称重收费站，实地检查动态轴重仪的检定工作（见图 5–8–1）。

2003 年，河南省质监局要求，河南省内经销的进口氨基酸分析仪、离子色谱仪，必须办理进口计量器具型式批准证书。是年，国家质检总局将汽车里程表从《中华人民共和国强制检定的工作计量器具目录》中取消。

图 5–8–1
2003 年王有全（左二）、程新选（左一）、王洪江（左三）、王广俊（左四）等在黄河花园口公路大桥检查动态汽车衡检定工作

2004 年 8 月 30 日河南省质监局、省工商局联合印发《关于转发国家质检总局和国家工商总局〈零售商品称重计量监督管理办法〉的通知》。该管理办法共十四条，并附表规定了食品品种、价格档次、称重范围（*m*）和负偏差（见表 5–8–1），金饰品、银饰品和称重范围及负偏差（见表 5–8–2）。

表 5–8–1　食品品种、价格档次和称重范围及负偏差

食品品种、价格档次	称重范围（*m*）	负偏差
粮食、蔬菜、水果或不高于 6 元 / 千克的食品	$m \leqslant$ 1kg	20g
	1kg<$m \leqslant$ 2kg	40g
	2kg<$m \leqslant$ 4kg	80g
	4kg<$m \leqslant$ 25kg	100g
肉、蛋、禽*、海（水）产品*、糕点、糖果、调味品或高于 6 元 / 千克，但不高于 30 元 / 千克的食品	$m \leqslant$ 2.5kg	5g
	2.5kg<$m \leqslant$ 10kg	10g
	10kg<$m \leqslant$ 15kg	15g
干菜、山（海）珍品或高于 30 元 / 千克，但不高于 100 元 / 千克的食品	$m \leqslant$ 1kg	2g
	1kg<$m \leqslant$ 4kg	4g
	4kg<$m \leqslant$ 6kg	6g
高于 100 元 / 千克的食品	$m \leqslant$ 500g	1g
	500g<$m \leqslant$ 2kg	2g
	2kg<$m \leqslant$ 5kg	3g

*注：活禽、活鱼、水发物除外。

表 5-8-2 金饰品、银饰品和称重范围及负偏差

名称	称重范围（m）	负偏差
金饰品	m（每件）≤ 100g	0.01g
银饰品	m（每件）≤ 100g	0.1g

2004 年 9 月 8 日国家质检总局发文，要求国家质检总局授权、跨省际执行强制检定任务的计量检定机构自受理强制检定申请之日起 20 个工作日内完成强制检定工作。因特殊情况需要延长的，由计量检定机构与送检单位协商确定。对违反规定拖延检定期限的，应当按照送检单位的要求，及时安排检定，并免收检定费。

2005 年河南省质监局发文，要求对液压式张拉机、测力仪依法检定、加强热能表强制检定、加强纺织计量器具依法检定工作；使用全国统一的仲裁检定申请书等式样；使用全国统一的检定证书和检定结果通知书封面格式样式。国家质检总局 2006 年印发了启用新版检定证书和检定结果通知书封面格式样式有关问题补充说明，规定对中英文对照的检定证书，检定结果通知书的内容存有歧义的，应当以中文文本为准。

2006 年 1 月 26 日河南省质监局、省交通厅联合发文，决定全省将统一组织对机动车维修企业的计量器具和检测设备进行周期检定 / 校准。是年，河南省质监局组织开展了对药品生产企业强制计量器具进行监督检查，检查是否登记备案并检定合格，是否有漏检和逾期检定的。是年 8 月，河南省质监局、省安全生产监管局联合发文，要求按照各自职责，协同配合作好煤矿用计量器具强制检定工作，加强对煤矿安全计量工作的监管监察，加强煤矿安全计量检定机构的监管。

“电子眼”等机动车测速仪的使用和检定已成为社会各界普遍关注的焦点问题，各级人大、省纠风办、省质监局都对此给予了高度重视，各级交警部门也都积极配合质量技术监督部门对其使用的“电子眼”等机动车测速仪进行检定。为保证“电子眼”等机动车测速仪的规范使用，保证其所出具数据的准确、可靠，维护质量技术监督部门科学、公正的形象，河南省质监局 2007 年 4 月 18 日发文，作出五条规定，规范“电子眼”等机动车测速仪强制检定工作。

2007 年，全省共完成强检计量器具 153 万余台件，其中强制检定计量标准器具及配套仪器 5 万余台件，强制检定工作计量器具 148 万余台件，受检率达到 92% 以上。全省共对 30 项 59 种 58428 台件强制检定工作计量器具建立了档案，建档单位 14590 个，提高了强制检定计量器具的受检率。

2008 年，河南省质监局加强了强检计量器具建档备案登记工作，为省、市、县三级强检计量器具联网实行动态管理奠定了基础；本年度全省共完成强检计量器具 1577177 台（件），受检率为 92%。

2010 年 5 月 7 日河南省质监局发文，要求结合省住房和城乡建设厅、省发展和改革委员会、省财政厅、省技术监督局联合印发的《转发住房和城乡建设部等四部委〈关于进一步推进供热计量改革工作的意见的通知〉》，认真落实文件精神，做好供热计量监管工作。

截至 2010 年 12 月 17 日，河南省法定计量检定机构和强制检定计量器具情况见表 5-8-3。

表 5-8-3 2010 年度河南省法定计量检定机构和强制检定计量器具统计表

统计单位	政府计量行政部门所属法定计量检定机构数（个）	政府计量行政部门授权建立法定计量检定机构数（个）	强检计量标准器具数（台，件）	强检工作计量器具数（台，件）			
				用于贸易结算	用于医疗卫生	用于安全防护	用于环境监测
省级	1	18	21810	23824	3617	17350	3923
市级	18	59	36665	657090	36756	29105	18433
县级	111	35	5052	830970	25037	67189	1247
合计	130	112	63527	1511884	65410	113644	23603
共计	机构：242		强制检定：1778068				

注：省级授权站不包括郑州铁路局 19 个站段，郑州铁路局共计 20 个站段已通过授权。

2011 年河南省计量器具检定情况见表 5-8-4。

表 5-8-4 2011 年河南省计量器具检定情况表

	河南省（台，件）	省小计（台，件）	地小计（台，件）	县小计（台，件）	河南省计量院（台，件）
合计	2037297	150564	776560	1110173	150564
长度	98391	15558	51720	31113	15558
温度	45774	11343	29081	5350	11343
力学	833349	16078	362129	455142	16078
衡器	291136	6769	64962	219405	6769
电磁	492366	6201	133988	352177	6201
光学	10697	1380	5571	3746	1380
声学	7348	1909	2346	3093	1909
化学	24647	7058	10026	7563	7058
电离辐射	11335	949	1903	8483	949
无线电	7869	395	6501	973	395
时间频率	50172	1324	47891	957	1324
其他	164213	81600	60442	22171	81600

为加强全省重点监控单位流量计管理，推动强制检定工作顺利开展，支持污染减排体系建设，河南省质监局、省环境保护厅于 2013 年 5 月 8 日联合发文，开展重点监控单位流量计强制检定工作。

2013 年，河南省质监局在全省范围内组织开展了对全省从事金银制品加工、销售和收购领域进行专项计量监督检查。各省辖市局、直管县（市）对金银制品买卖交易过程中使用的计量器具摸清了底数并进行了登记备案，对本辖区内从事金银制品加工的企业、作坊，从事金银制品销售和收购的经营网点、商场、商业银行、典当行等单位或个人进行了专项监督检查。

河南省质监局于 2014 年 8 月 27 日印发了《关于开展医疗卫生机构在用计量器具普查及建立信息库的通知》，要求（摘录）：医疗计量监管一直是民生计量监管工作的薄弱环节。为了摸清底数为政府决策提供依据，进一步加强医疗卫生计量器具的监管，切实维护人民群众的切身利益，省质监局决定开展强检计量器具摸底普查及建立强检计量器具信息库。通过摸清底数，积极向各级政府汇报，认真落实国务院《计量发展规划》提出的“把与人民生活、生命健康安全密切相关的计量器具的强制检定所需费用逐步纳入财政预算”和《河南省人民政府关于贯彻国务院计量发展规划（2013—2020 年）的实施意见》中提出的“把基层医疗卫生机构医用计量器具检定等费用纳入同级财政预算”的要求，逐步建立以政府投入为主渠道的医疗卫生计量器具检定机制，为推进医疗体制改革作出积极贡献。摸底调查及建信息库对象：各类医疗卫生机构（各级公立医院、民营医院、疾病预防控制中心、乡镇卫生院、社区卫生服务机构、村卫生所（室）、门诊部、诊所等）所使用的在用计量器具。工作目标：各省辖市、省直管试点县（市）质监局于 2014 年 12 月 20 日前完成此项工作。并制定了四种表格：①医疗卫生计量器具目录：共有 CT 机、X 光机、超声源等 49 种；②医疗卫生计量器具普查信息表：共有计量器具使用单位、计量器具实际使用名称、型号规格等 21 个栏目。③医疗卫生机构统计表：共有县（市）、公立医院等 8 个大栏目和单位数量、计量器具数量、已检数量等 21 个小栏目。④医疗卫生机构计量器具（分品种）统计表：共有名称、数量等 8 个小栏目。

河南省质监局于 2014 年 11 月 19 日发出《关于医疗卫生计量器具普查及建立信息库工作情况的通报》，指出：自河南省质监局印发《关于开展医疗卫生机构在用计量器具普查建立信息库的通知》以来，全省各地按照文件要求积极行动，投入了大量的人力、物力，进行了卓有成效的工作，取得了一定的成绩。按照河南省质监局文件要求，11 月底要完成普查工作，但从目前情况看，各单位工作进度不平衡，有的地市进度较快，如信阳、安阳、新乡、郑州、南阳等市上传的数据已超过 2000 条。

调查摸底要横向到边，纵向到底，力争做到对本行政区域内的所有在用医疗工作计量器具进行普查，并形成数据库。河南省质监局将适时对省辖市和省直管县（市）验收。

根据2013年11月30日至2014年11月29日的统计，2014年度河南省计量法制管理情况见表5-8-5。

表5-8-5 2014年度河南省计量法制管理情况统计表

统计单位	政府计量行政部门依法设置的计量检定机构数（个）	政府计量行政部门依法授权的计量检定机构数（个）	强检计量标准器具数（台，件）	强检工作计量器具数（台，件）			
				用于贸易结算	用于医疗卫生	用于安全防护	用于环境监测
省级	1	18	4120	80935	3742	11000	2680
市级	18	59	37582	757917	93323	111243	8928
县级	108	141	7655	1097978	56259	102138	6120
合计	127	218	49357	1936830	153324	224381	17728
共计	机构：345		强制检定：2381620				

2014年河南省计量器具检定情况见表5-8-6。

表5-8-6 2014年河南省计量器具检定情况表

	河南省（台，件）	省小计（台，件）	地小计（台，件）	县小计（台，件）
合计	2519900	300145	940886	1278869
长度	138707	37980	48665	52062
温度	93331	27663	56565	9103
力学	1052547	23116	503104	526327
衡器	270013	9129	59476	201408
电磁	571647	10201	156988	404458
光学	23009	2128	15740	5141
声学	13527	5382	3870	4275
化学	37963	13005	13940	11018
电离辐射	9030	2262	5859	909
无线电	12382	909	8854	2619
时间频率	42819	1908	39898	1013
其他	254925	166462	27927	60536

2014年，全省依法设置的计量检定机构127个，依法授权的计量检定机构218个，共345个；检定计量器具2519900台（件）；强制检定2381620台（件），其中：强制检定计量标准器具49357台（件），强制检定49项92种工作计量器具2332263台（件）。2014年，全省检定计量器具台（件）数比2004年增长了33.6%；全省强制检定计量器具台（件）数比2004年增长了44.2%，比1994年增长了134.7%。

第九节　计量认证不断开拓迅速发展

计量认证是《计量法》《计量法实施细则》赋予省级以上人民政府计量行政部门的法定职责。1995年以来，河南省技监局、河南省质监局按照国家技监局、国家质监局、国家质检总局、国家认监委的要求，结合河南省实际，进一步规范计量认证工作程序，成立计量认证评审组，加强计量认证评审员队伍建设，加大计量认证宣传，不断开拓计量认证、资质认定领域，计量认证、资质认定工作迅速发展。通过计量认证、资质认定评审、专项监督检查，对于提升产品质量检验机构为社会提供公证数据和向社会出具具有证明作用的数据、结果的法制意识、技术能力和检测质量，为提高产品质量，促进经济发展和维护社会经济秩序成就显著。

河南省建设厅、河南省技监局 1995 年 5 月 31 日联合发文《转发建设部、国家技术监督局颁布的〈城市排水监测机构计量认证评审考核细则〉》。河南省建设厅、河南省技监局 1995 年 8 月 4 日联合发文，要求加快工程建设检测试验机构计量认证工作。

河南省技监局 1995 年 9 月 10 日印发豫技量发〔1995〕206 号文，决定：根据河南省计量认证工作需要，按照《产品质量检验机构计量认证评审员管理办法》，经过资格审查、培训、考核，决定聘任王建辉等 113 人为省级产品质量检验机构计量认证评审员，请所在单位，积极支持评审员参加考核评审和监督检查活动。

聘任的计量认证评审员名单（113 人）：王建辉、苗瑜、程新选、李凯军、陈传岭、李黎军、周秉时、王广俊、王卓、王晓惠、周淑芳、浮德耀、汪兆瑞、那宏、陈翠琴、王惠民、许世明、李宗明、刘新生、李飞卿、张季超、章太祺、刘宏奎、刘红生、李胜利、原书文、马海启、刘群、孙懿斐、崔赞民、王烨、张桂泉、孟繁华、闫海庆、李全运、陈长海、刘桂枝、马健、翁秀妹、申巧玲、朱彦增、秦振民、陶曦、李桂林、袁占兴、张家文、张国成、李滋友、王丽娟、徐映华、王秀珍、吴丙辰、孙德虎、姜争朝、李云鹏、司天明、秦长军、时相卿、张敬德、田林、白士清、杨卫、王家保、冯文学、赵新春、李克诚、路建国、刘怀保、李全德、王玉胜、付秋香、邢及义、武润生、魏焕义、张哲礼、任效功、李兰梓、姜艳玲、柏雪华、周明伟、张爱真、华兆祥、宋新、韩瑞锋、贺周南、涂正德、和书坤、孟伟、庞庆胜、翟红、李福章、李婉茹、郑慎宇、张运栋、李合长、刘俊付、宋舜星、吴宇、徐荣礼、常云、陈跃梅、徐宏伟、赵焕忠、朱大顺、张大典、徐翠琴、燕金怀、郑振武、苏君、邵学华、张建国、张庆民、马庆德；并公布了从事专业。

1995 年，河南省计量测试研究所（以下简称河南省计量所）完成了质检机构计量认证 18 个单位，完成了计量认证监督检查 3 个单位。是年，新增三门峡市建筑材料中心实验室等 19 个单位通过计量认证。

计量认证工作开展十多年来，全省已有 300 多个质检机构先后取得计量认证合格证书，这对于河南省产品质量检验机构检测工作质量的提高，起到了极大的促进作用。河南省技监局 1996 年 7 月 29 日公布了修订后的“河南省技术监督局计量认证工作程序（1996 版）”；并印发了计量认证评审中若干问题的处理、计量认证考核评审组长单位名单、河南省技监局校验方法备案书、申请计量认证单位执行标准登记表。

河南省技监局 1997 年 6 月 10 日发文，重新确认以下评审组（9 个）：河南省计量测试研究所计量认证评审组，环保计量认证评审组，地矿计量认证评审组，郑州计量认证评审组，新乡计量认证评审组，开封计量认证评审组，安阳计量认证评审组，南阳计量认证评审组，洛阳计量认证评审组。取消化学评审组。新成立以下评审组（5 个）：许昌计量认证评审组，平顶山计量认证评审组，鹤壁计量认证评审组，焦作计量认证评审组，商丘计量认证评审组；成立的 14 个评审组，均为省级计量认证评审组。

河南省技监局 1997 年 8 月 19 日发出豫技量发〔1997〕169 号文，决定在全省统一对色标进行设计、制作，并提出如下统一使用要求：色标的设计、制作由河南省技监局统一负责，参照 JJG 1021—90《产品质量检验机构计量认证技术考核规范》的要求，结合 GB/T 19022.1 标准的要求进行规范。色标分为绿（表示合格）、黄（表示限用）、红（表示停用）三种。其应用范围为：合格证（绿色）：经计量检定（包括自检）、校准合格者；不必检定或校准，经检查其功能正常者；无法检定或校准，经对比或鉴定适用者。限用证（黄色）：多功能测量设备，某些功能已丧失，但检测工作所用功能正常且经校准合格者；测量设备某一量程不合格，但检测工作所用量程合格者；降低等级使用者。停用证

（红色）：测量设备经确认不合格者；测量设备超过确认周期者；测量设备损坏或功能可疑者；测量设备暂时不用或封存的；需封缄的测量设备封缄脱落的；禁用或报废处理的测量设备等。色标的销售工作由河南省计量协会统一负责。1998 年 7 月 1 日后，全省将全部使用统一后的新色标，河南省技监局将在完善计量检测体系、计量合格确认、计量认证、计量标准考核、制造计量器具生产条件考核、计量技术机构考核等工作中进行色标管理的监督检查，对违反规定者将分别进行相应的处理。

为加强对产品质量检验机构和测试实验室的监督管理，河南省技监局于 1997 年第四季度对全省通过计量认证的检验机构进行计量认证监督抽查。

经调查核实，许昌市技监局金银检测中心存在从事金银饰品的销售行为，已失去了公正地位，依据产品质量检验机构《计量认证管理办法》第二十条的规定，河南省技监局 1998 年 6 月 25 日发出豫技量发〔1998〕136 号文，决定吊销该中心计量认证合格证书。

1998 年，河南省技监局依法开展计量认证工作，交通系统机动车检测线（站）计量认证工作已基本完成，公安系统机动车检测线（站）计量器具强检工作已起步。各种社会公正计量行（站）的计量认证得到规范。全年共完成检测实验室计量认证含（复查换证）共 155 家，社会公正计量行（站）计量认证 21 家。

河南省技监局 1999 年 2 月 1 日印发豫计量发〔1999〕25 号文，公布了经整顿培训重新注册的计量认证评审员及具备评审组长资格人员名单。根据河南省计量认证工作需要，聘请符合条件并经考核合格的苗瑜等 288 人为省计量认证评审员；确认 21 个单位为省计量认证评审组；公布 89 名评审员具备担任计量认证评审组长资格（见表 5–9–1）。

表 5–9–1　1999 年河南省计量认证评审组、评审组长、评审员一览表

序号	河南省计量认证评审员、评审组名称	具备评审组长资格人员（人）	河南省计量认证评审员（人）
1	河南省技监局直属计量认证评审员	苗瑜、李广跃、何丽珠、董振峰、曾隆强、王顺舟、陈长海、李照美等 17 人	12
2	交通行业计量认证评审员	岳跃军 1 人	7
3	医疗卫生行业计量认证评审员	王建伟、王兴国、仲平 3 人	12
4	建设行业计量认证评审组	李宗明、许世明、刘利君等 5 人	10
5	地矿行业计量认证评审组	王烨、翟赞民 2 人	5
6	环保行业计量认证评审组	陈炎、多克辛、徐晓力 3 人	9
7	河南省计量测试研究所计量认证评审组	程新选、牛淑之、陈海涛、赵立传、李黎军、王广俊、杜建国、杜书利、裴松 9 人	23
8	焦作计量认证评审组	王天祯、高礼庭 2 人	16
9	平顶山质量认证评审组	贺周南、庞庆胜等 4 人	4
10	许昌计量认证评审组	朱天顺、赵焕忠、王建军 3 人	6
11	漯河计量认证评审组	杨金功、刘增田 2 人	6
12	南阳计量认证评审组	李春亭、徐思玲、冯富成等 5 人	5
13	周口计量认证评审组	张宏、齐文善 2 人	5
14	信阳计量认证评审组	董玲、肖启森 2 人	8
15	鹤壁计量认证评审组	华兆祥、韩瑞峰 2 人	5
16	新乡计量认证评审组	臧宝顺、李云鹏、司天明 3 人	9
17	濮阳计量认证评审组	胜庚雪、管兰增 2 人	6
18	商丘计量认证评审组	徐荣礼、吴秀英 2 人	7
19	郑州计量认证评审组	于雁军、张向新、骆钦华、和宝立 4 人	8

续表

序号	河南省计量认证评审员、评审组名称	具备评审组长资格人员（人）	河南省计量认证评审员（人）
20	开封计量认证评审组	王斌、袁占兴、张家文3人	12
21	三门峡计量认证评审组	张庆民、石洪波、张旺林3人	2
22	驻马店计量认证评审组	李合长、刘俊富2人	4
23	安阳计量认证评审组	李荣华、刘秀芝、郑兆铭3人	10
24	洛阳计量认证评审组	李滋友、顾宏、王祥龙等5人	8
合计	21个河南省计量认证评审组	89	199

注：①序号1~3为河南省计量认证评审员。
②序号4~24为河南省计量认证评审组名称。

1999年，全省共有186家通过计量认证评审。社会公正计量行（站）计量认证16家，其中：房屋面积类9家，称重1家，金银饰品2家，眼镜2家，定量包装2家。

国家质监局认评司发布的《产品质量检验机构计量认证〈审查认可（验收）评审准则〉（试行）》（质技监认函〔2000〕046号），2001年12月1日实施。河南省质监局根据该《评审准则（试行）》和《河南省计量监督管理条例》有关规定，2001年11月27日印发豫质监量发〔2001〕313号文，公布了重新修订的《河南省计量认证工作程序》，内容有：计量认证对象；计量认证准备；计量认证申请；申请时应提交的资料；申请受理；申请资料审查；申请书审查；质量手册审查、法律地位的审查、执行标准的有效性审查、分包资质审查、量值溯源有效性。自效方法备案；评审实施；评审委托、评审组的组成、评审组长职责、注册评审员和特约评审员职责。现场评审：预访，正式评审：预备会议—首次会议—现场考察—分组审核—评审组会议—沟通意见—末次会议。现场抽查检测项目检验报告结论和理论考核成绩应详细填写，并作出评价，负责考核的评审员逐一签字。对正式评审中需要整改的问题，经整改仍达不到要求的，按正式评审不通过上报。审批发证；增项；复查换证。计量认证合格证书有效期为5年。监督评审；评审费；本工作程序自2001年12月1日起实施。原工作程序同时废止。

2001年，河南省质监局全年共受理质检机构和其他检测机构计量认证申请216家，其中复查申请37家，首次认证申请148家，增项申请28家，更名申请3家；组织完成计量认证评审及审批发证195张，其中复查发证44家，首次认证证书125张，增项证书23项，更名证书3张。对医疗卫生、机动车检测、防雷、环境监测等方面的质检或检测机构进行监督检查。组织专家汇总编印出《河南省技术监督局2000年计量认证公告》。组织各行业专家15人，参加了国家局组织的《产品质量检验机构计量认证/审查认可评审准则》（试行）师资培训班。完成社会公正计量站计量认证评审15家。

2002年2月，国家计量认证办公室向河南省计量所程新选颁发了国家级计量认证/审查认可评审员证；2007年4月，河南省计量所程新选获得了国家认监委颁发的师资/国家级实验室资质认定评审员证。此后，王建辉、王广俊、王卓等均获得了国家认监委颁发的国家级计量认证/审查认可评审员证和国家级实验室资质认定评审员证。

2002年，河南省质监局组织完成计量认证评审111家；举办计量认证评审员班1期、实验室内审员班5期，培训评审员60余人、注册内审员400余人。是年累计，取得省级计量认证证书的各类检测机构达到867家，其中，同时获得审查认可证书的质检机构175家（省所1，市所18，省站50，市站10，县所96）。涉及的领域主要有：质量监督、环保、建设、卫生、医药、冶金建材、农业、畜牧、能源、石油、化工、交通、机械、电子、轻工、地矿、粮食等。编写整理了《计量认证参考资料》一书。

河南省质监局2004年组织完成首次计量认证68家，委托河南省计量协会举办内审员培训班3期，培训注册内审员200余人。编印了《河南省技术监督局2003年计量认证公报》。根据国家认监委的要求，河南省质监局2005年开展第二次全国检验检测资源及实验室状况调查，并于是年1月

14 日在郑州召开调查工作动员会。截至是年 3 月 14 日，共收集到 883 家实验室资源数据。

河南省质监局、河南省农业厅、河南省卫生厅、河南省商务厅、河南省工商局、河南省食品药品监管局、中华人民共和国河南出入境检验检疫总局 2005 年 1 月 24 日联合印发豫质监联发〔2005〕1 号文，开展食品检验检测资源调查要求工作。

河南省质监局、河南省公安厅 2005 年 3 月 10 日联合印发豫质监联发〔2005〕1 号文，加强机动车安全技术检验机构管理。要求各省辖市质量技术监督局、公安局要积极主动，密切配合，确保机动车安全技术检验机构资格及监督管理工作，于 2005 年 3 月 31 日前，顺利由公安机关交通管理部门向质量技术监督部门移交，要积极学习贯彻《道路交通安全法》《计量法》等法律法规，并于 2005 年 4 月 30 日前完成计量认证工作。河南省已按时完成了这项移交工作。是年，河南省质监局对计量认证实验室进行了监督评审；并对 2005 年监督评审不合格的以及无故拒绝接受监督评审的中国建筑第八工程局第二建筑公司郑州试验室、河南省城市供水水质监测网南阳监测站、南阳市水利建筑勘测设计院建材试验室、中建七局一公司焦作分公司试验室、焦作市东城预制构件有限公司、焦作市电线杆厂试验室、开封市通达机动车性能检测有限公司，依法注销其计量认证合格证书，停止使用计量认证标志，不得继续向社会出具公证数据。

河南省质监局于 2005 年 10 月至 2006 年 8 月组织对 2002—2004 年间获得计量认证证书的实验室进行监督评审。共监督评审实验 324 家，合格 317 家，不合格 7 家（其中，借故拒绝监督评审 6 家）。对此次监督评审不合格的 7 家实验室，决定暂停其计量认证合格证书 6 个月。

河南省质监局 2005 年完成了对涉及食品检验的实验室的专项监督检查，共检查食品实验室 180 家，其中与监督评审结合进行检查的食品检验实验室 65 家。监督检查发现的主要问题有：一是部分实验室的质量手册、程序文件等不够健全、完善，获证后未能持续有效运行，还有个别实验室未按照《评审准则》完成质量体系转版；二是部分实验室存在实验室所依据的检测标准已过期、作废失效；三是仪器设备未进行溯源检定；四是仪器设备档案、人员档案不完备。

国家质检总局 2006 年 2 月 21 日颁布《实验室和检查机构资质认定管理办法》（86 号令），2006 年 4 月 1 日实施。国家认监委于 2006 年 7 月 27 日发布《实验室资质认定评审准则》（国认实函〔2006〕141 号），2007 年 1 月 1 日实施。为了贯彻该《管理办法》和《评审准则》，河南省质监局 2007 年 3 月 1 日印发豫质监量发〔2007〕111 号文，公布了《河南省（资质认定）计量认证工作规范》。该工作规范的内容有（摘录）：以下技术能力证明，包括最高管理者、技术管理者、授权签字人、质量主管、内审员及其他检测人员系正式人员的证明或合同制人员的经劳动部门备案的劳动合同原件和复印件；证明质量负责人和内审员经培训合格的注册内审员证原件和复印件；执行标准时效性报告复印件；建立质量体系并有效运行的有关证明文件：程序文件目录及质量手册；现场评审：预访问；证后管理：复查，计量认证合格证书有效期为三年。本工作规范自 2007 年 7 月 1 日起实施。原《河南省计量认证工作程序》同时废止。结合河南省实际，河南省质监局计量处 2007 年 5 月 8 日制发 11 个实验室资质认定工作表格，自 2007 年 6 月 1 日起实施。已获证实验室管理体系转版工作要求在 2007 年 12 月 31 日前完成，届时原评审准则和相应工作表格停止使用。

国家质检总局 2006 年 2 月 27 日公布的《机动车安全技术检验机构管理规定》（第 87 号令），共有六章四十条：第一章总则、第二章安检机构设置规则和资格管理、第三章安检机构行为规范、第四章监督管理、第五章法律责任、第六章附则；自 2006 年 5 月 1 日起施行。

2006 年，根据国家认监委的安排，河南省质监局作为组长单位组织对山东省 5 家实验室和四川省 5 家实验室执行了计量认证专项监督检查，并将《检查工作总结》报送国家认监委。

国家认监委 2007 年 6 月 20 日发布 2007 年第 14 号公告，要求外资实验室应当取得资质认定，并作出了 11 条规定；本公告自 2008 年 1 月 1 日起施行。

国家认监委 2007 年 9 月 12 日发布 2007 年第 24 号公告，发布了《实验室资质认定评审员管理办法》，自 2007 年 12 月 1 日起施行。规定评审员证书有效期为 3 年。

河南省质监局、河南省环境保护局 2007 年联合印发豫质监联发〔2007〕5 号文，重新确认河南省计量认证环境保护评审组设立在省环境监测中心站。评审组主任：多克辛。

2007 年，河南省质监局在全省开展了对建筑质检、公路检测、卫生防疫、环境检测、机动车安全检测、农产品检测、种子检测，药品检验等实验室专项监督检查。是年，完成首次计量认证评审及审批 115 家。是年累计，全省实验室持有在有效期内的计量认证证书已超过 1200 份。举办实验室评审员培训班 4 期，培训评审员 300 余人；举办实验室内审员培训班多期，培训注册内审员近 500 人。牵头对吉林省区域内 8 家实验室进行了资质认定计量认证专项监督检查。河南省区域内 8 家实验室接受了“飞行检查”。

河南省质监局 2008 年 6 月 3 日发出豫质监量发〔2008〕224 号文要求，各计量认证实验室应于 2007 年 12 月 31 日前完成质量体系转换（质量手册转版）工作。鉴于全省部分实验室未按规定时间完成转换工作实际情况，现将有关要求通知如下：各实验室必须于 2008 年 7 月 31 日前完成所有质量体系转换工作，不得延误。河南省质技监局将从是年 8 月 1 日开始，依据《实验室资质认定评审准则》，组织专家对全省各实验室进行监督评审。未通过监督评审的，将撤销或暂停证书。要求各省辖市局将此通知迅速转发到辖区市、县级实验室，并督促其按时完成转版工作。

河南省质监局、省卫生厅 2008 年联合发文，重新确认河南省计量认证卫生评审组设立在河南省医学科学院。

2008 年，河南省质监局组织完成实验室资质认定计量认证评审 342 家，全省实验室持有有效期内的计量认证证书 1350 份，比上年增加约 10%。举办实验室资质认定内审员培训班多期，培训注册内审员 500 余人。组织 10 个重点领域所涉及的 374 家实验室进行自查，组织检查组现场检查实验室 44 家。并受国家认监委委派，河南省质监局作为检查组长牵头对山东省区内 8 家实验室进行资质认定计量认证专项监督检查。配合国家认监委资质认定计量认证专项监督检查组，完成了对河南省区域内 8 家实验室的“飞行检查”。是年，河南省质监局对计量认证实验室进行监督评审，发现 6 个方面的问题，其中：有个别实验室质量负责人和内审员未接受新管理办法和新评审准则的培训；有些实验室领导对质量体系转换工作不够重视，个别实验室没有按国家和河南省局规定及时完成质量体系转换；内审和管理评审不够深入；部分检测机构仪器设备未严格按规定进行检定或校准，检定或校准证书有断档现象；个别检测机构的原始记录和检测报告信息量不全等。此次共安排监督评审实验室 380 家，合格 352 家，未接受监督评审的 18 家。对未接受监督评审的 18 家实验室，决定暂停或撤销其计量认证证书。

为全面落实全国质检工作会议精神，有效推动“质量和安全年”活动的开展，进一步加强对资质认定获证实验室的监督管理，确保实验室资质认定工作有效性，河南省质监局 2009 年组织开展了专项监督检查工作。重点检查以下领域：家电检测机构、节能监测机构、粮食和食品检验机构、煤矿安全生产及建工建材行业的相关检测机构、农资、农业投入品检测机构。本次检查分地市和省直两部分，对各省辖市、辖区内相关实验室的现场监督检查比例不低于 60%。

国家质检总局 2009 年 10 月 13 日发布第 121 号令《机动车安全技术检验机构监督管理办法》，共 6 章 42 条，自 2009 年 12 月 1 日起施行。2006 年 2 月 27 日国家质检总局发布的《机动车安全技术检验机构管理规定》同时废止。

河南省质监局 2009 年组织委托河南省建筑科学研究院有限公司承办水泥检测能力验证工作，于 2010 年 3 月 25 日完成。能力验证结果如下：本次水泥检测能力验证样品选用 42.5 级和 52.5 级普通硅酸盐水泥，均经过均化、过筛和均匀性检验确认后分装；参加本次验证的检测机构共 349 个，分 5 个组，报送结果的有 346 个，有 3 个未上报。报送结果的检测机构均通过计量认证。对参加能力验证的检测机构分组随机编号，检验结果采用稳健统计技术处理，以中位值为考核结果的标准值。根据 ZB（实验室间 Z 比分值）和 ZW（实验室内 Z 比分值）值的大小进行评价。346 个检测机构中考核优秀的有 115 个，占 33.2%，结果合格的 204 个（含优秀），占 59.0%；考核不合格的有 142 个，占 41%。参加单样测试检测机构上报的 14 个结果中，合格率仅为 7.1%。从统计数据看，本次考核的合格率偏低，说明检测机构的技术能力和管理需进一步提高。统计分析结果显示，有 142 个检测机构的项目有离群项，验证结果为不满意，需按照河南省质监局的要求参加验证补测工作，只需补测不满意的相关项目即可。未参加能力验证活动的检测机构需按照豫质监量发〔2009〕545 号文件《关于开展水泥检测能力验证的通知》执行。

河南省质监局计量处 2010 年 6 月 3 日发出豫质监量涵〔2010〕25 号文，决定在实验室资质认定（计量认证）工作中实施观察员制度，规定了观察员的派出、条件、职责、义务和权利；自公布之日起施行。

2011 年，河南省质监局依据《实验室能力验证实施办法》，在全省范围内开展了食品药品检验行业获证实验室的药品能力验证工作。本次能力验证委托河南省食品药品检验所承办验证方案的制定、实施及评价工作。参加对象：各省辖市食品药品检验所。检验样品配制：本次比对实验室的样品统一制作、统一领取。样品分为 A 样（强制性的项目）、B 样（自愿性项目），各类样品的均匀性、稳定性均达到相关要求，补测样品与初测样品相异。检验项目：葡萄糖和氯化钠含量测定。时间安排：各检验单位于 2011 年 9 月 27 日 –29 日在河南省食品药品检验所领取样品，并于 2011 年 10 月 13 日前完成实验；逾期不领样品和未按时完成者后果自负。各检验单位收到样品后立即组织检验，并将检验结果填写在《实验室能力验证实验结果表》中，加盖公章后，于 2011 年 10 月 15 日前寄送河南省食品药品检验所（以当地邮戳为准）。有关要求：凡参加本次能力验证活动的检验单位，要按期上报结果；因客观原因暂不能参加的，在能力验证活动开展前，须以书面形式上报河南省质监局，经同意后可另行安排。出现下列情况之一者，视为本次能力验证不合格：未经组织方同意而不参加能力验证活动的；实验中以任何方式泄露本次试验结果，或套取其他实验室有关参数信息的；未按规定时间、规定格式及内容上报结果的。结果的利用：取得满意结果的检测单位，可将该结果作为参加能力验证的记录，一个周期内（3 年）的资质认定评审时可免于该项目的现场考核。是年，河南省质监局组织开展了实验室资质认定专项监督检查工作。

河南省质监局于 2012 年 8 月 2 日向国家认监委报送了《关于对三门峡市疾病预防控制中心超范围出具检测报告的情况报告》（以下简称《报告》）。《报告》称：按照国家认监委来函的要求，现将河南省质监局处理“三门峡市疾病预防控制中心检测今麦郎方便面酸价超标”事件的具体情况报告如下：经河南省质监局组织核查，根据三门峡市疾病预防控制中心超范围出具检测报告的事实，河南省质监局拟作出以下行政处理决定：依据《食品检验机构资质认定管理办法》（国家质检总局第 131 号令）第三十五条之规定，暂停三门峡市疾病预防控制中心涉及食品类检测资质认定计量认证（CMA）6 个月，在证书暂停期间不得对外出具食品检测报告；责令三门峡市疾病预防控制中心立即启动纠正预防程序进行整改。建议按照行政管理权限，追究相关人员责任。责成三门峡市质监局按照有关规定处理，行政处罚结果书面上报河南省质监局。

2012 年，河南省质监局为深入贯彻落实《河南省人民政府关于加快保障性安居工程建设的若干意见》（豫政〔2012〕84 号）、《河南省质量技术监督局关于进一步加强保障性安居工程建设相关产品质量监管的意见》（豫质监字〔2012〕16 号）等文件的要求，结合河南省实际情况，发文在全省开展实验室资质认定专项监督检查，将建筑材料检验检测实验室作为重点检查对象。

2012 年 10 月 31 日前，河南省共有实验室数 2184 家，其中 2012 年首次取证 360 家，有效期内共 1824 家。已获证的 2184 家实验室中，机汽类 186 家、化工类 4 家、轻纺商类 12 家、电业类 10 家、冶金类 11 家、供排水类 42 家、国土资源类 29 家、信息类 17 家、石油类 18 家、科教类 3 家、安全类 15 家、建工建材类 755 家、铁道类 8 家、交通类 65 家、粮油类 25 家、工程类 306 家、卫医类 281 家、煤节能 24 家、环保类 100 家、农业畜牧类 93 家、国防科学类 1 家、公安类 7 家、质检系统 172 家。共有河南省省级实验室资质认定评审员 487 名；实验室资质认定内审员 5000 余人。

2012 年 10 月 31 日，河南省质监局认证认可监管处成立。河南省质监局计量处的计量认证、资质认定职能转交河南省质监局认证认可监管处。

第十节 法定计量检定机构考核和计量授权

根据《计量法》《计量法实施细则》《计量授权管理办法》，依照国家技监局、国家质监局、国家质检总局的具体部署，1995 年以来，河南省技监局、河南省质监局实施了法定计量检定机构考评员制度，严格按照《法定计量检定机构考核规范》和《河南省专项计量授权考核规范》进行考核，进一步加强和规范了对国家法定计量检定机构、法定计量检定机构和专项计量授权技术机构的考核和计量授权工作。通过对法定计量检定机构考核，促进了法定计量检定机构完善管理体系，改造环境条件，增加计量标准，提升技术能力，保证量值传递质量，统一计量单位，保证量值准确、可靠，按国际准则进行规范管理，尽快实现与国际通行做法接轨，持续发展创新，逐步满足改革开放和社会主义市场经济发展的要求。

一、1995—2002年的法定计量检定机构计量授权

河南省技监局于 1995 年 3 月授权化学工业部黎明化工研究院在洛阳市、三门峡市、焦作市、南阳市等行政区域内对社会承担气相色谱仪的计量检定工作；继续授权河南省石油计量站承担河南省范围内带锤钢卷尺、石油温度计、石油密度计、油流量计的强制检定；有效期 5 年。

国家技监局 1996 年 3 月 6 日印发技监局量发〔1996〕71 号文，确定河南省计量测试研究所的国家法定计量检定机构计量授权证书号为国法计〔1996〕01031 号。河南省技监局 1996 年 4 月 9 日印发豫技量发〔1996〕71 号文，确定河南省市地级国家法定计量检定机构计量授权证书号：郑州市计量检定测试所为豫法量〔1996〕410001 号、郑州市衡器管理所为豫法量〔1996〕410002 号、开封市计量测试研究所为豫法量〔1996〕410003 号、洛阳市计量测试所为豫法量〔1996〕410004 号、平顶山市计量测试所为豫法量〔1996〕410005 号、河南省安阳计量测试中心为豫法量〔1996〕410006 号、鹤壁市计量检定测试所为豫法量〔1996〕410007 号、新乡市计量技术测试所为豫法量〔1996〕410008 号、焦作市计量所为豫法量〔1996〕410009 号、濮阳市计量测试所为豫法量〔1996〕410010 号、许昌市计量测试所为豫法量〔1996〕410011 号、漯河市计量测试所为豫法量〔1996〕410012 号、三门峡市计量测试所为豫法量〔1996〕410013 号、商丘地区计量测试研究所为豫法量〔1996〕410014 号、周口地区计量测试所为豫法量〔1996〕410015 号、驻马店地区计量测试所为豫法量〔1996〕410016 号、南阳市计量测试所为豫法量〔1996〕410017 号、信阳地区计量测试所为豫法量〔1996〕410018 号。

1996 年是深入贯彻落实《国家技术监督局关于加强计量工作的若干意见》（以下简称《意见》）的第二年，根据《意见》的要求，为使中国法定计量检定机构（含授权计量检定机构）的工作质量上一新台阶，并逐步按国际准则进行规范管理，尽快实现与国际通行做法接轨，在吸收了一些地方对法定计量检定机构进行整顿验收的成功经验的基础上，参照有关国际建议对实验室的要求，国家技监局 1996 年 6 月定于是年第四季度（或 1997 年初）有计划地对省级以上法定计量检定机构进行考核；并提出了 4 条要求。是年 7 月，河南省技监局要求省、市、地、县级法定计量检定机构完成各自的自查、整改工作，按时迎接国家和省技术监督局的考核。是年 9 月，国家技监局计量司印发《法定计量检定机构考核细则》。是年，河南省技监局根据《计量授权管理办法》有关规定，对申请延长计量授权有效期的河南省气象计量站、中国船舶工业总公司第七一三研究所计量检验中心、河南省粮食科学研究所、河南省安阳计量测试中心、鹤壁市计量检定测试所的 9 个授权项目进行了复查考核。对河南省环境监测中心站、黄河流域水环境监测中心，河南省测绘计量器具检定中心，中国人民解放军测绘学院仪器检修中心申请计量授权的 11 个项目授权考核。经考核合格，分别进行了授权延长授权有效期和计量授权并公布了被授权单位、计量标准装置、授权项目和授权范围。被授权单位和授权项目：河南省气象计量站，风速（压）表、湿度计（表）、气压表（计）、气象用温度计（表）。中国船舶工

业总公司第七一三研究所计量检验中心，声级计、声校准器。河南省粮食科学研究所，谷物容重器。河南省安阳计量测试中心，干涉滤光片、中性滤光片、镨钕滤光片、氧化钬玻璃片、光学元件透光特性。鹤壁市计量检定测试所，热量计检定装置、热量计。河南省环境监测中心站，冷原子萤光测汞仪、冷原子吸收测汞仪。黄河流域水环境监测中心，冷原子萤光测汞仪、冷原子吸收测汞仪、液相色谱仪、离子色谱仪。河南省测绘计量器具检定中心，光学经纬仪、水准仪、平板仪。中国人民解放军测绘学院测绘仪器检修中心，光学经纬仪、水准仪。

河南省技监局组织有关人员根据对法定计量检定机构进行考核的要求和《质量手册编写指南》，编写了《质量手册的编制指导意见》，并于1996年10月在新乡召开了法定计量检定机构编写《质量手册》研讨会议。参加会议的单位有省计量所、各市、地技术监督局计量科、计量所、部分县级计量所和省级计量授权单位，参加人员达130多人。

1997年2月4日河南省技监局向河南省人民政府报送豫技字〔1997〕1号文，请示：根据国家技监局的要求，为了能使河南省计量所顺利通过国家技监局的对省级法定计量检定机构的计量授权考核，急需更新省级最高电能计量标准装置、省级最高交直流电压、电流、功率表检定装置、省级最高时间、频率计量标准装置、省级最高数字多用表检定装置、省级最高高频信号源计量检定标准装置等7项，照射量、超低温、光学仪器、黏度等43个省级最高社会公用计量标准的“填平补齐”项目，共需经费219万元，用于仪器设备的购置；急需改造KⅠ、KⅡ恒温控制系统、更换恒温控制仪表、维修空气加热器、购置小型除湿机等16项，共需经费66万元；以上合计共需经费285万元，请省政府予以支持。河南省计量所所长程新选多次向省财政厅汇报迎接国家技监局考核的情况，争取资金支持。省技监局局长戴式祖亲赴许昌市，向正在开会的省财政厅厅长夏清臣阐述情况，争取资金支持。省财政厅给河南省计量所拨款50万元，借款50万元，用于迎接国家技监局对省级法定计量检定机构授权考核的整改项目。

1997年第一季度，河南省技监局组成由计量处处长张景信，副处长苗瑜、张效三分别为组长的3个考核组，对17个（除济源市外）市、地的10个法定计量检定机构和省级授权的6个计量站，按照《考核细则》，就基本条件、量传能力和质量保证体系三个方面，分别进行了考核。总的来说，各市、地政府、技监局对考核比较重视，帮促法定计量检定机构进行了整顿。一些市、地政府还拨出专款，如驻马店地区拨出20万元专款，帮助地区计量所改善环境条件和完善配套设备。各地法定计量检定机构与考核要求都不同程度地存在一定的差距，部分法定计量检定机构还有较大的差距。例如，三门峡市、鹤壁市、信阳地区、周口地区、商丘地区、濮阳市等市地的法定计量检定机构，开展的计量检测业务范围小，还不具备有自我补充和发展能力；洛阳市、南阳市的法定计量检定机构和郑州市衡器管理所的领导班子不够健全，无法人代表，其法人资格和建立质量保证体系都不适应要求；商丘地区、焦作市、新乡市的法定计量检定机构工作场所不符合计量检定实验的要求；鹤壁市、南阳市、开封市、洛阳市的法定计量检定机构的实验室不够整洁，设备摆放较乱，部分实验室的温度、湿度不能保证计量检定规程的要求；还有部分法定计量检定机构建立的计量标准存在计量标准考核合格证书和社会公用计量标准证书不齐全，使用超检定周期计量器具的现象。特别是信阳地区计量测试所，全部计量标准器具检定严重超期，无有效检定证书，进行违法量传，已不能保证量值准确可靠，为全省乃至全国所罕见。各市、地法定计量检定机构编制的《质量手册》还不够完善、规范，需作进一步修改，并保证质量保证体系的运行，不断改进和完善。对各市、地法定检定机构存在的问题，考核组确定了整改期限。

1997年4月19日，河南省计量所所长程新选批准颁布了《河南省计量测试研究所质量手册（第一版）》，并颁布了48个程序文件、139个《计量标准操作规程》和51个《测试方法》。河南省计量所经过8个多月的艰苦努力，通过自查整改，检定检测工作质量、管理和服务质量都上了一个新台阶，顺利通过了国家技监局1997年5月18—20日的法定计量检定机构考评。考评结论为：“评审组认为河南省计量测试研究所符合国家局法定计量机构考核要求，同意通过考评。”通过国家技监局考评省级社会公用计量标准项目139项，承检能力400种。通过这次考评，省计量所达到了逐步按国际准则进行规范管理，为尽快实现与国际通行做法全面接轨，迈出了关键性的一步。

国家技监局考评组 1997 年 5 月分别对郑州、洛阳、开封三市的计量所以及解放军测绘学院测绘仪器检修中心进行检查。对全省法制计量工作所取得的成绩给予了客观评价，同时对全省存在的问题提出诚恳的意见和建议。这次考核工作，从始至终得到了省、市各级领导的重视与支持。省人民政府在财力十分紧张的情况下，拨出专款，支持河南省计量所自查整改，使省计量所一下子跨入全国较规范、先进的行列。驻马店行署同样在财力紧张下拨专款给地区计量所。焦作、新乡两市在政府的关怀帮助下，解决了困扰多年的房产问题。郑州、开封为加强对计量技术机构的管理，及时调整了领导班子，为今后的发展提供了组织保障。由于编写《质量手册》工作内容新、难度大，河南省技监局及时举办了“如何撰写质量手册”培训班和“测量不确定度表达”学习班，提高了大家的编写能力。由于措施得力，河南省计量所、洛阳计量所和解放军测绘学院维修中心的《质量手册》编写完善、规范，受到了考评组专家的一致好评，已作为样本被国家局考评组带回北京。

1997 年 6 月，河南省技监局要求未经计量认证的社会公正计量行（站）不得开展工作等。

1997 年 12 月 1 日，国家技监局向河南省计量所颁发了“中华人民共和国法定计量检定机构计量授权证书”：“河南省计量测试研究所：根据《中华人民共和国计量法》《中华人民共和国计量法实施细则》和《计量授权管理办法》的有关规定，在核定项目范围内，你单位经考核评定合格，已具备检定、测试的能力。现授权准予进行量值传递和溯源工作，特发此证（授权的范围和项目见附件）。批准人签名：李传卿，发证机关：国家技术监督局（盖章），发证日期：1997 年 12 月 1 日，有效期至：2002 年 11 月 30 日”（见图 5-10-1）。

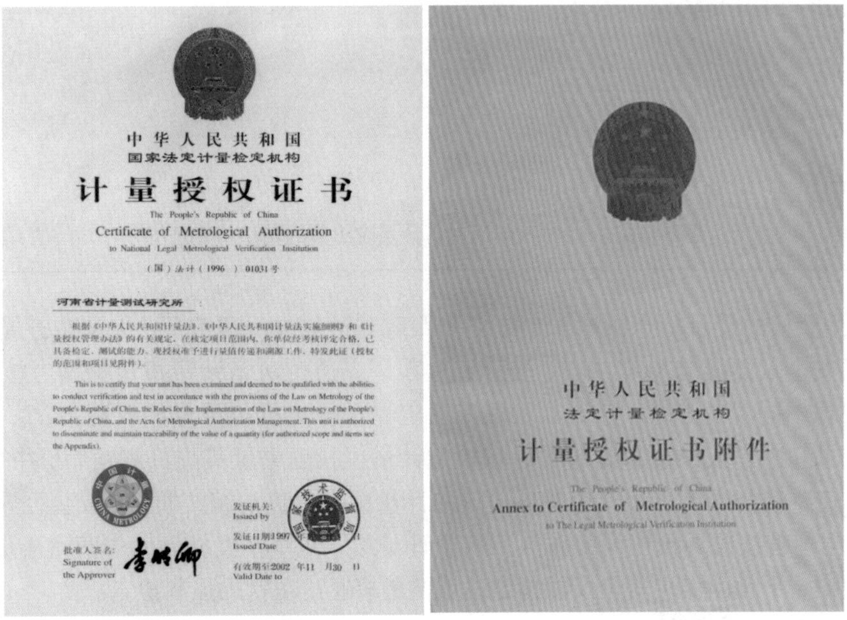

图 5-10-1 1997 年国家技术监督局颁发给河南省计量所的计量授权证书

河南省计量所根据国家技监局对河南省计量所的计量授权范围和项目，开展计量检定。例如，河南省计量科学研究院（以下简称河南省计量院）2016 年出具的量块检定证书如图 5-10-2 所示。

河南省技监局分别于 1997 年 11 月和 1998 年 4 月组织 11 个考评组，分两批对法定计量检定机构进行了考评。

第一，通过考核的单位。（1）国家法定计量检定机构（19 个）：郑州市计量检定测试所、郑州市衡器管理所、开封市计量测试研究所、洛阳市计量测试所、平顶山计量测试所、河南省安阳计量测试中心、鹤壁市计量检定测试所、焦作市计量所、新乡市计量技术测试所、濮阳市计量测试所、许昌市计量测试所、漯河市计量测试所、三门峡市计量测试所、商丘市计量测试研究所、南阳市计量测试所、信阳市计量测试所、驻马店地区计量测试所、周口地区计量测试所、济源市计量检定测试所。

（2）法定计量检定机构（1个）：河南省气象计量站。

（3）专项计量检定的机构19个：河南省纤维计量站、河南省纺织计量站、河南省石油计量站、河南省振动计量站、河南省邮电管理局通信计量站、中国人民解放军测绘仪检修中心、河南省测绘计量器具检定中心、河南国防区域计量站4501校准实验室、河南国防区域计量站4505校准实验室、中国电波船舶研究所计量中心、中国物资储运总公司郑州公司计量中心站、鹤壁矿务局安全仪器计量站、焦作矿务局安全仪器计量站、义马煤业集团公司安全仪表计量站、郑州铁路局郑州计量管理所、化学工业部黎明化工研究院、水利部黄河计量检定中心、河南省岩石矿物测试中心、中国长城铝业公司总计控室。

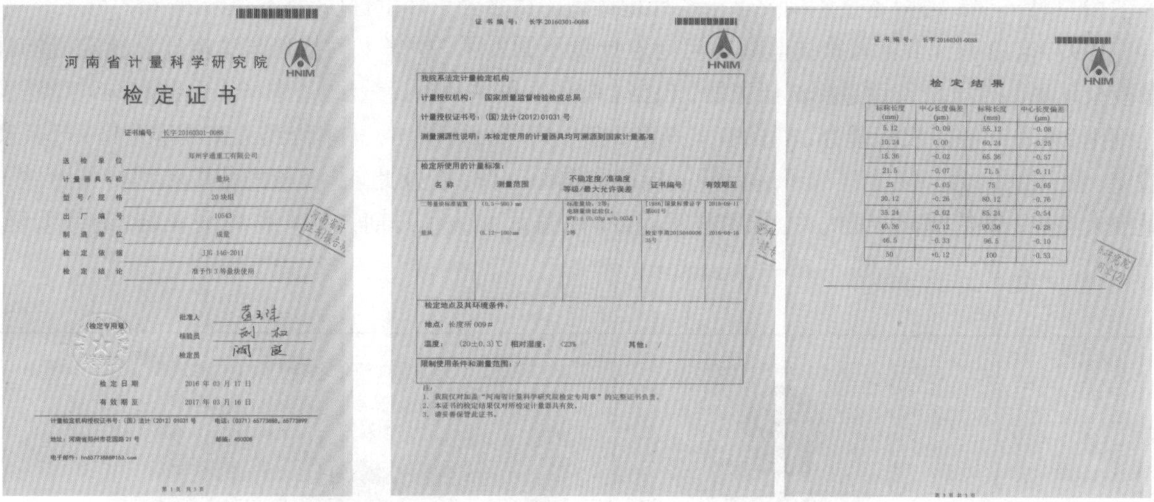

（a）证书正面　　（b）证书第2页，第3页

图5-10-2　2016年河南省计量院出具的量块检定证书

第二，终止授权的计量检定机构4个。洛阳跟踪与通信技术研究所、义马矿务局计量中心、河南省地方煤矿安全仪器维修检定中心、国营七六零厂。通过法定计量检定机构考核的单位，河南省技监局将根据不同授权形式，分别颁发国家法定计量检定机构计量授权证书、法定计量检定机构计量授权证书和中华人民共和国专项计量检定计量授权证书及其附件和铜牌，并在“质量时报”上发布公告。还要将公告单位及其经考核通过的计量标准项目汇编成册，向社会公开发放和宣传。

1999年，河南省技监局授权河南省热工仪表计量站、2000年授权河南省蒸汽流量计量检定站、2000年授权河南省平顶山煤炭安全仪器检定站承担考核通过项目的强制检定。

1999年12月，中南国家计量测试中心考评抽查组对河南省计量所进行了考评抽查，通过考评抽查的省级社会公用计量标准项目139项，承检能力400多种。省计量所投入80多万元资金，使基本条件有了很大的改善，实验室温度、湿度能有效监控，为检测质量提供了保证。投入了480多万元资金进口CT机、电能计量等检测设备，新建了医用CT机、机动车检测线等15项计量标准。

1999年8月11日，河南省计量院程新选获得中国实验室国家认可委员会颁发的实验室评审员注册证。2009年12月16日，河南省计量院程新选获得中国合格评定国家认可委员会颁发的实验室认可评审员证，为技术评审员。1999年8月以来，河南省计量院等单位先后有程新选、牛淑之、陈桂兰、宋建平、陈传岭、王卓等获得了中国合格评定国家认可委员会颁发的实验室评审员注册证、实验室认可评审员证，参加实验室认可评审工作。

省计量所按照CNACL 201—1999《实验室认可准则》的要求，在1997年颁布的《河南省计量测试研究所质量手册（第一版）》的基础上，结合本所实际，编制了《河南省计量测试研究所质量手册》。2000年7月，程新选批准颁布了《河南省计量测试研究所质量手册（第二版）》共16章；同时，颁布了35个程序文件。2000年12月18日—20日，中国实验室国家认可委员会依据CNACL 201—1999《实验室认可准则》（ISO/IEC导则25）的要求，对河南省计量所进行校准/检测实验室评审。评审组对各个领域的关键项目和主要参数共安排了48项现场试验，其中包括3项盲样试验和7项现场（下厂）校准试验，并通过检查质量文件记录、原始记录、设备档案及召开座谈会，提问授权签字人等活动，对该所的质量体系运行情况和实际校准/检验能力进行认真的考核。评审结果：该所保存着大量省一级计量标准器具及计量标准测量装置，基础设施较好，人员的基本素质很高，建所以来一直管理比较严格，近年来又按照国际推荐的"认可准则"对实验室管理进行规范，补充了许多文件化的管理程序，改进了基础设施，对许多校准项目进行了认真的测量不确定估算，取得了很大的成绩。同时，又能通过不断的评审和审核活动改进自身的质量体系。从文件、档案检查和实际校准/检验活动考核情况看，该所确实运行着一个有效的质量体系，对各个影响标准/检测结果质量的要素和环节都进行了有效的控制。评审组的推荐结论为：基本符合。建议认可的校准项目207项；检验项目为51项。2001年4月9日，国家质监局发布质技监局认函〔2001〕127号文，授予河南省计量所实验室认可证书（No.0464）（见图5-10-3）；中国实验室国家认可委和国家质监局颁发给河南省计量所实验室认可证书（No.0464）（见图5-10-4）。

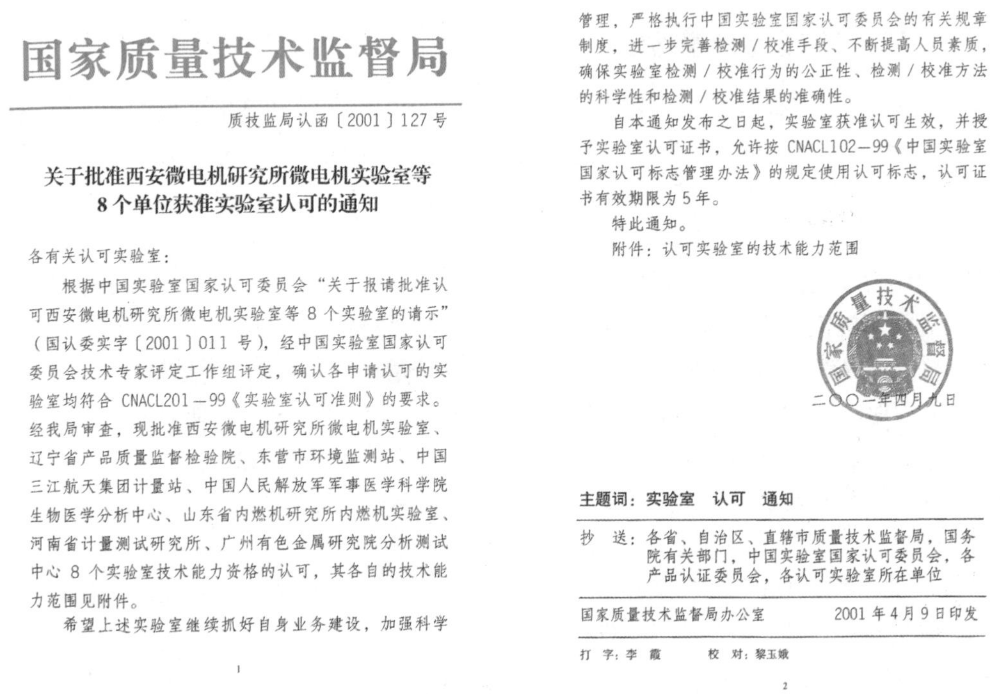

国家质量技术监督局

质技监局认函〔2001〕127号

关于批准西安微电机研究所微电机实验室等8个单位获准实验室认可的通知

各有关认可实验室：

根据中国实验室国家认可委员会"关于报请批准认可西安微电机研究所微电机实验室等8个实验室的请示"（国认委实字〔2001〕011号），经中国实验室国家认可委员会技术专家评定工作组评定，确认各申请认可的实验室均符合CNACL201—99《实验室认可准则》的要求。经我局审查，现批准西安微电机研究所微电机实验室、辽宁省产品质量监督检验院、东营市环境监测站、中国三江航天集团计量站、中国人民解放军军事医学科学院生物医学分析中心、山东省内燃机研究所内燃机实验室、河南省计量测试研究所、广州有色金属研究院分析测试中心8个实验室技术能力资格的认可，其各自的技术能力范围见附件。

希望上述实验室继续抓好自身业务建设，加强科学管理，严格执行中国实验室国家认可委员会的有关规章制度，进一步完善检测/校准手段、不断提高人员素质，确保实验室检测/校准行为的公正性、检测/校准方法的科学性和检测/校准结果的准确性。

自本通知发布之日起，实验室获准认可生效，并授予实验室认可证书，允许按CNACL102—99《中国实验室国家认可标志管理办法》的规定使用认可标志，认可证书有效期限为5年。

特此通知。

附件：认可实验室的技术能力范围

国家质量技术监督局

二〇〇一年四月九日

主题词：实验室　认可　通知

抄　送：各省、自治区、直辖市质量技术监督局，国务院有关部门，中国实验室国家认可委员会，各产品认证委员会，各认可实验室所在单位

国家质量技术监督局办公室　2001年4月9日印发

打　字：李　霞　校　对：黎玉娥

1

2

图5-10-3　2001年国家质监局颁发给河南省计量所实验室认可证书的文件

2000年9月，河南省计量所通过了国家质监局选派的专家组的现场评审，国家质监局质技局量发〔2000〕204号文对河南省计量所进行了电能表定型鉴定授权，并颁发了授权证书，证书号为国家质监局〔2000〕量型（国）字209号。电能表定型鉴定的国家授权实现了河南省计量所定型鉴定工作的零的突破，为中南大区取得电能表定型鉴定权的唯一的一家省级计量技术机构。

2001年5月，河南省计量所通过国家质检总局专家组的现场评审，国家质检总局国质检函〔2001〕317号文对河南省计量所进行了衡器、水表、煤气表定型鉴定授权。

CNACL
实验室认可证书
(No. 0464号)
经中国实验室国家认可委员会评定，
河南省计量测试研究所
(河南省郑州市花园路21号)
符合 CNACL201—99《实验室认可准则》(等同 ISO/IEC 导则 25《校准和检测实验室资格的通用要求》)的规定，予以认可。
获认可的技术能力范围另文发布。
证书有效期： 5年
发证日期： 2001.4.9
中国实验室国家认可委员会 国家质量技术监督局

图 5-10-4
2001 年中国实验室国家认可委、国家质监局颁发给河南省计量所实验室认可证书

2001 年 1 月，河南省计量所程新选获得了国家质监局颁发的“国家法定计量检定机构国家级考评员证书”，是全国第一批获得国家法定计量检定机构国家级考评员，是全省第一个取得该资格的人员。此后，河南省计量所陈传岭、宋崇民均获得国家质检总局颁发的“国家法定计量检定机构国家级考评员证书”。

二、2002—2007年的法定计量检定机构计量授权

2002 年 8 月 5 日，河南省质监局聘用以下 26 人为第二批省级法定计量检定机构考评员：张效三、徐敦圣、靳长庆、薛英、李荣华、李滋友、臧宝顺、王祥龙、顾坤明、高礼廷、李春亭、郑福印、叶康年、贾三泰、张家文、高进忠、李世营、张宏、王仲善、李汉华、周英鹏、何丽珠、阮维邦、王斌、赵焕忠、刘群。

2002 年，河南省质监局举办 JJF 1069—2000《法定计量检定机构考核规范》培训班两期，培训人员 261 人。共聘用了河南省省级法定计量检定机构考评员 122 人；组织培训了法定计量检定机构内审员多人，并颁发了内审员证书。是年，河南省计量所以计量检定为基础，增加检定项目，拓宽测试领域，规范内部管理，完成测检计量器具 132066 台（件），超额完成 61%，实现业务收入 825.7 万元；新建和技术改造社会公用计量标准项目 40 多项，跃入了全国省级法定计量检定机构的前列。承办了全国省级以上法定计量检验机构所（院）长会议，是年 9 月 9—13 日，顺利通过国家质检总局暨中国实验室国家认可委考评组对河南省计量所的“二合一”复查扩项考评，通过考核的检定项目 156 项、定量包装项目 1 项、检测项目 51 项、校准项目 207 项；并分别颁发给河南省计量所计量授权证书及证书附件和国家实验室认可证书及证书附件。

2003 年 11 月 21 日河南省质监局发出豫质监量发〔2003〕335 号文，公布郑州等 18 个省辖市质检中心经考核整改，均通过复查考核，准予开展核准项目的检定、校准、检测工作。各省辖市质量技术监督检验测试中心通过的检定、检测 / 校准项目数量：①郑州市，检定 133 项，检测 / 校准 8 项。②开封市，检定 91 项，检测 / 校准 1 项。③洛阳市，检定 129 项，检测 / 校准 7 项。④平顶山市，检定 55 项，检测 / 校准 2 项。⑤安阳市，检定 116 项，检测 / 校准 10 项。⑥鹤壁市，检定 53 项。⑦新乡市，检定 106 项，检测 / 校准 7 项。⑧焦作市：检定 62 项。⑨濮阳市，检定 46 项，检测 / 校准 6 项。⑩ 许昌市，检定 83 项，检测 / 校准 10 项。⑪ 漯河市，检定 29 项，检测 / 校准 1 项。⑫ 三门峡市，检定 36 项，检测 / 校准 1 项。⑬ 商丘市，检定 46 项，检测 / 校准 2 项。⑭ 周口市，检定 41 项，检测 / 校准 1 项。⑮ 驻马店市，检定 34 项；⑯ 南阳市，检定 85 项，检测 / 校准 2 项。⑰ 信阳市，检定 70 项，

检测 / 校准 3 项。⑱ 济源市，检定 36 项，检测 / 校准 2 项。以上单位的授权项目具体内容详见授权证书附件，授权截止日期为 2008 年 6 月 29 日。

2004 年 6 月 9 日河南省质监局印发豫质监量发〔2004〕34 号文，公布了河南省第一批省级专项授权计量检定机构。河南省质监局于 2003 年 7 月—11 月组织对省级专项授权计量技术机构进行授权复查考核，河南省纤维计量站、河南省粮食计量检定站、河南省国防区域计量站 4501 校准实验室、中国电波传播研究所计量站、河南省石油计量站、中国铝业河南分公司总计控室、河南省振动计量站、中国船舶重工集团公司第 713 研究所检测校准实验室、中国人民解放军信息工程大学测绘学院测绘仪器检修中心、鹤壁煤矿安全仪器计量站、焦作矿区计量检测中心安全仪器计量站、义马煤业（集团）有限责任公司安全仪表计量站、河南省纺织计量站、郑州铁路局郑州计量管理所、河南省测绘计量器具检定中心、河南省岩石矿物测试中心计量检定站、河南省热工仪表计量站、河南省蒸汽流量计量检定站、平顶山煤业（集团）安全仪器计量检定站共 19 个省级授权计量检定机构经考核整改，均通过复查考核。河南省第一批省级专项授权计量检定机构单位名称、通过可开展项目、授权证书号及授权区域见附件 1“河南省第一批省级专项授权计量检定机构目录”。授权可开展项目的测量范围、准确度等级或测量不确定度详见各单位授权证书附件。授权截止日期为 2008 年 6 月 29 日。授权郑州铁路局计量检定机构郑州铁路分局郑州机务段计量室等 51 个基层站段计量检定机构承担企业内部强制检定工作。终止对河南省邮电管理局通信计量站、水利部黄河计量检定站、河南省环保局的计量授权。

2005 年 3 月 29 日河南省质监局发文，聘用柯存荣、郭卫华、司天明、朱阿醒、赵仲剑、孔淑芳、暴许生等 44 人为第三批省级法定计量检定机构考评员；聘用孙依民等 32 人为计量检定机构内审员。

2005 年 5 月 25 日河南省质监局印发《关于回复武汉铁路局质量技术监督所计量授权意见的函》（豫质监函字〔2005〕7 号）。该函中明确答复：湖北省质量技术监督局：贵局“关于征求武汉铁路局质量技术监督所计量授权意见的函”已收悉，经研究，现将我们的意见回复如下。回复的主要内容：河南省信阳、驻马店、漯河、平顶山四个省辖市范围内的铁路单位行政上属武汉铁路分局管理，计量标准由郑州铁路计量管理所传递，计量工作接受河南省质量技术监督局的监督管理。

2005 年 10 月，国家认监委对河南省计量院进行了计量认证复查和扩项评审，于 2006 年 2 月 23 日颁发了计量认证合格证书（见图 5–10–5）和证书附表。

中华人民共和国
计量认证合格证书
METROLOGY ACCREDITATION CERTIFICATE
河南省计量科学研究院
依据《中华人民共和国计量法》、《产品质量检验机构计量认证管理办法》的有关规定，经对你机构的考核，符合计量认证要求，批准计量认证合格，特发此证。
批准计量认证项目见证书附表。
准许在报告上使用
以下标志及证书编号：
CMA
有效日期：2011 年 02 月 23 日
发证日期：2006 年 02 月 23 日
中国国家认证认可监督管理委员会制

图 5–10–5
2006 年河南省计量院获国家认监委颁发的计量认证合格证书

2005年河南省质监局联合部分省辖市质监局共同组成考核组，对洛阳、漯河、商丘、驻马店、郑州五市所属23个县级法定计量检定机构进行了机构考核，通过联合考核的有新安、孟津、汝阳、伊川、临颍、舞阳、郾城、夏邑、虞城、确山、泌阳、遂平、西平、上蔡、汝南、平舆、新蔡、正阳县检测中心和新郑市、巩义市、新密市、荥阳市、登封市检测中心。以上通过考核的县级计量检定机构，由各省辖市质监局颁发法定计量检定机构授权证书。对于各市地自行组织的县级法定计量检定机构的考核，河南省质监局组成检查组进行了抽查。

2006年12月6日河南省质监局印发豫质监量发〔2006〕489号文，对河南省电力试验研究院建立、维护、运行、使用的四种三相交流电能计量标准考核合格。决定授权河南电力试验研究院承担以下计量检定任务：河南电力系统所使用单相、三相标准电能表的量值传递。河南电力系统所使用单相、三相交流电能计量标准装置的强制检定；河南电力公司直接管理范围内用于贸易结算电能表的强制检定。承办河南省质量技术监督局交办的其他计量监督技术工作。对河南电力试验研究院的计量授权期限从2006年12月10日起至2011年12月9日止，为期五年，同时颁发河南省质量技术监督局计量授权检定专用章（0035）一枚。

河南省质监局2006年对全省计量标准管理和计量检定机构管理情况进行了监督检查。

三、2007—2012年的法定计量检定机构计量授权

国家质检总局2007年组织考核组对河南省计量院计量授权复查扩项考核通过，并于11月22日印发国质检量〔2007〕547号文，决定对河南省计量院颁发法定计量检定机构计量授权证书及证书附件。

河南省质监局2008年3月21日制发JJF（豫）1002—2008《河南省专项计量授权考核规范》。

2008年，河南省质监局组织了3期JJF 1069—2007《法定计量检定机构考核规范》培训班，培训法定计量检定机构考评员161人；举办了多期《河南省专项计量授权考核规范》培训班，培训郑州铁路局20个站段、22个省级授权站、市级计量授权技术机构和县级电能计量中心内审员共350多人。

河南省质监局2008年5月发布第18号公告，公布河南省电力公司所属的19个电能计量技术机构通过河南省质监局组织的专项计量授权考核评审，具备了承担用于贸易结算电能表的检定能力，准予授权在其公司直接管辖营业区内开展单相、三相电能表的强制检定工作。被授权单位名单：河南电力试验研究院和安阳、商丘、三门峡、鹤壁、许昌、开封、郑州、新乡、濮阳、平顶山、济源、信阳、驻马店、周口、南阳、漯河、洛阳、焦作供电公司电能计量中心。

2008年5月30日，河南省质监局聘用于雁军等133人为2008年第一批省级法定计量检定机构考评员；2008年5月30日公布王倩等96人取得计量技术机构内审员资格。是年，河南省质监局发文，明确了专项计量授权考核中的法律地位和法律责任的问题、管理体系文件和管理体系运行问题、检定/校准能力问题、收费问题。

2008年，河南省质监局要求做好县级电力公司电能计量技术机构电能计量标准考核和机构专项授权工作。县级电力公司的电能计量标准由质量技术监督部门按照《计量标准考核规范（JJF 1033—2008）的规定统一考核发证。在推行注册计量师资格制度过渡期内，县级电力企业计量检定人员仍然按照现行规定，由省质监局统一培训、考试、发证。

2008年5月24日至25日，以河南省计量院为依托组建的“国家水表质量监督检验中心”通过国家实验室认可、计量认证、审查认可评审，通过冷水水表、热水水表等检测项目9项。是年7月，通过国家质检总局专家评审组验收。该中心是2005年11月国家质检总局发文授权河南省计量院筹建的。2008年11月29日举行挂牌仪式。国家质检总局计量司巡视员刘新民、副司长钟新明，中国工程院院士、中国计量科学研究院研究员张钟华，河南省质监局局长高德领、巡视员肖继业等参加了挂牌仪式（见图5-10-6）。

国家质检总局于2008年11月11日发文，新增河南省计量院计量授权检定项目有眼镜片顶焦度二级标准焦度计、显微镜、焊接检验尺、立式金属罐、卧式金属罐。

图 5-10-6
2008 年国家水表质量监督检验中心挂牌仪式
刘新民（第一排左五）、钟新明（第一排左九）、张钟华（第一排左六）、高德领（第一排左七）、肖继业（第一排左四）

2008 年，河南省质监局组织河南省计量院、市级检测中心和有关专项计量授权站等单位的国家级、省级法定计量检定机构考评员和技术专家 70 余人参加的 9 个考核组，按照 JJF 1069—2007《法定计量检定机构考核规范》对郑州、驻马店、信阳、平顶山、南阳、许昌、漯河、安阳、鹤壁、洛阳、三门峡、濮阳、开封、新乡、焦作、周口、商丘 17 个省辖市质检中心进行了法定计量检定机构计量授权复查考核；济源市质检中心因实验室搬迁尚未申请复查考核。

（1）基本情况：河南省质监局高度重视此次考核，动员准备工作既充分、又细致。考核组认真实施考核，严格标准，作风严谨。被考核单位高度重视，准备认真，态度诚恳。

（2）考核结果：考核组依照 JJF 1069—2007《法定计量检定机构考核规范》对 17 个省辖市质量技术监督检验测试中心进行了法定计量检定机构复查考核，总体情况是规范的、满意的。法定计量检定机构基本状况较以往都有了明显的进步和提高，无论是承担法律责任的能力、进行质量管理的能力，还是提供检定 / 校准 / 检测服务的能力都有了明显的提高、发展和进步。管理体系规范，运行有效。检定校准项目“两证”基本齐全。管理规范性明显提高。

（3）存在问题：虽然 17 个省辖市质量技术监督检验测试中心在此次复查考核中都通过了现场考核，但在不同程度上仍然存在许多问题。部分中心领导的法制意识、质量意识、计量意识有待进一步提高，存在 4 个问题。机构管理体系运行的有效性差，管理机构和职能有待明确健全，存在 5 个问题。市级计量行政管理部门对计量管理的理解有所偏离，要求不够规范，存在 3 个问题。河南省计量院对市级质检中心的技术指导有待加强，存在 3 个问题。技术机构提供的检定、校准测量能力存在硬伤，存在 10 个问题。检定、校准工作质量不高，存在 3 个问题。

河南省质监局 2008 年 11 月 17 日印发豫质监量发〔2008〕468 号文，公布了 2008 年第一批河南省省辖市级法定计量检定机构计量授权。河南省质监局于 2008 年 6—10 月组织对省辖市级法定计量技术机构进行计量授权复查考核，郑州等 15 个省辖市质检中心经现场考核问题整改，通过计量授权复查考核，准予作为法定计量检定机构在限定区域承担授权核准项目的检定、校准、检测工作。洛阳、三门峡市质检中心已进行现场考核，尚未完成整改；济源市质检中心因实验室搬迁，已申请延期复查；该 3 个质量技术监督检验测试中心的计量授权另行公布。各省辖市质量技术监督检验测试中心通过的检定、校准、检测项目数量：①郑州市，检定 141 项，校准 16 项，检测 1 项。②开封市，检定 88 项，校准 6 项，检测 2 项。③平顶山市，检定 56 项，校准 2 项，检测 3 项。④安阳市，检定 110 项，校准 15 项，检测 4 项。⑤鹤壁市，检定 46 项，检测 2 项。⑥新乡市，检定 89 项，校准 9 项，检测 4 项。⑦焦作市，检定 58 项，校准 3 项，检测 4 项。⑧濮阳市，检定 54 项，校准 1 项，检测 6 项。⑨许昌市，检定 84 项，检测 1 项。⑩ 漯河市，检定 37 项，检测 1 项。⑪ 商丘市，检定 44 项，检测 3 项。⑫ 周口市，检定 45 项，校准 2 项，检测 3 项。⑬ 驻马店市，检定 55 项，检测 4 项。⑭ 南阳市，检定 91 项，校准 17 项，检测 5 项。⑮ 信阳市，检定 62 项，校准 3 项，检测 6 项。以上单位的授权项目具体内容详见计量授权证书附件，授权截止日期为 2013 年 6 月 29 日。

2008 年 12 月 8 日河南省质监局发文，聘用贾晓杰、朱茜、李淑香、张晓明、孙晓全、孙毅、蔡君惠等 28 人为 2008 年第二批省级计量检定机构考评员。

2008 年 12 月 25 日河南省质监局印发豫质监量发〔2008〕475 号文，公布了 2008 年第一批河南省专项计量授权技术机构。

（1）计量授权复查考核合格的单位（15 个）：河南省纤维计量站、河南省纤维质检站、郑州市自来水总公司计量测试中心、河南省石油计量站、中国铝业河南分公司总计控室、信息工程大学测绘学院训练部测绘仪器维修中心、鹤壁煤业（集团）有限责任公司安全仪器计量站、焦作煤业（集团）有限责任公司通风安全仪器检测检验中心、义马煤业（集团）有限责任公司安全仪表计量站、河南省纺织计量站、黎明化工研究院计量仪表室、河南省测绘计量器具检定中心、中钢集团洛阳耐火材料研究院有限公司质检中心、平顶山热力集团有限公司计量中心、平顶山煤业（集团）安全仪器计量检定站、河南电力试验研究院。以上各被授权单位的授权工作区域、建立的计量标准装置、授权开展检定 / 校准项目及测量范围、准确度等级或测量不确定度、授权期限详见各被授权单位授权证书附件。

（2）未取得专项计量授权考核复查合格的单位（6 个）：河南省粮食计量站、河南省国防区域计量站 4501 校准实验室、中国船舶重工集团公司第 713 研究所检测校准实验室、中国电波传播研究所计量站、河南省振动计量站、河南省气象计量站。

（3）专项计量授权撤销单位：河南省岩石矿物测试中心计量检定站。被考核单位对这次专项计量授权考核非常重视、精心组织、积极准备。存在的问题与不足：各省级专项计量授权机构虽然在此次考核工作中做了大量充分的准备工作，但是对近些年来计量监督管理的变化跟踪不紧密，对专项计量授权考核和标准考核的要求理解不透彻，交流不到位，执行中存在各种问题与不足。计量标准考核中的问题：在量值溯源方面存在 2 个问题、技术资料方面存在 4 个问题、证书记录的管理方面存在 2 个问题、安全措施方面均存在 1 个问题。技术机构考核中存在的问题：组织机构方面存在 4 个问题、管理体系方面存在 14 个问题。需要继续加强对计量授权工作的监督管理。

2008 年 12 月 25 日河南省质监局发出豫质监量发〔2008〕520 号文，公布了 2008 年对郑州铁路局专项计量授权。通过专项计量授权复查考核，郑州铁路局质量技术监督所、郑州铁路局郑州机务段、郑州铁路局新乡机务段、郑州铁路局洛阳机务段、郑州铁路局郑州供电段、郑州铁路局洛阳供电段、郑州铁路局郑州客车车辆段、郑州铁路局郑州北车辆段、郑州铁路局郑州电务段、郑州铁路局洛阳电务段、郑州铁路局郑州桥工段、郑州铁路局新乡桥工段、郑州铁路局月山工务段、郑州铁路局洛阳工务段、郑州铁路局南阳工务段、郑州铁路局郑州工务机械段、郑州铁路局郑州房屋修建中心、郑州铁路局洛阳房屋修建中心、郑州铁路局机车车辆配件厂和中铁特货运输有限责任公司郑州分公司。各授权单位的授权项目、授权期限等具体内容详见其授权证书附件。通过本次专项计量授权考核，发现郑州铁路局专项计量授权质量管理体系建立和运行方面仍存在诸多问题，需要完善提高和持续改进。

河南省质监局 2008 年发文，要求做好县级电能计量专项授权工作，进一步推进电力专项计量授权和监督工作开展。郑州、濮阳、新乡、周口、南阳、驻马店、许昌、开封等市局完成对县级电力公司电能计量技术机构内审员培训工作，积极按照 JJF 1033—2008《计量标准考核规范》和 JJF（豫）1022—2008《河南省专项计量授权考核规范》申报电能计量标准考核和计量授权考核申请材料。郑州市局完成了所辖县级电力公司电能计量授权现场考核工作。河南省质量技术监督局考核组长程新选、考评员柯存荣等对濮阳市县级电能计量中心进行了考核；河南省质监局计量处副处长范新亮现场监督；取得了很好的效果。濮阳市一位县级电业局局长说：“这次考核是我县电业史上的一座里程碑！”

2010 年 5 月 31 日河南省质监局印发了《关于对〈河南省电力公司关于计量授权变更的报告〉的复函》（豫质监函字〔2010〕54 号）。该复函称：贵公司向河南省质量技术监督局提交的《河南省电力公司关于计量授权变更的报告》（豫电营销〔2010〕478 号）收悉，经研究认为：鉴于河南省电力公司计量中心即将开展的电能表、互感器检定工作是河南电力试验研究院专项计量授权证书〔豫法计（2006）授 0035 号〕所授权项目的一部分，且其从事此项工作的人员、设备、环境以及计量授权区域和相关项目均未发生改变，同意在 2011 年 12 月河南电力试验研究院授权到期前，相关电能计量授权项目由河南省电力公司计量中心承担，河南电力试验研究院继续承担授权的其他项目，具体授权项目见附件 1；对河南省电力公司计量中心颁发临时计量授权检定专用章一枚（编号 035-J），用于出具相关项目的检定证书，此印章 2011 年 12 月 9 日作废；在原专项计量授权到期之前 6 个月（2011 年 6 月），河南省电力公司计量中心和河南电力试验研究院应依据各自专业分工，分别向河南省质监局提出专项计量授权复查申请，进行现场考核，并根据考核情况分别授权等六条。

2010 年 9 月 3 日河南省质监局计量处印发豫质监量函〔2010〕45 号文，同意终止对郑州铁路局质量技术监督所加油机检定项目的专项计量授权。

河南省质监局 2010 年对全省计量标准管理和计量检定机构管理情况进行了监督检查。监督检查内容共 12 条；并印发了“计量监督抽查表”。

四、2012年的法定计量检定机构计量授权

河南省质监局于 2012 年 9 月 17 日印发豫质监量发〔2012〕331 号文，对河南省电力公司计量中心计量授权。河南省质监局组织计量专家考核组，对河南省电力公司计量中心建立的河南电力系统电能计量标准及计量技术机构质量管理体系进行现场考核，考核结论为合格。决定授权河南省电力公司计量中心承担以下计量检定任务：河南电力系统所使用单相、三相标准电能表的量值传递；河南电力系统所使用单相、三相交流电能计量标准装置的强制检定；河南电力系统用于贸易结算电能表的强制检定；河南电力系统所使用的电流互感器、电压互感器、互感器校验仪、二次压降测试仪、电流电压负载箱的强制检定；承办河南省质量技术监督局交办的其他计量监督技术工作。对河南省电力公司计量中心的计量授权期限从 2012 年 2 月 22 日起至 2016 年 2 月 21 日止，为期四年。同时颁发河南省质量技术监督局计量授权检定专用章（036）一枚。计量授权的区域、检定项目、测量范围等详见专项计量授权证书及附件。河南省电力公司计量中心授权项目表：单、三相交流电能表（0.02 级及以下），单、三相交流电能表（0.5 级及以下），单、三相交流电能表（0.1 级及以下），单、三相交流电能表检定装置（0.02 级及以下），单、三相交流电能表检定装置（0.05 级及以下），电流互感器（0.01S 级及以下），电流互感器（0.05 级及以下），电压互感器（0.01 级及以下），电压互感器（0.05 级及以下），互感器校验仪、二次压降测试仪（2 级及以下），互感器校验仪、二次压降测试仪（1 级及以下），电流电压负载箱（2 级及以下）。

2012 年，国家质检总局组织考核组对河南省计量院进行了计量授权复查扩项考核，通过考核，12 月 1 日颁发给河南省计量院计量授权证书（（国）法计〔2012〕01031 号），有效期至 2017 年 11 月 30 日，授权的检定项目有量块等 409 种、校准项目有量块等 451 种、商品量 / 商品包装计量检验项目有短缺量（质量）等 6 项。其中商品量 / 商品包装计量检验项目见表 5-10-1。

表 5-10-1　2012 年河南省计量科学研究院商品量 / 商品包装计量检验授权项目

序号	开展商品量 / 商品包装计量检验的参数名称	测量范围	测量不确定度	依据文件名称及编号
1	短缺量（质量）	（0~50）g （50~100）g （100~200）g （200~300）g （300~500）g （500~1000）g （1000~10000）g （10000~15000）g （15000~50000）g	U=1.8%，k=2 U=0.9g，k=2 U=0.9%，k=2 U=1.8g，k=2 U=0.6%，k=2 U=3g，k=2 U=0.3%，k=2 U=30g，k=2 U=0.2%，k=2	JJF 1070《定量包装商品净含量计量检验规则》 JJF 1070.1《定量包装商品净含量计量检验规则　肥皂》 JJF 1070.2《定量包装商品净含量计量检验规则　小麦粉》

续表

序号	开展商品量 / 商品包装计量检验的参数名称	测量范围	测量不确定度	依据文件名称及编号
2	短缺量（体积）	（0~50）ml （50~100）ml （100~200）ml （200~300）ml （300~500）ml （500~1000）ml （1000~10000）ml （10000~15000）ml （15000~50000）ml	U=1.8%，k=2 U=0.9ml，k=2 U=0.9%，k=2 U=1.8ml，k=2 U=0.6%，k=2 U=3ml，k=2 U=0.3%，k=2 U=30ml，k=2 U=0.2%，k=2	JJF 1070《定量包装商品净含量计量检验规则》
3	短缺量（长度）	不限	U=0.4%，k=2	JJF 1070《定量包装商品净含量计量检验规则》
4	短缺量（面积）	不限	U=0.6%，k=2	JJF 1070《定量包装商品净含量计量检验规则》
5	短缺量（计数）	不限	U=0.2 %，k=2	JJF 1070《定量包装商品净含量计量检验规则》
6	包装空隙率 包装层数	≤ 10%~ ≤ 60% 3 层及以下	U=0.1%，k=2	JJF 1244《食品和化妆品包装计量检验规则》

河南省质监局计量处 2013 年 3 月 8 日发出豫质监量函〔2013〕024 号文，公布了河南省法定计量检定机构考核员考试成绩合格人员名单：魏淑霞等 155 人。

河南省质监局 2013 年 4 月 2 日印发豫质监量发〔2013〕108 号文，决定按照《法定计量检定机构考核规范》（JJF 1069—2012）的要求，于 2013 年组织对省辖市级法定计量检定机构复查考核工作，并印发了《法定计量检定机构复查考核方案》和《法定技术机构考核有关问题的处理原则》。

2013 年 5 月 31 日，河南省质监局印发《河南省质量技术监督局关于聘用 2013 年河南省第一批法定计量检定机构省级考评员的通知》（豫质监量发〔2013〕191 号），公布了 2013 年第一批河南省法定计量检定机构省级考评员名单。为了贯彻执行《法定计量检定机构考评员管理规范》，建立高素质的法定计量检定机构考评员队伍，河南省质监局对法定计量检定机构、企事业单位已经取得法定计量检定机构省级考评员证的人员和新申请省级考评员证的人员进行了 JJF 1069—2012《法定计量检定机构考核规范》的宣贯、培训，经考试合格和资格审查，决定聘用孙晓全等 170 人为 2013 年第一批河南省法定计量检定机构省级考评员，其工作单位、姓名和注册专业（在括号内）如下：

第一，河南省计量科学研究院 51 人：孙晓全（压力等）、齐芳（超声等）、宁亮（电能等）、樊玮（气体流量等）、朱卫民（超声等）、师恩洁（气体流量等）、卜晓雪（砝码等）、何开宇（质量等）、陈玉斌（质量等）、王朝阳（砝码等）、刘全红（力值等）、张中杰（力值等）、朱小明（电位差计等）、孟洁（化学计量等）、孙钦密（力值等）、赵军（电磁等）、段云（液体流量等）、许建军（色谱等）、孔小平（色谱等）、司延召（自动衡器）、郭美玉（医学电离辐射计量）、付江红（力值等）、陈睿锋（气体流量）、张燕（无线电）、崔广新（无线电等）、刘权（量块等）、孙晓萍（光谱分析等）、贾晓杰（量块等）、黄玉珠（量块等）、李淑香（力值等）、李博（光谱分析等）、宋笑明（光谱分析等）、贾会（光谱分析等）、张书伟（光谱分析等）、朱茜（光谱分析等）、马睿松（电能等）、张卫东（测绘仪器等）、苗红卫（电能等）、张志清（流量等）、刘沛（电能等）、姜鹏飞（电能等）、丁峰元（光谱分析等）、刘沙（动态公路车辆自动衡器）、张奇峰（力值等）、周富拉（电能等）、戴翔（温度二次仪表等）、李振杰（热工等）、龙成章（辐射剂量）、张勉（电能等）、陆进宇（计量管理）、张华伟（出租车计价器）。

第二，漯河市质量技术监督检验测试中心 3 人：张卫华（质量管理与检测技术）、刘沛（机械电子工程）、高峰（机制工艺与设备）。

第三，南阳市质量技术监督检验测试中心 4 人：王志强（食品质量等）、陶炜（电离辐射计量等）、王有生（计量技术及管理）、周奇（热工计量）。

第四，南阳市计量测试学会 1 人：金方方（计算机科学与技术）。

第五，许昌市质量技术监督局 1 人：王建军（计量管理）。

第六，许昌市质量技术监督检验测试中心 5 人：吕爱民（温度等）、张雪峰（化学等）、左新建（力学）、孙敏（几何量等）、彭学伟（化学等）。

第七，义马煤业（集团）有限责任公司安全仪表计量站 1 人：孙建学（计量管理）。

第八，三门峡市计量协会 1 人：魏淑霞（计量管理）。

第九，驻马店质量技术监督检验测试中心 2 人：陈卫生（计量管理）、李双明（计量管理）。

第十，濮阳市质量技术监督检验测试中心 4 人：姜润洲（机械产品质检）、霍磊（机械与自动化）、葛广乾（化工机械）、车贵甫（质检工程）。

第十一，安阳市质量技术监督检验测试中心 5 人：陈怀军（热工计量、计量管理）、陈红兵（采矿工程）、高庆斌（热工等、计量管理）、邵宏（电磁）、孟德良（燃油加油机）。

第十二，开封市质量技术监督局 1 人：李林林（力学计量、计量管理）。

第十三，开封市质量技术监督检验测试中心 3 人：赵伟（非电量检定）、胡方（计量管理）、王蕴莹（力学计量）。

第十四，平顶山市质量技术监督局 1 人：蒋平（计量管理）。

第十五，平顶山市质量技术监督检验测试中心 7 人：秦志阳（几何量）、王三伟（计量管理、煤矿安全仪表）、乔浩（理化等）、杨光（力学）、闫国旗（几何量）、樊俊显（理化等）、刘建功（计量管理）。

第十六，中国平煤神马集团安全仪器计量站 2 人：冷恕（风速表等）、徐洁（风速表等）。

第十七，焦作市质量技术监督检验测试中心 4 人：宋永生（计量管理）、李勇（玻璃量器等）、周彩霞（热工等）、许雪芹（电磁等）。

第十八，焦作市质量技术监督局 1 人：王天祯（计量管理）。

第十九，焦作矿区计量中心 1 人：崔建霞（矿山安全设备）。

第二十，焦煤集团通风安全仪器检测检验中心 1 人：李贵生（计量管理）。

第二十一，济源市质量技术监督检验测试中心 4 人：孔捷（计量管理）、张亚平（计量管理）、张霞（计量管理）、卢珺珺（计量管理）。

第二十二，郑州市质量技术监督检验测试中心 9 人：徐成（长度计量、计量管理）、王志远（热工）、黄玲（眼科仪器等）、柯存荣（电学等、计量管理）、刘志国（力学计量）、朱琳（非自动衡器）、王岩（燃油加油机）、刘宏伟（医学计量）、钱琳（计量管理）。

第二十三，中国铝业河南分公司计控信息中心 1 人：周改文（电子仪表）。

第二十四，中国铝业河南分公司校准实验室 1 人：陈纪纲（衡器）。

第二十五，郑州市水表检定测试站 1 人：赵磊（水流量）。

第二十六，河南省测绘计量器具检定中心 1 人：潘东超（测绘仪器）。

第二十七，郑州豫燃检测有限公司 2 人：胡绪美（气体流量计等）、邓立三（气体流量计等）。

第二十八，郑州铁路局质量技术监督所 5 人：夏巍华（铁路轨距尺等）、路立文（力学）、赵臻（轨道衡）、陈宇（力学）、孙在杰（衡器）。

第二十九，河南省石油计量站 1 人：袁玉宝（油流量等）。

第三十，巩义市质量技术监督检验测试中心 2 人：孟高建（力学计量等）、王岭渠（力学计量）。

第三十一，洛阳市质量技术监督检验测试中心 2 人：柴玉民（力学）、乔爱国（光学仪器等）。

第三十二，洛阳市水表站 1 人：马琳（水表）。

第三十三，洛阳电业局 1 人：杨林（电能）。

第三十四，商丘市质量技术监督局 1 人：朱万忠（计量管理）。

第三十五，商丘市质量技术监督检验测试中心 4 人：张茂友（衡器等）、万磊（血压计等）、胡序建（计量管理）、吴磊红（电能表等）。

第三十六，周口市质量技术监督检验测试中心 2 人：陈振州（计量管理）、钱磊（温度等）。

第三十七，信阳市质量技术监督检验测试中心 2 人：刘德讲（计量管理）、李红旗（长度）。

第三十八，固始县质量技术监督检验测试中心 1 人：涂旭林（计量管理、力学等）。

第三十九，新蔡县质量技术监督检验测试中心 1 人：王伟（力学）。

第四十，鹤壁市质量技术监督检验测试中心 2 人：付丽荣（精密压力表等）、张亦工（燃油加油机等）。

第四十一，新乡市质量技术监督检验测试中心 5 人：司天明（光学仪器）、赵鸿宾（出租车计价器等）、赵启发（出租车计价器等）、倪巍（心脑电图仪等）、苗润苏（电能表等）。

第四十二，解放军信息工程大学测绘学院 2 人：薛英（测绘仪器、计量管理）、付子傲（测绘仪器、计量管理）。

第四十三，河南省计量测试学会 18 人：程新选（力学、计量管理）、陈海涛（无线电、计量管理）、张向新（压力、计量管理）、苗瑜（电磁、计量管理）、任方平（长度、计量管理）、王颖华（化学、计量管理）、杜书利（流量、计量管理）、牛淑芝（长度、计量管理）、陈桂兰（长度、计量管理）、张辉生（水流量、计量管理）、尹祥云（衡器、计量管理）、王敢峰（压力、计量管理）、顾坤明（长度、计量管理）、周志坚（热工、计量管理）、史会平（长度、计量管理）、史维安（水表、计量管理）、王玉胜（计量管理）、李有福（长度、计量管理）。

第四十四，国家水大流量计量站 1 人：苗豫生（水流量、计量管理）。

第四十五，开封仪表有限公司 1 人：吴静（水流量、计量管理）。

2013 年 6 月 13 日，河南省质监局印发《河南省质量技术监督局关于聘用 2013 年河南省第二批法定计量检定机构省级考评员的通知》（豫质监量发〔2013〕222 号），公布了 2013 年第二批河南省法定计量检定机构省级考评员名单。为了贯彻执行《法定计量检定机构考评员管理规范》，建立高素质的法定计量检定机构考评员队伍，河南省质监局对法定计量检定机构、企事业单位已经取得法定计量检定机构省级考评员证的人员和新申请省级考评员证的人员进行 JJF 1069—2012《法定计量检定机构考核规范》的宣贯、培训，经考试合格和资格审查，决定聘用王广俊等 44 人为 2013 年第二批河南省法定计量检定机构省级考评员，其工作单位、姓名和注册专业（在括号内）如下：

第一，河南省计量科学研究院 14 人：王广俊（力值等、计量管理）、马长征（电离辐射、计量管理）、杨明镜（电能等、计量管理）、王卓（直流电阻及仪器等、计量管理）、崔耀华（流量等）、陈清平（电压等）、秦国君（力值等）、叶献锋（时间频率等）、暴冰（气体流量）、李锦华（万能量具等）、李岚（互感器等）、范乃胤（光学仪器）、苏清磊（测绘仪器等）、刘文芳（电磁电气产品兼容测试）。

第二，登封市质量技术监督检验测试中心 1 人：宋文娟（矿山安全仪器、计量管理）。

第三，郑铁局质量技术监督所 2 人：韩江涛（计量管理）、邵志亮（电能等）。

第四，河南省电力公司计量中心 6 人：胡春兰（电能表等）、刘忠（电能等）、赵铎（电测仪器、计量管理）、高利明（电能表）、赵玉富（互感器）、武宏波（计量管理）。

第五，河南省电力公司电力院 1 人：陈卓娅（电能等）。

第六，驻马店市质量技术监督检验测试中心 3 人：李冬梅（天平等）、吴新礼（衡器等）、杨晓东（眼科仪器等）。

第七，三门峡市质量技术监督检验测试中心 3 人：毛海涛（医疗器械等）、来克波（压力表等）、张继辉（压力表等）。

第八，长垣县质量技术监督检验测试中心 2 人：赵洪源（加油机等）、杨文明（加油机等）。

第九，焦作市质量技术监督检验测试中心 1 人：郭丙松（力值等）。

第十，武陟县质量技术监督检验测试中心 2 人：徐建军（电能表等）、王颐蓉（电能表等）。

第十一，沁阳市质量技术监督检验测试中心 1 人：范有军（温度仪表等）。

第十二，博爱县质量技术监督检验测试中心 1 人：张青（压力表等）。

第十三，修武县质量技术监督检验测试中心 1 人：范玉刚（衡器等）。

第十四，濮阳市质量技术监督检验测试中心 1 人：张宏磊（酸度计等）。

第十五，濮阳县质量技术监督检验测试中心 1 人：彭祥波（计量管理）。

第十六，南阳市计量测试协会 1 人：唐军玲（电能表）。

第十七，周口市计量协会 1 人：李振东（计量管理）。

第十八，河南省电力公司信阳供电公司计量中心 1 人：蔡军（计量管理）。

第十九，封丘县质量技术监督检验测试中心 1 人：林明伟（计量管理）。

截至 2014 年 12 月 31 日，河南省法定计量检定机构考评员（考评员证书在有效期内的）共有 214 人。

河南省质监局 2013 年 12 月 23 日印发《关于 2013 年法定计量检定机构考核工作的情况通报》（豫质监量发〔2013〕510 号）。《通报》内容：为进一步加强法定计量检定机构的监督管理，提高法定计量检定机构的工作质量，根据《法定计量检定机构监督管理办法》的有关规定，2013 年省局下发了《关于做好市级法定计量检定机构复查考核工作的通知》（豫质监量发〔2013〕108 号），对全省计量授权复查换证考核工作进行专题安排和部署。从 6 月中旬开始，历时一个多月的时间，6 个考核组 50 余名专业技术骨干分赴 18 个市进行现场考核，按时完成工作任务。①考核基本情况：河南省质监局高度重视，准备充分；考核组严格标准，客观公正；被考核单位高度重视，准备工作认真细致。②考核结果：管理体系符合规范要求，运行有效；③管理规范性明显提高；检定校准项目“两证”基本齐全，建标积极性明显提高；环境条件改善，基本符合检定规程要求。④存在问题：技术机构长效发展机制尚未形成，法治意识有待进一步提高，存在 3 个问题；机构管理体系运行的有效性需要进一步提高，存在 3 个问题；市级计量行政管理部门对技术机构的管理需进一步规范，存在 3 个问题；计量标准建设及量传溯源工作应进一步完善，存在 6 个问题；人员素质不高，检定记录和证书质量需进一步提高，存在 3 个问题。该通报附件：省辖市局检测中心计量标准及计量授权项目一览表（详见 5-12 节“二、计量标准的增加和创新提升”）。河南省质监局 2014 年 7 月 2 日印发豫质监函字〔2014〕37 号文，同意义马煤业集团股份有限公司安全仪表计量站申请专项计量授权考核。

河南省计量院依据国家质监局 1997 年以来计量授权项目开展检定工作的部分照片如图 5-10-7~图 5-10-22 所示。

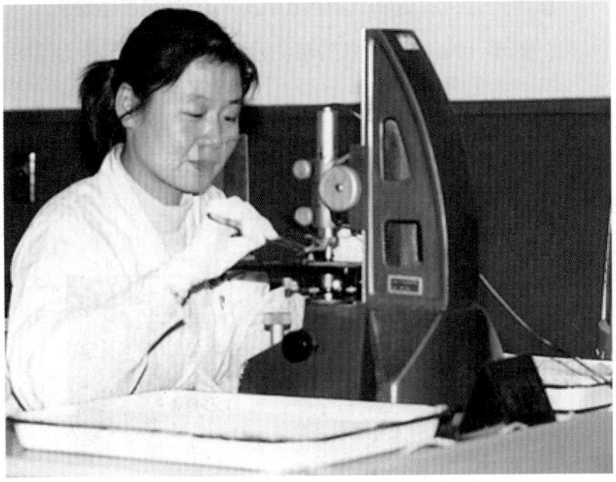

图 5-10-7
黄玉珠在检定量块

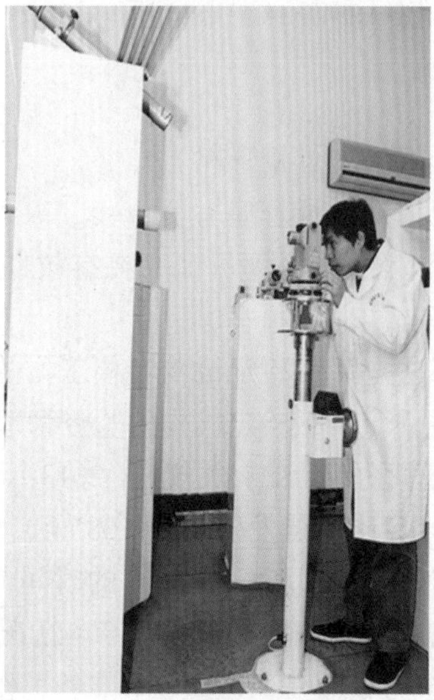

图 5-10-8　张卫东在检定经纬仪

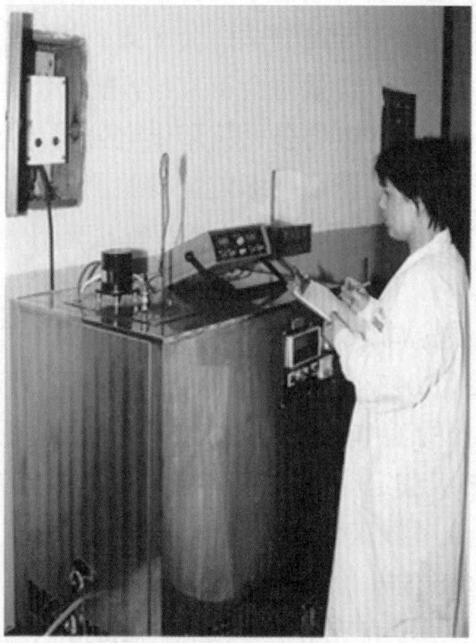

图 5-10-9　李淑香在检定温度计量器具

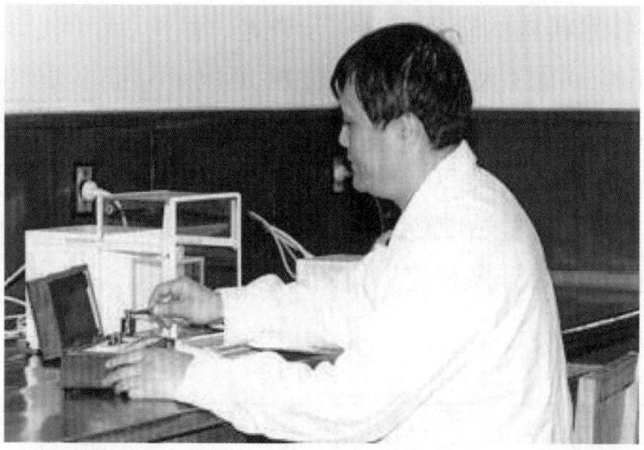

图 5-10-10　孙毅在检定砝码

图 5-10-11　张中杰等在检定力值计量器具

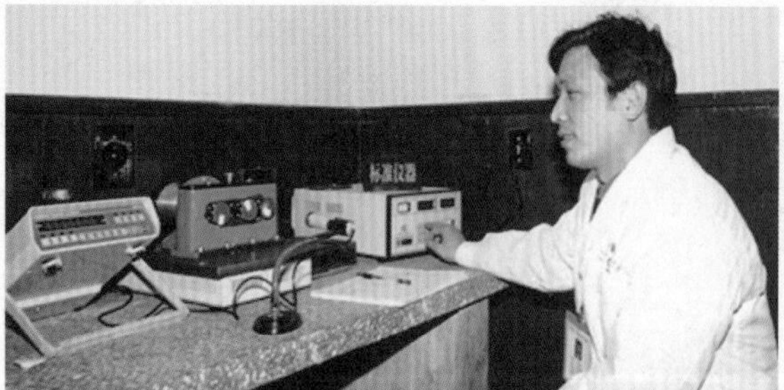

图 5-10-12　刘全红在检定转速计量器具

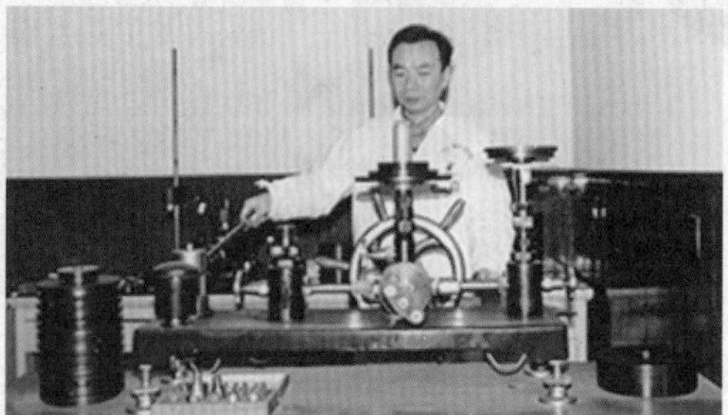

图 5-10-13　孙晓全在检定压力计量器具

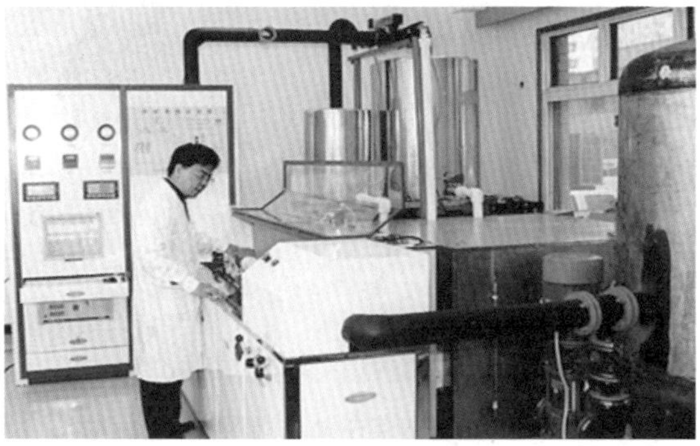
图 5–10–14　朱永宏在检定热量表

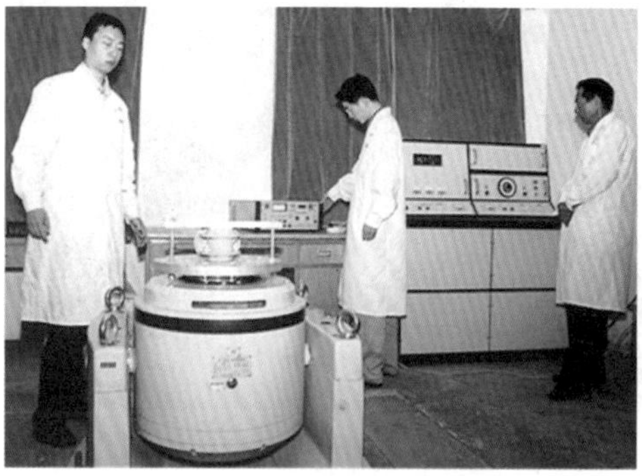
图 5–10–15　程晓军等进行振动试验

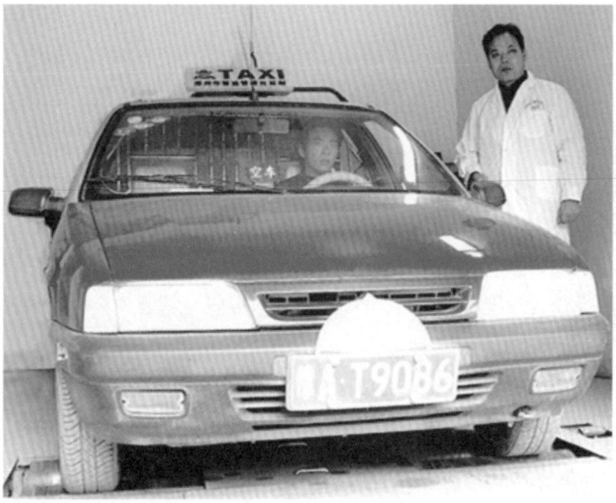

图 5–10–16
石永祥在检定出租车计价器

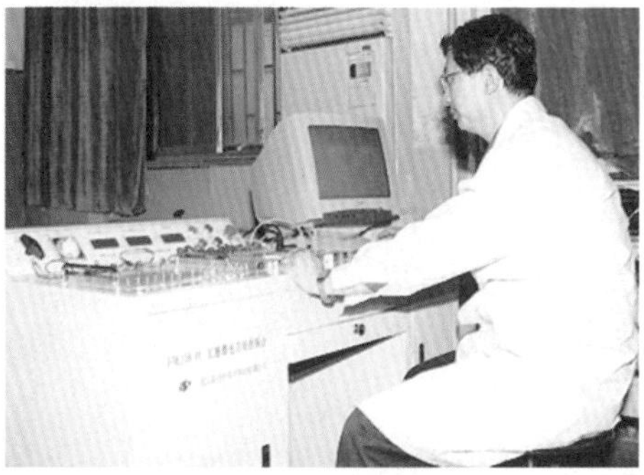
图 5–10–17　周秉时在检定互感器

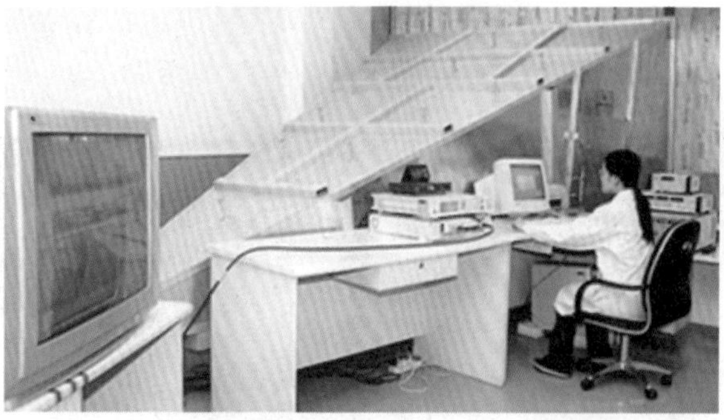
图 5–10–18　王卓在做电磁兼容实验

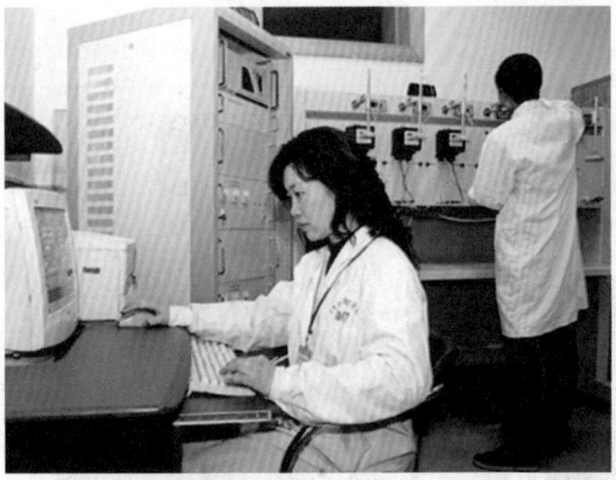

图 5-10-19　刘沛等在检定电能表

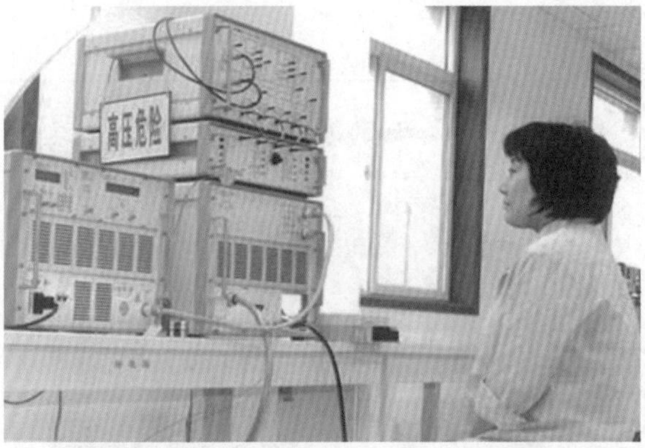

图 5-10-20　刘文芳在做电磁兼容试验

图 5-10-21
张中伟在检定电离辐射计量器具

图 5-10-22
朱茜、孔小平在检定化学计量器具

第十一节　制定修订计量技术法规

《计量法》规定，计量检定必须执行计量检定规程。制定修订计量技术法规是计量技术机构的法定职责。河南省技监局、河南省质监局按照计量法律法规和国家技监局、国家质监局、国家质检总局的有关要求，制定了《河南省地方计量检定规程管理工作程序》，加强了制定修订计量技术法规的监督管理，紧贴国民经济建设、科技发展和维护社会经济秩序的实际需要，组织制定修订了多项计量技术法规，规范了相关计量检定工作，为计量检定提供了依据，保证了量值准确可靠。

1995 年，河南省计量所制定了光栅式百分表检定仪和读数显微镜 2 项国家级计量检定规程。河南省技监局 1998 年 11 月发布 JJG（豫）101—98《建筑物防雷装置检测规范》。1998 年，河南省计量所报审地方计量检定规程 9 项；2000 年，报审国家计量检定规程 5 项。河南省质监局 2000 年发布河南省 19 个地方计量技术法规。

河南省质监局 2003 年 5 月 23 日豫质监量发〔2003〕140 号文制发了《河南省地方计量检定规程管理工作程序》，主要内容（摘录）：第一，制定地方规程的范围。第二，申报编制地方规程的主体。第三，地方规程制订计划申报。第四，地方规程的制定：起草单位应当按照《国家计量检定规程编写导则》有效版本的要求，进行编写。第五，地方规程的审查：河南省质量技术监督局组织对上报材料进行审查。第六，地方规程的报批审查：对提交的报批材料，着重从编写说明、误差分析、试验报告、征求意见汇总表、审定意见书、报批表、报批稿 7 个方面进行审查。第七，地方规程的审批及发布：地方检定规程由河南省质监局统一审批、编号、发布。第八，地方规程的宣贯。

河南省质监局、河南省计量院、河南省计量学会和河南省计量协会等对部分计量检定规程组织进行了宣传贯彻。例如，2003 年，河南省计量所在开封市组织召开了全国力值硬度国家计量检定规程宣传贯彻会议，河南省计量所所长程新选、力学室副主任刘全红，工程师张中杰、张奇峰参加会议并授课；开封市质监局副局长王文宝、计量科长蔡纪周、开封市计量协会副秘书长张家文等参加会议（见图 5-11-1）。

图 5-11-1
2003 年全国力值硬度国家计量检定规程宣传贯彻会议　程新选（第一排左五）、刘全红（第一排左三）、张中杰（第二排右三）、张奇峰（第一排左八）,王文宝（第一排左四）、蔡纪周（第一排左六）、张家文（第一排左七）

河南省质监局 2005 年下达 2005 年度 5 个河南省地方计量技术法规制定计划，每个拨给 1 万元专项经费，包括规程制定费、印刷费、宣传贯彻费等。

为了指导和帮助企业、事业单位建立与其生产、经营管理相适应的计量检测体系，促进其提高计量保证能力；做好对本省企业、事业单位计量检测体系评定工作，河南省质监局 2007 年 3 月发布了 JJF（豫）1001—2006《河南省计量合格确认规范》。

河南省质监局 2007 年两次下达了 2007 年度 6 个河南省地方计量技术法规制定计划，要求各计量技术规范主要起草人原则上应为 1 个，没有人参加起草的，主要起草人可为 2 人，起草人总数不得超过 5 人。河南省质监局 2010 年两次下达了 2010 年度 12 个河南省地方计量技术法规制定计划。

河南省质监局 2014 年 4 月 21 日豫质监量发〔2014〕214 号文下达 2014 年度河南省地方计量技术法规制订（修订）计划，共有家用电冰箱检测装置校准规范等 23 个，其中，20 个由河南省计量院承担，3 个分别由郑州市、濮阳市、商丘市检测中心承担。

1981—2014 年，河南省有关单位为主要起草单位编写的国家计量检定规程、国家计量技术规范、行业标准共 47 个（见表 5-11-1）；编写的河南省地方计量检定规程、地方计量技术规范、地方标准共 96 个（见表 5-11-2）。河南省有关单位起草的部分计量检定规程和校准规范如图 5-11-2、图 5-11-3 所示。

图 5-11-2 河南省有关单位起草的部分计量检定规程

图 5-11-3 河南省有关单位起草的部分计量检定规程

表 5-11-1 河南省有关单位为主要起草单位的国家计量检定规程、国家计量技术规范、国家标准一览表（1981—2014）

序号	国家计量检定规程、国家计量技术规范、国家标准编号及名称	计量专业	制定	修订	主要起草单位	参加起草单位	主要起草人	参加起草人	发布日期	实施日期
1	JJG 275—1981 多刃刀具角度规	长度	制定		第一拖拉机制造厂	成都量具刃具厂、陕西汉江工具厂				
2	JJG 78—1982 基节仪，JJG 79—1982 周节仪	长度	制定		洛阳矿山机器厂	南阳齿轮厂、郑州齿轮厂、豫西机床厂				
3	JJG 356—1984 浮标式气动量仪	长度	制定		中原量仪厂	广西壮族自治区标准计量处、河南省标准计量局	宋尔仁（中原量仪厂）			
4	JJG 396—1985 电感式比较仪试行	长度	制定		中原量仪厂	郑州轴承厂、郑州纺织机械厂	宋尔仁（中原量仪厂）			
5	JJG 19—85 量提	力学		修订	河南省商丘地区计量所 浙江省计量测试技术研究所	上海市标准计量管理局计量管理所	李纪明（河南省商丘地区计量所）、陈月全（浙江省计量测试技术研究所）	沈濂（上海市标准计量管理局计量管理所）		1986-10-1
6	JJG 466—86 指针式气动量仪	长度	制定		河南省计量局	中原量仪厂	牛淑之、任方平（河南省计量局）			
7	JJG 461—86 靶式流量变送器	力学	制定		河南省计量测试研究所		肖汉卿（河南省计量测试研究所）	牛淑之（河南省计量测试研究所）	1986-11-11	1987-10-01
8	JJG 570—88 电容式测微仪	长度	制定		河南省计量测试研究所、郑州齿轮厂	天津大学	孟宪新（河南省计量测试研究所）、胡谦（郑州齿轮厂）	任方平（河南省计量测试研究所）、郑义中（天津大学）	1988-05-19	1989-03-01
9	JJG 634—90 刮板式流量计	力学	制定		河南省计量测试研究所	开封仪表厂	肖汉卿（河南省计量测试研究所）、牛淑之（河南省计量测试研究所）、李绍堂（河南省计量测试研究所）	刘文华（开封仪表厂）、杨明星（开封仪表厂）	1989-10-13	1990-10-01

续表

序号	国家计量检定规程、国家计量技术规范、国家标准编号及名称	计量专业	制定	修订	主要起草单位	参加起草单位	主要起草人	参加起草人	发布日期	实施日期
10	JJG 235—90 椭圆齿轮流量计	力学	制定		河南省计量测试研究所		肖汉卿（河南省计量测试研究所）、牛淑之（河南省计量测试研究所）、孔庆彦（河南省计量测试研究所）	安生（河南省计量测试研究所）	1989–10–13	1990–10–01
11	JJG 198—90 涡轮流量传感器	力学	制定		开封仪表厂、河南省计量测试研究所		王自和（开封仪表厂）、肖汉卿（河南省计量测试研究所）	孔庆彦（河南省计量测试研究所）、杨明罡（开封仪表厂）	1990–01–16	1990–10–01
12	JJG 843—93 泄漏电流测量仪（表）	电磁学	制定		河南省计量测试研究所、中国计量科学研究院	国家家电电器质量监督检验中心	陈海涛（河南省计量测试研究所）、王景元（中国计量科学研究院）、陈传岭（河南省计量测试研究所）	章少坪（国家家用电器质量监督检验中心）、杜建国（河南省计量测试研究所）、冒依群（中国计量学院）	1993–07–14	1994–06–01
13	JJG 840—93 函数信号发生器	无线电学	制定		河南省计量测试研究所、中国计量科学研究院		杜建国（河南省计量测试研究所）、陈传岭（河南省计量测试研究所）、郁月华（中国计量科学研究院）	陈海涛（河南省计量测试研究所）、白宏文（河南省计量测试研究所）	1993–07–14	1994–06–01
14	JJG 835—93 速度面积法流量装置	力学	制定		河南省计量测试研究所、中国计量科学研究院	中国航天工业总公司三〇四所、贵州省计量测试研究所、北京市计量测试所	肖汉卿（河南省计量测试研究所）、段慧明、王继东（河南省计量测试研究所）	苏彦勋（中国计量科学研究院）、张宝珠、杨德钦、韩晖	1993–07–16	1994–02–01
15	JJG 198—94 速度式流量计	力学		修订	中国计量科学研究院、开封仪表厂		王池（中国计量科学研究院）、王自和（开封仪表厂）、苏彦勋（中国计量科学研究院）	姜仲霞（重庆工业自动化仪表研究所）、张泰丰（浙江省计量测试技术研究所）、张宝珠（国防科委第一计量测试中心）、王铁（长沙市电子仪器厂）、朱永宏（河南省计量测试技术研究所）	1994–05–09	1994–12–01
16	JJG 667—1997 液体容积式流量计	力学	制定		河南省计量测试研究所、中国计量科学研究院	国家水大流量计量站、开封仪表厂、航空航天工业部流量计量站、湖北省计量科学研究院	肖汉卿（河南省计量测试研究所）、王池（中国计量科学研究院）、孔庆彦（河南省计量测试研究所）	杜书利（河南省计量测试研究所）、张辉生（河南省计量测试研究所）、杨明罡（国家水大流量计量站、开封仪表厂）、王淑娟（航空航天工业部流量计量站）、朱流训（湖北省计量科学研究院）	1997–11–20	1998–06–01

续表

序号	国家计量检定规程、国家计量技术规范、国家标准编号及名称	计量专业	制定	修订	主要起草单位	参加起草单位	主要起草人	参加起草人	发布日期	实施日期
17	JJG 476—2001 抗折试验机	力学		修订	河南省计量测试研究所、山东省计量科学研究院		程新选（河南省计量测试研究所）、王广俊（河南省计量测试研究所）、吴德礼（山东省计量科学研究院）、刘全红（河南省计量测试研究所）、张中杰（河南省计量测试研究所）	张奇峰（河南省计量测试研究所）	2001–06–05	2001–10–01
18	JJF 1090—2002 非金属建材塑限测定仪校准规范	力学	制定		河南省计量测试研究所		程新选（河南省计量测试研究所）、王广俊（河南省计量测试研究所）、刘全红（河南省计量测试研究所）、赵建新（河南省计量测试研究所）	张中杰（河南省计量测试研究所）、张奇峰（河南省计量测试研究所）、李峰（河南省计量测试研究所）	2002–09–13	2002–12–13
19	JJG 113—2003 标准金属洛氏硬度块	力学		修订	中国计量科学研究院、河南省计量测试研所	山东莱州市试验机总厂	何力（中国计量科学研究院）、叶明（中国计量科学研究院）、程新选（河南省计量测试研所）	杨凤鸣（山东莱州市试验机总厂）、刘全红（河南省计量测试研所）	2003–09–23	2004–03–23
20	JJG 356—2004 气动测量仪	长度	制定		河南省计量测试研究所	三门峡中原量仪股份有限公司	任方平（河南省计量测试研究所）、贾晓杰（河南省计量测试研究所）、黄玉珠（河南省计量测试研究所）	聂建勤（三门峡中原量仪股份有限公司）、赵建新（河南省计量测试研究所）	2004–03–02	2004–09–02
21	JJG 1003—2005 流量积算仪	力学	制定		河南省计量科学研究院	郑州燃气总公司、河南东方燃气股份有限公司、许昌能信热力股份有限公司、锦州科瑞自动化仪表有限公司、北京博思达测控仪表有限公司	孔庆彦（河南省计量科学研究院）、朱永宏（河南省计量科学研究院）、崔耀华（河南省计量科学研究院）	张武山（郑州燃气总公司）、杨玉玲（河南东方燃气股份有限公司）、赵光国（许昌能信热力股份有限公司）、徐超（锦州科瑞自动化仪表有限公司）、王京安（北京博思达测控仪表有限公司）	2005–09–05	2005–12–05
22	JJG 133—2005 汽车油车容量	力学	制定		河南省计量科学研究院、中国计量科学研究院、黑龙江省计量科学研究院	河南省特种设备安全检测研究所、云南省计量测试技术研究院	孔庆彦（河南省计量科学研究院）、刘子勇（中国计量科学研究院）、颜一凡（黑龙江省计量科学研究院）	崔耀华（河南省计量科学研究院）、安生（河南省计量科学研究院）、孔鹏（河南省特种设备安全检测研究所）、邓建（云南省计量测试技术研究院）、张珑（中国计量科学研究院）	2005–09–05	2006–03–05

续表

序号	国家计量检定规程、国家计量技术规范、国家标准编号及名称	计量专业	制定	修订	主要起草单位	参加起草单位	主要起草人	参加起草人	发布日期	实施日期
23	JJG 597—2005 交流电能表检定装置	电磁学	制定		辽宁省计量科学研究院、河南省计量科学研究院、河南思达高科技股份有限公司		马睿松（河南省计量科学研究院）、唐虹（辽宁省计量科学研究院）、申东晓（河南思达高科技股份有限公司）	刘沛（河南省计量科学研究院）、孙毅（辽宁省计量科学研究院）、王德文（辽宁省计量科学研究院）、李锦华（河南省计量科学研究院）	2005-12-20	2006-06-20
24	JJG 570—2006 电容式测微仪	长度	制定		河南省计量科学研究院、天津大学		任方平（河南省计量科学研究院）、黄玉珠（河南省计量科学研究院）、贾晓杰（河南省计量科学研究院）、郑义忠（天津大学）	葛伟三（河南省计量科学研究院）	2006-03-08	2006-09-08
25	JJG 1010—2006 电子停车计时收费表	时间频率	制定		郑州市质量技术监督检验测试中心、温州市质量监督检测院	河南省计量科学研究院、北京 DAT 科技有限公司	柯存荣（郑州市质量技术监督检验测试中心）、朱健（温州市质量监督检测院）	崔广新（河南省计量科学研究院）、苗红卫（河南省计量科学研究院）、化鹏（郑州市质量技术监督检验测试中心）、陈晓风（北京 DAT 科技有限公司）	2006-05-23	2006-08-23
26	JJG 196—2006 常用玻璃量器	力学	制定		河南省计量科学研究院、上海市计量测试技术研究院、北京市计量检测技术研究院	中国计量科学研究院、濮阳市龙兴石油仪器厂	杜书利（河南省计量科学研究院）、张志清（河南省计量科学研究院）、谢军燕（上海市计量测试技术研究院）、马骁勇（北京市计量检测技术研究院）	张珑（中国计量科学研究院）、张缨（上海市计量测试技术研究院）、王庆彬（濮阳市龙兴石油仪器厂）	2006-12-08	2007-06-08
27	JJG 1025—2007 恒定加力速度建筑材料试验机	力学	制定		河南省计量科学研究院		程新选（河南省计量科学研究院）	刘全红（河南省计量科学研究院）、王广俊（河南省计量科学研究院）	2007-06-14	2007-09-14
28	JJG 1031—2007 烟支硬度计	力学	制定		河南省计量科学研究院		程新选（河南省计量科学研究院）、王广俊（河南省计量科学研究院）、刘全红（河南省计量科学研究院）	张中杰（河南省计量科学研究院）、张奇峰（河南省计量科学研究院）	2007-08-21	2007-11-21
29	JJG 201—2008 指示类量具检定仪	长度	制定		河南省计量科学研究院、中国计量测试研究院、洛阳市质量技术监督检验测试中心		张卫东（河南省计量科学研究院）、陈永康（中国计量测试研究院）、崔喜才（洛阳市质量技术监督检验测试中心）	贾晓杰（河南省计量科学研究院）	2008-5-23	2008-11-23

续表

序号	国家计量检定规程、国家计量技术规范、国家标准编号及名称	计量专业	制定	修订	主要起草单位	参加起草单位	主要起草人	参加起草人	发布日期	实施日期
30	JJF 1221—2009 汽车排气污染物检测用底盘测功机校准规范	力学	制定		河南省计量科学研究院	浙江江兴汽车检测设备厂、浙江省计量科学研究院、北京市计量检测科学研究院、石家庄华燕交通科技有限公司、佛山市南华仪器有限公司	刘伟（河南省计量科学研究院）、朱卫民（河南省计量科学研究院）、郑黎（河南省计量科学研究院）	周申生（浙江江兴汽车检测设备厂）、严谨（浙江省计量科学研究院）、陈曦（北京市计量检测科学研究院）、陈南峰（石家庄华燕交通科技有限公司）、杨耀光（佛山市南华仪器有限公司）	2009-07-10	2009-10-10
31	JJG 1053—2009 60kV-300kV X 射线治疗辐射源	电离辐射	制定		河南省计量科学研究院	河南省肿瘤医院、河南省许昌市质量技术监督检验测试中心、河南省许昌市中心医院	马长征（河南省计量科学研究院）、雷宏昌（河南省肿瘤医院）	黄成伟（河南省计量科学研究院）、张雪峰（河南省许昌市质量技术监督检验测试中心）、范英杰（河南省许昌市中心医院）、龙成章（河南省计量科学研究院）	2009-10-09	2010-01-09
32	JJG 461—2010 靶式流量计	力学	制定		河南省计量科学研究院	泉州恒动科博测控技术有限公司、丹东通博电器有限公司、泉州日新流量仪表有限公司、国家水大流量计量站、浙江省计量科学研究院	孔庆彦（河南省计量科学研究院）、崔耀华（河南省计量科学研究院）	熊焕祈（泉州恒动科博测控技术有限公司）、袁中林（丹东通博电器有限公司）、梁鲁材（泉州日新流量仪表有限公司）、苗豫生（国家水大流量计量站）、赵建亮（浙江省计量科学研究院）	2010-01-05	2010-07-05
33	JJF 1283—2011 剩余电流动作保护器动作特性检测仪校准规范	无线电学	制定		河南省计量科学研究院、中国计量科学研究院	温州市计量技术研究院	崔广新（河南省计量科学研究院）、王昊（中国计量科学研究院）、朱卫民（河南省计量科学研究院）	周华晓（温州市计量技术研究院）	2011-04-12	2011-07-12
34	JJF 1281—2011 烟草填充值测定仪校准规范	长度	制定		河南省计量科学研究院、河南省医疗器械检验所、中国烟草标准化研究中心、北京市计量检测标准研究院	河南中烟工业有限责任公司郑州卷烟厂、郑州嘉德机电科技有限公司	张卫东（河南省计量科学研究院）、王冬梅（河南省医疗器械检验所）、杨荣超（中国烟草标准化研究中心）、孙璟轶（北京市计量检测标准研究院）	宋永杰（河南中烟工业有限责任公司郑州卷烟厂）、牛罡（郑州嘉德机电科技有限公司）、刘欣（河南省计量科学研究院）	2011-04-12	2011-07-12

续表

序号	国家计量检定规程、国家计量技术规范、国家标准编号及名称	计量专业	制定	修订	主要起草单位	参加起草单位	主要起草人	参加起草人	发布日期	实施日期
35	JJG 1065—2011 IC 卡节水计时计费器	时间频率	制定		郑州市质量技术监督检验测试中心	杭州市质量技术监督检测院、郑州市供水节水办公室、杭州竞达电子有限公司、郑州新开普电子有限公司	朱江（郑州市质量技术监督检验测试中心）、柯存荣（郑州市质量技术监督检验测试中心）	蒋雪萍（杭州市质量技术监督检测院）、任长江（郑州市供水节水办公室）、王志录（郑州市供水节水办公室）、席科（杭州竞达电子有限公司）、傅长顺（郑州新开普电子有限公司）	2011-04-12	2011-07-12
36	JJF 1284—2011 交直流电表校验仪校准规范	电磁学	制定		广西壮族自治区计量检测研究院、黑龙江省计量科学研究院、河南省计量科学研究院、江西省计量测试研究院	桂林市计量测试研究所、湖南省同电测控技术有限公司	莫华荣（广西壮族自治区计量检测研究院）、黄小雪（广西壮族自治区计量检测研究院）、张作群（黑龙江省计量科学研究院）、陈清平（河南省计量科学研究院）、曾永玲（江西省计量测试研究院）	曾勇（桂林市计量测试研究所）、周新华（湖南省同电测控技术有限公司）	2011-06-14	2011-09-14
37	JJF 1301—2011 抗折试验机型式评价大纲	力学	制定		河南省计量科学研究院、中钢集团洛阳耐火材料研究院有限公司	湖北省计量测试技术研究院	宋崇民（河南省计量科学研究院）、张中杰（河南省计量科学研究院）、冯海盈（河南省计量科学研究院）、李永刚（中钢集团洛阳耐火材料研究院有限公司）	肖文强（湖北省计量测试技术研究院）	2011-07-28	2011-10-28
38	JJG 1073—2011 压力式六氟化硫气体密度控制器	力学	制定		河南省计量科学研究院、上海计量测试技术研究所、郑州奥赛电子股份有限公司、西安热工研究院有限公司、红旗仪表有限公司		孙晓全（河南省计量科学研究院）、屠立猛（上海市计量测试技术研究院）、张灿利（郑州赛奥电子股份有限公司）、史亚丽（西安热工研究院有限公司）、张晓明（河南省计量科学研究院）、周春龙（红旗仪表有限公司）		2011-11-28	2012-03-28
39	JJF 1331—2011 电感测微仪校准规范	长度	制定		河南省计量科学研究院	中原量仪股份有限公司、辽宁省计量科学研究院、上海市计量测试技术研究院	黄玉珠（河南省计量科学研究院）、贾晓杰（河南省计量科学研究院）、范乃胤（河南省计量科学研究院）	于振溪（中原量仪股份有限公司）、石作德（辽宁省计量科学研究院）、姜志华（上海市计量测试技术研究院）	2011-12-28	2012-06-28

续表

序号	国家计量检定规程、国家计量技术规范、国家标准编号及名称	计量专业	制定	修订	主要起草单位	参加起草单位	主要起草人	参加起草人	发布日期	实施日期
40	JJG 960—2012 水准仪检定装置	长度	制定		中国计量科学研究院、河南省计量科学研究院	国家光电测距仪检测中心、浙江省计量科学研究院	沈妮（中国计量科学研究院）、王鹤岩（中国计量科学研究院）、张卫东（河南省计量科学研究院）	翟清斌（国家光电测距仪检测中心）、金挺（浙江省计量科学研究院）	2012-04-17	2012-10-17
41	JB/T 11235—2012 指示表检定仪	长度	制定		河南省计量科学研究院		张卫东（河南省计量科学研究院）	贾晓杰（河南省计量科学研究院）、冉庆（中国测试技术研究院）	2012-08-01	2012-11-01
42	JJF 1360-2012 滑行时间检测仪校准规范	时间频率	制定		河南省计量科学研究院	石家庄华燕交通科技有限公司	朱卫民（河南省计量科学研究院）、崔广新（河南省计量科学研究院）	陈南峰（石家庄华燕交通科技有限公司）、卫平（河南省计量科学研究院）	2012-09-03	2012-12-03
43	JJF 1372—2012 贯入式砂浆强度检测仪校准规范	力学	制定		河南省计量科学研究院、郑州东辰科技有限公司	深圳市计量质量检测研究院	王广俊（河南省计量科学研究院）、张中杰（河南省计量科学研究院）、尚廷东（郑州东辰科技有限公司）、冯海盈（河南省计量科学研究院）	黄仁源（深圳市计量质量检测研究院）	2012-12-12	2013-03-12
44	JJG 569—2014 最大需量电能表	电磁学	制定		河南省计量科学研究院	郑州三晖电气股份有限公司、黑龙江龙电电气有限公司	姜鹏飞（河南省计量科学研究院）、刘沛（河南省计量科学研究院）、于文彪（郑州三晖电气股份有限公司）	张勉（河南省计量科学研究院）、常青（黑龙江龙电电气有限公司）	2013-10-01	2014-02-15
45	JJG 691—2014 多费率交流电能表	电磁学	制定		河南省计量科学研究院	河南许继仪表有限公司、漯河市质量技术监督检验测试中心	刘沛（河南省计量科学研究院）、姜鹏飞（河南省计量科学研究院）、马永武（河南许继仪表有限公司）	王钟瑞（河南省计量科学研究院）、高峰（漯河市质量技术监督检验测试中心）	2013-10-10	2014-02-15
46	JJF 1445—2014 落锤式冲击试验机校准规范	力学	制定		河南省计量科学研究院、上海市计量测试技术研究院	承德市金建检测仪器有限公司、济南科汇试验设备有限公司	张中杰（河南省计量科学研究院）、王广俊（河南省计量科学研究院）、张贵仁（上海市计量测试技术研究院）、冯海盈(河南省计量科学研究院)	任雨峰（承德市金建检测仪器有限公司）、史卫东（济南科汇试验设备有限公司）	2014-01-23	2014-04-23
47	JJF 1472—2014 过程仪表校准规范	电磁学	制定		河南省计量科学研究院	上海市计量测试技术研究院、贵州省计量测试院院、长沙天恒测控技术有限公司、北京康斯特仪表科技股份有限公司	陈清平（河南省计量科学研究院）、宁亮（河南省计量科学研究院）、司延召（河南省计量科学研究院）、茅晓晨（上海市计量测试技术研究院）	龙波（贵州省计量测试院院）、周新华（长沙天恒测控技术有限公司）、何欣（北京康斯特仪表科技股份有限公司）	2014-08-01	2014-11-01

表 5-11-2 河南省有关单位为主要起草单位的地方计量检定规程、地方计量技术规范、地方标准一览表（1981-2014）

序号	地方计量检定规程、地方计量技术规范、地方标准编号及名称	计量专业	制定	修订	主要起草单位	参加起草单位	主要起草人	参加起草人	发布日期	实施日期
1	豫量 JJF-D1-81 单相有功直接接入式电度表暂行检定办法	电磁学	制定		河南省计量局		苗瑜（河南省计量局）	王世义（驻马店地区计量管理所）	1981-11-02	1981-11-02
2	密玉量块	长度	制定		河南省计量测试研究所		孟宪新（河南省计量测试研究所）、刘文生（河南省计量测试研究所）	马世英（河南省计量测试研究所）、王秀轩（河南省计量测试研究所）、宋建平（河南省计量测试研究所）、曾广荣（河南省计量测试研究所）	1986-12-26	1987-05-01
3	JJG（豫）12-88 失真仪检定装置	无线电学	制定		河南省计量测试研究所		陈传岭(河南省计量测试研究所)	陈海涛（河南省计量测试研究所）、杜建国（河南省计量测试研究所）、白宏文（河南省计量测试研究所）	1988-04-29	1988-07-01
4	JJG（豫）13-90 DO30 系列三用表校验仪	电磁学	制定		河南省计量测试研究所		陈海涛(河南省计量测试研究所)	陈传岭（河南省计量测试研究所）、杜建国（河南省计量测试研究所）	1990-04-12	1990-08-01
5	JJG（豫）101—98 建筑物防雷装置检测规范	电磁学			河南省气象局					
6	JJG（豫）103—1999 医用诊断 X 线剂量仪	电离辐射	制定		河南省计量测试研究所		马长征(河南省计量测试研究所)		1999-11-12	1999-12-01
7	JJF（豫）104—1999 液体、半流体定量包装商品容量测量规范	力学	制定		新乡市计量技术测试所		臧宝顺（新乡市计量技术测试所）、肖帆（新乡市计量技术测试所）、高进忠（新乡市计量技术测试所）	戚霞霞（新乡市计量技术测试所）、石永才（新乡市计量技术测试所）、崔桂堂（新乡市计量技术测试所）	2000-02-24	2000-03-01
8	JJG（豫）105—1999 多功能工频电量测试仪	电磁学	制定		河南省计量测试研究所		马睿松（河南省计量测试研究所）、刘沛（河南省计量测试研究所）、苗红卫（河南省计量测试研究所）、周富拉（河南省计量测试研究所）		2000-02-24	2000-03-01
9	JJG（豫）106—1999 电话自动计费器检定仪	时间频率	制定		河南省计量测试研究所		崔广新（河南省计量测试研究所）、陈清平（河南省计量测试研究所）	朱卫民（河南省计量测试研究所）	2000-02-24	2000-03-01

续表

序号	地方计量检定规程、地方计量技术规范、地方标准编号及名称	计量专业	制定	修订	主要起草单位	参加起草单位	主要起草人	参加起草人	发布日期	实施日期
10	JJG（豫）107—1999 非金属超声检测仪	无线电学	制定		河南省计量测试研究所、南阳市宛城区计量所		朱卫民（河南省计量测试研究所）、王有生（南阳市宛城区计量所）	崔广新（河南省计量测试研究所）、陈清平（河南省计量测试研究所）	2000-02-24	2000-03-01
11	JJF（豫）109—1999 漆包绕组线伸长率试验仪	长度	制定		郑州电磁线厂		辛保红（郑州电磁线厂）		2000-02-24	2000-03-01
12	JJF（豫）110—1999 漆包绕组线回弹角试验仪	力学	制定		郑州电磁线厂		蒲宏喜（郑州电磁线厂）		2000-02-24	2000-03-01
13	JJF（豫）111—1999 漆包绕组线急拉断试验仪	力学	制定		郑州电磁线厂		辛保红（郑州电磁线厂）、乌维华（郑州电磁线厂）		2000-02-24	2000-03-01
14	JJF（豫）112—1999 漆包绕组线击穿电压试验仪	电磁学	制定		郑州电磁线厂		蒲宏喜（郑州电磁线厂）、乌维华（郑州电磁线厂）		2000-02-24	2000-03-01
15	JJF（豫）113—1999 漆包绕组线软化击穿试验仪	力学	制定		郑州电磁线厂		崔剑庆（郑州电磁线厂）、乌维华（郑州电磁线厂）		2000-02-24	2000-03-01
16	JJF（豫）114—1999 漆包绕组线高压漆模连续性试验仪	电磁学	制定		郑州电磁线厂		乌维华（郑州电磁线厂）		2000-02-24	2000-03-01
17	JJF（豫）115—1999 漆包绕组线低压漆模连续性试验仪	电磁学	制定		郑州电磁线厂		乌维华（郑州电磁线厂）		2000-02-24	2000-03-01
18	JJF（豫）116—1999 漆包绕组线单相刮漆试验仪	力学	制定		郑州电磁线厂		蒲宏喜（郑州电磁线厂）、乌维华（郑州电磁线厂）		2000-02-24	2000-03-01

续表

序号	地方计量检定规程、地方计量技术规范、地方标准编号及名称	计量专业	制定	修订	主要起草单位	参加起草单位	主要起草人	参加起草人	发布日期	实施日期
19	JJF（豫）117—1999 漆包绕组线剥离试验仪	力学	制定		郑州电磁线厂		辛保红（郑州电磁线厂）、乌维华（郑州电磁线厂）		2000-02-24	2000-03-01
20	JJF（豫）118—1999 漆包绕组线耐溶剂试验仪	化学	制定		郑州电磁线厂		崔剑庆（郑州电磁线厂）		2000-02-24	2000-03-01
21	JJF（豫）119—1999 漆包绕组线焊锡试验仪	力学	制定		郑州电磁线厂		乌维华（郑州电磁线厂）		2000-02-24	2000-03-01
22	JJF（豫）120—1999 漆包绕组线强制通风试验箱	力学	制定		郑州电磁线厂		乌维华（郑州电磁线厂）		2000-02-24	2000-03-01
23	DB 41/148—2000 河南省眼镜行业企业计量、质量等级评定规范	光学			河南省质量技术监督局计量管理处、河南省计量协会、河南省卫生防疫站		许建国（河南省质量技术监督培训中心）、王卫东（河南省产品质量监督检验院）、崔耀华（河南省计量测试研究所）、郝敬鸿（河南省质量技术监督局计量管理处）、刘国华、张丁、何健		2000-12-07	2001-01-15
24	JJG（豫）11—2000 密玉专用量块	长度		修订	河南省计量测试研究所		黄玉珠（河南省计量测试研究所）、贾晓杰（河南省计量测试研究所）	邹晓华（河南省计量测试研究所）、沈忠仙（郑州市计量检定测试所）	2001-06-20	2001-07-01
25	JJG（豫）121—2000 密玉角度块	长度	制定		河南省计量测试研究所		任方平（河南省计量测试研究所）、贾晓杰（河南省计量测试研究所）	黄玉珠（河南省计量测试研究所）	2001-06-20	2001-07-01
26	JJG（豫）123—2000 蒸馏法水分测定仪	力学	制定		河南省计量测试研究所		张志清(河南省计量测试研究所)	冯世海（郑州科伦玻璃仪器厂）、孙晓全（河南省计量测试研究所）、张守宗（中原油田技术检测中心）	2001-07-02	2001-07-02

续表

序号	地方计量检定规程、地方计量技术规范、地方标准编号及名称	计量专业	制定	修订	主要起草单位	参加起草单位	主要起草人	参加起草人	发布日期	实施日期
27	JJF（豫）127—2000 工频测试源	电磁学	制定		河南省计量测试研究所	郑州三晖电气有限公司	马睿松（河南省计量测试研究所）、刘沛（河南省计量测试研究所）	杨明镜（河南省计量测试研究所）、周富拉（河南省计量测试研究所）、姜鹏飞（河南省计量测试研究所）、李栓成（郑州三晖电气有限公司）	2001-08-10	2001-08-10
28	JJG（豫）128—2000 互感器负载箱	电磁学	制定		河南省计量测试研究所		周秉时（河南省计量测试研究所）、彭平（河南省计量测试研究所）		2001-09-01	2001-09-01
29	JJG（豫）129—2001 交换机电子计时计费系统	时间频率	制定		河南省计量测试研究所		杜建国（河南省计量测试研究所）	崔广新（河南省计量测试研究所）、陈传岭（河南省计量测试研究所）、杨明镜（河南省计量测试研究所）	2002-04-02	2002-04-02
30	JJG（豫）130—2001 IC 卡公用付费电话机计时计费系统	时间频率	制定		南阳市质量技术监督检测中心		于军（南阳市质量技术监督检测中心）	周奇（南阳市质量技术监督检测中心）	2002-06-13	2002-07-01
31	JJG（豫）131—2001 辛烷值测定机	化学	制定		河南省计量测试研究所		孟洁（河南省计量测试研究所）、孔小平（河南省计量测试研究所）		2002-11-01	2002-11-01
32	JJG（豫）132—2001 医用模拟定位 X 线机	电离辐射	制定		河南省计量测试研究所	河南省肿瘤医院	马长征（河南省计量测试研究所）、雷宏昌（河南省肿瘤医院）	陶金柱（河南省人民医院）、黄成伟（河南省计量测试研究所）、张中伟（河南省计量测试研究所）	2002-12-02	2002-12-02
33	JJG（豫）133—2003 出租汽车税控计价器	力学	制定		河南省计量测试研究所		陈传岭（河南省计量测试研究所）、王书升（河南省计量测试研究所）、铁大同（河南省计量测试研究所）	王朝阳（河南省计量测试研究所）、巨辉（河南省计量测试研究所）、张华伟（河南省计量测试研究所）、柯存荣（郑州市质量技术监督局检测中心）、蒋涛（新乡市质量技术监督局检测中心）	2003-09-18	2003-10-01
34	JJG（豫）134—2003 标准心率信号发生器	无线电学	制定		河南省计量测试研究所		陈传岭（河南省计量测试研究所）、朱卫民（河南省计量测试研究所）、尚岚（河南省计量测试研究所）、钟道祥（永城煤电集团公司）	陈清平（河南省计量测试研究所）、崔广新（河南省计量测试研究所）	2003-09-18	2003-10-01

续表

序号	地方计量检定规程、地方计量技术规范、地方标准编号及名称	计量专业	制定	修订	主要起草单位	参加起草单位	主要起草人	参加起草人	发布日期	实施日期
35	JJG（豫）135—2003 燃油加油机税控装置	力学	制定		河南省计量测试研究所		陈传岭（河南省计量测试研究所）、朱永宏（河南省计量测试研究所）、杜书利（河南省计量测试研究所）	安生（河南省计量测试研究所）、崔耀华（河南省计量测试研究所）、王全德（河南省计量测试研究所）、尚岚（河南省计量测试研究所）	2003-09-18	2003-10-01
36	JJG（豫）136—2004 高压电能计量箱	电磁学	制定		河南省计量科学研究院	河南信电电器有限公司	周秉时（河南省计量科学研究院）	彭平（河南省计量科学研究院）、王胜伦（河南信电电器有限公司）、张书伟（河南省计量科学研究院）、张华伟（河南省计量科学研究院）	2005-07-19	2005-12-01
37	JJG（豫）137—2004 工频数字电流表、电压表	电磁学	制定		河南省计量科学研究院、郑州市质量技术监督检验测试中心		苗红卫（河南省计量科学研究院）、马睿松（河南省计量科学研究院）、周富拉（河南省计量科学研究院）、柯存荣（郑州市质量技术监督检验测试中心）		2004-12-20	2005-02-01
38	JJG（豫）138—2005 火花试验机	电磁学	制定		郑州市质量技术监督检验测试中心	中原工学院	柯存荣（郑州市质量技术监督检验测试中心）	化鹏（郑州市质量技术监督检验测试中心）、张昕燕（郑州市质量技术监督检验测试中心）、沈忠仙（郑州市质量技术监督检验测试中心）、赵慧君（中原工学院）	2006-06-20	2006-08-01
39	JJG（豫）139—2005 IP 电话计时计费装置	时间频率	制定		开封市质量技术监督检验检测中心	南阳市质量技术监督检验检测中心、郑州市质量技术监督检验检测中心、安阳市质量技术监督检验检测中心	赵伟（开封市质量技术监督检验检测中心）、魏东（开封市质量技术监督检验检测中心）、于军（南阳市质量技术监督检验检测中心）	朱江（郑州市质量技术监督检验检测中心）、邵宏（安阳市质量技术监督检验检测中心）	2006-07-25	2006-10-01
40	JJG（豫）126—2005 集中管理集中计费型电话计费装置	时间频率		修订	南阳市质量技术监督检验测试中心		于军（南阳市质量技术监督检验测试中心）、赵伟、周奇	朱江、何永祥	2006-07-25	2006-10-01

续表

序号	地方计量检定规程、地方计量技术规范、地方标准编号及名称	计量专业	制定	修订	主要起草单位	参加起草单位	主要起草人	参加起草人	发布日期	实施日期
41	JJF（豫）1001—2006 河南省计量合格确认规范		制定		河南省计量测试学会		苗瑜（河南省计量测试学会）、张向新（郑州市质量技术监督检验测试中心）	王文军（河南省计量测试学会）、黄玲（郑州市质量技术监督检验测试中心）	2007-03-20	2007-04-01
42	JJG（豫）140—2006 智能型公用电话计时计费装置	时间频率	制定		河南省计量科学研究院		杜建国（河南省计量科学研究院）、海涛(解放军信息工程大学）	叶献锋（河南省计量科学研究院）、王继华（驻马店市质量技术监督检验检测中心）、周奇（南阳市质量技术监督检验检测中心）	2007-04-17	2007-06-01
43	JJG（豫）141—2006 电话计时计费装置检定仪	时间频率	制定		河南省计量科学研究院		杜建国(河南省计量科学研究院）	崔广新（河南省计量科学研究院）、叶献锋（河南省计量科学研究院）、白瑞亮（河南省计量科学研究院）、余建德（河南省计量科学研究院）	2007-04-19	2007-06-01
44	JJG（豫）142—2006 无线公用计时计费电话机	时间频率	制定		平顶山市质量技术监督检验测试中心		秦志阳（平顶山市质量技术监督检验测试中心）、王三伟（平顶山市质量技术监督检验测试中心）	庞庆胜、史新慧、闫国旗	2007-04-19	2007-06-01
45	JJG（豫）143—2006 电子计时计费装置	时间频率	制定		郑州市质量技术监督检验测试中心	河南省计量科学研究院	朱江（郑州市质量技术监督检验测试中心）、沈忠仙（郑州市质量技术监督检验测试中心）、叶献锋（河南省计量科学研究院）	孙树炜、胡鑫	2007-04-19	2007-06-01
46	JJF（豫）145—2007 管道式电磁流量计在线校准（电参数法）规范	电磁学	制定		河南省城镇供水协会		宋向阳、董天运	毛文杰、陆文雄、杨蕾、宋国红、魏敏杰	2007-10-29	2007-11-01
47	JJG（豫）144—2007 压力式六氟化硫气体密度控制器	力学	制定		河南省计量科学研究院	新乡供电公司、河南电力试验研究院、郑州赛奥电子有限公司	孙晓全(河南省计量科学研究院）	王圈（新乡供电公司）、石艳玲（河南省计量科学研究院）、张灿利（郑州赛奥电子有限公司）、付海金（河南电力试验研究院）	2007-10-29	2007-11-01
48	DB 41/T 520—2008 河南省用能单位能源计量评定准则		制定		河南省计量测试学会	河南省计量协会、郑州市质量技术监督检验测试中心	苗瑜（河南省计量测试学会）、魏辉、王文军、黄玲（郑州市质量技术监督检验测试中心）		2008-02-22	2008-02-22

续表

序号	地方计量检定规程、地方计量技术规范、地方标准编号及名称	计量专业	制定	修订	主要起草单位	参加起草单位	主要起草人	参加起草人	发布日期	实施日期
49	JJF（豫）1002—2008 河南省专项计量授权考核规范		制定		河南省计量测试学会		苗瑜（河南省计量测试学会）、黄玲（郑州市质量技术监督检验测试中心）	王慧海（河南省计量测试学会）	2008–03–21	2008–04–01
50	JJF（豫）146—2008 烟气排放连续监测装置	力学	制定		河南省电力试验研究院、中国计量科学研究院	河南省计量测试学会	陈崧（河南省电力试验研究院）、吴文龙（河南省电力试验研究院）、田晓峰（河南省电力试验研究院）、谌永华（中国计量科学研究院）	王慧海（河南省计量测试学会）	2009–01–17	2009–03–01
51	JJG（豫）148—2010 数字减影器管造形（DSA）X 射线辐射源	电离辐射	制定		河南省计量科学研究院	中平能化医疗集团总医院	龙成章（河南省计量科学研究院）、张中伟（河南省计量科学研究院）	黄成伟（河南省计量科学研究院）、丁力（河南省计量科学研究院）、袁大鹏（中平能化医疗集团总医院）	2010–05–07	2011–03–01
52	JJG（豫）149—2010 医用磁共振成像系统（MRI）	电离辐射	制定		河南省计量科学研究院	郑州人民医院	丁力（河南省计量科学研究院）、黄成伟（河南省计量科学研究院）	张中伟（河南省计量科学研究院）、龙成章（河南省计量科学研究院）、王郑华（郑州人民医院）	2010–05–07	2011–03–01
53	JJG（豫）150—2010 小麦硬度指数测定仪	力学	制定		河南省计量科学研究院		刘全红（河南省计量科学研究院）、孙钦密（河南省计量科学研究院）	杨明镜（河南省计量科学研究院）、许雪芹（焦作市质量技术监督检验测试中心）、秦国君（河南省计量科学研究院）	2010–09–10	2011–03–01
54	JJG（豫）151—2010 测斜仪	长度	制定		河南省计量科学研究院	郑州士奇测控技术有限公司	邹晓华（河南省计量科学研究院）、汪琦（郑州士奇测控技术有限公司）	毛志丹（河南省质量技术监督局培训中心）、陈正建（郑州士奇测控技术有限公司）、秦旭东（郑州士奇测控技术有限公司）	2010–09–10	2011–03–01
55	JJG（豫）152—2010 测斜仪检验台	长度	制定		河南省计量科学研究院	郑州士奇测控技术有限公司、平顶山市政质量技术监督检测中心、开封市质量技术监督检测中心	邹晓华（河南省计量科学研究院）、毛志丹（河南省质量技术监督局培训中心）	汪琦（郑州士奇测控技术有限公司）、樊俊显（平顶山市政质量技术监督检测中心）、于兆虎（开封市质量技术监督检测中心）	2010–09–10	2011–03–01

续表

序号	地方计量检定规程、地方计量技术规范、地方标准编号及名称	计量专业	制定	修订	主要起草单位	参加起草单位	主要起草人	参加起草人	发布日期	实施日期
56	JJF（豫）1003—2011 常用几何量计量标准考核细则		制定		河南省计量测试学会		黄玲（郑州市质量技术监督检验测试中心）、黄玉珠（河南省计量科学研究院）、贾晓杰（河南省计量科学研究院）	吴彦红（郑州市质量技术监督检验测试中心）、李拥军（安阳市质量技术监督检验测试中心）	2011-01-20	2011-07-01
57	CJ/T 364—2011 管道式电磁流量计在线校准要求	电磁学	制定		中国城镇供水排水协会设备材料工作委员会	国家水大流量计量站、长春水务（集团)有限责任公司、广州市自来水公司、上海申波自来水物探工程技术有限公司、大连市自来水集团有限公司、开封仪表有限公司、上海威尔泰工业自动化股份有限公司、科隆测量仪器（上海）有限公司、余姚银环流量仪表有限公司、深圳市拓安信自动化仪表有限公司、上海迪华科技有限公司、郑州市自来水总公司	苗豫生、宋雪峰、邓慧莉、陆浩亮、孙健、魏敏杰、沈磊、朱迅华、宋建军、朱家顺、詹益鸿、邵旭东		2011-04-18	2011-10-01
58	JJG（豫）156—2011 汽车行驶记录仪	力学	制定		南阳市计量协会	南阳市质量技术监督检测中心、周口市质量技术监督检测中心、三门峡市质量技术监督检测中心	于军（南阳市计量协会）、何永祥（周口市质量技术监督检测中心）、谢贵强（三门峡市质量技术监督检测中心）、周奇（南阳市质量技术监督检测中心）	陈振州（周口市质量技术监督检测中心）、钱磊（周口市质量技术监督检测中心）、马保柱（周口市质量技术监督检测中心）、刘保兰（南阳市质量技术监督检测中心）	2011-04-19	2011-07-01

续表

序号	地方计量检定规程、地方计量技术规范、地方标准编号及名称	计量专业	制定	修订	主要起草单位	参加起草单位	主要起草人	参加起草人	发布日期	实施日期
59	JJG（豫）108—2010 电动单元组合仪表校验仪 代替 JJG（豫）108—1999	电磁学		修订	河南省计量科学研究院		陈清平（河南省计量科学研究院）、司延召（河南省计量科学研究院）	宁亮（河南省计量科学研究院）、霍大勇（河南工业职业技术学院）、田峰（南阳市油田一中）	2011–05–07	2011–09–01
60	JJG（豫）147—2010 电测量仪表校验装置	电磁学	制定		河南省计量科学研究院		陈清平（河南省计量科学研究院）、司延召（河南省计量科学研究院）	宁亮（河南省计量科学研究院）、朱小明（河南省计量科学研究院）、李玉华（河南油田水电厂）	2011–05–07	2011–09–01
61	JJG（豫）159—2011 膜式燃气表现场	力学	制定		郑州华润燃气股份有限公司		邓立三（郑州华润燃气股份有限公司）、胡绪美（郑州华润燃气股份有限公司）	张永宏（郑州华润燃气股份有限公司）、刘小玲（郑州华润燃气股份有限公司）、张伟峰（郑州华润燃气股份有限公司）、柴峰（郑州华润燃气股份有限公司）	2011–08–08	2011–12–08
62	JJF（豫）157—2011 起重机变形测量仪	力学	制定		河南省计量科学研究院		张卫东（河南省计量科学研究院）、张霞（河南省计量科学研究院）	王冬梅（河南省医疗器械检验所）、王彬彬（河南省医疗器械检验所）、刘欣（河南省计量科学研究院）	2011–09–07	2011–11–01
63	JJG（豫）158—2011 闯红灯自动记录系统	力学	制定		郑州市质量技术监督检验测试中心	南阳市质量技术监督检验测试中心	张昕燕（郑州市质量技术监督检验测试中心）、安志军（郑州市质量技术监督检验测试中心）	孙学军（郑州市质量技术监督检验测试中心）、梅寒（郑州市质量技术监督检验测试中心）、王林波（南阳市质量技术监督检验测试中心）	2011–09–07	2011–12–01
64	JJG（豫）124—2011 医用多参数监护仪	电离辐射	制定		郑州市质量技术监督检验测试中心	洛阳市质量技术监督检验测试中心、深圳迈瑞生物医疗电子股份有限公司	刘宏伟（郑州市质量技术监督检验测试中心）	钟宾（郑州市质量技术监督检验测试中心）、梅寒（郑州市质量技术监督检验测试中心）、张涛（洛阳市质量技术监督检验测试中心）、杨春（深圳迈瑞生物医疗电子股份有限公司）	2011–11–30	2012–03–01
65	JJF（豫）153—2010 电阻炉	温度	制定		河南省计量科学研究院		张晓明（河南省计量科学研院）、戴翔（河南省计量科学研究院）、李振杰（河南省计量科学研究院）	崔馨元（河南省计量科学研究院）、袁丹（河南省计量科学研究院）	2011–12–30	2012–03–01

续表

序号	地方计量检定规程、地方计量技术规范、地方标准编号及名称	计量专业	制定	修订	主要起草单位	参加起草单位	主要起草人	参加起草人	发布日期	实施日期
66	JJF（豫）154—2010 数字式温度计	温度	制定		河南省计量科学研究院		张晓明（河南省计量科学研究院）、崔馨元（河南省计量科学研究院）、李振杰（河南省计量科学研究院）	吴勤（河南省计量科学研究院）、戴翔（河南省计量科学研究院）	2011-12-30	2012-03-01
67	JJF（豫）155—2010 带压温场及监视仪表	温度	制定		河南省计量科学研究院		张晓明（河南省计量科学研究院）、李振杰（河南省计量科学研究院）、戴翔（河南省计量科学研究院）	崔馨元（河南省计量科学研究院）、吴勤（河南省计量科学研究院）	2011-12-30	2012-03-01
68	JJG（豫）160—2011 道路交通违法行为监测系统	时间频率	制定		郑州市质量技术监督检验测试中心	南阳市质量技术监督检验测试中心	安志军（郑州市质量技术监督检验测试中心）	张现峰（郑州市质量技术监督检验测试中心）、张保建（郑州市质量技术监督检验测试中心）、王林波（南阳市质量技术监督检验测试中心）、张向宏（郑州市质量技术监督检验测试中心）	2011-12-30	2012-04-10
69	JJG（豫）161—2011 母亲胎儿监护仪	电离辐射	制定		郑州市质量技术监督检验测试中心	平顶山市质量技术监督检验测试中心、郑州铁路局质量技术监督所	刘宏伟（郑州市质量技术监督检验测试中心）	汪琳琳（郑州市质量技术监督检验测试中心）、张昕燕（郑州市质量技术监督检验测试中心）、樊俊显（平顶山市质量技术监督检验测试中心）、李莎（郑州铁路局质量技术监督所）	2011-12-30	2012-03-01
70	JJG（豫）164—2012 煤的工业分析仪	化学	制定		河南省计量科学研究院	湖南三德科技发展有限公司、长沙开元仪器股份有限公司	朱茜（河南省计量科学研究院）、丁峰元（河南省计量科学研究院）	孙晓萍（河南省计量科学研究院）、贾会（河南省计量科学研究院）、许芬（河南省计量科学研究院）、姜鲲（河南省计量科学研究院）、杨军（湖南三德科技发展有限公司）、张德强（长沙开元仪器股份有限公司）	2012-04-01	2012-07-01

续表

序号	地方计量检定规程、地方计量技术规范、地方标准编号及名称	计量专业	制定	修订	主要起草单位	参加起草单位	主要起草人	参加起草人	发布日期	实施日期
71	DB 41/T 728—2012 0.1S级静止式交流有功电能表	电磁学	制定		河南省计量科学研究院	河南省电力公司计量中心、河南省标准研究院、河南省组织机构代码中心	刘沛（河南省计量科学研究院）、陈传岭（河南省计量科学研究院）、姜鹏飞（河南省计量科学研究院）、刘忠、马睿松（河南省计量科学研究院）、刘红霞、郭敬东	周富拉（河南省计量科学研究院）、张培英、张勉（河南省计量科学研究院）、王钟瑞（河南省计量科学研究院）、杨静、李鹤（河南省计量科学研究院）、高翔（河南省计量科学研究院）、吴慧	2012-05-11	2012-07-11
72	JJF（豫）162—2012 碳化深度测量尺	长度	制定		河南省计量科学研究院、平顶山市质量技术监督检验测试中心		黄玉珠（河南省计量科学研究院）、贾晓杰（河南省计量科学研究院）、刘权（河南省计量科学研究院）、王三伟（平顶山市质量技术监督检验测试中心）	周强（河南省计量科学研究院）、李锦华（河南省计量科学研究院）、陈嫒嫒（河南省计量科学研究院）	2012-08-22	2012-09-20
73	JJF（豫）163—2012 光学仪器检具	长度	制定		河南省计量科学研究院	平顶山市质量技术监督检验测试中心	贾晓杰（河南省计量科学研究院）、黄玉珠（河南省计量科学研究院）、苏清磊（河南省计量科学研究院）、王三伟（平顶山市质量技术监督检验测试中心）	周强（河南省计量科学研究院）、刘欣（河南省计量科学研究院）、陈嫒嫒（河南省计量科学研究院）	2012-08-22	2012-09-20
74	JJF（豫）165—2012 粉尘浓度测量仪	力学	制定		河南省计量科学研究院	郑州光力科技股份有限公司、郑州市电子信息工程学校、河南省组织机构电码中心	樊玮（河南省计量科学研究院）、师恩洁（河南省计量科学研究院）	陈睿锋（河南省计量科学研究院）、孙彦楷（河南省计量科学研究院）、张俊峰（郑州光力科技股份有限公司）、李静（郑州市电子信息工程学校）、刘柯颖（河南省组织机构电码中心）	2012-08-22	2012-09-20
75	JJG（豫）166—2012 0.1S级电子式多功能电能表	电磁学	制定		河南省计量科学研究院		刘沛（河南省计量科学研究院）、姜鹏飞（河南省计量科学研究院）、张勉（河南省计量科学研究院）、周富拉（河南省计量科学研究院）、王钟瑞（河南省计量科学研究院）	李鹤（河南省计量科学研究院）、高翔（河南省计量科学研究院）、杨静（河南省组织机构代码中心）	2012-08-22	2012-09-20

续表

序号	地方计量检定规程、地方计量技术规范、地方标准编号及名称	计量专业	制定	修订	主要起草单位	参加起草单位	主要起草人	参加起草人	发布日期	实施日期
76	JJG（豫）167—2012 燃气流量测量用仪表	力学	制定		郑州华润燃气股份有限公司		胡绪美（郑州华润燃气股份有限公司）、邓立三（郑州华润燃气股份有限公司）、朱永宏（河南省计量科学研究院）	张永宏（郑州华润燃气股份有限公司）、柴峰（郑州华润燃气股份有限公司）、付峰利（郑州华润燃气股份有限公司）、范宇（郑州华润燃气股份有限公司）	2012-10-15	2012-12-15
77	JJG（豫）169—2013 停车场计时计费装置	时间频率	制定		郑州市质量技术监督检验测试中心		张现锋（郑州市质量技术监督检验测试中心）	钱林（郑州市质量技术监督检验测试中心）、郭辉（郑州市质量技术监督检验测试中心）、李虎（郑州市质量技术监督检验测试中心）、殷国庆（郑州市质量技术监督检验测试中心）、巴卓（郑州市质量技术监督检验测试中心）	2013-03-21	2013-07-01
78	JJG（豫）170—2013 集中供氧系统氧气吸入器	力学	制定		郑州市质量技术监督检验测试中心		李虎（郑州市质量技术监督检验测试中心）、廖启明（郑州市质量技术监督检验测试中心）	梁欣凤（郑州市质量技术监督检验测试中心）、张现锋（郑州市质量技术监督检验测试中心）、赵磊（郑州市质量技术监督检验测试中心）、王三伟（郑州市质量技术监督检验测试中心）	2013-03-21	2013-07-01
79	JJG（豫）168—2013 GPS 测速监控装置	力学	制定		许昌市质量技术监督检验测试中心	南阳市计量协会、平顶山市质量技术监督检验测试中心、洛阳市质量技术监督检验测试中心	于军（南阳市计量测试协会）、刘荣立（许昌市质量技术监督检验测试中心）、刘玉峰（许昌市质量技术监督检验测试中心）、郭红梅（平顶山市质量技术监督检验测试中心）	胡建勇（许昌市农村公路管理处）、赵瑞丽（洛阳市质量技术监督检验测试中心）、孙敏（许昌市质量技术监督检验测试中心）、吴冰（三门峡市质量技术监督检验测试中心）	2013-08-22	2013-09-20
80	JJF（豫）1004—2013 常用矿山安全仪器计量标准考核细则		制定		河南省计量测试学会		冷恕（中国平煤神马集团安全仪器检定站）、徐洁（中国平煤神马集团安全仪器检定站）	王三伟（平顶山市质量技术监督检验测试中心）	2013-10-17	2013-12-17
81	JJF（豫）171—2014 漆膜冲击器校准规范	力学	制定		河南省计量科学研究院	郑州管城区环保所、中铁大桥局集团第一工程有限公司、焦作市质量技术监督检验测试中心	孙钦密（河南省计量科学研究院）、赵伟明（河南省计量科学研究院）、王丹（郑州管城区环保所）	张之珍（中铁大桥局集团第一工程有限公司）、任翔（河南省计量科学研究院）、许雪芹（焦作市质量技术监督检验测试中心）	2014-02-13	2014-04-20

续表

序号	地方计量检定规程、地方计量技术规范、地方标准编号及名称	计量专业	制定	修订	主要起草单位	参加起草单位	主要起草人	参加起草人	发布日期	实施日期
82	JJG（豫）172—2014 液化天然气（LNG）加气机	力学	制定		河南省计量科学研究院	河南正荣恒能源科技有限公司、郑州格瑞克石油设备有限公司	崔耀华（河南省计量科学研究院）、邹晓华（河南省计量科学研究院）	何力人（河南省计量科学研究院）、李建鹏（河南省计量科学研究院）、张保宪（河南省计量科学研究院）、王伟国（河南正荣恒能源科技有限公司）、李健康（郑州格瑞克石油设备有限公司）	2014-02-13	2014-04-20
83	DB 41/T 907—2014 卫星定位汽车行驶记录仪通用技术规范	长度	制定		河南省计量科学研究院		朱卫民（河南省计量科学研究院）、齐芳（河南省计量科学研究院）、卫平（河南省计量科学研究院）、王丹（河南省计量科学研究院）、李国强（河南省计量科学研究院）、古晓辉（河南省计量科学研究院）		2014-03-26	2014-05-26
84	DB 41/T 906—2014 滑行时间测试仪	时间频率	制定		河南省计量科学研究院		朱卫民（河南省计量科学研究院）、齐芳（河南省计量科学研究院）、李淑香（河南省计量科学研究院）、卫平（河南省计量科学研究院）、万磊、王丹、孙军满		2014-03-26	2014-05-26
85	DB 41/T 913—2014 交直流指示仪表校验装置	电磁学	制定		河南省计量科学研究院		陈清平（河南省计量科学研究院）、宁亮（河南省计量科学研究院）、陈兵（河南省计量科学研究院）、赵铎、刘锐、董玉芹、邵国斌		2014-03-26	2014-05-26
86	JJG（豫）173—2014 超声波燃气表	声学	制定		河南省计量科学研究院	郑州引领科技有限公司	朱永宏（河南省计量科学研究院）、闫继伟（河南省计量科学研究院）、周文辉（河南省计量科学研究院）	王彤（河南省锅炉压力容器安全检测研究院）、李福海（郑州引领科技有限公司）、姚向峰（郑州引领科技有限公司）	2014-04-21	2014-06-21

续表

序号	地方计量检定规程、地方计量技术规范、地方标准编号及名称	计量专业	制定	修订	主要起草单位	参加起草单位	主要起草人	参加起草人	发布日期	实施日期
87	JJG（豫）174—2014 建筑外门窗气密、水密和抗风性能试验机	力学	制定		河南省计量科学研究院	郑州东辰科技有限公司	冯海盈（河南省计量科学研究院）、张中杰（河南省计量科学研究院）、尚廷东（郑州东辰科技有限公司）、刘全红（河南省计量科学研究院）	蒋玲玲（河南省公路工程监理咨询有限公司）、赵伟明（河南省计量科学研究院）、张晓峰（河南省计量科学研究院）、李淑香（河南省计量科学研究院）、站桂荣（开封大学）、葛笏良（河南省计量科学研究院）、张霞（河南省计量科学研究院）	2014-04-21	2014-06-21
88	JJF（豫）175—2014 燃油加油机油气回收装置	力学	制定		郑州市质量技术监督检验检测中心	中国石油化工股份有限公司河南石油分公司、河南省恒源石油有限公司	邵晓明（郑州市质量技术监督检验检测中心）、王岩（郑州市质量技术监督检验检测中心）	杜予斌（中国石油化工股份有限公司河南石油分公司）、高峰（河南省恒源石油有限公司）	2014-05-19	2014-07-20
89	JJF（豫）176—2014 环刀	长度	制定		河南省计量科学研究院	河南省公路虎程监理咨询有限公司、河南中宇交通科技发展有限责任公司	贾晓杰（河南省计量科学研究院）、蒋玲玲（河南省公路虎程监理咨询有限公司）、王平安（河南中宇交通科技发展有限责任公司）、林芳芳（河南省计量科学研究院）、刘权（河南省计量科学研究院）、罗天右（河南中宇交通科技发展有限责任公司）、陈嫒嫒（河南省计量科学研究院）		2014-08-20	2014-10-20
90	JJF（豫）177—2014 混凝土塌落度仪	长度	制定		河南省计量科学研究院	河南省公路工程监理咨询有限公司、河南中宇交通科技发展有限责任公司、郑州市电子信息工程学校	范乃胤（河南省计量科学研究院）、蒋玲玲（河南省公路工程监理咨询有限公司）、王平安（河南中宇交通科技发展有限责任公司）、李锦华（河南省计量科学研究院）、李静（郑州市电子信息工程学校）、李博（河南省计量科学研究院）、李记辉（河南省计量科学研究院）		2014-08-20	2014-10-20

续表

序号	地方计量检定规程、地方计量技术规范、地方标准编号及名称	计量专业	制定	修订	主要起草单位	参加起草单位	主要起草人	参加起草人	发布日期	实施日期
91	JJG（豫）178—2014 煤矿用高低浓度甲烷传感器	化学	制定		中国平煤神马能源化工集团质量技术监督中心	中国平煤神马集团安全仪器检定站	戴杰（中国平煤神马能源化工集团质量技术监督中心）、徐洁（中国平煤神马集团安全仪器检定站）、宝常青（中国平煤神马能源化工集团质量技术监督中心）	王耀宇（中国平煤神马能源化工集团质量技术监督中心）、刘杰（中国平煤神马集团安全仪器检定站）	2014-09-10	2014-11-10
92	JJG（豫）160—2014 道路交通违法行为监测系统 代替 JJG（豫）160—2011	时间频率		修订	郑州市质量技术监督检验检测中心	南阳市质量技术监督检验检测中心	安志军（郑州市质量技术监督检验检测中心）	张现峰（郑州市质量技术监督检验检测中心）、张保建（郑州市质量技术监督检验检测中心）、王林波（南阳市质量技术监督检验检测中心）、张向宏（郑州市质量技术监督检验检测中心）	2014-11-11	2014-12-11
93	JJG（豫）179—2014 低密度量程及高密度量程浮计式密度计	化学	制定		河南省计量科学研究院		朱茜（河南省计量科学研究院）、李博（河南省计量科学研究院）、郭胜（河南省计量科学研究院）、孔小平（河南省计量科学研究院）、丁峰元（河南省计量科学研究院）	王东丽（河南省计量科学研究院）、张霞（河南省计量科学研究院）	2014-12-11	2015-01-10
94	JJF（豫）180—2014 比色法食品安全快速检测仪	化学	制定		河南省计量科学研究院	安阳市质量技术监督检验检测中心	陆进宇（河南省计量科学研究院）、朱茜（河南省计量科学研究院）、尚岚（河南省计量科学研究院）、丁峰元（河南省计量科学研究院）、李博（河南省计量科学研究院）	刘晓洁（安阳市质量技术监督检验检测中心）、冯帅博（河南省计量科学研究院）	2014-12-11	2015-01-10
95	JJG（豫）181—2014 时钟校验仪	时间频率	制定		河南省计量科学研究院		张燕（河南省计量科学研究院）、崔广新（河南省计量科学研究院）	赵熙（河南省计量科学研究院）、刘宾武（河南省计量科学研究院）、高远（河南省计量科学研究院）	2014-12-11	2015-01-10
96	JJG（豫）182—2014 车辆外廓尺寸测量仪	长度	制定		河南省计量科学研究院	郑州金象机动车检测服务有限公司、郑州师范学院、郑州蓝天集团	张奇峰（河南省计量科学研究院）、秦国君（河南省计量科学研究院）、周强（河南省计量科学研究院）、叶献锋（河南省计量科学研究院）	王庆安（郑州金象机动车检测服务有限公司）、孙艳敏（郑州师范学院）、李永利（郑州蓝天集团）	2014-12-11	2015-01-10

第十二节　计量技术机构能力水平持续发展创新提升

中共河南省委、河南省人民政府高度重视计量工作，1994年河南省技监局升格为正厅级，1999年质量技术监督系统实行垂直管理。1995年以来，河南省技监局、河南省质监局强化计量技术机构的基础设施建设，扩大检测实验室面积，改变检测环境条件；大幅增加计量标准，拓宽测量范围，提高准确度等级；加强计量检定人员队伍建设，涌现出众多高级计量技术人才；取得大批创新型计量科研成果；创新实用的计量著作和计量科技论文大量出现；多次多专业的计量标准能力验证获得满意结果；保障了国家计量单位制的统一和量值的准确可靠。河南省计量技术机构的基本条件和技术能力的持续发展创新提升，是有效服务于经济建设和社会发展的重要技术基础，是实施计量监督管理的重要技术支撑。

一、强化计量技术机构基础设施建设

（一）河南省计量院基础设施建设

1995年以来，在国家技监局、国家质监局、国家质检总局、河南省人民政府、河南省技监局、河南省质监局的大力支持下，河南省计量院新建了国家农业工程测试技术中心、试验发展基地、综合检测基地，扩大了计量检测项目，提升了计量检测能力，为中原崛起、中原经济区建设、郑州航空港区建设，提高产品质量和社会经济效益，做出了重要贡献。

1. 国家农业工程测试技术中心建设

河南省技监局1996年3月28日向国家技术监督局报送了《关于建立〈国家农业工程测试研究中心〉的报告》（豫技字〔1996〕12号），申请在河南建立《国家农业工程测试研究中心》，立足中部五省地区，面向全国，赶超世界先进技术，指导全国农业工程测试研究工作。是年3月，河南省技监局局长戴式祖带领省局计量处处长张景信，省局基建领导小组成员、省局办公室主任徐向东，省局基建领导小组成员、省计量所所长程新选，省局基建领导小组成员、省计量所副所长孙玉玺到北京向国家技监局局长李传卿汇报申请建立《国家农业工程测试技术中心》的工作，司长陆志方在场。李传卿同意发文批复。戴式祖对徐向东、程新选说："拿不到国家技术监督局的批文，你们两个就不要回郑州。"徐向东、程新选在北京15天，继续汇报、催办该项工作，于4月11日获得了批文。

国家技监局1996年4月11日印发《对关于建立"国家农业工程测试研究中心的报告"的批复》（技监局综发〔1996〕99号），同意河南省技术监督局积极筹建"国家农业工程测试技术中心"。建议将该项目列入河南省的有关计划。项目经费拟由地方投资为主，多渠道筹集解决。河南省技监局1996年5月至1997年2月分别向河南省科委、河南省计委报送了《关于建立国家农业工程测试技术中心的报告》。

河南省计委1997年4月22日印发《关于国家农业工程测试技术中心项目的批复》（豫计投资〔1997〕370号），同意河南省技监局在本局院内建设国家农业工程测试中心；建筑面积6600平方米；总投资695万元，资金主要由河南省技监局自筹解决，省给予适当补助。该批复由河南省计委主任杨显明签发，省计委投资处处长朱连昌、科技处处长杨峰大力支持并具体承办。

河南省计划委员会于1997年11月7日至2004年7月30日先后4次发文，给河南省技监局国家农业工程测试技术中心项目省统筹投资拨款50万元、410万元、300万元、600万元，共计1360万元。2003年，国家质检总局向国家农业工程测试技术中心拨了基础性技术装备费500万元。国家质检总局副局长刘平均非常支持国家农业工程测试技术中心的建设工作。河南省质监局局长刘景礼，省质监局基建办公室主任孙玉玺、副主任张景义，省质监局计划处处长程智韬，河南省计量院院长程新选、副院长葛伟三等，为国家农业工程测试技术中心的建设做出了重要贡献。2000年9月12日，河南省质监局举行国家农业工程测试技术中心奠基仪式，河南省人民政府副秘书长曹国营等参加了奠基仪式（见图 5-12-1）。

图 5-12-1
2000 年国家农业工程测试技术中心开工奠基
曹国营（左三）

河南省质监局于 2006 年 10 月 19 日向郑州市规划局报送了《关于国家农业工程测试技术中心扩建工程的请示》（豫质监计发〔2006〕416 号），国家农业工程测试技术中心建成后交河南省计量院使用，产权归河南省计量院所有。2005 年经河南省发改委批复，其中国家农业工程测试技术中心建设规模由 5000 平方米增至 7770 平方米，扩增面积为 2770 平方米。

国家农业工程测试技术中心（河南省计量院新恒温实验楼）2004 年通过主体工程验收，2006 年 11 月 8 日竣工，建筑面积 7763 平方米，其中恒温面积 5830 平方米，地上 7 层地下 1 层。温度、湿度、振动、噪声等达到国内省级法定计量检定机构实验室领先水平，部分实验室温度可控制在 20℃ ±（0.1~0.5）℃，防震要求最高的实验室的地坪的垂直振幅不超过 0.05μm。2006 年 11 月 8 日，安装在郑州市花园路 21 号院河南省计量院恒温实验楼中的省级最高社会公用计量标准和次级计量标准搬迁安装至新建成的国家农业工程测试技术中心大楼，即河南省计量院新恒温实验楼。是年 12 月，河南省计量院的郑州市花园路 21 号院中的恒温实验楼拆除。

1995 年以来，为了适应河南省经济社会发展对计量检定测试工作的需要，河南省计量所、河南省计量院筹措资金建成了气体流量实验室、水流量实验室、恒温机房和会议室。

河南省计量院花园路 21 号院占地面积 29730 平方米，建筑面积 18163 平方米。其中，实验室面积 15563 平方米，含综合实验楼 4200 平方米（7 层）、国家农业工程测试技术中心（河南省计量科学研究院新恒温实验楼）7763 平方米（地上 7 层、地下 1 层）、水流量实验室 1330 平方米、气体流量实验室 640 平方米、恒温机房 1630 平方米；办公室面积 1256 平方米；仪器收发、会议室、仓库等 1344 平方米。实验室恒温面积 5830 平方米、控温面积 6433 平方米、控温接地面积 800 平方米、恒温接地面积 1856 平方米、制冷机主机房面积 700 平方米、恒温控制室面积 200 平方米、中央空调送风机房面积 600 平方米。国家农业工程测试技术中心（河南省计量院新恒温实验楼）的建成并投入使用，为河南省计量院计量检定测试能力、科学研究水平的发展和提升，更好地为河南省国民经济建设、中原经济区发展、中原崛起起到计量技术支撑作用，奠定了坚实的计量检测科研基础设施和技术条件，具有重大意义。河南省计量院花园路 21 号院综合实验楼和新建恒温实验楼如图 5-12-2 所示。

2. 河南省计量院试验发展基地建设

河南省计量院于 2007 年 12 月 29 日举行了建院五十周年庆典暨试验发展基地建设启动仪式。国家质检总局计量司副司长刘新民、河南省科技厅副厅长李孟顺、河南省质监局局长高德领致辞。河南省质监局领导等 200 多人参加。河南省计量院院长刘伟讲了话；院党委书记王洪江主持启动仪式（见图 5-12-3）。

河南省质监局 2008 年 9 月 24 日向河南省发展和改革委员会报送了《关于河南省计量科学研究院发展基地建设工程立项的请示》（豫质监计发〔2008〕389 号）。河南省发改委于 2008 年 10 月 14 日印发《关于河南省计量科学研究院试验发展基地基本建设项目建议书的批复》（豫发改高技〔2008〕1459号）：原则上同意河南省计量科学研究院建设试验发展基地项目。项目主要建设内容为建设办公科研区、测试试验区、条件保障区等。

图 5-12-2　2006 年河南省计量科学研究院

图 5-12-3　2007 年河南省计量科学研究院 50 周年庆典
刘新民（左五）、李孟顺（左三）、高德领（左四）

河南省计量院实验发展基地《国有土地使用证》核准：土地坐落在310省道北、桥北新区经十二路西，使用面积38650.69平方米，含道路公摊及退让共45275.36平方米。为河南省计量院建设占地面积大、接地面积大的计量检定测试项目提供了占地的基本条件。街道门牌号为河南省新乡市平原新区秦岭路1号。

2008年4月29日，河南省科研机构生产试验基地暨首批入驻单位奠基仪式在河南省计量院试验发展基地举行。中共河南省委副书记陈全国、省人大常委会副主任李柏拴、省政府副省长徐济超、省政协副主席龚立群、省科技厅副厅长李孟顺、省质监局副局长肖继业和新乡市政府有关负责人等100多人参加了奠基仪式。陈全国宣布奠定仪式开始，徐济超致辞。河南省计量院院长刘伟代表首批入驻的河南省科研机构发言（见图5-12-4）。

图 5-12-4
2008 年河南省科研机构生产试验基地和河南省计量院发展试验基地奠基仪式　河南省委副书记陈全国（左四）、省人大副主任李柏拴（左五）

2007年以来，河南省计量院先后建成了计量工程中心、长度测量、大质量检定、标准物质中心、医学检测中心、3米法电波暗室等计量检测实验室，并开展了计量检测工作。河南省计量院试验发展基地已经建成了科研办公楼14355.03平方米、标准物质中心839.03平方米、医学中心2064.60平方米、3米法电波暗室794.50平方米、二栋专家公寓7670.32平方米，共计25723.48平方米。河南省计量院试验发展基地建设进一步发展和提升了计量检测能力和科研水平，为河南省国民经济发展和中原经济区建设做出了更大的贡献。河南省计量院试验发展基地如图5-12-5所示。

图 5-12-5
2011 年河南省计量科学研究院试验发展基地

3. 国家质检中心郑州综合检测基地建设

河南省政府省长办公会议纪要(〔2011〕65 号)要求河南省发展改革委、河南省质监局、郑东新区等有关部门抓紧办理有关手续，确保国家质检中心郑州综合检测基地项目于 9 月中旬开工奠基。2011 年 11 月 15 日，河南省发展改革委印发《关于国家质检中心郑州综合检测基地建设项目可行性研究报告的批复》：同意河南省质监局建设国家质检中心郑州综合检测基地；项目建设地点位于郑州市郑东新区博学路东、白佛南路北。

2012 年 5 月 10 日，国家质检总局局长支树平等部、省级领导出席开工奠基仪式，项目建设进入实施阶段(见图 5-12-6)。

图 5-12-6
2012 年国家质检中心郑州综合检测基地开工奠基仪式
国家质检总局局长支树平（左六）

国家质检中心郑州综合检测基地位于郑州市郑东新区博学路与白佛南路交叉口东北角，占地 68666.670 平方米，建筑面积 10 万平方米，计划投资 5.5 亿元。2014 年 12 月 11 日，累计完成建筑面积 83224.46 平方米，占总建筑面积 88.4%；累计完成投资 30006.76 万元，占总投资的 57.4%。

2016 年 3 月 31 日，中共河南省质监局党组任命王晓伟任河南省计量科学研究院院长、院党委副书记(豫质监党组字〔2016〕15 号)。

2016 年 11 月，河南省质监局副局长傅新立到河南省计量院(郑东新区)检查指导工作，并在新竣工的河南省质监局办公楼(郑东新区博学路与白佛南路交叉口东北角，地下 1 层，地上 15 层，见图 5-12-7)前和河南省计量院院长兼院党委副书记王晓伟、院党委书记兼副院长陈传岭，副院长杨明镜、马长征，总工程师王广俊、副院长陆进宇合影(见图 5-12-8)。

2016 年 11 月 30 日，河南省计量院已建成：综合实验楼(E1 楼)16000 平方米，地上 9 层，地下 1 层；恒温实验楼(E3 楼)10000 平方米土建以及内外装饰工程，地上 9 层，地下 1 层；会议室、餐厅服务楼 3000 平方米。2016 年 12 月 1 日，河南省计量院的业务服务大厅等部分行政管理办公室和力学所、电能所部分检定检测项目已开始搬迁至国家质检中心郑州综合检测基地河南省计量院实验楼，并先后开展了检定检测工作。河南省计量院综合实验楼（E1 楼）、恒温实验楼（E3 楼）的建成并先后投入使用，进一步发展和提升了计量检测能力及计量科研水平，对河南省国民经济建设、科学技术进步和社会全面发展及中原经济区建设定能做出更大的贡献（见图 5–12–9）。

图 5–12–7
2016 年河南省质量技术监督局新竣工的办公楼

图 5–12–8
2016 年河南省质监局副局长傅新立（左四）和河南省计量院院长王晓伟（左五）、院党委书记陈传岭（左三）、副院长杨明镜（左六）、副院长马长征（左二）、院总工程师王广俊（左一）、副院长陆进宇（左七）在新竣工的河南省质量技术监督局办公楼前合影

图 5–12–9
2016 年河南省计量科学研究院总部

2016 年 12 月 16 日，河南省人民政府副省长徐济超带领省政府办公厅、省科技厅、省知识产权局领导视察了河南省计量院业务服务大厅、电能计量实验室。河南省计量院院长王晓伟汇报了工作，副省长徐济超给与了充分肯定，提出了殷切希望。

（二）各省辖市计量基础设施建设

河南省质量技术监督系统垂直管理以来，各省辖市计量所、质检所合并为市质量技术监督检验测试中心，由原来的科级升格为副处级（其中，郑州市质量技术监督检验测试中心为正处级），强化了基础设施建设。到 2014 年，大多数省辖市检测中心都建成了新的检测大楼，计量检测实验室增多了，面积扩大了，改变了原来的计量检测环境，为社会更好的计量服务，提供了最基本的计量基础设施。这是各省辖市计量基础设施建设大发展时期。

（三）各省直管县（市）、各县（市）计量基础设施建设

河南省质量技术监督系统垂直管理以来，各省直管县（市）、各县（市）计量所、质检所合并为县（市）质量技术监督检验测试中心，由原来的股级升格为副科级，强化了基础设施建设。到 2014 年，各县（市）检测中心都建成了新的检测大楼，计量检测实验室增加了，面积扩大了，改变了多年存在的计量检测实验室面积小、环境条件差、极不适应计量检测的实际需要和技术要求的状况，为当地更好的计量服务，提供了最基本的计量基础设施。这是全省各县（市）计量基础建设大发展时期。

（四）各级计量授权站和企业事业单位计量机构计量基础设施建设

1995—2014 年，全省各级计量授权站和各企业事业单位计量机构的计量基础建设也都有了长足的发展，更有效地为经济建设和提高产品质量提供计量服务。

二、计量标准的增加和创新提升

建立计量基准标准、实施量值传递、保障计量单位制统一和量值准确可靠是计量工作的技术根基，其有三个发展阶段：一是古代计量阶段。以古代度量衡实物基准为标志的计量时期。二是近代计量阶段。1875 年，国际《米制公约》的签订，标志着计量突破以古代度量衡为主的古代计量进入近代计量阶段。三是现代计量阶段。1960 年，第十一届国际计量大会通过并建立的国际单位制，标志着计量从以经典物理理论为基础的宏观实物基准进入以量子物理和基本物理常数为基础的微观自然基准的现代计量阶段。

河南省省级社会公用计量标准的建立，从以传统度量衡为主的古代计量阶段，经过短暂的近代计量阶段，快速跨入现代计量阶段，计量标准持续增加和创新提升，为计量事业的持续发展提升奠定了坚实的技术根基。

（一）计量标准的监督管理

1. 加强计量标准考核和监督管理

建立和提升计量基准标准，使计量基准标准建立在基本物理常数的稳固基础上，建立量子计量基准标准，是现代计量的重要标志，是计量工作的重要基础。1995 年以来，国家技监局、国家质监局、国家质检总局、河南省人民政府、河南省技监局、河南省质监局根据河南省经济建设和科技发展的实际需要加大了对建立省、市（地）、县（市）社会公用计量标准的投入，增加和创新提升了大量的社会公用计量标准。河南省质监局积极组织量值传递，保障计量单位制的统一和量值的准确可靠，适应和逐步满足经济社会发展的需要，为振兴河南，维护社会经济秩序，做出了重要贡献。部门和企业、事业单位的最高计量标准也有了显著的增加和提升，进行量值传递，对提高产品质量，维护行业经济秩序，起到了重要作用。在新建和创新提升计量标准的进程中，河南省技监局、河南省质监局依据国家技监局、国家质监局、国家质检总局的有关要求，实行计量标准考评员制度，不断加强、完善和提升计量标准考核、管理的质量和有效性，增强计量标准服务社会的能力，确保计量标准量值传递的准确可靠。

1995 年，根据《计量标准考核办法》和《计量标准考核程序》的规定，对 123 个单位的计量标准进行标准考核和复查。其中，完成新建计量标准考核 68 项，计量标准复查 418 项。全省对市、地、县级法定计量检定机构的近 1000 名检定人员进行了培训考核。是年，河南省计量测试研究所抓住机遇、发展壮大计量事业所需技术手段。围绕建立河南省能源计量检测中心和河南省医疗仪器检测服务中心新上项目，向国家技术监督局、省科委和省技术监督局多次请示、汇报，取得了支持。安排新上了电能三相标准 PS43 等 20 个项目，已完成包括省局下达的建立毫瓦级超声功率计、气相色谱检定装置、互感器检定装置、抗电磁干扰等 15 个项目。河南省计量所获得国家技监局颁发的“声级计检定装置计量标准考核合格证书”，标志着河南省已经建立了十大类省级社会公用计量标准，并对全省开展量值传递。

1996年，河南省技监局共受理计量标准考核、复查项目320项。其中新建计量标准83项，复查计量标准247项。省、市（地）、县三级共新建社会公用计量标准47项。是年，河南省计量所建成了50m钢卷尺检定装置、几何尺寸法流量测量节流标准装置、温场检测装置和X光机检定仪标准装置。新上技改项目安排了32个项目。1t天平技术改造后，计量性能达到合同要求的精度，天平分度值为1.6g，比原来提高一级，性能稳定，顺利通过验收并投入使用；EE1-100杠杆二等标准测力机的技术改造项目已完成，并投放了使用；长度室的经纬仪、水准仪的改造项目已完成并通过验收；气相色谱仪已完成国家的建标考核。是年，河南省计量所完成了计量认证29个站，参加地市组评审10个站。完成计量标准考核328项，其中新建86项。完成生产条件考核51个企业。完成样机试验101个企业219个规格。完成计量器具抽查75个企业201台（件）。完成121个省重点管理计量器具制造企业的年审工作。完成了对部分计量器具的仲裁检定。

1997年新建和改造计量标准项目，是河南省计量所历史上数量最多，投入经费最多的一年。针对迎接国家技术监督局考评的自查整改要求，共完成59个新上和技改项目，下达经费179.59万元。完成了省局下达的4项建标任务：计价器检定装置、超声探伤仪检定装置、低温检定装置和电导仪和液相色谱仪检定装置。为迎接国家技术监督局考评新上和技改项目共5批，主要有万能量具检定装置、光学仪器检定装置、二次仪表检定装置、5MN三等测力计、布氏、洛氏、表面洛氏、维氏硬度块、分光光度计检定装置、黏度计检定装置、5MN万能试验机、高稳晶振、声级计、机动车检测线计量标准装置、锅炉房、机房及其设备改造等。

国家技监局计量司于1997年8月在大连市召开了全国计量标准考核工作研讨会。各省、自治区、直辖市技术监督局和国家局直属法定计量检定机构共26个单位42名主管计量标准考核工作的管理干部出席了会议。计量司东征司长、赵彤副司长到会，并分别在开幕、闭幕式上做了“计量标准考核工作在法制计量中的地位和如何进一步加强及规范计量标准考核工作以适应市场经济发展的需要”的讲话。河南省技术监督局在这次会议上作了“强化技术机构管理”的交流，得到了与会代表的认可。

1998年，河南省技监局制发了《计量标准考核（复查）工作要求》。是年，河南省计量所投资138.712万元，新上和技术改造了27个项目。其中较大的项目有：检定医用CT机省级社会公用计量标准装置、机动车检测线项目、省级社会公用质量计量标准、供电设施增容项目、出租汽车计价器检定装置、剂量计项目、热电偶自动检定装置、恒温制冷系统氨压机更新改造项目。液相色谱仪计量标准检定装置、电导仪计量标准检定装置、低频电压计量标准检定装置已经建成，并开展了工作，取得了效益。

河南省技监局于1999年11月同意省计量所F2级大砝码标准装置降为次级标准，溯源至省计量所建立的二等砝码标准装置、高频信号发生器检定装置停止量传。

1999年，河南省技监局印发了修订的《河南省计量标准考核工作程序》《河南省计量认证工作程序》和《河南省计量器具新产品样机试验工作程序》。是年，河南省计量所共完成30个新上和技改项目，投入经费293万元。新建省级社会公用计量标准：机动车底盘测功机计量标准检定装置、浊度计计量标准检定装置、标准黄金、铂金含量测试仪计量标准检定装置等已通过考核取证，并开展检测工作；购置电子天平4台；完成了热电偶自动检测装置技术、示波器技术改造项目；新建了电磁兼容、双频激光干涉仪、紫外分光光度计省级社会公用计量标准项目；对恒温机房的一台氨压机进行了大修和全面维修，保证了恒温制冷需要；对大测力室技术改造了恒温通风系统，保证了实验室恒温要求；对实验室增加安装了电话分机，方便了实验室的检测工作；对南实验楼的环境条件进行了技术改造等。是年，河南省计量所完成了计量认证26个单位；计量标准考核225项，其中新建149项，复查106项；生产条件考核46个单位；完成样机试验89个单位329个品种；计量器具产品质量监督抽查3个产品21个厂家63台（件）；计量器具产品质量委托检验2个产品6个企业36台（件）；仲裁检定3个产品5个企业18台（件）。是年，全省技术监督部门加大了设备的投入，计量技术机构建设有了较大发展。全年共受理计量标准考核285项，完成222项，其中新建计量标准102项。对10

个法定计量机构进行抽查考核，其中国家法定计量技术机构 7 家，授权计量技术机构 3 家，制定地方计量检定规程 12 项。

2000 年，河南省计量所积极筹措资金，新建和技术改造省级社会公用计量标准项目 40 项，共投入资金 138.6 万元；购买了检测用汽车两部，投入资金 40 多万元。对实验楼环境条件进行了技术改造，共投入资金 80 多万元。电增容技术改造投入资金 50 多万元。新建和技术改造的主要计量标准项目是：①新建完善电磁兼容项目，对有关机电产品做电磁兼容试验。②新建冲击碰撞性能试验项目，对有关机电产品进行性能试验。③技术改造差压式流量计检定装置。④技术改造一等测力传感器标准装置。⑤电增容技术改造工作，基本满足了检测、办公和生活的需要。⑥低频信号发生器检定装置。⑦耐压测试仪检定装置。⑧应变仪检定装置计量标准。⑨还完成了其他新建和技术改造计量标准项目。取得了显著的社会效益和经济效益。是年，省计量所完成各市、县、企业建立的计量标准考核 323 项，其中新建计量标准 121 项，复查 202 项。完成计量器具新产品样机试验 126 个厂家 208 个产品。完成计量认证 21 个单位。完成计量器具生产厂家的生产条件考试 22 个单位。完成水表、衡器生产厂家 53 个企业的 159 台（件）计量器具全省统检任务。完成委托执法检验 3 个产品 27 个企业 138 台（件）的检验任务。完成外单位计量检定人员的培训考核 208 人次共 42 项次。

2001 年，河南省计量所新建省级社会公用计量标准项目、省级社会公用计量标准技术改造项目 34 项，共投入资金 343.657 万元。对实验楼电能室、性能室环境条件进行了技术改造，主要新建和技术改造的计量标准项目是：①新建 0.01 级三相电能计量标准装置。②技术改造水表、煤气表、衡器定型鉴定计量标准装置。③一等测力传感器检定装置技术改造、新建 150kg 电子天平、定量包装检测计量标准。④技术改造数字电压表检定装置。⑤技术改造互感器检定装置。⑥技术改造气相色谱仪检定装置。⑦技术改造原子吸收分光光度计。⑧新建税控装置检定装置。⑨技术改造钟罩式气体流量标准装置。⑩油流量计量标准技术改造。是年，河南省计量所完成了各市、县、企业建立的计量标准考核 411 项，其中新建计量标准 159 项，复查 252 项，完成计量器具新产品样机试验 222 个厂家 542 个产品。完成计量认证 25 个单位。完成外单位计量检定人员的培训考核 200 人次。完成全国水表抽查 40 个厂家。是年，河南省质监局全年受理标准考核共计 520 项，其中新建立计量标准 47 项，标准到期复查 473 项。对全省法定计量检定机构考评员和计量标准考评员进行了摸底、报告、筛选和输入微机等工作，完成了本系统人员 JJF 1033—2001《计量标准考核规范》和 JJF 1069—2000《法定计量检定机构考核规范》的宣贯工作。

河南省质监局计量处于 2006 年 12 月发文，同意封存河南省计量科学研究院膨胀法真空标准装置和补偿式微压（真空）计标准装置两项社会公用计量标准。

国家质检总局 2008 年 9 月确定了第一批简化考核的计量标准项目，包含检定游标量具标准器组、检定测微量具标准器组、检定指示量具标准器组、衡器检定装置、液态物料定量灌装机检定装置、常用玻璃量器检定装置、加油机容量检定装置、售油器检定装置、血压计（表）检定装置、可燃气体检测报警器检定装置共 10 种中的计量标准，其计量标准的重复性试验和稳定性考核以及检定或校准结果的测量不确定度评定等 3 项内容可以根据计量标准的特点简化考评。

2008 年，河南省质监局为综合配置全省的计量资源，减少重复建设，完善计量标准体系，对全省三级计量技术机构建设社会公用计量标准进行统一规划、统一部署，制发了《河南省计量标准考核质量检查表》，严格计量标准考核。全年省局受理计量标准考核申请 310 项，其中省计量院建立的全省最高计量标准 6 项，市、县级检测中心计量标准 142 项，企业最高计量标准 162 项。进一步规范全省计量标准的考核和管理工作，提高计量标准考核工作质量。

2008 年 12 月 31 日，河南省共有国家计量标准二级考评员 254 人；河南省质监局颁发给各省辖市和各省直管县（市）、各省辖市颁发给各县（市）依法设置的法定计量检定机构的社会公用计量标准证书累计 1382 项；河南省质监局、各省辖市质监局、各县（市）质监局授权的计量技术机构开展专项检定的计量标准累计 265 项；河南省质监局、各省辖市质监局、各县（市）质监局主持考核的部门、企事业单位最高计量标准累计 1918 项（见表 5–12–1）。

表 5-12-1 2008 年度河南省质量技术监督部门计量标准考核管理情况统计表

序号	地区	颁发的社会公用计量标准证书数（项）		主持考核的社会公用计量标准数（项）					授权开展专项检定的计量标准数（项）				主持考核的部门、企事业单位最高计量标准数（项）				受理计量标准考核（复查）项目数（项）		计量标准二级考评员人数（人）			
		依法设置法定机构	其他授权单位	在用	新增	封存	撤销	改造	在用	新增	封存	撤销	在用	新增	封存	撤销	新建	复查	现有	新增	复查	注销
1	郑州	71	0	133	6	1	0	3	29	0	0	0	259	0	0	0	0	35	14	0	0	0
2	开封	70	5	36	2	3	0	2	11	0	0	0	51	0	30	3	5	6	4	3	7	0
3	洛阳	123	22	50	0	0	2	0	12	10	0	0	223	19	0	10	3	17	10	0	0	0
4	平顶山	74	0	74	0	0	0	0	15	0	0	0	35	0	0	0	0	21	7	2	0	0
5	安阳	119	0	84	6	0	0	0	14	9	0	0	21	0	0	0	15	20	7	0	0	0
6	鹤壁	74	0	75	0	0	0	0	5	0	0	0	18	0	0	0	78	0	1	0	0	0
7	新乡	108	11	65	13	4	0	0	11	8	0	0	122	5	0	0	0	54	3	1	0	0
8	焦作	96	11	79	0	0	0	0	11	0	0	0	120	0	0	0	20	0	4	0	0	0
9	濮阳	67	0	21	5	0	0	0	29	5	0	0	8	1	0	2	10	6	1	1	1	0
10	许昌	87	3	90	0	0	0	0	3	0	0	0	26	2	0	0	2	0	5	0	0	0
11	漯河	0	53	10	0	0	0	0	10	0	0	0	9	0	0	0	0	7	1	0	0	0
12	三门峡	66	0	44	0	0	0	0	8	0	0	0	40	0	0	0	0	6	3	6	0	0
13	商丘	72	0	46	2	2	2	0	11	11	0	0	3	3	0	0	0	4	7	7	0	0
14	周口	88	12	88	0	0	0	0	12	0	0	0	10	1	0	0	1	18	6	2	0	0
15	驻马店	83	2	55	4	0	0	0	3	2	0	0	28	0	0	0	4	16	5	0	0	0
16	南阳	12	8	116	0	0	0	0	32	13	0	0	84	10	0	0	16	26	1	6	1	0
17	信阳	9	1	53	0	0	0	0	2	0	0	0	37	0	0	0	6	0	0	0	0	0
18	济源	27	0	0	0	0	0	0	11	0	0	0	62	0	0	0	0	12	7	2	0	0
19	省局	136	4	862	8	4	0	0	36	0	0	0	762	3	0	0	82	116	168	46	169	0
合计		1382	132	1981	46	14	4	5	265	58	0	0	1918	44	30	15	242	364	254	76	178	0

河南省质监局2010年加强社会公用计量标准管理，对行政许可的要求、行政许可的受理和考核、计量标准考核时间的规定、计量检定人员、计量标准复查以及加强计量标准建标业务知识的学习和提高法制意识6个方面提出了要求。

为了规范和加强对计量标准管理工作，河南省质监局2011年要求各省辖市局和省直管县局按照计量标准考核管理工作监督检查方案提出的指导思想、工作目标、组织形式、时间安排、检查方法和计量标准考核工作监督检查记录表的内容和要求，结合本地的计量标准管理工作实际进行自查，并认真填报"最高计量标准建立情况汇总表"和"次级计量标准建立情况汇总表"。2010年，河南省质监局安排对计量标准、检定机构进行监督检查，转发《关于加强社会公用计量标准管理的通知》；2001年，启用"河南省质量技术监督局计量检定员核准专用章"；2010年11月，印发《关于进一步规范我省计量标准建标工作的通知》。以上文件的发布实施，对于规范计量标准行政许可等方面起到了积极的促进作用。2009年在培训考核合格的基础上，确定了260位河南省国家计量标准二级考评员名单及聘用专业项目，其中有140名同志为原河南省国家计量标准二级考评员重新聘用专业项目的人员，有14名同志为取得国家计量标准一级考评员资格确认扩展河南省计量标准考核项目的人员，有120名同志为新聘用的河南省国家计量标准二级考评员。这次计量标准考核管理工作监督检查达到了预期目的，取得了显著成绩。

河南省质监局于2013年5月31日豫质监标发〔2013〕187号文，同意成立河南省计量器具标准化技术委员会，编号为HN/TC6。河南省计量器具标准化技术委员会主任：宋崇民；副主任：王忠勇、马永武、任红军；秘书长：陈传岭；副秘书长：汪献忠、李淑香、张中杰；委员：李维庆等27人；共35人。2013年11月15日召开了《河南省计量器具标准化技术委员会》成立大会暨第一次工作会议（见图5-12-10）。参加会议的有河南省质监局副局长冯长宇、标准化处处长孙银辉、计量处处长苏君，河南省计量院院党委书记兼副院长陈传岭、省计量院总工程师王广俊、标准化处主任科员张新景等50多人。河南省计量器具标准化技术委员会（HN/TC6）制定了2014年工作计划，共有11项，其中有制定电能质量分析仪、超声波式燃气表、斜块式测微仪检定器、垂直度检测尺校准装置和内外直角尺、楔形塞尺校准装置共5项地方标准，审定河南省能源计量标杆示范企业创建评审准则、卫星定位汽车行驶记录仪通用验收技术标准和滑行时间检测仪共3项地方标准。组织参加全国计量器具标准化技术委员会等标准化组织的活动。以优质的工作质量服务于企业，做好地方标准的归口、咨询、标准宣贯等工作。制定了《河南省计量器具标准化技术委员会章程》，共三十六条。

图5-12-10
2013年河南省计量器具标准化技术委员会成立大会
冯长宇（第一排左五）、苏君（第一排左四）、孙银辉（第一排左六）、陈传岭（第一排左七）、王广俊（第一排左三）

河南省质监局针对目前全省新建计量标准考核和计量标准复查考核中存在的问题，2014年3月发文，要求各建标单位对本单位的计量标准认真开展自查，并将《建标单位计量标准自查报告》报河南省质监局。河南省质监局计量处2014年9月25日在全省范围内召开视频会议，会议共设置1个主会场，28个分会场，参加会议的有各省辖市、省直管县、县局计量科（股）全体人员，各级法定计量检定机构、计量授权机构及大型企业主管计量工作的领导和计量标准管理人员，共计600余人，宣传贯彻 JJF 1022—2014《计量标准命名与分类编码》。

2014 年 12 月 31 日，河南省共建立计量标准 6137 项。其中，依法设置计量检定机构的社会公用计量标准 2263 项，依法授权计量技术机构的社会公用计量标准 1354 项，依法授权其他单位开展专项检定工作计量标准 785 项，建立在部门、企业事业单位的最高计量标准 1735 项；型式批准证书累计 1741 张；见表 5-12-2。

2. 实施计量标准考评员制度　提高计量标准考核质量

1995 年 8 月，河南省技监局增聘刘沛、马睿松、刘全红、崔广新、朱茜、李宝如、孙晓全、朱卫民为河南省二级计量标准考评员；同意陈传岭增加应用超声源主考项目。

河南省计量所程新选获得了 2002 年 1 月国家质检总局颁发的国家计量标准一级考评员证书。此后，河南省有多人获得了国家质检总局颁发的国家计量标准一级考评员证书。

河南省质监局 2002 年 11 月 22 日印发豫质监量发〔2002〕394 号文，决定聘用任方平等 68 位同志为河南省第一批国家计量标准二级考评员（含姓名、工作单位、注册考评项目）。各级质量技术监督局安排计量标准考核必须坚持专家考核制度，聘用的考评员应在确定的专业范围项目内承担计量标准考核任务。考评员应按照《计量标准考核规范》的规定进行考核，考评员在考核时应主动出示考评员证件。

国家计量标准二级考评员名单：任方平、黄玉珠、张卫东、赵立传、贾晓杰、邹晓华、张晓明、石艳玲、李淑香、王广俊、孙毅、刘全红、张卫华、何开宇、杨明镜、周秉时、马睿松、王卓、周富拉、赵军、刘沛、刘文芳、苗红卫、杜建国、朱卫民、陈清平、崔广新、杜书利、孔庆彦、李绍堂、安生、张辉生、崔耀华、孙晓全、王全德、朱永宏、王颖华、朱茜、孔小平、马长征、铁大同、王书升、张中杰、朱阿醒、王玉胜、李占红、魏东、乔爱国、薛德顺、王支英、崔喜才、李保良、路彦庆、陈怀军、戚露霞、苗润苏、司天明、刘荣立、张茂友、文景灿、王丽、刘怀保、张进宇、黄玲、张卫东、柯存荣、刘志国、宗晓荣。

为促进电能计量标准考核工作的推行，河南省质监局 2005 年 3 月聘用秦楠等 45 人为河南省国家计量标准二级考评员。

河南省质监局 2005 年 6 月成立了河南省计量标准、计量技术机构和计量检定人员考核委员会，肖继业任考核委员会主任委员；王有全、苗瑜、王建辉、刘伟、陈传岭任副主任委员。

河南省质监局 2006 年 10 月聘用李拥军、韩冠华、柯存荣、路彦庆、李有福、王自和等 93 人为河南省国家计量标准二级考评员。

河南省质监局 2007 年 5 月聘用陈传岭等 48 人为河南省国家计量标准二级考评员。

2008 年 12 月 31 日，河南省共有国家计量标准二级考评员 254 人。

河南省质监局 2009 年 2 月发文，要求在职公务员不得作为计量标准考评员执行考评任务。是年，河南省质监局对已注册的国家计量标准二级考评员组织参加了 JJF 1033—2008《计量标准考核规范》培训，并为经考试合格的 251 名考评员办理了确认手续。

河南省质监局 2010 年 12 月依据国家质检总局《计量检定 / 校准人员考试专业项目分类表（试行）》意见，通过资格审查和专业确认，确定了陈传岭、杨明镜、马长征、王广俊、王卓、尚岚、黄玉珠、刘全红、张中杰、李淑香、张华伟等 260 位河南省国家计量标准二级考评员名单及聘用专业项目，承担注册考评项目的计量标准考核任务；其中有 14 人是国家计量标准一级考评员。

2013 年 8 月 13 日，河南省质监局印发《河南省质量技术监督局关于公布聘用 2013 年度河南省国家计量标准二级考评员的通知》（豫质监量发〔2013〕296 号），公布了聘用 2013 年度河南省国家计量标准二级考评员的名单。根据《计量标准考核办法》（国家质检总局令第 72 号）和《计量标准考评员管理规定》（质技监局量函〔1999〕300 号）及《关于加强计量标准考评员管理的通知》（质技监量函〔2000〕028 号）等文件要求，按照国家质检总局计量司的统一部署，河南省质监局对全省已取得国家计量标准二级考评员资格的人员和新申报国家计量标准二级考评员的人员进行了 JJF 1033—2008《计量标准考核规范》的培训和资格审查，对申报人员提交的专业项目注册材料进行审核，参照

表 5-12-2　2014 年河南省计量法制管理情况统计表

	累计计量标准				累计计量器具新产品	计量器具监督检查				抽查定量包装商品净含量	
						法制性的计量监督检查		计量器具性能的监督检查			
	建立在依法设置的计量检定机构的社会公用计量标准（项）	依法授权的社会公用计量标准（项）	依法授权其他单位开展专项检定工作的计量标准（项）	建立在部门、企事业单位的最高计量标准（项）	型式批准证书（张）	检查计量器具台（件）	合格计量器具台（件）	抽查计量器具台（件）	合格计量器具台（件）	抽查批次	合格批次
河南省总计	2263	1354	785	1735	1741	87703	62693	16441	15883	473	445
省合计	216	1005	131	868	1741			379	379	473	445
省辖市合计	1402	73	543	724		13781	13511	1090	1057		
县（市）合计	645	276	111	143		73922	49182	14972	14447		

申报人员已经取得的计量检定资格，结合申报人员所在单位建立计量标准的情况，依据国家质检总局《计量检定 / 校准人员考试专业项目分类表（试行）》，确定了 327 人河南省国家计量标准二级考评员名单及聘用专业项目，其中陈传岭等 238 人为原河南省国家计量标准二级考评员重新确认的聘用人员，朱卫民等 17 人为原河南省国家计量标准二级考评员新增专业项目的聘用人员，俞建德等 72 人为河南省国家计量标准二级考评员的新聘用人员。已调离原聘任专业项目技术岗位的考评员，保留其考评员资格，暂不聘任使用。凡已取得计量标准考评员资格，期限已满未经再次确认的人员，其计量标准考评员资格自动注销。计量标准考核实施考评员负责制。从事计量标准考核必须由被聘用为河南省国家计量标准二级考评员资格的人员，持主持考核的政府计量行政部门下达的计量标准考核委托函，承担指定计量专业项目的计量标准考核任务。2013 年河南省国家计量标准二级考评员共 327 人。

第一部分：2013 年度河南省国家计量标准二级考评员（重新聘用及新增专业项目人员）共 255 人，其工作单位、姓名及注册考评项目（在括号内）如下：

第一，河南省计量科学研究院 54 人：陈传岭（失真度）、杨明镜（直流电阻及仪器等）、马长征（辐射剂量等）、王广俊（力值等）、王卓（直流电阻及仪器等）、马睿松（电能等）、尚岚（色谱等）、苗红卫（直流电阻及仪器等）、杜正峰（电能等）、张华伟（转速等）、黄玉珠（量块等）、贾晓杰（量块等）、邹晓华（眼科仪器等）、张卫东（水准仪检定装置等）、张晓明（温度计等）、孙晓全（压力等）、石艳玲（温度计等）、戴翔（温度二次仪表等）、李振杰（温度计等）、孙毅（质量等）、何开宇（质量等）、王朝阳（质量等）、陈玉斌（质量等）、刘全红（力值等）、张中杰（力值等）、李淑香（力值等）、刘沛（电能等）、周富拉（电能等）、姜鹏飞（电能等）、周秉时（互感器等）、陈清平（电压等）、朱小明（电位差计等）、杜建国（脉冲等）、崔广新（时间频率等）、朱卫民（脉冲等）、崔耀华（液体流量等）、王全德（流量等）、张志清（小容量）、胡博（流量等）、石永祥（容量等）、隋敏（机动车性能检测）、朱永宏（气体流量等）、闫继伟（气体流量等）、樊玮（气体流量等）、朱茜（光谱分析等）、孔小平（色谱等）、许建军（色谱等）、孟洁（色谱等）、贾会（光谱分析等）、孙晓萍（光谱分析等）、王书升（自动衡器等）、张奇峰（自动衡器等）、黄成伟（辐射剂量等）、丁力（辐射剂量）。第二，安阳市质量技术监督检验测试中心 14 人：陈怀军（温度计等）、侯永胜（非自动衡器等）、李拥军（量块等）、吕军（量块等）、邵宏（电能表等）、陈红兵（天平等）、高庆斌（压力等）、李许可（非自动衡器）、任时朝（试验机等）、宋好琦（电能表等）、郑相哲（出租汽车计价器）、孙健（医用诊断 X 射线辐射源等）、孟德良（燃油加油机）、郭云德（试验机等）。第三，安阳市计量协会 1 人：路彦庆（光谱分析等）。第四，洛阳市质量技术监督检验测试中心 9 人：乔爱国（量块等）、崔喜才（水准仪等）、李保良（天平等）、张涛（气相色谱等）、张福祥（试验机等）、王凌（电能表等）、柴玉民（试验机等）、赵瑞丽（直流电桥）、高淑娟（万能量具）。第五，中国一拖集团有限公司 3 人：张田峰（光学仪器）、崔洛红（光学高温计）、孙玉莲（齿轮量仪）。第六，南车洛阳机车有限公司 1 人：张丽（温度二次仪表等）。第七，中国铝业洛阳铜业有限公司 1 人：马荣雅（温度二次仪表）。第八，周口市质量技术监督检验测试中心 4 人：何永祥（玻璃量器等）、陈振洲（电测仪表等）、张歌红（温度二次仪表等）、钱磊（压力等）。第九，驻马店市质量技术监督检验测试中心 6 人：李双明（电能表）、李志峰（燃油加油机）、叶继勇（非自动衡器）、赵东松（天平等）、李萍（热电偶等）、杨晓东（医用超声源）。第十，驻马店市华中正大有限公司 1 人：边增强（一般压力表等）。第十一，许昌市质量技术监督检验测试中心 6 人：刘荣立（万能量具等）、左新建（天平等）、张雪峰（电能表等）、孙敏（量块等）、吕爱民（压力等）、常姝云（天平等）。第十二，许昌继电器集团有限公司 1 人：史会平（万能量具）。第十三，濮阳市质量技术监督检验测试中心 2 人：姜润洲（燃油加油机等）、车贵甫（医用诊断 X 射线辐射源等）。第十四，中国石油化工股份有限公司中原油田分公司技术监测中心 2 人：温亚丽（压力）、杨建（压力）。第十五，济源市质量技术监督检验测试中心 4 人：李明生（万能量具等）、任佩玲（燃油加油机等）、张亚平（眼科仪器等）、李明利（压力等）。第十六，济源市计量协会 2 人：李有福（量块等）、李占红（电测仪表）。第十七，济源市钢铁有限公司 1 人：刘红梅（温度二次仪表）。第十八，三门峡市质量技术监督检验测试中心 5 人：谢世海（燃油加油机等）、毛海涛（医用诊断 X 射线辐射源等）、张益（医用诊断 X 射线辐射源等）、张继辉（天平等）、赵宏礴（非自动衡器）。第十九，三门峡市计量协会 1 人：魏淑霞（万能量具等）。第二十，中金黄金股份有限公司河南中原黄金冶炼厂 1 人：白永健（热电阻等）。第二十一，漯河市质量技术监督检验测试中心 2 人：刘沛（压力等）、高峰（电能表等）。第二十二，南阳市质量技术监督检验测试中心 5 人：李伟（试验机等）、周奇（热电阻等）、陶炜（酸度计等）、柏长春（直流电桥等）、吕振刚（量块等）。第二十三，南阳市计量测试学会 2 人：朱阿醒（电能表等）、于军（压力等）。第二十四，平顶山市质量技术监督检验测试中心 6 人：王三伟（气体测报仪等）、秦志阳（量块等）、文景灿（非自动衡器等）、樊俊显（压力等）、邢瑜建（电能表等）、闫国旗（量块等）。第二十五，平顶山燃气有限责任公司 2 人：丁巧（燃气表等）、李惠艳（燃气表等）。第二十六，郑州市质量技术监督检验测试中心 14 人：徐成（万能量具等）、黄玲（量块等）、柯存荣（电能表等）、闫库（压力等）、张现峰（出租汽车计价器）、张昕燕（血压计 / 表等）、张卫东（量块等）、王志远（热电阻等）、刘志国（非自动衡器）、宗晓荣（温度二次仪表等）、朱江（时间间隔测量仪等）、朱琳（非自动衡器）、刘宏伟（心脑电图仪等）、王岩（燃油加油机）。第二十七，登封市质量技术监督检验测试中心 1 人：宋文娟（气体测报仪）。第二十八，商丘市质量技术监督检验测试中心 6 人：张茂友（电能表等）、刘武成（一般压力表等）、孟秀梅（电能表）、万磊（血压计 / 表等）、王红卫（燃油加油机）、李凯（天平等）。第二十九，新乡市质量技术监督检验测试中心 4 人：倪巍（心脑电图仪等）、苗润苏（电能表等）、高嘉乐（压力等）、柴金柱（量块等）。第三十，焦作市质量技术监督检验测试中心 3 人：郭丙松（温度二次仪表等）、周彩霞（电测仪表等）、李君凌（万能量具等）。第三十一，焦作市计量测试学会 1 人：王玉胜（万能量具）。第三十二，开封市质量技术监督检验测试中心 6 人：于兆虎（酸度计等）、李晓燕（温度二次仪表）、魏东（直流电阻及仪器等）、赵青华（燃油加油机）、李明（非自动衡器）、王蕴莹（天平）。第三十三，河南省电力公司 1 人：秦楠（电能）。第三十四，河南省电力公司计量中心 10 人：陈卓娅（电能等）、肖建平（电能等）、高利明（电能等）、刘忠（电能）、郭洪（电能）、赵玉富（互感器）、丁涛（互感器）、谷晓冉（互感器）、徐二强（电能表）、侯慧娟（电能表）。第三十五，郑州供电公司电能计量中心 3 人：胡春兰（电能表等）、龚彤梅（电能表）、肖年生（电能表）。第三十六，平顶山供电公司电能计量中心 3 人：乔璇（电能表）、刘松（电能表）、刘红姝（电能表）。第三十七，三门峡供电公司电能计量中心 1 人：侯景全（电能表）。第三十八，信阳供电公司电能计量中心 2 人：荣树强（电能表）、蔡军（电能表）。第三十九，漯河供电公司电能计量中心 3 人：姚艳霞（电能表）、孙艳（电能表）、刘艳（电能表）。第四十，洛阳供电公司电能计量中心 1 人：杨林（电能表）。第四十一，周口供电公司电能计量中心 1 人：张艳（电能表）。第四十二，濮阳供电公司电能计量中心 2 人：王盼星（电能表）、王金凤（电能表）。第四十三，焦作供电公司电能计量中心 2 人：郁晶（电能表）、薛永红（电能表）。第四十四，驻马店市供电公司电能计量中心 2 人：刘锐（电能表）、周伟（电能表）。第四十五，南阳供电公司电能计量中心 1 人：万群俊（电能表）。第四十六，国家水大流量计量站 3 人：王自和（流量）、苗豫生（流量）、吴静（流量）。第四十七，平顶山煤业集团安全仪器计量站 3 人：冷恕（气体测报仪等）、陈侠（气体测报仪等）、徐洁（气体测报仪等）。第四十八，义马煤业集团公司安全仪表计量站 1 人：孙建学（气体测报仪）。第四十九，鹤壁煤业集团公司安全仪表计量站 1 人：李彩霞（气体测报仪）。第五十，河南二纺机股份有限公司 1 人：缪山林（万能量具等）。第五十一，河南省纺织计量站 2 人：刘晓丹（纺织强力机等）、张文霞（纺织强力机等）。第五十二，信息工程大学测绘学院测绘仪器检修中心 2 人：付子傲（经纬仪等）、薛英（经纬仪等）。第五十三，河南省测绘计量器具检定中心 1 人：潘东超（经纬仪等）。第五十四，河南省石油计量站 5 人：袁玉宝（石油流量计）、仵卫国（测深钢卷尺）、王卫东（石油温度计）、冯太明（石油流量计）、王拥军（石油密度计）。第五十五，郑州自来水投资控股有限公司 1 人：史维安（水表等）。第五十六，开封市自来水公司水表检定测试站 1 人：赵惠敏（水表）。第五十七，中国空空导弹研究院计量测试中心 8 人：赵自文（信号发生器）、杜亮（脉冲）、蒋庆红（时间频率）、王长明（直流电位差计等）、王忠伟（温度计等）、曹利波（线纹等）、马培凤（质量）、王慧颖（数字仪表等）。第五十八，洛阳黎明化工研究院

1人：李远航（气相色谱）。第五十九，中钢集团洛阳耐火材料研究院有限公司1人：冯贺（温度二次仪表）。第六十，郑州铁路局质量技术监督所4人：李莎（铁路轨距尺等）、夏巍华（铁路轨距尺等）、杨团营（压力等）、王玉庆（天平等）。第六十一，郑州豫燃检测有限公司2人：胡绪美（气体流量计等）、邓立三（气体流量计等）。第六十二，中国铝业河南分公司3人：周志坚（衡器等）、李霖（天平等）、周改文（电测仪表等）。第六十三，河南省计量测试学会12人：程新选（力值等）、陈海涛（电测仪表等）、苗瑜（电能等）、任方平（量块等）、牛淑之（量仪）、陈桂兰（量块等）、杜书利（压力等）、王颖华（酸度等）、李绍堂（容量等）、张向新（压力等）、尹祥云（铁路轨距尺等）、王敢峰（力值等）。

第二部分：2013年度河南省国家计量标准二级考评员名单（新聘用人员）73人，其工作单位、姓名及注册考评项目（在括号内）如下：

第一，河南省计量科学研究院23人：俞建德（超声等）、李锦华（万能量具）、刘权（量块等）、孙钦密（力值等）、付江红（力值等）、卜晓雪（质量等）、张勉（电能等）、贾红斌（直流电阻箱等）、陈兵（电测仪表）、宁亮（绝缘电阻表等）、张燕（脉冲参数等）、齐芳（电声等）、陈睿锋（气体流量等）、师恩洁（气体流量等）、张书伟（光谱分析等）、李博（气体分析等）、宋笑明（气体分析等）、丁峰元（光谱分析等）、龙成章（辐射剂量等）、郭美玉（辐射剂量等）、司延召（自动衡器）、秦国君（力值等）、叶献锋（时间频率等）。第二，郑州市质量技术监督检验测试中心7人：安志军（天平等）、李虎（压力）、任祥慧（出租汽车计价器）、孙璟（电测仪表等）、吴彦红（眼科仪器等）、张向宏（天平等）、郎云霞（天平等）。第三，洛阳市质量技术监督检验测试中心3人：丁二鹏（电位差计等）、尚峰（紫外可见分光光度计等）、周丽娟（天平等）。第四，中国石油天然气第一建设公司1人：李丽娟（万能量具等）。第五，南车洛阳机车有限公司1人：张明生（直流电位差计等）。第六，平顶山市质量技术监督检验测试中心2人：杨光（试验机等）、乔浩（酸度计等）。第七，河南中材环保有限公司1人：许玉巧（量块等）。第八，鹤壁市质量技术监督检验测试中心1人：付丽荣（压力等）。第九，新乡市质量技术监督检验测试中心2人：徐军涛（非自动衡器）、王华（砝码）。第十，焦作市质量技术监督检验测试中心2人：许雪芹（酸度计等）、李勇（电话计时计费器等）。第十一，濮阳市质量技术监督检验测试中心1人：霍磊（电能表等）。第十二，中国石化集团中原石油勘探局供水管理处2人：陈莉（水表）、陈荣红（电流互感器）。第十三，中原油田分公司技术监测中心2人：明红（温度计）、张丽萍（一般压力表）。第十四，许昌市质量技术监督检验测试中心1人：刘玉峰（水表等）。第十五，漯河市质量技术监督检验测试中心1人：党桢（温场）。第十六，三门峡市质量技术监督检验测试中心1人：吴冰（电能表等）。第十七，周口市质量技术监督检验测试中心1人：王海峰（非自动衡器）。第十八，南阳市质量技术监督检验测试中心3人：王有生（非自动衡器等）、陶晓（压力等）、王林波（燃油加油机）。第十九，南阳计量测试学会1人：顾少怀（水表）。第二十，驻马店市质量技术监督检验测试中心2人：李冬梅（天平）、龚勋（医用超声）。第二十一，信阳市质量技术监督检验测试中心4人：刘德讲（天平等）、李红旗（万能量具等）、赵新山（医用超声源等）、张莹莹（紫外可见分光光度计等）。第二十二，济源市质量技术监督检验测试中心1人：卢珺珺（常用玻璃量器等）。第二十三，河南省电力公司计量中心3人：赵铎（电能）、黄伟（电能）、侯惠娟（电能表）。第二十四，河南省电力公司新乡供电公司1人：田颖（电能表）。第二十五，河南省电力公司安阳供电公司3人：许敬（电能表）、刘桂玲（电能表）、刘爱丽（电能表）。第二十六，河南省电力公司漯河供电公司1人：刘雪荣（交流电量）。第二十七，河南省电力公司商丘供电公司1人：李光明（电能表）。

2014年12月31日，河南省国家计量标准一级考评员有12人，其姓名和主要考评专业如下：程新选：力值硬度；杜书利：压力等；崔耀华：液体流量等；朱永宏：气体流量等；王自和：流量（油、水、气）；王卓：直流电阻及仪器等；马睿松：电能等；陈传岭：失真度；杜建国：时间频率等；崔广新：时间频率等；朱卫民：声级计等；朱茜：光谱分析等。是年，河南省共有国家计量标准二级考评员307人，见表5-12-3。

表 5-12-3　2014 年河南省计量标准二级考评员统计表　　　　单位：人

地区	郑州	开封	洛阳	平顶山	安阳	新乡	焦作	濮阳	许昌	漯河	三门峡	鹤壁	商丘	周口	驻马店	南阳	信阳	济源	省局	合计
计量标准二级考评员人数（人）	22	4	18	11	15	6	6	9	8	3	8	1	6	5	9	10	4	8	154	307

（二）各级计量标准的增加和创新提升

1. 2004 年河南省计量院建立的省级社会公用计量标准

河南省计量院 2004 年建立使用保存的河南省省级社会公用计量标准项目主要有（共 160 项）：（1）二等量块标准装置；（2）三等量块标准装置；（3）正多面棱体标准装置；（4）平面平晶标准装置；（5）单刻线样板标准装置；（6）检定万能渐开线检查仪标准器组；（7）二等玻璃线纹尺标准装置；（8）二等金属线纹尺标准装置；（9）电动轮廓仪检定装置；（10）眼镜片顶焦度一级标准装置；（11）钢卷尺标准装置；（12）样板直尺检定装置；（13）检定坐标测量机标准器组；（14）一等铂铑$_{10}$- 铂热电偶标准装置；（15）一等水银温度计标准装置；（16）光（电）学高温计标准装置；（17）一等标准铂电阻温度计标准装置；（18）标准洛氏硬度块检定装置；（19）布氏硬度块检定装置；（20）表面洛氏硬度块检定装置；（21）转速标准装置；（22）0.01 级测力仪标准装置；（23）振动台检定装置；（24）克砝码工作基准装置；（25）一等克组砝码标准装置；（26）一等毫克组砝码标准装置；（27）一等公斤组砝码标准装置；（28）直流电位差计标准装置；（29）一等电池标准装置；（30）三相电能表标准装置；（31）电流互感器标准装置；（32）一等直流电阻标准装置；（33）单相工频相位表标准装置；34）直流高压高阻检定装置；（35）电压互感器检定装置；（36）直流高阻计标准装置；（37）交流电压、电流、功率表标准装置；（38）铯原子频率标准装置；（39）数字多用表检定装置；（40）示波器标准仪检定装置；（41）声级计检定装置；（42）低频电压标准装置；（43）毫瓦级超声功率计检定装置；（44）一等金属量器标准装置；（45）一等活塞式压力计标准装置；（46）一等补偿式微压计标准装置；（47）粉尘采样器检定装置；（48）一等酒精计标准装置；（49）一等密度计标准装置；（50）酸度计（pH）检定装置；（51）毛细管粘度计标准器组；（52）（单光束）紫外分光光度计检定装置；（53）旋光仪检定装置；（54）氧弹热量计检定装置；（55）原子吸收分光光度计检定装置；（56）荧光分光光度计检定装置；（57）火焰光度计标准检定装置；（58）气相色谱仪检定装置；（59）液相色谱仪检定装置；（60）电导（率）仪检定装置；（61）紫外分光光度计检定装置（双光束）；（62）浊度计检定装置；（63）滚筒反力式制动检验台检定装置；（64）轴（轮）重仪检定装置；（65）滑板式汽车侧滑检验台检定装置；（66）滚筒式车速表检验台检定装置；（67）汽车排放气体测试仪检定装置；（68）汽车前照灯检测仪检定装置；（69）滤纸式烟度计检定装置；（70）X、γ 射线照射量（治疗水平）标准装置；（71）γ 射线照射量（防护水平）标准装置；（72）水平仪检定装置；（73）检定光学仪器标准器组；（74）检定千分尺量棒标准器组；（75）合象水平仪检定装置；（76）检定测微量具标准器组；（77）检定游标量具标准器组；（78）检定指示量具标准器组；79）角度规检定装置；（80）平板检定装置；（81）表面粗糙度比较样块检定装置；（82）四等量块标准装置；（83）三等量块标准装置；（84）角度块标准装置；（85）电动比较仪检定装置；（86）线纹尺标准装置；（87）经纬仪水准仪检定装置；（88）二等铂铑$_{10}$- 铂热电偶标准装置；（89）二等水银温度计标准装置；（90）配热电阻用温度仪表检定装置；（91）配热电偶用温度仪表检定装置；（92）维氏硬度计检定装置；（93）二等测力机标准装置；（94）定量灌装机检定装置；（95）布氏硬度计检定装置；（96）表面洛氏硬度计检定装置；（97）洛氏硬度计检定装置；（98）材料试验机检定装置；（99）二等砝码标准装置；（100）定量秤检定装置；（101）三等大砝码检定装置；（102）动态计重系统检定装置；（103）交流电能表校验台检定装置；（104）电流互感器标准装置；（105）电压互感器标准装置；（106）直流电桥及电阻箱标准装置；（107）三相电能表标准装置（0.03 级）；（108）直流电阻器检定装置；（109）检流计检定装置；（110）交直流电压、电流、功率表标准装置；（111）耐电压测试仪检定装置；（112）二等电池标准装置；（113）接地电阻表检定装置；（114）绝缘电阻表检定装置；（115）直流电位差计标准装置；（116）二等直流电阻标准装置；（117）三相电能表标准装置（0.05 级）；（118）三相电能表检定装置标准器（组）；（119）三相电能表检定装置标准装置；（120）心脑电图机检定装置；（121）示波器检定装置；（122）医用激光源检定装置；（123）通用电子计数器检定装置；（124）心脑电图机检定仪检定装置；（125）失真度测量仪检定装置；（126）时间间隔发生器检定装置；（127）失真度仪检定装置；（128）超声探伤仪检定装置；（129）低频信号发生器检定装置；（130）直流标准电压发生器检定装置；（131）直流数字欧姆表检定装置；（132）三用表校验仪检定装置；（133）晶体管特征图示仪检定装置；（134）多用时间检定仪标准器；（135）医用超声源检定装置；（136）交换机计时计费系统检定装置；（137）二等量器标准装置；（138）玻璃量器检定装置；（139）计量罐检定装置；（140）水流量标准装置；（141）油流量标准装置；（142）汽车计量罐车检定装置；（143）加油机容量检定装置；（144）二等活塞式压力计标准装置；（145）差压（压力）变送器检定装置；（146）流量二次仪表检定装置；（147）二等电离真空计标准装置；（148）膨胀法低真空标准装置；（149）差压式流量计检定装置；（150）钟罩式气体流量标准装置检定装置；（151）钟罩式气体流量标准装置；（152）皂膜流量标准装置；（153）二等密度计标准器组；（154）二等酒精计标准器组；（155）可见分光光度计检定装置；（156）滤光光电比色计检定装置；（157）医用诊断计算机断层摄影装置；（158）（CT）X 射线辐射源检定装置；（159）出租汽车计价器标准装置检定装置；（160）出租汽车计价器检定装置。

以上 160 项中，长度 28 项、温度 8 项、力学 52 项、电磁学 30 项、无线电 9 项、时间频率 4 项、声学 3 项、光学 1 项、电离辐射 8 项、化学 17 项。总数比 1994 年河南省计量所建立使用保存的省级社会公用计量标准 120 项增加了 40 项，增长率 33.3%。

2. 2013 年各省辖市建立的社会公用计量标准

河南省质监局 2013 年对经计量授权考核合格的郑州市等 18 个省辖市检测中心建立的社会公用计量标准和开展的检定 / 校准 / 检验项目见表 5-12-4，2013 年各省辖市检测中心建立的社会公用计量标准见表 5-12-5。

表 5-12-4　2013 年各省辖市检测中心建立社会公用计量标准和开展检定 / 校准 / 检验项目统计表

项目名称	郑州市	开封市	洛阳市	平顶山市	安阳市	鹤壁市	新乡市	焦作市	濮阳市	许昌市	漯河市	三门峡市	商丘市	周口市	驻马店市	南阳市	信阳市	济源市	合计
计量标准（项）	83	50	70	40	62	27	71	47	33	50	42	30	37	20	45	48	32	31	818
检定项目（种）	148	100	159	57	126	44	114	89	46	83	66	40	65	36	61	80	52	53	1419
校准项目（种）	21	6	20	2	10		11	2	2	8	3	4	3		4	11	3		110
检验项目（种）	1	2	6	3	1	2	5	4	7	4	3	3	3	3	5	6	6	3	67

表 5-12-5　2013 年各省辖市检测中心建立社会公用计量标准统计表

序号	类别	计量标准项目	郑州市	开封市	洛阳市	平顶山市	安阳市	鹤壁市	新乡市	焦作市	濮阳市	许昌市	漯河市	三门峡市	商丘市	周口市	驻马店市	南阳市	信阳市	济源市	合计
1	长度	二等量块标准装置			市																1
2		三等量块标准装置	市	市	市	市	市	市	市	市		市	市					市			11
3		四等量块标准装置	市	市	市	市	市	市	2 市	市		市	市					市	市		13
4		钢卷尺检定装置	市																		1
5		平面平晶标准装置	市		市		市		市	市		市									6
6		平尺、平板检定装置	市				市		市	市		市						市			6
7		检定指示类量具标准器组	市	市	市	市	市	市	市			市	市	市	市			市	市	市	14
8		检定游标类量具标准器组	市	市	市	市	市	市	市	市		市	市	市	市			市	市	市	15
9		检定测微量具标准器组	市	市	市	市	市	市	市	市		市	市	市	市			市	市	市	15
10		检定光学仪器标准器组	市	市	市		市		市	市		市						市			8
11		角度规检定装置	市		市	市			市									市	市		6
12		水准仪检定装置	市		市	市			市									市	市		6
13		经纬仪检定装置	市		市	市			市			市						市	市		7
14		钢卷尺标准装置			市																1
15		样板直尺标准装置	市				市		市	市		市									5
16		水平仪校准装置	市		市	市	市		市	市		市		市			市	市	市		11
17		合象水平仪装置			市																1
18		直角尺检定装置							市												1
19		试验筛校准装置			市																1
合计			14	6	15	9	10	5	15	9		11	5	4	3		1	11	8	3	129

续表

序号	类别	计量标准项目	郑州市	开封市	洛阳市	平顶山市	安阳市	鹤壁市	新乡市	焦作市	濮阳市	许昌市	漯河市	三门峡市	商丘市	周口市	驻马店市	南阳市	信阳市	济源市	合计
1	温度	环境试验设备温度、湿度校准装置	市	市	市		市		市		市	市	市	市	市		市		市		12
2		隐丝式光学高温计检定装置	市																		1
3		二等水银温度计标准装置	市				市		市				市					市	市		6
4		二等铂铑$_{10}$-铂热电偶标准装置															市				1
5		二等铂电阻温度计标准装置	市		市		市										市	市			5
6		工作用热电偶检定装置	市				市		市									市			4
7		温度二次仪表检定装置	市						市	市											3
8		配热电偶用温度仪表检定装置		市			市								市	市		市	市		6
9		配热电阻用温度仪表检定装置		市			市									市		市	市		5
10		电热恒温设备校准装置																市			1
		合计	6	3	2		6		4	1	1	1	2	1	2	2	3	6	4		44
1	力学	钟罩式气体流量标准装置	市		市					市	市	市	市		市		市	市			9
2		浮标式氧气吸入器检定装置	市		市								市				市	市			5
3		水表检定装置	2市	市			市				市	市			市		市		市		9
4		热能表检定装置	2市	市	市		市	市			市			市	市					市	10

续表

序号	类别	计量标准项目	郑州市	开封市	洛阳市	平顶山市	安阳市	鹤壁市	新乡市	焦作市	濮阳市	许昌市	漯河市	三门峡市	商丘市	周口市	驻马店市	南阳市	信阳市	济源市	合计
5	力学	血压计（表）检定装置	市	市	市	市	市	市	市	市	市	市	市	市	市	市	市	市	市	市	18
6		精密数字压力表标准装置	市	市	市	市	市		市	市	市	市	市	市	市	市	市	市	市	市	17
7		数字压力计标准装置								市										市	2
8		二等活塞式压力计标准装置		市	市	市	市		市	市	市	市	市			市	市	市	市		13
9		二等活塞式压力真空计标准装置									市			市							2
10		检定压力变送器标准装置										市					市	市			3
11		E_2 等级克组砝码标准装置	市		市			市							市						4
12		专用 E_2 等级砝码装置															市				1
13		F_1 等级克组砝码标准装置		市		市	市	市	市	市			市		市		市		市		10
14		E_2 等级毫克组砝码标准装置	市	市			市									市		市			5
15		F_1 等级克（毫克）组砝码标准装置										市		市		市				市	4
16		F_1 等级公斤组砝码标准装置	市	市		市	市											市			5
17		F_1 等级砝码标准装置	市		市						市										3
18		F_2 等级公斤砝码标准装置	市				市	市	市	市	市	市	市	市			市		市		11

续表

序号	类别	计量标准项目	郑州市	开封市	洛阳市	平顶山市	安阳市	鹤壁市	新乡市	焦作市	濮阳市	许昌市	漯河市	三门峡市	商丘市	周口市	驻马店市	南阳市	信阳市	济源市	合计
19	力学	F_2 等级大砝码标准装置	市	2市	市		市		市	市					市	市				市	10
20		M_1 等级大砝码标准器组	市		市	市		市	市	市				市	市	市	市	市	市	市	13
21		二等金属量器标准装置		市																	1
22		玻璃量器检定装置	市	市	市	市	市	市	市	市	市	市	市		市		市	市		市	15
23		液态物料灌装机检定装置	市		市		市		市	市			市				市				7
24		加油机容量检定装置	市	市	市	市	市	市	市	市	市	市	市	市	市	市	市	市	市	市	18
25		流量二次仪表检定装置			市																1
26		音速喷嘴法气体流量标准装置			市					市		市									3
27		布氏硬度计检定装置	市		市		市		市	市											5
28		洛氏硬度计检定装置	市	市	市	市	市	市	市	市		市	市								10
29		维氏硬度计检定装置			市																1
30		邵氏硬度计检定装置	市																		1
31		扭矩扳子检定装置	市		市				市			市	市	市			市				7
32		测力仪标准装置	市																		1
33		水泥软链设备检定装置			市							市	市		市		市				5
34		材料试验机检定装置		市	市	市	市	市	市	市	市	市	市	市	市	市	市	市	市	市	17
35		振实台、搅拌机检定装置		市			市	市		市		市									5
36		回弹仪检定装置	市	市					市												3

续表

序号	类别	计量标准项目	郑州市	开封市	洛阳市	平顶山市	安阳市	鹤壁市	新乡市	焦作市	濮阳市	许昌市	漯河市	三门峡市	商丘市	周口市	驻马店市	南阳市	信阳市	济源市	合计
37	力学	出租汽车计价器检定装置	市	市	市	市	市		市	市	市	市	市	市	市		市	市	市	市	16
38		汽车侧滑检验台检定装置	市																		1
39		机动车检测专用轴（轮）重仪检定装置	市																		1
40		透射式烟度计检定装置	市																		1
41		衡器检定装置		市			市			市	市	市	市								6
42		重力式自动装料衡器检定装置		市					市												2
43		汽车排放气体测试仪标准装置	市																		1
44		滚筒反力式制动检验台检定装置	市																		1
45		汽车排气污染物检测用底盘测功机标准装置	市																		1
46		道路交通违法行为监测系统检定装置	市															市			2
47		车轮动平衡机校准装置	市						市				市	市			市				5
48		四轮定位仪校准装置	市						市				市	市			市				5
49		非金属建材塑限测定仪校准装置	市		市							市									3
50		压缩天然气加气机检定装置		市	市	市	市		市		市	市	市		市		市			市	11

续表

序号	类别	计量标准项目	郑州市	开封市	洛阳市	平顶山市	安阳市	鹤壁市	新乡市	焦作市	濮阳市	许昌市	漯河市	三门峡市	商丘市	周口市	驻马店市	南阳市	信阳市	济源市	合计
51	力学	抗折试验机检定装置			市																1
52		电子式万能试验机检定装置			市																1
53		煤气表检定装置					市		市												2
54		燃气表检定装置						市													1
55		氧弹式热量计检定装置						市													1
56		水流量标准装置							市												1
57		小负荷材料试验机检定装置							市												1
58		车速里程表标准装置							市			市			市	市		市		市	6
59		转速标准装置							市												1
60		热水流量标准装置								市											1
61		检定差压式流量计标准装置										市									1
62		电脑流量积算仪检定装置										市									1
63		击实仪检定装置										市									1
64		液压千斤顶检定装置										市	市								2
65		移液器检定装置											市				市				2
66		汽车油罐车检定装置											市			市			市		3
67		定量包装机检定装置															市				1
68		燃气表检定装置																	市		1
合计			35	21	26	12	21	13	25	20	15	25	22	13	16	11	23	15	12	13	338

续表

序号	类别	计量标准项目	郑州市	开封市	洛阳市	平顶山市	安阳市	鹤壁市	新乡市	焦作市	濮阳市	许昌市	漯河市	三门峡市	商丘市	周口市	驻马店市	南阳市	信阳市	济源市	合计
1	电磁学	交、直流电压、电流、功率表检定装置	市	市			市					市						市			5
2		直流电压、电流、功率表检定装置								市		市									2
3		直流电桥检定装置	市	市	市		市	市	市	市		市						市			9
4		直流电位差计标准装置	市	市	市		市	市	市	市								市			8
5		直流电阻箱检定装置	市	市	市		市	市	市												6
6		三相电能表标准装置	市	市	市	市	市	市	市	市	市	市	市	市	市	市	市	市	市	市	18
7		单相电能表标准装置	2 市	市	市	市	市		市	市	市	市	市		市		市	市	市	市	16
8		耐电压测试仪检定装置	市		市		市		市											市	5
9		绝缘电阻测量仪检定装置	市	市	市		市	市	市	市			市	市				市		市	11
10		接地电阻表检定装置	市						市									市			3
11		二等电池标准装置		市					市												2
12		交直流电压、电流表及万用表检定装置		市																	1
13		直流比较仪式电位差计标准装置			市																1
14		直流磁电系检流计检定装置			市																1
15		电流互感器标准装置			市	市			市											市	4
16		电压互感器检定装置				市			市											市	3
17		交直流电压、电流表、电功率、电阻表表检定装置						市													1

续表

序号	类别	计量标准项目	郑州市	开封市	洛阳市	平顶山市	安阳市	鹤壁市	新乡市	焦作市	濮阳市	许昌市	漯河市	三门峡市	商丘市	周口市	驻马店市	南阳市	信阳市	济源市	合计
18	电磁学	交直流电压、电流表检定装置												市							1
19		三用表校验仪标准装置													市					市	2
20		钳形表校准装置																市			1
合计			10	9	10	4	8	6	11	6	2	5	3	3	3	1	2	8	2	7	100
1	电离辐射	心脑电图机检定装置	市	市	市	市	市	市	市	市	市	市	市	市	市	市	市	市	市	市	18
2		心电监护仪检定装置															市				1
3		医用诊断 X 射线辐射源检定装置	市	市	市	市	市	市	市	市	市	市	市	市	市	市	市	市	市		17
4		医用超声源检定装置	市	市	市	市	市	市	市	市	市	市	市	市	市		市	市	市	市	17
5		医用激光源检定装置	市	市					市		市										4
6		医用注射泵 / 输液泵校准装置			市						市										2
合计			4	4	4	3	3	3	4	3	5	3	3	3	3	2	4	3	3	2	59
1	时间频率	电话计时计费装置检定装置	市	市	市	市	市		市	市	市	市	市	市	市	市	市	市			15
2		多用时间检定仪标准装置	市				市														2
3		IC 卡节水计时器检定装置	市																		1
4		秒表检定仪标准装置			市																1
合计			3	1	2	1	2		1	1	1	1	1	1	1	1	1	1			19
1	光学	瞳距仪检定装置	市				市														2
2		眼镜片顶焦度标准器组	市	市	市	市			市	市	市	市	市	市	市		市			市	13

续表

序号	类别	计量标准项目	郑州市	开封市	洛阳市	平顶山市	安阳市	鹤壁市	新乡市	焦作市	濮阳市	许昌市	漯河市	三门峡市	商丘市	周口市	驻马店市	南阳市	信阳市	济源市	合计
3	光学	验光镜片箱检定装置	市	市		市	市		市	市		市		市	市	市	市	市		市	13
4	光学	验光仪顶焦度标准装置	市	市	市	市	市		市	市	市			市	市		市				11
5	光学	机动车前照灯检测仪检定装置	市																		1
6	光学	激光功率标准装置		市																	1
合计			5	4	2	3	3		3	3	2	2	1	3	3	1	3	1		2	41
1	声学	超声探伤仪检定装置			市																1
2	声学	射线探伤机检定装置			市																1
合计					2																2
1	化学	紫外分光光度计检定装置	市	市	市	市	市		市	市	市	市	市	市	市	市	市	市	市	市	17
2	化学	可见分光光度计检定装置	市								市		市		市				市		5
3	化学	旋光仪检定装置	市				市										市				3
4	化学	酸度计检定装置	市	市	市	市	市		市	市	市	市	市	市	市	市	市	市	市		16
5	化学	可燃气体检测报警器检定装置	市		市	市	市		市		市		市		市		市	市		市	11
6	化学	一氧化碳检测报警器检定装置	市			市	市										市			市	5
7	化学	原子吸收分光光度计检定装置			市																1
8	化学	电导（率）仪检定装置			市																1
9	化学	液相色谱仪检定装置			市		市		市	市	市				市		市				7

续表

序号	类别	计量标准项目	郑州市	开封市	洛阳市	平顶山市	安阳市	鹤壁市	新乡市	焦作市	濮阳市	许昌市	漯河市	三门峡市	商丘市	周口市	驻马店市	南阳市	信阳市	济源市	合计
10	化学	气相色谱仪检定装置			市	市	市		市	市	市		市		市		市				9
11		矿用风速表检定装置				市															1
12		催化燃烧式甲烷测定器检定装置				市	市														2
13		光干涉式甲烷测定器检定装置				市															1
14		酶标分析仪检定装置					市		市								市				3
15		生化分析仪检定装置							市												1
16		阿贝折射仪装置							市												1
17		化学需氧量（COD）在线自动监测仪检定装置									市										1
18		硫化氢气体检测仪检定装置																		市	1
合计			6	2	7	8	9		8	4	7	2	5	2	6	2	8	3	3	4	86
各省辖市建标总计			83	50	70	40	62	27	71	47	33	50	42	30	37	20	45	48	32	31	818

注：表中“市”是指建立使用保存该项计量标准的是该市法定计量检定机构且量值传递的行政区域为本省辖市。

3.6 个省直管县（市）建立的社会公用计量标准

有关省辖市质监局 2013 年对经计量授权考核合格的汝州市等 6 个省直管县（市）检测中心建立的社会公用计量标准和开展的检定 / 校准 / 检验项目见表 5–12–6，2013 年 6 个省直管县（市）检测中心建立的社会公用计量标准见表 5–12–7。

表 5–12–6　2013 年 6 个省直管县（市）检测中心建立计量标准和开展检定 / 校准 / 检验项目统计表

统计名称	巩义市	兰考县	汝州市	滑县	邓州市	永城市	合计
计量标准（项）	29	10	10	9	10	9	77
检定项目（种）	48	19	15	14	15	16	127
校准项目（种）	2	1	1				4
检验项目（种）	5	3		2		3	13
计量标准 77 项			检定 / 校准 / 检验项目 127 种				

表 5–12–7　2013 年 6 个省直管县（市）检测中心建立社会公用计量标准统计表

序号	类别	计量标准项目	巩义市	兰考县	汝州市	滑县	邓州市	永城市	合计
1	长度	检定指示类量具标准器组	市						1
2		检定游标类量具标准器组	市						1
3		检定测微量具标准器组	市						1
4		二等玻璃线纹尺标准装置	市						1
合计			4						4
1	温度	温度二次仪表检定装置	市						1
2		环境实验设备温湿度校准装置	市	县	市		市		4
合计			2	1	1		1		5
1	力学	F_1 等级克组砝码标准装置		县		县		市	3
2		F_2 等级公斤组砝码标准装置			市	县	市	市	4
3		F_1 等级克（毫克）组砝码标准装置	市						1
4		E_2 等级克（毫克）组砝码标准器组			市		市		2
5		F_2 等级大砝码标准装置	市						1
6		M_1 等级砝码检定装置	市						1
7		衡器检定装置		县	市	县	市	市	5
8		精密压力表检定装置	市	县	市	县	市	市	6
9		加油机容量检定装置	市	县	市	县	市	市	6
10		血压计（表）检定装置	市	县	市	县	市		5
11		材料试验机检定装置	市						1
12		玻璃量器检定装置	市						1
13		燃气表检定装置	市						1
14		回弹仪检定装置	市						1
合计			10	5	6	6	6	5	38
1	电磁学	电流互感器标准装置	市						1
2		三用表检定装置	市						1
3		三相电能表检定装置		县	市	县	市		4

续表

序号	类别	计量标准项目	巩义市	兰考县	汝州市	滑县	邓州市	永城市	合计
4	电磁学	直流电桥检定装置	市						1
5		火花试验机检定装置	市						1
6		耐电压测试仪检定装置	市						1
合计			5	1	1	1	1		9
1	化学	光干涉式甲烷测定器检定装置	市					市	2
2		催化燃烧式甲烷测定器检定装置	市					市	2
3		可见光分光光度计检定装置	市						1
4		可燃气体报警器检定装置	市	县					2
5		一氧化碳检测报警器检定装置	市						1
合计			5	1				2	8
1	电离辐射	医用超声源检定装置	市	县	市	县	市	市	6
2		心脑电图机检定装置	市	县	市		市	市	5
3		医用诊断 X 辐射源检定装置	市			县			2
电离辐射项目合计			3	2	2	2	2	2	13
计量标准总计			29	10	10	9	10	9	77

说明：表中“市”是指建立使用保存该项计量标准的是该市法定计量检定机构且量值传递的行政区域为本省直管市；表中“县”是指建立使用保存该项计量标准的是该县法定计量检定机构且量值传递的行政区域为本县。

4. 2013 年 11 个省级计量授权站建立的计量标准

2013 年经河南省质监局计量授权考核合格的 11 个省级计量授权站建立的计量标准和开展的检定 / 校准项目见表 5-12-8，2013 年 11 个省级计量授权站建立的计量标准见表 5-12-9。

表 5-12-8　2013 年省级计量授权站建立计量标准和开展检定 / 校准项目统计表

项目名称	河南省纺织计量站	河南省纤维计量站	河南省石油计量站	河南省粮食计量检定站	郑州铁路局质量技术监督所	中国铝业河南分公司计控信息中心	河南省测绘计量器具检定中心	义马煤业（集团）有限责任公司安全仪表计量站	中国平煤神马集团安全仪器检定站	平顶山热力集团有限公司计量中心	鹤壁煤业（集团）有限责任公司安全仪器计量站	合计
计量标准（项）	10	4	8	2	67	6	3	4	5	1	4	114
检定项目（种）	1	3	4	2	33	10	6	5	6	2	5	77
校准项目（种）	23	5										28

表 5-12-9　2013 年省级计量授权站建立计量标准统计表

序号	省级计量授权站名称	计量标准名称	计量标准（项）
1	河南省纺织计量站	织物密度镜校准装置、纤维切断器校准装置、织物厚度仪校准装置、摩擦汗渍色牢度仪校准装置、纤维强力机校准装置、熨烫耐洗色牢度机校准装置、检定纺织测长仪标准器组、纺织品湿度仪检定装置、八篮烘箱检定装置、强力机校准装置	10
2	河南省纤维计量站	纤维强力机校准装置、检定纤维长度仪标准器组、原棉水分测定仪检定装置、回潮率测定仪检定装置	4

续表

序号	省级计量授权站名称	计量标准名称	计量标准（项）
3	河南省石油计量站	钢卷尺检定装置、二等水银温度计标准装置、二等油流量标准装置（5个测量范围）、二等石油密度计标准装置	8
4	河南省粮食计量检定站	容重器检定装置、谷物水分仪标准装置	2
5	郑州铁路局质量技术监督所	轨距尺检定装置（13个装置）、M_1等级大砝码标准器组、绝缘电阻测量仪检定装置、精密压力表标准装置（15个装置）、数字压力计标准装置、绝缘电阻测量仪检定装置（15个装置）、接地电阻表检定装置（4个装置）、三相电能表标准装置（5个装置）、单相电能表检定装置、水表检定装置（10个装置）、兆欧表检定装置	67
6	中国铝业河南分公司计控信息中心	精密压力表标准装置、可见分光光度计检定装置、E_2等级公斤（克、毫克）砝码标准装置、F_1等级克（毫克）组砝码标准装置、M_1等级大砝码标准器组、三相电能表标准装置	6
7	河南省测绘计量器具检定中心	经纬仪检定装置、水准仪检定装置、光电测距仪、全站仪检定装置	3
8	义马煤业（集团）有限责任公司安全仪表计量站	光干涉式甲烷测定器检定装置、催化燃烧式甲烷测定器检定装置、矿用风速表检定装置、一氧化碳检测报警仪检定装置	4
9	中国平煤神马集团安全仪器检定站	催化燃烧式甲烷测定器检定装置、光干涉甲烷测定器检定装置、粉尘采样器检定装置、矿用风速表检定装置、一氧化碳检测报警仪检定装置	5
10	平顶山热力集团有限公司计量中心	静态称量法（标准表法）蒸汽流量标准装置	1
11	鹤壁煤业（集团）有限责任公司安全仪器计量站	矿用风速表检定装置、光干涉式甲烷测定器检定装置、催化燃烧式甲烷测定器检定装置、一氧化碳检测报警器检定装置	4
省级计量站11个		计量标准114个	

5. 2014年河南省计量院建立的社会公用计量标准

2014年12月31日，河南省计量院建立省级最高社会公用计量标准和开展检定/校准/检验/检测项目见表5-12-10，建立次级社会公用计量标准和开展检定/校准/检验/检测项目见表5-12-11。

表5-12-10 2014年河南省计量院建立省级最高社会公用计量标准和开展检定/校准/检验/检测项目统计表

统计名称	长度	温度	力学	电磁	无线电	时间频率	电离辐射	光学	声学	化学	总计
计量标准（项）	14	3	30	11			4	5	3	32	102
检定项目（种）	21	5	68	18			13	9	10	51	195
校准项目（种）	3		3							2	8
检验项目（种）											
检测项目（种）											
省级最高社会公用计量标准102项				检定/校准项目203种							

表 5-12-11 2014 年河南省计量院建立次级社会公用计量标准和开展检定 / 校准 / 检验 / 检测项目统计表

统计名称	长度	温度	力学	电磁	无线电	时间频率	电离辐射	光学	声学	化学	总计
计量标准（项）	19	7	46	27	7	4	1	1	2	2	116
检定项目（种）	73	16	116	47	12	24	5		2	3	298
校准项目（种）	5	1	7	2				1			16
检验项目（种）	2		4								6
检测项目（种）				1							1
次级社会公用计量标准 116 项				检定 / 校准 / 检验 / 检测项目 321 种							

2014 年 12 月 31 日，河南省计量科学研究院建立使用保存的河南省省级社会公用计量标准（1986—2014）共 10 大类 218 项、检定 / 校准 / 检验项目 524 种，其中，省级最高社会公用计量标准 102 项、检定 / 校准项目 203 种，次级社会公用计量标准 116 项、检定 / 校准 / 检验项目 321 种。其中，长度计量标准 33 项、检定 / 校准 / 检验项目 104 种；温度计量标准 10 项、检定 / 校准项目 22 种；力学计量标准 76 项、检定 / 校准 / 检验项目 198 种；电磁计量标准 38 项、检定 / 校准 / 检验项目 68 种；无线电计量标准 7 项、检定项目 12 种；时间频率计量标准 4 项、检定项目 24 种；声学计量标准 5 项、检定项目 12 种；光学计量标准 6 项、检定 / 校准项目 10 种；电离辐射计量标准 5 项、检定项目 18 种；化学计量标准 34 项、检定 / 校准项目 56 种（见表 5-12-12~ 表 5-12-29）。2014 年 12 月 31 日，河南省计量院建立使用保存的省级社会公用计量标准比 2004 年河南省计量院建立使用保存的省级社会公用计量标准 160 项增加了 58 项，增长率 36.2%，比 1994 年河南省计量所建立使用保存的省级社会公用计量标准 120 项增加了 98 项，增长率 81.7%。

2012 年，国家质检总局对河南省计量院计量授权复查扩项考核，其中，计量授权的商品量 / 商品包装计量检验项目有质量、体积、长度、面积、计数、包装空隙率和包装层数 6 项（见表 5-10-1）；有效期 5 年。是年，河南省计量院经国家质检总局考核授权，获能源效率标识计量检测项目 1 项，有效期 5 年。

表 5-12-12　2014 年河南省省级最高社会公用长度计量标准

保存单位：河南省计量科学研究院

序号	计量标准名称	测量范围	不确定度 / 准确度等级 / 最大允许误差	计量标准考核证书号	社会公用计量标准证书号	检定 / 校准项目
1	二等量块标准装置	（0.5~500）mm	标准量块：2 等，电脑量块比较仪： MPE：±（0.03μm+0.003Δl）	〔1986〕国量标豫证字第 001 号	〔1995〕豫量标公证字第 001 号	量块（3 等及以下）
2	三等量块标准装置	（10~1000）mm	标准量块：3 等，电脑量块比较仪： MPE：±（0.01+0.005A）μm	〔1986〕国量标豫证字第 002 号	〔1995〕豫量标公证字第 002 号	量块（4 等及以下）
3	正多面棱体标准装置	（0~360）°	二等	〔1986〕国量标豫证字第 003 号	〔1995〕豫量标公证字第 003 号	光学、数显分度头、测角仪
4	平面平晶检定装置	ϕ100mm	标准平晶：2 等	〔1986〕国量标豫证字第 004 号	〔1995〕豫量标公证字第 007 号	平行平晶、平面平晶
5	二等玻璃线纹尺检定装置	（0~200）mm	二等	〔1986〕国量标豫证字第 040 号	〔1995〕豫量标公证字第 004 号	工具显微镜、测量显微镜、线纹比较仪、投影仪、影像测量仪
6	触针式表面粗糙度测量仪校准装置	Ra：（0.1~4.2）μm	U_{95}=（5~2）%	〔1990〕国量标豫证字第 058 号	〔1996〕豫量标公证字第 035 号	触针式表面粗糙度测量仪
7	钢卷尺标准装置	（0~10）m	MPE：±（0.03+0.03L）mm	〔1998〕国量标豫证字第 029 号	〔1998〕豫量标公证字第 050 号	钢卷尺、测绳
8	样板直尺检定装置	（0~300）mm	MPE：±0.4μm	〔2000〕国量标豫证字第 020 号	〔2000〕豫量标公证字第 181 号	刀口尺、三菱尺、四棱尺
9	坐标测量机校准装置	量块：（0.5~1000）mm 激光干涉仪系统：（0~10）m	量块：3 等 激光干涉仪系统：MPE：±0.5×10^{-6}μm	〔2002〕国量标豫证字第 087 号	〔2002〕豫量标公证字第 070 号	坐标测量机
10	验光仪顶焦度标准装置	客观式： 球镜度（−20~+20）m^{-1} 柱镜度 −3m^{-1}	客观式： 球镜度：U=（0.07~0.10）m^{-1}（k=3） 柱镜度：U=0.08m^{-1}（k=3）	〔2007〕国量标豫证字第 016 号	〔2007〕豫量标公证字第 005 号	客观式验光机
11	瞳距仪检定装置	（50~80）mm	U=0.10mm（k=2）	〔2007〕国量标豫证字第 017 号	〔2007〕豫量标公证字第 006 号	瞳距仪

续表

序号	计量标准名称	测量范围	不确定度 / 准确度等级 / 最大允许误差	计量标准考核证书号	社会公用计量标准证书号	检定 / 校准项目
12	汽车转向角检验台校准装置	（0~360）°	U=5′（k=2）	［2007］国量标豫证字第 024 号	［2007］豫量标公证字第 032 号	汽车转向角检验台
13	经纬仪检定仪检定装置	0° ~360°	水平目标定位重复性：U=0.1″（k=2） 最大分度间隔误差的扩展不确定度 U=0.1″（k=2）	［2007］国量标豫证字第 028 号	［2007］豫量标公证字第 009 号	经纬仪检定装置
14	水平准线标准装置	补偿范围：±4′	水平准线偏差：U=0.4″（k=2）	［2007］国量标豫证字第 032 号	［2007］豫量标公证字第 008 号	水准仪检定装置
长度最高社会公用计量标准 14 项				检定 / 校准项目：24 种		

表 5-12-13　2014 年河南省省级最高社会公用温度计量标准

保存单位：河南省计量科学研究院

序号	计量标准名称	测量范围	不确定度 / 准确度等级 / 最大允许误差	计量标准考核证书号	社会公用计量标准证书号	检定项目
1	一等铂铑$_{10}$– 铂热电偶标准装置	（419.527~1084.62）℃	一等	［1986］国量标豫证字第 008 号	［1995］豫量标公证字第 010 号	标准铂铑$_{10}$– 铂热电偶、工作用铂铑$_{10}$– 铂热电偶、工作用廉金属热电偶
2	一等铂电阻温度计标准装置	（0~419.527）℃	一等	［2012］国量标豫证字第 061 号	［2012］豫量标公证字第 046 号	标准铂电阻温度计
3	精密露点仪标准装置	露点：（–80~+20）℃	露点：±0.2℃	［2013］国量标豫证字第 066 号	［2013］豫量标公证字第 226 号	精密露点仪
温度最高社会公用计量标准 3 项				检定项目：5 种		

表 5-12-14　2014 年河南省省级最高社会公用力学计量标准

保存单位：河南省计量科学研究院

序号	计量标准名称	测量范围	不确定度 / 准确度等级 / 最大允许误差	计量标准考核证书号	社会公用计量标准证书号	检定 / 校准项目
1	E_1 等级克砝码标准装置	1mg~1g	E_1 等级	［1986］国量标豫证字第 010 号	［1995］豫量标公证字第 016 号	砝码、电子天平、质量比较仪
2	转速标准装置	（20~30000）r/min	$U_{rel}=1\times10^{-4}$（$k=3$）	［1986］国技量豫证字第 014 号	［1995］豫量标公证字第 165 号	转速表、车速里程表标准装置、离心式恒加速度试验机
3	0.02 级活塞式压力计标准装置力	（−0.1~60）MPa	0.02 级	［1986］国量标豫证字第 018 号	［1995］豫量标公证字第 013 号	活塞式压力真空计、活塞式压力计、数字压力计、数字式光干涉甲烷测定器检定仪、压力（差压）变送器
4	E_2 等级克组砝码标准装置	1g~500g	E_2 等级	［1986］国量标豫证字第 022 号	［1995］豫量标公证字第 017 号	砝码、电子天平、质量比较仪
5	E_2 等级毫克组砝码标准装置	1mg~500mg	E_2 等级	［1986］国量标豫证字第 026 号	［1995［豫量标公证字第 164 号	砝码、电子天平、质量比较仪
6	E_2 等级公斤组砝码标准装置	1kg~20kg	E_2 等级	［1986］国量标豫证字第 031 号	［1995］豫量标公证字第 018 号	砝码、电子天平、质量比较仪
7	一等金属量器标准装置	（5~500）L	MPE：$\pm5\times10^{-5}$	［1986］国量标豫证字第 037 号	［1995］豫量标公证字第 015 号	二等标准金属量器、三等标准金属量器
8	一等密度计标准装置	（650~2000）kg/m^3	$U=$（0.08~0.20）kg/m^3（$k=2$）	［1986］国量标豫证字第 043 号	［1995］豫量标公证字第 023 号	二等标准密度计组、密度计及精密密度计、二等标准石油密度计组、石油密度计及精密石油密度计
9	0.01 级测力仪标准装置	10 N~1000 kN	0.01 级	［1990］国量标豫证字第 064 号	［1996］豫量标公证字第 036 号	力标准机、材料试验机
10	粉尘采样器检定装置	（0.12~6）m^3/h	MPE：±1.0%	［1991］国量标豫证字第 071 号	［1997］豫量标公证字第 043 号	粉尘采样器
11	滚筒反力式制动检验台检定装置	（0~10）kN	0.3 级	［1998］国量标豫证字第 091 号	［1998］豫量标公证字第 053 号	滚筒反力式制动检验台
12	轴（轮）重仪检定装置	（0~100）kN	0.3 级	［1998］国量标豫证字第 092 号	［1998］豫量标公证字第 054 号	轴（轮）重仪

续表

序号	计量标准名称	测量范围	不确定度 / 准确度等级 / 最大允许误差	计量标准考核证书号	社会公用计量标准证书号	检定 / 校准项目
13	滑板式汽车侧滑检验台检定装置	滑板式汽车侧滑检验台：（−15~+15）m/km 轮偏检测仪：（−15~+15）mm	1 级	〔1998〕国量标豫证字第 093 号	〔1998〕豫量标公证字第 055 号	滑板式汽车侧滑检验台、摩托车轮偏检测仪
14	滚筒式车速表检验台检定装置	（50~10000）r/min	0.1 级	〔1998〕国量标豫证字第 094 号	〔1998〕豫量标公证字第 056 号	滚筒式车速表检验台
15	汽车排放气体测试仪检定装置	CO：（0~8.0）% CO_2：（0~12.0）% C_3H_8：（0~0.32）% NO：（0~0.3）% O_2：（0~21.0）%	CO：U_{rel}=1.4%（k=2） CO_2：U_{rel}=1.2%（k=2） HC：U_{rel}=1.1%（k=2） NO：U_{rel}=1.5%（k=2） O_2：U_{rel}=1.8%（k=2）	〔1998〕国量标豫证字第 095 号	〔1998〕豫量标公证字第 057 号	汽车排放气体测试仪
16	滤纸式烟度计检定装置	（0~10）BSU	U=0.2BSU（k=2）	〔1998〕国量标豫证字第 097 号	〔1998〕豫量标公证字第 059 号	滤纸式烟度计
17	热能表检定装置	流量测量：（0.015~30）m^3/h 温度测量：（5~95）℃	流量：U_{rel}=0.18%（k=2）（静态质量法），U_{rel}=0.28%（k=2）（标准表法） 温度：U=0.025℃（k=2）	〔2005〕国量标豫证字第 088 号	〔2005〕豫量标公证字第 076 号	热能表
18	烟尘采样器检定装置	（10~80）L/min	0.2 级	〔2006〕国量标豫证字第 104 号	〔2006〕豫量标公证第 189 号	烟尘采样器
19	雷达测速仪标准装置	（20~200）km/h	MPE：±0.3km/h	〔2006〕国量标豫证字第 105 号	〔2006〕豫量标公证字第 088 号	机动车雷达测速仪
20	四轮定位仪校准装置	单轮前束角：−2°~2° 车轮外倾角：−10°~10° 主销后（内）倾角：−15°~15° 主销内倾角：−5°~+25°	单轮前束角、车轮外倾角：MPE：±1′ 主销后（内）倾角：MPE：±3′	〔2007〕国量标豫证字第 007 号	〔2007〕豫量标公证字第 061 号	四轮定位仪
21	车轮动平衡机校准装置	不平衡质量：（0~200）g 相位：（−180~+180）°	校验转子试重砝码 MPE：±0.5% 相位 MPE：±0.5°	〔2007〕国量标豫证字第 023 号	〔2007〕豫量标公证字第 027 号	车轮动平衡机
22	机动车转向力－转向角检测仪校准装置	力值：（100~1000）N 角度：0°~360°	力值：U_{rel}=0.6%（k=2） 角度：U=1°（k=2）	〔2007〕国量标豫证字第 025 号	〔2007〕豫量标公证字第 034 号	机动车方向盘转向力－转向角检测仪

续表

序号	计量标准名称	测量范围	不确定度 / 准确度等级 / 最大允许误差	计量标准考核证书号	社会公用计量标准证书号	检定 / 校准项目
23	透射式烟度标准装置	透射比：（0~100）%	U=0.52%（k=2）	〔2007〕国量标豫证字第 027 号	〔2007〕豫量标公证字第 047 号	透射式烟度计
24	标准表法气体流量标准装置	（1~1000）m^3/h （1~5000）m^3/h	U=0.25%（k=2）（临界流喷嘴） U=0.35%（k=2）（涡轮流量计）	〔2007〕国量标豫证字第 098 号	〔2007〕豫量标公证字第 090 号	气体涡街流量计、气体涡轮流量计、旋进漩涡流量计、容积式流量计、质量流量计、超声波流量计、靶式流量计、差压式流量计
25	比较法中频振动标准装置	频率：（20~2000）Hz 加速度：（1~200）m/s^2	参考点：U_{rel}=1.0%；（k=2） 通频带：U_{rel}=2.0%；（k=2）	〔2007〕国量标豫证字第 108 号	〔2007〕豫量标公证字第 089 号	压电加速度计、工作测振仪、磁电式速度传感器、振动位移传感器、基桩动态测量仪、水泥软练设备测量仪
26	叠加式力标准机标准装置	（0.1~20）MN	0.1 级	〔2008〕国量标豫证字第 049 号	〔2008〕豫量标公证字第 203 号	标准测力仪、力传感器、称重传感器、工作测力仪
27	里氏硬度计检定装置	（300~900）HLD （448~645）HLG	U=5HL（k=2）	〔2009〕国量标豫证字第 113 号	〔2009〕豫量标公证字第 207 号	里氏硬度计
28	烟气分析仪检定装置	SO_2：（0~5000）×10^{-6}mol/mol; NO：（0~2000）×10^{-6}mol/mol; NO_2：（0~2000）×10^{-6}mol/mol; CO：（0~2000）×10^{-6}mol/mol; O_2：（0~30）% mol/mol	SO_2：U_{rel}=2.1%（k=2） NO：U_{rel}=1.1%（k=2） NO_2：U_{rel}=2.1%（k=2） CO：U_{rel}=1.6%（k=2） O_2：U_{rel}=2.2%（k=2）	〔2010〕国量标豫证字第 119 号	〔2010〕豫量标公证字第 218 号	烟气分析仪、自动烟尘（气）测试仪、烟尘（气）排放连续自动监
29	压力变送器检定装置	压力部分：（0~10）MPa； 电测部分：（0~30）V，（0~30）mA	压力测量 MPE：±0.01%； 电测量 MPE：±0.01%	〔2010〕国量标豫证字第 120 号	〔2010〕豫量标公证字第 219 号	压力变送器
30	静重式扭矩机标准装置	5Nm~5000Nm	0.05 级	〔2014〕国量标豫证字第 122 号	〔2014〕豫量标公证字第 238 号	标准扭矩仪、转矩转速测量装置、静态扭矩测量仪
力学最高社会公用计量标准 30 项				检定 / 校准项目：71 种		

表 5-12-15　2014 年河南省省级最高社会公用电磁计量标准

保存单位：河南省计量科学研究院

序号	计量标准名称	测量范围	不确定度 / 准确度等级 / 最大允许误差	计量标准考核证书号	社会公用计量标准证书号	检定项目
1	直流电位差计标准装置	（0~2.1111110）V	0.0001 级	〔1986〕国量标豫证字第 021 号	〔1996〕豫量标公证字第 029 号	直流电位差计、直流比较仪式电位差计
2	一等电池标准装置	（1.0185500~1.0196000）V	一等	〔1986〕国量标豫证字第 038 号	〔1986〕豫量标公证字第 026 号	标准电池
3	数字多用表检定装置	DCV：10mV~1000V DCI：20μA~20A DCR：1Ω~100MΩ ACV：10mV~1000V（10Hz~1MHz） ACI：100μA~20A（40Hz~5kHz）	DCV：（4~20）$\times 10^{-6}$ DCI：（5~20）$\times 10^{-5}$ DCR：（1~12）$\times 10^{-5}$ ACV：（5~300）$\times 10^{-5}$ ACI：（2~20）$\times 10^{-4}$ （k=2）	〔1987〕国量标豫证字第 045 号	〔1997〕豫量标公证字第 040 号	低频电子电压表
4	电流互感器检定装置	（0.1~2000）A/5A、（5~400）A/1A	0.002 级	〔1988〕国量标豫证字第 048 号	〔1997〕豫量标公证字第 038 号	电流互感器
5	一等直流电阻标准装置	（10^{-3}~10^{5}）Ω	一等	〔1990〕国量标豫证字第 057 号	〔1990〕豫量标公证字第 033 号	标准电阻
6	单相工频相位表标准装置	相角：0°　~360° 电压：5V~450V 电流：0.03A~10A	U=0.15°（k=2）	〔1991〕国量标豫证字第 069 号	〔1997〕豫量标公证字第 041 号	单相相位表
7	直流高压高阻检定装置	电阻：（1×10^{2}~1×10^{12}）Ω 电压：（50~5000）V	电阻：MPE：±（0.05%RD ± 0.003%FS）~ ±（2%RD ± 0.05%FS）； 电压：MPE：±（0.1%RDG ± 0.04%FS）	〔1992〕国量标豫证字第 074 号	〔1997〕豫量标公证字第 039 号	高压高值电阻箱（器）、直流高压电压表
8	电压互感器检定装置	（100~1000）V/（10^{-5}~1000）V	0.0001 级	〔1992〕国量标豫证字第 075 号	〔1999〕豫量标公证字第 066 号	电压互感器
9	直流高阻计标准装置	R：（10^{4}~10^{13}）Ω DCI：（10^{-4}~10^{-12}）A DCU：（0~1000）V	电压：U_{rel}=0.3%； 电阻：U_{rel}=（0.12~4.6）%； 电流：U_{rel}=（0.12~3.5）%（k=2）	〔1993〕国量标豫证字第 077 号	〔1999〕豫量标公证字第 064 号	高绝缘电阻测量仪（高阻计）

续表

序号	计量标准名称	测量范围	不确定度 / 准确度等级 / 最大允许误差	计量标准考核证书号	社会公用计量标准证书号	检定项目
10	交流电压、电流、功率表检定装置	3×（0~480）V，3×（0~100）A，（45~65）Hz	0.01 级	〔2000〕国量标豫证字第 044 号	〔2000〕豫量标公证字第 068 号	交流电压、电流、功率表
11	三相电能表标准装置	电压：3×（57.7~380）V 电流：3×（0.1~100）A	0.01 级	〔2006〕国量标豫证字第 103 号	〔2006〕豫量标公证字第 187 号	单、三相交流电能表检定装置、单、三相交流电能表
电磁最高社会公用计量标准 11 项				检定项目：18 种		

表 5-12-16　2014 年河南省省级最高社会公用声学计量标准

保存单位：河南省计量科学研究院

序号	计量标准名称	测量范围	不确定度 / 准确度等级 / 最大允许误差	计量标准考核证书号	社会公用计量标准证书号	检定项目
1	电声标准装置	10Hz~20kHz	声压级：U=0.4dB~1.0dB（k=2） 在参考频率上 U=0.15dB（k=2） ［压力场］	〔1995〕国量标豫证字第 083 号	〔1995〕豫量标公证字第 074 号	声级计、声校准器、声频信号发生器、噪声统计分析仪、倍频程和 1/3 倍频程滤波器、个人声暴露计、噪声剂量计
2	毫瓦级超声功率计标准装置	（1~100）mW （0.5~10）MHz	超声功率：U_{rel}=5%（k=2）	〔2001〕国量标豫证字第 086 号	〔2001〕豫量标公证字第 185 号	毫瓦级超声功率计
3	听力计检定装置	气导听力零级：50Hz~10kHz 骨导听力零级：250Hz~8kHz	气导听力零级：U=1.0dB（k=2）； 骨导听力零级：U=1.5dB（k=2）	〔2009〕国量标豫证字第 034 号	〔2009〕豫量标公证字第 208 号	纯音听力计、阻抗听力计
声学最高社会公用计量标准 3 项				检定项目：10 种		

表 5-12-17　2014 年河南省省级最高社会公用光学计量标准

保存单位：河南省计量科学研究院

序号	计量标准名称	测量范围	不确定度 / 准确度等级 / 最大允许误差	计量标准考核证书号	社会公用计量标准证书号	检定项目
1	眼镜片顶焦度一级标准装置	球镜：（−25~+25）m^{-1} 棱镜：（2~20）cm/m 柱镜：+1.5m^{-1}、+5m^{-1}	U=（0.02~0.03）m^{-1}（k=3）	〔1990〕国量标豫证字第 065 号	〔1990〕豫量标公证字第 062 号	焦度计、验光镜片箱
2	机动车前照灯检测仪检定装置	远光强度：（5~60）×10^3cd； 光轴偏移角：上 1°～下 2°、左 2°～右 2°	发光强度：U=6%（k=2）； 光轴偏移角：U=2′（k=2）	〔1998〕国量标豫证字第 096 号	〔1998〕豫量标公证字第 058 号	机动车前照灯检测仪
3	色度标准装置	刺激值：Y：0.0~100.0；色坐标 x，y：全色域	U（Y）=1.8（k=2）； U（x），U（y）=0.0048（k=2）	〔2010〕国量标豫证字第 118 号	〔2010〕豫量标公证字第 216 号	标准色板、白度计、测色色差计
4	紫外辐射照度计标准装置	UVA1 波段：（20~2000）μw/cm^2 UVC 波段：（20~400）μw/cm^2	UVA1 波段：U_{rel}=18%（k=2） UVC 波段：U_{rel}=17%（k=2）	〔2013〕国量标豫证字第 090 号	〔2013〕豫量标公证字第 235 号	紫外辐射照度计
5	光照度标准装置	（30~2200）lx	U_{rel}=1.5%（k=2）	〔2013〕国量标证字第 121 号	〔2013〕豫量标公证字第 236 号	一级照度计、二级照度计
光学最高社会公用计量标准 5 项				检定项目：9 种		

表 5-12-18　2014 年河南省省级最高社会公用电离辐射计量标准

保存单位：河南省计量科学研究院

序号	计量标准名称	测量范围	不确定度 / 准确度等级 / 最大允许误差	计量标准考核证书号	社会公用计量标准证书号	检定项目
1	外照射治疗辐射源检定装置	（10^{-3}~10）Gy · min^{-1}	U_{rel}=4.0%（k=3）	［1989］国量标豫证字第 042 号	［2007］豫量标公证字第 098 号	医用电子加速器辐射源、医用 ^{60}Co 远距离治疗辐射源、近距离后装 γ 射线治疗辐射源、60~250 kV X 射线治疗辐射源、立体定向放射外科 γ 辐射治疗源
2	X、γ 射线探伤机检定装置	（10^{-3}~10^{-1}）C · kg^{-1} · min^{-1}	U_{rel}=5%（k=3）	［1989]国量标豫证字第 056 号	［1996］豫量标公证字第 030 号	X 射线探伤机、γ 射线探伤机
3	γ 射线空气比释动能（防护水平）标准装置	（10^{-8}~10^{-4}）Gy/h	U_{rel}=5.0%（k=2）	［1994］国量标豫证字第 078 号	［1999］豫量标公证字第 067 号	辐射防护用 X、γ 剂量当量（率）仪、环境监测用 X、γ 空气比释动能率仪、个人与环境监测用 X、γ 辐射热释光剂量测量装置、X、γ 辐射个人剂量当量率报警仪
4	放射性活度标准装置	α：（0~1 × 10^4）Bq β：（0~1 × 10^4）Bq γ：（0~1 × 10^5）Bq	U_{rel}=15%（k=3）	［2006］国量标豫证字第 102 号	［2006］豫量标公证字第 085 号	低本底 α、β 测量仪、γ 谱仪
电离辐射最高社会公用计量标准 4 项				检定项目：13 种		

表 5-12-19　2014 年河南省省级最高社会公用化学计量标准

保存单位：河南省计量科学研究院

序号	计量标准名称	测量范围	不确定度 / 准确度等级 / 最大允许误差	计量标准考核证书号	社会公用计量标准证书号	检定 / 校准项目
1	一等酒精计标准装置	q：（0~100）%	$U=q$：0.04%（k=2）	〔1986〕国量标豫证字第 035 号	〔1995〕豫量标公证字第 024 号	二等标准酒精计、精密及工作酒精计
2	酸度计检定装置	pH：（0~14） 直流电压：（0~±2000）mV	pH 计检定仪：0.0006 级 pH 标准物质：二级标物， U=0.01pH（k=3）	〔1989〕国量标豫证字第 050 号	〔1995〕豫量标公证字第 025 号	实验室 pH（酸度）计、离子计、自动电位滴定仪
3	毛细管黏度计标准装置	（$1\sim1\times10^5$）mm^2/s	U_{rel}=（0.15~0.60）%（k=2）	〔1990〕国量标豫证字第 059 号	〔1996〕豫量标公证字第 031 号	工作毛细管黏度计、其他工作黏度计
4	紫外可见分光光度计检定装置	波长：（190~900）nm 透射比：（0~100）%	波长：U=（0.1~1.0）nm（k=2） 透射比：U_{rel}=0.2%~0.6%（k=2）	〔1990〕国量标豫证字第 060 号	〔1999〕豫量标公证字第 063 号	紫外可见分光光度计、可见分光光度计
5	旋光仪及旋光糖量计检定装置	-35°~+35° （-100° Z~+100° Z）	U=0.003°（k=3）	〔1991〕国量标豫证字第 070 号	〔1997〕豫量标公证字第 045 号	旋光仪、旋光糖量计、目视旋光仪、目视旋光糖量计
6	氧弹热量计检定装置	（0~15000）J/K	U=0.1%（k=2）	〔1992〕国量标豫证字第 076 号	〔1998〕豫量标公证字第 049 号	氧弹热量计
7	原子吸收分光光度计检定装置	Cu：（0.00~5.00）μg/ml Cd：（0.00~5.00）ng/ml	Cu：U_{rel}=1%（k=2） Cd：U_{rel}=2%（k=2）	〔1994〕国量标豫证字第 079 号	〔1999〕豫量标公证字第 060 号	原子吸收分光光度计
8	荧光分光光度计检定装置	波长范围：（190~900）nm; 硫酸奎宁：（$1\times10^{-7}\sim1\times10^{-6}$）g/mL; 萘—甲醇：$1.00\times10^{-4}$g/mL	波长：U=0.3nm（k=2）； 硫酸奎宁：U_{rel}=0.7%（k=2）； 萘—甲醇：U_{rel}=4%（k=2）	〔1995〕国量标豫证字第 081 号	〔1995〕豫量标公证字第 072 号	荧光分光光度计
9	火焰光度计检定装置	K：（0.004~0.200）mmol/L Na：（0.004~1.00）mmol/L	K：U_{rel}=1%（k=2） Na：U_{rel}=1%（k=2）	〔1995〕国量标豫证字第 082 号	〔1995〕豫量标公证字第 073 号	火焰光度计
10	气相色谱仪检定装置	标准物质： 苯甲苯、正十六烷异辛烷、甲基对硫磷无水乙醇、丙体六六六异辛烷、偶氮苯、马拉硫磷异辛烷、CH_4/N_2、CH_4/H_2 温度：（0~400）℃	标准物质：U_{rel}=（1~3）%（k=2） 温度：A 级	〔1996〕国量标豫证字第 015 号	〔1996〕豫量标公证字第 037 号	气相色谱仪

续表

序号	计量标准名称	测量范围	不确定度 / 准确度等级 / 最大允许误差	计量标准考核证书号	社会公用计量标准证书号	检定 / 校准项目
11	液相色谱仪检定装置	质量：（0~200）g 温度：（0~400）℃ 时间：（0~900）s 标准物质：萘－甲醇：（1×10^{-4}~1×10^{-7}）g/mL 甲醇中胆固醇：200μg/mL，5.0μg/mL	质量：Ⅰ①级 温度：A 级 时间：MPE：±0.1s 标准物质：U_{rel}=2%~5%（k=2）	［1998］国量标豫证字第 053 号	［1998］豫量标公证字第 051 号	液相色谱仪
12	电导率仪检定装置	（0.05~1×10^{5}）μS/cm	交流电阻箱：MPE：±（0.05%~0.1）% 电导率标准物质：U_{rel}=0.25%（k=2）	［1998］国量标豫证字第 054 号	［1998］豫量标公证字第 052 号	电导率仪
13	原子荧光光度计检定装置	As：（0~20.0）ng/ml Sb：（0~20.0）ng/ml	As：U_{rel}=1.0%（k=2） Sb：U_{rel}=1.2%（k=2）	［2000］国量标豫证字第 063 号	［2005］豫量标公证字第 077 号	原子荧光光度计检定装置
14	紫外可见近红外分光光度计检定装置	波长：（190~2600）nm 透射比：（0~100）%	波长：U=（0.1~0.5）nm（k=2） 透射比：U=（0.1~0.3）%（k=2）	［2001］国量标豫证字第 052 号	［2001］豫量标公证字第 069 号	可见分光光度计、紫外可见分光光度计、紫外可见近红外分光光度计
15	浊度计检定装置	（0~400）NTU	U=3.5%（k=2）	［2001］国量标豫证字第 062 号	［2001］豫量标公证字第 186 号	浊度计检定装置
16	氧分析仪检定装置	（0.1~100）%mol/mol （0~1000）$\times10^{-6}$mol/mol	U_{rel}=1.4%（k=2） U_{rel}=2.0%（k=2）	［2005］国量标豫证字第 055 号	［2005］豫量标公证字第 080 号	电化学氧测定仪、氧化锆氧分析器、顺磁式氧分析器、微量氧分析仪
17	CO、CO_2 气体分析、测报仪检定装置	红外分析仪：CO：（0~100）%， CO_2：（0~100）% 报警器：CO：（0~3000）μmol/mol	U_{rel}=1.6%（k=2）	［2005］国量标豫证字第 089 号	［2005］豫量标公证字第 081 号	一氧化碳、二氧化碳红外分析仪、一氧化碳检测报警器
18	可燃气体检测报警器检定装置	（0~5000）μmol/mol （0~100）%LEL （0~100）%mol/mol	CH_4、i-C_4H_{10}：U_{rel}=1.7%（k=2） H_2、C_3H_8：U_{rel}=2.7%（k=2）	［2005］国量标豫证字第 100 号	［2005］豫量标公证字第 082 号	可燃气体检测报警器
19	半自动生化分析仪检定装置	波长：（334~638）nm 吸光度：0.5~1.0	波长：U=0.4nm（k=2） 吸光度：U=0.007（k=2）	［2005］国量标豫证字第 101 号	［2005］豫量标公证字第 083 号	半自动生化分析仪检定装置
20	呼出气体酒精含量探测器检定装置	（0~1.0）mg/L	液态有机气体配气装置：U_{rel}=2%（k=2） 乙醇：U=0.3%（k=2）	［2007］国量标豫证字第 047 号	［2007］豫量标公证字第 091 号	呼出气体酒精含量探测器

续表

序号	计量标准名称	测量范围	不确定度 / 准确度等级 / 最大允许误差	计量标准考核证书号	社会公用计量标准证书号	检定 / 校准项目
21	定碳定硫分析仪检定装置	碳：（0.005~4.00）%； 硫：（0.003~0.200）%	碳：U=（0.0005~0.03）% 硫：U=（0.0003~0.003）%	［2007］国量标豫 证字第 106 号	［2007］豫量标公证字第 093 号	定碳定硫分析仪
22	测汞仪检定装置	冷原子吸收类：（0~30）ng/mL 冷原子荧光类：（0~3）ng/mL	U_{rel}=1.8%（k=2）	［2007］国量标豫证字第 107 号	［2007］豫量标公证字第 092 号	测汞仪
23	毛细管电泳仪检定装置	电压：（0~50）kV 波长：（235~350）nm 电流：（0~1999）μA VB_6 纯度标准物质：99.7%	电压：0.5 级 波长：0.5nm 电流：±0.2% VB_6 纯度标准物质：U=0.3%（k=2）	［2007］国量标豫证字第 109 号	［2007］豫量标公证字第 094 号	毛细管电泳仪
24	离子色谱仪检定装置	Cl^-：（0.02~100）μg/mL NO_2^-：（0.02~100）μg/mL Li^+：（0.02~100）μg/mL	Cl^-：0.7%（k=2） NO_2^-：0.7%（k=2） Li^+：0.7%（k=2）	［2007］国量标豫证字第 110 号	［2007］豫量标公证字第 095 号	离子色谱仪
25	发射光谱仪检定装置	ICP 光谱仪：（0~50.0）μg/mL 直读光谱仪：（0.01~2）% 摄谱仪：（0.0005~0.02）%	ICP 光谱仪：U_{rel}=2%（k=2） 直读光谱仪：s：（0.001~0.02）% 摄谱仪：s：（0.00001~0.0008）%	［2007］国量标豫证字第 111 号	［2007］豫量标公证字第 096 号	ICP 发射光谱仪、直读光谱仪、摄谱仪
26	pH 计检定仪检定装置	（−2~2）V	U_{rel}=4×10^{-6}（k=2）	［2007］国量标豫证字第 112 号	［2007］豫量标公证字第 097 号	pH 计检定仪
27	手持糖量（含量）计及手持折射仪检定装置	99.7%	U_{rel}=0.4%（k=2）	［2009］国量标豫证字第 114 号	［2009］豫量标公证字第 212 号	手持糖量（含量）计及手持折射仪
28	化学需氧量（COD）测定仪和在线自动监测仪检定装置	（50~1000）mg/L	A 类：U_{rel}=（0.6~2.0）%（k=2） B 类：U_{rel}=0.3%（k=2）	［2009］国量标豫证字第 115 号	［2009］豫量标公证字第 213 号	化学需氧量（COD）测定仪、化学需氧量在线自动监测仪
29	气体（SO_2、H_2S、NO、SF_6）检测分析仪检定装置	SO_2：（0~3000）×10^{-6} H_2S：（0~500）×10^{-6} NO：（0~5000）×10^{-6} SF_6：（0~1000）×10^{-6}	H_2S：U_{rel}=2.2%（k=2） SO_2：U_{rel}=2.4%（k=2） NO：U_{rel}=1.5%（k=2） SF_6：U_{rel}=1.4%（k=2）	［2009］国量标豫证字第 116 号	［2009］豫量标公证字第 214 号	二氧化硫气体检测仪、硫化氢气体检测仪、化学发光法氮氧化物分析仪、六氟化硫检漏仪
30	阿贝折射仪检定装置	n_D：1.47077~1.67257， n_F-n_C：0.00704~0.02082	n_D：U=5×10^{-5}（k=3）， n_F-n_C：U=7×10^{-5}（k=3）	［2010］国量标豫证字第 117 号	［2010］豫量标公证字第 215 号	阿贝折射仪

续表

序号	计量标准名称	测量范围	不确定度 / 准确度等级 / 最大允许误差	计量标准考核证书号	社会公用计量标准证书号	检定 / 校准项目
31	液相色谱 – 质谱联用仪校准装置	异丙醇 – 水中利血平：1.00μg/mL	异丙醇 – 水中利血平：U_{rel}=2%（k=2）	〔2013〕国量标豫证字第 072 号	〔2013〕豫量标公证字第 233 号	液相色谱 – 质谱联用仪
32	台式气相色谱 – 质谱联用仪校准装置	八氟萘 – 异辛烷：105pg/μL， 六氯苯 – 异辛烷、二苯甲酮 – 异辛烷、硬脂酸甲酯 – 异辛烷：10.0ng/μL； 铂电阻温度计：（0~400）℃	标准物质不确定度：U_{rel}=3%（k=2） 自校式铂电阻数字测温仪： U=0.1℃（k=2）	〔2013〕国量标豫证字第 085 号	〔2013〕豫量标公证字第 234 号	台式气相色谱 – 质谱联用仪
化学最高社会公用计量标准 32 项				检定 / 校准项目：53 种		

总计：截至 2014 年 12 月 31 日，河南省计量院共建立使用保存最高社会公用计量标准 102 项，开展检定 / 校准项目 203 种。

表 5–12–20　2014 年河南省次级社会公用长度计量标准

保存单位：河南省计量科学研究院

序号	计量标准名称	测量范围	不确定度 / 准确度等级 / 最大允许误差	计量标准考核证书号	社会公用计量标准证书号	检定 / 校准项目
1	水平仪检定装置	（0~1.5mm/m） （0~300″）	MPE：±6% 标称分度值	〔1991〕豫量标证字第 017 号	〔1996〕豫量标公证字第 132 号	框式水平仪、条式水平仪
2	检定光学仪器标准器组	线值（0.5~1000）mm 角值（0~10）′	标准量块：2 等 光电自准直仪：2 级	〔1991〕豫量标证字第 019 号	〔1991〕豫量标公证字第 019 号	光学、数显分度头、测角仪、工具显微镜、测量显微镜、线纹比较仪、接触式干涉仪、光学计、水平仪检定器、自准直仪、指示类量具检定仪、水平仪检定器、小角度检查仪、读数显微镜、轴承内、外径检查仪、滚动轴承宽度测量仪、深沟球轴承跳动测量仪、深沟球轴承圈滚道直径、位置测量仪、球轴承轴向游隙测量仪、平面等倾干涉仪、扭簧比较仪、机械式比较仪、引伸计、直角尺、塞尺、焊接检验尺、正弦规、半径样板、螺纹样板、刮板细度计、光滑极限量规、标准环规、方形角尺、数显百分表检定仪

续表

序号	计量标准名称	测量范围	不确定度 / 准确度等级 / 最大允许误差	计量标准考核证书号	社会公用计量标准证书号	检定 / 校准项目
3	合像水平仪检定装置	（0~40）′	MPE：±0.05mm	［1996］豫量标证字第 024 号	［1996］豫量标公证字第 133 号	合像水平仪、电子水平仪
4	测微量具检定装置	（0.5~500）mm	（0.991~500）mm 3 等、（0.5~500）mm 4 等	［1997］豫量标证字第 077 号	［1997］豫量标公证字第 149 号	外径千分尺、内径千分尺、深度千分尺、杠杆千分尺、数显千分尺、公法线千分尺、深度指示表
5	卡尺量具检定装置	（0.5~490）mm	（10~490）mm： U=0.50μm+5×$10^{-6}ln$（k=2.58）； （0.5~100）mm：4 等	［1997］豫量标证字第 078 号	［1997］豫量标公证字第 150 号	通用卡尺、高度卡尺
6	指示量具检定装置	量块（0.5~100）mm， 指示表检定仪（0~100）mm	量块：4 等 指示表检定仪：MPE：6μm	［1997］豫量标证字第 079 号	［1997］豫量标公证字第 151 号	指针式指示表、数显式指示表、大量程百分表、杠杆百分表、杠杆千分表、百分表式卡规
7	角度尺检定装置	15°~90°	2 级	［1997］豫量标证字第 080 号	［1997］豫量标公证字第 152 号	万能角度尺
8	平尺、平板检定装置	平直度检查仪：0′~10′ 合像水平仪：（0~±5）mm/m 电子水平仪：（0~±500）字	平直度检查仪：3 级 合像水平仪：MPE：±0.02mm/m 电子水平仪：MPE：±（1+A×2%）Δ	［1997］豫量标证字第 081 号	［1997］豫量标公证字第 153 号	平板、方箱、方形角尺
9	表面粗糙度比较样块校准装置	（0~2）mm	MEP：±3%	［1997］豫量标证字第 085 号	［1997］豫量标公证字第 157 号	表面粗糙度比较样块
10	四等量块标准装置	（0.5~500）mm	标准量块：4 等 电脑量块比较仪 MPE：±（0.03μm+0.003L）	［2000］豫量标证字第 118 号	［2000］豫量标公证字第 102 号	量块、密玉专用量块
11	三等量块标准装置	（0.5~500）mm	标准量块：3 等 电脑量块比较仪 MPE：±（0.03μm+0.003L）	［2000］豫量标证字第 119 号	［2000］豫量标公证字第 101 号	量块（4 等及以下）
12	1 级角度块标准装置	15°~90°	1 级	［2000］豫量标证字第 120 号	［1995］豫量标公证字第 103 号	角度块
13	电动比较仪检定装置	（0.5~100）mm	2 等、3 等、4 等	［2000］豫量标证字第 121 号	［2000］豫量标公证字第 104 号	斜块式测微仪检定器、电容式测微仪、浮标式气动测量仪、电子柱式气动测量仪、光栅式测微仪

续表

序号	计量标准名称	测量范围	不确定度 / 准确度等级 / 最大允许误差	计量标准考核证书号	社会公用计量标准证书号	检定 / 校准项目
14	三等金属线纹尺标准装置	（0~1000）mm	MPE：±0.05mm	〔2000〕豫量标证字第 123 号	〔1995〕豫量标公证字第 106 号	钢直尺、水准标尺、线纹钢直角尺
15	经纬仪检定装置	水平方向：0~360° 竖直方向：−30°~+30°	水平目标定位重复性：≤ 0.3″ 竖直目标定位重复性：≤ 1.0″	〔2000〕豫量标证字第 124 号	〔2000〕豫量标公证字第 107 号	光学经纬仪、电子经纬仪
16	水准仪检定装置	（1.5~∞）m	1 级	〔2005〕豫量标证字第 111 号	〔2005〕豫量标公证字第 079 号	水准仪
17	检定测厚仪标准器组	量块：（0.5~100）mm， 标准膜片： （10~8000）μm， 超声波测厚仪标准厚度块：（0.5~200）mm， 标准厚度块：（20~350）mm	量块：U=0.10μm+1×$10^{-6}L$（k=2.58）； 量块：U=0.20μm+1×$10^{-6}L$（k=2.58）； 标准膜片：U=0.6%hμm（k=3）； 超声波测厚仪标准厚度块：U=2μm（k=2）；标准厚度块 U=（0.02~0.08）mm（k=2）	〔2010〕豫量标证字第 209 号	〔2010〕豫量标公证字第 211 号	磁性、电涡流式覆层厚度测量仪
18	水平尺校准装置	（0~1000）mm； 0°~360°	专用校验台：MPE：±3mm； 专用 45° 角尺：MPE：±2′； 平面平行柱：MPE：0.10mm； 光学分度头：MPE：4″	〔2011〕豫量标证字第 215 号	〔2011〕豫量标公证字第 225 号	水平尺、电子水平尺
19	光电测距仪全站仪检定装置	角度： 水平方向：0°~360° 竖直方向：−30°~+30° 长度：（0~24）km	角值：U=0.2″（k=2） 测距基线：U_D≤ 0.4mm+1.0×$10^{-6}D$（k=2） 超短基线：测量标准差≤ 1.0mm 短基线：测量标准差≤ 1mm+1×$10^{-6}D$ 中、长基线：测量标准差≤ 3mm+0.5×$10^{-6}D$ D：基线长度，单位：m	〔2013〕豫量标证字第 216 号	〔2013〕豫量标公证字第 228 号	光电测距仪、手持式激光测距仪、全站型电子速测仪
长度次级社会公用计量标准 19 项				检定 / 校准项目：78 种		

表 5-12-21　2014 年河南省次级社会公用温度计量标准

保存单位：河南省计量科学研究院

序号	计量标准名称	测量范围	不确定度 / 准确度等级 / 最大允许误差	计量标准考核证书号	社会公用计量标准证书号	检定 / 校准项目
1	工作用廉金属热电偶检定装置	（300~1200）℃	U=（1.0~1.2）℃（k=2）	〔1997〕豫量标证字第 082 号	〔1997〕豫量标公证字第 154 号	工作用廉金属热电偶
2	标准水银温度计标准装置	（-60~300）℃	U=（0.03~0.14）℃（k=2）	〔2000〕豫量标证字第 125 号	〔1995〕豫量标公证字第 108 号	工作用玻璃液体温度计、压力式温度计、双金属温度计、温度指示控制仪、电接点玻璃水银温度计
3	配热电阻温度仪表检定装置	（-200~800）℃	U=0.1℃（k=2）	〔2000〕豫量标证字第 126 号	〔1996〕豫量标公证字第 142 号	配热电阻用动圈仪表、配热电阻用数字温度指示调节仪
4	配热电偶用温度仪表检定装置	（0~2300）℃	U=0.8℃（k=2）	〔2000〕豫量标证字第 127 号	〔1996〕豫量标公证字第 141 号	配热电偶用动圈仪表、配热电偶用数字温度指示调节仪
5	环境试验设备温湿度校准装置	（-60~200）℃ （10~100）%RH	U=0.14℃（k=2） U=1.8%RH（k=2）	〔2007〕豫量标证字第 194 号	〔2007〕豫量标公证字第 193 号	温度试验设备
6	二等标准铂电阻温度计标准装置	热电阻：（0~420）℃ 标准水银温度计：（-60~300）℃ 工作用玻璃液体温度计（分度值优于 0.1℃）：（-60~300）℃	热电阻：0℃：U=0.065℃（k=2），100℃：U=0.087℃（k=2） 标准水银温度计： U=（0.02~0.06）℃（k=2） 工作用玻璃液体温度计（分度值优于 0.1℃）： U=（0.08~0.040）℃（k=2）	〔2011〕豫量标证字第 116 号	〔2011〕豫量标公证字第 220 号	工业铂热电阻、工业铜热电阻、标准水银温度计
7	温湿度计（表）检定装置	湿度：（10~98）%RH; 温度：（0~50）℃	湿度：U=1.2%RH（k=2） 温度：U=0.2℃（k=2）	〔2013〕豫量标证字第 218 号	〔2013〕豫量标公证字第 229 号	机械式温湿度计、机械式湿度计、干湿表
温度次级社会公用计量标准 7 项				检定 / 校准项目：17 种		

表 5-12-22　2014 年河南省次级社会公用力学计量标准

保存单位：河南省计量科学研究院

序号	计量标准名称	测量范围	不确定度 / 准确度等级 / 最大允许误差	计量标准考核证书号	社会公用计量标准证书号	检定 / 校准项目
1	维氏硬度计检定装置	HV_5HV_{10} $HV_{0.2}HV_{0.5}$	HV_5HV_{10}：MPE：±1.5% $HV_{0.2}HV_{0.5}$：±3%	〔1990〕豫量标证字第 009 号	〔1995〕豫量标公证字第 112 号	金属维氏硬度计、显微硬度计
2	二等活塞式压力计标准装置力	（-0.1~250）MPa	0.05 等	〔1991〕豫量标证字第 023 号	〔1996〕豫量标公证字第 135 号	精密压力表、压力表、压力变送器、液体压力计、（压力式）液位计、压力式 SF_6 气体密度控制器
3	二等金属量器标准装置	（5~8000）L	MPE：$\pm 2.5\times10^{-4}$	〔1991〕豫量标证字第 025 号	〔1996〕豫量标公证字第 136 号	水流量标准装置、标准体积管
4	玻璃量器检定装置	（0.001~2000）mL	U_{rel}：（0.01~0.5）%（k=2）	〔1991〕豫量标证字第 026 号	〔1996〕豫量标公证字第 137 号	标准玻璃量器、常用玻璃量器、专用玻璃量器、医用注射器、移液器
5	F_1 等级砝码标准装置	1mg~500kg	F_1 等级	〔1991〕豫量标证字第 027 号	〔1996〕豫量标公证字第 143 号	砝码、机械天平、电子天平
6	压力（差压）变送器检定装置	0~10MPa	0.05 级	〔1992〕豫量标证字第 045 号	〔1995〕豫量标公证字第 123 号	压力变送器
7	流量二次仪表检定装置	直流电压：0~5V 直流电流：0~20mA 频率范围：0~100kHz 温度：（-50~500）℃	直流电压：MPE：±0.01% 直流电流：MPE：±0.01% 频率：MPE：$\pm 6\times10^{-6}$ 温度：MPE：±0.1%	〔1992〕豫量标证字第 046 号	〔1995〕豫量标公证字第 124 号	流量显示仪、流量积算仪、流量计算机 19
8	计量罐容积检定装置	≥ $10m^3$	U_{rel}=（10~1）$\times10^{-4}$（k=2）	〔1994〕豫量标证字第 045 号	〔1999〕豫量标公证字第 175 号	立式金属计量罐、卧式金属计量罐
9	力标准机标准装置	10N~1000kN	MPE：±0.03%	〔1994〕豫量标证字第 049 号	〔1999〕豫量标公证字第 173 号	标准测力仪、工作测力仪、称重传感器、负荷传感器、桩基静载荷测试仪
10	定量灌装机检定装置	1g~20kg	F_1 等级、M_1 等级	〔1997〕豫量标证字第 075 号	〔1997〕豫量标公证字第 147 号	定重式灌装机
11	重力式自动装料衡器检定装置	0.01g~2000kg	M_1 等级	〔1997〕豫量标证字第 076 号	〔1997〕豫量标公证字第 148 号	重力式自动装料衡器（定量自动衡器）

续表

序号	计量标准名称	测量范围	不确定度 / 准确度等级 / 最大允许误差	计量标准考核证书号	社会公用计量标准证书号	检定 / 校准项目
12	差压式流量计检定装置	DN50mm~DN1000mm	MPE：±10μm	［1997］豫量标证字第 083 号	［1997］豫量标公证字第 155 号	差压式流量计
13	钟罩式气体流量标准装置检定装置	（5~2000）L	±0.084%	［1997］豫量标证字第 084 号	［1997］豫量标公证字第 156 号	钟罩式气体流量标准装置
14	出租汽车计价器标准装置检定装置	使用误差标准装置： （1~9999）m 本机标准装置： （0.1~99999.9）r	使用误差标准装置： $U_{rel}=3\times10^{-4}$（k=2） 本机标准装置： $U_{rel}=1.7\times10^{-6}$（k=2）	［1997］豫量标证字第 086 号	［1997］豫量标公证字第 158 号	出租汽车计价器本机检定装置、出租汽车计价器整车检定装置
15	二等密度计标准器组	（650~1500）kg/m^3	U=0.20kg/m^3（k=2）	［1997］豫量标证字第 091 号	［1997］豫量标公证字第 163 号	密度计、波美计、乳汁计
16	钟罩式气体流量标准装置	（0.12~120）m^3/h	0.2 级	［1997］豫量标证字第 093 号	［1997］豫量标公证字第 165 号	膜式燃气表、速度式流量计、气体容积式流量计、转子流量计、质量流量计
17	水流量标准装置	（0.004~2000）m^3/h	U_{rel}=0.05%（k=2）	［1997］豫量标证字第 094 号	［1997］豫量标公证字第 166 号	水表、速度式流量计、涡街流量计、超声流量计、电磁流量计、涡轮流量计、液体容积式流量计、质量流量计、转子流量计、靶式流量计、差压式流量计
18	金属布氏硬度计检定装置	（8~650）HBW	标准级	［2000］豫量标证字第 128 号	［1995］豫量标公证字第 111 号	金属布氏硬度计 33
19	金属洛氏硬度计检定装置	（20~88）HRA （20~100）HRBW （20~70）HRC	标准级	［2000］豫量标证字第 130 号	［1995］豫量标公证字第 110 号	金属洛氏硬度计
20	静态容积法油流量标准装置	200L、1000L、2000L	$U_{rel}=5\times10^{-4}$（k=2）	［2000］豫量标证字第 141 号	［1995］豫量标公证字第 121 号	液体容积式流量计
21	皂膜气体流量标准装置	（5~1200）mL/min	1.0 级	［2000］豫量标证字第 142 号	［1995］豫量标公证字第 122 号	转子流量计、大气采样器、流量控制器、质量流量计
22	F_2 等级大砝码标准装置	（500~1000）kg	F_2 等级	［2000］豫量标证字第 143 号	［1995］豫量标公证字第 019 号	砝码、机械天平、电子天平、质量比较仪

续表

序号	计量标准名称	测量范围	不确定度 / 准确度等级 / 最大允许误差	计量标准考核证书号	社会公用计量标准证书号	检定 / 校准项目
23	材料试验机检定装置	10N~20MN	U_{rel}=0.42%（k=2）	〔2000〕豫量标证字第 144 号	〔1995〕豫量标公证字第 162 号	抗折试验机、拉力、压力和万能材料试验机、原位压力机、液压千斤顶、桩基静载荷测试、锚杆拉力计、粘结强度测试仪、恒定加力速度试验机、电子式万能试验机、高温蠕变、持久强度试验机、旋转疲劳试验机、轴向疲劳试验机
24	汽车油罐车容量检定装置	（20~2000）L	MPE：$\pm 2.5\times10^{-4}$	〔2000〕豫量标证字第 191 号	〔1995〕豫量标公证字第 125 号	汽车油罐车容量
25	加油机容量检定装置	20L、50L、100L	二等	〔2000〕豫量标证字第 192 号	〔1995〕豫量标公证字第 120 号	燃油加油机
26	动态公路车辆自动衡器检定装置	1kg~150t	砝码：M_1 等级 参考车辆：U=42kg（k=2）	〔2003〕豫量标证字第 106 号	〔2003〕豫量标公证字第 073 号	动态公路车辆自动衡器
27	浮标式氧气吸入器检定装置	压力 0~25MPa 流量 0~10L/min	压力：0.4 级 流量：1.0 级	〔2005〕豫量标证字第 110 号	〔2005〕豫量标证字第 078 号	浮标式氧气吸入器
28	质量时间法（标准表法）气体流量标准装置	质量法：（1~30）kg/min 标准表法：（1~25）kg/min	质量时间法气体流量标准装置： U_{rel}=0.053%（k=2） 标准表法气体流量标准装置： U_{rel}=0.11%（k=2）	〔2006〕豫量标证字第 113 号	〔2006〕豫量标公证字第 190 号	质量流量计、CNG 加气机、压缩天然气加气机检定装置
29	扭矩标准装置	扭矩：（0.45~2700）N·m 转速：（20~30000）r/min	扭矩：U_{rel}=0.3%（k=2）； 转速：U_{rel}=5×10^{-5}（k=3）	〔2006〕豫量标证字第 114 号	〔2006〕豫量标公证字第 192 号	扭矩扳子、扭矩扳子检定仪、扭矩传感器、转矩转速测量装置、扭转试验机、测功装置、汽车底盘测功机
30	回弹仪检定装置	回弹值：10~100	位移：MPE：±0.02mm； 力值砝码：MPE：$\pm1\times10^{-3}$ 钢钻：MPE：±1HRC	〔2006〕豫量标证字第 115 号	〔2006〕豫量标公证字第 191 号	回弹仪
31	明渠流量计检定装置	（0.001~93）m^3/s	U_{rel}=0.55%（k=2）	〔2007〕豫量标证字第 202 号	〔2007〕豫量标公证字第 201 号	明渠堰槽流量计、速度—面积法流量装置
32	液位计检定装置	（0~6000）mm	U=0.08mm（k=2）	〔2007〕豫量标证字第 203 号	〔2007〕豫量标公证字第 202 号	液位计

续表

序号	计量标准名称	测量范围	不确定度 / 准确度等级 / 最大允许误差	计量标准考核证书号	社会公用计量标准证书号	检定 / 校准项目
33	非金属建材塑限测定仪校准装置	（0~400）g （1~200）mm	电子天平，Ⅲ级 量块，5 等	〔2008〕豫量标证字第 204 号	〔2008〕豫量标公证字第 204 号	非金属建材塑限测定仪校准装置
34	搅拌机、振实台检定装置	（20~3000）r/min 0~200mm	MPE：±1r/min；MPE：±0.01mm	〔2008〕豫量标证字第 205 号	〔2008〕豫量标公证字第 205 号	水泥净浆搅拌机、行星式胶砂搅拌机、胶砂试体成型振实台
35	容重器检定装置	质量：1g~1kg 容积：1L	质量：F_2 级 容积：MPE：±0.4ml	〔2010〕豫量标证字第 207 号	〔2010〕豫量标公证字第 209 号	容重器
36	谷物水分测定仪检定装置	水分 1%~30%	U=0.02%（k=2）	〔2010〕豫量标证字第 208 号	〔2010〕豫量标公证字第 210 号	电容法谷物水分测定仪、电阻法谷物水分测定仪、多用仪器（如谷物水分、温度电子测量仪）中属电容法和电阻法的水分测量部分烘干法谷物水分测定仪
37	汽车排气污染物检测用底盘测功机校准装置	扭力：（0~4900）N 速度：（0~130）km/h 时间：（0~150）s	扭力：U=0.38%（k=2）； 速度：U=0.24%（k=2）； 时间：MPE：±3ms	〔2010〕豫量标证字第 210 号	〔2010〕豫量标公证字第 217 号	汽车排放污染物检测用底盘测功机
38	小麦硬度指数测定仪检定装置	转速：（50~10000）r/min 质量：（0~200）g	转速：U=8.6r/min（k=2）； 质量：U=0.06g（k=2）	〔2011〕豫量标证字第 211 号	〔2011〕豫量标公证字第 221 号	小麦硬度指数测定仪
39	振动台检定装置	频率：（5~5000）Hz； 位移：（0~12.7）mm； 加速度：（0~300）m/s^2	频率：U_{rel}=0.012%； 位移：U_{rel}=2.5%（160Hz） U_{rel}=3.1%（全频段）； 加速度：U_{rel}=1.3%（160Hz） U_{rel}=2.2%（全频段）（k=2）	〔2011〕豫量标证字第 212 号	〔2011〕豫量标公证字第 222 号	电动式振动试验台、电动水平振动试验台、机械式振动试验台、液压式振动试验台、数字式电动振动试验系统
40	摆锤式冲击试验机检定装置	（15~1000）J	U_{rel}=1.9%（k=2）	〔2013〕豫量标证字第 220 号	〔2014〕豫量标公证字第 231 号	摆锤式冲击试验机检定装置
41	医用注射泵 / 输液泵校准装置	（0.1~1200）ml/h	MPE：±1%	〔2013〕豫量标证字第 221 号	〔2013〕豫量标公证字第 232 号	医用注射泵、医用输液泵
42	机动车超速自动监测系统检定装置	速度：（20~180）km/h	地感线圈系统：MPE：±0.5% 现场测速：MPE：±0.5% 雷达测速：MPE：±0.1km/h，±2MHz	〔2014〕豫量标证字第 222 号	〔2014〕豫量标公证字第 237 号	机动车超速自动监测系统

续表

序号	计量标准名称	测量范围	不确定度 / 准确度等级 / 最大允许误差	计量标准考核证书号	社会公用计量标准证书号	检定 / 校准项目
43	液化天然气（LNG）加气机检定装置	（1~80）kg/min	U_{rel}=0.21%（k=2）	〔2014〕豫量标证字第 223 号	〔2014〕豫量标公证字第 239 号	液化天然气（LNG）加气机、质量流量计
44	机动车发动机转速测量仪校准装置	（100~7200）r/min	U=0.12%（k=2）	〔2014〕豫量标证字第 224 号	〔2014〕豫量标公证字第 240 号	机动车发动机转速测量仪
45	便携式制动性能测试仪校准装置	（0~9.81）m/s^2	静态：U=0.4%（k=2） 动态：U=2.2%（k=2）	〔2014〕豫量标证字第 225 号	〔2014〕豫量标公证字第 241 号	便携式制动性能测试仪校准
46	汽车制动操纵力计校准装置	（0~1000）N	U=1.5%（k=2）	〔2014〕豫量标证字第 226 号	〔2014〕豫量标公证字第 242 号	汽车制动操纵力计
力学次级社会公用计量标准 46 项				检定 / 校准项目：123 种		

表 5-12-23　2014 年河南省次级社会公用电磁计量标准

保存单位：河南省计量科学研究院

序号	计量标准名称	测量范围	不确定度 / 准确度等级 / 最大允许误差	计量标准考核证书号	社会公用计量标准证书号	检定 / 校准项目
1	电流互感器标准装置	（0.1~2000）/5A，（5~2000）/1A	比差 U_f=1.6×10^{-4}（k=2） 角差 U_δ=0.64′（k=2）	〔1992〕豫量标证字第 031 号	〔1997〕豫量标公证字第 169 号	电流互感器
2	电压互感器标准装置	（100/$\sqrt{3}$ ~ 380）V/100/$\sqrt{3}$ V、100V、220V； （2~35）kV/（100V、100/$\sqrt{3}$ V）	比值差：U_f=1.9×10^{-4}（k=2） 相位差：U_δ=0.64′（k=2）	〔1994〕豫量标证字第 050 号	〔1999〕豫量标公证字第 171 号	电压互感器
3	直流电桥、电阻箱检定装置	（10^{-4}~10^5）Ω	0.001 级	〔1994〕豫量标证字第 051 号	〔1999〕豫量标公证字第 172 号	直流电阻箱、直流电桥、直流低电阻表
4	直流电阻器检定装置	（10^{-4}~10^5）Ω	一等	〔1997〕豫量标证字第 087 号	〔1997〕豫量标公证字第 159 号	直流电阻器、直流电阻箱

续表

序号	计量标准名称	测量范围	不确定度 / 准确度等级 / 最大允许误差	计量标准考核证书号	社会公用计量标准证书号	检定 / 校准项目
5	检流计检定装置	电阻：（10^{-2}~10^{5}）Ω 电流：（0~750）mA	电阻：U_{rel}=0.5%（k=2） 电流：U_{rel}=0.8%（k=2）	〔1997〕豫量标证字第 088 号	〔1997〕豫量标公证字第 160 号	直流磁电系检流计
6	交直流电压、电流、功率表检定装置	交、直流电压：0~770V 交、直流电流：0~27.5A 交流功率：0~21175W	0.05 级	〔2000〕豫量标证字第 101 号	〔2000〕豫量标公证字第 182 号	交、直流电压表、交、直流电流表、交流功率表
7	耐电压测试仪检定装置	电压：（0~15）kV 电流：（0~200）mA 时间：（0~1000）s	电压：U_{rel}=0.6%（k=2） 电流：U_{rel}=0.6%（k=2） 时间：U_{rel}=0.6%（k=2）	〔2000〕豫量标证字第 103 号	〔2000〕豫量标公证字第 184 号	耐电压测试仪
8	二等电池标准装置	（1.01855~1.01868）V	二等	〔2000〕豫量标证字第 131 号	〔1990〕豫量标公证字第 013 号	标准电池
9	接地电阻表检定装置	（0.010~20111.110）Ω	0.1 级	〔2000〕豫量标证字第 132 号	〔1995〕豫量标公证字第 114 号	接地电阻表(接地电阻测试仪)、钳形接地电阻表
10	绝缘电阻测量仪检定装置	电阻：（0~211111）MΩ 电压：（0~5000）V	0.2 级	〔2000〕豫量标证字第 133 号	〔1996〕豫量标公证字第 129 号	绝缘电阻表
11	直流电位差计标准装置	（0~2.1111110）V	0.002 级	〔2000〕豫量标证字第 134 号	〔1995〕豫量标公证字第 126 号	直流电位差计
12	二等直流电阻标准装置	（10^{-3}~10^{5}）Ω	二等	〔2000〕豫量标证字第 135 号	〔1995〕豫量标公证字第 163 号	直流标准电阻器、过渡电阻
13	三相电能表标准装置	3×（30~480）V 3×（0.05~100）A	0.03 级	〔2003〕豫量标证字第 104 号	〔2003〕豫量标公证字第 074 号	单、三相交流电能表
14	三相电能表标准装置标准器（组）	3×（45~750）V 3×（0.05~100）A	0.05 级	〔2003〕豫量标证字第 107 号	〔2006〕豫量标公证字第 072 号	单、三相交流电能表检定装置
15	三相电能表检定装置标准	3×（30~480）V 3×（0.01~100）A	0.02 级	〔2004〕豫量标证字第 108 号	〔2004〕豫量标公证字第 075 号	单相交流电能表检定装置、三相交流电能表检定装置

续表

序号	计量标准名称	测量范围	不确定度 / 准确度等级 / 最大允许误差	计量标准考核证书号	社会公用计量标准证书号	检定 / 校准项目
16	泄漏电流测量仪检定装置	ACV：1V~300V； DCI：0~200mA； ACI：5μA~20mA（15Hz~1MHz）， 20mA~200mA（50Hz/60Hz/400Hz）	MPE：±0.1%	〔2006〕豫量标证字第 112 号	〔2006〕豫量标公证字第 188 号	泄漏电流测试仪
17	火花机检定装置	AC/DC：（0–50）kV	$U_{rel}=3\times10^{-3}$（k=2）	〔2007〕豫量标证字第 195 号	〔2007〕豫量标公证字第 194 号	火花试验机、电火花机
18	高压静电电压表检定装置	AC/DC：0~200kV	不确定度： $U_{rel}=6\times10^{-4}$（k=2）	〔2007〕豫量标证字第 196 号	〔2007〕豫量标公证字第 195 号	高压静电电压表、数字高压表、交流耐压装置、直流高压发生器、工频分压器
19	钳形表校准装置	电流：（0~1000）A 电压：（0~750）V	0.1 级	〔2007〕豫量标证字第 197 号	〔2007〕豫量标公证字第 196 号	钳形表
20	接地导通电阻测试仪检定装置	R：0~1000mΩ I：0~60A	R：0.1 级 I：0.1 级	〔2007〕豫量标证字第 198 号	〔2007〕豫量标公证字第 197 号	接地导通电阻测试仪（接地电阻测试仪）
21	变压比电桥检定装置	变比：1~10000	0.001 级	〔2007〕豫量标证字第 199 号	〔2007〕豫量标公证字第 198 号	变比测试仪
22	互感器校验仪检定装置	同相分量：0.01%~100% 正交分量：0.05′~500′； 阻抗：（10^{-3}~111.1）Ω；导纳：（10^{-8}~1.111）S	电压回路 $U=3.6\times10^{-3}$（k=2） 电流回路 $U=3.6\times10^{-3}$（k=2） 阻抗回路 U=0.0036Ω（k=2） 导纳回路 U=0.0036mS（k=2）	〔2007〕豫量标证字第 200 号	〔2007〕豫量标公证字第 199 号	互感器校验仪、互感器负载箱
23	高压介损测试仪检定装置	电压：（0~10）kV 介损值：0.0001~0.1	0.5 级	〔2007〕豫量标证字第 201 号	〔2007〕豫量标公证字第 200 号	高压介损测量仪
24	三相电能表标准装置	3×（57.7~380）V 3×（0.2~15）A	0.02 级	〔2011〕豫量标证字第 213 号	〔2011〕豫量标公证字第 223 号	单、三相交流电能表
25	交直流多功能源检定装置	测量：DCV：0~1000V DCI：0~20A DCR：1Ω~100MΩ ACV：2.2mV~1000V（10Hz~1MHz） ACI：22μA~20A（10Hz~10kHz） 20A~100A（40Hz~70Hz） FREQ：10Hz~1MHz	测量 MPE： DCV：$\pm3\times10^{-6}$（标准表法） $\pm4\times10^{-7}$（微差法） ACV：$\pm7\times10^{-5}$ DCI：$\pm3\times10^{-5}$ ACI：$\pm2\times10^{-4}$ OHM：$\pm1\times10^{-5}$ FREQ：$\pm1\times10^{-5}$	〔2011〕豫量标证字第 214 号	〔2011〕豫量标公证字第 224 号	电动单元组合仪表校验仪、电测量仪表校验装置、三用表检验仪

续表

序号	计量标准名称	测量范围	不确定度 / 准确度等级 / 最大允许误差	计量标准考核证书号	社会公用计量标准证书号	检定 / 校准项目
25	交直流多功能源检定装置	输出：DCV：10mV~1000V DCI：20μA~2A DCR：10Ω~10MΩ ACV：10mV~1000V（10Hz~1MHz） ACI：22μA~2A（10Hz~10kHz） FREQ：10Hz~1MHz	输出 MPE： DCV：±（5~10）$\times 10^{-6}$ ACV：±（5~200）$\times 10^{-5}$ DCI：±（5~10）$\times 10^{-5}$ ACI：±（2~16）$\times 10^{-4}$ OHM：±（1~12）$\times 10^{-5}$ FREQ：$\pm 1 \times 10^{-5}$	［2011］豫量标证字第 214 号	［2011］豫量标公证字第 224 号	电动单元组合仪表校验仪、电测量仪表校验装置、三用表检验仪
26	剩余电流动作保护器检测仪校准装置	分段时间：10ns~5000ms 剩余电流：1mA~3500mA	MPE：分断时间： ±（$1 \times 10^{-4} \times T$+0.2ms） 剩余电流：±0.5%× 读数	［2013］豫量标证字第 217 号	［2013］豫量标公证字第 227 号	剩余电流动作保护器检测仪
27	交流数字功率表检定装置	交流电压：（0~825）V 交流电流：（0~100）A 交流功率：（0~90750）W 频率：（40~65）Hz 相位：0~359.999° 谐波：（2~63）次，含量（0~40）%	0.02 级	［2013］豫量标证字第 219 号	［2013］豫量标公证字第 230 号	交流数字功率表（计）、电参数测量仪、工频电量测试仪、电力分析仪、电力质量测试分析仪、电能质量测试分析仪
电磁次级社会公用计量标准 27 项				检定 / 校准项目：49 种		

表 5-12-24　2014 年河南省次级社会公用无线电计量标准

保存单位：河南省计量科学研究院

序号	计量标准名称	测量范围	不确定度 / 准确度等级 / 最大允许误差	计量标准考核证书号	社会公用计量标准证书号	检定项目
1	心、脑电图机检定装置	V：5μV~30V f：20mHz~1000Hz T：2ms~50s HR：（10~500）次 / 分	MPE：V：±0.5% f：±0.1% T：±0.1% HR：±0.1%	〔1991〕豫量标证字第 043 号	〔1991〕豫量标公证字第 139 号	心电图机、脑电图机、心电监护仪、数字脑电图仪，以及脑电地形图仪
2	心、脑电图机检定仪检定装置	V：DC：（0~1000）V，AC：（0~750）V f：1mHz~2GHz T：40ns~10^5s	MPE： V：DC±0.004% AC±0.1% f：$\pm1\times10^{-7}$ T：$\pm1\times10^{-7}$	〔1996〕豫量标证字第 057 号	〔1996〕豫量标公证字第 140 号	心脑电图机检定仪、心电监护仪检定仪
3	失真度仪检定装置	失真度：0.01%~100% 频率：5Hz~200kHz	MPE：失真度：±（0.5%~4%） 频率：±0.1%	〔1996〕豫量标证字第 073 号	〔1997〕豫量标公证字 145 号	失真度测量仪
4	失真度仪检定仪检定装置	（0.01~100）%	MPE：±0.3%	〔1997〕豫量标证字第 090 号	〔1997〕豫量标公证字第 162 号	失真度仪检定装置
5	低频信号发生器检定装置	V：（0~750）V f：1mHz~1MHz	MPE：V：±0.1% f：$\pm1\times10^{-7}$	〔2000〕豫量标证字第 102 号	〔2000〕豫量标公证字第 183 号	低频信号发生器
6	晶体管特性图示仪检定装置	V：（0.1~200）V I：100μA~10A	MPE：V：±0.5% I：±0.5%	〔2000〕豫量标证字第 139 号	〔1995〕豫量标公证字第 118 号	晶体管特性图示仪
7	示波器检定装置	T：450ps~55s V：40μV~200V t_r：70ps f：0.1Hz~6400MHz	MPE：T：$\pm2.5\times10^{-7}$、V：±0.1% t_r：±8ps、f：±5%	〔2013〕豫量标证字第 048 号	〔2013〕豫量标公证字第 180 号	模拟示波器
无线电次级社会公用计量标准：7 项				检定项目：12 种		

表 5-12-25　2014 年河南省次级社会公用时间频率计量标准

保存单位：河南省计量科学研究院

序号	计量标准名称	测量范围	不确定度 / 准确度等级 / 最大允许误差	计量标准考核证书号	社会公用计量标准证书号	检定项目
1	通用电子计数器检定装置	1μHz~22GHz	频率准确度：5×10^{-11} 日频率漂移率：1×10^{-12} 频率稳定度：1×10^{-12}/1s	〔1996〕豫量标证字第 030 号	〔1991〕豫量标公证字第 138 号	通用电子计数器、微波频率计数器、电子测量仪器内石英晶体振荡器、高稳晶振、频标比对器、时频类测量仪（计）、频率表、时间检定仪
2	时间间隔发生器检定装置	5ns~8×10^{5}s 1mHz~160MHz	1×10^{-10}	〔1997〕豫量标证字第 089 号	〔1997〕豫量标公证字第 161 号	时间间隔发生器、时间合成器、时间检定仪、电话计时计费装置检定仪
3	交换机计时计费系统检定装置	（1~1800）s	MPE：±（0.05+$T\times2\times10^{-5}$）s	〔2003〕豫量标证字第 105 号	〔2003〕豫量标公证字第 071 号	局用交换机电子计时计费系统、用户交换机电子计时计费系统、IC 卡公用电话计时计费装置、集中管理集中计费型电话计费装置、智能公话计时计费装置、电子计时计费装置
4	多用时间检定仪标准装置	1μs~65280s	MPE： 秒表：±（$T\times1\times10^{-7}$+10ms） 电秒表：±0.6ms 电子毫秒表：±（$T\times1\times10^{-8}$+10μs）	〔2013〕豫量标证字第 140 号	〔2013〕豫量标公证字第 119 号	机械秒表、电子秒表、指针式电秒表、数字式电秒表、电子毫秒表、数字式时间间隔测量仪
时间频率次级社会公用计量标准：4 项				检定项目：24 种		

表 5-12-26　2014 年河南省次级社会公用声学计量标准

保存单位：河南省计量科学研究院

序号	计量标准名称	测量范围	不确定度 / 准确度等级 / 最大允许误差	计量标准考核证书号	社会公用计量标准证书号	检定项目
1	医用超声诊断仪超声源检定装置	（0.1~100）mW	U_{rel}=12%（k=2）	〔2004〕豫量标证字第 109 号	〔1995〕豫量标公证字第 075 号	B 超
2	超声探伤仪检定装置	（0~91）dB	U=0.2dB（k=2）	〔2012〕豫量标证字第 097 号	〔2012〕豫量标公证字第 170 号	超声探伤仪
声学次级社会公用计量标准 2 项				检定项目：2 种		

表 5-12-27　2014 年河南省次级社会公用光学计量标准

保存单位：河南省计量科学研究院

序号	计量标准名称	测量范围	不确定度 / 准确度等级 / 最大允许误差	计量标准考核证书号	社会公用计量标准证书号	校准项目
1	汽车用透光率计校准装置	（0~100）%	U=0.52%（k=2）	〔2014〕豫量标证字第 227 号	〔2014〕豫量标公证字第 243 号	汽车用透光率计
光学次级社会公用计量标准 1 项				校准项目：1 种		

表 5-12-28　2014 年河南省次级社会公用电离辐射计量标准

保存单位：河南省计量科学研究院

序号	计量标准名称	测量范围	不确定度 / 准确度等级 / 最大允许误差	计量标准考核证书号	社会公用计量标准证书号	检定项目
1	医用诊断计算机断层摄影装置、（CT）X 射线辐射源检定装置	（10^{-6}~10^{-1}）Gy（剂量指数） （10^{-4}~10）Gy/min（空气比释动能率） （2~15）mm 孔径（低对比分辨力） （0.4~1.75）mm 孔径（空间分辨力） （1~50）Lp/cm（高对比分辨力） （35~155）kV（管电压）	U_{rel}=5%（k=2）（剂量指数 / 空气比释动能率）	〔1999〕豫量标证字第 100 号	〔1999〕豫量标公证字第 179 号	医用诊断计算机断层摄影装置（CT）X 射线辐射源、医用诊断螺旋计算机断层摄影装置（CT）X 射线辐射源、医用诊断 X 射线辐射源、放射治疗模拟定位 X 射线辐射源、医用诊断数字减影血管造影（DSA）系统 X 射线辐射源
电离辐射次级社会公用计量标准 1 项				检定项目：5 种		

表 5-12-29　2014 年河南省次级社会公用化学计量标准

保存单位：河南省计量科学研究院

序号	计量标准名称	测量范围	不确定度 / 准确度等级 / 最大允许误差	计量标准考核证书号	社会公用计量标准证书号	检定项目
1	滤光光电比色计检定装置	波长：（360~800）nm 吸光度：0~2.0	波长：U=（0.3~1.0）nm（k=2） 吸光度：U=0.010（k=2）	〔1995〕豫量标证字第 122 号	〔1995〕豫量标公证字第 127 号	滤光光电比色计、酶标分析仪
2	二等酒精计标准器组	q：（0~100）%	q：U=0.08%（k=2）	〔1997〕豫量标证字第 092 号	〔1997〕豫量标公证字第 164 号	工作酒精计
化学次级社会公用计量标准 2 项				检定项目：3 种		

总计：截至 2014 年 12 月 31 日，河南省计量院共建立使用保存次级社会公用计量标准 116 项，开展检定 / 校准项目 314 种。

河南省计量院截至 2014 年 12 月 31 日累计建立的计量标准均持有计量标准考核证书和社会公用计量标准证书，例如，2007 年复查换证的 E_1 等级克砝码标准装置计量标准考核证书（正面）如图 5–12–11 所示，E_1 等级克砝码标准装置计量标准考核证书（反面）如图 5–12–12 所示，E_1 等级克砝码标准装置社会公用计量标准证书（正面）如图 5–12–13 所示，E_1 等级克砝码标准装置社会公用计量标准证书（反面）如图 5–12–14 所示。

计量标准考核证书
Certificate for Examination of Measurement Standard

[1986] 国量标 豫 证字第 010 号

根据《中华人民共和国计量法》，按照《计量标准考核规范》的要求，考核合格，特发此证。

This is to certify that the measurement standard conforms with the requirements of the "Rule for the Examination of Measurement Standard" according to the Law on Metrology of the People's Republic of China.

建标单位 河南省计量科学研究院
Possessor of the measurement standard

计量标准名称 E_1 等级克砝码标准装置 代码 12113525
Name of measurement standard Code

测量范围 1mg～1g
Measuring range

不确定度或准确度等级或最大允许误差 E_1 等级
Uncertainty/accuracy class maximum permissible error

发证机关（印章）
The issuing authority
发证日期 2007 年 04 月 13 日
Date issued
有效期至 2011 年 04 月 12 日
Date of expiry

图 5–12–11　2007 年 E_1 等级克砝码标准装置计量标准考核证书（正面）

[1986] 国量标 豫 证字第 010 号

计量标准器 Measurement Standards

计量器具名称 Measuring instrument	型号 Model/Type	测量范围 Measuring range	不确定度或准确度等级或最大允许误差 Uncertainty/accuracy class/maximum permissible error	制造厂及出厂编号 Manufacturer and Series number
砝码	1g	1mg～1g	E_1 等级	黑龙江省计量仪器实验工厂 24

主要配套设备 Main Auxiliary Equipment

计量器具名称 Measuring instrument	型号 Model/Type	测量范围 Measuring range	不确定度或准确度等级或最大允许误差 Uncertainty/accuracy class/maximum permissible error	制造厂及出厂编号 Manufacturer and Series number
电子天平	[illegible]	1mg～1g	Ⅰ级	瑞士 Mettler Toledo 公司 1118023193

开展检定所依据的计量检定规程或开展校准依据的计量技术规范代号及名称 Verification regulation or technical Specification and its code	JJG99-2006《砝码》检定规程

可开展检定及校准项目名称 Verification and calibration items	测量范围 Measuring range	不确定度或准确度等级或最大允许误差 Uncertainty/accuracy class/maximum permissible error
砝码	1mg～1g	E_2 等级及其以下

图 5–12–12　2007 年 E_1 等级克砝码标准装置计量标准考核证书（反面）

社会公用计量标准证书
Certificate of Measurement Standards for Public Service
[1995] 豫 量标 公 证字第 016 号

根据《中华人民共和国计量法》第六条的规定，批准你单位建立的计量标准作为社会公用计量标准。

This is to certify that the measurement standard set up in your unit is authorized to be used for public service in accordance with article 6 of "Law on Metrology of the People's Republic of China".

建标单位 河南省计量科学研究院
Possessor of the measurement standard

计量标准名称 E_1 等级克组砝码标准装置 代码 12113525
Name of measurement standard Code

测量范围 1mg～1g
Measuring range

不确定度或准确度等级或最大允许误差 E_1 等级
Uncertainty/accuracy class/maximum permissible error

发证机关（印章）
The issuing authority
发证日期 2007 年 04 月 15 日
Date issued
有效期至 2011 年 04 月 14 日
Date of expiry

图 5–12–13　2007 年 E_1 等级克砝码标准装置社会公用计量标准证书（正面）

[1995] 豫 量标 公 证字第 016 号

可开展检定或校准项目名称 Verification or calibration items	测量范围 Measuring range	不确定度或准确度等级或最大允许误差 Uncertainty/accuracy class/maximum permissible error
砝码 ---以下空白---	1mg～1g	E_2 等级及以下

传递地区或范围 Region of service	河南省辖区内
计量标准考核证书号 Certificate No. (for examination of measurement standards)	[1986] 国量标 豫 证字第 010 号
计量授权证书号 Certificate No. (for authorization)	（国）法计[2002]01031 号

图 5–12–14　2007 年 E_1 等级克砝码标准装置社会公用计量标准证书（反面）

三、计量技术人员队伍建设

（一）不断扩大计量检定人员队伍

河南省质监局结合河南省实际和省以下质检系统垂直管理体制的要求，制定了计量检定人员管理办法等，加强计量检定人员管理，不断扩大计量检定员和注册计量师队伍，提高计量检定人员素质，保证计量检定质量，确保量值传递准确可靠，逐步适应河南省社会发展和经济建设的需要。

河南省技监局1995年根据《全国计量检定人员考核规则》对计量加油机、衡器检定人员进行复查考核。1996年，根据河南省技监局的安排，河南省计量所对全省35个单位218人（次）进行20项计量技术知识的教育培训工作；1997年，对全省50个单位150人（次）进行了37项次计量技术知识的培训工作。

河南省技监局1998年8月10日豫技量发〔1998〕172号文发布了《河南省计量检定人员管理办法》，自发布之日起施行。《管理办法》共22条，内容有：为做好计量检定人员管理工作，提高计量检定人员的素质，保证计量检定质量，根据《计量法》第二十条和《计量法实施细则》第二十九条的规定，制定本办法。计量检定人员是指经考核合格，持有计量检定证件，从事计量检定工作的人员。凡国家法定计量检定机构的计量检定人员和县级以上人民政府技术监督行政部门授权的技术机构中，执行强制检定和法律规定的其他检定、测试任务的计量检定人员和企业、事业单位计量检定人员，均按本办法进行管理。计量检定人员职责：正确使用计量基准或计量标准并负责维护、保养，使用保持良好的技术状况；执行计量技术法规，进行计量检定工作；保证计量检定的原始数据和有关技术资料的完整。计量检定人员应具有中专（高中）或相当于中专（高中）以上文化程度。计量检定人员的考核具体内容包括计量基础知识、专业知识、法律知识、实际操作技能和相应的计量技术规范。县级以上人民政府计量行政部门和其他单位的主管部门，每五年要对所属的授权单位设置的计量检定员进行一次复查考核，复查考核面不低于30%。计量检定证件由国务院技术监督行政部门统一制作。规定了对各类检定人员的组织考核部门。规定了计量检定人员的免考条件和免考项目。计量检定人员有下列行为之一的，给予行政处分；构成犯罪的，依法追究刑事责任：伪造检定数据的；出具错误数据造成损失的；违反计量检定规程进行计量检定的；使用未经考核合格的计量标准开展检定的；未取得计量检定证件执行检定的。

1998年，河南省技监局举办了JJG 443—1998《燃油加油机》宣贯培训班、《商品房面积测量规范》地方标准宣贯培训班等，共培训600多人。是年，河南省计量所举办了两期“电能计量检定人员培训班”、两期“心脑电图机检定规程宣贯学习班”、一期“电子收费计时器检定规程宣贯学习班”，培训计量技术人员200余人。全年对65个单位240人（次）进行了46项次计量检定技术的培训工作。1999年，河南省计量所培训计量检定人员280余人，对百余单位进行了50项次计量检定技术的培训工作。

河南省质监局2002年11月11日豫质监量发〔2002〕351号文发布了《河南省计量检定人员考核发证及管理规定》，共十九条，内容有：河南省质监局负责全省计量检定人员的监督管理；受理省级法定计量检定机构、省级计量授权技术机构中从事计量检定人员的培训、发证和复查考核工作。河南省各省辖市质监局负责本行政区域内市、县两级法定计量检定机构和市、县两级授权计量技术机构及无主管部门的企事业单位计量检定人员的培训、考核、发证、复查及监督管理工作。有省级以上（含省级）主管部门的企事业单位，由主管部门负责计量检定人员的培训、考核、发证、复查等工作。有关主管部门也可委托省局管理所辖企事业单位计量检定人员的培训、考核、发证、复查工作。计量检定人员考核分集中考核和分散考核两种形式。计量检定人员退休后，被聘任承担计量检定工作的，男不超过六十五周岁，女不超过六十二周岁。规定了计量检定人员免考条件。计量检定员证有效期为五年，五年内发证机关要对计量检定员进行一次复查考核。规定了计量检定人员的法律责任。

河南省质监局2003年12月19日豫质监量发〔2003〕372号文发布了定量包装商品计量检测人员名单，有河南省计量所刘全红、徐凯、朱青荣等共51人。

河南省质监局2004年6月18日豫质监量发〔2004〕194号文公布了河南省计量院第一批计量检定人员通过考核取证名单（含考核通过的计量检定项目），有范乃胤、毕建萍、贾晓杰、周向重、任方平、黄玉珠、张卫东、邹晓华、张晓明、周晓兰、李振杰、李淑香、刘全红、张中杰、李峰、刘丹、冯海盈、何开宇、朱青荣、陈玉斌、孙毅、王书升、张奇峰、徐凯、马睿松、刘沛、杜正峰、李锦华、王娜、张书伟、朱小明、贾红斌、姜鹏飞、叶献锋、俞建德、戴金桥、朱永宏、周文辉、陈睿锋、闫继伟、王帆、王颖华、耿建波、孔小平、孟洁、许建军、任峰、隋敏、王全德、程晓军、石永祥、郭胜等52人。

河南省质监局2004年4月18日豫质监量发〔2004〕195号文公布了河南省计量院第一批计量检定人员通过检测项目考核名单，共有赵军、程晓军、刘文芳、朱青荣4人。

河南省质监局2005年3月14日发出豫质监量发〔2005〕56号文，重申：凡非计量机构未经质量技术监督部门授权和企业单位委托，擅自对工业企业散发计量检定员培训、考核通知，干涉全省计量检定人员管理程序，该类机构所发放计量检定员证，在申请计量标准考核、计量器具生产许可证等计量业务办理中一律无效。是年6月8日，河南省质监局豫质监量发〔2005〕209号文公布了《河南省计量检定人员考核取证补充规定》，对河南省计量检定员考核免试条件、增项考核、考核成绩的认定作出了补充规定。是年6月30日，豫质监量发〔2005〕235号文发布了全省第二批定量包装商品计量检测人员的名单，共有河南省计量院王朝阳和张向宏等9个省辖市、2个县质检中心的26人。是年9月9日，河南省质监局豫质监量函〔2005〕36号文，同意河南省计量院受理本院部分人员申请，由该院自行安排专业实际操作考试、专业理论考试和计量基础知识考试。

河南省质监局2006年3月27日豫质监量发〔2006〕110号文发出《关于河南省计量检定人员分散考核若干规定的通知》，对分散考试的对象、分散考核的申报和考核方式作出了规定。是年4月10日豫质监量发〔2006〕148号文发布了全省第三批定量包装商品计量检测人员的名单，共有沈忠仙等11个省辖市、1个县质量技术监督检验测试中心22人。是年5月16日，河南省质监局豫质监量发〔2006〕192号文公布了河南省第一批计量专业培训教师含计量专业的名单，共有贾三泰、任方平、王祥龙、沈忠仙、司天明、付子傲、张卫东、潘东超、黄玉珠、贾晓杰、石艳玲、李淑香、杨俊宝、周志坚、张晓明、王志远、陈怀军、何开宇、孙毅、陈玉斌、朱迪禄、藏宝顺、陈庆丰、李春亭、刘志国、侯永胜、李林林、周昱松、尹祥云、骆钦华、李保良、崔耀华、孔庆彦、张辉生、史维安、郭韶光、胡天祥、马林、许华、毕明栋、孟德良、朱永宏、李绍堂、邓立三、孙晓全、杜书利、徐思伶、高进忠、高庆斌、于军、王书生、铁大同、朱茜、王颖华、倪巍、路彦庆、朱卫民、崔广新、马睿松、刘沛、柯存荣、张军、申东晓、苗润苏、赵伟、魏东、林平德、周秉时、苗红卫、冷恕、陈侠、史雅萍、张静萍73人。

河南省人事厅、河南省质监局联合发布豫人职〔2006〕30号文《转发人事部、国家质量监督检验检疫总局〈关于印发〈注册计量师制度暂行规定〉、〈注册计量师资格考试实施办法〉和〈注册计量师资格考核认定办法〉的通知〉的通知》，并结合河南省实际，提出了八条贯彻实施意见（摘录）：第一，注册计量师制度的建立，对加强计量专业技术人员的管理，提高计量专业技术人员素质，保障国家量值传递的准确可靠具有十分重要的意义。因此，各单位要高度重视，加强领导，精心组织，各级人事、质量技术监督部门要密切配合，各司其责，共同做好这项工作。第二，省人事厅和省质量技术监督局共同负责一级注册计量师资格考试工作，并按照《注册计量师制度暂行规定》和《注册计量师资格考试实施办法》的有关要求组织二级注册计量师资格考试工作。省质量技术监督部门负责注册计量师的考前培训工作。第三，省质量技术监督局为二级注册计量师资格的注册审批机关，并负责一级注册计量师资格的注册审查工作。第四，一、二级注册计量师资格考试的报考工作严格按照《注册计量师制度暂行规定》的申报范围、条件执行。第五，经考试合格取得注册计量师资格证书并申请注册的人员，应持由人事部、国家质量监督检验检疫总局共同用印的“中华人民共和国一级注册计量师资格证书”和由省人事行政部门和省质量技术监督部门共同用印的“中华人民共和国二级注册计量师资格证书”，到省质量技术监督局人事部门办理相关注册登记、审查和审批手续。第六，注册计量师资格考试日期为每年第三季度。具体考试时间另行通知。第七，符合2006年度考核认定条件的计量专业人员，可向聘用单位提出申请，经单位审核同意后，一级注册计量师的推荐材料由聘用单位向省质量技术监督局推荐，经审核后，报省人事行政部门复审；二级注册计量师的推荐材料，由聘用单位向所在地市质量技术监督局推荐，经审核后，送市人事行政部门复审，复审后报省质量技术监督局（二级注册计量师资格考核认定领导小组办公室）审核，最后报省人事行政部门（二级注册计量师资格考核认定工作领导小组）复核。第八，一级注册计量师考核认定材料的上报时间截止到2006年

11月10日；二级注册计量师考核认定材料上报时间另行通知。

国家质检总局2007年12月29日第105号令公布《计量检定人员管理办法》，自2008年5月1日起实施。河南省质监局结合质量技术监督系统省级以下垂直管理体制的变化和河南省计量检定人员管理实际，制定的《河南省计量检定人员考核发证及管理规定》继续有效，请遵照执行。《计量检定人员管理办法》共二十六条，规定了计量检定员的申请、受理、考核、发证、权利、义务、法律责任等。《计量检定员证》有效期为5年，有效期届满3个月前，申请复核换证。

2008年，河南省质监局加强了计量人员的培训和管理。委托部分省辖市局和河南省计量测试学会承办了流量、长度、热工、互感器、压力、三表等专业计量检定员专业知识和实际操作技能培训班，共办计量检定人员培训班18个，培训人次约1497人。是年8月26日，省局组织了全省1556名计量检定员计量基础知识统一考试。

2008年，全省共有计量检定员6450人，其中，依法设置法定计量检定机构的计量检定员2279人，授权的法定计量检定机构的计量检定员486人，其他授权单位的计量检定员923人，企事业单位的计量检定员2762人（见表5-12-30）。

河南省人力资源和社会保障厅、河南省质监局2009年3月20日联合印发豫人社〔2009〕6号文，公布了经国家人力资源和社会保障部、国家质量监督检验检疫总局考核认定考核认定一级注册计量师资格人员名单，河南省陈传岭、赵军、孔庆彦、王卓、马长征、刘全红、杨明镜、周秉时、王广俊、朱卫民、马睿松、崔耀华、崔广新、杜建国、刘沛、胡绪美、朱永宏、李淑香、陈清平19人取得了一级注册计量师资格。

河南省人力资源和社会保障厅、河南省质监局2009年3月20日联合印发豫人社〔2009〕8号文，公布了河南省二级注册计量师资格考核认定合格人员名单，郑州：陈和强、贺建军、黄玲、柯存荣、孙树炜、闫库、张昕燕、朱江。开封：王敢峰、魏东、于北虎。洛阳：张涛。平顶山：秦志阳。新乡：高嘉乐、倪巍。安阳：陈怀军、高庆斌、李献波、邵宏。许昌：马四松、孙满收。南阳：柏长春、陶炜、于军。商丘：刘武成、孟秀梅、张保柱、张茂友。周口：陈振州。驻马店：李事营。济源：李有福。省直：陈玉斌、樊玮、何开宇、黄玉珠、贾晓杰、孔小平、李莲娣、李振杰、苗红卫、尚岚、石艳玲、石永祥、隋敏、孙晓全、孙毅、铁大同、王朝阳、王全德、王书升、张卫东、张晓明、张志清、周富拉、朱茜、朱小明、邹晓华、袁玉宝、杜金霞、耿秀明、龚翔、贾正宇、王十庆、杨萍、周改文、卓红，共66人。是年12月2日，豫质监量发〔2009〕516号文，公布了2009年河南省计量检定员分散考核专业项目考核成绩，共376人。

河南省质监局计量处2010年11月15日发文，自即日起启用“河南省质量技术监督局计量检定员核准专用章”。

河南省质监局2011年3月14日发出豫质监量发〔2011〕87号文，明确了注册计量师资格考试中有关问题。全国的注册计量师资格考试日期定为2011年6月18日、19日。考点设在郑州。全国的一级注册计量师和二级注册计量师的考试，统一时间、地点、同时进行。并对考试考务职务分工、考试费用收取、考试成绩与资格证书、报名要求、资格审查、考前辅导培训、考试大纲与教材、专业项目考核与注册作出了规定。河南省质监局组织全省计量技术人员参加了2011年6月18日、19日，全国统一时间的一级注册计量师和二级注册计量师的考试。

2012年8月16日，国家质检总局发布了《计量检定员考核规则》（2012年第123号公告）。《计量检定员考核规则》共二十三条，对考核管理工作分工、计量检定员考核申请、考核科目、免考条件、复查考核、考核材料备案等作出了规定。国家质检总局对全国计量检定员的考核工作实施统一监督管理。省级质量技术监督部门对本行政区域内计量检定员的考核工作实施监督管理。计量检定员考核分为计量基础知识、计量专业项目知识和计量检定操作技能三个科目。计量基础知识、计量专业项目知识科目的考试分别按百分制评分，60分为及格。计量检定操作技能科目的考试按百分制评分，70分为及格。计量基础知识和计量专业项目的考试为闭卷笔试，每科目的考试时间为120分钟。考试成绩的有效期为两年。《计量检定员证》有效期届满，应当提前向组织考核单位申请复查考

表 5-12-30　2008 年度河南省质量技术监督部门计量检定人员考核管理情况统计表

序号	地区	依法设置法定计量检定机构的计量检定员人数（人）				授权的法定计量检定机构的计量检定员人数（人）				其他授权单位的计量检定员人数（人）				企事业单位计量检定员人数（人）			
		现有	新增	复查	注销	现有	新增	复查	注销	现有	新增	复查	注销	现有	新增	复查	注销
1	郑州	185	10	0	0	0	0	0	0	53	2	0	0	537	2	0	0
2	开封	80	15	0	0	90	12	0	0	20	2	0	0	160	32	0	0
3	洛阳	163	20	0	0	0	0	0	0	74	15	0	0	484	50	0	0
4	平顶山	108	10	0	0	54	6	0	7	0	0	0	0	31	11	0	0
5	安阳	152	4	0	0	0	0	0	0	63	2	0	0	405	5	0	0
6	鹤壁	55	3	0	0	6	0	0	0	29	0	0	0	18	0	0	0
7	新乡	125	12	0	1	0	0	0	0	117	19	0	0	200	17	0	0
8	焦作	132	8	0	0	10	0	0	0	0	0	0	0	216	60	0	0
9	濮阳	119	18	0	0	0	0	0	0	95	0	0	0	78	0	0	0
10	许昌	123	4	0	0	123	4	0	0	32	2	0	0	64	3	0	0
11	漯河	0	0	0	0	102	10	0	0	39	9	0	0	43	0	0	0
12	三门峡	74	13	0	0	0	0	0	0	22	0	0	0	130	17	0	0
13	商丘	230	5	0	0	0	0	0	0	5	0	0	0	127	13	0	0
14	周口	144	0	0	0	0	0	0	0	17	0	0	0	15	0	0	0
15	驻马店	191	56	0	0	85	12	0	0	0	0	0	0	40	10	0	0
16	南阳	149	0	149	0	0	0	0	0	154	0	154	0	42	0	42	0
17	信阳	121	0	0	0	16	4	0	0	0	0	0	0	80	0	0	0
18	济源	25	0	0	0	0	0	0	0	27	0	0	0	92	0	0	0
19	省局	103	37	0	0	0	0	0	0	176	14	22	0	0	0	0	0
合计		2279	215	149	1	486	48	0	0	923	65	176	0	2762	220	42	0

核。本规则自2012年10月1日起开始实施，1991年8月1日原国家技术监督局发布的《全国计量检定人员考核规则》同时废止。

河南省质监局计量处 2013 年 1 月 17 日发出豫质监量函〔2013〕011 号文，转发了 2012 年 10 月 11 日国家质检总局印发的《质检总局计量司关于印发〈计量检定员考核规则〉配套用表的函》（质检量函〔2012〕70 号）。

为了贯彻落实国家质检总局《计量检定人员管理办法》和《计量检定员考核规则》，加强全省计量检定人员考核发证和监督管理，河南省质监局 2013 年 10 月 29 日豫质监量发〔2013〕414 号文公布了修订的《河南省计量检定员考核发证管理规定》，共十一条，对计量检定员考核、发证分级负责、考核单位、考核项目、组织方式、发证、信息管理等作出了规定。内容（摘录）：对计量检定员的考核可按照集中考核、分散考核和委托考核等方式进行。计量基础知识考核一般采取集中考核的方式进行。河南省质监局和省辖市质监局签发的《计量检定员证》，证件贴照片骑缝处和考核合格专业项目栏分别加盖省局或省辖市局“某某质量技术监督局计量检定员发证专用章”（钢印）和“某某质量技术监督局计量检定员核准专用章”（印章）。考核单位应保留申请人的申请材料及考核档案 5 年。本规定自 2014 年 1 月 1 日起实施。

河南省质监局计量处 2013 年 11 月 5 日豫质监量函〔2013〕94 号文明确了做好计量检定员考核发证工作有关问题。是年 11 月 14 日，河南省质监局印发豫质监量发〔2013〕442 号文，开展注册计量师注册工作。根据国家质检总局《注册计量师注册管理暂行规定》（2013 年第 64 号）及《质检总局办公厅关于做好注册计量师注册工作有关问题的通知》（质检办量函〔2013〕462 号）规定，为保证注册工作顺利进行，对有关问题作出了规定。内容（摘录）：注册分工：河南省质监局负责事项、各省辖市、省直管试点县（市）质监局负责事项、聘用单位负责事项。注册对象及条件：初始注册、延续注册、变更注册。注册申请程序：初始注册申请人需要提交材料、聘用单位需要提交材料。注册时间要求：2013 年 12 月 31 日前，对已持有注册计量师资格证书申请初始注册的，不需提交继续教育证明。自 2014 年 1 月 1 日起，自取得注册计量师资格证书之日起 1 年内没有提出注册申请的，在申请初始注册时，须符合有关继续教育要求。注册证每一注册有效期为 3 年。

2013 年，全国计量检定人员考核工作宣传贯彻会议在郑州召开。国家质检总局计量司副司长宋伟、调研员邓媛芳，中国计量测试学会秘书长王顺安，河南省质监局副局长肖继业、局计量处处长苏君、调研员苗瑜等参加了会议（见图 5-12-15）。

图 5-12-15
2013 年全国计量检定人员考核工作宣传贯彻会议　宋伟（第一排左七）、邓媛芳（第一排左九）、肖继业（第一排左八）、苏君（第一排左十）、苗瑜（第一排左十一）

2013 年 12 月 30 日，河南省质监局公布了第一批河南省计量检定员考核中计量专业项目考核资质单位名单。省级考核单位：河南省计量院、河南省计量协会、河南省计量学会，可考核的计量专业项目为已建有的计量标准且具有相应计量标准考评员的项目。省辖市级考核单位：可考核的计量专业项目为已建有的至少经过一次复查换证的计量标准且具有相应计量标准考评员的项目；公布了具体名单。

河南省质监局计量处2014年3月7日下达2014年度河南省计量检定员考核计划。河南省质监局2014年已完成2013年度河南省一级注册计量师的注册审查、二级注册计量师的注册审批工作。2014年，河南省共注册一级注册计量师159人，二级注册计量师346人，注册人员分布情况见表5-12-31。其中，河南省计量院一级注册计量师78人，河南省电力公司一级注册计量师13人，郑州豫燃检测有限公司一级注册计量师7人，登封市质检中心、尉氏县质检中心、洛宁县质检中心、安阳县质检中心一级注册计量师各1人。存在问题：注册计量师人员数量少，部分市级检测中心无注册计量师，多数县级检测中心无注册计量师。注册计量师注册项目少；目前所注册的项目无法完全覆盖聘用单位所能开展的检定 / 校准项目；个别单位对注册计量师考核工作不够重视。

表5-12-31 2013年河南省注册计量师注册汇总表

单位 / 辖区	一级注册计量师				二级注册计量师			
	市级中心	县级中心	其他单位	小计	市级中心	县级中心	其他单位	小计
河南省计量院	—	—	—	78	—	—	—	21
省直其他	—	—	—	17	—	—	—	32
郑州市	10	1	8	19	29	0	11	40
开封市	0	1	1	2	9	2	1	12
洛阳市	6	1	7	14	2	2	12	16
平顶山市	3	0	1	4	2	4	7	13
安阳市	0	1	0	1	26	4	8	38
鹤壁市	1	0	0	1	3	1	2	6
新乡市	3	0	1	4	2	4	3	9
焦作市	0	0	1	1	0	2	2	4
濮阳市	2	0	4	6	11	1	7	19
许昌市	2	0	1	3	2	0	0	2
漯河市	2	0	0	2	17	3	4	24
三门峡市	0	0	0	0	9	3	4	16
南阳市	1	0	1	2	1	0	4	5
商丘市	0	0	0	0	15	0	0	15
信阳市	0	0	0	0	0	0	8	8
周口市	0	0	0	0	19	0	0	19
驻马店市	3	0	1	4	13	0	5	18
济源市	1	/	0	1	13	/	0	13
巩义市	—	0	0	0	—	4	2	6
兰考县	—	0	0	0	—	2	0	2
汝州市	—	0	0	0	—	0	0	0
滑 县	—	0	0	0	—	3	0	3
长垣县	—	0	0	0	—	5	0	5
邓州市	—	0	0	0	—	0	0	0
永城市	—	0	0	0	—	0	0	0
固始县	—	0	0	0	—	0	0	0
鹿邑县	—	0	0	0	—	0	0	0
新蔡县	—	0	0	0	—	0	0	0
合计	34	4	26	159	173	40	80	346

河南省质监局计量处2014年7月22日印发《关于进一步加强全省计量检定员考核管理工作的通知》（豫质监量函字〔2014〕54号），对按照国家质检总局的《计量检定员管理办法》《计量检定员考核规则》和《河南省计量检定员考核发证管理规定》的规定，结合2014年开始执行的河南省计量检定员省、市两级考核管理过程中发现的问题，提出了有关要求。

2014年12月31日，河南省依法设置的计量检定机构127个，依法授权的计量检定机构218个，共345个；计量检定员共8217人，其中，依法设置的法定计量检定机构的计量检定员3387人，其他授权单位的计量检定员2301人，企业事业单位的计量检定员2529人，见表5-12-32；河南省共有一级注册计量师159人，二级注册计量师346人，其中河南省计量院一级注册计量师78人、二级注册计量师21人。2008—2014年，河南省一级注册计量师名单（159人，姓名后面第一个号码是资格证书号码，第二个号码是注册证注册号码）：河南省计量科学研究院：2008年：陈传岭0000112、4100001，杨明镜0000113、4100002，马长征0000114、4100003，王广俊0000115、4100004，马睿松0000116、4100013，王卓0000117、4100007，刘全红0000118、4100024，李淑香0000119、4100006，刘沛0000120、4100030，周秉时0000121、4100032，陈清平0000122、4100033，赵军0000123、4100010，杜建国0000124、崔广新0000125、4100040，崔耀华0000126、4100051，朱永宏0000127、4100045，朱卫民0000128、4100043，孔庆彦0000129；2011年：张中杰0003618、4100005，苗红卫0003640、4100008，孟洁0003658、4100011，王娜0003641、4100012，张卫东0003634、4100014，黄玉珠0003651、4100015，贾晓杰0003623、4100016，苏清磊0003635、4100017，范乃胤0003637、4100018，李振杰0003653、4100021，陈永强0003652、4100023，孙钦密0003657、4100026，何开宇0003620、4100027，卜晓雪0003649、4100029，张勉0003646、4100031，朱小明0003644、4100034，贾红斌0003642、4100035，宁亮0003656、4100037，刘文芳0003617、4100038，丁力0003645、4100039，王全德0003631、4100041，胡博0003625、4100046，张志清0003628、4100047，谷田平0003660、4100048，段云0003650、4100049，樊玮0003616、4100052，师恩洁0003624、4100053，朱茜0003619、4100054，孔小平0003636、4100055，许建军0003639、4100056，贾会0003654、4100057，孙晓萍0003627、4100058，雷军锋0003648、4100063，张书伟0003632、4100059，宋笑明0003621、4100062，丁峰元0003629、4100061，李博0003647、4100060，黄成伟0003630、4100064，张奇峰0003626、4100071，秦国君0003622、4100072，叶献锋0003633、4100073，王书升0003638、4100068，司延召0003643、4100069，刘沙0003655、4100070，齐芳0003659，4100044；2013年：俞建德0004747，刘权0004743，周强0004749，崔馨元0004738，冯海盈0004739，王朝阳0004745，郭美玉0004740，李岚0004741，张燕0004748，朱梦晗0004750，龙成章0004744，李胜春0004742，杨战国0004746；2014年：邵峰0005273，暴冰0005272。河南省电力公司计量中心：赵铎0003609、4100074，孙琪0003613、4100075，刘忠0003612、4100076，丁涛0003611、4100077，赵玉富0003614、4100078，邵淮岭0004736、4100079，徐二强0004737、陈上吉0003610、4100081。国网河南省电力公司电力科学研究院：史三省0003606、4100082，桑小明0003608、4100083，刘玮蔚0004735、4100084，高利明0003605、4100085，马磊0003607、4100086。郑州铁路局郑州机务段：席玲芝0004721、4100087。中国铝业河南分公司计控信息中心：高金先0003554、4100088，任亚洁0003555、4100089。中国人民解放军信息工程大学地理空间信息学院全军测绘仪器检修中心：包欢0003661、4100090。郑州市质量技术监督检验测试中心：柯存荣0003550、4100091，安志军0003552、4100092，王志远0004723、4100093，廖启明0004722、4100094，李虎0003547、4100095，张向宏0003548、4100096，张莉0003553、4100097，邵晓明0003549、4100098，王岩0003546、4100099，吴彦红0003551、4100100。郑州豫燃检测有限公司：张平0004751、4100101，崔亚慧0003540、4100102，张琼娜0003542、4100103，胡绪美0000130、4100104，邓立三0003539、4100105，柴峰0003543、4100106，陈蓉0003541、4100107。郑州自来水投资控股有限公司：吴奇峰0003545、4100108。登封市质量技术监督检验测试中心：宋文娟0003538、4100109。洛宁县质量技术监督检验测试中心：吕国锋0003559、4100110。洛阳北控水务集团有限公司：马琳0003560、4100111。洛阳

市质量技术监督检验测试中心：徐珂 0004724、4100112，尚峰 0003562、4100113，孙坤瑜 0003563、4100114，陈清华 0003564、4100115，王凌 0003565、4100116，冉旭 0003561、4100117。洛阳西苑车辆与动力检验所有限公司：刘惠 0003566、4100118，李京忠 0004725、4100119。中国一拖集团有限公司计量检测中心：常世清 0003570、4100120，张旭静 0003568、4100121，任桂英 0003569、4100122。中信重工机械股份有限公司：刘艳丽 0004727、4100123。开封新奥燃气表检定站：王丽芬 0003556、4100124。尉氏县质量技术监督检验测试中心：陈书磊 0003557、4100125。平顶山市质量技术监督检验测试中心：闫国旗 0003572、4100126，王三伟 0003571、4100127，王伟生 0004729、4100128。平顶山燃气有限责任公司：丁巧 0004730、4100129。安阳县质量技术监督检验测试中心：张辉 0003591、4100130。鹤壁市质量技术监督检验测试中心：付丽荣 0003588、4100131。新乡市质量技术监督检验测试中心：苗润苏 0003576、4100132，倪巍 0003575、4100133，张美莹 0004731、4100134。卫华集团有限公司：杨俊辉 0003574、4100135。焦作万方铝业股份有限公司：梁伟光 0003577、4100136。濮阳市质量技术监督检验测试中心：霍磊 0003580、4100137，车贵甫 0003581、4100138。中国石化集团中原石油勘探局供水管理处：陈莉 0003582、4100139。中原油田分公司技术监测中心：明红 0003585、4100140，李璇 0004732、4100141，武士振 0003584、4100142。许昌市质量技术监督检验测试中心：彭学伟 0003594、4100143，刘玉峰 0003595、4100144。河南黄河旋风股份有限公司：宋小娟 0004733、4100145。漯河市质量技术监督检验测试中心：刘沛 0003597、4100146，高峰 0003596、4100147。驻马店市质量技术监督检验测试中心：吴新礼 0003602、4100148，杨晓东 0003604、4100149，李双明 0003603、4100150。上蔡县电业公司：张彦伟 0003601、4100151。南阳市质量技术监督检验测试中心：陶炜 0003598、4100152。中国石油化工股份有限公司河南油田分公司技术监测中心：顾少怀 0003599、4100153。济源市质量技术监督检验测试中心：位志鹏 0004734、4100154。

表 5-12-32　2014 年度河南省质量技术监督部门计量检定人员考核管理情况统计表

地区	依法设置的法定计量机构的计量检定员人数（人）				其他授权单位的计量检定员人数（人）				企事业单位计量检定员人数（人）			
	现有	新增	复查	注销	现有	新增	复查	注销	现有	新增	复查	注销
郑州	275	26	26	7	227		8	13	356	35	60	62
开封	165	4	1		157	13	10		318	21	12	
洛阳	290	7			27	2	15		495	28	61	
平顶山	188	4	12		195	5	5		251	49	2	
安阳	146	14	29	3	115	19	17	3	44	2	9	8
新乡	206	39	23		154	44	10	6	297	33	11	
焦作	150	9	17	6	130	45	17	12	266	44	9	42
濮阳	145	1			100	18	3		29			
许昌	111	2	25	40	86	6	15		56	3	20	
漯河	98	5			46	2	6		18	1	1	
三门峡	89	7	25	7	50	10	25	5	55	6	15	16
鹤壁	50	2	12		42	7	5		23	0		
商丘	269	25	1		113	19	0		53	5		11
周口	404	50	19	14	129	23	9		16	10		
驻马店	264	4	6	0	153	48	8		58	7		
南阳	200	11	10	5	232	42	29	5	67	11	7	4

续表

地区	依法设置的法定计量机构的计量检定员人数（人）				其他授权单位的计量检定员人数（人）				企事业单位计量检定员人数（人）			
	现有	新增	复查	注销	现有	新增	复查	注销	现有	新增	复查	注销
信阳	138	16			11				41	9	4	
济源	30				27	6			86	12	2	
省局	169	15	85	1	307	35	39					
合计	3387	241	291	83	2301	344	221	44	2529	276	213	143

（二）高级计量技术人才层出不穷

1995年以来，河南省技监局、河南省质监局大力加强计量科技人才的培养工作，全省质监系统重视科学、重视人才已蔚然成风。全省计量人员在计量工作实践中，艰苦奋斗、刻苦钻研计量科学技术，涌现出了一大批高级计量技术人才，国务院政府特殊津贴专家、全国质量技术监督科研先进个人、国家质检总局优秀中青年专家、教授级高级工程师、高级工程师、全省质监系统计量学科带头人等层出不穷。高级计量技术人才的大批涌现，为持续发展创新提升全省计量工作奠定了坚实的计量技术人才基础。

1995—2014年，全省计量技术人员中每年都有被河南省工程系列高级专业技术职务评审委员会评审通过获得高级工程师任职资格的人员。

河南省技监局1996年8月成立了河南省技术监督局工程系列中级专业技术职务评审委员会，主任委员：戴式祖，副主任委员：徐俊德、司喜云，计量专业评委：程新选等16人。

河南省质量技术监督系统全国计量技术委员会委员（15个计量专业，30人；姓名后面为全国计量技术委员会名称、首聘年份和续聘年份）：程新选：全国力值硬度计量技术委员会委员，首聘1997年，续聘2002年；杜书利：全国压力计量技术委员会委员，首聘1997年，续聘2002年；牛淑之：全国几何量长度计量技术委员会委员，首聘1997年、续聘2002年；杜建国：全国无线电计量技术委员会委员，首聘1997年，续聘2002年、2007年、2012年；陈传岭：全国电磁计量技术委员会委员，首聘1997年，续聘2002年、2007年、2012年；陆婉清：全国电离辐射计量技术委员会委员，首聘1997年，续聘2002年；孔庆彦：全国流量、容量计量技术委员会委员，首聘1997年，续聘2002年；马睿松：全国电磁计量技术委员会委员，首聘2004年；刘伟：全国法制计量管理计量技术委员会委员，首聘2007年；黄玉珠：全国几何量长度计量技术委员会委员，首聘2007年，续聘2012年；张卫东：全国几何量工程参量计量技术委员会委员，首聘2007年；贾晓杰：全国几何量工程参量计量技术委员会委员，首聘2012年；刘全红：全国振动冲击转速计量技术委员会委员，首聘2007年，续聘2012年；王广俊：全国力值、硬度计量技术委员会委员，首聘2007年，续聘2012年；崔耀华：全国流量、容量计量技术委员会委员，首聘2007年，续聘2012年；何开宇：全国质量密度计量技术委员会委员，首聘2007年，续聘2012年；孙晓全：全国压力计量技术委员会委员，首聘2007年，续聘2012年；朱卫民：全国声学计量技术委员会委员，首聘2007年，续聘2012年；马长征：全国电离辐射计量技术委员会委员，首聘2007年，续聘2012年；朱茜：全国环境化学计量技术委员会委员，首聘2007年，续聘2012年；孔小平：全国物理化学计量技术委员会委员，首聘2007年，续聘2012年；崔广新：全国时间频率计量技术委员会委员，首聘2007年，续聘2012年；柯存荣：全国时间频率计量技术委员会委员，首聘2007年，续聘2012年；朱永宏：全国流量、容量专业技术委员会委员，首聘2005年；张奇峰：全国法制计量管理计量技术委员会机动车计量检测工作组成员，首聘2012年。上述人员均由国家技监局、国家质监局、国家质检总局颁发聘书。

河南省科委1998年9月19日颁发了聘请河南省计量所程新选为河南省科技进步奖特邀评审员的聘书。这是河南省技术监督系统第一位获此聘书的人员。

河南省技监局1999年11月调整了河南省质量技术监督局工程系列中级专业技术职务评审委员

会：主任委员：刘景礼，副主任委员：魏书法，技术监督评委：王有全、程新选，计量专业评委：牛淑之、陈海涛、杜建国、程晓军、杜书利、裴松、赵建新、李莲娣。

中国计量测试学会力学计量专业委员会 2001 年 6 月 6 日聘河南省计量所程新选为中国计量测试学会力学计量专业副主任委员，并颁发了聘书。

河南省质量技术监督系统计量专业教授级高级工程师（2000—2014 年）20 人，聘任时间和姓名分别为：2000 年：杜建国；2001 年：程新选；2003 年：陈传岭；2005 年：宋崇民、王广俊；2007 年：马长征；2009 年：刘全红、李淑香；2010 年：马睿松、王卓、王洪江；2011 年：杨明镜、周秉时、朱永宏；2012 年：黄玉珠、刘沛；2013 年：赵军、朱茜；2014 年：朱卫民。

2000 年，经河南省工程系列教授级高级工程师任职资格评审委员会评审通过，并经审查同意，河南省计量所杜建国具备教授级高级工程师任职资格（见图 5-12-16）。这是河南省质量技术监督系统第一位获教授级高级工程师任职资格的人员。

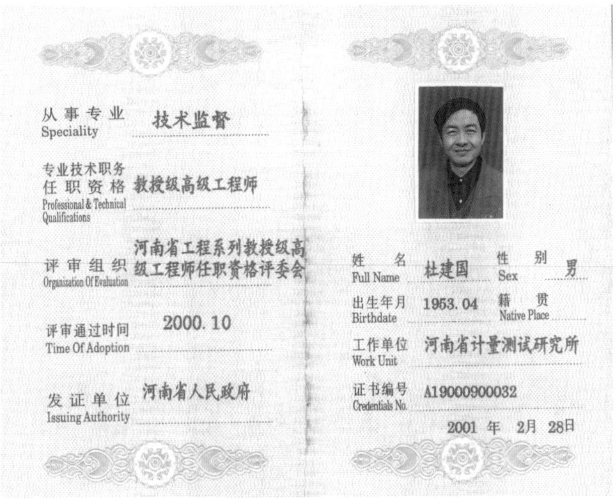
从事专业 Speciality 技术监督
专业技术职务任职资格 Professional & Technical Qualifications 教授级高级工程师
评审组织 Organization Of Evaluation 河南省工程系列教授级高级工程师任职资格评委会
评审通过时间 Time Of Adoption 2000.10
发证单位 Issuing Authority 河南省人民政府
姓名 Full Name 杜建国 性别 Sex 男
出生年月 Birthdate 1953.04 籍贯 Native Place
工作单位 Work Unit 河南省计量测试研究所
证书编号 Credentials No. A19000900032
2001 年 2月 28日

图 5-12-16
2000 年杜建国获教授级高级工程师任职资格证书

国务院 2001 年 6 月 27 日给河南省计量所程新选颁发了国务院政府特殊津贴专家证书（见图 5-12-17）。这是河南省质量技术监督系统第一位获此称号的人员。

河南省职称改革领导小组 2001 年 12 月 12 日聘河南省计量所程新选为“2001 年度工程系列高级工程师任职资格评审委员会副主任委员”，并颁发了聘书。这是河南省质量技术监督系统第一位获此聘书的人员。

证书
程新选同志：
为了表彰您为发展我国工程技术事业做出的突出贡献，特决定发给政府特殊津贴并颁发证书
国务院
政府特殊津贴第 94101020 号
二〇〇一年六月二十七日

图 5-12-17
2001 年程新选获国务院政府特殊津贴专家证书

河南省质量技术监督系统 2014 年共有国务院政府特殊津贴专家 4 人：2001 年：程新选；2007 年：陈传岭；2009 年：宋崇民；2009 年：王广俊。上述人员均由国务院颁发政府特殊津贴专家证书（见

图 5-12-18~ 图 5-12-21）。

图 5-12-18　2001 年程新选获国务院政府特殊津贴专家证书

图 5-12-19　2007 年陈传岭获国务院政府特殊津贴专家证书

图 5-12-20　2009 年宋崇民获国务院政府特殊津贴专家证书

图 5-12-21　2009 年王广俊获国务院政府特殊津贴专家证书

国家质检总局 2003 年 11 月 3 日印发《关于表彰质检系统优秀科技工作者的决定》（国质检科〔2003〕384 号），表彰优秀科研工作者 42 名，其中有河南省计量所程新选（见图 5-12-22）。提出表扬的科技工作者 67 名，其中有河南省质监局左斌。2003 年 11 月 11 日，全国质检科技工作会议在福州召开，会议表彰了在质检科技工作中做出优秀成绩的先进个人和先进集体。河南省质监局 2003 年 12 月 10 日发文予以表彰。

中共河南省委、河南省人民政府 2002 年 5 月 24 日给河南省计量所程新选颁发了“河南省优秀专家”证书（见图 5-12-23）。这是河南省质量技术监督系统第一位获此称号的人员。

国家质检总局 2004 年 3 月 30 日印发国质检人〔2004〕30 号文，授予 75 人“国家质检总局优秀中青年专家”称号，其中有河南省计量科学研究院陈传岭。

河南省职称改革领导小组 2004 年 10 月聘河南省计量院程新选为“二〇〇四年度河南省工程系列教授级高级工程师任职资格评审委员会副主任委员”，并颁发了聘书。这是河南省质量技术监督系统第一位获此聘书的人员。

河南省质监局 2007 年 5 月授予河南省计量院马长征、马睿松“河南省质量技术监督系统学术技术带头人”称号，2008 年 8 月授予河南省计量院朱永宏、杨明镜“河南省质量技术监督系统学术技术带头人”。

图 5-12-22 2003 年程新选获国家质检总局优秀科研工作者证书

图 5-12-23 2002 年程新选获河南省优秀专家证书

河南省质监局 2008 年 11 月在郑州举办了全省质监系统的加油机检定技术比武活动，2009 年举办了全省质监系统电磁计量检定工、流量计量检定工岗位技术工人技能竞赛活动。

河南省质量技术监督系统计量专业高级工程师（1988—2014）156 人，其获证时间、单位、姓名如下。1988 年：河南省计量所：李培昌、肖汉卿、林继昌、付克华、何丽珠、阮维邦。1992 年：河南省计量所：杜新颖、肖俊岩、马世英、孟宪新、吴发运。1993 年：河南省计量所：焦永德、陈海涛、路治中、赵立传、韩丽明、周英鹏、杜书利、陆婉清、张玉玺、朱石树。1994 年：河南省计量所：杜建国、牛淑之、白宏文。1995 年：河南省计量所：程晓军、裴松、朱景昌。1996 年：河南省计量所：程新选、李绍堂。1997 年：河南省计量所：陈传岭、周秉时、李莲娣、宋崇民。1998 年：河南省计量所：孔庆彦、王颖华、李黎军。1999 年：河南省计量所：陈桂兰。2000 年：河南省计量所：王广俊、杨明镜、王卓、马长征、王洪江。2001 年：河南省计量所：马睿松、任方平、陈清平；许昌市质检中心：李福民。2002 年：河南省计量所：李淑香、崔广新、刘沛。2003 年：河南省计量院：赵建新、崔耀华、刘全红；安阳市质检中心：李玉军；南阳市质检中心：张绿萍。2004 年：南阳市质检中心：王有生、陶炜、张大林；登封市质检中心：宋文娟；河南省计量院：尚岚、朱卫民。2005 年：河南省计量院：赵军、朱永宏、朱茜、韩红民。2006 年：河南省计量院：贾晓杰、孙晓全、王书升、黄玉珠；郑州市质检中心：柯存荣、马三轩、王石磊、吴彦红；开封市质检中心：魏东；平顶山市质检中心：史新慧；安阳市质检中心：李献波；濮阳市质检中心：鲁淑芹、吕淑华；商丘市质检中心：裴洪波；周口市质检中心：陈振州；南阳市质检中心：于军；济源市质检中心：李有福。2007 年：河南省计量院：刘文芳；郑州市质检中心：化鹏、沈忠仙；平顶山市质检中心：王三伟；安阳市质检中心：桑水民；鹤壁市质检中心：葛伟三、李付江；商丘市质检中心：王燕；南阳市质检中心：黄达伟。2008 年：河南省计量院：孙毅、张卫东、张中杰；郑州市质检中心：朱江；开封市质检中心：刘鹏；洛阳市质检中心：崔喜才；安阳市质检中心：陈向东；三门峡市质检中心：吴冰；商丘市质检中心：汤建华。2009 年：登封市质检中心：王松江；河南省计量院：何开宇、苗红卫、张奇峰、郑黎、周富拉；安阳市质检中心：李拥军；商丘市质检中心：程晓梅、阮李英；济源市质检中心：李建设、孔捷。2010 年：河南省计量院：孔小平、孟洁；巩义市质检中心：王晓峰；河南省计量院：隋敏、张晓明；焦作市质检中心：田郑刚；三门峡市质检中心：谢贵强；商丘市质检中心：施利华；南阳市质检中心：张亚红；济源市质检中心：

任佩玲、张霞。2011 年：河南省计量院：朱小明、邹晓华；郑州市质检中心：李琦、刘宏伟；洛阳市质检中心：赵瑞丽；平顶山市质检中心：何亚辉；鹤壁市质检中心：倪魏；南阳市质检中心：常林。2012 年：河南省计量院：杜正锋、许建军；郑州市质检中心：安志军、朱琳；巩义市质检中心：王岭渠；洛阳市质检中心：卡金辉；安阳市质检中心：段振华、李艳军；漯河市质检中心：刘沛；商丘市质检中心：曹大领；南阳市质检中心：王林波；济源市质检中心：李明利。2013 年：河南省计量院：贾会、王全德；郑州市质检中心：王志远、赵志恒；开封市质检中心：李红艳；安阳市质检中心：琚海；安阳县质检中心：张艳丽；新乡市质检中心：高嘉乐；辉县质检中心：候会杰；沁阳市质检中心：殷继沛；许昌市质检中心：郭志勇；漯河市质检中心：刘向军；济源市质检中心：赵银玲。2014 年：河南省计量院：黄成伟、孙晓萍。

四、计量科研成果和计量著作大量涌现

计量管理科学和计量科学技术的发展是推动计量工作持续发展创新提升的重要基础。1995 年以来，在国家技监局、国家质监局、国家质检总局、河南省人民政府的科研立项、经费等方面的大力支持下，河南省技监局、河南省质监局紧密联系河南省经济建设和科技发展的实际需要，加强了计量科技工作和加大了计量科研经费投入，河南省广大计量管理工作者和计量科技人员着力创新提升，进行计量管理和计量科学技术研究工作，取得了大量的计量管理科学和计量科学技术计量科研成果和论文论著，呈井喷之势，并有很多项目获得国家技监局、国家质监局、国家质检总局和河南省的科技奖励，极大地推动了全省计量工作的持续发展和创新提升。

（一）河南省计量科学研究成果

1995 年，河南省计量所研制成功的《标准时间接收机》通过河南省科委组织的技术鉴定，该仪器提供标准时间世界时（UCT）误差小于等于 2 微秒（≤ 2μs），在国内首次将全球定位系统标准时间信号通过计算机自动校（锁）频技术，产生一个高精度频率信号，综合技术指标达到同类产品的国际先进水平，为国内首创。

河南省计量所程新选为第一研制人的“高精度光栅式标准洛氏和表面洛氏硬度计”于 1996 年 10 月 8 日通过河南省科委组织的技术鉴定。鉴定委员会认为：该项目研制的高精度光栅式标准洛氏和表面洛氏硬度计的示值不确定度、重复性、长期稳定性、压痕深度测量误差、试验力误差和机架变形均符合 JJG 2067—1990《金属洛氏硬度计量器具检定系统表》和 JJG 2068—1990《金属表面洛氏硬度计量器具检定系统表》对洛氏和表面洛氏标准硬度计的要求。该标准硬度计采用砝码直接加试验力，长光栅进行压痕深度测量，单板机数据处理、实时显示、打印输出，实现了自动化和高精度测量，消除了人为误差，减轻了劳动强度，使用方便，工作效率高，达到国际上同类标准硬度计的先进水平。该科技成果获 1997 年河南省科学技术进步奖叁等奖。河南省计量所程新选为第一作者的《高精度光栅数显式标准洛氏及表面洛氏硬度计的研制》计量论文在《实用测试技术》1996 年第 4 期发表。是年，河南省计量所研制的《柜用电流互感器》通过省科委组织的技术鉴定。该科技成果获 1997 年河南科学技术进步奖三等奖。

1997 年，河南省计量所杜建国为第一完成人的国家技术监督局“时频、相位标准综合系统”科研项目通过国家技监局组织的技术鉴定。鉴定意见：该系统所采用的技术方案先进、合理，各项技术指标均达到和超过了技术合同的要求。其中，自行研制的 HJ-1000 时间频率标准，利用 GPS 信号控制、校准高稳晶振和 HJ-2000 双路精密合成信号发生器利用 DDS 技术建立相位标准均属国内首创，技术难度大，其技术指标达到了国际先进水平。并为我国低频超低频相位、调制度的量值传递提出了一条新的途径。该科技成果获 2002 年河南省科学技术进步奖二等奖（见图 5-12-24）。

河南省计量所程新选为第一完成人的河南省科技攻关项目“KJY-10A 型抗折试验机检定仪”科研项目，2000 年 9 月 26 日通过河南省科技厅组织的技术鉴定。鉴定委员会认为：该检定仪采用了高精度传感器，利用弱信号处理技术研制的二次仪表分辨力高（5×10^{-5}），整机准确度、长期稳定性均达到并优于 ±0.1%，比目前使用的抗折机检定装置的准确度提高 3 倍。该检定仪具有独创的施加试

验力时的专用防扭转装置，有效地减小了因扭转而产生的检定误差，避免了在检定抗折试验机时计量标准受到扭转力的作用而损坏。该检定仪抗振动的能力强，抗压两用，数字显示，读数直观，重量轻，携带和操作方便。该检定仪抗振动，适用范围广，既可作为检定 0.5 级以下的各种类型的抗折试验机、最大试验力不大于 10kN 的电子试验机、小负荷材料试验机的计量标准使用，又可作为工作计量器具进行多种计量检测工作。该检定仪具有实用性和先进性，作为专门检定抗折机的测力仪器属国内创新，达到国内领先水平。该科技成果获 2002 年河南省科学技术进步奖贰等奖（见图 5-12-25）。

№ 0001635

河南省科学技术进步奖

证　书

为表彰河南省科学技术进步奖获得者，特颁发此证书。

项目名称：时频、相位标准综合系统（HJ-1000，HJ-2000）

奖励等级：贰等奖

获 奖 者：杜建国

2002 年 05 月 13 日

证书号：2001-J-139-R01/08

图 5-12-24　2002 年时频相位标准综合系统（HJ-1000，HJ-2000）获河南省科学技术进步奖贰等奖证书

№ 0004511

河南省科学技术进步奖

证　书

为表彰河南省科学技术进步奖获得者，特颁发此证书。

项目名称：KJY-10A型抗折试验机检定仪

奖励等级：贰等奖

获 奖 者：程新选

2002 年 12 月 20 日

证书号：2002-J-068-R01/06

图 5-12-25　2002 年《KJY-10A 型抗折试验机检定仪》获河南省科学技术进步奖贰等奖

2004 年 11 月 20 日，河南省科技厅组织召开河南省计量院“恒定加力速度试验机检定仪”和“烟草硬度计检定仪”科技成果鉴定会（见图 5-12-26）。

图 5-12-26
2004 年“恒定加力速度试验机检定仪”和“烟草硬度计检定仪”科技成果鉴定会　程新选（左排左三）

河南省质量技术监督系统计量科技成果（1981—2014）共 163 项，其中，获省部级科技成果奖 26 项，河南省重大科技成果奖 1 项，二等奖 4 项，三等奖 19 项，四等奖 2 项（见表 5-12-33）；获河南省技监局、河南省质监局科技成果奖 128 项，其中，一等奖 36 项、二等奖 48 项、三等奖 44 项（见表 5-12-34）；未获奖科技成果 9 项（见表 5-12-35）。

表 5-12-33　河南省质量技术监督系统计量科技成果获省部级科技成果奖一览表（1981—2014）

序号	获奖计量科技成果名称	计量专业	颁奖单位	奖励名称和奖励等级	颁奖日期	奖励证书编号	第一完成单位	第一完成人	参加完成人	获奖计量科技成果鉴定证书编号
1	YCT-100 型应变传感器率定台	长度	河南省人民政府	重大科技成果奖	1981 年		河南省计量局	孟宪新	王增云、周尚英、程晓军	
2	LJY-100 型立式激光测量仪	长度	河南省人民政府	河南省科学技术进步奖三等奖	1983 年		河南省计量局	皮家荆	赵立传、杜建国、沈卫国、曾广荣、李宝如、沈中吉、潘耀华、林琦	
3	通用离子计	化学	河南省人民政府	河南省科学技术进步奖三等奖	1983 年		安阳市计量测试所	张志明		
4	数字光度计	化学	河南省人民政府	河南省科学技术进步奖三等奖	1983 年		安阳市计量测试所	张志明		
5	标准光学高温计工作电源	温度	河南省人民政府	河南省科学技术进步奖三等奖	1983 年		洛阳市计量测试所	李天印	姜志厚	
6	LJY-100 型立式激光测量仪	长度	国家计量局	国家计量局科技成果奖四等奖	1985 年 12 月		河南省计量局	皮家荆	赵立传、杜建国、沈卫国、曾广荣、李宝如、沈中吉、潘耀华、林琦	
7	河南省长度计量现状与对策研究	长度	河南省人民政府	河南省科学技术进步奖三等奖	1992 年 12 月 10 日	92321	河南省计量测试研究所	马士英	赵立传、李宝如、宋建平、沈卫国、陈玲宜	
8	JJG 840—93 函数信号发生器	无线电学	国家技术监督局	国家技术监督局科技进步奖四等奖	1996 年		河南省计量测试研究所	杜建国	陈传岭、郁月华、陈海涛、白宏文	
9	JJG 8473—93 泄漏电流测量仪（表）	电磁学	国家技术监督局	国家技术监督局科技进步奖三等奖	1996 年		河南省计量测试研究所	陈海涛	王景元、陈传岭、章少坪、杜建国、昌依群	
10	高精度光栅式标准洛氏和表面洛氏硬度计	力学	河南省科学技术进步奖评审委员会	河南省科学技术进步奖三等奖	1997 年 11 月 15 日	97124	河南省计量测试研究所	程新选	林继昌、王广俊、刘全红	豫科鉴委字〔96〕第 153 号
11	柜用电流互感器	电磁学	河南省科技进步奖评审委员会	河南省科学技术进步奖三等奖	1997 年 11 月 15 日	97125	河南省计量测试研究所	周秉时	周秉时、杨润友、魏厚坤、吴发运、周英鹏、张洪亮、于善启	
12	0.05 级三相交流电能表检定装置	电磁学	河南省科技进步奖评审委员会	河南省科学技术进步奖三等奖	1998 年 10 月 10 日	89145	河南省计量测试研究所	杜新颖	周英鹏、马睿松、彭平、李黎军、刘沛、周秉时、杨明镜	豫科鉴委字〔97〕第 377 号

续表

序号	获奖计量科技成果名称	计量专业	颁奖单位	奖励名称和奖励等级	颁奖日期	奖励证书编号	第一完成单位	第一完成人	参加完成人	获奖计量科技成果鉴定证书编号
13	时频相位标准综合系统（HJ-1000，HJ-2000）	时间频率	国家质量监督检验检疫总局	国家质量监督检验检疫总局标准计量技术成果奖三等奖	2002 年 2 月		河南省计量测试研究所	杜建国	马风鸣、崔广新、刘学波、陈传岭、周国富、刘卫平、唐晓景	
14	时频相位标准综合系统（HJ-1000，HJ-2000）	时间频率	河南省人民政府	河南省科学技术进步奖二等奖	2002 年 5 月 13 日	2001-J-139-R01/08	河南省计量测试研究所	杜建国	马风鸣、崔广新、刘学波、陈传岭、周国富、刘卫平、唐晓景	
15	KJY-10A 型抗折试验机检定仪	力学	河南省人民政府	河南省科学技术进步奖二等奖	2002 年 12 月 20 日	2002-J-068-R01/06	河南省计量测试研究所	程新选	王广俊、刘全红、张中杰、李莲娣、张奇峰	豫科鉴委字〔2000〕第 236 号
16	线性度测量仪	无线电学	河南省人民政府	河南省科学技术进步奖三等奖	2002 年 12 月 20 日	2002-J-240-R01/07	河南省计量测试研究所	杜建国	初秀琴、崔广新、胡方明、陈清平、陈传岭、李平舟	质技监鉴字〔2000〕第 12 号
17	标准心率信号发生器	电磁学	河南省人民政府	河南省科学技术进步奖三等奖	2004 年 10 月 8 日	2004-J-301	河南省计量科学研究院	陈传岭	朱卫民、程新选、崔广新、钟道祥、尚岚、陈清平、单子丽、张丽明、朱茜	豫科鉴委字〔2003〕第 128 号
18	膜式煤气表自动校验系统	力学	河南省人民政府	河南省科学技术进步奖二等奖	2004 年 10 月 8 日	2004-J-117-R01/10	河南省计量科学研究院	朱永宏	杜书利、安生、孔庆彦、崔耀华、程新选、陈传岭、王洪江、李绍堂、王全德、杜明昕、张辉生、孙晓全、张志清、陈睿锋、周文辉	豫科鉴委字〔2002〕第 644 号
19	标准超声源	声学	河南省人民政府	河南省科学技术进步奖三等奖	2005 年 12 月 19 日	2005-J-302-R03-07	河南省计量科学研究院	朱卫民	陈传岭、杜建国、程新选、王洪江、崔广新、牛淑之、王书升、孙晓全、钟道祥	豫科鉴委字〔2003〕第 129 号
20	恒定加力速度试验机检定仪	力学	河南省人民政府	河南省科学技术进步奖二等奖	2005 年 12 月 19 日	2005-J-110-R01/10	河南省计量科学研究院	程新选	刘全红、王广俊、张中杰、赵建新、张奇峰、王洪江、陈传岭、葛伟三、李峰、程锴、刘丹、冯海盈、付江红、郑艳	豫科鉴字〔2004〕第 148 号

续表

序号	获奖计量科技成果名称	计量专业	颁奖单位	奖励名称和奖励等级	颁奖日期	奖励证书编号	第一完成单位	第一完成人	参加完成人	获奖计量科技成果鉴定证书编号
21	出租汽车税控计价器集中检定系统	力学	河南省人民政府	河南省科学技术进步奖三等奖	2005 年 12 月 19 日	2005–J–281–R02/07	河南省计量科学研究院	陈传岭	王书升、铁大同、赵红梅、程新选、王洪江、葛伟三、陈清平、郭胜、石永祥、王朝阳、郑凤杰、巨辉、张华伟、赵发亮、董杰	豫科鉴字〔2004〕第 849 号
22	烟草硬度计检定仪	力学	河南省人民政府	河南省科学技术进步奖三等奖	2007 年 11 月 6 日	2007–J–289–R01/07	河南省计量科学研究院	程新选	王广俊、张中杰、刘全红、李峰、张奇峰、王洪江、陈传岭、葛伟三、李莲娣、程锴、刘丹、冯海盈、付江红、郑艳	豫科鉴字〔2004〕第 149 号
23	0.01 级三相电能表标准装置	电磁学	国家质量监督检验检疫总局	国家质量监督检验检疫总局科技兴检奖三等奖	2007 年 12 月 29 日	2007–114–3–R02	河南省计量科学研究院	陈传岭	马睿松、刘沛、姜鹏飞、王娜、杨明镜、董玉芹、陈卓娅、余义宙、李有福、李鹏、刘长青、司伟、周富拉、杜正峰	豫科鉴委字〔2005〕第 728 号
24	智能化力标准机控制系统的研制	力学	河南省人民政府	河南省科学技术进步奖三等奖	2007 年		河南省计量科学研究院	刘伟	刘全红、李淑香、张中杰、程锴、冯海盈、苗红卫、王广俊、程新选、李峰、刘丹、付江红、孙钦密、秦国君、赵伟明	豫科鉴字〔2007〕第 248 号
25	工频磁场和电源影响试验方法及装置的研究	电磁学	国家质量监督检验检疫总局	2011 国家质量监督检验检疫总局科技兴检奖三等奖	2012 年 2 月 23 日	2011–213–3–R01	河南省计量科学研究院	马睿松	陈传岭、董生怀、董玉琴、刘沛、王娜、朱小明、张晓明、石云鹏、张晓、赵瑾、张霞、李佳东、李保风、张勉	国质检总局鉴字〔2009〕第 291 号
26	汽车排放用底盘测功机滑行时间测试仪（汽车排气污染物检测用底盘测功机计量标准及溯源体系的研究）	力学	国家质量监督检验检疫总局	国家质量监督检验检疫总局科技兴检奖三等奖	2014 年 1 月 21 日	2013–80–3	河南省计量科学研究院	朱卫民	陈传岭、陈南峰、齐芳、郭胜、卫平、王刚、铁大同、齐书国、张霞、李莘	豫科鉴委字〔2011〕第 813 号

表 5-12-34 河南省质量技术监督系统计量科技成果获省技监局、省质监局科技成果奖一览表（1997—2014）

序号	获奖计量科技成果名称	计量专业	颁奖单位	奖励名称和奖励等级	颁奖日期	奖励证书编号	第一完成单位	第一完成人	参加完成人	获奖计量科技成果鉴定证书编号
1	高精度光栅式标准洛氏和表面洛氏硬度计	力学	河南省技术监督局	河南省技术监督科学技术进步奖一等奖	1997 年 6 月 18 日	9701	河南省计量测试研究所	程新选	林继昌、王广俊、刘全红	豫科鉴委字〔96〕第 153 号
2	0.05 级三相交流电能表检定装置	电磁学	河南省技术监督局	河南省技术监督局优秀科技成果奖二等奖	1998 年 6 月 15 日	9802	河南省计量测试研究所	杜新颖	周英鹏、马睿松、彭平、李黎军、刘沛、周秉时、杨明镜	
3	多功能电能脉冲处理器	电磁学	河南省技术监督局	河南省技术监督局优秀科技成果奖二等奖	1998 年		河南省计量测试研究所	马睿松	周英鹏、杜新颖、刘沛、陈清平、王卓	豫科鉴委字〔1997〕第 401 号
4	数显式百分表检定仪检定规程	长度	河南省质量技术监督局	河南省技术监督局科技进步奖二等奖	1999 年 5 月 27 日	9909	河南省计量测试研究所	赵立传	张卫东、吴新建、邹荣先、肖兰	
5	JJG 446—1993 气动指针式测量仪	长度	河南省质量技术监督局	河南省技术监督局科技进步奖二等奖	1999 年 5 月 27 日	9907	河南省计量测试研究所	赵立传	牛淑之	
6	JJG 904—96 读数显微镜检定	长度	河南省质量技术监督局	河南省技术监督局科技进步奖二等奖	1999 年 5 月 27 日	2002-7-D1	河南省计量测试研究所	赵立传	张卫东、张群、王冬梅、邹晓华	
7	标准时间接收机	时间频率	河南省质量技术监督局	河南省技术监督局科技进步奖一等奖	1999 年 5 月 27 日	9901	河南省计量测试研究所	杜建国	崔广新、陈传岭、程晓军、白宏文、裴松、张立阳、王刚	
8	JJG 804—93 数显电感式比较仪	长度	河南省质量技术监督局	河南省技术监督局科技进步奖二等奖	1999 年 5 月 27 日	9908	河南省计量测试研究所	孟宪新	任方平	
9	时频相位标准综合系统	时间频率	河南省质量技术监督局	河南省技术监督局科技进步奖一等奖	1999 年 5 月 27 日	9902	河南省计量测试研究所	杜建国	马风鸣、崔广新、刘学波、陈传岭、周国富、刘卫平、唐晓景	
10	数字式酸度计	化学	河南省质量技术监督局	河南省技术监督局科技进步奖三等奖	1999 年	9905	南阳市计量测试所	李春亭	李锐、程保炎	
11	《医用诊断 X 线机检定与修理技术》书	电离辐射	河南省质量技术监督局	河南省技术监督局科技进步奖一等奖	1999 年	9906	河南省计量测试研究所	马长征	张素楠、崔宏建、刘印海、袁韬、李献波	
12	JJG 476—2001 抗折试验机	力学	河南省质量技术监督局	河南省质量技术监督科学技术成果奖二等奖	2003 年 1 月 28 日	2002-1-D1	河南省计量测试研究所	程新选	王广俊、吴德礼、刘全红、张中杰、张奇峰	JJG 476—2001

续表

序号	获奖计量科技成果名称	计量专业	颁奖单位	奖励名称和奖励等级	颁奖日期	奖励证书编号	第一完成单位	第一完成人	参加完成人	获奖计量科技成果鉴定证书编号
13	泄漏电流测试仪检定仪	电磁学	河南省质量技术监督局	河南省质量技术监督局优秀科技成果奖二等奖	2003 年 1 月 28 日	2002-5-D1	河南省计量测试研究所	陈清平	陈传岭、杜建国、李富民、李云芳、钟道祥、崔广新、黄桂银	豫科鉴委字〔2001〕第 028 号
14	JJF（豫）105—1999 多功能工频电量测试仪	电磁学	河南省质量技术监督局	河南省质量技术监督局优秀科技成果奖二等奖	2003 年 1 月 28 日	20232-8-D4	河南省计量科学研究院	马睿松	刘沛、苗红卫、周富拉	JJF（豫）105—1999
15	静态容积法液体流量标准装置	力学	河南省质量技术监督局	河南省质量技术监督局优秀科技成果奖二等奖	2004 年 11 月 20 日	2004-31-R15	河南省计量科学研究院	孔庆彦	杜书利、崔耀华、朱永宏、程新选、于连荣、张辉生、陈传岭、赵建新、安生、李绍堂、孙晓全、王全德、张志清、戴金桥	豫科委〔2002〕第 643 号
16	便携式氧气吸入器检定装置	力学	河南省质量技术监督局	河南省质量技术监督局优秀科技成果奖一等奖	2004 年 11 月 20 日	2004-31-R14	河南省计量科学研究院	杜书利	孔庆彦、孙晓全、朱永宏、崔耀华、葛伟三、牛淑之、程新选、杜明昕、安生、王全德、李绍堂、张辉生、张志清	豫科委字〔2002〕645 号
17	标准超声源	无线电学	河南省质量技术监督局	河南省质量技术监督科技成果奖二等奖	2004 年 11 月 20 日	2004-31	河南省计量科学研究院	朱卫民	陈传岭、杜建国、程新选、王洪江、崔广新、牛淑之、王书升、孙晓全、钟道祥	豫科鉴委字〔2003〕第 129 号
18	非金属建材塑限测定仪校准规范	力学	河南省质量技术监督局	河南省质量技术监督科技成果奖一等奖	2004 年 11 月 20 日	2004-31-R01/07	河南省计量科学研究院	程新选	王广俊、刘全红、赵建新、张中杰、张奇峰、李峰	JJF 1090—2002
19	医用超声诊断仪输出声强检测仪	声学	河南省质量技术监督局	河南省质量技术监督局优秀科技成果奖一等奖	2004 年 11 月 20 日	2004-31	河南省计量科学研究院	朱卫民	陈传岭、程新选、阎明、苗瑜、葛伟三、刑文群、陈振洲、王有生、郭占军	豫科鉴委字〔2003〕第 131 号
20	出租汽车税控计价器	力学	河南省质量技术监督局	河南省质量技术监督局优秀科技成果奖二等奖	2004 年		河南省计量科学研究院	陈传岭	王书升、铁大同	
21	三禾 E-MM3000 在线水分检测仪	化学	河南省质量技术监督局	河南省质量技术监督局优秀科技成果奖二等奖	2004 年		周口市质量技术监督检测中心	于涛	何永祥、黄义德、张秀欣、宋艳平、胥志刚、罗金明、牛磊	
22	JJG（豫）135—2003 燃油加油机税控装置	力学	河南省质量技术监督局	河南省质量技术监督局优秀科技成果奖三等奖	2004 年		河南省计量科学研究院	陈传岭	朱永宏、杜书利、安生、崔耀华、王全德、尚岚	

续表

序号	获奖计量科技成果名称	计量专业	颁奖单位	奖励名称和奖励等级	颁奖日期	奖励证书编号	第一完成单位	第一完成人	参加完成人	获奖计量科技成果鉴定证书编号
23	JJG（豫）132—2001 医用模拟定位 X 线机	电离辐射	河南省质量技术监督局	河南省质量技术监督局优秀科技成果奖三等奖	2004 年		河南省计量科学研究院	马长征	陶金柱、黄成伟、张中伟	
24	JJG（豫）126—2000 集中计费集中管理型电话计费系统	时间频率	河南省质量技术监督局	河南省质量技术监督局优秀科技成果奖三等奖	2004 年		郑州市质量技术监督检验测试中心	朱江	崔广新、孙树炜	
25	液压千斤顶	力学	河南省质量技术监督局	河南省质量技术监督局优秀科技成果奖三等奖	2004 年		开封市质量技术监督检验测试中心	李长忍	王敢峰	
26	直流低电阻表	电磁学	河南省质量技术监督局	河南省质量技术监督科学技术成果奖一等奖	2004 年		河南省计量科学研究院	杨明镜	王卓、赵军、刘文芳、樊义、吴昊	JJG 837—2003
27	直流电阻箱	电磁学	河南省质量技术监督局	河南省质量技术监督科学技术成果奖一等奖	2004 年		河南省计量科学研究院	王卓	赵军、杨明镜、刘文芳、李有福、李继东	JJG 982—2003
28	射频电磁场辐射抗扰度试验系统的研制	电磁学	河南省质量技术监督局	河南省质量技术监督科学技术成果奖一等奖	2004 年		河南省计量科学研究院	赵军	王卓、马晓庆、葛伟三、杨明镜、刘文芳、张莲敏、程锴、郑艳、牛淑之、王书升	
29	膜式煤气表自动校验系统	力学	河南省质量技术监督局	河南省质量技术监督优秀科技成果奖二等奖	2004 年		河南省计量科学研究院	朱永宏	杜书利、安生、孔庆彦、崔耀华、程新选、陈传岭、王洪江、李绍堂、王全德、杜明昕、张辉生、孙晓全、张志清、陈睿锋、周文辉	
30	0.01 级三相电能表标准装置	电磁学	河南省质量技术监督局	河南省质量技术监督科技成果奖一等奖	2006 年		河南省计量科学研究院	陈传岭	马睿松、刘沛、姜鹏飞、王娜、杨明镜、董玉芹、陈卓娅、余义宙、李有福、李鹏、刘长青、司伟、周富拉、杜正峰	豫科鉴委字〔2005〕第 728 号
31	全自动电能测试电源及控制系统	电磁学	河南省质量技术监督局	河南省质量技术监督科技成果奖一等奖	2006 年		河南省计量科学研究院	刘伟	马睿松、刘沛、苗红卫、杜正峰、周富拉、张勉、卢永华、屈春娥、董玉芹、徐艳秋、朱庆奎、王娜、姜鹏飞、师恩洁	

续表

序号	获奖计量科技成果名称	计量专业	颁奖单位	奖励名称和奖励等级	颁奖日期	奖励证书编号	第一完成单位	第一完成人	参加完成人	获奖计量科技成果鉴定证书编号
32	X、γ 剂量标准装置的研究	电离辐射	河南省质量技术监督局	河南省质量技术监督科技成果奖一等奖	2006 年		河南省计量科学研究院	马长征	王洪江、雷宏昌、陶金柱、焦桂珍、周富拉、刘华、张中伟、黄成伟、夏德顺	
33	JJG 356—2004 气动测量仪	长度	河南省质量技术监督局	河南省质量技术监督科技成果奖二等奖	2006 年		河南省计量科学研究院	任方平	贾晓杰、黄玉珠、聂建勤、赵建新	
34	六西格玛—卓越经营之道（科技著作）		河南省质量技术监督局	河南省质量技术监督科技成果奖二等奖	2006 年		河南省计量科学研究院	刘伟	赵逢禹、马义中	
35	液化石油气（压缩天然气）加气机剂量检定装置	力学	河南省质量技术监督局	河南省质量技术监督科技成果奖二等奖	2006 年		河南省计量科学研究院	闫继伟	孙晓全、陈睿锋、朱永宏、朱兴芳、张莲敏、李绍堂、樊玮、周文辉、王帆	9412006Y0137
36	多用户静止式交流有功电能表特殊要求	电磁学	河南省质量技术监督局	河南省质量技术监督科技成果奖二等奖	2006 年		河南省计量科学研究院	王芳	马睿松、高作石、徐人恒、曹瑞基、张勤、徐炜、李晓雷、张宝军	
37	气体流量仪表检定系统	力学	河南省质量技术监督局	河南省质量技术监督科技成果奖二等奖	2006 年		河南省计量科学研究院	陈传岭	朱永宏、安生、周文辉、王帆、李有福、张莲敏、孙晓全、闫继伟、陈睿锋	
38	工频数字电流表电压表	电磁学	河南省质量技术监督局	河南省质量技术监督科技成果奖二等奖	2006 年		河南省计量科学研究院	苗红卫	马睿松、周富拉、柯存荣	
39	直流比较式电位差计自检数据管理系统	电磁学	河南省质量技术监督局	河南省质量技术监督科技成果奖二等奖	2006 年		河南省计量科学研究院	刘文芳	赵军、王卓、杨明镜、张莲敏、朱小明、邵峰、隋敏、李锦华、徐艳秋	
40	高压电能计量箱	电磁学	河南省质量技术监督局	河南省质量技术监督科技成果奖二等奖	2006 年		河南省计量科学研究院	周秉时		
41	湿度标准装置	温度	河南省质量技术监督局	河南省质量技术监督科技成果奖三等奖	2006 年		河南省计量科学研究院	张晓明	李振杰、石艳玲、戴翔	
42	失真度计量与应用（科技著作）		河南省质量技术监督局	河南省质量技术监督科技成果奖一等奖	2007 年 6 月 19 日	2006-2-R01/06	河南省计量科学研究院	陈传岭	程新选、朱卫民、赵建新、尚岚、陈清平	

续表

序号	获奖计量科技成果名称	计量专业	颁奖单位	奖励名称和奖励等级	颁奖日期	奖励证书编号	第一完成单位	第一完成人	参加完成人	获奖计量科技成果鉴定证书编号
43	水表综合试验装置	力学	河南省质量技术监督局	河南省质量技术监督科技成果奖一等奖	2009年		河南省计量科学研究院	陈传岭	崔耀华、胡博、谷田平、石永祥、马睿松、王凡、任晓燕、高银浩、云郑黎、谢贵强	
44	门窗物理性能试验机检定仪	力学	河南省质量技术监督局	河南省质量技术监督科技成果奖一等奖	2009年		河南省计量科学研究院、中原工学院	王洪江	张中杰、刘全红、马睿松、赵慧君、杨红振、李淑香、何开宇、冯海盈、秦国君、李峰、李静、暴冰、孙钦密	豫科鉴字〔2007〕第248号
45	计量校准信息网络系统的研制		河南省质量技术监督局	河南省质量技术监督科技成果奖一等奖	2009年		河南省计量科学研究院	王卓	王广俊、杜正峰、苗红卫、尚岚、张华伟、田莉、赵瑾、王刚、张曙光	
46	5MN力标准机的研制	力学	河南省质量技术监督局	河南省质量技术监督科技成果奖一等奖	2009年		河南省计量科学研究院	刘全红	张中杰、李淑香、王广俊、何开宇、秦国君、冯海盈、孙钦密、李峰、李静、付江红、张奇峰、苗红卫、朱青荣、徐凯	
47	JJG 597—2005交流电能表检定装置	电磁学	河南省质量技术监督局	河南省质量技术监督科技成果奖一等奖	2009年		河南省计量科学研究院	马睿松	唐虹、申东晓、刘沛、孙毅、王德文、李锦华	
48	JJG 1025—2007恒定加力速度建筑材料试验机	力学	河南省质量技术监督局	河南省质量技术监督科技成果奖二等奖	2009年		河南省计量科学研究院	程新选	刘全红、王广俊	
49	车载式液体流量计标定系统	力学	河南省质量技术监督局	河南省质量技术监督科技成果奖二等奖	2009年		河南省计量科学研究院	陈传岭	崔耀华、王华英、安生、胡波、张冬冬、石永祥、孔庆彦、戴金桥、张志清、谷田平、朱晓明、李征、李静	
50	JJG 1010—2006电子停车计时收费表	时间频率	河南省质量技术监督局	河南省质量技术监督科技成果奖二等奖	2009年		郑州市质量技术监督检验测试中心、温州市质量技术监督检测院	柯存荣	朱健、崔广新、苗红卫、化鹏、陈晓风	
51	智能型比表面积测定仪	化学	河南省质量技术监督局	河南省质量技术监督科技成果奖二等奖	2009年		河南省计量科学研究院、郑州宏昇仪器科技有限公司	张晓明	马睿松、喻俊、闫高辉、李振杰、戴翔、尚岚、崔馨元、吴勤、杨凌、王刚	

续表

序号	获奖计量科技成果名称	计量专业	颁奖单位	奖励名称和奖励等级	颁奖日期	奖励证书编号	第一完成单位	第一完成人	参加完成人	获奖计量科技成果鉴定证书编号
52	噪声测试设备自动检测系统	声学	河南省质量技术监督局	河南省质量技术监督科技成果奖二等奖	2009 年		河南省计量科学研究院	朱卫民	陈传岭、杨明镜、陈清平、卫平、齐芳、崔广新、吴冰、李征、陈兵、王磊、王辉	
53	电子式水表电磁敏感性试验的研究	力学	河南省质量技术监督局	河南省质量技术监督科技成果奖三等奖	2009 年		河南省计量科学研究院	崔耀华	王洪江、杨明镜、安生、谷田平、何开宇、胡博、石永祥、戴金桥、郑黎	
54	电能表时钟误差在线校验系统	电磁学	河南省质量技术监督局	河南省质量技术监督科技成果奖三等奖	2009 年		河南省计量科学研究院、河南石油勘探局水电厂	陈清平	钟道祥、党锴钊、朱卫民、刘彦生、李洪涛、李玉华、魏玉飞、杨明乾、吴冰	
55	JJF 1166—2007 激光扫平仪校准规范	长度	河南省质量技术监督局	河南省质量技术监督科技成果奖三等奖	2009 年		河南省计量科学研究院、河南省测绘产品质量监督检验站	张卫东	王冬梅、张卫平、沈忠仙、崔喜才	
56	JJG 570—2006 电容式测微仪	长度	河南省质量技术监督局	河南省质量技术监督科技成果奖三等奖	2009 年		河南省计量科学研究院	任方平	黄玉珠、贾晓杰、郑义忠	
57	直流测温电桥	温度	河南省质量技术监督局	河南省质量技术监督科技成果奖三等奖	2009 年		河南省计量科学研究院	刘文芳	陈传岭、赵军、王卓、杨明镜	
58	煤层异常预警装置的研制	力学	河南省质量技术监督局	河南省质量技术监督科技成果奖三等奖	2009 年		河南省计量科学研究院	赵军	贺焕林、刘伟、方向前、刘文芳、韩建勋、杨华、邵峰、刘涛、侯峰	
59	医用加速器计量标准装置的研究与建立	电离辐射	河南省质量技术监督局	河南省质量技术监督科技成果奖三等奖	2009 年		河南省计量科学研究院、河南省肿瘤医院、河南省人民医院、河南省计量测试学会、河南省产品质量监督检验所	马长征	王洪江、雷宏昌、李景志、苗瑜、司伟、柯存荣、尹献德、黄成伟、张中伟	

续表

序号	获奖计量科技成果名称	计量专业	颁奖单位	奖励名称和奖励等级	颁奖日期	奖励证书编号	第一完成单位	第一完成人	参加完成人	获奖计量科技成果鉴定证书编号
60	巨型不规则物体体积测量方法的研究	长度	河南省质量技术监督局	河南省质量技术监督科技成果奖三等奖	2009 年		河南省计量科学研究院	刘伟	王洪江、陈传岭、葛伟三、张卫东、邹晓华、杨明镜、马睿松、姜鹏飞、刘权	
61	IP 电话计时计费装置	时间频率	河南省质量技术监督局	河南省质量技术监督科技成果奖三等奖	2009 年		开封市质量技术监督检验测试中心、南阳市质量技术监督检验测试中心、郑州市质量技术监督检验测试中心、安阳市质量技术监督检验测试中心	赵伟	魏东、于军、朱江、邵宏	
62	光学三坐标测量仪在传声器参数测量中的应用	长度	河南省质量技术监督局	河南省质量技术监督优秀科技论文一等奖	2009 年		河南省计量科学研究院	齐芳	钟波、何龙标	
63	泄漏电流测量仪校准方法的研究	电磁学	河南省质量技术监督局	河南省质量技术监督优秀科技论文一等奖	2009 年		河南省计量科学研究院	陈传岭	卫亚博、崔捷	
64	压力测量在电子血压计中的应用	力学	河南省质量技术监督局	河南省质量技术监督优秀科技论文一等奖	2009 年		河南省计量科学研究院	孙晓全	郭要强、张晓明	
65	综合校验仪热电偶功能的检定	温度	河南省质量技术监督局	河南省质量技术监督优秀科技论文一等奖	2009 年		河南省计量科学研究院	陈清平	司延召、宁亮	
66	局域网检测技术的研究	无线电学	河南省质量技术监督局	河南省质量技术监督优秀科技论文一等奖	2009 年		河南省计量科学研究院	赵军	郭胜、邵峰、刘涛	
67	电能表检定装置输出功率稳定度评定方法的探讨	电磁学	河南省质量技术监督局	河南省质量技术监督优秀科技论文一等奖	2009 年		河南省计量科学研究院	马睿松		
68	对动态汽车衡检定用参考车辆约定真值的探讨	力学	河南省质量技术监督局	河南省质量技术监督优秀科技论文一等奖	2009 年		河南省计量科学研究院	王书升	司延召、张奇峰、徐凯	

续表

序号	获奖计量科技成果名称	计量专业	颁奖单位	奖励名称和奖励等级	颁奖日期	奖励证书编号	第一完成单位	第一完成人	参加完成人	获奖计量科技成果鉴定证书编号
69	自动安平水准仪补偿器校正台	长度	河南省质量技术监督局	河南省质量技术监督优秀科技论文一等奖	2009 年		洛阳市检测中心	崔喜才	陈彬	
70	pH 电极的测量原理及正确运用	化学	河南省质量技术监督局	河南省质量技术监督优秀科技论文二等奖	2009 年		河南省计量科学研究院	孔小平	孟洁、许建军、李博	
71	音速喷嘴气体流量标准装置校准方法的研究	力学	河南省质量技术监督局	河南省质量技术监督优秀科技论文二等奖	2009 年		河南省计量科学研究院	朱永宏	师恩洁、暴冰	
72	噪声测试设备自动检测系统的研究	声学	河南省质量技术监督局	河南省质量技术监督优秀科技论文二等奖	2009 年		河南省计量科学研究院	朱卫民	齐芳、卫平	
73	对《交流电能表现场测试仪》标准中电磁兼容试验问题的讨论	电磁学	河南省质量技术监督局	河南省质量技术监督优秀科技论文二等奖	2009 年		河南省计量科学研究院	刘文芳	周富拉、邵峰	
74	工频磁场 / 电源影响试验装置	电磁学	河南省质量技术监督局	河南省质量技术监督优秀科技论文二等奖	2009 年		河南省计量科学研究院	马睿松	董玉芹、王娜、张晓	
75	河南省化学计量标准体系现状与发展	化学	河南省质量技术监督局	河南省质量技术监督优秀科技论文二等奖	2009 年		河南省计量科学研究院	朱茜		
76	原子荧光光度计检定中常见问题的解决办法	化学	河南省质量技术监督局	河南省质量技术监督优秀科技论文二等奖	2009 年		河南省计量科学研究院	贾会	孙晓萍、张书伟、丁峰元	
77	影响动态公路车辆自动衡器的因素分析	力学	河南省质量技术监督局	河南省质量技术监督优秀科技论文二等奖	2009 年		河南省计量科学研究院	张奇峰	徐凯、王书升、司延召	
78	一种数字减影血管造影系统检测方法	电离辐射	河南省质量技术监督局	河南省质量技术监督优秀科技论文二等奖	2009 年		河南省计量科学研究院	丁力	黄成伟、张中伟、龙成章	
79	利用时钟脉冲考核电能表检定装置测量重复性	电磁学	河南省质量技术监督局	河南省质量技术监督优秀科技论文二等奖	2009 年		河南省计量科学研究院	苗红卫		
80	红外测油仪检定过程中的几个注意事项	化学	河南省质量技术监督局	河南省质量技术监督优秀科技论文二等奖	2009 年		河南省计量科学研究院	孙晓萍		
81	流量积算仪数学模型的研究	力学	河南省质量技术监督局	河南省质量技术监督优秀科技论文二等奖	2009 年		河南省计量科学研究院	周文辉	闫继伟	

续表

序号	获奖计量科技成果名称	计量专业	颁奖单位	奖励名称和奖励等级	颁奖日期	奖励证书编号	第一完成单位	第一完成人	参加完成人	获奖计量科技成果鉴定证书编号
82	QJ 44 型电桥基本误差的分格数检定法	电磁学	河南省质量技术监督局	河南省质量技术监督优秀科技论文二等奖	2009 年		河南省计量科学研究院	朱小明		
83	电子经纬仪水平测角精度的评定探讨	长度	河南省质量技术监督局	河南省质量技术监督优秀科技论文二等奖	2009 年		河南省计量科学研究院	张卫东	崔喜才、沈妮	
84	用外夹式超声流量计对大口径液体超声流量计在线校准的不确定因素分析	力学	河南省质量技术监督局	河南省质量技术监督优秀科技论文二等奖	2009 年		河南省计量科学研究院	崔耀华	胡博	
85	DJ2 级光学经纬仪光路常见故障分析	长度	河南省质量技术监督局	河南省质量技术监督优秀科技论文二等奖	2009 年		河南省计量科学研究院	崔喜才	李拥军	
86	燃油加油机超差的原因及采取的措施	力学	河南省质量技术监督局	河南省质量技术监督优秀科技论文二等奖	2009 年		河南省计量科学研究院	王林波	朱阿醒、于军、傅静、姚沁国、李勇、贺旭、金志永	
87	BYX-1 型便携式氧气吸收器检定装置的研究	力学	河南省质量技术监督局	河南省质量技术监督优秀科技论文三等奖	2009 年		河南省计量科学研究院	孙晓全		
88	电能表标准装置的误差计算模式分析	电磁学	河南省质量技术监督局	河南省质量技术监督优秀科技论文三等奖	2009 年		河南省计量科学研究院	刘沛		
89	高效液相色谱法检测液态奶中三聚氰胺含量的测量不确定度	化学	河南省质量技术监督局	河南省质量技术监督优秀科技论文三等奖	2009 年		河南省计量科学研究院	孔小平	李博、朱茜、孟洁、许建军	
90	基于 Delphi 的色谱检定数据处理系统	化学	河南省质量技术监督局	河南省质量技术监督优秀科技论文三等奖	2009 年		河南省计量科学研究院	李博	许建军、孔小平、孟洁、朱茜	
91	医用加速器测量分析软件的验证	电离辐射	河南省质量技术监督局	河南省质量技术监督优秀科技论文三等奖	2009 年		河南省计量科学研究院	黄成伟	丁力、张中伟、龙成章	
92	测功装置的计量校准方法	力学	河南省质量技术监督局	河南省质量技术监督优秀科技论文三等奖	2009 年		河南省计量科学研究院	付江红		
93	准分子激光治疗机切削不确定度来源分析	光学	河南省质量技术监督局	河南省质量技术监督优秀科技论文三等奖	2009 年		河南省计量科学研究院	苏清磊		

续表

序号	获奖计量科技成果名称	计量专业	颁奖单位	奖励名称和奖励等级	颁奖日期	奖励证书编号	第一完成单位	第一完成人	参加完成人	获奖计量科技成果鉴定证书编号
94	全自动直流电阻校验装置校准方法的探讨	电磁学	河南省质量技术监督局	河南省质量技术监督优秀科技论文三等奖	2009 年		河南省计量科学研究院	朱小明	张燕	
95	水准仪检定装置水平准线偏差检定方法的探讨	长度	河南省质量技术监督局	河南省质量技术监督优秀科技论文三等奖	2009 年		河南省计量科学研究院	张卫东	张琳娜	
96	建筑节能与热工检测	温度	河南省质量技术监督局	河南省质量技术监督优秀科技论文三等奖	2009 年		河南省计量科学研究院	张晓明	李振杰、崔馨元、戴翔	
97	关于离子色谱仪检定规程中的几点建议	化学	河南省质量技术监督局	河南省质量技术监督优秀科技论文三等奖	2009 年		河南省计量科学研究院	孟洁	刘卓	
98	靶式流量计实流标定和挂重干标的对比研究	力学	河南省质量技术监督局	河南省质量技术监督优秀科技论文三等奖	2009 年		河南省计量科学研究院	崔耀华	熊焕祈、孔庆彦	
99	利用标准表法检定汽车油罐车容量的方法研究	力学	河南省质量技术监督局	河南省质量技术监督优秀科技论文三等奖	2009 年		河南省计量科学研究院	胡博	崔耀华	
100	谈多优传感器组合稳重测量的信号叠加原理及应用	力学	河南省质量技术监督局	河南省质量技术监督优秀科技论文三等奖	2009 年		郑州市检测中心	朱琳	刘志国	
101	精密压力表测量不确定度分析评定与表示	力学	河南省质量技术监督局	河南省质量技术监督优秀科技论文三等奖	2009 年		漯河市检测中心	刘沛		
102	一般工作用压力表的选择和简易校验	力学	河南省质量技术监督局	河南省质量技术监督优秀科技论文三等奖	2009 年		郑州市检测中心	冯喜萍		
103	关于光学高温计检修中几种常见问题的分析和处理	温度	河南省质量技术监督局	河南省质量技术监督优秀科技论文三等奖	2009 年		郑州市检测中心	楚岩	郜志华、孙方涛	
104	热电偶使用中常见故障分析及处理	温度	河南省质量技术监督局	河南省质量技术监督优秀科技论文三等奖	2009 年		郑州市检测中心	楚岩	朱琳、赵志恒	
105	标准物质在基层检验机构的应用	化学	河南省质量技术监督局	河南省质量技术监督优秀科技论文三等奖	2009 年		沁阳市检测中心	赵玉玲		

续表

序号	获奖计量科技成果名称	计量专业	颁奖单位	奖励名称和奖励等级	颁奖日期	奖励证书编号	第一完成单位	第一完成人	参加完成人	获奖计量科技成果鉴定证书编号
106	自动氧弹热量计热值误差测量不确定度评定	化学	河南省质量技术监督局	河南省质量技术监督优秀科技论文三等奖	2009 年		南阳市桐柏县质监局	孙坤瑜	周丽娟	
107	血压表非线性示值误差的调修	力学	河南省质量技术监督局	河南省质量技术监督优秀科技论文三等奖	2009 年		南阳市桐柏县质监局	姚明万	邓红潮	
108	汞柱式血压计检定修理中应解决的三个问题	力学	河南省质量技术监督局	河南省质量技术监督优秀科技论文三等奖	2009 年		南阳市桐柏县质监局	邓红潮	姚明万、邓红亮	
109	秦始皇统一大业中的度量衡和古代标准化		河南省质量技术监督局	河南省质量技术监督优秀科技论文三等奖	2009 年		南阳市桐柏县质监局	邓学忠		
110	建立有效监管机制治理加油机计量作弊	力学	河南省质量技术监督局	河南省质量技术监督优秀科技论文三等奖	2009 年		南阳市检测中心	王林波	朱阿醒、于军、周奇、林建中	
111	电子汽车衡检定分度值和检定分度设定探讨	力学	河南省质量技术监督局	河南省质量技术监督优秀科技论文三等奖	2009 年		驻马店市检测中心	吴新礼	叶继勇、张新	
112	放射治疗与射线探伤两用分析仪的研制	电离辐射	河南省质量技术监督局	河南省质量技术监督局优秀科技成果奖一等奖	2010 年 12 月 31 日	2010–CG1–04	河南省计量科学研究院	马长征	丁力、黄成伟、鲁放、张中伟、崔捷	豫科鉴字〔2010〕第 274 号
113	毛细血管电泳仪检定装置	化学	河南省质量技术监督局	河南省质量技术监督局优秀科技成果奖二等奖	2010 年 12 月 31 日	2010–CG2–16	河南省计量科学研究院	朱茜	朱茜、孔小平、张书伟、孙晓萍、贾会、丁峰元、吴同敬、孟洁、许建军、李博、雷军锋、宋笑明、张霞、陈兵、王辉	豫科鉴委字〔2009〕第 821 号
114	离子色谱仪检定装置	化学	河南省质量技术监督局	河南省质量技术监督局优秀科技成果奖三等奖	2010 年 12 月 31 日	2010–CG3–21	河南省计量科学研究院	许建军	李博、朱茜、孔小平、孟洁、王刚、宋笑明、贾会、孙晓萍、张书伟、丁峰元、雷军锋、李莹、陈兵	豫科鉴委字〔2009〕第 822 号
115	新型石油密度计校准装置的研制	力学	河南省质量技术监督局	河南省质量技术监督局优秀科技成果奖一等奖	2010 年 12 月 31 日	2010–CG1–03	河南省计量科学研究院	朱茜	孔小平、武本令、李博、许建军、尚岚、郭胜、丁峰元、王琪、贾会、孙晓萍、孟洁、张书伟、雷军锋、宋笑明	豫科鉴字〔2010〕第 304 号

续表

序号	获奖计量科技成果名称	计量专业	颁奖单位	奖励名称和奖励等级	颁奖日期	奖励证书编号	第一完成单位	第一完成人	参加完成人	获奖计量科技成果鉴定证书编号
116	高压高阻箱自动检测装置	电磁学	河南省质量技术监督局	河南省质量技术监督局优秀科学技术成果奖一等奖	2011年12月23日	2011-CG-03	河南省计量科学研究院	周秉时	朱小明、马睿松、贾红斌、刘向军、陈清平、马长征、陈兵、李锦华、何凯利、陈永强、李岚、姬学智、秦国军、袁文成、张勉、王娜、叶献锋、姜鲲、郭玉华、张伍强	豫科鉴委字〔2011〕第1301号
117	地感线圈测速仪检定装置	力学	河南省质量技术监督局	2011年度河南省质量技术监督系统科技成果奖三等奖	2012年1月18日	2012-CG3-01	河南省计量科学研究院	朱卫民	李淑香、齐芳、尤保常、王林波、卫平、刘宏伟、铁大同、王书升、于兆虎、鲁丽、李莘	豫科鉴委字〔2011〕第811号
118	钢丝应力测定仪检定系统方法研究	力学	河南省质量技术监督局	2012年度河南省质量技术监督局优秀科学技术成果奖三等奖	2012年7月18日	2012-CG3-11	河南省计量科学研究院	刘全红	郝霞莉、冯海盈、李静、许雪琴、孙钦密、付江红、赵伟明、张晓峰、刘卫东、靳营辉、李峰、李国强、任翔	豫科鉴委〔2012〕第562号
119	建筑工程质量检测器组校准装置研制	长度	河南省质量技术监督局	2012年度河南省质量技术监督局优秀科学技术成果奖一等奖	2012年11月6日	2012-CG1-02	河南省计量科学研究院	黄玉珠	贾晓杰、宋崇民、赵军、李莎、王书升、苏清磊、周强、李锦华、何胜利、王宜伟、陈永、杨战国、徐凯、姜鲲、卫平、袁文成、陈媛媛、靳营辉、马富强	豫科鉴委字〔2012〕第561号
120	抗电磁干扰多功能电源的研制	电磁学	河南省质量技术监督局	河南省质量技术监督局优秀科学技术成果奖一等奖	2013年11月20日	2013-CG1-02	河南省计量科学研究院	宋崇民	刘文芳、赵军、陈清平、邵峰、王卓、丁力、陈兵、刘涛、范鹏、陶犇、吴勤、杨静、董巨威、司梦、王丹	豫科鉴委〔2012〕第1918号
121	国家二级标准物质（标准气体）的研制	化学	河南省质量技术监督局	河南省质量技术监督局优秀科学技术成果奖二等奖	2013年11月20日	2013-CG2-08	河南省计量科学研究院	宋崇民	朱茜、孙艳敏、马睿松、宋笑明、孙晓萍、贾会、孔小平、许建军、李博、赵瑾、许芬、徐凯、刘莹、王刚、雷军锋、冯帅博、李琛、赵迎晨、李佳、徐雪琼、杨占旗、班继民	国质检鉴字〔2012〕第765号

续表

序号	获奖计量科技成果名称	计量专业	颁奖单位	奖励名称和奖励等级	颁奖日期	奖励证书编号	第一完成单位	第一完成人	参加完成人	获奖计量科技成果鉴定证书编号
122	交直流仪表标准装置的研制	电磁学	河南省质量技术监督局	河南省质量技术监督局优秀科学技术成果奖一等奖	2013年11月20日	2013–CG1–01	河南省计量科学研究院	陈传岭	陈清平、马睿松、刘文芳、宁亮、赵军、陈滢锜、钟道祥、司延召、陈兵、杨明乾、周秉时、张培君、龙波、刘锐	国质检鉴字〔2012〕第878号
123	酒精呼出气体含量探测器（呼出气体酒精含量探测器检定装置的研制）	化学	河南省质量技术监督局	河南省质量技术监督局优秀科学技术成果奖一等奖	2013年11月20日	2013–CG1–08	河南省计量科学研究院	孔小平	孟洁、孙晓萍、李博、陈滢锜、张书伟、郭辉、雷军锋、宋笑明、冯帅博、李琛、贾会、李佳、许建军、赵迎晨、丁峰元、郜连飞、王丹	豫科鉴委字〔2013〕第495号
124	综合电学量一体化校准关键技术及自动化校准装置的研究	电磁学	河南省质量技术监督局	河南省质量技术监督局科技成果奖一等奖	2014年11月10日	2014–CG1–02	河南省计量科学研究院	陈传岭	陈清平、马睿松、陈滢锜、司延召、钟道祥、党锴钊、刘彦生、宁亮、朱小明、吴勤、李岚、刘锐、贾红斌、陈兵、魏福鹏	豫科鉴字〔2013〕第66号
125	耐电压测试仪集成在线检定装置	电磁学	河南省质量技术监督局	河南省质量技术监督局科技成果奖一等奖	2014年11月10日	2014–CG1–03	河南省计量科学研究院	马长征	周秉时、贾红斌、李岚、陈清平、陈兵、苗润苏、朱小明、苗红卫、马睿松、邹晓华、吴勤、李锦华、宁亮、刘锐、杨武营、张燕	国质检鉴字〔2012〕第766号
126	全站仪反射棱镜遥控控制指挥系统	长度	河南省质量技术监督局	河南省质量技术监督局优秀科技成果奖一等奖	2014年11月10日	2014–CG1–04	河南省计量科学研究院	陆进宇	苏清磊、郝霞莉、黄玉珠、贾晓杰、张军政、秦佩阳、程鹏里、夏魏华、刘权、马骏、刘红乐、林芳芳、周强、范乃胤、李博、邹炳蔚、秦柯	豫科鉴委字〔2014〕第1602号
127	机动车安全检测设备信号监控仪	力学	河南省质量技术监督局	河南省质量技术监督局优秀科学技术成果奖二等奖	2014年11月10日	2014–CG2–09	河南省计量科学研究院	张奇峰	陆进宇、秦国君、叶献锋、王亚斌、徐凯、张硕、李贤达、司延召、王玮、张佩佩、米付生、唐建平、姜鲲、刘欣	豫科鉴委字〔2014〕第557号
128	橡胶硬度计检定仪的研制	力学	河南省质量技术监督局	河南省质量技术监督局优秀科学技术成果奖二等奖	2014年11月10日	2014–CG2–08	河南省计量科学研究院	孙钦密	冯海盈、张中杰、许雪芹、任翔、占桂荣、张晓峰、王振宇、赵伟明、葛笏良、刘全红、张霞、王坤伦、张锁	豫科鉴委字〔2014〕第558号

表 5-12-35 河南省质量技术监督系统尚未获奖的计量科技成果一览表（1991—2014）

序号	计量科技成果名称	计量专业	第一完成单位	第一完成人	参加完成人	参加完成单位	科技成果鉴定单位	科技成果鉴定日期	科技成果鉴定证书编号
1	0.6 级交流电能表检定装备	电磁学	河南省计量测试研究所	彭平	杜新颖、李黎军、马睿松		国家技术监督局	1991	
2	全球定位系统信号自动锁频装置实用新型专利	无线电学	河南省计量测试研究所	杜建国	崔广新			1997-07-04	ZL95 2 267365
3	多功能油品快速试验机（实用新型）	力学	河南省计量测试研究所	程新选	申保安、申文培、申利军、刘凤梅、程锴	新郑市众英石化有限公司、河南省生物研究所、河南省锅炉压力容器安全检验所	国家知识产权局	2001-09-12	专利号 ZL002-55791.6 证书号 第 449555 号
4	抗折试验机检定加荷防扭装置（外观设计）	力学	河南省计量测试研究所	程新选	王广俊、刘全红、葛伟三、赵建新、张中杰、张奇峰、李莲娣		国家知识产权局	2002-04-17	专利号 ZL01-320246.4 证书号 第 232943 号
5	抗折试验机检定加荷防扭装置（实用新型）	力学	河南省计量测试研究所	程新选	王广俊、刘全红、葛伟三、赵建新、张中杰、张奇峰、李莲娣		国家知识产权局	2002-04-24	专利号 ZL01-228752.0 证书号 第 490060 号
6	基站电磁波辐射监测系统研制	电磁学	河南省计量科学研究院	刘文芳	邹澎、赵军、王卓、杨明镜、周富拉、朱小明、张荷涛、邵峰、刘涛、谢贵强、袁文成、姬学智、赵发亮、常广亮、胡海涛		科技厅	2009-4-13	豫科鉴字〔2009〕第 21 号
7	折射仪检测技术研究	化学	河南省计量科学研究院	贾会	朱茜、孙晓萍、李博、张书伟、宋笑明、张军、李海防、雷军锋、冯帅博、李琛、李佳、许建军、丁峰元、孔小平、许芬、赵迎晨、袁晓丽、郜连飞、王丹		科技厅	2013-6-5	豫科鉴委字〔2013〕第 494 号
8	基于嵌入式 FPGA 的三相工频信号源	电磁学	河南省计量科学研究院	肖海红	陈涛、丁力		科技厅	2013-9-4	豫科鉴委字〔2013〕第 1357 号
9	医用防护服阻微生物安全性能检测装置	医学	河南省计量科学研究院	王广俊	张卫东、陆进宇、马睿松、孙钦密、张中杰、董玉芹、王冬梅、樊玮、石永祥、李海防、张保宪、班继民、许雪琼、杨占旗		科技厅	2014-6-6	豫科鉴委字〔2014〕第 559 号

（二）河南省计量著作（1976—2014）

1. 河南省计量著作（1976—2014）共31部，河南省部分计量著作如图5-12-27所示。31部计量著作见表5-12-36。

图 5-12-27
1996—2014 年河南省部分计量著作

2. 部分计量著作简介

（1）《中国古代度量衡论文集》1990年中州古籍出版社出版，河南省计量局主编。该书是我国第一本度量衡史方面的论文集，书中选了王国维等著名人物半个世纪以来重要论文30余篇，是计量研究50年来的精品荟萃。北京大学副校长、教授、著名语言学家朱德熙为本书作序，著名书法家范曾为本书题字。

（2）《河南省志·计量志》1995年河南人民出版社出版。总纂：邵文杰，副总纂：鲁德政、许还平。主编：魏翊生（1984年7月至1989年2月）、戴式祖（1989年3月至1995年8月）。《河南省志·计量志》从古代度量衡一直编撰到1987年的计量工作，内容有计量单位制、计量标准、量值传递、计量管理、计量机构，共六章。这是中华人民共和国成立后的第一部地方计量志。

（3）《医用诊断X线机检定与修理技术》1997年中国计量出版社出版，马长征、张素楠、崔宏建、刘印海、袁韬、李献波编著。本书是电离辐射计量专业（诊断水平）检修培训教材，分为检定技术篇、维护调整篇和修理篇。它既适用于各级检定人员，也适用于医疗单位的X线机维修人员。

（4）《〈河南省计量监督管理条例〉释义》2002年1月中国计量出版社出版，河南省人民代表大会法制委员会编，洪瀛主编。2000年5月27日河南省第九届人民代表大会常务委员会第十六次会议通过了《河南省计量监督管理条例》。为了便于执法部门及其工作人员和广大人民群众学习、宣传、贯彻和执行这个《条例》，河南省人民代表大会法制委员会组织直接参加起草和研究修改的人员，编写了这本释义。在起草和研究修改法规的过程中，大家反复研究了每一个问题。该书根据立法中的原意，对《条例》逐条进行了解释，特别是对条文中容易产生歧义的问题，从理解和实践上作了一些阐释，以便于执法部门及其工作人员和广大人民群众对《条例》能够有更全面、更正确的理解。

（5）《失真度计量与应用》2003年中国计量出版社出版，陈传岭主编。该书包括概述、失真度测量仪的发展趋向、失真度测量中有关的几个问题、非线性失真系数的测量、失真度测量仪、标准失真源、检定方法和失真度计量的应用，共八章。该书可作为失真度计量的培训教材，也可供从事失真度测量仪和失真度检定装置制造、使用、维修和校准的技术人员阅读参考。

（6）《企业计量管理与监督》2005年中国计量出版社出版，苗瑜主编。全书共九章。主要内容包括：计量基础知识，企业计量管理，企业计量检测体系的建立，测量设备的管理，企业计量人员的管理，测量过程的实现，企业计量数据管理，计量检测体系的监视、分析与改进，计量检测体系的支持技术。该书可供企业计量检测人员及管理人员阅读，亦可作为计量人员的培训教材。

（7）《实验室质量管理与资质认定》2007年黄河水利出版社出版，王建辉主编。全书共十九章，介绍了质量管理的一般原理及计量基础知识，并尝试把全面质量管理之重要思想引入实验室管理。该书可供从事实验室质量管理、资质认定申请、评审、质量审核等方面工作人员阅读参考。

表 5-12-36　河南省计量著作一览表（1976—2014）

序号	计量著作名称	出版社名称及书号	出版日期	字数（千字）	主编	主编单位	副主编	参加编写人员
1	万能量具修理	机械业出版社 15033・4318	1976 年 4 月	290	贾三泰	郑州市计量管理所、郑州市机床厂、郑州市仪表厂		阎景文、王永立
2	机械式量仪修理（上册、下册）	中国计量出版社 15210・251	1982 年 6 月	上册 159 下册 188	贾三泰	郑州市计量管理所、郑州市仪表厂		王永立
3	台式血压计和血压表的检定与修理	中国计量出版社 15210・817、ISBN7-5026-0024-8/TB・21	1987 年 11 月	53	邓学忠、李丹萍、王鲁、徐鹤鸣	河南省邓县计量管理所 上海市标准计量管理局计量管理所 上海市计量技术研究所		
4	中国古代度量衡论文集	中州古籍出版社 ISBN 7-5348-0091-9/K・16	1990 年 2 月	338	丘光明	河南省计量局		邱隆、王彤、王柏松、刘建国
5	河南省志・计量志	河南人民出版社 ISBN 7-215-03835-1/K・530	1995 年 8 月	79	总纂：邵文杰 副总纂：鲁德政、许还平 主编：魏翊生（1984 年 7 月—1989 年 2 月） 戴式祖（1989 年 3 月—1995 年 8 月）	河南省地方史志办公室、河南省计量局、河南省技术监督局	河南省计量局《计量志》编辑部主任：崔炳金（1984 年 7 月—1985 年 4 月） 副主编：王彤（1984 年 7 月—1989 年 2 月） 《河南省志・计量志》副主编：王彤（1989 年 3 月—1995 年 8 月）	王彤、李清源、王柏松、刘建国
6	差压型流量计	中国计量出版社 ISBN7-5026-0737-4	1995 年 9 月	268	翟秀贞、谢世绩、王自和、肖汉卿	中国计量科学研究院、国家水大流量计量站、河南省计量测试研究所		翟秀贞、谢世绩、王自和、肖汉卿
7	力学基础	广西科学技术出版社 ISBN 7-80619-300-6TB・4	1996 年 3 月	290	张祥林	河南省技术监督局		
8	医用诊断 X 线机检定与修理技术	中国计量出版社 ISBN 7-5026-0931-8/TH・29	1997 年 4 月	480	马长征	河南省计量测试研究所		张素梅、崔宏建、刘印海、袁韬、李献
9	容积式流量计	中国计量出版社 ISBN 7-5026-0871-0/TB・491	1997 年 5 月	190	肖汉卿	河南省计量测试研究所		谢世绩、肖东、孔庆彦

续表

序号	计量著作名称	出版社名称及书号	出版日期	字数（千字）	主编	主编单位	副主编	参加编写人员
10	交流电能表检定装置的检定与修理	中国计量出版社 ISBN 7-5026-0954-7	1997 年	359	彭平	河南省计量测试研究所		彭黎迎、朱晓慧
11	《河南省计量监督管理条例》释义	中国计量出版社 ISBN 7-5026-1575-X	2002 年 1 月	145	洪瀛	河南省人民代表大会法制委员会	雷庆同、刘景礼、张勇、王有全、苗瑜。撰稿人：张勇、王有全、苗瑜、王新民、王建辉、李成宽、郭钦向	
12	电能计量基础（第二版）	中国计量出版社 ISBN 7-5026-1657-8	2002 年 8 月	585	张有顺	河南思达高科技股份有限公司	冯井岗	张有顺、冯井岗、耿直、付秋生、邱求元、刘伟、陈传岭、李立堂
13	失真度计量与应用	中国计量出版社 ISBN 7-5026-1805-8	2003 年 8 月	326	陈传岭	河南省计量测试研究所	程新选	朱卫民、赵建新、尚岚、陈清平
14	企业计量管理与监督	中国计量出版社 ISBN 7-5026-2194-6	2005 年 8 月	380	苗瑜	河南省质量技术监督局	罗承廉、王有全、王建辉、彭晓凯、程新选、刘伟、王洪江、陈传岭、葛伟三、彭军	牛淑之、陈海涛、于雁军、张向新、黄玲、王文军、臧宝顺、杨俊宝、周志坚
15	电能表的检定和检定装置的检修	中国计量出版社 ISBN 7-5026-2481-3	2006 年 9 月	624	彭黎迎	河南省产品质量监督检验所	彭平	于建军
16	实验室质量管理与资质认定	黄河水利出版社 ISBN 978-7-80734-232-8	2007 年 8 月	491	王建辉	河南省技术监督局	焦桂珍、马长征、杨明镜、王卓	邵惠芳、王琪、王建强
17	力学计量	中国计量出版社 ISBN 978-7-5026-2716-4	2007 年 11 月	950	程新选	河南省计量科学研究院		（按姓氏笔画为序）孔小平、孔庆彦、王广俊、朱永宏、刘全红、孙晓全、孙毅、何开宇、杜书利、张中杰、李淑香、崔耀华、程新选
18	JJF 1069—2007《法定计量检定机构考核规范》培训教程	黄河水利出版社 ISBN978-7-80734-384-9	2008 年 1 月	306	苗瑜	河南省质量技术监督局		苗瑜、程新选、陈海涛、牛淑之、黄玲、杜书利、王慧海

续表

序号	计量著作名称	出版社名称及书号	出版日期	字数（千字）	主编	主编单位	副主编	参加编写人员
19	无线电计量（第二版）	中国计量出版社 ISBN978-7-5026-2942-7	2009年2月	670	彭黎迎	河南省产品质量监督检验所	卢兴远、周利、夏德顺	于建军、彭黎明、叶菁、董生怀、郭自峰、李盼盼、王新亚、于水柱、彭平、沈小红
20	实验室资质认定实用指南	黄河水利出版社 ISBN978-7-80734-886-3	2010年8月	843	王有全	河南省质量技术监督局	任林、冷元宝、程新选、执行副主编：张志刚	张志刚、冷元宝、程新选、崔国庆、朱海群、马清华、陈传岭、顾翔宇、冯波、宋力、王维屏、刘慧
21	计量管理基础知识（第三版）	黄河水利出版社 ISBN978-7-80734-926-6	2010年11月	407	苗瑜	河南省质量技术监督局	黄玲、柯存荣	苗瑜、张向新、程新选、陈海涛、王敢峰、黄玲、牛淑之、杜书利、于雁军、路彦庆、赵仲剑、李福民、刘荣立、柯存荣
22	给水排水设计手册（第三版）	中国建筑工业出版社 ISBN 978-7-112-13479-3	2011年		崔耀华	河南省计量科学研究院		杨明镜
23	温度数字仪表原理	中国质检出版社 ISBN 978-7-5026-4032-3	2011年	218	张晓明、王颖	河南省计量科学研究院	戴翔、刘捷、吴勤、崔馨元、袁丹、陈永强、梁生	
24	计量法律法规及相关文件汇编	中国质检出版社出版 ISBN 978-7-5026-3663-0	2012年11月	586	王有全、李有福	河南省质量技术监督局		程振亚等29人
25	新乡市计量史（1949—2009）	中州古籍出版社 ISBN 978-7-5348-4111-8	2012年12月	380	臧宝顺	新乡市计量史编纂委员会	高进忠、孔令毅	李应庄、司天明、王培虎、宋文、赵永山、方辉
26	民国中原度量衡简史	中国质检出版社 ISBN 978-7-5026-3526-8	2012年	150	陈传岭	河南省计量科学研究院		陈澧锜、马睿松、陈清平、王卓
27	电能计量	河南人民出版社 ISBN 978-7-215-08159-8	2012年	310	刘沛	河南省计量科学研究院		姜鹏飞、张勉、王钟瑞、李二鹤、高翔、周富拉
28	常用几何量计量标准考核细则	黄河水利出版社 ISBN978-7-5509-0661-7	2013年12月	280	苗瑜	河南省质量技术监督局 河南省计量科学研究院	贾晓杰、李拥军、黄玲、黄玉珠	任方平、李拥军、吴彦红、董志欣
29	实验室如何准备资质认定和认可	河南科学技术出版社 ISBN 978-7-5349-6675-0	2013年	420	朱茜	河南省计量科学研究院	王书升、郭胜	孙晓萍、赵鸿宾、蒋涛
30	计量管理基础知识（第4版）	黄河水利出版社 ISBN 978-7-5509-0720-1	2014年2月	420	苗瑜	河南省质量技术监督局		张向新、陈怀军、黄玲
31	多用表校验仪计量校准技术	大象出版社 ISBN 978-7-5347-8187-2	2014年	314	陈清平	河南省计量科学研究院		宁亮、司延召

（8）《力学计量》2007年中国计量出版社出版，程新选主编。国家质检总局副局长蒲长城作《总序》。该书是全国计量检测人员培训教材；本书包括绪论和砝码、天平、秤、力值计量、硬度计量、扭矩计量、转速计量、振动计量、冲击计量、压力计量、真空计量、流量计量、容量计量、密度计量，共十四章；主要阐述了各类力学计量的基本概念、测量原理、计量标准装置和国家计量检定系统及相应的力学计量器具的原则、结构、检定、使用和维护方法。该书为计量检测人员培训教材，可供从事力学计量工作的科技人员和管理人员使用，也可供其他有关人员参考。

（9）《实验室资质认定实用指南》2010年黄河水利出版社出版，王有全主编。全书共二十三章，介绍了与实验室资质认定有关的基础知识，对《实验室资质认定评审准则》按条款进行了理解要点和评审要点一一对应的释义。该书可供从事实验室资质认定申请、评审和管理人员使用，也可供科研所、高等院校、企事业单位从事实验室管理与检测工作的人员学习和参考。

（10）《计量管理基础知识》（第4版）2014年黄河水利出版社出版，苗瑜主编。为了配合计量人员的教育培训，该书依据2013年现行有效的国家计量法律法规介绍了我国的计量工作体制，对计量监督与行政执法的开展等计量管理监督工作内容及要求进行详细叙述，便于读者对计量管理与监督活动有一个基本了解。该书可用于计量检定人员培训，也可供从事计量管理、计量技术、测量管理体系审核等工作的人员阅读参考。

（三）河南省计量论文

1985—2014年，河南省人民政府副省长刘新民、河南省质监局局长李智民、河南省质监局计量处处长王有全、河南省计量院院长程新选等河南省党政机关、企业事业单位人员在国家级、河南省报纸、刊物等发表了计量工作、计量管理、计量技术等计量论文220篇（见表5-12-37）。

（四）计量科技鉴定

河南省质监局2006年12月18日向河南省财政厅发出《关于对显微硬度测量系统产品性能进行鉴定的复函》（豫质监函字〔2006〕33号）。《复函》曰：按照贵厅《关于鉴定显微硬度测量系统产品性能质量的函》，我局委托河南省计量科学研究院对所提供的两种产品参数进行了分析和评价，特此函复。

（五）河南省计量院举办第一届学术周

河南省计量院2007年1月29日至2月2日举办第一届学术周，河南省质监局副局长黄国英、人事教育处处长郑文超、计划科技处处长程智韬、计量处处长王有全，河南省计量院院长刘伟、院党委书记、副院长王洪江等出席学术周。教授、博士生导师、国务院学位委员会委员李言俊，一级研究员、全国流量仪表委员会主任委员王池，教授、博士生导师马义中，德国EMH公司、德国埃尔斯特公司，分别做了专题讲座。学术周交流了52篇论文，评出优秀论文一等奖5篇、二等奖10篇、三等奖10篇。河南省质监局肖继业副局长向获奖人员颁奖。

五、能力验证和实验室比对

为了确保测量结果的可比性和可溯源性，实现各级计量技术机构相应计量标准所出具的计量数据的准确和一致，计量比对是最有效的方法之一。通过比对，既反映了参加单位的计量标准装置的实际情况，包括测量范围、测量不确定度分析、量值溯源方式等，也考查了实验室的测量能力，包括环境条件、仪器设备、检定人员的技术水平和出具检定证书的正确程度。通过比对，还帮助参加计量比对的计量技术机构的有关实验室分析并找出测量量值产生差异的原因，有利于提高相关实验室的技术能力。同时，计量比对也是对法定计量检定机构实施证前检查和证后监督的重要措施。

表 5-12-37 河南省计量论文一览表（1985—2014）

序号	计量论文名称	报纸期刊名称	出版期号	作者	作者单位
1	高精度测试中的干涉条纹对比度	计量技术	1985 年第 5 期	杜建国	河南省计量测试研究所
2	执法中发挥计量监督文书的作用	中国计量	1987 年第 11 期	程新选	河南省计量局
3	全省计量法检查结束	河南日报	1988 年 10 月 18 日	程新选	河南省计量局
4	干涉滤光片主要技术指标的标定与讨论	计量技术	1993 年第 1 期	路彦庆	河南安阳计量测试中心
5	光度比色分析皿间误差的消除	计量技术	1993 年第 8 期	路彦庆	河南安阳计量测试中心
6	DXS-302 流量积算器调试数据处理	油田地面工程	1995 年第 1 期	孔庆彦、黄山、尚平	河南省计量测试研究所
7	分光光度计光谱带宽对测量结果的影响	计量技术	1995 年第 4 期	路彦庆	河南安阳计量测试中心
8	利用相位累加器产生标准相位（移）	计量技术	1996 年第 4 期	杜建国、崔广新、刘卫平	河南省计量测试研究所 郑州移动通信分局
9	非整数频率标准的准确测试	计量技术	1996 年第 7 期	杜建国、崔广新	河南省计量测试研究所
10	高精度光栅数显式标准洛式及表面洛氏硬度计的研制	实用测试技术	1996 年第 4 期	程新选、林继昌、王广俊、刘全红	河南省计量测试研究所
11	相位量值传递（溯源）的新途径	电子技术应用	1996 年 6 月	杜建国、崔广新、刘卫平	河南省计量测试研究所 郑州移动通信分局
12	高精度光栅式标准洛式及表面洛氏硬度计	计量学报期刊社	1998.11 ISBN7-5026-1124-X	程新选、林继昌、王广俊、刘全红	河南省计量测试研究所
13	河南计量事业发展的里程碑	中国计量	2000 年第 8 期	刘景礼	河南省质量技术监督局
14	利用 PN 结作传感器的数字温控仪	计量技术	2000 年第 12 期	高庆斌	河南安阳计量测试中心
15	“入世”后计量工作面临的问题及其对策探讨	中国计量	2001 年第 11 期（总第 72 期）	程新选、施昌彦	河南省计量测试研究所 中国计量科学研究院
16	用计算器简便计算算术平均值、方差、标准偏差	计量技术	2001 年第 3 期	高庆斌	安阳市质量技术监督检验检测中心
17	电动秒表检定仪固有误差的测量	计量技术	2001 年第 3 期	崔广新、杜建国	河南省计量测试研究所
18	扎扎实实做好思想政治工作　促进计量工作全面发展	当代中国出版社	2001.11 ISBN7-80170-0368	程新选、王洪江、赵建新、李莲娣	河南省计量测试研究所
19	全面加强计量工作　推动河南省经济快速健康发展	中国计量	2003 年第 8 期	刘新民	河南省人民政府
20	短程光电测距仪测距标准偏差的野外测定方法	中国计量	2003 年第 8 期	张卫东、王冬梅	河南省计量科学研究院

续表

序号	计量论文名称	报纸期刊名称	出版期号	作者	作者单位
21	改进和加强思想政治工作　促进我省计量事业全面发展	孺子牛	2003 年第 4 期	王洪江、程新选、李莲娣、赵建新	河南省计量测试研究所
22	“5·20 世界计量日”答记者问	河南日报	2003 年 5 月	刘新民	河南省人民政府
23	全面加强计量工作，推动我市经济快速健康发展	濮阳日报	2003 年 5 月	魏有元	濮阳市人民政府
24	全面加强计量工作　推动经济快速发展	南阳日报	2003 年 5 月	傅新立	南阳市质量技术监督局
25	加强计量工作，为洛阳的腾飞做贡献	洛阳日报	2004 年 5 月	赵晓政	洛阳市质量技术监督局
26	加强计量工作，为实现濮阳经济振兴而奋斗	濮阳日报	2004 年 5 月	刘子卿	濮阳市质量技术监督局
27	全面加强计量工作，服务我市经济建设	信阳日报	2004 年 5 月	杨道友	信阳市质量技术监督局
28	加强计量工作，为实现开封复兴而奋斗	开封日报	2004 年 5 月	张涛	开封市质量技术监督局
29	“5·20 世界计量日”答记者问	周口日报	2004 年 5 月	石玉山	周口市质量技术监督局
30	牛磺酸锌的合成研究	浙江化工	2004 年第 6 期	孟洁、赵红坤、李娟、任保增、雒廷亮、刘国际	河南省计量科学研究院 郑州大学化工学院
31	医疗机构需进行计量确认	中国质量技术监督	2004 年第 5 期	陶炜、马长征	南阳市质量技术监督检验检测中心、河南省计量科学研究院
32	用微米千分尺测量塞尺片厚度的不确定度分析	中国测试技术	2004 年第 5 期	贾晓杰	河南省计量科学研究院
33	动态轴重仪在不同路面情况时的受力分析	计量技术	2005 年第 1 期	张中杰、何开宇	河南省计量科学研究院
34	光学经纬仪的光学测微器行差检定中应注意的几个问题	计量技术	2005 年第 1 期	张卫东、王冬梅	河南省计量科学研究院
35	交换机计时计费检定方法及分析	计量技术	2005 年第 8 期	杜建国	河南省计量科学研究院
36	应用影像对正法的前照灯检测技术	中国测试技术	2005 年第 4 期	杨春生、隋敏	中国测试技术研究院 河南省计量科学研究院
37	BYX-1 型便携式氧气吸入器检定装置的研制	中国计量	2006 年第 3 期	孙晓全	河南省计量科学研究院
38	税收收款机射频场感应的传导骚扰抗扰度试验方法	中国计量	2006 年第 8 期	刘文芳	河南省计量科学研究院
39	数字电压表比例法半自动检定直流电阻箱的方法	计量技术	2006 年第 1 期	刘文芳	河南省计量科学研究院
40	预付费煤气表射频电磁场辐射抗扰度试验的方法	计量技术	2006 年第 3 期	赵军	河南省计量科学研究院

续表

序号	计量论文名称	报纸期刊名称	出版期号	作者	作者单位
41	不确定度分析在设计 0.02 级电能表检定装置中的指导作用	计量技术	2006 年第 6 期	师恩洁、马睿松、李有福、陈传岭	河南省计量科学研究院
42	滑板式汽车侧滑检验台示值误差测量结果的不确定度评定	中国测试技术	2006 年第 4 期	隋敏、李宏兵	河南省计量科学研究院 河南省工业设计学校
43	小议电阻箱的维修和保养	工业计量	2006 年增刊 2	贾红斌	河南省计量科学研究院
44	重力式自动装料衡器测量结果的不确定度分析	中国计量	2007 年第 7 期	何开宇、陈玉斌、王朝阳	河南省计量科学研究院
45	混凝土回弹仪检定中的几点思考	计量技术	2007 年第 4 期	张中杰、赵慧君	河南省计量科学研究院
46	对《交流电能表现测试仪》标准中电磁兼容试验的问题讨论	计量技术	2007 年第 6 期	刘文芳、周富拉、邵峰	河南省计量科学研究院
47	电子经纬仪水平测角精度的评定探讨	计量技术	2007 年第 9 期	张卫东、崔喜才、沈妮	河南省计量科学研究院
48	利用时钟脉冲考核电能表检定装置测量重复性	计量技术	2007 年第 12 期	苗红卫	河南省计量科学研究院
49	QJ44 型电桥基本误差的分格数检定法	计量学报	2007 年 12 月 第 28 卷第 4A 期	朱小明	河南省计量科学研究院
50	低阻测试仪检定方法及装置	计量学报	2007 年 12 月 第 28 卷第 4A 期	马睿松、董生怀、朱小明、贾红斌、张建军	河南省计量科学研究院
51	电能负载箱设计方案	计量学报	2007 年 12 月 第 28 卷第 4A 期	刘沛、张军照、姜鹏飞、闫会荣	河南省计量科学研究院
52	固体径迹探测技术在环境氡监测中的应用	矿和岩石	2007 年第 4 期	郭美玉、董纯菡、刘晓辉	河南省计量科学研究院、成都理工大学核技术与自动化学院
53	预应力混凝土用钢绞线弹性模量的合理测量方法	施工技术	2007 年 12 月 第 36 卷增刊	张中杰、李向军、秦国君	河南省计量科学研究院、 西北工业大学
54	工业计算机在钟罩式气体流量标准装置中的应用	中国计量	2008 年第 1 期	樊玮、闫继伟	河南省计量科学研究院
55	光学经纬仪光学测微器行差检定中的重点问题	中国计量	2008 年第 9 期	张卫东、王冬梅	河南省计量科学研究院、河南省测绘产品质量监督检验站
56	对眼镜零售企业建立质量保证体系的一些看法	中国计量	2008 年第 9 期	黄玉珠、隋敏、邹晓华	河南省计量科学研究院
57	高压架空输电线、变电站无线电干扰测量方法的探讨	计量技术	2008 年第 1 期	刘文芳、闫继伟、谢贵强	河南省计量科学研究院

续表

序号	计量论文名称	报纸期刊名称	出版期号	作者	作者单位
58	对动态汽车衡检定用参考车辆约定真值的探讨	计量技术	2008 年第 3 期	王书升、司延召、张奇峰、徐凯	河南省计量科学研究院
59	一种数字减影血管造影系统检测方法	计量技术	2008 年第 5 期	丁力、黄成伟、张中伟、龙成章	河南省计量科学研究院
60	局域网检测技术研究	计量技术	2008 年第 7 期	赵军、郭胜、邵峰、刘涛	河南省计量科学研究院
61	电能表检定装置输出功率稳定度评定方法的探讨	计量技术	2008 年第 8 期 总第 408 期	马睿松	河南省计量科学研究院
62	医用加速器测量分析软件的验证	计量技术	2008 年第 9 期	黄成伟、丁力、张中伟、龙成章	河南省计量科学研究院
63	流量积算仪数字模型的研究	计量技术	2008 年第 9 期	周文辉、闫继伟	河南省计量科学研究院
64	高压架空输电线、变电站无线电干扰测量方法的探讨	计量技术	Cn.11–1988/TB 2008 年第 10 期	刘文芳、闫继伟、谢贵强	河南省计量科学研究院
65	原子荧光光度计检定中常见问题的解决办法	计量技术	2008 年第 12 期	贾会、孙晓萍、张书伟、丁峰元	河南省计量科学研究院
66	全面加强计量工作，推动我省经济又好又快发展而奋斗	河南日报	2008 年 5 月 22 日	高德领	河南省质量技术监督局
67	红霉素肟合成工艺研究	河南化工	2008 年第 8 期	李峰、陈辉	河南省计量科学研究院、沙隆达郑州农药有限公司
68	闭口压型钢板 – 轻骨料屋面板抗弯试验研究	山西建筑	2008 年 26 期	李淑香、牛秀艳、李晓冬	河南省计量科学研究院
69	高精度电能标准装置多标准测量模式的实现	中国科教创新	2008 年第 09 期 总第 485 期	王娜、邵峰、周富拉、路明	河南省计量科学研究院
70	高压差升压级联 Boost 变换器效率最优分析	今日科苑	2008 年第 4 期	邵峰、王娜	河南省计量科学研究院
71	红外辐射测温仪测量结果不确定度的分析与评定	科技信息	2008 年第 23 期 总第 271 期	李淑香	河南省计量科学研究院
72	漫谈红外辐射测温仪	硅谷	2008 年第 16 期	李淑香	河南省计量科学研究院
73	煤炭燃烧过程中重金属元素转化分析	河南科学	2008 年 11 月 第 26 卷 No.120	朱青荣、何开宇	河南省计量科学研究院
74	偏心受压支撑抗侧力体系在水平力作用下受力性能分析	城市住宅	2008 年 7 月 第 7 期	李淑香	河南省计量科学研究院

续表

序号	计量论文名称	报纸期刊名称	出版期号	作者	作者单位
75	食品级二氧化碳中乙醇含量气相色谱分析方法的研究	低温与特气	2008 年第 6 期	宋笑明、李春瑛、胡树国、王德发、杜秋芳、阮俊、吴梦一	河南省计量科学研究院、中国计量科学研究院、云南省计量测试技术研究院、北京化工大学
76	水准仪检定装置水平准线偏差检定方法的探讨	计量学报	2008 年 9 月 第 29 卷 第 4A 期	张卫东、张琳娜	河南省计量科学研究院
77	音速喷嘴气体流量标准装置校准方法的研究	计量学报	2008 年 11 月 第 29 卷 第 5 期	朱永宏、樊玮、师恩洁、暴冰	河南省计量科学研究院
78	中原地区节能建筑的检测评估方法分析	科技资讯	2008 年第 26 期 总第 167 期	李淑香	河南省计量科学研究院
79	河南省质量技术监督局多项举措 确保民生计量工作到位	中国计量	2009 年第 2 期	王有全	河南省质量技术监督局
80	砼回弹仪常见故障分析及维修方法	中国计量	2009 年第 5 期	付江红	河南省计量科学研究院
81	贯入仪的保养与调修	中国计量	2009 年第 12 期	孙钦密、张燕	河南省计量科学研究院
82	压力测量在电子血压计中的应用	计量技术	2009 年第 5 期 总第 417 期	孙晓全、郭要强、张晓明	河南省计量科学研究院
83	光学三坐标测量仪在传声器参数测量中的应用	计量技术	2009 年第 7 期	齐芳、钟波、何龙标	河南省计量科学研究院
84	冲击试验机检定规程的几点探讨	计量技术	2009 年第 9 期	刘向军、张中杰、冯海盈	河南省计量科学研究院
85	pH 电极的测量原理及正确使用	计量技术	2009 年第 10 期	孔小平、孟洁、许建军、李博	河南省计量科学研究院
86	红外测油仪鉴定过程的几个注意事项	计量技术	2009 年第 12 期	孙晓萍、贾会、张书伟、丁峰元	河南省计量科学研究院
87	关于离子色谱仪检定中的几点建议	化学分析计量	2009 年第 4 期	孟洁、刘卓	河南省计量科学研究院、西安计量技术研究院
88	基于符号模拟的电路中错误诊断方法研究	现代电子技术	2009 年第 16 期	齐芳、吴尽昭	河南省计量科学研究院、中国科学院成都计算机应用研究所
89	浅谈气体检测报警器的科学检定	计量与测试技术	2009 年第 7 期	李博、朱茜、孔小平、许建军、孟洁	河南省计量科学研究院
90	食品级二氧化碳中苯含量气相色谱分析方法的研究	低温与特气	2009 年第 2 期	宋笑明、李春瑛、王德发、杜秋芳、阮俊、吴梦一	河南省计量科学研究院、中国计量科学研究院、云南省计量测试技术研究院、北京化工大学

续表

序号	计量论文名称	报纸期刊名称	出版期号	作者	作者单位
91	A 型邵氏硬度计试验力示值误差的测量不确定度评定	农产品加工	2009 年总第 168 期	孙钦密	河南省计量科学研究院
92	测功装置的计量校准方法	科学时代	2009 年第 14 期	付江红	河南省计量科学研究院
93	电能表检定装置的可靠性与抗干扰性设计浅谈	科技资讯	2009 年第 5 期	周富拉、张勉	河南省计量科学研究院
94	贯入仪贯入力校准过程中的问题	中国仪器仪表	2009 年 8 月	孙钦密、秦国君、冯海盈、姬学智	河南省计量科学研究院
95	环境噪声机器防治措施	噪声与振动控制	2009 年 6 月增刊	卫平、朱卫民、齐芳	河南省计量科学研究院
96	邵氏硬度计试验力示值误差的测量不确定度评定	工业计量	2009 年 6 期	孙钦密、刘全红、张中杰、付江红	河南省计量科学研究院
97	洗板机校准方法及不确定度评定	计量与测试技术	2009 年 6 月 第 36 卷 总第 205 期	丁峰元、朱茜、贾会、孙晓萍、 张书伟、许建军	河南省计量科学研究院
98	影响动态公路车辆自动衡器的因素分析	中国技术	2009 年第 8 期 总 第 420 期	张奇峰、徐凯、王书升、司延召	河南省计量科学研究院
99	预应力混凝土用钢绞线弹性模量测量方法分析	河南建材	2009 年第 4 期	刘向军、张中杰、秦国君	河南省计量科学研究院
100	电子标签在计量技术机构业务管理系统中的应用与研究	中国计量	2010 年第 1 期	杜正峰、张曙辉	河南省计量科学研究院
101	电子式互感器及若干检定问题探讨	中国计量	2010 年第 3 期	彭平、雷民	河南省计量科学研究院、 国家高电压计量站
102	化学需氧量（COD）示值误差不确定度评定的分析	计量技术	2010 年第 1 期	朱茜、莫楠、孙晓萍、贾会	河南省计量科学研究院
103	数字全息技术在温度场检测中的应用	计量技术	2010 年第 5 期 总第 429 期	王广俊、李艳、苏清磊、张奇峰	河南省计量科学研究院
104	水流量标准装置测控系统的设计	计量技术	2010 年第 8 期	王书升、胡博、崔耀华、任晓燕	河南省计量科学研究院
105	检定、校准、检测中测量不确定度的探讨	计量技术	2010 年第 9 期	王卓	河南省计量科学研究院
106	用外夹式超声流量计对大口径液体超声流量计在线校准的不确定因素分析	计量技术	2010 年增刊	崔耀华、胡博	河南省计量科学研究院
107	ICP-AES 测定土壤中钡、铬和锰含量的不确定度评定	光谱实验室	2010 年第 2 期	丁峰元、朱茜、李景文、孙晓萍、 贾会、张书伟	河南省计量科学研究院

续表

序号	计量论文名称	报纸期刊名称	出版期号	作者	作者单位
108	巴歇尔槽型明渠流量计测量的不确定度分析	科技信息	2010 年第 26 期	常忠平、赵玲、胡博、任晓燕	汤阴县质量技术监督检验测试中心、河南省计量科学研究院、河南科技学院
109	校准蒸发光散射检测器选用标准物质的比较与分析	化学分析计量	2010 年第 4 期	孟洁、孔小平、许建军、李博、宋笑明	河南省计量科学研究院
110	医用活度计质量控制	计量与测试技术	2010 年第 12 期	郭美玉	河南省计量科学研究院
111	721 分光光度计使用中的常见故障及解决办法	计量与测试技术	2010 年第 7 期	许建军、朱茜、李博、孔小平、丁峰元	河南省计量科学研究院
112	BMY-6 智能型比表面积测定仪研制报告	中国科技成果	2010 年第 9 期	张晓明	河南省计量科学研究院
113	LED 节能灯具关键技术指标与测试方法的探讨	工业计量	2010 年增刊 2	苏清磊、黄玉珠	河南省计量科学研究院
114	玻璃液体温度计检定技术	计量与测试技术	2010 年第 1 期	崔馨元	河南省计量科学研究院
115	互感器检验仪检定装置不确定度评定方法	工业计量	2010 年增刊第 1 期	周秉时	河南省计量科学研究院
116	介质损耗测试仪校准方法的探讨	科技创新导报	2010 年第 13 期	李岚	河南省计量科学研究院
117	门窗物理性能试验机构的校准方法研究	中国科技成果	2010 年第 13 期	秦国君、张中杰、冯海盈	河南省计量科学研究院
118	气相色谱分析中鬼峰产生的原因及排除方法	化学分析计量	2010 年第 3 期	孔小平、李博	河南省计量科学研究院
119	浅谈超声波测厚仪的校准与使用	工业计量	2010 年增刊 2	黄玉珠、苏清磊	河南省计量科学研究院
120	三用表校准仪校准方法的探讨	计量与测试技术	2010 年 8 月 第 37 卷 总第 219 期	宁亮、陈清平	河南省计量科学研究院
121	数字全息显微中常见重建算法比较	激光与电子学进展	2010 年 3 月	王广俊、王大勇、王华英	河南省计量科学研究院
122	原子吸收分光光度计检定方法探讨	计量与测试技术	2010 年 2 月 第 37 卷 总第 213 期	朱茜、丁峰元、雷军锋、幕媛	河南省计量科学研究院
123	Application of digital holography in temperature distribution measurement	SPIE	2010 年第 10 期	WANG Guangjun（王广俊），WANG Huaying，WANG Dayong，XIE Jianjun，ZHAO Jie	河南省计量科学研究院 北京工业大学

续表

序号	计量论文名称	报纸期刊名称	出版期号	作者	作者单位
124	互感器耐压试验常见问题解析	中国计量	2011 年第 5 期	周秉时、彭平、符玉静、姚力夫	河南省计量科学研究院
125	JJG 461-2010《靶式流量计》检定规程解读	中国计量	2011 年第 6 期	崔耀华	河南省计量科学研究院
126	数字全息在粗糙度检测中的应用	计量技术	2011 年第 8 期	王广俊、王大勇、张奇峰	河南省计量科学研究院
127	模拟电阻的运用及校准方法	计量技术	2011 年第 8 期	朱小明、周秉时、李岚、贾红斌	河南省计量科学研究院
128	称重显示器检测方法探讨	计量与测试技术	2011 年第 8 期	张燕、孙钦密、段云	河南省计量科学研究院
129	关于对侧滑台的结构改进意见	汽车与安全	2011 年第 6 期	王全德、李锦华、张燕、石永祥	河南省计量科学研究院
130	计算机数字摄影检测结果的分析及思考	中国测试	2011 年第 4 期	丁力、樊俊显、黄成伟	河南省计量科学研究院、平顶山市质量技术监督检验测试中心
131	企业财务评价指标体系问题研究	经济师	2011 年第 7 期	李亚芳、张喜悦	河南省计量科学研究院
132	湿度测量方法研究	计量与测试技术	2011 年第 6 期	李振杰	河南省计量科学研究院
133	新型比表面积测定仪在检测中的应用	计量与测试技术	2011 年第 12 期	张晓明、袁丹	河南省计量科学研究院
134	电子废弃物的资源化利用	河南科技	2011 年第 3 期	张燕、赵长民	河南省计量科学研究院、郑州市环境保护监测中心
135	化学需氧量测定仪检定过程中常见问题与解决方法探讨	化学分析计量	2011 年 2 月 第 20 卷	贾会、刘建平、孙晓萍、张书伟、丁峰元	河南省计量科学研究院
136	基于 Intuilink 软件的应用及测量不确定度评定	工业计量	2011 年 2 期	周秉时、贾红斌	河南省计量科学研究院
137	平板制动台检测过程重复性分析	汽车与安全	2011 年第 10 期	王全德、张燕、李锦华、石永祥	河南省计量科学研究院
138	全站仪立式金属罐容积标定应用分析	现代商贸工业	2011 年 1 月	谷田平、石永祥	河南省计量科学研究院
139	听力计的检定及现状分析	计量与测试技术	2011 年第 12 期	齐芳、齐书国	河南省计量科学研究院
140	文件审批流程分析及在计量技术机构管理网络中的应用	现代测量与实验室管理	2011 年第 2 期	杜正峰、苗红卫、邹炳蔚	河南省计量科学研究院
141	液态奶中三聚氰胺胺含量的测量不确定度评定	计量学报	2011 年第 1 期	孔小平、李博、朱茜、孟洁、许建军	河南省计量科学研究院
142	远程监控系统在无人值守变电站中的应用	安防科技	2011 年 6 期 总第 112 期	刘涛	河南省计量科学研究院
143	组合互感器检定方法探讨	计测技术	2011 年第 31 卷	周秉时	河南省计量科学研究院

续表

序号	计量论文名称	报纸期刊名称	出版期号	作者	作者单位
144	对《大气采样器》检定规程中检定方法的探讨	中国计量	2012 年第 1 期	樊玮、朱永宏	河南省计量科学研究院
145	计量的自闭与发展	中国计量	2012 年第 2 期	陈传岭、马睿松	河南省计量科学研究院
146	静态容积法标定钟罩式气体流量标准装置存在的问题	中国计量	2012 年第 4 期	周文辉、师恩洁、刘丹、张珂	河南省计量科学研究院
147	减少低压电网电能损耗的探讨	中国计量	2012 年第 6 期	陈兵、齐立勇	河南省计量科学研究院
148	封闭管道中电磁流量计在线计量的方法和实施策略研究	中国计量	2012 年第 6 期	朱永宏、师恩洁、曹爱菊	河南省计量科学研究院
149	工业分析仪计量性能校准方法的研究	计量技术	2012 年第 6 期	朱茜、丁峰元、冯帅博、李琛	河南省计量科学研究院
150	一个关于测量不确定度相关性示例的探讨	计量技术	2012 年第 9 期	王卓	河南省计量科学研究院
151	AF-7500 型原子荧光光度计检定方法	计量技术	2012 年第 9 期	丁峰元、朱茜、贾会、孙晓萍	河南省计量科学研究院
152	垂直度检测尺校准装置的研制	计量技术	2012 年第 11 期	贾晓杰、黄玉珠、何胜利	河南省计量科学研究院
153	重力式定量包装机准确度控制设计	计量技术	2012 年增刊	孙毅	河南省计量科学研究院
154	The Method for Restraining Electromagnetic Interference of Electricity Meter by Means of Pule Width Testing Circuit 脉宽检测法抑制电能表电磁干扰的方法	Electrical Measurement & Instrumentation 电测与仪表	2012，49（z1）	刘文芳、赵军、邵峰	河南省计量科学研究院
155	恒温槽温度均匀性测量不确定度分析	计量与测试技术	2012 年第 6 期	吴勤、李振杰	河南省计量科学研究院
156	JJG 313—2010 测量用电流互感器检定规程的解读与分析	科技资讯	2012 年第 8 期	李岚	河南省计量科学研究院
157	标准金属量器鉴定中应注意的三个问题	工业计量	2012 年第 6 期	戴金桥、张志清	河南省计量科学研究院
158	城市饮用水涉水产品安全质量分析	现代商贸工业	2012 年 13 期	朱梦晗	河南省计量科学研究院
159	电子天平检定记录相关问题探讨	河南科技	2012 年第 17 期	卜晓雪	河南省计量科学研究院
160	关于校准和测量能力（CMC）评定的一点体会	现代测量与实验室管理	2012 年第 4 期	王卓	河南省计量科学研究院
161	鹤庆五味子藤茎化学成分研究	安徽农业科学	2012 年第 21 期	范鹏	河南省计量科学研究院
162	加强人才培养 构筑计量技术人才高地	工业计量	2012 年增刊第 1 期	姜鲲	河南省计量科学研究院

续表

序号	计量论文名称	报纸期刊名称	出版期号	作者	作者单位
163	论光阑在工具显微镜中的作用	现代商贸工业	2012 年第 20 期	范乃胤	河南省计量科学研究院
164	输变电工程电磁辐射污染的初步探讨	环境科学与管理	2012 年第 10 期	范鹏、刘文芳、丁力、刘涛、邵峰、陶铧	河南省计量科学研究院
165	智能变电站电能计量系统配置方案研究	中原工学院学报	2012 年第 2 期	姜鲲、尚韬、陈兵、李燕斌	河南省计量科学研究院、开封供电公司生产技术部、中原工学院
166	检定规程中出现的电磁兼容问题探讨	中国计量	2013 年第 1 期	邵峰	河南省计量科学研究院
167	流量积算仪参数设置问题的相关研究	中国计量	2013 年第 2 期	师恩洁、周文辉、樊玮	河南省计量科学研究院
168	标准金属量器检定中应注意的问题	中国计量	2013 年第 3 期	戴金桥、张志清	河南省计量科学研究院
169	能源数据采集系统建设中数据安全问题的探讨	中国计量	2013 年第 12 期	朱永宏	河南省计量科学研究院
170	GPS 接收机校准方法探讨	计量技术	2013 年第 1 期	张奇峰、叶献锋、张硕、胡博	河南省计量科学研究院
171	电话网络延时测量系统设计	计量技术	2013 年第 4 期	叶献锋、张奇峰、龙成章、秦国君	河南省计量科学研究院
172	液体静力称量法石油密度计校准装置的设计和实现	计量技术	2013 年第 4 期	朱茜、孔小平、李博	河南省计量科学研究院
173	一种基于光学技术的超声场测量方法研究	计量技术	2013 年第 5 期	朱卫民	河南省计量科学研究院
174	用正弦规校准数显倾角仪示值误差的不确定度	计量技术	2013 年第 6 期	贾晓杰、黄玉珠	河南省计量科学研究院
175	GC-FID 法则定低含量氟利昂气体标准物质的研究	计量技术	2013 年第 9 期	李佳、胡树国、宋栋梁、李海防	河南省计量科学研究院
176	多参量电测设备自动校准装置的研究	计量技术	2013 年 12 期	陈清平、宁亮	河南省计量科学研究院
177	超声波燃气表的设计与实现	工业计量	2013 年第 4 期	闫继伟、边可可	河南省计量科学研究院、郑州大学
178	影响容量瓶校准结果的因素分析	工业计量	2013 年第 1 期	张志清、谷田平、戴金桥	河南省计量科学研究院
179	综合电学量检测设备自动校准装置的研制	电测与仪表	2013 年增刊第 1 期	陈清平、宁亮、司延召	河南省计量科学研究院
180	《流量积算仪》检定规程修订的讨论与检定软件（系统）的开发	工业计量	2013 年第 4 期	朱永宏、赵海升、李健	河南省计量科学研究院、北京博思达新世纪测控技术有限公司
181	ZrO_2 载体的制备及 Ru-Fe-B/ZrO_2 催化剂的苯选择加氢制环己烯催化性能	广东化工	2013 年第 4 期	陶铧、李利潮	河南省计量科学研究院、焦煤集团合晶科技有限责任公司
182	半导体照明产品检测实验室建设及展望	价值工程	2013 年 31 期	周强、李锦华	河南省计量科学研究院

续表

序号	计量论文名称	报纸期刊名称	出版期号	作者	作者单位
183	标准铂电阻温度计测量结果不确定度评定	计量与测试技术	2013 年第 11 期	吴勤	河南省计量科学研究院
184	车轮动平衡机使用及校准探讨	工业计量	2013 年增刊 2	秦国君、张奇峰、叶献锋	河南省计量科学研究院
185	砝码分量校准及不确定度评定	河南科技	2013 年 10 上	何开宇	河南省计量科学研究院
186	鹤庆五味子果实化学成分研究	山东农业科学	2013 年第 2 期	范鹏	河南省计量科学研究院
187	基于 Delphi 的电子天平与计算机的数据通讯	衡器	2013 年 7 期	李博、朱茜、孔小平、许建军、孟洁	河南省计量科学研究院
188	基于博弈论的二手房买卖中个人所得税浅析	价值工程	2013 年 15 期	李亚芳	河南省计量科学研究院
189	基于双麦克风声源定位的视频跟踪	现代电子技术	2013 年第 24 期	赵熙、崔广新、李磊、郑国恒	河南省计量科学研究院
190	建筑工程质量检测器组校准装置的研究	中国科技成果	2013 年第 14 期	贾晓杰、黄玉珠	河南省计量科学研究院
191	解析对行政事业单位财经违规违纪问题的思考	知识经济	2013 年 5 期	李亚芳	河南省计量科学研究院
192	临界流喷嘴高精度测量实验模型研究及实验装置建立	工业计量	2013 年增刊 1	闫继伟、边可可、陈红燕	河南省计量科学研究院、郑州大学、荥阳市质量技术监督检验测试中心
193	浅议事业单位与企业单位会计准则的比较分析	知识经济	2013 年 6 期	李亚芳	河南省计量科学研究院
194	全站仪在乍得炼油厂立式罐容量测量的应用	工业计量	2013 年第 3 期	谷田平、张志清	河南省计量科学研究院
195	物联网技术及检测问题探讨	计量测试与技术	2013 年第 01 期	张燕、王玮、张霞	河南省计量科学研究院
196	烟气排放连续监测系统（CEMS）采样技术及 PM2.5 监测问题的研究	工业计量	2013 年增刊 1	师恩洁、朱永宏、樊玮	河南省计量科学研究院
197	移动通信基站电磁辐射对人体危害分析	北京电力高等专科学校学报	2013 年第 1 期	刘涛、刘文芳、陶铧、范鹏	河南省计量科学研究院
198	影响容量瓶校准结果的因素分析	工业计量	2013 年 1 期	张志清、谷田平、戴金桥	河南省计量科学研究院
199	综合电学量检测设备自动校准装置的研制	电测与仪表	2013 年第 50 卷第 11A 期	陈清平、宁亮、司延召	河南省计量科学研究院
200	落实计量发展规划　提升计量保障能力　促进经济社会发展——河南省质量技术监督局局长李智民《关于贯彻国务院计量发展规划（2013—2020 年）的实施意见》答记者问	河南日报	2014 年 7 月 2 日	李智民	河南省质量技术监督局
201	河南省质量技术监督局副局长冯长宇做客视频直播间在线解读《河南省人民政府关于贯彻国务院计量发展规划（2013—2020 年）的实施意见》	河南省人民政府门户网站	2014 年 8 月 8 日	冯长宇	河南省质量技术监督局

续表

序号	计量论文名称	报纸期刊名称	出版期号	作者	作者单位
202	搞好能源计量审核　促进企业节能减排	中国计量	2014 年第 2 期	赵军	河南省计量科学研究院
203	内径千分尺检修技术	中国计量	2014 年第 4 期	李锦华、高原、胡昱麟、田利华、唐春阳、王志远	河南省计量科学研究院、郑州市质量技术监督检验测试中心
204	河南省生物计量发展的几点思考	中国计量	2014 年第 9 期	丁峰元、朱茜	河南省计量科学研究院
205	JJF 1445—2014《落锤式冲击试验机校准规范》解读	中国计量	2014 年第 9 期	冯海盈、张中杰	河南省计量科学研究院
206	采用 ASP.NET 设计与实现计量器具管理系统	中国计量	2014 年第 11 期	王阳阳、张毅哲、郭名芳	河南省计量科学研究院
207	影响电能表电磁兼容试验结果的常见原因和处理措施	计量技术	Cn.11-1988/TB 2014 年第 10 期	刘文芳	河南省计量科学研究院
208	全站仪反射棱镜遥控控制指挥系统的研制	计量技术	2014 年第 11 期	苏清磊、范乃胤	河南省计量科学研究院
209	JJG（豫）147—2010《电测量仪表校验装置》检定规程解读	河南科技	2014 年第 6 期	宁亮、陈清平	河南省计量科学研究院
210	基于 zigbee 的大棚温湿度实时监测系统	无线互联科技	2014 年第 6 期	张柏林、王艳梅	河南省计量科学研究院、商丘学院
211	时钟校验仪频率测量不确定度分析报告	计量与测试技术	2014 第 6 期	张燕	河南省计量科学研究院
212	常用玻璃量器检定中容量合格判定的方法	工业计量	2014 年 4 期	张志清、戴金桥、谷田平	河南省计量科学研究院
213	鼎与中国古代计量文化	上海计量测试	2014 年第 6 期	陆进宇	河南省计量科学研究院
214	多参量电测设备自动校准软件的研究	中原工学院学报	2014 年第 1 期	陈清平、宁亮、陈兵、刘锐	河南省计量科学研究院
215	刮板细度计检定装置的研制及刮板斜槽底平面平面度的检定方法探讨	工业计量	2014 年第 6 期	贾晓杰、黄玉珠	河南省计量科学研究院
216	浅析牙片机的辐射防护检测	计量与测试技术	2014 年第 7 期	丁力	河南省计量科学研究院
217	危险品磁性物质检测及相关问题探讨	计量与测试技术	2014 年第 9 期	齐芳、古晓辉、孙军涛	河南省计量科学研究院
218	涡流位移传感器灵敏度测量值的不确定度评定	计量与测试技术	2014 年第 8 期	孙钦密	河南省计量科学研究院
219	橡胶硬度计的维修和保养	工业计量	2014 年 5 期	孙钦密、张晓峰、任翔	河南省计量科学研究院
220	在传承中创新——关于加强中原计量文化建设的思考	中国质量技术监督	2014 年第 4 期	陆进宇	河南省计量科学研究院

河南省技监局1995年7~8月组织进行了二等活塞压力计检定装置计量标准比对活动。郑州市计量所为主持单位，全省已建立二等活塞压力计检定装置的市、地计量所和省级授权单位及部分特邀的大中型企业共20个为参加单位。比对工作按照“二等活塞压力计检定装置比对技术方案”进行。在比对数据处理中，主持单位将整个计量比对中得到的大量数据进行反复计算，并根据确定的判据，参照各参加单位建立的过程参数和比对活动中的情况，评出此次比对活动的优秀、良好、合格及不合格单位。优秀：开封市计量所、驻马店地区计量所、中原石油勘探局技术监测中心、开封化肥厂计量处。良好：新乡市计量所、洛阳市计量所、鹤壁市计量所、濮阳市计量所、信阳地区计量所、河南石油勘探局技术监测中心。合格：许昌市计量所、周口地区计量所、安阳市计量测试中心、南阳市计量所、焦作市计量所、安阳钢铁公司计控处。不合格：商丘地区计量所、漯河市计量所、平顶山市计量所、中国长城铝业公司计控处、郑州铁路局郑州计量管理所（该单位为应参加比对单位，因未参加也未申明不参加原由，故按不合格对待）。凡在比对中为不合格的单位，无论该项标准计量标准考核合格证书何时到期，均应提前申请计量标准复查，并于1996年6月30日前完成。逾期不复查的，将依法查处。

河南省技监局、河南省电力工业局1996年联合组织河南省6个单位参加全国第二阶段电能计量标准比对活动。

河南省质监局2006年8月组织开展了材料试验机检定装置检定能力比对活动，参加单位20个，建议参加单位7个。

根据《计量比对管理办法》《计量标准考核办法》及《计量比对》等有关规定，河南省质监局2014年4~10月组织开展了全省0.4级精密压力表量值比对工作。河南省计量院为主导实验室。参加量值比对的21个计量技术机构中，有19个计量技术机构所有比对点的$|E_n| \leq 1$，比对结果为满意，名单如下：开封市、郑州市、周口市、南阳市、驻马店市、许昌市、三门峡市、新乡市、濮阳市、平顶山市、焦作市、洛阳市、安阳市、商丘市、漯河市质监检中心、河南省油田技术监测中心计量检定站、郑州豫燃检测有限公司、郑州铁路局质量技术监督所、中原油田技术监测中心计量监测站。信阳市质检中心4MPa比对点En值为−1.18，比对结果为不满意；济源市质检中心12MPa比对点E_n值为−1.27，比对结果为不满意。根据参比实验室提交的测量不确定度评定报告，洛阳市、许昌市、济源市质检中心和郑州豫燃检测有限公司4个计量技术机构的测量不确定度评定不符合量值传递的有关要求。根据《计量比对管理办法》的有关规定，对量值比对结果存在问题的计量技术机构提出以下处理意见：第一，比对结果为不满意的2家计量技术机构，由所在市质监局负责监督其立即暂停0.4级精密压力表的量值传递工作，认真分析原因，制定和实施有效的整改措施。完成整改后与主导实验室按原比对方案使用备用传递标准重新进行比对，比对结果为满意的可以恢复其量值传递工作；若比对结果仍不满意，需重新进行计量标准考核。第二，测量不确定度评定不符合量值传递要求的4个计量技术机构需重新进行测量结果不确定度评定并上报主导实验室，由主导实验室根据新的评定结果重新计算其$|E_n|$值以确定其比对结果是否满意，若比对结果为不满意则按照处理意见的第1条进行处理。

河南省计量院2003年—2014年参加国家质检总局、国家认监委、中国合格评定国家认可委等组织的实验室能力验证、实验室比对情况见表5-12-38。

河南省计量院2003—2014年参加国家质检总局、国家认监委、中国合格评定国家认可委等组织的实验室能力验证、实验室比对共有105项，其中，满意85项，合格14项，基本符合1项，不满意3项，未反馈2项；满意率97.1%。计量比对和能力验证结果证明河南省的量值传递和检测能力总体上是准确可靠的、满意的，但个别计量项目和检测项目需要采取措施提高量值传递和检测能力，要做到全部达到“满意”。

表 5-12-38　河南省计量科学研究院参加国家质量监督检验检疫总局、国家认证认可监督管理委员会、中国合格评定国家认可委员会等组织的能力验证、实验室比对一览表（2003—2014）

序号	能力验证项目	实验室比对项目	组织部门	主导实验室	能力验证或实验室比对时间	能力验证或实验室比对结果	参加能力验证或实验室比对人员
1	2003 年黏度量值比对	黏度量值	国家质量监督检验检疫总局	国家标准物质研究中心	2003-10-17—2003-12-15	满意	王颖华、耿建波
2	毫瓦级超声功率量值比对	超声功率比对	国家质量监督检验检疫总局	中国计量科学研究院	2003-12-19—2004-01-06	满意	朱卫民、崔广新
3	标准金属洛氏硬度块硬度的能力验证	标准金属洛氏硬度块硬度	中国合格评定国家认可委员会	航空部第十区域计量站 304 所	2004-03-15—2004-03-21	满意	刘全红、张中杰
4	二等标准水银温度计全国比对	二等标准水银温度计全国比对	国家质量监督检验检疫总局	中国计量科学研究院	2004-07-13—2004-07-23	不满意	李淑香、周晓兰
5	大容量比对	大容量比对	国家质量监督检验检疫总局	中国计量科学研究院	2004-09-06—2004-09-11	满意	崔耀华、安生、王全德、戴金桥
6	空气声压量值比对	空气声压量值比对	国家质量监督检验检疫总局	全国声学计量技术专业委员会	2004-09-29—2004-10-29	满意	朱卫民、卫平
7	二等标准铂铑 $_{10}$- 铂热电偶比对	二等标准铂铑 $_{10}$- 铂热电偶比对	中南国家计量测试中心	湖北省计量测试技术研究院	2004-11-04	满意	石艳玲、张晓明
8	一等标准密度计比对	一等标准密度计比对	国家质量监督检验检疫总局	中国计量科学研究院	2004-11-20—2004-12-10	满意	耿建波
9	直流标准电阻器比对	直流标准电阻器比对	中南国家计量测试中心	湖北省计量院	2004-12-14—2004-12-16	满意	朱小明、贾红斌
10	三等量块校准能力验证	三等量块比对	中国合格评定国家认可委员会	上海市计量测试技术研究院	2005-01-12—2005-01-17	满意	黄玉珠、李宝如
11	顶焦度量值比对	顶焦度量值比对	中国合格评定国家认可委员会	中国计量科学研究院工程光学部	2005-04-17—2005-07-21	满意	黄玉珠、邹晓华
12	直流标准电阻测量比对	直流标准电阻测量比对	中国合格评定国家认可委员会	中国航天科技集团公司五院五一四所	2005-08-19—2005-08-27	满意	朱小明、贾红斌
13	1MN 力值能力验证	1MN 力值能力验证	中国合格评定国家认可委员会	中国航天科技集团公司第一计量测试研究所	2005-08-30—2005-10-11	满意	刘全红、张中杰

续表

序号	能力验证项目	实验室比对项目	组织部门	主导实验室	能力验证或实验室比对时间	能力验证或实验室比对结果	参加能力验证或实验室比对人员
14	一等标准金属量器标准装置容量比对	一等标准金属量器标准装置容量	全国流量容量计量技术委员会	中国计量科学研究院	2006-06-05—2006-06-10	满意	孔庆彦、胡博、戴金桥
15	二等克组砝码能力验证计划	二等克组砝码	中国合格评定国家认可委员会	中国航天工业第一集团公司北京长城计量测试研究所	2006-07-28—2006-08-03	满意	张卫华、孙毅
16	二等标准水银温度计校准能力验证计划	二等标准水银温度计校准	中国合格评定国家认可委员会	国防科学技术工业委员会长热力计量一级站	2006-07-31—2006-08-03	满意	周晓兰、李振杰
17	热能表检定装置比对	热能表检定装置比对	全国流量容量计量技术委员会	中国计量科学研究院	2006-08-20—2006-10-21	满意	闫继伟、周文辉
18	10V 直流电压校准能力验证计划	10V 直流电压校准	中国合格评定国家认可委员会	中国航天科技集团公司第研究院第 514 所	2006-09-27—2006-10-18	满意	陈清平、陈兵
19	2006 年度汽车排放气体测试仪比对工作实施细则	汽车排放气体测试仪比对	国家质量监督检验检疫总局	北京市计量检测科学研究院	2006-11-18—2006-11-20	满意	隋敏、王磊
20	2006 年度机动车前照灯检测仪比对工作实施细则	机动车前照灯检测仪比对	国家质量监督检验检疫总局	北京市计量检测科学研究院	2006-11-18—2006-11-20	基本符合	隋敏、王磊
21	1kg 砝码倍量和分量国内量值比对	1kg 砝码倍量和分量国内量值比对	全国质量密度计量技术委员会	中国计量科学研究院	2007-01-11—2007-01-16	满意	孙毅
22	0.6MPa 一等活塞式压力计量值全国比对	0.6MPa 一等活塞式压力计量值比对	全国压力计量技术委员会	上海市计量测试技术研究院	2007-04-21—2007-04-29	满意	孙晓全、尤江
23	中南国家计量测试中心 0.3 级标准测力仪	0.3 级标准测力仪	中南国家计量测试中心	湖北省计量测试技术研究院	2007-07-04—2007-07-04	满意	刘全红、张中杰
24	3 等量块比对	3 等量块比对	中国国家认证认可监督管理委员会	中国测试技术研究院	2007-07-10—2007-07-13	满意	黄玉珠、刘权
25	一等标准酒精计国内量值比对	一等标准酒精计国内量值比对	全国质量密度计量技术委员会	中国计量科学研究院	2007-12-06—2007-12-24	满意	耿建波、朱茜
26	酸度量值比对	酸度量值比对	全国物理化学计量技术委员会	中国计量科学研究院	2008-03-19—2008-03-28	满意	孔小平、贾会

续表

序号	能力验证项目	实验室比对项目	组织部门	主导实验室	能力验证或实验室比对时间	能力验证或实验室比对结果	参加能力验证或实验室比对人员
27	国内黏度量值比对	黏度量值比对	国家质量监督检验检疫总局	中国计量科学研究院	2008-04-01—2008-04-23	满意	耿建波、朱茜
28	水流量装置全国量值比对	水流量装置全国量值比对	全国流量容量计量技术委员会	中国计量科学研究院	2008-08-18—2008-08-25	满意	胡博、谷田平
29	毫瓦级超声功率全国量值比对	毫瓦级超声功率量值比对	全国声学计量技术委员会	中国计量科学研究院	2008-12-21—2008-12-30	满意	卫平、齐芳
30	动态汽车衡比对	动态汽车衡比对	中南国家计量测试中心	湖北省计量科学研究院	2008-12-22—2008-12-26	满意	徐凯、司延召
31	液相色谱仪计量标准量值比对	液相色谱仪计量标准量值比对	全国物理化学计量技术委员会	中国计量科学研究院	2009-06-06—2009-06-16	满意	许建军、孟洁
32	全国心电图机检定装置量值比对	全国心电图机检定装置量值比对	全国无线电计量技术委员会	中国计量科学研究院、内蒙自治区计量测试研究院	2009-06-08—2009-06-19	满意	崔广新、叶献锋
33	砝码校准	砝码校准	中国合格评定国家认可委员会	中国计量科学研究院	2009-07-29—2009-08-02	满意	何开宇、朱青荣、王朝阳
34	呼出气体酒精含量探测器计量检定装置量值比对	呼出气体酒精含量探测器计量检定装置量值比对	华北国家计量测试中心	北京市计量检测科学研究院	2009-09-22—2009-09-25	满意	孟洁、许建军
35	三级扭矩扳子（2Nm~100Nm）校准	三级扭矩扳子（2Nm~100Nm）校准	中国合格评定国家认可委员会	北京长城计量测试技术研究所	2009-11-04—2009-11-06	满意	付江红、孙钦密
36	平面平晶的平面度校准	平面平晶的平面度校准	中国合格评定国家认可委员会	中国计量科学研究院	2009-12-07—2009-12-18	满意	贾晓杰、黄玉珠
37	机动车雷达测速仪检定装置比对	机动车雷达测速仪比对	中南国家计量测试中心	湖北省计量测试技术研究院	2009-12-15—2009-01-28	未反馈	铁大同、卫平
38	机动车计量检定能力比对	滚筒反力式制动检验台、机动车检测专用轴（轮）重仪	全国法制计量技术委员会	浙江省计量科学研究院	2010-04-12—2010-04-19	满意	王全德、杨武营
39	常用玻璃量器（单标线容量瓶和单标线吸量管）的校准	常用玻璃量器（单标线容量瓶和单标线吸量管）	中国合格评定国家认可委员会	山东非金属材料研究所（五三研究所）	2010-06-07—2010-06-11	满意	张志清、段云

续表

序号	能力验证项目	实验室比对项目	组织部门	主导实验室	能力验证或实验室比对时间	能力验证或实验室比对结果	参加能力验证或实验室比对人员
40	电磁兼容量值比对	电磁兼容量值比对	国家质量监督检验检疫总局	中国计量科学研究院	2010-08-11—2010-08-12	满意	刘文芳、邵峰
41	声级计校准	声级计 / 频率计权	中国合格评定国家认可委员会	中国测试技术研究院	2010-10-19—2010-10-25	满意	卫平、齐芳
42	量块校准能力验证	量块长度	中国合格评定国家认可委员会	中国计量科学研究院	2010-11-18—2010-11-12	满意	刘权、黄玉珠
43	密度计的校准	密度计示值误差	中国合格评定国家认可委员会	中国计量科学研究院	2010-12-22—2010-12-29	满意	孔小平
44	0.1 级电子转速表校准	转速表示值误差	中国合格评定国家认可委员会	中国计量科学研究院	2011-02-11—2011-02-21	满意	付江红、刘全红、张中杰
45	电磁兼容谐波电流发射限值测定	电磁兼容谐波电流发射限值测定	中国合格评定国家认可委员会	中国计量科学研究院	2011-05-15—2011-05-17	满意	邵峰、刘文芳
46	全国 0.05 级数字压力计比对	0.05 级数字压力计	全国压力计量技术委员会	上海市计量测试技术研究院	2011-05-23—2011-05-27	满意	孙晓全
47	直流电压（1V、10V）校准	直流电压	中国合格评定国家认可委员会	中国航天科技集团公司五院 514 所	2011-05-31—2011-06-08	满意	陈清平、宁亮
48	雷达测速仪量值比对	雷达测速仪量值	全国振动计量技术委员会	江苏省计量科学研究院	2011-06-06—2011-06-12	满意	铁大同、卫平
49	验光镜片顶焦度示值校准	验光镜片顶焦度示值误差	中国合格评定国家认可委员会	中国计量科学研究院	2011-06-13—2011-06-17	满意	周强、刘权
50	工作毛细管黏度计（平氏）校准	黏度计常数	中国合格评定国家认可委员会	山东非金属材料研究所	2011-06-21—2011-06-30	满意	贾会、孙晓萍
51	气体流量标准装置量值比对	气体流量标准装置量值比对	全国流量容量计量技术委员会	北京市计量研究院	2011-07-04—2011-07-07	满意	暴冰、张柯
52	压电加速度计校准	压电加速度计 / 频率响应特性和幅值线性度	中国合格评定国家认可委员会	中国测试技术研究院	2011-07-27—2011-08-02	满意	孙钦密、刘全红

续表

序号	能力验证项目	实验室比对项目	组织部门	主导实验室	能力验证或实验室比对时间	能力验证或实验室比对结果	参加能力验证或实验室比对人员
53	全国铯原子频率标准比对	铯原子频率标准	全国时间频率计量技术委员会	中国计量科学研究院	2011-09-15—2011-10-04	满意	崔广新、杜建国
54	二等标准铂铑 $_{10}$- 铂热电偶校准	二等标准铂铑 $_{10}$- 铂热电偶 / 热电动势	中国合格评定国家认可委员会	中航工业北京长城计量测试技术研究所	2011-10-24—2011-10-26	满意	陈永强、张晓明
55	光学经纬仪能力验证	光学经纬仪—测回水平方向标准偏差	国家认证认可监督管理委员会	中国测试技术研究院	2011-11-02—2011-11-04	满意	苏清磊、刘欣、张卫东
56	0.05 级数字压力计校准	0.05 级数字压力计 / 压力示值	中国合格评定国家认可委员会	北京航天计量测试技术研究所	2011-12-09—2011-12-15	满意	孙晓全、王帆
57	机动车计量检定能力比对	汽车侧滑检验台、滚筒式车速表检验台及透射式烟度计	全国法制计量技术委员会	江西省计量科测试究院	2012-05-19—2012-05-19	满意	秦国君、叶献锋
58	直径（环规、塞规）计量比对	直径（环规、塞规）	全国几何量工程参量委员会	中国计量科学研究院	2012-06-18—2012-06-25	满意	贾晓杰
59	可燃气体检测报警器校准	可燃气体检测报警器示值误差	中国合格评定国家认可委员会	中国测试技术研究院	2012-08-15—2012-08-23	满意	孔小平、李博、宋笑明
60	钢卷尺校准	钢卷尺示值误差	中国合格评定国家认可委员会	中国计量科学研究院	2012-09-03—2012-09-05	满意	陈媛媛、刘权
61	相对湿度传感器校准	相对湿度传感器 / 相对湿度	中国合格评定国家认可委员会	北京长城计量测试技术研究所	2012-09-09—2012-09-10	满意	杨凌、张晓明
62	砝码校准	砝码折算质量	中国合格评定国家认可委员会	北京航天计量测试技术研究所	2012-09-25—2012-09-27	满意	朱青荣、王朝阳
63	射频场感应的传导骚扰抗扰度测试	射频场感应的传导骚扰抗扰度	中国合格评定国家认可委员会	中国计量科学研究院	2012-10-19—2012-10-21	满意	邵峰、丁力
64	量块校准	量块中心长度	中国合格评定国家认可委员会	中国测试技术研究院	2012-10-22—2012-10-24	满意	陈媛媛、刘权
65	直流电阻校准	直流电阻	中国合格评定国家认可委员会	中国航天科技集团公司五院五一四所	2012-12-13—2012-12-14	满意	朱小明、贾红斌

续表

序号	能力验证项目	实验室比对项目	组织部门	主导实验室	能力验证或实验室比对时间	能力验证或实验室比对结果	参加能力验证或实验室比对人员
66	医用诊断 X 射线空气比释动能量值比对	医用诊断 X 射线空气比释动能量值	全国电离辐射计量技术委员会	中国测试技术研究院	2013-04-10—2013-04-26	满意	黄成伟、郭美玉
67	热量表检定装置量值比对	热量表检定装置量值	全国流量容量计量技术委员会	天津市计量监督检测研究院	2013-04-29—2013-05-06	满意	闫继伟、段云
68	尘埃粒子计数器量值比对	尘埃粒子计数器量值比对	全国环境化学计量技术委员会	上海市计量测试技术研究院	2013-05-13—2013-05-20	满意	樊玮、师恩杰
69	扭矩板子比对	扭矩扳子	中南国家计量测试中心	湖北省计量测试技术研究院	2013-05-16—2013-05-31	满意	孙钦密
70	声级计校准	声级计 / 频率计权	中国合格评定国家认可委员会	中国测试技术研究院	2013-05-27—2013-05-31	不满意	卫平、齐芳
71	辐射骚扰场强（1~6GHz）的测试	辐射骚扰场强（1~6GHz）	中国合格评定国家认可委员会	中国计量科学研究院	2013-05-31—2013-06-03	不满意	刘文芳、邵峰、刘涛
72	光照度计示值校准	光照度计示值 / 光照度	中国合格评定国家认可委员会	中国计量科学研究院	2013-07-10—2013-07-17	满意	周强、黄玉珠
73	镨钕标准滤光片 / 峰值波长	镨钕标准滤光片 / 峰值波长	中国合格评定国家认可委员会	中国测试技术研究院	2013-07-15—2013-07-15	合格	朱茜、孙晓萍
74	验光镜片顶焦度校准	验光镜片的顶焦度	中国合格评定国家认可委员会	中国计量科学研究院	2013-07-16—2013-07-19	满意	周强、黄玉珠
75	标准色板	标准色板 / 色度	中国合格评定国家认可委员会	中国测试技术研究院	2013-07-17—2013-07-17	合格	丁峰元、孙晓萍
76	总光通量标准白炽灯	总光通量标准白炽灯 / 总光通量	中国合格评定国家认可委员会	中国测试技术研究院	2013-07-22—2013-07-22	合格	周强、黄玉珠
77	压电加速度计校准	压电加速度计 / 灵敏度频率响应、幅值线性	中国合格评定国家认可委员会	中国测试技术研究院	2013-08-01—2013-08-08	满意	孙钦密、刘全红
78	数字示波器	数字示波器 / 电压、时标	中国合格评定国家认可委员会	北京无线电计量测试研究所	2013-08-20—2013-08-20	合格	赵熙、崔广新

续表

序号	能力验证项目	实验室比对项目	组织部门	主导实验室	能力验证或实验室比对时间	能力验证或实验室比对结果	参加能力验证或实验室比对人员
79	相位噪声量值	相位噪声量值 / 统一校准源 / 相位噪声	中国合格评定国家认可委员会	北京无线电计量测试研究所	2013-08-21—2013-08-21	合格	赵熙、崔广新
80	低温试验	低温	中国合格评定国家认可委员会	威凯检测技术有限公司	2013-08-22—2013-08-23	合格	邵峰、刘风铃
81	衰减器	衰减器 / 衰减	中国合格评定国家认可委员会	北京无线电计量测试研究所	2013-08-23—2013-08-23	合格	赵熙、崔广新
82	信号发生器	信号发生器 / 调频、调谐电平	中国合格评定国家认可委员会	北京无线电计量测试研究所	2013-08-23—2013-08-23	合格	赵熙、崔广新
83	家用电冰箱耗电量及有效容积	家用电冰箱耗电量及有效容积	中国合格评定国家认可委员会	威凯检测技术有限公司	2013-09-07—2013-09-13	合格	丁力、刘建立
84	电磁兼容谐波电流测定	电磁兼容谐波电流测定	国家认证认可监督管理委员会	苏州信息产品检测中心	2013-09-18—2013-09-22	满意	邵峰、刘文芳
85	密度计校准	密度计示值误差	中国合格评定国家认可委员会	中国计量科学研究院	2013-09-26—2013-09-30	满意	孔小平
86	泄漏电流试验	泄漏电流	中国合格评定国家认可委员会	中国家用电器研究院	2013-10-14—2013-10-28	合格	娄沁超、刘文芳
87	电气强度试验	电气强度	中国合格评定国家认可委员会	中国家用电器研究院	2013-10-14—2013-10-28	合格	娄沁超、刘文芳
88	接地电阻试验	接地电阻	中国合格评定国家认可委员会	中国家用电器研究院	2013-10-14—2013-10-28	合格	娄沁超、刘文芳
89	标准测力仪（3kN~5kN）校准	力值示值	中国合格评定国家认可委员会	北京长城计量测试技术研究所	2013-10-24—2013-10-30	满意	刘全红、李国强
90	0.01 级实验室酸度计量值比对	0.01 级实验室酸度计量值	中南国家计量测试中心	湖北省计量测试技术研究院	2013-10-28—2013-11-03	满意	孔小平、孙晓萍
91	功率计（功率传感器）	功率计（功率传感器）/ 校准因子	中国合格评定国家认可委员会	北京无线电计量测试研究所	2013-10-28—2013-12-09	合格	赵熙、崔广新

续表

序号	能力验证项目	实验室比对项目	组织部门	主导实验室	能力验证或实验室比对时间	能力验证或实验室比对结果	参加能力验证或实验室比对人员
92	0.1 级压力变送器全国比对	0.1 级压力变送器	全国压力计量技术委员会	上海市计量测试技术研究院	2013-12-09—2013-12-13	满意	周文辉、孙彦楷
93	声级计校准	声级计 / 频率计权	中国合格评定国家认可委员会	中国测试技术研究院	2014-02-28—2014-03-04	合格	卫平、齐芳
94	二等标准铂电阻温度计校准	W_{Zn}、W_{Sn}、R_{tp}	中国合格评定国家认可委员会	上海市计量测试技术研究院	2014-03-17—2014-03-20	满意	崔馨元、陈永强
95	毫瓦级超声功率计量值比对	毫瓦级超声功率计量值比对	华南计量测试中心	广东省计量科学研究院	2014-05-20—2014-05-23	满意	齐芳、卫平、朱卫民
96	旋转黏度计校准	旋转黏度计校准	中国合格评定国家认可委员会	山东非金属材料研究所	2014-05-26—2014-05-28	满意	贾会、朱茜
97	工作用贵金属热电偶校准	热电动势值	中国合格评定国家认可委员会	中国测试技术研究院	2014-08-04—2014-08-09	满意	陈永强
98	电子计数式转速表校准	电子计数式转速表校准	中国合格评定国家认可委员会	中国测试技术研究院	2014-08-11—2014-08-13	满意	孙钦密
99	湿度传感器校准	湿度	中国合格评定国家认可委员会	中国测试技术研究院	2014-09-25—2014-09-30	满意	杨凌
100	量块校准	量块中心长度偏差	中国合格评定国家认可委员会	中国测试技术研究院	2014-10-23—2014-10-29	满意	刘权
101	平面平晶校准	工作面的平面度	中国合格评定国家认可委员会	中国测试技术研究院	2014-10-24—2014-10-29	满意	贾晓杰
102	钢卷尺校准	钢卷尺示值误差	中国合格评定国家认可委员会	中国测试技术研究院	2014-10-24—2014-10-29	满意	陈媛媛
103	角度块校准	工作角偏差	中国合格评定国家认可委员会	上海市计量测试技术研究院	2014-12-02—2014-12-04	未反馈	刘权、陈媛媛
104	尘埃粒子计数器量值比对	尘埃粒子计数器量值比对	全国环境化学计量委员会	上海市计量测试技术研究院	2014-12-15—2014-12-19	满意	邹君臣
105	常用玻璃量器校准	容量瓶容量	中国合格评定国家认可委员会	山东非金属材料研究所	2014-12-22—2014-12-26	满意	张志清

第十三节　强化计量服务　关注计量惠民

1995年以来，河南省技监局、河南省质监局根据国家技监局、国家质监局、国家质检总局和河南省人民政府的部署和要求，在社会主义市场经济条件下，深化改革，强化为工农业生产和维护社会经济秩序服务，大力开展完善计量检测体系和计量合格确认，进行能源计量评定，开展商品房面积测量，举办“光明工程”和价格计量信得过活动，组织诚信计量评定，重点管理民生计量，排查计量风险，通过各项计量工作，惠及广大人民，建设和谐社会，为构建富强河南、文明河南、平安河南和美丽河南做出了重要贡献。

一、完善计量检测体系和计量合格确认

工业计量是整个计量工作的重要组成部分，也是计量直接为国民经济服务的主战场。工业计量是适应市场经济和实现集约化生产的重要技术基础，是加快技术进步的重要保证，是加强科学管理的重要依据，也是构成企业在国内外市场竞争能力的重要因素。《计量法》实施以来，工业计量工作取得了很大的进步和成绩。随着形势的发展，1991年暂停工业计量定级升级后，工业计量工作有所滑坡。1995年以来，河南省技监局、河南省质监局大力加强工业计量工作，推动工业企业建立完善的计量检测体系，在全省范围内开展工业企业完善计量检测体和计量合格确认工作，为企业推行现代企业制度，实现科学管理、提高产品质量、节能降耗、安全生产、保护环境、提高经济效益服务，取得了显著成效。

为加强企业计量基础工作，指导和帮助企业完善计量检测体系，以适应建立现代化企业制度和国际惯例接轨的需要，提高企业产品质量和经济效益，河南省技监局1995年5月发文，决定开展帮助企业完善计量检测体系确认工作。

中小型和乡镇企业的崛起开创了我国国民经济腾飞的一条新路。1994年，河南省已跨入全国十大工业省份的行列，其中，中小型和乡镇企业的发展起到至关重要的作用。为了加强中小型和乡镇企业的计量基础工作，指导和帮助企业完善计量检测体系，促进企业提高产品质量和经济效益，深入贯彻实施计量法律法规，河南省技监局1995年5月发文，决定在全省中小型和乡镇企业中开展计量合格确认工作。是年，河南省技监局发布了《河南省中小型和乡镇企业计量合格确认办法》。该《办法》共十四条，对申请、考核、发证等作出规定，在全省开展中小型和乡镇企业计量合格确认工作。是年，河南省技监局发文决定聘任河南省技监局刘文生、陈玉新、靳长庆、彭晓凯、王建辉，河南省计量所陈传岭、任方平、李绍堂、牛淑之、宋建平、李黎军等201位同志为河南省计量合格确认审核员。

河南省技监局1996年10月制发《河南省医疗卫生单位计量合格确认办法》，共十三条，对申请、审核、发证等作出了规定，计量合格证书有效期为三年。

河南省技监局1997年2月印发了修订的《河南省企业计量合格确认办法》。该《办法》规定：根据企业自愿申请，经计量确认评审合格、达到A级的，可同时颁发“二级计量合格单位”证书，达到B级的，可同时颁发“三级计量合格单位”证书。该《办法》对申请、评审、发证等作出规定，在全省企业进一步深入开展计量合格确认工作。

1997年6月，河南省技监局召开全省完善计量检测体系工作座谈会，副局长徐俊德出席会议并讲话。徐俊德说：1996年，国家技术监督局在广西召开全国法制计量工作会议，又在上海召开全国工业计量工作会议，这两次会议是在认真总结我国法制计量和工业计量的基础上，适应新形势，就如何进一步推进我国计量工作所召开的两次极为重要的会议。不容讳言，1991年暂停工业计量定升级后，工业计量工作出现了一些波折，工业计量工作有所滑坡，其带来的不良后果已经逐渐显露出

来。是年，河南省技监局在研究全年的计量工作时，就明确提出了在继续搞好法制计量的同时，要着力加强工业计量工作，工业计量工作的根本任务就是要推动企业建立起完善的计量检测体系。

国家技监局1997年8月印发《围绕两个根本性转变，进一步加强工业企业计量工作的意见》：为实现两个根本性转变，全面贯彻《质量振兴纲要》，具体实施技术监督工作“九五”计划，进一步加强工作企业计量工作，特提出“九五”期间工业企业计量工作的六条意见。

1997年，河南省技监局认真做好计量检测体系确认工作，有8家企业通过了国家完善计量检测体系确认，取得了“完善计量检测体系”证书，同时获得“国家一级计量合格单位”证书和“国家计量先进单位”称号，这是国家技术监督局对企业计量工作最高层次的承认和证明，这8家企业是：郑州市自来水公司、禹州市水泥厂、平顶山煤气公司、沁阳市水泥厂、洛阳一拖工程机械公司、许继集团公司、商丘正星机器公司、新密电业管理局。是年，获得“二级计量合格单位”证书的企业有新乡钢厂等40家；同时，有近300家企业获得“三级计量合格单位”称号。

1998年6月，河南省技监局在南阳市召开了完善计量检测体系工作座谈会。是年，全省共完成完善计量检测体系8家，计量合格确认350家。截至1998年，全省近30家企业通过了国家完善计量检测体系确认。河南省技监局1999年对洛阳一拖工程机械公司等7个获证企业开展了监督检查工作。

1999年6月，全省企业计量工作座谈会在许昌市召开，300余人参加了会议。会议还邀请了省外邯郸钢铁公司、科龙集团公司、贵州铝厂、一汽无锡柴油机厂、中石化荆门炼油厂等企业计量工作的专家参加。马文卿助理巡视员讲了河南省工业计量工作的状况和存在问题。国家质监局计量司副司长马纯良就当前我国企业计量工作的状况及要求做了重要讲话，他指出，当前仍有很多企业领导计量意识淡薄，计量投入不足，尤其是一些中小型企业和乡镇企业，基本的计量保证能力都没有，这是造成企业产品质量差、经济效益不好的重要原因。马纯良副司长呼吁各级领导和计量工作者对企业计量工作给予高度重视，尽快将企业计量工作推向一个新阶段。他还对近几年来我省企业计量工作所取得的成绩给予了高度评价。河南省人大财经委副主任张泽就工业计量在国民经济中的地位和作用以及如何适应新形势、新情况，努力把我省工业计量工作做好发表了重要讲话，他强调指出，要加强计量法制建设和研究、制定，促进计量工作发展的有关政策。大会对1998年获得国家完善计量检测体系确认、国家计量先进单位、河南省制造计量器具企业重点保护产品证书的企业进行了颁奖。许昌市政府副市长李新贵、新乡市市委副秘书长张和平、洛阳铜加工厂党委书记马荣振、郑州正星机器有限公司总经理许圣英在大会上做了发言，许昌市人大、政协等领导参加了第一天的大会。魏书法副局长作了会议总结。河南省企业计量工作座谈会后，河南省技监局决定与全省300家企业建立企业计量工作联系点，以点带面推动企业计量工作的改革和发展。

1999年8月，全省技术监督服务企业工作会议在洛阳召开。各市地技监局局长和部分企业领导共60人参加会议。会议汇报交流服务企业年活动开展的情况，探索为企业服务的有效途径，并研究如何把为企业服务的活动引向深入的问题。河南省政府副省长张涛在会上讲话。河南技监局局长刘景礼作了题为《提高认识，加大力度，把为企业服务的活动引向深入》的报告。河南省政府办公厅副主任曹国营参加了会议。

2000年，全省完成企业计量合格确认250家，郑州天然气公司、开封十一化建公司通过了完善计量检测体系确认。2001年，全省全年完成计量合格确认250余家，其中，河南省质监局审批发证的A级130家，各省辖市质监局审批发证的B级110余家；有4家企业通过完善计量检测体系评审，并获得国家质检总局批准颁发证书。

河南省质监局2002年11月印发经修改、补充后的《河南省企业计量合格确认办法》，自发布之日起施行。该《办法》共十三条，包括计量合格确认规范、工作秩序、审核员管理等方面，增强了企业计量合格确认工作的可操作性，计量合格确认评审合格，达到A级水平的，由河南省质监局审批发证；达到B级水平的，由省辖市质监局审批发证，并报河南省质监局审查、备案。审批发证单位负责对已取得计量合格确认证书的企业建立档案，办理备案手续。企业计量合格确认证书的有效期为三年。是年，河南省质监局组织完成通过企业完善计量检测体系 8 家，其中 5 家完成了复查评审，漯河双汇集团等 3 家通过了完善企业计量检测体系的确认评审；共通过企业计量合格确认 261 家，其中达到 A 级 48 家，B 级 213 家。全省组织培训内审员班 6 期，培训人员 354 人。

河南省质监局 2003 年 10 月发文，聘用柴玉民等 121 人为河南省第一批企业计量合格确认评审员，承担对河南省企业计量合格确认评审工作；同时，对已取得国家完善计量检测体系评审员证的程新选、牛淑之、陈海涛、王广俊、任方平、于雁军、张向新、史维安、吴秀英、庞庆胜、冯富城、王斌、王敢峰、臧宝顺、李荣华、顾坤明、杨俊宝、周志坚、顾宏康、李凯钊、林敏、陈钟如免考换发河南省企业计量合格确认评审员证。

国家质检总局 2004 年 9 月发文对通过新的国家标准 GB/T 19022—2003《测量管理体系　测量过程和测量设备的要求》和国家计量技术规范 JJF 1112—2003《计量检测体系确认规范》培训并考试合格的完善计量检测体系考评员 450 人予以公布，其中河南省有：牛淑之、王俊英、于雁军、刘忠、王广俊、任方平、张向新、史会平、史维安、陈海涛、蔡纪周。

2005 年，河南省人民政府确立了百户重点工业企业单位并要求各业务主管部门按各自工作职能给予扶持、指导、服务。为进一步贯彻落实中共河南省委、河南省人民政府要求，河南省质监局 2005 年在河南省百户重点企业中推行完善计量检测体系和计量合格确认（A 级）工作。河南省百户重点企业有郑州宇通企业集团等重点工业企业。

食品安全是关系广大人民群众生命健康安全，关系经济发展和社会稳定的大事。为进一步加强食品安全工作，为认真贯彻落实《国务院关于进一步加强食品安全工作的决定》精神，做好食品安全计量方面的工作，充分发挥计量工作是产品质量有效保证的特点，河南省质监局 2005 年 4 月发文决定在实施食品质量安全市场准入制度的食品企业中推行计量合格确认工作。是年，河南省质监局根据企业特点，选派专家组成专家组承担 12 个企业的咨询、指导工作，帮助企业编制企业计量检测体系手册、建立并运行计量检测体系。

河南省质监局 2006 年 9 月 29 日印发新修订的《河南省计量合格确认办法》，自 2006 年 10 月 15 日起实施。《河南省计量合格确认办法》共十四条。河南省质监局对全省计量合格确认工作实行统一管理。计量合格确认由企、事业单位自愿申请，采取政府质量技术监督部门指导和帮助的方式进行。计量合格确认评审由评审员承担，必要时可聘请有关技术专家参加。计量合格确认按申请单位的计量管理水平和检测能力分为 A、B 两级。评审合格的，颁发相应级别的计量合格确认证书；评审不合格的，发给评审结果通知书。计量合格确认证书有效期为三年。持证单位应在证书有效期满前三个月向原受理单位申请复查评审。计量合格确认采取协商方式收取评审服务费用。

河南省质监局 2006 年 9 月 29 日发文，聘任谢冬红、韩冠华、赵仲剑、李萍、黄玲、柯存荣、马龙昌、路彦庆、朱阿醒、田敏先、王培虎、雷建军、柴玉民、扶志、朱万忠、王玉胜、孔淑芳、刘荣立、郭胜、周秉时、王建军、林平德、何永祥等 50 人为河南省完善计量检测体系考评员；并公布了国家完善计量检测体系考评员名单（共 29 人）：苗瑜、王建辉、彭晓凯、张效三、程新选、牛淑之、陈海涛、任方平、王广俊、张向新、于雁军、胡绪美、蔡纪周、申巧玲、史会平、周志坚、林敏、杨俊宝、王敢峰、庞庆胜、臧宝顺、李荣华、王斌、顾坤明、李凯钊、史维安、秦楠、刘忠、冯富城。

2007 年 3 月，河南省质监局批准发布《河南省计量合格确认规范》。该《规范》共十三条，对管理要求、测量设备、量值溯源等做出了规定。

2007 年 5 月，河南省质监局制发《河南省计量检测体系审核员管理办法》。该《管理办法》共十二条，规定了河南省计量检测体系审核员的培训、考核、注册、备案、管理等。

河南省质监局 2007 年 8 月发文聘用陈豫峰、马艳玲、王颖华、赵立传、陈桂兰、华玲丽、魏辉等 131 人为 2007 年度第一批河南省计量合格确认评审员；聘任杜书利、周改文、李有福、陈怀军等 28 名同志为 2007 年第二批河南省计量检测体系考评员；原已取得国家计量检测体系考评员资格的于雁军等 32 名同志，经资质重新确认，被聘为河南省计量检测体系考评员，承担河南省完善计量检测体系和计量合格确认的评审工作。曾获得国家计量检测体系考评员证、经资质重新确认被聘为河南省计量检测体系考评员的人员名单（共32人）：于雁军、张向新、胡绪美、李凯钊、刘忠、秦楠、周志坚、史维安、董天运、魏敏杰、臧宝顺、吴秀英、申巧玲、蔡纪周、王斌、王敢峰、史会平、李荣华、林敏、杨俊宝、冯富城、庞庆胜、苗瑜、王建辉、彭晓凯、张效三、程新选、牛淑之、任方平、陈海涛、顾坤明、王广俊。

河南省质监局2007年10月印发《关于计量检测体系内审员培训及管理工作若干问题的通知》。《通知》要求：计量检测体系内审员申报条件参照《河南省计量检测体系审核员管理办法》中有关规定执行。授课教师、教材、试卷均由省局指定。参加培训人员考试合格后，由河南省质监局发计量检测体系内审员证。

2007年，河南省质监督局全面规范了工业计量管理工作。组织专家编写了《河南省计量合格确认工作手册》。全年通过A级计量合格确认企业40家，B级301家，组织了1期计量合格确认评审员培训班和8期内审员培训班，聘用计量合格确认评审员130人，发放计量合格确认内审员证463个。全面推进计量检测体系工作。重点加强了对涉及食品安全、申报名牌产品和免检产品的企业的计量基础工作的管理和完善计量检测体系工作。全年完善计量检测体系12家，组织了1期计量检测体系评审员培训班和4期内审员培训班，聘用计量检测体系评审员62人，发放计量检测体系内审员证215个。

2008年，河南省质监局针对全省个别企业存在的计量意识淡薄，计量基础投入不足，计量检测与管理水平落后的问题，在工业计量工作注重了“两个转变、四个结合”。“两个转变”：一是工作重心的转变，以能源计量工作为突破口，使工业计量工作上一新的台阶；二是工作思想的转变，认清目前工作难以开展的问题所在，寻找突破口。四个结合：一是指导与监管相结合；二是宣贯与帮促相结合；三是评定与服务相结合；四是能源计量评定与企业计量体系建立相结合。从贯彻执行强制性标准和《节约能源法》入手，从宣传能源计量工作入手，积极引导和帮助企业完善计量检测体系，再由计量检测体系工作促能源计量的效果，提高评定质量，实现良性循环。（1）积极推进计量检测体系工作。加强计量宣传，积极提供计量咨询服务，引导企业正确处理质量、效益与计量的关系，主动帮助、引导、扶持企业加强计量基础工作。完成计量检测体系确认复查3家，对已取得计量检测体系证书的4家大型企业进行了监督评审，组织了3期计量检测体系内审员培训班，发放计量检测体系内审员证215个。全年通过A级计量合格确认企业50家，通过B级计量合格确认256家。组织了7期内审员培训班，发放计量合格确认内审员证413个。（2）促进企业节能降耗活动的扎实开展。制发了河南省地方标准DB41/T 520—2008《河南省用能单位能源计量评定准则》，组织专家对济源市河南恒通化工集团有限公司试点进行评定。组织相关专家编写了《能源计量培训教材》。省质监局与省发展改革委、省统计局联合下发了《关于组织全省重点耗能企业能源计量评定的通知》，对能源计量工作在全省重点耗能企业的应用实行管理和监督。依据国家标准《用能单位能源计量器具配备和管理通则》及有关重点耗能行业能源计量器具配备和管理的要求，摸清企业能耗现状，依法对企业能源计量器具配备情况进行检查，以检查促宣贯、用宣贯促配备、用配备促节能，继续对全省所有年耗能1万吨标准煤以上的企业、事业单位、行政机关、社会团体等独立核算的用能单位，特别是列入《河南省重点耗能行业“3515”节能行动计划》的企业，进行监督检查。省局联合省发改委、省统计局举办了全省首次能源计量评审员培训班。（3）引导企业提升计量管理能力。在推进计量检测体系确认工作中更加注重评定和服务相结合，以服务为平台，以评定为手段，加强了企业的能源计量有关法律法规和节能监测技术标准的教育、培训工作，大力推广应用能源、资源计量检测和计量管理的新技术，提高企业能源、资源计量管理的水平和人员素质。南阳市局成立了4个能源计量服务队，加大对企业帮扶指导力度；洛阳市局应洛阳新强联回转支承有限公司、洛阳卷烟厂请求，积极深入企业，排查计量工作中存在的问题，进行数据分析，帮助企业建立了计量检测体系，由于措施得力，弥补了企业可能造成的经济损失。针对钢卷尺从计量器具型式批准目录中删除，制造企业不再办理制造计量器具许可证，商丘市质监局为了保证钢卷尺的产品质量，维护“中国钢卷尺城”的名誉，积极采取加强计量器具检定、推行计量合格确认等方式对企业进行监管和扶持，以促进整个钢卷尺行业健康发展。(4)定量包装商品生产企业计量保证能力评价工作有条不紊的进行。全省计量行政部门经过3年深入企业宣传、发动，充分调动了企业申请“C”标志评定的积极性。截至2008年年底，已有37家企业通过现场评审并取得了“C”标志证书。

河南省质监局2012年11月12日发文，对曾获得河南省计量合格确认评审员资格的赵美云等32人资质重新确认，继续聘任为河南省计量合格确认评审员，聘任新申请取证的赵玮等58人为河南省计量合格确认评审员。河南省质量技术监督局2012年11月22日发文，公布周志坚等28人曾获得国家计量检测体系考评员证的人员继续被聘为河南省计量检测体系考评员，曾获得河南省完善计量检测体系考评员资格的李萍等28人重新获得了确认，新申请取证的刘清江等42人被聘为河南省完善计量检测体系考评员。计量检测体系审核员证书有效期为3年。

据不完全统计，1997—2008年，全省获完善计量检测体系企业累计56家，获A级计量合格确认企业累计588家，获B级计量合格确认企业累计1470家。

2014年12月31日，全省共有证书在有效期内的完善计量检测体系企业14家，证书在有效期内的A级计量合格确认企业117家。2014年12月31日，全省共有国家级计量检测体系考评员28人（同时又是河南省计量检测体系考评员），河南省计量检测体系考评员70人，河南省计量合格确认评审员90人，能源计量考评员32人；上述人员的计量检测体系考评员证书、计量合格确认评审员证书均在有效期内。

二、强化能源计量服务

节约能源是我国的一项基本国策。节能减排是贯彻科学发展观，落实节约能源基本国策的必然选择，是转变经济发展方式的重要措施之一。能源计量工作是保障能源政策落实的重要技术基础。为实现《河南省国民经济和社会发展第十一个五年计划纲要》和第十二个五年计划确定节能目标，加强重点耗能企业节能管理，提高能源利用效率，遵照国家质检总局、河南省政府的要求，河南省质监局采取多种措施，强化能源计量服务，为建设节约型社会做出贡献。

河南省质监局2004年6月18日豫质监量发〔2004〕211号文向国家质检总局科技司申请在河南省计量院设立“国家能源计量器具产品质量监督检验中心”。

河南省质监局2005年9月发布了河南省组织开展重点耗能企业的抽样调查名单，共有郑州市宇通企业集团、中国铝业河南分公司等32家企业。国家五部委国质检量函〔2005〕670号文发布了《千家企业节能行动实施方案》河南企业名单，有安阳钢铁集团有限责任公司等82家。

河南省质监局2006年6月发出《河南省质量技术监督局开展节能降耗服务活动实施方案》，对列入《千家企业节能行动实施方案》的河南省82家企业重点耗能单位，所属行业涉及钢铁、有色、煤炭、电力、石油石化、化工、建材、纺织、造纸，通过开展节能降耗服务活动，帮助重点耗能单位达到《节能中长期专项规划》中提出的主要产品（工作量）单位能耗指标。指导重点耗能企业贯彻执行《能源计量器具配备和管理通则》国家标准，促进企业能源计量器具配备和管理符合标准要求。帮助重点耗能企业按照GB/T 19022—2003《测量管理体系》国家标准（等效采用ISO 10012国际标准）建立计量检测体系，在大中型企业推行完善计量检测体系评价；在中小型企业开展计量合格确认；重点耗能企业同时生产定量包装产品的开展“C”标志认证工作；帮助企业建立科学、合理、长效的能源计量保证能力。制定了5条服务活动内容和措施。成立了河南省节能降耗服务活动领导小组组成。组长：局长包建民，执行组长：副局长肖继业，执行副组长：助理巡视员尚云秀。领导小组下设办公室，办公室设在河南省质监局计量处，主任：王有全。

河南省发改委、河南省统计局、河南省质监局、河南省政府国有资产监督管理委员会2006年8月9日豫发改资源〔2006〕1087号文联合印发河南省重点耗能行业“3515节能行动计划。《河南省国民经济和社会发展第十一个五年规划纲要》确定了“十一五”节能20%左右的目标。重点耗能行业“3515节能行动计划”是指，在河南省钢铁、有色、煤炭、电力、石油石化、化工、建材、纺织、造纸等能源消费量较大的行业中，通过抓好300家左右、年综合能耗5万吨标准煤以上企业的节能工作，实现“十一五”节能1500万吨标准煤的目标。

为贯彻落实《国务院关于加强节能工作的决定》，推进节能降耗工作，河南省质监局2007开展了对GB 17167—2006《用能单位能源计量器具配备和管理通则》贯彻执行情况进行监督检查，对全省所有年耗能1万吨标准煤以上的企业、事业单位、行政机关、社会团体等独立核算的用能单位，特别列入《河南省重点耗能行业“3515”节能行动计划》的企业，进行监督检查。各地还围绕监督检查，组织培训，帮助用能单位加强能源计量人才队伍的建设，共计培训人员1000余人。

河南省质监局2008年2月22日发布河南省地方标准DB41/T 520—2008《河南省用能单位能源计量评定准则》，于2008年2月22日实施。该标准由前言、1范围、2规范性文件、3术语和定义、4能源计量的种类及范围、5管理职责、6人力资源管理、7能源计量器具配备、8能源计量器具管理、9能源计量检测、10能源计量数据的管理、11能源计量效力评价、附录A河南省用能单位能源计量评定申请书、附录B河南省用能单位能源计量评定报告构成。为切实推进河南省节能降耗工作的量化考核，贯彻落实能源计量地方标准，河南省质监局结合我省能源消耗现状，制发了《河南省用能单位能源计量评定办法》，对本省用能单位的能源计量检测能力、能源计量器具配备和管理能力进行评定，对用能单位在“十一五”期间能源计量达标水平进行评定。河南省质监局对评定工作实行统一管理。能源计量评定的申请、评审、发证、及监督管理必须遵守本办法。能源计量评定采取与计量检测体系评审工作或计量合格确认工作相结合方式进行。能源评定参照《河南省计量合格确认工作程序》执行。能源计量评定的评审由质量技术监督部门认可的计量中介组织承担。能源计量评定的评审由计量检测体系评审员承担，必要时可聘请有关技术专家参加。能源计量评定按申请单位的计量管理水平和计量检测能力分为两级：①符合DB/T 520—2008《河南省用能单位能源计量评定准则》和JJF 1112—2003《计量检测体系确认规范》的，由省局颁发“完善计量检测体系证书”和“河南省能源计量先进单位证书”；②符合DB/T 520—2008《河南省用能单位能源计量评定准则》和JJF（豫）1001—2006《河南省计量合格确认规范》的，由河南省质监局颁发“计量合格确认证书A级”和“河南省能源计量合格单位证书”；③凡重点耗能企业生产定量包装商品，经评审合格的，可同时颁发“定量包装商品生产计量保证能力证书”，准予使用定量包装“C”标志；④评审不合格的，发给“评审结果通知书”。能源计量评定证书有效期为三年。用能单位能源计量工作不满足GB 17167—2006《用能单位能源计量器具配备和管理通则》要求的，可根据《中华人民共和国节约能源法》第27条、第74条予以处罚。能源计量评定采取协商方式收取评定服务费用。

《中华人民共和国节约能源法》（修订版）2008年4月1日正式实施。根据《中华人民共和国节约能源法》《河南省节约能源条例》和《河南省重点用能单位节能管理办法》，河南省质监局、河南省发展和改革委员会、河南省统计局2008年7月18日联合印发豫质监联发〔2008〕7号文，对全省重点耗能企业开展能源计量评定工作。

河南省质监局、河南省煤炭工业管理局2008年9月发文，开展全省煤层气抽采利用计量普查工作。

河南省质监局2008年9月22日豫质监量发〔2008〕344号文，聘任李萍等103人为河南省能源计量评定考评员，承担河南省能源计量评定评审工作。人员名单：李萍、黄玲、邓立三、马宝杰、周改文、刘英、申巧玲、王斌、王敢峰、赵惠敏、蔡君惠、雷建军、高淑娟、柴玉民、乔爱国、吴贺存、田振山、林敏、张田峰、王旭、蒋平、张国卿、王春雷、丁巧、冯毅华、路彦庆、陈怀军、高庆斌、侯永胜、董志勇、陈丽华、李海潮、姬文红、刘玉英、田敏先、倪巍、郝秉慧、张艳红、刘世勋、王建伟、周彩霞、刘怀宝、申爱军、曹春玲、杨红、魏娟娟、卫志勇、李月珍、卢燕、冯巧英、王培军、陈文峰、凌云、赵仲剑、马改红、王双凤、李文进、王建军、刘荣立、孙敏、张雪峰、史会平、王慧萍、孔淑芳、刘沛、高峰、马龙昌、谢世海、赵景伟、朱万忠、吴秀英、张茂友、曹晓东、吴静、郭卫华、李事营、李双明、胡坡、边增强、谭玉峡、王灵耀、朱阿醒、于军、于罡、刁志昌、扶志、叶春明、张俊美、李世柱、张亚平、赵恺、武艳玲、翟宜娟、杨向东、尹祥云、程新选、陈海涛、牛淑之、任方平、杜书利、张向新、顾坤明、张辉生。

河南省质监局2009年9月2日向国家质检总局报送了《关于申请筹建国家能源计量中心（河南）的请示》（豫质监字〔2009〕70号），申请依托河南省计量院筹建国家城市能源计量中心（河南）。

河南省质监局2010年1月28日向国家质检总局计量司报送了《关于呈报国家城市能源计量中心（河南）建设方案的报告》（豫质监量发〔2010〕26号）：为落实《国家质检总局和河南省人民政府关于实施质量兴省战略推动中原崛起全面合作备忘录》的工作部署，特申请筹建国家城市能源计量中心（河南）。国家城市能源计量中心（河南）由河南省质监局负责组织，依托河南省计量院筹建。该《建设方案的报告》得到了河南省政府及有关部门的肯定和700万元的财政支持，现将建设方案和有关文件呈上，请审定。

河南省质监局2010年7月发文，要求进一步深化能源计量提高有效服务节能减排的能力，要加快推进国家城市能源计量中心建设。

2010年，河南省能源消费量较大的有中国铝业股份有限公司河南分公司等300家企业。

河南省质监局计量处2011年9月6日发文，要求进一步加强能源计量工作。是年，以河南省计量院为依托成立的国家城市能源计量中心（河南）成功中标河南省合同能源管理财政奖励项目节能量审核机构选聘项目，服务期限为中标之日起2年。

1995—2009年，全省12个企业获能源计量合格单位证书。2010年，河南省质监局继续对全省所有年耗能1万吨标准煤以上的独立核算用能单位进行了监督检查，对4家企业进行能源计量评定现场评审，并颁发证书。

2010年10月，根据河南省人民政府的意见，国家质检总局批准河南省质监局依托河南省计量院建立国家城市能源计量中心（河南）。

河南省质监局2012年8月20日印发《在全省开展"能效对标"计量诊断活动的实施方案》（豫质监量发〔2012〕291号）。此次活动确定在水泥生产企业开展能效对标计量诊断，能效对标指标包括：可比水泥综合能耗（指2011年生产1吨水泥消耗的各种能源量折算成标准煤经统一修正后所得的综合能耗）、可比熟料综合能耗（指2011年生产1吨熟料消耗的各种能源量折算成标准煤经统一修正后所得的综合能耗）。能源计量管理制度要求包括：《能源计量监督管理办法》（总局令第132号）、GB 17167《用能单位能源计量器具配备和管理通则》。河南省质监局组织相关技术人员实地检查，充分掌握水泥生产企业各类能效指标客观、详实的基本情况，能源计量器具配备和使用情况、能耗计量数据的管理和使用情况等。通过"能效对标"，提出计量诊断报告。此次活动确定在中国铝业股份有限公司河南分公司等3家水泥生产企业开展，要分析现状、实地检查，并提出计量诊断报告。河南省质监局成立了"能效对标 计量诊断"工作组。组长：河南省质监局副局长冯长宇。成员：任林、范新亮、王慧海、宋崇民、陈传岭、赵军、黄玉珠、刘文芳、崔广新、张喜悦、陈清平、张东红。是年，能源计量标识检查了67家。

河南省质监局计量处2012年11月12日豫质监量函〔2012〕89号文，公布了李萍等7人续聘为河南省能源计量考评员；经考试合格，新聘任张向宏等25人为河南省能源计量考评员。能源计量考评员证书有效期为3年。2012年，河南省能源计量考评员复查确认名单（7人）：李萍、邓立三、倪巍、谢世海、蒋平、王灵耀、李双明。2012年，河南省能源计量考评员新聘任名单（25人）：张向宏、柯存荣、宋义、于雁军、刘清江、胡绪美、王灵渠、孟高建、吴义遵、张卫华、陈红梅、邵宏、郝四海、李转、孔捷、马四松、员丁强、毛海涛、王三伟、李宝红、刘建华、金方方、张茂友、万磊、党桢。

2012年，河南省质监局要求加强全省质监系统"十二五"节能减排工作，推进能源计量，服务节能减排。

河南省质监局2013年3月14日印发《开展重点用能单位能源计量审查工作的实施方案》（豫质监量发〔2013〕77号），在全省开展重点用能单位计量审查工作。主要内容："十二五"末，即3年（2013—2015年）完成《"万家企业节能低碳行动"企业名单》（国家发展改革委2012年第10号公告）中所列河南省工业企业、交通运输企业、宾馆饭店企业、商贸企业、学校等共计1032家（简称千家企业）的首次审查工作。对重点用能单位的能源计量器具配备和使用，能源计量数据管理以及能源计量工作人员配备和培训等能源计量工作情况开展审查。审查依据：国务院《节能减排“十二五”规划》《能源计量监督管理办法》（总局令第132号）、JJF 1356—2012《重点用能单位能源计量审查规范》《国家质检总局关于开展“重点用能单位能源计量审查”工作的通知》（国质检量〔2012〕117号）。审查不得向被审查单位收取费用，所需费用由各省辖市、省直管县（市）质监局负责解决。

河南省质监局2013年3月向河南省发改委申请国家城市能源计量中心（河南）承接重点用能单位能耗在线监测试点工作任务。

2013年7月，河南省质监局计量处要求各省辖市抓紧组织对重点用能单位能源计量内部审查人员进行培训。是年，全省已培训能源审查工作师资103人，已完成能源计量审查302家。

三、计量为农业和农村工作服务

计量工作为农业和农村工作服务，是贯彻落实党中央、国务院《关于进一步加强农村工作，提高农业综合生产能力若干政策的意见》，加强农业基础工作，切实维护广大农民利益的大事。通过在粮食收购和农用生产资料的计量监督和专项监督检查，严厉查处制售假冒伪劣农用生产资料、坑农害农的计量违法行为，进一步规范农村市场秩序，维护公平交易，确保农村市场贸易结算计量准确、公正、可靠，维护国家和农民的利益。

河南省技监局1995年5月26日发文，要求各地在每年夏收、秋收来临之际，对粮食收购和农业生产资料销售中使用的计量器具加强计量执法检查，加强对棉花、烟叶等收购中使用计量器具的监督管理，这是贯彻落实党中央关于加强农业基础工作的精神，切实维护广大农民利益的大事。

河南省技监局、河南省农业厅1999年6月1日联合发文，要求各地技术监督部门要加大执法监督力度，周密安排，把加强农业和农村计量监督管理工作落实到实处。各地要在监督的同时，要积极帮助乡镇企业、农办企业提高计量管理的能力，建立必要的计量测量手段，达到提高产品质量，增强市场竞争能力，提高经济效益的目的。

2000年，河南省质监局要求各级质监部门要认真落实河南省质监局“面向企业搞服务、面向市场求发展、面向社会树形象、围绕政府中心工作做贡献”的要求，配合电网改造工作的需要，切实加强对电能计量标准和电网改造中所用电能表以及其他产品质量的监督管理。

河南省质监局为了落实《国务院办公厅关于开展全国粮食清仓查库工作的通知》精神，2001年3月20日发文，要求各地法定计量机构在检定清仓查库中使用的计量器具时，要做到热情服务，随到随检，确保检定结果准确。各省辖市质监局要对粮仓使用的计量器具检定情况进行监督检查。

为切实维护广大农民和农产品、农用生产资料购、销部门的合法权权益，保证全省2001年夏、秋农产品的销、购工作的顺利进行，打击利用违法计量手段坑农、害农的违法行为，河南省质监局是年夏、秋期间在全省范围内进行了一次农产品、农用生产资料购、销活动的计量专项监督检查。检查重点对象是粮食和农副产品收购部门，化肥、农药、农用薄膜、种子、燃料油等农业生产资料的生产和经销企业；检查重点是直接用于贸易结算的计量器具；检查内容主要包括：贸易经算活动中的计量器具准确度等级是否满足贸易结算要求，计量器具是否具有有效检定合格证书、是否使用改动、伪造等不合格的计量器具等。

2005年，河南省质监局在全省范围组织开展了粮食市场计量专项监督检查工作。是年是《计量法》颁布20周年，是国务院取消各种农业税的第一年。在两个月时间内共对全省约1456个从事粮食收购网点、964个粮食销售的经营户开展了专项监督检查。其中，检查粮食收购计量器具约4887台（件），检查粮食销售计量器具2389台（件），粮食类定量包装商品665多批次，查处未申请检定、经检定不合格或超过检定周期继续使用计量器具的案件数96起，其他通过计量作弊等方式短斤缺两案件29起。通过专项监督检查，特别是对过去未检查到的一些售粮大户的检查，使得我省销售粮食经营市场计量环境秩序明显好转，使违法计量、短斤短两等坑害农民的现象得到有效的遏制。通过监督检查大大提高在用计量器具的受检率和合格率，粮食收购方面由监督检查前受检率90.5%提高到99.4%，粮食销售方面由检查前89.9%提高到98.4%以上，对通过计量作弊的方式缺斤短两案件，以及经检定不合格或者超过检定周期继续使用计量器具的违法行为，依法进行处理，并责令改正。要力争三年内实现全省全部在用计量器具受检率达到100%。

河南省质监局2006年、2010年、2012年都在全省范围内开展夏粮收购在用计量器具专项监督检查。通过监督检查，提高在用计量器具的受检率和合格率，确保被检单位在用计量器具的受检率达到100%，使违法计量、缺斤短两等坑害农民的现象得到有效遏制，粮食市场计量环境秩序得到有效改善。

四、商品房面积测量公正服务

为了保护消费者和商品房经营者的合法权益，加强对商品房销售面积计量的监督管理，1995年以来，按照国家技监局、国家质监局的要求，河南省技监局、河南省质监局制定了《河南省商品房销售面积计量监督管理办法》，大力组织开展全省商品房销售面积测量和计量监督管理，取得了显著成效。

国家技监局计量司1996年11月14日印发河南省技监局《"关于查处商品房屋面积适用法律问题的请示"的函复》（技监量函〔1996〕049号），明确指出：根据《计量法》及《计量法实施细则》的规定，商品房面积计量应属于计量监督的范畴。

河南省技监局1998年3月23日印发豫技字〔1998〕8号文，同意河南省计量所建立河南省土地房屋面积公正计量站（与长度实验室一个机构两个牌子）。

为了保护消费者和商品房经营者的合法权益，加强对商品房销售面积计量的监督管理，规范商品房市场的计量行为，维护商品房市场的正常秩序，促进我省房地产业的健康发展，河南省技监局1998年5月6日发布DB41/015—1998《商品房面积测量规范》；是年5月11日印发豫技量发〔1998〕97号文，公布《河南省商品房销售面积计量监督管理办法》。

河南省技监局1998年7月6日转发了国家质监局发出的《关于加强商品房销售面积计量公正站规范管理的通知》（质技监办函〔1998〕111号），要求：各市、地技监局要加强对商品房销售面积计量公正站的监督管理和业务指导，督促其向省局申请计量认证。各商品房销售面积计量公正站，应按照《社会公正计量行（站）监督管理办法》的要求，完善质量保证体系，加强内部管理，经河南省技监局考核合格后，开展计量公正服务。开展商品房销售面积测量工作的人员必须经培训合格，持证上岗。商品房面积测量是一项复杂、细致的工作，开展商品房销售面积计量公正服务，应严格按照河南省地方标准《商品房面积测量规范》和有关规定进行。

1999年，河南省土地房屋面积公正计量站和濮阳市、新郑市、济源市、偃师市、信阳市、许昌市、洛阳市、商丘市房屋土地面积公正计量站均通过了计量认证。是年，已有13个市（地）开展了商品房面积测量公正服务工作。

五、开展光明工程活动

为了贯彻中国共产党第十五次全国代表大会精神，扎扎实实为群众办实事、办好事，国家质监局决定在全国范围内开展"光明工程"活动。河南省质监局制定了《河南省眼镜行业企业计量、质量等级评定规范》，建立了眼镜等级评定评审员持证评审制度，进行眼镜配制场所计量监督管理和专项计量检查，采取有效措施，维护计量秩序，规范眼镜行业经营，净化眼镜市场，加强眼镜生产、销售、验光、配镜等领域的计量、质量管理，切实维护广大消费者的人身健康安全和合法权益。

河南省技监局2000年3月15日印发豫技量发〔2000〕52号文，决定在全省范围内开展"光明工程"活动。据调查，全国约有3亿人配戴眼镜。据国家权威部门的抽样检查结果显示，全国市场成镜合格率仅为60%，镜片合格率不足50%。为此，国家质监局要求全面启动"光明工程"工作，从加强对验光和配镜有关的计量器具的监督管理入手，采取有效措施，规范眼镜行业的经营，净化眼镜市场，争取用3~5年的时间，使眼镜的光学指标合格率达到90%以上。河南省技监局决定于2000年3月开始，在全省范围内开展"光明工程"活动。活动主题：配戴放心眼镜，让千万双眼镜更明亮。

主要目标：通过“光明工程”活动，力争用3年的时间，达到以下目标：从事验光、配镜、生产的人员持证上岗；眼镜验光、配镜计量器具受检率达到90%以上；眼镜的光学指标合格率达90%以上；成镜质量合格率达80%以上；镜片合格率90%以上；消费者自身保护意识明显提高。

河南省技监局2000年5月25日印发豫技量发〔2000〕111号文，成立了河南省“光明工程”活动领导小组。组长：魏书法。副组长：王有全、隋喆。成员：郝敬鸿、刘万轩、陈传岭、苏涌。

河南省质监局2000年12月7日发布实施DB41/148—2000《河南省眼镜行业企业计量、质量等级评定规范》。该《评定规范》对申请、评定、发证等作出了具体规定。是年，河南省质监局、省劳动保障厅联合发文，对河南省眼镜行业人员实行职业资格证书制度。

2000年，河南省质监局在济源市召开了全省开展“光明工程”动员座谈会，全面启动了“光明工程”。

为了搞好河南省眼镜行业的计量、质量等级评定，河南省质监局2001年2月14日发出豫质监量发〔2001〕39号文，公布了河南省眼镜行业等级评定评审员名单，有：牛淑之、黄玉珠、邹晓华、李福堂、汪兆瑞、葛芸芸、刘兰芳、巴勇、彭瑞、周洪军、孙红霞、苏永刚、李凤新、杨圣呼、林志荣、徐建国、崔耀华、王卫东、靳长庆、张效三、李宗明、郝敬鸿、韩秀娴、杨玉霞、宋义、叶康年、贾三泰、荣剑峰、吴彦红、张旺林、马龙昌、武海林、张宏、曹晓冬、陈晓波、李智、燕金怀、刘荣立、樊伟、吴秀英、郝萍、崔月娥、张茂友、郭俊杰、李合长、杜书芳、冷宣如、虞如东、陈四新、张三黑、孔淑芳、李中凯、李国闻、于兆虎、赵伟、王天祯、王玉胜、郭丙松、张红霞、华兆祥、张子丰、袁庆彩、吴新成、朱阿醒、李春亭、许兆武、李剑波、侯永胜、蔡国强、冯长顺、吕军、王克顺、庞庆胜、崔汉乾、徐超英、樊俊显、王培虎、司天明、冯中望、陈晓保、李滋友、徐云萍、刘军侠、高邦立、赵中州、张善喜、王磊、尹德华、刘成华、房安州、李振昌、姜润洲、郭峰、李占红、李明利、李明生，共101人。要求在眼镜行业等级评定工作中，要严格执行评审员持证评审制度，做到合法、公开、公正评审。

河南省质监局办公室2001年5月发文，决定是年5月开展对各眼镜行业进行等级评定，2002年2月之前结束。申报一级店的企业要通过省辖市级质量监督部门初审后报省局，申报二、三级店的企业由市质量技术监督局组织好专家严格评审，评审结果报省局。各级质监局要组织好“河南省眼镜行业计量、质量等级评审监督管理办法”的学习，严格按照“管理办法”的要求，依据“河南省眼镜行业计量、质量等级评定规范”的条款进行评定。是年，河南省质监局要求不得超范围使用等级店证书或铜牌；等级评定合格证书有效期为3年。

2002年年底，全省共培训眼镜行业人员644人，有46家一级店通过河南省质监局验收，评定了71家二级店、75家三级店，并颁发了证书或铜牌，有效期为3年。

河南省质监局2003年在全省开展眼镜制配场所计量监督检查工作。要求各省辖市质监局做好计量器具强制检定登记备案工作，逐步建立本辖区内眼镜制配场所计量基本情况的动态管理数据库，引导他们建立健全计量管理机制，努力实现计量器具配置率和受检率均达到100%。是年，国家质检总局公布了总局令第54号《眼镜制配计量监督管理办法》。2004年国家质检总局又发布了《眼镜制配计量监督管理办法>部分条款的解释》。

2007年第2季度，河南省质监局组织对本省黄河以南地区的配装眼镜产品质量进行了监督检查。本次检查共抽取了郑州、洛阳、三门峡、信阳、驻马店、南阳、开封、漯河、周口、商丘、许昌、平顶山12个市439家企业的501批次产品，合格493批次，产品抽查合格率98.4%。此次检查不合格配装眼镜存在的主要质量问题如下：（1）顶角度偏差不符合国家标准要求。顶角度即我们日常所说的屈光度。标准规定顶角度为0.00DS~9.00DS时，顶角度偏差 ±0.12，此次检查有3批次产品顶角度超标，最高的超标1.00DS；（2）光学中心水平偏差不符合国家标准要求，光学中心水平偏差是光学中心水平距离与瞳距的差值。标准规定水平偏差不能大于4.0，此次检查有3批次产品光学中心水平偏差不合格，最高的水平偏差达到13.5，超标2倍多；（3）光学中心垂直互差不符合国家标准要求。光学中心垂直互差是两镜片光学中心高度的差值。标准规定光学中心垂直互差应不大于1.0mm，此次检查有1批次产品垂直互差达到3.0mm。配装眼镜的顶角度偏差、光学中心水平偏差、垂直互差不符合国家标准要求，这样的眼镜不但起不到矫正视力的作用，而且将严重影响消费者的视力。针对本次检查中发现的问题，河南省质监局将责成有关质量技术监督部门依据有关法律法规的规定，督促不合格企业限期整改，严格复查，整改复查后仍不合格的，按有关规定吊销生产许可证。同时公布一批检查中较好的产品及其生产企业，引导消费者正确选购，为消费者创造放心满意的消费环境。消费者在需要配制眼镜时，要选择有生产许可证的正规眼镜店，国家对生产配装眼镜的眼镜店实行生产许可制度，获证的眼镜店是经过严格审查，具备基本的生产条件和检验条件，管理比较规范。

六、计量质量信得过和价格计量信得过活动

根据国家技监局、国家质监局、国家质检总局的部署和河南省政府的要求，河南省技监局、河南省质监局 1995 年以来，为了推动商业企业加强计量、质量、物价管理，建立抵制经销假冒伪劣商品的经营机制，自觉地贯彻执行国家有关法律、法规，维护市场经济秩序，保护国家和广大消费者的合法权益，寓监督于服务之中，扶优与限劣并举，大力开展了“计量质量信得过活动”和“价格计量信得过活动”，得到了商业企业的支持和广大消费者的拥护，为净化市场环境，保证公平竞争，做出了积极的贡献。

河南省技监局 1995 年 3 月发文，明确在今后 5 年中，继续在商业企业开展创“无假冒伪劣、无缺斤短尺商品一条街（商店）”先进单位活动。自 1992 年河南省政府省长办公会议要求在全省商业企业开展“双无”活动以来，全省已有 122 家商业企业在宣传、贯彻国家有关法律、法规，建立自我抵制假冒伪劣商品机制，维护消费者的合法权益的工作中取得突出成绩，受到社会各界的好评。各地在做好推荐 1995 年全省创“双无”活动先进单位的同时，也要做好 1993 年获省“双无”先进单位的复查工作，严格标准，认真检查。

河南省技监局 1995 年 11 月制发《河南省石油商品批发、零售企业〈计量质量信得过〉考核（复查）办法（试行）》和《河南省石油商品批发、零售企业〈计量质量信得过〉考核（复查）办法（试行）》《河南省石油商品批发、零售企业〈计量质量信得过〉考核（复查）申请书》《河南省石油商品批发企业〈计量质量信得过〉考核标准》《河南省石油商品批发企业〈计量质量信得过〉考核表》《河南省石油商品零售企业〈计量质量信得过〉考核标准》《河南省石油商品零售企业〈计量质量信得过〉考核表》共 6 个附件，要求各市、地贯彻执行。

为了进一步贯彻落实各项宏观调控措施，努力实现 1995 年的物价控制目标，切实加强对市场、物价和计量的管理，确保市场物价稳定，河南省物价局、河南省工商局、河南省技监局 1995 年 12 月联合发出《关于进一步加强市场、物价、计量管理的通知》，提出了 7 条要求：①进一步加强领导，采取有效措施，严格控制物价上涨；②积极引进货源，活跃城乡市场，平抑市场物价；③坚持执行明码标价和商品信誉卡（袋）制度，规范经营者的市场价格行为和市场行为；④进一步整顿市场秩序，规范市场行为，制止违章违法行为；⑤有计划地在城乡市场公众贸易中限制使用杆秤，推广使用电子秤；⑥充分发挥职工价格（物价、计量）监督组织和街道群众义务价格监督组织的职能作用，提高市场物价计量检查的覆盖面；⑦建立和完善举报制度，公开接受广大人民群众的监督。

1995 年，河南省“双无”活动领导小组办公室，在各市、地申报、复查的基础上，对申报创 1995 年省“双无”活动先进单位和对 1992 年、1993 年获省“双无”活动先进单位进行了评审和复查，现将评审及复查结果通报如下：①许昌市百货大楼、安阳亚细亚商厦等 7 家商业企业被授予 1995 年全省创“双无”商品先进单位称号；②撤销新乡市第二百货大楼、鹤壁市百货大楼等 5 家企业的省“双无”活动先进单位称号；③对商丘新亚商场、开封模范商场、郑州市钟表眼镜店、濮阳市中原油田商场、洛阳工贸股份有限公司 5 家单位给予通报批评，限期整改。1995 年全省“双无”活动先进单位表彰名单：许昌市百货大楼、安阳亚细亚商厦、漯河亚细亚商厦有限责任公司、河南省漯河石油股份有限公司、漯河市振豫股份有限公司加油站、河南省水泵风机公司、新乡市第一机电设备总公司解放路供应公司。1992、1993 年获省“双无”先进单位被撤销荣誉称号企业名单：新乡市第二百货大楼、平顶山市香山商场、鹤壁市百货大楼、漯河市第一农业生产资料公司批零部、濮阳市百货大楼。

河南省技监局、河南省工商局、河南省贸易厅、河南省供销合作总社、河南省个体劳动协会1996年10月10日联合发出《关于停止开展“无假冒伪劣、无缺斤短尺”商品一条街活动有关事项的通知》，内容是：1992年3月12日河南省政府省长办公会议决定在全省范围内开展“无假冒伪劣、无缺斤短尺”商品一条街及商店活动，由河南省技监局、省工商局、省商管委（现省贸易厅）、省供销社及省个体劳协5部门共同协商，组成了河南省“无假冒伪劣、无缺斤短尺”商品一条街及商店活动评审委员会，具体负责省“双无”活动的组织实施。1992—1995年，经各市、地有关部门检查、推荐，省“双无”活动评定委员会审核批准，全省共有3条街126家商业企业被授予省“双无”活动先进单位荣誉称号。1995年按省“双无”活动评选办法规定，对1992年、1993年、1994年获省“双无”活动先进单位进行复查，根据“双无”活动先进单位条件，对10家已不具备条件和在经营活动中发生重大质量责任问题的商业企业进行通报批评和撤销荣誉称号的处理。其中，新乡市第二百货大楼、商丘新亚商场、郑州市钟表眼镜专业店、洛阳市工贸股份有限公司、开封市模范商场、濮阳市中原油田商场6家企业，经过积极整改，已全部复查合格，决定恢复其荣誉称号。至1995年年底为止，全省共有126家商业企业、3条街被确认享有河南省创“双无”活动先进单位荣誉称号，使我省一大批商业企业贯彻执行国家有关法律、法规，自觉地维护国家和广大消费者的利益的工作达到了一个新水平。根据中办、国办《关于严格控制评比活动有关问题的通知》精神，结合河南省实际情况，经河南省“双无”活动评定委员会研究决定，从1996年起停止创“双无”先进单位的评选活动。

1996年，河南省技监局在全省范围内开展了石油商品批发零售企业“计量质量信得过”活动。经过认真检查、考核，河南省石油总公司郑州储运公司、商丘石油分公司、新乡分公司、安阳分公司、商丘石油分公司谢集油库、东油库、周口分公司和128个加油站被授予“计量质量信得过”荣誉称号。

1997年，河南省技监局依据河南省石油商品批发零售企业《计量质量信得过》考核（复查）办法的有关规定，对全省石油商品批发零售企业开展“计量质量信得过”活动。经过考评组认真检查、考核，河南省石油总公司安阳分公司、河南恒运集团洛阳石油储运有限公司、河南石油总公司安阳储运公司、河南省石油总公司信阳公司、河南石油总公司许昌公司（贺压库）、河南省恒运集团石油股份有限公司许昌分公司（仓库路油库）、河南省石油总公司驻马店公司、河南省石油总公司三门峡公司（上官库、上横渠库）、河南石油总公司南阳公司、河南省石油勘探局炼油厂等9个石油商品批发企业和150个加油站被授予“计量质量信得过”荣誉称号。通过这项活动的开展，对搞活经济、保证供给、规范石油市场计量、质量行为、指导、帮助石油商品经销企业建立起自我制约和监督机制、维护消费者的利益，建立良好的经济秩序，起到了重要作用。

河南省质监局1998年继续授予复查合格的河南省石油总公司郑州公司等6家河南省石油商品批发企业“计量质量信得过”单位称号。

河南省技监局1999年11月发文，继续授予河南省石油总公司信阳公司等14家石油商品批发企业“计量质量信得过”单位称号；有效期为自复查考核通过之日起两年。

河南省质监局1999年继续授予复查合格的河南省石油总公司信阳公司等8家河南省石油商品批发企业“计量质量信得过”单位称号。

河南省发展计划委员会、河南省质监局2001年8月23日联合发出《关于转发〈国家计委、国家质检总局关于印发深入开展“价格、计量信得过”活动意见的通知〉的通知》，要求：现将《国家计委、国家质检总局关于印发深入开展“价格、计量信得过”活动意见的通知》（计价检〔2001〕1371号）转发给你们，同时结合我省实际，提出以下意见，请一并贯彻执行。第一，我省的“双信”活动由河南省计委、河南省质监局统一领导，具体由河南省物价检查所与河南省质监局计量处组织实施。各市的“双信”活动由当地价格、计量主管部门负责组织，并邀请当地行业主管部门、行业组织、工会、消费者协会、新闻媒体等单位参加。各有关单位要通力协作，密切配合，确保“双信”活动顺利开展。第二，尽快制定“双信”活动方案和标准。各地要按照《通知》精神，结合本地实际，制定“双信”活动方案，近两年坚持开展活动的地方，要总结经验，扩大范围，使“双信”活动跃上一个新台阶；近两年活动中断的地方，要搞好协调，改进方法，力争“双信”活动有一个根本性的改变。第三，请各地于12月15日前，将活动开展情况或方案上报河南省计委物价检查所、河南省质监局计量处。

七、深入开展“关注民生、计量惠民”专项活动

为认真贯彻落实党中央、国务院提出的关注民生、构建社会主义和谐社会总体要求，切实履行质监部门职责，强化计量惠民服务意识，依照国家质检总局的部署，河南省质监局积极组织开展“关注民生、计量惠民”专项行动，为社会营造诚实守信、公平公正的和谐计量环境，切实维护人民群众的切身利益，为社会全面发展做出贡献。

按照国家质检总局的部署，2008年4月，河南省质监局要求利用两年时间，采取多种形式广泛开展“关注民生、计量惠民”的专项活动，全面推动河南省各项民生计量工作的开展，为全社会营造诚实守信、公平公正的和谐计量环境。

河南省质监局2008年7月发文，要求各省辖市进一步深入开展“关注民生、计量惠民”专项行动，提出了7条要求。

河南省质监局2008年7月印发《河南省质量技术监督局开展“关注民生、计量惠民”专项行动实施方案》。《实施方案》共分五部分，主要内容如下：第一，指导思想：以中国共产党第十七次全国代表大会和政府工作报告中关于关注民生的总体要求为指导，以全面履行国务院和地方政府赋予质检部门的职能为基础，坚持依法行政，强化计量惠民，切实维护人民群众的切身利益，为全社会营造良好的计量氛围。第二，行动目标：此次“关注民生、计量惠民”专项行动计划用两年的时间，全面推动我省各项民生计量工作的开展，最终达到“四个百分百”的总体目标，“四个走进”是指各省辖市质量技术监督局要集中组织开展“诚信计量进市场、健康计量进医院、光明计量进镜店、服务计量进社区乡镇（含学校，下同）的服务活动”。“四个百分百”是指此次专项行动要力争100%覆盖到辖区内所有的集贸市场、100%覆盖到辖区内所有的医疗卫生单位、100%覆盖到辖区内所有的眼镜店、100%覆盖到辖区内所有的社区乡镇。第三，主要任务和具体措施：一是诚信计量进市场；二是健康计量进医院；三是光明计量进镜店。各市局可在眼镜店试点推行眼镜店计量质量等级评定工作，即对眼镜店验光配镜用强检计量器具符合计量法制要求的，各单位可为眼镜店颁发眼镜行业计量、质量合格一级店、二级店、三级店，告知消费者放心配镜并加强监督；四是服务计量进社区乡镇；五是坚持便民、利民，减免收费。做到计量工作“为民所知、为民所用、为民所享”，努力营造放心计量的社会氛围。第四，行动步骤：此次专项行动从2008年7月1日起至2009年12月31日结束，分部署启动、具体行动、总结验收三个阶段进行。第五，总结验收。河南省质监局成立“关注民生、计量惠民”专项行动领导小组。领导小组办公室设在省局计量处，王有全兼任办公室主任。组长：肖继业。副组长：王有全、苗瑜、王建辉、程智韬、刘伟。成员：程振亚、张华、王文军、王慧海、张志刚、李仲新、郭卫华、蒋平、马龙昌、蔡君惠、蔡纪周、王灵耀、孔淑芳、扶志、李振东、李福民、田敏先、赵仲剑、单生、路彦庆、李世柱、朱万忠、王建伟。

截至2008年年底，全省每个县（市、区）基本完成100%覆盖到辖区内所有的医疗卫生单位、100%覆盖到辖区内所有的眼镜店2个专项行动和服务计量进社区乡镇40%的任务量。河南省质监局印发“关注民生计量惠民”计量小图册1.5万册，免费发放给群众。焦作市质监局和中石化、中石油公司进行了多次协商，为方便群众投诉，在市内33个加油站公示油品计量管理办法、服务承诺等9项制度。同时，张贴“温馨提示投诉电话”；焦作市质监局对棚户区新安装煤气表实行首次免费检定。《洛阳日报》2008年刊登了洛阳涧西区信昌小区2/3住户水表不用水照样转的现象，洛阳市质监局积极与自来水公司联系，实地察看、现场监督检定，协调解决了这起水表计量不准的纠纷案件。许昌市质监局自专项行动以来，组织计量技术人员与义务检测车，每天不间断地巡回在市区大街小巷，进行计量宣传，对家用血压计、人体秤、眼镜进行免费检测，并受理群众计量投诉，目前累计检定血压计1870台、眼镜1210副、人体秤650台。济源市质监局对全市大小餐饮店在用的衡器、啤酒量杯等计量器具进行检定。河南省质监局组织的这次专项活动，受到了国家质检总局计量司的表扬。

国家质检总局计量司 2008 年 9 月 22 日发出《关于“关注民生、计量惠民”专项行动进展情况的通报》（质检量函〔2008〕46 号），指出：报送月报方面可以向上海、河南等地学习，上海、河南等省在简报中开辟了经验交流的平台，重点登载一些专项行动中总结出的先进经验和典型案例，给全省借鉴学习提供了便利。

国家质检总局 2009 年 3 月 12 日印发《关于 2008 年“关注民生、计量惠民”专项行动进展情况的通报》（国质检量函〔2009〕103 号），内容有：河南省已完成了“健康计量进医院”和“光明计量进镜店”的目标。第一，河南省集贸市场基本情况：一是检查集贸市场总数 1273 个；二是检查在用衡器总数 107372；三是检查在用衡器受检率：行动前 92%，行动后 100%；四是公平秤设置总数：行动前 912 台，行动后 1320 台；五是检查公平秤受检率：行动前 72%，行动后 100%；六是查处计量违法案件数 85 件。第二，河南省医疗卫生单位基本情况：一是检查医疗卫生单位总数 2575 个；二是检查在用医用强检计量器具总数 31728 台；三是检查在用医用强检计量器具受检率：行动前 91%，行动后 97%；四是查处的计量违法案件数 36 件。第三，河南省眼镜店的基本情况：一是检查眼镜店总数 610 个；二是检查在用验光配镜用强检计量器具总数 5200 台；三是检查在用验光配镜用强检计量器具受检率：行动前 88%，行动后 100%；四是查处的计量违法案件数 16 件。第四，河南省社区基本情况：一是进社区的总数 3270 个；二是提供免费检测服务次数 16540 次。

河南省质监局组织开展的“关注民生、计量惠民”专项行动已于 2009 年 12 月 31 日结束，圆满完成了各项专项行动计划。

根据国家质检总局的要求，河南省质监局计量处 2012 年 5 月 25 日发文，决定在全省范围内开展“计量服务走进千家中小企业”活动。第一，指导思想：以科学发展观为指导，以“抓质量、保安全、促发展、强质监”工作方针为依据，以“提质增效”活动为契机，结合国家质检总局《关于组织开展“学雷锋计量志愿者服务活动”的通知》要求，根据中小企业特点，通过开展计量服务走进千家中小企业活动，重点提升中小企业计量管理能力和计量检测水平，为加强企业计量技术基础工作，改善经营管理，提高企业素质，保证和提高产品质量、节能降耗提供技术服务。第二，工作目标：郑州、洛阳市质监局服务企业不少于 100 家，新乡、安阳、焦作、南阳市质监局服务企业不少于 60 家，其他省辖市质监局服务企业不少于 40 家；省直管试点县（市）质监局服务企业不少于 15 家。第三，活动内容：力求在三个方面取得成效：一是帮助企业建立健全计量保证体系；二是利用质监系统计量技术机构的专业优势，指导企业采用先进的计量检测方法和技术；三是提升计量服务企业的水平和有效性，建立健全政府计量管理部门与企业间的长效互动机制，寓监督于服务之中。第四，活动时间：2012 年 6 月 1 日至 9 月 30 日。第五，工作要求：认真组织，重在落实；深入基层，解决问题；把握难点，协调攻关；服务节能，力求实效；廉洁自律，无偿服务；注重总结，积极宣传。

河南省质监局组织开展的“计量服务走进千家中小企业”活动已于 2012 年 9 月结束，完成了活动计划任务。

八、开展诚信计量评定　促进和谐社会建设

根据国家质检总局的要求，河南省质监局在全省开展了诚信计量评定、促进和谐社会建设活动和“质量和安全年”计量保障行动，以及计量窗口“为民服务创先争优”活动，对于提供诚实守信、优质满意的市场环境，构建和谐社会，提高为民服务的质量和效率，做出了显著成绩。

（一）开展诚信计量评定 促进和谐社会建设

诚信计量是构建社会主义和谐社会的一块基石。按照国家质检总局的要求，河南省质监局大力组织开展诚信计量评定，提高全民的诚信计量意识，建立健全民生计量工作长效机制，为广大人民群众提供诚实守信、优质满意的市场计量环境，构建社会主义和谐社会。

国家质检总局 2007 年 11 月 8 日 2007 年第 162 号公告公布了《商业、服务业诚信计量行为规范》。该《规范》共有七章二十六条。是年 11 月，国家质检总局发文提出要求：为全面实施计量放心工程、计量安全工程奠定基础，力争在“十一五”期间实现县级以上城市商店（超市）、集贸市场、餐饮业、

医疗卫生机构、眼镜制配场所在用强检计量器具受检率达到 90% 以上，加油站加油机受检率达到 100%，定量包装商品净含量抽检合率达到 90% 以上，为社会营造诚信、公正、和谐的计量环境和“重信誉、守信用、讲信义”的良好市场氛围。对各类计量违法行为要依法查处，并列入“黑名单”，及时向社会曝光，真正使失信者“一处失信，寸步难行”。

河南省质监局 2008 年 12 月 29 日发布《河南省商业、服务业诚信计量示范单位评定工作实施意见（试行）》。该《实施意见（试行）》内容：第一，指导思想和工作原则。第二，评定范围：河南省范围内从事商业、服务业经营的企、事业单位；如集贸市场、加油站、餐饮业、眼镜制配场所、商店、医院等企业和组织，均可参与河南省商业、服务业诚信计量示范单位评定。第三，评定条件，共有 5 条。第四，评定工作的组织领导：商业、服务业诚信计量示范单位评定工作由河南省质监局统一组织。各省辖市质监局在省局的领导下负责申请材料的受理、初审、推荐和参与现场审核等工作。第五，评定工作程序，共有 8 项。申请单位按照《河南省商业、服务业诚信计量评定规范》的要求建立的诚信计量体系已按照文件规定要求运行 3 个月以上；内审员证书复印件。“河南省商业、服务业诚信计量示范单位”有效期为 3 年。第六，监督与管理。《实施意见（试行）》自 2009 年 2 月 1 日起施行。

《河南省商业、服务业诚信计量评定规范（试行）》共有七个部分，内容：（1）目的和范围。规定了以批发和零售业形式存在的商品交易服务；利用设备、工具、场所、信息或技能为社会提供服务业务的水、电、油、燃气、热力等经营企业、集贸市场、餐饮业、眼镜制配场所、商店、医院等单位。为保证量值的准确可靠，诚信经营，公平交易等维护消费者权益应具有的计量保证能力。（2）引用文献。（3）术语。商业在规范中是指以批发和零售业形式存在的商品交易服务。服务业在规范中是指利用设备、工具、场所、信息或技能为社会提供服务的业务。（4）要求：共有 9 条。要保证经营使用的计量器具受检率达到 100%。内审应由经营者批准、质量负责人主持，内审员参加，质量负责人和内审员应经过河南省质量技术监督局培训，考核合格，取得注册内审员证。（5）评审申请。申请单位诚信计量体系文件（也可以是本单位建立的其他体系文件的补充文件），建立的诚信计量体系，已按照文件规定要求运行 3 个月以上；内审员证书复印件。（6）评审程序。评审组长依据客观证据，填写商业、服务业诚信计量示范单位实施确认内容，编写评审报告。（7）证后监督：获证单位或组织，在证书有效期满两个月前应及时按照《规范》要求提出申请。并规定了河南省《诚信计量示范单位》证书式样，见图 5-13-1。

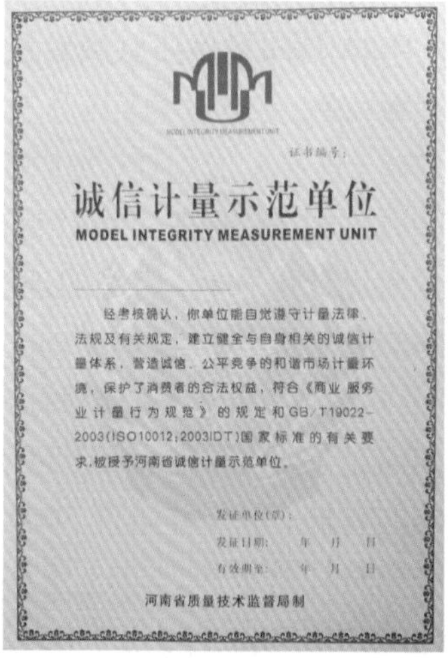

图 5-13-1 河南省《诚信计量示范单位》证书式样

截至 2008 年年底，许昌市有一家单位顺利通过了河南省省级专家组试点验收，获得首家河南省诚信计量示范单位称号；三门峡首批四家加油站被评为诚信计量单位；洛阳推出两家诚信计量眼镜店。

2010 年 7 月，河南省质监局要求各省辖市质监局按照国家质检总局《推进诚信计量、建设和谐城乡行动计划》要求，在“关注民生、计量惠民”专项行动取得的成效基础上，结合本辖区实际，认真贯彻执行，利用三年左右的时间，集中组织开展，“推进诚信计量、建设和谐城乡”主题行动，力争完成各项工作目标。是年，河南省质监局印发豫质监量函〔2010〕61 号文，决定：河南省质监局负责的“河南省商业服务业诚信计量示范单位、定量包装商品生产企业计量保证能力评价单位、河南省眼镜行业计量质量合格等级店”评审发证及内审员培训、考核、发证工作，从 2011 年 1 月 1 日起由各省辖市质监局负责。2010 年全省共对 68 家企业开展了诚信计量评定并颁发了诚信计量证书。发放宣传资料 1.5 万份。截至 2011 年 10 月 14 日，全省共查处计量违法案件 61 起，引导 79 家集贸市场，449 家加油站，142 餐饮店、224 家超市商店、165 家眼镜店、149 家医疗机构实现计量自我承诺并公示社会，形成“以经营者自我承诺为主，政府部门推动为辅，社会各界监督”的三位一体的诚信计量运行机制。邀请政协委员、企业代表、群众代表及社会各界代表参观实验室。据不完全统计，全省共接待市民总计3386余人，媒体报道41次。现场提供免费检测服务，保费检定市民送检的血压计、人体秤、眼镜等器具6800余台（件），并讲解水表、电表、燃气表等计量器具的使用方法。举办计量大讲堂87次，听课4977人。

河南省质监局计量处2011年9月要求进一步推进诚信计量体系建设深化民生计量和开展2011年“质量月”有关计量活动。河南省2011年“质量月”活动中有关计量活动统计：①计量大讲堂活动：87次，听讲4977人，媒体报道11次。②“推进诚信计量、建设和谐城乡”主题活动：诚信计量自我承诺示范单位1149家，查处计量违法案件61件，发放宣传材料15176份，组织培训3136人，媒体报道19次。③计量技术机构开放日活动：参与计量技术机构72家，接待参观3386人，发放宣传材料13614份，免费检测2068次，媒体报道41次。

2011年年底，河南省推进诚信计量、建设和谐城乡行动统计：诚信计量自我承诺示范单位数：集贸市场79家，加油站499家，餐饮业142家，商店224家，医院149家，眼镜店165家；诚信计量示范单位120个单位；查处的计量违法案件61件；发放宣传材料16079份；组织培训4079人；媒体报道41次。

河南省质监局计量处2012年7月发文，要求确保2012年底前全省完成引导100家医院和200家眼镜店实现诚信计量自我承诺并公示社会；全省要完成50家诚信计量示范单位评定工作；全省要完成集贸市场、医疗单位、餐饮业分别不少于100家，眼镜店、加油站、商店（超市）分别不少于200家诚信计量自我承诺并公示社会。

为贯彻落实国家质检总局《“计量惠民生、诚信促和谐”双十工程实施方案》，河南省质监局2013年6月13日印发豫质监量发〔2013〕213号文，发布了《开展“计量惠民生、诚信促和谐”活动的实施方案》。该《实施方案》共分五部分。第一部分：指导思想。为深入贯彻落实党的十八大精神，围绕国务院《计量发展规划（2013—2020年）》中提出的“强化民生计量监管”和“推进诚信计量体系建设”的有关要求，促进市场计量环境持续优化，促进经济保持平稳较快发展。第二部分：总体要求。本着为民计量、计量为民的理念，在集贸市场、加油站、餐饮行业、商店超市、医疗机构、配镜行业、道路交通、公用事业、中小学校、社区乡镇等与人民群众生活密切相关的十个领域大力开展民生计量工作。第三部分：工作目标。用3年（2013—2015年）的时间，到“十二五”末期，力争在集贸市场、加油站、餐饮行业、商店超市、医疗机构、配镜行业、道路交通、公用事业等与人民群众生活密切相关的领域，引导并培育3000家诚信计量自我承诺示范单位，力争为3000家中小学校和社区乡镇提供免费计量服务。2013年重点在集贸市场、加油站和餐饮行业开展，全省争取1000家集贸市场、加油站和餐饮服务单位实现诚信计量自我承诺。此外，全省争取为1000家中小学校和社区乡镇提供免费计量服务。2014年重点在商店超市、医疗机构和配镜行业开展，全省争取1000家连锁商店和超市、医院和眼镜店实现诚信计量自我承诺。全省争取为1000家中小学校和社区乡镇提供免费计量服务。2015年重点道路交通和公用事业单位中开展，全省争取1000家出租汽车公司、超限检测站、计重收费站，供水、供电、供气、供热公司实现诚信计量自我承诺。全省争取为1000家中小学校和社区乡镇提供免费计量服务。第四部分：主要任务。第一，推动政府重视民生计量工作。第二，认真组织开展计量监督检查。第三，加强民生领域计量监督管理。要在“关注民生、计量惠民”专项行动的“四个走进”（诚信计量进市场、健康计量进医院、光明计量进镜店、服务计量进社区乡镇）的基础上进行拓展，进一步实施“准确计量进油站、明白计量进饭店、放心计量进超市、安全计量公路行、公平计量进万家、知识计量进学校”等活动。第四，大力实施计量惠民服务项目。2013年我省计量惠民服务项目确定为“对个人用血压计开展免费检定活动”。第五，努力做好计量为民服务工作。第六，充分发挥经营者的主体作用。第七，创建行业诚信计量承诺联盟。第八，建立健全诚信计量管理体制。按照国务院《计量发展规划（2013—2020年）》的有关要求，加快建立健全诚信计量分类监管制度和建立计量信用信息收集和发布制度。各地要多渠道收集经营者计量信用信息，及时列入诚信计量档案。加快建立健全守信激励和失信惩戒机制，发挥诚信计量的导向作用。对违反计量法律法规、严重失信的经营者，要依法予以严肃处理，列入计量失信“黑名单”实行重点监管。加快建立健全诚信计量内外监督制度。第九，扎实开展民生计量宣传教育。第十，积极做好计量风险预警工作。第五部分：有关要求。加强组织领导；加强协调配合；总结创新经验；加强检查指导。

河南省质监局计量处2014年6月10日印发豫质监量函〔2014〕33号文，对组织开展2014年“计量惠民生、诚信促和谐”活动提出有关要求。第一，总体要求。第二，工作目标。2014年重点在商店超市、医疗机构和配镜行业开展，全省争取1000家连锁商店和超市、医院和眼镜店实现诚信计量自我承诺。全省争取为1000家中小学校和社区乡镇提供免费计量服务。第三，主要任务。一是结合日常监督检查，加强民生领域计量监管。进行加油（气）机、医疗卫生机构医用计量器具和集贸市场在用衡器等的监督检查。突出区域特色进一步实施“准确计量进油站”“明白计量进饭店”“放心计量进超市”“健康计量进医院”“光明计量进镜店”“诚信计量进市场”等活动。继续贯彻落实在集贸市场推行“四统一”“四落实”制度；在医疗卫生单位建立健全医疗卫生单位为主、质量技术监督部门监督、患者投诉的三位一体长效监管机制，在眼镜店建立健全“配、验、检、保、监”长效计量监管机制，在医疗卫生单位、眼镜店和加油站自愿的基础上推行测量管理体系认证，提高企业计量保证能力，切实加强对民生领域的计量监督管理。二是实施计量惠民服务项目：2014年我省计量惠民服务项目确定为“对家用电子计价秤开展免费检定活动”。三是进一步做好计量为民服务。四是大力推广诚信计量承诺，推进诚信计量体系建设。五是继续组织开展商业、服务业诚信计量示范单位评定工作。六是加强民生计量宣传教育。第四，有关要求。统筹安排，确保落实；创新经验，协调配合；加强工作情况记录和留档；及时总结报告。

（二）开展“质量和安全年”计量保障行动

计量是经济发展和科学进步的基础，是提升产品质量的基础，是保障食品安全、生产安全的基础。根据国家质检总局的部署，河南省质监局组织在全省范围内开展“质量和安全年”计量保障行动，打好计量保障基础，为“质量和安全年”做好服务。

为认真贯彻落实国务院、中共河南省委、河南省政府关于稳定价格、保障市场供应、严格市场监管等一系列工作部署，切实履行各项工作职责，河南省质监局2008年1月发文，要求围绕稳定物价保障供应，积极做好计量监督检查工作。

2009年，国家质检总局印发的《“质量和安全年”计量保障行动工作方案》共有八个部分，主要内容：开展“质量和安全年”活动，是党中央、国务院做出的重大决策。做好计量基础保障工作是完成“质量和安全年”各项任务的重要技术基础。第一，保障人民生活质量，开展好“计量惠民”行动。第二，保证产品质量，开展好中小企业“完善计量检测体系建设”行动。第三，保障食品安全，开展好“有毒有害物质检测仪器计量比对”行动。第四，保障人民群众身体健康，开展好“重要医疗计量器具计量服务”行动。把甲型H1N1疫情防控工作作为当前压倒一切的突出任务，全力以赴、严防死守，防止疫情传入我国，维护人民群众生命健康安全。第五，保障节能减排，开展好“能源计量基础保障”行动。建立一批国家城市能源计量数据中心，在深圳、福建、河南、河北、山东、湖北等地提出的国家城市能源计量及能效评价中心建设方案的基础上，认真总结经验，在具备条件的省进行试点。第六，保障行车安全，开展好“酒精含量探测器和汽车线计量监管”行动。组织全国开展呼出气体酒精含量探测器计量标准的量值比对。安排对全国《机动车检测专用轮重仪》和《滚筒反力式制动检验台》等机动车安全检测线在用计量器具开展全国比对，保证机动车安全性能检测设备的检定结果准确、可靠。第七，保障煤矿安全，开展好“矿用计量器具计量监督检查”行动。第八，保障诚信计量，开展好“电子计价秤专项整治”行动。

河南省质监局2009年5月发文，要求各单位要充分认识计量在“质量和安全年”中的技术基础保障作用，要把“计量保障行动”作为“质量和安全年”的重要内容，抓实抓好。要把“计量保障活动”与“质量和安全年”和“关注民生、计量惠民”等各项活动结合起来，同研究、同部署、同落实。

（三）开展计量窗口“为民服务创先争优”活动

开展计量窗口“为民服务创先争优”活动，体现计量窗口单位以人为本，全心全意为人民服务，提高为民服务的质量和效率，大幅提升人民群众满意度。

河南省质监局计量处2011年9月15日发文要求：根据国家质检总局质检办量函〔2011〕1029号文《关于在质检系统计量检定服务窗口深入开展“为民服务创先争优”活动的通知》，要求河南省计量院及各级计量技术机构要采取多种措施，提高为民服务的质量和效率，争做先进典型，切实把“为民服务创先争优”活动落到实处。

河南省质监局计量处2012年组织对质检系统计量检定服务窗口开展“为民服务创先争优”活动进行督导。规定了质检系统计量检定服务窗口（服务接待大厅、接待处）建设现场检查（抽查）表的内容：第一，信息公开（大厅上墙公示内容），共6项。第二，依法办事，共5项。第三，服务质量，共6项。第四，管理制度，共6项。第五，服务环境，共5项。第六，上门服务，共5项。第七，服务品牌创建活动，共4项。省辖市（省直管县）计量窗口（服务接大厅、接待处）建设汇总表内容，共8项。

根据国家质检总局计量司的要求，河南省质监局计量处2013年5月2日印发豫质监量函〔2013〕38号文，要求继续做好质检系统计量检定服务窗口建设工作。第一，各省辖市、县（市）级计量检定机构要进行一次全面认真的自查，巩固在开展“为民服务，创先争优”活动中已取得的成果，使之逐步规范化、常态化。第二，各省辖市、省直管试点县（市）质监局要对辖区内的计量检定服务窗口建设情况进行一次全面检查，并将检查结果报河南省质监局计量处。第三，河南省质监局组织人员对各地计量检定接待窗口建设情况进行检查，国家质检总局计量司将组织检查组对全国质检系统计量检定机构服务窗口建设情况进行抽查，其中，市、县级计量检定机构各抽查12个。

2013年，国家质检总局、河南省质监局分别组织对质检系统计量检定服务窗口建设工作的监督检查。

九、计量突发事件和计量风险大排查

建立健全计量突发事项的应急响应机制，全面排查计量业务工作中存在的风险，切实解决人民群众关注的计量问题，有效提高科学防范化解风险的能力，最大限度地预防和减少计量突发事件和计量风险造成的损害，维护社会稳定，促进经济社会可持续发展是计量工作的法定职责和政治责任。

2003年6月，在抗击“非典”的紧要关头，河南省质监局巡视员韩国琴、计量处处长王有全，河南省计量所所长程新选、所办公室副主任王刚和所热工室主任张晓明、副主任李淑香等专业技术人员冒着连续高温和风雨，携带计量标准器具到郑州机场、火车站、高速公路收费站、长途汽车站和省委、省人大、省政府、省直厅局、高考考点等42个场所连续奋战，对210台（套）人体红外测温仪免费进行检定，保证了人体红外测温仪数据的准确可靠，有效的防止了漏判、误判，维护了人民群众的生命安全，为抗击“非典”做出了重要贡献，受到了中共河南省委的表彰和社会各界的赞誉（见图5-13-2）。省政府快报、《大河报》《郑州晚报》等新闻媒体都给予了报道。

图5-13-2
2003年河南省计量所在抗击“非典”第一线检定人体红外测温仪　韩国琴（第一排左二）、王有全（第三排左一）、程新选（第一排左一）、张晓明（第一排左三）、王刚（第二排右三）

河南省质监局2009年6月16日向河南省财政厅报送了豫质监量发〔2009〕259号文，要求：河南省计量院每三周对口岸使用的红外体温检测仪进行一次计量校准检测，以确保相关仪器设备在甲型H1N1流感疫情防控全过程中的准确、有效，急需配备、更新、补充黑体辐射源、黑体辐射检定校准装置、固定点检定校准装置、医用呼吸机X射线诊断机等防控监测仪器校准设备和专用检测校准车辆，约需资金550万元，请给予资金支持。

河南省质监局2009年12月16日印发豫质监量发〔2009〕539号文，要求对用于筛查、诊断甲型H1N1流感的红外测温仪进行免费检定和校准。全省口岸、学校、车站、码头、商场、影剧院、医疗机构等甲型H1N1流感重点防控场所在用红外测温仪都属于免费检定和校准的范围。各有关使用单位要将在用红外测温仪的数量、型号、生产厂家等信息向当地质量技术监督部门登记备案。河南省计量院承担红外测温仪免费检定和校准工作，要全力做好甲型H1N1流感疫情防控工作，全面开展体温检测仪、呼吸机等重要医疗计量器具的计量检定、校准等服务活动，确保在用仪器设备的测量数据准确可靠。河南省质监局副局长肖继业、河南省计量院院党委书记王洪江到郑州新郑国际机场检查抗击H1N1禽流感测温仪器计量检定工作（见图5-13-3）。

图5-13-3
2009年肖继业（左三）、王洪江（左二）到新郑国际机场检查抗击H1N1禽流感测温仪计量检定工作

2012年2月29日，广州市1935台“华港”牌出租车计价器发生故障，初步判断故障原因是涉事计价器的两块CPU，即“税控CPU”和“计价CPU”对闰年（2月29日）的日期识别不一致造成，导致出租车停运，并在广州市计量检测技术研究院出租车计价器检测站附近滞留。广州市质监局迅速启动应急预案，联合广州市交委、出租车公司、计价器生产企业及时处置，经过24小时的全力奋战，截至3月1日零时，完成涉及故障的全部出租车计价器的维修工作，车辆恢复营运，司机队伍保持稳定。河南省质监局发文要求，在全国人代会、政协会召开期间，要加大全省出租车计价器等计量器具检查力度。要重点检查生产企业所制造出租车计价器是否与型式批准的型式一致，制造计量器具许可证是否在有效期内，是否存在擅自改变型式，超出许可范围生产的情况，生产企业的生产状况是否满足许可证发放条件要求。生产企业所制造的出租车计价器在近6年内是否出现过“黑屏”等停止工作情况，出现问题的处理情况等。出租车计价器生产企业要采取技术手段检测其软件设计是否合理（包括用户在用的型式和企业正在制造的型式）。

河南省质监局2012年5月30日豫质监量发〔2012〕202号文，印发《河南省计量突发事件应急预案》。《应急预案》共分六个部分。主要内容：第一，总则。建立健全计量突发事件的应急响应机制，规范计量应急管理工作程序，正确、快速和有效处置计量突发事件，最大程度地预防和减少计量突发事件及其造成的损害，保障国家计量单位制的统一和量值的准确可靠，维护社会稳定，促进经济社会全面、协调、可持续发展。计量突发事件根据人员伤亡、财产损失和社会影响程度的不同，可以分为一般计量突发事件、重大计量突发事件、特别重大计量突发事件。各省辖市级和县级人民政府计量行政主管部门应当按照分级负责的原则，结合当地实际，制定具体的计量突发事件应急预案。第二，组织体系。第三，运行机制。各省辖市级和县级人民政府计量行政主管部门要高度重视计量突发事件的防范工作，针对各种可能发生的计量突发事件，尤其是要对集贸市场、商店、超市、加油站、出租汽车等与消费者切身利益密切相关领域和涉及矿山安全、交通安全领域的在用计量器具进行重点监控，完善预测预警机制，建立预测预警系统，开展风险分析，做到早发现、早报告、早处置。第四，应急保障。第五，监督管理。第六，附则。

河南省质监局计量处2013年8月13日印发豫质监量函〔2013〕63号文，转发了《国家质量监督检验检疫总局办公厅〈关于开展计量风险大排查活动的通知〉》。该《通知》内容：第一，目标任务：认真贯彻落实国务院《计量发展规划（2013—2020年）》，以深入开展党的群众路线教育实践活动为契机，以解决人民群众反应强烈的计量问题为切入点，全面排查计量业务工作中存在的风险和隐患，综合施策，标本兼治，严厉打击各类计量违法行为，着力构建长效监管机制，不断增强处置计量风险的主动性、科学性和有效性。第二，排查整治内容：此次排查要覆盖计量管理工作的各个环节，全面排查计量器具生产、销售、修理、进口企业和使用单位等监管对象存在的风险和隐患，全面排查计量监管工作包括计量技术机构和计量行政管理部门自身存在的风险和隐患。排查整治的内容主要包括以下方面：一是计量器具生产企业。二是计量器具销售企业。三是计量器具修理企业。四是计量器具使用单位。五是计量器具进口商或者经销商。六是计量技术机构。七是计量行政管理部门。第三，排查方式：此次排查主要采取自查评估的方式。按照《风险排查自查情况评估表》列明的风险点进行计量风险的自我排查和自我评估，对排查出的风险，研究落实防控措施，及时进行科学处置。第四，排查要求：一是高度重视，加强组织领导。二是转变思路，完善工作机制。三是重在整治，科学有效处置。各地要增强风险管理意识，健全和完善风险研判工作机制，规范风险管理程序和措施，按照高、中、低风险等级，分别建立应对处置预案。对发现的突出问题，特别是与人民群众利益密切相关的计量问题，比如利用加油机、衡器、出租车计价器等计量器具进行作弊的违法行为，针对此类反复发生、长期未能根治的风险，制定专门措施，实施专门治理。四是实事求是，及时反馈结果。河南省质监局要求各市、县逐项对照风险排查点、查找风险隐患、评估风险等级、制定相应整改措施。

第十四节　河南省人民政府颁布《关于贯彻国务院计量发展规划（2013—2020年）的实施意见》

2013年3月2日，国务院颁布《国务院关于印发计量发展规划（2013—2020年）的通知》（国发〔2013〕10号）；是年7月11日，国家质检总局印发《质检总局关于质检系统贯彻落实计量发展规划（2013—2020年）的意见》（国质检量〔2013〕351号）。河南省人民政府为认真贯彻落实国务院《计量发展规划（2013—2020年）》，加强河南省计量工作，全面提升计量工作能力和水平，充分发挥计量在保障民生、促进经济社会发展等方面的重要技术支撑作用，颁布了《河南省人民政府关于贯彻国务院计量发展规划（2013—2020年）的实施意见》。这是河南省计量史上的一座里程碑，开启了河南省计量事业发展的新征程。

为深入学习贯彻国务院《计量发展规划（2013—2020年）》，宣传普及计量知识，促进河南省计量事业更好更快地发展，河南省质监局决定在全省范围内组织开展《规划》知识竞赛活动。河南省质监局2013年6月9日豫质监量发〔2013〕211号文，印发了《河南省学习贯彻国务院〈计量发展规划（2013—2020年）〉知识竞赛工作方案》。成立了竞赛组织，主办单位：河南省质监局、河南省电视台。协办单位：河南省计量院、河南省计量协会、河南省计量学会。竞赛组委会主任：冯长宇。成员：苏君、刘道星、李清源、韩维军、张涛、李冰、张泰云、王有全、苗瑜。组织协调：计量处。竞赛代理队：①18个省辖市局及电力、铁路、石化系统各自组织初赛，通过层层选拔的方式共产生21个代表队参加复赛。各省直管县（市）局要按照方案要求认真组织开展竞赛活动，经省局批准也可组队参加复赛；②参加复赛的每代表队由3名正式队员（含女同志一名），各队可有候补队员1~2名。省辖市、省直管县（市）局代表队可由质监系统、企业、技术机构等人员组成；③决赛由复赛产生的

6支代表队组成。竞赛参考内容：省局将下发参考题库（另发），竞赛题目从中随机抽取，竞赛内容包括以下6个方面。①《计量发展规划（2013—2020年）》；②《计量法》；③《计量法实施细则》；④《河南省计量监督管理条例》；⑤计量相关法律法规及技术规范；⑥计量历史和文化。是年9月5日豫质监量函字〔2013〕74号文，印发了《河南省学习贯彻〈计量发展规划（2013—2020年）〉知识竞赛复赛工作方案》。在各有关单位初赛和全省统一组织复赛的基础上，是年9月25日在河南电视台进行了决赛（见图5-14-1~图5-14-4）。国家质检总局计量司巡视员刘新民出席并讲话，河南省人民政府副秘书长万旭，河南省质监局局长李智民，副局长冯长宇、刘永春、姜慧忠、柴天顺、尚云秀，局党组纪检组长鲁自玉，局计量处处长苏君、副处长任林、范新亮等处、室领导，河南省计量院院长宋崇民、院党委书记陈传岭等出席。成立了《决赛》裁判组，裁判组组长：苏君，裁判员：苗瑜、陈传岭。决赛结果如下：一等奖1名：国网河南电力公司。二等奖2名：郑州市质监局、周口市质监局。三等奖4名：新乡市质监局、驻马店市质监局、濮阳市质监局、郑州铁路局。获奖代表队人员名单：国网河南电力公司代表队：领队：杨进、武宏波，队员：李蕾、任晓菲、吴婷婷、张小晓、杨晓霞。郑州市质监局代表队：领队：刘清江，队员：许小刚、焦鹏飞、建珍珍、蔡春敏。周口市质监局代表队：领队：豆玉玲，队员：牛得草、杨进良、刘路路、赵根崎。新乡市质监局代表队：领队：李清芳、田敏先，队员：陈花峰、范风勤、林明伟、吕标娟、谢璐。驻马店市质监局代表队：领队：张大琳、郭卫华，队员：朱莲英、吴新礼、杨笑、吴梦晓、马俊峰。濮阳市质监局代表队：领队：王辉、周金星，队员：孟兰英、罗欢欢、冯艳红、化丽莎。郑州铁路局代表队：领队：乔灿立、魏顺生，队员：王艳、乔波、孙洁、杨仕局、马爱丽。刘新民、万旭、李智民向获奖单位颁发了荣誉证书和奖杯。河南省学习贯彻国务院《计量发展规划（2013—2020年）》知识竞赛圆满成功，取得了很好的效果。

图5-14-1 2013年国务院《计量发展规划（2013—2020年）》知识竞赛决赛会场

图5-14-2 2013年国务院《计量发展规划（2013—2020年）》知识竞赛决赛裁判组 裁判长苏君（左二），裁判员苗瑜（左一）、陈传岭（左三）

图5-14-3 2013年刘新民（右四）、万旭（右五）、李智民（右三）等出席河南省《计量发展规划（2013—2020年）》知识竞赛决赛

图5-14-4 2013年《计量发展规划（2013—2020年）》知识竞赛决赛，李智民向获奖单位颁发荣誉证书和奖杯

河南省质监局2014年1月3日向有关单位印发了豫质监函字〔2014〕1号文，征求对河南省质监局起草的《河南省人民政府关于贯彻国务院计量发展规划（2013—2020年）实施意见》的意见。河南省质监局2014年1月23日向河南省政府报送了《关于印发〈河南省人民政府关于贯彻国务院计量发展规划（2013—2020年）的实施意见（送审稿）〉的请示》（豫质监字〔2014〕5号）。《请示》内容（摘录）：2013年3月2日，国务院印发了《关于印发〈计量发展规划（2013—2020年）〉的通知》（国发〔2013〕10号），副省长徐济超批示，要求省质监局贯彻落实。河南省质监局根据省政府领导要求，组成专门起草小组，在广泛调研和学习借鉴吉林、新疆、山西、山东等省经验的基础上，代省政府草拟了《河南省人民政府关于贯彻国务院计量发展规划（2013—2020年）的实施意见（代拟稿）》，并广泛征求了有关厅局、行业主管部门、相关企业和有关专家学者的意见，充分吸纳各方建议，反复修改完善，形成了送审稿，现予呈报省政府领导审示，如无不妥，请省政府予以印发。

2014年4月3日，河南省人民政府第25次常务会议研究通过了《河南省人民政府关于贯彻国务院计量发展规划（2013—2020年）的实施意见》。2014年4月28日，河南省人民政府印发《河南省人民政府关于贯彻国务院计量发展规划（2013—2020年）的实施意见》（豫政〔2014〕40号）（见图5-14-5）。《实施意见》见“附录一”。

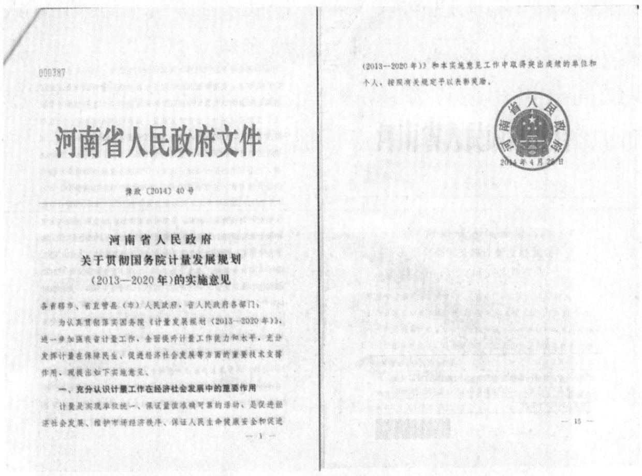

000387

河南省人民政府文件

豫政〔2014〕40号

河南省人民政府
关于贯彻国务院计量发展规划
（2013—2020年）的实施意见

各省辖市、省直管县（市）人民政府，省人民政府各部门：

为认真贯彻落实国务院《计量发展规划（2013—2020年）》，进一步加强我省计量工作，全面提升计量工作能力和水平，充分发挥计量在保障民生、促进经济社会发展等方面的重要技术支撑作用，现提出如下实施意见。

一、充分认识计量工作在经济社会发展中的重要作用

计量是实现单位统一、保证量值准确可靠的活动，是促进经济社会发展、维护市场经济秩序、保证人民生命健康安全和促进

— 1 —

（2013—2020年）》和本实施意见工作中取得突出成绩的单位和个人，按照有关规定予以表彰奖励。

2014年4月28日

— 15 —

图5-14-5
2014年河南省人民政府印发《河南省人民政府关于贯彻国务院计量发展规划（2013—2020年）的实施意见》

2014年5月，河南省质监局计量处处长苏君主持召开处长办公会议（见图5-14-6），研究贯彻落实《河南省人民政府关于贯彻国务院计量发展规划（2013—2020年）的实施意见》的工作，参加人员有处长苏君，调研员苗瑜、任林，副处长范新亮、付占伟，主任科员张华、王慧海，原助理调研员程振亚。

图5-14-6
2014年河南省质监局计量处处长办公会研究贯彻《河南省人民政府关于贯彻国务院计量发展规划（2013—2020年）的实施意见》 苏君（左排左一）、苗瑜（右排右一）、任林（左排左二）、范新亮（左排左三）、付占伟（右排右三）、张华（右排右五）、王慧海（右排右四）、程振亚（右排右二）

2014年6月23日，河南省质监局印发《河南省质量技术监督局关于贯彻落实〈河南省人民政府

关于贯彻国务院计量发展规划（2013—2020 年）的实施意见〉的意见》（豫质监量发〔2014〕237 号）。内容（摘录）如下：

为贯彻国务院《计量发展规划（2013—2020 年）》（以下简称《规划》），2014 年 4 月 28 日河南省政府印发了《河南省人民政府关于贯彻国务院计量发展规划（2013—2020 年）的实施意见》（豫政〔2014〕40 号）（以下简称《实施意见》），明确提出了全省计量发展的总体要求、发展目标、重点任务和保障措施，是指导全省计量发展的纲领性文件。为深入贯彻《实施意见》精神，落实《实施意见》各项工作任务，按照省政府的统一部署和要求，结合全省质监系统的实际情况，提出以下贯彻落实意见。请各单位结合工作实际，认真研究落实。第一部分：总体要求和分阶段落实目标。第一，总体要求。高举中国特色社会主义伟大旗帜，以邓小平理论、"三个代表"重要思想、科学发展观为指导，坚持"突出重点、夯实基础，统筹兼顾、服务发展，完善法制、依法监管"的基本原则，加大基础建设、法制建设和人才队伍建设力度，加强实用型、新型和专用计量测试技术研究，科学规划全省社会公用计量标准建设，进一步完善量传溯源体系、计量监管体系和诚信计量体系，为推动科技进步、促进经济社会发展提供重要的技术基础和技术保障。第二，分阶段落实目标。第一阶段到 2015 年。一是保障能力方面。全省社会公用计量标准满足社会 90%以上的量传溯源需求，省级社会公用计量标准数量达到 240 项，市级社会公用计量标准平均达到 60 项，县级社会公用计量标准平均达到 12 项；建设国家级产业计量测试中心 1 个以上，能效标识计量检测实验室 2 个以上，计量器具型式评价实验室 3 个以上。二是法制监管方面。国家重点管理计量器具受检率达到 92%以上，民用四表（电能表、水表、燃气表、热量表）受检率达到 94%以上；计量器具产品质量总体抽样合格率达到 87%以上；定量包装商品净含量抽检合格率达到 87%以上；引导并培育诚信计量示范单位 3000 家以上；对 300 家以上重点耗能企业推行能源资源计量数据实时、在线采集。三是科学技术方面。完成省部级科研项目 10 项以上；获得省部级以上科技奖励 4 项以上；研制标准物质达到 40 种以上；参加 30 项以上国家计量比对，组织 4 个项目开展省内计量比对；制（修）订计量技术规范 20 项以上。第二阶段到 2020 年。全面实现《实施意见》确定的计量发展目标。第二部分：加强领导，确保贯彻落实顺利进行。第一，高度重视，提高对《实施意见》重要性的认识。第二，缜密组织，建立《实施意见》落实工作机制。第三，结合实际，制定《实施意见》相应落实措施。第三部分：强化措施，确保重点任务全面完成。第一，制定提升计量服务与保障能力措施。第二，加强计量监管体系建设。第三，制定计量科研工作落实措施。第四部分：加强协调，确保配套政策落实到位。第一，争取政策支持。第二，加大投入力度。第三，加强计量队伍建设。第四，强化计量宣传。第五部分：加强检查，做好《实施意见》评估考核。第一，把《实施意见》实施情况列入年度考核范围。第二，做好《实施意见》实施的中期评估和最终评估。第三，做好《实施意见》实施先进单位和个人的表彰奖励。

《河南日报》2014 年 7 月 2 日刊发河南省质监局局长李智民《落实计量发展规划　提升计量保障能力　促进经济社会发展——省质量技术监督局局长李智民〈关于贯彻国务院计量发展规划（2013—2020 年）的实施意见〉答记者问》。李智民在《答记者问》中说：计量像空气一样，与人类生产生活紧密相连。计量的历史源远流长，古称度量衡，"度"指长度，"量"指容量，"衡"指重量。秦始皇统一全国后，就颁布了统一度量衡诏书，制发了度量衡标准器。中国古代历朝更替，必重整度量衡。可以说，度量衡的统一是国家统一的重要标志。伴随着现代工业的发展，计量已经从古代的度量衡发展到几何量、热工、力学、电磁、无线电、时间频率、光学、声学、电离辐射和化学十大计量。计量是促进科技进步、推动经济社会发展和保障国防安全的重要技术支撑，是维护市场经济秩序、保证人民生命健康安全和促进社会和谐的重要技术保障，关系国计民生。2013 年 3 月 2 日，国务院发布了《计量发展规划（2013—2020 年）》。河南省政府高度重视，为贯彻落实好国务院《计量发展规划（2013—2020 年）》，4 月 3 日，省政府第 25 次常务会议研究通过了《河南省人民政府关于贯彻国务院计量发展规划（2013—2020 年）的实施意见》，4 月 28 日正式印发实施。《实施意见》明确提出了我省计量发展的总体要求、发展目标、重点任务和保障措施，是指导全省计量发展的纲领性文件。省长谢伏瞻提出，制定我省贯彻国务院计量发展规划的实施意见，对进一步加快我省计量事业发展，提升计量整体能力和水平，促进全省经济社会持续健康快速发展具有重要意义。要加强对计量工作的统筹协调和监督指导，及时研究和推动解决计量发展中的重大问题；配套制定促进计量发展的投资、财政、科技、人才等扶持政策。要切实发挥联席会议制度作用，制定具体实施方案，分解细化目标，落实责任，形成执行合力。要广泛开展“诚信计量进市场、健康计量进医院、光明计量进镜店、服务计量进社区乡镇”等活动，营造计量事业发展的良好氛围。《实施意见》从指导方针、基本原则、方向定位和根本目的四个方面阐明了总体要求。《实施意见》的指导方针是以邓小平理论、“三个代表”重要思想、科学发展观为指导；基本原则是“突出重点、夯实基础，统筹兼顾、服务发展，完善法制、依法监管”；方向定位是加大全省计量工作基础建设、法制建设和人才队伍建设力度，加强实用型、新型和专用计量测试技术研究，科学规划全省社会公用计量标准建设；根本目的是进一步完善量传溯源体系、计量监管体系和诚信计量体系，为推动科技进步、促进经济社会发展提供重要的技术基础和技术保障。到2020年的总体目标是计量保障能力全面提升，计量监管工作全面加强，计量科研水平全面提高，基本满足我省经济社会发展需要。保障能力方面。到2020年，全省社会公用计量标准满足社会95%以上的量传溯源需求，省级社会公用计量标准数量达到350项，市级社会公用计量标准平均达到100项，县级社会公用计量标准平均达到25项；建设国家级产业计量测试中心3个以上，能效标识计量检测实验室5个以上，计量器具型式评价实验室10个以上。法制监管方面。到2020年，国家重点管理计量器具受检率达95%以上，民用四表（电能表、水表、燃气表、热量表）受检率达98%以上；计量器具产品质量总体抽样合格率达90%以上；定量包装商品净含量抽检合格率达90%以上；引导并培育诚信计量示范单位3000家以上；实现我省列入国家万家重点用能单位能源资源计量数据实时、在线采集。科学技术方面。到2020年，完成省部级科研项目30项以上；获得省部级以上科技奖励10项以上；研制标准物质达100种以上；每年参加15项以上国家计量比对，每年组织2~3个项目开展省内计量比对；制（修）订计量技术规范70项以上。《实施意见》在提升计量服务与保障能力方面提出了6个方面的主要工作。一是提升量传溯源能力。二是加强计量技术机构基础建设。三是构建产业计量测试服务体系。四是构建能源资源计量服务体系。五是加强企业计量检测能力和管理体系建设。六是提升计量器具产业核心竞争力。《实施意见》在加强计量监督管理方面的主要工作有7项。一是加强计量法规体系建设。二是加强计量监管体系建设。三是加强诚信计量体系建设。四是强化民生计量监管。五是强化能源资源计量监管。六是强化安全计量监管。七是严厉打击计量违法违规行为。《实施意见》在加强计量科技基础研究方面主要从5个方面进行推进。一是加强计量科技基础及量传溯源所需技术研究。二是加强计量标准物质研制。三是加快计量科技创新。四是积极组织和参与计量比对。五是制（修）订计量技术规范。《实施意见》主要从加强组织领导、队伍建设、计量宣传，完善配套政策，强化检查考核5个方面强调了保障措施。一是要加强组织领导。二是要完善配套政策。三是要加强计量队伍建设。四是要加强计量宣传。五是要强化检查考核。贯彻落实《实施意见》，重点从如下三个方面抓好落实。一要高度重视，提高认识。二要加强协调，完善政策。三要分解任务，抓好落实。

2014年7月29日，全省贯彻落实《国务院计量发展规划（2013—2020年）》及《河南省人民政府关于贯彻国务院计量发展规划（2013—2020年）的实施意见》宣传贯彻会在南阳市召开（见图5-14-7、图5-14-8）。国家质检总局计量司副司长钟新明、计量司综合处副处长朱美娜、南阳市质监局局长朱萍应邀出席会议。钟新明作了宣讲辅导。河南省质监局副局长冯长宇，南阳市人民政府副市长张明体出席并致辞。省局计量处全体人员、各省辖市、省直管县（市）分管局长、计量科（股）长、检测中心主任，河南省计量院领导，河南省计量学会、省计量协会有关人员等，共100多人参加了宣贯会。钟新明从推动中国计量事业长远发展，更好地服务于国计民生的高度，围绕健全有效的制度、建设有为的政府、培育有序的市场、规划科学的路径4个方面对《规划》进行深入翔实的解读和辅导。河南省质监局计量处副处长范新亮对《实施意见》作了宣贯。河南省质监局计量处处长苏君就推进《规划》及《实施意见》的贯彻落实提出要求（摘录）：一要积极向政府汇报，争取党委政府支持，同时做好相关局委的协调工作，创造良好的工作氛围；二要做好《规划》及《实施意见》的宣贯，提高公众对计量的关注度和支持力；三要以高度的责任心和紧迫感，结合当地实际，拿出具体措施，把《实施意见》确定的各项工作目标落到实处。

图 5-14-7
2014 年《河南省人民政府关于贯彻国务院计量发展规划（2013—2020 年）的实施意见》宣传贯彻会议
钟新明（左四）、冯长宇（左二）、张明体（左三）、朱美娜（左五）、苏君（左一）、朱萍（左六）

图 5-14-8
2014 年《河南省人民政府关于贯彻国务院计量发展规划（2013—2020 年）的实施意见》宣传贯彻会议

2014 年 8 月 8 日，河南省质监局副局长冯长宇做客河南省政府门户网站“在线访谈”栏目，就《河南省人民政府关于贯彻国务院计量发展规划（2013—2020 年）的实施意见》进行了解读。

第十五节　大力开展计量协作和学术交流

河南省人民政府和河南省技监局、河南省质监局开展了多层次的计量协作和国内外的计量技术交流，促进河南省计量事业的发展提升，使计量工作更好地服务经济建设和服务社会。

一、开展多层次计量协作

（一）中部六省质量技术监督局签署《合作互认协议》

2009 年 4 月 26 日，安徽省质监局、山西省质监局、江西省质监局、河南省质监局、湖北省质监局、湖南省质监局在安徽省举办的第四届中部贸易投资博览会重大项目签约仪式上签署《中部六省质量技术监督合作互认协议》。

《中部六省质量技术监督合作互认协议》共分十个部分，主要内容（摘录）：第一，建立合作互认工作机制。第二，共同推进质量振兴工作，服务地方经济发展。第三，加强质量诚信体系建设交流合作。第四，建立名牌产品互认制度，提高名牌产品竞争力。第五，加强质量技术监督基础工作合作。开展区域计量检定、校准、检测及人员培训的相互合作，实现资源共享和资源互补。第六，加大质量和安全监管合作。第七，建立联合打假治劣与市场整治的合作机制。第八，加强技术机构的交流与合作。加强检验检测技术机构合作，推进检验检测公共服务平台建设。充分发挥相关方技术机构的比较优势，实现技术、设备、人才等资源的互补共享，提高技术机构检测能力，拓展检测、校准市场。建立检验检测技术研究合作机制，重大专题项目联合攻关，定期交流检验检测技术研究动态和成果。第九，加强信息化建设合作，实现信息资源共享。第十，加强干部培训和人才交流学习的合作。每年适时互派质监系统干部、技术带头人、业务骨干进行学习交流。各省质监局业务处室，技术机构，市、县（区）质监局对口开展交流学习。

（二）国家质检总局、河南省政府签署《合作备忘录》

2009 年 8 月 11 日，国家质量监督检验检疫总局、河南省人民政府在郑州黄河迎宾馆签署《关于实施质量兴省战略推动中原崛起全面合作备忘录》。国家质检总局局长王勇、河南省政府省长郭庚茂在《合作备忘录》上签字（见图 5-15-1）。《合作备忘录》共分三大部分，主要内容（摘录）：推动中原崛起，是贯彻党中央、国务院促进中部崛起战略部署、实现区域经济协调发展的重大举措。第一，国家质检总局大力支持河南实施质量兴省战略，充分发挥质检优势，推动中原崛起。指导河南标准馆、标准信息服务平台和计量标准体系建设。指导河南技术机构开展科研工作。引导和支持企业、高等院校、科研机构参与公共检测技术平台建设，服务自主创新。帮助河南省加快建立节能、节水、节材、环保、资源综合利用等技术标准体系，加强质量监督、计量监管和强制认证工作。指导河南省对重点耗能企业开展政策法规、能源计量、特种设备节能等知识培训和技术诊断。支持河南省建设国家城市能源计量中心，完善节能降耗技术服务体系。结合河南省产业发展需要和区位辐射优势，对河南省申报的符合国家质检总局有关项目管理要求的国家级质检中心、省级以下技术装备和改造项目，在规划、立项、资金投入等方面给予支持。第二，河南省人民政府大力实施质量兴省战略，进一步加强质检工作，提高质量保障能力。颁布《关于实施质量兴省战略的决定》。设立省长质量奖。加强自主品牌建设，扩大名牌竞争优势。争取到 2012 年培育 800 个河南省名牌产品。进一步强化计量工作，夯实计量技术基础。重点抓好民生计量和能源计量工作，进一步加强计量法制工作和计量服务体系。加大投入，建设国家城市能源计量中心和国家级计量器具型式评价实验室，建立健全适应河南现代产业体系、现代城镇体系、自主创新体系需要的社会公用计量标准体系，并将其纳入全省科技基础平台予以重点保障。加强以国家级质检中心为龙头的质量技术监督检验检测体系建设。加大对国家质检中心综合检测基地和和省计量院第二基地的支持力度。省财政根据工作需求和财力可能，每年安排一定的资金投入，用于质量技术监督检验检测体系技术改造和科技创新。各级财政加大投入，重点支持进驻产业集聚区的技术机构建设，提升服务中原崛起的技术保障能力。第三，国家质检总局与河南省人民政府共同建立合作机制，加强组织领导，扩大合作成果。

图 5-15-1
2009 年国家质检总局与河南省政府举行《合作备忘录》签字仪式 局长王勇（第一排左一）、省长郭庚茂（第一排左二）在《合作备忘录》上签字

（三）中国计量科学研究院和河南省计量院签署《战略合作协议》

2013 年 7 月 22 日，中国计量科学研究院院长张玉宽和河南省计量科学研究院院长宋崇民在北

京签署了中国计量科学研究院和河南省计量科学研究院《战略合作协议》，见图 5-15-2。中国计量科学研究院将在电磁、流量、温度、化学、医学生物等领域开展合作研究，支持河南省计量科学研究院提升计量技术能力水平。河南省质监局局长李智民，副局长冯长宇，计量处处长苏君、科计信息处（审计处）处长袁宏民、标准化处处长孙银辉等处室领导，河南省计量院院党委书记陈传岭等出席了签约仪式。

图 5-15-2
2013 年中国计量院院长张玉宽（第一排左一）与河南省计量院院长宋崇民（第一排左二）在北京签署《战略合作协议》，河南省质监局局长李智民（第二排中）出席

二、中南、华南地区计量协作年会

2000 年 11 月，河南省质监局在郑州市新世纪大厦承办了中南、华南地区第十七届计量协作年会。2008 年 10 月，河南省质监局承办了第二十五届中南、华南地区计量协作年会。各省市交流经验，互相学习，共谋发展。

三、国内计量工作交流

1995 年以来，河南省各级质监局和计量技术机构多次到兄弟省市参观交流和接待兄弟省市计量部门参观交流团组和人员，互相交流，共同提高，协作发展。

四、与中国台湾进行计量技术交流

2002 年 4 月，河南省计量所所长程新选随河南省科技代表团赴中国台湾参观考察。程新选等参观考察了中国台湾计量所的部分实验室，如长度、力学、温度、电学等计量检定、校准实验室，并进行了学术交流。

五、广泛开展国际学术交流

1995 年以来，河南省部分计量管理和计量技术人员，随国家计量考察团、河南省政府科技考察团或河南省质监局等组织的计量考察团，赴国际计量局、美国、法国、德国等国家的计量管理和计量技术机构进行参观考察，进行计量管理和计量技术交流，并邀请国外计量技术机构和计量专家来河南进行计量管理和计量技术交流，取得了很好的成效，促进了河南省计量管理工作和计量技术的发展。

1995 年 6 月，河南省技监局局长戴式祖在英国牛津—剑桥高级培训中心学习，与英国 BSI 国际项目经理大卫·诺雷斯交流，期间，听取了英国计量认可委员会主任比尔·亨得森主讲的有关课题（见图 5-15-3）。

河南省技监局计量处处长张景信、周口地区技监局局长陈学升 1995 年赴加拿大参加了计量、科技培训。

图 5-15-3
1995 年戴式祖（右一）在英国与大卫·诺雷斯（左二）进行学术交流

1996 年 12 月，河南省技监局计划处处长徐向东、河南省计量所所长程新选随河南省科技考察团赴欧洲考察；并到设在法国巴黎的国际计量局（BIPM）参观访问，受到国际计量局局长奎恩博士（Dr. T. J. Quinn）的热情接待，并参观了国际计量局的部分计量检定、校准实验室，进行了学术交流（见图 5-15-4、图 5-15-5）。程新选还考察了法国国家计量院（INE-CNAM），并进行了学术交流（见图 5-15-6）。程新选还考察了德国 HBM 公司和德国 ZER 公司，并进行了学术交流。

图 5-15-4　1996 年程新选（左一）、徐向东（左三）在国际计量局考察时与国际计量局局长奎恩博士（中）合影

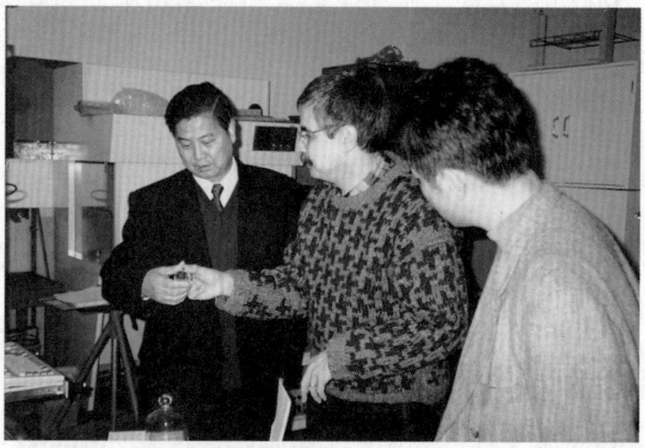

图 5-15-5　1996 年程新选（左一）、徐向东（左三）在国际计量局（BIPM）考察交流

图 5-15-6
1996 年程新选（左三）在法国国家计量院（INE-CHAM）考察交流

河南省技监局局长戴式祖和靳长庆、樊共良、卜福军、许圣英 1997 年 9 月赴韩国参加 1997 汉城国际标准计量管理与器具展览会。

河南省技监局计量处副处长苗瑜、河南省计量所副所长陈传岭 1998 年 4 月赴美国参加计量科技与实验室认可考察。

1998 年 6 月，以河南省计量所所长程新选为团长，安阳市技监局副局长李铭章为副团长，安阳计量测试中心李强、新密市技监局局长徐西河、中牟县技监局局长郑建新、巩义市技监局局长祖九洲、登封市技监局局长王道生、荥阳县技监局局长楚宏斌，许昌县政府副县长苏建涛、中牟县引黄灌溉淤灌处主任张海军、新密市煤矿企业家陈天顺为成员的河南省计量科技考察团，赴美国参观考察。该团参观考察了美国标准与技术研究院（NIST）的部分计量检定、校准实验室，并进行了学术交流（见图 5-15-7）。

图 5-15-7
1998 年河南省计量科技考察团赴美国国家标准与技术研究院（NIST）考察交流　程新选（第一排左二）、李铭章（第一排左六）、李强（第二排左五）、徐西河（第一排左五）、郑建新（第二排左三）、祖九洲（第二排左二）、王道生（第二排左一）、楚宏斌（第二排左四）、苏建涛（第一排左一）

河南省计量所副所长陈传岭随机械科学研究团组 2001 年 9 月赴挪威、瑞士参加了 IEC/TC3、SC3B、SC3C、SC3D 年会及电磁兼容技术考察。

2003 年 4 月 25 日，河南省计量院举办意大利国家计量院（INRIM）卡尔洛·法瑞罗博士学术报告会，并进行了学术交流（见图 5-15-8）。

图 5-15-8
2003 年意大利国家计量院（INRIM）卡尔洛·法瑞罗博士（右三）、中国计量院力学处研究员李庆忠（右二）在河南省计量院进行学术交流　程新选（右一）

河南省计量测试学会理事长韩国琴、秘书长苗瑜，河南省计量院院长程新选和王自杰、陈继增、周志坚、申东晓组成的河南省计量考察团，于 2004 年 4 月赴日本参观考察计量工作，参观考察了日本国家计量院（NMIJ），并进行学术交流（见图 5-15-9）。

河南省质监局计量处副处长王建辉、河南省计量院质量管理部部长王广俊随国家质检总局团组于 2004 年 10 月赴德国参加了德国联邦物理技术研究院（PTB）《测量仪器软件评价》的培训。

图 5-15-9
2004 年河南省计量考察团在日本国家计量院（NMIJ）参观交流　韩国琴（第二排左一）、程新选（第一排左三）

河南省计量院院党总支书记、副院长王洪江为团长，河南省质监局计量处调研员彭晓凯为副团长，李强、任学义、黄文光、朱清顺、柳朝昌、熊伟、袁玉宝、赵兴国为成员的河南省计量考察团 2004 年 11 月赴澳大利亚进行了计量考察，并与澳大利亚悉尼卧龙岗大学计量实验室进行学术交流（见图 5-15-10）。

图 5-15-10
2004 年河南省计量考察团在澳大利亚悉尼卧龙岗大学进行学术交流　王洪江（第一排左二）、李强（第一排左一）

2006 年 9 月，以河南省计量院院党委书记、副院长王洪江为团长，副院长陈传岭为副团长，长度所所长黄玉珠、力学所所长刘全红、气体流量所所长朱永宏、电磁所所长周秉时、无线电所所长杜建国、化学所所长朱茜为成员的计量考察团，赴德国联邦物理技术研究院、图林根州计量所进行参观考察，并进行计量学术交流（见图 5-15-11、图 5-15-12）。

河南省质监局计量处处长王有全、河南省计量院原院长程新选于 2006 年 10 月随中国计量协会计量考察团，赴巴西、阿根廷参加中国计量技术及商务合作研讨会，并对相关计量企业进行考察，参观访问阿根廷国家计量院、巴西圣保罗州计量局，并进行计量学术交流。

2006 年，德国 TUEV 专家到河南省计量院访问交流（见图 5-15-13）。

河南省计量院液体流量所所长、国家水表质检中心崔耀华随国家质检总局团组，2008 年 9 月赴越南河内参加了由亚太经合组织 / 亚太法制计量论坛（APEC/APLMF）组织的水表计量技术研讨交流会。学习期间，参会代表参观了越南国家计量研究院流量与容量实验室、长度实验室和质量试验室。

河南省质监局计量处处长王有全随中国计量协会团组，2008 年 12 月赴南非、埃及进行计量工作参观考察。

图 5–15–11
2006 年河南省计量考察团在德国联邦物理技术研究院考察交流 王洪江（第二排左六）、陈传岭（第二排左三）、黄玉珠（第一排左三）、刘全红（第二排左二）、朱永宏（第一排左一）、周秉时（第二排左七）、杜建国（第二排左一）、朱茜（第一排左二）

图 5–15–12 2006 年河南省计量考察团在德国联邦物理技术研究院考察交流

图 5–15–13 2006 年德国 TUEV 专家到河南省计量院访问交流 卫平（左二）

2010 年 9 月，河南省质监局副局长冯长宇、计量处处长王有全、河南省计量院院长宋崇民随中国计量协会团组赴北欧进行计量考察，到俄罗斯、芬兰参观考察了计量工作和计量技术机构，并进行座谈交流。

第十六节 计量文化建设助力计量事业发展

1995 年以来，河南省技监局、河南省质监局为了探索和总结计量文化建设助力计量事业发展的新思路、新方法和新举措，按照国家质检总局的部署，深入探讨计量文化理念、计量文化核心价值观以及计量文化建设对推动计量工作持续发展创新提高的重要意义和作用，加强计量文化建设，进行形式多样的计量宣传，开展“5·20 世界日活动”，组织计量知识竞赛，编撰《河南省计量大事记》和《河南省计量史》，传承计量文化，普及计量知识，提高全社会的计量意识，宣传计量在国民经济和社会生活中的地位和作用，有力地促进了河南省计量事业的持续发展创新提升。

一、加强计量文化建设 促进计量事业发展

（一）技术监督档案管理

国家技监局 1995 年 2 月 3 日技监局办函〔1995〕132 号文，印发了《技术监督档案保管期限表》，

其中包含有党务管理、行政管理、计量、科学研究、基本建设、仪器设备、计量器具生产技术的文件材料名称和保管期限。国家技监局 1997 年 1 月 21 日技监局办发〔1997〕25 号文，印发了《技术监督档案业务管理规范》。河南省技监局予以贯彻实施。

（二）编纂质量技术监督分志

根据河南省人民政府办公厅《关于认真搞好第二届河南省志编纂工作的通知》（豫政办〔2001〕25 号），为进一步加强质量技术监督分志编纂工作的领导，圆满完成编纂任务，河南省质监督局 2002 年 3 月 5 日发豫质监办〔2002〕63 号文，成立了河南省质量技术监督分志编纂委员会。主任：赵亚平。副主任：郭东智。委员：赵亚平、郭东智、刘振兴、范新闻、傅新立、隋喆、李凯军、王有全、王建华、刘建峰、梁金光、孙银辉、吴永胜、采连斌。编委会下设编纂办公室，具体负责材料征集、编纂工作。编纂办公室由有关处室确定的分工人员组成，主编由采连斌担任、副主编由任建华、蔡建英担任。河南省质监局办公室 2002 年 12 月 16 日向河南省地方志办公室报送《关于省市质量技术监督分志 2002 年度编纂工作总结的报告》（豫质监办字〔2002〕81 号），并于是年 10 月份完成试写稿。

（三）编撰《河南省计量大事记》

国家质检总局 2009 年 11 月 23 日印发《关于编辑整理新中国计量史料有关问题的通知》（质检办量函〔2009〕1059 号），决定编撰《新中国计量史（1949—2009 年）》。

根据国家质检总局的要求，河南省质监局 2010 年 4 月 12 日印发《河南省质量技术监督局关于编辑整理河南省计量史料有关问题的通知》（豫质监量发〔2010〕143 号），内容有：决定向国家质检总局上报《新中国计量史》河南省部分的史料，并在此基础上编整《河南省计量史》。第一，重要意义。中华人民共和国成立六十年以来，我国计量工作随着经济建设、工业化进程发生了翻天覆地的变化，尤其是现代计量科学技术几乎是从无到有直至进入国际先进行列；计量管理工作也积累了大量丰富而宝贵的经验，形成了具有中国特色的管理模式。但是，见证和记录中华人民共和国成立后各个重要历史时期的计量史料散失十分严重，大量散落于一些部门、单位和民间。随着时间的延续，这些珍贵史料遗失、损毁现象越来越严重，许多亲历过计量重大历史事件或过程的人士也越来越少，抢救性收集、整理中华人民共和国计量史料河南部分《河南省计量史》的工作刻不容缓。第二，组织机构。河南省质量技术监督局成立《河南省计量史》编辑工作领导小组，组长：高德领。副组长：肖继业。成员：王有全、任林、范新亮、苗瑜、宋崇民、陈传岭、程新选。成立《河南省计量史》编整办公室，主任：王有全。副主任：陈传岭、程新选。成员：杜书利、徐成。成立《河南省计量史》编撰组，组长：程新选。副组长：杜书利、徐成。编辑整理河南省计量史料、史籍是河南省计量行业的一项大事。鼓励各省辖市质监局、河南省计量院、各省级计量专业站编辑整理本市、本单位的计量史。编撰期间，分别召开了在职人员和离退休人员座谈会，广泛动员、收集计量史料；国家质检总局原司长陆志方、河南省技监局原局长戴式祖、河南省质监局副局长肖继业等参加了座谈会。《河南省计量史》编整办公室印发了 5 个文件、3 期简报；组织召开了 4 次座谈会；查阅了河南省档案馆档案资料、河南省质监局档案资料、计量志、年鉴、文件、专辑、简报、工作总结、领导讲话等大量的计量史料，编撰出 16 万字的《河南省计量大事记（第一稿）》，并于 2010 年 12 月初上报国家质检总局《新中国计量史》编整办公室征求意见。程新选把河南省编整计量史的做法在 2010 年 8 月国家质检总局在吉林省延吉市召开的《新中国计量史》编写工作第一次全国会议上进行了经验介绍，受到了国家质检总局计量司领导的表扬，并刊登在《中国计量》2010 年第 10 期上。河南省部分省辖市质监局按照河南省质监局的要求，积极开展了编整计量史的工作。截至 2011 年 3 月底，焦作市、新乡市、郑州市质监局正式行文成立了编整计量史领导小组、编整办公室和编写组，并上报河南省质监局。根据国家质检总局对各省市《计量大事记》的内容、格式和字数要求，编撰组经过大量的编撰工作，完成了《河南省计量大事记〈报送稿〉》。编撰组组长程新选、副组长杜书利、徐成在编撰《河南省计量大事记》（见图 5-16-1）。2011 年 11 月 11 日，河南省质监局印发《河南省质量技术监督局关于报送〈河南省计量大事记（1949—2009）（报送稿）〉的报告》（豫质监量发〔2011〕455 号），向国家质检总局计量司报送了《报送稿》。编撰人：徐成（编撰 1949—1965 年部分）；杜书利（编撰 1966—1988 年部分）；

程新选（编撰 1989—2009 年部分）。根据《新中国计量史》编整办公室的具体要求，《河南省计量史》编整办公室对报送稿的部分内容进行了很少的修改。2012 年 6 月 3 日，《河南省计量史》编整办公室印发《河南省计量史编整办公室关于报送〈河南省计量大事记（1949—2009）（报送稿修改稿）〉的报告》（豫计量史编办发〔2012〕2 号），向《新中国计量史》编整办公室报送《河南省计量大事记（1949—2009）（报送稿修改稿）》和《河南省计量行政部门、直属机构沿革一览表（1949—2009）（报送稿修改稿）》。《河南省计量大事记（1949—2009）》和《河南省计量行政部门、直属机构沿革一览表（1949—2009）》的编撰工作，历时 2 年 3 个月。《新中国计量史（1949—2009）》2016 年 1 月由中国质检出版社出版，其中载有《河南省计量大事记（1949—2009）》和《河南省计量行政部门、直属机构沿革一览表（1949—2009）》。

图 5-16-1
2010 年编撰组在编撰《河南省计量大事记》
程新选（右一）、杜书利（右三）、徐成（右二）

（四）各省辖市编撰计量史

2012 年 12 月，新乡市计量史编撰委员会编撰的《新乡市计量史（1949—2009）》由中州古籍出版社出版。是年 7 月 27 日，河南省质监局计量处副处长任林、河南省计量院原院长程新选参加了《新乡市计量史（1949—2009）》审稿会。《新乡市计量史（1949—2009）》是全国第一部省辖市级计量史。2012 年 1 月，洛阳市质监局编撰完成了《洛阳市计量志》，尚未正式出版。2017 年 8 月，许昌市质监局编撰的《许昌市计量志（1949—2016）》由中州古籍出版社出版。《许昌市计量志（1949—2016）》在编撰期间，河南省计量院原院长程新选提出了编撰和修改意见。

（五）“计量文化和科技发展”征文活动

河南省质监局计量处 2012 年 3 月 29 日发文，组织开展“计量文化与科学发展”征文活动。为贯彻党的十七届六中全会精神，根据国家质检总局加强质检文化建设的总体要求，河南省质监局要求各省辖市、省直管县（市）质监局积极发动和组织有关人员参加此次征文评选活动。河南省计量院于 2012 年组织编写了《河南省计量科学研究院计量文化手册》。

（六）河南省参加全国计量知识竞赛

根据国家质检总局的要求，为提高计量工作人员素质，丰富学习形式，促进学习与交流，河南省质监局 2012 年 6 月 11 日印发了《2012 年河南省计量知识竞赛活动方案》，决定举办河南省计量知识竞赛活动。河南省计量知识竞赛活动组委会主任：河南省质监局副局长冯长宇；副主任：局计量处处长孟宪忠、河南省计量院院长宋崇民；组委会成员：局办公室副主任张英俊、计量处副处长任林、科技处副处长胡金明、人事处副调研员李莉、局机关党委副书记任刚、河南省计量院副院长马长征。评委会成员：苗瑜、袁玉宝、付子傲、胡绪美、路彦庆、刘荣立、张中杰、王卓、马睿松、赵军、黄玉珠、张晓明、刘全红、刘沛、张奇峰、王书升、刘文芳、周秉时、朱永宏、崔耀华、张中伟、朱茜、崔广新、孙毅、朱卫民、赵铎。河南省计量知识竞赛于是年 9 月 8 日进行了笔试，9 月 15 日圆满结束（见图 5-16-2）。

图 5-16-2
2012 年河南省质监局副局长冯长宇等在“河南省计量知识竞赛”笔试现场巡察

河南省质监局 2012 年 12 月 13 日发出《关于表彰 2012 年全国计量知识竞赛和全省计量知识竞赛获奖团队和个人的通报》（豫质监量发〔2012〕413 号），《通报》内容（摘录）：2012 年河南省计量知识竞赛活动自 6 月底开始，于 9 月 15 日圆满结束。整个竞赛活动历时 3 个月，来自全省各省辖市和行业的 21 支代表队 63 名选手参加了决赛，最终河南省计量院代表队等 9 个单位荣获团体一、二、三等奖，濮阳市代表队等 12 个单位荣获组织奖，刘沙等 19 名选手荣获个人一、二、三等奖。2012 年 11 月 20 日在北京举行的全国计量知识竞赛决赛中，河南省代表队奋力拼搏，荣获集体优胜奖和个人三等奖（见图 5-16-3）。此次决赛全国有 5 个国家部委直属单位、3 个中央企业以及 30 个省，自治区、直辖市质量技术监督部门的 38 个代表队共 114 名选手参加比赛。由河南省计量院李博、丁峰元、刘沙组成的河南省代表队获集体优胜奖，李博获个人三等奖。河南省质监局研究决定：（1）对在全国计量知识竞赛中取得优异成绩的河南省代表队和河南省计量科学研究院通报表彰；（2）对在全国计量知识竞赛中取得优异成绩的选手李博、丁峰元、刘沙和教练员苗瑜、张华伟通报表彰；（3）对在全省计量知识竞赛中荣获团体一、二、三等奖的河南省计量科学研究院等 9 个单位和获得组织奖的濮阳市局等 12 个单位颁发证书，以资鼓励；（4）对在全省计量知识竞赛中荣获个人一等奖的刘沙等 3 人、二等奖的张辉等 6 人、三等奖的霍磊等 10 人颁发证书，以资鼓励。2012 年河南省计量知识竞赛获奖名单如下。第一，团体奖：一等奖：河南省计量院代表队。二等奖：驻马店市、河南省电力公司、安阳市。三等奖：郑州铁路局、许昌市、济源市、漯河市、开封市代表队。组织奖：濮阳市、郑州市、商丘市、新乡市、南阳市、洛阳市、平顶山市、河南质量工程职业学院、三门峡市、鹤壁市、焦作市、信阳市代表队。第二，个人奖：国家个人三等奖：李博。国家团体优胜奖：丁峰元、刘沙。教练员：苗瑜、张华伟。河南省个人一等奖：刘沙、丁峰元、刘玲军。河南省个人二等奖：张辉、李博、席玲芝、李双明、吴新礼、位志鹏。河南省个人三等奖：霍磊、高顾宁、李蕾、林留杰、廖启明、丁涛、毛伟锋、卢珺珺、马四松、吴磊红。

图 5-16-3
2012 年河南省代表队在“全国计量知识竞赛”中获奖　苗瑜（左一）、张华伟（左五）、丁峰元（左四）、李博（左二）、刘沙（左三）

（七）编撰《河南省计量史（1949—2014）》

河南省质监局计量处处长苏君2013年9月提出了编撰《河南省计量史（1949—2014）》的建议，受到了河南省质监局局长李智民、副局长冯长宇的大力支持。2014年9月29日，河南省质监局局长李智民主持召开局长办公会议，会议决定编撰《河南省计量史（1949—2014）》，并印发了局长办公会议纪要。河南省质监局2014年9月30日发出《关于编撰〈河南省计量史〉的通知》（豫质监函字〔2014〕56号）。《通知》决定：根据国家质检总局《关于编辑整理新中国计量史料有关问题的通知》（质检办量函〔2009年〕1059号）要求，为真实、准确、完整地展现新中国成立以来河南省65年的计量历史，科学、系统、客观地记载和评价中华人民共和国成立以来河南省各个历史时期的计量工作重要决策和有关重大事件，反映河南省计量科学技术的发展历程和成就，从而更有利于计量系统深入实践习近平总书记系列讲话精神，全面贯彻国务院《计量发展规划（2013—2020年）》和河南省人民政府《关于贯彻国务院计量发展规划（2013—2020年）的实施意见》，河南省质量技术监督局决定收集、整理河南省计量史料，编撰《河南省计量史（1949—2014）》。现将有关事项通知如下：第一，重要意义。中华人民共和国成立65年以来，河南省计量工作随着经济建设、社会发展、科技进步和工业化进程发生了翻天覆地的变化。计量管理工作积累了大量丰富而宝贵的经验，计量科学技术几乎是从无到有直至进入全国先进行列。但是，见证和记录中华人民共和国成立以来河南省各个重要历史时期的计量史料散失十分严重，大量散落于一些部门、单位和民间。随着时间的延续，这些珍贵的史料遗失、损毁现象越来越严重，许多亲历过计量重大历史事件或过程的人士也越来越少，抢救性收集、整理新中国成立以来河南省计量史料，编撰《河南省计量史（1949—2014）》的工作刻不容缓。在全面建成小康社会宏伟目标的引领下，在实现中华民族伟大复兴的中国梦的伟大征程中，编撰《河南省计量史（1949—2014）》，对于全面贯彻落实河南省人民政府《关于贯彻国务院计量发展规划（2013—2020年）的实施意见》，在实现中原崛起，建设富强河南、文明河南、平安河南和美丽河南进程中，具有重要意义。第二，组织机构：一是成立《河南省计量史（1949—2014）》编撰工作领导小组，组成如下：组长：李智民。副组长：冯长宇、鲁自玉。成员：苏君、苗瑜、任林、范新亮、付占伟、宋崇民、陈传岭、王有全、程新选。二是成立《河南省计量史》编撰办公室，组成如下：主任：苏君。副主任：苗瑜、任林、宋崇民、陈传岭、王有全、程新选。成员：赵建新、程晓军。三是成立《河南省计量史》编撰组，组成如下：组长：程新选。副组长：任林。成员：赵建新、程晓军。第三，对各省辖市、省直管县（市）质监局、河南省计量院等有关单位上报的计量史料提出了具体要求。

2014年10月14日，河南省质监局副局长冯长宇主持召开《河南省计量史》编撰工作领导小组第一次会议，并作了重要讲话（见图5-16-4）。计量处处长苏君宣读了《河南省质量技术监督局关于编撰〈河南省计量史〉的通知》。编撰办公室副主任、编撰组组长程新选讲了编撰《河南省计量史（1949—2014）》有关情况和工作思路。2015年2月5日，河南省质监局局长李智民在全省质监工作暨党风廉政建设工作会议上说：2014年，启动了《河南省计量史（1949—2014）》编撰工作。

图5-16-4
2014年《河南省计量史（1949—2014）》编撰工作领导小组第一次会议　副局长冯长宇（中）

2016 年 4 月 26 日，河南省质监局党组成员、巡视员鲁自玉主持召开《河南省计量史（1949—2014）》编撰工作领导小组第二次会议，作了重要讲话讲话，提出了具体要求。

2016 年 4 月 29 日，河南省质监局召开了全省《河南省计量史（1949—2014）》编撰工作会议（见图 5-16-5）。各省辖市、省直管县（市）分管副局长、计量科长、计量股长、编撰人员等、省局计量处处长苏君、调研员任林、副处长赵锋，河南省计量院院党委书记陈传岭、《河南省计量史（1949—2014）》编撰组组长程新选、成员程晓军等，共 100 余人参加了会议。河南省质监局党组成员、巡视员鲁自玉出席会议，并作了重要讲话。鲁自玉巡视员的讲话共分三部分：一是计量的重要地位和作用；二是编撰《河南省计量史（1949—2014）》的重要意义；三是保质保量完成编撰《河南省计量史（1949—2014）》的工作。《河南省计量史》编撰办公室副主任、编撰组组长程新选讲了《河南省计量史（1949—2014）》编撰工作进展情况、存在问题和编撰工作要求。《河南省计量史（1949—2014）》编撰办公室主任、河南省质监局计量处处长苏君讲了贯彻这次会议精神的具体要求。苏君处长说：要认真学习贯彻鲁自玉巡视员的讲话，要按程新选副主任、组长讲的具体要求，按时保质保量的完成编撰《河南省计量史（1949—2014）》的工作任务。

图 5-16-5
2016 年《河南省计量史（1949—2014）》编撰工作会议　巡视员鲁自玉（主席台左三）、苏君（主席台左四）、任林（主席台左一）、陈传岭（主席台左二）、程新选（主席台左五）

2016 年 5 月 4 日，河南省质监局召开了编撰《河南省计量史（1949—2014）》第二次工作会议，河南省质监局计量处处长苏君、调研员任林、副处长赵锋，《河南省计量史（1949—2014）》编撰组组长程新选、成员程晓军、柯存荣，河南省计量院院党委书记陈传岭、院总工程师王广俊、中层干部和编撰人员等 30 多人参加了会议。《河南省计量史（1949—2014）》编撰办公室副主任、编撰组组长程新选作了《努力做好〈河南省计量科学进步历程〉的编撰工作》的讲话，讲了《河南省计量史（1949—2014）》的“河南省计量科学进步历程”章的编撰工作进展情况、存在问题和具体要求。调研员任林在讲话中说：要按照程新选副主任、组长讲的具体要求，按时报送“河南省计量科学进步历程”章和附表。河南省计量院院党委书记陈传岭在讲话中说：要按照程新选副主任、组长讲的具体要求，各部、所、中心按照分工，按时完成报送“河南省计量科学进步历程”章和附表。

2014 年 10 月以来，《河南省计量史（1949—2014）》编撰办公室副主任、编撰组组长程新选、编撰组成员赵建新、程晓军、柯存荣、李莲娣、任方平、郭魏华等到河南省档案馆、河南省质监局档案室等查阅计量史料，查阅《河南省志·计量志》、年鉴、专辑、工作总结、简报、领导讲话、证件、照片、画册等，和在职人员、离退休老同志座谈等，多方收集计量史料，夜以继日，伏案笔耕，经过考证、取舍、提炼、概括，历时 2 年 9 个月，七易其稿，于 2017 年 6 月 30 日编撰完成了《河南省计量史（1949—2014）》（报审稿），172 万字。

2017 年 7 月 19 日，河南省质监局召开了《河南省计量史（1949—2014）》评审会，与会 30 人（见图 5-16-6）。河南省质监局副巡视员宋崇民主持会议。河南省质监局局长李智民做了书面讲话；副局长傅新立讲话；原巡视员鲁自玉讲话。计量处处长苏君通报了编撰《河南省计量史（1949—2014）》的工作历程。《河南省计量史（1949—2014）》编撰办公室副主任、编撰组组长程新选就《河南省计量史（1949—2014）》的篇章结构和基本内容作了说明。国家质检总局原司长、《新中国计量史（1949—2009）》总编撰陆志方、河南省地方史志办公室省志处副处长申福领、中国质检出版社计量分社社长黄婺、河南省技监局原副局长张祥林、原调研员马炳新、王有全、苗瑜、河南省计量院院党委书记陈传岭等发言，提出中肯修改意见。评审会对《河南省计量史（1949—2014）》（报审稿）给予了很高评价，通过了《河南省计量史（1949—2014）》（报审稿），提出了修改意见。是日中午，局长李智民从河南省人民政府开会回到河南省质监局后，与参加评审会的领导和专家见面，感谢他们对《河南省计量史（1949—2014）》编撰工作的支持（见图 5-16-7）。

图 5-16-6　2017 年《河南省计量史（1949—2014）》评审会　鲁自玉（第一排左一）、傅新立（第一排左二）、宋崇民（第一排左三）

图 5-16-7　2017 年河南省质监局局长李智民（第一排左四）与《河南省计量史（1949—2014）》评审会专家合影　陆志方（第一排左三）、黄婺（第一排左二）、申福领（第一排左一）

2017 年 7 月 25 日，河南省质监局局长李智民主持召开《河南省计量史（1949—2014）》编撰工作领导小组第三次会议。河南省质监局副局长傅新立、副巡视员宋崇民、计量处处长苏君、调研员任林，河南省计量院院长王晓伟、河南省计量院原院长程新选等参加了会议。会议对《河南省计量史（1949—2014）》（报审稿）提出了具体修改意见（见图 5-16-8）。经再次修改后，至 2017 年 12 月，历时 3 年 3 个月，十易其稿，《河南省计量史（1949—2014）》定稿，共 170 万字，323 幅图，155 张表。《河南省计量史（1949—2014）》编撰了各省辖市、省直管县（市）的《计量大事记》，辑录了各地计量工作的发展历程，是各地近现代计量史的大纲和简史。《河南省计量史（1949—2014）》这部恢宏史著，既是一部计量纪实史，也是一部计量文化史，更是一部计量工具书。《河南省计量史（1949—2014）》的编撰出版，对于资治当代，泽被后世，具有重要的现实意义和深远的历史意义，是河南省计量史上的一座里程碑。

图 5-16-8
2017 年河南省质监局局长李智民（中）主持召开《河南省计量史（1949—2014）》编撰工作领导小组第三次会议

《河南省计量史（1949—2014）》的编撰出版是全省质监系统1000多位计量管理和计量技术人员共同努力和社会各界大力支持的结果。第一，河南省质监局领导的鼎力支持。局长李智民主持局长办公会议，决策编撰《河南省计量史（1949—2014）》，主持召开领导小组会议，多次听取汇报，解决困难，提出要求。省局原党组成员、巡视员冯长宇、鲁自玉和副局长傅新立、副巡视员宋崇民，多次组织召开编撰《河南省计量史（1949—2014）》工作会议，安排部署编撰工作。河南省质监局副局长贾国印、郑文超、杨自明、姚国宝、巡视员柴天顺、副巡视员周庆恩都非常关心支持编撰《河南省计量史（1949—2014）》的工作。河南省质监局领导的关心支持和具体指导，保证了编撰《河南省计量史（1949—2014）》工作的圆满完成。第二，河南省各级领导机关和档案管理部门关心支持，尽最大努力提供计量史料。中共河南省委办公厅档案室提供了有关河南省技术监督局机构规格的重要文件。河南省机构编制委员会办公室提供了河南省计量局、河南省技术监督局、河南省质量技术监督局、河南省计量科学研究院等有关机构、编制、更名的有关重要文件。河南省地方史志办公室对编撰《河南省计量史（1949—2014）》的工作给予了指导和帮助，并提供了部分计量史料和编史参考书。河南省人大法工委提供了《河南省计量监督管理条例》颁布前后的有关文件资料。河南省档案馆提供了大量的计量史料。《河南日报》社提供了《河南日报》刊发的计量史料。第三，河南省质监局有关处、室、直属机构全力相助，倾囊提供计量史料。省局计量处处长苏君把编撰《河南省计量史（1949—2014）》作为一项非常重要的工作，多次部署、安排和协调编撰工作；调研员任林多次协调有关编撰工作。计量处全体动员，全方位配合，提供了大量的计量文件汇编、统计报表、工作总结、简报、照片、领导讲话等计量史料。省局办公室主任刘道星、调研员任建华安排帮助编撰组人员在省局档案室查阅计量史料。省局人事处处长孙银辉、调研员宋志岩亲自或联系安排有关人员查寻提供有关机构、人员的计量史料，副处长采连斌提供了技术监督年鉴等计量史料。省局计划财务处处长韩维军积极落实编撰工作经费。省局科技信息处（审计处）处长袁宏民和主任科员程静提供了科技、统计报表等计量史料。省局老干部处处长李莉帮助联系离退休老领导、老同志，收集有关计量史料。省局总工程师李凯军、产品质量监督处调研员王建辉、机关服务中心副主任郭胜、河南省计量学会秘书长丁峰元积极提供计量史料。省局信息中心提供了部分计量史料。河南省计量院院长兼院党委副书记王晓伟、院党委书记兼副院长陈传岭和继陈传岭之后分管省计量院编撰《河南省计量史（1949—2014）》工作的院总工程师王广俊全力支持编撰工作，安排部署编撰工作，分工负责，督促检查；并为编撰工作解决具体困难，提供具体帮助。省计量院编撰完成了“河南省计量科学进步历程”章，并提供了计量技术能力水平等计量史料。省局总检验师徐西河在省局稽查总队任总队长期间安排主任科员海晓笛提供了计量行政执法案件史料。省标准化院院长葛伟三安排所长赵燕提供了计量统计报表。刘建国、张华伟、姜鹏飞、郁书钧、刘毫楷、余宏恩等提供了许多计量工作照片。第四，离休退休老领导、老同志全力支持，积极提供计量史料。撰写回忆资料的有：戴式祖、肖汉卿、张玉玺、张景义、马炳新等。送来计量资料的有：卢悦怀、肖汉卿、张景义等。面谈的有：卢悦怀、王化龙、张相振等。电话长谈的有：魏翊生、皮家荆、马令曾、温天文、韩丽明、丁在祥、杜广才、王桂荣等。已过世的老领导、老同志陈仲瑞、陈济方、巨福珠、王彤、肖汉卿、李培昌、林继昌等的家属还送来了珍贵照片和有关计量史料。第五、各省辖市、省直管县（市）质监局成立了编撰组织，落实了编撰人员和编撰条件，编撰完成了当地《计量大事记》和《计量行政部门、直属机构沿革一览表》。

《河南省计量史（1949—2014）》编撰组人员在编撰办公室做编撰工作的时间是：程新选（2010年3月31日—2012年6月30日，2014年10月8日—2017年12月31日）；杜书利（2010年3月31日—2012年3月31日）；徐成（2010年3月31日—2012年3月31日）；赵建新（2014年10月8日—2016年1月19日）；程晓军（2014年10月8日—2017年3月31日）；柯存荣（2016年1月20日—2016年11月2日）；李莲娣（2016年11月3日—2017年3月2日）；任方平（2017年3月3日—2017年12月31日）；郭魏华（2017年2月6日—2017年4月10日，2017年8月9日—2017年12月31日）；杨倩（2017年2月28日—2017年7月5日）；王丽玥（2016年11月15日—2016年

12 月 31 日）；张静静（2017 年 7 月 28 日—2017 年 12 月 31 日）。

（八）组织征订《中国计量》杂志

《中国计量》杂志自 1995 年 10 月试刊，1996 年 1 月创刊以来，受到广大读者的普遍欢迎和好评。河南省技监局 1996 年 9 月要求在各市、地和有条件的县（区）成立《中国计量杂志》通联部，并建议由各技监部门计量工作负责人任通联部主任，同时可根据需要增加通讯员名额。河南省质监局 2008 年 8 月发文表彰了 2008 年度《中国计量》杂志征订优秀单位和先进单位。2008 年，全省《中国计量》杂志征订总数为 2557 份。其中市地局计划征订 2060 份，实际征订 2501 份，超额 21.4%。经研究决定，对以下单位予以通报表彰：第一，2008 年度《中国计量》杂志征订优秀单位（7 个）：济源市质监局、商丘市质监局、三门峡市质监局、濮阳市质监局、漯河市质监局、焦作市质监局、驻马店市质监局。第二，2008 年度《中国计量》杂志征订先进单位（11 个）：安阳市质监局、洛阳市质监局、鹤壁市质监局、新乡市质监局、周口市质监局、南阳市质监局、平顶山市质监局、信阳市质监局、许昌市质监局、开封市质监局、郑州市质监局。

二、组织开展“5·20世界计量日”活动

1875 年 5 月 20 日，17 个国家的代表在法国巴黎签署了《米制公约》。100 多年来，国际米制公约组织对保证国际计量标准的统一、促进国际贸易和加速科技发展发挥了重大作用。为了加大计量宣传力度，引起世界各国对计量工作的关注，推动世界各国在促进科技进步、发展经济及保护公众利益等方面发挥更大作用，1999 年 10 月，在纪念《米制公约》签署 125 周年之际，第二十一届国际计量大会将每年的 5 月 20 日确定为“世界计量日”。从 2000 年开始，每年的 5 月 20 日，世界上的许多国家都会以各种形式庆祝“世界计量日”。根据国际计量局、国际法制计量组织的建议和国家质检总局的要求，河南省质监局每年都围绕“5·20 世界计量日”活动主题，大力开展“5·20 世界计量日”活动，普及计量知识，提高计量意识，大力宣传计量在经济建设和社会发展中的重要地位和作用，对计量事业的发展起到了积极地推进作用。

河南省质监局 2003 年 5 月 9 日印发豫质监量发〔2003〕126 号文，为庆祝“5·20 世界计量日”对近几年来在计量工作中成绩突出的河南省计量所等 245 个单位予以表彰，并授予“计量工作先进单位”称号。是年，河南省质监局组织全省各地开展了形式多样的“世界计量日”宣传活动，取得了显著成效。是年“5·20 世界计量日”宣传活动，各市质监局都成立了以局领导为组长的活动领导小组，下设办公室专门负责此项活动。河南省质监局于 5 月 20 日在《河南日报》专版刊登了《关于表彰计量工作先进单位的决定》；组织制作了 2000 余套（1 万余张）计量知识宣传画，出版了 4500 份《纪念“5·20 世界计量日”专辑》，刊发了省政府副省长刘新民《全面加强计量工作，推动我省经济快速健康发展》的文章，免费发放至全省各地。《专辑》还登载了全省计量工作 3 年规划和被评为“河南省计量工作先进单位”的河南省计量所和中国铝业股份有限公司河南分公司的计量工作经验交流文章。此《专辑》发至省、市、县（区）四大班子领导，省直各有关单位后，受到了各方面的好评。5 月 19 日，河南省质监局召开了“5·20 世界计量日暨表彰大会”。河南省质监局局长包建民、副局长魏书法、黄国英、陈学升、巡视员韩国琴、纪检组长李刚，省局各处室负责人，郑州市质监局有关人员及全省部分计量工作先进单位代表 80 余人参加了会议。巡视员韩国琴作了题为“庆祝世界计量日、促进河南计量事业发展”的讲话。表彰了计量工作先进单位，并为先进单位代表颁发了奖牌、证书。郑州市恒科实业股份有限公司总经理宋奎运、中国铝业总公司河南分公司计量管理部经理李丰才做了先进单位典型发言，充分展示了河南省计量工作先进单位的风采。河南省电视台、河南省广播电台《河南日报》《大河报》《郑州日报》《郑州晚报》等十余家新闻单位进行了采访报道。会议结束后，新闻媒体在巡视员韩国琴、河南省计量所所长程新选的带领下到河南省计量所参观采风。在“5·20”前夕，全省质监系统和企业、事业单位共召开各类座谈会议、表彰会共计 300 余个，新闻发布会 30 余次。周口市质监局局长苏君带队深入企业进行调研，邀请企业负责人、技术负责人进行座谈，听取企业一线人员对计量工作的看法、感触和意见，就企业计量的现状、存在问题及发展方面

做深入的讨论。三门峡市电视台配合三门峡市质监局对市区10余家配装眼镜商店的计量器具检定情况和眼镜行业“计量、质量等级评定”工作进行了专题报道。新乡市、驻马店市、漯河市、鹤壁市、平顶山市、南阳市、信阳市等当地的电视台、报纸都及时报道了“5·20”宣传活动，并在报刊上刊登了关于计量方面的小知识。安阳钢铁集团公司召开了各分厂计量工作座谈会，并在《安钢报》上开辟了“做好企业计量工作，提高企业经济效益”专版。全省在这次活动中，共出动宣传车2000余台（次），人员8000余人，开设义务咨询台120余个，悬挂横幅、标语共2000余条，展出黑板报、墙报3600余块，张贴宣传画12000余张，散发宣传资料达50000余份，各检测中心和水表、电表、燃气表等专业检定站义务检定校准水表、电表、燃气表、血压计、压力表、电子秤等贴近百姓生活的计量器具8000余台（件），例如，南阳市邓州市质监局主动出击，先后组织宣传车24台（次），50余人，由局领导带队，分赴全市各城区乡镇，发放计量宣传单，对主要乡镇医院使用的血压计、压力表开展免费检定校准服务。焦作市沁阳市质监局、修武县质监局组织计量检定人员在繁华街道义务维修衡器、血压计。郑州市中牟县质监局针对该县正是大蒜购销旺季这一特点，出动4辆宣传车，深入各大农贸市场宣传计量法律法规，免费为大蒜经销商检验计量器具45台，处理计量纠纷2起。洛阳市质检中心在“5·20”前后免费检修出租车计价器200余台。宣传活动得到了各级政府和各部门的高度重视与大力支持。省、市、县有关领导在“5·20世界计量日”来临之际均发表了热情洋溢的讲话或撰写署名文章并分别深入企业召开表彰会，颁发“河南省计量工作先进单位”证书、奖牌。河南省质监局组织河南省电视台、河南省广播电台《河南日报》《大河报》《郑州日报》《郑州晚报》等十余家新闻单位进行了采访报道。河南电视台播放了对河南省质监局局长包建民的采访，《河南日报》刊登了省政府副省长刘新民就庆祝“5·20世界计量日”答记者问，信阳市副市长李广胜在《信阳日报》上发表的《突破计量‘瓶颈’，夯实计量基础，推动企业管理上水平》文章，南阳市质监局局长傅新立在《南阳日报》上发表《全面加强计量工作，推动经济快速发展》文章，濮阳市副市长魏有元在《濮阳日报》上发表的《全面加强计量工作，推动我市经济快速健康发展》文章，许昌市质监局局长赵松林在《许昌日报》发表关于计量题材的文章，信阳市质监局局长杨道友和济源市质监局局长徐西河就“5·20世界计量日”答记者问。全省新闻媒体对于此次活动电视报道200余条，刊登各类计量信息、小知识100余条。安阳市质监局在安阳政府网站上制作了题为“5·20世界关注计量”的网页，利用互联网发布了计量工作、计量知识小信息。商丘市质监局利用互联网群发手机短信的方式，将“5·20世界计量日”宣传口号向市四大班子有关领导、有关企事业单位负责人、个体工商户发布了近千条手机短信。南阳市淅川县质监局周格平在县电视台主持了为期一周的计量知识电视讲座。洛阳市质监局、焦作市质监局开通了热线电话解答有关计量问题和计量投诉。

2004年，河南省质监局以“现代计量在中国”为主题，组织开展了“5·20世界计量日”宣传活动。河南省质监局成立了巡回督察组，派观察员到7个省辖市质监局的咨询服务现场进行了督查。5月18日，河南省质监局召开了“‘5·20世界计量日’座谈会”。河南省人大财经委副主任陈洪范，河南省质监局局长包建民、巡视员韩国琴，河南省政府办公厅七处副处长刘建生，河南省政府法制办处长侯学功，以及有关省直厅局，企业事业单位代表共50余人参加了座谈会。洛阳市质监局局长赵晓政在《洛阳日报》上发表了《加强计量工作，为洛阳的腾飞做贡献》文章，信阳市质监局局长杨道友在《信阳日报》上发表的“全面加强计量工作，服务我市经济建设”文章，濮阳市质监局局长刘子卿在《濮阳日报》发表了《加强计量工作，为实现濮阳经济振兴而奋斗》文章，开封市质监局局长张涛在《财经周刊》上开辟了计量日专版，发表《加强计量工作，为实现开封复兴而奋斗》的文章，周口市质监局副局长石玉山在《周口日报》就“5·20世界计量日”答记者问，等。驻马店市质监局在驻马店日报开设了“质监之窗”宣传教育；周口市质监局通过发表电视讲话、答记者问、专题报导等宣传《计量法》《河南省计量监督管理条例》；项城市副市长发表了电视讲话；安阳市质监局在政府网站制作网页，利用互联网发布了计量合格确认企业名单，大力宣传计量工作在企业、国民经济中的重要作用；漯河市质监局与市电视台联合，全省率先举办“计量在您身边”电视知识竞赛；商丘市质监局借助多家网络公司群发短信，在《河南内陆特区报》开辟“百姓话计量”专题栏目；洛阳市质监局与电视台等新闻媒体合作，开辟“计量诚信”“计量在我心中”“曝光台”等专栏。“5·20世界计量日”宣传活动使得全社会越来越关注计量、重视计量、支持计量。

2005年、2006年、2007年、2008年，河南省质监局组织开展了形式多样的“5·20世界计量日”宣传教育活动，取得了显著的效果。2008年5月22日《河南日报》专刊印发河南省质监局局长高德领《全面加强计量工作，推动我省经济又好又快发展而奋斗》的文章。

河南省质监局2009年5月12日印发豫质监量发〔2009〕216号文，决定：授予河南省计量院、河南省电力实验研究院、河南省石油计量站、郑州市检测中心、周口市质监局计量科等201个单位计量工作先进单位称号；授予王慧海、王文军、陈卓娅、袁玉宝、薛英、付子傲、多克辛、祁玉峰、冷恕、王卓、黄玉珠、刘沛、马睿松等211人计量工作先进个人称号。

2009年，河南省质监局结合“关注民生、计量惠民”专项行动和“企业服务年”活动，部署各市、县质监局结合当地实际，积极采取了多种形式的惠民、利民措施，并开展了“5·20世界计量日”集中宣传活动。形成了“政府重视计量、企业支持计量、百姓关注计量”的良好氛围。

河南省质监局2010—2012年组织开展了丰富多彩的“5·20世界计量日”宣传活动，取得了很好的效果。

2013年5月19日，河南省质监局联合郑州市政府，围绕“计量与生活”的宣传主题，在郑州绿城广场举办了“5·20世界计量日”现场咨询活动。河南省质监局局长李智民，中共郑州市委常委、郑州市常务副市长胡荃，河南省质监局副局长冯长宇，局办公室主任刘道星、计量处处长苏君，河南省计量院院长宋崇民、院党委书记陈传岭，郑州市政府副秘书长张吉，郑州市质监局局长何增涛、副局长黄震峰等出席了活动启动仪式。冯长宇在启动仪式上讲话说：国务院发布的《计量发展规划（2013—2020年）》是中华人民共和国成立以来首次以国务院名义发布的计量发展规划，体现了党中央和国务院对计量工作的高度重视。全省质监系统要把落实《国务院计量发展规划》作为促发展、惠民生的主要抓手，为实现中原崛起做出应有的贡献。胡荃在讲话中希望郑州市质量技术监督系统的广大干部职工及全市的计量工作者，要为中原经济区郑州都市区建设做出新的贡献。李智民宣布“5·20世界计量日”现场咨询活动启动（见图5-16-9~图5-16-11）。省长质量奖、市长质量奖、名牌产品获得单位和郑州市主要计量检测单位（含社会计量授权机构）66家企事业单位1700多人及省、市两级质监部门300多人参加了启动仪式。活动当天，接受群众各类咨询3600人次；发放计量宣传册和宣传单2.6万余份；计量展板192张，免费为550余人验光检测和手机信号辐射检测；免费开展血压计、100公斤以下电子秤检定等230台（件）；来自全市的66家企业分别向群众介绍了他们的计量成果展，将1000余种产品分别进行实物或图片讲解。应邀前来参加仪式的河南省质监局、郑州市政府领导在郑州市质监局局长何增涛的陪同下，在宇通客车、金星集团、正星公司、豫燃公司、新天科技、三全公司等各参展单位展位前进行了参观。河南日报、河南电视台、河南广播电台、《中国质量报》《大河报》《郑州日报》等10多家新闻媒体对活动进行了采访报道。河南省质监局计量处处长苏君和河南省计量院院长宋崇民接受了媒体采访，向社会公布了“12365”投诉举报电话，介绍了2013年开展“5·20世界计量日”的整体宣传活动安排。作为河南省“5·20世界计量日”系列宣传活动之一，5月15日，河南省质监局邀请上海市质监局原总工程师史子伟作《计量历史、文化、内涵》专题报告。局长李智民，副局长冯长宇、刘永春、尚云秀等省局领导、机关各处室和直属二级机构主要负责人在河南省质监局机关视频会议室、全省各市、县（市）质监系统干部职工共3000余人在当地通过视频听了报告。河南省质监局副局长冯长宇主持会议。2013年的“5·20世界计量日”宣传活动规模盛大，效果极为显著。

河南省质监局2014年4月21日豫质监量发〔2014〕150号文印发了“5·20世界计量日”宣传工作方案。2014年5月20日是第15个世界计量日。总体要求：以党的十八大和十八届三中全会精神为指导，贯彻“抓质量、保安全、促发展、强质监”的工作方针，围绕主题，坚持贴近实际、贴近生活、贴近群众原则，着力宣传计量与建设绿色中国和美好家园紧密联系，不断增强广大人民群众的计量意识，夯实计量工作的社会基础。要求各市、县单位围绕“计量与绿色中国”这一主题，结合当地实际，以深入贯彻落实《国务院计量发展规划（2013—2020 年）》及《河南省人民政府关于贯彻国务院计量发展规划（2013—2020 年）的实施意见》为核心，以加强能源资源计量监管和计量服务生态文明建设为重点，在“5·20 世界计量日”前后组织开展形式多样，内容丰富的计量宣传活动。2014 年全省“5·20 世界计量日”宣传活动形式多种多样，丰富多彩，取得了很好的效果。

图 5-16-9　2013 年河南省质监局局长李智民在“5·20 世界计量日”活动现场讲话

图 5-16-10　2013 年河南省质监局副局长冯长宇在“5·20 世界计量日”活动现场讲话

图 5-16-11
2013 年河南省质监局局长李智民（左三）在“5·20 世界计量日”活动现场检测手机

历届“5·20 世界计量日”主题：1999 年，第 21 届国际计量大会决定把每年的 5 月 20 日确定为“世界计量日”。2000 年第 1 届世界计量日，国际主题：国际单位制（SI）基本单位（SI Base units）；中国主题：/。2001 年第 2 届世界计量日，国际主题：国际单位制（SI）导出单位（SI Derived units）；中国主题：计量保证质量。2002 年第 3 届世界计量日，国际主题：家居内外的计量（Metrology in and around the Home）；中国主题：计量与科技。2003 年第 4 届世界计量日，国际主题：/；中国主题：计量在你身边。2004 年第 5 届世界计量日，国际主题：体育世界中的计量（Metrology in the World of Sport）；中国主题：计量与节能。2005 年第 6 届世界计量日，国际主题：中小企业（Small and Medium Enterprises）；中国主题：计量与能源。2006 年第 7 届世界计量日，国际主题：健康中的计量（Measurement in Health）；中国主题：计量与节约能源。2007 年第 8 届世界计量日，国际主题：环境中的测量（Measurements in Environment）；中国主题：能源计量与节能降耗和污染减排。2008 年第 9 届世界计量日，国际主题：体育中的测量——没有测量，就没有竞赛（Measurement in Sport—no games without measurement）；中国主题：计量与能源、计量与体育、计量与民生。2009 年第 10 届世界计量日，国际主题：商业中的测量（Measurements in Commerce）；中国主题：计量与质量、计量与民生、计量与节约能源。2010 年第 11 届世界计量日，国际主题：科技中的测量——科技创新之桥（Measurements in Science and Technology—a bridge to innovation）；中国主题：计量·科学发展，副题为

“计量——科技创新之桥”、“计量——质量提升之桥”、“计量——公平正义之桥”。2011 年第 12 届世界计量日，国际主题：化学测量，为了美好生活和未来（Chemical measurements，for our life，our future）；中国主题：计量检测 健康生活。2012 年第 13 届世界计量日，国际主题：计量保障安全（We measure for your safety）；中国主题：计量与安全。2013 年第 14 届世界计量日，国际主题：日常生活中的计量（Measurements in daily life）；中国主题：计量与生活。2014 年第 15 届世界计量日，国际主题：计量与全球能源挑战（Measurements and the global energy challenge）；中国主题：计量与绿色中国。

第十七节 颁布《河南省计量检定收费标准》

随着市场经济和计量事业的发展，1991 年以来新增了许多计量器具检定项目。同时，由于计量检定技术和设备水平的提高及物价上涨等原因，计量检定费用明显增加，现行计量检定收费标准已不能适应计量检定工作的需要。根据《计量法》和《计量法实施细则》的有关规定，为保证计量检定工作的开展，促进计量事业的发展，规范计量检定收费行为，国家发展计划委员会、财政部 2002 年 8 月 30 日印发了《关于调整计量检定收费标准的通知》（计价格〔2002〕1512 号）。国家级计量检定机构计量检定收费标准共 11 大类 682 项。根据国家发展计划委员会、财政部《关于调整计量检定收费标准的通知》规定，结合河南省实际，河南省发展和改革委员会、河南省财政厅 2006 年 6 月 30 日联合印发《关于调整我省计量检定收费标准的通知》，颁布了调整后的《河南省计量检定收费标准》。

国家技监局计量司 1997 年 2 月 17 日发文，规定收取 “检定 / 校准” 证书费用 20 元整。是年 5 月 22 日，国家计划委员会、财政部、国家技监局联合发文，规定对国外和台、港、澳地区的计量检定及进口计量器具定型鉴定收费标准同国内相同。河南省质监局 2000 年 12 月 6 日发文，同意燃油加油机税控装置首次检定收费标准为 90 元 / 台。

国家发展计划委员会、财政部 2002 年 8 月 30 日印发《关于调整计量检定收费标准的通知》（计价格〔2002〕1512 号），《通知》内容（摘录）：

国家质检总局《关于报送国家计量检定收费项目及收费标准（草案）的函》（国质检函〔2001〕73 号）收悉。根据《计量法》和《计量法实施细则》的有关规定，1991 年，国家技术监督局、国家物价局、财政部《关于印发计量收费标准的通知》（技监局法发〔1991〕323 号）制定了全国统一的计量检定收费标准，对于规范计量检定收费，防止乱收费，促进计量检定工作的开展起到了积极作用。随着市场经济和计量事业的发展，近年来新增了许多计量器具检定项目，同时，由于计量检定技术和设备水平的提高及物价上涨等原因，计量检定费用明显增加，现行计量检定收费标准已不能适应计量检定工作的需要。为保证计量检定工作的开展，促进计量事业的发展，规范计量检定收费行为，经研究，决定重新制定计量检定收费标准。现就有关事项通知如下：

第一，计量检定收费标准由中央和省两级价格主管部门、财政部门制定。中国计量科学研究院、中国测试技术研究院、国家标准物质研究中心、大区国家计量测试中心和国家专业计量站及分站等国家级计量检定机构的计量检定收费标准由国家计委同财政部制定，具体见附件一和附件二。省及省以下计量检定机构的计量检定收费标准，应根据不同的计量器具标准度等级逐级递减，具体由省、自治区、直辖市价格主管部门会同同级财政部门按照计量检定收费标准的核定原则制定。新增计量器具检定项目的收费，由计量检定机构按照计量检定收费标准的核定原则，参照规定的同类计量器具检定收费标准自行制定，并按财务隶属关系分别报中央和省、自治区、直辖市价格主管部门、财政部门和计量行政部门备案。

第二，计量检定收费标准按扣除财政拨款后补偿计量检定成本并兼顾缴费者承受能力的原则核定。计量检定成本主要包括：直接用于计量检定的检定用房折旧费及维护费；计量基准、标准装置及附属设备折旧费和维护费；能源消耗费（包括计量检定环境条件保证费）；原材料费；人工工时费；计量基标、标准溯源考核费和管理费。其中，管理费按不超过前 6 项费用之和的 10% 计算。

第三,收费单位应按规定到指定的价格主管部门申领、变更《收费许可证》,并按财务隶属关系使用财政部和省、自治区、直辖市财政部门统一印制的行政事业性收费票据。

第四,收费单位应严格按规定的收费标准执行,不得擅自设立收费项目、扩大收费范围、提高收费标准,也不得将计量检定收费转为计量测试收费变相高收费。收费单位应加强收费管理,建立健全内部监督制约机制,对收费标准予以公示,自觉接受价格主管部门、财政部门的监督检查。

第五,上述规定自 2002 年 10 月 1 日起执行。国家级计量检定机构计量检定收费标准共 11 大类 682 项。

国家质检总局办公厅 2002 年 9 月 27 日质检办科〔2002〕368 号文,转发了《国家计委、财政部关于调整计量检定收费标准的通知》(计价格〔2002〕1512 号)。

2002 年 10 月 19 日,国家质检总局在杭州市召开了《全国调整计量检定收费标准工作会议》。河南省质监局巡视员韩国琴、计量处处长王有全、调研员兼副处长苗瑜、河南省计量所所长程新选、河南省计量所办公室副主任王刚参加了会议。国家质检总局计量司量值传递处处长王建平宣讲了调整计量检定收费标准的原则和具体规定,对各省、市、自治区调整本省、市、自治区计量检定收费标准的工作提出了要求。

河南省质监局 2002 年 10 月 31 日发文,成立了河南省质监局调整计量检定收费标准工作领导小组,组长:韩国琴;副组长:王有全、郭东智、程智韬;成员:刘进学、苗瑜、王建辉、袁宏民、韩维军、程新选、陈传岭、暴许生、詹兵。领导小组办公室主任:王有全(兼);副主任:刘进学、苗瑜、程新选、陈传岭;成员:牛淑之、陈桂兰、薛明超、王文军、唐皓。

河南省质监局 2002 年 11 月 11 日向河南省人民政府报送《关于调整河南省计量检定收费标准的请示》(豫质监字〔2002〕113 号),请求抓紧制定河南省计量检定收费标准。

2002 年 11 月,河南省质监局召开了全省调整计量检定收费标准工作会议。会议宣讲了关于计量检定收费测算的基本要求:第一,计量检定收费测算的基本原则规定:(1)计量检定收费标准按补偿计量检定成本,兼顾承受能力的原则核定。计量检定成本主要包括:检定用房折旧费及维护费;计量基准、标准装置及附属设备折旧费和维护费;直接用于计量检定的原材料费;能源消耗费(包括计量检定环境条件保证费);人工工时费;基标准溯源考核费和管理费。其中,管理费按不超过前 6 项费用之和的 15% 计算。(2)为方便测算,提出以下参考资料和信息:①检定用房折旧费、计量基、标准及附属设备折旧费两项,参照国家税务总局(国税发〔1999〕65 号文)规定:其中房屋、建筑物折旧期最低为 20 年,专业设备、交通工具、陈列品折旧期最低为 10 年,一般设备、图书和其他设备折旧期最低为 5 年。建议选用:检定用房为 25 年;计量标准及辅助设备、交通工具为 12 年;一般设备、图书、空调等其他设备为 6 年。②原材料消耗费,包括各种原材料消耗。③能源消耗费(包括检定环境保证费),包括水、电、油、气等能源消耗及保证环境条件的设备消耗等。④人工工时费:人工工资构成主要有基础工资、津贴、保险、补助等四大部分组成。基础工资、津贴两项比较明确,按有关规定执行,保险主要有:医疗保险、养老保险;补助有:水、电、能源补助、交通补助、洗理补助、地差补助等,还有住房公积金及有关税费,根据机构性质不同,还有奖金、提成、分红等形式。同时还要考虑 2~3 年一次的升资因素,上述因素都要考虑齐全。建议选用值:高级 1500~2000 元 / 月;中级 1300~1700 元 / 月;初级 1000~1500 元 / 月。⑤全年工作日为 251 天,工作小时为 2008 个小时,在实际工作中,要考虑扣除每周 4 小时的计量标准保养时间,全年扣除 200 小时。实际工作小时,建议采用 1808 个小时。⑥基标准溯源、考核费,包括溯源和考核的直接费用、间接费用。间接费用如送检人工费、交通、差旅费等。⑦在测算时,要考虑总的物价上涨因素。第二,测算时应注意的问题。第三,测算要求:各计量检定技术机构应对所开展的项目中选取典型项目进行测算,覆盖率达到 10% 以上。会议还讲了《关于计量检定项目初步清理情况的说明》。河南省质监局组织 4 个省辖市、10 个县(市)开展了调整计量检定收费标准测算试点工作。河南省计量所从 2002 年 11 月上旬开始,一直加班加点,进行测算工作。春节过后的第一天上班就开始加班,“五一”放假 5 天都在加班进行测算。河南省计量所投入了大量的人力、物力、财力,很好的完成了测算任务。8 个多月来,河南省计量所共有 105 人参加了调整全省计量检定收费标准测算工作，除正常工作时间进行测算外，还利用双休日、节假日、晚上加班进行测算，累计加班 1575 天。河南省计量所六易其稿，共完成了十大类 812 项 1280 种的计量检定收费标准测算工作。河南省质监局组织河南省计量所人员与河南省价格成本调查队队长华岳、副队长王新安等人员，经过大量的、反复的调研、测算工作，于 2004 年 11 月完成了调整河南省计量检定收费标准工作，并将调整后的《河南省计量检定收费标准》（报批稿）上报了河南省发展计划委员会、河南省财政厅审批。

国家发改委、财政部 2005 年 4 月 30 日联合印发《关于调整计量收费标准的通知》（发改价格〔2005〕711 号）。规定了计量标准考核、计量授权收费标准；计量器具型式批准收费标准；制造、修理计量器具许可证收费标准；计量认证收费标准；计量人员考核收费标准。

河南省发改委、河南省财政厅 2006 年 6 月 30 日联合印发《关于调整我省计量检定收费标准的通知》（豫发改收费〔2006〕948 号），其主要内容（摘录）：

为促进计量事业的发展，规范计量检定收费行为，根据国家发展计划委员会、财政部《关于调整计量检定收费标准的通知》（计价格〔2002〕1512 号）和国家发展改革委、财政部、国家质检总局《关于进一步规范计量检定收费的通知》（发改价格〔2004〕1687 号）规定，结合河南省实际，经研究，决定调整河南省计量检定收费标准。现就有关事项通知如下：

第一，各级法定计量检定机构开展计量器具检定业务时，应按本通知规定的计量检定收费标准收取检定费（详见附件）。本次调整的收费标准，按照分步实施逐步到位的原则，于 2008 年到位。新增同类计量器具检定项目的收费，由计量检定机构按照计量检定收费标准的原则核定，参照本文规定的同类计量器具检定收费标准自行确定，并报河南省发展改革委、省财政厅、省质监局备案；本文未规定的新增非同类计量器具检定及强制性计量器具检定收费标准，须报经省发展改革委、省财政厅核定。

第二，计量检定收费标准按扣除财政拨款后补偿计量检定成本并兼顾缴费者的承受能力的原则核定。计量检定成本主要包括：直接用于计量检定的检定用房折旧费及维护费；计量基准、标准装置及附属设备折旧费和维护费；能源消耗；原材料费；人工工时费；计量基准、标准溯源考核费和管理费。其中，管理费按不超过前 6 项之和的 10% 计算。

第三，经检定的计量器具，无论合格与否，被检单位均应交纳检定费。经检定不合格的计量器具，如送检单位委托检定机构进行修理，已收取修理费的，再次检定不得收取检定费。送检单位要求出具检定规程规定以外检测数据的，经检定机构同意，收费标准由检定机构和送检单位双方协商议定。计量检定机构对工作计量器具的强制检定，应在规定的期限内按时完成，由于检定机构的原因拖延检定期限的，检定机构应按照送检单位的要求，及时安排检定，并免收检定费。

第四，计量器具检定过程中，检定机构对计量器具进行不涉及更换零部件的调校，不得收取调较费用，如调校过程中需要换已损坏的零部件的，在征得送检单位（个人）的同意后更换，可收取更换零部件的成本费用。计量检定机构对检定不合格的计量器具，必须出具书面的检定结果通知书及注明不合格的相关参数及检定数据。在检定机构出具检定结果通知书，并经送检单位（个人）书面委托后，检定机构方可对被检定的计量器具进行修理。如无送检单位的书面委托，检定机构不得对被检不合格的计量器具进行修理，各级质监部门要制定相关措施，逐步达到检、修分离。修理时更换零部件的收取成本费用，人工费比照市场上相同或相类似的修理人工工时费收取。

第五，各级计量检定机构，必须严格按照规定的检定周期开展计量检定工作，不得随意调整检定周期、增加检定频次。对出租车计价器的检定一年不得超过一次。不得向城乡居民收取水表、电能表、燃气表、热能表等计量器具的检定费用。收费单位应按规定的收费标准收取费用，不得擅自设立收费项目、扩大收费范围、提高收费标准，也不得将计量检定收费转为计量测试收费变相提高收费。收费单位应加强收费管理，建立健全内部监督制约机制，对收费标准和检定周期要向被检单位或个人及社会予以公示，自觉接受价格主管部门、财政部门的监督检查。

第六，计量器具检定收费属于行政事业性收费，各收费单位应到同级价格主管部门申领或变更收费许可证，并使用省财政部门统一印制的行政事业性收费票据，收费资金纳入省级预算，实行“收支两条线”管理。即收费收入缴入省级国库，支出由省级财政部门按照履行职能的需要予以核拨。

第七，本通知自2006年8月1日起执行。

河南省物价局、河南省财政厅、河南省技术监督局《关于印发河南省计量收费标准的通知》（豫计量发〔1992〕150号、豫价市费〔1992〕137号、豫财综字〔1992〕58号）同时废止。

河南省计量检定收费标准目录，共10类847项1279种。

（1）长度计量器具1~151项，C-1-1~C-289-289种；

（2）热学计量器具152~202项，R-1-290~R-55-344种；

（3）力学计量器具345~438项，L-1-345~L-330-744种；

（4）电磁计量器具439-510项，D-1-745~D-132-876种；

（5）无线电计量器具511~584项，W-1-877~W-107-983种；

（6）时间频率计量器具585~617项，SP-1-984~SP-37-1020种；

（7）声学计量器具618~637项，S-1-1021~S-20-1040种；

（8）光学计量器具638~661项，G-1-1041~G-29-1069种；

（9）电离辐射计量器具662~733项，DL-1-1070~DL-79-1148种；

（10）物理化学计量器具734~847项，WH-1-1149~WH-131-1279种。

国家发展计划委员会、财政部2002年发布的国家级计量检定机构的计量检定收费标准是1991年国家技术监督局、国家物价局、财政部发布的全国统一的计量检定收费标准的4.9倍。2006年，河南省发改委、河南省财政厅发布的《河南省计量检定收费标准》是河南省物价局、河南省财政厅、河南省技监局1992年发布的《河南省计量收费标准》的3.9倍。2006年，《河南省计量检定收费标准》发布实施后，河南省计量检定机构的实际计量检定收费总额是1992年《河南省计量收费标准》的实际计量检定收费总额的2.6倍多。《河南省计量检定收费标准》的发布实施，对于促进河南省计量事业的发展，规范计量检定行为，具有重大意义。

2006年河南省计量检定收费标准（摘录）详见表5-17-1。

河南省质监局2006年8月1日印发《关于转发〈河南省发改委、财政厅关于调整我省计量检定收费标准的通知〉的通知》（豫质监字〔2006〕49号，《通知》规定：

根据实际需要实施现场检定的，被检定单位应提供满足检定需要的场所、环境条件、交通运输工具、辅助人员等相关条件，并负担检定人员的差旅费、检定设备运输费、运输保险费及其他支出的有关费用（双方可签订相关协议）。计量器具使用单位没有不可抗拒原因，而不按法定计量检定机构安排的周期计划送检的，检定机构在检定收费标准的基础上加收20%的检定费。检定机构因不可抗拒原因，未能按期完成检定，经有关部门审查属实，不受检定期限限制，但应积极通知送检单位。送检单位要求出具检定规程规定以外的检测数据，经检定机构同意，在收费标准的基础上加收20%的检定费。检定收费中包括检定证书费。丢失检定证书要求补发的，应书面提出申请并经原检定机构核实后予以补发。补发证书中的相关内容和数据等，需要重新查找原始资料，核实、计算检定数据的，可收取成本费。送检单位应自收到检定机构通知之日起30日内缴纳检定费，并领取计量器具。逾期不领取者，每日按检定收费的2%加收保管费；超过60日，每日按检定收费标准的4%加收保管费；超过6个月不领取者，按无主处理。仲裁检定收费按不超过计量检定收费标准的2倍收取。校准和测试收费由检定机构和计量器具使用单位双方协商议定。本收费标准在2006年年底前按80%执行；2007年1月1日起执行90%；2008年1月1日起执行100%，其中，在2008年年底前对商业企业、集贸市场的个体工商户，应充分考虑其承受能力，可适度从减。本计量检定收费标准从2006年8月1日起执行。

表 5-17-1　2006 年河南省计量检定收费标准（摘录）

单位：元

项号	种号	项目序号	计量器具名称	准确度	等级	测量范围	收费单位	2006 年收费标准	备注	2008 年收费标准
1	1	C-1-1	量块		3 等	$0<L\leqslant 100$mm	块	20		15
7	18	C-18-18	钢直尺	±（0.10mm~0.35mm）		（0~2000）mm	支	10		8
8	20	C-20-20	钢卷尺		1、2 级		米	5		4
15	33	C-33-33	万能工具显微镜	±3μm		（0~200）mm	台	605		485
22	56	C-56-56	纤维尺、测绳	±（0.6+0.8L）mm		（1~10）m	支	22	每增加一米增加 1 元	15
25	63	C-63-63	游标卡尺	±（0.02~0.10）mm		≤ 300mm	支	22		15
39	94	C-94-94	百分表		0、1 级	0~30mm	支	33		25
50	132	C-132-132	木直尺检定器	±（1~1.5）mm		0~1000mm	台	99		80
72	174	C-174-174	塞尺		1、2 级	（0.02~1.00）mm	片	2		1
109	227	C-227-227	经纬仪检定装置	≤ 0.5"		0~360°	台	2650		2120
134	268	C-268-268	房屋面积检测	1.50%			平方米	2		1
157	298	R-9-298	标准铂电阻温度计		2 等	（0~419.527）℃	支	660		525
163	305	R16-305	玻璃液体温度计	（1.0~5.0）℃		（-60~300）℃	点	22		15
168	310	R-21-310	标准体温计	±0.03℃		（35~44）℃	支	125		100
203	352	L-8-352	砝码		M_1 等	（1~500）mg	个	33		25
203	356	L-12-356	砝码		M_1 等	（500~1000）kg	个	660		525
204	361	L-17-361	电子天平		Ⅰ级	100kg~1000kg	台	1595		1275
208	371	L-27-371	戥秤		Ⅳ	≤ 1000g	杆	4		3
208	372	L-27-372	杆秤		Ⅳ	≤ 200kg	/	6		5

续表

项号	种号	项目序号	计量器具名称	准确度	等级	测量范围	收费单位	2006 年收费标准	备注	2008 年收费标准
209	373	L-29-373	非自动衡器		Ⅲ	≤ 50kg	台	10		8
209	374	L-30-374	非自动衡器		Ⅲ	50kg~100kg	台	40		30
209	376	L-32-376	非自动衡器		Ⅲ	2t~20t	台	700		560
209	378	L-34-378	非自动衡器		Ⅲ	≥ 60t	台	2000	大于 60t 每增加 5t 加 100 元	1600
213	387	L-43-387	电子皮带秤		0.5~2.0 级	＞ 6000t/h	台	3920		3130
220	396	L-52-396	力传感器		A 级、B 级、C 级	＞ 1000kN~5000kN	只	1400		1120
233	411	L-67-411	洛氏硬度计	（1~2）HR		HRA、HRB、HRC	台	165		130
244	425	L-81-425	力标准机		0.03 级，0.05 级，0.1 级，0.2 级	100kN~1000kN	台	3200		2560
245	428	L-84-428	标准测力仪		0.3 级	100kN~1000kN	台	660		525
250	444	L-100-444	拉力、压力和万能材料试验机		1 级	100kN~1000kN	盘	660	加一个度盘加收 250 元	525
252	455	L-111-455	电子式恒加荷材料试验机		0.5 级、1 级、2 级	≥ 300kN	盘	1910	加一个度盘加收 300 元	1250
284	500	L-156-500	液压张拉机（含千斤顶）		1 级、2 级	（1000~100000）kN	台	20340	加一个表加收 2000 元	16270
299	522	L-178-522	动态轴重仪				台	5900		4720
330	561	L-217-561	标准金属量器	5×10^{-5}		2000L	台	7150		5720
331	575	L-231-575	标准玻璃量器		一等	（500~1000）mL	支	715		570
334	581	L-237-581	定量可调移液器	1%~8%		（5~5000）μL	支	300		240
343	590	L-246-590	燃油加油机	0.30%		（1~999.99）L	枪	180		145

续表

项号	种号	项目序号	计量器具名称	准确度	等级	测量范围	收费单位	2006 年收费标准	备注	2008 年收费标准
344	591	L-247-591	燃气加气机	0.3%~0.5%		（0~4）m^3/h	枪	330		265
355	611	L-267-611	一般压力表		1.0、1.6、2.5、4.0 级	（100~250）MPa	块	33		25
360	618	L-274-618	数字压力计（表）		（0.01~0.02）级	（-0.1~250）MPa	块	1600		1280
368	631	L-287-631	液体流量标准装置	（0.05~0.5）%		DN（500~1000）mm	台	8250		6600
386	677	L-330-677	水表		2 级	DN（15~25）mm	块	16	热水、高压、带电子装置加收 30%	10
386	678	L-330-678	水表		2 级	DN（32~50）mm	块	40	热水、高压、带电子装置加收 30%	30
387	681	L-330-681	膜式煤气表		A 级、B 级	（1~6）m^3/h	台	16	带电子装置加收 30%	10
387	684	L-330-684	膜式煤气表		A 级、B 级	（160~250）m^3/h	台	125		100
390	688	L-330-688	热能表		（Ⅱ ~ Ⅲ）级	DN（15~25）mm	台	120	带预付费装置加收 20%	95
390	689	L-330-689	热能表		（Ⅱ ~ Ⅲ）级	DN（40~50）mm	台	225	带预付费装置加收 20%	180
414	720	L-330-720	滚筒反力式制动检验台	± 5%		（0~30）kN	台	1350		1080
429	735	L-330-735	出租汽车计价器（整车）	1.0%~-4.0%		（0.1~999.9）km	台	45		35
430	736	L-330-736	出租汽车税控计价器（整车）	1.0%~-4.0%		（0.1~999.9）km	台	70		/
435	741	L-330-741	车速里程表	± 0.6%		20~80km/h	台	40		30
439	745	D-1-745	直流比较仪电位差计	0.0001 级		0~2.1111110V	台	1375		1100

续表

项号	种号	项目序号	计量器具名称	准确度	等级	测量范围	收费单位	2006 年收费标准	备注	2008 年收费标准
445	760	D-16-760	标准电池	0.01 级以下		1.01855V~1.01868V	只	82		65
471	807	D-63-807	三相电能表检定装置	0.02 级 ~0.05 级		3×（100~380）V，3×（0~50）A	台	2100		1680
475	819	D-75-819	单相电能表	2.0 级		（40~750）V，（0~120）A	只	20	预付费、复费率、最大需量、多功能电能表每增加一种功能，增加 30%	15
476	821	D-77-821	三相电能表	0.2 级 ~0.5 级		3×（40~750）V，3×（0~120）A	只	100	预付费、复费率、最大需量、多功能电能表每增加一种功能，增加 30%	80
497	863	D-119-863	电压互感器		0.1 级及以下	35kV 及以上	基本量限	385	每增加一个量限加收 150 元	310
541	919	W-43-919	示波器	3%		5mV~20V 1000MHz 以下	台	1000		800
563	946	W-70-946	失真度测量仪	5%~10%		2Hz~200kHz	台	550		440
603	1005	SP-22-1005	电秒表	6ms		1s~600s	台	99		80
607	1009	SP-26-1009	集中管理计时计费装置	1×10^{-5} 以下		1s~2000s	部	20	含 IP 电话计费装置；预付费电话计费系统等。按实际检测数量计费	15
628	1031	S-11-1031	声级计		1，2 级		台	270	每增加一个计数增加 20%	215
637	1040	S-20-1040	基桩动态测量仪二次仪表	0.10%		f：0~3000Hz	台	1360		1090
638	1041	G-1-1041	医用激光源	10%		0.01mW~100W	台	440		350
655	1062	G-22-1062	标准镜片	（0.02~0.03）D		（-25~+25）D	套	440		350

续表

项号	种号	项目序号	计量器具名称	准确度	等级	测量范围	收费单位	2006年收费标准	备注	2008年收费标准
685	1095	DL–26–1095	X射线诊断机	10%		（50~150）kV	球管	400		320
690	1100	DL–31–1100	医用诊断X射线计算机断层摄影装置	10%		（0.3~2.0）Lp/mm	台	4056		3245
692	1104	DL–35–1104	医用核磁共振扫描仪	10%		（0.3~2.0）Lp/mm	台	6775		5420
736	1151	WH–3–1151	密度计		二等	（0.65~2.0）g/cm^3	点	16		10
749	1169	WH–21–1169	酸度计		（0.1~0.001）级	（0~14）pH	台	330		260
763	1185	WH–37–1185	原子吸收分光光度计	Cu：1.5% Cd：4.5%		Cu：（0~5.00）μg/ml Cd（0~5.00）ng/ml	检测器	1100		900
783	1211	WH–63–1211	气相色谱仪	5%		1×10^{-10}g/s~100%	检测器	1870		1495
785	1213	WH–65–1213	呼出气体酒精含量探测器	0.04mg/L		（0~0.40）mg/L	台	330		265

说明：

1、“2006年收费标准”是指河南省发展和改革委员会、河南省财政厅2006年6月30日联合印发《关于调整我省计量检定收费标准的通知》（豫发改收费〔2006〕948号）中规定的收费标准。

2、“2008年收费标准”是指河南省发展和改革委员会、河南省财政厅、河南省监察厅2008年12月29日联合印发《关于降低部分收费标准的通知》（豫发改收费〔2008〕2510号）中规定的收费标准。

国家发改委、财政部2008年1月4日联合发出《关于计量收费标准及有关问题的通知》（发改价格〔2008〕74号），重新审批了计量收费标准，自本通知发布之日起执行。详见如下五个计量收费标准表。

计量收费标准：

一、计量标准考核、计量授权：县级以上计量行政部门实施计量标准考核和计量授权时，按下列标准向申请人收费。

序号	项目名称	收费级次	单位	收费标准（元）	备注
1	计量标准考核证书费	县级以上	每证	10	
2	计量授权证书费	县级以上	每证	10	
3	社会公用计量标准证书费	县级以上	每证	10	
4	计量标准考核费	国家级	每项	1200	复查考核收费按考核收费标准的50%收取。差旅费由申请考核单位支付
		省级	每项	600	
		市级	每项	300	
		县级	每项	150	
5	计量授权考核费	国家级	每个机构	2000	100项以上（不含100项），每增加1项加收100元，每个机构最高不超过3万元
		省级	每个机构	1500	100项以上（不含100项），每增加1项加收70元，每个机构最高不超过2万元
		市级	每个机构	1000	50项以上（不含50项），每增加1项加收70元，每个机构最高不超过3500元
		县级	每个机构	600	10项以上（不含10项），每增加1项加收60元，每个机构最高不超过2000元

注：计量授权包括对法定计量检定机构、计量检验机构及其他计量技术机构的授权。

二、计量器具型式批准：省级以上计量行政部门实施计量器具型式批准、标准物质定型鉴定审查，经省级以上计量行政部门授权的技术机构实施计量器具定型鉴定、样机试验（包括标准物质定级鉴定检验）时，按下列标准向申请人收费。

序号	项目名称		收费级次	单位	收费标准（元）	备注
1	国内计量器具新产品	型式批准证书费	国家级 省级	每证	10	
		标准物质定级证书	国家级	每证	10	
		定型鉴定、样机试验（包括标准物质定级鉴定检验）费	国家级 省级	每个系列	40000	特殊、复杂
				每个品种	7000	
				每个系列	20000	比较特殊、复杂
				每个品种	5000	
				每个系列	6000	一般
				每个品种	1000	
		标准物质定级鉴定审查费	国家级	每个系列	500	
				每个品种	200	

续表

序号	项目名称		收费级次	单位	收费标准（元）	备注
2	进口计量器具	正式型式批准费	国家级	每个系列	2000	
		临时型式批准费	国家级	每个系列	500	
		定型鉴定费	国家级省级	每个系列	40000	特殊、复杂
				每个品种	7000	
				每个系列	20000	比较特殊、复杂
				每个品种	5000	
				每个系列	6000	一般
				每个品种	1000	
3	OIML 计量器具	型式批准费	国家级	每个系列	2000	
		定型鉴定费	国家级省级	每个系列	40000	特殊、复杂
				每个品种	7000	
				每个系列	20000	比较特殊、复杂
				每个品种	5000	
				每个系列	6000	一般
				每个品种	1000	

注：①只做计量性能实验的为“一般”；同时做计量性能实验和环境实验的为“比较特殊、复杂”；同时做计量性能实验、环境实验以及电磁兼容实验的为“特殊、复杂”。

②定型鉴定、样机试验（包括标准物定级鉴定检验）收费标准为每个系列、每个品种的最高收费标准，具体按每个系列还是按每个品种收费，由交费单位自行选择，OIML 计量器具定型鉴定收费低于 1 万元加收 30%。

三、制造、修理计量器具许可证：县级以上计量行政部门实施制造、修理计量器具许可证考核时，按下列标准向申请人收费。

序号	项目名称	收费级次	单位	收费标准（元）	备注
1	制造、修理计量器具许可证证书费	县级以上	每证	10	
2	制造计量器具许可证考核费	国家级	每个系列	2000	含标准物质考核
			每个品种	200	
		省级	每个系列	1500	
			每个品种	150	
		市级 县级	每个系列	800	
			每个品种	100	
3	修理计量器具许可证考核费	县级	每个系列	800	
			每个品种	160	

注：制造、修理计量器具许可证考核具体按每个系列还是按每个品种收费，由交费单位自行选择。

四、计量认证：省级以上计量行政部门实施计量认证制，按下列标准向申请人收费。

序号	项目名称	收费级次	单位	收费标准（元）	备注
1	计量认证（合格）证书费	国家级、省级	每证	10	
2	计量认证费	国家级	每个机构	1500	
		省级	每个机构	1200	

注：①产品质量检验机构的计量认证分别为国家级、省级。

②社会公正计量行（站）的计量认证为省级。

五、计量人员考核：县级以上计量行政部门实施计量人员考核时，按下列标准向申请人收费。

序号	项目名称		收费级次	单位	收费标准（元）	备注
1	计量考评员证书费		国家级、省级	每证	10	
2	计量检定员证书费		县级以上	每证	10	
3	计量考评员考核费		国家级、省级	每证	150	含笔试、面试
4	计量检定员考核费	基础理论	县级以上	每项	30	
		专业理论		每项	80	
		操作技能		每项	200	

根据河南省质监局豫质监办发〔2008〕241号文件要求，河南省计量院2008年8月19日发文，对河南省各省辖市、各县（市）质检中心自备自用的检测仪器和设备实行免费量值传递工作。根据河南省质监局领导指示，从2009年5月4日起，河南省计量院暂停对河南省各省辖市、各县（市）检测中心自备自用的检测仪器和设备实行免费量值传递工作。

根据河南省人民政府《关于公布取消停止征收和调整有关收费项目的通知》（豫政〔2008〕52号）规定，为切实减轻企业和群众负担，优化经济发展环境，河南省发展和改革委员会、河南省财政厅、河南省监察厅2008年12月29日联合印发《关于降低部分收费标准的通知》（豫发改收费〔2008〕2510号），规定（摘录）：对河南省发展和改革委员会、河南省财政厅2006年6月30日豫发改收费〔2006〕948号文发布的《河南省计量检定收费标准》按种号一律降低20%。取消、停收和降低标准的收费，应自河南省人民政府豫政〔2008〕52号文件公布之日起执行。降低收费标准后的《河南省计量检定收费标准》摘录见表5-17-1。

2010年7月5日，河南省质监局印发豫质监量发〔2010〕297号文，决定（摘录）：对全省质监系统内市、县检测中心减免部分检定/校准费用。对各市级检测中心自备自用的检测仪器和设备在现行收费标准基础上减免20%；对各县级检测中心自备自用的检测仪器和设备在现行收费标准基础上减免25%；各市级检测中心所建计量标准装置涉及的标准计量器具在现行收费标准基础上减免30%；各县级检测中心所建计量标准装置涉及的标准计量器具在现行收费标准基础上减免40%。

第十八节　计量学会、协会工作持续发展

河南省计量测试学会、河南省计量协会不断增强承接政府转移职能的能力，构建交流平台，积极献计献策，发挥桥梁和纽带作用，大力组织开展多项计量活动，为河南省计量事业持续发展做出了显著贡献。

一、河南省计量协会工作不断发展

（一）成立"河南省计量器具推展中心"

河南省技监局 1995 年 9 月 28 日发文，同意河南省计量协会成立"河南省计量器具推展中心"；1997 年 10 月 16 日河南省技监局发文注销了"河南省计量器具推展中心"。

（二）河南省计量协会第二届会员代表大会

1999 年 11 月 1 日，河南省计量协会第二届会员代表大会在郑州召开。会议听取了第一届理事会的工作总结，讨论修改通过了《河南省计量协会章程》，选举产生了第二届理事会常务理事会。第二届理事会理事长：刘景礼；副理事长：王有全、程新选、徐平均；常务理事（13 人）：刘景礼、王有全、程新选、徐平均、苗瑜、张效三、顾坤明、王俊英、王建伟、沈卫国、暴许生、杨金功、刘遵义；秘书长：王有全（兼）；理事 69 人；副秘书长：苗瑜、张效三；内设组织机构 6 个。理事长刘景礼作了《团结奋进 积极进取努力开创我省计量协会工作的新局面》的讲话，就河南省计量协会今后的工作，讲了三点意见：一是充分认识计量协会在新形势下的地位和作用；二是坚持用正确的工作方针指导计量协会的工作；三是努力做好计量协会的各项工作。

（三）河南省计量协会第三届会员代表大会

2003 年 10 月 27 日至 28 日，河南省计量协会第三届会员代表大会在郑州市召开。河南省计量协会第二届理事会副理事长程新选作了《关于修改〈河南省计量协会章程〉的说明》。河南省计量协会第二届理事会副理事长、秘书长王有全作了《河南省计量协会第二届理事会工作报告》。河南省质监局副局长魏书法讲了话。河南省质监局党组成员、巡视员、河南省计量协会第三届理事会理事长韩国琴作了《团结奋进　开拓进取　努力开创计量协会工作新局面》的讲话。韩国琴理事长的讲话共分三部分，一是充分认识计量协会在新形势下的地位和作用；二是进一步发挥职能，理清工作思路；三是努力做好计量协会的各项工作。会议选举产生了河南省计量协会第三届理事会：理事长：韩国琴；副理事长：王有全、罗承廉、程新选、苗瑜、王洪江、王建辉、冯井岗；常务理事（15 人）：韩国琴、罗承廉、王有全、程新选、王洪江、苗瑜、冯井岗、胡亚杰、王建辉、王俊英、王建伟、暴许生、杨金功、林敏、王玉胜；秘书长：王有全（兼）；理事 76 人；副秘书长：苗瑜、王洪江、王建辉、牛淑之；常设组织机构 5 个。

河南省计量协会自 1999 年换届以来，在河南省质监局党组领导下，在河南省民政厅的指导下，以"三个代表"重要思想为指导，充分发挥政府和企、事业间的桥梁纽带作用，为发展河南计量事业，提高产品质量，振兴河南经济做出了应有的贡献。第一，受河南省质监局委托对重点管理的计量器具制造许可证必备条件进行考核。第二，开展计量学术交流活动。第三，组织协会会员单位、计量技术机构的专家、学者，于 2000 年 6 月份赴东南亚和港澳进行计量管理、计量技术的考察活动。第四，举办培训班宣贯有关规范。举办两期计量认证评审员培训班，培训评审员 130 余人；举办多期检测机构内审员培训班，受培训人员达 1000 余人，均已登记注册颁发内审员证。举办三期加油站负责人培训班，1000 余人参加学习。举办两期培训班，宣贯 JJF 1069—2000《法定计量检定机构考核规范》，培训考评员和内审员，又举办 4 期培训班，宣贯 JJF 1033—2001《计量标准考核规范》、JJF 1059—1999《测量不确定度评定与表示》，受培训人员 600 余人次。举办企业计量检测体系确认培训班六期，为企业培训内审员 400 余人。第五，积极认真地进行计量认证咨询。第六，努力做好《中国计量》杂志的征订工作。几年来，河南省的《中国计量》杂志的征订量一直在全国名列前茅，而且是逐年攀升，得到了《中国计量》杂志社的奖励。2002 年的订数达到 1219 份，2003 年的订数达到 1400 份，比上一年增加近 200 份。第七，组织起草、审定地方计量技术规范。2000 年度和 2001 年度，组织完成了《密玉量块检定规程》、《密玉角度块检定规程》等 16 项地方计量检定规程的制（修）订工作。第八，积极做好资料、印、证发放工作，服务基层。

（四）河南省计量协会第四届会员代表大会

2013 年 10 月 25 日，河南省计量协会在郑州召开了河南省计量协会第四届会员代表大会（见

图 5-18-1）。河南省计量协会第三届理事会理事长韩国琴，河南省质监局副局长冯长宇，河南省民政厅民间组织管理局社团处科长王艳，出席会议并讲话；到会代表 123 人。理事长韩国琴总结了第三届理事会工作；河南省质监局计量处处长苏君介绍了第四届理事会候选人、常务理事候选人、会长、副会长、正副秘书长的基本情况；副理事长兼秘书长王有全讲了关于修改《河南省计量协会章程》的说明和关于收取河南省计量协会会费及其他费用标准的意见。会议选举产生了第四届理事会：会长：冯长宇；副会长：王有全、苏君、陈传岭、李文启、杜予斌、李万臣、陈豫、郭颖悟；常务理事（21 人）：冯长宇、王有全、苏君、宋崇民、陈传岭、苗瑜、黄震峰、李文启、杜予斌、李万臣、陈豫、郭颖悟、苗豫生、马永武、赵磊、于文彪、王胜伦、李一、金凤奇、王建伟、路彦庆；秘书长：王有全（兼）；理事 123 人；副秘书长：任林、付占伟、王广俊。会长冯长宇作了《坚持科学发展、奋发努力、开拓河南省计量协会工作新局面》的讲话（摘录）：对河南省计量协会今后工作和发展提出新要求、新任务，要求省计量协会：一是要加强自身建设，树立良好形象；二是要创造条件，诚心诚意办实事，不断拓展工作领域；三是要为实现中原崛起、为中原经济建设、为构建和谐社会做出新的更大的贡献。

图 5-18-1
2013 年河南省计量协会第四届会员代表大会　韩国琴（左三）、冯长宇（左二）、王艳（左四）

河南省计量协会自 2003 年 10 月换届 10 年来，深入学习贯彻党的十六大、十七大、十八大会议精神，在河南省质监局领导下，在河南省民政厅指导下，坚持邓小平理论、“三个代表”重要思想和科学发展观，积极认真组织各项活动，为中原崛起，为中原经济区建设，为构建和谐社会，做出了显著的成绩。第一，积极开展教育培训，提高计量人员素质。10 年来，培训了 10000 余名检验检测实验室注册内审员。2006 年 7 月，国家认监委发布了《实验室资质认定评审准则》后，对全省 300 多名计量认证评审员贯培训考试合格者，换发了证书。组织两次培训 80 余人，对考试合格者颁发了制造、修理计量器具许可证考评员证书。对考试合格的 50 余人颁发了定量包装商品计量检测员证书。分 3 批对燃油加油机检定员共 200 余人进行了 JJG 443—2006《税控燃油加油机》宣贯培训。2010 年 8 月，河南省计量协会组织编写并出版了《实验室资质认定实用指南》；2012 年 10 月，委托国务院政府特殊津贴专家、教授级高级工程师、国家级资质认定评审员 / 师资、河南省计量院原院长程新选编著了《实验室资质认定工作指南》，内容更加完善、详实，更具有实用性和可操作性；河南省计量协会办培训班使用。2012 年 6 月，组织编写并出版了《计量法律法规及相关文件汇编》；2013 年 7 月，组织编写了《河南省石油经营企业法规实用指南》《河南省加油站计量员师资培训教程》和《加油机技术规范》，并在 2013 年 9 月河南省加油站计量员师资培训班上使用，培训了河南省加油站计量员师资 40 多人。第二，努力做好《中国计量》杂志的征订。河南省《中国计量》杂志的订数年年攀升，2013 年达到 3000 余份，2003—2013 年 11 年共征订 31000 余份，征订数在全国一直名列前茅，连续 12 年得到《中国计量》杂志社的奖励。第三，积极服务基层，做好发放计量资料、计量印、证工作。10 年来，为企业、基层印刷、购买、发放学习资料数万册，为计量系统和企业提供各种证书、证件

50000 余件，各类计量标识 10 万余枚。每年都印刷《河南省检测实验室计量认证公报》和《河南省计量器具制造（修理）许可证发证公告资料汇编》数百册。第四，热情接待来访，认真组织计量咨询服务。第五，全心全意为企业服务，促进河南省国民经济和社会发展。2006 年，根据虞城县人民政府申请，受河南省质监局的委托，积极工作并代表河南省质监局向河南省政府提交了书面请示，派员陪同中国计量协会秘书长肖世光等亲临虞城县考察，2006 年 7 月中旬虞城县稍岗乡河南省钢卷尺特色工业园被命名为“中国（虞城）钢卷尺城”。第六，积极参与组织“5・20 世界计量日”宣传活动。第七，纪念《计量法》实施二十周年、二十五周年，组织撰写和评选论文。2006 年，为庆祝《计量法》实施二十周年，河南省计量协会会同河南省计量学会共征集论文 88 篇，评选出一等奖 8 篇，二等奖 16 篇，三等奖 23 篇，交流论文 35 篇，并将获奖和交流的 82 篇论文汇编印刷成册。2011 年，为庆祝《计量法》实施二十五周年，共征集论文 331 篇。2011 年 10 月 24 日，在上海举办计量为工业现代化服务技术报告会，邀请荷兰等国家的计量专家和部分论文获奖者到会作计量学术报告，取得了很好的效果。

二、河南省计量测试学会工作不断发展

1981 年 7 月 4 日，河南省计量测试学成立，挂靠在河南省计量局。截至 2000 年 7 月 14 日，河南省计量测试学会有团体会员 58 个，个人会员 1502 个。

（一）河南省计量测试学会第四届会员代表大会

2003 年 10 月 27 日至 28 日，河南省计量测试学会在郑州市召开了河南省计量测试学会第四届会员代表大会，中国计量测试学会副秘书长杜小平、河南省质监局副局长魏书法、河南省科协学术学会部部长陈萍出席会议并讲话。参会代表 136 名。理事长张祥林总结了第三届理事会工作；副理事长程新选作了《关于修改河南省计量测试学会章程的说明》。会议选举并通过了第四届理事会。理事长：韩国琴；副理事长：程新选、王有全、苗瑜、王建辉、陈传岭；常务理事：韩国琴、程新选、王有全、苗瑜、王建辉、陈传岭、罗承廉、何金田、王自和、张国保、刘立新、魏金春、彭军、李丰才、栾景阳、李济顺、张进生、史会平、晋魏、李长海、柴玉民；秘书长：苗瑜；理事：114 名；副秘书长：陈传岭、王建辉、葛伟三；内设机构 14 个。理事长韩国琴对学会今后工作和发展，提出了如何围绕质量技术监督事业发展，适应市场经济发展的需要，更好地发挥政府与社会的桥梁作用，为广大会员做好服务的报告。

（二）河南省计量测试学会的学术活动

学会成立 20 多年来，邀请国内外专家做报告，独立和联合举办各种河南省大中型企业科技进步研讨会 43 次，交流学术论文 910 多篇，邀请（澳）巴里・D・英格里斯博士做“国际计量与标准化”学术报告等 4 个国家 7 个人来郑州做报告。举办计量测试各类各种培训班 189 期，培训 8930 多人；与洛阳工学院联合举办成人学历教育《计量测试》函授大专班，11 年间累计，电磁、几何量、温度、力学、标准化 6 个专业，毕业 1511 人，获得大专毕业文凭证书的有 1495 人。学会成立以来多次得到上级学会和省科协表彰，在河南和全国有一定的影响。郑州电子秤厂开发的电子吊秤，已广泛用于生产，并得到好评，不到 3 年，产值达 2000 多万元。

1991 年，学会隆重举办了庆祝河南省计量测试学会成立 10 周年纪念大会。庆祝会期间表彰了从事革命工作满 30 年的会员、从事计量测试工作（累计）满 30 年的会员，给他们发了荣誉证书和刻有“计量测试工作 30 年”的纪念品。1994 年学会完成了国家局和中国计量学会下达的《力学基础》教材的编写任务（在用教材）。学会研制成功了 WYX-3 型数字式温度仪表自动检定装置。经河南省科委〔1987〕26 号文批准，学会成立“河南省华达自动测试研究所”，与学会是挂靠关系；1988 年学会任命郑炳昕为河南省华达自动测试研究所所长；研制成功了“JKBI、2、3 型交流电能表装置”，被国家科技委、中国工商银行、国家劳动部、国务院引进智力领导小组办公室、国家技术监督局评为 1992 年度国家级新产品。根据国家有关规定，学会豫量学字〔1992〕04 号文正式解除了与华达所的挂靠关系。学会出版交流论文《河南省计量测试学术论文集》共 3 集，300 册。定期出版学会《会讯》

共5期，13500份。经河南省新闻出版局批准的内部刊物《河南省计量测试》学术刊物共3期，6500册。

1993年7月举办“河南省首届青年计量科学交流会”，来自技术监督、计量技术机构、院校、军工单位等45名代表，河南省科协主席张涛、副主席张鸿雁、河南省技监局局长戴式祖、理事长张祥林和省科协学会部部长、助理巡视员叶林等出席了大会。会议收论文28篇。举办了“河南省测控技术交流会”“实验室规范化管理与计量认证学术交流会”“计量管理研修班”“中西南八省计算机（微机）在计量测试中的应用学术研讨会”等。

1995年，河南省计量学会与中国计量测试学会联合举办分光光度计专题研讨会，收论文38篇，国家技监局鲁绍曾博士和各省市代表49人参加。河南省计量学会积极参与了由省计经委、省政府发展研究中心、省科协和省经济发展研究会等12个省级学会联合召开的“河南省大、中型企业科技进步研讨会”。省大中企业、科研院所、政府部门130多位代表到会。河南省政协主席阎济民、省政府发展研究中心主任赵硕、省科协主席吴伯川参加；中国人民大学黄顺基、李春国教授应邀作专题报告。大会收到120篇论文，大会交流80篇。学会有三篇论文，其中，新乡市技监局局长茹银格的论文《谈谈技术监督与大中型企业科技进步》在大会上进行交流。河南省计量学会组织了二次评选优秀学术论文会议。经学会推荐洛轴集团朱红慧的《滚针选别机微机控制系统设计》参加中国首届1995年“海峡两岸科技学术研讨会”（北京会议中心）博得中国大陆和台湾读者的好评。学会举办了长、热、力、电、无线电等各类、各种计量测试技术培训班35期，合计339天，培训2081人次。与洛阳工学院联合举办了二年制成人“计量测试（专业证书）班”，毕业人数达44人。

2004年，河南省计量学会经与河南科技大学反复协商，恢复了函授教育工作，成立了河南科技大学郑州函授工作站，举办“测控技术与仪器计量检测”专业专科升本科和“计量测试技术与管理”专科函授教育，经河南省教育厅批准，并报国家教育部备案，开展了2004年计量函授招生工作。

2004年，河南省计量学会共组织260人报名参加成人高考，录取本科生70名、专科生166名，录取比例专科为96%、本科为95%；新生已于2005年2月入学报到并正式开课。2005年，河南省计量测试学会发文，继续开展计量函授招生工作，并新设立了“测试计量技术及仪器”工程硕士研究生专业。

2005年1月28日，河南省计量学会电离辐射与医学计量专业委员会围绕医疗卫生计量工作在郑州召开了第一次专题年会。

（三）河南省计量测试学会第五届会员代表大会

2014年4月29日，河南省计量测试学会第五届会员代表大会在郑州召开（见图5-18-2）。中国计量测试学会秘书长马爱文、河南省民政厅民间组织管理局局长张正德、河南省科协学术学会部部长邓洪军出席大会并讲话，参加会议172人。河南省质监局计量处处长苏君主持会议。理事长韩国琴代表第四届理事会作了工作报告。会议选举产生了第五届理事会：理事长：鲁自玉；副理事长：雷廷宙、苏君、苗瑜、宋崇民、王忠勇、陶冶、甘勇；常务理事（23人）：鲁自玉、雷廷宙、苏君、苗瑜、宋崇民、王忠勇、陶冶、甘勇、陈传岭、范新亮、马长征、任林、付占伟、杨明镜、张永杰、王广俊、陆进宇、郭宏毅、杨乃贵、陈振洲、常醒、苗豫生、王彬彬；秘书长：宋崇民（兼）；理事73人；副秘书长：范新亮、马长征；内设机构13个。秘书长宋崇民讲了学会秘书处的工作思路。理事长鲁自玉作了重要讲话（摘录）：河南省计量测试学会要在总结经验的基础上，规划新的工作布局，搭建好“四个平台”，实现“两推动、两提升”的办会总体思路。要做到搭建学术交流平台，推动河南计量科学事业发展；搭建技术合作平台，推动区域经济社会发展；搭建为民服务平台，提升服务群众的能力和水平；搭建人才培养平台，提升计量技术人员的能力和水平。全体会员要在学会理事会和学会秘书处的领导下，凝聚人心，齐心协力，抓住机遇，积极进取，为河南省计量事业持续发展做出新的贡献。

河南省计量测试学会第四届理事会自2003年10月换届以来，在河南省质监局的领导下，在省民政厅、省科协的指导下，围绕“坚持科学发展观，加快中原崛起，努力构建和谐社会”这一重大战略思想，为落实河南省质监局提出的“服务、和谐、建设、发展”的工作方针，以提高计量工作对国民经济发展的有效性为重点，发挥政府与企业、事业单位间的桥梁与纽带作用，团结广大会员，配合全省计量工作的部署和要求，积极组织了各项活动。第一，积极组织技术培训，提升计量人员素质。

图 5–18–2
2014 年河南省计量测试学会第五届会员代表大会
韩国琴（左六）、鲁自玉（左四）、马爱文（左五）、张正德（左三）、邓洪军（左二）

一是组织编写计量培训技术资料。计量测试学会组织编写了《长度计量》《温度计量》《力学计量》《电学计量》等几十种计量专业技术培训教材。组织编写并出版了《企业计量管理与监督》。二是建立了全省 60 多人计量技术培训师资队伍，有 4 人取得了国家级培训师资资格，有 6 人取得计量认证国家级培训师资资格。三是组织制定了多种形式的计量检定员考核方案。四是承办全省计量检定员考核工作，建立了覆盖 10 大计量 82 个专业项目的计量检定员专业理论知识试题题库。10 年来，共组织 19142 人次参加了检定员计量基础知识考试。举办了电能、量块、力值硬度、天平砝码、紫外可见分光光度计等 40 多个专业项目 100 多期专业项目的计量检定员技术培训和计量检定规程或技术规范的宣贯，先后有 21000 人次参加了计量检定 / 校准专业理论的考试和实际操作技能的考核。五是积极参加与推行国家注册计量师制度。学会 2011—2013 年举办了多项注册计量师资格考前培训，约有 1360 人次参加。还承担了中国石油、中国石化、国家电网、河北省、辽宁省、黑龙江省等单位的注册计量师资格考前培训。第二，组织起草《河南省计量合格确认办法》《河南省计量合格确认规范》、JJF（豫）1002—2008《河南省专项计量授权考核规范》JJF（豫）1003—2011《河南省常用几何量计量标准考核细则》共 13 项河南省计量管理规范、计量检定规程和地方标准。第三，承办了各类计量审核员的培训。经培训合格被聘用计量检测体系评审员 261 人，计量合格确认评审员 628 人，能源计量评审员 218 人，各种内审员 2713 余人。承办了多期 JJF 1069《法定计量检定机构考核规范》宣贯学习班，培训考评员 361 人；多期《河南省专项计量授权考核规范》学习培训班，先后为省级计量授权单位和 30 个市级计量授权单位培训内审员 800 多人。受国家质检总局委托，2008 年、2010 年、2012 年先后组织承办了 5 期计量标准考评员班的培训，参加培训 463 人次，其中有 450 人经考核合格分别被聘用为国家一级、二级计量标准考评员。第四，与河南科技大学联合举办计量函授教育。2005—2009 年先后招生录取专科生 375 名、本科生 230 名。经过数年来的学习，首批本科毕业生 58 名和专科毕业生 128 名于 2008 年 1 月领取了国家教育部统一制定的由河南省教育委员会颁发的毕业证书。截至 2012 年，本科、专科毕业生毕业率达 90%。第五，组织建立计量专家队伍、大力开展计量技术中介服务。第六，与同业社团组织联合开展活动。第七，积极配合主管部门工作重点搞宣传。第八，为计量监督管理提供决策咨询。第九，积极组织学术交流活动。2005 年 7 月，河南省计量学会推荐的 8 名青年计量科技人员中有 2 人荣获第八届河南省青年科技奖。2005 年 12 月，河南省计量学会推荐的 9 篇论文中获得河南省第九届自然科学优秀学术论文二等奖 3 篇、三等奖 4 篇。2009 年 8 月组织河南省计量学会会员积极参加河南省第十届自然科学优秀学术论文评选活动。

第六章

河南省计量科学进步历程

（1949—2014）

第一节　长度计量

编撰：黄玉珠。

长度计量在计量领域发展最早，包括端度、线纹、角度、形位、表面粗糙度和机械零件其他几何参数的精密测试等。图 6–1–1 所示为我国 633nm 激光波长基准装置，其相对不确定度为 2.5×10^{-11}，保存在中国计量科学研究院。2014 年，河南省计量院建立了河南省最高社会公用长度计量标准 14 项。

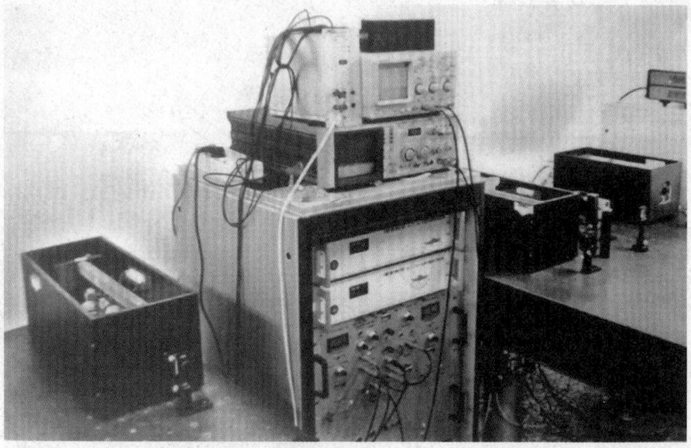

图 6–1–1
中国计量科学研究院 633nm 激光波长基准装置

一、二等量块标准装置

量块是长度计量中最广泛的一种实物标准。

河南省长度最高社会公用计量标准二等量块标准装置是河南省计量局最早开展量值传递工作的计量标准之一，1961 年由曾广荣、王秀轩等筹建，1963 年到国家计量院参加了量块检定、修理专业培训，1964 年负责全省长度量值传递工作。该计量标准采用比较测量法，把被测量块与标准量块用比较仪进行比较测量，从而得出被测量块的中心长度，其测量范围为（0.5~500）mm。二等量块标准装置包含 2 等标准量块 83 块组、+10 块组、−10 块组、20 块组、11 块组、大 8 块组各一套，使用的比较仪早期为接触式干涉仪，一米测长机等，2000 年更新为电脑量块比较仪，实现了数据的自动化采集和处理；该装置向 3 等量块进行量值传递。见图 6–1–2。

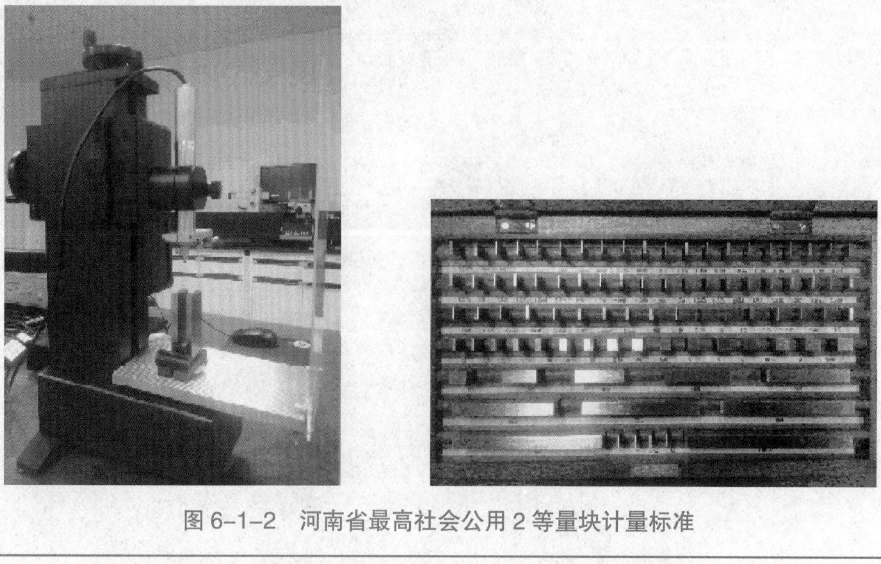

图 6–1–2　河南省最高社会公用 2 等量块计量标准

二、平面平晶检定装置

平晶是用派利克斯玻璃、熔凝水晶或折光系数为 1516 的光学玻璃制造，具有两个平工作面的正圆柱体。平面平晶按直径有 45mm、60 mm、80 mm、100 mm、150 mm 等不同规格；按准确度分为 1 级和 2 级两种。平面平晶标准装置 1964 年由刘文生、曾广荣、王秀轩等筹建，1964 年承担全省平晶的量值传递工作。计量标准采用等厚干涉法对平面平晶、平行平晶进行检定或校准，测量范围为 D（30~140）mm。该装置由 2 等标准平晶、等厚干涉仪（2 级）、立式光学计（MPE）±0.25μm 组成。

三、二等玻璃线纹尺检定装置

该装置是由卢悦怀、孟宪新等建立，1963 年起用于全省计量光学仪器的检修工作。该计量标准采用直接测量法，用二等玻璃线纹尺对工具显微镜、测量显微镜及影像测量仪等影像类测量仪器进行检定校准。2011 年，国家质检总局颁布了 JJF 1318—2011《影像测量仪校准规范》，河南省计量院于 2014 年二等玻璃线纹尺计量标准复查时通过专家审核，正式具备了影像测量仪的校准能力。通过简单的编写程序，较高端的影像测量仪能实现自动化测量。该装置主标准器是 200 mm 二等玻璃线纹尺，配套设备有量块、自准直仪、光学仪器检具等，其测量范围为（0~200）mm。

四、触针式表面粗糙度测量仪校准装置

经机械加工后的轮廓表面，留下了许多微小的凸凹不平的痕迹。这些痕迹是有许多凸峰和凹谷组成，即所谓微观几何形状误差，通常称为表面粗糙度。1990 年，任方平等负责建立的触针式表面粗糙度测量仪校准装置是河南省最高社会公用计量标准。它采用一组标准多刻线样板对触针式表面粗糙度测量仪示值进行校准，在不同的取样长度上，用测量仪测量标准多刻线样板的 *Ra* 值，与标准多刻线样板检定证书上给出的标准值进行比较，得到不同取样长度下的触针式表面粗糙度测量仪的示值。该装置由 3 块标准多刻线样板组成，测量范围为 *Ra*（0.1~4.2）μm，扩展不确定度为 U_{95}=（5~2）%，主要开展触针式表面粗糙度测量仪的校准。

五、坐标测量机校准装置

20 世纪 90 年代末，河南省计量所开始筹备建立坐标测量机计量标准。坐标测量机校准装置主标准器是大 5 块组量块、8 块组量块、83 块组量块、激光干涉仪等，坐标测量机示值误差的校准是通过比较 5 个不同长度尺寸的三等量块的测量值和实际值得出坐标机在每个方向、位置上相应的测量点的示值误差。该计量标准的量块测量范围为（0~1000）mm，准确度等级为 3 等，激光多普勒测量仪的允许误差为 $\pm 0.5\times10^{-6}L$ μm，标准球的直径为 25.4548mm，圆度为 0.1μm 左右。该标准使用的激光干涉仪是激光多普勒测量仪（见图 6–1–3）。2000 年项目技术负责人为邹晓华，2006 年范乃胤负责本标准装置。

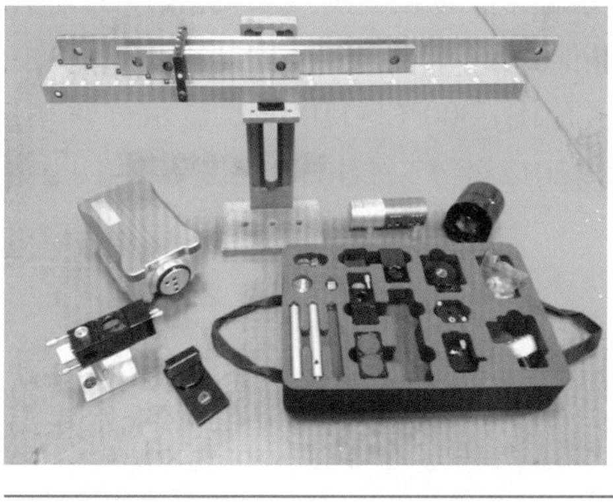

图 6–1–3
河南省社会公用最高坐标测量机校准装置

六、长度计量平晶检定系统表框图

长度计量在机械加工制造中应用广泛，可以对尺寸误差、形状误差、位置误差以及表面粗糙度等涉及互换性的技术指标进行定量测量，保证产品的一致性，提高产品的合格率。长度计量必将历久弥新，发挥更大的作用。

长度计量平晶检定系统表框图，见图 6–1–4。

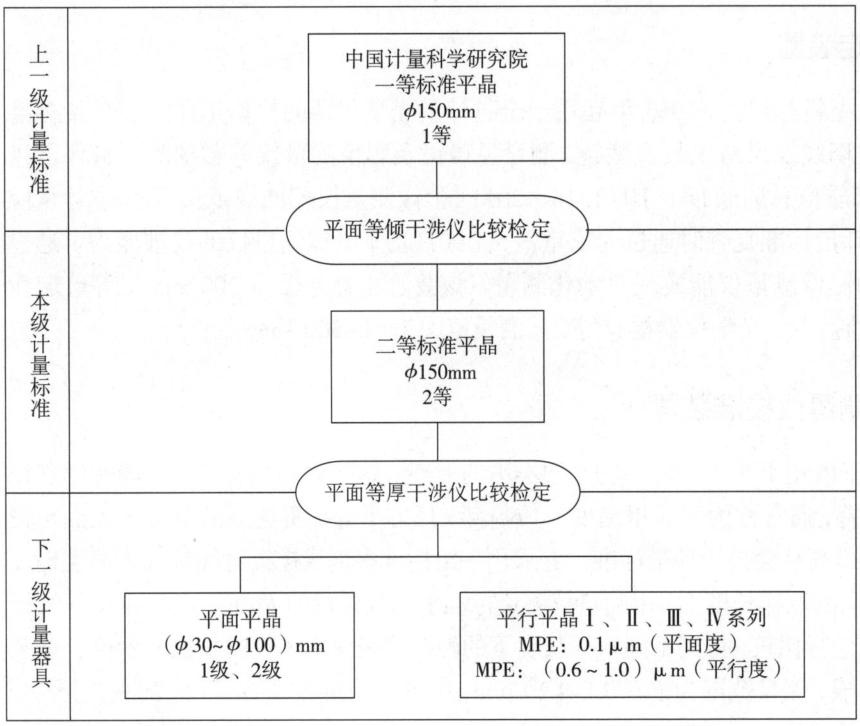

图 6–1–4
平晶检定系统表框图

第二节　温度计量

编撰：崔馨元、陈永强。

温度是用来表征物体热状态的物理量。为了使用方便，国际上协商决定建立国际温标，目前正在使用的是 1990 国际温标（ITS–90）。河南省最高社会公用温度计量标准有一等铂电阻温度计标准装置等。

一、一等铂电阻温度计标准装置

该装置（包括三支一等标准铂电阻温度计、水三相点、水沸点、锡固定点），0℃ ~419.527℃，1988 年建立，2002 年停用。2009 年新建一等铂电阻温度计标准装置，锌凝固点（固定点不确定度：0.5mK）、水三相点（固定点不确定度：0.5mK）、退火炉（温度范围：300℃ ~1100℃，显示分辨率：0.1℃）及直流比较式测温电桥（6622A 型，相对误差优于 10^{-8}），2012 年 12 月建标（见图 6–2–1）。

二、二等铂电阻温度计标准装置

该装置最初是用来检定工业用铂铜热电阻的，经过几次改造，2015 年 3 月该装置已完善，开展工业热电阻检定，测温范围（0~420）℃，U=0.065℃，k=2；100℃，U=0.087℃，k=2；标准水银温度计，测温范围为（–60~300）℃，U=（0.02~40.06）℃，k=2；工作用玻璃液体温度计（分度值优于

0.1℃），测温范围为（-60~300）℃，U=（0.008~0.040）℃，k=2。该装置采用比较法进行测量。

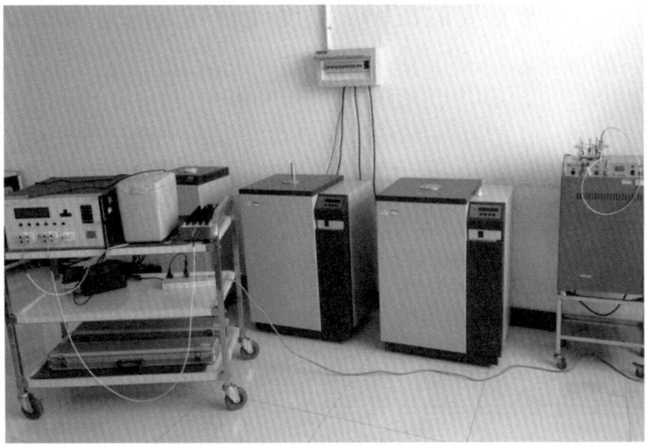

图 6-2-1
河南省一等铂电阻温度计标准装置

三、标准水银温度计标准装置

该装置主要用来检定工作用玻璃液体温度计。1973 年建立，原为一等水银温度计标准装置，2011 年检定规程修订，更新改造为标准水银温度计标准装置。该装置选用标准水槽、油槽、制冷恒温槽，提供一个均匀的恒定温场，将标准器与被检温度计放在恒温场中比较测量，其测量范围为（-60~300）℃，装置的测量不确定度为 U=（0.03~0.14）℃，k=2。

四、红外测温仪检定装置

该装置由中温黑体辐射源、低温面辐射源和高温黑体辐射源组成，测量范围为（-20~+1600）℃，测量不确定度为 U=（0.3~4.9）（p=0.95），开展红外测温仪、辐射温度计、辐射感温器等检定，测量范围为（-20~+1600）℃，MPE 为：±（0.5%~2.0%）F.S（见图 6-2-2）。

图 6-2-2
河南省红外测温仪检定装置

五、一等标准铂铑$_{10}$-铂热电偶标准装置

该装置采用双极法对二等标准铂铑$_{10}$-铂热电偶在 3 个固定点温度附近分度，检定用标准热电偶为一等标准铂铑$_{10}$-铂热电偶，测量范围为（419.527~1084.62）℃；不确定度为 U=0.6℃，k=2。

六、温度计量器具检定系统表框图

温度计量对生产安全、促进国民经济的发展起到非常重要的作用。温度计量与人们生活密切相关。

温度计量器具检定系统表框图，见图 6-2-3。

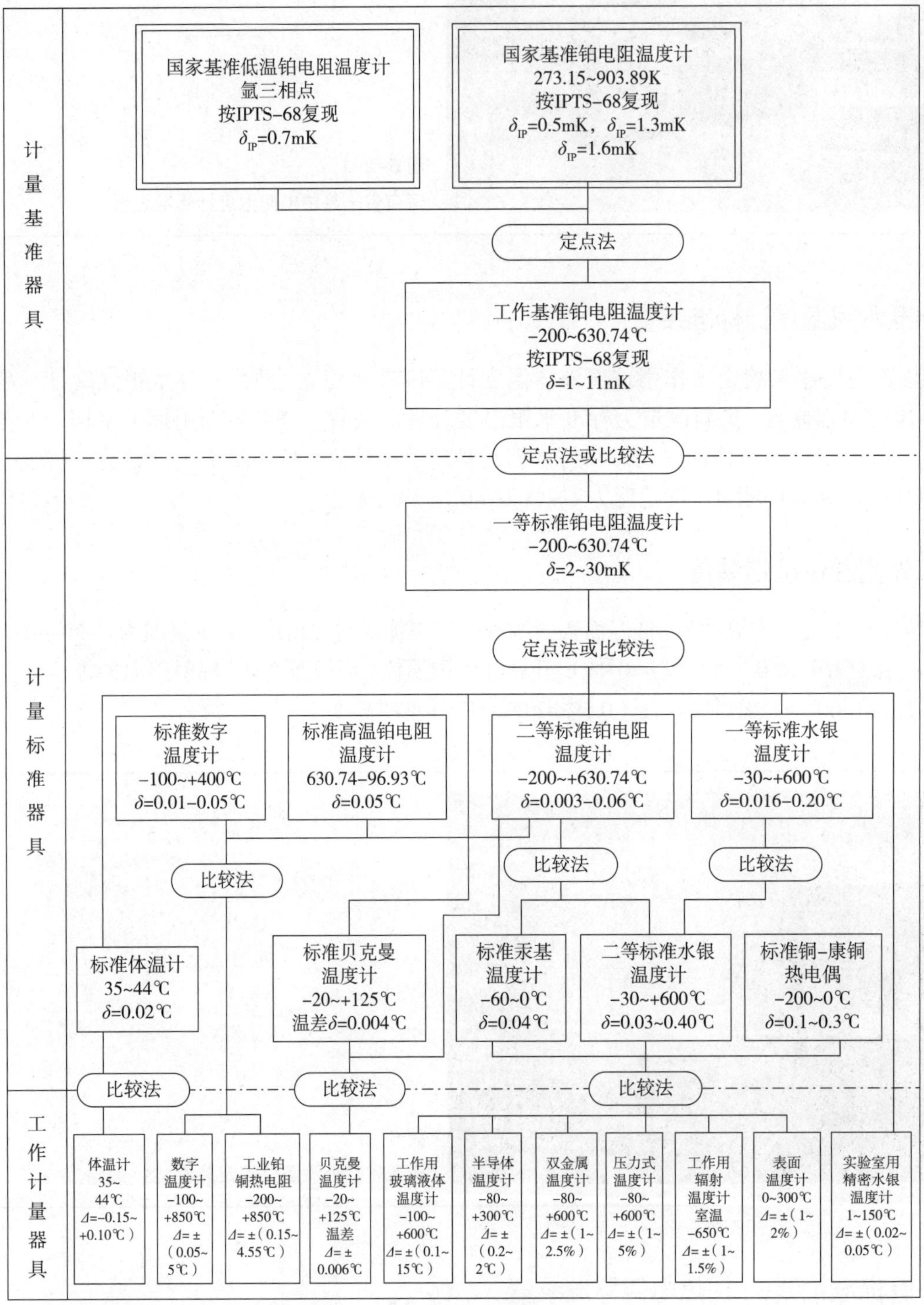

图 6-2-3 温度计量器具检定系统表框图

第三节　力学计量

编撰：一、何开宇、卜晓雪、李鹏飞。二、刘全红、孙钦密、冯海盈。三、朱永宏。四、暴冰、崔耀华。五、王书升。六、张奇峰、秦国君、叶献峰。七、孙晓全。八、孔小平。

一、质量计量

质量是物体所固有的一种物理属性，是物质的量的量度。在国际单位制中，质量的基本单位是千克（kg）。1889 年，第一届国际计量大会批准建立了“千克原器”，保存于设在法国巴黎的国际计量局，是目前唯一的实物基准。我国的 1 kg 质量基准，其合成标准不确定度为 2.3 μg，保存在中国计量科学研究院（见图 6–3–1）。

图 6–3–1
中国计量科学研究院
1kg 质量基准砝码

河南省社会公用质量计量标准共有 7 项。

（一）E_1 等级克砝码标准装置

该装置的前身名为“克基准砝码装置”，建于 20 世纪 60 年代，当时由中国计量科学研究院为河南省配置克工作基准砝码，标称质量值 1 g，材质水晶，配套设备为国产机械天平，最大秤量 2 g，分度值 1 μg，进行河南省内一等毫克组（1~500）mg 砝码的量值传递。1975 年更新为不锈钢材质，水晶材质的克基准砝码停止使用；2006 年改称为 E_1 等级克砝码标准装置。该标准装置的主标准器为一个 1 g 的不锈钢材质砝码，准确度等级为 E_1 等级，配套称量仪器是一台 UMT2 微量电子天平。该标准装置由韩丽明、张卫华建标。

（二）E_2 等级砝码组标准装置

1. E_2 等级毫克组砝码标准装置

该装置 20 世纪 60 年代建立，测量范围为 1~500 mg，准确度等级为 E_2 等级，由韩丽明、张卫华建标，2006 年更名为“E_2 等级毫克组砝码标准装置”，成为河南省社会公用次级计量标准。

2. E_2 等级克组砝码标准装置

该装置建于 20 世纪 60 年代，测量范围为 1~500 g，准确度等级为 E_2 等级，由韩丽明、张卫华建标，在计量工作中发挥了巨大的作用。在筹建过程中，韩丽明、张卫华完成了前期调研任务、计量标准技术报告起草、仪器设备的选型和购置、标准装置技术档案整理和完善等工作。作为河南省最早建立的最高计量标准之一，该标准装置提升了河南省质量计量专业的地位和水平，同时，也为河南省精细化工、医疗卫生、矿产资源等行业的起步和发展起到了重要的促进作用。2006 年更名为“E_2 等级克组砝码标准装置”，成为河南省社会公用次级计量标准。

3. E_2 等级公斤组砝码标准装置

该装置建于 20 世纪 60 年代，测量范围为 1~20 kg，由韩丽明、孙毅建标，2006 年更名为“E_2 等级公斤组砝码标准装置”，成为河南省社会公用次级计量标准。

（三）E_1 等级砝码组标准装置

该装置由何开宇、卜晓雪、王朝阳和朱青荣提出建标方案，2014 年开始筹建，2014 年建标。该装置是质量计量专业当中等级最高的标准装置，直接溯源于国家质量计量基准，其测量范围为 1 mg~20 kg，准确度等级为 E1 等级，主标准器有 1 mg~500 mg、1 g~500 g 和 1 kg~20 kg 的砝码（见图 6-3-2 和图 6-3-3），配套衡量仪器有 5 台，分别为：UMT2 型电子天平（最大称量：2.1 g，分辨力：0.1 μg）；AX206 型质量比较仪（最大称量：211 g，分辨力：1 μg）（见图 6-3-4）；CCE1005 型质量比较仪（最大称量：1100 g，分辨力：0.01 mg）（见图 6-3-5）；AX12004 型质量比较仪（最大称量：12111 g，分辨力：0.1 mg）（见图 6-3-6）；XP26003L 型电子天平（最大称量：26 kg，分辨力：1 mg）。

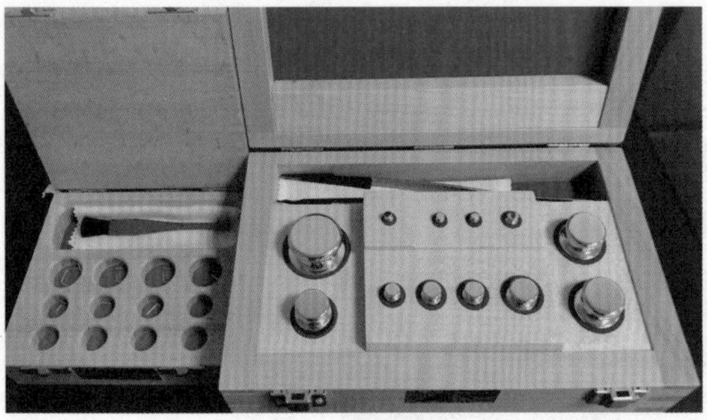

图 6-3-2　1 mg~500 g 标准砝码

图 6-3-3　1~20 kg 标准砝码

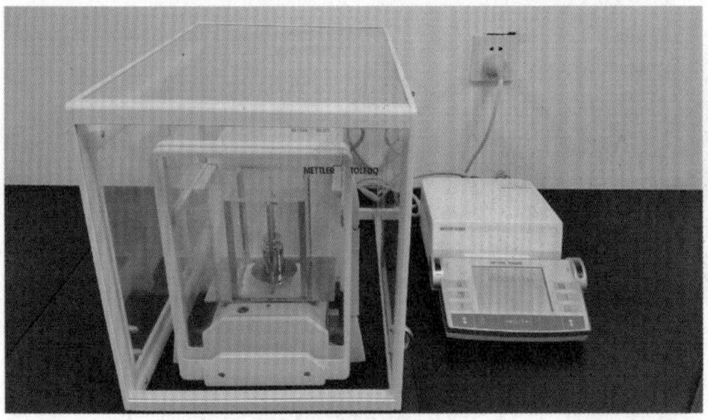

图 6-3-4　AX206 型质量比较仪

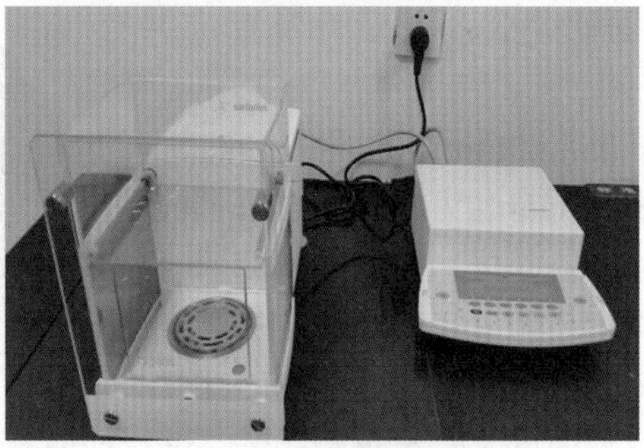

图 6-3-5　CCE1005 型质量比较仪

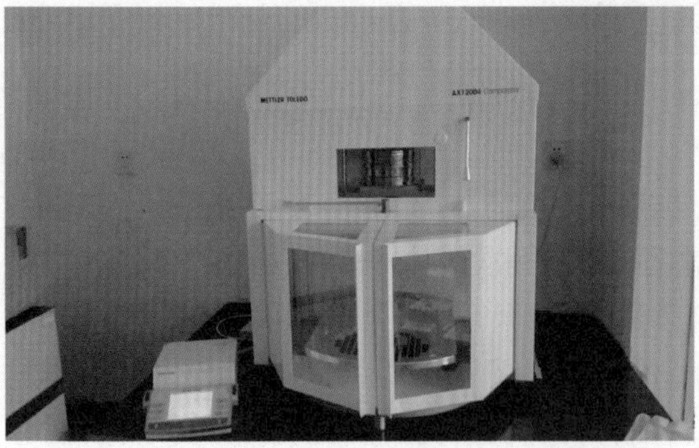

图 6-3-6
AX12004 型质量比较仪

（四）F_2 等级大砝码标准装置

该装置于 1981 年建立，主标准器为标称值 500 kg 砝码 2 个，材质不锈钢，配套设备为最大称量 1 吨的大型机械天平，检定标称值 1 吨的四等砝码，主要由李培昌、孙毅等建标。

（五）质量计量检定系统表框图

在国民经济发展过程中，质量计量得到了巨大的发展和广泛的应用，已经渗入到社会生活的每个角落，成为现代生活的一个重要组成部分。

质量计量检定系统表框图，见图 6-3-7。

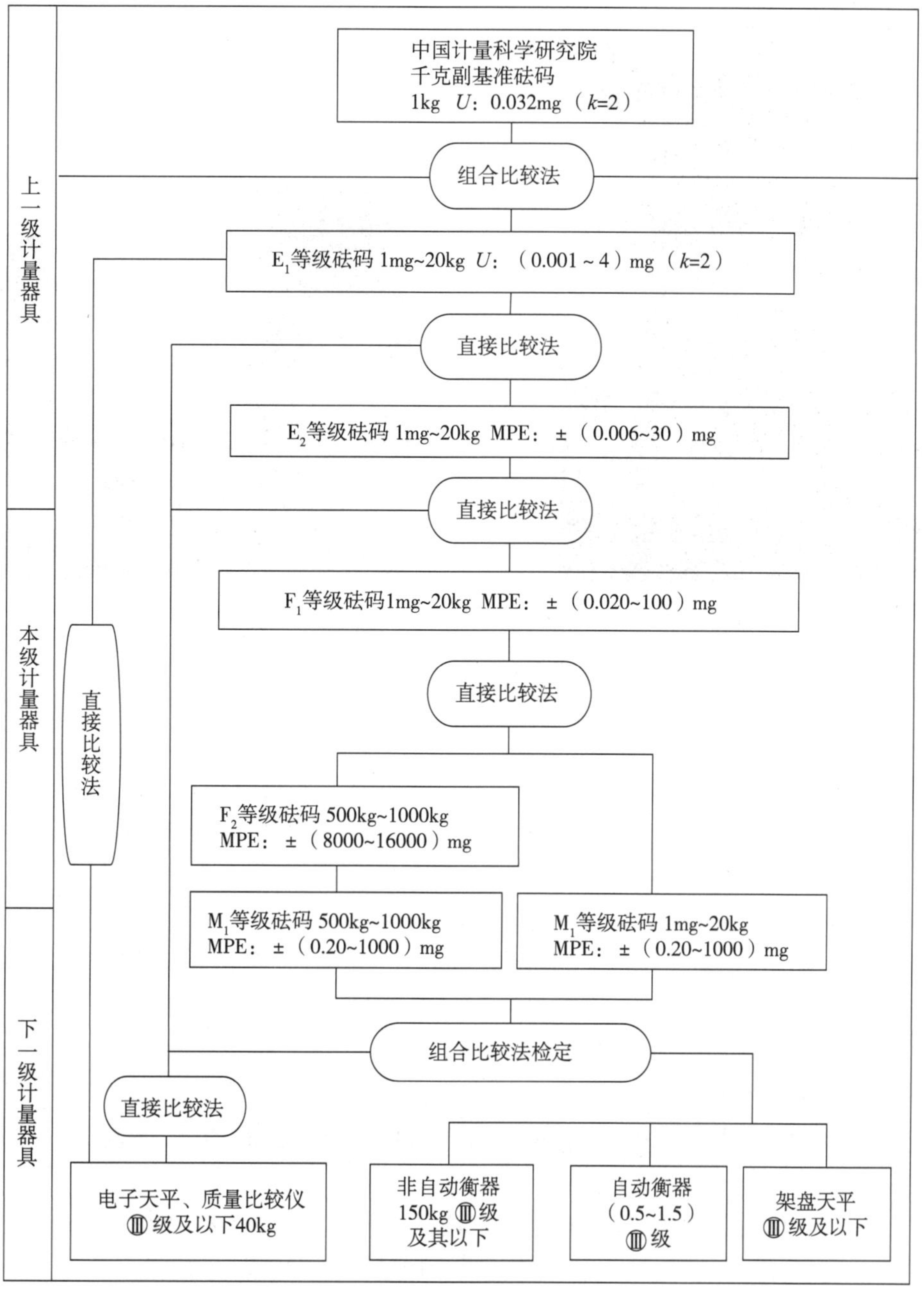

图 6-3-7　质量计量检定系统表框图

二、力值硬度计量

力学计量是发展较早的项目。现主要介绍力值、硬度、扭矩、转速和振动计量。我国 20MN 基准测力机，保存在中国计量科学研究院（见图 6-3-8）。

河南省社会公用力学计量标准有 12 项。

（一）0.01 级力值标准装置

该装置是河南省社会公用最高力值计量标准，1984 年建立，由 9 套 0.01 级标准测力仪组成，测量范围 10 N~1000 kN，主要用于力标准机的量值传递（见图 6-3-9）。建标人：林继昌、程新选；1990 年之后，建标人：王广俊、刘全红、张中杰。

图 6-3-8　中国计量科学研究院 20MN 基准测力机

图 6-3-9　0.01 级力值计量标准装置

（二）力标准机标准装置

该装置 1973 年建立，建标人：林继昌、姜清华、程新选。测量范围 10N~1MN；2014 年，有 1 台 10kN 静重式力标准机和 5 台叠加式力标准机，测量范围扩展到 10N~20MN；建标人：王广俊、刘全红、张中杰、冯海盈。

（三）0.3 级材料试验机检定装置

该装置 1959 年建立，测量范围最大到 100tf，建标人：林继昌、姜清华、李世忠、朱石树；1972 年之后，参加建标人：程新选、朱景昌、田锁文、时广宁、陈景龙。2014 年已扩展到 20MN，建标人：王广俊、刘全红，参加建标人：张中杰、李峰、冯海盈。

（四）标准洛氏硬度块标准装置

该装置 1982 年建立，主要用来定度标准洛氏硬度块。建标人：林继昌、程新选。

（五）转速标准装置

该装置 1964 年建立，量值传递给转速测量仪器，测量范围为（20~30000）r/min，不确定度为 $U_{rel}=1\times10^{-4}$（$k=3$）。建标人：林继昌。1990 年之后参加建标人：裴松、王广俊。

（六）静重式扭矩标准机标准装置

该装置 2011 年建立，测量范围为（5~5000）Nm，准确度等级 0.05 级（见图 6-3-10）。建标人：刘全红、张中杰、付江红。

（七）中频振动标准装置

该装置 2004 年建立，测量范围为（1~200）m/s^2；（20~2000）Hz；位移（0~10）mm；速度为（0~14.7）cm/s；（30~30000）r/min。准确度等级：振动为 160Hz，$U_{rel}=1.0\%$，$k=2$；全频段为 $U_{rel}=2.0\%$，$k=2$；转速为 $U_{rel}=1.0\times10^{-4}$，$k=2$（见图 6-3-11）。建标人：刘全红、刘丹；2006 年之后参加建标人：孙钦密。

（八）力值（≤ 1MN）计量器具检定系统表框图

力值（≤ 1MN）计量器具检定系统表框图，见图 6-3-12。

图 6-3-10　5000Nm 静重式扭矩标准机

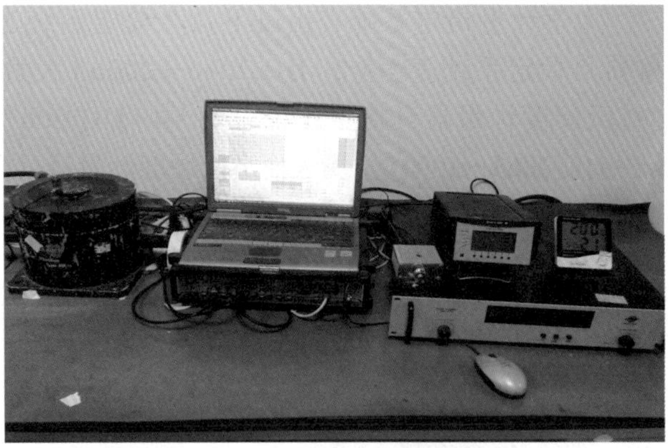

图 6-3-11　中频振动计量标准装置

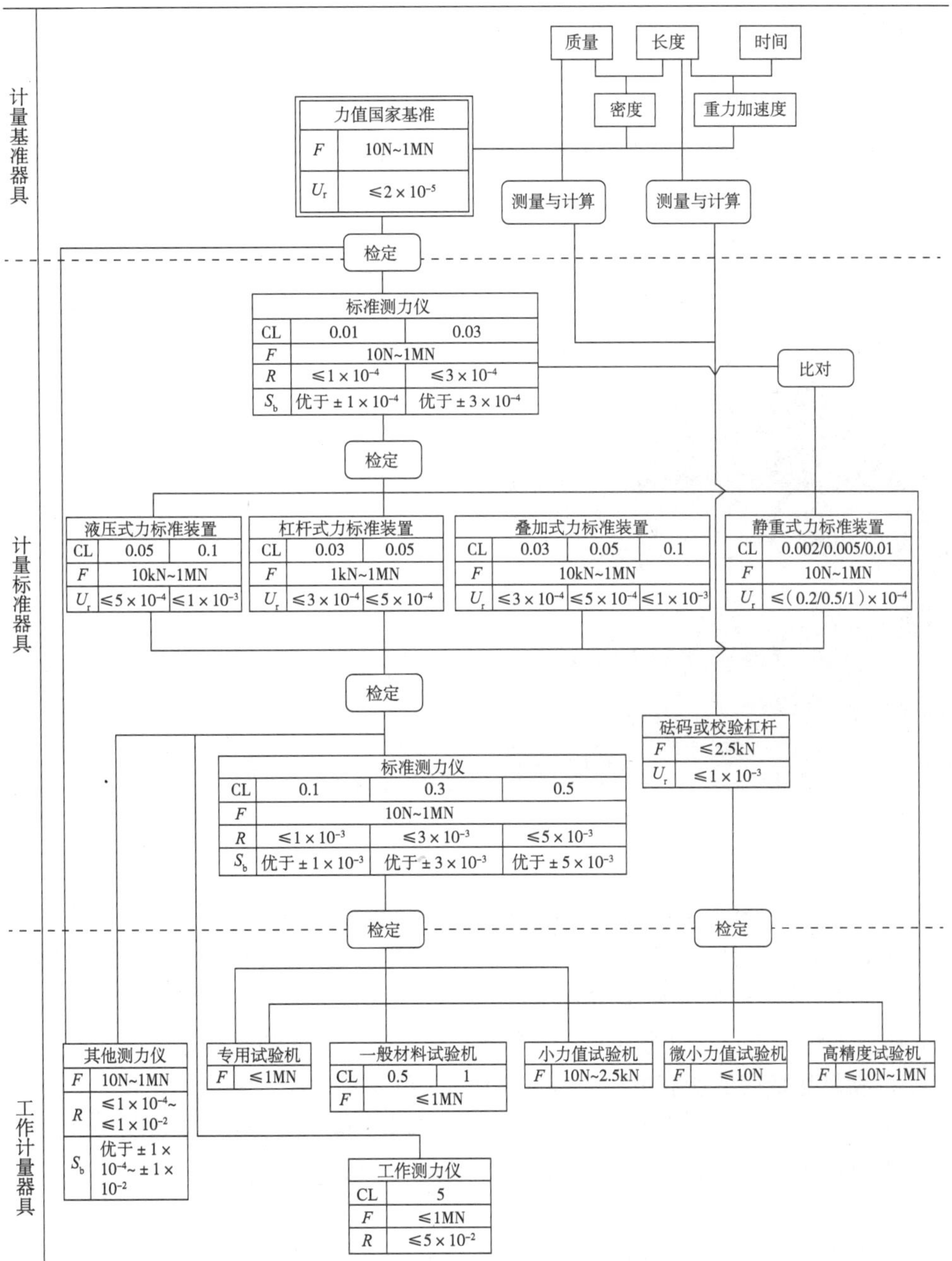

注：计量器具可能会有新的产品或不同的名称，在检定系统中不可能全部列出，对于未列入检定系统的工作计量器具，必要时可根据其被测量、测量范围和工作原理，参考相应检定系统中列出的工作计量器具的测量范围和工作原理，确定适合的量值传递途径。

符号说明：F——力值范围；U_r——力值相对扩展不确定度（对于基准k=3，对于标准k=2）；
R——力值重复性；S_b——力值稳定度；CL——级别

图 6-3-12
力值（≤ 1MN）计量器具检定系统表框图

力学计量检定系统表由以下几个检定系统表组成：（1）JJG 2045—2010《力值（≤ 1MN）计量器具检定系统表》；（2）JJG 2066—2006《大力值计量器具检定系统表》；（3）JJG 2005—1987《布氏硬度计量器具检定系统表》；（4）JJG 2067—1990《金属洛氏硬度计量器具检定系统表》；（5）JJG 2068—1990《金属表面洛氏硬度计量器具检定系统表》；（6）JJG 2026—1989《维氏硬度计量器具检定系统表》；（7）JJG 2025—1989《显微硬度计量器具检定系统表》；（8）JJG 2047—2006《扭矩计量器具检定系统表》。

力学计量在工程建设、机械加工、新材料研究等领域具有非常重要的地位，必将历久弥新，发挥更大的作用。

三、液体流量计量

河南省的最高液体流量计量标准 1977 年建立，肖汉卿、孔庆彦为主要完成人，规格为 DN（80~200）mm；原理为静态容积法；准确度等级为 0.2 级。2014 年，河南省最高液体流量计量标准主要有以下 3 项。

（一）水流量标准装置

该装置标准金属量器作为一级标准，不确定度为 0.025%；测量范围为（0.015~2500）m^3/h；不确定度为 0.05%（静态容积法）、0.35%（标准表法）；管路口径为 DN（15~600）mm；系统压力波动为 ≤ 0.1%；流量稳定性为 0.2%（见图 6-3-13）。

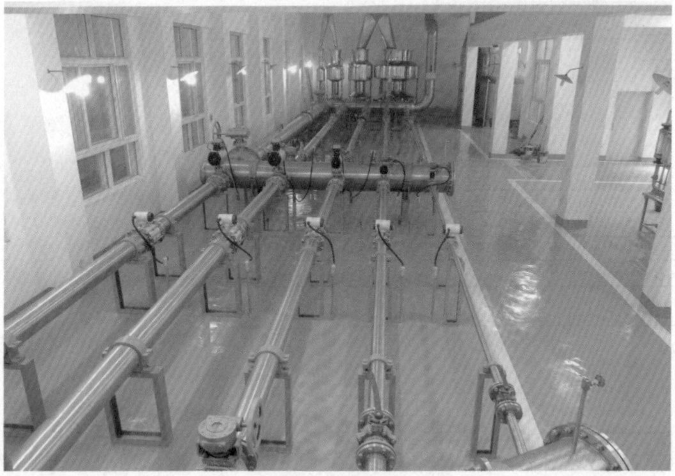

图 6-3-13
河南省水流量标准装置

（二）热水流量标准装置

该装置 2003 年投建了 DN（15~50）mm 热能表检定装置；2012 年建立了 DN（15~80）mm 热量表检定装置；现有热量表装置 7 台，其中，DN（15~25）mm 热量表检定装置 3 台；DN（50~80）mm 热量表检定装置 1 台；DN（15~50）mm 热量表检定装置 1 台；DN（15~50）mm 热量表耐久性试验装置 2 台；DN（15~50）mm 热量表耐久性试验装置 1 台；该实验室热量表配套的装置有达到国际先进水平的 3 m 法半波暗室，可满足热量表的所有电磁兼容试验所需；可满足相应种类热量表和相关流量计的全性能试验（见图 6-3-14）。测量范围为（0.05~30）m^3/h；不确定度为 0.18%（质量法），0.28%（标准表法）；管路口径为 DN（15~50）mm；系统压力波动为≤ 0.1%；流量稳定性为 0.2%。

（三）油流量标准装置

该装置是一种适用于流量计在线检定用的标准装置，其静态质量法油流量标准装置与静态容积法油流量标准装置扩展不确定度 U_{rel} 均优于 0.05%，k=2。适用的液体容积式流量计的准确度等级：0.2 级、0.5 级、1.0 级、1.5 级。适用的流量范围为（100.0~120000）t/h。测量范围为（0.1~120）t/h（质量法）、（0.1~120）m^3/h（容积法）；装置的准确度等级为 0.05 级；管路口径为 DN（5~150）mm。

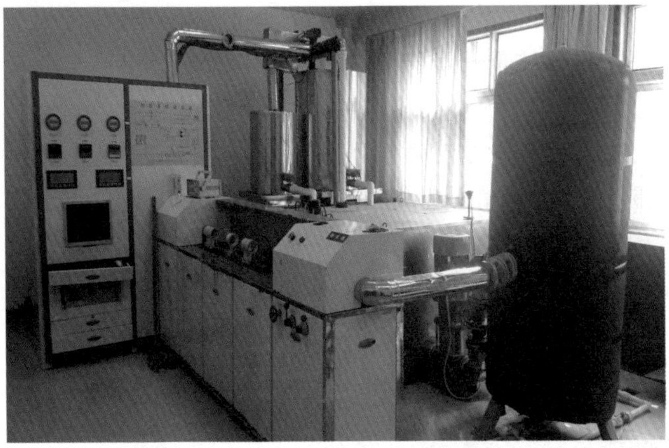

图 6-3-14
河南省热水流量标准装置

（四）水流量计量检定系统表框图

水流量计量检定系统表框图，见图 6-3-15。

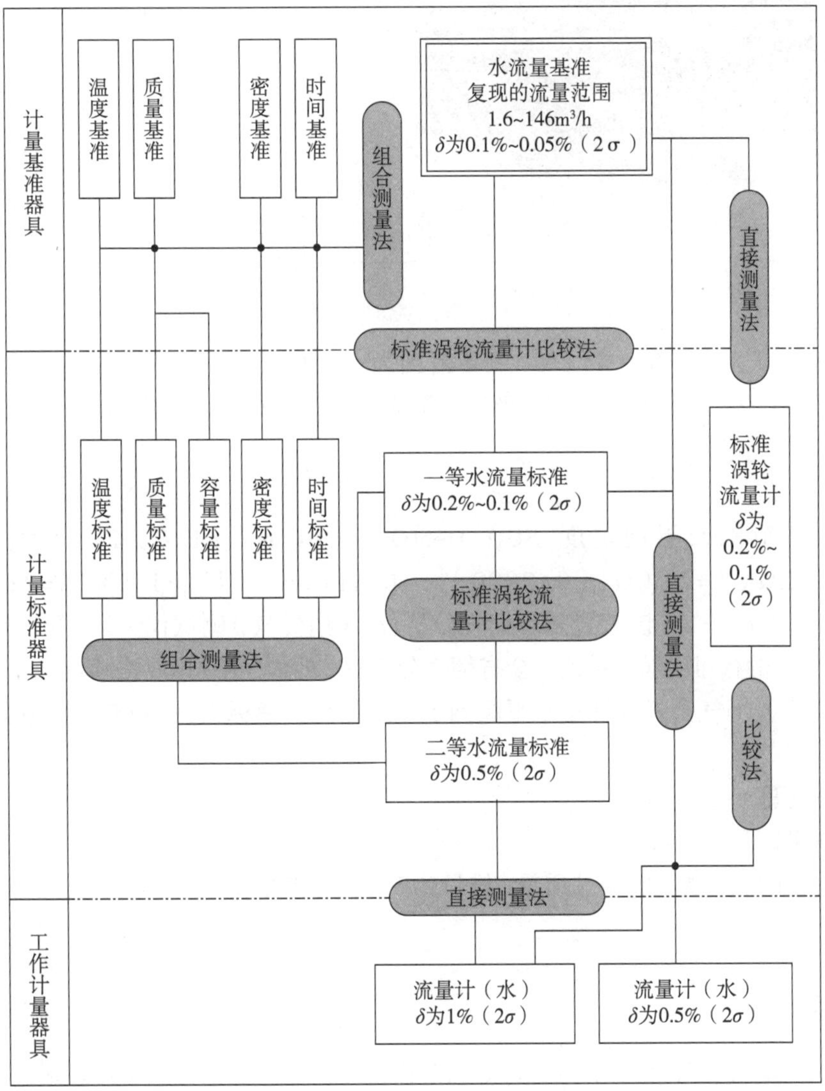

图 6-3-15
水流量计量器具检定系统表框图

液体流量计量主要包括冷、热水流量，油流量和污水流量等，对环境保护、控制排放量、保证最佳经济效益具有重要作用。

四、气体流量计量

气体流量是一个动态量。河南省最高社会公用气体流量计量标准主要有以下 3 项。

（一）临界流喷嘴法气体流量标准装置

该装置 2003 年始建。不确定度为 U_{rel}=0.25%，k=2（临界流喷嘴）；U_{rel}=0.35%，k=2（涡轮流量计）。测量范围为（1~5000）m^3/h。设计流量范围为（1~4000）m^3/h，其中，（1~1000）m^3/h 部分采用临界流喷嘴方式，扩展不确定度为：U_{rel}=0.25%，k=2；（55~4000）m^3/h 部分采用标准表法，扩展不确定度为：U_{rel}=0.35%，k=2。2012 年扩展到 300 mm，流量扩展到 5000 m^3/h（见图 6-3-16）。建标人：朱永宏、闫继伟、暴冰、周文辉。

图 6-3-16
临界流喷嘴法气体流量标准装置

（二）液化天然气加气机检定装置

该装置 2014 年建标。不确定度为 U_{rel}=0.21%，k=2，测量范围为（1~80）kg/min。该装置是采用标准表法的低温液体流量标准装置，检定装置使用 0.15 级的质量流量计作为标准表。建标人：崔耀华、邹晓华、何力人。

（三）烟气分析仪检定装置

该装置 2010 年建标。测量范围及不确定度：SO_2：（0~5000）× 10^{-6}mol/mol，U_{rel}=2%，k=2；O_2：（0~30%）mol/mol，U_{rel}=2%，k=2；CO：（0~2000）× 10^{-6}mol/mol，U_{rel}=1.5%，k=2；NO：（0~2000）× 10^{-6}mol/mol，U_{rel}=1%，k=2。该装置是对烟气分析仪、烟尘（气）测试仪、烟尘（气）排放连续自动监测系统校准和检定的标准装置，对统一全省烟气分析仪、烟尘（气）排放连续自动监测系统、氧量测定仪量值，提高全省烟气分析仪计量水平起到了重要作用。建标人：闫继伟、樊玮、陈睿锋、张珂。

（四）气体流量计量检定系统表框图

气体流量计量检定系统表框图，见图 6-3-17。

气体流量计量对保障热工化工生产领域的产品质量，维护生产安全，节能降耗，提交企业经济效益具有重要作用。

五、动态公路车辆自动衡器计量

2003 年，河南率先实行了“计重收费”，推动了河南省动态车辆自动衡器的计量检定工作。根据国家计量检定规程 JJG 907—2006《动态公路车辆自动衡器》的要求，轴（或轴组）载荷和整车称量总质量准确度等级的对应关系见表 6-3-1。

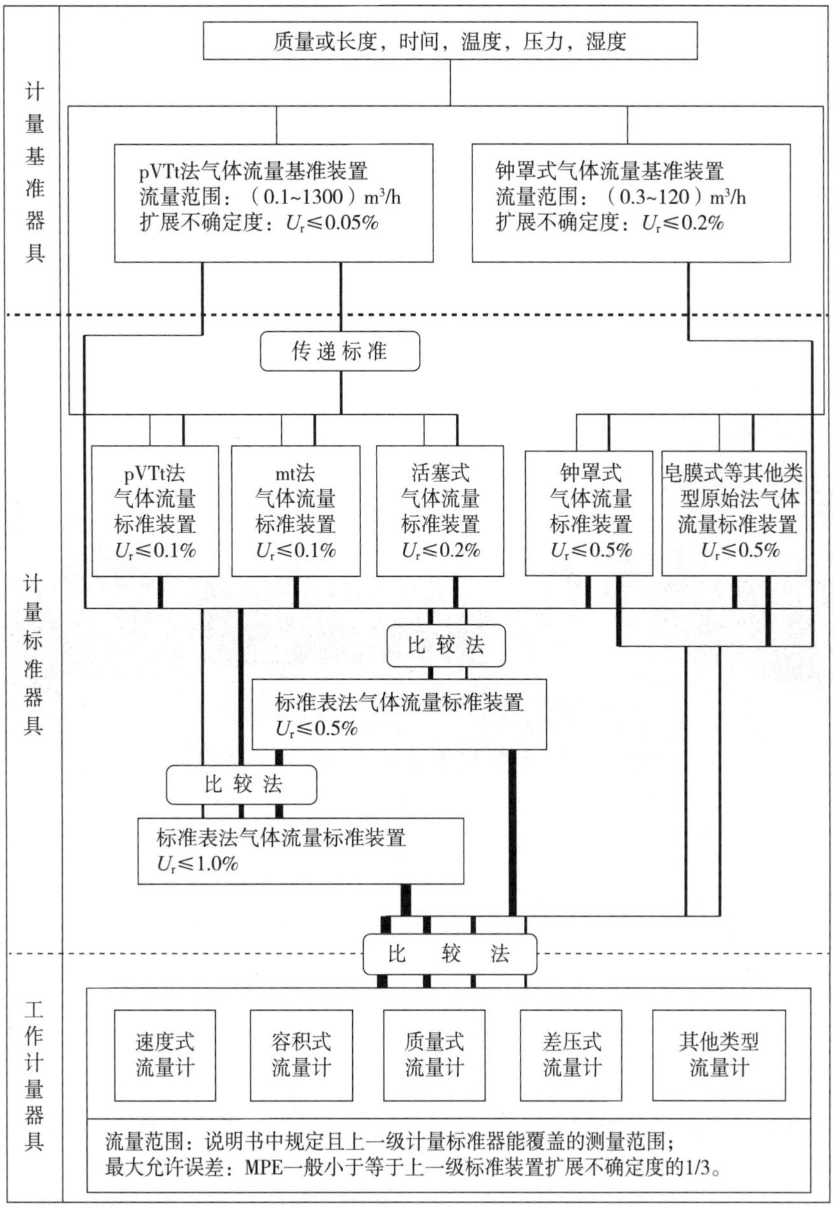

注：1.天然气等其他介质需要气体组分的测量；
2.框图中扩展不确定度的包含因子$k=2$；
3.—— 溯源至基本量；—— 溯源至基准装置；
▬▬ 溯源至原始法标准装置；▬ ▬ 溯源至标准表法标准装置。
4.计量器具可能会有新的产品或不同的名称，在检定系统表中不可能全部列出。对未列入检定系统表的工作计量器具，必要时可根据其被测量、测量范围和工作原理，参考相应检定系统表中列出的计量器具的测量范围和工作原理，确定适合的量值传递途径。

图 6-3-17
气体流量检定系统表框图

表 6-3-1 轴（或轴组）载荷和整车称量总质量准确度等级对应关系表

轴（或轴组）载荷准确度等级	整车称量总质量准确度等级				
	0.2	0.5	1	2	
A	√	√			
B	√	√	√		
C		√	√		
D			√	√	
E				√	√
F				√	√

2000年，河南省质监局发布实施JJG（豫）102—2000《动态轴重仪》。2003年，孙毅、王书升、张奇峰等依据该规程建立动态计重系统检定装置，测量范围0~30t，计量标准器为M1级砝码，配套设备检衡车。2004年，河南省质监局发布了修订的JJG（豫）102—2004《动态轴重仪》。2006年，国家质监总局发布JJG 907—2006《动态公路车辆自动衡器》。为贯彻实施该规程，河南省计量院新购置三辆参考车辆：两轴刚性、四轴刚性、三轴刚性加挂两轴拖车。2014年又购置M1级砝码30t、三轴参考车辆、三轴刚性加挂三轴拖车、5t叉车，很好适应了全省动态汽车衡的检定需要。

2014年，河南省计量院有：两轴车两辆；三轴车一辆；四轴车一辆；五轴牵引车一辆；六轴牵引车一辆；M1砝码75吨；覆盖能力全面提升，检定范围提高到150吨整车式动态汽车衡（见图6–3–18和图6–3–19）。

图6–3–18　动态汽车衡检定专用车

图6–3–19　动态汽车衡检定专用车

据统计，近些年公路承担的运量是铁路、水运、航空和管道运输方式运量总和的3~4倍。动态公路车辆自动衡器的计量检定可以保证各超限站、收费站使用的动态汽车衡的计量准确，为保证“治超”工作的顺利开展提供技术保障。

六、机动车检测计量

机动车检测计量是对机动车行驶性能检测用的设备进行检定校准，以保障在用机动车的行驶安全。

1997年河南省计量所筹建机动车检测标准，1998年建立河南省社会公用计量标准7项，建标人有程晓军、隋敏、裴松等。2014年已建标10多项。

（一）汽车制动检验台检定装置

该装置1998年5月建标，测量范围为0~10kN，准确度等级为0.3级。

（二）机动车前照灯检测仪检定装置

该装置1998年5月建标，测量范围：光强度为（5~60）× 10^3cd，光轴角为上1°，下，左，右2°；不确定度为：发光强度 U_{rel}=6.5%，k=2，光轴偏移角，中点偏移角为 U_{rel}=2.4′，k=2。见图6–3–20，其检定系统表框图如图6–3–21所示。

（三）四轮定位仪校准装置

该装置是机动车4S店和维修企业所必须配置的车轮动平衡机，四轮定位仪等设备的其中一种校准装置（见图6–3–22）。

机动车检测计量为保障人民生命财产安全、道路运行安全畅通和环境保护提供了技术保障。

七、压力计量科学进步历程

压力计量有大气压力、绝对压力、表压力、疏空、差压等。

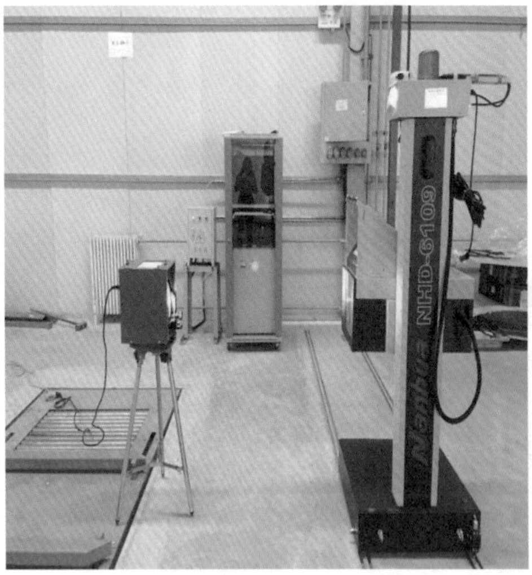

图 6-3-20　机动车前照灯检测仪校准装置（左），机动车前照灯检测仪校准装置及被检前照灯检测仪（右）

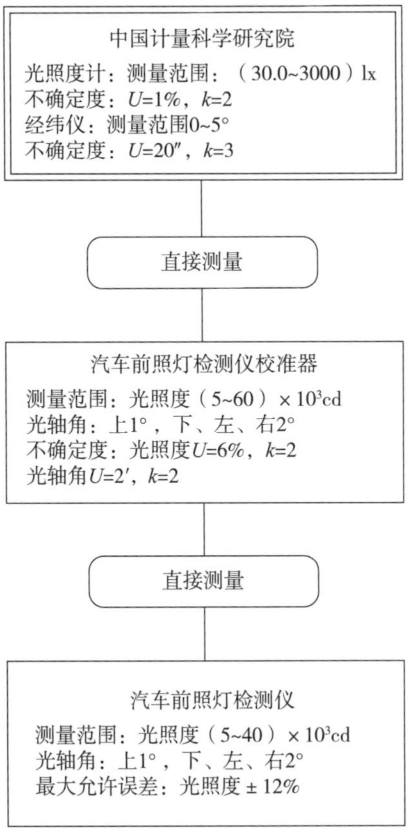

图 6-3-21　汽车前照灯检测仪标准装置检定系统表框图

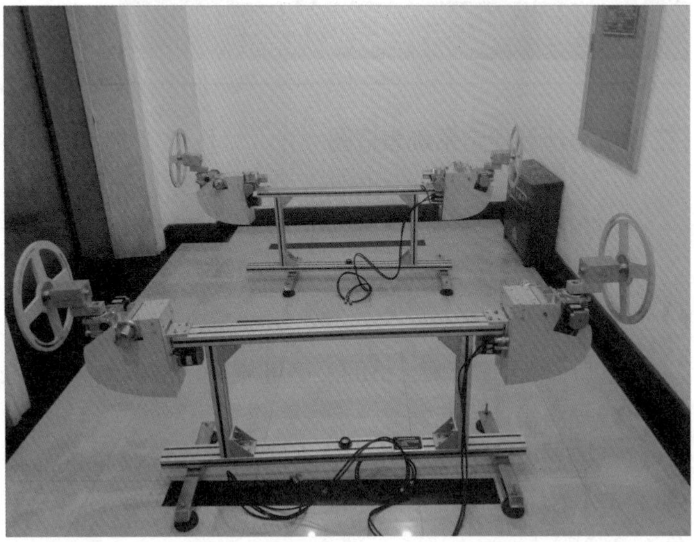

图 6-3-22　机动车四轮定位仪校准装置

（一）一等标准活塞式压力计量标准装置

河南省最高社会公用压力计量标准是一等标准活塞式压力计标准装置，准确度等级：0.02%，测量范围（-0.1~0.25）MPa、（0.04~0.6）MPa、（0.1~6）MPa、（1~60）MPa，20 世纪 60 年代建立，1987 年建标。2009 年根据《活塞式压力计检定规程》的要求，将其更新、改造成为 0.02 级活塞式压力计标准装置，测量范围为（-0.1~0.25）MPa、（0.04~0.6）MPa、（0.1~6）MPa、（1~60）MPa（见图 6-3-23）。2011 年增加了 0.01% 的数字压力控制器，测量范围分别为：0~±15kPa、0~±100kPa 和绝压 0~200kPa。由此补充、完善了河南省微压、绝压的测量功能（见图 6-3-24）。

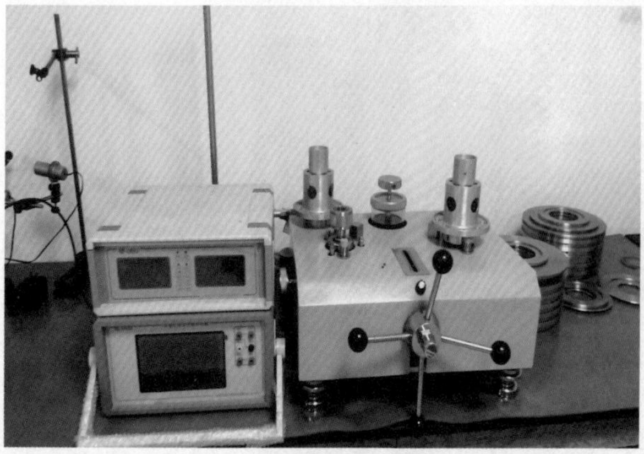

图 6–3–23
0.02 级活塞式压力计标准装置

图 6–3–24
0.01 级全自动数字压力控制器

（二）压力计量检定系统表框图

压力计量在工业生产、国防工业、气象条件分析和新材料研制等领域具有非常广泛的应用。

压力计量检定系统表框图，见图 6–3–25。

八、密度计量

密度计量保证密度量值的准确可靠。河南省最高社会公用密度计量标准有以下两项。

（一）一等酒精计标准装置

该装置 1986 年 5 月建立，建标人王颖华。测量范围为 q：（0~100）%；量值复现不确定度为 $U=q$：0.04%，$k=2$。计量标准由一等标准酒精计、天平、温度计、千分尺或游标卡尺组成（见图 6–3–26）。

（二）一等密度计标准装置

该装置 1986 年 5 月建立，建标人王颖华。测量范围为（650~2000）kg/m^3；量值复现不确定度为 U=（0.08~0.20）kg/m^3，$k=2$。计量标准由一等标准密度计、天平、温度计、千分尺或游标卡尺组成（见图 6–3–27）。

（三）密度计量器具检定系统表框图

密度计量器具检定系统表框图，见图 6–3–28。

密度计量涉及石油、化工、冶金、医疗等众多领域。河南省计量院每年量值传递各种玻璃浮计 3000 余支，对经济建设和科技发展起到了重要作用。

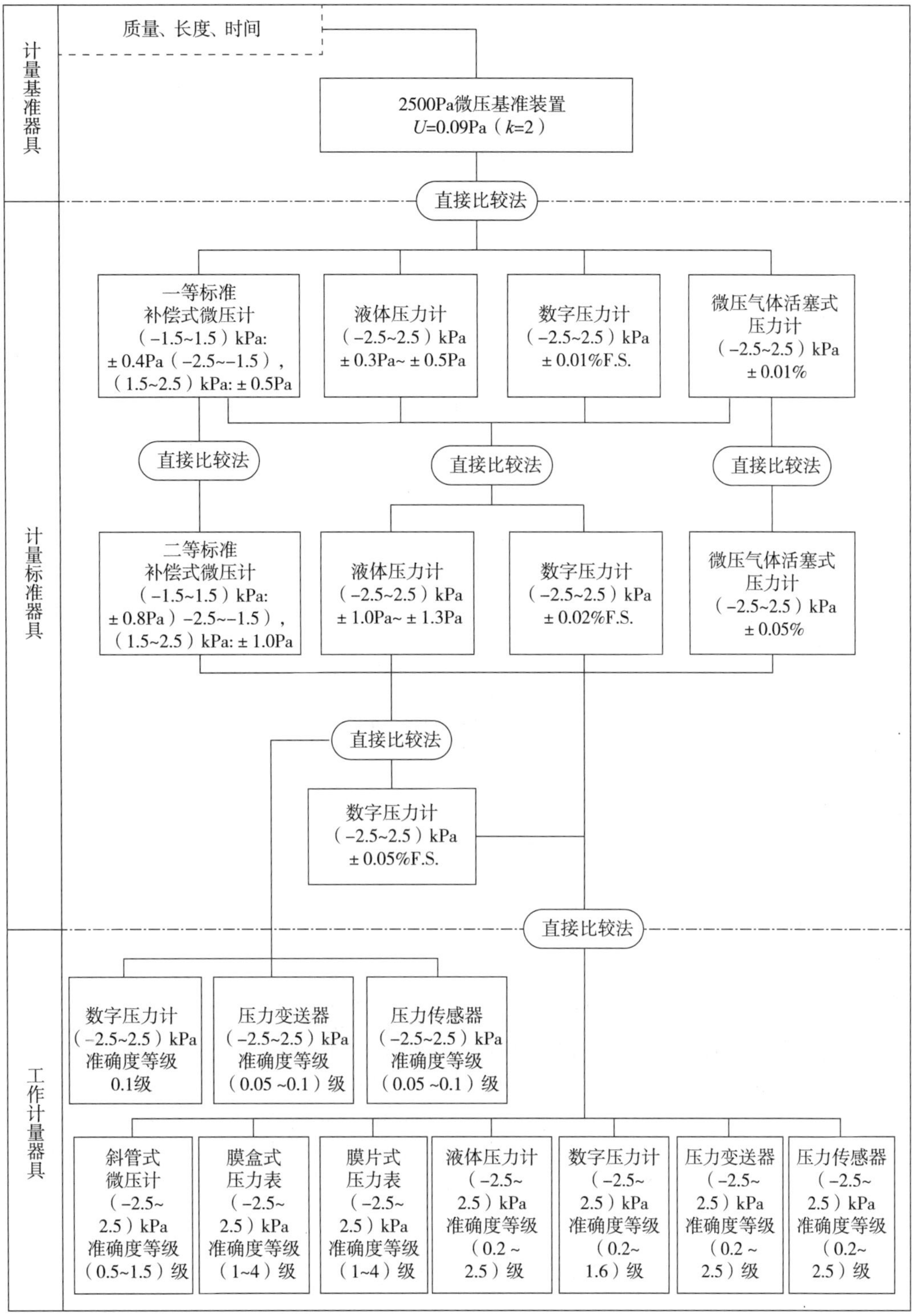
计量基准器具
质量、长度、时间
2500Pa微压基准装置
U=0.09Pa（k=2）
直接比较法
计量标准器具
一等标准补偿式微压计（−1.5~1.5）kPa: ±0.4Pa（−2.5~−1.5），（1.5~2.5）kPa: ±0.5Pa
液体压力计（−2.5~2.5）kPa ±0.3Pa~±0.5Pa
数字压力计（−2.5~2.5）kPa ±0.01%F.S.
微压气体活塞式压力计（−2.5~2.5）kPa ±0.01%
直接比较法
直接比较法
直接比较法
二等标准补偿式微压计（−1.5~1.5）kPa: ±0.8Pa）−2.5~−1.5），（1.5~2.5）kPa: ±1.0Pa
液体压力计（−2.5~2.5）kPa ±1.0Pa~±1.3Pa
数字压力计（−2.5~2.5）kPa ±0.02%F.S.
微压气体活塞式压力计（−2.5~2.5）kPa ±0.05%
直接比较法
数字压力计（−2.5~2.5）kPa ±0.05%F.S.
直接比较法
工作计量器具
数字压力计（−2.5~2.5）kPa 准确度等级 0.1级
压力变送器（−2.5~2.5）kPa 准确度等级（0.05~0.1）级
压力传感器（−2.5~2.5）kPa 准确度等级（0.05~0.1）级
斜管式微压计（−2.5~2.5）kPa 准确度等级（0.5~1.5）级
膜盒式压力表（−2.5~2.5）kPa 准确度等级（1~4）级
膜片式压力表（−2.5~2.5）kPa 准确度等级（1~4）级
液体压力计（−2.5~2.5）kPa 准确度等级（0.2~2.5）级
数字压力计（−2.5~2.5）kPa 准确度等级（0.2~1.6）级
压力变送器（−2.5~2.5）kPa 准确度等级（0.2~2.5）级
压力传感器（−2.5~2.5）kPa 准确度等级（0.2~2.5）级

图 6-3-25　压力计量检定系统表框图

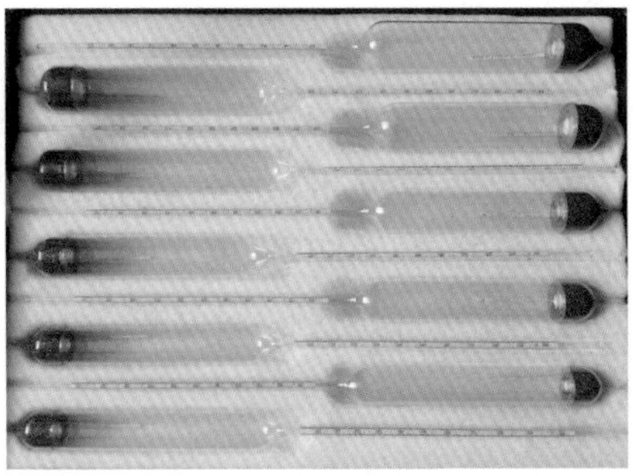

图 6-3-26　一等酒精计标准装置

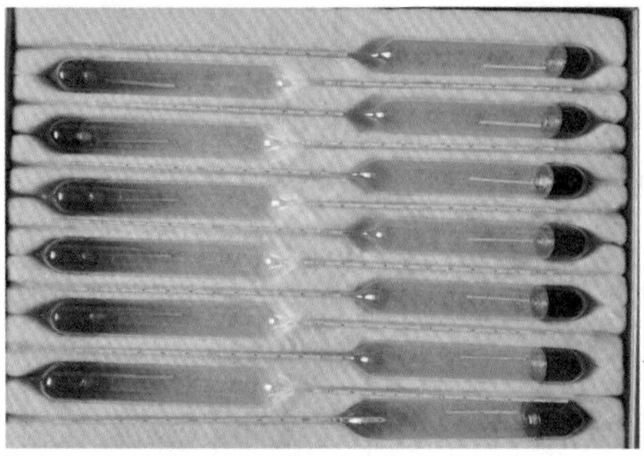

图 6-3-27　一等密度计标准装置

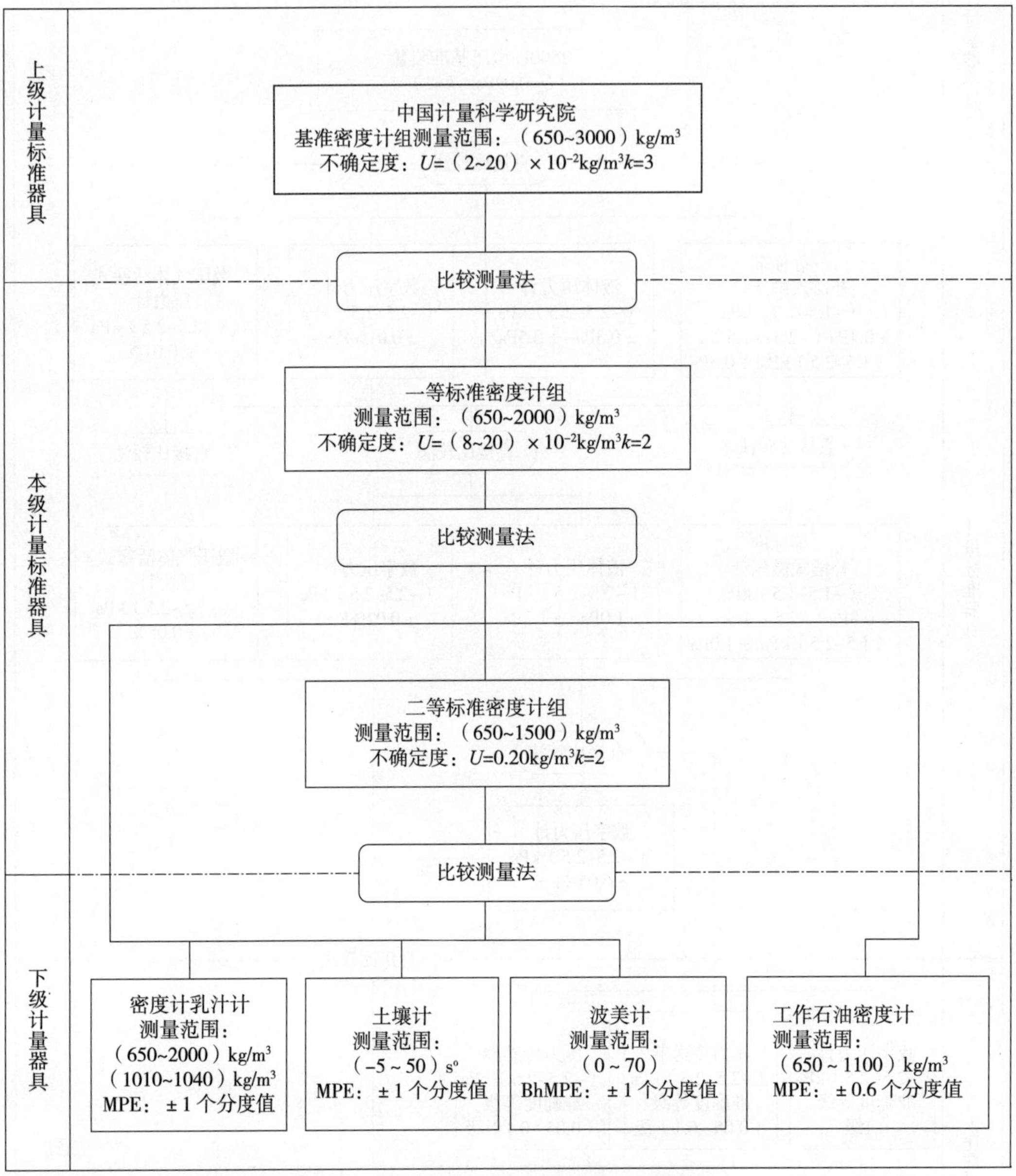

图 6-3-28　密度计量器具检定系统表框图

第四节　电磁计量

编撰：一、周秉时、陈兵。二、刘沛、张勉。三、刘文芳、邵峰。

一、电磁计量

电磁计量就是应用电磁测量仪器、仪表和设备，采用相应的方法对被测量进行定量分析，研究和保障电磁量测量的统一和准确可靠。河南省电磁计量建立较早。1959 年，河南省科委计量标准处建立电学室，有普书山、张隆上、杜国华等人。随着电磁计量的发展，1970 年电学科分为电学科和无线电科。曾任电学室主任、所长分别为：普书山、张隆上、阮维邦、杜新颖、周英鹏、杨明镜、马睿松、周秉时。

河南省最高社会公用电磁计量标准 10 项。

（一）交直流电压、电流、功率表检定装置

该装置 20 世纪 60 年代建立，电流表、电压表、功率表等是电气测量中应用最早的电工指示仪表，具有直观、结构简单、稳定可靠、成本低廉容易维护等优点，直至目前仍广泛用于工、农业生产及科研单位技术研究等。交直流电压在 20 世纪 80 年代建标，2000 年更换了主标准器。测量范围为交直流电压（0~770）V，交直流电流（0~27.5）A，交流功率（0~21175）W。最大允许误差为 0.05 级。计量标准器为交直流指示仪表检定装置，数字多用表。

（二）一等直流电阻标准装置

一等直流电阻标准装置 1990 年建立，2004 年，根据当时的实际检定环境及检定规程要求，更换了检流计及光电放大器，有效地提高了标准装置各项性能。测量范围为（10^{-3}~10^{5}）Ω，准确度等级为一等（见图 6–4–1）。

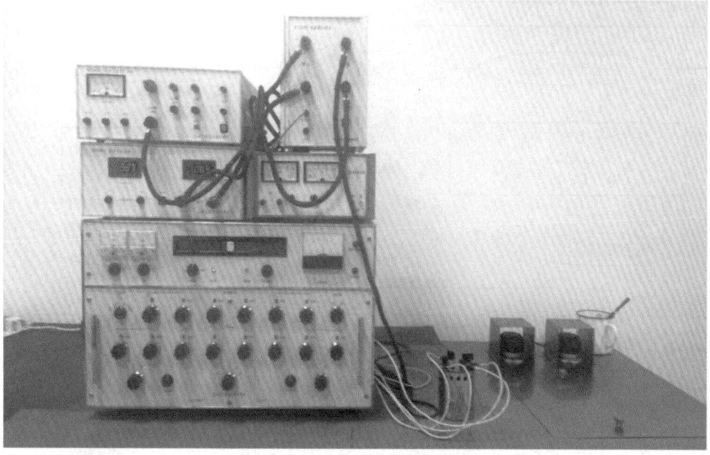

图 6–4–1
一等标准电阻检定装置

直流电阻计量器具检定系统表框图，见图 6–4–2。

（三）互感器（系列）检定装置

该装置分为电流互感器检定装置（高）和电流互感器标准装置（次）。其中，电流互感器检定装置 1988 年建立，电流为（0.1~2000）A/5A、（5~400）A/1A；准确度为 0.002 级；电压互感器类计量标准分为电压互感器检定装置（高）和电压互感器标准装置（次）。电压互感器检定装置计量标准 1992 年建立，2007 年将两台电压互感器负载箱进行设备更新，提高了工作效率，保证了量值传递工作的稳定性。测量范围：电压为（100~1000）V/（10^{-5}~1000）V；准确度为 0.0001 级（见图 6–4–3）。

（四）交直流多功能源检定装置

该装置 2000 年建立，属于次级计量标准，2011 年因增加新的计量标准器，其测量范围、不确定度发生变化，重新建标。

（五）三倍频电源发生装置

河南省计量院起草的型式评价大纲《电磁式电压互感器型式评价大纲》和《电流互感器型式评价大纲》，河南省质监局 2012 年 4 月 20 日发布实施。互感器型式评价很重要的一个试验项目是局部放电测量。河南省计量院的三倍频电源发生装置准确度等级为 0.5 级，高压大厅屏蔽门紧闭其局放干扰量在 0.3pC 左右，为准确测量互感器的局放量奠定了良好的基础。无局放屏蔽试验室的建成使河南省计量院可开展 35kV 及以下互感器、绝缘件及高压电器等产品的试验项目（见图 6–4–4）。

电磁学计量涉及电力、机械制造、电线电缆、仪器仪表、节能检测等领域，为社会生产生活发挥着重要的基础性支撑作用。

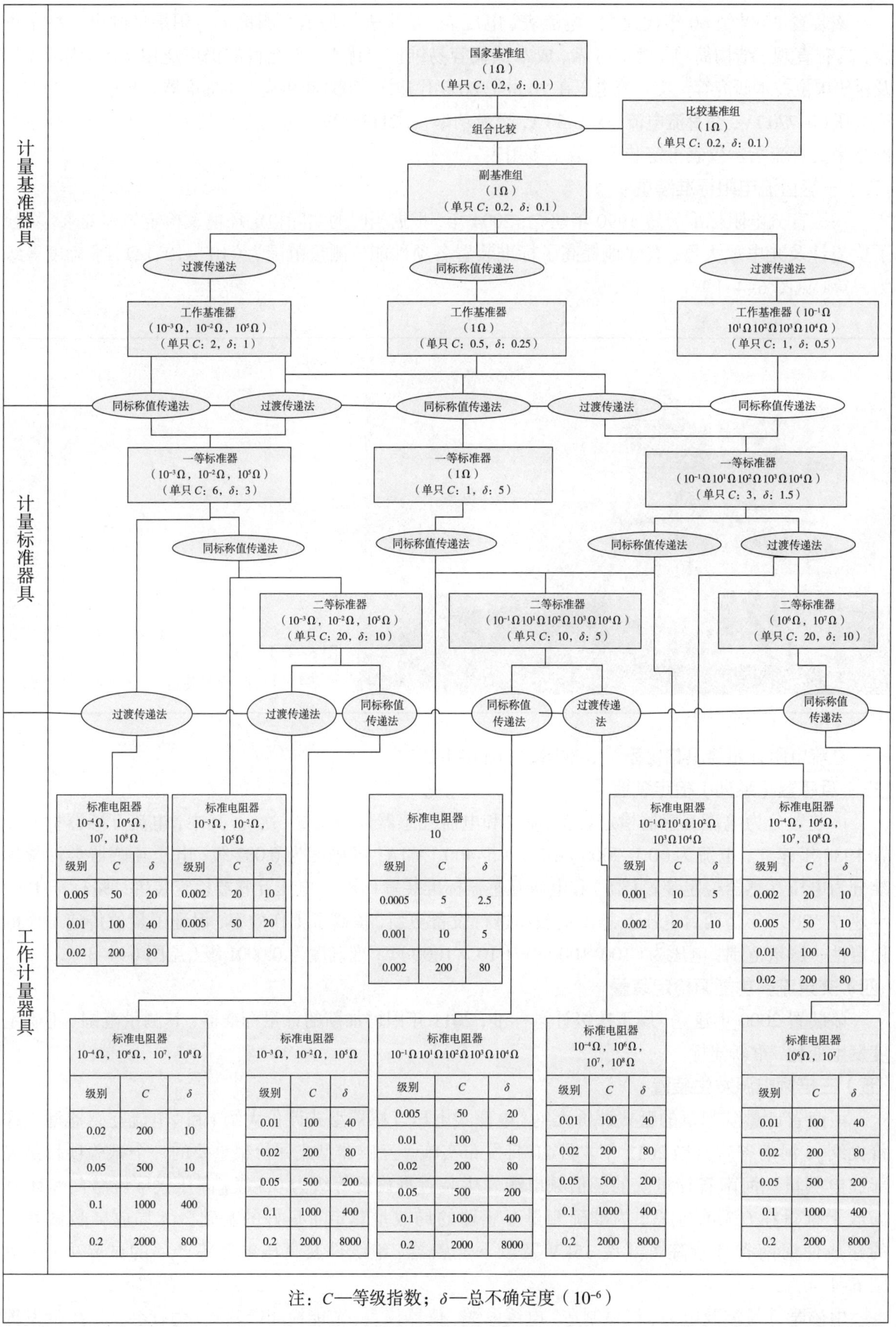

图 6-4-2　直流电阻计量器具检定系统表框图

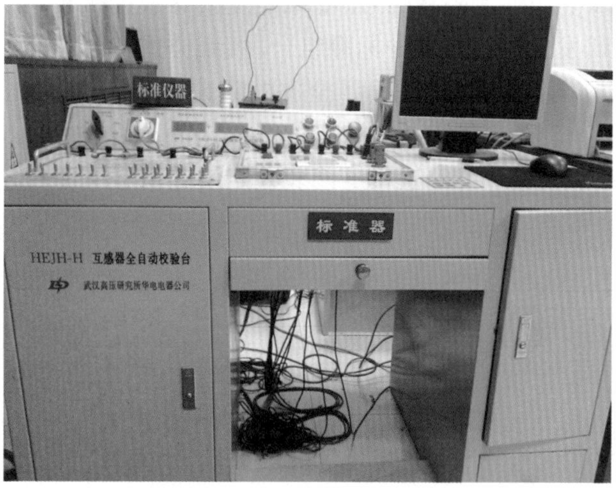

图 6-4-3　电流、电压互感器计量标准器

图 6-4-4　无局放屏蔽实验室

二、电能计量

电能计量是应用测量仪器、仪表和设备，对被测量进行定量分析，保障电能量值的统一和准确可靠。

河南省最高社会公用电能计量标准 2 项，次级 8 项。1980 年 5 月，河南省计量局电学科苗瑜筹建了由 0.1% 功率表、0.05% 互感器组成的河南省 0.5 级标准电度表瓦秒法检定装置，在当时的国内省级电能计量标准率先起步。1983 年引进日本数字功率计，将功率测量水平由 0.1% 提高到 0.02%，在国家计量总局组织的全国电能计量标准比对中取得良好成绩。1986 年引进德国 0.03% 三相电能表标准装置，率先通过国家计量总局组织的第一批计量标准考核。

（一）0.03 级三相电能表标准装置

1988 年周英鹏主持建标。测量范围：$3\times(100/\sqrt{3}\sim230\sqrt{3})$ V，$3\times(0.2\sim15)$ A，可开展 0.05 级及以下单相交流电能表、0.1 级及以下三相交流电能表检定工作，当时处于国内前三甲地位（见图 6-4-5）。1995 年又投入 48 万元更新主标准器 0.01 级 ILM03 单相高精密标准功率电能表，1995 年建立 0.01 级单相电能表标准装置及交流电压、电流、功率表检定装置，测量范围为（60~480）V，（0.05~10）A，（50~60）Hz，可开展 0.05 级及以下交流电能表、电压表、电流表、功率表检定工作。2001—2005 年，马睿松任电能室主任。

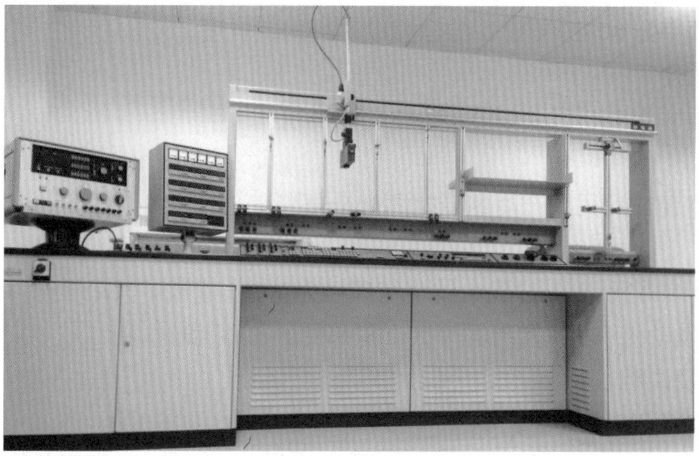

图 6-4-5
0.03 级三相电能表标准装置

（二）0.01级三相电能表标准装置

河南省计量院2003—2006年，使用目前国际上准确度最高的C1-2电能变换器做主标准，配置与国家电能基准相同，硬件投入200多万元，研发成功一套多种标准组合、接线方式齐全、测量模式灵活多样的YES-10000型0.01级三相电能标准装置，完善提升了全省电能量值传递体系，是国内省级计量院第一家建立，获省科技进步二等奖。测量范围为3×（57.7~380）V，3×（0.1~100）A，可开展0.02级及以下单、三相交流电能表，0.02级及以下单、三相电能表检定装置检定工作（见图6-4-6）。2006年刘沛任电能所所长。

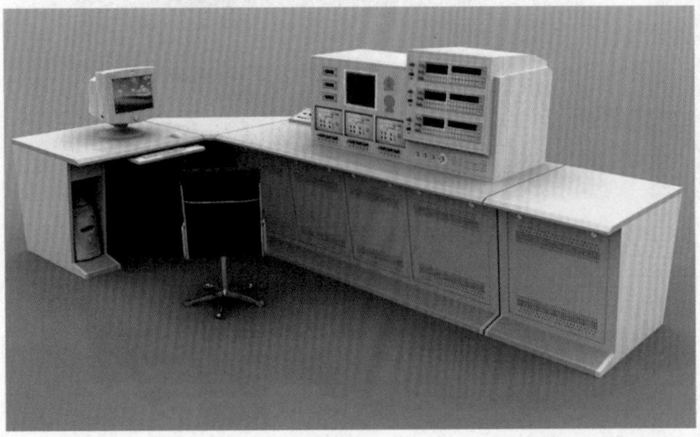

图 6-4-6
0.01 级三相电能表标准装置

河南省计量院电能计量水平的不断创新提升，有力地推动了全省电能仪表产业快速发展，为企业节约能源、降低损耗、提高效益做出了重要贡献。

三、电磁兼容试验

电磁兼容性是指设备或系统在其电磁环境中符合要求运行并不对其环境中的任何设备产生无法忍受的电磁骚扰的能力。

（一）河南省最高电磁兼容试验项目

1998年筹建，筹建人：杨明镜、王卓、赵军、刘文芳。1999年建立了第一批5项电磁兼容试验项目。2014年，已经覆盖了电磁兼容所有检测项目。

1. 民用产品EMC抗扰度试验

建于1999年，测量范围：电压电流幅值0~15kV，幅值最大误差为±10%；干扰脉冲上升时间为5ns~10μs，最大误差为±30%，持续时间最大误差为±20%。2009年，河南省计量院在平原新区基地建设了3m法电波暗室，可开展尺寸大于0.5m的EUT的辐射电磁场抗扰度试验。

2. 辐射电磁场抗扰度试验

该试验可评估EUT对来自空间的，频率为80~2000MHz的辐射电磁场的抗扰度。

3. 由射频场感应的传导骚扰抗扰度试验

该试验可评估EUT对来自空间的，频率为150kHz~80MHz的电磁场的抗扰度。

4. 电子产品产生的骚扰测试

建于2003年，2009年3m法电波暗室建成后民用产品的骚扰测试全部覆盖。

5. 汽车零部件电磁兼容试验

2014年以来，河南省计量院投资400多万元，以3m法电波暗室项目为基础，建成了汽车零部件电磁兼容检测实验室，可开展汽车音响、发动机、方向控制器等汽车零部件的EMC测试。

（二）河南省最高电磁兼容试验项目照片及说明

1. 射频电磁场辐射抗扰度试验系统（GTEM小室法）

该系统可产生频率范围80MHz~2GHz，电场强度（1~30）V/m的辐射电磁场，将被试品置于此辐射环境中工作用以检测其对电磁辐射的抵抗能力（见图 6–4–7）。

2. 辐射骚扰测试系统（检测被试品工作中对空间产生的辐射信号强度）

该系统可在 150kHz~6GHz 范围内对电子设备产生的辐射场强进行测试，并自动判断是否符合国家标准要求（见图 6–4–8）。

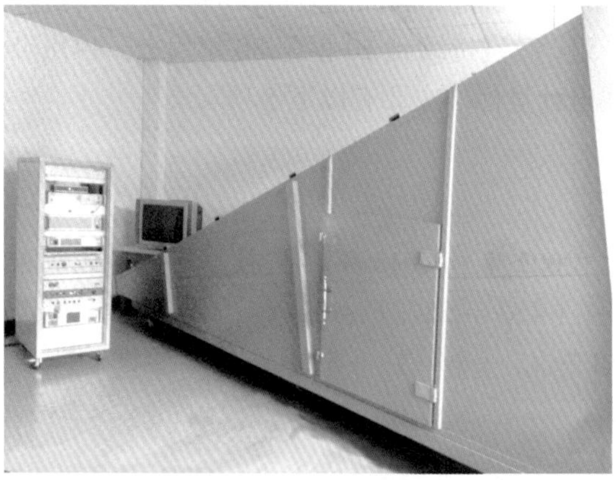

图 6–4–7　射频电磁场辐射抗扰度试验系统（GTEM 小室法）

图 6–4–8　辐射骚扰测试系统

3. 三环天线测试系统

三环天线测试系统（见图 6–4–9）用于测量电气照明和类似设备 9kHz~30MHz 辐射骚扰。

电磁兼容主要研究电磁干扰和抗干扰的问题，目的是使在同一电磁环境下工作的各种电子电气器件、电路、设备和系统，都能正常工作，互不干扰，达到兼容状态；电磁兼容测试是使仪器设备达到电磁兼容性要求的必不可少的手段，贯穿在产品的设计、开发、生产、使用和维护的整个生命周期；对于经济建设、国防建设和社会生活具有重要意义。

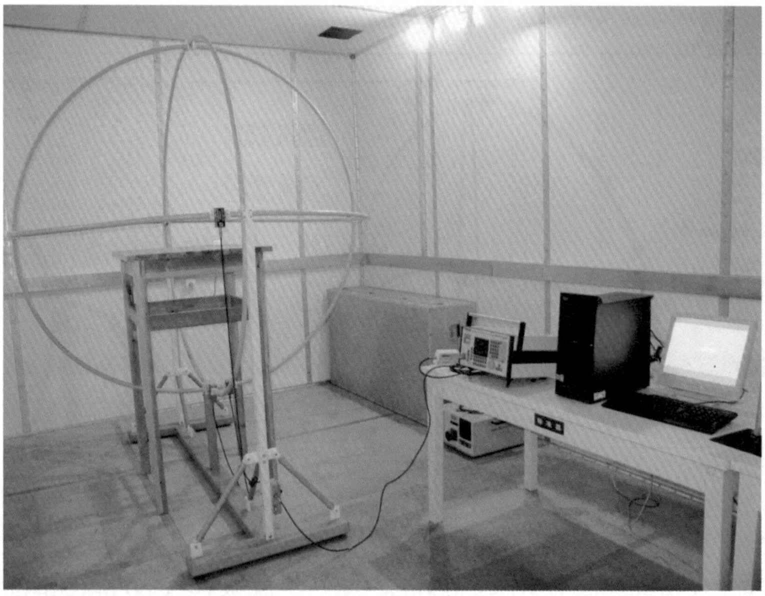

图 6–4–9
三环天线测试系统

第五节　无线电计量

编撰：赵熙、崔广新、刘宾武。

无线电计量是在极宽的电磁频谱范围内，表征信号特征的参量和表征网络特征的参量。

河南省 1976 年成立了河南省军民无线电计量协作组，一直持续到 20 世纪 80 年代末。1978 年成立河南省计量局无线电室。河南省最高社会公用无线电计量标准主要有以下 5 项。

一、示波器检定装置

该装置 1978 年筹建并运行。经 1994 年、1999 年、2002 年和 2013 年多次技术改造，该标准极大地提高了测量范围和测量准确度。测量范围：T: 450ps~55s；V: 40μV~200V；t_r：≥ 70ps；f: 0.1Hz~6400MHz。准确度等级：T：$\pm 3\times10^{-8}$；V：±0.1%；t_r：±8ps；f：±5%（见图 6–5–1）。

二、信号发生器检定装置

该装置 1986 年 7 月建立，1994 年经技术改造继续使用，1998 年撤销停用。该标准技术指标：频率范围为 5μHz~30MHz；中频带宽：宽带为 2kHz，窄带为 200Hz；衰减器精度为每 10dB±0.1dB；高频电压精度为 1V±0.02V。2011 年，河南省计量院重新建立了信号发生器检定装置计量标准，测量范围：频率为 20Hz~26.5GHz，电平为 –130~+30dBm，不确定度为频率：5×10^{-11}，电平为 0.10dB~0.54dB。

三、失真度仪检定装置

该装置 1984 年始建，经多次技术改造升级，1996 年建标，2001 年更换原有设备，2005 年用新的失真度仪检定装置更换原有设备。该标准技术指标：测量范围：失真度为（0.01~100）%；频率为 5Hz~200kHz；准确度等级：MPE：失真度为 ±（0.5%~4%）；频率为 ±0.1%。见图 6–5–2。

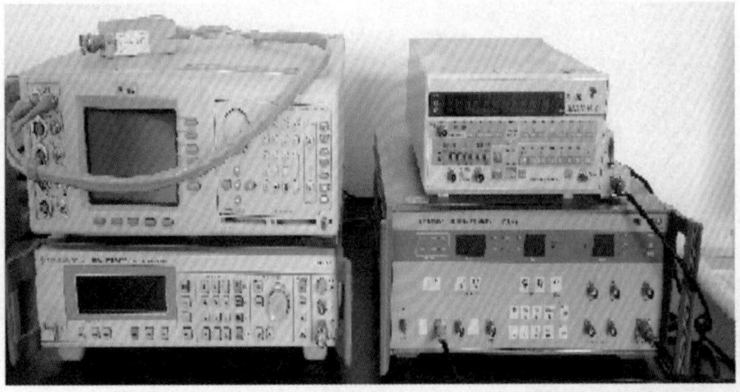

图 6–5–1　河南省社会公用示波器检定装置

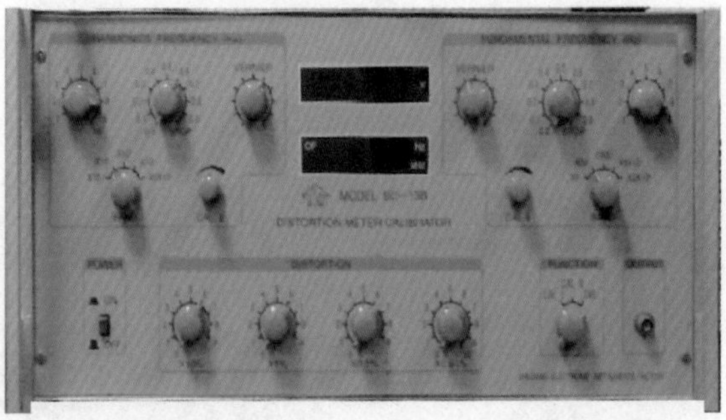

图 6–5–2　河南省社会公用失真度仪检定装置

四、剩余电流动作保护器检测仪校准装置

该装置 2013 年 1 月建标。测量范围：分断时间为 10ns~5000 ms，剩余电流为 1~ 3500 mA，准确度等级：MPE：分断时间为 ±（$1\times10^{-4}\times T$+0.2）ms，剩余电流为 ±0.5%× 读数。

五、移动通信综合测试仪校准装置

该装置 2014 年建标，测量范围：频率为 100kHz~6GHz；电平为 –130dBm~+13dBm；不确定度：

频率为 5×10^{-9}，电平：(0.22~0.26) dB。

六、脉冲波形参数计量器具检定系统表框图

脉冲波形参数计量器具检定系统表框图，见图 6-5-3。

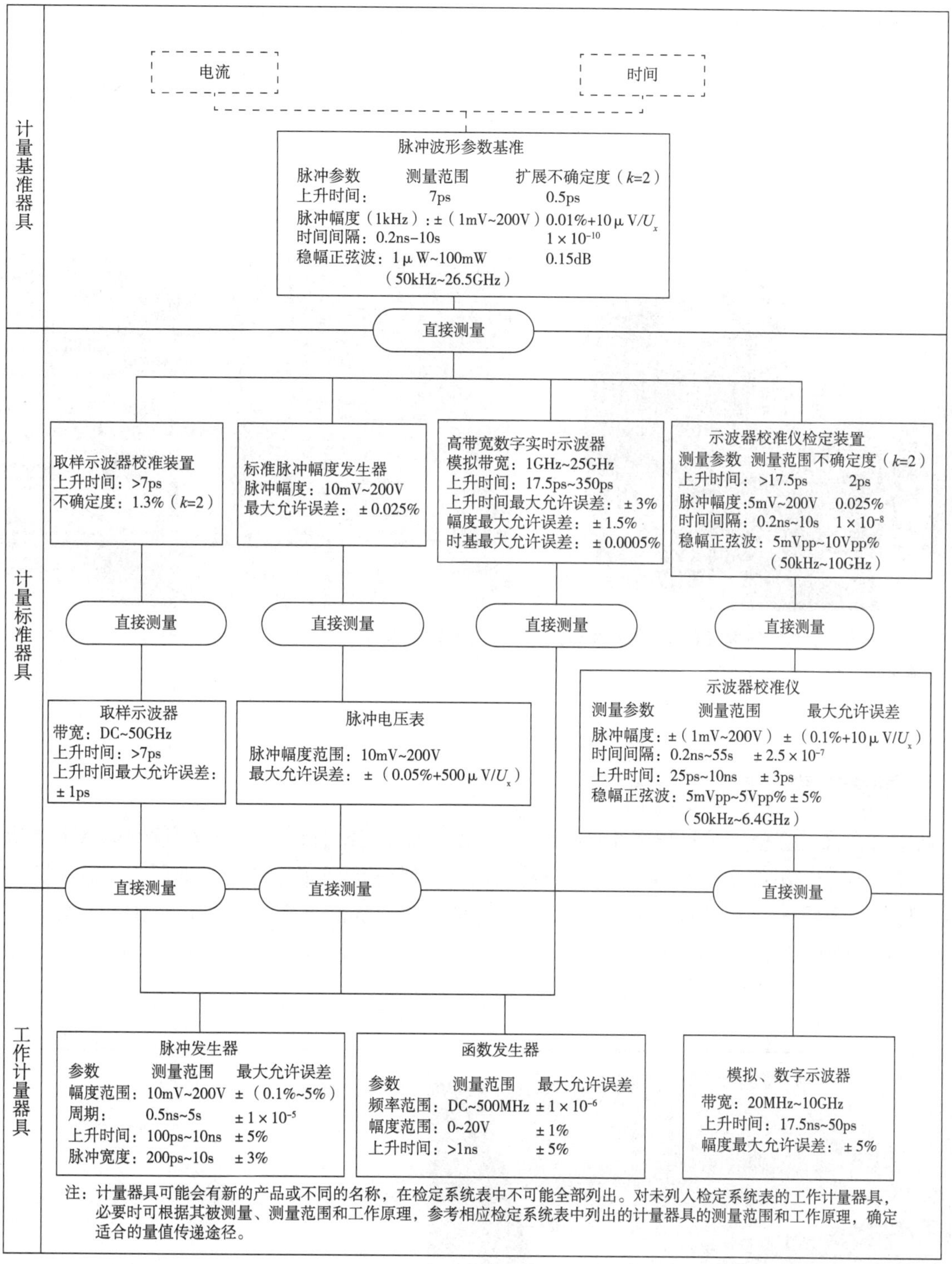

图 6-5-3　脉冲波形参数计量器具检定系统表框图

无线电计量对于航空航天、通讯、导航、遥感、计算机技术、人民生活和生命健康具有重要意义。

第六节　时间频率计量

编撰：张燕、崔广新、郑开放。

时间频率计量涉及的仪器主要分为发生器和测量仪，检定其主振器的各种特性；最后对其频率进行一定程度的校准，达到量值传递的目的。

2014 年，中国计量科学研究院研制并运行的时间频率基准是“NIM5 激光冷却 - 铯原子喷泉钟”，其不确定度为 1.5×10^{-15}，相当于 2000 万年不差 1 秒（见图 6–6–1）。

中国计量科学研究院守时实验室如图 6–6–2 所示。

图 6–6–1　中国计量科学研究院 NIM5 激光冷却 - 铯原子喷泉钟

图 6–6–2　中国计量科学研究院守时实验室

一、铯原子频率标准装置

河南省最高社会公用时间频率计量标准是 1986 年 8 月河南省计量局建立铯原子频率标准装置。该装置主要用于二级频率标准装置的检定及其有关参量的检测工作，计量标准器为铯原子钟，型号 3200，制造商为瑞士 OSCILLORUARTZ 公司，整套装置输出标准频率为 1MHz、5MHz、10MHz，测量标准频率为 1MHz、2MHz、2.5MHz、5MHz、10MHz，分辨率为 1×10^{-12}/10s，稳定度为 3×10^{-12}/100s，准确度为 1×10^{-11}，如图 6–6–3 所示。

图 6–6–3
铯原子频率标准装置

二、时间频率计量器具检定系统表框图

时间频率是国家基础战略资源的一部分，在国民经济、国防建设、基础科学研究和人们日常生活中起着重要作用。

时间频率计量器具检定系统表框图，见图 6–6–4。

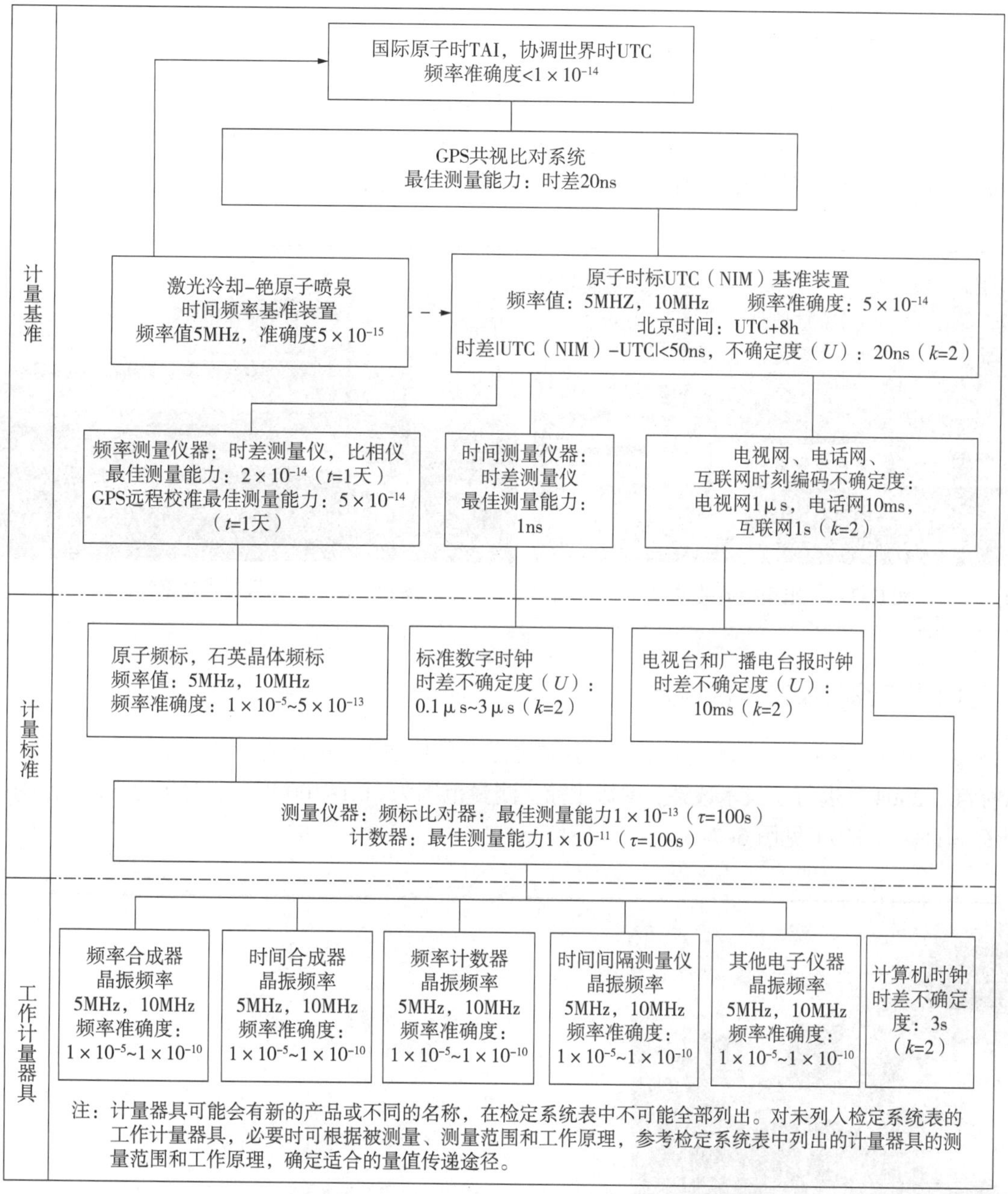

图 6–6–4　时间频率计量器具检定系统表框图

第七节　声学计量

编撰：朱卫民、齐芳。

声学计量包括量值传递和校准检测有关声学基本参量和主观评价参量。

河南省社会公用最高声学计量标准5项，次级9项。

一、电声标准装置

声级计检定装置是河南省最早建的空气声声学方面的标准，1995年程晓军、裴松建立，是河南省最高计量标准。朱卫民2004年扩建了该标准，测量范围为10Hz~20kHz，测量不确定度声压级为U=0.4dB~1.0dB（k=2），在压力场参考频率为U=0.15dB（k=2）（见图6–7–1）。

二、毫瓦级超声功率计标准装置

该装置1998年朱卫民建标，参加建标人员有杜建国、白宏文。2001年技术改造负责人为朱卫民，参加人员有杜建国、白宏文。该装置超声频率测量范围为（0.5~10）MHz，超声功率测量范围为（1~100）mW，超声功率的测量不确定度为U_{rel}=5%（k=2）（见图6–7–2）。

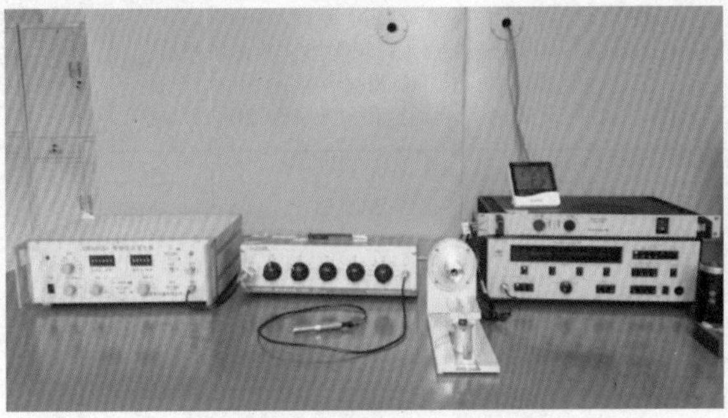

图6–7–1　电声标准装置

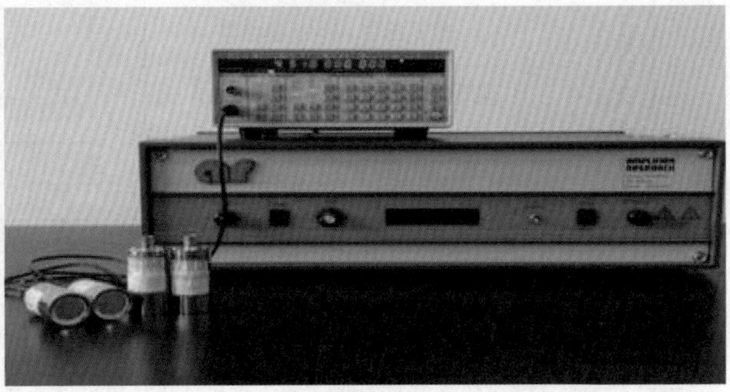

图6–7–2　毫瓦级超声功率计标准装置

三、医用超声诊断仪超声源检定装置

该装置1995年建标，负责人朱卫民，参加建标人员杜建国、白宏文，属于省内首个超声方面的计量标准。2004年进行了技术改造，重新建标。测量范围为（0.1~100）mW，超声功率的测量不确定度为U_{rel}=11%（k=2）（见图6–7–3）。

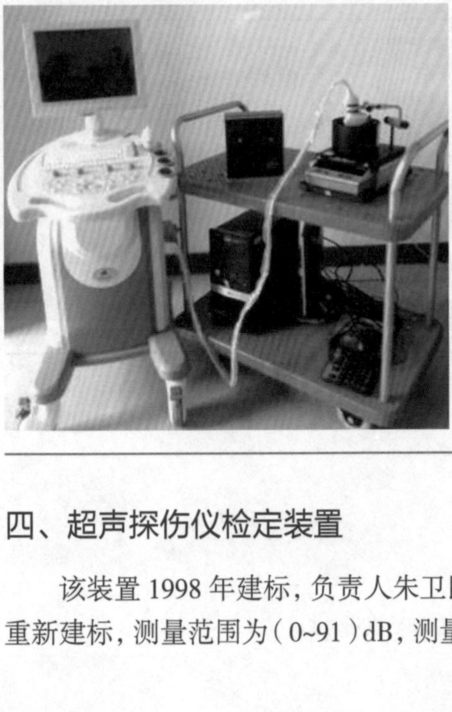

图6–7–3
医用超声诊断仪超声源检定装置

四、超声探伤仪检定装置

该装置1998年建标，负责人朱卫民，参加建标人员杜建国、白宏文。2012年更换了标准器，并重新建标，测量范围为（0~91）dB，测量不确定度为U=0.2dB（k=2）。

五、听力计检定装置

该装置2009年建标，负责人朱卫民，参加建标人员齐芳、卫平。该装置测量范围：气导听力零级为50Hz~10kHz；骨导听力零级为250Hz~8kHz，测量不确定度气导听力零级为U=1.0dB（k=2），骨导听力零级为U=1.5dB（k=2）。该项检定装置的建立，使河南省声学计量登上一个新台阶。

六、空气声声压计量器具检定系统表框图

空气声声压计量器具检定系统表框图，见图6–7–4。

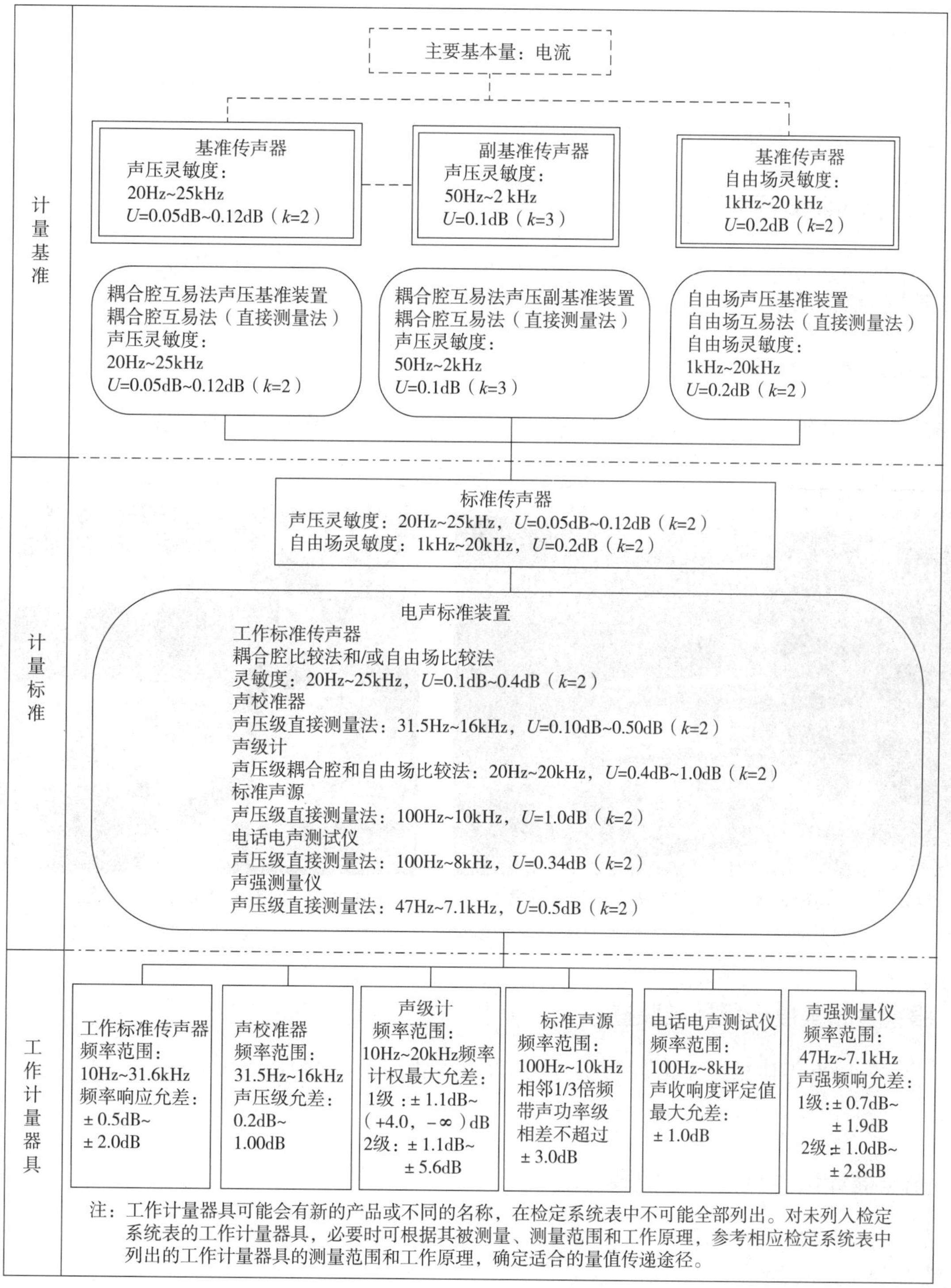

图6–7–4　空气声声压计量器具检定系统表框图

声学计量为国防建设、工业产品超声检测、噪声监测、医疗超声诊断和听力检测等领域发挥着愈来愈重要的作用。

第八节　光学计量

编撰：黄玉珠。

光学计量从可见光向红外光和紫外光扩展，并出现了激光参数计量分专业。

河南省社会公用最高光学计量标准有以下 7 项。

一、光照度标准装置

该装置由 2856K 光源、标准照度计、直流电源、导轨、可调光阑等组成，测量范围为（30~2200）lx，主要开展一、二级照度计的检定和校准（见图 6-8-1）。

二、紫外辐射照度标准装置

该装置测量范围 UVA1 波段：（20~2000）μw/cm^2，UVC 波段：（20~400）μ w/cm^2。主要开展 UVA1 波段、UVC 波段紫外辐射照度计的检定和校准。

三、色度标准装置

该装置 2010 年建标，测量范围：刺激值 Y 为 0.0~100.0；色坐标 x，y 为全色域（见图 6-8-2）。

图 6-8-1　河南省社会公用最高光照度计量标准

图 6-8-2　河南省社会公用最高色度计量标准

四、眼镜片顶焦度一级标准装置

该装置 1990 年建标，测量范围球：镜度和柱镜度（−25~+25）m^{-1}、棱镜度（2~20）cm/m（见图 6-8-3）。

五、光照度计量器具检定系统表框图

光学计量涉及工业、国防、人民生活和节能等领域，越来越紧密地为科学技术的进步和经济贸易的发展提供技术支撑。

光照度计量器具检定系统表框图，见图 6-8-4。

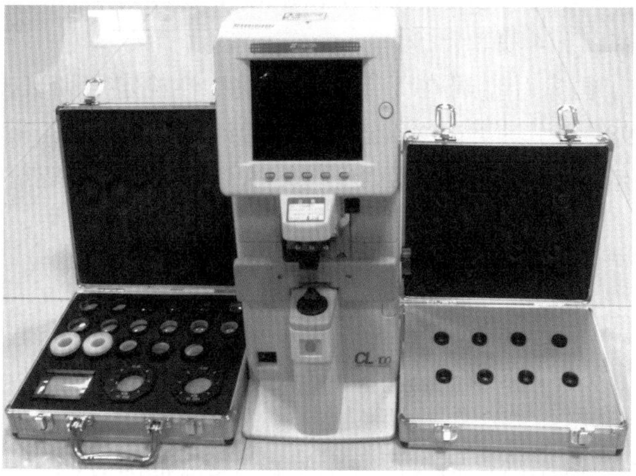

图 6-8-3
河南省社会公用最高顶焦度计量标准

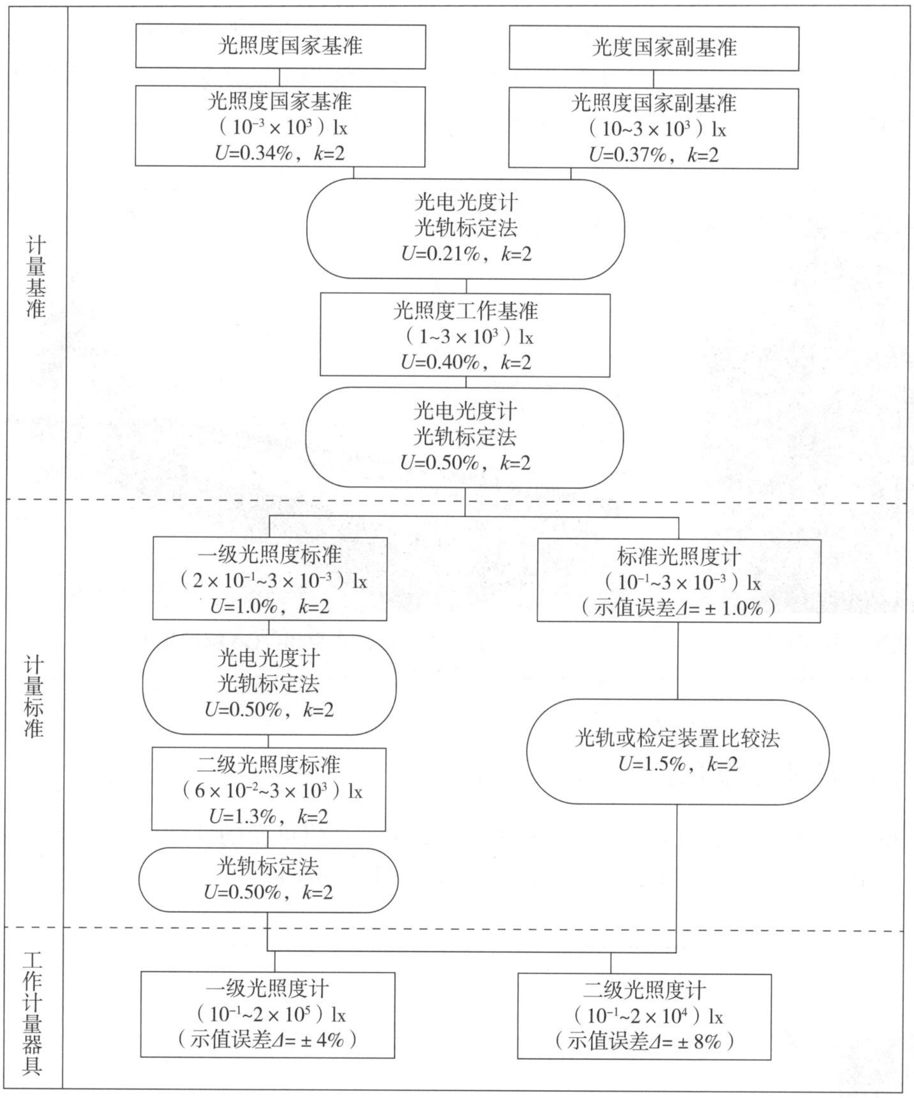

图 6-8-4
光照度计量器具检定系统表框图

第九节　电离辐射计量

编撰：王双岭、龙成章、高申星。

电离辐射计量起源于 X 射线的发现和应用，按照计量性质分为电离辐射和放射性活度两个项目，根据测量对象分为以电离辐射本身量为最终目的的计量和应用电离辐射原理来测量其他物理量的计量。

河南省社会公用最高电离辐射计量标准主要有以下 4 项。

1978 年 3 月河南省标准计量局付克华参加了国家计量局在无锡举行的放射性检定培训班，1979 年皮家荆筹建放射性计量量值传递工作，1981 年引进英国 NE 公司照射量计，型号为 25003，1982 年 3 月到货并邀请河南省职业病防治所陆婉清帮助在中国计量院验收，这是河南省电离辐射计量事业的开始。

一、医用治疗辐射源检定装置

该装置 1989 年 10 月由河南省计量所陆婉清建标，电离室为德国 0.6cc 石墨壁电离室，主机为德国 PTE 生产的为 PTW-MP3 三维射线束分析仪。2002 年，由张中伟引进新的德国 PTW 公司 NXPTW-Unidos 剂量仪，建标复查合格后更名为医用治疗辐射源检定装置，测量范围为（10^{-3}~10）Gy·min^{-1}，测量不确定度为 U_{rel}=5%（k=3）（见图 6-9-1）。

2008 年，河南省计量院于试验发展基地建立医学实验楼，建立了用于治疗水平剂量计检定的标准 γ 辐射场。引入放射性活度为 2.96E+13Bq，编码为 0113Co000432 的 ^{60}Co 的放射源，是国内领先水平治疗水平剂量计量值传递实验室，并用于相关科学研究（见图 6-9-2）。

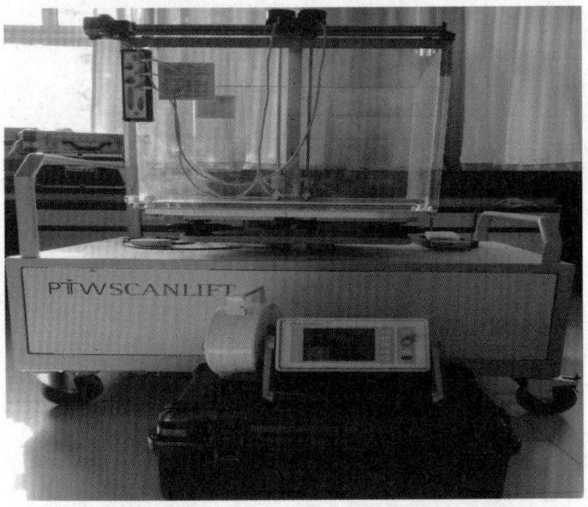

图 6-9-1 医用治疗辐射源检定装置

图 6-9-2 治疗水平用 ^{60}Co 标准辐射场

二、X、γ 射线空气比释动能（防护水平）标准装置

该装置由马长征 1991 年 10 月筹建，1994 年 1 月建标，2002 年 8 月引进新的剂量计获批准。该装置测量范围（10^{-8}~10^{-2}）Gy·h^{-1}，不确定度为 U_{rel}=5%（k=2）（见图 6-9-3）。

图 6-9-3
X、γ 空气比释动能（防护水平）标准装置

三、X、γ射线探伤机检定装置

该装置1989年10月陆婉清建标，测量范围为（10^{-5}~10^{-1}）Gy·min^{-1}，测量不确定度为 U_{rel}=2.0%（k=3）。

四、放射性活度标准装置

该装置2006年4月龙成章建标。该装置由两部分组成，一是用于低本底 γ 能谱仪及其标准源的计量检定的标准装置，包括 γ 谱仪活度测量装置、ϕ3mm 的 ^{60}Co 点源，测量范围为（0~10^4）Bq；ϕ3mm 的 ^{137}Cs 点源，测量范围为（0~10^4）Bq 以及型号为 ϕ75×70 的 Th、K、Ra 混合标准源，测量范围为（0~10^4）Bq，不确定度为5.0%（k=2）；二是 ^{239}Pu（ϕ35mm、测量范围为 10^2~7×10^3 粒子（$2\pi\times min$）$^{-1}$）、^{90}Sr–^{90}Y（ϕ30 mm，测量范围为 10^2~7×10^3 粒子（$2\pi\times min$）$^{-1}$）分别作为 α、β 源用于低本底 α、β 测量仪的计量检定。

五、医用治疗辐射源检定系统表框图

随着核工业和核技术应用的发展，电离辐射计量范围也日趋广泛，工业产品探伤测量、农产品辐射加工、核医学控制诊断及电离辐射环境和防护计量等领域，在国民经济和社会生活中的地位和作用愈加重要。

医用治疗辐射源检定系统表框图，见图6–9–4。

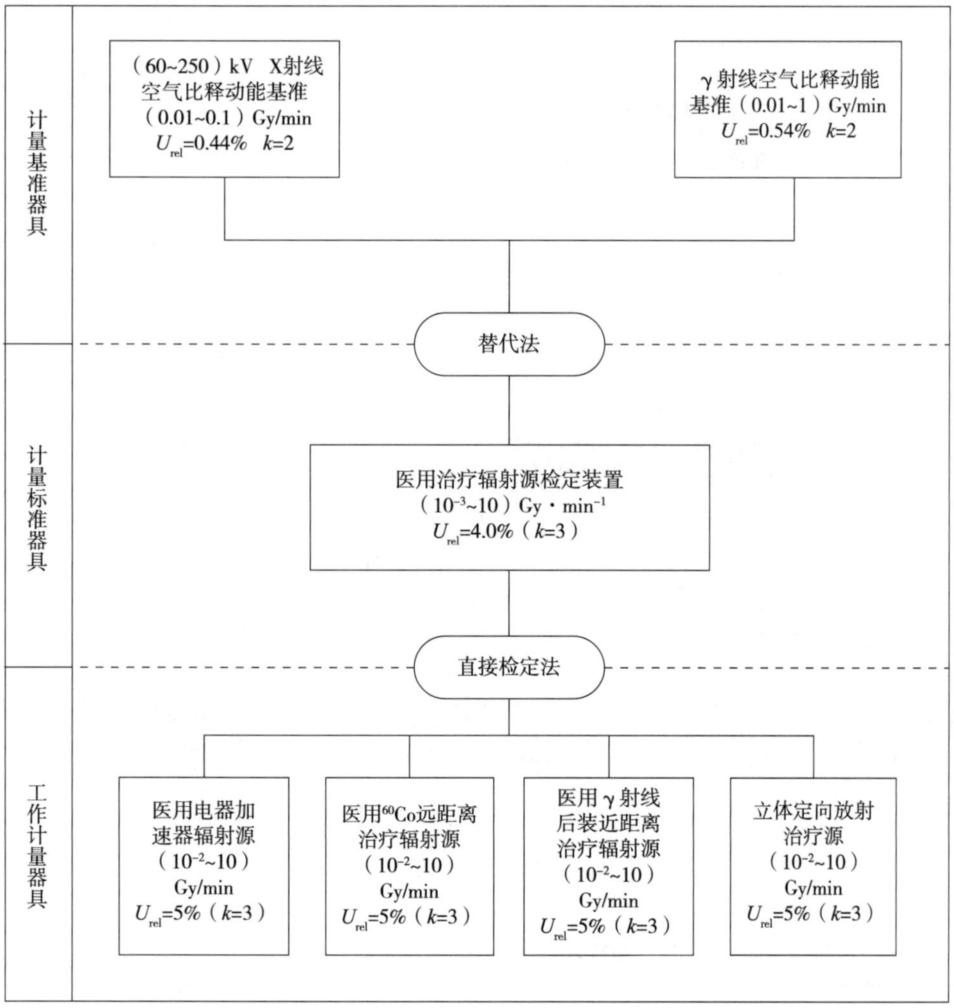

图6–9–4 医用治疗辐射源检定系统表框图

第十节　化学计量

编撰：朱茜、孔小平、许建军。

化学计量是研究化学测量量值的准确、统一和量值溯源性的学科。

河南省社会公用最高化学计量标准有 34 项。

一、毛细管黏度计标准装置

该装置 1990 年建标，首次建标人王颖华。计量标准器：标准毛细管黏度计、标准黏度油。该装置测量范围为（$1\sim1\times10^5$）mm^2/s，不确定度为 U_{rel}=（0.15~0.60）%，k=2。黏度计量器具计量检定系统表框图，见图 6-10-1。

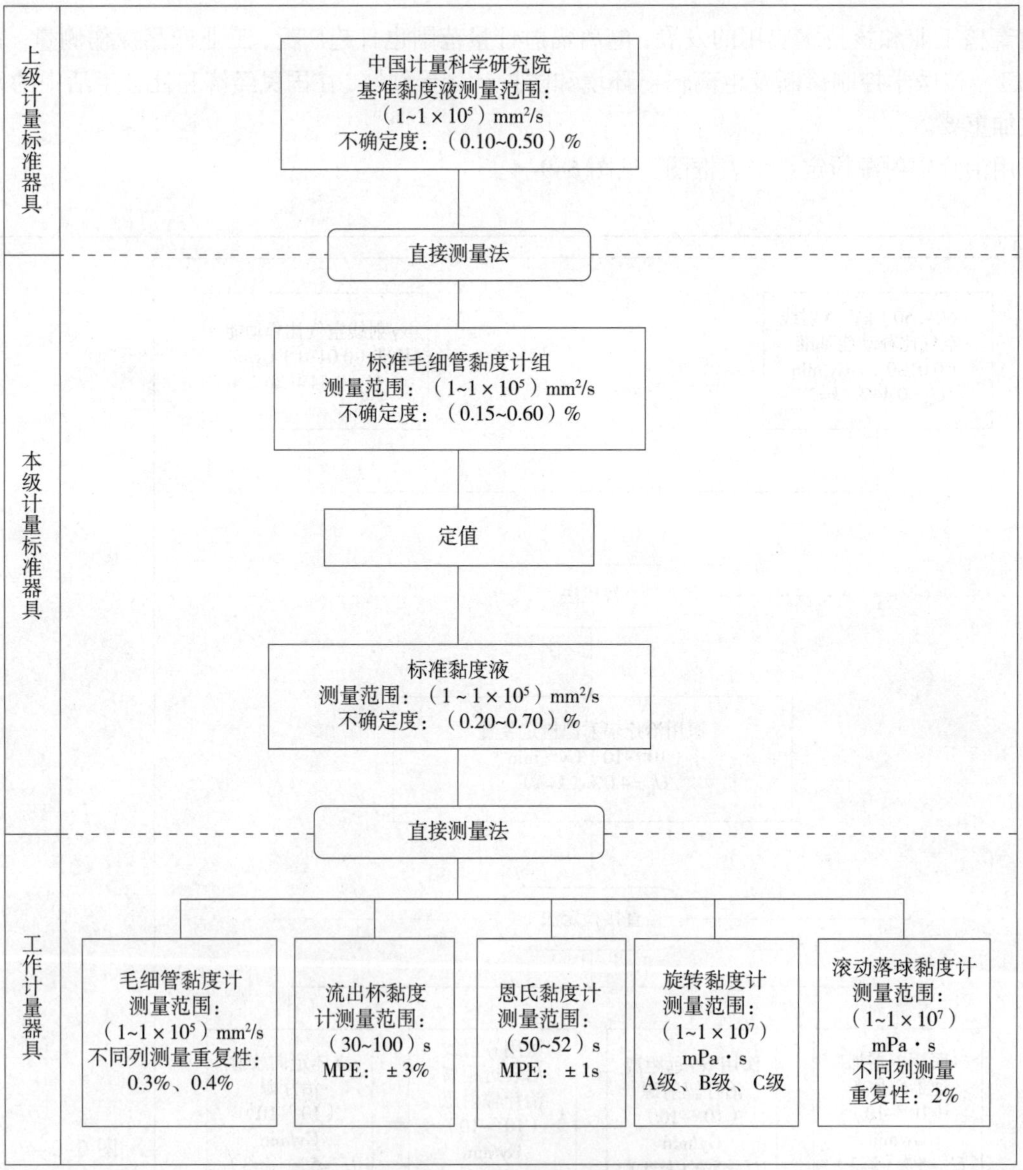

图 6-10-1　黏度计量计量器具检定系统表框图

二、原子吸收分光光度计检定装置

该装置 1994 年 10 月建标，首次建标人王颖华、朱茜。该装置测量范围为 Cu：（0.00~5.00）μg/mL，Cd：（0.00~5.00）ng/mL；不确定度为 Cu：U_{rel}=1%，k=2，Cd：U_{rel}=2%，k=2（见图 6-10-2）。

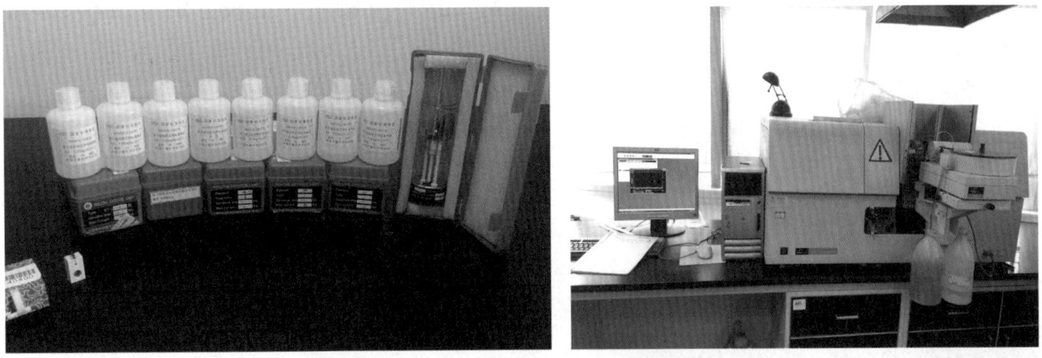

图 6-10-2　原子吸收分光光度计检定装置

三、气相色谱仪检定装置

该装置 1996 年 4 月建标，首次建标人尚岚、许建军。该装置测量范围：苯 – 甲苯为 5.00 mg/ml，正十六烷 / 异辛烷为 100ng/μl，甲基对硫磷 / 无水乙醇为 10ng/μl，丙体六六六 / 异辛烷为 100ng/ml、CH_4–N_2 为 101 × 10^{-6}mol/mol，温度（0~400）℃；测量不确定度：液体标准物质为 U_{rel}=3%，k=2；气体标准物质为 U_{rel}=1%，k=2；铂电阻温度计为二等（见图 6-10-3）。

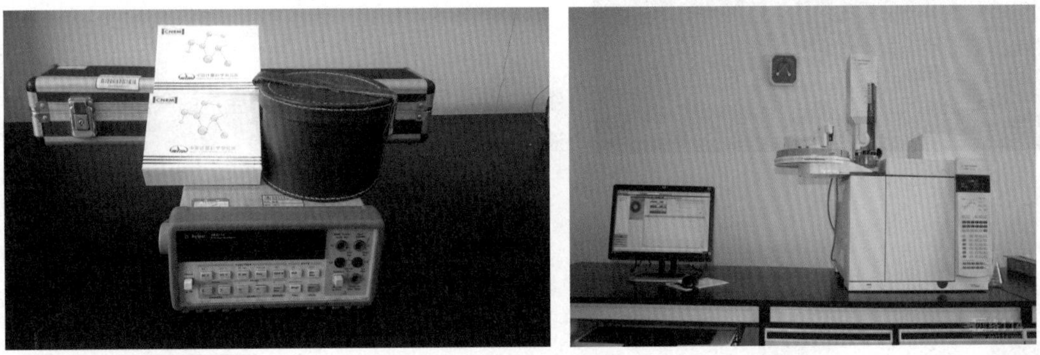

图 6-10-3　气相色谱仪检定装置

四、紫外可见近红外分光光度计检定装置

该装置 2001 年 3 月建标，首次建标人朱茜。该装置的测量范围：波长为（190~2600）nm，透射比为（0~100）%；不确定度：波长为 U=（0.1~1.0）nm（k=2）；透射比为 U_{rel}=0.2%~0.5%（k=2）。

五、化学需氧量COD测定仪和在线自动监测仪检定装置

该装置 2009 年 11 月建标，首次建标人孙晓萍。该装置测量范围为（50~1000）mg/L；不确定度：A 类仪器为 U_{rel}=（0.6~2.0）%，k=2；B 类仪器为 U_{rel}=0.3%，k=2。

六、标准物质研究生产

截至 2014 年，河南省计量院已获标准物质制造计量器具许可证和 35 种国家二级气体标准物质证书、3 种国家二级液体标准物质证书（见图 6–10–4）。其中，2014 年 3 月 6 日国家质检总局国质检量函〔2014〕77 号文批准的河南省计量院研制生产的氢中甲烷气体标准物质等 11 种二级标准物质的制造计量器具许可证、国家标准物质定级证书和 11 种二级标准物质一览表分别见图 6–10–5、图 6–10–6 和表 6–10–1。

化学计量已经深入科学技术、国民经济和社会发展的各个领域，特别是在食品安全、环境监测、生命科学和材料能源等领域中占据着越来越重要的地位，起着愈来愈重要的作用。

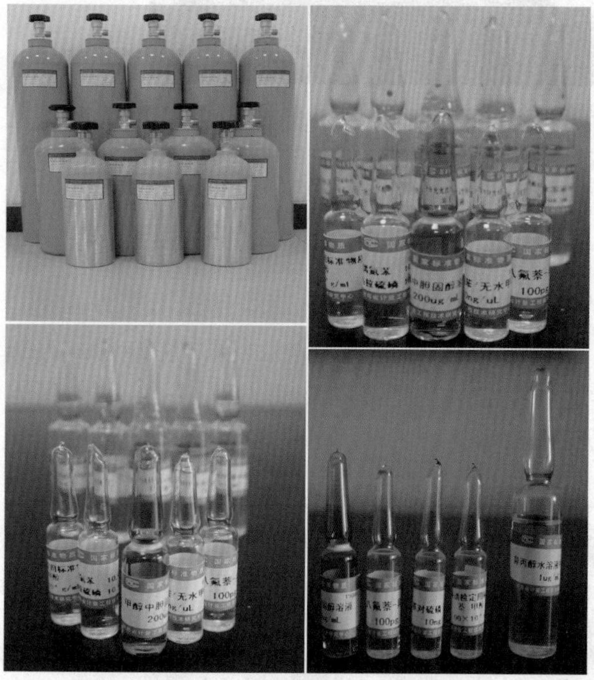

图 6–10–4　河南省计量院研制生产的气体标准物质和液体标准物质

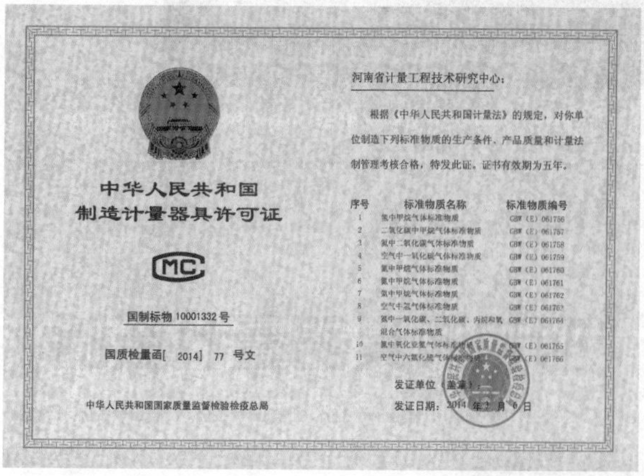

中华人民共和国
制造计量器具许可证

CMC

国制标物 10001332 号

国质检量函[2014] 77 号文

中华人民共和国国家质量监督检验检疫总局

河南省计量工程技术研究中心：

根据《中华人民共和国计量法》的规定，对你单位制造下列标准物质的生产条件、产品质量和计量法制管理考核合格，特发此证。证书有效期为五年。

序号	标准物质名称	标准物质编号
1	氢中甲烷气体标准物质	GBW（E）061756
2	二氧化碳中甲烷气体标准物质	GBW（E）061757
3	氮中二氧化碳气体标准物质	GBW（E）061758
4	空气中一氧化碳气体标准物质	GBW（E）061759
5	氮中甲烷气体标准物质	GBW（E）061760
6	氦中甲烷气体标准物质	GBW（E）061761
7	氩中甲烷气体标准物质	GBW（E）061762
8	空气中氢气体标准物质	GBW（E）061763
9	氮中一氧化碳、二氧化碳、丙烷和氧混合气体标准物质	GBW（E）061764
10	氮中氧化亚氮气体标准物质	GBW（E）061765
11	空气中六氟化硫气体标准物质	GBW（E）061766

发证单位（盖章）：

发证日期：2014 年 3 月 6 日

图 6–10–5
2014 年氢中甲烷气体标准物质等制造计量器具许可证

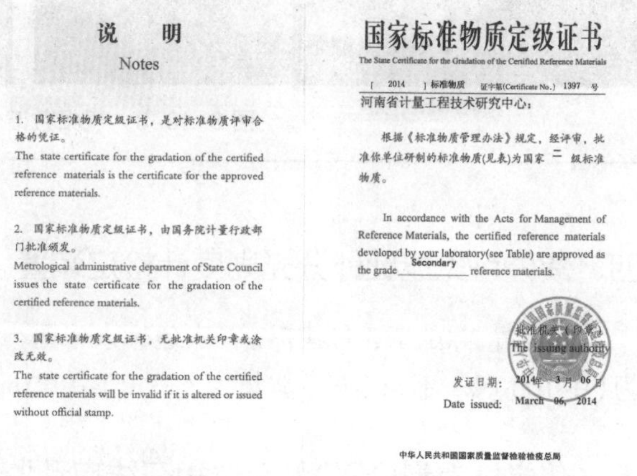

说　明
Notes

1. 国家标准物质定级证书，是对标准物质评审合格的凭证。
The state certificate for the gradation of the certified reference materials is the certificate for the approved reference materials.

2. 国家标准物质定级证书，由国务院计量行政部门批准颁发。
Metrological administrative department of State Council issues the state certificate for the gradation of the certified reference materials.

3. 国家标准物质定级证书，无批准机关印章或涂改无效。
The state certificate for the gradation of the certified reference materials will be invalid if it is altered or issued without official stamp.

国家标准物质定级证书
The State Certificate for the Gradation of the Certified Reference Materials

[2014] 标准物质 证字第(Certificate No.) 1397 号

河南省计量工程技术研究中心：

根据《标准物质管理办法》规定，经评审，批准你单位研制的标准物质(见表)为国家 二 级标准物质。

In accordance with the Acts for Management of Reference Materials, the certified reference materials developed by your laboratory(see Table) are approved as the grade Secondary reference materials.

批准机关（印章）
The issuing authority

发证日期：2014年 3月 06日
Date issued: March 06, 2014

中华人民共和国国家质量监督检验检疫总局

图 6–10–6
2014 年氢中甲烷气体标准物质等国家标准物质定级证书

表 6-10-1　氢中甲烷气体标准物质等二级标准物质一览表

序号 No.	标准物质名称 Name of the CRM	标准物质编号 CRM No.	特性及不确定度 Property and Uncertainty
1	氢中甲烷气体标准物质	GBW（E）061756	见国质检量函【2014】77号
2	二氧化碳中甲烷气体标准物质	GBW（E）061757	
3	氮中二氧化碳气体标准物质	GBW（E）061758	
4	空气中一氧化碳气体标准物质	GBW（E）061759	
5	氮中甲烷气体标准物质	GBW（E）061760	
6	氮中甲烷气体标准物质	GBW（E）061761	
7	氦中甲烷气体标准物质	GBW（E）061762	
8	空气中氢气体标准物质	GBW（E）061763	
9	氮中一氧化碳、二氧化碳、丙烷和氧混合气体标准物质	GBW（E）061764	
10	氮中氧化亚氮气体标准物质	GBW（E）061765	
11	空气中六氟化硫气体标准物质	GBW（E）061766	

第七章

河南省计量大事记

（1949—2014）

河南省计量大事记（1949—2014）

1949 年

5 月　10 日，河南省人民政府成立，省会设在开封市。河南省人民政府开始在全省行使计量监督管理职能。

8 月　20 日，平原省人民政府成立，省会设在新乡市。平原省人民政府开始在全省行使计量监督管理职能。

1950 年

是年　许昌市度量衡的管理工作，由市政府工商科负责。

◎　郑州铁路局成立电力厂、电力工区衡器检修所，主要负责运输方面的衡器检修。

1951 年

是年　平原省安阳市政府工商科负责度量衡管理，无专人负责，无标准器具。为满足社会需要，批准 7 名民国时期的老秤工，负责修理木杆秤和竹木直尺。

1952 年

11 月　15 日，中央人民政府委员会第 19 次会议决定，撤销平原省建制。原属平原省的新乡、濮阳、安阳及焦作矿区划归河南省管辖。河南省人民政府在全省行使计量监督管理职能。

1953 年

是年　新乡供电区对用户先后安装了有功、无功电度表，电压、电流互感器等。

1954 年

10 月　经中央人民政府政务院批准，河南省省会设在郑州市，河南省人民政府由开封市迁到郑州市。

1955 年

是年　新乡市衡器厂建立。该厂是河南省最早的衡器生产厂，主要生产木杆秤，兼搞台秤修配。

◎　郑州铁路局成立压力表检查室，主要负责机车用压力表的检查修理。

1956 年

9 月　6 日，省编制委员会首次下达省计量管理部门和编制计划，决定在省商业厅内设计量科，在开封、安阳、新乡、洛阳、郑州五市商业局内配备专管计量工作干部 1 人。

11 月　省商业厅派周立勋等 29 人参加国家计量局在南京举办的首期计量干部训练班，1956 年 11 月入学，1957 年 4 月毕业。

1957 年

7 月　8 日，省编制委员会印发《关于建立计量检定管理机构的通知》[（57）编办字第 111 号]，决定在省商业厅内设立计量处，主管全省计量工作；同时，在郑州、洛阳、新乡、开封、安阳、焦作、商丘、许昌、南阳、信阳 10 地市商业局内设计量检定所。

8 月　24 日，省商业厅发文，对计量检定机构的性质、任务、职权范围、同各个部门的关系、领导关系、经费开支、业务开展、人员来源等问题作出规定。

9 月　省商业厅派卢悦怀等参加国家计量局在南京举办的第二期计量干部训练班，1957 年 9 月入学，1958 年 2 月 1 日毕业。

12月 18日，省商业厅发文，根据国家计量局《关于禁止英制和公、市制在度器上同器并刻的通知》精神，规定“今后生产的度器，一般禁止英制和其他计量制度同器并刻；对进口的英、公制同器并刻的度器，做特殊处理；英制度器一律进行检定；目前各地缺乏英制标准尺，暂用公制标准尺进行检定”。

是年 全省计量工作，一是筹建计量检定新项目，二是密切结合当时大办钢铁的需要，开展了给土高炉“带眼镜”，测试炉温、水量、水压等计量检测工作。

1958年

2月 21日，省人民委员会发布《河南省计量检定管理试行办法》和《河南省计量检定收费暂行办法》。这两个《办法》在河南省实施了20年。

8月 省人民委员会印发省商业厅的《木杆秤改革方案（草稿）》征求意见，进行试点。

11月 根据国家计量局和中央气象局统一部署，省气象局成立仪器检定所，负责检定省级以下气象计量仪器。

◎ 陈仲瑞任省商业厅计量处处长。

是年 省中原电业管理局中心试验所成立，主要负责电力系统的计量管理和计量检测工作。

◎ 省计量机构发展到32个（其中省1个，地市14个，县17个）。采取依靠厂矿大搞协作的方法，开展万能量具、电子仪表、压力、容量等36种计量器具的检定工作。

1959年

3月 9日，省人民委员会批准将商业厅计量处移交省科学技术委员会（以下简称省科委）领导，改称计量标准处。

是月 陈仲瑞任省科学技术委员会计量标准处处长。

4月 9日，省科委、省商业厅联合发出《关于建议变更计量工作领导关系的联合通知》，建议将各专、市、县计量工作的领导关系作相应变更，由各地科委统一领导。

6月 陈仲瑞任中共河南省科学技术委员会党分组委员、省科学技术委员会计量标准处处长。

8月 7日，依据国务院6月25日发布的《关于统一计量制度的命令》，国际公制（即米突制）为中国基本计量制度，省人民委员会向各专署、市、县人民委员会及省直各厅、局发出《关于木杆秤改革方案》，要求将十六两为一斤改为十两为一斤；先城后乡、分期分批、以改为主、逐步进行，在1960年底以前全省改革完毕。

◎ 29日—9月3日，省科委、省机械工业厅在安阳联合召开计量工作为机械工业服务现场会。具体认识了计量工作在机械工业生产中的作用，明确了在机械工业生产中开展计量工作的方法。

10月 8日，省科委决定，由省科委计量标准处、省建筑科学研究所、黄河水利委员会水利研究所、郑州重型机械厂组成测力硬度协作组，自1959年10月开始，对全省100吨及其以下的材料试验机、硬度计进行周期检定，并规定了收费标准。

是年 全省计量工作贯彻“以工业为主，为生产服务”的方针，以钢铁、机械工业为重点，以提高劳动生产率、保证产品质量为目标，积极开展为工业生产服务活动。通过加强企业计量工作管理，提高计量器具合格率，促进产品质量的提高，取得了成绩。《河南日报》第一次发表计量工作方面的社论，对全省机械工业加强计量工作产生很大影响。

◎ 郑州铝业公司成立机械动力处电气试验室，兼管计量与仪表，几十人。

◎ 全省建立计量检定机构62个，计量人员179人。建立计量机构的大、中、小型企业（包括中央企业）共73个，计量人员504人。全省建立长、热、力、电4个计量协作组织，参加单位118个，其中骨干企业22个。

1960年

1月 中央气象局在河南召开全国气象仪器就地进行计量检定现场会议。

2月 22日，省科委发文，要求各有关单位将计量技术发展作为整个科学技术发展的组成部分，并迅速编制发展计划报送省科委计量标准处。

3月 24日，省科委发文，将省科委的长度计量标准一等标准量块、一级角度量块、二等标准玻璃刻度尺、一级标准钢卷尺建立在洛阳第一拖拉机厂，对全省开展量值传递工作。

5月 3日，省人民委员会发文，将原省科委计量标准处改为河南省计量标准局（以下简称省局），业务包括计量工作和标准化工作。

◎ 16日，省科委上报国家计量局《关于建立我省电学计量标准器的报告》〔(1960)第013号〕，确定在省电业局中心试验所建立0.2级安培计、0.2级瓦特计、2级标准电池、0.2级电压互感器、0.2级伏特计、0.02级电阻、0.1级电流互感器等电学计量标准，对全省开展量值传递工作。

是月 陈仲瑞任省科学技术委员会党分组委员、省计量标准局局长。

8月 郑州大学数学系本科毕业生何丽珠、郑州大学化学系本科毕业生王志惠分配到省局工作。这是省局接收的第一批从大学分配来的本科毕业生。

是年 省局建立了一等标准砝码（1~500）g、（1~500）mg、二等标准砝码（1~20）kg、（1~500）g、（1~500）mg等质量计量标准。

◎ 全省计量工作贯彻“发展国民经济，以农业为基础，大办农业、大办粮食，为生产服务”的方针。动员全省计量系统，对土壤养分、土壤酸碱度、水分等进行化验计量，为农业丰收作出贡献。《河南日报》发表了评论。

1961年

2月 16日，省科委转发国家计量局《关于切实执行国务院关于统一计量制度的命令》。要求省直各有关委厅局、各专署、郑州市人委、新华通讯社河南分社、河南人民广播电台、河南日报社、河南人民出版社、南阳日报社在工作中认真执行，并大力进行宣传。

◎ 21日，省科委发文，要求有关单位将现有的量块、角度块、线纹米尺、光学仪器的名称、型号、产地、数量详细统计报省科委计量局，以便开展周期检定及普查普修工作。

是年 物资供应比较紧张，各级政府采取了定量、凭证供应的办法。全省各级计量部门加强市场计量器具管理，对商业度量衡器进行检查。

1962年

2月 19日，省科委发文，强调《国家科委关于加强一般衡器管理工作的函》是符合我省实际情况的，望各地科委接此通知后，认真贯彻执行。

4月 7日，省科委、省劳动厅联合转发国家科委、劳动部《关于检定蒸汽锅炉压力表的通知》，要求各专、市科委、劳动处、局根据《通知》精神，结合当地具体情况，积极组织有关部门，认真贯彻执行。

5月 28日，省局发出通知，对全省开展直流电位差计、直流电桥、标准电池、标准电阻、电阻箱、电压表、电流表、单相瓦特表、检流计9个项目的检定工作。

6月 5日，省科委发文，要求各有关单位将使用的三等测力计的数量、规格函告省局汇总上报，以便国家科委计量局安排周期检定计划。

是年 全省各级计量部门执行“精简机构，下放人员”的政策。全省原有37个地、市、县计量机构299人，精简为21个机构151人。

1963 年

7 月 6 日，省科委将“河南省科学技术委员会计量标准局”改名为“河南省科学技术委员会计量管理局”（以下简称省局），归省人委建制，由省科委代管，并上报请省人民委员会审批。

是月 陈济方任中共河南省科学委员会党组成员、省科学技术委员会计量管理局局长、局党支部书记。

8 月 10 日，省科委转发《中国计量技术与仪器制造学会筹备委员会关于报送参加热工年会和电磁年会学术论文的通知》，要求各有关单位按通知要求，积极参加论文征集。

9 月 27 日，省人民委员会批转省科委《关于进一步加强计量工作的报告》，要求各专、市和各有关厅、局要认真地检查一下计量工作。

10 月 21 日，省局转发国家科委计量局《关于组织对物理量符号和计量单位代号的国家标准（草案）代为审查的通知》，要求“各有关厂矿、有关大、专院校、各专（市）计量所：物理量符号和计量单位代号的国家标准是国家编制标准的重要工作，极需早日编制出来，务希协助，并于 11 月 30 日以前，将审查意见寄来省局，以便整理上报”。

11 月 7 日—17 日，省局召开全省计量工作会议，传达贯彻全国标准计量工作会议精神，讨论《中华人民共和国计量管理办法（草案）》和《河南省 1963—1972 年计量技术发展规划（草案）》及《河南省计量管理暂行办法（草案）》，并对今冬明春计量工作做出安排。

是年 省局建立了一等标准水银温度计、二等铂铑铂热电偶等热学计量标准。

1964 年

3 月 13 日，省人民委员会发文，同意将“河南省科学技术委员会计量标准局”改名为“河南省科学技术委员会计量管理局”（以下简称省局）。

8 月 26 日，省局发文，决定 9 月 1 日开展电阻式真空计、热偶式真空计、转动式压缩真空计、机械真空泵极限真空度的检定、测定工作。

是月 省委书记吴皓、刘仰桥（当时为第一书记制）视察河南省计量局实验室。

9 月 18 日，省局发文，同意三门峡库区实验总站建立二等质量标准，负责站内质量量值传递，其标准量值由省局传递，监督管理工作等由三门峡市计量管理所负责。

是年 全省计量工作在量值传递中贯彻了“三严”（严格、严肃、严密），严字当头，一丝不苟；贯彻了检修结合和少花钱多办事、勤俭办计量事业的精神。深入基层搞调查研究，组织 33 人深入 151 个厂矿企业等单位，用了 1599 天（次）的时间，摸清了部分量值传递项目的工作量，编制出了周检计划。全省计量器具周检计划从此开始实施。

◎ 全省计量标准量值传递单位 184 个，其中机械和农机系统 56 个、冶金煤炭系统 15 个、水利电力系统 25 个、建筑工程系统 27 个、铁道系统 11 个、国防系统 9 个、化工单位 5 个、科研单位 12 个、大专院校 11 个、其他 13 个。全省检定计量器具 120000 台（件）。省局检定计量器具 2676 台（件），较 1963 年有了大幅度提高。

1965 年

2 月 24 日，省局发文，对全省开展电流互感器、电压互感器、钳形电流表、静电电压表等项目的检定工作。

4 月 8 日，省局恒温实验室改造工程验收，投入使用。该工程 1963 年 10 月 5 日开工，1965 年 4 月 7 日完成，总造价 389817 元。

是年 省局实验工厂研制生产的一等标准水银压力计和一等标准 50L 金属量器经国家计量局检定合格，投入使用。

◎ 全省计量工作坚持“以阶级斗争为纲，贯彻为生产服务”的方针，以支援农业、军工为重点，围绕军工、农机、化肥、农药等工业生产开展检定工作，把军工计量检测工作列为“重中之重，急中之急”，提倡“下厂检定、服务上门”。省局是年下厂检定 150 人（次），所到厂矿 209 个。

◎ 全省计量器具检定数量是河南省从建立计量机构开展计量检定工作以来最高的一年。全省检定计量器具 32 万台（件），是 1964 年的 2.67 倍。省局检定计量器具 8600 台（件），是 1964 年的 3.21 倍。

1966 年

3 月 21 日—28 日，省局召开全省计量工作会议，贯彻全国计量工作会议精神，交流计量工作革命化经验，安排全省 1966 年计量工作。

5 月 11 日，全国计量工作会议召开，交流计量为地方军工生产服务经验。省局交流题目是《我省计量工作是怎样为军工生产服务的》。

6 月 “文化大革命”开始，计量工作开始遭受严重挫折。全省各级计量机构被大量撤销，计量人员下放基层劳动，计量制度遭到破坏，量值传递受到严重影响。

是年 503 厂建成第一台 150 吨机械轨道衡。

1967 年

6 月 16 日，省局提出《1967 年计量工作要点》，内容为：要突出政治，用毛泽东思想武装头脑；贯彻“五七”指示，把全省计量机构办成亦工亦农、亦文亦武的革命化的毛泽东思想大学校；抓革命、促生产，计量工作要为军工生产服务。

1968 年

3 月 4 日，经省革命委员会批准，省局革命委员会成立。

10 月 省局人员集中到省科委学习，后下放信阳罗山五一农场进行“斗批改（斗争、批判、改革的简称）”，省局留守 7 名人员，计量工作基本处于停顿状态。

1969 年

7 月 省局人员结束“斗批改”，从信阳罗山返回郑州。

1970 年

1 月 省局大批计量人员下放基层，28 人留守省局，维持局面；致使计量周期检定、量值传递工作不能正常开展，计量工作遭受严重影响。

1971 年

是年 干部继续下放基层，主要地点在洛阳地区宜阳县。省局人员大部分下放到宜阳县农村为驻队干部；另一部分下放到厂矿企业。省局 28 名留守人员继续留局维持局面。

1972 年

2 月 省局接收第二次分配的北京大学力学专业程新选、清华大学光学仪器专业吴帼芳、清华大学精密仪器专业哈柏林、天津大学计时专业韩丽明、天津大学热工仪表专业杜书利、天津大学精密仪器专业王桂荣、浙江大学光学仪器专业赵立传、武汉大学无线电专业付克华、北京工业学院无线电专业陈海涛、新乡师范学院物理专业丁再祥等理工科专业毕业的 10 名大学本科毕业生，充实了计量检定实验室技术力量。省局下放人员陆续回局。此时，省局恢复到“文化大革命”前的 90 人编制。河南省计量工作开始恢复。

4 月 省局划归省计划委员会代管。

10 月 12 日，省计委、省国防工办共同组织召开河南省军民计量工作座谈会，贯彻全国军民计量工作座谈会精神，介绍本地区计量工作在“斗批改”中的经验和如何更好地为军工生产服务。

11 月 河南省科学技术委员会计量管理局更名为河南省标准计量局（以下简称省局），仍归省计划委员会代管。

12 月 9 日，为贯彻落实河南省军民计量工作座谈会精神，充分发挥各地、市计量部门计量标准设备的作用，大力协同，就地就近解决计量器具检修问题，省局发出《关于地、市计量所扩大检修项目和组织协作网的通知》，要求各有关地、市计量所对本地区和协作地区安排计量器具的周期检定。

1973 年

是年 无线电计量协作组河南分组成立，省局任组长单位，省电子研究所任副组长单位。分组下设 4 个小组：豫东协作小组由郑州市标准计量局任组长单位；豫南协作小组由南阳地区计量管理所任组长单位；豫西协作小组由 014 中心任组长单位；豫北协作小组由新乡 22 所任组长单位。

◎ 为提高全省计量人员技术水平，培训各类计量检定人员，省局先后举办了全省电学、甚低频接收机、光学高温计和天平、砝码等多期计量培训班。

1974 年

2 月 省局重新划归省科委代管。

是年 省局计量恒温楼开工建设，建筑地址位于花园路东侧、红旗路北侧，第一期征地 21.55 亩（14366.667m^2），计划实验室建筑面积 4000 m^2。

1975 年

3 月 28 日，省局、省气象局联合召开全省气象计量工作座谈会，研究部署全省气象计量工作，大力开展气象计量仪器的检定和修理。

4 月 省局先后在汤阴县、百泉农专举办水、土、肥计量测试现场会议，在全省推广计量为农业服务，开展水、土、肥计量测试工作。至 1978 年，全省各级计量机构共建立水、土、肥计量测试点 197 个，为掌握水、土、肥的变化，合理施肥，提高农作物产量提供了科学资料。

是年 中国科学院副院长武衡视察省局实验室，并召开座谈会。

1976 年

5 月 22 日—28 日，省局召开全省地、市计量所所长会议，总结交流计量工作执行毛主席革命路线的经验；贯彻计量工作为三大革命运动服务的方针，坚持开门办计量、勤俭办事业的精神；安排全省 1976 年计量工作。

11 月 3 日，省局发文，要求各地、市、县计量所对今年各项农业计量测试工做全面总结，肯定成绩，找出问题，并作出明年开展这项工作计划。

12 月 郑州市计量所王永立等编著的《万能量具修理》出版，这是全省计量系统出版的第一部计量著作。

是年 为使县级计量部门增加量值传递项目，为“五小（小煤矿、小钢铁厂、小化肥厂、小水泥厂和小机械厂）”工业服务，截至 1978 年，省局每年有计划无偿配备 5 个县计量所计量标准设备，共武装了 15 个县计量所，使其能够开展万能量具、天平、砝码、压力表、工业用热电偶等检定项目。

1977 年

7 月 1 日—7 日，全省标准计量工作会议召开，传达全国标准计量工作会议精神，学习贯彻《中华人民共和国计量管理条例（试行）》，对制定《河南省计量管理实施办法》提出具体要求。

◎ 11 日，河南省中医处方用药计量单位改革领导小组发布《关于改革中医处方用药计量单位的意见》并成立办公室，统一领导全省中医处方用药计量单位改革工作，要求改十六两医用秤为千克秤。

9 月 省局、省机械厅联合对全省机械行业计量工作和产品质量进行检查。检查结果表明企业计量工作存在严重问题，主要是：大量在用计量器具失准；计量器具质量低劣；企业计量制度遭到破坏；企业计量机构不健全，不少企业计量室被取消；企业领导对计量工作重要性认识不足等。这次检查为1979的企业计量整顿奠定了基础。

1978年

1月 13日，省局发布《关于我省计量器具检定收费标准的通知》，自发布之日起执行。

4月 21日，省局在洛阳召开全省计量工作为“五小”工业服务经验交流会。

◎ 24日，省革命委员会颁布《河南省计量管理实施办法》，共18条，规定：计量制度为米制，逐步采用国际单位制；河南省标准计量局是主管全省标准化、计量的职能部门，省级以下革命委员会要建立、健全标准计量机构，全省各企业、事业单位要根据需要设置计量机构或专职管理人员；要建立各级计量标准器，按就地、就近的原则组织量值传递；生产计量器具的企业，须先报计量部门审核同意后，再向工商行政管理部门登记开业，产品由计量部门检定合格后方准出厂；受检单位按规定交纳检定费等。

◎ 25日，省中医处方用药计量单位改革办公室发布《中医处方用药计量单位改革实施细则》，并公布了《检查验收办法》。从1979年1月开始，组织省相关部门对全省各地区、各单位进行了检查验收，1979年底结束，全省共改革戥秤约11万支。

11月 20日，省局、省商业局、省粮食局、省供销社联合发文，在全省进行一次衡器普查，要求各地、市、县商业、粮食、供销、计量部门共同开展一次全省性的衡器普查工作，取消旧杂制度量衡器。

是年 郑州铝厂研制成功第一台100吨电子轨道衡，通过了国家计量局组织的科技成果鉴定，投入使用。

1979年

2月 14日，根据开封市计量管理所关于对开封市衡器厂产品质量抽检情况的汇报和《中华人民共和国计量管理条例（试行）》第七条的规定，省局、省二轻局联合发文，决定开封市衡器厂生产的衡器产品由开封市计量管理所实行出厂检定。

3月 巨福珠任中共河南省科学技术委员会党组成员、省标准计量局局长、局党支部书记。

4月 12日，省局、省工商局、省税务局联合发文，加强衡器生产销售管理，规定：制修木杆秤的单位和个人须经当地计量部门审核同意，并在工商行政管理部门办理营业登记后，方准营业；产品须经计量检定合格并有合格证，否则不得销售；工商、税务部门也不得批准外销；对旧杂制应予没收；对利用木杆秤弄虚作假、非法牟利者，应予严惩。

7月 6日，省局、省商业局、省供销社、省工商局、省二轻局联合转发国家计量总局等五部委《关于加强商业部门计量管理工作的通知》，要求对商业、供销系统的基层商店和城乡集市贸易中使用的计量器具进行一次全面普查，并成立了“河南省衡器普查办公室”。

8月 24日，省经委、省科委批转省局《河南省厂矿计量管理细则（试行）》，要求各级计量部门加强对厂矿企业计量工作监督管理。省局发布《河南省厂矿企业计量工作“五查”整顿方案》。“五查”是：查企业计量机构是否建立；查计量标准器具是否合格；查量值传递系统是否建立；查计量检定人员技术水平；查各种规章制度的建立执行情况。首先在郑州电缆厂、郑州第二砂轮厂进行“五查”试点后，以点带面，全面开展。至1981年年末，全省共完成“五查”整顿企业516个。

10月 省局组织4个“五查”检查组对全省14个地、市计量部门进行“五查”。“五查”是：查计量标准器及配套设备；查量值传递执行情况；查技术水平；查规章制度；查任务完成情况。首先在洛阳市计量所进行“五查”试点。南阳地区、郑州市、安阳市、开封市、漯河市计量所被评为“五查”先进单位。

是年 省委书记张树德（当时为第一书记制）视察河南省局实验室。

1980 年

3 月 河南省标准计量局更名为河南省计量局（以下简称省局），仍归省科委代管。

是月 巨福珠任中共河南省科学技术委员会党组成员、省计量局局长、局党支部书记。

省政府副省长史毅在全省计量工作会议上讲话。

7 月 省政府颁发“河南省计量局”印章。

9 月 1 日，省政府颁布《河南省度量衡管理暂行规定》，有力地推动了全省度量衡管理和计量检定工作，计量部门管好度量衡器的指导思想更加明确，地、市计量部门加强了管理力量，县级计量部门加大了投入，度量衡器的检定逐步形成制度化，开始走上正常轨道。是年，全省共检修 23 万台（件）度量衡器（不包括出厂检定），平均合格率由 1979 年的 50% 左右上升到是年的 70%。

11 月 省局组织对全省地、市计量部门计量检测人员进行第一次计量技术考核，分笔试和实际操作两部分。参加考核 213 人，269 项次，合格 239 项次，占 88.8%。对考核合格者颁发了“计量技术考核证书”。

是年 省局新建铯钟、静态膨胀法真空系统、一等标准酒精计、500L 一等标准金属量器 4 项省级计量标准，开展量值传递。省局参加国家计量总局《利用“交响乐”卫星进行时间同步》科研项目，获国家计量总局重大科研成果二等奖。省建设厅 1980 年组织通过省计量局计量恒温楼建筑物实体验收；1981 年组织通过省计量局计量恒温楼建筑物技术性能验收；建筑面积 5000 m^2，恒温面积 1200 m^2，高七层，实验室恒温精度（20 ± 0.5）℃。

1981 年

3 月 省局发文要求，加强全省水表产品计量管理，对水表生产企业提出要求：具有完整的产品技术标准及工艺装备；水表校验装置必须经计量部门检定合格；计量检定人员必须经计量部门考核合格；有健全的质量检验制度；产品质量稳定，一次检定合格率达到规定要求。省局对水表生产厂进行技术考核；同时，加强对生产水表的质量监督抽查。

4 月 24 日，省局发文，为全省计量部门计量管理人员颁发“河南省计量管理检查证”。“检查证”是计量管理人员行使计量管理职权的身份证明。计量管理人员凭“检查证”可对本地区违反国家计量法规和管理政策的行为进行监督检查，并提出处理意见。

7 月 6 日，河南省计量测试学会成立，设立秘书组、组织组和论文征集组，设立几何量、温度、力学量和物理常数、电磁、时间频率、电子、流量、电离辐射和理化专业学组。

8 月 20 日，省政府副省长罗干视察省局实验室。

10 月 为提高计量系统领导干部的业务技术管理水平，省局举办第一期地、市、县计量所（局）领导干部业务技术训练班，参加人数 41 人，历时 35 天。

11 月 2 日，省局批准省局苗瑜为主要起草人的豫量 JJF-D_1-1981《单相有功直接接入式电度表暂行检定方法》，这是省局批准的第一个地方计量检定规程。该检定规程是在国家电度表计量检定规程发布之前发布的，填补了国家电度表计量检定的空白。

是年 省局建立 100 吨（1MN）二等标准测力机，筹建平晶标准、20L 标准量器、标准电离真空计玻璃系统和电能标准。

1982 年

3 月 24 日，省政府颁布《河南省计量器具检定、修理收费办法》和《河南省计量器具检定修理收费标准》，自 5月 1 日起施行。

7 月 29 日，省科委党组调整充实了省局领导班子和内设机构；决定：省局内设办公室、人事科、计划财务科、行政科、动力科、长度科、力学科、热工科、电学科 9 个科室，任命了各科室正、副科长（主任）。

8 月 16 日—25 日，省局组织郑州第二砂轮厂、郑州电缆厂、郑州铝厂、洛阳铜加工厂、新乡化纤厂的能源管理、计量、研究所人员共 8 人，对中国计量科学研究院热工处等开展热平衡测试工作进行参观考察。

是年 省局对考核合格的全省 15 个地、市计量部门的 90 名计量检测人员颁发了“计量技术考核证书”。

1983 年

4 月 21 日—26 日，经省政府批准，省经委、省科委、省国防工办联合召开全省厂矿企业计量工作会议。省局魏翊生局长做了《以提高经济效益为中心，努力开创我省厂矿企业计量工作新局面》的工作报告。要求用三年时间把全省厂矿企业计量工作分期分批进行整顿，抓好企业计量检测手段配备，建立健全企业计量机构。

6 月 省政府副省长阎济民在全省计量测试座谈会上讲话。会后，视察了省局实验室。

7 月 省局发文，从是月起逐步开展对全省放射性计量器具的周期检定，保证全省各企、事业单位放射性计量器具单位统一、量值准确，为工农业生产、环境监测、医疗卫生和科学研究等部门提供服务。

8 月 19 日，河南省编制委员会印发豫编［1983］163 号文，批复河南省计量局设置及人员编制。河南省计量局，事业编制 128 名（含河南省计量测试所事业编制 98 名及省计量学会编制）。河南省计量局（以下简称省局）为副厅级单位，归省经济委员会代管。

◎ 22 日—25 日，意大利国家计量研究院热物理测量专家佛朗西斯科 · 理吉尼博士一行到省局参观访问，参观了省局有关实验室，作了学术报告，进行学术交流。

◎ 25 日，省局、省卫生厅联合发文，加强全省医用计量器具管理，要求各地、市卫生部门和计量部门全面开展医用计量器具普查普检工作；严格执行计量器具周期检定制度，规定进行周期检定的医用计量器具包括：放射性、血压计、硬度计、氧气表、天平、光电比色计、戥秤、体重秤、分析仪器等。

9 月 5 日，澳大利亚应用物理处交流电学计量专家巴里 · D · 英格利斯博士到省局参观访问，进行学术交流。

11 月 魏翊生任中共河南省经济委员会党组成员、省计量局局长（副厅级）。

是年 1981 年至是年末，全省计量部门积极开展计量科研工作，共有 5 个项目获省科技成果三等奖，其中有：省局研制的“应变传感器率定台”和“激光测量仪”；安阳市计量所研制的“通用离子计”和“数字光度计”；洛阳市计量所研制的“标准光学高温计工作电源”。是年，河南省计量测试研究所（以下简称省所）成立。省所及所有计量检测项目均搬迁至郑州市花园路 21 号。

1984 年

1 月 国家经委下达《1984 年国家优质产品、优质食品评优计划》，省局制定《河南省创优产品计量测试情况审查表》，开展全省第一次创优产品计量审查工作。是年，全省 18 个企业的 21 种产品经国家评选获得质量奖；189 个审查合格企业的 167 种产品被评上部优、省优。

2 月 省企业整顿领导小组、省经委联合发文，要求在工业企业全面整顿中做好计量整顿工作。省局发布《河南省工业企业计量整顿标准（试行）》。

是年 3月在洛阳第一拖拉机制造厂进行了企业计量整顿试点。是年，全省计量部门共完成109个企业计量整顿验收，其中，合格69个。

◎ 2日，河南省编制委员会印发豫编［1984］第46号文，批准：河南省计量局下设办公室、计量管理处、省计量测试所，人员编制维持原数不变。

4月 27日，国务院发布《关于在我国统一实行法定计量单位的命令》。国家采用国际单位制。国际单位制计量单位和国家选定的其他计量单位，为国家法定计量单位。国际单位制有7个基本单位、21个导出单位和20个构成十进倍数和分数单位的词头。国家选定的非国际单位制单位16个。

6月 22日，省政府发布《关于贯彻执行〈国务院关于在我国统一实行法定计量单位的命令〉的通知》。《通知》对法定计量单位的宣传贯彻、计量仪器设备改制和生产、实行法定计量单位的步骤和时间等推行工作提出措施和要求。全省70%的市、县及省直12个厅、局召开法定计量单位宣贯会议。全省各级计量部门和有关部门举办法定计量单位学习班、技术讲座268次，参加19381人。电视、广播等进行了法定计量单位知识的普及宣传。

◎ 22日，齐文彩任河南省计量局办公室副主任、张隆上任计量处副处长，李培昌任河南省计量测试研究所副所长。

7月 6日，省局发文决定，省局办公室下设秘书科、人事教育科、行政科、动力科；省所为省局直属机构，内设办公室、长度室、热工室、力学室、电磁室、无线电室、情报资料室。此外，省局设计量志编辑部。

是月 由国家经委、国家计量总局组织的中南地区联合验收组，对我省耗能重点企业进行能源计量验收，郑州第二砂轮厂、洛阳矿山机器厂、河南石油勘探开发公司、新乡化纤厂验收合格并获得“企业能源计量合格证”，其中郑州第二砂轮厂被评为全国能源计量先进单位。

9月 25日，省局发布《河南省工业企业计量检定人员技术考核办法》。是年，省局组织对全省企业计量检定人员进行第一次考核，235个企业924人参加，对考核合格的718人颁发了“计量检定员证”。

是月 省经委颁布《河南省工业企业计量工作定级、升级实施办法（试行）》〔豫经办字（1984）468号〕，自11月1日起试行。该《办法》规定：凡新建、扩建企业必须取得“三级计量合格证书”后方可验收开工生产，现有企业必须取得“三级计量合格证书”后方可申请产品生产许可证，参加部门和地方产品评优活动及质量奖评选；获得“二级计量合格证书”的企业，可参加国家质量奖及先进单位、六好（生产经营好、企业文化好、劳动关系好、党组织班子好、党员队伍好、社会反映好）企业评选；获得“一级计量合格证书”的企业，授予“国家计量先进单位”称号，产品可以使用“计量信得过”标志；获得各级计量合格证书的企业，可进行一次性奖励。

◎ 省所33人参加了国家计量局全国计量检定人员考核委员会对全国省级计量技术机构进行的第一次全国计量检定人员统一考试，及格31人，其中程新选（力值项目）获全国第一名，2人2项获全国第二名，笔试平均分数列全国第三名，受到国家计量局的表彰。

是年 省所建立的1000kg质量标准、一等标准金属器具和时间频率标准通过国家考核论证。

1985年

1月 18日，河南省人民政府办公厅发布《河南省全面推行法定计量单位的实施意见》，对法定计量单位的宣传贯彻、计量仪器设备改制等推行工作提出具体要求：年底前完成活塞式压力计、标准压力表、工作压力表、真空计、测力机、材料试验机、磁性材料测量设备、木杆秤等改制工作；1986年开始，杆秤、竹木直尺、皮尺、卷尺一律按法定计量单位生产；是年开始，新制定的产品技术标准、工艺文件都要使用法定计量单位；1986年年底前，全部产品标准都要改用法定计量单位；所有国营、集体、个体商店、门市部、饭店从1986年起一律使用法定计量单位。医疗卫生部门在放射性诊断、治疗中，从1987年起采用法定计量单位。

3月 16日，省局发布《关于工业企业计量定级、升级若干问题的通知》，安排全省工业企业计量定级、升级工作。4月，省局组织对郑州电缆厂进行企业定级、升级试点，并在该厂召开全省企业计量定级升级试点大会。是年，全省共完成企业定级323个，其中二级企业57个，三级企业266个。

◎ 20日，省计划经济委员会发布《关于全面加强能源计量工作的通知》，要求：对年耗能折合标准煤千吨以上企业要按照国家经委印发的《企业能源计量器具配备和管理通则》配齐、用好、管好能源计量器具，由计经委主管部门和计量行政部门进行验收。6月19日，省局发布《河南省企业能源计量验收暂行规定》和《河南省企业能源计量验收评分标准（试行）》。7月19日—20日，省计经委、省局联合召开全省能源计量工作会议，交流加强企业能源计量工作经验，安排全省企业能源计量验收计划。是年底，全省共对426个企业进行了能源计量验收。

4月 魏翊生任省计量局局长、局党组书记（副厅级）。

9月 6日，《中华人民共和国计量法》颁布。《计量法》共六章三十五条，对计量基准器具、计量标准器具和计量检定、计量器具管理、计量监督、法律责任等立法，1986年7月1日起施行。

是年 省局组织抽查省内10个计量器具生产厂家的水表、电度表、压力表、台秤、温度计5个品种、20个规格的206件产品。抽查结果：水表36只，合格26只，合格率72.2%；电度表20块，合格18块，合格率90%；压力表24块，合格23块，合格率95.8%；台秤6台，合格6台，合格率100%；温度计120只，合格113只，合格率94.2%。

◎ 省所21人参加了国家计量局全国计量检定人员考核委员会对省级计量技术机构进行的第二次全国计量检定人员统一考试，合格19人，其中韩丽明（砝码项目）、周秉时（电桥电阻箱项目）获全国第一名。省局对考核合格的全省地、市计量机构的264名计量检定人员颁发了“计量检定员证”。

1986年

1月 19日，省人大六届常委会第十八次会议上，省局局长魏翊生受省政府委托作了《关于计量法实施问题的报告》，并通过了《关于实施〈中华人民共和国计量法〉的决议》。3月8日，省政府召开河南省宣传贯彻《计量法》大会。宣传贯彻《计量法》活动在全省开展起来。据统计，为贯彻实施《计量法》，全省有97个市、地、县作了决议，发了通知，有108个地、市、县召开了宣传贯彻《计量法》大会。

◎ 10日，省局发布《河南省无线电计量协作实施办法》，规定协作分组的任务是：组织分组的无线电计量量值传递和检定计划，进行量值传递、标准比对和测试；组织经验交流和技术培训；参与编写检定规程和测试方法；提供技术服务和技术咨询；承担省局委托的无线电计量方面的管理活动等。

4月 28日，程新选任河南省计量局办公室副主任（副处级、主持工作），张景义任副主任（副处级）；张玉玺任河南省计量局计量管理处副处长（副处级）；肖汉卿任河南省计量测试研究所总工程师。

6月 2日，省局决定：省局机关与所属省所人员、事业经费划开。核定省局机关

46 人，省所 96 人。省所经费归口省科委条件处。

◎ 22 日，中央电视台播出电视剧《死亡调查报告》。为配合《计量法》颁布和实施，省局制作了一部宣传《计量法》的电视剧《死亡调查报告》。该电视剧由省局与新乡市文化局影视制作中心联合录制。

是月 省局组织对 16 个地、市计量机构的 317 项计量标准进行考核，对考核合格的 277 项计量标准颁发了"计量标准考核证书"。

8 月 26 日，省计量测试学会委托洛阳工学院承办的计量测试函授专科班开学，开设几何量测量、力学量测量和热工测量仪表 3 个专业。2004 年，"测控技术与仪器（计量测试）"专业本科开始招生。

9 月 10 日，省局率先编制了一套适用于县级以上政府计量行政部门处理计量违法、计量纠纷案件和进行技术仲裁的 25 种计量监督文书格式，为全国首创，上报国家计量局，得到国家计量局的肯定和表扬。

◎ 15 日，省局颁布《河南省工业企业计量定级、升级考核评审办法（试行）》。是年，国家计量局在河南省聘任 10 名一级计量评审员，省局聘任 161 名全省第一批二、三级计量评审员。

10 月 7 日，省局发布《河南省计量标准考核实施办法（试行）》，规定：县以上各级人民政府计量行政部门所属或授权的计量检定机构建立的最高等级社会公用计量标准由上一级计量行政部门主持考核，企业事业单位建立的本单位使用的最高计量标准按隶属关系向有关计量行政部门申请考核。

◎ 10 日，省局发布《河南省申请办理制造（修理）计量器具实施办法（试行）》，规定：制造（修理）计量器具企业必须经计量部门考核合格后方准办理营业事宜。考核内容包括生产设施、出厂检定条件、人员技术状况、有关技术文件和计量管理制度。

12 月 3 日—6 日，省局召开全省计量监督工作会议，宣传贯彻《计量监督文书格式》和《使用说明》，安排全省计量监督工作。要求《计量监督文书格式》从 1987 年 1 月 1 日起在全省试用。

是月 肖汉卿任河南省计量测试研究所所长；李培昌任河南省计量测试研究所所党总支书记。

是年 国家计量局组织对省所建立的 44 项最高社会公用计量标准考核合格，国家计量局颁发了"计量标准考核证书"。国家计量局批准郑州铝厂、洛阳第一拖拉机制造厂为全省第一批一级计量合格企业。国家计量局批准省所负责起草 JJG 461—1986《靶式流量变送器》和 JJG 466—1986《气动指针式测量仪》。省局批准地方计量检定规程一个。省局组织对省电子产品质量监督检验站和省水泥质量监督检验测试中心站进行计量认证，颁发了"计量认证合格证书"，这是全省第一批计量认证合格单位。省局先后任命两批计量监督员，第一批 27 名，第二批 92 名。

1987 年

1 月 27 日，省局发布《关于工业企业计量定级、升级有关事宜的通知》，安排本年度定级、升级计划。

2 月 3 日，省局、省科学院签订关于郑州市红专路 1 号大院内部房产权、土地使用权和固定设施转让协议书，并于 1987 年 12 月完成移交。

5 月 6 日—11 日，在山东省长岛召开国家计量检定规程归口单位负责人会议上，国家计量局确认批准河南省计量局为气动测量仪、电动测量仪、容积式流量计、速度式流量计和面积式流量计国家计量检定规程归口单位。

8 月 省局编制的一套《计量监督文书格式》，经全省县以上政府计量行政部门半年试用和进一步修改、完善，形成了25种《计量监督文书格式》，为全国首创；上报国家计量局，得到国家计量局的肯定和表扬，决定在全国推广试用。

9月 1日，省局发布《河南省计量器具新产品样机试验管理办法》，适用于在国内已经型式批准，而本单位未生产过的以销售为目的的计量器具新产品，共23条，规定了样机试验程序、样机试验监督管理等。是年，全省14个企业取得了"计量器具新产品样机试验合格证书"。

10月 省局发布《河南省产品质量检验机构计量认证程序》和《河南省产品质量检验机构计量认证考核评审细则》。是年，省局对11个省级质检机构进行计量认证，并颁发了"计量认证合格证书"。

11月 9日，省局组织对全省各级计量部门的人员进行计量法律、法规统一闭卷考试，参加1901人，平均数91.4分。这次考试，对提高计量部门人员的业务素质，促进学习和贯彻实施《计量法》，起到了积极的推动作用。

是月 省所综合实验楼开工；1989年9月竣工，6层，4000 m^2；10月8日，省局从郑州市红专路1号搬入，投入使用。在第一期工程征地的基础上，第二期征地23.43亩（15620.001 m^2）。

是年 省局根据《河南省计量标准器具考核实施办法》，对省所42项最高社会公用计量标准和全部次级社会公用计量标准、17个市地计量检测机构建立的259项计量标准及省直有关部门建立的75项计量标准进行标准考核。省局对27个计量器具生产厂33种规格的计量器具产品进行监督检查。省所陈传岭获全国计量检定人员统一考试失真度项目第一名、数字电压表项目第二名。

◎ 贯彻实施《计量法》，加强了计量行政机构建设。全省有13个市地、18个县成立了计量（标准计量）局，3个市地、25个县成立了计量（标准计量）管理办公室。贯彻实施《计量法》，加强了工业计量管理；全省工业企业计量定级1578个，其中一级13个，二级223个，三级223个。省局向222个企业颁发"制造（修理）计量器具许可证"；对78种计量器具新产品进行样机试验；对309个企业进行能源计量验收。

1988年

5月 11日—16日，中南地区计量协作第五届年会在郑州召开，传达国家计量协作五大区会议精神，交流中南地区计量改革、计量监督和强制检定工作。会议期间，河南省计量局介绍了利用计量监督文书实施监督管理的经验。

◎ 16日，省人大常委会办公厅发布《关于对〈计量法〉实施情况进行检查的通知》，决定9月份对全省实施《计量法》的情况进行一次全面检查。

9月 2日，省人大常委会召开会议，组织安排全省《计量法》大检查工作。省《计量法》检查团由省人大常委会副主任郭培鋆任团长，下设豫北、豫南、豫东、豫西4个检查分团。9月5日—24日，各检查分团分赴全省各市、地对《计量法》实施情况进行了全面检查。

10月 6日—9日，全国人大法工委、国家法制局、国家技监局、中南六省计量局组成的24人国家检查团对河南省就《计量法》实施情况进行检查。检查团充分肯定了河南省实施《计量法》所取得的成绩和经验，指出了差距和问题，提出了改进意见。

◎ 20日，省局、省物价局、省公安厅、省工商局、省环保局联合发布《关于出租汽车安装使用里程计价表的规定》，11月1日起施行。

11月 经各级专业技术职称评审委员会评审，省计经委职称改革工作组检查验收，省所肖汉卿、林继昌、阮维邦、何丽珠、李培昌、付克华被评为高级计量工程师，这是省所第一批高级计量工程师。

是年 国家计量局批准省所负责起草的国家计量检定规程2个，省局批准省所起草的地方计量检定规程 1 个。省局聘任 22 名全省第一批计量标准二级考评员，聘任 90 名全省第一批计量认证评审员。

1989 年

1 月　16 日，省编制委员会印发《关于建立河南省技术监督局的通知》（豫编［1989］8 号），决定："为了加强对技术监督工作的统一领导，省委、省政府决定，撤销河南省计量局、河南省标准局，组建河南省技术监督局（副厅级单位），为省政府统一管理组织协调全省技术监督工作的职能部门。"

2 月　11 日，戴式祖任省技术监督局局长、局党组书记（副厅级）。

◎　25 日，河南省技术监督局（以下简称省局）成立。省政府副省长刘源、国家技监局副局长李保国、省顾委常委岳肖峡、省政协副主席魏钦公、省军区副司令员王英洲等领导出席了成立大会。参加成立大会的共有 153 个单位 600 余人。

◎　全省已建计量行政部门 82 个，法定计量检定机构 136 个，省局授权承担强检任务的企业、事业单位 2 个。全省计量行政部门管理人员 565 人，其中计量监督员 461 人；法定计量检定机构技术人员 1473 人，其中计量检定员 1094 人。全省社会公用计量基、标准器具 821 台（件）；部门、企业事业单位最高计量标准 106 台（件）。

3 月　16 日—18 日，全省第一次技术监督工作会议召开。副省长刘源讲话。局长戴式祖要求 1989 年重点做好四个方面的计量工作。

4 月　6 日，省局为把河南省无线电计量协会活动纳入法制管理的轨道，发布通知，授权相应计量技术机构承担无线电计量检定任务。《中国技术监督报》1990 年 1 月 20 日发表《河南省无线电协作组规划量传网点做好授权工作》，并加编者按。

5 月　8 日，省局颁布《河南省计量器具新产品样机试验细则（试行）》。

6 月　10 日，省计经委、省局联合发布《在能源管理和节能升级工作中对计量工作的几点意见》，共 5 条。

是月　张隆上任省技术监督局计量管理处处长。

8 月　28 日，省物价局、省财政厅、省局联合发布《关于颁发技术监督系统各种收费的通知》，颁发了 274 种计量器具检定收费标准和计量认证等收费标准。

是月　省局在平顶山市召开了省首届技术监督理论宣传研讨会，65 人参会。收到论文 112 篇，评出优秀论文 43 篇，其中有计量管理和计量技术方面的论文多篇。省局科技宣传处处长程新选等 15 人宣讲了论文。省局局长戴式祖主持会议并作总结讲话，副局长史新川致开幕词。

10 月　10 日，省局在河南省人民会堂举办了全省首届技术监督文艺会演。省局局长戴式祖，副局长徐俊德、张祥林、史新川和省局科技宣传处处长程新选等参加了大合唱。《计量杂谈》等计量节目获一等奖。是月 18 日晚，河南省电视台选播，起到了很好的宣传效果。

◎　21 日，张隆上任河南省计量测试研究所所长；李培昌任河南省计量测试研究所所党总支书记；肖汉卿任省所总工程师（正处级）。

11 月　28 日，省局、省轻工业厅联合发文，要求自行车、日用保温容器等轻工产品认真实行法定计量单位，自行车车轮直径使用毫米（mm），日用保暖容器容量使用升（L）。

是年　省局授权安阳市技术监督局等 13 个单位 27 项计量标准在规定区域开展计量检测。制订了全省第一批实行强制检定工作计量器具规划，共 32 项 67 种。省局组织了对 730 多个集贸市场、20225 家商贸店以及对郑州、开封、洛阳三市 26 个单位的黄金首饰加工、销售的计量监督检查。

◎　省所检定计量器具 39393 台（件），其中强检工作计量器具 18 项 22 种 9943 台

（件）；检测修收入 65 万元。

◎ 全省技术监督系统检定计量器具 1197049 台（件），检定收入 710 万元，其中，强检工作计量器具 34 项 61 种 953157 台（件）。企业计量定级升级累计考核 3801 个单位，复查 300 个；计量验收企业 459 个，复查 16 个。取得“制造修理计量器具许可证”累计 221 个单位。计量器具新产品定型（型式批准证书数）累计 24 张；质检机构计量认证累计 57 个单位。

1990 年

2 月 24 日，省局发文，对贸易结算用汽车计量罐车实施强制检定，指定省所承担该项强检任务，保证汽车计量罐车量值准确统一。

3 月 3 日，省局发文，加强农用物资农副产品计量监督检查。是年，全省共检查 6263 个单位，处理计量违法行为 507 起。

4 月 19 日，省政府批转省局《关于加速推行法定计量单位工作意见的报告》。

6 月 26 日，省局发布《河南省强制检定工作计量器具实施规划（1990—1992）》，对列入强检目录的 55 项 111 种（本省无船舶计量仓）工作计量器具均作出安排。

7 月 4 日，省局按照国家技术监督局和中南国家计量测试中心要求承担并完成修订《计量监督执法文书和检定印证》任务。

9 月 18 日，向国家技术监督局呈报《关于推行法定计量单位检查验收阶段性工作报告》。全省实施法定计量单位总获分率为 93.4%，达到了国家技术监督局的要求，基本上实现了国务院规定的向法定计量单位的过渡。

12 月 29 日，省局发布《河南省技术监督“八五”科技发展计划》，共 25 项重点项目，其中有 14 项计量重点项目。

是年 省局批准地方计量检定规程 1 个。全省检定计量器具 1157956 台（件），检定收入 919 万元。由省局主编，丘光明、邱隆、王彤、王柏松、刘建国编写的《中国古代度量衡论文集》出版。

◎ 省所检测计量器具 45683 台（件），检测修收入 110 万元。是年 6 月末，省所已建省级社会公用计量标准 8 类 85 项，其中省级最高计量标准 53 项，次级计量标准 32 项。是年，重庆大学电机专业硕士研究生王卓、郑州大学高能物理专业硕士研究生马长征被分配到省所工作；1991 年华南理工大学光电子专业硕士研究生王广俊被分配到省所工作。这是省所接收的第一批从大学分配来的硕士研究生。

1991 年

3 月 15 日，省局、省土地管理局、省农牧厅联合发文，向全省农村推行改革全国土地面积计量单位，采用平方公里、公顷和平方米。

4 月 17 日，以省所为依托建立的河南省计量器具产品质量监督检测试中心站，取得计量认证和审查认可证书，通过检测项目 51 项。

5 月 17 日—18 日，省局召开全省计量认证工作会议，组成了省所等 10 多个计量认证评审组。

是月 张景信任省技术监督局计量管理处处长。

9 月 3 日，省政府召开“河南省表彰国家计量先进单位大会”。副省长秦科才出席会议并讲话。省人大常委会副主任郭培鋆、省政协副主席刘玉洁参加大会。河南省荣获国家计量先进单位 41 个，全国商业计量先进单位 3 个，全国计量先进集贸市场 4 个。

是年 省局组织了量块和克组砝码计量标准比对。全省已具备 45 种 78 项计量器具强检能力。全省检定计量器具 1172108 台（件），检定收入 1086 万元。

◎ 省所承担屈光度计（镜片测试仪、镜度仪等）和部分已建标的流量仪表的强检工作；同 105 个计量定级企业签订周期检定合同；检测计量器具 43559 台（件），检测修收入 145 万元。

1992 年

4 月 24 日，省局、省卫生厅联合发文，加强全省医疗卫生计量工作，要求贯彻《计量法》，健全计量管理机构，提出了开展医疗卫生计量合格单位活动，列入医院达标上等建设工作中同步进行等 7 条要求。

6 月 2 日，省局、省乡镇企业管理局联合发文，加强乡镇企业计量工作，提出贯彻《计量法》，以提高产品质量和节能降耗为重点等 7 条要求。

7 月 6 日，省局、省物价局、省财政厅联合发布《河南省计量收费标准》，含计量标准考核等 5 类计量收费标准和 10 大类 1229 项 1336 种计量器具、5 类 86 种专用计量器具的检定、修理收费标准，自 8 月 1 日起执行。

12 月 3 日，河南省计量协会成立，省人大常委会副主任郭培鋆出席成立大会并讲话。戴式祖任理事长，张祥林任常务副理事长、张隆上任副理事长，张景信任副理事长兼秘书长。

是年 省局组织对全省农用物资和农副产品销售使用的计量器具及计量器具产（商）品进行计量监督检查；组织进行了对省、市、地法定计量检定机构和省直计量技术机构计量执法监督检查。全省检定计量器具 1241671 台（件），检定收入 1252 万元。组织进行了热电偶计量标准比对。

◎ 省所检测计量器具 39496 台（件），检测修收入 240 万元。截至年底，省所已建省级社会公用计量标准 9 大类 104 项。

1993 年

5 月 3 日，省局发文，对全省法定计量检定机构所建社会公用计量标准进行监督检查。省局监督检查了省所、17 个市（地）计量检测所等单位的 750 项社会公用计量标准。

◎ 28 日，省局发文，对首次强检的竹木直尺、（玻璃）体温计、液体量提上使用全国统一的首次强检标志 CCV，不需再印制 CMC 标记。

6 月 4 日，省局发文，要求各地组织一次对进口计量器具的监督管理，对违法者，责令其补办型式批准或检定等法律手续。

是月 张隆上任河南省计量测试研究所所长、所党总支书记。

8 月 2 日，省局、省卫生厅、省医药管理局联合发文，推行血压计量单位使用规定，血压计（表）采用双刻度（千帕斯卡 kPa 和毫米汞柱 mmHg 两种计量单位）标尺（盘）。

9 月 11 日—12 日，省局在沁阳市召开“全省社会公用称重站现场会”，要求“因地制宜、周密实施、广泛宣传、稳定发展”。

◎ 14 日，国家技术监督局授予新乡县“全国土地面积计算单位试点工作先进县”称号，通报嘉奖，并颁发了铜匾。

10 月 6 日，省局发布《27 项计量标准证书超过有效期作废的通知》。

是年 省局组织进行了电能表标准装置比对。监督检查了 12 个市地的 122 台屈光度计和 312 套验光镜片组。全省取得制造修理计量器具许可证单位累计 745 个；计量器具新产品型式批准证书数累计 43 个。全省检定计量器具 1087157 台（件），检定收入 1467 万元。省局苗瑜等 5 人获得了全国第一批国家级计量检测体系评审员证。

◎ 省所检定计量器具 36084 台（件），其中强检工作计量器具 18 项 20 种 4134 台（件），检测修收入 161 万元。

1994 年

3 月 7 日，省局发布调整后的省重点管理计量器具为：电能表，电能表检定装置，高精度电流表、电压表、功率表，水表检定装置，压力表，定量包装机，燃油加油机。

4月 15日，省政府办公厅批转省局《关于我省全面推行土地面积计量单位改革的报告》。

7月 商丘地区技术监督局监督检查发现福建人经营的商丘县李门楼加油站更换加油机的传动齿轮，少给用户燃油。省局9月28日行文就违法所得计算问题请示国家技术监督局。9月29日，国家技术监督局政法宣教司发文答复。据此答复，审结了此案。1995年1月12日，国家技监局计量司副司长陆志方在河南省计量工作会议上要求加强对燃油加油机的计量监督。

8月 26日，省局发文，加强计量器具监督管理，提出了对计量器具制造业实行年度审核制度等6条要求。省局组织整顿了11个市、地的计量器具修理业459个单位和个人，对存在问题进行了处理。

◎ 29日，省局发文，指定省所对全省射线监测仪、照射量率仪、个人剂量计执行强制检定。

9月 19日，中共河南省委、河南省人民政府《关于印发〈河南省省直机构改革方案实施意见〉的通知》，省局列入省政府组成部门，由副厅级规格升为正厅级。

11月 召开了“全省计量器具制造业大会”。

◎ 戴式祖任省技术监督局局长、局党组书记（正厅级）。

是年 省局统检制造计量器具企业产品压力表，总合格率97.2%；燃油加油机，总合格率100%。组织可见分光光度计检定装置计量标准比对。全省历年累计完成质检机构计量认证196个。全省强检能力达50项97种，品种覆盖率87.4%，强检计量器具1014726台（件）。

◎ 省所检测计量器具32955台（件），检测收入179万元。省所累计建立省级社会公用计量标准9类55项，其中最高计量标准39项，次级计量标准16项。

1995年

4月 17日，省局发文，对天然气、石油液化气、煤气供销进行计量监督检查。全省检查了中原石油勘探局等229个单位的油、气交结计量问题，对存在问题进行了整改和处理。

5月 30日，省局发布《河南省中小型和乡镇企业计量合格确认办法》，共十四条，对申请、考核、发证等作出规定，在全省开展中小型和乡镇企业计量合格确认工作。

6月 13日，程新选任河南省计量测试研究所所长、所党总支书记。

10月 20日，省局发布《河南省出租汽车里程计价表计量监督管理办法（试行）》，共十二条，对生产、销售、安装、检定、使用及修理作出规定。

11月 10日，省局发布《河南省石油商品批发、零售企业〈计量质量信得过〉考核（复查）办法（试行）》，印发了申请书、考核标准和考核表。

◎ 22日，省机构编制委员会发文，保留河南省计量测试研究所，规格相当于处级；经费实行全额预算管理。

是年 省局颁布《河南省计量工作三年（1995—1997）计划》。省局会同省电力局对26个供电单位和10个发电单位进行了计量执法联合检查。省局组织了全国第二阶段电能计量标准比对，在省内组织了二等活塞压力计检定装置计量标准比对。戴式祖为主编、王彤为副主编的《河南省志第四十八卷·第八十篇计量志》出版。省局张景信、朱石树、徐敦圣被国家技术监督局评为“有突出成绩的计量工作者”。

◎ 省所围绕建立河南省能源计量检测中心和河南省医疗仪器检测服务中心，安排新建计量标准项目。省财政厅给省所拨款100万元，借款50万元，用于电能计量标准技术改造等。检测计量器具33828台（件），检测收入174万元。是年，省所获得国家技术监督局颁发的“声级计检定装置计量标准考核合格证书”，标志着河南省已经建立了十大类省级社会公用计量标准，并对全省开展量值传递。省所肖汉卿等编著的《差压型流量计》出版。

1996 年

1 月　29 日，省局发布《河南省强制检定计量器具管理实施办法》。省局发布《河南省实施强制检定的工作计量器具目录》，共 88 种，印发了检定布点规划，要求实行登记备案审查制度。

2 月　5 日，国家技术监督局计量司司长东征视察省所，省所所长程新选汇报工作，东征给予充分肯定。

4 月　11 日，国家技术监督局发文，同意省局积极筹建“国家农业工程测试技术中心”，建议将该项目列入省的有关计划，项目经费拟由地方投资为主，多渠道筹集解决。

6 月　省所程新选经培训考试获劳动部、国家技术监督局颁发的 00071 号职业技能鉴定考评员证书。

10 月　17 日，省局发布《河南省医疗卫生单位计量合格确认办法》，共十三条，对受理、申请、审核、发证、监督抽查作出规定。

12 月　9 日，省所所长程新选、省局计划处处长徐向东参观考察了设在法国巴黎的国际计量局，会见了局长奎恩博士，进行了学术交流。

是年　省局检查定量包装商品生产企业 158 家 289 种和定量包装商品销售企业 400 家 904 种；检验眼镜 61 副，合格率 44.3%；检查了 187 家商店（柜）台、医院使用的屈光度计、标准镜片组 211 台（组），合格率 64.0%。省局等要求在啤酒销售中一律使用带有刻度和制造计量器具许可证标志的啤酒量杯。全省检定收入 2941 万元。省局张祥林主编的《力学基础》出版。省所程新选为第一作者的《高精度光栅数显式标准洛氏及表面洛氏硬度计的研制》计量论文在《实用测试技术》1996 年第 4 期发表。

◎　省所检测计量器具 32749 台（件），检测收入 204 万元。

1997 年

2 月　14 日，省局发布修订的《河南省企业计量合格确认办法》，对申请、评审、发证等作出规定，在全省进一步深入开展计量合格确认工作。

5 月　18 日—20 日，省所通过国家技术监督局法定计量检定机构考评。通过省级社会公用计量标准项目 139 项，承检能力 400 种。12 月 1 日，国家技术监督局给省所颁发了“计量授权证书”。

7 月　13 日，济源市技术监督局根据中国供货商的投诉，依法对其境内法国承包商承包的黄河小浪底水利枢纽工程三标工地使用的意大利产 50 吨地中衡进行了现场检定，检定结果严重不合格，对三标做出了行政处罚。三标上诉。1998 年 3 月 20 日，省局就违法所得计算问题请示国家技术监督局。1998 年 3 月 24 日，国家技术监督局发文答复。据此答复，河南省高级人民法院判三标败诉。

8 月　5 日，国家技术监督局聘请河南省计量测试研究所程新选为全国力值硬度计量技术委员会委员，并颁发了聘书。

是年　省局对第一批 8 个市（地）法定计量检定机构和 11 个授权计量站进行了考核。全省检定收入 3412 万元。长葛市董村乡历史上以生产木杆秤闻名全国。省局对长葛市衡器市场进行了专项整顿，对已取得“制造计量器具许可证”的 21 家台、案秤生产厂家进行了审核监督检查。

◎　省所检测计量器具 40705 台（件），检测收入 324 万元。省所马长征为第一编著的《医用诊断 X 线机检定与修理技术》、肖汉卿为第一编著的《容积式流量计》、彭平为第一编著的《交流电能表检定装置的检定与维修》出版。

1998 年

1 月 7 日，王有全任省技术监督局计量处处长。

3 月 3 日，刘景礼任省技术监督局局长、局党组书记。

5 月 6 日，省局发布 DB41/015—1998《商品房面积测量规范》；11 日，省局颁布《河南省商品房销售面积计量监督管理办法》，推动商品房面积测量公正服务工作。是年，已有 13 个市（地）开展了商品房面积测量公正服务工作。

◎ 27 日，省局、省气象局联合发文，贯彻《计量法》，加强对气象计量站的业务管理，做好气象部门防雷检测机构计量认真工作。

8 月 10 日，省局发布《河南省计量检定人员管理办法》，共二十二条，规定了计量检定人员的范围、职责、条件、考核、发证和法律责任等。

9 月 4 日，省局转发国家质量技术监督局的《复函》，要求全省各公安机动车安全性能检测线（站）的计量器具接受设在省所的河南省机动车检测线检定站的依法检定。公安系统机动车检测线（站）计量器具强检工作起步。

◎ 19 日，河南省科学技术委员会颁发了聘请河南省计量测试研究所程新选为河南省科技进步奖特邀评审员的聘书。这是河南省技术监督局系统第一位获此聘书的人员。

10 月 省所建立了医用 CT 机计量检定标准。22 日，省局发文，开展医用 CT 机强制检定工作，要求省所对全省各医疗单位使用的医用 CT 机依法进行强检。省所该项强检工作取得了显著的社会效益和经济效益。

是年 省局考核 18 个法定计量检定机构、19 个省级授权计量检定站和 4 个授权的省级专项计量检定机构；省局、省卫生厅联合对 187 家医院使用的强检计量器具及计量管理进行了监督检查。召开全省计量工作会议。发布地方计量检定规程 1 个。全省检定计量器具 1704647 台（件），检定收入 3527 万元。省局获“全面完成计量工作三年计划先进单位”称号。

◎ 省所检测计量器具 38042 台（件），检测收入 319 万元。省所建立了机动车检测线计量检定标准，基本完成了全省交通系统机动车检测线（站）计量检定工作。省所该项检定工作，取得了显著的社会效益和经济效益。

1999 年

6 月 1 日，省局、省农业厅联合发文，加强农业和农村计量监督管理工作，要求加大执法监督力度，为乡镇企业、农办企业提供计量服务。

◎ 同日，省政府发布《河南省质量技术监督管理体制改革实施方案》。

◎ 9 日，省政府召开全省质量技术监督管理体制改革工作会议。全省技术监督系统实行垂直管理工作起步。各省辖市、县（市）计量所、质检所合并为市、县技术监督检验测试中心工作起步，机构规格分别为副处级、副科级。

8 月 30 日，省局、省交通厅联合发文，要求隶属于省所的《河南省汽车油罐车计量检定站》承担全省汽车油罐车的强检工作。

9 月 28 日，省局发文，对住宅电能表、水表、燃气表、热量表安装使用前实施首次强检，并加强监督检查。

10 月 8 日，省局发文，做好电话计时计费装置强检工作，纳入法制管理轨道。

◎ 18 日，省局、省地方税务局联合发文，在全省推行使用出租汽车税控计价器。

11 月 17 日，省局发文，加强医用辐射源等医疗卫生计量器具强检工作，对使用不合格医用计量器具的，坚决依法查处。

是年 省局对 1186 个市、县、乡、社会办医的医院使用强检计量器具情况进行专项检查。批准地方计量检定规程 2 个。省局发文，公布全省 24 个计量认证评审组、

89名具备省计量认证评审组长资格人员和288名省计量认证评审员名单。全省检测计量器具1720132台（件），其中强检计量器具39项74种1444462台（件），检测收入4270万元。

◎ 省所检测计量器具44995台（件），其中强检计量器具18项27种9522台（件），检测收入408万元。

是年末 全省累计建立在政府计量行政部门的社会公用计量标准1807项，授权建立的社会公用计量标准212项。累计授权法定计量检定机构52个。累计授权承担样机试验的机构，省局1个，项目50项。累计单项授权机构101个，项目292项。全省样机试验合格证书累计891张。取得“制造计量器具许可证”的单位、个体工商户数累计2203户，取得“修理计量器具许可证”的单位、个体工商户数累计1145户。累计完成质检机构计量认证764个。建立社会公正计量行站累计43个。计量检定员3673人，其中所属单位2635人，其中省所74人；授权单位1038人。

2000年

3月 15日，省局发文，在全省范围内开展“光明工程”活动。要求用（3~5）年时间，使眼镜成镜合格率提高到80%以上，镜片合格率提高到90%以上，眼镜的光学指标合格率达到90%以上。

5月 27日，省第九届人民代表大会第十六次常务委员会会议通过了《河南省计量监督管理条例》，2000年8月1日起施行。该《条例》分总则、法定计量单位的使用、计量器具的管理、商贸计量、计量检定、认证和确认、计量监督、法律责任和附则，共八章四十八条。

◎ 1日，刘景礼任省质量技术监督局局长、局党组书记（正厅级）。

7月 18日，河南省质量技术监督局（以下简称省局）举行更名挂牌仪式，局长刘景礼讲了话。

11月 10日，国家质量技术监督局对省所电能表定型鉴定授权，实现了省所定型鉴定工作的零的突破，为中南大区取得该项授权的唯一一家省级计量技术机构。

12月 7日，省局发布DB41/148—2000《河南省眼镜行业企业计量、质量等级评定规范》。省局、省劳动保障厅联合发文，对全省眼镜从业人员实行职业资格证书制度。

◎ 18日—20日，省所通过中国实验室国家认可委评审组评审认可，通过校准项目207项，检测项目51项。

是年 省局批准地方计量检定规程17个。省局发文，配合农村电网改造，加强电能表计量监督管理。全省检定计量器具2002974台（件），检定收入4798万元。

◎ 省所检测计量器具71117台（件），检测收入559万元。省所建立电磁兼容试验项目，对全省开展了电磁兼容试验，为省所取得定型鉴定、样机试验等计量检定授权提供了技术支撑。省所杜建国被评为教授级高级工程师，这是全省质监系统第一位获此职称的人员。

2001年

3月 29日，省局、省交通厅公路管理局联合发文，对全省公路超限运输监控室设置的动态轴重仪、对全省公路收费站设置的动态计重系统、对全省高速公路收费站设置的动态计重收费系统省所统一进行检定。省局对全省超限运输监控室、全省公路收费站进行计量认证。省所建立动态计重系统检定装置计量标准，开展强检工作，取得了显著的社会效益和经济效益。

5月 11日，省局发文，在全省开展眼镜行业企业一、二、三级店的等级评定工作。

6月 6日，中国计量测试学会力学计量专业委员会聘河南省计量测试研究所程新选为中国计量测试学会力学计量专业副主任委员，并颁发了聘书。

◎ 12日，省局发布《河南省眼镜行业计量、质量等级评定监督管理办法》，共十三条，对评审、发证、监督检查等作出规定。

◎ 27日，国务院给河南省计量测试研究所程新选颁发国务院政府特殊津贴专家证书，证书编号94101020。这是河南省质量技术监督系统第一位获此称号的人员。

8月 13日，省局发文，对河南省计量认证主任评审员、评审员和内审员的注册条件、申请、培训考试、监督管理等作出规定。

◎ 15日，国家质检总局授权省所承担衡器、水表、煤气表定型鉴定工作。

◎ 16日，省长李克强视察了省局、省所。李克强视察了省所大测力室、电磁兼容室和仪器收发室等，所长程新选汇报了省所工作情况，李克强给予充分肯定并予以鼓励。

◎ 18日，省局发文，要求加强探伤机等无损检测仪器设备计量检定工作。

11月 20日，国家质检总局执法监督司发文，对省局11月15日对于郑州市质量技术监督局在对郑州广发加油城计量监督检查时遇到的关于加油机计量违法案件中违法所得计算问题的请示，作出了3条明确答复，为案件处理提供了依据。

◎ 27日，根据《河南省计量监督管理条例》有关规定，省局发布修订的《河南省计量认定工作程序》，对认证申请、自校方法向省局备案、现场评审、发证等作出规定。

是月 省所程新选为第一作者的《“入世”后计量工作面临的问题及其对策探讨》计量论文在《中国计量》2001年第11期发表。

12月 10日，根据《河南省计量监督管理条例》的规定，省局发布《河南省销售计量器具管理办法》，要求经营销售计量器具的单位和个人，销售前必须抽样送检，检定不合格者，可退货；消费者首检不合格的，应予退货；销售后应执行“三包”规定。

◎ 12日，河南省职称改革领导小组聘河南省计量测试研究所程新选为“2001年度工程系列高级工程师任职资格评审委员会副主任委员”，并颁发了聘书。这是河南省质量技术监督系统第一位获此聘书的人员。

◎ 26日，国家质检总局局长李长江、副局长蒲长城视察了省局、省所。李长江视察了省所大测力室、电磁兼容室等，所长程新选汇报了工作，得到了李长江的充分肯定。

是年 省局配合全国粮食清仓查库，做好计量器具检定工作。发布地方计量检定规程10个。全省检定计量器具1973895台（件），检定收入6704万元。

◎ 省所检测计量器具85686台（件），检测收入796万元。省所所党总支书记、所长程新选批准颁布了《争创“五好”基层党组织活动工作手册》。省所程新选被评为教授级高级工程师。

2002年

3月 程新选任河南省计量测试研究所所长、所党总支副书记；王洪江任河南省计量测试研究所所党总支书记、副所长。

5月 24日，中共河南省委、河南省人民政府给河南省计量测试研究所程新选颁发了河南省优秀专家证书，这是河南质量技术监督系统第一位获此称号的人员。

9月 13日，省所通过国家质检总局暨中国实验室国家认可委考评组“二合一”考评。通过考核的检定项目306项、校准/检测项目326项；通过认可的检测项目51项、校准项目207项。

10月 18日，省局发文，加强制造修理计量器具许可证管理工作。省局组织监督检查制造修理计量器具企业300多家，其中整改20家，吊销计量器具许可证10家。

◎ 19日，省局巡视员韩国琴、计量处处长王有全、调研员副处长苗瑜、省所所长程新选、省所办公室副主任王刚参加了国家质检总局在杭州市召开的“全国调整计量检定收费标准工作会议”。

◎　31 日，“河南省质量技术监督局调整计量检定收费标准工作领导小组”成立，巡视员韩国琴任组长。是月开始，省局以省所为主，组织各省辖市、县（市）局、中心，配合省价格成本调查队多次、反复调研、测算河南省计量检定收费标准。

11 月　11 日，省局发布《河南省计量检定人员考核发证及管理规定》。

◎　同日，省局发布修订的《河南省企业计量合格确认办法》，共十四条，取消了申报二级计量合格单位程序。

是年　省局验收 46 家一级眼镜店，评定了 71 家二级店、75 家三级店。省局发文，进一步加强“医用三源”计量监督管理工作。发布地方计量检定规程 1 个。全省检定计量器具 1954465 台（件），检定收入 5808 万元。省人大法制委员会编、洪瀛为主编的《〈河南省计量监督管理条例〉释义》出版。国家质检总局在郑州召开全国省级以上法定计量检定机构所（院）长会议，并参观了河南省计量测试研究所和郑州正星加油机、郑州思达电能仪表制造企业。

◎　省所完成了水表国家监督抽查；检测计量器具 135361 台（件），检测收入 866 万元。对社会公开招聘了 11 名计量检定人员，均为大学本科生。2002 年，省委、省政府授予省所程新选“河南省优秀专家”称号；这是全省质监系统第一位获此称号的人员。省所研制的“时频、相位标准综合系统（HJ-1000，HJ-2000）”、“KJY-10A 型抗折试验机检定仪”获省科学技术进步奖二等奖证书，这是全省质监系统第一批获此等级奖的科技成果。

2003 年

1 月—3 月　省局组织省所和 10 个省辖市的计量公正站对全省开展了米、面粉、食用油、白酒、牛奶、电线电缆、洗发液等 11 类定量包装商品净含量专项计量监督抽查，共抽查 193 家企业的产品 320 批次，合格 238 批次，平均抽样合格率 75.1%。

2 月　包建民任省质量技术监督局局长、局党组书记。

4 月　25 日，省所举办意大利计量研究院（INRIM）力学室主任卡尔洛·法瑞罗博士学术报告会，并进行了学术交流。

5 月　9 日，省局发布《河南省质量技术监督局（2003—2005）三年计量工作规划》，争取电能计量、电信计量、医疗卫生计量、铁路计量的四项重点突破。

◎　22 日，省局转发国家质检总局《关于加强电话计时计费装置计量监督管理的通知》，提出了八条贯彻实施意见，要求电话计时计费装置分别由省院、市（或部分县）级法定计量技术机构负责强检。

◎　23 日，省局公布《河南省地方计量检定规程管理工作程序》，共八条，对省地方计量检定规程的申报、编写、审定、报批审查、审批、发布和宣贯等作出规定。

8 月　29 日，省局发布《对食品药品放心工程加强计量监督工作的实施方案》，共六条，要求对米、面粉等食品类定量包装商品生产企业实施一次计量监督检查。

11 月　3 日，国家质检总局发文授予河南省计量测试研究所程新选“国家质量监督检验检疫总局优秀科研工作者”称号，并颁发了证书，这是河南省质量技术监督系统第一位获此称号的人员。河南省质量技术监督局左斌为提出表扬的科技工作者，这是河南省质量技术监督系统第一位获此表扬的人员。

12 月　10 日，省局印发《关于程新选等同志被国家质检总局评为“优秀科技工作者”的通报》，号召全省质量技术监督系统广大干部职工向程新选、左斌学习，立足本职，积极探索，开拓进取，在贯彻落实“科技兴检”战略工作中，不断创新，以科学技术发展质检事业，为全省的经济发展和社会进步做贡献。

◎ 31日，省机构编制委员会办公室印发豫编办［2003］106号文，同意河南省计量测试研究所更名为河南省计量科学研究院（以下简称省院）。

是年 省局组织对全省18个省辖市质量技术监督检验测试中心（计量部分）和21个省级专项计量授权机构进行复查考核。颁发“一级眼镜店证书”10张。全省四个方面和执法监测领域用计量器具强检率85%以上，集贸市场在用计量器具受检率85%以上，公平秤设置及受检率100%；加油站加油机受检率100%，合格率98%。7月1日起，对全省燃油加油机使用全国统一的强制检定合格标志。发布地方计量检定规程3个。全省检定计量器具1515676台（件），检定收入6801万元。省政府副省长刘新民《全面加强计量工作 推动河南省经济快速健康发展》的文章在《中国计量》第8期发表。

◎ 省所获得国家质检总局专项拨款200万元，国家农业工程测试技术中心（河南）获得国家质检总局专项拨款500万元，新建30项省级社会公用计量标准。

◎ 省所完成了水表国家监督抽查。检测计量器具57263台（件），检测收入1001万元。1996年—2003年年末，省院多项科研成果中获河南省科技进步奖二等奖2项，三等奖3项；国家质检总局三等奖1项，四等奖1项；省局科技进步奖一等奖9项。中共河南省委授予省所“2001-2002年度河南省思想政治工作先进单位”称号。中共河南省委授予省所所党总支“全省防治非典型肺炎工作先进基层党组织”称号。省所陈传岭主编的“失真度计量与应用”出版。

2004年

1月 13日，省局党组印发豫质监党组字［2004］3号文，任命：程新选为河南省计量科学研究院院长、院党总支副书记；王洪江为院党总支书记、副院长；陈传岭、葛伟三为副院长。

◎ 15日，河南省计量科学研究院（以下简称省院）举行更名揭牌仪式。省局局长包建民、巡视员韩国琴揭牌。省局领导、省局各处室、各直属机构领导、省院全体干部职工180多人参加了揭牌仪式。省院院长程新选讲话，院党委书记王洪江主持揭牌仪式。

3月 3日，省局转发国家质检总局文件，对全省餐饮业进行计量专项监督检查，要求：将作为流通领域的餐饮业纳入计量法制管理，给广大消费者一个明白；对全省餐饮业进行一次拉网式检查；做好餐饮业的登记造册工作。

◎ 26日，省局发文，对10个省辖市各通信公司、宾馆、电话代办户用的各类型电话计时计费装置进行计量专项监督检查，检查采取随机暗访方式，严格保密，不收取检查费用。

8月 30日，省局、省工商局联合转发国家质检总局、国家工商总局《零售商品称重计量监督管理办法》，加强对市场零售商品销售过程中的计量监督，要求广为宣传，使销售者了解并遵守该《办法》，维护消费者的自身合法权益。

10月 22日，省局发文，在全省范围内重点对燃油加油机是否检定合格、是否铅封、脉冲当量（流量系数）是否固化、是否可以通过键盘等方式进行系数修改等进行计量监督专项检查。

是月 河南省职称改革领导小组聘河南省计量科学研究院程新选为“二〇〇四年度河南省工程系列教授级高级工程师任职资格评审委员会副主任委员”。这是河南省质量技术监督系统第一位获此聘书的人员。

11月 28日，以省院为依托组建的国家水表产品质量监督检验中心通过国家质检总局考核组的现场考核。

是年 省局在中、小学校开展“义务检测眼镜质量与普及宣传爱眼知识”活动；颁发一级眼镜店证书 19 张。省局组织了对酒类、餐饮业、定量包装商品净含量、电话计时计费装量、燃油加油机等计量监督检查，查处违法使用计量器具案件 352 起，使用非法定计量单位案件 139 起，伪造数据和缺斤短两案件 83 起；组织进行了县级法定计量检定机构和市级计量授权机构考核；组织各地开展了“5·20 世界计量日”宣传活动；全省检定计量器具 1886566 台（件），其中强检工作计量器具 43 项 77 种 1651079 台（件），检定收入 6562 万元；全省贸易结算、医疗卫生、安全防护、环境监督和执法监测方面的强检率达 85% 以上。《河南计量检定收费标准（报批稿）》报送省发展和改革委员会、财政厅审批。国家质检总局党组书记、副局长李传卿视察省局、省院。

◎ 省院完成了水表国家监督抽查；参加 11 项能力验证，均取得满意结果。检测计量器具 72382 台（件），其中强检工作计量器具 21 项 25 种 11055 台（件），检测收入 2124 万元。省院建立省级社会公用计量标准 10 类 160 项，其中省级最高社会公用计量标准 78 项，次级社会公用计量标准 82 项。省院获河南省科技进步奖二等奖 1 项。省院有教授级高级工程师杜建国、程新选、陈传岭 3 人，高级工程师 23 人。省院有 8 人被国家质检总局分别聘任为 8 个专业的全国计量专业技术委员会委员。省院陈传岭获“国家质量监督检验检疫总局优秀中青年专家”称号，这是全省质监系统第一位获此称号的人员。省院程新选任“二〇〇四年度河南省工程系列教授级高级工程师任职资格评审委员会副主任委员”，这是全省质监系统第一位获此任职的人员。省院各行政管理“科”更名为“部”，其负责人由正副科长更名为正副部长。

◎ 全省累计建立在政府计量行政部门的社会公用计量标准 1589 项，依法授权的社会公用计量标准 355 项，依法授权其他单位开展专项检定工作计量标准 194 项，建立在部门、企事业单位的最高计量标准 1652 项。依法设置的计量检定技术机构 128 个；依法授权建立的计量检定机构 81 个；其他承担专项授权检定任务的机构 34 个，项目 107 项；授权承担样机试验的机构，省局 1 个，项目 50 项。取得制造计量器具许可证的单位、个体工商户累计 461 户。取得修理计量器具许可证的单位、个体工商户累计 137 户。累计完成计量认证的检测机构 1038 个。建立计量公正站累计 91 个。计量检定员 9357 人，其中：依法设置计量检定机构的计量检定员 2675 人，其中省院 81 人；授权法定计量检定机构的计量检定员 1181 人；授权的其他单位的计量检定员 427 人；企事业单位的计量检定员 5074 人。

2005 年

1 月 19 日，刘伟任河南省计量科学研究院院长。

2 月 程新选任河南省计量科学研究院院党总支副书记（正处级）。

3 月 10 日，省局、省公安厅联合发文，要求于 31 日前，公安机关车辆管理部门将车辆安检机构的资格和监督管理工作向质量技术监督部门移交。车辆安检机构要取得计量认证证书，所使用的计量器具要取得检定证书。

◎ 31 日，省人大常委会十届十五次会议决定修改《河南省计量监督管理条例》，共修改了计量器具的管理、计量检定认证和确认、法律责任三章中的 6 条，自 5 月 1 日起施行。

4 月 刘伟任河南省计量科学研究院院党总支副书记。

7 月 7 日，省局发文，加强热能表强检工作，要求使用国产和进口热能表的单位和个人必须向已建标的省院申请定期定点强检。

10 月 19 日，省局办公室发文，转发国家质检总局《中华人民共和国依法管理的计量器具目录（型式批准部分）》（共 75 项）。

◎ 25 日，省机构编制委员会发文，批准保留河南省计量科学研究院，确定为非营利性科技服务机构，机构规格相当于处级，经费实行全额预算管理。

是年 省局颁发“一级眼镜店证书”6张。加强了计量器具备案制度；五个方面的计量器具强检率达90%。组织计量专项监督检查煤矿生产企业500余家，检查用于安全防护计量器具29664台（件），受检率从75%上升到85%以上。全省检定计量器具2336486台（件），检定收入8210万元。省局完成了950余家检测实验室资源调查，并录入国家认监委网上数据库。省局发文，加强全省百户重点工业企业计量工作；加强电信计量监督，促进电话计时计费装置强检工作；在28类食品企业中推行计量合格确认工作。省局苗瑜主编的《企业计量管理与监督》出版。

◎ 根据省政府和国家质检总局的部署，省局组织省院对全省公路运输计重系统进行了首次检定和部分强制周期检定，检定2200余台次，首次检定合格率30%，经调试后检定合格率92%，为落实国务院办公厅关于加强车辆“超限治理”“超载治理”工作作出了贡献。

◎ 省院完成了电表、水表的国家监督抽查；参加5项能力验证，均取得满意结果；检测计量器具69579台（件），检测收入2537万元。省院取得“10MN材料试验机标准装量”计量标准考核证书。省院获河南省科技进步奖二等奖1项。

2006年

1月 25日，省局发文，在全省开展定量包装商品生产企业计量保证能力评价工作。企业自愿申请，获证后，允许在其生产的定量包装商品上使用全国统一的计量保证能力合格标志“C”。

5月 8日，中共河南省计量科学研究院党总支召开全体党员大会，选举产生了中共河南省计量科学研究院第一届委员会，王洪江任书记，刘伟、程新选任副书记（正处级）。

6月 13日，省局发布《开展节能降耗服务活动实施方案》，重点对列入《千家企业节能行动实施方案》的全省钢铁等行业82家企业重点耗能单位，开展节能降耗服务活动。各地质量技术监督局分别与相关企业签订了《共同推进节能降耗工作责任书》。

◎ 30日，省发展和改革委员会、省财政厅联合颁布《关于调整我省计量检定收费标准的通知》和《河南省计量检定收费标准一览表》，包括10大类847项1279种计量器具的计量检定收费标准，自2006年8月1日起执行。

8月 9日，省发改委、省统计局、省局、省国有资产监管委联合发布《河南省重点耗能行业“3515”节能行动计划》，对计量工作提出了具体要求。

11月 8日，国家农业工程测试技术中心（省院新恒温实验楼）竣工。省院在用的恒温实验楼拆除。省最高社会公用计量标准等搬迁至该楼。该中心是省计划委员会根据国家技术监督局的批文立项建设。该中心的省院新恒温实验楼于2002年3月6日开工建设，并于2004年通过主体工程验收。

是月 中国科学院研究生院光学工程专业2005年博士研究生郑黎入职河南省计量科学研究院。这是河南省计量科学研究院接收的第一位博士毕业生。

12月 6日，省局授权河南电力试验研究院承担省电力系统三相标准电能表等3项计量检定任务。12月8日，省局、省电力公司联合发文，要求各级电力企业的电能计量标准由省局统一考核发证、各级电力计量检定人员由省局统一培训、考试、发证，并进行电能计量器具的复核检定。

◎ 16日，高德领任省质量技术监督局局党组书记（正厅级，主持工作）。

是年 省局监督检查药品生产企业90余家，帮助建立计量管理台账、制定周检计划、完善计量管理制度，使强检计量器具受检率由原来的75%提高到95%。

◎ 省局发布新修订的《河南省计量合格确认办法》。省局组织材料试验机检定装置检定能力的实验室比对，省院力学所为主导实验室，效果很好。组织对18个车用乙醇汽油配送中心计量监督检查，重点查处以升出油，以吨结算的问题。全省强检计量器具160万多台（件），5个方面计量器具强检率达90%以上。全省检定计量器具2605626台（件），检定收入13056万元。

◎ 省局集中开展对机动车安全技术检验机构计量监督检查。共安排省院检查机动车安检机构58家，机动车检测线80条，在用计量器具658台（件），监督检查前受检率为92%，合格率87%，监督检查后受检率为100%，合格率97%。

◎ 省院完成了水表国家抽检。参加7个项目的实验室比对，均取得较好结果；检测计量器具78909台（件），检测收入2762万元。省院获河南省科技进步奖二等奖1项。省院获“全国质量监督检验检疫科技兴检先进集体”称号。省院各计量实验室更名为计量研究所，其负责人由正副主任更名为正副所长。

2007年

1月 29日，省院举办第一届学术周，省局副局长黄国英出席开幕式。省局副局长肖继业在2月2日的闭幕式上向获奖人员颁奖。

3月 1日，省局为贯彻《实验室和检查机构资质认定管理办法》和《实验室资质认定评审准则》，发布《河南省（资质认定）计量认证工作规范》，共八条，对（资质认定）计量认证申请、技术评审、审批发证、证后管理等作出规定；要求实验室质量负责人必须取得注册内审员证。

◎ 20日，省局发布JJF（豫）1001—2006《河南省计量合格确认规范》。该《规范》的确认要求共13条，对管理要求、测量设备、量值溯源等作出规定。

4月 8日，省局发文，规范“电子眼”等机动车测速仪强检工作，要求全省“电子眼”等机动车测速仪的强检应由省院已建标的“测速仪检定装置”进行强检。

6月 14日，省局发文，开展强制检定工作计量器具建档工作。全省共对30项59种58428台（件）强检工作计量器具建立了档案，建档单位14590个。

7月 5日，省局发文，加强定量包装商品生产企业计量保证能力评价工作，发布《河南省定量包装商品生产企业计量保证能力评价工作程序》，共十四条，规定了申请、现场评审、审批发证、复查、监督检查、项目增加、费用等工作程序。

8月 3日，高德领任省质量技术监督局局长、局党组书记。

9月 6日—8日，省院通过国家质检总局法定计量检定机构授权复查扩项考核，通过授权检定项目363项，校准项目393项，商品量检测项目5项。

是年 省局监督检查汽车衡制造单位41个，在用汽车衡5178台，其中：贸易交接用汽车衡4578台，公路计重收费用汽车衡451台，治理超限超载用汽车衡99台。“五一”节期间，集中开展了“五查五放心”计量专项监督检查。全省共检查餐饮业1162家、加油站2514个、出租车计价器7479台、集贸市场（含商店超市）781家、眼镜制配场所520家。其中查处计量违法案件89起。

◎ 省局按照《河南省社会公用计量标准建设规划实施意见》，加强了计量标准管理和考核工作。发布地方计量检定规程1个。全省共完成强检计量器具153万余台（件），其中强检计量标准器具及配套计量器具5万余台（件），强检工作计量器具148万余台（件），受检率达92%以上。全省检定计量器具1838057台（件），检定收入14807万元。是年末，全省16位计量检定人员被国家质检总局分别聘任为15个专业的全国计量专业技术委员会委员，其中省院15人，郑州市质量技术监督检验测试中心1人。省局王建辉主编的《实验室质量管理与资质认定》出版。

◎ 省院完成了水表、电能表的国家监督抽查。参加5项能力验证，均取得较好结果；检测计量器具80431台（件），检测收入3247万元。省院对送检计量器具实行了基本条码技术管理，及时将已检计量器具的信息发布到外网，方便客户查询。省院获河南省科技进步奖二等奖1项、国家质检总局科技兴检奖三等奖1项。省院程新选主编的《力学计量》出版，该书是国家质检总局计量司组编的全国计量检测人员培训教材，国家质检总局副局长蒲长城作序。

2008年

1月 29日，省局发文，开展稳定物价保障供应积极做好计量监督检查工作。对出租车计价器、税控燃油加油机、电子计价秤等有程序软件的143家计量器具生产企业进行了监督检查。

2月 22日，省局发布DB41/T520—2008《河南省用能单位能源计量评定准则》，共11章，包括能源计量器具配备和管理、能源计量检测、数据管理、效力评价等。

3月 10日，省局发布《河南省用能单位能源计量评定办法》，共15条，对能源计量评定的申请、评审、发证及监督管理作出规定。

◎ 21日，省局发布JJF（豫）1002—2008《河南省专项计量授权考核规范》。该《考核规范》对组织管理、管理体系、资源配备、检定校准、体系改进作出规定；共8章，考核条款80条。

4月 2日，省局副局长肖继业在全省计量工作会议上发表了《以服务发展经济为目标，全面推进计量工作，共建和谐社会，为实现河南新跨越提供强有力的技术保障》的重要讲话，要求重点在全面加强能源计量、突出抓好民生计量、着力提高计量技术机构建设上狠下功夫。

◎ 29日，省科研机构生产试验基地暨首批入驻单位奠基仪式在新乡桥北新区省院试验发展基地举行。中共河南省委副书记陈全国、省人大常委会副主任李柏拴、副省长徐济超、省政协副主席龚立群等领导出席奠基仪式。100多人参加了奠基仪式。省院试验发展基地《国有土地使用证》核准：土地坐落在310省道北、桥北新区经十二路西，新乡市平原新区秦岭路1号，使用面积38650.69m^2。

5月 15日，省局发布《河南省加气机强制检定管理暂行规定》，共15条，对用于压缩天然气、石油液化气的加气机的生产、销售、使用、强检等作出规定。

◎ 24日25日，以省院为依托组建的国家水表质量监督检验中心通过国家实验室认可、计量认证、审查认可评审，通过冷水水表、热水水表等检测项目9项。7月12日通过国家质检总局专家评审组验收。11月29日举行挂牌仪式。该中心是2005年11月25日国家质检总局发文授权省院筹建的。

7月 14日，省局发文，进一步深入开展“关注民生、计量惠民”专项行动。22日，省局下发《开展“关注民生、计量惠民”专项行动实施方案》。是年底，各省辖市、县（市、区）基本完成100%覆盖到辖区内所有医疗卫生单位、100%覆盖到辖区内所有眼镜店2个专项行动和服务计量进社区乡镇40%的任务量。对群众送检的生活计量器具100%免费检测。

10月 3日—17日，省院力学所所长刘全红赴安哥拉对河南省大河筑路集团承包的公路修建项目中使用的材料试验机和测力仪进行了校准。

◎ 20日，省局发布《河南省商业、服务业诚信计量示范单位评定工作实施意见（试行）》，共六章；其附件为《河南省商业、服务业诚信计量评定规范（试行）》，共七章；公布了“河南省诚信计量示范单位”标识。是年，授予省诚信计量示范单位称号1家。

12月 29日，根据省政府文件要求，省发改委、省财政厅、省监察厅联合发布《关于降低部分收费标准的通知》，其中规定10大类843项1277种计量检定费一律下调20%，自省政府豫政［2008］52号文件公布之日起执行。

是年 省局、省发改委、省统计局联合发文，组织全省重点耗能企业能源计量评定。

省局宣贯了《制造、修理计量器具许可监督管理办法》。全省完成强制检定计量器具1587177台（件），受检率为92%。组织进行了确保电煤供应计量监督检查。全省19人获得国家质检总局一级注册计量师资格认定，其中省院18人。省局苗瑜主编的《JJF 1069—2007〈法定计量检定机构考核规范〉培训教程》出版。15个省辖市质量技术监督检验测试中心通过复查扩项计量授权。

◎ 省院参加6项能力验证，均取得较好结果；检测计量器具84200台（件），检测收入3767万元。省院取得了“5MN力标准机”计量标准考核证书。

2009年

4月 3日，省局发文，对全省电子计价秤专项整治。全省共出动人员4500多人次，检查销售企业343家、修理企业21家、无证修理企业12家，检查集贸市场、餐饮店3428家，共检查电子计价秤25159台（件）；共查处计量违法案件406起。

5月 25日，省局发文，转发《国家质检总局“质量和安全年”计量保障行动工作方案》，要求把“计量保障行动”与“质量和安全年”和“关注民生、计量惠民”等各项活动结合起来，同研究、同部署、同落实。

6月 5日，以省院为依托组建的河南省计量工程技术研究中心通过省科技厅验收专家组的验收。

◎ 24日，省局转发国家质检总局文件，要求在全省开展进口计量器具监督检查。全省对进口计量器具普查登记建档。全省共出动执法和技术人员2250余人，检查进口计量器具单位420家，销售单位124家，进口1445台（件），未办理进口型式批准的183台（件），未依法办理进口的32台（件），均进行了处理。

8月 11日，国家质检总局、河南省人民政府签署《关于实施质量兴省战略 推动中原崛起全面合作备忘录》，要求：进一步强化计量工作，夯实计量技术基础；加大投入，建设国家城市能源计量中心和国家级计量器具型式评价实验室，建立健全社会公用计量标准体系。

10月 12日，宋崇民任河南省计量科学研究院院长；陈传岭任河南省计量科学研究院院党委书记、副院长；程新选任河南省计量科学研究院院党委副书记（正处级）。

12月 21日，省局发文，对全省建材建工行业获计量认证证书实验室开展水泥检测能力验证，取得满意结果的检测单位，一个周期内（3年）的资质认定评审时，可免于该项目的现场考核。

◎ 25日，省院通过国家质检总局组织的国家型式评价实验室现场评审。

◎ 31日，省科学技术厅批准成立依托省院建立的河南省计量工程技术研究中心。

是年 省局组织重点对加油机防作弊装置进行专项检查。颁发计量器具新产品型式批准证书112张。根据国家质检总局“四个走进”专项行动的要求，调查清楚了全省集贸市场、社区乡镇医疗服务机构、眼镜店及其计量器具数量，并进行监督检查；全省共免费检测12万多台（件）民生计量器具。强检计量标准器具16950台（件）；强检工作计量器具52项96种1320799台（件）。全省检定计量器具1645264台（件），检定收入18536万元。省局王有全《河南省质量技术监督局多项举措 确保民生计量工作到位》的文章在《中国计量》第2期发表。

◎ 省院检测计量器具99912台（件），其中：强检计量标准器具10475台（件），强检工作计量器具40项60种19815台（件）；检测收入4199万元。累计建立省级社会公用计量标准10类194项，其中最高计量标准95项，次级计量标准99项。省院有教授级高级工程师杜建国、程新选、陈传岭、宋崇民、王广俊、马长征、刘全红、李淑香8人，高级工程师20人。1989年至是年末，国家技监局、国家质检总局累计发布省所、省院起草的国家计量检定规程17个、国家计量技术规范2个。2001年至是年末，国务院授予省院程新选、陈传岭、宋崇民、王广俊“国务院政府特殊津贴专家”称号。河南省人民政府授予王洪江“河南省先进工作者”称号。

◎ 全省累计建立计量标准3646项，其中建立在依法设置计量检定机构的社会公用计量标准1434项，依法授权的社会公用计量标准35项，依法授权其他单位开展专项检定286项，建立在部门、企事业单位的计量标准1891项。累计建立计量检定技术机构299个，其中依法设置的计量检定技术机构130个，依法授权建立的计量检定机构109个；其他承担专项授权检定任务的机构60个，143项；授权承担计量器具型式评价的机构1个，191项。取得制造计量器具许可证的单位、个体工商户累计227户，取得修理计量器具许可证的单位、个体工商户累计63户。计量检定员6543人，其中依法设置计量检定机构2398人，授权法定计量检定机构291人，授权其他单位1019人，企事业单位2835人。定量包装商品生产企业取得“C”标志企业累计100个；取得“C”标志产品规格数累计1463个。全省累计完成计量认证的质检机构1596个。1995年至是年末，全省48个企业获完善计量检测体系证书，近800个企业获计量合格确认证书，12个企业获能源计量合格单位证书。

2010年

2月 1日，省局发文，7月6日，省局再次发文，计量惠民，组织各省辖市质监局开展了定量包装商品净含量和集贸市场计量监督检查。全省共检查集贸市场1273家，加油站2462家，眼镜配制场所610余个，对酒类等2435个批次进行了监督检查。对存在问题的单位、个人和企业，依法进行了查处。

4月 1日，省局发文，推进“电信消费放心工程”，决定进一步加强电话计时计费装置计量监督管理，贸易结算用的电话计时计费装置均要经过强制检定，并取得计量合格证书。

◎ 12日，根据国家质检总局《关于编辑整理新中国计量史料有关问题的通知》，省局印发《河南省质量技术监督局关于编辑整理河南省计量史料有关问题的通知》（豫质监量发［2010］143号），决定编辑整理河南省计量史料，上报国家质检总局《新中国计量史》河南省部分，编辑出版《河南省计量史》。

◎ 27日，省局处函，公布2009年河南省水泥检测能力验证结果。346个检测机构中考核优秀的有115个，占33.2%，考核合格的204个（含优秀），占59.0%；考核不合格的有142个，占41%。

5月 28日，中共河南省计量科学研究院委员会召开全体党员大会，选举产生了中共河南省计量科学研究院第二届委员会，陈传岭任书记，宋崇民任副书记。

7月 6日，省局转发国家质检总局《关于印发〈推进诚信计量，建设和谐城乡行动计划〉的通知》，要求各市局在“关注民生、计量惠民”专项行动取得的成效基础上，结合本辖区实际，利用三年左右时间，集中组织开展“推进诚信计量、建设和谐城乡”主题行动，力争完成各项工作目标。

◎ 19日，省局处函，贯彻落实国家质检总局《关于加强质检系统节能减排工作确保完成“十一五”节能减排目标的通知》，进一步深化能源计量提高有效服务节能减排的能力，提出了七项措施和要求。是年，对4家企业进行了能源计量评定现场评审，并颁发了证书。

9月 30日，张庆义任省质量技术监督局局长、局党组书记。

11月 18日，省局处函，进一步规范全省计量标准建标工作，对计量标准建标的受理、考核、发证、复查等作出了具体规定。

12月 13日，省局发文，发布“互感器制造计量器具许可考核必备条件”，要求已取得“制造计量器具许可证”的企业，达不到必备条件要限期整改到位。这是省局发布的第一个制造计量器具许可考核必要条件，并向国家质检总局备案。

是年　省局继续开展“四个走进”专项行动。省局组织开展了治理商品过度包装、夏粮收购在用计量器具专项监督检查和汽车衡、农资计量专项整治。计量认证评审发证 326 份，制造（修理）计量器具许可证发证 79 份；受理计量标准考核申请 189 项。对 68 家企业颁发了诚信计量证书。继续进行了计量授权考核。全省强检计量器具 1778068 台（件），其中：强检计量标准器具 63527 台（件），强检工作计量器具数 1714541 台（件）。

◎　省院检测计量器具 130671 台（件），其中强检计量标准器具 2739 台（件），强检工作计量器具 19780 台（件），非强检工作计量器具 93641 台（件），检测收入 5566 万元。

◎　省院新建最高计量标准 3 项，次级标准 3 项；参加量值比对和能力验证 6 项，结果满意；完成了全站仪室外基线场建设；通过了水表、燃气表、热量表、衡器型式评价实验室授权考核；通过了国家实验室认可、计量认证和国家水表质检中心的复查换证及扩项评审；获国家质检总局科技兴检三等奖；获中共河南省委组织部授予“五好基层党组织”称号。

2011 年

1 月　12 日，7 月 6 日，省局两次发文，组织开展全省定量包装商品净含量和集贸市场监督检查。全省共检查定量包装生产企业和商业零售企业 1280 家，共检查 2530 批次，合格 2357 批次，合格率 94%。全省共检查集贸市场 400 多家，检查在用计量器具 2 万余台（件）。

3 月　14 日，省局发文，于是年 6 月 18、19 日举行第一次全国一级注册计量师和河南省二级注册计量师资格考试。全省共有 1432 人通过了考试报名条件审核，其中 337 人取得了二级注册计量师证书。

◎　15 日，省院 4 名技术人员赴乍得，历时 40 天，检定了由中油国际（乍得）炼油有限公司承建的乍得恩贾梅纳炼油有限公司的 100 万吨 / 年炼油工程油品储运系统的立式金属罐、球形金属罐和卧式金属罐，圆满完成检定任务。

◎　7 日，省局召开全省计量工作会议。省局巡视员肖继业作了《继往开来　勇担重任　努力开创计量事业发展新局面》的重要讲话，共有三个部分：一是认清形势，正确把握计量面临的新机遇和新挑战；二是全面把握国家质检总局与省局工作部署，把“抓质量、保安全、促发展、强质检”的各项要求贯穿到计量工作的全过程；三是强素质、转作风，开拓创新，努力开创计量工作新局面。省局计量处王有全处长作了工作报告，对 2010 年及“十一五”期间全省计量工作进行了全面总结，对今后的计量工作进行了重点部署。

◎　8 日，以省院为依托组建的“河南省计量工程技术研究中心”揭牌，国家质检总局计量司副司长刘新民和省政府参事、省局巡视员肖继业共同揭牌。省院院长宋崇民主持揭牌仪式，省局计量处处长王有全出席揭牌仪式。

◎　24 日，省局发文，对省级专项计量授权的计量检定机构进行监督检查，严厉查处超范围量传、未经计量授权量传、未建立计量标准量传等计量违法行为。是年，对 18 个省级授权站及郑州铁路局 19 个站段的监督检查已基本结束。

◎　26 日，省局发文，组织开展“5・20”第 12 个世界计量日宣传活动。周口市质监局在五一广场和周口市电视台举办了第二届“度量衡之光”文艺晚会。

4 月　孟宪忠任省质量技术监督局计量处处长。

5 月　6 日，省局处函，终止对五项铁路专用社会公用计量标准（轨距尺检具检定装置、支距尺检具检定装置、轮对内矩尺检具检定装置、机车车辆车轮轮缘踏面样板标准装置、车轮检查器检具检定装置）的专项计量授权。

◎　13 日，中共河南省委常委、省纪委书记尹晋华在省局局长张庆义陪同下到省院调研。尹晋华考察了量块、小质量、电磁兼容、电能、燃气表、音速喷咀等实验室和国家水表中心，对省院的工作表示肯定，并提出了希望和要求。院长宋崇民汇报了工作。

7 月　13 日，省政府副省长赵建才在省局领导陪同下，到省院调研。赵建才视察了省院客户服务大厅和长度、光学、电磁兼容、电能、燃气表、音速喷咀实验室以及国家水表质检中心，肯定了成绩，提出了要求和希望。省院院长宋崇民、院党委书记陈传岭汇报了工作。

8 月　15 日，省局发文，要求各地对计量标准考核管理工作进行自查，并填报最高计量标准、次级计量标准建立情况汇总表。省院建立省级最高计量标准 98 项、次级计量标准 106 项。18 个省辖市检测中心建立最高计量标准 635 项，次级计量标准 138 项。10 个省直管县检测中心建立最高计量标准 95 项，次级计量标准 3 项。

9 月　2 日，省局处函，按照国家质检总局要求进一步推进诚信计量体系建设，深化民生计量，组织开展好“质量月”活动中相关计量活动。

◎　26 日，省局发文，组织进行了全省 18 个省辖市食品药品检验所参加的葡萄糖氯化钠注射含量测定能力验证。之前，组织制定了《葡萄糖氯化钠注射液含量测定能力验证作业指导书》。

11 月　11 日，省局印发《河南省质量技术监督局关于报送〈河南省计量大事记（1949—2009）（报送稿）〉的报告》（豫质监量发［2011］455 号），向国家质检总局计量司报送了《河南省计量大事记（1949—2009）（报送稿）》和《河南省计量行政部门、直属机构沿革一览表（1949—2009）（报送稿）》。

是年　省局组织了商品过度包装专项治理、月饼质量安全和过度包装集中检查、夏粮收购在用计量器具和对煤矿、冶金、化工等行业在用计量器具专项监督检查。评定出 51 家“诚信计量示范单位”；新增计量检定员（获证）170 人。全省强检计量器具 46 项 88 种 1848372 台（件），其中强检计量标准器具 51427 台（件），强检工作计量器具 1796945 台（件）。

◎　省院检测计量器具 162916 台（件），其中：强检计量标准器具 2966 台（件），强检工作计量器具 39 项 65 种 35508 台（件），非强检工作计量器具 108913 台（件），检测收入 6046 万元。

◎　省院总工程师王广俊为组长的“准分子激光治疗机在线检定技术研究”科研项目，通过财政部和科技部审查，列入国家质检总局 2011 年度质检公益性行业科研专项项目。省委创先争优活动领导小组副处长孙瑛到省院调研。完成了郑州市使用Ⅳ、Ⅴ类放射源、Ⅲ类射线装置的辐射工作单位竣工环保验收的现场监测验收。累计建立客户信息档案 500 家，建立了 1000 多家重点客户信息数据库。平原新区试验发展基地科研综合楼 3 月开工，10 月封顶，全年完成基本建设投资 1500 万元。完成型式评价试验 60 家 16 个品种 110 批次。参加国家质检总局、大区和国家实验室认可委实验室比对和能力验证 6 项。在客户服务大厅配备了信息查询电子触摸屏系统。

◎　省院增加博士研究生：北京工业大学光学工程专业 2011 年博士研究生毕业生王广俊、吉林大学无机化学专业 2011 年博士研究生毕业生李佳。

2012 年

2 月　1 日，国家质检总局副局长杨刚在省局局长张庆义等陪同下，到省院调研了客户服务大厅、LED 照明灯检测、声学、电磁兼容等试验室，对省院工作提出了希望和要求。

◎ 14日，省局召开全省计量工作会议，副局长冯长宇到会并讲话。讲话共有四个部分：一是认清形势，统一思想，不断增强做好计量工作的责任感和使命感；二是突出重点、整体提升，不断提高计量工作的针对性和有效性；三是加强自身建设，不断提高自己的能力和水平；四是加强领导，强化措施，确保全年各项重点工作任务落到实处。省局计量处处长孟宪忠作了《提质增效　持续求进　不断开创全省计量工作的新局面》的工作报告，回顾了2011年全省计量工作，部署了2012年全省计量工作的总体要求和主要任务。

◎ 31日，省院依照国际实验室认可合作组织（ILAC）CNSA-CL07：2011《校准领域测量不确定度的政策》的标准，核查修改了已通过国家实验室认可的362项计量校准项目和300余份测量不确定度分析评定报告，圆满完成了国家认可委员会（CNAS）要求的对校准和测量能力（CMC）的核查修改工作。

4月　6日，省人大常委会副主任刘新民在省局局长张庆义陪同下调研了省院客户服务大厅、照度计、信号源、精密测量等试验室。

◎ 16日，省局发文，开展“5·20世界计量日”活动，宣传主题是“计量与安全”。省局与郑州市质监局联合举办了“免费验配眼镜进校园公益活动”；省局参加了周口市政府、市委宣传部主办，周口市质监局承办的“度量衡之光”文艺晚会；省局、郑州市政府主办，郑州市质监局、省院、郑州市检测中心在郑州市绿城广场承办了“5·20世界计量日”宣传咨询活动，省局副局长冯长宇，省政府参事、省局巡视员肖继业，市政府副市长马健等1300余人参加了本次活动。

◎ 28日，省局发文，在全省开展是年商品包装计量监督专项检查，并委托郑州市质监局开展国家质检总局安排的是年商品包装计量监督专项检查工作。郑州市质监局的此次专项检查工作共涉及本地生产企业36家，107个批次的产品，包装层数合格107个批次，合格率100%；包装成本与出厂价格比合格107个批次，合格率100%；包装空隙率合格104批次，合格率97.2%；并对销售企业和月饼生产企业进行了专项检查。

5月　25日，省局处函，决定在全省范围内开展“计量服务走进千家中小企业”活动，贯彻落实国务院《质量发展纲要》和国家质检总局“抓质量、保安全、促发展、强质检”工作方针，共对1259家单位开展了计量服务。

◎ 30日，省局印发《河南省计量突发事件应急预案》，分总则、组织体系、运行机制、应急保障、监督管理、附则共六个部分，对于正确、快速和有效处置计量突发事件，最大程度地预防和减少计量突发事件及其造成的损害，起到了重要作用。

6月　3日，《河南省计量史》编整办公室印发《河南省计量史编整办公室关于报送〈河南省计量大事记（1949—2009）（报送稿修改稿）〉的报告》（豫计量史编办发［2012］2号），向《新中国计量史》编整办公室报送了《河南省计量大事记（1949—2009）（报送稿修改稿）》和《河南省计量行政部门、直属机构沿革一览表（1949—2009）（报送稿修改稿）》。

◎ 6日，根据国家质检总局通知，省局处函，对质检系统计量检定服务窗口开展“为民服务创先争优”活动进行了督导。省局组织对8个市级技术机构和20个县级技术机构进行了督导，对省院进行了检查。

◎ 11日，根据国家质检总局的要求，省局发文，举办河南省计量知识竞赛活动。省局副局长冯长宇任组委会主任，省局计量处处长孟宪忠、省院院长宋崇民任副主任。12月13日，省局发文，对在全国计量知识竞赛中和在全省计量知识竞赛中获奖的团队和个人进行表彰。

7月　24日，省局发文，开展2012年下半年定量包装商品净含量和集贸市场监督检查，并检查其使用的强检计量器具是否具有有效的检定证书。全省共检查定量包装生产企业和商业零售企业 1294 家，共检查 2650 批次，合格 2490 批次，合格率 94%。

8 月 6 日，省院举行“郑州大学研究生、河南质量工程职业学院专业教师创新实践基地”揭牌仪式。

◎ 20 日，根据国家质检总局的要求，省局发文，在全省开展“能效对标 计量诊断”活动。此次活动确定在中国铝业股份有限公司河南分公司等 3 家水泥生产企业开展，要分析现状、实地检查，并提出计量诊断报告。能源计量标识检查 67 家。

◎ 22 日，省局发布省院编制的《粉尘浓度测量仪校准规范》，9 月 20 日实施，对保证粉尘浓度测量仪量值溯源起到积极作用，为研究 PM2.5、PM10 监测仪校准方法提供了技术支持。

◎ 23 日，省局处函，转发国家质检总局发布的《计量检定员考核规则》，共二十三条，自 2012 年 10 月 1 日起开始实施。是年，颁发计量检定员证 1528 人，其中：新办证人员 445 人，增项 378 人，复核 705 人。

10 月 22 日，省院通过国家质检总局能效标识检测计量授权考核。

◎ 31 日，苏君任省质量技术监督局计量处处长。

◎ 31 日，省局认证认可监管处成立。省局计量处的计量认证职能转交省局认证认可监管处。

12 月 《新乡市计量史（1949—2009）》由中州古籍出版社出版，380 千字。这是全国第一部省辖市计量史。是年 7 月 27 日，省局计量处副处长任林、省院原院长程新选参加了《新乡市计量史（1949—2009）》审稿会。

是年 省局发文，加强全省质监系统“十二五”节能减排工作，进一步加大推行《河南省用能单位能源计量评定准则》的工作力度。

◎ 省局颁发计量标准证书 299 个；完成 A 级计量合格确认 25 家，B 级计量合格确认 93 家，“C”标志评定 21 家；颁发资质认定（计量认证）证书 216 份，完成 100 家实验室监督评审和监督检查；组织了疾病预防控制中心和农产品检测中心两大行业 216 家获资质认定（计量认证）证书单位能力验证；颁发计量器具型式批准证书 132 份；颁发制造计量许可证 94 份。检查热量表 40489 块，其中通过首次计量检定的 40484 块，使用后发生故障的 544 块；颁发能源计量评定合格证书 7 家；全省诚信计量自我承诺示范单位 2275 家，诚信计量评定 62 家。全省强检计量器具 1911508 台（件），其中强检计量标准器具 51968 台（件），强检工作计量器具 1859540 台（件）。

◎ 省院检测计量器具 186315 台（件），其中：强检计量标准器具 3337 台（件），强检工作计量器具 31 项 51 种 72318 台（件），非强检工作计量器具 117999 台（件），检测收入 7062 万元。投资 700 余万元建设 26 个事业发展项目，新扩检测能力 128 项，获得省科技进步奖二等奖 1 项。省院科研成果“恒定加力速度试验机检定仪”成功推向市场，实现省院科研成果首次转化。投资 2000 余万元用于省局国家质检中心郑州检测基地（计量部分）和平原新区试验发展基地建设。依托省院建立的“河南省半导体（LED）照明产品质量监督检验中心”通过省局计量认证和审查认可。省院被国家质检总局授予科技兴检先进集体、被省科技厅授予河南省优秀科研单位称号。稳定客户 1180 多家。

◎ 国家“十一五”863 计划重大项目“吊舱式时间域直升机航空电磁勘察系统开发集成”在北京通过验收；省院与中国计量科学研究院共同完成该系统硬件验收报告数据。省院力学所对南车洛阳机车有限公司使用的“机车检测系统”进行了检定，使机车检测系统对机车运动产生的振动和冲击的检测数据准确可靠，保证了机车运行安全；完成了铁路救援台车起升力大小的在线检测任务。

◎ 省院通过国家质检总局根据 JJF 1069—2012《法定计量检定机构考核规范》进行的国家法定计量检定机构计量授权复查换证考核，通过 416 个检定项目、451 个校准项目和 6 个商品量和商品包装检测项目，其中包括 59 项新增检定项目、59 项新增校准项目和 1 项新增检测项目。全国省级法定计量检定机构复查换证考核总结会议在郑州召开。

2013 年

1 月 21 日，省院液体流量和气体流量所 3 位技术人员飞赴非洲中部的乍得共和国，为恩贾梅纳炼油厂提供计量检测服务，圆满成功。

3 月 1 日，省局召开全省计量工作会议，副局长冯长宇出席会议并讲话。讲话共有五个部分：一是要在突出重点上下功夫；二是要在破解难点上求突破；三是要在打造亮点上花气力；四是要在强化措施上出实招；五是要在提升素质上见成效。省局计量处处长苏君作了《提质增效 持续求进 奋力实现全省计量工作新跨越》的工作报告，回顾了 2012 年全省计量工作，部署了 2013 年全省计量工作。

◎ 2 日，国务院颁布《计量发展规划（2013—2020 年）》，共有：发展现状与形势、指导思想、基本原则和发展目标、加强计量服务与保障能力，加强计量监督管理和保障措施六大部分三十大项，明确提出了我国计量发展指导思想、基本原则、发展目标以及今后的重点工作，是指导全国计量发展的纲领性文件。

◎ 14 日，省局发文，开展重点用能单位能源计量审查工作。全省已培训能源计量审查工作师资 103 人，已完成能源计量审查 302 家。

4 月 2 日，省局发文，要求做好 2013 年法定计量技术机构复查考核工作。省局组织 6 个考核组 50 余名考评员，6 月始，历时 1 个多月，分赴 18 个省辖市进行了现场考核。12 月 23 日，省局发文，通报了检查结果和存在问题，公布了 18 个省辖市检测中心计量标准及计量授权项目。

◎ 11 日，省局发文，组织开展第 14 个“5・20 世界计量日”，活动主题为“计量与生活”。

◎ 13 日，李智民任省质量技术监督局局长、局党组书记。

5 月 6 日，省局印发《河南省贯彻落实〈计量发展规划（2013—2020 年）〉工作方案》，副局长冯长宇任《河南省贯彻落实〈计量发展规划（2013—2020 年〉》工作领导小组组长。

◎ 8 日，省局与省环保厅联合发文，要求 2013 年 10 月底前完成全省污水处理厂、国控省控废水重点监控单位的污水流量计强制检定工作，受检率和建档率达到 95% 以上，省院承担该项强制检定工作，并进行查处。

是月 “5・20 世界计量日”期间，省局举办了第二期质量大讲堂，省局局长李智民，副局长冯长宇、刘永春、尚云秀等省局领导和省局计量处处长苏君等处室领导出席了会议，省局联合郑州市政府，在郑州绿城广场举办了“5・20 世界计量日”现场咨询活动。李智民宣布“5・20 世界计量日”现场咨询活动启动。周口市质监局承办了周口市第四届大型“度量衡之光”文艺晚会。

6 月 9 日，省局发文，举办“河南省学习贯彻国务院《计量发展计划（2013—2020 年）》知识竞赛”。国家质检总局计量司巡视员刘新民，省政府副秘书长万旭，省局局长李智民、副局长冯长宇等参加了 9 月 25 日在河南省电视台进行的决赛活动。10 月 16 日，省局发文，通报表彰了获奖单位和获奖代表队人员。

◎ 13 日，省局印发《开展“计量惠民生、诚信促和谐”活动的实施方案》。是年，全省加油站、集贸市场、餐饮业诚信计量自我承诺示范单位共 1011 家，组织培训 5100 余人，发放宣传材料 73200 余份。

7月 9日，省局局长李智民、副局长冯长宇到省院平原新区试验发展基地检查指导工作。李智民要求省院争取二期建设用地，早日建成一流计量技术服务平台。

◎ 11日，国家质检总局公布了《关于质检系统贯彻落实〈计量发展规划（2013—2020年）〉的意见》，制定了总体要求和分阶段落实目标等。

◎ 22日，省院院长宋崇民与中国计量科学研究院院长张玉宽在北京签署了战略合作协议，中国计量科学研究院将在电磁、流量、温度、化学、医学生物等领域开展合作研究，支持省院提升计量能力。省局局长李智民、副局长冯长宇、省局计量处处长苏君等处领导、省院院党委书记陈传岭等出席了签约仪式。

8月 13日，省局处函，要求从计量器具生产企业、计量器具销售企业、计量器具修理企业、计量器具使用单位、计量器具进口商或者经销商、计量技术机构和计量行政管理部门七个方面进行风险排查整治。

◎ 22日，省院筹建的“河南省热量表检测中心”在省院试验发展基地举行揭牌仪式，省局计量处处长苏君受省局副局长冯长宇委托出席揭牌仪式并讲话。

9月 25日，国家质检总局计量司刘新民巡视员到省院平原新区试验发展基地调研，肯定了基地建设，提出了殷切希望。

10月 省院闫继伟、胡博、周文辉飞赴非洲西部的尼日尔共和国，对中尼两国共建的一处输油管线上的计量仪器进行检测，获尼日尔政府技术代表的赞誉。

◎ 23日，根据国家质检总局计量司的要求，省局发文，开展加油机专项监督检查。是年，全省共检查加油站5673家；检查中发现12家加油站私自更换芯片、私自改动芯片、私自改动主板、破坏铅封、检定数据超差等。

◎ 25日，河南省计量协会第四届会员大会召开。省局副局长、局党组成员冯长宇当选为河南省计量协会第四届理事会会长；省局计量处原处长王有全当选为副会长兼秘书长。

◎ 29日，省局发布修订后的《河南省计量检定员考核发证管理规定》，共十一条。是年，培训计量检定人员1500余人。

11月 14日，省局印发《关于开展注册计量师注册工作的通知》，规定了注册分工和注册工作程序。已完成154名一级注册计量师的注册工作，共注册项目2734项。

是年 全省共颁发计量标准考核证书322项；计量器具新产品型式批准发证168份，制造计量器具许可证90份，其中新增省级制造计量器具生产企业9家；通过A级计量合格确认企业35家，完善计量检测体系3家；对全省2602家企业的5626个批次的样品的定量包装商品净含量进行了计量监督检查，净含量合格率为94.7%；对2家电子计价秤生产企业进行了“证后检查”；对41个金银制品加工单位、818个金银制品销售单位进行了专项计量监督检查；开展重点领域安全用计量器具专项监督检查，现场抽查企业269家、抽查安全防护用强检计量器具情况9836台（件），具有有效期内检定证书的9206台（件），抽查合格率93.4%；培训制造、修理计量器具许可考评员54人。省局联合省院，开发了强检计量器具管理平台。全省强检计量器具2016557台（件），其中强检计量标准器具53688台（件），强检工作计量器具1962869台（件）。

◎ 省院检测计量器具251044台（件），其中：强检计量标准器具3570台（件），强检工作计量器具87100台（件），非强检工作计量器具151546台（件），检测收入9154万元。省院累计投资1427万元，建设47个事业发展项目。平原新区试验发展基地总建筑面积25723m^2，累计投入1.2亿多元，用于购置仪器设备4000多万元，一期工程已建成并入驻工程技术研究中心、医学检测中心、标准物质研发中心、热能表检测中心、能效标识实验室、3m法电波暗室、GPS定位、光电测距仪长度基线场等项目。省院、国家水表质检中心通过了国家认可委实验室认可和资质认定复查换证现场评审，通过校准项目 455 项、检测项目 108 项，其中新增校准项目 93 项、检测项目 24 项，推荐国家水表质检中心检测项目 9 项，河南省半导体照明产品质量监督检验中心通过计量认证、审查认可评审，并通过省局验收。已有 22 种标准物质投入批量化生产。是年，省院增加博士研究生：北京工业大学光学工程专业 2013 年博士研究生朱卫民、中国矿业大学应用化学专业 2013 年博士研究生路兴杰。

◎ 河南省人力资源和社会保障厅发文，批准省院设立省级博士后科研工作站。这是全省质量技术监督系统获得批准的第一个博士后科研工作站。

2014 年

1 月 3 日，省局处函印发各有关单位拟由省政府颁布的《河南省质量技术监督局关于对〈河南省人民政府关于贯彻国务院计量发展规划（2013—2020 年）的实施意见〉征求意见的函》。

◎ 10 日，国务委员王勇在国家质检总局局长支树平、省政府副省长王艳玲、省局局长李智民陪同下视察省局计量工作，并到省院调研。王勇等领导视察了省院客户服务大厅、0.01 级三相电能表标准装置、电磁兼容实验室、LED 半导体照明产品检测实验室。王勇充分肯定了省院的科研创新能力，并指示要加强科技成果转化和应用，更好地服务经济社会发展。

◎ 23 日，省局向省政府呈报《河南省质量技术监督局关于印发〈河南省人民政府关于贯彻国务院计量发展规划（2013—2020 年）的实施意见（送审稿）〉的请示》。

2 月 28 日，省局召开全省计量工作会议，副局长冯长宇到会作《抓住机遇 科学谋划 努力实现我省计量工作新跨越》的讲话，共有四个部分：一是抓基层，提升计量监管能力和检测水平；二是强基础，提升计量保障能力；三是严监管，切实履行计量法定职责；四是重服务，提高计量服务能力和水平。省局计量处处长苏君作了《与时俱进 奋力进取 开创全省计量工作科学发展新局面》的工作报告，回顾了 2013 年的全省计量工作，部署了 2014 年全省计量工作。

3 月 20 日，省政府副省长徐济超在省局局长李智民陪同下检查指导省质监局计量工作。

◎ 26 日，国家质量监督检验检疫总局、中央机构编制委员会办公室、国家发展和改革委员会、财政部、人力资源和社会保障部联合印发《质检总局 中央编办 发展改革委 财政部 人力资源社会保障部关于调整省级以下质监行政管理体制的指导意见》（国质检法联［2014］175 号）。该文指出：根据《中共中央关于全面深化改革若干重大问题的决定》《中共中央 国务院关于地方政府职能转变和机构改革的意见》（中发［2013］9 号）和《国务院办公厅关于调整省级以下工商质监行政管理体制加强食品安全监管有关问题的通知》（国办发［2011］48 号）精神，经国务院同意，将现行工商、质监省级以下垂直管理调整为由市、县级政府分级管理，体制调整工作在 2014 年年内基本结束。

4 月 3 日，省政府第二十五次常务会议，通过了《贯彻国务院计量发展规划（2013—2020 年）的实施意见》。省政府省长谢伏瞻指出：制定我省贯彻国务院计量发展规划的实施意见，对进一步加快我省计量事业发展，提升计量整体能力和水平，促进全省经济社会持续健康快速发展具有重要意义。并对各有关部门和下一步的工作提出了明确要求。

◎ 8 日，省人民政府办公厅印发《河南省人民政府办公厅关于调整省级以下工商质监行政管理体制的通知》（豫政办〔2014〕31 号）。《通知》要求：根据《中共中央 国务院关于地方政府职能转变和机构改革的意见》（中发［2013］9 号）和《国务院办公厅关于调整省级以下工商质监行政管理体制加强食品安全监管有关问题的通知》（国办发［2011］48 号）要求，经省政府同意，调整我省省级以下工商、质监行政管理体制，将现行工商、质监省级以下垂直管理调整为由市、县级政府分级管理，业务接受上级工商、质监部门的指导和监督，领导干部实行双重管理、以地方管理为主。全省工商、质监行政管理体制调整工作，要于 2014 年 4 月底前完成。全省质量技术监督省级以下垂直管理调整为由市、县级政府分级管理的行政管理体制的调整工作已于 2014 年 4 月底完成。

◎　21 日，省局发文，组织开展 0.4 级精密压力表量值比对工作。

◎　同日，省局发文，开展 2014 年水表、电能表、煤气表和热量表（简称民用四表）计量专项监督检查。

◎　同日，省局发文，印发《“5·20 世界计量日”宣传工作方案》。全省围绕“计量与绿色中国”这一主题，在“5·20 世界日”前后，组织开展了以“四进入”为主要内容的计量宣传活动。全省设置各类咨询台 1500 多个，免费咨询服务 24000 余人次，发放宣传资料 15 万多份，摆放展板 1800 多块，免费检定血压计等民生计量器具 3 万余台（件）；全省 150 家计量技术机构组织了“实验室开放日”；组织召开各类座谈会 165 场次；新闻媒体采访报道 350 次。

◎　28 日，省人民政府印发《河南省人民政府关于贯彻国务院计量发展规划（2013—2020 年）的实施意见》（豫政［2014］40 号）。该《实施意见》共有四个部分：一、充分认识计量工作在经济社会发展中的重要作用。二、总体要求和发展目标：省级社会公用计量标准数量达到 350 项、市级社会公用计量标准平均达到 100 项、县级社会公用计量标准平均达到 25 项，完成省部级科研项目 30 项以上，研制农业、食品安全、医疗卫生、环境保护等领域和新兴产业急需的标准物质达到 100 种以上，制（修）订计量技术规范、规程和计量器具地方标准 70 项以上等。三、重点任务：（一）提升计量服务和保障能力；（二）加强计量监督管理；（三）加强计量科技基础研究。四、保障措施：（一）加强组织领导；（二）完善配套措施；（三）加强计量队伍建设；（四）加强计量宣传；（五）强化检查考核。该《实施意见》是指导全省计量发展的纲领性文件。2015 年《中国计量》第 1 期刊发了省局局长、局党组书记李智民的文章《〈河南省人民政府关于贯彻国务院计量发展规划（2013—2020 年）的实施意见〉解读》。

◎　29 日，河南省计量测试学会召开第五届会员大会，省局党组成员、纪检组长鲁自玉当选为第五届理事会理事长，省院院长宋崇民当选为副理事长兼秘书长。中国计量测试学会秘书长马爱文等出席会议。

6 月　23 日，省局发文，印发《关于贯彻落实〈河南省人民政府关于贯彻国务院计量发展规划（2013—2020 年）的实施意见〉的意见》。该《意见》共有五个部分：一是总体要求的分阶段落实目标，第一阶段到 2015 年，第二阶段到 2020 年；二是加强领导，确保贯彻落实顺利进行；三是强化措施，确保重点任务全面完成；四是加强协调，确保配套政策落实到位；五是加强检查，做好《实施意见》评估考核。

7 月　2 日，《河南日报》刊发《落实计量发展规划　提升计量保障能力　促进经济发展——省质量技术监督局局长李智民〈关于贯彻国务院计量发展规划（2013—2020 年）的实施意见〉答记者问》。在编者按中阐明：“为贯彻落实《实施意见》，7 月 1 日，省质量技术监督局局长李智民接受了《河南日报》记者的采访，并就有关问题作了解答。”李智民局长解答了如下问题：《实施意见》明确了计量工作在经济社会发展中的重要作用；《实施意见》确定了总体要求和发展目标；《实施意见》提出了重点任务；《实施意见》强调了保障措施；贯彻落实《实施意见》的重点工作。

◎　15 日，省局办发文，转发国家质检总局《关于做好制造、销售、进口国务院规定废除和禁止使用的计量器具审批工作的通知》。

◎　22 日，河南省计量器具产品质量监督检验中心完成资质认定扩项工作。扩项后，该中心检测项目增至 103 项。

◎　29 日，全省贯彻落实国务院《计量发展规划（2013—2020 年）》和河南省人民政府《关于贯彻国务院计量发展规划（2013—2020 年）的实施意见》宣贯会在南阳市召开。省局副局长冯长宇、南阳市政府副市长张体明出席并致辞。国家质检总局计量司副司长钟新明从 4 个方面对《国务院计量发展规划（2013—2020 年）》进行了深入详实的解读和辅导。省局计量处副处长范新亮对《河南省人民政府〈关于贯彻国务院计量发展规划（2013—2020 年）的实施意见〉》进行了宣贯。省局计量处处长苏君就推进《国务院计量发展规划（2013—2020 年）》和《河南省人民政府〈关于贯彻国务院计量发展规划（2013—2020 年）的实施意见〉》的贯彻落实提出了 3 条要求。

8 月　8 日，省政府门户网站特邀省局副局长冯长宇做客视频直播间，在线解读《河南省人民政府〈关于贯彻国务院计量发展规划（2013—2020 年）的实施意见〉》。冯长宇从颁布《实施意见》的意义、发展目标、重点任务、下步打算四个方面进行了在线解读。

◎　27 日，省局发文，在全省联合开展医疗卫生机构在用计量器具普查及建立信息库的工作。

9 月　30 日，省局发文，印发《关于编撰〈河南省计量史〉的通知》。根据国家质检总局《关于编撰整理新中国计量史料有关问题的通知》要求，省局决定收集、整理河南省计量史料，编撰《河南省计量史（1949—2014）》。省局局长李智民任《河南省计量史》编撰工作领导小组组长，副局长冯长宇、纪检组长鲁自玉任副组长；省局计量处处长苏君任《河南省计量史》编撰办公室主任；省院原院长程新选任《河南省计量史》编撰办公室副主任、编撰组组长。

10 月　11 日，省局发文，向省政府报送《关于建立落实〈（计量发展规划）实施意见〉厅际联席会议制度的请示》。

◎　14 日，省局召开《河南省计量史（1949—2014）》编撰工作领导小组第一次会议。省局副局长冯长宇要求编撰《河南省计量史（1949—2014）》一定要做到站位要高、工作要实、质量要优、纪律要严、效果要好。

12 月　10 日，宋崇民任河南省质量技术监督局总工程师（正处级）、河南省计量科学研究院院长、院党委副书记；陈传岭任河南省计量科学研究院院党委书记、副院长。

是年　中央电视台第七频道就司乘人员对河南省驻马店市汝南县境内超限超载检测站的动态汽车衡称重数据存在疑义一事进行了报道。省局计量处立即组织省院与各省辖市、省直管县质监局配合，开展了全省动态汽车衡检定工作。省院检定人员历时 80 多个工作日，检定了 12 个省辖市、6 个省直管县超限超载检测站的 116 台动态汽车衡，免费检定 59 台，为河南省治理超限超载工作和维护公路运输市场秩序提供了有力的技术支持。

◎　省局制造计量器具新产品型式批准发证 185 份，制造（修理）计量器具许可证发证 126 份；A 级计量合格确认发证 28 家，B 级计量合格确认发证 107 家，“C”标志评定 126 家；批准颁布地方计量检定规程 11 个；组织完成了全省 332 个加气站的 1722 支加气枪的计量单位改造工作；全省共建立计量标准 6137 项，其中：依法设置计量检定机构的社会公用计量标准 2263 项，依法授权计量技术机构的社会公用计量标准 1354 项，依法授权其他单位开展专项检定工作计量标准 785 项，建立在部门、企业事业单位的最高计量标准 1735 项；型式批准证书累计 1741 张；全省新建社会公用计量标准 218 项；组织开展了定量包装商品净含量、民用“四表”、电冰箱、法定计量检定机构专项监督检查工作；全省已完成医疗卫生机构在用计量器具普查登记入库 15 万台（件）；全省累计实现 420 家连锁商店和超市、医院和眼镜店诚信计量自我承诺；全省共注册一级注册计量师 159 人、二级注册计量师 346 人，其中省院一级注册计量师 78 人；截至年底，全省依法设置的法定计量检定机构计量检定员 3387 人，其他授权单位的计量检定员 2301 人，企事业单位计量检定员 2529 人，共 8217 人；全省依法设置的计量检定机构 127 个、依法授权的计量检定机构 218 个，共 345 个；共检定计量器具 2519900 台（件）。是年，共强检计量器具 2381620 台（件），其中：强检计量标准器具 49357 台（件），强检工作计量器具 2332263 台（件）。

◎ 省院建立使用保存的河南省省级社会公用计量标准共 10 大类 218 项、检定 / 校准 / 检验项目 524 种，其中：省级最高社会公用计量标准 102 项、检定 / 校准项目 203 种，次级社会公用计量标准 116 项、检定 / 校准 / 检验项目 321 种。省院有一级注册计量师 78 人。省院检测计量器具 291276 台（件），其中强检计量标准器具 3750 台（件），强检工作计量器具 91500 台（件），非强检工作计量器具 189776 台（件），检测收入 10742 万元；新建计量标准 7 项；新增 11 种标准气体；参加“标准测力仪”等 3 项能力验证和 1 项量值比对，结果满意；河南省轴承产品质量监督检验中心通过省局计量认证、审查认可评审，共通过 27 个参数的检测能力；完成了分布在全省 18 个省辖市的 4000 多个基站的环评验收检测任务；完成了 2013 年年底在册资产总和和产权登记工作；2014 年度全国力值硬度计量技术委员会会议在郑州召开，省院负责会务工作；省院被授予河南省“五一”劳动奖状；黄玉珠被省政府表彰为先进工作者，并授予“五一”劳动奖章；省局表彰省院业务部客户服务大厅为“文明服务示范窗口”。省院“汽车排气污染物检测用底盘测功机计量标准及溯源体系的研究”获国家质检总局科技兴检奖三等奖；截至年底，省院平原新区试验发展基地已有工程中心、标物中心、医学检测中心、热能表检测中心、长度测量、大质量等计量检测项目入驻并陆续开展检测工作。

表 7-1 河南省计量行政部门、直属机构沿革一览表

类别 时间	行政部门名称 （下属部门名称）	主要领导人 （下属部门负责人）	计量行政人员	直属机构名称 （地址、面积）	主要领导人	人员、设备资产
1956 年 9 月	河南省商业厅 地址：郑州市政三街 4 号 （市场管理处计量科）	厅长：李友三 副厅长：杨旭东 市场管理处处长：焦水芳	计量科 2 人			
1957 年 7 月	河南省商业厅 地址：郑州市金水路 30 号 （计量处）	厅长：李友三 副厅长：杨旭东	计量处 6 人			
1958 年 8 月	河南省商业厅（计量处） 地址：郑州市金水路 30 号	处长：陈仲瑞	计量处 6 人			
1959 年 4 月	河南省科学技术委员会 地址：郑州市纬五路 12 号省供销社小西楼（计量标准处）	处长：陈仲瑞	计量标准处 11 人			
1959 年 6 月	河南省科学技术委员会 地址：郑州市纬五路 12 号省供销社小西楼（计量标准处）	省科委党分组委员、处长：陈仲瑞	计量标准处 11 人			
1959 年 11 月	河南省科学技术委员会 地址：郑州市花园口路 8 号 （计量标准处）	省科委党分组委员、处长：陈仲瑞	计量标准处 11 人			
1960 年 5 月	河南省计量标准局 地址：郑州市花园口路 8 号	省科委党分组委员、局长：陈仲瑞 副局长：巨福珠	编制 70 人，实有 39 人			
1960 年 9 月	河南省计量标准局 地址：郑州市红专路 1 号	省科委党分组委员、局长：陈仲瑞 副局长：巨福珠	编制 70 人，实有 39 人			
1963 年 7 月	河南省计量标准局 地址：郑州市红专路 1 号	省科委党组成员、局长、局党支部书记：陈济方 局党支部副书记：巨福珠、张永祥 副局长：巨福珠、张永祥、王化龙、许遇之	编制 70 人，实有 80 人			

续表

类别 时间	行政部门名称 （下属部门名称）	主要领导人 （下属部门负责人）	计量行政人员	直属机构名称 （地址、面积）	主要领导人	人员、设备资产
1964 年 3 月	河南省科学技术委员会计量管理局 地址：郑州市红专路 1 号	省科委党组成员、局长、局党支部书记：陈济方 局党支部副书记：巨福珠、王化龙 副局长：巨福珠、张永祥、王化龙、许遇之	编制 90 人，实有 84 人			
1968 年 3 月	河南省计量局革命委员会 地址：郑州市红专路 1 号	主任：陈济方 副主任：温天文	28 人			
1972 年 4 月	河南省计量局 地址：郑州市红专路 1 号	局党支部书记：白亚平 局党支部副书记：崔海水	44 人			
1972 年 11 月	河南省标准计量局 地址：郑州市红专路 1 号	局党支部书记：白亚平 局党支部副书记：崔海水	48 人			
1974 年 2 月	河南省标准计量局 地址：郑州市红专路 1 号	省科委党组成员、局党支部书记：陈济方 局党支部副书记：王化龙	68 人			
1976 年 9 月	河南省标准计量局 地址：郑州市红专路 1 号	局党支部书记：陈济方 局党支部第二书记：张相振 局党支部副书记：王化龙	90 人			
1979 年 3 月	河南省标准计量局 地址：郑州市红专路 1 号	省科委党组成员、局长、局党支部书记：巨福珠 局党支部副书记：张相振、王化龙 副局长：王化龙	126 人			
1980 年 3 月	河南省计量局 地址：郑州市红专路 1 号	省科委党组成员、局长、局党支部书记：巨福珠 局党支部副书记：张相振、王化龙 副局长：王化龙	126 人			
1981 年 3 月	河南省计量局 地址：郑州市红专路 1 号	省科委党组成员、局长、局党支部书记：巨福珠 局党支部副书记：张相振、王化龙 副局长：王化龙、皮家荆	125 人			

续表

类别 时间	行政部门名称 （下属部门名称）	主要领导人 （下属部门负责人）	计量行政人员	直属机构名称 （地址、面积）	主要领导人	人员、设备资产
1981 年 7 月	河南省计量局 地址：郑州市红专路 1 号	省科委党组成员、局长、局党支部书记：巨福珠 局党支部副书记：张相振、王化龙 副局长：王化龙、皮家荆	125 人	河南省计量测试学会（第一届）	理事长：巨福珠 名誉理事长：陈芳允 秘书长：皮家荆	
1982 年 7 月	河南省计量局 地址：郑州市红专路 1 号	局党支部负责人：王化龙（主持工作）、王世贤 副局长：王化龙（主持工作）、皮家荆	138 人			
1983 年 11 月	河南省计量局（副厅级） 地址：郑州市红专路 1 号	省经委党组成员、局长：魏翊生 副局长：张祥林、阴奇	140 人			
1984 年 6 月	河南省计量局（副厅级） 地址：郑州市红专路 1 号（办公室）（计量管理处）	省经委党组成员、局长：魏翊生 副局长：张祥林、阴奇 （副主任：齐文彩（副处级）） （副处长：张隆上（副处级））	46 人	河南省计量测试研究所 （郑州市花园路 21 号；占地面积 29730 m^2，建筑面积 12400 m^2）	副所长：李培昌	编制 98 人，实有 106 人；356 万元
1984 年 11 月	河南省计量局（副厅级） 地址：郑州市红专路 1 号（办公室）（计量管理处）	省经委党组成员、局长：魏翊生 副局长：张祥林、阴奇 （副主任：齐文彩（副处级）） （副处长：张隆上（副处级））	46 人	河南省计量测试研究所 （郑州市花园路 21 号；占地面积 29730 m^2，建筑面积 12400 m^2） 河南省计量测试学会（第二届）	副所长：李培昌 理事长：魏翊生 秘书长：朱石树	编制 98 人，实有 106 人；356 万元
1985 年 4 月	河南省计量局（副厅级） 地址：郑州市红专路 1 号（办公室）（计量管理处）	局长、局党组书记：魏翊生 副局长：张祥林、阴奇 （副主任：齐文彩（副处级）） （副处长：张隆上（副处级））	46 人	河南省计量测试研究所 （郑州市花园路 21 号；占地面积 29730 m^2，建筑面积 12400 m^2）	副所长：李培昌	编制 98 人，实有 110 人；356 万元
1986 年 4 月	河南省计量局（副厅级） 地址：郑州市红专路 1 号（办公室）（计量管理处）	局长、局党组书记：魏翊生 副局长：张祥林、阴 奇 （副主任：程新选（副处级、主持工作）、齐文彩（副处级）、张景义（副处级）） （副处长：张隆上（副处级、主持工作）、张玉玺（副处级））	46 人	河南省计量测试研究所 （郑州市花园路 21 号；占地面积 29730 m^2，建筑面积 12400 m^2）	副所长：李培昌 总工程师：肖汉卿 副所长：付克华	编制 98 人，实有 110 人；382 万元

续表

类别 时间	行政部门名称 （下属部门名称）	主要领导人 （下属部门负责人）	计量行政人员	直属机构名称 （地址、面积）	主要领导人	人员、设备资产
1986年12月	河南省计量局（副厅级） 地址：郑州市红专路1号（办公室）（计量管理处）	局长、局党组书记：魏翊生 副局长：张祥林、阴奇 （副主任：程新选（副处级、主持工作）、齐文彩（副处级）、张景义（副处级）） （副处长：张隆上（副处级、主持工作）、张玉玺（副处级））	46人	河南省计量测试研究所 （郑州市花园路21号；占地面积29730 m^2，建筑面积12400 m^2）	所长：肖汉卿 所党支部书记：李培昌 副所长：付克华	编制98人，实有110人；443万元
1989年2月	河南省技术监督局（副厅级） 地址：郑州市红专路1号（本部） 郑州市纬2路9号 郑州市纬2路23号院3号楼（计量管理处）	局长、局党组书记：戴式祖 副局长（正处级）：徐俊德、郭欣、*张祥林、史新川 （副处长：张隆上（副处级、主持工作）、张玉玺（副处级））	计量管理处11人	河南省计量测试研究所 （郑州市花园路21号；占地面积29730 m^2，建筑面积12400 m^2）	所长：肖汉卿 所党支部书记：李培昌 副所长：付克华	编制98人，实有120人；626台（件），527万元
1989年6月	河南省技术监督局（副厅级） 地址：郑州市红专路1号（本部） 郑州市纬2路9号 郑州市纬2路23号院3号楼（计量管理处）	局长、局党组书记：戴式祖 副局长（正处级）：徐俊德、郭欣、*张祥林、史新川 （处长：张隆上 副处长：张玉玺（副处级）、张景信）	计量管理处11人	河南省计量测试研究所 （郑州市花园路21号；占地面积29730 m^2，建筑面积12400 m^2）	所长：肖汉卿 所党支部书记：李培昌 副所长：付克华	编制98人，实有120人；626台（件），527万元
1989年9月	河南省技术监督局（副厅级） 地址：郑州市红专路1号（本部） 郑州市纬2路9号 郑州市纬2路23号院3号楼（计量管理处）	局长、局党组书记：戴式祖 副局长（正处级）：徐俊德、郭欣、*张祥林、史新川 （处长：张隆上 副处长：张玉玺（副处级）、张景信）	计量管理处11人	河南省计量测试研究所 （郑州市花园路21号；占地面积29730 m^2，建筑面积12400 m^2）	所长：肖汉卿 所党支部书记：李培昌 副所长：付克华	编制98人，实有120人；626台（件），527万元
1989年10月	河南省技术监督局（副厅级） 地址：郑州市花园路21号（计量管理处）	局长、局党组书记：戴式祖 副局长：徐俊德、郭欣、*张祥林、史新川 （副处长：张玉玺（副处级）、张景信 助理调研员：刘文生、陈玉新、靳长庆、徐敦圣）	计量管理处11人	河南省计量测试研究所 （郑州市花园路21号；占地面积29730 m^2，建筑面积11000 m^2）	所长：张隆上 所党支部书记：李培昌（正处级） 所总工程师：肖汉卿（正处级） 副所长：付克华、焦永德、杜新颖	编制98人，实有120人；626台（件），527万元

续表

类别 时间	行政部门名称 （下属部门名称）	主要领导人 （下属部门负责人）	计量行政人员	直属机构名称 （地址、面积）	主要领导人	人员、设备资产
1989 年 12 月	河南省技术监督局（副厅级） 地址：郑州市花园路 21 号 （计量管理处）	局长、局党组书记：戴式祖 副局长：徐俊德、郭欣、 * 张祥林、史新川 （副处长：张景信 助理调研员：刘文生、陈玉新、靳长庆、徐敦圣）	计量管理处 11 人	河南省计量测试研究所 （郑州市花园路 21 号；占地面积 29730 m^2，建筑面积 11000 m^2） 河南省计量测试学会（第三届）	所长：张隆上 所党支部书记：李培昌 （正处级） 所总工程师：肖汉卿（正处级） 副所长：付克华、焦永德、杜新颖 理事长：张祥林 秘书长：朱石树	编制 98 人，实有 120 人；626 台（件），527 万元
1990 年 12 月	河南省技术监督局（副厅级） 地址：郑州市花园路 21 号 （计量管理处）	局长、局党组书记：戴式祖 副局长：徐俊德、郭欣、 * 张祥林、史新川 （副处长：张景信 助理调研员：刘文生、陈玉新、靳长庆、徐敦圣）	计量管理处 11 人	河南省计量测试研究所 （郑州市花园路 21 号；占地面积 29730 m^2，建筑面积 11000 m^2）	所长：张隆上 所党支部书记：李培昌 （正处级） 所总工程师：肖汉卿（正处级） 副所长：付克华、焦永德、杜新颖	编制 98 人，实有 127 人；708 台（件），547 万元
1991 年 5 月	河南省技术监督局（副厅级） 地址：郑州市花园路 21 号 （计量管理处）	局长、局党组书记：戴式祖 副局长：徐俊德、郭欣、 * 张祥林、史新川 （处长：张景信 副处长：李凯军、时广宁 助理调研员：刘文生、陈玉新、靳长庆、徐敦圣）	计量管理处 11 人	河南省计量测试研究所 （郑州市花园路 21 号；占地面积 29730 m^2，建筑面积 11000 m^2）	所长：张隆上 所党支部书记：李培昌 （正处级） 所总工程师：肖汉卿（正处级） 副所长：付克华、焦永德、杜新颖	编制 98 人，实有 134 人；764 台（件），523 万元
1992 年 12 月	河南省技术监督局（副厅级） 地址：郑州市花园路 21 号 （计量管理处）	局长、局党组书记：戴式祖 副局长：徐俊德、郭欣、 * 张祥林、史新川 （处长：张景信 副处长：李凯军、时广宁 助理调研员：刘文生、陈玉新、靳长庆、徐敦圣）	计量管理处 11 人	河南省计量测试研究所 （郑州市花园路 21 号；占地面积 29730 m^2，建筑面积 12400 m^2） 河南省计量协会（第一届）	所长：张隆上 所党支部书记：李培昌 （正处级） 所总工程师：肖汉卿（正处级） 副所长：付克华、焦永德、杜新颖 理事长：戴式租 秘书长：张景信	编制 98 人，实有 128 人；817 台（件），563 万元

续表

类别 时间	行政部门名称 （下属部门名称）	主要领导人 （下属部门负责人）	计量行政人员	直属机构名称 （地址、面积）	主要领导人	人员、设备资产
1993 年 6 月	河南省技术监督局（副厅级） 地址：郑州市花园路 21 号 （计量管理处）	局长、局党组书记：戴式祖 副局长：徐俊德、郭欣、 * 张祥林、史新川 （处长：张景信 副处长：李凯军、时广宁 助理调研员：刘文生、陈玉新、靳长庆、徐敦圣）	计量管理处 11 人	河南省计量测试研究所 （郑州市花园路 21 号；占地面积 29730 m^2，建筑面积 13900 m^2）	所长、所党总支书记：张隆上 所总工程师：肖汉卿（正处级） 副所长、所党总支副书记：李凯军 副所长：付克华、焦永德	编制 98 人，实有 129 人；902 台（件），609 万元
1994 年 9 月	河南省技术监督局（正厅级） 地址：郑州市花园路 21 号 （计量管理处）	局长、局党组书记：戴式祖 副局长：徐俊德、郭欣、 * 张祥林、史新川 （处长：张景信 副处长：李凯军、时广宁 助理调研员：刘文生、陈玉新、靳长庆、徐敦圣	计量管理处 11 人	河南省计量测试研究所 （郑州市花园路 21 号；占地面积 29730 m^2，建筑面积 13900 m^2）	所长、所党总支书记：张隆上 所总工程师：肖汉卿（正处级） 副所长、所党总支副书记：李凯军 副所长：付克华、焦永德	编制 98 人，实有 129 人；902 台（件），609 万元
1994 年 11 月	河南省技术监督局（正厅级） 地址：郑州市花园路 21 号 （计量管理处）	局长、局党组书记：戴式祖（正厅级） 副局长：徐俊德（副厅级） （处长：张景信 副处长：李凯军、时广宁 助理调研员：刘文生、陈玉新、靳长庆、徐敦圣）	计量管理处 11 人	河南省计量测试研究所 （郑州市花园路 21 号；占地面积 29730 m^2，建筑面积 13900 m^2）	所长、所党总支书记：张隆上 所总工程师：肖汉卿（正处级） 副所长、所党总支副书记：李凯军 副所长：付克华、焦永德	编制 99 人，实有 128 人；993 台（件），599 万元
1995 年 5 月	河南省技术监督局（正厅级） 地址：郑州市花园路 21 号 （计量管理处）	局长、局党组书记：戴式祖 副局长：徐俊德、赵亚平 （处长：张景信 副处长：李凯军、时广宁 助理调研员：刘文生、陈玉新、靳长庆、徐敦圣）	计量管理处 11 人	河南省计量测试研究所 （郑州市花园路 21 号；占地面积 29730 m^2，建筑面积 13900 m^2）	所长、所党总支书记：张隆上 所总工程师：肖汉卿（正处级） 副所长、所党总支副书记：李凯军 副所长：付克华、焦永德	编制 102 人，在职 128 人；1311 台（件），715 万元

续表

类别 时间	行政部门名称（下属部门名称）	主要领导人（下属部门负责人）	计量行政人员	直属机构名称（地址、面积）	主要领导人	人员、设备资产
1995 年 6 月	河南省技术监督局（正厅级） 地址：郑州市花园路 21 号 （计量管理处）	局长、局党组书记：戴式祖 副局长：徐俊德、赵亚平 （处长：张景信 副处长：李凯军、时广宁 助理调研员：刘文生、陈玉新、靳长庆、徐敦圣）	计量管理处 11 人	河南省计量测试研究所（郑州市花园路 21 号；占地面积 29730 m^2，建筑面积 13900 m^2）	所长、所党总支书记：程新选 副所长：孙玉玺、陈传岭 所党总支副书记（副处级）：焦永德	编制 102 人，在职 128 人；1311 台（件），715 万元
1995 年 8 月	河南省技术监督局（正厅级） 地址：郑州市花园路 21 号 （计量管理处）	局长、局党组书记：戴式祖 副局长：徐俊德、赵亚平 纪检组长：韩国琴 （处长：张景信 副处长：李凯军、时广宁 助理调研员：刘文生、陈玉新、靳长庆、徐敦圣）	计量管理处 11 人	河南省计量测试研究所（郑州市花园路 21 号；占地面积 29730 m^2，建筑面积 13900 m^2）	所长、所党总支书记：程新选 副所长：孙玉玺、陈传岭 所党总支副书记（副处级）：焦永德	编制 102 人，在职 128 人；1311 台（件），715 万元
1995 年 9 月	河南省技术监督局（正厅级） 地址：郑州市花园路 21 号 （计量管理处）	局长、局党组书记：戴式祖 副局长：徐俊德、赵亚平 纪检组长：韩国琴 （处长：张景信 副处长：李凯军、时广宁 助理调研员：靳长庆、徐敦圣）	计量管理处 11 人	河南省计量测试研究所（郑州市花园路 21 号；占地面积 29730 m^2，建筑面积 13900 m^2）	所长、所党总支书记：程新选 副所长：孙玉玺、陈传岭 所党总支副书记（副处级）：焦永德	编制 102 人，在职 128 人；1311 台（件），715 万元
1995 年 11 月	河南省技术监督局（正厅级） 地址：郑州市花园路 21 号 （计量处）	局长、局党组书记：戴式祖 副局长：徐俊德、赵亚平 纪检组长：韩国琴 （处长：张景信 副处长：李凯军、时广宁 助理调研员：靳长庆、徐敦圣）	计量处 11 人	河南省计量测试研究所（郑州市花园路 21 号；占地面积 29730 m^2，建筑面积 13900 m^2）	所长、所党总支书记：程新选 副所长：孙玉玺、陈传岭 所党总支副书记（副处级）：焦永德	编制 102 人，在职 128 人；1311 台（件），715 万元
1995 年 12 月	河南省技术监督局（正厅级） 地址：郑州市花园路 21 号 （计量处）	局长、局党组书记：戴式祖 副局长：徐俊德、赵亚平 纪检组长：韩国琴 （处长：张景信 副处长：苗瑜、张效三 助理调研员：靳长庆、徐敦圣、彭晓凯）	计量处 11 人	河南省计量测试研究所（郑州市花园路 21 号；占地面积 29730 m^2，建筑面积 13900 m^2）	所长、所党总支书记：程新选 副所长：孙玉玺、陈传岭 所党总支副书记（副处级）：焦永德	编制 102 人，在职 128 人；1311 台（件），715 万元

续表

时间＼类别	行政部门名称（下属部门名称）	主要领导人（下属部门负责人）	计量行政人员	直属机构名称（地址、面积）	主要领导人	人员、设备资产
1996 年 9 月	河南省技术监督局（正厅级） 地址：郑州市花园路 21 号 （计量处）	局长、局党组书记：戴式祖 副局长：徐俊德、赵亚平 纪检组长：韩国琴 助理巡视员：马文卿 （处长：张景信 副处长：苗瑜、张效三 助理调研员：靳长庆、徐敦圣、彭晓凯）	计量处 11 人	河南省计量测试研究所 （郑州市花园路 21 号；占地面积 29730 m^2，建筑面积 13900 m^2）	所长、所党总支书记：程新选 副所长：孙玉玺、陈传岭 所党总支副书记（副处级）：焦永德	编制 102 人，在职 128 人；1311 台（件），715 万元
1996 年 12 月	河南省技术监督局（正厅级） 地址：郑州市花园路 21 号 （计量处）	局长、局党组书记：戴式祖 副局长：徐俊德、赵亚平 纪检组长：韩国琴 助理巡视员：马文卿 （处长：张景信 副处长：苗瑜、张效三 助理调研员：靳长庆、徐敦圣、彭晓凯）	计量处 11 人	河南省计量测试研究所 （郑州市花园路 21 号；占地面积 29730 m^2，建筑面积 13900 m^2）	所长、所党总支书记：程新选 副所长：孙玉玺、陈传岭 所党总支副书记（副处级）：焦永德	编制 102 人，在职 121 人；1942 台（件），691 万元
1997 年 3 月	河南省技术监督局（正厅级） 地址：郑州市花园路 21 号 （计量处）	局长、局党组书记：戴式祖 副局长：徐俊德、赵亚平 纪检组长：韩国琴 助理巡视员：马文卿 （处长：张景信 副处长：苗瑜、张效三 调研员：靳长庆、徐敦圣 助理调研员：彭晓凯）	计量处 11 人	河南省计量测试研究所 （郑州市花园路 21 号；占地面积 29730 m^2，建筑面积 13900 m^2）	所长、所党总支书记：程新选 副所长：孙玉玺、陈传岭 所党总支副书记（副处级）：焦永德	编制 102 人，在职 121 人；1942 台（件），691 万元
1997 年 6 月	河南省技术监督局（正厅级） 地址：郑州市花园路 21 号 （计量处）	局长、局党组书记：戴式祖 副局长：徐俊德、赵亚平 纪检组长：韩国琴 助理巡视员：马文卿 （副处长：苗瑜（主持工作）副处长：张效三 调研员：靳长庆、徐敦圣 助理调研员：彭晓凯）	计量处 11 人	河南省计量测试研究所 （郑州市花园路 21 号；占地面积 29730 m^2，建筑面积 13900 m^2）	所长、所党总支书记：程新选 副所长：孙玉玺、陈传岭 所党总支副书记（副处级）：焦永德	编制 106 人，在职 120 人；2013 台（件），860 万元

续表

类别 时间	行政部门名称 （下属部门名称）	主要领导人 （下属部门负责人）	计量行政人员	直属机构名称 （地址、面积）	主要领导人	人员、设备资产
1997 年 12 月	河南省技术监督局 （正厅级） 地址：郑州市花园路 21 号 （计量处）	局长、局党组书记：戴式祖 副局长：徐俊德、赵亚平 纪检组长：韩国琴 助理巡视员：马文卿 （副处长：苗瑜（主持工作） 副处长：张效三 调研员：靳长庆、徐敦圣 助理调研员：彭晓凯）	计量处 11 人	河南省计量测试研究所 （郑州市花园路 21 号；占地面积 29730 m^2，建筑面积 13900 m^2）	所长、所党总支书记：程新选 副所长：孙玉玺、陈传岭 所党总支副书记：孟宪忠、焦永德	编制 106 人，在职 120 人；2013 台（件），860 万元
1998 年 1 月	河南省技术监督局 （正厅级） 地址：郑州市花园路 21 号 （计量处）	局长、局党组书记：戴式祖 副局长：徐俊德、赵亚平 纪检组长：韩国琴 助理巡视员：马文卿 （处长：王有全 副处长：苗瑜、张效三 调研员：靳长庆、徐敦圣 助理调研员：彭晓凯）	计量处 10 人	河南省计量测试研究所 （郑州市花园路 21 号；占地面积 29730 m^2，建筑面积 13900 m^2，其中：实验室面积 10400 m^2）	所长、所党总支书记：程新选 副所长：孙玉玺、陈传岭 所党总支副书记：孟宪忠、焦永德	编制 108 人，在职 117 人；2174 台（件），937 万元
1998 年 3 月	河南省技术监督局 （正厅级） 地址：郑州市花园路 21 号 （计量处）	局长、局党组书记：刘景礼 副局长：徐俊德、赵亚平 纪检组长：韩国琴 助理巡视员：马文卿 （处长：王有全 副处长：苗瑜、张效三 调研员：徐敦圣 助理调研员：彭晓凯）	计量处 10 人	河南省计量测试研究所 （郑州市花园路 21 号；占地面积 29730 m^2，建筑面积 13900 m^2，其中：实验室面积 10400 m^2）	所长、所党总支书记：程新选 副所长：孙玉玺、陈传岭 所党总支副书记：孟宪忠、焦永德	编制 108 人，在职 117 人；2174 台（件），937 万元
1998 年 4 月	河南省技术监督局 （正厅级） 地址：郑州市花园路 21 号 （计量处）	局长、局党组书记：刘景礼 副局长：赵亚平 纪检组长：韩国琴 助理巡视员：马文卿 （处长：王有全 副处长：苗瑜、张效三 调研员：徐敦圣 助理调研员：彭晓凯）	计量处 10 人	河南省计量测试研究所 （郑州市花园路 21 号；占地面积 29730 m^2，建筑面积 13900 m^2，其中：实验室面积 10400 m^2）	所长、所党总支书记：程新选 副所长：孙玉玺、陈传岭 所党总支副书记：孟宪忠、焦永德	编制 108 人，在职 117 人；2174 台（件），937 万元

续表

类别 时间	行政部门名称 （下属部门名称）	主要领导人 （下属部门负责人）	计量行政人员	直属机构名称 （地址、面积）	主要领导人	人员、设备资产
1998 年 8 月	河南省技术监督局（正厅级） 地址：郑州市花园路 21 号 （计量处）	局长、局党组书记：刘景礼 副局长：赵亚平 纪检组长：韩国琴 助理巡视员：马文卿 （处长：王有全 副处长：苗瑜、张效三 调研员：徐敦圣 助理调研员：彭晓凯）	计量处 10 人	河南省计量测试研究所 （郑州市花园路 21 号；占地面积 29730 m^2，建筑面积 14900 m^2，其中：实验室面积 11300 m^2）	所长、所党总支书记：程新选 副所长：孙玉玺、陈传岭 所党总支副书记：焦永德	编制 108 人，在职 117 人；2174 台（件），937 万元
1998 年 11 月	河南省技术监督局（正厅级） 地址：郑州市花园路 21 号 （计量处）	局长、局党组书记：刘景礼 副局长：赵亚平、魏书法 纪检组长：韩国琴 助理巡视员：马文卿 （处长：王有全 副处长：苗瑜、张效三 调研员：徐敦圣 助理调研员：彭晓凯）	计量处 10 人	河南省计量测试研究所 （郑州市花园路 21 号；占地面积 29730 m^2，建筑面积 14900 m^2，其中：实验室面积 11300 m^2）	所长、所党总支书记：程新选 副所长：孙玉玺、陈传岭 所党总支副书记：焦永德	编制 108 人，在职 117 人；2174 台（件），937 万元
1999 年 9 月	河南省技术监督局（正厅级） 地址：郑州市花园路 21 号 （计量处）	局长、局党组书记：刘景礼 副局长：赵亚平、魏书法 纪检组长：韩国琴 助理巡视员：马文卿 （处长：王有全 副处长：苗瑜、张效三 调研员：徐敦圣 助理调研员：彭晓凯）	计量处 10 人	河南省计量测试研究所 （郑州市花园路 21 号；占地面积 29730 m^2，建筑面积 14900 m^2，其中：实验室面积 11300 m^2）	所长、所党总支书记：程新选 副所长：孙玉玺、陈传岭 所党总支副书记：焦永德	编制 108 人，在职 117 人；2174 台（件），937 万元
1999 年 10 月	河南省技术监督局（正厅级） 地址：郑州市花园路 21 号 （计量处）	局长、局党组书记：刘景礼 副局长：赵亚平、魏书法 纪检组长：韩国琴 助理巡视员：马文卿 （处长：王有全 副处长：苗瑜、张效三 助理调研员：彭晓凯）	计量处 10 人	河南省计量测试研究所 （郑州市花园路 21 号；占地面积 29730 m^2，建筑面积 14900 m^2，其中：实验室面积 11300 m^2）	所长、所党总支书记：程新选 副所长：孙玉玺、陈传岭 所党总支副书记：焦永德	编制 108 人，在职 117 人；2174 台（件），937 万元

续表

类别 时间	行政部门名称 （下属部门名称）	主要领导人 （下属部门负责人）	计量行政人员	直属机构名称 （地址、面积）	主要领导人	人员、设备资产
1999 年 12 月	河南省技术监督局 （正厅级） 地址：郑州市花园路 21 号 （计量处）	局长、局党组书记：刘景礼 副局长：赵亚平、魏书法 纪检组长：韩国琴 助理巡视员：马文卿 （处长：王有全 副处长：苗瑜、张效三 助理调研员：彭晓凯）	计量处 10 人	河南省计量测试研究所 （郑州市花园路 21 号；占地面积 29730 m^2，建筑面积 14900 m^2，其中：实验室面积 11300 m^2） 河南省计量协会（第二届）	所长、所党总支书记：程新选 副所长：孙玉玺、陈传岭 所党总支副书记：焦永德 理事长：刘景礼 秘书长：王有全	编制 109 人，在职 115 人；2205 台（件），1010 万元
2000 年 6 月	河南省质量技术监督局 （正厅级） 地址：郑州市花园路 21 号 （计量处）	局长、局党组书记：刘景礼 副局长：赵亚平、魏书法 纪检组长：韩国琴 助理巡视员：马文卿 （处长：王有全 副处长：苗瑜、张效三 助理调研员：彭晓凯）	计量处 10 人	河南省计量测试研究所 （郑州市花园路 21 号；占地面积 29730 m^2，建筑面积 14900 m^2，其中：实验室面积 11300 m^2）	所长、所党总支书记：程新选 副所长：孙玉玺、陈传岭 所党总支副书记：焦永德	编制 110 人，在职 108 人；2311 台（件），1264 万元
2000 年 7 月	河南省质量技术监督局 （正厅级） 地址：郑州市花园路 21 号 （计量处）	局长、局党组书记：刘景礼 副局长：赵亚平、魏书法 纪检组长：韩国琴 助理巡视员：马文卿 （处长：王有全 调研员、副处长：苗瑜 副处长：张效三 助理调研员：彭晓凯）	计量处 10 人	河南省计量测试研究所 （郑州市花园路 21 号；占地面积 29730 m^2，建筑面积 14900 m^2，其中：实验室面积 11300 m^2）	所长、所党总支书记：程新选 副所长：孙玉玺、陈传岭 所党总支副书记：焦永德	编制 110 人，在职 108 人；2311 台（件），1264 万元
2000 年 8 月	河南省质量技术监督局 （正厅级） 地址：郑州市花园路 21 号 （计量处）	局长、局党组书记：刘景礼 副局长：赵亚平、魏书法 纪检组长：韩国琴 助理巡视员：马文卿 （处长：王有全 调研员、副处长：苗瑜 副处长：王建辉 助理调研员：彭晓凯）	计量处 10 人	河南省计量测试研究所 （郑州市花园路 21 号；占地面积 29730 m^2，建筑面积 14900 m^2，其中：实验室面积 11300 m^2）	所长、所党总支书记：程新选 副所长：孙玉玺、陈传岭 所党总支副书记：葛伟三	编制 110 人，在职 108 人；2311 台（件），1264 万元

续表

类别 时间	行政部门名称 （下属部门名称）	主要领导人 （下属部门负责人）	计量行政人员	直属机构名称 （地址、面积）	主要领导人	人员、设备资产
2000 年 9 月	河南省质量技术监督局 （正厅级） 地址：郑州市花园路 21 号 （计量处）	局长、局党组书记：刘景礼 副局长：赵亚平、魏书法 纪检组长：韩国琴 助理巡视员：马文卿 （处长：王有全 调研员、副处长：苗瑜 副处长：王建辉）	计量处 10 人	河南省计量测试研究所 （郑州市花园路 21 号；占地面积 29730 m^2，建筑面积 14900 m^2，其中：实验室面积 11300 m^2）	所长、所党总支书记：程新选 副所长：孙玉玺、陈传岭 所党总支副书记：葛伟三	编制 110 人，在职 108 人；2311 台（件），1264 万元
2000 年 10 月	河南省质量技术监督局 （正厅级） 地址：郑州市花园路 21 号 （计量处）	局长、局党组书记：刘景礼 副局长：赵亚平、魏书法 纪检组长：韩国琴 助理巡视员：马文卿 （处长：王有全 调研员、副处长：苗瑜 副处长：王建辉）	计量处 10 人	河南省计量测试研究所 （郑州市花园路 21 号；占地面积 29730 m^2，建筑面积 14900 m^2，其中：实验室面积 11300 m^2）	所长、所党总支书记：程新选 副所长：陈传岭 所党总支副书记：葛伟三	编制 110 人，在职 108 人；2311 台（件），1264 万元
2001 年 9 月	河南省质量技术监督局 （正厅级） 地址：郑州市花园路 21 号 （计量处）	局长、局党组书记：刘景礼 副局长：赵亚平、魏书法、陈学升 纪检组长：韩国琴 助理巡视员：马文卿 （处长：王有全 调研员、副处长：苗瑜 副处长：王建辉）	计量处 10 人	河南省计量测试研究所 （郑州市花园路 21 号；占地面积 29730 m^2，建筑面积 14900 m^2，其中：实验室面积 11300 m^2）	所长、所党总支书记：程新选 副所长：陈传岭 所党总支副书记：葛伟三	编制 110 人，在职 104 人；2423 台（件），1491 万元
2001 年 12 月	河南省质量技术监督局 （正厅级） 地址：郑州市花园路 21 号 （计量处）	局长、局党组书记：刘景礼 副局长：赵亚平、魏书法、陈学升 纪检组长：李钢 巡视员、局党组成员：韩国琴 助理巡视员：马文卿 （处长：王有全 调研员、副处长：苗瑜 副处长：王建辉）	计量处 10 人	河南省计量测试研究所 （郑州市花园路 21 号；占地面积 29730 m^2，建筑面积 14900 m^2，其中：实验室面积 11300 m^2）	所长、所党总支书记：程新选 副所长：陈传岭 所党总支副书记：葛伟三	编制 110 人，在职 104 人；2423 台（件），1491 万元

续表

类别 时间	行政部门名称 （下属部门名称）	主要领导人 （下属部门负责人）	计量行政人员	直属机构名称 （地址、面积）	主要领导人	人员、设备资产
2002 年 2 月	河南省质量技术监督局 （正厅级） 地址：郑州市花园路 21 号 （计量处）	局长、局党组书记：刘景礼 副局长：* 赵亚平、魏书法、陈学升 纪检组长：李钢 巡视员、局党组成员：韩国琴 助理巡视员：马文卿 （处长：王有全 调研员、副处长：苗瑜 副处长：王建辉）	计量处 10 人	河南省计量测试研究所 （郑州市花园路 21 号；占地面积 29730 m^2，建筑面积 14900 m^2，其中：实验室面积 11300 m^2）	所长、所党总支书记：程新选 副所长：陈传岭 所党总支副书记：葛伟三	编制 112 人， 在职 103 人， 聘用 11 人； 2701 台（件）， 1636 万元
2002 年 3 月	河南省质量技术监督局 （正厅级） 地址：郑州市花园路 21 号 （计量处）	局长、局党组书记：刘景礼 副局长：* 赵亚平、魏书法、陈学升 纪检组长：李钢 巡视员、局党组成员：韩国琴 助理巡视员：马文卿 （处长：王有全 调研员、副处长：苗瑜 副处长：王建辉 助理调研员：彭晓凯）	计量处 10 人	河南省计量测试研究所 （郑州市花园路 21 号；占地面积 29730 m^2，建筑面积 14900 m^2，其中：实验室面积 11300 m^2）	所长、所党总支副书记：程新选 所党总支书记、副所长：王洪江 副所长：陈传岭、葛伟三	编制 112 人， 在职 103 人， 聘用 11 人； 2701 台（件）， 1636 万元
2002 年 7 月	河南省质量技术监督局 （正厅级） 地址：郑州市花园路 21 号 （计量处）	局长、局党组书记：刘景礼 副局长：魏书法、黄国英、陈学升 纪检组长：李钢 巡视员、局党组成员：韩国琴 助理巡视员：马文卿 （处长：王有金、 调研员、副处长：苗瑜 副处长：王建辉 助理调研员：彭晓凯）	计量处 10 人	河南省计量测试研究所 （郑州市花园路 21 号；占地面积 29730 m^2，建筑面积 14900 m^2，其中：实验室面积 11300 m^2）	所长、所党总支副书记：程新选 所党总支书记、副所长：王洪江 副所长：陈传岭、葛伟三	编制 112 人， 在职 103 人， 聘用 11 人； 2701 台（件）， 1636 万元
2002 年 8 月	河南省质量技术监督局 （正厅级） 地址：郑州市花园路 21 号 （计量处）	局长、局党组书记：刘景礼 副局长：魏书法、黄国英、陈学升 纪检组长：李钢 巡视员、局党组成员：* 韩国琴 助理巡视员：马文卿 （处长：王有金、 调研员、副处长：苗瑜 副处长：王建辉　助理调研员：彭晓凯）	计量处 10 人	河南省计量测试研究所 （郑州市花园路 21 号；占地面积 29730 m^2，建筑面积 14900 m^2，其中：实验室面积 11300 m^2）	所长、所党总支副书记：程新选 所党总支书记、副所长：王洪江 副所长：陈传岭、葛伟三	编制 112 人， 在职 103 人， 聘用 11 人； 2701 台（件）， 1636 万元

续表

类别 时间	行政部门名称 （下属部门名称）	主要领导人 （下属部门负责人）	计量行政人员	直属机构名称 （地址、面积）	主要领导人	人员、设备资产
2003 年 2 月	河南省质量技术监督局 （正厅级） 地址：郑州市花园路 21 号 （计量处）	局长、局党组书记：包建民 副局长：魏书法、黄国英、陈学升 纪检组长：李钢 巡视员、局党组成员：* 韩国琴 助理巡视员：马文卿 （处长：王有全 调研员、副处长：苗瑜 副处长：王建辉 助理调研员：彭晓凯）	计量处 10 人	河南省计量测试研究所 （郑州市花园路 21 号；占地面积 29730 m^2，建筑面积 14900 m^2，其中：实验室面积 11300 m^2）	所长、所党总支副书记：程新选 所党总支书记、副所长：王洪江 副所长：陈传岭、葛伟三	编制 112 人， 在职 105 人， 聘用 13 人； 2933 台（件）， 1713 万元
2003 年 8 月	河南省质量技术监督局 （正厅级） 地址：郑州市花园路 21 号 （计量处）	局长、局党组书记：包建民 副局长：魏书法、黄国英、陈学升、冯长宇 纪检组长：李钢 巡视员、局党组成员：* 韩国琴 助理巡视员：马文卿 （处长：王有全 调研员、副处长：苗瑜 副处长：王建辉 助理调研员：彭晓凯）	计量处 10 人	河南省计量测试研究所 （郑州市花园路 21 号；占地面积 29730 m^2，建筑面积 14900 m^2，其中：实验室面积 11300 m^2）	所长、所党总支副书记：程新选 所党总支书记、副所长：王洪江 副所长：陈传岭、葛伟三	编制 112 人， 在职 105 人， 聘用 13 人； 2933 台（件）， 1713 万元
2003 年 10 月	河南省质量技术监督局 （正厅级） 地址：郑州市花园路 21 号 （计量处）	局长、局党组书记：包建民 副局长：魏书法、黄国英、陈学升、冯长宇 纪检组长：李钢 巡视员、局党组成员：* 韩国琴 助理巡视员：马文卿 （处长：王有全 调研员、副处长：苗瑜 副处长：王建辉 助理调研员：彭晓凯）	计量处 10 人	河南省计量测试研究所 （郑州市花园路 21 号；占地面积 29730 m^2，建筑面积 14900 m^2，其中：实验室面积 11300 m^2） 河南省计量测试学会（第四届） 河南省计量协会（第三届）	所长、所党总支副书记：程新选 所党总支书记、副所长：王洪江 副所长：陈传岭、葛伟三 理事长：韩国琴 秘书长：苗瑜 理事长：韩国琴 秘书长：王有全	编制 112 人， 在职 105 人， 聘用 13 人； 2933 台（件）， 1713 万元

续表

类别 时间	行政部门名称 （下属部门名称）	主要领导人 （下属部门负责人）	计量行政人员	直属机构名称 （地址、面积）	主要领导人	人员、设备资产
2003 年 12 月	河南省质量技术监督局 （正厅级） 地址：郑州市花园路 21 号 （计量处）	局长、局党组书记：包建民 副局长：魏书法、黄国英、陈学升、冯长宇 纪检组长：李钢 巡视员、局党组成员：＊韩国琴 助理巡视员：马文卿、郭东智 （处长：王有全 调研员、副处长：苗瑜 副处长：王建辉 助理调研员：彭晓凯）	计量处 10 人	河南省计量测试研究所 （郑州市花园路 21 号；占地面积 29730 m^2，建筑面积 14900 m^2，其中：实验室面积 11300 m^2）	所长、所党总支副书记：程新选 所党总支书记、副所长：王洪江 副所长：陈传岭、葛伟三	编制 112 人，在职 105 人，聘用 13 人；2933 台（件），1713 万元
2004 年 1 月	河南省质量技术监督局 （正厅级） 地址：郑州市花园路 21 号 （计量处）	局长、局党组书记：包建民 副局长：魏书法、黄国英、陈学升、冯长宇 纪检组长：李钢 巡视员、局党组成员：＊韩国琴 助理巡视员：马文卿、郭东智 （处长：王有全 调研员、副处长：苗瑜 副处长：王建辉 助理调研员：彭晓凯）	计量处 10 人	河南省计量科学研究院 （郑州市花园路 21 号；占地面积 29730 m^2，建筑面积 14900 m^2，其中：办公室面积 1090 m^2，实验室面积 11300 m^2）	院长、院党总支副书记：程新选 院党总支书记、副院长：王洪江 副院长：陈传岭、葛伟三	编制 120 人，在职 109 人，聘用 13 人；3261 台（件），1913 万元
2004 年 2 月	河南省质量技术监督局 （正厅级） 地址：郑州市花园路 21 号 （计量处）	局长、局党组书记：包建民 副局长：魏书法、黄国英、陈学升、冯长宇、肖继业 纪检组长：李钢 巡视员、局党组成员：＊韩国琴 助理巡视员：马文卿、郭东智 （处长：王有全 调研员、副处长：苗瑜 副处长：王建辉 调研员：彭晓凯）	计量处 10 人	河南省计量科学研究院 （郑州市花园路 21 号；占地面积 29730 m^2，建筑面积 14900 m^2，其中：办公室面积 1090 m^2，实验室面积 11300 m^2）	院长、院党总支副书记：程新选 院党总支书记、副院长：王洪江 副院长：陈传岭、葛伟三	编制 120 人，在职 109 人，聘用 13 人；3261 台（件），1913 万元

续表

类别 时间	行政部门名称 （下属部门名称）	主要领导人 （下属部门负责人）	计量行政人员	直属机构名称 （地址、面积）	主要领导人	人员、设备资产
2004 年 3 月	河南省质量技术监督局（正厅级） 地址：郑州市花园路 21 号 （计量处）	局长、局党组书记：包建民 副局长：黄国英、陈学升、冯长宇、肖继业 纪检组长：李钢 巡视员、局党组成员：* 韩国琴 巡视员：魏书法 助理巡视员：马文卿、郭东智 （处长：王有全 调研员、副处长：苗瑜 副处长：王建辉 调研员：彭晓凯）	计量处 10 人	河南省计量科学研究院 （郑州市花园路 21 号；占地面积 29730 m^2，建筑面积 14900 m^2，其中：办公室面积 1090 m^2，实验室面积 11300 m^2）	院长、院党总支副书记：程新选 院党总支书记、副院长：王洪江 副院长：陈传岭、葛伟三	编制 120 人，在职 109 人，聘用 13 人；3261 台（件），1913 万元
2004 年 8 月	河南省质量技术监督局（正厅级） 地址：郑州市花园路 21 号 （计量处）	局长、局党组书记：包建民 副局长：黄国英、陈学升、冯长宇、* 肖继业 纪检组长：李钢 巡视员：魏书法 助理巡视员：马文卿、郭东智、尚云秀 （处长：王有全 调研员、副处长：苗瑜 副处长：王建辉 调研员：彭晓凯）	计量处 10 人	河南省计量科学研究院 （郑州市花园路 21 号；占地面积 29730 m^2，建筑面积 24163 m^2，其中：办公室面积 1286 m^2，实验室面积 20563 m^2）	院长、院党总支副书记：程新选 院党总支书记、副院长：王洪江 副院长：陈传岭、葛伟三	编制 120 人，在职 109 人，聘用 13 人；3261 台（件），1913 万元
2005 年 1 月	河南省质量技术监督局 （正厅级） 地址：郑州市花园路 21 号 （计量处）	局长、局党组书记：包建民 副局长：黄国英、陈学升、冯长宇、* 肖继业、 纪检组长：李钢 巡视员：魏书法 助理巡视员：马文卿、郭东智、尚云秀 （处长：王有全 调研员、副处长：苗瑜 副处长：王建辉 调研员：彭晓凯）	计量处 9 人	河南省计量科学研究院 （郑州市花园路 21 号；占地面积 29730 m^2，建筑面积 24163 m^2，其中：办公室面积 1286 m^2，实验室面积 20563 m^2）	院长、院党总支副书记：程新选 院党总支书记、副院长：王洪江 副院长：陈传岭、葛伟三	编制 95 人，在职 114 人，聘用 23 人；3304 台（件），2761 万元

续表

类别 时间	行政部门名称 （下属部门名称）	主要领导人 （下属部门负责人）	计量行政人员	直属机构名称 （地址、面积）	主要领导人	人员、设备资产
2005 年 2 月	河南省质量技术监督局（正厅级） 地址：郑州市花园路 21 号 （计量处）	局长、局党组书记：包建民 副局长：黄国英、陈学升、冯长宇、＊肖继业、 纪检组长：李钢 巡视员：魏书法 助理巡视员：马文卿、郭东智、尚云秀 （处长：王有全 调研员、副处长：苗瑜 副处长：王建辉 调研员：彭晓凯）	计量处 10 人	河南省计量科学研究院 （郑州市花园路 21 号；占地面积 29730 m^2，建筑面积 24163 m^2，其中：办公室面积 1286 m^2，实验室面积 20563m^2）	院长：刘伟 院党总支书记、副院长：王洪江 院党总支副书记：程新选（正处级） 副院长：陈传岭、葛伟三	编制 95 人，在职 114 人，聘用 23 人；3304 台（件），2761 万元
2005 年 4 月	河南省质量技术监督局（正厅级） 地址：郑州市花园路 21 号 （计量处）	局长、局党组书记：包建民 副局长：黄国英、陈学升、冯长宇、＊肖继业、 纪检组长：李钢 巡视员：魏书法 助理巡视员：马文卿、郭东智、尚云秀 （处长：王有全 调研员、副处长：苗瑜 副处长：王建辉　调研员：彭晓凯）	计量处 10 人	河南省计量科学研究院 （郑州市花园路 21 号；占地面积 29730 m^2，建筑面积 24163 m^2，其中：办公室面积 1286 m^2，实验室面积 20563m^2）	院长、院党总支副书记：刘伟 院党总支书记、副院长：王洪江 院党总支副书记：程新选（正处级） 副院长：陈传岭、葛伟三	编制 95 人，在职 114 人，聘用 23 人；3304 台（件），2761 万元
2005 年 7 月	河南省质量技术监督局（正厅级） 地址：郑州市花园路 21 号 （计量处）	局长、局党组书记：包建民 副局长：黄国英、陈学升、冯长宇、＊肖继业 纪检组长：李钢 巡视员：魏书法 助理巡视员：马文卿、郭东智、尚云秀 （处长：王有全 调研员、副处长：苗瑜 副处长：王建辉、李姝（未到任） 调研员：彭晓凯）	计量处 9 人	河南省计量科学研究院 （郑州市花园路 21 号；占地面积 29730 m^2，建筑面积 24163 m^2，其中：办公室面积 1286 m^2，实验室面积 20563 m^2）	院长、院党总支副书记：刘伟 院党总支书记、副院长：王洪江 院党总支副书记：程新选（正处级） 副院长：陈传岭、葛伟三	编制 95 人，在职 114 人，聘用 23 人；3304 台（件），2761 万元

续表

类别 时间	行政部门名称 （下属部门名称）	主要领导人 （下属部门负责人）	计量行政人员	直属机构名称 （地址、面积）	主要领导人	人员、设备资产
2005 年 11 月	河南省质量技术监督局 （正厅级） 地址：郑州市花园路 21 号 （计量处）	局长、局党组书记：包建民 副局长：黄国英、陈学升、冯长宇、* 肖继业 纪检组长：李钢 巡视员：魏书法 助理巡视员：马文卿、郭东智、尚云秀 （处长：王有全 调研员、副处长：苗瑜 副处长：王建辉、李姝（未到任） 调研员：彭晓凯）	计量处 10 人	河南省计量科学研究院 （郑州市花园路 21 号；占地面积 29730 m^2，建筑面积 24163 m^2，其中：办公室面积 1286 m^2，实验室面积 20563 m^2）	院长、院党总支副书记：刘伟 院党总支书记、副院长：王洪江 院党总支副书记：程新选（正处级） 副院长：陈传岭、杨明镜、马长征 院总工程师：王广俊	编制 95 人，在职 114 人，聘用 23 人；3304 台（件），2761 万元
2006 年 3 月	河南省质量技术监督局 （正厅级） 地址：郑州市花园路 21 号 （计量处）	局长、局党组书记：包建民 副局长：黄国英、陈学升、冯长宇、* 肖继业 纪检组长：李钢 助理巡视员：马文卿、郭东智、尚云秀 （处长：王有全 调研员、副处长：苗瑜 副处长：王建辉、李姝（未到任） 调研员：彭晓凯）	计量处 10 人	河南省计量科学研究院 （郑州市花园路 21 号；占地面积 29730 m^2，建筑面积 24163 m^2，其中：办公室面积 1286 m^2，实验室面积 20563 m^2）	院长、院党总支副书记：刘伟 院党总支书记、副院长：王洪江 院党总支副书记：程新选（正处级） 副院长：陈传岭、杨明镜、马长征 院总工程师：王广俊	编制 95 人，在职 114 人，聘用 23 人；3304 台（件），2761 万元
2006 年 5 月	河南省质量技术监督局 （正厅级） 地址：郑州市花园路 21 号 （计量处）	局长、局党组书记：包建民 副局长：黄国英、陈学升、冯长宇、* 肖继业 纪检组长：李钢 助理巡视员：马文卿、郭东智、尚云秀 （处长：王有全 调研员、副处长：苗瑜 副处长：王建辉、李姝（未到任） 调研员：彭晓凯）	计量处 10 人	河南省计量科学研究院 （郑州市花园路 21 号；占地面积 29730 m^2，建筑面积 24163 m^2，其中：办公室面积 1286 m^2，实验室面积 20563 m^2）	院长、院党委副书记：刘伟 院党委书记、副院长：王洪江 院党委副书记：程新选（正处级） 副院长：陈传岭、杨明镜、马长征 院总工程师：王广俊	编制 96 人，在职 96 人，聘用 36 人；3321 台（件），3069 万元

续表

类别 / 时间	行政部门名称（下属部门名称）	主要领导人（下属部门负责人）	计量行政人员	直属机构名称（地址、面积）	主要领导人	人员、设备资产
2006 年 8 月	河南省质量技术监督局（正厅级） 地址：郑州市花园路 21 号 （计量处）	局长、局党组副书记：包建民 局党组书记（正厅级）：高德领 副局长：黄国英、陈学升、冯长宇、 * 肖继业 纪检组长：李钢 助理巡视员：马文卿、郭东智、尚云秀 （处长：王有全 调研员、副处长：苗瑜 副处长：王建辉 调研员：彭晓凯）	计量处 9 人	河南省计量科学研究院 （郑州市花园路 21 号；占地面积 29730 m^2，建筑面积 24163 m^2，其中：办公室面积 1286 m^2，实验室面积 20563 m^2）	院长、院党委副书记： 刘伟 院党委书记、副院长： 王洪江 院党委副书记：程新选 （正处级） 副院长：陈传岭、杨明镜、 马长征 院总工程师：王广俊	编制 96 人， 在职 96 人， 聘用 36 人； 3321 台（件）， 3069 万元
2007 年 3 月	河南省质量技术监督局（正厅级） 地址：郑州市花园路 21 号 （计量处）	局党组书记（正厅级）：高德领（主持工作） 副局长：黄国英、陈学升、冯长宇、 * 肖继业 纪检组长：李钢 助理巡视员：马文卿、郭东智、尚云秀 （处长：王有全 调研员、副处长：苗瑜 副处长：王建辉 调研员：彭晓凯）	计量处 9 人	河南省计量科学研究院 （郑州市花园路 21 号；占地面积 29730 m^2，建筑面积 18163 m^2，其中：办公室面积 1256 m^2，实验室面积 15563 m^2）	院长、院党委副书记： 刘伟 院党委书记、副院长： 王洪江 院党委副书记：程新选 （正处级） 副院长：陈传岭、杨明镜、 马长征 院总工程师：王广俊	编制 98 人， 在职 101 人， 聘用 40 人； 2891 台（件）， 3185 万元
2007 年 5 月	河南省质量技术监督局（正厅级） 地址：郑州市花园路 21 号 （计量处）	局党组书记（正厅级）：高德领（主持工作） 副局长：黄国英、冯长宇、* 肖继业 纪检组长：李钢 助理巡视员：马文卿、郭东智、尚云秀 （处长：王有全 调研员、副处长：苗瑜 副处长：王建辉 调研员：彭晓凯）	计量处 9 人	河南省计量科学研究院 （郑州市花园路 21 号；占地面积 29730 m^2，建筑面积 18163 m^2，其中：办公室面积 1256 m^2，实验室面积 15563 m^2）	院长、院党委副书记： 刘伟 院党委书记、副院长： 王洪江 院党委副书记：程新选 （正处级） 副院长：陈传岭、杨明镜、 马长征 院总工程师：王广俊	编制 98 人， 在职 101 人， 聘用 40 人； 2891 台（件）， 3185 万元
2007 年 8 月	河南省质量技术监督局（正厅级） 地址：郑州市花园路 21 号 （计量处）	局长、局党组书记：高德领 副局长：黄国英、冯长宇、* 肖继业 纪检组长：李钢 副局长：刘永春 助理巡视员：马文卿、郭东智、尚云秀 （处长：王有全 调研员、副处长：苗瑜 副处长：王建辉 调研员：彭晓凯）	计量处 9 人	河南省计量科学研究院 （郑州市花园路 21 号；占地面积 29730 m^2，建筑面积 18163 m^2，其中：办公室面积 1256 m^2，实验室面积 15563 m^2）	院长、院党委副书记： 刘伟 院党委书记、副院长： 王洪江 院党委副书记：程新选 （正处级） 副院长：陈传岭、杨明镜、 马长征 院总工程师：王广俊	编制 98 人， 在职 101 人， 聘用 40 人； 2891 台（件）， 3185 万元

续表

类别 时间	行政部门名称 （下属部门名称）	主要领导人 （下属部门负责人）	计量行政人员	直属机构名称 （地址、面积）	主要领导人	人员、设备资产
2008 年 1 月	河南省质量技术监督局 （正厅级） 地址：郑州市花园路 21 号 （计量处）	局长、局党组书记：高德领 副局长：黄国英、冯长宇、* 肖继业 纪检组长：李钢 副局长：刘永春 助理巡视员：马文卿、郭东智、尚云秀 （处长：王有全 调研员、副处长：苗瑜 副处长：王建辉）	计量处 9 人	河南省计量科学研究院 （郑州市花园路 21 号；占地面积 29730 m^2，建筑面积 18163 m^2，其中：办公室面积 1256 m^2，实验室面积 15563 m^2）	院长、院党委副书记：刘伟 院党委书记、副院长：王洪江 院党委副书记：程新选（正处级） 副院长：陈传岭、杨明镜、马长征 院总工程师：王广俊	编制 98 人，在职 101 人，聘用 40 人；2891 台（件），3185 万元
2008 年 10 月	河南省质量技术监督局 （正厅级） 地址：郑州市花园路 21 号 （计量处）	局长、局党组书记：高德领 副局长：冯长宇、* 肖继业 纪检组长：李钢 副局长：刘永春、姜慧忠 助理巡视员：马文卿、郭东智、尚云秀 （处长：王有全 调研员、副处长：苗瑜 副处长：王建辉）	计量处 9 人	河南省计量科学研究院 （郑州市花园路 21 号；占地面积 29730 m^2，建筑面积 18163 m^2，其中：办公室面积 1256 m^2，实验室面积 15563 m^2）	院长、院党委副书记：刘伟 院党委书记、副院长：王洪江 院党委副书记：程新选（正处级） 副院长：陈传岭、杨明镜、马长征 院总工程师：王广俊	编制 100 人，在职 106 人，聘用 43 人；2997 台（件），4056 万元
2009 年 1 月	河南省质量技术监督局 （正厅级） 地址：郑州市花园路 21 号 （计量处）	局长、局党组书记：高德领 副局长：冯长宇、* 肖继业 纪检组长：李钢 副局长：刘永春、姜慧忠、袁静波 助理巡视员：马文卿、郭东智、尚云秀 （处长：王有全 调研员、副处长：苗瑜 副处长：王建辉）	计量处 8 人	河南省计量科学研究院 （郑州市花园路 21 号；占地面积 29730 m^2，建筑面积 18163 m^2，其中：办公室面积 1256 m^2，实验室面积 15563 m^2）	院党委书记、副院长：王洪江（主持工作） 院党委副书记：程新选（正处级） 副院长：陈传岭、杨明镜、马长征 院总工程师：王广俊	编制 103 人，在职 104 人，聘用 54 人；3291 台（件），4660 万元
2009 年 3 月	河南省质量技术监督局 （正厅级） 地址：郑州市花园路 21 号 （计量处）	局长、局党组书记：高德领 副局长：冯长宇、* 肖继业 纪检组长：李钢 副局长：刘永春、姜慧忠、袁静波 助理巡视员：马文卿、尚云秀 （处长：王有全 调研员、副处长：苗瑜 副处长：王建辉）	计量处 8 人	河南省计量科学研究院 （郑州市花园路 21 号；占地面积 29730 m^2，建筑面积 18163 m^2，其中：办公室面积 1256 m^2，实验室面积 15563 m^2）	院党委书记、副院长：王洪江（主持工作） 院党委副书记：程新选（正处级） 副院长：陈传岭、杨明镜、马长征 院总工程师：王广俊	编制 103 人，在职 104 人，聘用 54 人；3291 台（件），4660 万元

续表

类别 时间	行政部门名称 （下属部门名称）	主要领导人 （下属部门负责人）	计量行政人员	直属机构名称 （地址、面积）	主要领导人	人员、设备资产
2009 年 6 月	河南省质量技术监督局 （正厅级） 地址：郑州市花园路 21 号 （计量处）	局长、局党组书记：高德领 副局长：冯长宇 纪检组长：李钢 副局长：刘永春、姜慧忠、袁静波、柴天顺 巡视员：* 肖继业 助理巡视员：马文卿、郑文超、傅新立、尚云秀 （处长：王有全 调研员、副处长：苗瑜 副处长：王建辉）	计量处 8 人	河南省计量科学研究院 （郑州市花园路 21 号；占地面积 $29730\ m^2$，建筑面积 $18163\ m^2$，其中：办公室面积 $1256\ m^2$，实验室面积 $15563\ m^2$）	院党委书记、副院长： 王洪江（主持工作） 院党委副书记：程新选 （正处级） 副院长：陈传岭、杨明镜、马长征 院总工程师：王广俊	编制 103 人， 在职 104 人， 聘用 54 人； 3291 台（件）， 4660 万元
2009 年 7 月	河南省质量技术监督局 （正厅级） 地址：郑州市花园路 21 号 （计量处）	局长、局党组书记：高德领 副局长：冯长宇 巡视员：* 肖继业 副局长：刘永春、姜慧忠、袁静波、柴天顺 助理巡视员：郑文超、傅新立、尚云秀 （处长：王有全 调研员、副处长：苗瑜 副处长：王建辉）	计量处 8 人	河南省计量科学研究院 （郑州市花园路 21 号；占地面积 $29730\ m^2$，建筑面积 $18163\ m^2$，其中：办公室面积 $1256\ m^2$，实验室面积 $15563\ m^2$）	院党委书记、副院长： 王洪江（主持工作） 院党委副书记：程新选 （正处级） 副院长：陈传岭、杨明镜、马长征 院总工程师：王广俊	编制 103 人， 在职 104 人， 聘用 54 人； 3291 台（件）， 4660 万元
2009 年 10 月	河南省质量技术监督局 （正厅级） 地址：郑州市花园路 21 号 （计量处）	局长、局党组书记：高德领 副局长：冯长宇、 巡视员：* 肖继业 副局长：刘永春、姜慧忠、袁静波、柴天顺 助理巡视员：郑文超、傅新立、尚云秀 （处长：王有全 副处长：任林、范新亮 调研员：苗瑜）	计量处 8 人	河南省计量科学研究院 （郑州市花园路 21 号；占地面积 $29730\ m^2$，建筑面积 $18163\ m^2$，其中：办公室面积 $1256\ m^2$，实验室面积 $15563\ m^2$）	院长：宋崇民 院党委书记、副院长： 陈传岭 院党委副书记：程新选 （正处级） 副院长：杨明镜、马长征 院总工程师：王广俊	编制 103 人， 在职 104 人， 聘用 54 人； 3291 台（件）， 4660 万元

续表

类别 时间	行政部门名称 （下属部门名称）	主要领导人 （下属部门负责人）	计量行政人员	直属机构名称 （地址、面积）	主要领导人	人员、设备资产
2010年5月	河南省质量技术监督局 （正厅级） 地址：郑州市花园路21号 （计量处）	局长、局党组书记：高德领 副局长：冯长宇 巡视员：* 肖继业 副局长：刘永春、姜慧忠、袁静波、柴天顺 助理巡视员：郑文超、傅新立、尚云秀 （处长：王有全 副处长：任林、范新亮 调研员：苗瑜）	计量处 8人	河南省计量科学研究院 （郑州市花园路21号；占地面积29730 m^2，建筑面积18163 m^2，其中：办公室面积1256 m^2，实验室面积15563 m^2） 河南省计量科学研究院试验发展基地 （新乡市平原新区经十二路路西、310省道北；占地面积38651 m^2，建筑面积38956 m^2，其中：办公室面积9093 m^2，实验室面积29863 m^2）	院长、院党委副书记：宋崇民 院党委书记、副院长：陈传岭 副院长：杨明镜、马长征 院总工程师：王广俊	编制103人， 在职104人， 聘用54人； 3291台（件）， 4660万元
2010年9月	河南省质量技术监督局 （正厅级） 地址：郑州市花园路21号 （计量处）	局长、局党组书记：张庆义 副局长：冯长宇 巡视员：* 肖继业 副局长：刘永春、姜慧忠、袁静波、柴天顺 助理巡视员：郑文超、傅新立、尚云秀 （处长：王有全 副处长：任林、范新亮 调研员：苗瑜）	计量处 8人	河南省计量科学研究院 （郑州市花园路21号；占地面积29730 m^2，建筑面积18163 m^2，其中：办公室面积1256 m^2，实验室面积15563 m^2） 河南省计量科学研究院试验发展基地 （新乡市平原新区经十二路路西、310省道北；占地面积38651 m^2，建筑面积38956 m^2，其中：办公室面积9093 m^2，实验室面积29863 m^2）	院长、院党委副书记：宋崇民 院党委书记、副院长：陈传岭 副院长：杨明镜、马长征 院总工程师：王广俊	编制103人， 在职104人， 聘用54人； 3291台（件）， 4660万元
2010年11月	河南省质量技术监督局 （正厅级） 地址：郑州市花园路21号 （计量处）	局长、局党组书记：张庆义 副局长：冯长宇 巡视员：* 肖继业 副局长：刘永春、姜慧忠、袁静波、柴天顺 助理巡视员：郑文超、傅新立、尚云秀 （处长：王有全 副处长：任林、范新亮 调研员：苗瑜）	计量处 8人	河南省计量科学研究院 （郑州市花园路21号；占地面积29730 m^2，建筑面积18163 m^2，其中：办公室面积1256 m^2，实验室面积15563 m^2） 河南省计量科学研究院试验发展基地 （新乡市平原新区经十二路路西、310省道北；占地面积38651 m^2，建筑面积38956 m^2，其中：办公室面积9093 m^2，实验室面积29863 m^2）	院长、院党委副书记：宋崇民 院党委书记、副院长：陈传岭 副院长：杨明镜、马长征 院总工程师：王广俊	编制103人， 在职104人， 聘用54人； 3291台（件）， 4660万元

续表

类别 时间	行政部门名称 （下属部门名称）	主要领导人 （下属部门负责人）	计量行政人员	直属机构名称 （地址、面积）	主要领导人	人员、设备资产
2010 年 12 月	河南省质量技术监督局 （正厅级） 地址：郑州市花园路 21 号 （计量处）	局长、局党组书记：张庆义 副局长：冯长宇 巡视员：* 肖继业 副局长：刘永春、姜慧忠、袁静波、柴天顺 助理巡视员：郑文超、傅新立、尚云秀 （处长：王有全 副处长：任林、范新亮 调研员：苗瑜）	计量处 8 人	河南省计量科学研究院 （郑州市花园路 21 号；占地面积 29730 m^2，建筑面积 18163 m^2，其中：办公室面积 1256 m^2，实验室面积 15563 m^2） 河南省计量科学研究院试验发展基地 （新乡市平原新区经十二路路西、310 省道北；占地面积 38651 m^2，建筑面积 38956 m^2，其中：办公室面积 9093 m^2，实验室面积 29863 m^2）	院长、院党委副书记：宋崇民 院党委书记、副院长：陈传岭 副院长：杨明镜、马长征 院总工程师：王广俊	编制 107 人，在职 112 人，聘用 60 人；3324 台（件），5091 万元
2011 年 4 月	河南省质量技术监督局 （正厅级） 地址：郑州市花园路 21 号 （计量处）	局长、局党组书记：张庆义 副局长：冯长宇 巡视员：* 肖继业 副局长：刘永春、姜慧忠、柴天顺、尚云秀 省纪律检查委员会副厅级纪律检查员：鲁自玉 助理巡视员：郑文超、傅新立、范新闻 （处长：孟宪忠 副处长：任林、范新亮 调研员：苗瑜、王有全）	计量处 9 人	河南省计量科学研究院 （郑州市花园路 21 号；占地面积 29730 m^2，建筑面积 18163 m^2，其中：办公室面积 1256 m^2，实验室面积 15563 m^2） 河南省计量科学研究院试验发展基地 （新乡市平原新区经十二路路西、310 省道北；占地面积 38651 m^2，建筑面积 38956 m^2，其中：办公室面积 9093 m^2，实验室面积 29863 m^2）	院长、院党委副书记：宋崇民 院党委书记、副院长：陈传岭 副院长：杨明镜、马长征 院总工程师：王广俊	编制 107 人，在职 112 人，聘用 60 人；3324 台（件），5091 万元
2011 年 5 月	河南省质量技术监督局 （正厅级） 地址：郑州市花园路 21 号 （计量处）	局长、局党组书记：张庆义 副局长：冯长宇 省人民政府参事：* 肖继业 副局长：刘永春、姜慧忠、柴天顺、尚云秀 省纪律检查委员会副厅级纪律检查员：鲁自玉 助理巡视员：郑文超、傅新立、范新闻 （处长：孟宪忠 副处长：任林、范新亮 调研员：苗瑜、王有全）	计量处 9 人	河南省计量科学研究院 （郑州市花园路 21 号；占地面积 29730 m^2，建筑面积 18163 m^2，其中：办公室面积 1256 m^2，实验室面积 15563 m^2） 河南省计量科学研究院试验发展基地 （新乡市平原新区经十二路路西、310 省道北；占地面积 38651 m^2，建筑面积 38956 m^2，其中：办公室面积 9093 m^2，实验室面积 29863 m^2）	院长、院党委副书记：宋崇民 院党委书记、副院长：陈传岭 副院长：杨明镜、马长征 院总工程师：王广俊	编制 107 人，在职 112 人，聘用 60 人；3324 台（件），5091 万元

续表

类别 时间	行政部门名称 （下属部门名称）	主要领导人 （下属部门负责人）	计量行政人员	直属机构名称 （地址、面积）	主要领导人	人员、设备资产
2011 年 9 月	河南省质量技术监督局 （正厅级） 地址：郑州市花园路 21 号 （计量处）	局长、局党组书记：张庆义 副局长：冯长宇 省人民政府参事：* 肖继业 副局长：刘永春、姜慧忠、柴天顺、尚云秀 纪检组长：鲁自玉 助理巡视员：郑文超、傅新立、范新闻 （处长：孟宪忠 副处长：任林、范新亮 调研员：苗瑜、王有全）	计量处 9 人	河南省计量科学研究院 （郑州市花园路 21 号；占地面积 29730 m^2，建筑面积 18163 m^2，其中：办公室面积 1256 m^2，实验室面积 15563 m^2） 河南省计量科学研究院试验发展基地 （新乡市平原新区经十二路路西、310 省道北；占地面积 38651 m^2，建筑面积 38956 m^2，其中：办公室面积 9093 m^2，实验室面积 29863 m^2）	院长、院党委副书记：宋崇民 院党委书记、副院长：陈传岭 副院长：杨明镜、马长征 院总工程师：王广俊	编制 107 人， 在职 112 人， 聘用 60 人； 3324 台（件）， 5091 万元
2011 年 12 月	河南省质量技术监督局 （正厅级） 地址：郑州市花园路 21 号 （计量处）	局长、局党组书记：张庆义 副局长：* 冯长宇、刘永春、姜慧忠、柴天顺、尚云秀 纪检组长：鲁自玉 助理巡视员：郑文超、傅新立、范新闻 省人民政府参事：肖继业 （处长：孟宪忠 副处长：任林、范新亮 调研员：苗瑜、王有全）	计量处 9 人	河南省计量科学研究院 （郑州市花园路 21 号；占地面积 29730 m^2，建筑面积 18163 m^2，其中：办公室面积 1256 m^2，实验室面积 15563 m^2） 河南省计量科学研究院试验发展基地 （新乡市平原新区经十二路路西、310 省道北；占地面积 38651 m^2，建筑面积 38956 m^2，其中：办公室面积 9093 m^2，实验室面积 29863 m^2）	院长、院党委副书记：宋崇民 院党委书记、副院长：陈传岭 副院长：杨明镜、马长征 院总工程师：王广俊	编制 110 人， 在职 115 人， 聘用 74 人； 3423 台（件）， 6765 万元
2012 年 4 月	河南省质量技术监督局 （正厅级） 地址：郑州市花园路 21 号 （计量处）	局长、局党组书记：张庆义 副局长：* 冯长宇、刘永春、姜慧忠、柴天顺、尚云秀 纪检组长：鲁自玉 助理巡视员：郑文超、傅新立、范新闻、梁金光 省人民政府参事：肖继业 （处长：孟宪忠 副处长：任林、范新亮 调研员：苗瑜、王有全）	计量处 9 人	河南省计量科学研究院 （郑州市花园路 21 号；占地面积 29730 m^2，建筑面积 18163 m^2，其中：办公室面积 1256 m^2，实验室面积 15563 m^2） 河南省计量科学研究院试验发展基地 （新乡市平原新区经十二路路西、310 省道北；占地面积 38651 m^2，建筑面积 38956 m^2，其中：办公室面积 9093 m^2，实验室面积 29863 m^2）	院长、院党委副书记：宋崇民 院党委书记、副院长：陈传岭 副院长：杨明镜、马长征 院总工程师：王广俊	编制 110 人， 在职 115 人， 聘用 74 人； 3423 台（件）， 6765 万元

续表

类别 / 时间	行政部门名称（下属部门名称）	主要领导人（下属部门负责人）	计量行政人员	直属机构名称（地址、面积）	主要领导人	人员、设备资产
2012 年 7 月	河南省质量技术监督局（正厅级） 地址：郑州市花园路 21 号 （计量处）	局长、局党组书记：张庆义 副局长：* 冯长宇、刘永春、姜慧忠、柴天顺、尚云秀 纪检组长：鲁自玉 助理巡视员：郑文超、傅新立、范新闻、梁金光 省人民政府参事：肖继业 （副处长：任林（主持工作） 副处长：范新亮 调研员：苗瑜、王有全）	计量处 8 人	河南省计量科学研究院 （郑州市花园路 21 号；占地面积 29730 m²，建筑面积 18163 m²，其中：办公室面积 1256 m²，实验室面积 15563 m²） 河南省计量科学研究院试验发展基地 （新乡市平原新区经十二路路西、310 省道北；占地面积 38651 m²，建筑面积 38956 m²，其中：办公室面积 9093 m²，实验室面积 29863 m²）	院长、院党委副书记：宋崇民 院党委书记、副院长：陈传岭 副院长：杨明镜、马长征 院总工程师：王广俊	编制 110 人，在职 115 人，聘用 74 人；3423 台（件），6765 万元
2012 年 8 月	河南省质量技术监督局（正厅级） 地址：郑州市花园路 21 号 （计量处）	局长、局党组书记：张庆义 副局长：* 冯长宇、刘永春、姜慧忠、柴天顺、尚云秀 纪检组长：鲁自玉 助理巡视员：郑文超、傅新立、范新闻、梁金光 省人民政府参事：肖继业 （副处长：任林（主持工作） 副处长：范新亮 调研员：苗瑜、王有全）	计量处 8 人	河南省计量科学研究院 （郑州市花园路 21 号；占地面积 29730 m²，建筑面积 18163 m²，其中：办公室面积 1256 m²，实验室面积 15563 m²） 河南省计量科学研究院试验发展基地 （新乡市平原新区经十二路路西、310 省道北；占地面积 38651 m²，建筑面积 38956 m²，其中：办公室面积 9093 m²，实验室面积 29863 m²）	院长、院党委副书记：宋崇民 院党委书记、副院长：陈传岭 副院长：杨明镜、马长征 院总工程师：王广俊 副院长：陆进宇	编制 110 人，在职 115 人，聘用 74 人；3423 台（件），6765 万元
2012 年 10 月	河南省质量技术监督局（正厅级） 地址：郑州市花园路 21 号 （计量处）	局长、局党组书记：张庆义 副局长：* 冯长宇、刘永春、姜慧忠、柴天顺、尚云秀 纪检组长：鲁自玉 助理巡视员：郑文超、傅新立、范新闻、梁金光 省人民政府参事：肖继业 （处长：苏君 副处长：任林、范新亮 调研员：苗瑜、王有全）	计量处 8 人	河南省计量科学研究院 （郑州市花园路 21 号；占地面积 29730 m²，建筑面积 18163 m²，其中：办公室面积 1256 m²，实验室面积 15563 m²） 河南省计量科学研究院试验发展基地 （新乡市平原新区经十二路路西、310 省道北；占地面积 38651 m²，建筑面积 38956 m²，其中：办公室面积 9093 m²，实验室面积 29863 m²）	院长、院党委副书记：宋崇民 院党委书记、副院长：陈传岭 副院长：杨明镜、马长征 院总工程师：王广俊 副院长：陆进宇	编制 110 人，在职 115 人，聘用 74 人；3423 台（件），6765 万元

续表

类别 时间	行政部门名称 （下属部门名称）	主要领导人 （下属部门负责人）	计量行政人员	直属机构名称 （地址、面积）	主要领导人	人员、设备资产
2012 年 12 月	河南省质量技术监督局 （正厅级） 地址：郑州市花园路 21 号 （计量处）	局长、局党组书记：张庆义 副局长：*冯长宇、刘永春、姜慧忠、柴天顺、尚云秀 纪检组长：鲁自玉 助理巡视员：郑文超、傅新立、范新闻、梁金光 省人民政府参事：肖继业 （处长：苏君 副处长：任林、范新亮 调研员：苗瑜、王有全）	计量处 8 人	河南省计量科学研究院 （郑州市花园路 21 号；占地面积 29730 m^2，建筑面积 18163 m^2，其中：办公室面积 1256 m^2，实验室面积 15563 m^2） 河南省计量科学研究院试验发展基地 （新乡市平原新区经十二路路西、310 省道北；占地面积 38651 m^2，建筑面积 38956 m^2，其中：办公室面积 9093 m^2，实验室面积 29863 m^2）	院长、院党委副书记：宋崇民 院党委书记、副院长：陈传岭 副院长：杨明镜、马长征 院总工程师：王广俊 副院长：陆进宇	编制 111 人，在职 116 人，聘用 98 人；3508 台（件），7252 万元
2013 年 1 月	河南省质量技术监督局 （正厅级） 地址：郑州市花园路 21 号 （计量处）	局长、局党组书记：张庆义 副局长：*冯长宇、刘永春、姜慧忠、柴天顺、尚云秀 纪检组长：鲁自玉 助理巡视员：郑文超、傅新立、范新闻 省人民政府参事：肖继业 （处长：苏君 副处长：任林、范新亮 调研员：苗瑜、王有全）	计量处 8 人	河南省计量科学研究院 （郑州市花园路 21 号；占地面积 29730 m^2，建筑面积 18163 m^2，其中：办公室面积 1256 m^2，实验室面积 15563 m^2） 河南省计量科学研究院试验发展基地 （新乡市平原新区经十二路路西、310 省道北；占地面积 38651 m^2，建筑面积 38956 m^2，其中：办公室面积 9093 m^2，实验室面积 29863 m^2）	院长、院党委副书记：宋崇民 院党委书记、副院长：陈传岭 副院长：杨明镜、马长征 院总工程师：王广俊 副院长：陆进宇	编制 111 人，在职 116 人，聘用 98 人；3508 台（件），7252 万元
2013 年 4 月	河南省质量技术监督局 （正厅级） 地址：郑州市花园路 21 号 （计量处）	局长、局党组书记：李智民 副局长：*冯长宇、刘永春、姜慧忠、柴天顺、尚云秀 纪检组长：鲁自玉 助理巡视员：郑文超、傅新立、范新闻 省人民政府参事：肖继业 （处长：苏君 副处长：任林、范新亮 调研员：苗瑜、王有全）	计量处 8 人	河南省计量科学研究院 （郑州市花园路 21 号；占地面积 29730 m^2，建筑面积 18163 m^2，其中：办公室面积 1256 m^2，实验室面积 15563 m^2） 河南省计量科学研究院试验发展基地 （新乡市平原新区经十二路路西、310 省道北；占地面积 38651 m^2，建筑面积 38956 m^2，其中：办公室面积 9093 m^2，实验室面积 29863 m^2）	院长、院党委副书记：宋崇民 院党委书记、副院长：陈传岭 副院长：杨明镜、马长征 院总工程师：王广俊 副院长：陆进宇	编制 111 人，在职 116 人，聘用 98 人；3508 台（件），7252 万元

续表

时间 \ 类别	行政部门名称 （下属部门名称）	主要领导人 （下属部门负责人）	计量行政人员	直属机构名称 （地址、面积）	主要领导人	人员、设备资产
2013 年 9 月	河南省质量技术监督局 （正厅级） 地址：郑州市花园路 21 号 （计量处）	局长、局党组书记：李智民 副局长：*冯长宇、刘永春、姜慧忠、柴天顺、尚云秀 纪检组长：鲁自玉 助理巡视员：郑文超、傅新立、范新闻 省人民政府参事：肖继业 （处长：苏君 副处长：任林、范新亮 调研员：苗瑜）	计量处 7 人	河南省计量科学研究院 （郑州市花园路 21 号；占地面积 29730 m^2，建筑面积 18163 m^2，其中：办公室面积 1256 m^2，实验室面积 15563 m^2） 河南省计量科学研究院试验发展基地 （新乡市平原新区经十二路路西、310 省道北；占地面积 38651 m^2，建筑面积 38956 m^2，其中：办公室面积 9093 m^2，实验室面积 29863 m^2）	院长、院党委副书记：宋崇民 院党委书记、副院长：陈传岭 副院长：杨明镜、马长征 院总工程师：王广俊 副院长：陆进宇	编制 111 人，在职 116 人，聘用 98 人；3508 台（件），7252 万元
2013 年 10 月	河南省质量技术监督局 （正厅级） 地址：郑州市花园路 21 号 （计量处）	局长、局党组书记：李智民 副局长：*冯长宇、刘永春、姜慧忠、柴天顺、尚云秀 纪检组长：鲁自玉 助理巡视员：郑文超、傅新立、范新闻 省人民政府参事：肖继业 （处长：苏君 副处长：任林、范新亮 调研员：苗瑜 助理调研员：程振亚）	计量处 7 人	河南省计量科学研究院 （郑州市花园路 21 号；占地面积 29730 m^2，建筑面积 18163 m^2，其中：办公室面积 1256 m^2，实验室面积 15563 m^2） 河南省计量科学研究院试验发展基地 （新乡市平原新区经十二路路西、310 省道北；占地面积 38651 m^2，建筑面积 38956 m^2，其中：办公室面积 9093 m^2，实验室面积 29863 m^2）	院长、院党委副书记：宋崇民 院党委书记、副院长：陈传岭 副院长：杨明镜、马长征 院总工程师：王广俊 副院长：陆进宇	编制 111 人，在职 116 人，聘用 98 人；3508 台（件），7252 万元
2013 年 11 月	河南省质量技术监督局 （正厅级） 地址：郑州市花园路 21 号 （计量处）	局长、局党组书记：李智民 副局长：*冯长宇、刘永春、姜慧忠、柴天顺、尚云秀 纪检组长：鲁自玉 助理巡视员：郑文超、傅新立、范新闻 省人民政府参事：肖继业 （处长：苏君 副处长：任林、范新亮、付占伟 调研员：苗瑜 助理调研员：程振亚）	计量处 8 人	河南省计量科学研究院 （郑州市花园路 21 号；占地面积 29730 m^2，建筑面积 18163 m^2，其中：办公室面积 1256 m^2，实验室面积 15563 m^2） 河南省计量科学研究院试验发展基地 （新乡市平原新区经十二路路西、310 省道北；占地面积 38651 m^2，建筑面积 38956 m^2，其中：办公室面积 9093 m^2，实验室面积 29863 m^2）	院长、院党委副书记：宋崇民 院党委书记、副院长：陈传岭 副院长：杨明镜、马长征 院总工程师：王广俊 副院长：陆进宇	编制 111 人，在职 116 人，聘用 98 人；3508 台（件），7252 万元

续表

类别 时间	行政部门名称 （下属部门名称）	主要领导人 （下属部门负责人）	计量行政人员	直属机构名称 （地址、面积）	主要领导人	人员、设备资产
2013 年 12 月	河南省质量技术监督局（正厅级） 地址：郑州市花园路 21 号 （计量处）	局长、局党组书记：李智民 副局长：* 冯长宇、刘永春、姜慧忠、柴天顺、尚云秀 纪检组长：鲁自玉 助理巡视员：郑文超、傅新立、范新闻 省人民政府参事：肖继业 （处长：苏君 副处长：任林、范新亮、付占伟 调研员：苗瑜 助理调研员：程振亚）	计量处 8 人	河南省计量科学研究院 （郑州市花园路 21 号；占地面积 29730 m^2，建筑面积 18163 m^2，其中：办公室面积 1256 m^2，实验室面积 15563 m^2） 河南省计量科学研究院试验发展基地 （新乡市平原新区经十二路路西、310 省道北；占地面积 38651 m^2，建筑面积 38956 m^2，其中：办公室面积 9093 m^2，实验室面积 29863 m^2）	院长、院党委副书记：宋崇民 院党委书记、副院长：陈传岭 副院长：杨明镜、马长征 院总工程师：王广俊 副院长：陆进宇	编制 112 人，在职 117 人，聘用 139 人；3622 台（件），8450 万元
2014 年 1 月	河南省质量技术监督局（正厅级） 地址：郑州市花园路 21 号 （计量处）	局长、局党组书记：李智民 副局长：* 冯长宇、刘永春、姜慧忠、柴天顺、尚云秀 纪检组长：鲁自玉 助理巡视员：郑文超、傅新立、范新闻、刘敬环 省人民政府参事：肖继业 （处长：苏君 副处长：任林、范新亮、付占伟 调研员：苗瑜 助理调研员：程振亚）	计量处 8 人	河南省计量科学研究院 （郑州市花园路 21 号；占地面积 29730 m^2，建筑面积 18163 m^2，其中：办公室面积 1256 m^2，实验室面积 15563 m^2） 河南省计量科学研究院试验发展基地 （新乡市平原新区经十二路路西、310 省道北；占地面积 38651 m^2，建筑面积 38956 m^2，其中：办公室面积 9093 m^2，实验室面积 29863 m^2）	院长、院党委副书记：宋崇民 院党委书记、副院长：陈传岭 副院长：杨明镜、马长征 院总工程师：王广俊 副院长：陆进宇	编制 112 人，在职 117 人，聘用 139 人；3622 台（件），8450 万元
2014 年 2 月	河南省质量技术监督局（正厅级） 地址：郑州市花园路 21 号 （计量处）	局长、局党组书记：李智民 副局长：* 冯长宇、柴天顺、尚云秀 巡视员、党组成员：刘永春 纪检组长：鲁自玉 助理巡视员：郑文超、傅新立、范新闻、刘敬环 省人民政府参事：肖继业 （处长：苏君 副处长：任林、范新亮、付占伟 调研员：苗瑜、任林）	计量处 7 人	河南省计量科学研究院 （郑州市花园路 21 号；占地面积 29730 m^2，建筑面积 18163 m^2，其中：办公室面积 1256 m^2，实验室面积 15563 m^2） 河南省计量科学研究院试验发展基地 （新乡市平原新区经十二路路西、310 省道北；占地面积 38651 m^2，建筑面积 38956 m^2，其中：办公室面积 9093 m^2，实验室面积 29863 m^2）	院长、院党委副书记：宋崇民 院党委书记、副院长：陈传岭 副院长：杨明镜、马长征 院总工程师：王广俊 副院长：陆进宇	编制 112 人，在职 117 人，聘用 139 人；3622 台（件），8450 万元

续表

类别 时间	行政部门名称 （下属部门名称）	主要领导人 （下属部门负责人）	计量行政人员	直属机构名称 （地址、面积）	主要领导人	人员、设备资产
2014年3月	河南省质量技术监督局 （正厅级） 地址：郑州市花园路21号 （计量处）	局长、局党组书记：李智民 副局长：*冯长宇、柴天顺、尚云秀 巡视员、党组成员：刘永春 纪检组长：鲁自玉 副局长：贾国印 助理巡视员：郑文超、傅新立、范新闻、刘敬环 省人民政府参事：肖继业 （处长：苏君 副处长：范新亮、付占伟 调研员：苗瑜、任林）	计量处 7人	河南省计量科学研究院 （郑州市花园路21号；占地面积29730 m^2，建筑面积18163 m^2，其中：办公室面积1256 m^2，实验室面积15563 m^2） 河南省计量科学研究院试验发展基地 （新乡市平原新区经十二路路西、310省道北；占地面积38651 m^2，建筑面积38956 m^2，其中：办公室面积9093 m^2，实验室面积29863 m^2）	院长、院党委副书记：宋崇民 院党委书记、副院长：陈传岭 副院长：杨明镜、马长征 院总工程师：王广俊 副院长：陆进宇	编制112人， 在职117人， 聘用139人； 3622台（件）， 8450万元
2014年5月	河南省质量技术监督局 （正厅级） 地址：郑州市花园路21号 （计量处）	局长、局党组书记：李智民 副局长：*冯长宇、柴天顺、尚云秀 巡视员、党组成员：刘永春 纪检组长：鲁自玉 副局长：贾国印 助理巡视员：郑文超、傅新立、刘敬环 省人民政府参事：肖继业 （处长：苏君 副处长：范新亮、付占伟 调研员：苗瑜、任林）	计量处 7人	河南省计量科学研究院 （郑州市花园路21号；占地面积29730 m^2，建筑面积18163m^2，其中：办公室面积1256m^2，实验室面积15563m^2） 河南省计量科学研究院试验发展基地 （新乡市平原新区经十二路路西、310省道北；占地面积38651 m^2，建筑面积38956m^2，其中：办公室面积9093m^2，实验室面积29863m^2）	院长、院党委副书记：宋崇民 院党委书记、副院长：陈传岭 副院长：杨明镜、马长征 院总工程师：王广俊 副院长：陆进宇	编制112人， 在职117人， 聘用139人； 3622台（件）， 8450万元
2014年7月	河南省质量技术监督局 （正厅级） 地址：郑州市花园路21号 （计量处）	局长、局党组书记：李智民 巡视员、党组成员：*冯长宇 省人民政府参事、副局长：尚云秀 纪检组长：鲁自玉 副局长：贾国印、郑文超、傅新立 巡视员：柴天顺 助理巡视员：刘敬环 省人民政府参事：肖继业 （处长：苏君 副处长：范新亮、付占伟 调研员：苗瑜、任林）	计量处 7人	河南省计量科学研究院 （郑州市花园路21号；占地面积29730 m^2，建筑面积18163 m^2，其中：办公室面积1256 m^2，实验室面积15563 m^2） 河南省计量科学研究院试验发展基地 （新乡市平原新区经十二路路西、310省道北；占地面积38651 m^2，建筑面积38956 m^2，其中：办公室面积9093 m^2，实验室面积29863 m^2）	院长、院党委副书记：宋崇民 院党委书记、副院长：陈传岭 副院长：杨明镜、马长征 院总工程师：王广俊 副院长：陆进宇	编制112人， 在职117人， 聘用139人； 3622台（件）， 8450万元

续表

类别 / 时间	行政部门名称（下属部门名称）	主要领导人（下属部门负责人）	计量行政人员	直属机构名称（地址、面积）	主要领导人	人员、设备资产
2014 年 12 月	河南省质量技术监督局（正厅级） 地址：郑州市花园路 21 号 （计量处）	局长、局党组书记：李智民 巡视员、党组成员：* 冯长宇 纪检组长：鲁自玉 副局长：贾国印、郑文超、傅新立 巡视员：柴天顺 助理巡视员：刘敬环 省人民政府参事：肖继业、尚云秀 （处长：苏君 副处长：范新亮、付占伟 调研员：苗瑜、任林）	计量处 7 人	河南省计量科学研究院 （郑州市花园路 21 号；占地面积 29730 m^2，建筑面积 18163 m^2，其中：办公室面积 1256 m^2，实验室面积 15563 m^2） 河南省计量科学研究院试验发展基地 （新乡市平原新区经十二路路西、310 省道北；占地面积 38651 m^2，建筑面积 38956 m^2，其中：办公室面积 9093 m^2，实验室面积 29863 m^2）	省局总工程师（正处级）、院长、院党委副书记：宋崇民 院党委书记、副院长：陈传岭 副院长：杨明镜、马长征 院总工程师：王广俊 副院长：陆进宇	编制 114 人，在职 120 人，聘用 179 人；3702 台（件），8669 万元

说明：

1. 分管省技术监督局、省质量技术监督局计量管理处、计量处、省计量测试研究所、省计量科学研究院的省局领导姓名的左边加“*”号。
2. 建筑面积主要包含办公室面积、实验室面积，不包含住宅面积。
3. 设备台（件）数仅包含计量标准器具和辅助计量仪器设备。
4. 设备资产（万元）指计量标准器具和辅助计量仪器设备的原值。

第八章

河南省省辖市计量大事记

（1949—2014）

第一节　郑州市计量大事记

编撰组　**组　长**　何增涛
副组长　职玉森　韩冬生　李海陆　徐留锋
成　员　丁福星　赵树人　刘清江　程明领
编撰办公室　**主　任**　刘清江
成　员　王彦芳　柯存荣　朱　琳　孙树炜　张国华　沈正奇　于海勇

1957 年

是年　郑州市商业局综合科负责计量管理，建立检定市尺用的量端器及 100 克、500 克、2000 克、5000 克、20 千克砝码。

1958 年

4 月　郑州市人民委员会（以下简称市人委）发布《郑州市计量检定管理试行办法》，明确了郑州市计量检定管理所（以下简称市所）负责全市的计量检定与管理工作。检定：直尺、折尺、杆秤、案秤、台秤、卷尺、迭尺、天平、砝码等 9 种计量器具。

11 月　郑州市人委公布《关于进行木杆秤改革方案》，将 16 两为 1 斤的旧制改为 10 两为 1 斤的市制，1 斤的重量不变，中医处方用药仍保留 16 两 1 斤的旧制。

12 月　市所研制出风压风量计和简易光学高温计，为小高炉测量风压、风量和温度。

1959 年

11 月　国家科委计量局在常州召开计量工作现场会，市所所长殷秀明作了大会发言。大会提出全国计量战线“学常州、赶郑州”的口号。

12 月　市人委发布《关于禁止使用非十进位计量器具的通告》，从 1960 年 1 月 1 日起执行。

1960 年

6 月　郑州市属新郑县、登封县、密县、荥阳县、巩县计量检定管理所改名为县计量标准所，增加标准化工作内容。

12 月　市所开展动圈仪表检定。

1961 年

7 月　郑州市计量仪器服务部成立，主要从事计量仪器、仪表的修理。

1962 年

6 月　市工商局、市所联合发文，严禁制造、销售、使用、修理非十进位衡器。

10 月　市所建立 4 等 87 块组量块、I 级标准电池、I 级标准电阻器等计量标准。

1963 年

6 月　市所建立 2 级 8 块组专用角度块计量标准。

9 月　市物价委员会批准市所《关于调整计量器具修理收费标准的报告》。

1964 年

是年　市所开展了电子电位差计、热电偶的检定；建立了一等砝码、二等砝码计量标准。

1965 年

12 月　市所王永立编写的《万用电表电路图集》出版。这是我国第一部万用电表工具书。

1966 年 **是年** 市计量经费开始执行“全额管理、以收抵支、差额补助”的管理办法。

1967 年 **是年** 市所更名为郑州市计量检定管理所（以下简称市所）。

1969 年 **是年** 市所更名为郑州市计量管理所（以下简称市所）。市所建成恒温恒湿检定室。

1970 年 **10 月** 市所研制的标准平尺，经河南省计量局检定合格，对样板直尺开展周期检定。

1971 年 **是年** 市所建立 0.5 级转速表、2 等 83 块组量块、2 等标准活塞压力计计量标准。

1972 年 **11 月** 市革命委员会计划建设委发布《关于加强计量工作的意见》。

1973 年 **是年** 市所建立了 2 等布氏、洛氏、表面洛氏、3 等标准测力计、标准温度灯计量标准。

1974 年 **是年** 市所建立了水平仪计量标准。

1975 年 **是年** 市所实验工厂研制生产 3 级 8 块千分尺专用量块和 KY–300 型卡号研磨机。市所建立了 UJ25 型直流电位差计计量标准。

1976 年 **是年** 市所贾三泰、市仪表厂王永立、郑州机床厂阎景文编著的《万能量具的修理》出版。

1977 年 **10 月** 市所规定衡器修理人员必须在指定区域从事修理业务等。

1978 年 **8 月** 市革命委员会卫生局、第一商业局、市所联合发文，改革中医处方用药计量单位，规定从 1979 年 1 月 1 日起，中医处方一律横写，用药计量单位一律用“克、毫克”，废除 16 两为 1 斤的“两、钱、分”制。是年，该项工作全面结束。

1979 年 **10 月** 市一商局、市所等联合发文，对商用计量器具实行周期检定。

1980 年 **3 月** 市所开展 2.5N~5MN 材料试验机检定。

4 月 市革命委员会发布《关于加强计量器具管理的通告》。

1981 年 **7 月** 市所制定《郑州市衡器管理细则》。

10 月 郑州市计量测试学会成立。

1982 年 **12 月** 27 日，市所研制的“直流三表检定仪”通过郑州市科委技术鉴定。市所贾三泰、王永立编著的《机械式量仪修理》出版。

1983 年 **3 月** 市所对 80 余家企业、事业单位使用的万能材料验机等进行了力值改制。

9 月 市所、市卫生局联合发文，加强对医用计量器具监督管理。

12 月 市所编著的《公差与测量》出版，是《机械工人培训丛书》之一。

1984 年 **1 月** 市经委发文，加强厂矿企业温度仪表检修。

3月 市所决定委托自来水公司在辖区进行水表检定和修理。
7月 市所更名为郑州市计量测试研究所（以下简称市所）。
12月 市政府召开“郑州市推行法定计量单位工作会议”，180余人参加。

1985年

2月 市人民政府发出《关于印发郑州市全面推行法定计量单位实施意见的通知》。
3月 郑州电缆厂、郑州第二柴油机厂、郑州照相机厂通过了二级计量验收，成为河南省首批计量定级的企业。
4月 市标准计量局（以下简称市局）建立UJ52型直流电位差计检定装置。市人民政府决定1985年4月为“郑州市推行法定计量单位宣传月”。
是年 市局开展压力计量单位改制。市所建立二等标准活塞真空压力计检定装置。

1986年

3月 市第八届人民代表大会常务委员会第九次会议，通过了《郑州市人民代表大会常务委员会关于实施〈中华人民共和国计量法〉的决议》。
6月 市人民政府发布《郑州市贯彻执行〈中华人民共和国计量法〉实施办法》。
7月 市局公布郑州市10家企业27种计量产品获得《制造计量器具许可证》。
9月 6日，“河南省暨郑州市庆祝《计量法》颁布一周年大会”在河南省人民会堂举行，2000余人参加大会。
10月 市商管委、市局等联合开展法定计量单位推行情况检查。
12月 市局将水表强制检定权授予郑州市水表检定测试站。

1987年

6月 市所建立100L一等金属标准容器。
8月 市局授予郑州市流量仪表站对差压流量计执行强制检定。
12月 市物价局、市局等联合发出《关于进一步开展“物价计量信得过”活动的通知》。市局建立出租汽车计价器检定装置。

1988年

10月 市所更名为郑州市计量检定测试所（以下简称市所）。

1989年

9月 19日，市局印发《关于按季度报送完成强制检定工作计量器具品种和数量的通知》。

1990年

3月，市局获省技监局颁发的“计量技术保证先进单位”称号。

1991年

是年 市局研制、开发、生产的“GZJ型光栅式指示表检定仪”获九一年国家技术监督局重大科研项目成果四等奖。

1992年

4月 22日，郑州市技术监督局（以下简称市局）成立。

1993年

12月 1日，市局授权河医大一附院在本院内承担单、多道心电图机、心电监护仪的强制检定。
是年 市所电学科获河南省“电能计量标准装置比对优秀”称号。

1994年

6月 21日，市局对郑州矿务局安全仪器计量站计量授权。
8月 24日，市局印发《郑州市中、小企业计量工作评估细则》。
12月 市所医疗器械科在省质监系统举办的“可见光分光光度计检定装置计量标准

比对”中获全省第二名。张向新撰写的《该打一针清醒剂——对医疗卫生系统计量工作的思考》，在《中国计量》第12期上发表，并获国家首届计量科技优秀论文三等奖、郑州市自然科学优秀论文一等奖。

1995年

3月　6日，市局、市工商局发文，规定在全市公共贸易中限制使用杆秤。

6月　25日，市所作为主导实验室，完成了“河南省二等活塞压力计检定装置计量标准比对”工作，成为本省首家主持全省计量标准比对工作的市、地级计量技术机构。

10月　4日，市局对机动车车速里程表开展周期检定。

1996年

5月　中国物资储运总公司郑州公司胡谦等4人起草的《圆度测量仪检定规程》，获1996年国家技术监督局科学技术进步奖四等奖。

6月　市所首次通过省局法定计量检定机构考核，66项社会公用计量标准获计量授权。

1997年

5月　骆钦华撰写的《论对天平正确性传统定义的补充及天平的准确度误差，不等臂误差和不等感偏差》获中国计量测试学会、中国技术监督情报研究所首届“计量科技优秀论文”三等奖。

8月　19日，市局对汽车维修行业用计量器具加强依法检定和管理。

1998年

2月　25日，市所建立市土地房屋公正计量站和市眼镜公正计量站。

7月　7日，市局、市广播电视局、市新闻出版局联合检查郑州市广播、电台、电视台及报社贯彻法定计量单位和《量和单位》系列国家标准（1993年版）执行情况。

是年　“98全国部分中心城市计量协作网第十三次年会”在郑州召开；全省18地、市计量工作研讨会暨郑州市计量所成立四十周年庆祝大会在郑州召开。

1999年

5月　5日，市局加强电能量计量监督管理。

11月　20日，市局开展实施光明工程“放心一条街”活动。

是月　郑州市技术监督局更名为郑州市质量技术监督局（以下简称市局），郑州市计量检定测试所更名为郑州市质量技术监督检验测试中心（以下简称市中心）。

2000年

8月　8日，市局召开宣传贯彻《河南省计量监督管理条例》座谈会，将8月定为《条例》宣传月。

2001年

3月　26日，市局、市建委联合发文，要求对住宅等建设中使用的电能表等4种计量器具安装前实施强制检定。

是年　市局在市内各分局设立集（农）贸市场衡器监督检测站。

2002年

是年　市局开展对集贸市场、电线、油漆、润滑油等产品进行计量专项监督检查。

2003年

5月　15日—21日，市局开展“5·20”世界计量日宣传活动。在郑州电视台、郑州人民广播电台、《郑州日报》以“世界计量日”为主题，制作专题节目。发放各类宣传资料3000多份，悬挂横幅40多条，制作版面50多块。各检测中心在5月20日全天举行了对社会开放计量实验室、义务检定计量仪器等活动。

6月　30日，市中心通过法定计量检定机构复查考核，获省局计量授权64项社会公用计量标准和2项公正计量装置，开展检定近300个品种计量器具。

2004年

是年 市局对加油站人员上岗进行培训换证，对中秋月饼、面包、西点等定量包装商品进行计量专项监督检查。

2005年

4月 市局加强“制造修理计量器具许可证”监督管理工作。

9月 5日，市局组织全市10余家新闻单位和100余家生产企业召开庆祝《计量法》颁布20周年和质量月宣传新闻发布会。

是年 市局对市、县（市）级法定计量机构进行考核，开展了“十纵十横”交通主干线沿线加油站计量执法检查。市中心计量检测收入510万元。

2006年

7月 19日，市中心建立“热能表检定装置”。

10月 20日，市中心刘志国、骆英、化鹏、孙璟参加全省质监系统计量类技术比武活动，荣获团体一等奖；刘志国获衡器检定类个人技术比武一等奖，化鹏获电能表检定个人技术比武二等奖。

2007年

6月 19日，市局推行医院医疗设备计量监督信息系统。

7月 17日，市中心柯存荣经国家质检总局批准成为全国时间频率计量技术委员会委员。

11月 8日，市局发布《郑州市大生活用水定额实施细则》。

12月 20日，市中心刘朝参加郑州市第四届“新密王村煤业杯”职工技术运动会，荣获衡器计量检定工技能竞赛第一名，被授予“郑州市技术状元”称号，同时郑州市总工会授予其五一劳动奖章。

◎ 27日，市局对郑州供电公司电能计量中心计量授权。

2008年

6月 30日，市中心71项计量标准、158项检测项目通过了省局法定计量检定机构复查考核授权。

8月 25日，市局印发《郑州市质量技术监督局开展集贸市场计量器具免费检定实施方案》。

2009年

1月 2日，市局对郑州市电力系统计量技术机构计量授权。

6月 30日—7月2日，受全国时间频率计量技术委员会委托，市中心组织召开了JJG 2007—2007《时间频率计量器具检定系统表》和JJG 1010—2006《电子停车计时收费表》检定规程宣传贯彻会。这是全国时间频率计量技术委员会首次委托地方承办该会议。

12月 20日，市中心马燕荣获“登电集团杯”职工技术运动会电磁计量检定工技能竞赛第一名，被授予“郑州市技术状元”称号，郑州市总工会授予其市五一劳动奖章；王磊荣获“郑州市技术标兵”。

2010年

8月 20日，市中心交通安全检测室通过省局考核，分别建立汽车侧滑检验台等9项检定或校准装置。

9月 20日，市局成立《郑州市计量史》编辑工作领导小组，领导小组下设编辑办公室，办公室设在市局计量处，办公地点设在市中心。

是年 市局启动燃油加油机防作弊系统。朱琳撰写的《谈多传感器组合称重测量的信号叠加原理及应用》，获河南省第十届自然科学优秀学术论文三等奖。

2011 年

6 月 20 日，市局开展电子计价秤和定量包装商品专项检查。

12 月 23 日，市中心孙树炜、张保建、高山虎撰写的《可燃气体报警器存在问题及管理措施》，获省局优秀科技论文一等奖。

2012 年

6 月 26 日，市中心成立公共照明检测站。

是年 市局发文，开展“计量服务走进百家中小企业”活动，加强热量表、集贸市场衡器强制检定。市中心廖启明在省局组织的省计量知识竞赛中获得个人三等奖。

2013 年

5 月 16 日，市局在郑州市第六十中学举办“光明计量进校园”活动，向 30 名贫困学生免费赠送 30 副眼镜。

◎ 19 日，省局联合郑州市人民政府，围绕“计量与生活”的主题，在郑州绿城广场举办“5・20 世界计量日”现场咨询活动，有 60 家企业，约 1600 人参加，省、市质监部门 300 余名执法检测人员参加。《河南日报》、河南电视台、河南人民广播电台、《中国质量报》《大河报》《郑州日报》等 10 多家新闻媒体对活动进行了采访报道。

◎ 20 日，市局发文，开展 2013 年诚信计量示范单位和诚信计量自我承诺工作。

是年 市局被国家质检总局授予“全国民生计量工作先进单位”称号及“全国质检系统法治创新优秀奖”，被省总工会授予“五一劳动奖状”。开展对金银制品加工和销售领域进行专项计量监督检查。开展交通技术监控设备检测业务。

2014 年

5 月 19 日，市中心起草的《燃油加油机油气回收装置校准规范》地方计量技术规范获 2014 年度省局优秀科学技术成果三等奖。

6 月 18 日，市局对郑州豫燃检测有限公司计量授权燃气表检定。

11 月 4 日，市中心研制“多功能出租汽车计价器检定仪”“汽车排气污染物检测用底盘测功机校准装置”，通过省科技厅组织的科技成果鉴定。

12 月 19 日，郑州市计量测试学会换届。

是年 市中心强检计量器具 119239 台（件），计量检测收入 1878 万元。

表8-1-1　郑州市计量行政部门、直属机构沿革一览表

类别 时间	行政部门名称 （下属部门名称）	主要领导人 （下属部门负责人）	计量行政人员	直属机构名称（地址、面积）	主要领导人	人员、设备资产
1958年3月	郑州市商业局			郑州市计量检定管理所 （郑州市西大街231号）	所长：张珍	3人
1959年8月	郑州市科学技术委员会			郑州市计量检定管理所 （郑州市西大街231号）	所长：殷秀明	23人
1960年7月	郑州市科学技术委员会			郑州市计量标准管理所 （郑州市西大街231号）	所长：殷秀明	35人
1961年4月	郑州市科学技术委员会			郑州市计量标准管理所 （郑州市西大街231号）	所长：王增福	35人
1962年12月	郑州市科学技术委员会			郑州市计量标准管理所 （郑州市西大街231号）	所长：王增福 副所长：李克平	34人
1963年11月	郑州市科学技术委员会			郑州市计量标准管理所 （郑州市西大街231号）	所长：刘世昌 副所长：李克平	36人
1967年4月	郑州市革命委员会计划组			郑州市计量检定管理所 （郑州市西大街231号）	主任：梁文俊 副主任：刘世昌	37人
1969年	郑州市革命委员会计划经济委员会			郑州市计量管理所 （郑州市中原路纺织机电专科学校；实验室面积：115㎡）	主任：梁文俊 副主任：刘世昌、朱应照	42人
1975年1月	郑州市革命委员会科学技术委员会			郑州市计量管理所 （郑州市中原路纺织机电专科学校；实验室面积：115㎡）	主任：梁文俊 副主任：刘世昌、朱应照	46人
1978年8月	郑州市革命委员会科学技术委员会			郑州市计量管理所 （郑州市中原路纺织机电专科学校；实验室面积：115 m^2）	所长：刘世昌 副所长：张树彬、郜遂亭、刘文秀	51人
1980年6月	郑州市革命委员会科学技术委员会			郑州市计量管理所 （郑州市文化宫路103号；面积：2560 m^2）	所长：张树彬 副所长：刘文秀、张诚义 支部书记：柏子成	63人

续表

类别 时间	行政部门名称（下属部门名称）	主要领导人（下属部门负责人）	计量行政人员	直属机构名称（地址、面积）	主要领导人	人员、设备资产
1981年12月	郑州市标准计量局	党组副书记：郭年章		郑州市计量管理所 （郑州市文化宫路103号；面积：2560 m^2）	所长：张树彬 支部书记：郭年章 副所长：刘文秀、张诚义	69人
1982年11月	郑州市标准计量局	党组副书记：郭年章		郑州市计量管理所 （郑州市文化宫路103号；面积：2560 m^2）	所长：张修方 支部书记：郭年章 副所长：刘文秀、张诚义、贾三泰	68人
1984年7月	郑州市标准计量局	局长：张修方 副局长：贾三泰、尚振兴、路秀文 总工：郎二怀		郑州市计量测试研究所 （郑州市文化宫路103号；面积：2560 m^2）	所长：刘文秀 支部书记：郭年章 副所长：张诚义、徐成	75人
1986年1月	郑州市标准计量局	局长：张修方 副局长：贾三泰、尚振兴、路秀文 总工：郎二怀		郑州市计量测试研究所 （郑州市文化宫路103号；面积：2560 m^2）	所长：刘文秀 副所长：张诚义、徐成、王怀道	78人
1987年	郑州市标准计量局（正处级）	局长：张修方 副局长：贾三泰、尚振兴、路秀文 总工：郎二怀		郑州市衡器管理所 （郑州市文化宫路103号；面积：2560 m^2）	所长：周顺堂	78人
1988年10月	郑州市标准计量局	局长：张修方 副局长：贾三泰、尚振兴、路秀文 总工：郎二怀		郑州计量检定测试所 （郑州市文化宫路103号；面积：2560 m^2）	所长：郎二怀	65人
1991年8月	郑州市标准计量局 地址：郑州市文化宫路103号（计量管理科）	局长：武长江 总工：郎二怀 （科长：叶康年，副科长：于雁军）	计量科6人	郑州市计量测试研究所 （郑州市文化宫路103号；面积：2560 m^2）	所长：周顺堂 副所长：张诚义、徐成、王怀道	65人
1992年4月	郑州市技术监督局 地址：郑州市文化宫路103号（计量管理科）	局长：武长江 副局长：郎二怀、贾三泰 总工：王永立 （科长：叶康年，副科长：于雁军）	计量科8人	郑州市计量检定测试所 （郑州市文化宫路103号；面积：2560 m^2）	徐成主持工作	65人
1993年12月	郑州市技术监督局 地址：郑州市文化宫路103号（计量管理科）	局长：武长江 副局长：郎二怀、贾三泰 总工：王永立 （科长：叶康年，副科长：于雁军）	计量科8人	郑州市计量检定测试所 （郑州市文化宫路103号；面积：2560 m^2）	所长：李建华 副所长：徐成、黄玲	65人

续表

类别 时间	行政部门名称 （下属部门名称）	主要领导人 （下属部门负责人）	计量行政人员	直属机构名称（地址、面积）	主要领导人	人员、设备资产
1997 年 3 月	郑州市技术监督局 地址：郑州市文化宫路 103 号（计量管理科）	局长：武长江 副局长：郎二怀 副局长：贾三泰 总工：王永立 （科长：叶康年，副科长：于雁军）	计量科 8 人	郑州市计量检定测试所 （郑州市文化宫路 103 号；面积：2560 m^2）	所长：刘进学 副所长：徐成、黄玲	65 人
1999 年 12 月	郑州市质量技术监督局 地址：郑州市文化宫路 103 号（计量处）	局长：武长江 副局长：* 王俊英、李建华、丁太春 （处长：李仲新，副处长：于雁军）	计量处 9 人	郑州市计量检定测试所 （郑州市文化宫路 103 号；面积：2560 m^2）	所长：刘进学 副所长：徐成、黄玲	73 人
2002 年 10 月	郑州市质量技术监督局 地址：郑州市文化宫路 103 号（计量处）	局长：武长江 副局长：* 王俊英、李建华、丁太春 （处长：李仲新，副处长：于雁军）	计量处 4 人	郑州市质量技术监督检验测试中心（以下简称郑州市检测中心） （郑州市文化宫路 103 号；面积：3460 m^2）	主任、书记：李长海 副主任：黄震峰、* 徐成、郑建新、阮先知	132 人； 401 台（件）， 237 万元
2005 年 5 月	郑州市质量技术监督局（正处级） 地址：郑州市高新技术开发区瑞达路 62 号 （计量处）	局长、局党组书记：刘建峰 副局长：* 李长海、楚宏斌、张新才、丁太春、杨星灿、韩冬生 （处长：李仲新，副处长：于雁军）	计量处 4 人	郑州市检测中心 （郑州市文化宫路 103 号；面积：6200 m^2）	主任、书记：丁太春 副主任：黄震峰、* 徐成、郑建新、梁宗平	176 人； 449 台（件）， 306 万元
2007 年 7 月	郑州市质量技术监督局 地址：郑州市高新技术开发区瑞达路 62 号院 （计量处）	局长、局党组书记：刘建峰 副局长：* 李长海、楚宏斌、张新才、丁太春、杨星灿、韩冬生、冯磊 （处长：李仲新，副处长：于雁军）	计量处 4 人	郑州市检测中心 （郑州市文化宫路 103 号；面积：6200 m^2）	主任、书记：丁太春 副主任：黄震峰、* 徐成、郑建新、梁宗平	176 人； 488 台（件）， 430 万元
2009 年 8 月	郑州市质量技术监督局 地址：郑州市高新技术开发区瑞达路 62 号院（计量处）	局长、局党组书记：刘建峰 副局长：杨杰、* 张新才、韩冬生、冯磊 （处长：张宇洁，副处长：于雁军）	计量处 4 人	郑州市检测中心 （郑州市文化宫路 103 号；面积：6200 m^2）	主任：杨杰 书记：黄震峰 副主任：* 徐成、郑建新、徐留峰、梁宗平、马占坡	242 人； 522 台（件）， 533 万元
2009 年 12 月	郑州市质量技术监督局 地址：郑州市高新技术开发区瑞达路 62 号院 （计量处）	局长、局党组书记：刘建峰 副局长：杨杰、* 张新才、韩冬生、冯磊 纪检组长：马元杰 （处长：张宇洁，副处长：于雁军）	计量处 4 人	郑州市检测中心 （郑州市文化宫路 103 号；占地面积 5013.33m^2，建筑面积 4500 m^2，计量实验室面积 620 m^2）	主任：杨杰 书记：黄震峰 副主任：* 徐成、郑建新、徐留峰、梁宗平、马占坡	编制 211 人， 实有 239 人； 532 台（件）， 601 万元

续表

类别 时间	行政部门名称（下属部门名称）	主要领导人（下属部门负责人）	计量行政人员	直属机构名称（地址、面积）	主要领导人	人员、设备资产
2010 年 5 月	郑州市质量技术监督局 地址：郑州市高新技术开发区瑞达路 62 号院 （计量处）	局长、局党组书记：刘建峰 副局长：杨杰、张新才、*韩冬生、冯磊、尚建国 （处长：张宇洁，副处长：于雁军）	计量处 4 人	郑州市检测中心 （郑州市文化宫路 103 号；占地面积 5013.33m^2，建筑面积 4500 m^2，计量实验室面积 620 m^2）	主任：杨杰 书记：黄震峰 副主任：* 徐成、郑建新、徐留峰、梁宗平、马占坡	编制 211 人，实有 239 人；539 台（件），618 万元
2011 年 11 月	郑州市质量技术监督局 地址：郑州市高新技术开发区瑞达路 62 号院 （计量处）	局长、局党组书记：刘建峰 副局长：* 韩冬生、冯磊、尚建国、黄震锋、王拥军 （处长：张宇洁，副处长：于雁军）	计量处 4 人	郑州市检测中心 （郑州市文化宫路 103 号；占地面积 5013.33m^2，建筑面积 4500 m^2，计量实验室面积 620 m^2）	主任：黄震峰 书记、副主任：马占坡 副主任：梁宗平、* 丁福星、候明臻	编制 211 人，实有 232 人；566 台（件），681 万元
2012 年 12 月	郑州市质量技术监督局 地址：郑州市高新技术开发区瑞达路 62 号院 （计量处）	局长、局党组书记：何增涛 副局长：黄震峰、职玉森、* 韩冬生、尚建国、王拥军、李海陆 （处长：刘清江，副处长：于雁军）	计量处 4 人	郑州市检测中心 （郑州市文化宫路 103 号；占地面积 5013.33m^2，建筑面积 4500 m^2，计量实验室面积 620 m^2）	主任：黄震峰 书记、副主任：马占坡 副主任：梁宗平、* 丁福星、候明臻	编制 213 人，实有 225 人；617 台（件），954 万元
2013 年 12 月	郑州市质量技术监督局 地址：郑州市高新技术开发区瑞达路 62 号院 （计量处）	局长、局党组书记：何增涛 副局长：职玉森、尚建国、* 王拥军、李海陆 （处长：刘清江，副处长：徐晨恺）	计量处 4 人	郑州市检测中心 （郑州市文化宫路 103 号；占地面积 5013.33m^2，建筑面积 4500 m^2，计量实验室面积 620 m^2）	主任：职玉森 书记、副主任：马占坡 副主任：梁宗平、* 丁福星、赵树人、杨文勇 总工：马健	编制 213 人，实有 223 人；649 台（件），1203 万元
2014 年 12 月	郑州市质量技术监督局 地址：郑州市高新技术开发区瑞达路 62 号院 （计量处）	局长、局党组书记：何增涛 副局长：张建庄、职玉森、尚建国、* 王拥军、李海陆 （处长：刘清江，副处长：徐晨恺）	计量处 4 人	郑州市检测中心 （郑州市文化宫路 103 号；占地面积 5013.33m^2，建筑面积 4500 m^2，计量实验室面积 620 m^2）	主任：职玉森 书记、副主任：马占坡 副主任：梁宗平、* 丁福星、赵树人 总工：马健	编制 213 人，实有 218 人；656 台（件），1265 万元

说明：

1. 分管郑州市技术监督局、质量技术监督局内设计量业务管理部门和计量技术机构的局领导姓名的左边加“*”号；分管郑州市质量技术监督检验测试中心计量工作的市中心的主任或副主任的姓名左边加“*”号。
2. 建筑面积主要包含办公室面积、实验室面积，不包含住宅面积。
3. 设备台（件）数仅包含计量标准器具和辅助计量仪器设备。
4. 设备资产（万元）指计量标准器具和辅助计量仪器设备的原值。

第二节　开封市计量大事记

编撰工作领导小组　组　长　杨建民
副组长　郭宏毅、何　静
成　员　胡方　李林林　唐　清　王文涛　王现福
编撰办公室　主　任　何　静
副主任　胡　方　李林林
成　员　唐　清　王文涛　王现福
编　撰　组　组　长　何　静
副组长　胡　方　李林林
成　员　唐　清　王文涛　王现福　王敢峰

1948 年

是年　开封市人民政府 1948 年 11 月成立。开封市商业局行政科负责全市计量器具管理工作。

1956 年

是年　国家计量局在南京举办“计量干部培训班”，开封市商业局选派沈书岑赴南京参加学习。

1957 年

10 月　在市商业局指导下，市计量管理机构开始筹建。

1958 年

3 月　市计量检定管理所（以下简称市所）成立，隶属市商业局，有人员 5 名，王喜武任第一任所长。

4 月　3 日，市财贸委员会批转市商业局报送的《开封市计量检定管理暂行细则》草案。

10 月　7 日，市人民委员会颁布《开封市人民委员会关于木杆秤改革试行方案》。

是月　计量工作由管理商业度量衡，逐步转移到“以工业为主，为生产服务”上来。业务项目由原来的度量衡、油提、酒提，又增设了长度、热工、力学等计量检测和管理。

1959 年

3 月　市所改为隶属市科委领导，人员增加为 10 人。

6 月　25 日，组织宣传贯彻统一计量单位。

8 月　市所由商业局移交给市科委，办公地点迁到理事厅街 1 号。

1960 年

12 月　23 日，开封地区计量所开展长度、热工、力学、时间频率等检定。

1961 年

是年　维持正常计量工作。

1963 年

1 月　2 日，市人委转发《关于转发市科委拟定的开封市计量检定管理实施细则》。

3 月　经市政府批准市工业科学研究所与市计量检定管理所合并，成立开封市标准计量检定管理所（以下简称市所）。人员增加为 27 人，办公地点迁至市河道街 31 号，建立了计量室、理化室、标准室。

1964 年 **是年** 市所内设长度、热工、力学、电学、化验等检测项目，拥有一批技术骨干，具备一定的计量检定能力和管理手段，各项工作在全省计量系统中名列前茅，为开封计量工作的重要发展阶段。

◎ 沈书岑等研制成功 TGT-50 型台秤测定仪。

1965 年 **1 月** 开展衡器检修。

1966 年 **是年** “文化大革命”开始，开封市的计量工作受到影响。

1968 年 **2 月** 市计量所革命委员会成立，张玉堂任主任。

1969 年 **6 月** 市所隶属开封市生产指挥部综合组。

10 月 计量所实验工厂建立，24 人。

1970 年 **是年** 市计量所建立“无线电二厂”，生产音响发报机。

1971 年 **2 月** 市里从市计量所抽调 27 人，成立开封市无线电二厂，仪器设备被带走，许多技术人员离开市计量所，仅留 10 人坚持计量技术工作，开封计量工作陷入停顿瘫痪状态。

1972 年 **是年** 市标准计量管理所改为开封市标准计量检定管理所革命委员会。开封市所建立精密电表校验装置。

1973 年 **1 月** 计量所重归市科委领导。

12 月 中国共产党开封市计量管理所支部委员会成立，隶属市科委党组，张玉堂任书记。

1975 年 **5 月** 30 日，市革命委员会同意开封地区计量所建立实验室。

是年 市所郑丙昕、吕建军设计研制成功恒温控制仪。

1977 年 **12 月** 张玉堂、陈丙寅出席开封市科学技术大会，市计量所化验室被授予“先进集体”称号。

1978 年 **5 月** 21 日，郑丙昕、陈丙寅出席河南省科学技术大会，郑丙昕研制的恒温控制仪荣获“重大科技成果奖”。

是年 开封地区计量所 35 人，开展长度、力学、热工、电学、万能表、衡器等检定工作。

1979 年 **8 月** 22 日，市所，一、二商局等联合印发《关于加强商业部门计量管理工作的通知》。

是月 全市开始衡器普查工作。市所抽调 15 人普查造册登记。

1980 年 **1 月** 赵庆任中共开封地区计量管理所支部委员会书记。

3 月 在全省计量部门“五查”评比中，省计量局授予开封市计量所五查评比先进单位。

8月 潘家松任开封市革命委员会标准局副局长、局党组副书记，邢玉生任开封市革命委员会标准局副局长、党组成员。

11月 5日，市人民政府颁布《开封市关于加强计量器具管理的暂行规定》。

1982年

10月 15日，开封地区计量所对全区计量工作和衡器管理进行检查。

1983年

9月 15日，市标准局改为开封市标准计量局（以下简称市局）。霍清杰任开封市局局长，韩长瑞任副局长。

是月 市人民政府印发《开封市人民政府关于加强计量管理的通告》。

12月 地、市计量机构合并，市计量所由科委移交标准计量局领导，市局成立计量管理科，对全市计量工作进行管理。

1984年

5月 吴仲强任开封市局局长。

11月 郑丙昕设计生产的三相交流电能表校验台，荣获市科研优秀成果奖。

12月 20日，开封市计量测试学会成立，理事长：李保泰；副理事长：王自如、李承武、郑丙昕；秘书长：秦振民。

是年 在市经委、市企业整顿领导小组统一领导下，成立了标准计量整顿验收小组。

1985年

5月 31日，市人民政府发布《关于全面推行法定计量单位的布告》。

12月 贾忠良任开封市计量所党支部书记，秦振民任所长。

是年 市局改革计量机构，实行所科分设，市所负责计量检定测试技术性工作，计量管理科施行行政管理。王如民任计量科长。“开封市工业企业计量工作定级、升级领导小组”成立，下设考核小组。组长：李仁振，副组长：韩长瑞、李保泰。

1986年

4月 经上级批准，开封市计量管理所更名为开封市计量测试研究所（以下简称市所），隶属市标准计量局。全所共有职工70人，其中有职称的16人，有学历无职称的15人，电大在读的6人，高中以上文化程度的50人。仪器设备固定资产100余万元，主要仪器设备占60余万元。市计量测试研究所有两个院子，一个位于老城市中心的河道街31号，占地3.7亩（2466.67 m^2），房屋70间，建筑面积1200 m^2，恒温面积102 m^2；另一个院子位于新规划城市中心西坡街8号，占地5亩（3333.33 m^2），有计量大楼一幢，建筑面积1612 m^2。全所建立长度、热学、电磁、力学、无线电5大类20项最高计量标准。其中，长度4项，热学4项，电磁学5项，力学6项，无线电1项。能开展检定修理87种。在计量业务上，还担负着周口、商丘和濮阳等地区的部分项目的量值传递和计量检定测试任务。

5月 5日—8日，全国第三次法定计量单位工作会议在开封市召开。国家计量局副局长孟昭仟，省计量局副局长张祥林出席会议。会议期间，国家计量局及省计量局领导察看了市局机关、市计量测试研究所和市计量测试实验设备厂。

8月 由张殿钦、李绍东、于清河、冯民山、黄振英设计研制的单相、三相交流电度微机校验台、热工仪表核验台，通过省级鉴定，填补了河南省计量产品的一项空白。

9月 市局组织编写的《质量计量检定单位手册》第一版发行。

11月 在省计量局组织的计量检定质量检查中，开封市所22个检定项目全部达到优秀。省计量局授予“计量检定工作质量优秀”锦旗一面。

是年 国家计量局制定的“七五”规划中，把开封市计量所列为100个工业城市计量测试中心之一。

1987 年 **3 月** 开展全市在用衡器大检查。

10 月 向省局报送"关于建立河南省开封市纺织计量测试中心"的报告，并派专人前往国家局汇报。

是年 开封空分集团有限公司取得国家一级计量单位证书。

1988 年 **11 月** 省局计量工作检查组对市所计量标准、技术档案等情况进行检查。

1989 年 **8 月** 市局授权开封市水表检定测试站开展水表强制检定。

是年 国家局批准开封市所筹建"河南省医疗卫生环境监测计量中心"。

◎ 开封市标准计量局更名为开封市技术监督局（以下简称市局）。

1990 年 **是年** 市所组织开展全市法定计量单位大检查，共检查企事业单位 40 多家。

1991 年 **是年** 市所建立的《激光小功率标准装置》《激光中功率标准装置》《眼镜片顶焦度标准器组》《验光镜片检定装置》通过国家标准计量局主持考核，作为全省最高计量标准，获授权，对全省开展量值传递和检定测试工作。

1992 年 **8 月** 李长忍在《计量技术》发表《材料拉力试验机夹持器的改进》论文。

12 月 据市编委汴编（1992）16 号文件，市局正式更名为开封市技术监督局，内设机构为 1 室 7 科：办公室、标准化科、质量监督科、技术情报科、稽查科、计量科、政工科、法制科，共 42 人。下设计量测试研究所、产品质量监督检验所、纤维检验所。

◎ 16 日，市局授权开封市煤气表检定测试站开展燃气表强制检定。从授权至是年共检定燃气表 24 万只，到期轮换 13 万只。

是年 开封市所在职人员 64 人，其中大专以上学历 21 人；技术人员 43 人，其中中级职称 10 人。固定资产 200 万元，仪器设备 382 台，设有长度、热工、力学、电学、衡器、医疗仪器、环境检测仪器室和实验设备工厂。建立了 6 大类 57 项社会公用计量标准，部分为全省最高计量标准，开展 31 类 150 种计量器具的检定工作。

◎ 国家和地方共建"医疗卫生环境监测仪器检测中心"通过验收，建标 8 项，获得授权，对全省和豫东地区进行计量检定。

◎ 省局授权市所建立的"汽车排气分析仪检定装置"通过国家标准计量局主持考核，作为全省最高计量标准，获授权，对全省开展量值传递和检定测试工作。

1993 年 **1 月** 王敢峰任市所所长，贾忠良任市所党支部书记。

9 月 市所"医用超生源检定装置""汽车排气分析仪检定装置""医用激光源检定装置（次等）"，获省局授权，作为全省最高计量标准在全省开展检定工作；市所"激光中功率计量标准装置""激光小功率计量标准装置"，获省局授权，作为全省最高计量标准在全省开展检定工作；市所"眼镜片顶焦度标准器组""验光镜片检定装置"，获省局授权，在开封、商丘、濮阳开展检定工作。

12 月 对食品零售企业、集贸市场开展市场商品质量和计量监督检查。

是年 开封市计量测试学会创办的河南省第一家计量测试中专学习班，学制三年半，75 名学员全部获得中专学历毕业证。

1994 年

是年 市所、市公安局等发布《开封市出租车计价器安装的通知》，建立出租车计价器检定装置，开始出租车计价器的安装、检定工作；市政府拨款 3 万元建立出租汽车里程计价器检定装置。已安装 310 台出租汽车里程计价器。

1995 年

5 月 9 日，张家文任市所所长，王敢峰任书记兼总工。

9 月 市局召开《计量法》颁布十周年座谈会，举办《计量法》颁布十周年板报、图片展览。

是年 市技监系统涌现出一批先进集体和先进个人：付遂群被国家技监局授予“全国质量监督工作先进个人”荣誉称号；市所、兰考县局、杞县计量所、河南省开药厂质量处等单位荣获省局、省人事厅授予的“河南省技术监督工作先进集体”荣誉称号；秦振民、樊汴明、张家文、翟长印、苏玉林、杨福庆等 13 人荣获省局、省人事厅授予的“河南省技术监督工作先进工作者”荣誉称号。

◎ 市所建计量标准 50 项，其中最高计量标准 36 项，次级计量标准 14 项。

1996 年

3 月 市局开展了河南省石油商品批发零售企业计量质量信得过考核（复查）工作。

6 月 李长忍在《工业计量》发表《布氏硬度测试研究》论文。

9 月 “出租车计价器检定装置”建标，开展检定工作。

是年 “装入车后的车速里程表检定装置”建标，开展检定工作。市所发布《质量管理手册》。

◎ 开封市质监局内设七科一室共 43 人；下辖开封市计量所、开封市质检所和开封市纤检所均为政府差额补贴事业单位，其中市计量所 62 人，市质检所和市纤检所合二为一，共 38 人。

1997 年

11 月 市所通过省局组织的对法定计量检定机构的考核评审。建立社会公用计量标准 52 项：最高计量标准 37 项，次级计量标准 15 项。

是年 完成 12 家计量器具制造厂的许可证核发。组织了 14 项计量标准的考核，考核 370 名计量检定员，考核了 7 个法定计量检定机构。完成 21 家企业的计量合格确认，同比增加 21%。对全市 84 家医疗卫生单位的计量器具进行了普查并提交了受检率。

1998 年

8 月 市局对电台、新闻、出版等部门使用法定计量单位情况进行了监督检查。

是月 公布《土地、房屋面积公正计量站手册》，成立土地、房屋面积计量站，从 1999 年初开始土地、房屋面积的测量工作，由于职能的调整，到 2001 年结束。

12 月 “激光中功率计量标准装置”“激光小功率计量标准装置”“汽车排气分析仪检定装置”3 项全省最高计量标准通过复查、换证考核。“医用超声源检定装置”“眼镜片顶焦度标准器组”“验光镜片检定装置”被授权在开封、商丘、濮阳开展检定工作的“计量授权证书”交到省局。

是年 完成了医疗卫生和贸易结算方面的强检计量器具的登记备案工作，依法强制检定计量器具 36269 台（件）。

◎ 开封空分集团有限公司、开封市化肥厂、开封市供水公司通过完善计量检测体系确认。

1999 年

5 月 市局对市属 5 县的县级法定计量检定机构进行考核。

是年 河南省实行省以下质量技术监督系统垂直管理。开封市技术监督局更名为开封市质量技术监督局（以下简称市局）。

2000年

6月 开封市质量技术监督检验测试中心（以下简称市检测中心）成立，杨建民任中心主任，王敢峰任中心副主任（分管计量工作）。开封市质检中心的体制为：开封市计量所和开封市质检所合并，纤检所独立，合署办公，根据两所不在一起的现状，实行统一管理，分级核算，逐步过渡。

12月 28日，市局开展对住宅等建设中使用的电能表、水表、燃气表、热量表安装前实施强制检定的监督检查。

是年 启动“光明工程”，对市区眼镜行业计量质量等级评定，对眼镜制配场所的屈光度计、验光仪、验光镜组计量器具进行了监督检查。

2001年

1月 15日，开封市商品量公正计量站通过省局考核评审，开始对定量包装商品净含量检测工作。

4月 23日，李长忍被河南省总工会授予“河南省张玮式职工”称号。

7月，河南省质监局发布李长忍等编写的地方检定规程JJG（豫）125—2001《液压千斤顶》。

是月 市检测中心力学室开展棉花打包机的检测工作。

是年 市局组织宣传贯彻《河南省计量监督管理条例》。开展了眼镜店计量、质量等级评定。

2002年

2月 市局印发《关于贯彻实施加油站计量监督管理办法的通知》。对各加油站负责人和计量管理人员进行培训，编制加油站计量管理手册；加大执法力度，倡导各加油站开展“计量信得过加油站”活动。

3月 市局和市场发展中心联合召开全市集贸市场主办单位负责人会议，宣传贯彻《集贸市场计量监督管理办法》。

4月 8日，对全市加油站加装税控燃油加油机改造装置，11月结束，共加装127台。

是月 召开计量器具制造（修理）企业座谈会，安排了摸底调查和年度审查工作。

9月 开封市计量协会成立，理事长：申巧玲；副理事长：杨建民、蔡纪周；秘书长：蔡纪周（兼）。

11月 13日，张东凯任市局局长兼党组书记。

2003年

5月 开展“5·20”世界计量日宣传活动，开封有11个单位获省局表彰。

是月 “非典”期间，出租车检定不收费。该政策执行到10月4日。

6月 市检测中心通过了省局组织的法定计量检定机构现场考核评审，通过92个检定项目和一个检测项目。

8月 由于市政府拆迁改造，市计量所由河道街31号迁至劳动路北段68号。

10月 开封市505名计量检定人员参加了全省统一组织的新版检定员证换证计量基础知识考试。

2004年

2月 对开封市餐饮业进行计量专项监督检查。

是年 市局组织市局稽查大队和市检测中心开展电信计量监督检查。

2005年

3月 市局对58家检测实验室进行了资源调查。

7月 开展计量法颁布20周年纪念活动，开放了市检测中心实验室，组织省、市、县人大代表及市民参观检测实验室。

9月 开封市17个“计量工作先进单位”和46名“计量工作先进个人”获省局表彰。

10 月 魏东主持研制的“ST-A 型测温仪表检定仪”获河南省科技进步奖三等奖。

2006 年

10 月 市局组织对加油机税控装置和计量性能进行监督检查。

12 月 省局对开封市的计量标准进行监督检查。

2007 年

5 月 “5·20”世界计量日期间，开展了以“能源计量与节能降耗和污染减排”为主题的能源计量宣传活动。

10 月 开封市胜达水表有限公司生产的“中华”牌水表，获“河南省优质产品”称号。

12 月 28 日，市局授权河南省电力公司开封供电公司电能计量中心对其直接管辖范围内的用于贸易结算的电能表进行强制检定。

2008 年

5 月 全市开展“关注民生、计量惠民”专项行动。

6 月 30 日，市检测中心通过省局法定计量检定机构考评，通过检定项目 88 项、校准项目 6 项、检测项目 2 项和 46 项社会公用计量标准（其中：最高计量标准 30 项、次级计量标准 16 项）；开展 88 个检定项目、6 个校准项目、2 个检测项目。

2009 年

8 月 市局要求在双节前夕，开展治理过度商品包装检查。

12 月 21 日，市局授权尉氏县供电局电能计量中心对其直接管辖范围内的用于贸易结算的电能表和互感器进行强制检定。

2010 年

1 月 李红艳、于兆虎在《福建分析测试》发表的《离子色谱法标定盐酸标准滴定溶液浓度》，获省局三等奖。

5 月 市局对电能计量实施监督管理；开展“民用四表”（水表、电能表、燃气表、热能表）的监督检查工作。

2011 年

3 月 市局对医疗卫生单位在用计量器具开展监督检查。

8 月 市局决定组建西迁筹备组工作组，市检测中心专门抽调有关人员参加国家检测中心建设。

2012 年

3 月 郭宏毅任市检测中心主任。

◎ 26 日，市局印发《关于进一步加强保障性安居工程建设相关产品质量监管的意见》，开展保障性安居工程安装使用计量器具监督检查。

10 月 市局开展“诚信计量”服务工作。

是月 对全市 52 家金银首饰企业在用天平检定情况进行监督检查。

2013 年

7 月 市检测中心顺利通过省局组织的法定计量检定机构考核，通过考核 50 项计量标准，其中：最高计量标准 35 项，次级计量标准 15 项；100 个检定项目、6 个校准项目、2 个检测项目。

10 月 开展了重点领域安全用计量器具专项监督检查。

2014 年

6 月 市检测中心参加全省 0.4 级精密压力表比对，获得“满意”结果。

11 月 完成本市在用医用工作计量器的普查统计，将 11594 台（件）计量器具信息录入并上传至“河南计量信息网”计量器具平台系统，形成信息库，并通过验收。

是年 市检测中心共建立计量标准 56 项，其中：最高标准 41 项，次级标准 15 项。

表8-2-1　开封市计量行政部门、直属机构沿革一览表

类别 时间	行政部门名称（下属部门名称）	主要领导人（下属部门负责人）	计量行政人员	直属机构名称（地址、面积）	主要领导人	人员、设备资产
1958 年 3 月	市商业局	局长：赵熙著 副局长：闫秋田		开封市计量检定管理所 （开封市复兴南街 35 号）	所长：王喜武	编制 5 人 在职 5 人 36 台（件）
1959 年 8 月	市科委			开封市计量检定管理所 （开封市理事厅街 2 号）	所长：王喜武	编制 10 人 在职 10 人 54 台（件）
1963 年 3 月	市科委			开封市标准计量检定管理所 （开封市河道街 31 号；建筑面积：1200 m^2，其中办公面积：610 m^2，实验室面积：590 m^2）	所长：张玉堂 副所长：王喜武	编制 27 人 在职 27 人 65 台（件）
1965 年 5 月	市科委			开封市标准计量检定管理所 （开封市河道街 31 号；建筑面积：1200 m^2，其中办公面积：610 m^2，实验室面积：590 m^2）	所长：王焕宇	编制 27 人 在职 27 人 87 台（件）
1968 年 2 月	市生产指挥部综合组			开封市计量检定管理所革命委员会 （开封市河道街 31 号；建筑面积：1200 m^2，其中办公面积：610 m^2，实验室面积：590 m^2）	所长：张玉堂	编制 36 人 在职 36 人 103 台（件）
1969 年 6 月	市生产指挥部综合组			开封市计量检定管理所革命委员会 （开封市河道街 31 号；建筑面积：1200 m^2，其中办公面积：610 m^2，实验室面积：590 m^2）	所长：王喜武 副所长：张玉堂	编制 36 人 在职 36 人 116 台（件）
1971 年 2 月	计委	市革委计委、重工业局党的核心小组副组长：盖华清		开封市计量检定管理所革命委员会 （开封市河道街 31 号；建筑面积：1200 m^2，其中办公面积：610 m^2，实验室面积：590 m^2）	所长：孙好德	编制 9 人 在职 9 人 131 台（件）
1973 年 10 月	科委			开封市标准计量检定管理所革命委员会 （开封市河道街 31 号；建筑面积：1200 m^2，其中办公面积：610 m^2，实验室面积：590 m^2）	所长：张玉堂 副所长：索铁山、海俊岭	编制 9 人 在职 9 人 157 台（件）
1979 年 10 月	科委			开封市标准计量管理所 （开封市河道街 31 号；建筑面积：1200 m^2，其中办公面积：610 m^2，实验室面积：590 m^2）	所长：张玉堂 书记：王如民 副所长：陈松桥	编制 36 人 在职 36 人 184 台（件）
1980 年 8 月	开封市革委标准局 开封市公园路（重工局院内）	副局长：潘家松 副局长：邢玉生		开封市标准计量管理所 （开封市河道街 31 号；建筑面积：1200 m^2，其中办公面积：610 m^2，实验室面积：590 m^2）	所长：张玉堂 书记：王如民 副所长：陈松桥	编制 36 人 在职 36 人 195 台（件）

续表

类别 时间	行政部门名称 （下属部门名称）	主要领导人 （下属部门负责人）	计量行政人员	直属机构名称 （地址、面积）	主要领导人	人员、设备资产
1981 年 9 月	开封市标准局 地址：开封市公园路（重工局院内）	副局长：潘家松 副局长：邢玉生		开封市计量所 （开封市河道街 31 号；建筑面积：1200 m^2，其中办公面积：610 m^2，实验室面积：590 m^2）	所长：张玉堂 书记：王如民 副所长：陈松桥	编制 36 人 在职 36 人 216 台（件）
1983 年 9 月	开封市标准计量局 开封市公园路（重工局院内	局长：霍清杰 副局长：* 韩长瑞、邢玉生		开封市计量所 （开封市河道街 31 号；建筑面积：1200 m^2，其中办公面积：610 m^2，实验室面积：590 m^2）	所长：张玉堂 书记：王如民 副所长：缪慧娴、郑丙昕	编制 70 人 在职 70 人 234 台（件）
1984 年 5 月	开封市标准计量局 地址：开封市劳动路北段 68 号	局长：吴仲强 副局长：* 韩长瑞、李树林、冷广中		开封市计量所 （开封市河道街 31 号；建筑面积：1200 m^2，其中办公面积：610 m^2，实验室面积：590 m^2）	所长：秦振民 书记：王如民 副所长：缪慧娴、郑丙昕	编制 70 人 在职 70 人 259 台（件）
1985 年	开封市标准计量局 地址：开封市劳动路北段 68 号（计量管理科）	局长：吴仲强 副局长：* 韩长瑞、李树林 （科长：王如民）	计量管理科 6 人	开封市计量所 （开封市河道街 31 号；建筑面积：1200 m^2，其中办公面积：610 m^2，实验室面积：590 m^2）	所长：秦振民 书记：贾忠良 副所长：冯民山	编制 70 人 在职 70 人 274 台（件）
1988 年	开封市标准计量局 地址：开封市劳动路北段 68 号（计量管理科）	局长：吴仲强 副局长：* 韩长瑞、李树林、韩玉珍 （科长：王如民）	计量管理科 6 人	开封市计量测试研究所 （开封市河道街 31 号；建筑面积：1200 m^2，其中办公面积：610 m^2，实验室面积：590 m^2）	所长：秦振民 书记：贾忠良 副所长：冯民山	编制 70 人 在职 70 人 306 台（件）
1989 年	开封市技术监督局 地址：开封市劳动路北段 68 号（计量管理科）	局长：吴仲强 副局长：韩玉珍、* 韩长瑞、李树林 （科长：秦振民）	计量管理科 4 人	开封市计量测试研究所 （开封市河道街 31 号；建筑面积：1200 m^2，其中办公面积：610 m^2，实验室面积：590 m^2）	所长：王敢峰 书记：贾忠良 副所长：冯民山	编制 63 人 在职 63 人 358 台（件）
1995 年 3 月	开封市技术监督局 地址：开封市劳动路北段 68 号（计量管理科）	局长：张建华 副局长：韩玉珍、孙天增、* 申巧玲、李树林 （科长：秦振民）	计量管理科 4 人	开封市计量测试研究所 （开封市河道街 31 号；建筑面积：1200 m^2，其中办公面积：610 m^2，实验室面积：590 m^2）	所长：张家文 书记：王敢峰 副所长：冯民山、王发生、高志勋	编制 63 人 在职 63 人 384 台（件）
2000 年	开封市质量技术监督局 地址：开封市劳动路北段 68 号（计量科）	局长：张建华 副局长：李树林（3 月离任）韩玉珍（3 月离任）* 申巧玲（女）、王文宝、孙天增 （科长：蔡继周）	计量科 3 人	开封市质量技术监督检验测试中心（以下简称开封市检测中心）（计量部分） （开封市劳动路北段 68 号；建筑面积：2581 m^2，其中办公面积：1381 m^2，实验室面积：1200 m^2）	中心主任兼党支部书记：杨建民 中心副主任：* 王敢峰、刘鹏、冯民山	编制 52 人 在职 52 人 402 台（件）

续表

类别 时间	行政部门名称 （下属部门名称）	主要领导人 （下属部门负责人）	计量行政人员	直属机构名称 （地址、面积）	主要领导人	人员、设备资产
2001 年	开封市质量技术监督局 地址：开封市劳动路北段 68 号（计量科）	局长：张建华 副局长：*申巧玲（女）、王文宝、孙天增 纪检组长：田雪梅 （科长：蔡继周）	计量科 3 人	开封市检测中心（计量部分） （开封市劳动路北段 68 号；建筑面积：2581 m^2，其中办公面积：1381 m^2，实验室面积：1200 m^2）	中心主任兼党支部书记：杨建民 中心副主任：*王敢峰、刘鹏、冯民山	编制 52 人 在职 52 人 402 台（件）
2002 年	开封市质量技术监督局 开封市劳动路北段 68 号 （计量科）	局长、张冬凯， 副局长：申巧玲（女）、*王文宝、孙天增、张新才 纪检组长：田雪梅 （科长：蔡继周）	计量科 3 人	开封市检测中心（计量部分） （开封市劳动路北段 68 号；建筑面积：2581 m^2，其中办公面积：1381 m^2，实验室面积：1200 m^2）	中心主任兼党支部书记：杨建民 中心副主任：*王敢峰、刘鹏、冯民山	编制 52 人 在职 52 人 402 台（件）
2003 年	开封市质量技术监督局 开封市劳动路北段 68 号 （计量科）	局长：张涛 副局长：*王文宝、张新才、韩长奉 纪检组长：蒋伟群 （科长：蔡继周）	计量科 3 人	开封市检测中心（计量部分） （开封市劳动路北段 68 号；建筑面积：2581 m^2，其中办公面积：1381 m^2，实验室面积：1200 m^2）	中心主任兼党支部书记：陈德生 中心副主任：*王敢峰、刘鹏、冯民山	编制 52 人 在职 52 人 402 台（件）
2004 年	开封市质量技术监督局 地址：开封市宋城路 90 号（计量科）	局长：张涛 副局长：张新才、韩长奉、*杨建民 纪检组长：蒋伟群 （科长：蔡继周）	计量科 3 人	开封市检测中心（计量部分） （开封市劳动路北段 68 号；建筑面积：2581 m^2，其中办公面积：1381 m^2，实验室面积：1200 m^2）	中心主任兼党支部书记：陈德生 中心副主任：*王敢峰、刘鹏、冯民山	编制 52 人 在职 52 人 402 台（件）
2005 年	开封市质量技术监督局 地址：开封市宋城路 90 号（计量科）	局长：张涛 副局长：张新才、韩长奉、*杨建民 纪检组长：刘勇 （科长：蔡继周）	计量科 3 人	开封市检测中心（计量部分） （开封市劳动路北段 68 号；建筑面积：2581 m^2，其中办公面积：1381 m^2，实验室面积：1200 m^2）	中心主任兼党支部书记：陈德生 中心副主任：*王敢峰、刘鹏、冯民山	编制 52 人 在职 52 人 402 台（件）
2006 年	开封市质量技术监督局 地址：开封市宋城路 90 号（计量科）	局长：刘道兴 副局长：张新才、韩长奉、*杨建民 纪检组长：刘勇 （科长：蔡继周）	计量科 3 人	开封市检测中心（计量部分） （开封市劳动路北段 68 号；建筑面积：2581 m^2，其中办公面积：1381 m^2，实验室面积：1200 m^2）	中心主任兼党支部书记：陈德生 中心副主任：*王敢峰、刘鹏、冯民山	编制 52 人 在职 52 人 402 台（件）

续表

类别 时间	行政部门名称 （下属部门名称）	主要领导人 （下属部门负责人）	计量行政人员	直属机构名称 （地址、面积）	主要领导人	人员、 设备资产
2008 年	开封市质量技术监督局 地址：开封市宋城路 90 号（计量科）	局长：刘道兴 副局长：张新才、韩长奉、* 杨建民 纪检组长：蔡继国 （科长：蔡继周）	计量科 3 人	开封市检测中心（计量部分） （开封市劳动路北段 68 号；建筑面积：2581 m^2，其中办公面积：1381 m^2，实验室面积：1200 m^2）	中心主任兼党支部书记：陈德生 中心副主任：* 王发生、刘鹏、冯民山	编制 52 人 在职 52 人 402 台（件）
2009 年	开封市质量技术监督局 地址：开封市宋城路 90 号（计量科）	局长：刘道星（离任） 局长：孙立超 副局长：韩长奉、* 杨建民、蒋伟群 纪检组长：蔡继国 （科长：何静）	计量科 3 人	开封市检测中心（计量部分） （开封市劳动路北段 68 号；建筑面积：2581 m^2，其中办公面积：1381 m^2，实验室面积：1200 m^2）	中心主任兼党支部书记：陈德生 中心副主任：* 王发生、刘鹏	编制 70 人 在职 70 人 聘用 17 人 583 台（件） 776.2 万元
2010 年	开封市质量技术监督局 地址：开封市宋城路 90 号（计量科）	局长：孙立超 副局长：韩长奉、* 杨建民、蔡继国 纪检组长：娄洪录 （科长：何静）	计量科 3 人	开封市检测中心（计量部分） （开封市劳动路北段 68 号；建筑面积：2581 m^2，其中办公面积：1381 m^2，实验室面积：1200 m^2）	中心主任兼党支部书记：陈德生 中心副主任：* 王发生、刘鹏 支部副书记：厉书政	编制 70 人 在职 70 人 聘用 17 人 652 台（件） 913.9 万元
2011 年	开封市质量技术监督局 地址：开封市宋城路 90 号（计量科）	局长：孙立超 副局长：韩长奉、* 杨建民、蔡继国、陈德生 纪检组长：娄洪录 （科长：何静）	计量科 3 人	开封市检测中心（计量部分） （开封市劳动路北段 68 号；建筑面积：2581 m^2，其中办公面积：1381 m^2，实验室面积：1200 m^2）	中心主任兼党支部书记：郭宏毅 中心副主任：* 胡方、刘鹏、李健、韩超 支部副书记：厉书政	编制 70 人 在职 70 人 聘用 17 人 752 台（件） 1156.2 万元
2012 年	开封市质量技术监督局 地址：开封市宋城路 90 号（计量科）	局长：孙立超 副局长：韩长奉、* 杨建民、蔡继国、陈德生 纪检组长：娄洪录 （科长：何静）	计量科 3 人	开封市检测中心（计量部分） （开封市劳动路北段 68 号；建筑面积：2581 m^2，其中办公面积：1381 m^2，实验室面积：1200 m^2）	中心主任兼党支部书记：郭宏毅 中心副主任：* 王发生、刘鹏 支部副书记：厉书政	编制 70 人 在职 70 人 聘用 17 人 652 台（件） 913.9 万元
2013 年	开封市质量技术监督局 地址：开封市宋城路 90 号（计量科）	局长：孙立超 副局长：韩长奉、* 杨建民、陈德生　纪检组长：娄洪录 （科长：何静）	计量科 3 人	开封市检测中心（计量部分） （开封市劳动路北段 68 号；建筑面积：2581 m^2，其中办公面积：1381 m^2，实验室面积：1200 m^2）	中心主任兼党支部书记：郭宏毅 中心副主任：* 胡方（计量）、刘鹏、李健、韩超 支部副书记：厉书政	编制 70 人 在职 70 人 聘用 17 人 752 台（件） 1156.2 万元

续表

类别／时间	行政部门名称（下属部门名称）	主要领导人（下属部门负责人）	计量行政人员	直属机构名称（地址、面积）	主要领导人	人员、设备资产
2014 年	开封市质量技术监督局 地址：开封市宋城路 90 号（计量科）	局长：孙立超 副局长：韩长奉、* 杨建民、陈德生　纪检组长：娄洪录 （科长：何静）	计量科 3 人	开封市检测中心（计量部分） （开封市劳动路北段 68 号；建筑面积：2581 m^2，其中办公面积：1381 m^2，实验室面积：1200 m^2）	中心主任兼党支部书记：郭宏毅 中心副主任：* 胡方、李健、韩超 支部副书记：厉书政	编制 70 人 在职 70 人 聘用 17 人 796 台（件） 1379.9 万元

说明：

1. 分管开封市技术监督局、质量技术监督局内设计量业务管理部门和计量技术机构的局领导姓名的左边加“*”号；分管开封市质量技术监督检验测试中心计量工作的市中心的主任或副主任的姓名左边加“*”号。

2. 建筑面积主要包含办公室面积、实验室面积，不包含住宅面积。

3. 设备台（件）数仅包含计量标准器具和辅助计量仪器设备。

4. 设备资产（万元）指计量标准器具和辅助计量仪器设备的原值。

第三节　洛阳市计量大事记

编撰工作领导小组　组　长　王民学
副组长　张建设
成　员　蔡君惠　王守义　雷建军
杨耀武　吴贺存　乔爱国　高淑娟

编撰办公室　主　任　蔡君惠
副主任　王守义　乔爱国
成　员　雷建军　杨耀武　乔爱国　高淑娟

编　撰　组　组　长　蔡君惠
副组长　王守义　乔爱国
成　员　雷建军　杨耀武　吴贺存　高淑娟

1949 年

12 月　5 日，洛阳市委决定成立洛阳市生产推进社，统一管理全市工业和商业，计量工作归生产推进社负责。

1950 年

3 月　5 日，组织春季物资交流会，确保计量公平交易。

1952 年

4 月　8 日，洛阳市工商行政管理局成立，计量工作归该局负责。

1953 年

9 月　25 日，随着粮食统购统销政策的实行，取缔了升、斗旧式计量器具，改以斤计算。随着洛阳被国家确定为重点工业建设城市，国家 156 项重点建设工程中的 7 项落户洛阳，工业计量进入政府计量管理序列。

1954 年

8 月　6 日，洛阳市升格为省辖市，撤销洛阳市工商局，成立洛阳市商业局，该局市场管理科负责市场的计量管理工作。

1958 年

4 月　11 日，洛阳市商业局计量检定所成立，工作人员 7 人，检修商业部门使用的台、案秤、木杆秤和木直尺。

1959 年

6 月　进行木杆秤改革。市商业局计量检定所移交市科学技术委员会，更名为洛阳市计量检定所（以下简称市所）。

7 月　10 日，中国第一拖拉机制造厂中央度量室成立。

1964 年

6 月　15 日，开始编制“计量器具周期检定计划”，加强计量器具管理。

1970 年

3 月　13 日，市革命委员会决定将市科委、市经委、市计委合并，成立洛阳市科技站，市所隶属市科技站领导。

1972 年

5 月　16 日，市革命委员会决定撤销市所，将洛阳市科技站更名为洛阳市革委会计划委员会科技站，内设标准化室、计量室，停止计量检定业务、保留部分市场管理业务。

1974 年

7 月 22 日，市革命委员会撤销洛阳市革委会计划委员会科技站，恢复市科委，成立洛阳市标准计量所（以下简称市所），由市科委代管，人员增加到 25 名。

1977 年

8 月 市革命委员会转发《中华人民共和国计量管理条例》。

10 月 9 日，市所制发《洛阳市计量管理实施办法》《洛阳市衡器管理办法》和《洛阳市计量事业发展规划》。

1979 年

2 月 2 日，洛阳市标准局成立，由市经委代管。市所仍由市科委代管。

是年 市标准计量所新址（九都路 49 号）破土动工，国家计量局投资 75 万元，建设计量测试楼 2500 ㎡，宿舍楼 1875 ㎡。

◎ 偃师、洛宁、嵩县、栾川、伊川、孟津、宜阳等县相继成立标准计量所。

1980 年

9 月 11 日，洛阳市科委制发《洛阳市计量管理实施办法（试行）》。

是年 市经委、计量所等组成“洛阳市厂矿企业计量工作五查整顿领导小组”，38 家大、中型企业共检查各种计量标准器和主要配套设备 1538 台（件），在用计量器具 299371 件，合格率分别是 50.83% 和 50.43%。

1982 年

4 月 9 日，中国第一拖拉机厂计量处建立“二等量块标准装置”等 5 项计量标准。

1983 年

6 月 15 日，市所更名为洛阳市计量测试所（以下简称市所），新计量测试大楼和宿舍楼启用。

8 月 19 日，洛阳市标准计量局（以下简称市局）成立，下设洛阳市计量测试所。

1984 年

6 月 市局宣传贯彻《工业企业计量工作定级、升级办法（试行）》和河南省制定的《实施细则》。

11 月 5 日，颁布《洛阳市全面推行法定计量单位的实施意见》。

1985 年

10 月 21 日，市局召开宣传贯彻《计量法》大会。

1986 年

1 月 16 日，市局继续组织企业开展计量定级升级工作。

是月 市局、市计量测试学会、洛阳市工学院联合成立河南省计量管理函授班洛阳函授站，顾宏康任站长。

3 月 9 日，市局向市人大、市政府作了《关于洛阳市实施计量法问题的报告》。洛阳市市长办公会议决定，加强县级计量行政管理机构。

4 月 18 日，市人大八届十三次常委会作出贯彻实施《计量法》的决议。

5 月 24 日，市局召开申报 1986 年计量定级升级单位负责人会议，决定能源计量验收创优产品计量审查与定级升级工作同步进行。

7 月 5 日，洛阳市行政区划调整，将洛阳地区所属各县划归洛阳市管辖；原地区计量所部分人员和部分仪器、设备、房屋划归洛阳市局管理。

12 月 13 日，市物价局、市标准计量局、市工商局联合发文，开展物价、计量信得过活动。

是年 19 家企业通过计量定级、升级评审，其中二级 12 家，三级 7 家。洛阳第一拖拉机厂通过国家局和省局评审，成为河南省第一家一级计量单位。

1987 年

7 月 3 日，市人大副主任潘志远听取市局汇报，并作重要指示。

11 月 20 日，市编委发文，计量测试所为局属副县级单位，下设洛阳市衡器管理所。

1988 年

1 月 5 日，郑福印任洛阳市局计量科长。

10 月 8 日，市局授权洛阳市水表检定站开展水表强制检定。

1989 年

6 月 6 日，市人民政府发文决定：洛阳市标准计量局与洛阳市经委质量管理机构合并，成立洛阳市技术监督局（以下简称市局），内设计量管理科等。

8 月 11 日，市局、交通局等联合印发《洛阳市出租汽车计价器管理暂行规定》。

10 月 洛阳市共有强制检定在用计量器具 41 项 62 种 120183 台。截至 1989 年底，工作计量器具的法定计量单位改制完成 10 万余台，改制率 92%。

1990 年

11 月 9 日，市局下设计量测试所，为股级建制事业单位。

1991 年

8 月 18 日，市局组织开展第二个计量宣传周，主题是计量工作要为“质量、品种、效益年”服务。

9 月 6 日，《计量法》颁布 6 周年，市局召开技监系统座谈会，总结交流计量工作为经济建设，为质量、效益服务的经验。

1992 年

6 月 6 日，市局要求加强医疗卫生单位强制检定计量器具登记造册和强制检定工作。

9 月 4 日，市局加强城乡集市贸易计量管理，要求设立公平秤，推广使用电子秤。

1993 年

6 月 17 日，市局推行竹木直尺、（玻璃）体温计、液体量体的首次强检标志。

11 月 市局同意成立洛阳市交通局计量管理所并授权该所承担维修行业内游标类、指示类、测微类量具的检定工作。

1994 年

7 月 中国一拖集团被评为推行法定计量单位国家级先进单位；市局被评为省级先进单位。

10 月 8 日，市局开展了精密压力表标准装置计量比对，评定优秀单位 5 个，合格单位 7 个。

是年 全市计量定升级企业总数达 436 个，其中国家级 6 个。

1995 年

7 月 11 日，市局授权洛阳市邮政局计量测试检定站从事行业内衡器的检定、维修工作。

8 月 15 日，市局颁布《洛阳市乡镇企业计量合格确认办法》。

9 月 5 日，洛阳市召开《计量法》颁布十周年大会，省局戴式祖局长、市人大何泽民主任到会作重要讲话。

是月 市局发文表彰《计量法》宣传先进单位。

1996 年

5 月 9 日，市局要求各加油站配备标准器，对加油机进行自校。

7 月 6 日，段文茂任市局党组书记、局长。

1998 年

4 月 18 日，市局发布《洛阳市计量检定授权管理办法》（试行），共五章十九条。

6 月 2 日，市局召开计量授权大会，公布《关于授权建立计量检定站的决定》。

12 月 5 日，市局部署对用于贸易结算的公用电话计时计费器实施强制检定。

1999 年

4 月 6 日，市局系统实行垂直管理，下设市计量测试所、市衡器管理所等，其中市计量测试所为副县级建制。

5 月 15 日，市局建立洛阳房地产面积公正计量站。

11 月 2 日，市局发布对专项计量授权计量技术机构考核结果。

2000 年

2 月 6 日，市局、市公安局下发《关于对全市机动车车速里程表实施强制检定的通知》，决定在全市范围内对汽车车速里程表实施强制检定。

6 月 16 日，根据河南省编制委员会办公室、河南省技术监督局豫编办（1999）45 号文件要求，洛阳市技术监督局更名为洛阳市质量技术监督局，内设标准化计量科等，下设有质量技术监督检验测试中心（以下简称市中心），副处级。

2001 年

2 月 2 日，市中心正式挂牌成立，将原洛阳市计量测试所、洛阳市产品质量监督检验所、洛阳市信息所、洛阳市衡器管理所合并，对全市检验测试工作实行统一管理。

5 月 11 日，市局、市建委联合发文，要求对住宅用电能表、水表、燃气表、热量表安装使用前实施首次强制检定。

7 月 9 日，市局组织开展眼镜行业验光、配镜计量、质量等级评定工作。

2002 年

6 月 17 日，市局和市市场发展中心联合召开全市集贸市场主办单位负责人会议，宣传贯彻《集贸市场计量监督管理办法》。

是年 举办企业计量管理人员《计量标准考核规范》培训班 4 期，培训 347 人。

2003 年

8 月 21 日，市局、市电业局联合发文，加强对电能计量标准考核工作。

2004 年

3 月 7 日，市局检验测试大楼正式启用。市局机关、市中心迁入，结束了长期租赁的历史。市局恢复了计量科和质量管理科，但未纳入编制。

5 月 20 日，市局召开“5·20 世界计量日”座谈会。《洛阳日报》发表了市局局长赵晓政的署名文章，并向社会公告了 2004 年洛阳市计量诚信单位名单。

9 月 5 日，市局印发《洛阳市质量技术监督局 2005—2007 三年水表计量工作规划》。

2005 年

5 月 20 日，在嵩县白云山召开“洛阳计量论坛”，围绕“充分发挥社会计量技术力量，为洛阳经济腾飞服务”的主题，开展研讨。

7 月 7 日，开展《计量法》颁布 20 周年纪念活动。

是年 全市共建立社会公用计量标准 131 项，授权开展计量检定单位计量标准 12 项，均按要求进行了考核复查；全市企事业单位建立最高计量标准 320 项。

2006 年

4 月 5 日，市局组织“5·20 世界计量日”宣传活动，分“计量与民生”和“计量与节能”两大内容和六种组织形式。

5 月 30 日，中信重工机械股份有限公司获中国合格评定委员会实验室认可证书。

2007 年

8 月 1 日，在市区范围内使用防伪加油机检定铅封。

是年 市局组织共对 17 项 31 种 10069 台（件）强检工作计量器具和 143 项社会公用计量标准、325 套部门和企事业最高计量标准建立了档案，并登录国家局强制检定计量器具电子档案。全市电信企业网通公司、联通公司、电信公司、铁通公司全部接受了计量器具的强制检定，同市中心签订了《强制检定工作协议书》。

2008年

5月 15日，市局授权洛阳供电公司直接管理范围内的用于贸易结算电能表的强制检定。

6月 19日，市局发文加强供热、供气企业能源计量管理。

2009年

是年 继续组织开展“诚信计量进市场、健康计量进医院、光明计量进镜店、服务计量进社区乡镇（含学校）”的服务活动。

2010年

6月 9日，市政府召开专题会议，协调全市集贸市场在用计量器具检定问题，市财政局拨付市质监局集贸市场在用计量器具检定经费35.5万元，自此，揭开了市局民生计量工作政府财政支持的崭新一页。

2011年

1月 5日，市局对全市医疗卫生单位在用计量器具开展监督检查。

4月 19日，袁文忠任市局党组书记、局长。

8月 15日，开展对全市煤矿行业在用计量器具监督检查。

是年 洛阳空空导弹研究院计量中心建立36项计量标准；洛阳轴承研究所建立11项计量标准。

2012年

1月 15日，市财政局将集贸市场在用计量器具检定经费列入每年市财政预算。

4月 17日，市局和洛阳市卫生局联合对全市医疗卫生单位在用计量器具进行监督检查。

10月 1日，开展对全市42家金银首饰企业在用天平检定情况监督检查。

2013年

3月 开展对全市物流、快递行业在用计量器具和重点耗能企业进行监督检查。

7月，市局和市公用事业局联合发文，实行热量表安装备案制度；制定全市民用瓶装液化气充装标准。

2014年

2月 17日，袁文忠任市局党组书记，王民学任市局局长。

7月 4日，国家质检总局计量司副司长王步步、计量司法规处处长陈红来洛阳市调研。

8月 9日，市局对青岛啤酒（洛阳）有限公司定量包装商品C标志考核发证，这是洛阳市第一家通过此项发证的企业。

11月 12日，开展对医疗卫生机构在用计量器具、集贸市场在用衡器和出租车计价器、加油机、加气机等强检计量器具普查建库工作。

12月 17日，市中心通过中国合格评定国家认可委的评审，通过校准项目18项。这是获此认可的河南省省辖市首家法定计量检定机构。

是年 市中心对全市60余家集贸市场的9000多台计量器具进行免费检定，合格率98%，由市政府拨付检定经费。此项工作已开展三年，得到了政府、市场主办方、商户和群众的认可和好评。

表8-3-1 洛阳市计量行政部门、直属机构沿革一览表

时间＼类别	行政部门名称（下属部门名称）	主要领导人（下属部门负责人）	计量行政人员	直属机构名称（地址、面积）	主要领导人	人员、设备资产
1949 年 12 月	洛阳市县生产推进社（正科级） 地址：洛阳市王城路（计量股）	社长：* 文祥 （股长：张新民）	计量股 1 人	洛阳市科委院内 （洛阳市中州中路：建筑面积：20 m^2，其中：办公、实验室：20 m^2）	股长：张新民	编制：1 人，在职：1 人，聘用：1 人；5 台（件），0.01 万元
1952 年 3 月	洛阳市工商行政管理局(副处级) 地址：洛阳市中州中路(计量股)	局长：* 王惠山 （股长：张新民）	计量股 2 人	洛阳市科委院内 （洛阳市中州中路：建筑面积：20 m^2，其中：办公、实验室：20 m^2）	股长：张新民	编制：1 人，在职：1 人，聘用：1 人；5 台（件），0.01 万元
1959 年 6 月	洛阳市科学技术委员会(正处级) 地址：洛阳市行署路（计量科）	局长：* 郑清源 （科长：李中克）	计量科 2 人	洛阳市计量检定所 （洛阳市七一路：建筑面积：500 m^2，其中：办公室：120 m^2，实验室：380 m^2）	副所长：* 李中克	编制：18 人，在职：10 人，聘用：8 人；20 台（件），0.15 万元
1970 年 3 月	洛阳市科技站（正处级） 地址：洛阳市中州中路 （计量科）	支部书记：* 孙德斌 （科长：王光远）	计量科 2 人	洛阳市计量检定所 （洛阳市七一路：建筑面积：500 m^2，其中：办公室：120 m^2，实验室：380 m^2）	副所长：* 程广渊	编制：20 人，在职：10 人，聘用：10 人；30 台（件），0.55 万元
1972 年 4 月	洛阳市革委会计划委员会科技站（正处级） 地址：洛阳市中州中路 （计量科）	支部书记：* 孙德斌 （负责人：王光远）	计量科 1 人	洛阳市革委会计划委员会科技站 （洛阳市七一路：建筑面积：500 m^2，其中：办公室：120 m^2，实验室：380 m^2）	负责人：* 孙德斌	编制：20 人，在职：10 人，聘用：10 人；30 台（件），0.55 万元
1974 年 6 月	洛阳市科学技术委员会(正处级) 地址：洛阳市中州中路 （计量科）	党支部书记：* 孙德斌 （科长：王光远）	计量科 2 人	洛阳市标准计量所 （洛阳市七一路：建筑面积：500 m^2，其中：办公室：120 m^2，实验室：380 m^2）	所长：李法宗 副所长：* 程广渊	编制：25 人，在职：13 人，聘用：12 人；33 台（件），0.6 万元

续表

类别 / 时间	行政部门名称（下属部门名称）	主要领导人（下属部门负责人）	计量行政人员	直属机构名称（地址、面积）	主要领导人	人员、设备资产
1979 年 9 月	洛阳市科学技术委员会(正处级) 地址：洛阳市中州中路 （计量科）	党支部书记：＊孙德斌 （科长：张小川）	计量科 2 人	洛阳市标准计量所 （洛阳市九都路 49 号：建筑面积：2400 m^2，其中：办公室：600 m^2，实验室：1800 m^2）	书记：潘三兴 副书记：吕光忠 副所长：＊刘鸿斌	编制：40 人， 在职：23 人， 聘用：17 人； 45 台（件）， 1 万元
1984 年 4 月	洛阳市标准计量局（正处级） 地址：洛阳市中州中路 （计量管理科）	副局长：王式球（主持工作） 副局长：＊崔金河、刘志明 （科长：顾宏康）	计量 管理科 3 人	洛阳市标准计量所 （洛阳市九都路 49 号：建筑面积：2400 m^2，其中：办公室：600 m^2，实验室：1800 m^2）	书记：潘三兴 副所长：＊李玉侃、李学智	编制：50 人， 在职：33 人， 聘用：17 人； 45 台（件）， 1 万元
1985 年 10 月	洛阳市标准计量局（正处级） 地址：洛阳市政府西院 （计量管理科）	局长：王福仲 副局长：＊刘志明 总工程师：朱文渊 （科长：顾宏康）	计量 管理科 4 人	洛阳市标准计量所 （洛阳市九都路 49 号：建筑面积：2400 m^2，其中：办公室：600 m^2，实验室：1800 m^2）	所长：李玉侃 副所长：＊王祥龙、李学智	编制：50 人， 在职：33 人， 聘用：17 人； 45 台（件）， 1 万元
1988 年 1 月	洛阳市标准计量局（正处级） 地址：洛阳市政府西院 （计量管理科）	局长：王福仲 副局长：＊何心正（正局级）、孙静杰 （科长：郑福印）	计量 管理科 4 人	洛阳市计量测试所（升格为副县级） （洛阳市九都路 49 号：建筑面积：2400 m^2，其中：办公室：600 m^2，实验室：1800 m^2）	所长：李玉侃（副县级） 副所长：＊王祥龙 支部副书记：关志民	编制：63 人， 在职：46 人， 聘用：17 人； 50 台（件）， 3 万元
1993 年 8 月	洛阳市技术监督局（正处级） 地址：洛阳市政府西院 （计量管理科）	局长、局党组书记：章启生 副局长：孙静杰、＊单秀果 纪检组长：郑有才 （科长：郑福印）	计量 管理科 3 人	洛阳市计量测试所 （洛阳市九都路 49 号：建筑面积：2400 m^2，其中：办公室：600 m^2，实验室：1800 m^2）	所长李玉侃 副所长：李滋友、＊王祥龙	编制：70 人， 在职：53 人， 聘用：17 人； 53 台（件）， 30 万元
1995 年 1 月	洛阳市技术监督局（正处级） 地址：洛阳市政府西院 （计量管理科）	局长、局党组书记：章启生 副局长：孙静杰、＊单秀果 纪检组长：郑有才 （科长：李滋友）	计量 管理科 3 人	洛阳市计量测试所 （洛阳市九都路 49 号：建筑面积：2400 m^2，其中：办公室：600 m^2，实验室：1800 m^2）	所长：李玉侃 副所长：＊王祥龙、潘继青	编制：73 人， 在职：56 人， 聘用：17 人； 53 台（件）， 30 万元

续表

类别 时间	行政部门名称 （下属部门名称）	主要领导人 （下属部门负责人）	计量行政人员	直属机构名称 （地址、面积）	主要领导人	人员、设备资产
1996 年 7 月	洛阳市技术监督局（正处级） 地址：洛阳市金城宾馆院内 （计量管理科）	局长、局党组书记：段文茂 副局长：赵晓政、*李玉侃 纪检组长：郑有才 （科长：李滋友）	计量 管理科 3 人	洛阳市计量测试所 （洛阳市九都路 49 号：建筑面积：2400 m^2，其中：办公室：600 m^2，实验室：1800 m^2）	所长：李玉侃 副所长：*王祥龙、潘继青	编制：75 人， 在职：58 人， 聘用：17 人； 55 台（件）， 60 万元
1998 年 2 月	洛阳市技术监督局（正处级） 地址：洛阳市金城宾馆院内 （计量管理科）	局长、局党组书记：段文茂 副局长：赵晓政* 副局长：王民学 纪检组长：郑有才 （科长：李滋友）	计量 管理科 3 人	洛阳市计量测试所 （洛阳市九都路 49 号：建筑面积：2400 m^2，其中：办公室：600 m^2，实验室：1800 m^2）	所长：葛华峰 书记：李令生 副所长：*潘继青 副总工程师：乔爱国	编制：75 人， 在职：58 人， 聘用：17 人； 57 台（件）， 65 万元
2001 年 3 月	洛阳市质量技术监督局(正处级) 地址：洛阳市青少年活动中心院内（计量管理科）	局长、局党组书记：段文茂 党组副书记、副局长：杨进彦 副局长：*马明亭、王民学、司振江 纪检组长：徐荣显 （科长：蔡君惠）	计量 管理科 2 人	洛阳市质量技术监督检验测试中心 （以下简称洛阳市检测中心） （洛阳市九都路 49 号：建筑面积：2400 m^2，其中：办公室：600 m^2，实验室：1800 m^2）	主任：李令生 支部副书记：周玉申 副主任：王汴才、*裴鸿安 副总工程师：乔爱国	编制：145 人， 在职：128 人， 聘用：17 人； 85 台（件）， 165 万元
2002 年 12 月	洛阳市质量技术监督局(正处级) 地址：洛阳市青少年活动中心院内（标准计量科）	局党组书记：段文茂 局长、局党组副书记：赵晓政 副局长：马明亭、王民学、司振江、*韩志英　纪检组长：徐荣显 （科长：刘延庆）	标准 计量科 4 人	洛阳市检测中心 （洛阳市九都路 49 号：建筑面积：2400 m^2，其中：办公室：600 m^2，实验室：1800 m^2）	主任：李令生 支部副书记：周玉申 副主任：王汴才、*裴鸿安 副总工程师：乔爱国	编制：145 人， 在职：128 人， 聘用：17 人； 85 台（件）， 165 万元
2008 年 3 月	洛阳市质量技术监督局(正处级) 地址：洛阳市高新区卓飞路 9 号 （计量科）	局长、局党组书记：赵晓政 局党组副书记、副局长：马明亭 副局长：王民学、司振江、徐荣显、*尚玉国、张平安 纪检组长：刘玉辉 （科长：蔡君惠）	计量科 3 人	洛阳市检测中心 （洛阳市高新区卓飞路 9 号：建筑面积：10000 m^2，其中：办公室：860 m^2，实验室：9160 m^2）	中心主任：李令生 副书记：周玉申 副主任：吴贺存、*柴玉民、李志刚、贾金伟、韩红民 总工程师：乔爱国	编制：220 人， 在职：171 人， 聘用：59 人； 85 台（件）， 165 万元
2011 年 4 月	洛阳市质量技术监督局(正处级) 地址：洛阳市高新区卓飞路 9 号 （计量科）	局长、局党组书记：袁文忠 局党组副书记、副局长：索继军（正处） 副局长：司振江、张平安 副局长兼纪检组长：刘玉辉 党组成员：尹三聚 正处级领导：*尚玉国 （科长：蔡君惠）	计量科 3 人	洛阳市检测中心 （洛阳市高新区卓飞路 9 号：建筑面积：10000 m^2，其中：办公室：860 m^2，实验室：9160 m^2）	中心主任：张成现 副主任：吴贺存、*柴玉民、李志刚、贾金伟、韩红民 总工程师：乔爱国	编制：274 人， 在职：215 人， 聘用：59 人； 85 台（件）， 195 万元

续表

类别 / 时间	行政部门名称（下属部门名称）	主要领导人（下属部门负责人）	计量行政人员	直属机构名称（地址、面积）	主要领导人	人员、设备资产
2011 年 12 月	洛阳市质量技术监督局（正处级） 地址：洛阳市高新区卓飞路 9 号 （计量科）	局长、局党组书记：袁文忠 局党组副书记、副局长：索继军（正处） 副局长、纪检组长：高峰 副局长：* 司振江、尹三聚、张成现 （科长：蔡君惠）	计量科 3 人	洛阳市检测中心 （洛阳市高新区卓飞路 9 号：建筑面积：10000 m^2，其中：办公室：860 m^2，实验室：9160 m^2）	中心主任：高洛 副主任：吴贺存、* 柴玉民、李志刚、贾金伟、韩红民 总工程师：乔爱国	编制：274 人， 在职：215 人， 聘用：59 人； 85 台（件）， 195 万元
2014 年 2 月	洛阳市质量技术监督局（正处级） 地址：洛阳市高新区卓飞路 9 号 （计量科）	局党组书记：袁文忠 局长：王民学 局党组副书记、副局长（正处）：* 高峰 副局长：张成现、许成义、李耀武 纪检组长：高洛 副局长：王晓庄 （科长：蔡君惠）	计量科 2 人	洛阳市检测中心 （洛阳市高新区卓飞路 9 号：建筑面积：10000 m^2，其中：办公室：860 m^2，实验室：9160 m^2）	中心主任：杨耀武 副主任：吴贺存、* 柴玉民、李志刚、贾金伟、韩红民 总工程师：乔爱国	编制：274 人， 在职：215 人， 聘用：59 人； 85 台（件）， 195 万元

说明：

1. 分管洛阳市技术监督局、质量技术监督局内设计量业务管理部门和计量技术机构的局领导姓名的左边加“*”号；分管洛阳市质量技术监督检验测试中心计量工作的市中心的主任或副主任的姓名左边加“*”号。

2. 建筑面积主要包含办公室面积、实验室面积，不包含住宅面积。

3. 设备台（件）数仅包含计量标准器具和辅助计量仪器设备。

4. 设备资产（万元）指计量标准器具和辅助计量仪器设备的原值。

第四节　平顶山市计量大事记

编撰工作领导小组　**组　长**　杨　杰
副组长　庞庆胜　张建华
成　员　蒋　平　谢冬红　邓　伟
张新阳　史新慧　刘建华　贾好收

编撰办公室　**主　任**　蒋　平
副主任　刘建华　王三伟
成　员　高　博

编　撰　组　**组　长**　蒋　平
副组长　刘建华　王三伟
成　员　高　博　王仪明　王广中

1958 年　**是年**　根据省商业厅通知，在市商业局成立平顶山市计量检定所（以下简称市所），建立 4 等砝码标准，对 3 种商用计量器具进行检定。

1959 年　**是年**　市所由市商业局移交市科委管理。

1960 年　**2 月**　市所宣传组织推行公制，完成木杆秤的改制工作。

1965 年　**2 月**　平顶山特区人民委员会制定《平顶山特区计量管理实施细则》。

1968 年　**12 月**　市所计量标准器由 1 项增到 5 项，对 10 种计量器具进行检定。

1969 年　**是年**　市所撤销，计量工作处于停顿状态。

1972 年　**5 月**　市革命委员会批准成立平顶山市标准计量管理所（以下简称市所），市科委主管，内设财务室，长度、力学、热工室，地址为平顶山市矿工路 9 号，办公面积 360 m^2，实验室面积 100 m^2。

1973 年　**12 月**　市所重新开展工作。

1977 年　**7 月**　市所推广以克为主、毫克为辅的戥秤。

1979 年　**是年**　市所对中医处方用药计量单位进行改革。

1980 年　**5 月**　市计量管理所成立，主管部门为市科委，内设财务室，长度、力学、热工、电学室。

1984 年　**11 月**　24 日，市人民政府发布《关于贯彻执行〈国务院关于在我国统一实行法定计量单位的命令〉的通知》。

◎ 28 日，市政府召开全市推行法定计量单位宣传贯彻会议。

1985 年

1 月 市人民政府批准，将市标准化办公室和市标准计量管理所合并成立“平顶山市标准计量局”（以下简称市标准计量局），内设计量管理科、计量测试所等。

3 月 20 日，市人民政府制发《平顶山市全面推行法定计量单位的实施意见》。

5 月 9 日，平顶山市对企业能源计量工作进行验收。

◎ 21 日，平顶山市计量测试学会成立，成立了几何量测量等 6 个专业组和 1 个技术咨询服务部。

10 月 市所首次建标，名称为精密压力表标准装置，并开展量值传递。

12 月 14 日，市人民政府召开平顶山市宣传贯彻《计量法》大会，并制发《平顶山市关于宣传贯彻计量法实施办法》和《宣传贯彻计量法的意见》。

1986 年

7 月 1 日，平顶山市计量工作由行政管理转向法制管理，对市场及各厂矿企业商用计量器具实行监督抽查。是月，市标准计量局对压力表进行改制。

12 月 市局开始对制造、修理计量器具的单位和个体工商户考核发放许可证。

1987 年

4 月 平顶山矿务局一矿、平顶山市帘子布厂、平顶山高压开关厂获国家一级计量单位称号。

7 月 市标准计量局任命 38 人为计量监督员。

11 月 1 日，市标准计量局授权平顶山矿务局科研所无线电计量站对平顶山市开展通用示波器和低频信号源的检定工作。

1988 年

6 月 11 日，市局发文，即日起对全市计量器具的制造、修理单位进行考核发证。

12 月 12 日，市标准计量局对市属五县、一市、一区的计量所进行考核、验收。

1989 年

7 月 19 日，经市政府批准，成立平顶山市技术监督局（以下简称市技监局）。

8 月 26 日，元百存任市技监局党组书记。

1990 年

11 月 5 日，市技监局对市区 65 个单位推行法定计量单位工作进行了抽查验收，合格率为 92.3%，基本上完成了向法定计量单位的过渡。

是年 市技监局对加工销售农用生产资料单位的在用计量器具、商品定量包装进行监督检查，抽查 29 个单位 57 台，合格率为 87.7%。1991 年、1992 年、1993 年继续该项工作。

1992 年

2 月 14 日，市技监局授权市自来水公司承担市区水表（∮ 15mm–200 mm）检定工作。

9 月 5 日，市技监局授权平顶山矿务局建立煤矿安全仪器计量站，对市区煤矿安全仪器开展检定工作。

1993 年

12 月 市技监局对平顶山矿务局及地方煤矿共 12 个单位的煤矿安全防护计量器具进行监督检查。

1994 年

10 月 6 日，市技监局开展市场商品质量、计量监督检查和打假活动。

11 月 市技监局组织 45 人次执法人员，先后对市内 11 个企业计量器具进行监督抽查。

1995 年

2 月 20 日，市技监局、市工商局联合发文，要求在公众贸易中限制使用杆秤，推广使用电子秤、双面显示弹簧度盘秤等衡器，在商场、商店、集贸市场等摊位 1996 年底全部淘汰杆秤。

3 月 8 日，市技监局印发《平顶山市燃油加油站计量合格确认办法》，对全市 164 个加油站进行验收，评出 13 个加油站为“计量质量信得过”单位。

1996 年

7 月 31 日，市人民政府办公室发文规定，市技监局为市政府组成部分，负责统一管理和组织实施全市标准化、计量和质量工作，实现标准化、计量、质量三位一体的工作体制。市技监局内设 7 个职能科室，其中有计量科。

1997 年

4 月 24 日，市技监局发文，对各县（市）法定计量检验机构、授权计量检定机构进行考核。

1998 年

10 月 19 日，市技监局开展工业企业计量标准和强检计量器具的检定和登记备案等监督检查。

是年 市技监局对卫生局直属医疗单位和各有关医院的在用强检医疗计量器具进行监督抽查检定。

1999 年

12 月 16 日，河南省编办和省局联合发文，设置平顶山市质量技术监督局（以下简称市质监局）及其所辖县（市、区）质量技术监督机构。

是年 市所秦志阳、贾好收等完成的“多功能测量水平仪”获平顶山市科技进步奖二等奖。

2000 年

7 月 19 日，市质监局宣传贯彻《河南省计量监督管理条例》。

是年 市所贾好收、秦志阳等完成的“FSY-A 型发电机启动试验分析仪”获河南省星火三等奖。

2001 年

5 月 15 日，市质监局组织开展电能表监督检查和“四表”首次强检监督检查。

6 月 20 日，市质监局、市物价局、市财政局联合发布《关于公布我市电话计时收费装置检测收费标准的通知》，自 7 月 1 日起执行。

10 月 1 日，市质监局、市国税局组织对加油机安装税控装置，并进行调试。

2002 年

1 月 2 日，市质监局下达 2002 年强制检定计量器具周期检定计划。

6 月，市质监局开展夏粮收购、集贸市场、加油站、定量包装商品净含量和金银饰品计量监督检查。

8 月 12 日，市质监局对法定计量检定机构进行监督检查。

2003 年

3 月 20 日，市质监局对市水表检定站等专项计量授权检定机构进行了考核。

4 月 24 日，万天翔任市计量测试学会理事长。

5 月 9 日，省局授予市建设工程检测技术中心等 10 家单位“计量工作先进单位”称号。

7 月 9 日，市质监局、市物价局联合开展平顶山市第六届“执行物价计量政策法规最佳单位”评选。

◎ 20 日，市质监局印发《关于查处计量认证（授权）技术检测机构计量违法行为实施方案》。

◎ 25日，市质监局、市电业局联合发文，对电力部门电能计量标准开展考核、复查、发证工作。

8月 5日，市质监局组织27名人大代表，对市区15个单位贯彻执行《河南省计量监督管理条例》情况进行调查，各级政府宣传贯彻《河南省计量监督管理条例》成效显著。

9月 18日，市质监局对全市面粉、食用油等食品类定量包装商品生产企业开展计量监督检查。

是年 市质监局组织对眼镜经销、医疗卫生单位、粮食收购计量监督检查。

2004年

5月 20日，市质监局开展多种活动形式庆祝“5·20世界计量日”。

8月 1日，市质监局组织开展了餐饮业计量专项监督检查，共检查餐饮业178家，并对其在用的161台计量器具进行登记备案，检查人员对使用杆秤的18家饭店责令其停止使用并现场处罚。

2005年

2月 25日，市质监局向市中心、各有关企事业单位下达本年度强制检定计量器具周期检定计划。

3月 1日，市质监局组织检查煤矿生产企业188家，计量器具5649台（件）。

6月 3日，市质监局发文，要求做好县级法定计量检定机构标准考核证书到期复查换证工作。

8月 市质监局开展《计量法》颁布20周年纪念活动。

9月 1日，省局授予平顶山市质检中心等12家单位“计量工作先进单位”称号；授予谢东红、张国卿等14人“计量工作先进个人”称号。

◎ 29日，市质监局授予舞阳钢铁有限公司等18家单位“计量工作先进单位”称号；授予孙玉珍等51人“计量工作先进个人”称号。

2006年

3月 27日，市质监局对定量包装机等计量器具进行监督检查。

7月 21日，市质监局组织开展了2006年定量包装商品净含量专项监督抽查。

8月 4日，市质监局发文，开展能源计量工作。

2007年

1月 20日，市质监局在春节前对集贸市场和超市开展计量专项监督检查。

4月 10日，市质监局开展在用汽车衡计量专项监督检查。

◎ 19日，市质监局中心起草JJG（豫）142—2006《无线公用计时计费电话机》，起草人员秦志阳、王三伟、庞庆胜、史新慧、闫国旗。

7月 1日，市质监局对市重点用能单位开展了专项检查工作。

2008年

3月 25日，市质监局对辖区内加油站、液化气充装站进行计量专项检查。

5月 16日，市质监局对平顶山市供电公司电能计量中心实施计量授权。

◎ 18日，市质监局开展“关注民生、计量惠民”专项行动。

6月 20日，市质监局开展对平顶山煤业（集团）有限公司等51家市重点耗能企业节能执法检查。

2009年

2月 1日，市质监局对全市电子计价秤销售市场、修理企业和集贸市场、餐饮店等使用的电子计价秤开展专项整治。

3 月 26 日，市质监局发文，对各县（市）质检中心进行考核和计量授权。

5 月 10 日，市质监局组织中平能化集团等 50 家重点耗能企业学习《节约能源法》和《用能单位能源计量器具配备和管理通则》，实现社会节能目标。

◎ 21 日，市质监局发文，授予河北钢铁集团舞阳钢铁有限责任公司等 15 家单位“计量工作先进单位”称号；授予卢志刚等 29 人“计量工作先进个人”称号。

7 月 10 日，市质监局开展进口计量器具监督检查。

8 月 21 日，市质监局开展对月饼等节日食品过度包装的监督检查，督促企业从源头上制止商品过度包装。

2010 年

3 月 20 日，市质监局发文，向社会公布平顶山市 6 个县级法定计量检定机构获计量授权。

◎ 18 日，市质监局发布《2010 年平顶山市“能源计量”工作要点》，对 30 家重点能耗企业进行审查，引导 13 家企业建立和完善计量检测体系，帮助企业建立计量器具管理台账。

7 月 市质监局、市卫生局联合发文，在全市医疗卫生单位开展“诚信计量示范单位”评定工作；市质监局、市商务局联合发文，在全市商业及服务业开展“诚信计量示范单位”评定工作。

2011 年

5 月 18 日，市质监局成立《河南计量史・平顶山市计量史料》编整工作领导小组。

7 月 15 日，市质监局开展煤矿等行业计量器具专项监督检查。

是年 市质监局对平顶山市水表检定站、平顶山市燃气表检定站、平顶山供电公司电能计量中心计量授权延期。

2012 年

1 月 11 日，市质监局开展 2012 年双节及上半年定量包装商品净含量和集贸市场监督检查。

4 月 5 日，市质监局发布《2012 年全市计量工作要点》。

5 月 4 日，市质监局发文，表彰专项计量授权工作先进单位和专项计量授权工作先进个人。

12 月 23 日，市质监局对县级供电公司电能计量中心进行计量授权。

2013 年

4 月 11 日，市质监局开展计量工作“调研年”活动，对各单位逐一调研，并对各单位普查登记情况进行督导。

6 月 28 日，市质监局组织开展全市重点用能单位能源计量审查及能源计量评定工作。

7 月 18 日，市质监局开展“计量惠民生、诚信促和谐”活动。

8 月 14 日，市质监局组织开展烟叶市场计量专项监督检查。

2014 年

4 月 28 日，市质监局组织开展压缩天然气加气机专项计量监督检查。

5 月 9 日，市质监局对 2014 年县（市）级法定计量检定机构计量授权复查考核。

◎ 9 日，市质监局组织开展“5・20 世界计量日”宣传活动。

7 月 29 日，市质监局开展 2014 年下半年定量包装商品净含量和集贸市场监督检查。

9 月 22 日，市质监局、市发改委联合发文，对平顶山市车用压缩天然气加气机由“体积”更改为“质量”计量有关问题作出规定。

表8-4-1　平顶山市计量行政部门、直属机构沿革一览表

类别/时间	行政部门名称（下属部门名称）	主要领导人（下属部门负责人）	计量行政人员	直属机构名称（地址、面积）	主要领导人	人员、设备资产
1972 年 5 月	平顶山市科委（正县级） 地址：平顶山市矿工路中段（计量科）	局长、党组书记：达效文 （科长：郭永绪）	计量科 2 人	平顶山市标准计量管理所 （市矿工路中段 9 号；办公面积 360 m^2）	所长：张庆昌	编制 7 人， 在职 7 人； 3 台（件），1 万元
1983 年	平顶山市标准计量局（副县级） 地址：平顶山市矿工路中段 （计量管理科）	局长、党组书记：肖殿军 副局长：* 牛国栋、马连凤 （科长：王广中）	计量 管理科 4 人	平顶山市计量测试所 （市矿工路中段；办公面积 360 m^2）	所长：郭永绪	编制 7 人， 在职 7 人； 6 台（件），7 万元
1984 年 5 月	平顶山市标准计量局（副县级） 地址：平顶山市矿工路中段 （计量管理科）	局长、党组书记：肖殿军 副局长：* 牛国栋、马连凤 （科长：王广中）	计量 管理科 2 人	平顶山市计量测试所 （市矿工路中段；办公面积 360 m^2）	所长：王广中 副所长：惠振倪	编制 7 人， 在职 7 人； 11 台（件），10 万元
1986 年	平顶山市标准计量局（副县级） 地址：平顶山市矿工路中段 （计量管理科）	局长、党组书记：肖殿军 副局长：* 牛国栋、马连凤 （科长：贺周南）	计量 管理科 6 人	平顶山市计量测试所 （市矿工路中段 9 号；办公面积 1500 m^2）	所长：贺周南 副所长：惠振倪	编制 41 人， 在职 41 人， 聘用 2 人； 21 台（件），18 万元
1989 年 9 月	平顶山市技术监督局（正县级） 地址：平顶山市和平路中段 （计量管理科）	局长、党组书记：元百存 副局长：* 牛国栋、马连凤、赵亚平 （科长：贺周南）	计量 管理科 6 人	平顶山市计量测试所 （市矿工路中段 9 号；办公面积 1500 m^2）	所长：贺周南 副所长：惠振倪	编制 41 人， 在职 41 人， 聘用 2 人； 21 台（件），18 万元
1994 年 5 月	平顶山市技术监督局（正县级） 地址：平顶山市和平路中段 （计量管理科）	局长、党组书记：赵亚平 副局长：* 李广、刘松林、李保安 （科长：贺周南）	计量 管理科 6 人	平顶山市计量测试所 （市矿工路中段 9 号；办公面积 1500 m^2）	所长：贾好收 副所长：张建华	编制 41 人， 在职 41 人， 聘用 6 人； 39 台（件），28 万元
1995 年 2 月	平顶山市技术监督局（正县级） 地址：平顶山市和平路中段 （计量管理科）	副局长、党组副书记（主持工作）：李广 副局长：* 刘松林、李保安、轩西铭 （科长：贺周南）	计量 管理科 6 人	平顶山市计量测试所 （市矿工路中段 9 号；办公面积 1500 m^2）	所长：贾好收 副所长：张建华	编制 41 人， 在职 41 人， 聘用 6 人； 39 台（件），28 万元
1995 年 12 月	平顶山市技术监督局（正县级） 地址：平顶山市和平路中段 （计量管理科）	局长、党组书记：李彦林 副局长：* 刘松林、李保安、轩西铭、万天祥 （科长：贺周南）	计量 管理科 6 人	平顶山市计量测试所 （市矿工路中段 9 号；办公面积 1500 m^2）	所长：贾好收 副所长：张建华	编制 41 人， 在职 41 人， 聘用 9 人； 39 台（件），28 万元

续表

类别 时间	行政部门名称（下属部门名称）	主要领导人（下属部门负责人）	计量行政人员	直属机构名称（地址、面积）	主要领导人	人员、设备资产
1999 年 10 月	平顶山市技术监督局（正县级） 地址：平顶山市和平路中段 （计量管理科）	局长、党组书记：袁文忠 副局长：* 刘松林、李保安、轩西铭、万天祥 （科长：贺周南）	计量管理科 6 人	平顶山市计量测试所 （市矿工路中段 9 号；办公面积 1500 m^2）	所长：贾好收 副所长：张建华	编制 41 人， 在职 41 人， 聘用 9 人； 39 台（件），28 万元
2000 年 3 月	平顶山市技术监督局（正县级） 地址：平顶山市和平路中段 （计量管理科）	局长、党组书记：袁文忠 副局长：* 刘松林、李保安、轩西铭、万天祥 （科长：庞庆胜）	计量管理科 6 人	平顶山市计量测试所 （市矿工路中段 9 号；办公面积 3300 m^2）	所长：贾好收 副所长：* 刘建功、车全生	编制 42 人， 在职 41 人， 聘用 9 人； 11 台（件），80 万元
2001 年 6 月	平顶山市技术监督局（正县级） 地址：平顶山市和平路中段 （标准计量科）	局长、党组书记：袁文忠 副局长：* 刘松林、李保安、轩西铭、万天祥 （科长：谢东红）	标准计量科 6 人	平顶山市质量技术监督检验测试中心（以下简称平顶山市检测中心） （市矿工路中段 9 号；办公面积 3300 m^2）	中心主任：徐振华 副主任：* 庞庆胜、王耀生、蒋平	编制 90 人， 在职 89 人， 聘用 12 人； 35 台（件），160 万元
2003 年 5 月	平顶山市质量技术监督局地址：平顶山市南环路西段 （标准计量科）	局长、党组书记：袁文忠 副局长：李保安、轩西铭、* 万天祥、孙国温 （科长：谢东红）	标准计量科 2 人	平顶山市检测中心 （市矿工路中段 9 号；办公面积 3300 m^2）	中心主任：徐振华 副主任：* 庞庆胜、王耀生、蒋平	编制 90 人， 在职 89 人， 聘用 12 人； 42 台（件），190 万元
2005 年 1 月	平顶山市质量技术监督局地址：平顶山市南环路西段 （标准计量科）	局长、党组书记：李保安 副局长：杨杰、万天祥、* 徐振华、唐朝伟 纪检组长：韩福兰 （科长：谢东红）	标准计量科 2 人	平顶山市检测中心 （市矿工路中段 9 号；办公面积 3300 m^2）	中心主任：徐振华 副主任：* 庞庆胜、王耀生、蒋平	编制 90 人， 在职 89 人， 聘用 12 人； 510 台（件），231 万元
2008 年 2 月	平顶山市质量技术监督局地址：平顶山市南环路西段 （标准计量科）	局长、党组书记：周庆恩 副局长：杨杰、* 徐振华、唐朝伟 纪检组长：韩福兰 （科长：蒋平）	标准管理科 2 人	平顶山市检测中心 （市矿工路中段 9 号；办公面积 3300 m^2）	中心主任：庞庆胜 副主任：* 刘建功、陈尚志	编制 92 人， 在职 91 人， 聘用 16 人； 620 台（件），345 万元
2009 年 12 月	平顶山市质量技术监督局地址：平顶山市南环路西段 （标准计量科）	局长、党组书记：周庆恩 副局长：* 韩福兰、张建华、刘宏伟 纪检组长：庞庆胜 （科长：蒋平）	标准计量科 2 人	平顶山市检测中心 （市矿工路中段 9 号；办公面积 3300 m^2）	中心主任：郭红梅 副主任：* 刘建功、陈尚志、王新宇	编制 92 人， 在职 91 人， 聘用 22 人； 620 台（件），345 万元

续表

类别 时间	行政部门名称 （下属部门名称）	主要领导人 （下属部门负责人）	计量行政人员	直属机构名称 （地址、面积）	主要领导人	人员、设备资产
2011 年 4 月	平顶山市质量技术监督局地址：平顶山市南环路西段 （标准计量科）	局长、党组书记：杨杰 副局长：韩福兰、张建华、刘宏伟、* 庞庆胜 （科长：蒋平）	标准计量科 2 人	平顶山市检测中心 （市矿工路中段 9 号；办公面积 3300 m^2）	中心主任：郭红梅 副主任：* 刘建功、陈尚志、王新宇	编制 92 人， 在职 91 人， 聘用 22 人； 778 台（件），574 万元
2014 年 1 月	平顶山市质量技术监督局地址：平顶山市南环路西段 （标准计量科）	局长、党组书记：杨杰 副局长：韩福兰、张建华、刘宏伟、* 庞庆胜 （科长：蒋平）	标准计量科 2 人	平顶山市检测中心 （市矿工路中段 9 号；办公面积 3300 m^2）	中心主任：郭红梅 副主任：* 刘建功、陈尚志、王新宇	编制 92 人， 在职 91 人， 聘用 22 人； 810 台（件），810 万元

说明：

1. 分管平顶山市技术监督局、质量技术监督局内设计量业务管理部门和计量技术机构的局领导姓名的左边加“*”号；分管平顶山市质量技术监督检验测试中心计量工作的市中心的主任或副主任的姓名左边加“*”号。

2. 建筑面积主要包含办公室面积、实验室面积，不包含住宅面积。

3. 设备台（件）数仅包含计量标准器具和辅助计量仪器设备。

4. 设备资产（万元）指计量标准器具和辅助计量仪器设备的原值。

第五节　安阳市计量大事记

编辑委员会　**主任委员**　乔金付
副主任委员　宋向民　屈文红
编辑人员　李荣华　宋治国　朱迪禄　路彦庆　李献波　邵宏

1949 年　**是年**　安阳市人民政府成立。

1951 年　**是年**　市政府工商科负责管理度量衡，批准 7 个老秤工制修木杆秤、竹木直尺等。

1956 年　**9 月**　市商业局筹建市计量管理机构，抽调张学南、冯忠正赴南京参加国家计量局举办的第一期计量干部培训班，回安阳后，为筹建市计量机构做准备工作。

是年　7 个老秤工组成度量衡合作组，王保兴任组长，厂址在市南大街 68 号，4 间门面房约 80 m^2，增加了台、案秤修理。

1957 年　**12 月**　26 日，市商业局成立安阳市商业局计量检定管理所，市场科科长李森林兼计量所所长，配备冯忠正、张学南、庄彬彬、李九长等 4 人。

1958 年　**3 月**　24 日，安阳市商业局计量检定管理所改名为安阳市计量检定管理所（以下简称市所），仍隶属市商业局。

4 月　市所开展检定木杆秤、台秤、案秤、竹木尺。

9 月　开展天平、砝码的检定、修理工作。

1959 年　**9 月**　市商业局市所移交市科委。市所搬迁到市甜水井街 49 号院，占房 10 间。

10 月　15 日，市人民委员会发文“建立我市长度、力学、电学、热工计量标准”。市计量所与安阳机床厂、安阳电厂、安阳钢铁厂共同使用但分别保存有关计量标准。

1960 年　**是年**　安阳、新乡两地区合并为新乡地区，安阳市、县合并为安阳市，刘永成为市所负责人，共有 7 人。

1961 年　**7 月**　安阳市、县分开，市所搬迁到市人民大道，共 11 人、8 间房，始设长度、力学、热电室、会计室等。

1962 年　**是年**　市编委确定市所编制 8 人，建立长、热、力、电 4 类 9 项标准。

1966 年　**是年**　市所开展 31 种计量器具的检修。

1968 年　**8 月**　市科委（包括市所）成立“斗批改领导小组”，市所人员全部参加“斗批改学习班”，计量工作停顿。

1969 年　**3 月**　恢复安阳市计量机构，名称为安阳市计量管理所（以下简称市所）。

7 月　成立安阳市计量管理所革命委员会，高顺传任副主任。

1970 年 **是年**　市所归市计划委员会领导，王如棠任市所党支部书记、革委会主任。

1971 年 **是年**　市所搬迁至市健康路东段物资局前院，占房 30 间（234 m^2），设长度、热工、力学、电学室，只能开展天平、砝码、衡器、万能量具、压力表、毫伏计、电度表等少量项目工作。

1972 年 **2 月**　市所正式建立第一届党支部，王如棠任党支部书记。

1974 年 **是年**　市所开展长度、力学、电磁学、热工四大类计量器具的检定、修理工作，主要包括五等量块等 44 种。

1975 年 **是年**　市所开展酸度计、光电比色计检修工作。

1976 年 **是年**　市所安装恒温机一台，改建恒温面积 36 m^2。滑县计量行政管理所成立，至 1990 年先后分别隶属滑县商业局、计划委员会、科委、经委。

1978 年 **是年**　市所投资 42395 元购买万能工具显微镜、三等测力计、投影光学计等 10 余件计量标准设备，开展了测力、硬度、转速表检修工作。

1979 年 **是年**　市所开展四等量块、光学仪器检修工作。

1981 年 **是年**　市所张志明受国家计量局委托，完成了 GC-1 型指针式、GC-2 型数字式光度计的科研任务。

1984 年 **3 月**　市计量所划归市经委。

6 月　20 日，张志明任市计量所所长。

11 月　举办《工业企业计量工作定级、升级办法（试行）》学习班。

是年　市政府发，要求 1986 年 1 月起使用法定计量单位，生产由市制改为公制的杆秤、竹木直尺；1987 年 11 月起，一律用法定计量单位作为定价单位。

1985 年 **3 月**　13 日，市编委发文，成立安阳市计量局（二级局）（以下简称市局），事业编制 15 人，经费由事业费中列支；市所改名为安阳市计量测试所（以下简称市所），隶属市计量局。

3 月—6 月　共举办 7 次法定计量单位学习班，参加学习人员 2000 余人次，特邀国家计量局李慎安前来讲学。

8 月　市平原制药厂取得“二级计量合格证书”。

9 月　市局组织宣传贯彻《计量法》。

10 月　21 日，张志明任市计量局局长。市局内设计量管理科，宋治国任科长。

1986 年 **5 月**　24 日，市政府召开计量法宣传贯彻大会。

6 月　市局设立计量监督科和计量管理科。

7 月　25 日，市局公布安阳市第一批强制检定工作计量器具目录，共 15 项 31 种。

是月 市局开设河南电大安阳分校教学点，开设“电子技术与应用”专业，录取32人。

10月 滑县高平玻璃仪器四厂第一个经考核取得“制造计量器具许可证”，之后共发放制造许可证24家企业，产品品种24个，修理许可证4家。

是年 市局对工商企业推行法定计量单位进行了验收，对五县计量所社会公用计量标准进行了考核发证，与市经委协作对年耗能折标煤万吨以上的企业进行了能源计量验收工作，市局和市物价局联合决定在商业企业开展物价计量信得过活动，先后评出卫东商场等60个执行物价计量政策法规最佳单位。

1987年

4月 市计量局与市标准局合并成立市标准计量局（以下简称市局），下设市计量测试所（以下简称市所）。

5月 市所被国家计量局选定为“全国中等城市计量技术机构改革试点单位”，拨给经费40万元，市政府划拨原地区科委三层办公楼（光辉路13号院内），省局对建立量小、面窄、投资大的检测项目给予支持。

6月 对个体秤工进行考核，首批颁发“制（修）杆秤许可证”，至1992年9月共发证15个。

12月 安阳电池厂、安阳机床厂取得“一级计量合格证书”。

是年 市局对43名计量检定员进行培训、考核、发证。

1988年

6月 6日，市政府印发关于《批转市体改委、标准计量局关于计量测试所实现经济自立改革方案的通知》。

6月 10日，市局发布《安阳市强制检定的工作计量器具检定管理办法》和《安阳市非强制检定的工作计量器具检定管理办法》。

7月 安阳市计量标准考核领导小组成立，聘任第一批计量标准三级考评员。

是年 安阳染料厂的河南省染料产品质检站在安阳市第一个通过计量认证。

1989年

7月 安阳钢铁公司河南省黑色金属质检站通过计量认证。

9月 安阳市技术监督局（以下简称市局）成立，行政定编30人，内设计量科，下设市计量测试所（以下简称市所）和市计量测试学会。

是月 市局开始计量授权考核工作，获得第一个计量授权的是平原制药厂，计量授权项目为玻璃量器和工作用玻璃温度计。

是年 安阳钢铁公司晋升为国家一级计量单位。市计量中心建立的高精度分光光度计标准被省局计量授权为省级最高计量标准，面向全省量值传递。

1990年

是年 市所推出了和企业签订检定合同与验收单制度；市所首发倡议成立“全省地市计量所长联谊会”。

1991年

8月 市所经省局批准更名为河南安阳计量测试中心（以下简称市计量中心），接受省、市局双重领导，张志明任计量中心主任，可对鹤壁、濮阳两市开展计量器具检定。

是年 市计量中心邵宏研制的“TAVI-1型热电偶自动检定仪”，通过省局科技成果鉴定。

1992年

9月 安阳市计量协会成立，理事长曹仲华、秘书长李荣华。

10月 市局与市总工会联合开展“奉献杯”活动，市局田林、邵宏、路彦庆获市政府“业务技术能手”称号。

是年 市计量中心依靠职工集资 12 万元购进配备有自吊设备的检衡车 1 台和 10 吨四等标准大砝码（500kg~1000kg），实现衡器检定机械化。

1993 年

5 月 市局授权安阳市自来水公司承担水表检定。

11 月 市局授权市天然气公司承担煤气表检定。

是年 市局对眼镜配制计量器具进行监督检查。市计量中心路彦庆撰写的《干涉滤光片主要技术指标的标定与讨论》《光度比色分析皿间误差的消除》论文分别刊发于 1993 年《计量技术》杂志第 1 期、第 8 期。

1994 年

9 月 开展庆祝法定计量单位颁布十周年活动，评出安阳市自行车厂等 44 个推行法定计量单位验收合格单位，安阳钢铁公司、安阳市自行车二厂以及市局获河南省推行法定计量单位先进单位称号。

是年 在工商企业中开展计量信得过评选活动，首次对出租车计价器进行计量执法监督检查，对市场上的零售商品及金银饰品等进行监督检查，对医用超声源进行强制检定。市计量中心成立了第一个称重公正计量站，国家技术监督局相关司局人员和省局局长戴式祖、市政府副市长王国顺参加开业仪式。称重公正站的建立，顺应了市场经济发展，适应了商贸交易、大宗物流公正计量的需求，取得较好的经济效益和社会效益。市计量中心拥有设备固定资产 80 万元（原值）；建有 6 类 59 项计量标准，其中省级最高计量标准 1 项，市级最高计量标准 40 项，市级社会公用计量标准 18 项，可对 132 种计量器具进行检定。

1995 年

9 月 6 日，市局召开纪念《计量法》颁布 10 周年大会。安阳市钢铁厂等 46 个单位被授予计量先进单位，安阳机床厂周金山等 125 人被授予先进个人。

是月 李荣华被国家技术监督局评为有突出成绩的计量工作者。

是年 计量定级（验收）工作停止，证书有效期限自行失效。从 1985 年—1995 年，安阳市共有 503 个企事业取得《计量定（升）级验收合格证书》，其中一级 6 个，二级 70 个，三级 163 个，验收 264 个。计量定（升）级工作停止后，市局对企事业单位开展了计量合格评价活动，1995 年共有 27 个单位取得“计量评价合格证书”。市计量中心陈怀军、邵宏研制的碳棒电阻测试仪获得新型实用专利证书并在全国多家碳棒、电池生产企业使用。

1996 年

1 月 市局开展了计量合格确认工作。

8 月 市计量中心路彦庆获得首届“安阳市科技新星”称号。

11 月 安阳钢铁公司被评为完善计量检测体系企业。

是年 市计量中心通过省计量技术机构考核，获授权计量标准 55 项。开展了计量合格确认工作，首次对定量包装商品进行监督检查，进行了强检计量器具备案。

1997 年

4 月 开始商品房面积监督检查，对 8 家开发商进行了处罚。

是年 市计量中心开展了售油器、废品收购站用衡器、馒头重量和质量综合检查。市政府将该项活动列为“馒头工程”。

1998 年

3 月 4 日，市称重计量公正站被国家技术监督局表彰为“全国实施计量工作三年（1995 年—1997 年）计划先进单位”。

6 月 市局对生产定量包装商品企业开展计量合格确认。

是年 国家技术监督局计量司司长宣湘到安阳考察。

1999 年

6 月 实行省以下技术监督系统垂直管理，市局更名为安阳市质量技术监督局（以下简称市局）。

11 月 23 日，市政府办公室发文进一步加强工业企业计量工作。

2000 年

6 月 市局对市电视台《安阳日报》使用法定计量单位情况进行检查。

9 月 市局启动“光明工程”，对眼镜配镜、验光单位实行计量质量等级评定。

12 月 市局与市建委联合发文，对住宅等建设中使用的电能表等四种计量器具安装前实施首次强制检定。

2001 年

2 月 李保安任市局党组书记、局长。按照编制规定计量科和标准科合并为标准计量科，但实际计量科和标准科仍然分设。

3 月 河南安阳计量测试中心与市产品质量监督检验所、市技术监督情报所正式合并成立安阳质量技术监督检验测试中心（以下简称市检测中心）。

5 月 20 日，市局首次举行世界计量日宣传活动，在市政府广场开展眼镜、黄金饰品、衡器、血压计等免费检测。是月，市局印发《关于统一我市瓶装液化石油气充装量的通知》。

7 月 蔡国强任市局计量科科长。

2002 年

4 月 市局要求对所有到期和计量失准的煤气表进行更换。

是年 市检测中心李拥军、李献波研制的“出租车计价器的语音播报器”获得国家实用新型专利。

2003 年

是年 市人大组成专门检查组深入市天然气公司、市水务公司以及电信、医疗卫生行业就执行《河南省计量监督管理条例》情况进行检查。市检测中心与安阳钢铁公司联合建立“大砝码检定装置”。市中心通过省局法定计量检定机构计量授权考核，获计量授权检定项目 116 项、校准 / 检测项目 10 项。

2004 年

7 月 274 位计量检定人员参加了全省计量检定人员统一考试。

11 月 市检测中心投资 29 万元建立热能表检定装置，开展计量检定。

是年 市局组织对县级法定计量检定机构进行了计量授权考核，开展了计量监督检查。

2005 年

1 月 孟宪忠任市局党组书记、局长。

6 月 李宗业任市检测中心主任，路彦庆任计量科科长。

9 月 市局召开《计量法》颁布 20 周年座谈会。市检测中心和安钢公司等 8 个单位获省“计量工作先进单位”称号；蔡国强、路彦庆、朱先俊、王庆民等 15 人获省“计量工作先进个人”称号；安阳市 10 多人获国家质检总局为从事质检（计量）30 年人员颁发的纪念证书。

10 月 市局组织对全省十纵十横交通沿线加油站进行计量执法检查。

是年 市局组织监督检查了电话计时计费装置 2000 余门，对网通公司实施了行政处罚。市中心邵宏参与研制的“ST-A 型热工仪表检定仪”获河南省科学技术进步奖三等奖。

2006年

5月 市局组织开展二等砝码标准装置量值比对。

8月 市局开展定量包装商品生产企业计量保证能力评价（“C”标志），安阳县三和面粉厂为安阳市首家通过考核获准在其产品上使用“C”标志的企业。

11月 在全省质检系统计量检定技术比武中，市检测中心侯永胜、唐宏峰、高庆斌、徐建民获计量组团体三等奖；唐宏峰、侯永胜获“衡器检定”个人比赛二等奖。

2007年

7月 市局举办《用能单位能源计量器具和配备管理通则》培训，120余人参加。

8月 市检测中心李拥军被市委、市政府命名为“安阳市优秀专业技术人才（市管专家）”。

是年 在全省衡器检定操作比武中，市检测中心韦安华、唐宏峰等获团体第二名，唐宏峰获个人比赛三等奖；韦安华获安阳市“五一劳动奖章”。

2008年

4月 市局对安阳供电公司进行计量授权，授权其对公司直接管理范围内用于贸易结算的电能表进行强制检定。

5月 市局开展“关注民生、计量惠民”专项行动。

6月 市检测中心通过省局法定计量检定机构计量授权考核，获110项检定项目、15项校准项目、4项检测项目。

11月 国家质检总局计量司司长韩毅在省局纪检组长李刚和计量处处长王有全的陪同下来安阳调研计量工作。

是年 市检测中心孟德良、朱冬梅参加全省加油机检定操作比武获团体二等奖。

2009年

2月 市局启动诚信计量示范单位评定工作。

9月 2008年安阳市因完成征订《中国计量》位列全省第一获省局表彰。

10月 市局对县级法定计量检定机构进行考核并颁发计量授权证书。

12月 蔡国强任市检测中心主任。

是年 在全省加油机操作比赛中，市中心孙中瑞获优异成绩，并因此获市“五一劳动奖章”。

2010年

3月 市局组织完成了市县区域内公路超限治理用轴重仪的首次校准检测，对汽车衡进行专项整治。

9月 市检测中心参加国家认监委组织的实验室能力比对两项，砝码、平面平晶项目均取得“满意”结果。市检测中心邵宏被市委、市政府命名为“安阳市优秀专业技术人才（市管专家）”。

10月 安阳市3名选手参加省局计量技术比武，获机械式杠杆秤团体二等奖。

2011年

4月 乔金付任市局党组书记、局长。

6月 市中心参加国家认可委“眼镜片检测”能力验证并获“满意”结果。

7月 市局组织电能计量检定机构进行量值比对，市检测中心为主导实验室，13个授权机构及企业建标单位参加，结果均获“满意”。

8月 市局组织对重点用能单位开展能源计量监督检查。

10月 省局安排市检测中心组织豫北片区天平项目实际操作考试。

2012年

4月 市检测中心从市光辉路13号院搬至2011年购买的原市环保局检测站办公场所市光辉路26号院。

5 月 市局发文，进一步推进诚信计量体系建设。

6 月 市局组织监督检查制造企业 7 家、销售单位 31 家。

7 月 市局组织人员参加省局计量知识竞赛，获团体和个人 2 个二等奖。

11 月 路彦庆被国家质检总局授予“民生计量工作先进个人”荣誉称号。

2013 年

4 月 市局召开研讨会，制定《关于推进计量技术机构项目建设促进市、县计量技术机构进行检测合作的意见》。

6 月 市局组织对 28 家重点用能单位进行能源计量审查的现场审核。

7 月 启动“计量惠民生、诚信促和谐”活动，指导 71 家单位进行了诚信计量承诺，为 62 家中小学和社区、乡镇开展了免费计量服务活动。省局对市中心进行法定计量检定机构计量授权复查考核，市检测中心获 62 项计量标准，126 项检定、10 项校准和 1 项检测项目的计量授权。

11 月 市局组织参加省人社厅和省局联合组织的工勤岗位衡器项目技术比武，获个人二等奖（全省第二名）。

12 月 屈文红任市检测中心主任。

2014 年

3 月 组织开展民用“四表”计量专项监督检查和首次调查统计，市民在用四表数量为：电表 1479682 块，年新增电表 66326 块；水表 311498 块，年新增水表 22275 块；燃气表 381517 块，年新增燃气表 28456 块；热量表 15032 块，年新增热量表 1479 块。

4 月 组织开展加气机结算单位由升改为千克的工作。

6 月 市中心参加省局 0.4 级精密压力表比对，获“满意”结果。5 家单位取得诚信计量示范单位称号。市局制定关于落实《河南省人民政府关于贯彻国务院计量发展规划（2013 年—2020 年）的实施意见》的意见。

是年 市局开始按省局新的规定对检定员办证工作进行管理。市、县质监局由省级以下垂直管理划归地方政府管理。市局对县级法定计量检定机构进行考核和计量授权。市检测中心获得 1 项发明专利。

表 8-5-1 安阳市计量行政部门、直属机构沿革一览表

类别 时间	行政部门名称 （下属部门名称）	主要领导人（下属部门负责人）	计量行政人员	直属机构名称 （地址面积）	主要领导人	人员 设备资产
1951 年	安阳市人民政府工商科					
1957 年 12 月	安阳市商业局计量检定管理所 地址：市北关小北街 18 号	所长：李森林	4 人			
1958 年 3 月	安阳市计量检定管理所 地址：市北关小北街 18 号	所长：李森林	4 人			
1959 年 9 月	安阳市计量检定管理所 地址：市甜水井街 49 号院（房屋 10 间）	所长：李森林	4 人			
1960 年	安阳市计量检定管理所 地址：市北关铸钟街安阳县水利局院	负责人：刘永成	7 人			
1961 年 7 月	安阳市计量检定管理所 地址：市人民大道科委院（房屋 8 间）	负责人：刘永成	11 人			
1962 年	安阳市计量检定管理所 地址：市人民大道科委院（房屋 8 间）	负责人：彭伯仲	8 人			
1969 年 3 月	安阳市计量管理所 地址：市人民大道科委院（房屋 8 间）	副主任（主持工作）：高顺传	17 人			
1970 年	安阳市计量管理所 地址：市人民大道科委院（房屋 8 间）	革委会主任、党支部书记：王如棠	17 人			
1971 年 8 月	安阳市计量管理所 地址：市健康路东段物资局前院（建筑面积 234 m^2）	革委会主任、党支部书记：王如棠	17 人			

续表

类别 时间	行政部门名称 （下属部门名称）	主要领导人（下属部门负责人）	计量行政人员	直属机构名称 （地址面积）	主要领导人	人员 设备资产
1984 年 6 月	安阳市计量管理所 地址：市健康路东段物资局前院 （计量管理科）	所长：张志明 副所长：高顺传、刘俊敏 （科长：宋治国）	7 人			
1985 年 3 月	安阳市计量局（正科级） 地址：市健康路东段物资局前院 （计量管理科）	局长：张志明 副局长：刘俊敏 （科长：宋治国）	7 人	安阳市计量测试所 （市健康路东段物资局前院；房屋面积 234 m^2）	所长：张志明 副所长：刘俊敏	
1987 年 4 月	安阳市标准计量局（正处级） 地址：市民主路 1 号 （工业计量科）（计量监督科）	局长：李光裕 副局长：张秀云、* 曹仲华 （科长：李荣华）（科长：宋治国）	4 人 4 人	安阳市计量测试所 （市健康路东段物资局前院；房屋面积 234 m^2）	所长：张志明 副所长：刘俊敏	在职 48 人
1987 年 8 月	安阳市标准计量局（正处级） 地址：市民主路 1 号 （工业计量科）（计量监督科）	局长：李光裕 副局长：张秀云、* 曹仲华 （科长：李荣华）（科长：宋治国）	4 人 4 人	安阳市计量测试所 （市光辉路 13 号；建筑面积 2200 m^2）	所长：张志明 副所长：刘俊敏	在职 48 人
1989 年 9 月	安阳市技术监督局（正处级） 地址：市民主路 1 号 （工业计量科）（计量监督科）	局长：李光裕 副局长：张秀云、* 曹仲华 （科长：李荣华）（科长：宋治国）	4 人 4 人	安阳市计量测试所 （市光辉路 13 号；建筑面积 2200 m^2）	所长：张志明 副所长：刘俊敏	在职 51 人
1991 年 8 月	安阳市技术监督局（正处级） 地址：市民主路 1 号 （工业计量科）（计量监督科）	局长：李光裕 副局长：郑加宾、张秀云、* 曹仲华 （科长：李荣华）（科长：宋治国）	4 人 4 人	河南安阳计量测试中心 （市光辉路 13 号；建筑面积 2200 m^2）	主任：张志明 副主任：刘俊敏、田林	在职 51 人； 资产 145.9 万元
1992 年 9 月	安阳市技术监督局（正处级） 地址：市民主路 1 号（计量科）	局长：张秀云 副局长：郑加宾、* 曹仲华 （科长：李荣华）	6 人	河南安阳计量测试中心 （市光辉路 13 号；建筑面积 2200 m^2）	主任：张志明 副主任：刘俊敏、田林	在职 52 人； 资产 147.6 万元
1994 年 7 月	安阳市技术监督局（正处级） 地址：市民主路 1 号（计量科）	局长：张秀云 副局长：曹仲华、* 栗铭章 纪检书记：刘玉明 （科长：李荣华）	5 人	河南安阳计量测试中心 （市光辉路 13 号；建筑面积 2200 m^2）	主任：田林 副主任：刘俊敏 刘连增、陈怀军 主任助理：李献波	在职 54 人； 资产 174.1 万元
1996 年 8 月	安阳市技术监督局（正处级） 地址：市健康路东段（计量科）	局长：张秀云 副局长：曹仲华、* 栗铭章 纪检书记：刘玉明（科长：李荣华）	4 人	河南安阳计量测试中心 （市光辉路 13 号；建筑面积 2200 m^2）	主任：李强 副主任、书记：蔡国强 副主任：刘书兰、李献波	在职 54 人； 资产 204.4万元，

续表

类别 时间	行政部门名称 （下属部门名称）	主要领导人（下属部门负责人）	计量行政人员	直属机构名称 （地址面积）	主要领导人	人员 设备资产
1998 年 3 月	安阳市技术监督局（正处级） 地址：市健康路东段（计量科）	局长：张秀云 副局长：* 栗铭章、付庆书 纪检书记：刘玉明（科长：李荣华）	4 人	河南安阳计量测试中心 （市光辉路 13 号；建筑面积 2200 m^2）	主任：李强 副主任、书记：蔡国强 副主任：刘书兰、李献波	在职 56 人； 资产 263.7 万元
1999 年 2 月	安阳市质量技术监督局（正处级） 地址：市健康路东段（计量科）	局长：张秀云 副局长：* 栗铭章、付庆书 纪检书记：刘玉明（科长：李荣华）	4 人	河南安阳计量测试中心 （市光辉路 13 号；建筑面积 2200 m^2）	主任：李强 副主任、书记：蔡国强 副主任：李献波、韩艳丽、黄斌	在职 56 人； 资产 274.9 万元
2001 年 2 月	安阳市质量技术监督局（正处级） 地址：市健康路东段（计量科）	局长：李保安 副局长：* 付庆书、谷学轩 纪检书记：刘玉明（科长：蔡国强）	3 人	安阳市质量技术监督检验测试中心（以下简称安阳市检测中心） （市光辉路 13 号；建筑面积 2200 m^2）	主任：李强 副主任：郑志武、刘书兰 书记：李云芳 * 李献波、白莉	编制 58 人， 在职 59 人； 资产 331 万元
2002 年 10 月	安阳市质量技术监督局（正处级） 地址：市健康路东段（计量科）	局长：李保安 副局长：付庆书、乔金付、* 陈书生 纪检书记：宋向民（科长：蔡国强）	2 人	安阳市检测中心 （市光辉路 13 号；建筑面积 2200 m^2）	主任：李强 副主任：郑志武、刘书兰、* 李献波 书记：李云芳	编制 53 人， 在职 59 人； 352 万元
2003 年 6 月	安阳市质量技术监督局（正处级） 地址：市人民大道 19 号 （计量科）	局长：李保安 副局长：付庆书、乔金付、* 陈书生 纪检书记：宋向民（科长：蔡国强）	2 人	安阳市检测中心 （市光辉路 13 号；建筑面积 2200 m^2）	主任：李强 副主任：* 李献波、何世民 书记：李云芳	编制 53 人， 在职 59 人； 资产 361.7 万元
2004 年 2 月	安阳市质量技术监督局（正处级） 地址：市人民大道 19 号 （计量科）	局长：李保安 副局长：付庆书、乔金付、* 陈书生 纪检书记：宋向民（科长：蔡国强）	2 人	安阳市检测中心 （市光辉路 13 号；建筑面积 2200 m^2）	主任：李强 副主任：* 李献波、何世民、白莉 书记：李云芳	编制 53 人， 在职 57 人； 资产 368 万元
2005 年 6 月	安阳市质量技术监督局（正处级） 地址：市人民大道 19 号 （计量科）	局长：孟宪忠 副局长：乔金付、李美环、* 李强 副局长、纪检书记：宋向民 （科长：路彦庆）	2 人	安阳市检测中心 （市光辉路 13 号；建筑面积 2200 m^2）	主任：李宗业 副主任：* 李献波、王杰民、桑水民 书记：李云芳	编制 53 人， 在职 57 人； 资产 433.6 万元
2007 年 3 月	安阳市质量技术监督局（正处级） 地址：市人民大道 19 号 （计量科）	局长：孟宪忠 副局长：乔金付、宋向民、* 李美环、李强 副局长、纪检书记：宋向民 （科长：路彦庆）	2 人	安阳市检测中心 （市光辉路 13 号；建筑面积 2200 m^2）	主任：李宗业 副主任：* 李献波、李云芳、王杰民、桑水民 书记：陈向东	编制 53 人， 在职 55 人， 聘用 5 人； 资产 484.8 万元

续表

类别 时间	行政部门名称 （下属部门名称）	主要领导人（下属部门负责人）	计量行政人员	直属机构名称 （地址面积）	主要领导人	人员 设备资产
2008 年 5 月	安阳市质量技术监督局（正处级） 地址：市人民大道 19 号 （计量科）	局长：孟宪忠 副局长：* 宋向民、李强、李文勋、韩洪涛 副局长、纪检书记：郑其飞 （科长：路彦庆）	2 人	安阳市检测中心 （市光辉路 13 号；建筑面积 2200 m^2）	主任：李宗业 副主任：* 李献波、李云芳、王杰民、侯永胜 书记：吕军	编制 53 人， 在职 54 人， 聘用 6 人； 资产 552.7 万元
2009 年 12 月	安阳市质量技术监督局（正处级） 地址：市人民大道 19 号 （计量科）	局长：孟宪忠 副局长：* 宋向民、李强、韩洪涛 副局长、纪检书记：郑其飞 （科长：路彦庆）	2 人	安阳市检测中心 （市光辉路 13 号；建筑面积 2200 m^2）	主任：蔡国强 副主任：* 李献波、王杰民、侯永胜 书记：吕军	编制 53 人， 在职 53 人， 聘用 9 人； 资产 568.4 万元
2011 年 4 月	安阳市质量技术监督局（正处级） 地址：市人民大道 19 号 （计量科）	局长：乔金付 副局长：* 宋向民、李强、李文勋 副局长、纪检书记：郑其飞 （科长：路彦庆）	2 人	安阳市检测中心 （市光辉路 26 号；建筑面积 3600 m^2）	主任：蔡国强 副主任：* 李献波、王杰民 书记：吕军	编制 53 人， 在职 53 人， 聘用 10 人； 资产 573.3 万元
2013 年 12 月	安阳市质量技术监督局（正处级） 地址：市人民大道 19 号 （计量科）	局长：乔金付 副局长：* 宋向民、李强、郑其飞、李文勋 纪检书记：付怀望（科长：路彦庆）	2 人	安阳市检测中心 （市光辉路 26 号；建筑面积 3600 m^2）	主任：屈文红 副主任：肖英军、* 李献波、王杰民 副主任、书记：吕军	编制 53 人， 在职 51 人， 聘用 11 人； 资产 639.2 万元
2014 年 12 月	安阳市质量技术监督局（正处级） 地址：市人民大道 19 号 （计量科）	局长：乔金付 副局长：* 宋向民、李强、郑其飞、李文勋 纪检书记：付怀望（科长：路彦庆）	2 人	安阳市检测中心 （市光辉路 26 号；建筑面积 3600 m^2）	主任：屈文红 副主任：肖英军、* 李献波、王杰民 副主任、书记：吕军	编制 53 人， 在职 51 人， 聘用 11 人； 资产 673.6 万元

说明：

1. 分管安阳市技术监督局、质量技术监督局内设计量业务管理部门和计量技术机构的局领导姓名的左边加“*”号；分管安阳市质量技术监督检验测试中心计量工作的市中心的主任或副主任的姓名左边加“*”号。

2. 建筑面积主要包含办公室面积、实验室面积，不包含住宅面积。

3. 设备台（件）数仅包含计量标准器具和辅助计量仪器设备。

4. 设备资产（万元）指计量标准器具和辅助计量仪器设备的原值。

第六节 鹤壁市计量大事记

编撰工作领导小组 **组 长** 马道林
副组长 焦黎君 华兆祥
成 员 单 生 刘玉英 吴晶敏 王曹宇

编撰办公室 **主 任** 单 生
副主任 刘玉英
成 员 吴晶敏 王曹宇

编 撰 组 **组 长** 刘玉英
副组长 吴晶敏
成 员 王曹宇 李建军 王晓利

1957年

3月 26日，国务院批准鹤壁建市。市计量工作由商业局代管，市商业局设衡器组，2人，开展台、案秤检修。

1959年

9月 11日，市人委发文，就《关于贯彻执行省人委木杆秤改革方案的指示》提出了鹤壁市木杆秤改革的具体措施。

◎ 22日，市科委决定成立鹤壁市计量检定管理所（以下简称市计量所），刘庆正负责，所址在市政府院内北面两间平房。

11月 市计量所组织外地木杆秤制修人员9名，由16两制改为10两制，共改革杆秤、提具等850余件，市区基本实现10两制。

◎ 26日，市科委发文，对量力器具普检。

1960年

5月 25日，市人委发布《鹤壁市计量检定管理暂行办法》。

是年 省文物工作队在鹤壁鹿楼汉代冶铁遗址发现出土一圆形铁权和一秤钩，均存在放市博物馆。

1961年

12月 14日，市科委制发《关于计量检定工作的意见》。

1962年

4月 21日，市人委印发《关于加强计量器具管理的通知》。

1963年

1月 2日，市科委发出《关于六三年度计量器具进行普检的通知》。

是年 市计量所建立了力学、长度室，设备有2级质量标准、3级标准压力表、四等量块，开展了游标卡尺、千分尺、天平和工业用压力表的检定。

1965年

1月 15日，市科委对市白铁生产合作社衡器制修门市部漏检杆秤的问题进行了处理：（1）对漏检的杆秤一次补交检定费194.40元；（2）责令该门市部多收修理单位的检定费23.20元退还原单位并道歉；（3）令其写出悔过书，印制500份张贴。

12月 市计量所、市工商局、市财委组织开展计量器具普查检定工作。

1966年

是年 市计量所建立电学室，有0.5级三表检定装置，开展电度表和1.0级以下三表的检定。

1968 年 **是年** 市计量所建立热工室，开展测温仪表的检定。

1969 年 **7 月** 3 日，市革命委员会生产指挥部宣布撤销市计量管理所，所长和大部分人员被调走，计量工作处于停顿状态。

1970 年 **8 月** 市革命委员会决定恢复市计量所，隶属市计委。原调出的人员又陆续回所工作，恢复了原来开展的检定项目，又招收了 4 名新工人，胡文聚临时负责。

是年 市财政投资为市所兴建家属房 9 间。

1971 年 **2 月** 25 日，市革命委员会生产指挥部对全市企、事业单位发出“关于加强计量管理工作”的通知。

是年 市财政拨款 1.8 万元，购置大型工具显微镜一台，0.02 级数字电压表一台。

1972 年 **4 月** 1 日，市计量所制发《关于对贸易用台、案秤检定管理的规定》。

1976 年 **是年** 经市计委批准，市计量所招收计划内临时工 8 人，建立了水土化验室。

1977 年 **6 月** 市计量所组织召开了宣传贯彻《中华人民共和国计量管理条例》大会。

11 月 2 日，市革命委员会生产指挥部批准，征用鹿楼公社东爻头村土地五市亩，市财政拨款 5 万元，建设市计量测试楼，12 月 29 日动工。

1978 年 **7 月** 10 日，市革命委员会发文，成立中医处方用药计量单位改革领导小组。

1979 年 **12 月** 15 日，市革命委员会印发《关于加强计量管理工作的通告》。

是月 市计量所会同市工商局、物价局及有关部门，重点对商店、副食门市部和集市贸易等在用计量器具进行了普查。在全省计量部门计量工作“五查整顿”中，市所电学室被评为先进工作室，省局授予锦旗一面。

1980 年 **4 月** 市科委、市经委、市计量所组织开展厂矿企业计量工作“五查整顿”。

5 月 21 日，市计量测试楼竣工。10 月市计量所搬迁至该楼。

7 月 5 日，市科委、市经委、市计量所联合召开全市计量工作会议，传达贯彻《全国厂矿企业计量管理实施办法》。

1981 年 **10 月** 市无线电计量工作“五查整顿”领导小组对市无线电一厂等 5 个企业进行了检查；七九四厂被评为计量工作“五查整顿”先进单位。

1982 年 **5 月** 5 日，市计量所、市电子工业局联合组建无线电检测计量标准、量值传递协作组。

7 月 30 日，市计量所、商业局、供销社、二轻局、社队企业局联合发文，要求杆秤实行定量铊。

1983 年 **是年** 市财政为市计量所建恒温实验室拨款 5.5 万元。

1984 年

8 月 1 日，市政府决定市计量所改属市经委领导。

◎ 24 日，市政府召开宣传贯彻国务院《关于在我国统一实行法定计量单位的命令》的大会。孙光华副市长、刘文石副市长参加大会并讲话。市计量所制发鹤壁市《关于全面推行法定计量单位的实施意见》。

1985 年

4 月 12 日，全市工业企业计量工作定级、升级会议召开，对 1985 年工业企业计量工作定级、升级作了部署。

6 月—11 月 市无线电二厂等 6 个企业获“三级计量合格证书”。

9 月 木杆秤制造修理限期改制会议召开，自 9 月 10 日起开始实施制作 kg（千克）秤。

10 月 17 日，市编委发文，决定将鹤壁市标准局改名为鹤壁市标准计量局（以下简称市局）。

◎ 20 日，市计量所 13 人获“计量检定合格证书”。

1986 年

3 月 全市国营企业计量工作会议和补办“制造计量器具生产许可证”会议召开。

4 月 17 日，市计量所王晋川、晋魏获“计量监督员证书”。

◎ 24 日，市委副书记谷清显视察市所。

5 月 省局副局长阴奇检查鹤壁市计量工作。

6 月 25 日，召开全市宣传贯彻《计量法》大会。

10 月 11 日，省计量工作质量检查组来市所，对计量标准、环境条件、人员素质、规章制度等进行了全面考核。

1987 年

是年 市计量所自筹资金 0.7 万元，建立一等标准金属容器，开展了加油机的检定。

1988 年

5 月 27 日，市局公布第一批强制检定的工作计量器具目录，共 8 项 19 种。

1989 年

5 月 30 日，市编委下文，核定市标准计量局编制 16 人（行政 4 人，事业 12 人），市计量所 34 人（差补 22 人，自筹 12 人）。

10 月 16 日，鹤壁市热能计检测中心成立，规格正科，隶属市标准计量局。

1990 年

5 月 31 日，市计量所建立热量计计量标准装置，并通过了国家技术监督局的考核发证。

10 月 24 日，鹤壁市职工计量监督站成立。

1991 年

是年 市计量所新建 6 项计量标准。市局在商贸旺季和节假日期间，组织监督抽查计量器具 1542 台（件）。

1992 年

是年 市计量所新建电表、酸度计、三等量块和绝缘电阻计量检定装置。

1993 年

7 月 15 日，市局授权市水表检定站开展水表计量检定。

12 月 28 日，市百货大楼、东方红商场、红旗商场被授予省级“无假冒伪劣、无缺斤短尺”先进商业单位。

是年 市局对 46 个企业使用经销的燃油加油机、热量计矿用瓦斯计、压力表、电能表进行了专项检查，立案查处 9 起。

1994 年 **是年** 市局依法对部分强检计量器具进行了监督检查。

1995 年 **是年** 市局组织了《计量法》颁布十周年庆祝活动。市局对集贸市场、农资市场和燃油加油机抽查计量器具 2234 台（件），立案和现场查处 169 起。

1996 年 **6 月** 18 日，市局制发《鹤壁市瓶装液化气计量管理暂行规定》。

10 月 24 日，市政办印发《鹤壁市技术监督局职能配置、内设机构和人员编制方案》，内设有计量科。

12 月 28 日，鹤壁市计量协会成立，唐郁荣任理事长，毕余礼任秘书长。

1997 年 **是年** 市局向社会公布了优质服务 10 项承诺工作制度。

1998 年 **10 月** 8 日，市局发文，首次在全市开展电话计费器强制检定工作。

1999 年 **12 月** 16 日，省机构编制委员会办公室、省质量技术监督局联合下发《关于鹤壁市质量技术监督系统机构设置和人员编制方案的通知》，市局设质量技术监督检验测试中心，副处级，编制 60 人。

2000 年 **是年** 市局全面开展“服务企业年”活动，受到企业好评。

2001 年 **5 月** 市局按照新的“三定方案”，将原市计量检定测试所和市产品质量监督检验所合并为鹤壁市质量技术监督检验测试中心（以下简称市测试中心），副处级。

是年 市局服务企业，采取开展“标准、计量、质量”三下乡活动。

2002 年 **是年** 市局在全系统围绕三个专项（即集贸市场、加油站、旅游市场）、四个重点（即食品、地条钢、黑心棉、计量违法案件），在全市开展打假治劣活动。

2004 年 **8 月** 市局综合办公楼在淇滨区建成，建筑面积 5746 m^2，市局机关和大部分检测机构迁入新址办公。

是年 市、县局组织了餐饮业、医疗卫生业、出租车税控计价器、定量包装、零售商品和电力、电信、水表、煤气表的计量监督检查，抽查计量器具 1245 台（件），商品 104 批次，查处计量违法案件 19 起。

2005 年 **12 月** 市局获省级精神文明单位称号。

2006 年 **是年** 市局对列入国家 5 部委《千家企业节能活动实施方案》中的鹤壁市企业和列入鹤壁市“4180 节能行动计划”的单位进行帮扶。

2008 年 **12 月** 市测试中心检测楼建成，建筑面积 2850 m^2。市质监系统经过四年努力，全部还清外债，偿还外债 987 万元。

2009 年 **12 月** 市测试中心全部搬入新检测楼。

2010 年 **1 月** 市局正式对鹤壁市、淇县及浚县电业计量中心的电能表检定等项目进行计量授权。

4 月 市局对汽车衡进行整治。

6 月 市局开展粮食市场计量监督检查。检查前受检率 90%，检查后受检率 100%。

是年 市局积极推进诚信计量体系建设，有 20 家单位为诚信计量自我承诺示范单位。

2011 年

7 月 市局组织召开《计量史》编写第二次会议。

8 月 市局组织对煤矿等行业开展计量器具专项监督检查，检查了 23 家企业 7739 件安全防护用计量器具。

9 月 市局组织检查 8 家实验室，资质认定证书都在有效期内。

是月 对全市最高计量标准 65 项、次级计量标准 8 项进行了检查，未发现超范围量传。对月饼过度包装进行突击检查，没有发现月饼过度包装现象。

2012 年

5 月 市局对“为民服务创先争优”窗口活动进行督导。全市签订诚信计量承诺书 70 家。

8 月 市局完成了超限站点检查验收，并对移动超限站使用的 2 台移动式超限秤进行了检测。开展了加油机计量专项检查，共检查 365 台在用加油机，受检率 100%。

是年 市测试中心建立热能表、燃气表等 9 个检定项目。

2013 年

5 月 鹤壁市有 5 人通过注册计量师全国统考报名审核。为贫困学生进行免费验光、配镜。

9 月 市 18 家重点用能单位 19 人参加了省局能源计量培训。

是年 市局组织开展重点领域安全用计量器具专项监督检查工作。市中心通过省局法定计量检定机构计量授权复查考核，通过计量标准 26 项，检定项目 44 项，检测项目 2 项。市中心获省局科技论文一等奖 1 篇，1 人获“国家一级注册计量师资格证书”，3 人取得“国家二级注册计量师资格证书”。

2014 年

5 月 市局组织开展“5·20 世界计量日”宣传活动。

6 月—8 月 市局组织开展了夏粮农资收购、定量包装商品净含量、集贸市场和医疗卫生用计量器具专项监督检查。

10 月 全市 8 家加气站 16 台加气机全部转换完成。

是年 市局组织开展了 2014 年“计量惠民生、诚信促和谐”活动；启用“河南省计量监管平台”，主要是对医疗卫生行业用计量器具进行调查统计。市、县局由省级以下垂直管理划归地方政府管理。市测试中心建有 36 项计量标准。获鹤壁市科技进步奖二等奖 1 项，获河南省工业和信息化科技成果奖二等奖 1 项、三等奖 1 项。

表8-6-1 鹤壁市计量行政部门、直属机构沿革一览表

类别 时间	行政部门名称 （下属部门名称）	主要领导人 （下属部门负责人）	计量行政人员	直属机构名称 （地址、面积）	主要领导人	人员、 设备资产
1957年3月	鹤壁市商业局（正科） 地址：山城区长风路与红旗街西南　衡器组					编制2人， 在职2人
1959年9月	鹤壁市计量检定管理所（正科） 地址：市政府院内北面平房	负责人：刘庆正		（50 m^2）		编制3人， 在职3人
1961年	鹤壁市计量检定管理所（正科） 地址：市卫生防疫站院内	负责人：刘庆正		（100 m^2）		编制4人， 在职4人
1962年	鹤壁市计量检定管理所（正科） 地址：鹤壁市城建局楼下	负责人：刘庆正		（300 m^2）		编制4人， 在职4人
1963年	鹤壁市计量检定管理所（正科） 地址：鹤壁市城建局楼下	负责人：刘庆正		（300 m^2）		编制5人， 在职5人； 10台（件）
1964年	鹤壁市计量管理所（正科） 地址：鹤壁市城建局楼下	所长：郑长学		（300 m^2）		编制6人， 在职6人； 10台（件）
1965年	鹤壁市计量管理所（正科） 地址：鹤壁市城建局楼下	所长：郑长学		（300 m^2）		编制7人， 在职7人； 10台（件）
1966年	鹤壁市计量管理所（正科） 地址：鹤壁市城建局楼下	所长：郑长学		（300 m^2）		编制10人， 在职10人； 15台（件）， 2万元
1968年	鹤壁市计量管理所（正科） 地址：鹤壁市城建局楼下	所长：马龙池		（300 m^2）		编制10人， 在职10人； 15台（件）， 2万元
1970年	鹤壁市计量管理所（正科） 地址：鹤壁市城建局楼下	负责人；胡文聚		（300 m^2）		编制10人， 在职10人； 15台（件）， 2万元

续表

类别 / 时间	行政部门名称（下属部门名称）	主要领导人（下属部门负责人）	计量行政人员	直属机构名称（地址、面积）	主要领导人	人员、设备资产
1971 年	鹤壁市计量管理所（正科） 地址：鹤壁市城建局楼下	所长：单新民		（300 m^2）		编制 10 人，在职 10 人；15 台（件），2 万元
1975 年	鹤壁市计量管理所（正科） 地址：鹤壁市城建局楼下	所长：单新民 副所长：吴树茂		（300 m^2）		编制 10 人，在职 10 人；15 台（件），2 万元
1976 年	鹤壁市计量管理所（正科） 地址：鹤壁市城建局楼下	所长：单新民		（300 m^2）		编制 22 人，在职 22 人，聘用 8 人；24 台（件），2 万元
1978 年	鹤壁市计量管理所（正科） 地址：鹤壁市城建局楼下	所长、党支部书记：宋珍		（300 m^2）		编制 22 人，在职 22 人，聘用 8 人；24 台（件），2 万元
1979 年	鹤壁市计量管理所（正科） 地址：鹤壁市城建局楼下	所长：宋珍 副所长：徐恩成		（300 m^2）		编制 22 人，在职 22 人，聘用 8 人；24 台（件），2 万元
1980 年	鹤壁市计量管理所（正科） 地址：山城区山城路西巷 5 号	所长：宋珍		（占地面积 3333 m^2，建筑面积 1169 m^2，其中：办公室面积 369 m^2，实验室面积 800 m^2）		编制 22 人，在职 22 人，聘用 8 人；24 台（件），2 万元
1981 年	鹤壁市计量管理所（正科） 地址：山城区山城路西巷 5 号	副所长：毕余礼		（占地面积 3333 m^2，建筑面积 1169 m^2，其中：办公室面积 369 m^2，实验室面积 800 m^2）		编制 22 人，在职 22 人，聘用 8 人；24 台（件），2 万元

续表

类别 时间	行政部门名称 （下属部门名称）	主要领导人 （下属部门负责人）	计量行政人员	直属机构名称 （地址、面积）	主要领导人	人员、 设备资产
1984 年	鹤壁市计量管理所（正科） 地址：山城区山城路西巷 5 号	所长：毕余礼 支部书记：赵纪平		（占地面积 3333 m^2，建筑面积 1169 m^2，其中：办公室面积 369 m^2，实验室面积 800 m^2）		编制 30 人， 在职 30 人； 26 台（件）， 6 万元
1985 年	鹤壁市标准计量局（正处） 地址：山城区二所经委三楼	所长：毕余礼 支部书记：赵纪平		鹤壁市计量检定测试所（正科） （山城区山城路西巷 5 号；占地面积 3333 m^2，建筑面积 1169 m^2，其中：办公室面积 369 m^2，实验室面积 800 m^2）	所长：毕余礼 支部书记：赵纪平	编制 31 人， 在职 31 人； 28 台（件）， 8 万元
1986 年	鹤壁市标准计量局（正处） 地址：山城区二所经委三楼	副局长：张兆铨（主持工作）		鹤壁市计量检定测试所（正科） （山城区山城路西巷 5 号；占地面积 3333 m^2，建筑面积 1169 m^2，其中：办公室面积 369 m^2，实验室面积 800 m^2）	副所长：李立堂	编制 32 人， 在职 32 人； 30 台（件）， 10 万元
1987 年	鹤壁市标准计量局（正处） 地址：山城区二所经委三楼 （计量科）	局长、党组书记：解得孟 纪检组长：张锦书 总工程师：毛泽民 （科长：毕余礼）	计量科 2 人	鹤壁市计量检定测试所（正科） （山城区山城路西巷 5 号；占地面积 3333 m^2，建筑面积 1169 m^2，其中：办公室面积 369 m^2，实验室面积 800 m^2）	所长：李立堂 支部书记、副所长：张良儒	编制 32 人， 在职 32 人； 30 台（件）， 10 万元
1988 年	鹤壁市标准计量局（正处） 地址：山城区二所经委三楼 （计量科）	局长、党组书记：冯连学 纪检组长：张锦书 总工程师：毛泽民 （科长：毕余礼）	计量科 2 人	鹤壁市计量检定测试所（正科） （山城区山城路西巷 5 号；占地面积 3333 m^2，建筑面积 1169 m^2，其中：办公室面积 369 m^2，实验室面积 800 m^2）	所长：李立堂 支部书记、副所长：张良儒	编制 34 人， 在职 34 人； 64 台（件）， 35 万元
1989 年	鹤壁市标准计量局（正处） 地址：山城区市建委三楼 （计量科）	局长、党组书记：冯连学 纪检组长：张锦书 总工程师：毛泽民 （科长：毕余礼）	计量科 2 人	鹤壁市计量检定测试所（正科） （山城区山城路西巷 5 号；占地面积 3333 m^2，建筑面积 1169 m^2，其中：办公室面积 369 m^2，实验室面积 800 m^2）	所长：李立堂 支部书记、副所长：张良儒	编制 34 人， 在职 34 人； 66 台（件）， 50 万元
1992 年	鹤壁市技术监督局（正处） 地址：山城区市建委三楼 （计量科）	局长、党组书记：唐郁荣 副局长：张兆铨 总工：毛泽民 （科长：毕余礼）	计量科 2 人	鹤壁市计量检定测试所（正科） （山城区山城路西巷 5 号；占地面积 3333 m^2，建筑面积 1169 mm^2，其中：办公室面积 369 m^2，实验室面积 800 m^2）	所长：李立堂 支部书记、副所长：张良儒	编制 37 人， 在职 37 人； 68 台（件）， 54 万元
1993 年	鹤壁市技术监督局（正处） 地址：山城区市建委三楼 （计量科）	局长、党组书记：唐郁荣 副局长：张兆铨 总工：毛泽民 （科长：毕余礼）	计量科 2 人	鹤壁市计量检定测试所（正科） （山城区山城路西巷 5 号；占地面积 3333 m^2，建筑面积 1169 m^2，其中：办公室面积 369 m^2，实验室面积 800 m^2）	所长：晋魏	编制 38 人， 在职 38 人； 45 台（件）， 47 万元

续表

类别 时间	行政部门名称 （下属部门名称）	主要领导人 （下属部门负责人）	计量行政人员	直属机构名称 （地址、面积）	主要领导人	人员、 设备资产
1994 年	鹤壁市技术监督局（正处） 地址：山城区市建委三楼 （计量科）	局长、党组书记：唐郁荣 副局长：张兆铨 总工：毛泽民 （科长：毕余礼）	计量科 2 人	鹤壁市计量检定测试所（正科） （山城区山城路西巷 5 号；占地面积 3333 m^2，建筑面积 1169 m^2，其中：办公室面积 369 m^2，实验室面积 800 m^2）	所长：晋魏 副所长：黎新民	编制 38 人， 在职 38 人； 45 台（件）， 47 万元
1997 年	鹤壁市技术监督局（正处） 地址：淇滨区市政府一综合楼 7 楼 （计量科）	局长、党组书记：唐郁荣 副局长：张兆铨、王进文、*晋魏 总工：毛泽民 （科长：毕余礼）	计量科 2 人	鹤壁市计量检定测试所（正科） （山城区山城路西巷 5 号；占地面积 3333 m^2，建筑面积 1169 m^2，其中：办公室面积 369 m^2，实验室面积 800 m^2）	所长：晋魏 副所长：黎新民	编制 35 人， 在职 35 人； 72 台（件）， 58 万元
1998 年	鹤壁市技术监督局（正处） 地址：淇滨区市政府一综合楼 7 楼 （计量科）	局长、党组书记：唐郁荣 副局长：张兆铨、王进文、*晋魏 总工：毛泽民 （科长：毕余礼）	计量科 2 人	鹤壁市计量检定测试所（正科） （山城区山城路西巷 5 号；占地面积 3333 m^2，建筑面积 1169 m^2，其中：办公室面积 369 m^2，实验室面积 800 m^2）	所长：黎新民 副所长：*单生 总工：李炎良	编制 34 人， 在职 34 人； 74 台（件）， 70 万元
1999 年	鹤壁市技术监督局（正处） 地址：淇滨区市政府一综合楼 7 楼 （计量科）	局长、党组书记：张二全 副局长、党组成员：王进文、*晋魏 （科长：毕余礼）	计量科 2 人	鹤壁市计量检定测试所（正科） （山城区山城路西巷 5 号；占地面积 3333 m^2，建筑面积 1169 m^2，其中：办公室面积 369 m^2，实验室面积 800 m^2）	所长：黎新民 副所长：*单生 总工：李炎良	编制 34 人， 在职 34 人； 74 台（件）， 70 万元
2000 年	鹤壁市质量技术监督局（正处） 地址：淇滨区市政府一综合楼 7 楼 （计量科）	局长、党组书记：张二全 副局长、党组成员：王进文、*晋魏 （负责人：华兆祥）	计量科 2 人	鹤壁市计量检定测试所（正科） （山城区山城路西巷 5 号；占地面积 3333 m^2，建筑面积 1169 m^2，其中：办公室面积 369 m^2，实验室面积 800 m^2）	主任：韩瑞峰 副主任：*单生 副主任：吴晶敏	编制 34 人， 在职 34 人； 75 台（件）， 71 万元
2001 年	鹤壁市质量技术监督局（正处） 地址：淇滨区市政府一综合楼 7 楼 （计量科）	局长、党组书记：张二全 副局长、党组成员：杨法周、*晋魏、孔维清 纪检组长：孔维清 （科长：单生）	计量科 2 人	鹤壁市计量检定测试所（正科） （山城区山城路西巷 5 号；占地面积 3333 m^2，建筑面积 1169 m^2，其中：办公室面积 369 m^2，实验室面积 800 m^2）	主任：韩瑞峰 副主任：*单生 副主任；吴晶敏	编制 34 人， 人员 34 人； 120 台（件）， 185 万元
2002 年	鹤壁市质量技术监督局（正处） 地址：淇滨区市政府二综合楼 2 楼 （计量科）	局长、党组副书记：杨法周 党组书记：张二全 副局长、党组成员：孔维清、韩志平、田德良 调研员、党组成员：*晋魏 （科长：单生）	计量科 2 人	鹤壁市计量检定测试所（正科） （山城区山城路西巷 5 号；占地面积 3333 m^2，建筑面积 1169 m^2，其中：办公室面积 369 m^2，实验室面积 800 m^2）	主任：韩瑞峰 副主任：*焦黎君 副主任：吴晶敏	编制 34 人， 人员 34 人； 120 台（件）， 185 万元

续表

类别 时间	行政部门名称 （下属部门名称）	主要领导人 （下属部门负责人）	计量行政人员	直属机构名称 （地址、面积）	主要领导人	人员、 设备资产
2003 年	鹤壁市质量技术监督局（正处） 地址：淇滨区市政府二综合楼 2 楼 （计量科）	局长、党组副书记：杨法周 党组书记：张二全 副局长、党组成员：孔维清、韩志平、田德良 调研员、党组成员：* 晋魏 （科长：单生）	计量科 2 人	鹤壁市计量检定测试所（正科） （山城区山城路西巷 5 号；占地面积 3333 m^2，建筑面积 1169 m^2，其中：办公室面积 369 m^2，实验室面积 800 m^2）	主任：焦黎君 副主任：* 靳庆云 副主任：闫常群 总工：李付江	编制 26 人， 在职 26 人； 170 台（件）， 197 万元，
2004 年	鹤壁市质量技术监督局（正处） 地址：淇滨区九州路 81 号 （计量科）	局长、党组书记：杨法周 副局长、党组成员：田德良、张玉然、焦黎君 纪检组长：孟庆峰 调研员、党组成员：* 晋魏 （科长：单生）	计量科 2 人	鹤壁市质量技术监督检验测试中心（以下简称鹤壁市检测中心）（副处） （淇滨区九州路 81 号；占地面积 8000 m^2，建筑面积 3000 m^2，其中：办公室面积 500 m^2，实验室面积 1200 m^2）	主任：焦黎君 副主任：* 靳庆云 副主任：闫常群 总工：李付江	编制 28 人， 在职 28 人； 170 台（件）， 197 万元
2005 年	鹤壁市质量技术监督局（正处） 地址：淇滨区九州路 81 号 （计量科）	局长、党组书记：杨法周 副局长、党组成员：田德良、张玉然、焦黎君 纪检组长：孟庆峰 调研员、党组成员：* 晋魏 （科长：单生）	计量科 2 人	鹤壁市检测中心（副处） （淇滨区九州路 81 号；占地面积 8000 m^2，建筑面积 3000 m^2，其中：办公室面积 500 m^2，实验室面积 1200 m^2）	主任：李世民 副主任：* 李付江	编制 29 人， 在职 29 人； 180 台（件）， 229 万元
2006 年	鹤壁市质量技术监督局（正处） 地址：淇滨区九州路 81 号 （计量科）	局长、党组书记：杨法周 副局长、党组成员：田德良、张玉然、焦黎君 纪检组长：孟庆峰 调研员、党组成员：* 晋魏 （科长：单生）	计量科 2 人	鹤壁市检测中心（副处） （淇滨区九州路 81 号；占地面积 8000 m^2，建筑面积 3000 m^2，其中：办公室面积 500 m^2，实验室面积 1200 m^2）	主任：华兆祥 副主任：* 郭福海	编制 31 人， 在职 31 人； 182 台（件）， 270 万元
2008 年	鹤壁市质量技术监督局（正处） 地址：淇滨区九州路 81 号 （计量科）	局长、党组成员：付庆书 副局长、党组成员：焦黎君 调研员、党组成员：* 晋魏 （科长：单生）	计量科 2 人	鹤壁市检测中心（副处） （淇滨区九州路 81 号；占地面积 8000 m^2，建筑面积 3000 m^2，其中：办公室面积 500 m^2，实验室面积 1200 m^2）	主任：华兆祥 副主任：* 郭福海	编制 30 人， 在职 30 人； 190 台（件）， 313 万元
2009 年 10 月	鹤壁市质量技术监督局（正处） 地址：淇滨区九州路 81 号 （计量科）	局长、党组书记：宋建立 副局长、党组成员：张新建 副局长、党组成员：焦黎君 调研员、党组成员：* 晋魏 （科长：单生）	计量科 2 人	鹤壁市检测中心（副处） （淇滨区九州路 81 号；占地面积 8000 m^2，建筑面积 3000 m^2，其中：办公室面积 500 m^2，实验室面积 1200 m^2）	主任：华兆祥 副主任：* 郭福海	编制 30 人， 在职 30 人； 195 台（件）， 378 万元

续表

类别 时间	行政部门名称 （下属部门名称）	主要领导人 （下属部门负责人）	计量行政人员	直属机构名称 （地址、面积）	主要领导人	人员、设备资产
2010 年	鹤壁市质量技术监督局（正处） 地址：淇滨区九州路 81 号 （计量科）	局长、党组书记：宋建立 副局长、党组成员：张新建 副局长、党组成员：焦黎君 调研员、党组成员：* 晋魏 （科长：单生）	计量科 2 人	鹤壁市检测中心（副处） （淇滨区九州路 81 号；占地面积 8000 m^2，建筑面积 3000 m^2，其中：办公室面积 500 m^2，实验室面积 1200 m^2）	主任：华兆祥 副主任：李付江	编制 56 人，在职 53 人，聘用 6 人；372 台（件），405 万元
2011 年	鹤壁市质量技术监督局（正处） 地址：淇滨区九州路 81 号 （计量科）	局长、党组书记：宋建立 副局长、党组成员：张新建、* 焦黎君、李世民、黄华 （科长：单生）	计量科 2 人	鹤壁市检测中心（副处） （淇滨区九州路 81 号；占地面积 8000 m^2，建筑面积 3000 m^2，其中：办公室面积 500 m^2，实验室面积 1200 m^2）	任：华兆祥 副主任：李付江	编制 56 人，在职 53 人，聘用 7 人；398 台套，465 万元
2012 年	鹤壁市质量技术监督局（正处） 地址：兴鹤大街与湘江路交叉口 （计量科）	局长、党组书记：宋建立 副局长、党组成员：张新建、* 焦黎君、李世民、黄华 纪检组长、党组成员：华兆祥 党组成员：孟庆峰 （科长：单生）	计量科 2 人	鹤壁市检测中心（副处） （兴鹤大街与湘江路交叉口；占地面积 35000 m^2，建筑面积 18000 m^2，其中：办公室面积 1000 m^2，实验室面积 2500 m^2）	主任：吴晶敏 副主任：李付江	编制 56 人，在职 53 人，聘用 8 人；421 台套，646 万元
2013 年	鹤壁市质量技术监督局（正处） 地址：兴鹤大街与湘江路交叉口 （计量科）	局长、党组书记：宋建立 副局长：李世民、* 焦黎君、华兆祥、黄华 副调、党组成员：孟庆峰 （科长：单生）	计量科 2 人	鹤壁市检测中心（副处） （兴鹤大街与湘江路交叉口；占地面积 35000 m^2，建筑面积 18000 m^2，其中：办公室面积 1000 m^2，实验室面积 2500 m^2）	主任：吴晶敏 副主任：李付江	编制 56 人，在职 53 人，聘用 11 人；446 台套，790 万元
2014 年	鹤壁市质量技术监督局（正处） 地址：兴鹤大街与湘江路交叉口 （计量科）	局长、党组书记：马道林 副局长：李世民、* 焦黎君、华兆祥、黄华 副调、党组成员：孟庆峰 （科长：单生）	计量科 2 人	鹤壁市检测中心（副处） （兴鹤大街与湘江路交叉口；占地面积 35000 m^2，建筑面积 18000 m^2，其中：办公室面积 1000 m^2，实验室面积 2500 m^2）	主任：吴晶敏 副主任：李付江、隋志方、* 王曹宇	编制 56 人，在职 53 人，聘用 11 人；463 台套，811 万元

说明：

1. 分管鹤壁市技术监督局、质量技术监督局内设计量业务管理部门和计量技术机构的局领导姓名的左边加“*”号；分管鹤壁市质量技术监督检验测试中心计量工作的市中心的主任或副主任的姓名左边加“*”号。

2. 建筑面积主要包含办公室面积、实验室面积，不包含住宅面积。

3. 设备台（件）数仅包含计量标准器具和辅助计量仪器设备。

4. 设备资产（万元）指计量标准器具和辅助计量仪器设备的原值。

第七节　新乡市计量大事记

编撰工作领导小组　**组　长**　梁万魁
副组长　李清芳　牛小领
成　员　韩　兵　田敏先　宋　文
张　亮　周德山　司天明　臧宝顺

编撰办公室　**主　任**　韩　兵
副主任　田敏先　宋　文　张　亮　司天明　臧宝顺
成　员　高进忠　孔令毅

编　撰　组　**组　长**　臧宝顺
成　员　高进忠　孔令毅

1949 年

2 月　延津县、汲县的度量衡工作，由县政府工商科负责。

7 月　新乡专署指示，汲县统一整顿行栈（粮行、盐行、商行）的斗、秤。

1950 年

是年　新乡市德兴磅厂，以生产木杆秤为主，兼修台、案秤。公私合营时，该厂解散，少部分人员成立制秤互助组，后改名衡器社。

1953 年

是年　新乡电厂安装电力计量装置。国营平原机械厂、国营风云器材厂、新乡机床厂等分别建立计量实验室，开展长度和电磁计量。

1956 年

11 月　新乡市商业局龚庆安、王瑞生、新乡地区专员公署商业局冯中正赴南京参加国家计量局举办的计量干部学习班。

1958 年

是年　新乡市商业局计量检定所成立，归该局市场科代管，负责人桑效功。

3 月　7 日，市商业局计量检定所改名为新乡市计量检定管理所（以下简称市所），所长张新华。

7 月　15 日，市人民委员会发布《为在全市试行市斤 16 两改 10 两制的通知》，要求：16 两秤及一些旧杂秤一律停止制造、销售和使用，全部改用 10 两秤。至 9 月底，基本实现市斤 10 两制化。

10 月　3 日，市所、国营平原机器厂、新乡电厂签订《新乡市计量器具委托检定暂行规定》。

12 月　29 日，赵宝贞任市所所长。

1959 年

3 月　市所划归新乡市科委领导。

11 月　20 日，市所举办第一期长度计量培训班。

12 月　12 日，市所和新乡市重工局联合发文，要求厂矿企业建立计量机构。

1960 年

3 月　17 日，新乡地区专员公署发布计量检定收费标准。

5 月　13 日，市科委印发《新乡市 1960—1962 年计量技术发展规划》。

◎　19 日，新乡地区科委授权新乡电厂建立安培计等 6 项计量标准，开展电学计量检定。
◎ 24 日，新乡市第一次计量工作会议召开。

1961 年
4 月 14 日，市人委发文贯彻执行国务院《关于统一计量制度的命令》。
6 月 市所由新市场路西迁至东大街路北关帝庙东侧，房屋面积 100 m^2。
是年 市所内设长度、力学、热电、办公室，职工 13 人。

1962 年
1 月 25 日，市人委发布《关于计量器具主要管理事项的通知》。

1963 年
7 月 李华任市所所长。

1964 年
5 月 9 日，新乡市计量检定管理所更名为新乡市计量管理所（以下简称市所）。

1965 年
5 月 新乡地区计量管理所成立，隶属新乡地区科委。
7 月 市所组织计量革新展览，10 个单位 67 个项目参展，参观人数达 17800 人。
是年 国家机械电子工业部第 22 研究所建所，并成立无线电计量实验室，开展无线电计量检定、校准和维修业务。

1966 年
4 月 26 日，市人委颁布《新乡市计量管理实施细则》。
5 月 20 日，新乡市第二次计量工作会议召开，省局副局长王化龙、副市长孙中华作了报告。
7 月 14 日，国营 134 厂建立第三机械工业部第二区域流量计量站。

1967 年
3 月 14 日，市所建恒温实验室 50 m^2 和控温实验室 25 m^2。

1968 年
10 月 市科委撤销，市所保留，由市革命委员会生产指挥部代管，后归工业交通组领导。

1969 年
8 月 28 日，市所革命领导小组成立，组长李华。

1970 年
是年 市所归市革命委员会科学卫生组领导。

1971 年
是年 市所归市革命委员会计划委员会领导。

1972 年
5 月 11 日，市所支部委员会成立，李华任书记。
12 月 23 日，市所在汲县举办贯彻“1968 国际实用温标”学习班。

1973 年
10 月 6 日，新乡地区革命委员会科委印发《1973—1980 年计量工作发展规划》。

1974 年
1 月 市科委恢复，市所归市科委领导。

1975 年
1 月 李如凯任新乡地区所所长。
是年 市所试制出感量为千分之一天平 1 架、工业用铂铑 $_{10}$- 铂热电偶和一等、二等标准铂铑 $_{10}$- 铂热电偶。

1977 年

8 月 3 日，市革命委员会生产指挥部召开全市计量工作会议，宣传贯彻《中华人民共和国计量管理条例》。

1978 年

9 月 10 日，吕士科任市所党支部副书记、所长。

10 月 10 日，市革命委员会中医处方用药计量单位改革领导小组成立，市所负责戥秤计量单位改革。

1981 年

8 月 10 月，市所 43 人，16 人通过省局计量理论考试。

1983 年

5 月 25 日，市政府召开厂矿企业计量工作会议。

9 月 17 日，中共新乡市委印发《关于新乡市标准计量局领导班子配备的通知》，程占悦任党组副书记、副局长，范鹤梁任党组成员、副局长。

10 月 15 日，中共新乡市委办公室通知建立新乡市标准计量局（以下简称市局）。

是月 汲县、新乡县划归新乡市。

11 月 1 日，市政府发布《关于杆秤实行定量铊的通告》。

12 月 17 日，新乡市编委批准市标准计量局内设：标准计量科等；下设事业单位：市计量技术测试所等。

1984 年

3 月 20 日，臧宝顺、霍诗淮任标准计量科副科长。

5 月 17 日，张进悦任市所党支部书记，王道学任所长。

10 月 27 日，市长办公会议通过《新乡市全面推行法定计量单位的实施意见》。

12 月 7 日，市政府召开贯彻实施国务院《关于在我国统一实行法定计量单位的命令》大会。

◎ 26 日，新乡市计量测试学会成立，范鹤梁任理事长，臧宝顺任秘书长。

1985 年

3 月 27 日，市局、市经委联合召开工业企业计量定级、升级和创优产品厂长会议。

8 月 23 日，市局、市经委开始对工业企业能源计量验收。

9 月 马既森任新乡地区所党支部书记、所长。

10 月 15 日，张志修任市所党支部书记。

◎ 31 日，市政府发布《关于实行法定计量单位杆秤、竹木直尺的通告》。

1986 年

2 月 新乡地区撤销，新乡地区所划归新乡市科委。该地区所属的获嘉、辉县、原阳、延津、封丘 5 县及濮阳市所辖的长垣县归新乡市管辖。

4 月 18 日，市政府召开宣传贯彻《计量法》暨新乡市标准化、计量工作会议，副市长窦永才作了讲话。

8 月 6 日，市局实验工厂成立，事业单位，企业管理，独立核算。王道学任厂长。

是年 新乡市电业局计量所成立。

1987 年

3 月 5 日，省局聘任臧宝顺、高进忠等 13 人为省级工业企业计量定级、升级考核评审员。

7 月 28 日，姜法英任市所所长、党支部副书记。

8 月 11 日，茹银格任市局党组书记；12 月任局长。

9 月 市局、市卫生局联合对医疗卫生用计量器具普查检定。

1988 年

8 月 26 日，新乡市职工计量监督总站建立。

9 月 5 日，市局印发《新乡市职工计量监督站管理办法》（试行）和《新乡市计量监督检查员管理办法》（试行）。

◎ 10 日—14 日，河南省《计量法》实施情况检查团来新乡检查。

10 月 18 日，市局内设计量科、标准科，撤销标准计量科。

12 月 24 日，市局建立新乡市第一计量检定站，授权检定真空压力表、转速表、渐开线齿轮等 3 个项目。

1989 年

1 月 16 日，国务院法制局、国家技术监督局授予新乡市实施《计量法》先进市荣誉称号，国家技术监督局奖励汽车一部。

◎ 26 日，市局开展春节前市场计量大检查，出动 192 人。

2 月 10 日，市局印发表彰实施《计量法》先进单位的决定。

6 月 3 日，新乡市技术监督局（以下简称市局）组建。

9 月 6 日，市局组织对新闻、印刷、出版单位推行法定计量单位情况进行检查。

10 月 市局、市卫生局联合对医疗卫生系统实施《计量法》情况进行检查。

1990 年

1 月 市政府发布《关于在我市全面实行法定计量单位的通告》。

2 月 17 日，王道学任市所所长。

3 月 24 日，市局印发《新乡市第二批强制检定工作计量器具布点规划》。

10 月 30 日，新乡市推行法定计量单位检查验收合格单位公布，第一批 502 个。

1991 年

3 月 20 日，市局印发 1991 年强制检定实施计划。

4 月 3 日，市政府批复市局《关于加快计量认证工作的意见》。

6 月，彭天河任市局党组书记、局长。

7 月 1 日，市局对新乡市水表检定测试站进行计量授权。

1992 年

9 月 市局、市卫生局联合对医疗卫生单位进行检查。

1993 年

4 月 27 日，开展土地面积计量单位改革试点工作。省局确定新乡县为试点县，市局确定获嘉县为试点县。

5 月 市局、市电业局开展电能表计量标准装置比对。市局推行工业企业计量器具 ABC 分类管理办法（试行）。

7 月 24 日，李少波任市局党组书记；9 月 2 日任局长。

◎ 26 日，市政府发布《关于出租汽车安装使用里程计价器的通知》。

9 月 14 日，新乡县获得土地面积计量单位改革全国先进县称号。

1994 年

3 月 29 日，市局举办庆祝全市实施法定计量单位十周年活动。

11 月 15 日，市政府被国家技术监督局评为实施法定计量单位先进集体。市局被省局评为实施法定计量单位先进单位。

12 月 李少波、臧宝顺代表市政府赴广西合浦参加全国实施法定计量单位先进单位表彰会；“新乡市人民政府如何实施法定计量单位”的典型材料在会上进行了交流。

是年 市局印发《加强乡镇企业计量工作的意见》《新乡市乡镇企业计量工作评估细则》。

1995 年

2 月 6 日，新乡市人民政府表彰奖励全市推行法定计量单位工作先进单位。

4 月 10 日，市局对全市法定计量检定机构进行检查整顿；对 20 种零售商品开展计量监督检查。

6 月 9 日，高进忠任市所所长。

8 月 25 日，市局要求各加油站配用 10 升标准量器，进行自校。

9 月 5 日，市局召开庆祝《计量法》颁布十周年暨表彰计量工作先进集体和先进个人大会。

◎ 22 日，市局、市工商局联合发布通告，开始在公众贸易中限制使用杆秤，推广使用电子计价秤和弹簧度盘秤。

1996 年

5 月 8 日，市局加强出租车计价器强制检定和管理。

7 月—8 月 市局先后 5 次召开《强制检定计量器具管理手册》登记注册会议，开展全市强制检定计量器具登记注册工作。

9 月 2 日，市局对公用电话自动计时器实施强制检定。

11 月 1 日，市局开展医疗卫生单位计量合格确认工作。

1997 年

1 月 10 日，市局公布新乡市 13 家石油零售企业获“计量质量信得过”单位。

5 月 8 日，市局在开发区台头村征地 6660 m^2（约 10 亩），支付征地款 109.8256 万元，用于综合办公测试楼建设。

8 月 21 日，王培虎任计量科科长。

9 月 1 日，市局成立新乡市金银饰品公正计量站。

1998 年

3 月 4 日，市局获全国实施计量工作（1995 年—1997 年）三年规划先进单位称号。

7 月 5 日，市局对县级法定计量检定机构考核结束。

◎ 21 日，市局、市广播电视局、市文化局联合检查广播电台、电视台和报社贯彻法定计量单位和《量和单位》（1993 年版）国家标准执行情况。

1999 年

6 月 14 日，市局印发《加强工业计量管理，促进企业节能降耗工作的意见》。

10 月 8 日，市局开展“光明工程”活动。

12 月 9 日，市局实验工厂整体改制，改制成有限责任公司。

◎ 16 日，河南省机构编制委员会办公室和河南省质量技术监督局通知，成立新乡市质量技术监督局（以下简称市局），实行省以下垂直领导。

2000 年

5 月 29 日，潘国钦任市局党组书记、局长。新乡市计量技术测试所、新乡市产品质量监督检验所合并为新乡市质量技术监督检验测试中心（以下简称市测试中心），马连军任主任，12 月 25 日任党支部书记。

7 月 6 日，市局组织《河南省计量监督管理条例》宣传活动。

◎ 28 日，市局批准建立新乡市定量包装商品公正计量站。

8 月 1 日，市局综合楼开工建设，建筑面积 7631.4 m^2，楼高 12 层，2001 年 6 月 30 日竣工。

12 月 2 日，新乡市各加油站加油机开始安装税控装置。

2001 年

5 月 16 日，市中心在原新乡市质检所二层楼的基础上进行改造，分别扩建主楼为 5 层、配楼为 3 层，扩建面积 2332 m^2，总投资 231.5 万元；于当月开工，2002 年 1 月竣工，扩建及原有部分总计 4554 m^2。原计量所（市测试中心的计量部分）全部搬迁至新测试楼，计量部分约占 2300 m^2。

是月 市局开展眼镜行业计量质量等级评定工作，组织检查大、中、小学教材执行法定计量单位及《量和单位》（1993）国家标准情况。

6 月 8 日，市局开展在夏、秋农产品收购和农用生产资料销售中的计量监督检查。

9 月 3 日，市局从劳动路中段（市酿造厂院内）迁入新办公大楼（新乡市化工路 436 号）。

2002 年

是年 市局开展集贸市场和加油站专项整治和定量包装商品计量监督检查。

2003 年

2 月 2 日，市中心被省局评为基层先进单位。

5 月 20 日，市局开展“5・20 世界计量日”宣传活动。

10 月 20 日，省财政厅对原新乡市计量所固定资产转让进行批复。

是年 省局对市中心计量授权：社会公用计量标准 56 项，检定项目 106 项，检测 / 校准项目 7 项。

2004 年

4 月 14 日，李云鹏任市中心主任。

6 月—8 月 市局开展定量包装商品净含量监督抽查。

2005 年

1 月 17 日，徐光任市局党组书记、局长。

3 月 8 日，市中心自动化办公微机局域网建成投入使用。

9 月 22 日，市局开展《计量法》颁布 20 周年纪念活动。

10 月 25 日，市局开展十纵十横交通主干线新乡区域内沿线加油站计量执法检查。

2006 年

是年 市局开展对称重计量器具、药品生产企业强制检定计量器具监督检查。

2007 年

3 月 12 日，田敏先任计量科科长。

是年 市局组织开展汽车衡、燃油经营单位、眼镜制配场所、定量包装商品净含量和集贸市场计量监督检查。

2008 年

3 月 12 日，市局对新乡供电公司电能计量中心进行计量授权。

8 月 20 日，市局开展“关注民生、计量惠民”专项行动。

12 月 市中心被共青团省委、省综治办、省局授予“河南省青少年维权岗”荣誉称号。

是年 市局开展出租车计价器、加油机、商品过度包装、加油机防作弊功能专项计量监督检查。

2010 年

5 月 17 日，市总工会、市人力资源和社会保障局表彰第三届职工技术运动会技术能手等，其中有市局系统多人。

◎ 19 日，市局召开以“计量科学发展”为主题，以“计量是科技创新之桥”“计量是质量提升之桥”“计量是公平正义之桥” 3 个副题的“5・20 世界计量日”座谈会。

7 月 15 日，何增涛任市局党组书记、局长。

7 月 22 日，市局组织“开展诚信计量，建设和谐城乡”活动。

10 月 26 日，市局公布市电业系统 5 家专项计量授权技术机构名称、证书编号及开展的检定项目。

12 月 13 日，省局聘用倪巍、苗润苏、高嘉乐、柴金柱为二级计量标准考评员。

2011 年

11 月—12 月 市发改委、市局、市总工会组织第十二届“执行物价、计量政策法规信得过”最佳单位评选活动。

是年 市局开展对定量包装商品净含量和煤矿行业计量器具专项监督工作。

是年 市中心完成计量器具检定 34679 台（件）。

2012 年

4 月 18 日，市局印发《2012 年新乡市计量工作要点》和《2012 年各县（市）、区计量工作责任目标考核计划》。

5 月 25 日，市局开展“计量服务走进千家中小企业”活动。

6 月 13 日，市局印发《新乡市计量突发事件应急预案》。

9 月 市局在“2012 年河南省计量知识竞赛”中荣获组织奖。《新乡市计量史》编撰完成，正式出版。

12 月 25 日，开展 2013 年双节及上半年定量包装商品净含量和集贸市场监督检查工作。

是年 市局组织开展加油机、热量表、电子秤、制造计量器具许可证计量监督检查。

2013 年

5 月 29 日，市局组织开展非高速公路超限站动态汽车衡强制检定。

6 月 8 日，市局组织开展重点用能单位能源计量审查工作。

9 月 25 日，市局获全省《计量发展规划（2013—2020）》知识竞赛三等奖。

是年 市局组织开展加油机、金银饰品加工销售、安全用计量器具监督检查。

2014 年

4 月 25 日，组织开展安全用计量器具制造许可专项核查工作。

7 月 4 日，组织开展 2014 年“计量惠民生、诚信促和谐”活动。

8 月 1 日，开展 2014 年下半年定量包装商品净含量和集贸市场监督检查工作。

◎ 25 日，市局、市环保局联合开展重点监控单位流量计强制检定工作。

9 月 3 日，市政府颁发《新乡市人民政府关于贯彻国务院计量发展规划（2013—2020 年）的实施意见》。

◎ 17 日，开展医疗卫生机构在用计量器具普查、建立信息库工作。

是年 市局组织开展了加气机、民用“四表”、加油站和粮食市场计量监督检查。

表8-7-1　新乡市计量行政部门、直属机构沿革一览表

时间＼类别	行政部门名称（地址、下属部门名称）	主要领导人（下属部门负责人）	计量行政人员	直属机构名称（地址、面积）	主要领导人	人员、设备资产（台件、元）
1958 年初	新乡市商业局			新乡市商业局计量检定所	所长：桑效功	在职 5 人；
1958 年 3 月	新乡市商业局			新乡市计量检定管理所（市解放路新市场对过；建筑面积：60 m^2）	所长：张新华	在职 6 人；90 台（件），2 万元
1958 年 12 月	新乡市商业局			新乡市计量检定管理所（市解放路新市场对过；建筑面积：60 m^2）	所长：赵宝贞	在职 6 人；90 台（件），2 万元
1959 年 8 月	新乡市科学技术委员会 地址：市人民路	冯克礼		新乡市计量检定管理所（市解放路新市场对过；建筑面积：60 m^2）	所长：赵宝贞	在职 11 人；94 台（件），2.51 万元
1961 年 7 月	新乡市科学技术委员会 地址：市人民路	花清祥		新乡市计量检定管理所（市东大街路北关帝庙东侧；建筑面积：100 m^2）	所长：赵宝贞	在职 13 人；105 台（件），3.45 万元
1963 年 7 月	新乡市科学技术委员会 地址：市人民路	花清祥		新乡市计量检定管理所（市宏力大道中段；建筑面积：200 m^2）	所长：李华	在职 15 人；115 台（件），5.45 万元
1964 年 5 月	新乡市科学技术委员会 地址：市人民路	花清祥		新乡市计量管理所（市宏力大道中段；建筑面积：200 m^2）	所长：李华	在职 16 人；122 台（件），6.5 万元
1968 年 10 月	新乡市革委会、生产指挥部 地址：市人民路	花清祥		新乡市计量管理所（市宏力大道中段；建筑面积：400 m^2）	所长：李华	在职 17 人；127 台（件），9.26 万元
1969 年 8 月	新乡市革委会、生产指挥部 地址：市政府院内	花清祥		新乡市计量管理所革命领导小组（市宏力大道中段；建筑面积：800 m^2）	组长：李华 成员：郭家樑、高进忠	在职 17 人；131 台（件），10.45 万元
1974 年 1 月	新乡市科学技术委员会 地址：市政府院内	向　荣		新乡市计量管理所（市宏力大道中段；建筑面积：800 m^2）	所长：李华	在职 27 人；140 台（件），15.58 万元

续表

类别 时间	行政部门名称（地址、下属部门名称）	主要领导人（下属部门负责人）	计量行政人员	直属机构名称（地址、面积）	主要领导人	人员、设备资产（台件、元）
1978 年 9 月	新乡市科学技术委员会 地址：市政府院内	刘焕立		新乡市计量管理所 （市宏力大道中段；建筑面积：800 m^2）	所长：吕士科 副所长：刘增昌	在职 33 人； 145 台（件）， 18.86 万元
1981 年 2 月	新乡市科学技术委员会 地址：市金穗大道中段	许明德		新乡市计量管理所 （市宏力大道中段；建筑面积：1000 m^2）	所长：吕士科 副所长：刘增昌	在职 43 人； 148 台（件）， 22.24 万元
1983 年 12 月	新乡市标准计量局（正处级） 地址：市新原街 21 号（标准计量科）	副局长、党组副书记：程占悦 副局长：* 范鹤梁		新乡市计量技术测试所 （市宏力大道中段；建筑面积：1000 m^2）	所长：吕士科 副所长：刘增昌	在职 44 人； 150 台（件）， 26.44 万元
1984 年 3 月	新乡市标准计量局（正处级） 地址：市新原街 21 号（标准计量科）	副局长、党组副书记：程占悦 副局长：* 范鹤梁 （副科长：臧宝顺）	计量科 2 人	新乡市计量技术测试所 （市宏力大道中段；建筑面积：1000 m^2）	所长：王道学 副所长：* 崔振轩	在职 48 人； 151 台（件）， 28.24 万元
1987 年 8 月	新乡市标准计量局（正处级） 地址：市自由路北段 （标准计量科）	党组书记、副局长：茹银格（女） 副局长：* 范鹤梁 （副科长：臧宝顺）	计量科 5 人	新乡市计量技术测试所 （市宏力大道中段；建筑面积：1200 m^2）	所长：姜法英（女） 副所长：* 张士惠	在职 44 人； 152 台（件）， 38.75 万元
1988 年 10 月	新乡市标准计量局（正处级） 地址：市自由路北段 （标准计量科）	局长、党组书记：茹银格（女） 副局长：* 范鹤梁 （科长：臧宝顺）	计量科 7 人	新乡市计量技术测试所 （市宏力大道中段；建筑面积：1200 m^2）	所长：姜法英（女） 副所长：* 张士惠	在职 48 人； 154 台（件）， 42.54 万元
1989 年 4 月	新乡市标准计量局（正处级） 地址：市自由路北段 （标准计量科）	局长、党组书记：茹银格（女） 副局长：* 范鹤梁 （科长：臧宝顺）	计量科 6 人	新乡市计量技术测试所 （市宏力大道中段；建筑面积：1200 m^2）	副所长：张志修 副所长：* 高进忠	在职 48 人； 156 台（件）， 46.04 万元
1989 年 6 月	新乡市技术监督局(正处级） 地址：市自由路北段 （计量科）	局长、党组书记：茹银格（女） 副局长：* 范鹤梁 （科长：臧宝顺）	计量科 6 人	新乡市计量技术测试所 （市宏力大道中段；建筑面积：1200 m^2）	副所长：张志修 副所长：* 高进忠	在职 48 人； 156 台（件）， 46.04 万元
1990 年 8 月	新乡市标准计量局（正处级） 地址：市自由路北段 （标准计量科）	局长、党组书记：茹银格（女） 副局长：* 范鹤梁 （科长：臧宝顺）	计量科 7 人	新乡市计量技术测试所 （市宏力大道中段；建筑面积：1200 m^2）	所长：王道学 副所长：* 高进忠	在职 48 人； 160 台（件）， 48.90 万元
1991 年 6 月	新乡市技术监督局（正处级） 地址：市劳动路中段 （计量科）	局长、党组书记：彭天河 副局长：* 谢振远 （科长：臧宝顺）	计量科 7 人	新乡市计量技术测试所 （市宏力大道中段；建筑面积：1200 m^2）	所长：王道学 副所长：* 高进忠	在职 47 人； 163 台（件）， 49.01 万元

续表

类别 时间	行政部门名称（地址、下属部门名称）	主要领导人（下属部门负责人）	计量行政人员	直属机构名称（地址、面积）	主要领导人	人员、设备资产（台件、元）
1992 年 5 月	新乡市技术监督局（正处级） 地址：市劳动路中段 （计量科）	局长、党组书记：彭天河 副局长：* 谢振远 （科长：臧宝顺）	计量科 5 人	新乡市计量技术测试所 （市宏力大道中段；建筑面积：1200 m^2）	所长：王道学 副所长：* 高进忠	在职 47 人； 175 台（件），51.33 万元
1993 年 7 月	新乡市技术监督局（正处级） 地址：市劳动路中段 （计量科）	局长、党组书记：李少波 副局长：* 刘保华（女） （科长：臧宝顺）	计量科 5 人	新乡市计量技术测试所 （市宏力大道中段；建筑面积：1200 m^2）	所长：王道学 副所长：* 高进忠	在职 46 人； 182 台（件），60.81 万元
1995 年 6 月	新乡市技术监督局（正处级） 地址：市劳动路中段 （计量科）	局长、党组书记：李少波 副局长：* 刘保华（女） （科长：臧宝顺）	计量科 6 人	新乡市计量技术测试所 （市宏力大道中段；建筑面积：1400 m^2）	所长：高进忠 副所长：* 张士惠、孔令毅	在职 43 人； 187 台（件），69.07 万元
1996 年 7 月	新乡市技术监督局（正处级） 地址：市劳动路中段 （计量科）	局长、党组书记：李少波 副局长：* 刘保华（女） （科长：臧宝顺）	计量科 6 人	新乡市计量技术测试所 （市宏力大道中段；建筑面积：1700 m^2）	所长：高进忠 副所长：* 张士惠、孔令毅	在职 45 人； 181 台（件），74.26 万元
1997 年 8 月	新乡市技术监督局（正处级） 地址：市劳动路中段 （计量科）	局长、党组书记：李少波 副局长：* 刘保华（女） （科长：王培虎）	计量科 6 人	新乡市计量技术测试所 （市宏力大道中段；建筑面积：2100 m^2）	所长：高进忠 副所长：* 张士惠、孔令毅	在职 44 人； 185 台（件），81.30 万元
1999 年 12 月	新乡市质量技术监督局（正处级） 地址：市劳动路中段 （计量科）	局长、党组书记：李少波 副局长：* 刘保华（女） （科长：王培虎）	计量科 6 人	新乡市计量技术测试所 （市宏力大道中段；建筑面积：2100 m^2）	所长：高进忠 副所长：* 张士惠、孔令毅	在职 44 人； 184 台（件），82.49 万元
2000 年 5 月	新乡市质量技术监督局（正处级） 地址：市劳动路中段 （计量科）	局长、党组书记：潘国钦 副局长：刘保华（女）、* 刘兴洲、张栓林 纪检组长：马新民 （科长：王培虎）	计量科 5 人	新乡市质量技术监督检验测试中心（以下简称新乡市检测中心） （市中原路 656 号；建筑面积 2100 m^2）	主任、党支部书记：马连军 副书记：王庆波 副主任：* 孔令毅、窦克华（女）、李文鹤	在职 42 人； 190 台（件），85.20 万元
2001 年 9 月	新乡市质量技术监督局（正处级） 地址：市化工路 436 号 （计量科）	局长、党组书记：潘国钦 副局长：刘保华（女）、* 刘兴洲、张栓林 纪检组长：马新民 （科长：王培虎，副科长：田敏先）	计量科 6 人	新乡市检测中心 （地址：市中原路 656 号；建筑面积：2100 m^2）	主任、党支部书记：马连军 副书记：王庆波 副主任：* 孔令毅、窦克华（女）、李文鹤	在职 41 人； 191 台（件），100.29 万元

续表

类别 时间	行政部门名称（地址、下属部门名称）	主要领导人（下属部门负责人）	计量行政人员	直属机构名称（地址、面积）	主要领导人	人员、设备资产（台件、元）
2003 年 4 月	新乡市质量技术监督局（正处级） 地址：市化工路 436 号 （计量科）	局长、党组书记：潘国钦 副局长：刘保华（女）、* 刘兴洲、张栓林 纪检组长：马新民 （科长：王培虎，副科长：田敏先）	计量科 5 人	新乡市检测中心 （市中原路 656 号；建筑面积 2300 m^2）	主任、党支部书记：马连军 副书记：方辉 副主任：李文鹤、窦克华（女）、* 司天明	在职 41 人； 191 台（件），100.29 万元
2004 年 4 月	新乡市质量技术监督局（正处级） 地址：市化工路 436 号 （计量科）	局长、党组书记：潘国钦 副局长：刘兴洲、张栓林、马新民 纪检组长：马连军 调研员：* 刘保华（女） （科长：王培虎，副科长：田敏先）	计量科 5 人	新乡市检测中心 （市中原路 656 号；建筑面积 2300 m^2）	主任、党支部书记：李云鹏 副书记：方辉 副主任：李文鹤、窦克华（女）、* 司天明	在职 44 人； 196 台（件），104.00 万元
2005 年 1 月	新乡市质量技术监督局（正处级） 地址：市化工路 436 号 （计量科）	局长、党组书记：徐光 副局长：刘兴洲、* 张栓林、马新民、李清芳（女） 纪检组长：马连军 （科长：王培虎，副科长：田敏先）	计量科 5 人	新乡市检测中心 （市中原路 656 号；建筑面积 2300 m^2）	主任、党支部书记：李云鹏 副书记：方辉 副主任：李文鹤、窦克华（女）、* 司天明	在职 44 人； 200 台（件），206.85 万元
2007 年 3 月	新乡市质量技术监督局（正处级） 地址：市化工路 436 号 （计量科）	局长、党组书记：徐光 副局长：张栓林、马新民、* 李清芳（女）、牛小领 纪检组长：马连军（科长：田敏先）	计量科 5 人	新乡市检测中心 （市中原路 656 号；建筑面积 2300 m^2）	主任、党支部书记：李云鹏 副书记：方辉 副主任：李文鹤、窦克华（女）、* 司天明	在职 59 人； 259 台（件），220.60 万元
2009 年 12 月	新乡市质量技术监督局（正处级） 地址：市化工路 436 号 （计量科）	局长、党组书记：徐光 副局长：张栓林、马新民、* 李清芳（女）、牛小领 纪检组长：马连军（科长：田敏先）	计量科 5 人	新乡市检测中心 （市中原路 656 号；建筑面积 2300 m^2）	主任、党支部书记：李云鹏 副书记：方辉 副主任：李文鹤、窦克华（女）、* 司天明	在职 58 人； 248 台（件），307.06 万元
2010 年 3 月	新乡市质量技术监督局（正处级） 地址：市化工路 436 号 （计量科）	局长、党组书记：何增涛 副局长：马新民、* 李清芳（女）、牛小领 纪检组长：马连军 （科长：田敏先，副科长：宋文）	计量科 3 人	新乡市检测中心 （市中原路 656 号；建筑面积 2300 m^2）	主任、党支部书记：李云鹏 副书记：方辉 副主任：李文鹤、* 司天明	在职 58 人； 249 台（件），329.86 万元
2011 年	新乡市质量技术监督局（正处级） 地址：市化工路 436 号 （计量科）	局长、党组书记：何增涛 副局长：马新民、* 李清芳（女）、牛小领 纪检组长：马连军 （科长：田敏先，副科长：宋文）	计量科 3 人	新乡市检测中心 （市中原路 656 号；建筑面积 2300 m^2）	主任、党支部书记：李云鹏 副书记：方辉 副主任：李文鹤、* 司天明	在职 54 人； 261 台（件），447.93 万元

续表

类别 时间	行政部门名称（地址、下属部门名称）	主要领导人 （下属部门负责人）	计量行政人员	直属机构名称 （地址、面积）	主要领导人	人员、设备资产（台件、元）
2012 年	新乡市质量技术监督局（正处级） 地址：市化工路 436 号 （计量科）	局长、党组书记：梁万魁 副局长：* 李清芳（女）、牛小领、马连军 纪检组长：李云鹏 （科长：田敏先，副科长：宋文）	计量科 3 人	新乡市检测中心 （市中原路656号；建筑面积 2300 m^2）	主任、党支部书记：李应庄 副书记：方辉 副主任：李文鹤、* 司天明	在职 53 人； 283 台（件），533.45 万元
2013 年	新乡市质量技术监督局（正处级） 地址：市化工路 436 号 （计量科）	局长、党组书记：梁万魁 副局长：李清芳（女）、马连军、李云鹏 纪检组长：张红梅（女） 副调研员：* 牛小领 （科长：田敏先，副科长：宋文）	计量科 3 人	新乡市检测中心 （市中原路656号；建筑面积 2300 m^2）	主任、党支部书记：李应庄 副书记：方辉 副主任：李文鹤、* 司天明	在职 52 人； 331 台（件），566.37 万元
2014 年	新乡市质量技术监督局（正处级） 地址：市化工路 436 号 （计量科）	局长、党组书记：梁万魁 副局长：李清芳（女）、马连军、李云鹏 纪检组长：张红梅（女） 副调研员：* 牛小领 （科长：田敏先，副科长：宋文）	计量科 2 人	新乡市检测中心 （市中原路656号；建筑面积 2300 m^2）	主任、党支部书记：周德山 副书记：方辉 副主任：* 司天明、赵启发	在职 52 人； 361 台（件），844.06 万元

说明：

1. 分管新乡市技术监督局、质量技术监督局内设计量业务管理部门和计量技术机构的局领导姓名的左边加“*”号；分管新乡市质量技术监督检验测试中心计量工作的市中心的主任或副主任的姓名左边加“*”号。

2. 建筑面积主要包含办公室面积、实验室面积，不包含住宅面积。

3. 设备台（件）数仅包含计量标准器具和辅助计量仪器设备。

4. 设备资产（万元）指计量标准器具和辅助计量仪器设备的原值。

第八节 焦作市计量大事记

编辑委员会 主 任 李小平
副主任 买金亮 张素勤
编 委 吴 斌 张 敏 曹国强 杨卫峰 樊立新
晁立华 李 伟 郑明星 卫 勇 王 超
牛玲利 王胜军 李 转 卢晓红 赵 玮 梁飞飞
主 编 张素勤
撰 稿 刘怀保 王玉胜
校 对 赵 玮 梁飞飞

1957 年

8 月 市商业局计量所（以下简称市所）成立，刘文清任所长，马殿文是唯一的计量管理兼检定员，办公地址在市商业局院内，办公和检定室共 3 间平房，约 45 m^2。

1958 年

3 月 市人委颁布《焦作市量具计器检定管理办法试行细则》。

1959 年

3 月 市局管理的个体木杆秤门市部收归市所管理。市所共 10 人，业务由衡器检定增加了杆秤制作和销售。

5 月 市所新增天平和万能量具检定项目。全年检修各类分析天平及砝码 7 套、万能量具 132 把、天平 17 架。

9 月 2 日，市所在全市推行十两为一斤木杆秤改制工作。

1960 年

8 月 市所更名为焦作市科委计量监督管理所（以下简称市所），隶属市科委。办公地址由原来的解放中路商业局院内搬到解放西路 11 号，办公和检定室 7 间，约 100 m^2。

1961 年

4 月 市所发文，规定工业、商业等企事业单位或个人使用的计量器具实行半年一次的周期检定，未经检定不得使用。

1962 年

2 月 马殿文主持市所日常工作。

是年 市所由新华南街（现有的四棵大杨树对面）路东的几间小民房搬到市解放西路原市科委办公的大四合（民房）院内，热电检定项目在上房大两间内。

1963 年

4 月 市科委、市市场管委会、市物价委、市手工业管理局联合印发《关于进一步加强计量器具管理的联合通知》，贯彻国务院《关于统一我国计量制度的命令》。

11 月 省局支援市所七级 30kg 大天平一套（含三等砝码），该天平至 2014 年仍在博爱县质检中心使用。

是年 市所搬到焦东路和解放路交叉路口往北 50 m 路东，原市冶金局下属的采矿公司后院小平楼内，和市科委在同一座小平楼内。热电和长度检定项目在一个大房间内，用老式大柜从中间隔开，各占一半，约 35 m^2。

1964 年

3 月 王风和任市所所长，内设长度、电学、热工、天平、衡器室和木杆秤门市部。

4月 市所搬至塔南路33号一单独二层楼，总占地面积约280 m^2，办公和实验室面积共约240 m^2。市所在此办公一直延续到2001年市质检中心成立。

1965年 **1月** 市科委印发《关于加强计量器具管理进行普查的通知》。

5月 市编委明确计量所定编20名，其经费实行自收自支。

12月 市所对万能量具、天平、砝码、热工仪表、电学仪表执行周期检定。

1969年 **是年** 贾文运任市所所长。市所向国家计量局申请到10万元筹建矿用“工业风洞标准器”，后因多种原因未建成。

1971年 **是年** 市所新增量块、0.5级电三表、光学高温计、电流互感器、洛氏硬度块检定项目。全所共建有四大类44种检定项目。全年共检定计量器具2000余台（件）。

1972年 **5月** 20日，《焦作市计量管理试行办法》开始执行。

1974年 **2月** 市所对全市各单位共40余种计量器具进行了一次全面普查和检修、校准。

1976年 **是年** 鞠守信任市所所长。

1977年 **是年** 党孝贤任市所所长。

1979年 **1月** 市革命委员会计量管理局（正县级）（以下简称市局）成立，内设办公室和业务科。齐宗儒任市局局长。市所隶属市局管理，韩吉祥任所长，市局与市所一起办公，两个机构一套人马。

5月 市革命委员会发布《焦作市计量管理实施办法》。市局会同各有关部门组成“五查”领导小组，全面开展“五查”活动。

12月 市所 M_1 大砝码、单相电能表、指示类量具正式建标。

是年 为解决市局、市所办公用房问题，市革命委员会批准以“建设衡器修造厂”名义在市工业路（现在的市质检中心对面），划拨十亩土地，后因多种原因停建。

1980年 **是年** 市所购进设备，热电室自己组装标准电流表检定装置一台，可开展0.2级以下电压表和0.1级以下电流表检定。

1983年 **3月** 市人民政府发布《关于杆秤实行定量砣的通告》。8月前全市更换定量砣秤4152支，检查检定市场上285支杆秤。

6月 市所自行设计安装了多表位单相电度表校验台，一次能检定22块。

1984年 **1月** 市局撤销，市所划归市经委管理。

1985年 **3月** 焦作市计量管理局计量所更名为焦作市计量所（以下简称市所）。

4月 市政府办公室印发《焦作市全面推广法定计量单位的实施意见》。市所对压力计量器具进行改制。

5月 市所30人参加了省局举行的检定员岗位理论考试。

6月 张天良任市所所长、党支部书记。自本月开始，市所长度室实行检定修理和收费承包试点，此做法在省局及市相关部门干预下于年底停止。

10 月 焦作市计量测试学会成立。

1986 年

8 月 100 余人参加了学习、宣传、贯彻《计量法》大会。市经委副主任李树桐讲话。

10 月 按照市经委要求，市所对年耗能万吨以上企业进行能源计量验收。当年 16 家企业验收合格。

11 月 17 日，郭玉柱任市所党支部书记、所长。

12 月 市经委印发《加强我市厂矿企业、商业行业计量工作的意见》《加强集贸市场计量器具检定管理工作的通知》。

1987 年

4 月 市编委发文，成立焦作市标准计量局，下设市计量所，事业编制 50 名，经费全部为自收自支。

5 月 市政府批准正式成立焦作市标准计量局（以下简称市局），地址在市解放东路与焦作市人民医院斜对面路南的老工业局大楼一楼西头。高礼庭任计量科负责人。

1988 年

是年 市局印发《对我市各法定计量检定机构进行整顿验收的通知》。市所建 15 项最高标准和 7 项次级标准，全部通过省局考核发证。全年共通过计量定升级和验收合格企业 193 个 。对 58 项社会公用计量标准、16 个企业 56 项计量标准颁发了证书。626 人取得“计量检定员证”。22 人获“计量监督员证书”。处理计量违法案件 31 起。完成血压计、压力表、测力仪（机）计量单位改制工作。

1989 年

6 月 焦作市标准计量局更名为焦作市技术监督局（以下简称市局）。

9 月 对市区 15 个系统 152 个单位，登记强检工作计量器具 3977 台（件）、47 项社会公用计量标准、248 项企业最高计量标准。

1990 年

4 月 市局完成 142 家计量定升级考核。

7 月 张哲礼任市所党支部书记、所长。

1991 年

3 月 市局核发 118 个三级计量单位。

4 月 市局发布《焦作市第二批强制检定工作计量器具实施规划》意见。

9 月 30 余人参加了全市木杆秤制作质量竞赛，开始实行杆秤标志管理。

1992 年

5 月 市局对 18 个单位 106 名计量检定人员进行理论与实际操作考核。

10 月 举行压力表量值比对，15 个单位参加。

11 月 市所主持了市辖 7 县法定计量检定机构 0.4 级精密压力表标准比对工作。

1993 年

3 月 市局组织对加油站 44 台加油机进行检查，合格率为 56.8%。对 12 家水泥生产厂袋装水泥、农用物资计量器具、验光镜片组、曲光度计等进行监督检查。

4 月 撤销市局计量科，成立市局综合科，高礼庭主持综合科全面工作。

5 月 市局对所辖 7 县（市）法定计量技术机构所建社会公用计量标准进行监督检查。

11 月 孟县土地面积计量单位改革试点工作通过省局验收。

1994 年

是年 市政府办公室批转《关于我市全面推行土地面积计量单位改革的报告》。

1995 年

3 月 20 日，市建委、市局、市物价局联合发出《关于出租车安装使用里程计价器的联合通告》。

4 月 市局组织对全市（含各县市）公用电话使用的电话计费器进行现场检查，没收不合格电话计费器 12 台。

5 月 马既东任市局局长。

7 月 对武陟县、济源县实施土地面积计量单位改革情况进行验收。

1996 年

1 月 市局、市工商局联合发文，要求在公众贸易中限制使用杆秤。

6 月 市局对温县机械厂等 9 个单位颁发“B 级计量合格确认证书”。

1997 年

5 月 市所从单位自筹和职工集资的方式购置了第一台检衡吊车（约 14 万元）。

◎ 市局、市物价部门在商业、医疗卫生等行业开展“物价、计量”双信活动，市百货大楼、焦作市人民医院等 10 个单位获荣誉奖牌。

◎ 白富海任市局局长。

1998 年

4 月 市局对县级法定计量检定机构进行考核。

6 月 市所建立的长、热、力、电 4 大类 62 项计量标准获省局计量授权。

◎ 市所同市燃气热力公司联合组建焦作市燃气表检定站。

12 月 市政府发文，规定：“机动车车速里程表检定与市公安局车辆年度检验同步进行。”

1999 年

6 月 市局副局长李小平兼市所所长、党支部书记，市局计量科长王天祯兼任市所副所长主持日常工作。

12 月 市局与市建委要求对商品房销售面积及配套电能表、燃气表、水表、热量表实施监督管理，“四表”在安装前必须实行首次强制检定。

◎ 河南永威集团有限公司等 3 家企业获得省局颁发的“A 级计量合格确认证书”。

是年 市所成立了焦作市金银饰品公正站、焦作市称重公正站、焦作市土地房屋面积公正计量站。

2000 年

1 月 市质监系统实行省以下垂直管理。王天祯负责市所全面工作，王玉胜负责市局计量科全面工作。

4 月 市局更名为焦作市质量技术监督局（以下简称市局）。

9 月 市局、市国税局规定加油机安装税控装置。

2001 年

3 月 焦作市质量技术监督检验测试中心（以下简称市中心）成立，由原焦作市计量所、原焦作市产品质量监督检验所合并而成，财政全供，李海中任市中心主任。

12 月 国家质检总局局长李长江在省局局长刘景礼等陪同下，来焦作市局视察工作，并先后到博爱、沁阳局视察。

2002 年

5 月 市局对焦作矿区计量测试中心 13 项计量标准予以计量授权。

6 月 市局颁发《关于加强集贸市场计量监督的通告》。

10 月 市所因市政规划拆除，由市塔南路 33 号临时搬入市丰收路 169 号市局西配楼办公。

11 月 王玉胜、刘怀保获“国家计量标准二级考评员证书”。

2003 年

5 月 20 日，市局对 25 个先进单位和 68 名先进工作者进行了表彰。

6 月 市中心开展的量块等 62 个计量检定项目获省局计量授权。

10 月 市中心计量业务部分从市局西配楼搬入市中心大楼（市工业路市钢厂南门东邻），计量办公用面积约 500 m^2，计量实验室面积约 1500 m^2。

2004 年

3 月 全省计量工作会议在焦作市召开。省局纪检组长韩国琴（主管计量工作），计量处处长王有全，副处长苗瑜、王建辉，省计量院院长程新选出席会议。

◎ 市局对各县（市）中心颁发“计量授权证书”。

5 月 王孝领任市中心主任。

8 月 市局对焦作移动公司存在的计时收费问题进行了查处。

2005 年

3 月 市局在各计量器具生产企业实施计量和质量管理 15 项制度、4 种档案、4 种记录、5 种证书、5 项设备的管理模式。

7 月 市局对焦作电信公司 2000 余部 IC 卡电话超检定周期继续使用问题进行了查处。

8 月 开展《计量法》颁布 20 周年纪念活动，组织 1260 多人参加了计量知识答题竞赛。

2006 年

9 月 市中心参加了中国计量科学研究院组织的全国 40 余个主要由省部级专业计量单位参加的医用超声（B 超）工作标准的计量比对。

11 月 市中心为主导实验室，开展了单相电能表、三相电能表、工作用压力表、三等克组砝码的量值比对活动。

2007 年

4 月 检查油库、加油站、汽车油罐用的计量器具 207 台（件），合格率达 95.7%。

10 月 王建伟任计量科科长。

2008 年

5 月 市局副局长张素勤兼任市中心主任、党支部书记。

10 月 市中心投入 10 余万元架设专线，改造计算机房，实现了证书报告打印、审核、签字一体化。

11 月 市局颁发“B 级计量合格确认证书”23 家。2 家企业获省局颁发的“A 级计量合格确认证书”。

12 月 市中心全年完成计量器具检定 29963 台（件），其中强检计量器具 26200 台（件）。

◎ 焦作煤业（集团）有限责任公司通风安全仪器检测检验中心获省局专项计量授权。

是年 市中心开展的检定项目 162 项（其中复查 64 项）、校准项目 3 项、检测项目 4 项获省局计量授权。

2009 年

11 月 市局对县（市）计量标准进行计量授权。

2010 年

1 月 王天祯任市局计量科长。

2 月 21 日，省商务厅、省局等表彰河南省“管理示范加油站”，有焦作市 5 座加油站。

10 月 市局组织编撰《焦作市计量大事记》。

2011 年

3 月　李小平任市局局长。

11 月　全市在用计量标准分布：法定计量检定机构的社会公用计量标准 103 项；授权计量检定机构的计量标准 15 项；企业最高计量标准 65 项。

是年　市局对安全防护强检计量器具、定量包装商品净含量进行监督检查。

2012 年

1 月　桑瑞兴任市中心主任、党支部书记。

2 月　检查 87 家医疗机构在用计量器具 2373 台（件）。

6 月　市局成立计量应急工作领导小组。

7 月　市中心为主导实验室，开展了电能表计量标准比对工作。

2013 年

1 月　市局对 30 家企业和 55 名计量工作先进个人进行了表彰。

8 月　王建伟任市中心主任、党支部书记。

10 月　检查 248 个加油站，启用防作弊系统加油站 146 个，现场查封 6 台有问题加油机。

是年　对 45 家企业进行能源计量审查；中国铝业公司中州分公司，风神轮胎股份公司，河南焦煤能源有限公司古汉山矿、赵固二矿通过了能源计量审核。

2014 年

6 月　张敏负责市局计量科日常工作。

7 月　市中心参加省局组织的 0.4 级精密压力表量值比对，结果“满意”。

10 月　市局发文，对民用“四表”的周期检定、各职能部门的监管任务作出明确规定。

12 月　市中心完成计量器具监督 87253 台（件），其中检定燃气表 40000 余块。

◎　市局和市中心（计量业务部分），从人、财、物等方面为 2015 年 1 月起移交地方政府管理（取消省以下质监机构实行垂直管理）做好了准备。

表 8-8-1　焦作市计量行政部门、直属机构沿革一览表

类别 时间	行政部门名称 （下属部门名称）	主要领导人 （下属部门负责人）	计量行政人员	直属机构名称 （地址、面积）	主要领导人	人员、设备资产
1957 年 8 月	焦作市商业局			焦作市商业局计量所 （市解放中路；面积约 45 ㎡）	负责人：刘文清	在职 3 人； 资产 0.5 万元
1960 年 8 月	焦作市科委			焦作市科委计量监督管理所 （市解放西路 11 号；面积约 100 m^2）	所长：牛玉荣	在职 10 人； 资产 1 万元
1962 年 4 月	焦作市科委			焦作市科委计量监督管理所 （市新华南街路东；面积约 50 m^2）	负责人：马殿文	在职 10 人； 资产 2.5 万元
1964 年 3 月	焦作市科委			焦作市科委计量监督管理所 （市塔南路 33 号；办公面积 280 m^2）	所长：王风和	在职 20 人； 资产 5 万元
1969 年	焦作市科委			焦作市科委计量监督管理所 （市塔南路 33 号；办公面积 280 m^2）	所长：贾文运	在职 20 人； 资产 5 万元
1976 年	焦作市科委			焦作市科委计量监督管理所 （市塔南路 33 号；办公面积 280 m^2）	所长：苟守信	在职 20 人； 资产 15 万元
1977 年	焦作市科委			焦作市科委计量管理所 （市塔南路 33 号；办公面积 280 m^2）	所长：党孝贤	编制 23 人， 在职 20 人； 资产 20 万元
1979 年 1 月	焦作市革命委员会计量管理局 （塔南路 33 号）	局长：齐宗儒 副局长：郭广德 （计量科长：李士有）	10 人	焦作市计量检定所 （市塔南路 33 号；办公面积 280 m^2）	所长：韩吉祥	编制 45 人， 在职 20 人； 资产 25 万元
1984 年 1 月	焦作市经委	主任：万士元 副主任：* 李树桐		焦作市计量管理所 （市塔南路 33 号；办公面积 280 m^2）	负责人：马保林	编制 45 人， 在职 36 人； 资产 25 万元
1985 年 3 月	焦作市经委	主任：万士元 副主任：* 李树桐		焦作市计量所 （市塔南路 33 号；办公面积 280 m^2）	副所长，副书记：陈学礼	编制 45 人， 在职 36 人； 资产 25 万元

续表

类别 时间	行政部门名称 （下属部门名称）	主要领导人 （下属部门负责人）	计量行政人员	直属机构名称 （地址、面积）	主要领导人	人员、设备资产
1985 年 6 月	焦作市经委	主任：万士元 副主任：＊李树桐		焦作市计量所 （市塔南路 33 号；办公面积 280 m^2）	所长、书记： 张天艮 副所长、副书记：陈学礼	编制 45 人， 在职 36 人； 资产 25 万元
1987 年 4 月	焦作市标准计量局 （市解放中路，市工业局办公楼一楼西） （计量科）	局长：屠天河 副局长：＊李立丛 （计量科长：高礼庭）	2 人	焦作市计量所 （市塔南路 33 号；办公面积 280 m^2）	所长、书记： 郭玉柱 副所长：王玉胜	编制 50 人， 在职 47 人； 资产 30 万元
1989 年 6 月	焦作市技术监督局 （市解放中路，市工业局办公楼二楼东） （计量科）	局长、书记：贺元馨 副局长：＊李立丛 （计量科长：高庭礼）	3 人	焦作市计量所 （市塔南路 33 号；办公面积 280 m^2）	所长、书记： 郭玉柱 副所长：王玉胜	编制 50 人， 在职 47 人； 资产 40 万元
1991 年 3 月	焦作市技术监督局 （市解放中路，市工业局办公楼二楼东） （计量科）	局长、书记：贺元馨 副局长：＊李立丛 （计量科长：高庭礼）	3 人	焦作市计量所 （市塔南路 33 号；办公面积 280 m^2）	负责人：职林	编制 50 人， 在职 47 人； 资产 40 万元
1991 年 7 月	焦作市技术监督局 （市解放中路，市工业局办公楼二楼东） （计量科）	局长、书记：贺元馨 副局长：＊李立丛 （计量科长：高礼庭）	3 人	焦作市计量所 （市塔南路 33 号；办公面积 280 m^2）	所长、书记：张哲礼 副所长：王玉胜	编制 50 人， 在职 47 人； 资产 40 万元
1992 年 2 月	焦作市技术监督局 （市解放中路，市工业局办公楼二楼东） （计量科）	局长：贺元馨 副局长：＊李立丛 （计量科长：高礼庭）	3 人	焦作市计量所 （市塔南路 33 号；办公面积 280 m^2）	负责人：李金德 副所长：王玉胜	编制 50 人， 在职 47 人； 资产 40 万
1994 年 1 月	焦作市技术监督局 （市解放中路，市工业局办公楼二楼东） （计量科）	局长：贺元馨 副局长：＊李立丛 （计量科长；高礼庭）	3 人	焦作市计量所 （市塔南路 33 号；办公面积 280 m^2）	副所长：王玉胜（主持工作） 副所长：李爱云	编制 50 人， 在职 47 人； 资产 50 万

续表

类别 时间	行政部门名称 （下属部门名称）	主要领导人 （下属部门负责人）	计量行政人员	直属机构名称 （地址、面积）	主要领导人	人员、设备资产
1995 年 6 月	焦作市技术监督局 （市解放中路，市工业局办公楼二楼东） （计量科）	局长：马既东 副局长：* 张民立 （计量科长：高礼庭）	3 人	焦作市计量所 （市塔南路 33 号；办公面积 280 m^2）	所长：魏明白 副所长：王玉胜、李爱云	编制 50 人， 在职 48 人； 资产 85 万
1997 年 3 月	焦作市技术监督局 （市解放中路，市工业局办公楼二楼东） （计量科）	局长：白富海 副局长：张民立 * 倪同焕、李小平 （计量科长：高礼庭）	3 人	焦作市计量所 （市塔南路 33 号；办公面积 280 m^2）	所长：魏明白 副所长：王玉胜 李爱云	编制 50 人， 在职 48 人； 资产 85 万
1999 年 4 月	焦作市质量技术监督局（市解放中路，市工业局办公楼二楼东） （计量科）	局长：闫新富 副局长：张民立、* 李小平 （计量科长：王天祯）	3 人	焦作市计量所 （市塔南路 33 号；办公面积 280 m^2）	所长：李小平（兼） 负责人：王天祯 副所长：王玉胜、李爱云	编制 50 人， 在职 48 人； 资产 85 万
2000 年 1 月	焦作市质量技术监督局（市解放中路，市工业局办公楼二楼东） （计量科）	局长：闫新富 副局长：* 李小平、韩黎明 （计量科长：王玉胜）	3 人	焦作市计量所 （市塔南路 33 号；办公面积 280 m^2）	所长：李小平（兼） 负责人：王天祯 副所长：李爱云	编制 50 人， 在职 48 人； 资产 85 万元
2001 年 3 月	焦作市质量技术监督局（市丰收路 169 号，焦作消防支队西邻） （计量科）	局长：闫新富 副局长：* 李小平、韩黎明、丁德胜 纪检组长：马昕哲 （计量科长：王玉胜）	3 人	焦作市质量技术监督检验测试中心 （以下简称焦作市检测中心） （工业路 119 号；办公面积 2000 m^2）	主任：李海中 副主任：* 吕均富	在岗 35 人， 在职 46 人； 资产 120 万元
2002 年 4 月	焦作市质量技术监督局（市丰收路 169 号，焦作消防支队西邻） （计量科）	局长：闫新富 副局长：李小平、* 丁德胜、韩黎明 纪检组长：马昕哲 （计量科长：王玉胜）	3 人	焦作市检测中心 （工业路 119 号；办公面积 2000 m^2）	主任：李海中 副主任：* 吕均富	在职 35 人； 资产 160 万元
2004 年 5 月	焦作市质量技术监督局（市丰收路 169 号，焦作消防支队西邻） （计量科）	局长：闫新富 副局长：李小平、丁德胜、* 杨杰、袁宏民 纪检组长：李海中 （计量科长：王玉胜）	3 人	焦作市检测中心 （工业路 119 号；办公面积 2000 m^2）	主任：王孝领 副主任：* 杨建国	在职 35 人； 资产 160 万元

续表

类别 时间	行政部门名称（下属部门名称）	主要领导人（下属部门负责人）	计量行政人员	直属机构名称（地址、面积）	主要领导人	人员、设备资产
2006年10月	焦作市质量技术监督局（市丰收路169号，焦作消防支队西邻）（计量科）	局长：闫新富 副局长：丁德胜、*何增涛、袁宏民 纪检组长：李学奎 （计量科长：王玉胜）	3人	焦作市检测中心（工业路119号；办公面积2000 m^2）	主任：王孝领 副主任：*杨建国	在职35人； 资产160万元
2009年6月	焦作市质量技术监督局（市丰收路169号，焦作消防支队西邻）（计量科）	局长：闫新富 副局长：*买金亮、张秉玉、常晓钟、张素勤、王彦 纪检组长：王彦（兼） （计量科长：王建伟）	3人	焦作市质量技术监督检验测试心中心（工业路119号；办公面积2000 m^2）	主任：张素勤（兼） 办公室主任： *宋永生	在职35人； 设备220台（件）， 资产180万元
2012年1月	焦作市质量技术监督局（市丰收路169号，焦作消防支队西邻）（计量科）	局长：李小平 副局长：买金亮、张秉玉、常晓钟、*张素勤 纪检组长：张素勤（兼） （计量科长：王天祯）	3人	焦作市质量技术监督检验测试中心（工业路119号；办公面积2000 m^2）	主任：桑瑞兴 副主任：*张宏伟	在职35人； 设备240台（件）， 资产220万元
2013年8月	焦作市质量技术监督局（市丰收路169号，焦作消防支队西邻）（计量科）	局长：李小平 副局长：买金亮、张秉玉、常晓钟、*张素勤、聂同喜 纪检组长：聂同喜（兼） （计量科长：王天祯）	3人	焦作市质量技术监督检验测试中心（工业路119号；办公面积2000 m^2）	主任：王建伟 副主任：*张宏伟	在职35人； 设备260台（件）， 资产280万元
2014年12月	焦作市质量技术监督局（市丰收路169号，焦作消防支队西邻）（计量科）	局长：李小平 副局长：买金亮、张秉玉、常晓钟、*张素勤、聂同喜、周明光 纪检组长：聂同喜（兼） （计量科长：张敏，主持工作）	3人	焦作市质量技术监督检验测试中心（工业路119号；办公面积2000 m^2）	主任：王建伟 副主任：*周彩霞	在职35人； 设备300台（件）， 资产310万元

说明：

1. 分管焦作市技术监督局、质量技术监督局内设计量业务管理部门和计量技术机构的局领导姓名的左边加“*”号；分管焦作市质量技术监督检验测试中心计量工作的市中心的主任或副主任的姓名左边加“*”号。

2. 建筑面积主要包含办公室面积、实验室面积，不包含住宅面积。

3. 设备台（件）数仅包含计量标准器具和辅助计量仪器设备。

4. 设备资产（万元）指计量标准器具和辅助计量仪器设备的原值。

第九节 濮阳市计量大事记

编撰工作组 **组 长** 吕淑华
副组长 王 辉
成 员 霍 磊 赵寒川

1985 年

4 月 19 日，市编委发文，同意市标准计量办公室编制 16 名（事业），其中：计量测试所（以下简称市所）3 名，由胜庚雪负责。自此，计量测试所正式挂牌成立，隶属濮阳市标准计量办公室。

1988 年

12 月 10 日，市所检测大楼建成投入使用，4 层双面楼，建筑面积 2000 m^2。
◎ 25 日，市所由管兰增负责。

1989 年

10 月 30 日，市所血压计标准装置获“计量标准证书”。

1990 年

4 月 10 日，市编委发文，市计量测试所为相当科级事业单位。
是年 市所的酸度计检定装置、精密压力表标准装置、心脑电图机检定装置获“计量标准证书”。

1991 年

是年 市所的单光束紫外可见分光光度计检定装置、可见分光光度计检定装置、车速里程表检定装置获“计量标准证书”。

1993 年

2 月 16 日，濮阳市技术监督局（以下简称市局）任命边延松为市所所长，内设：业务办公室、收发室、理化室和综合检测室。
3 月 10 日，市局发文，对全市辖区内的强制检定和依法管理的计量器具实行周期检定。
4 月 2 日，市局对全市法定计量机构进行监督检查。

1994 年

8 月 1 日，市局对生产经销石油产品企业进行产品质量、计量监督检查。

1995 年

5 月 2 日，市局组织对出租车计价器进行计量检定。
9 月 20 日，市局统一馒头、挂面计量标准，严禁缺斤少两，并进行最高限价。
是年 市局对 20 种零售商品、医疗卫生单位进行监督检查。

1996 年

4 月 市所对医用诊断 X 辐射源和三相电能表进行强制检定。
5 月 5 日，市局对濮阳市水表检测站计量授权。
6 月 26 日，市局对市直和中原油田工业企业进行计量执法监督检查。
是年 市局对散装啤酒市场和建筑工程中安装使用的水表、电能表、煤气表监督检查。为进一步加强对全市市场的监督管理，弥补监督人员不足，市局研究决定，成立了濮阳市职工质量计量监督站。

1997 年

6 月 4 日，市所对出租汽车计价器开展检定。

9 月 22 日，市编委发文：保留濮阳市计量测试所，规格相当科级，事业编制 20 名，经费实行全额预算管理。

11 月 16 日，市所通过省局法定计量检定机构计量授权现场考核验收。

12 月 12 日，濮阳市 10 家加油站获得“计量质量信得过加油站”称号。

1998 年

2 月 10 日，市所对散装啤酒桶实行周期检定，检定周期为一年。

2 月 18 日，市局决定在市城区及县城内公众贸易中淘汰杆秤，推广电子秤。

7 月 24 日，市局对医疗单位使用的强制检定计量器具进行检查。

8 月 10 日，市局对市天然气公司气体流量监测中心进行计量授权。

11 月 26 日，市局对中原石油勘探局授权在内部开展非强制检定。

12 月 31 日，管燕华任市所所长。

1999 年

1 月 10 日，省局对市所进行计量授权，检测项目覆盖 9 大类 84 种计量器具。市所成立眼镜公正计量站、土地房屋面积公正计量站、称重公正计量站、黄金饰品公正计量站。

6 月 23 日，市局发文，要求加强农业和农村计量监督工作。

8 月 24 日，市局要求对机动车车速里程表实施周期强制检定。

12 月 16 日，省编委办公室和省局联合发文，决定：濮阳市计量所与濮阳市质检所合并，成立濮阳市质量技术监督检验测试中心（以下简称市中心），机构规格副处级，财政全供事业编制 68 名。

2000 年

6 月 28 日，市局决定对全市的法定技术机构和授权计量检定机构进行抽查考核。

9 月 5 日，市局开展中秋节市场商品质量、计量大检查。

2001 年

2 月 16 日，河南省质量技术监督局下发《关于管红光等三名同志任职的通知》（豫质监党组字［2002］35 号），刘振生任市中心主任。

11 月 1 日，市局对 10 类定量包装商品净含量进行抽查。

2002 年

4 月 3 日，市局对全市集贸市场和加油站进行全面整治。

2003 年

4 月 8 日，市局开展“光明工程”活动，进行了第二期眼镜从业人员培训、技能鉴定工作。

2004 年

2 月 17 日，市局成立“计量技术考核机构领导小组”。

5 月 20 日，为庆祝“5·20 世界计量日”，市局决定对近几年计量工作成绩突出的 24 家单位进行表彰，并授予“计量工作先进单位”称号。

2005 年

3 月 22 日，市局开展眼镜店等级评定。

是年 市局对粮棉市场收购、销售环节和集贸市场、超市量贩、商店使用的电子秤等计量器进行专项计量监督检查。

2006 年

3 月 1 日，市局开展了关于定量包装商品生产企业计量保证能力评价工作。

◎ 16 日，赵海军任市中心主任。

2007 年

5 月 19 日，市局“5·20 世界计量日”宣传活动期间免费举办计量知识培训班。

6 月 29 日，市中心开展可燃气体检测报警器强制检定。

7 月 30 日，市局印发《关于开展强制检定工作计量器具建档工作实施方案》。

12 月 12 日，市中心对汽车油罐车容量开展强制检定。

2008 年

6 月 30 日，市局对市中心计量授权：计量检定项目 54 项、校准项目 1 项、检测项目 6 项。

8 月 20 日，市局对全市质检系统已取证的计量检定人员组织了一次计量基础知识集中考试。

是年 市局开展“关注民生，计量惠民”活动。开展“健康计量进医院”“光明计量进镜店”活动，并进行了计量监督专项检查。

2009 年

2 月 24 日，市局加强“诚信计量进市场”活动和“商业、服务业诚信计量示范单位”评定活动，对全市集贸市场进行了摸底调查。

3 月 5 日，市局开展“诚信计量模范商户”认定活动。

5 月 20 日，市局启动节能服务工程，开展能源计量评定。

6 月 16 日，市局开展“计量惠民进社区”活动。

10 月 25 日，市局开展 2009 年度县级法定计量检定机构考核。

2011 年

是年 市局开展眼镜制配场所计量监督检查；加油机专项计量监督检查；举行了全市计量检定人员理论知识竞赛。

2012 年

是年 市局开展了医疗卫生用强检计量器具的执法检查，电子计价秤器专项检查，制造、销售计量器具企业专项监督检查，医疗卫生机构计量监督检查，加油（气）站计量监督专项检查和汽车衡专项监督检查。

2013 年

5 月 20 日，市局组织开展“5·20 世界计量日”宣传活动。

7 月 5 日，市局开展“计量惠民生，诚信促和谐”活动。

10 月 6 日，市局获省局贯彻国务院《计量发展规划（2013—2020 年）》知识竞赛三等奖。

12 月 3 日，市局开展集贸市场计量专项整治。

2014 年

4 月 10 日，市局开展“服务民生计量践行群众路线教育”活动。

5 月 投资 4000 万元，建筑面积 18000 m^2 的市综合检测办公大楼正式投入使用，市中心软硬件设施有了很大改善。

8 月 28 日，市局开展重点用能单位能源计量审查工作。

是年 市局开展了加油机和民用“四表”专项监督检查；免费为市民检定血压计 100 余台，维修 60 余台；开展了“集贸市场计量器具免费检定”服务活动，为 8 个集贸市场免费检定称重 500 kg 以下衡器 1600 余(台)件；签订“诚信计量承诺书” 149 份。

表8-9-1　濮阳市计量行政部门、直属机构沿革一览表

类别 时间	行政部门名称 （下属部门名称）	主要领导人 （下属部门负责人）	计量行政人员	直属机构名称 （地址、面积）	主要领导人	人员、 设备资产
1984年	濮阳市标准计量办公室（副县级） 地址：濮阳市昆吾路	主任：王栓林 副主任：张汉甲、张惠宪	3人			
1985年4月	濮阳市标准计量办公室（副县级） 地址：濮阳市昆吾路	主任：王栓林 副主任：*张汉甲、张惠宪	3人	计量测试所 （大庆路中段；100 m^2）	胜庚雪	编制3人
1988年	濮阳市标准计量办公室（副县级） 地址：濮阳市昆吾路	主任：王栓林 副主任：*张汉甲、张惠宪、王翠环	4人	计量测试所 （濮阳市昆吾路10号；占地面积1000 m^2）	管兰增	编制3人
1995年	濮阳市技术监督局（正县级） 地址：濮阳市黄河路中段 （计量科）	局长、局党组书记：张国朝 副局长：*张汉甲 （科长：胜庚雪）	计量科 2人	濮阳市计量所 （濮阳市昆吾路10号；占地面积1000 m^2）	边延松	编制15人； 设备34台（件）， 10万元
1997年5月	濮阳市技术监督局（正县级） 地址：濮阳市黄河路中段 （计量科）	局长、局党组书记：张国朝 副局长：张汉甲、*边延松 纪检组长：惠运周 （科长：胜庚雪）	计量科 2人	濮阳市计量所 （濮阳市昆吾路10号；占地面积1000 m^2）	管燕华	编制15人； 设备34台（件）， 10万元
1998年12月	濮阳市技术监督局（正县级） 地址：濮阳市黄河路中段 （计量科）	局长、局党组书记：张国朝 副局长：张汉甲、*边延松 纪检组长：惠运周 （科长：胜庚雪）	计量科 2人	濮阳市计量所 （濮阳市昆吾路10号；占地面积1000 m^2）	管燕华	编制15人； 设备34台（件）， 10万元
1999年4月	濮阳市技术监督局（正县级） 地址：濮阳市黄河路中段 （计量科）	局长、局党组书记：刘子卿 副局长：张汉甲、*边延松 纪检组长：惠运周 （科长：胜庚雪）	计量科 2人	濮阳市计量测试所 （濮阳市昆吾路10号；占地面积1000 m^2）	管燕华	编制15人； 设备34台（件）， 10万元
2001年3月	濮阳市质量技术监督局（正县级） 地址：濮阳市黄河路中段 （计量科）	局长、局党组书记：刘子卿 副局长：*惠运周、马广欣、管红光 纪检组长：刘敬环 （科长：管燕华）	计量科 2人	濮阳市质量技术监督检验测试中心（以下简称濮阳市检测中心） （濮阳市昆吾路10号；占地面积1000 m^2）	中心主任：刘振生 中心副主任：冯钢、管燕华、李献甫、罗泽华	编制58人； 98台（件）， 78万元

续表

类别 时间	行政部门名称 （下属部门名称）	主要领导人 （下属部门负责人）	计量行政人员	直属机构名称 （地址、面积）	主要领导人	人员、设备资产
2002 年 10 月	濮阳市质量技术监督局（正县级） 地址：濮阳市黄河路中段 （计量科）	局长、局党组书记：刘子卿 副局长：* 惠运周、马广欣、管红光 纪检组长：谷学轩 （科长：周明伟）	计量科 2 人	濮阳市检测中心 （濮阳市昆吾路 10 号；占地面积 1000 m^2）	中心主任：刘振生 中心副主任：冯钢、李献甫、罗泽华	编制 58 人； 98 台（件）， 78 万元
2003 年 3 月	濮阳市质量技术监督局（正县级） 地址：濮阳市黄河路中段 （计量科）	局长、局党组书记：刘子卿 副局长：* 惠运周、马广欣、管红光 纪检组长：谷学轩 （科长：赵仲剑）	计量科 2 人	濮阳市检测中心 （濮阳市昆吾路 10 号；占地面积 1000 m^2）	中心主任：刘振生 中心副主任：冯钢、李献甫、罗泽华	编制 58 人； 98 台（件）， 78 万元
2005 年 1 月	濮阳市质量技术监督局（正县级） 地址：濮阳市黄河路中段 （计量科）	局党组书记：刘子卿 局长：付庆书 副局长：* 惠运周、马广欣、管红光 纪检组长：谷学轩 （科长：赵仲剑）	计量科 2 人	濮阳市检测中心 （濮阳市昆吾路 10 号；占地面积 1000 m^2）	中心主任：刘振生 中心副主任：冯钢、李献甫、罗泽华	编制 58 人； 98 台（件）， 78 万元
2005 年 5 月	濮阳市质量技术监督局（正县级） 地址：濮阳市黄河路中段 （计量科）	局长、局党组书记：付庆书 副局长：马广欣、管红光、* 谷学轩 纪检组长：郑其飞 （科长：赵仲剑）	计量科 2 人	濮阳市检测中心 （濮阳市昆吾路 10 号；占地面积 1000 m^2）	中心主任：刘振生 中心副主任：冯钢、李献甫、罗泽华	编制 58 人； 98 台（件）， 78 万元
2005 年 6 月	濮阳市质量技术监督局（正县级） 地址：濮阳市黄河路中段 （计量科）	局长、局党组书记：付庆书 副局长：马广欣、管红光、* 谷学轩 纪检组长：郑其飞 （科长：赵仲剑）	计量科 2 人	濮阳市检测中心 （濮阳市昆吾路 10 号；占地面积 1000 m^2）	中心主任：吕淑华 中心副主任：冯钢、李献甫、罗泽华	编制 58 人； 98 台（件）， 78 万元
2006 年 2 月	濮阳市质量技术监督局（正县级） 地址：濮阳市黄河路中段 （计量科）	局长、局党组书记：付庆书 副局长：马广欣、管红光、* 谷学轩、刘振生 纪检组长：郑其飞 （科长：赵仲剑）	计量科 2 人	濮阳市检测中心 （濮阳市昆吾路 10 号；占地面积 1000 m^2）	中心主任：吕淑华 副主任：冯钢、李献甫、	编制 59人， 在职 80 人； 98 台（件）， 120 万元
2006 年 3 月	濮阳市质量技术监督局（正县级） 地址：濮阳市黄河路中段 （计量科）	局长、局党组书记：付庆书 副局长：马广欣、管红光、* 谷学轩、刘振生 纪检组长：郑其飞 （科长：赵仲剑）	计量科 2 人	濮阳市检测中心 （濮阳市昆吾路 10 号；占地面积 1000 m^2）	中心主任：赵海军 副主任：李献甫、宋建民、梁现国	编制 59人， 在职 80 人； 98 台（件）， 120 万元

续表

时间＼类别	行政部门名称 （下属部门名称）	主要领导人 （下属部门负责人）	计量行政人员	直属机构名称 （地址、面积）	主要领导人	人员、设备资产
2008 年 2 月	濮阳市质量技术监督局（正县级） 地址：濮阳市黄河路中段 （计量科）	局长、局党组书记：韩黎明 副局长：马广欣、管红光、＊谷学轩、刘振生 纪检组长：郑其飞 （科长：赵仲剑）	计量科 2 人	濮阳市检测中心 （濮阳市昆吾路 10 号；占地面积 1000 m^2）	中心主任：赵海军 副主任：李献甫、宋建民、梁现国	编制 59 人，在职 103 人；98 台（件），120 万元
2008 年 5 月	濮阳市质量技术监督局（正县级） 地址：濮阳市黄河路中段 （计量科）	局长、局党组书记：韩黎明 副局长：马广欣、管红光、＊谷学轩、刘振生 纪检组长：职玉森 （科长：赵仲剑）	计量科 2 人	濮阳市检测中心 （濮阳市昆吾路 10 号；占地面积 1000 m^2）	中心主任：赵海军 副主任：李献甫、宋建民、梁现国	编制 59 人，在职 103 人；98 台（件），120 万元
2009 年 11 月	濮阳市质量技术监督局（正县级） 地址：濮阳市黄河路中段 （计量科）	局长、局党组书记：韩黎明 副局长：＊马广欣、管红光、刘振生 纪检组长：吕淑华 （科长：赵仲剑）	计量科 2 人	濮阳市检测中心 （濮阳市昆吾路 10 号；占地面积 1000 m^2）	中心主任：赵海军 副主任：李献甫、宋建民、梁现国	编制 59人，在职 103 人；98 台（件），120 万元
2010 年 2 月	濮阳市质量技术监督局（正县级） 地址：濮阳市黄河路中段 （计量科）	局长、局党组书记：韩黎明 副局长：＊马广欣、管红光、刘振生 纪检组长：吕淑华 （科长：张世杰）	计量科 2 人	濮阳市检测中心 （濮阳市昆吾路 10 号；占地面积 1000 m^2）	中心主任：赵海军 副主任：李献甫、宋建民、梁现国	编制 59 人，在职 101 人；98 台（件），120 万元
2010 年 2 月	濮阳市质量技术监督局（正县级） 地址：濮阳市黄河路中段 （计量科）	局长、局党组书记：韩黎明 副局长：＊马广欣、管红光、刘振生 纪检组长：吕淑华 （科长：张世杰）	计量科 2 人	濮阳市检测中心 （濮阳市昆吾路 10 号；占地面积 1000 m^2）	中心主任：赵海军 副主任：李献甫、葛广乾	编制 75 人，在职 101 人；128 台（件），120 万元
2010 年 11 月	濮阳市质量技术监督局（正县级） 地址：濮阳市黄河路中段 （计量科）	局长、局党组书记：韩黎明 副局长：＊马广欣、管红光、刘振生 纪检组长：吕淑华 （科长：张克峰 副科长：赵美云）	计量科 2 人	濮阳市检测中心 （濮阳市昆吾路 10 号；占地面积 1000 m^2）	中心主任：赵海军 副主任：李献甫、葛广乾、王辉	编制 59 人，在职 101 人；98 台（件），120 元
2011 年 4 月	濮阳市质量技术监督局（正县级） 地址：濮阳市黄河路中段 （计量科）	局长、局党组书记：张建庄 副局长：＊马广欣、管红光、刘振生 纪检组长：吕淑华 （科长：张克峰 副科长：赵美云）	计量科 2 人	濮阳市检测中心 （濮阳市昆吾路 10 号；占地面积 1000 m^2）	中心主任：赵海军 副主任：李献甫、葛广乾、王辉	编制 59 人，在职 114 人；98 台（件），120 万元

续表

类别 时间	行政部门名称 （下属部门名称）	主要领导人 （下属部门负责人）	计量行政人员	直属机构名称 （地址、面积）	主要领导人	人员、设备资产
2012 年 6 月	濮阳市质量技术监督局（正县级） 地址：濮阳市黄河路中段 （计量科）	局长、局党组书记：张建庄 副局长：管红光、刘振生、* 吕淑华 纪检组长：赵海军 （科长：王辉 副科长：赵美云）	计量科 2 人	濮阳市检测中心 （濮阳市昆吾路 10 号；占地面积 1000 m^2）	中心主任：谢宏君 副主任：葛广乾、程雪生、张福伟	编制 85 人， 在职 132 人； 178 台（件）， 215 万元
2014 年 2 月	濮阳市质量技术监督局（正县级） 地址：濮阳市黄河路中段 （计量科）	局长、局党组书记：管红光 副局长：刘振生、* 吕淑华、赵海军 纪检组长：崔中士 （科长：王辉 副科长：赵美云）	计量科 2 人	濮阳市检测中心 （濮阳市京开大道与绿城路交叉向西 200 m 路北；占地面积 8000 m^2）	中心主任：赵洪涛 副主任：葛广乾、程雪生、张福伟	编制 87 人， 在职 101 人； 235 台（件）， 295 万元

说明：

1. 分管濮阳市技术监督局、质量技术监督局内设计量业务管理部门和计量技术机构的局领导姓名的左边加“*”号；分管濮阳市质量技术监督检验测试中心计量工作的市中心的主任或副主任的姓名左边加“*”号。

2. 建筑面积主要包含办公室面积、实验室面积，不包含住宅面积。

3. 设备台（件）数仅包含计量标准器具和辅助计量仪器设备。

4. 设备资产（万元）指计量标准器具和辅助计量仪器设备的原值。

第十节　许昌市计量大事记

编撰工作领导小组　**组　长**　宋建立
副组长　琚炜卿　陈卫哲
成　员　周留法　王建军　刘荣立　孙　敏　左新建

编撰办公室　**主　任**　周留法
副主任　王建军　刘荣立　孙　敏　左新建
成　员　左新建　彭学伟　刘瑞蓉

编　撰　组　**组　长**　孙　敏
副组长　王建军　刘荣立
成　员　左新建　彭学伟　刘瑞蓉

1949 年

是年　许昌度量衡管理工作，由许昌市政府工商科负责。

1955 年

是年　禹县成立度量衡供销生产合作社。

1956 年

11 月　市商业局胥银志参加了国家计量局在南京举办的第一期计量干部训练班。

是年　许昌市笼秤合作社在全国合作化高潮中成立。

1958 年

2 月　市商业局成立了许昌市商业局计量检定管理所（以下简称市所），仅 2 人，从事木杆秤和地秤检修。

9 月　14 日，市商业局将市所并入行政办公室，其工作业务不变。

10 月—12 月　中共许昌市商业局委员会发文，决定在全市进行木杆秤改革，由市制十六两制改为十两制，取消了旧杂制秤。

1959 年

4 月　中共许昌市商业局委员会把计量检定管理所移交给许昌市科学技术委员会，更名为许昌市计量检定管理所，办公地点由商业局院内搬出，设在市南大街 33 号办公。归市科委后，人员增至 5 人，主要业务是木直尺、衡器的检修和管理。

1960 年

是年　许昌市、许昌县行政合并，市所迁址市西大街 102 号，仍属市科委，房屋 24 间，先后开展了长度、热学、力学、电学等检修工作。

1961 年

是年　许昌市、许昌县行政分设，市所仍属市科委。

1962 年

7 月　市科委撤销。

1964 年

是年　长葛县所对全县 350 名秤工进行了首次技术考核，并对合格者颁发了“操作合格证书”。

1965 年

是年　曹金铎任市所所长。

1967 年 **是年** 长葛县董村人民公社成立了口王五·七衡器综合厂、高庄衡器厂、王庄衡器厂、吴刚衡器厂等 100 多个从事木杆秤生产的厂、社、组。

1969 年 **是年** 经许昌市军事管制委员会批准，成立了许昌市计量检定管理所革命领导小组，组长彭海林。

◎ 长葛县木杆秤开始销往新疆维吾尔自治区的伊犁、塔城、和田等地及西藏自治区的那曲地区。

1970 年 **是年** 许昌市革命委员会生产指挥部发文，撤销市计量检定管理所，其长度、热学、力学检定设备和人员并入市第一内燃机配件厂，衡器检定设备和人员并入许昌刃具厂，但财产权仍归市财政。

1971 年 **是年** 口王五·七衡器综合厂应伊犁邀请派秤工 2 人赴新疆伊犁地区检修木杆秤，河南省军事管制委员会签发了禁区护照。

1973 年 **6 月** 市科委恢复，党组成员、副主任许中和主持工作。

1974 年 **4 月** 市革命委员会生产指挥部发文，恢复许昌市计量机构，定名为许昌市标准计量管理所（以下简称市所），隶属市科委，办公地点在市南大街 33 号，房屋 22 间，召回检定设备及人员，恢复了市所革命领导小组，组长彭海林。人员 6 人，标准器具只有 25 kg 四等标准砝码 3.5 吨和 50 kg 万分之一天平 1 架。

11 月 20 日，市财政拨款 1 万元，新建计量室 200 m^2。

1975 年 **5 月** 26 日，许昌地区革命委员会生产指挥部，同意新建市所计量室，第一次征用市郊公社樊沟大队耕地 3.5 亩。

8 月—9 月 省局和地区革命委员会生产指挥部共同拨款 8 万元，筹建禹县等 10 县标准计量所。

1976 年 **4 月** 市所再次征地 7.8 亩（5200 m^2），在市西郊向阳路新建办公室和计量测试室 23 间，面积计约 410 m^2。

1977 年 **10 月** 杨国彬任市所党组织负责人。

1978 年 **5 月** 省局在长葛县召开全省“河南省戥秤改革会议”。

8 月—10 月 改革中医处方用药计量单位，全市所有医药部门、医院按国家规定更换完戥秤，经验收合格，获省局好评。

1979 年 **8 月—9 月** 市所移交许昌地区，更名为许昌地区标准计量管理所（以下简称地区所），隶属地区科委。

10 月 9 日，地区所成立后，第一次在郾城召开了全区计量工作会议。

11 月 地区所由南大街迁往向阳路 4 号，原南大街房产由市政府收回。

12 月 地区所内设办公室、财务室、长度室、热工室、力学室和衡器室。

1980 年 **6 月** 地区所计量“五查”评比小组进行了计量“五查”评比，评出了长葛等 7 县计量所和许昌继电器厂等先进单位。

1981 年 **3 月** 地区所投资近 2 万元建立测力、硬度计量标准，并开展计量检定。

5 月 地区行政公署颁布《关于加强计量管理的通告》。

1982 年 **9 月** 8 日，地区行政公署办公室转发了地区所《关于计量检查情况的报告》。

10 月 地区所、地区商业局等联合发文，要求县木杆秤由非定量砣改革为定量砣。

1983 年 **4 月** 许昌所要求没收禁用旧杂制衡器。

1984 年 **8 月** 地区所开展创优产品企业计量评审，对创省优的 15 个单位 19 个品种全部检查，验收合格。

10 月 11 日，张松森任地区所党支部书记。

◎ 30 日，张松森任地区所所长。

1985 年 **2 月** 5 日，许昌地区宣传贯彻推行法定计量单位工作会议召开。省局副局长阴奇作讲话；地区所所长张松森作工作报告；地区行署副专员王延明作会议总结报告。

3 月 2 日，地区所划归地区对外经贸委，更名为许昌地区计量管理所。

◎ 6 日，许昌地区行政公署办公室印发《许昌地区全面推行法定计量单位的实施意见》。

6 月，省局在长葛召开了全省木杆秤、竹木直尺向法定计量单位过渡的“改制座谈会”。

7 月—10 月 省计量局、工商行政管理局、商业局、粮食局、供销合作社、第一轻工厅联合颁发了《杆秤、竹木直尺计量单位改制实施意见（试行）的通知》。地区计量管理所研究了改制方案和具体措施，许昌市、县完成木杆秤、竹木直尺改制 1 万余件。

9 月 26 日，全区能源计量验收工作会议召开。

10 月 省局副局长张祥林赴长葛检查推行法定计量单位情况。

1986 年 **4 月** 许昌地区撤销，实行市辖县，地区所更名为许昌市计量管理所，隶属市经委。

5 月 8 日，许昌市编委发文设立许昌市标准计量局（以下简称市局）。市所划归市局，更名为许昌市计量测试所（以下简称市所）。

6 月 13 日，省局局长魏翊生、市副市长白喜臣、市司法局局长谢清科参加了许昌市宣传贯彻《计量法》大会，并作讲话。

8 月 25 日，许继电子电器有限公司获国家一级计量单位称号。

11 月 27 日，市局聘任国家二级计量定级考核评审员 6 名，国家三级计量定级考核评审员 15 名。

12 月 29 日，谈富龙任许昌市局局长，张松森为副局长兼市所所长。

是年 市政府拨款 15 万元，市所建设计量测试楼 1 栋，工期 1 年，面积 1050 m^2，其中恒温室面积 110 m^2。

1987 年 **2 月** 副市长白喜臣出席市标准计量工作会议并作总结讲话。

11 月 10 日，市局公布《许昌市第一批强制检定的工作计量器具目录》。

12 月 许昌市计量测试学会成立。

1988 年

4 月—9 月 市所进行试验室整顿，通过验收。

10 月 20 日，市局聘任首批计量标准三级考评员。

11 月 8 日，市局印发《出租汽车安装使用里程计价表的规定》。

1989 年

12 月 16 日，市所获市级文明单位称号。

是月 市所开展分光光度计、光电比色计、血压计、心电图机的计量检定。

1991 年

6 月 24 日，谈富龙任许昌市技术监督局局长。

1992 年

4 月 16 日，李凤臣撰写的标准、计量稿编入《许昌市志》。

11 月 市局成立许昌市流量仪表厂、许昌市方园技术贸易公司。

是年 市所成立许昌市计量仪器厂，主要生产互感器。

1993 年

12 月 26 日，市所举行庆祝建所 35 周年大会。

是年 市所通过推行经济承包责任制，检定收入达到 35 万元，比上年度提高 67%，创历史最高水平。

1994 年

10 月 20 日，市物价局、市局技监〔94〕84 号文件联合发文，开展执行物价计量政策法规最佳单位评选活动。

1995 年

2 月 13 日，市局印发《许昌市计量工作（1995—1997）三年规划》。

4 月 24 日，市局建立许昌市技术监督局金银检测中心。

1996 年

5 月 21 日，王有桓任市局党组书记。

◎ 22 日，王有桓任市局局长。

7 月 8 日，市局对机动车车速里程表依法开展周期检定。

9 月 市所和市交警支队汽车检测中心联合开展机动车车速里程表的计量检定。

1997 年

6 月 30 日，市局印发《关于长葛市董村衡器市场整顿情况的报告》。

是月 市所通过了省局法定计量检定机构整顿验收，并获计量授权。

7 月 21 日，市局对定量包装机、定量灌装机实施强制检定。

9 月 26 日，市局整体搬迁，由市三八路医药公司办公楼三楼迁至颍昌大道 3 号新办公楼，约 3000 m^2，结束了一直靠租赁房屋办公的局面。30 日，市局举行乔迁剪彩仪式，省局副局长赵亚平、副市长李新贵参加仪式并分别讲话。

10 月 随着区划调整，襄城县局由平顶山市划归许昌市局管辖。

1998 年

4 月 2 日，市局批准市所成立许昌市房地面积计量公正站。6 日，市局对全市销售的商品房面积进行计量监督检查。

6 月 8 日，市局批准市所成立计量器具产（商）品质量检验站和许昌市金银饰品公正检验站。

6 月 25 日，市局要求做好强制检定工作计量器具统计工作。

10 月 5 日，市局要求在县以上城镇商站和固定摊位限制使用杆秤。

12 月 24 日，市所举行建所 40 周年大会。

1999年

9月 9日，市局批准市所成立许昌市产（商）品量计量公正站。

11月 10日，市局印发《成立许昌市燃气仪表计量检定测试站的批复》。

12月 16日，省编委与省局联合发文：许昌市质量技术监督局（以下简称市局）机构规格正处级；下设许昌市质量技术监督检验测试中心（以下简称市中心），机构规格副处级，财政全供事业编制73名。

是年 市局对市环境保护监测站计量授权；对蒸汽流量计量装置和电能表施行强制检定。

2000年

1月 6日，市所整体搬迁，与市产品质量监督检验所合并成立市检测中心，地址：许昌市新兴路125号，暴许生为市中心主任。

12月 18日，市局成立许昌市"光明工程"活动领导小组。

2001年

11月 12日，市局发文，进一步贯彻落实加油机安装税控装置。

是年 市局对许继集团有限公司计量中心的玻璃量器和玻璃温度计进行计量授权，对市燃气仪表计量检定测试站计量授权。

2002年

2月 26日，市局开展定量包装商品净含量计量监督检查。

4月 27日，市局发布《许昌市瓶装液化石油气监督管理办法》。

是月 市局举办JJF 1033—2001《计量标准考核规范》宣传贯彻培训班。

10月 赵松林任市局局长。

2003年

2月 市中心在中心院内兴建检测楼1栋，5月底竣工，面积1056.34 m^2。

3月 市中心实现检定、校准证书和测试报告采用微机打印。

5月—6月 市局对防雷检测机构监督检查；对"电能表、水表、燃气表、热量表"首检进行监督检查。

7月 市中心（计量部分）通过省局法定计量检定机构考核，并获计量授权。

10月 26日，全市近300名计量检定员参加《计量基础知识》考试，市中心参考人员全部通过。

2004年

2月 18日，市局加强煤气表等强检计量器具使用安装前实施首次检定。

5月 12日，市局对全市电话计时计费装置实施强制检定。

6月 市中心投资38万元，建立"涡街流量计检定装置"，建在了热电厂院内，是全国第一个可以回收热蒸汽的计量检定装置。

10月 29日，市局上报《关于对长葛市董村衡器市场被新闻媒体曝光事件的报告》。

◎ 市中心建立"电话计时计费装置检定装置"，通过省局建标考核，分别与电信公司、网通公司、铁通公司签订了周期检定协议。

2005年

6月 李德春任市中心主任（副处级）。

11月 市中心对全市1400辆出租车安装计价器。

2006年

5月 29日，市中心刘荣立、张雪峰、孙敏、吕爱民、左新建获"国家二级计量标准考评员证书"。

9月 30日，市局对电力系统计量标准考核和关口表进行计量检定授权。

10月 市中心李新安获省局组织的电能表检定项目技术比武个人第一名。

2007 年

9 月 市中心建立了四轮定位仪检定装置和动平衡机检定装置，对全市 100 多家汽车维修行业计量器具进行了周期检定。

2008 年

7 月 市中心通过省局法定计量检定机构计量授权考核，获计量授权检定 84 项、校准 10 项、检测 4 项。

10 月 市中心孙敏获省局组织的加油机检定项目技术比武第一名。

2009 年

1 月 8 日，琚炜卿任市中心主任。

3 月 市中心马四松、孙满收获“二级注册计量师资格证书”。

5 月 20 日，市局发文，表彰“计量工作先进单位”和“计量工作先进个人”。

是月 市中心被省局授予河南省计量工作先进单位称号，刘荣立被省局授予计量工作先进个人称号。

10 月 市质监系统派 6 人参加省局系统技术工人比武活动，多人获奖。

10 月 23 日，位于市区天宝路与八龙路交汇处的许昌市“国家发制品及护发用品质量监督检验中心”奠基仪式举行。省局局长高德领、市委书记毛万春在仪式上发表讲话，市长李亚主持。

12 月 31 日，市局印发《关于对长葛市电力工业公司等单位计量中心授权的通知》和《关于对县级供电公司实施计量授权监督管理的通知》。

是月 长葛、禹州、鄢陵、襄城、许昌县检测中心由省局派组长、市局派考评员组成考核组对其进行法定计量检定机构考核，全部通过并获市局计量授权。

是年 市中心投资 58 万元建立了“音速喷嘴式气体流量标准装置”，因需要较大功率电力和 120 m^2 通间房屋，经协商安装在八一路热力公司院内，后经中国计量科学研究院检定合格后，投入使用。

2010 年

7 月 6 日，市局转发省局《关于对系统内市、县检测中心减免部分检定 / 校准费用的通知》。

2011 年

6 月 市中心彭学伟、刘玉峰、黄永刚 3 人获“国家一级注册计量师资格证书”。

7 月 5 日，市局印发关于组织《许昌计量大事记》编撰情况的报告。

2012 年

9 月 市局整体搬迁，由许昌市颍昌路 3 号搬至市东城区龙兴路西段国家发制品及护发用品质量检验中心（以下简称国家质检中心）院内，主楼面积 17296 m^2。

12 月 市中心搬迁，由新兴路 125 号搬至市东城区龙兴路西段国家质检中心院内，检测楼面积 6295 m^2。

是年 市中心投资 15 万元为力学室购置测力传感器。

2013 年

5 月 29 日，市局印发《关于成立许昌市计量志编撰工作领导小组》的通知。

7 月 市中心（计量部分）通过了省局法定计量检定机构考核，获计量授权检定 83 项、校准 8 项、检测 4 项。

是月 市中心常姝云获得“国家二级计量标准考评员证书”。

8 月 8 日，陈卫哲任市中心主任。

10 月 市中心流量室由八一路热力公司院内迁至华佗路西段（原锅检所）院内，出租车计价器检定装置和衡器室一并迁往，检测室面积约 720 m^2。

2014年

5月 市中心吕爱民、张雪峰、张改革、郑黎元、孙旭生获“国家二级注册计量师资格证书”。

9月 1日，市局开展医疗卫生机构在用计量器具普查及建立信息库的工作。

表8-10-1　许昌市计量行政部门、直属机构沿革一览表

类别 时间	行政部门名称 （地址、下属部门名称）	主要领导人 （下属部门负责人）	计量行政人员	直属机构名称 （地址、面积）	主要领导人	人员、设备资产
1958年2月	许昌市商业局（正科） 地址：魏胡同2号	副市长兼局长：藏文清 副书记、副局长：韩清轩		许昌市商业局计量检定管理所 （地址：魏胡同2号）	负责人：胥银志	编制2人， 在职2人； 5台（件），1万元
1960年	许昌市科学技术委员会（简称许昌市科委）（正科） 地址：人民路22号	支部书记、副主任：许中和 副主任：刘君伟、柴何		许昌市计量检定管理所 （地址：西大街102号；占地面积500 m^2，建筑面积约340 m^2，其中：办公室面积180 m^2，实验室面积160 m^2）	负责人：闫治安	编制5人， 在职5人； 10台（件），2万元
1965年				许昌市计量检定管理所 （地址：西大街102号；占地面积500 m^2，建筑面积约340 m^2，其中：办公室面积180 m^2，实验室面积160 m^2）	所长：曹金铎	编制5人， 在职5人； 10台（件），2万元
1968年				许昌市计量检定管理所 （地址：西大街102号；占地面积500 m^2，建筑面积约340 m^2，其中：办公室面积180 m^2，实验室面积160 m^2）	负责人：彭海林	编制12人， 在职12人； 20台（件），5万元
1969年11月				市所许昌市计量检定管理所 （地址：西大街102号；占地面积500 m^2，建筑面积约340 m^2，其中：办公室面积180 m^2，实验室面积160 m^2）	负责人：王杰	编制12人， 在职12人； 20台（件），5万元
1974年4月	许昌市科委（正科） 地址：人民路22号	党组成员、副主任：许中和		许昌市标准计量管理所 （地址：南大街33号；占地面积370 m^2，建筑面积约300 m^2，其中：办公室面积150 m^2，实验室面积150 m^2）	负责人：彭海林、谢巧云、赵松梅	编制6人， 在职6人； 24台（件），6万元
1977年10月	许昌市科委（正科） 地址：人民路22号	党组书记、主任：吕风梧 党组成员、副主任：许中和、张文彬		许昌市标准计量管理所 （地址：向阳路4号；占地面积5200 m^2，建筑面积约410 m^2，其中：办公室面积150 m^2，实验室面积260 m^2）	支部书记：杨国彬 所长、支部副书记：张付德	编制26人 在职26人； 40台（件），12万元
1979年9月	许昌地区科委（正处级） 地址：许昌市七一路	书记、主任：李道文 副书记、副主任：吴中保、吴金玉、陶春法		许昌地区标准计量管理所 （地址：向阳路4号；占地面积5200 m^2，建筑面积约410 m^2，其中：办公室面积150 m^2，实验室面积260 m^2）	支部书记：杨国彬 所长、支部副书记：张付德	编制26人 在职26人； 40台（件），12万元

续表

类别 时间	行政部门名称（地址、下属部门名称）	主要领导人（下属部门负责人）	计量行政人员	直属机构名称（地址、面积）	主要领导人	人员、设备资产
1984 年 1 月	许昌地区科委（正处级） 地址：七一路	书记、主任：任英森		许昌地区标准计量管理所 （地址：向阳路 4 号；占地面积 5200 m^2，建筑面积约 410 m^2，其中：办公室面积 150 m^2，实验室面积 260 m^2）	所长、支部书记：张付德	编制 26 人， 在职 26 人； 40 台（件），12 万元
1985 年 3 月	许昌地区对外贸易经济委员会（正处级） 地址：七一路	副书记、副主任：张德君		许昌地区计量管理所 （地址：向阳路 4 号；占地面积 5200 m^2，建筑面积约 410 m^2，其中：办公室面积 150 m^2，实验室面积 260 m^2）	所长、支部书记：张松森 副所长：李德本	编制 26 人， 在职 26 人； 40 台（件），12 万元
1986 年 4 月	许昌市标准计量局（副处级） 地址：七一路东段 （计量管理科）	局长：谈富龙 副局长：* 张松森、* 谢千江 （科长：谢巧云）	5 人	许昌市计量测试所 （地址：向阳路 4 号；占地面积 5200 m^2，建筑面积约 410 m^2，其中：办公室面积 150 m^2，实验室面积 260 m^2）	所长：张松森（兼任） 临时负责人：郑振武	编制 26 人， 在职 36 人； 48 台（件），15 万元
1988 年	许昌市标准计量局（副处级） 地址：七一路东段 （计量管理科）	局长：谈富龙 副局长：* 张松森、* 谢千江 （科长：谢巧云）	5 人	许昌市计量测试所 （地址：向阳路 4 号；占地面积 5200 m^2，建筑面积 1050 m^2，其中：办公室面积 280 m^2，实验室面积 770 m^2）	负责人：暴许生（主持工作） 副所长：燕金怀	编制 26 人， 在职 36 人； 56 台（件），18 万元
1989 年 5 月	许昌市标准计量局（副处级） 地址：三八路 （计量管理科）	局长：谈富龙 副局长：* 张松森、* 谢千江 （科长：谢巧云）	5 人	许昌市计量测试所 （地址：向阳路 4 号；占地面积 5200 m^2，建筑面积 1050 m^2，其中：办公室面积 280 m^2，实验室面积 770 m^2）	所长：暴许生 支部书记：司绍卿 副所长：燕金怀	编制 40 人， 在职 36 人； 56 台（件），18 万元
1992 年 3 月	许昌市技术监督局（副处级） 地址：三八路 （计量管理科）	局长、局党组书记：谈富龙 副局长：* 张松森、* 谢千江 （科长：赵焕忠）	5 人	许昌市计量测试所 （地址：向阳路 4 号；占地面积 5200 m^2，建筑面积 1050 m^2，其中：办公室面积 280 m^2，实验室面积 770 m^2）	所长：暴许生 支部书记：刘刚 副所长：* 燕金怀 总工：司绍卿	编制 40 人， 在职 36 人； 56 台（件），18 万元
1995 年 3 月	许昌市技术监督局（副处级） 地址：三八路 （计量管理科）	局长、局党组书记：谈富龙 副局长：* 张松森、* 谢千江 （科长：赵焕忠）	5 人	许昌市计量测试所 （地址：向阳路 4 号；占地面积 5200 m^2，建筑面积 1050 m^2，其中：办公室面积 280 m^2，实验室面积 770 m^2）	所长：暴许生 副所长：燕金怀 总工：司绍卿	编制 40 人， 在职 36 人； 56 台（件），18 万元
1996 年 5 月	许昌市技术监督局（正处级） 地址：三八路 （计量管理科）	局长、局党组书记：王有桓 副局长：* 谢千江 （科长，赵焕忠）	5 人	许昌市计量测试所 （地址：向阳路 4 号；占地面积 5200 m^2，建筑面积 1050 m^2，其中：办公室面积 280 m^2，实验室面积 770 m^2）	所长：暴许生 副所长：燕金怀 总工：司绍卿	编制 40 人， 在职 36 人； 56 台（件），18 万元

续表

类别 时间	行政部门名称 （地址、下属部门名称）	主要领导人 （下属部门负责人）	计量行政人员	直属机构名称 （地址、面积）	主要领导人	人员、设备资产
1997 年	许昌市技术监督局（正处级） 地址：颍昌大道 3 号 （计量管理科）	局长、局党组书记：王有桓 副局长：* 谢千江 （科长：赵焕忠，副科长：王建军）	4 人	许昌市计量测试所 （地址：向阳路 4 号；占地面积 5200 m^2，建筑面积 1050 m^2、其中：办公室面积 280 m^2、实验室面积 770 m^2）	所长：暴许生 副所长：燕金怀、李福民 总工：刘荣立	编制 40 人， 在职 40 人； 56 台（件），18 万元
2000 年 1 月	许昌市质量技术监督局（正处级） 地址：颍昌大道 3 号 （计量科）	局长、局党组书记：王有桓 副局长：* 谢千江、* 王振亚 （科长：赵焕忠 副科长：王建军）	4 人	许昌市质量技术监督检验测试中心 （以下简称许昌市检测中心） （地址：新兴路东段 125 号；占地面积 6667 m^2，建筑面积 2000 m^2，其中：办公室面积 250 m^2，实验室面积 750 m^2）	主任：暴许生 总支书记：单向东 副主任：李福民 总工：刘荣立	编制 49 人， 在职 49 人， 聘用 3 人； 58 台（件），21.3 万元
2002 年 10 月	许昌市质量技术监督局（正处级） 地址：颍昌大道 3 号 （计量科）	局长、局党组书记：赵松林 副局长：* 王万林 （科长：赵焕忠，副科长：王建军）	4 人	许昌市检测中心 （地址：新兴路东段 125 号；占地面积 6667 m^2，建筑面积 2000 m^2，其中：办公室面积 250 m^2，实验室面积 750 m^2）	主任：暴许生 总支书记：朱天顺 副主任：李福民、刘荣立	编制 49 人， 在职 49 人， 聘用 3 人； 81 台（件），60 万元
2003 年 5 月	许昌市质量技术监督局（正处级） 地址：颍昌大道 3 号 （计量科）	局长、局党组书记：赵松林 副局长：* 王万林 （科长：李福民，副科长：王建军）	4 人	许昌市检测中心 （地址：新兴路东段 125 号；占地面积 6667 m^2，建筑面积 3056 m^2，其中：办公室面积 300 m^2，实验室面积 1228 m^2）	主任：暴许生 总支书记：朱天顺 副主任：刘荣立	编制 49 人， 在职 49 人， 聘用 3 人； 101 台（件），89 万元
2006 年	许昌市质量技术监督局（正处级） 地址：颍昌大道 3 号 （计量科）	局长、局党组书记：赵松林 副局长：* 单向东、* 王万林 （科长：李福民，副科长：王建军）	4 人	许昌市检测中心 （地址：新兴路东段 125 号；占地面积 6667 m^2，建筑面积 3056 m^2，其中：办公室面积 300 m^2，实验室面积 1228 m^2）	主任：李德春、 总支书记：刘刚 副主任：刘荣立	编制 49 人， 在职 49 人， 聘用 3 人； 138 台（件），203 万元
2009 年	许昌市质量技术监督局（正处级） 地址：颍昌大道 3 号） （计量科）	局长、局党组书记：王晓伟 副局长：* 单向东、* 王振亚 （科长：李福民，副科长：王建军）	4 人	许昌市检测中心 （地址：新兴路东段 125 号；占地面积 6667 m^2，建筑面积 3056 m^2，其中：办公室面积 300 m^2，实验室面积 1228 m^2）	主任：琚炜卿 总支书记：刘刚 副主任：刘荣立	编制 49 人， 在职 49 人， 聘用 3 人； 144 台（件），211 万元
2009 年 9 月	许昌市质量技术监督局（正处级） 地址：颍昌大道 3 号 （计量科）	局长、局党组书记：王晓伟 副局长：* 单向东、* 王振亚 （科长：贾新功，副科长：王建军）	4 人	许昌市检测中心 （地址：新兴路东段 125 号；占地面积 6667 m^2，建筑面积 3056 m^2，其中：办公室面积 300 m^2，实验室面积 1228 m^2）	主任：琚炜卿 总支书记：刘刚 副主任：刘荣立、孙敏、谈一兵	编制 49 人， 在职 49 人， 聘用 13 人； 160 台（件），295 万元

续表

类别 时间	行政部门名称 （地址、下属部门名称）	主要领导人 （下属部门负责人）	计量行政人员	直属机构名称 （地址、面积）	主要领导人	人员、设备资产
2013 年 8 月	许昌市质量技术监督局（正处级） 地址：东城区龙兴路西段 （计量科）	局长、局党组书记：王晓伟 副局长：* 单向东、* 王振亚 纪检组长：* 琚炜卿 （科长：贾新功，主任科员：王建军）	3 人	许昌市检测中心 （地址：东城区龙兴路西段；占地面积 21287 m^2，建筑面积 6295 m^2，其中：办公室面积 800 m^2，实验室面积 2348 m^2）	主任：陈卫哲 总支书记：刘刚 副主任：刘荣立、孙敏	编制 49 人， 在职 49 人， 聘用 13 人； 202 台（件），491 万元
2014 年 3 月	许昌市质量技术监督局（正处级） 地址：东城区龙兴路西段 （计量科）	局长、局党组书记：宋建立 副局长：* 单向东 纪检组长：* 琚炜卿 （科长：周留法，主任科员：王建军）	3 人	许昌市检测中心 （地址：东城区龙兴路西段；占地面积 21287 m^2，建筑面积 6295 m^2，其中：办公室面积 800 m^2，实验室面积 2348 m^2）	主任、总支书记：陈卫哲 副主任：刘荣立、孙敏	编制 49 人， 在职 49 人， 聘用 13 人； 202 台（件），491 万元

说明：

1. 分管许昌市技术监督局、质量技术监督局内设计量业务管理部门和计量技术机构的局领导姓名的左边加“*”号；分管许昌市质量技术监督检验测试中心计量工作的市中心的主任或副主任的姓名左边加“*”号。

2. 建筑面积主要包含办公室面积、实验室面积，不包含住宅面积。

3. 设备台（件）数仅包含计量标准器具和辅助计量仪器设备。

4. 设备资产（万元）指计量标准器具和辅助计量仪器设备的原值。

第十一节 漯河市计量大事记

编撰委员会 **主 任** 马学民
副主任 陈四新 黄发林
编 委 王 丽 孔淑芳 陈太生 郑 哲 丁颖华
唐彬家 高 峰 张 霞 梁晓芳 李光琦 杨金功
主 编 陈四新
撰 稿 孔淑芳 陈太生
校 对 王 丽

1958 年

是年 市商业局设计量检定管理所（以下简称市所）。

1959 年

是年 市商业局将市所移交市科委。

1960 年

是年 建立计量标准。

1965 年

是年 开展对计量器具实行周期检定。“文化大革命”期间，机构被撤销。

1977 年

是年 恢复市所。

1985 年

是年 市所更名为市标准计量管理所（以下简称市所），隶属市科委；推行法定计量单位，取消市制秤和市尺。市所共建 12 项社会公用计量标准。13 家工业企业获“三级计量合格证书”，占许昌地区计量定级总数的 31%。

1986 年

8 月 15 日，市局印发《关于补发制造、修理计量器具许可证的通知》。

9 月 16 日，漯河市木制品厂、漯河市衡器厂获“制造计量器具许可证”，漯河市衡器厂第二门市部获“修理计量器具许可证”。

10 月 4 日，开展法定计量单位推行情况检查。

10 月 7 日，漯河市标准计量管理局更名为漯河市标准计量局（以下简称市局）。

◎ 14 日，高鹏飞任市局机关党支部书记。

是年 成立漯河市标准计量局（以下简称市局），为副处级行政机构，隶属市经委，市所同时撤销。行政区划调整前，市所负责企业计量升级、定级工作；市升格后，由市局负责企业计量定级升级工作。市局开展“物价计量信得过”活动；开始对全市的计量器具进行依法检定。

1987 年

2 月 市局印发《漯河市工业企业计量定级、升级考核评审办法》《漯河市个体工商户制造、修理计量器具暂行管理办法》《关于发布〈漯河市工业企业计量定级、升级考核评审办法（试行）〉的通知》和《关于禁止制造和销售无〈制造计量器具许可证〉标志的计量产品的通知》。

4 月 23 日，市政府批转《关于认真推行我国法定计量单位的意见的通知》。

8 月 2 日，市局对市区 12 个粮店进行突击检查，查出 10 个粮店有计量违法行为。

9月 5日，市局领导在市人大第一届常委会第六次会议上作“漯河市贯彻实施计量法情况的汇报”。

12月 28日，市政府印发《漯河市商用计量器具管理意见》和《漯河市商用计量器具管理行政处罚实施意见》。

◎ 28日，市政府批准《关于贯彻〈中华人民共和国强制检定的工作计量器具检定管理办法〉的实施意见》。

是年 市所14项社会公用计量标准通过省局考核；3人获《计量监督员证书》；5人被省局聘为“河南省二级计量评审员”。对全市各医疗单位使用的计量器具进行登记备案。市局对所辖三县24个单位建立的37项最高计量标准进行考核，颁发《计量标准考核合格证》。市局对医疗用血压计、血压表和燃油加油机进行强制检定，对计量定级升级企业进行监督抽查。

1988年

1月 22日，市局发布《漯河市强制检定的工作计量器具明细目录（第一批）》。

3月 8日，市局召开市县标准计量工作会议。

5月 7日，市局聘任鹿彦欣等8人为漯河市第一批三级计量考核评审员。

6月 29日，对市、县计量机构进行检查评比。

7月 20日，在全市进行《计量法》实施情况大检查。

9月 22日，高鹏飞任市局局长，牛遂成兼任市所所长。

是年 完成工业企业计量定级、升级25个；新建玻璃容器、三表、电位差计计量标准。

1989年

9月 市局组织开展计量检查活动，共检查330个公司和个体摊点。

是年 市局举办“职工计量监督检查员培训班”，任命17人为计量监督员。

1990年

2月 5日，漯河市标准计量局更名为漯河市技术监督局（以下简称市局）。

4月 21日，市局组织开展衡器检定竞赛。

6月 18日，漯河市职工计量监督总站成立。

1991年

3月 11日，市局印发《关于产品质量检验机构实行计量认证的通知》。

9月 漯河市受降路集贸市场被国家技术监督局、国家工商管理局评为“国家计量先进单位”，7个商业单位被评为“物价计量信得过单位”。

11月 25日，市局对县局、市所、市电业局、市自来水公司开展计量授权。

是年 计量定级、升级和计量验收的企业已达176家。

1992年

7月 2日，市乡镇企业局、市局联合印发《关于加强乡镇企业标准化、计量工作的意见》。

1993年

7月 19日，对县级法定计量检定机构所建社会公用计量标准进行监督检查。

1994年

8月 24日，市局开展推行法定计量单位检查。

9月 24日，市局加强计量器具制造、修理业监督管理。

◎ 30日，市局李付章、于安民、郭伊莉、晁竹青被聘任为“制造计量器具许可证”评审员。

1995 年

是年 市局开展对粮食、棉花、烟叶收购中的计量器具、加油机、衡器进行计量监督检查；制发《漯河市企业计量工作监督管理规定》。糖业烟酒公司和漯河百货有限公司获省级“无假冒伪劣、无缺斤短尺”先进单位称号。石油公司等 5 家加油站为“质量计量信得过”单位。

1996 年

6 月 24 日，市局发布漯河市县级国家法定计量检定机构计量授权证书号。

11 月 14 日，国家技术监督局计量司针对漯技监发［1996］65 号文，函复如下：根据《计量法》及《计量法实施细则》的规定，商品房面积计量应属于计量监督的范畴。

是年 市局对 17 家眼镜经销单位和医疗卫生用强检计量器具进行计量监督检查；对市场上销售的衡器、电能表、水表、压力表等开展报验工作。

1997 年

3 月 20 日，郭福庭任市所党支部书记。

是年 培训企业计量合格确认内审员 98 名，完成 16 家企业计量审核工作。

1998 年

2 月 16 日，市局获“河南省技术监督局先进计量监督单位”称号。

6 月 4 日，市局、市广播电视局、市新闻出版局联合发文，对市广播电台、电视台及报社贯彻法定计量单位和《量和单位》（1993 年版）国家标准执行情况进行检查。

是年 完成 19 家企业计量合格确认；完成 8 家“计量器具生产厂许可证”年审。对汽车计量罐车实施强制检定；对 5 家医院强检计量器具进行监督检查。开展商品房面积计量监督检查，《中国质量报》作了相关报道。

1999 年

2 月 1 日，省局公布杨金功具有计量认证评审组长资格。

2 月 11 日，市局、市电信局联合发文，对电话电子计时计费装置进行强制检定。

9 月 3 日，市局、市劳动局联合发文，对锅炉压力容器上使用的压力表强制检定。

12 月 10 日，漯河市计量协会成立。

是年 市局组织对农贸市场和果品市场进行计量监督检查，对全市 29 家医疗卫生单位进行监督检查。13 个加油站获“计量质量信得过单位”称号。

2000 年

4 月 16 日，市局对机动车车速里程表开展周期检定。

8 月 10 日，市局发文，学习贯彻《河南省计量监督管理条例》，做好强制检定计量器具登记备案工作。

12 月 29 日，市局印发《漯河市加油机安装税控装置实施方案》。

2001 年

6 月 18 日，市局、市卫生局联合发文，加强医疗机构医用计量器具强制检定工作。

7 月 9 日，市局开展漯河市眼镜行业计量质量等级评定工作。

7 月 11 日，市局建立漯河市产（商）品量公正计量站。

◎ 30 日，市局、漯河出入境检验检疫局联合发文，对医疗机构医用计量器具和相关设备进行监督检查。

是年 开展定量包装计量监督检查；帮助双汇集团等企业完成计量建标工作；完成税控加油机改造工作。

2002 年

4 月 市局开展集贸市场和加油站专项整治。

9 月 13 日，市局开展漯河市第二批眼镜行业计量质量等级评定工作。

10月 30日，市局对市自来水公司水表检测站计量授权。

2003年

3月 24日，市局对燃油加油机采用强制检定合格标志管理。

7月 20日，市计量协会、市标准化协会合并，成立市标准化计量协会。

10月 8日，省局聘任孔淑芳等9人为第一批河南省企业计量合格确认评审员。

是年 市局对全市定量包装生产企业进行调查登记，建立生产企业的计量管理档案；对全市定量包装生产企业的产品净含量进行了抽查。

2004年

5月 11日，市局组织开展第二、三季度定量包装商品净含量专项抽查。

7月 13日，市局开展餐饮业计量专项监督检查。

2005年

3月 11日，市局对漯河市食品检验测试资源进行调查。

◎ 29日，孔淑芳、丁颖华、高峰被聘为第三批省级法定计量机构考评员。

6月 3日，市局对市自来水公司水表检测站计量授权。

9月 3日，市局开展《计量法》颁布20周年纪念活动。

是年 市局开展定量包装商品净含量专项抽查；开展加油站、电信行业计量专项执法检查。

2006年

6月 13日，市局、市国税局联合发文，开展对加油站在用加油机税控装置和计量性能进行监督检查。

7月 市局对药品生产企业强检计量器具进行监督检查；开展下半年定量包装商品净含量专项监督抽查。

8月 8日，市局开展节能降耗服务活动。

8月 9日，市中心参加省局材料试验机检定装置测量能力比对活动。

9月 20日，朱赞红、孔淑芳、臧永刚、马艳玲、田小红任河南省定量包装商品生产企业计量保证能力评价考评员。

2007年

5月 市局对汽车油罐车进行监督检查。

7月 20日，市局发文，开展强制检定工作计量器具建档工作。

9月 1日，市局开展下半年定量包装商品净含量定期检查。

2008年

2月 1日，市局围绕稳定物价保障供应，开展计量监督检查工作。

4月 市局开展商业、服务业诚信计量活动，开展“计量诚信加油站”评价活动，举办商业服务诚信计量仪式；对漯河供电公司电能计量中心计量授权。

8月 11日，市局开展“关注民生、计量惠民”专项行动。

◎ 15日，市局组织开展全市重点耗能企业能源计量评定。

10月 17日，市中心获省局法定计量检定机构计量授权。

2009年

5月 12日，市局计量科等6单位荣获《河南省计量工作先进单位》称号。

9月 市局对商场、超市、制造计量器具企业进行计量监督检查。

是年 市局对市电力公司电能计量中心开展了复核检定工作；9个加油站获省局“商业、服务业诚信示范单位”；对电子秤进行了专项整治。

2010年

3月 18日，市局开展“推进诚信计量 建设和谐城乡”活动。

5月 市局对检验检测机构开展了计量监督检查。

◎ 18 日，市局表彰诚信计量示范单位，并于 5 月 20 日颁奖。

是月 制作系列计量专题节目，在漯河电视台报道计量工作和民生计量知识。

8 月 对全市计量检定员证书进行计算机管理。

◎ 市局开展重点企业能源计量器具调查摸底和建档；开展流通领域用能产品能效监督检查。

2011 年

6 月 市局开展安全用计量器具、定量包装商品净含量和民用“四表”计量监督检查。

10 月 市局对交通领域超载超限用计量设备开展专项检查。

是年 3 家企业通过了定量包装商品计量保证能力评价的现场评审，获“C”标志证书。

2012 年

6 月 市局完成 9 家企业计量合格确认。

7 月 市局开展定量包装商品净含量、汽车衡计量专项检查。

10 月 市局组织开展了法定计量检定机构能力比对活动。

2013 年

5 月 市局组织法定计量技术机构和专项计量授权机构开展计量实验室开放活动；组织电力公司、自来水公司、燃气公司、中石油、中石化、市中心等在《漯河日报》宣传计量工作。

7 月 市局对列入“省千家企业节能低碳行动”名单的企业进行摸底调查，建立企业能源计量档案，实施重点帮扶。

9 月 市局开展重点用能单位能源计量审查。

是年 市局组织完成了重点领域安全计量器具、金银制品加工销售领域专项计量监督检查。

2014 年

4 月 市局为市区集贸市场在用计量器具提供免费检定服务，检定费用纳入政府财政预算。

5 月 完成两个县电能计量中心的专项计量授权。

7 月 市局组织开展定量包装商品净含量专项计量检查。

8 月 市局开展医疗卫生机构在用计量器具普查及建立信息库的工作。

11 月 市局组织完成 17 家企业能源计量审查工作。

表8-11-1　漯河市计量行政部门、直属机构沿革一览表

类别 时间	行政部门名称 （下属部门名称）	主要领导人 （下属部门负责人）	计量行政人员	直属机构名称 （地址、面积）	主要领导人	人员、设备资产
1958 年	漯河市商业局			漯河市计量检定管理所 （漯河市老街东段：占地面积约 70 m^2，其中：办公室面积 20 m^2，实验室面积 50 m^2）		在职 3 人
1959 年	漯河市科委			漯河市计量检定管理所 （漯河市老街东段：占地面积约 70 m^2，其中：办公室面积 20 m^2，实验室面积 50 m^2）		在职 3 人
1977 年	漯河市科委			漯河市计量检定管理所 （漯河市人民路 118 号：占地面积约 240 m^2，其中：办公室面积 80 m^2，实验室面积 160 m^2）	所长：荆发顺	在职 11 人； 3 台（件）
1982 年	漯河市科委			漯河市标准计量检定管理所 （漯河市人民路 118 号：占地面积约 240 m^2，其中：办公室面积 80 m^2，实验室面积 160 m^2）	所长：陈怀根	在职 11 人； 3 台（件）
1986 年 10 月	漯河市标准计量局（副处级） 地址：漯河市建设路	机关党支部书记：高鹏飞	计量专管 2 人	漯河市标准计量检定管理所 （漯河市人民路 118 号：占地面积约 240 ㎡，其中：办公室面积 80 m^2，实验室面积 160 ㎡）		在职 20 人；
1988 年 9 月	漯河市标准计量局（副处级） 地址：漯河市郾城区淮河路 10 号	局长：高鹏飞； 副局长：* 俞金雅		漯河市计量测试所 （漯河市人民路 118 号：占地面积约 240 m^2，其中：办公室面积 80 m^2，实验室面积 160 m^2）	所长：牛遂成 副所长：王相友	在职 20 人；
1992 年 10 月	漯河市标准计量局（副处级） 地址：漯河市郾城区淮河路 10 号	局长：高鹏飞； 副局长：* 俞金雅		漯河市计量所 （漯河市嵩山路 565 号：占地面积约 240 m^2，其中：办公室面积 80 m^2，实验室面积 160 m^2）	所长：郭福庭	编制 22 人， 在职 21 人；
1995 年 12 月	漯河市技术监督局（正处级） 地址：漯河市嵩山路 511 号	局长：李光琦 副局长：李献智、* 俞金雅、邓富照		漯河市计量所 （漯河市嵩山路 565 号：占地面积约 240 m^2，其中：办公室面积 80 m^2，实验室面积 160 m^2）	所长：郭福庭 副所长：李付章	编制 22 人， 在职 21 人；
1997 年 10 月	漯河市质量技术监督局（正处级） 地址：漯河市嵩山路 565 号 （计量科）	局长：李光琦 副局长：李献智、* 俞金雅、邓富照、张其泽、吴培基 （科长：杨金功）	计量科 2 人	漯河市计量所（漯河市嵩山路 565 号：占地面积约 240 m^2，其中：办公室面积 80 m^2，实验室面积 160 m^2）	所长：郭福庭 副所长：李付章	编制 22 人， 在职 21 人；

续表

类别 时间	行政部门名称 （下属部门名称）	主要领导人 （下属部门负责人）	计量行政人员	直属机构名称 （地址、面积）	主要领导人	人员、设备资产
1998 年 2 月	漯河市质量技术监督局（正处级） 地址：漯河市嵩山路 565 号 （计量科）	局长：李光琦 副局长：李献智、* 俞金雅、邓富照、张其泽、吴培基 （科长：杨金功）	计量科 2 人	漯河市技术监督检验测试中心 （漯河市嵩山路 565 号：占地面积约 240 m^2，其中：办公室面积 80 m^2，实验室面积 160 m^2）	主任：俞金雅 支部书记：张林灿 副所长：李付章	编制 22 人， 在职 21 人；
1999 年 4 月	漯河市质量技术监督局（正处级） 地址：漯河市嵩山路 565 号 （计量科）	局长：李光琦 副局长：李献智、* 俞金雅、邓富照、张其泽、吴培基 （科长：杨金功）	计量科 2 人	漯河市技术监督检验测试中心 （漯河市嵩山路 565 号：占地面积约 240 m^2，其中：办公室面积 80 m^2，实验室面积 160 m^2）	主任：俞金雅 所长：晏玉廷 副所长：王丽	编制 22 人， 在职 21 人；
2001 年 2 月	漯河市质量技术监督局（正处级） 地址：漯河市嵩山路 565 号 （计量科）	局长、党组书记：李光琦 副局长、党组副书记：张其泽、邓富照、* 张玉然、 纪检组长：刘玉辉 （科长：陈四新）	计量科 2 人	漯河市质量技术监督检验测试中心（以下简称漯河市检测中心） （漯河市嵩山路 565 号：占地面积约 240 m^2，其中：办公室面积 80 m^2，实验室面积 160 m^2）	主任：李献智 书记：刘德林 副所长：王丽	编制 63 人， 在职 36 人； 133 台（件）， 75 万元
2002 年 3 月	漯河市质量技术监督局（正处级） 地址：漯河市嵩山路 565 号 （标准计量科）	局长、党组书记：李光琦 副局长：张其泽、邓富照、* 张玉然、 纪检组长：刘玉辉 （科长：于安民，副科长：孔淑芳）	计量科 4 人	漯河市检测中心 （漯河市嵩山路 565 号：占地面积约 240 m^2，其中：办公室面积 80 m^2，实验室面积 160 m^2）	主任：李献智 书记：刘德林 副主任：丁颖华 * 杨金功	编制 63 人， 在职 36 人； 133 台（件）， 75 万元
2004 年 3 月	漯河市质量技术监督局（正处级） 地址：漯河市嵩山路 511 号 （标准计量科）	局长、党组书记：刘敬环 副局长：陈东升、韩志平、邓富照、马昕哲、* 李献智 纪检组长：晏玉廷 （科长：于安民 副科长：孔淑芳）	计量科 4 人	漯河市检测中心 （漯河市嵩山路 565 号：占地面积约 240 m^2，其中：办公室面积 80 m^2，实验室面积 160 m^2）	主任：李献智 书记：董纪坤 副主任：丁颖华 * 杨金功	编制 63 人， 在职 36 人； 178 台（件）， 103 万元
2008 年 2 月	漯河市质量技术监督局（正处级） 地址：漯河市嵩山路 511 号 （标准计量科）	局长、党组书记：李小平 副局长：韩志平、马昕哲、* 李献智、黄发林、马学民 纪检组长：晏玉廷 （科长：于安民）	计量科 4 人	漯河市检测中心 （漯河市嵩山路 565 号：占地面积约 240 m^2，其中：办公室面积 80 m^2，实验室面积 160 m^2）	主任：李献智 书记：司维 副主任：丁颖华 * 杨金功、毛文明	编制 63 人， 在职 36 人； 178 台（件）， 103 万元

续表

类别 时间	行政部门名称 （下属部门名称）	主要领导人 （下属部门负责人）	计量行政人员	直属机构名称 （地址、面积）	主要领导人	人员、设备资产
2008 年 4 月	漯河市质量技术监督局（正处级） 地址：漯河市嵩山路 511 号 （标准计量科）	局长、党组书记：李小平 副局长：韩志平、＊李献智、马昕哲、黄发林、马学民 纪检组长兼副局长：晏玉廷 （科长：于安民）	计量科 4 人	漯河市检测中心 （漯河市中山路中段，占地面积约 20 亩，建筑面积超过 1000 m^2，其中：办公室面积 200 m^2，实验室面积 800 m^2）	主任：李献智 书记：司维 副主任：丁颖华 ＊杨金功、毛文明	编制 117 人，在职 117 人；216 台（件），148 万元
2009 年 2 月	漯河市质量技术监督局（正处级） 地址：漯河市嵩山路 511 号 （标准计量科）	局长、党组书记：李小平 副局长：马昕哲、＊黄发林、马学民 纪检组长兼副局长：晏玉廷 （科长：于安民）	计量科 4 人	漯河市检测中心 （漯河市中山路中段，占地面积约 20 亩，建筑面积超过 1000 m^2，其中：办公室面积 200 m^2，实验室面积 800 m^2）	主任：杨文勇 书记：司维 副主任：＊丁颖华、张占伟、唐彬家、洪建功	编制 117 人，在职 117 人，聘用 15 人；216 台（件），148 万元
2011 年 4 月	漯河市质量技术监督局（正处级） 地址：漯河市嵩山路 511 号 （标准计量科）	局长、党组书记：蒋学舜 副局长：李献智、＊黄发林、马学民 纪检组长：陈四新 （科长：于安民）	计量科 5 人	漯河市检测中心 （漯河市中山路中段，占地面积约 20 亩，建筑面积超过 1000 m^2，其中：办公室面积 200 m^2，实验室面积 800 m^2）	主任：杨文勇 书记：司维 副主任：＊丁颖华、唐彬家、刘遂民、洪建功、段军政	编制 117 人，在职 117 人，聘用 15 人；216 台（件），148 万元
2013 年 10 月	漯河市质量技术监督局（正处级） 地址：漯河市嵩山路 511 号 （标准计量科）	局长、党组书记：蒋学舜 副局长：马学民、＊陈四新、 纪检组长：孟庆德 （科长：于安民）	计量科 5 人	漯河市检测中心 （漯河市中山路中段，占地面积约 20 亩，建筑面积超过 1000 m^2，其中：办公室面积 200 m^2，实验室面积 800 m^2）	主任：杨文勇 书记：司维 副主任：＊丁颖华、唐彬家、刘遂民、洪建功、段军政	编制 119 人，在职 119 人，聘用 15 人；318 台（件），276 万元
2014 年 2 月	漯河市质量技术监督局（正处级） 地址：漯河市嵩山路 511 号 （标准计量科）	局长、党组书记：马学民 副局长：＊陈四新、孟庆德、刘心宽 纪检组长：高洪涛 （科长：于安民）	计量科 5 人	漯河市检测中心 （漯河市中山路中段，占地面积约 20 亩，建筑面积超过 1000 m^2，其中：办公室面积 200 m^2，实验室面积 800 m^2）	主任：郑哲 书记：司维 副主任：＊丁颖华、唐彬家、刘遂民、洪建功、段军政	编制 119 人，在职 119 人，聘用 15 人；318 台（件），276 万元

说明：

1. 分管漯河市技术监督局、质量技术监督局内设计量业务管理部门和计量技术机构的局领导姓名的左边加“*”号；分管漯河市质量技术监督检验测试中心计量工作的市中心的主任或副主任的姓名左边加“*”号。

2. 建筑面积主要包含办公室面积、实验室面积，不包含住宅面积。

3. 设备台（件）数仅包含计量标准器具和辅助计量仪器设备。

4. 设备资产（万元）指计量标准器具和辅助计量仪器设备的原值。

第十二节 三门峡市计量大事记

编辑委员会 **主 任** 索继军
副主任 莫瑞庄 刘国强
主 编 庄剑敏
编 委 马龙昌 魏淑霞 毛海涛

1957 年 **3 月** 经国务院批准，三门峡市成立省辖地级市。

1958 年 **5 月** 三门峡市成立计量检定所（以下简称市所），隶属市第一商业局，主要从事市场衡器管理。

1959 年 **是年** 成立三门峡市计量管理所，隶属市商业局，王建国任所长，工作人员张继友、李西营。

1961 年 **是年** 三门峡市降为县级市，市所变为县级市计量检定机构。

1963 年 **是年** 市所挂靠市科委，主要负责人吴士元。

1964 年 **是年** 市所归属市科委，唐世贤任所长，共 4 人。

1965 年 **是年** 国内唯一的专业量仪制造厂中原量仪厂在三门峡市建立，其产品占有国内 70% 以上的量仪市场，并远销国外。三门峡市还有几家小厂和个体户生产木杆秤、水平尺等简单计量器具。

1968 年 **是年—1982 年** 市所隶属市科委，房屋面积 120 m^2，马国明任所长。

1978 年 **12 月** 市所增加血压计检修，共检修血压计 148 台。

1980 年 **是年** 加强衡器管理，开展周期检定。

1982 年 **是年** 渑池县人大常委会通过《关于执行计量管理奖惩办法的若干规定》。

1984 年 **11 月** 三门峡市全面推行法定计量单位工作会议召开，部署宣传培训等各项活动。

1985 年 **是年** 市所对 505 个国营、集体、个体商户计量器具进行检定，受检 512 件，不合格 390 件，失准率 75%。

1986 年 **是年** 三门峡市从县级市升格为地级市，市所取消，成立三门峡市标准计量局（以下简称市局），郑继东任局长，内设计量科，张国存任科长，下设市计量测试所。市政府批转市局提出的宣传贯彻《计量法》的意见和措施。市局开展法定计量单位推进情况检查。下半年，对全市的压力表、衡器、医用血压计（表）、工作用计量器具等进行改制。市局帮助企业开展“五查”活动；举办多期计量定升级培训班。1986 年—1991 年 10 月，全市有 133 家企业通过计量定级升级及考核验收。

1987 年 **3 月** 市局邀请国家计量局高级工程师李慎安来三门峡市讲法定计量单位。

是年 市局开始对申请制造许可证和修理许可证的单位和个人进行考核验收。

1988 年 **9 月** 市人大、市政府组织开展对全市计量工作各项规定的贯彻执行情况和执法情况进行全面检查。

◎ 三门峡市衡器管理站成立，1990 年年底并入市所。

10 月 三门峡市通过了省人大常委会、省政府法制局和省局的复查。

1989 年 **5 月** 市局开展计量信得过活动，10 家商店被评为“物价计量信得过”单位。

8 月 市局对秦岭金矿等 4 个企业 13 项企业最高计量标准进行了考核发证。

是年—1990 年 豫西机床厂机床检验站等 3 家产品质检机构通过了省局计量认证。

1990 年 **6 月** 市局颁发“制造计量器具许可证”126 个，“修理许可证”39 个。

是年 徐国安任市局局长。全年定二级计量企业 13 个，三级计量企业 14 个，计量验收企业 13 个。检查 160 个单位推行法定计量单位的情况，改制计量器具 400 多台（件）。截至年年底，全市基本上完成了向法定计量单位过渡的要求。

1991 年 **11 月** 市局组织登记造册计量器具 6.8 万台（件）。

1992 年 **3 月** 荆根昌任市局局长。

是年 市局对全市企业 70 多项计量最高标准考核发证，全年强检计量器具 4200 台（件），强检覆盖率达 65.4%，查处计量违法案件 50 多起。

1993 年 **8 月** 三门峡市计量协会成立，张国存任理事长，石洪波任秘书长。

是年 市局开展加油机执法检查。

1994 年 **是年** 市局为 24 家“物价计量信得过”单位颁发了奖牌。进行了 3 次大规模贸易结算计量器具、医疗卫生计量器具监督检查，查出不合格计量器具 200 多台（件），并依法作出了处罚。

1995 年 **9 月** 市局组织《计量法》颁布 10 周年纪念活动，副市长赵长发发表电视讲话，获省局表彰。

12 月 经市政府批准，市局、市工商局联合发文限制使用杆秤。

1996 年 **3 月** 市局、市建委城市运管处联合对市区 480 辆出租车进行出租车计价器的安装和检定。

5 月 经市编委审核，市政府批准了市局“三定”方案，内设计量科。

是年 市局授予 16 家加油站“质量计量信得过”单位称号。

1997 年 **是年** 三门峡市累计共有 14 家产品质检机构获“计量认证证书”。

1998 年

8 月 市局先后 4 次开展市场计量器具和定量商品净含量监督检查；开展了对加油机计量专项检查。成立了房地面积计量公正站，加强对商品房面积的监督检查，全年受理房屋面积投诉 6 起，标值 800 万元。

是年 周铁项任市局局长，张旺林任计量科长。

2000 年

3 月 市局启动“光明工程”活动。

7 月 宣传贯彻《河南省计量监督管理条例》。

11 月 市局配合农村电网改造，开展电能表计量监督检查。

12 月 市局、市国税局联合对各加油站的加油机安装税控装置。

2001 年

是年 实行省以下垂直管理，市局更名为三门峡市质量技术监督局，远红军任局长，全市质检机构有了较大发展。市局内设计量科，编制 3 人，马龙昌任科长。市计量测试所和质量检验所合并为三门峡市质量技术监督检验检测中心，副处级单位，孙中仁任检测中心主任。对 48 家眼镜店分别发放眼镜行业计量、质量一级店 5 家、二级店 25 家、三级店 18 家。

2002 年

10 月 根据市政协提案，市局组织了对全市电能表计量监督检查，并将检查结果及时答复了部分政协委员。

是年 市局开展了出租车计价器检定工作。

2003 年

3 月 市局对燃油加油机采用强制检定标志管理。

5 月 三门峡市 10 家企业获省局“全省计量工作先进单位”表彰。

2004 年

5 月 国家质检总局聘任马龙昌、魏淑霞、石洪波为制造、修理计量器具许可证考评员。

6 月 市局组织对电话程控交换机、局域交换机 IP 电话等进行计量检定。

8 月 市局组织开展了对住宅建设中使用的电能表、水表实施首次强制检定。

2005 年

1 月 袁文忠任市局党组书记、局长，纪检组长孙中仁兼市中心主任，马龙昌任计量科长。

6 月 市局开展了粮食烟叶市场计量专项监督检查，对计量违法行为依法处理，受到广大烟农好评。

2006 年

1 月 谢贵强任市中心主任。

是年 市局开展定量包装商品生产企业计量保证能力“C”标志评价。

2007 年

3 月 市局开展汽车衡和汽车衡生产企业专项监督检查，共检查 110 台，受检率达 90% 以上。

4 月 市局开展强检计量器具网上建档工作。

5 月 市局开展节能降耗服务活动。

12 月 市供电公司电能计量中心通过省局专项计量授权。

2008 年

是年 市局开展“关注民生、计量惠民”专项行动。

2009 年

8 月 市局开展治理商品过度包装工作。

10 月 市局为重点耗能企业培训能源计量评定内审员 89 人。

是年 全市计量技术机构建立计量标准 83 项，其中市中心 31 项。

2010 年

5 月 市局开展了电话计时计费装置、热量表和农资计量专项整治行动。

9 月 市局对 45 家重点耗能企业进行监督检查。

2011 年

4 月 市局发文，进一步加强定量包装产、商品计量监督管理。

4 月 6 日，全省计量工作会议在三门峡市召开。

7 月 市局组织对煤矿等部分行业计量器具开展专项监督检查。

10 月 开展了对混凝土搅拌站计量器具专项监督检查。

2012 年

6 月 开展了对夏粮收购在用计量器具专项监督检查；对全市 170 余家加油站和治超用动态汽车衡进行了计量监督检查。

8 月 完成 3 家诚信计量示范单位评定工作。

9 月 在河南省计量知识竞赛活动中，市局获优秀奖。

2013 年

5 月 组织开展对金银制品加工和销售领域、重点领域安全用计量器具进行专项计量监督检查整治行动。

7 月 市局开展“计量惠民、诚信促和谐”活动，增强社会的诚信计量意识。

8 月 庄剑敏任市局计量科长。

9 月 市局开展了计量风险大排查活动。

11 月 市局对大光明等 3 家眼镜店进行了等级评定。

2014 年

1 月 市局组织开展了 2014 年双节暨上半年定量包装商品净含量和集贸市场监督检查。共抽查生产企业和超市 35 家，对 25 种商品、150 批次进行了检测，合格率达 80%。

4 月 市局开展了安全用计量器具制造许可专项核查，对压缩天然气加气机开展专项检查。

5 月 市局开展了“5·20 世界计量日”宣传活动，免费检测维修血压计、眼镜、电子秤、电表等 100 余台（件），为小学生免费验光等。

6 月 市局开展 2014“计量惠民生、诚信促和谐”活动。

9 月 市局普查医疗卫生机构 60 家，为 3799 台（件）计量器具建立了信息库。

是年 市中心共建立 35 项社会公用计量标准。

表8-12-1 三门峡市计量行政部门、直属机构沿革一览表

类别 时间	行政部门名称 （下属部门名称）	主要领导人 （下属部门负责人）	计量行政人员	直属机构名称（地址、面积）	主要领导人	人员、设备资产
1958 年				三门峡市计量管理所 （办公室 8 m^2，实验室 17 m^2）	所长：王建国	编制 4 人，在职 4 人；5 台（件），2000 元
1963 年				三门峡市计量管理所 （办公室 15 m^2，实验室 25 m^2）	所长：吴士元	编制 4 人，在职 4 人；6 台（件），3000 元
1965 年				三门峡市计量管理所 （办公室 15 m^2，实验室 25 m^2）	所长：唐世贤	编制 7 人，在职 7 人；9 台（件），7000 元
1968 年				三门峡市计量管理所 （办公室 15 m^2，实验室 25 m^2）	所长：马国明	编制 8 人，在职 8 人；16 台（件），6.58 万元
1979 年				三门峡市计量管理所 （湖滨区政府招待所二楼，办公室 30 m^2，实验室 90 m^2）	所长：马国明	编制 8 人，在职 8 人；18 台（件），7.05 万元
1980 年				三门峡市计量管理所 （湖滨区政府招待所二楼；办公室 30 m^2，实验室 90 m^2）	所长：马国明	编制 8 人，在职 8 人；19 台（件），7.27 万元
1981 年				三门峡市计量管理所 （湖滨区政府招待所二楼；办公室 30 m^2，实验室 90 m^2）	所长：马国明	编制 8 人，在职 8 人；20 台（件），7.37 万元
1982 年				三门峡市计量管理所 （湖滨区政府招待所二楼，办公室 30 m^2，实验室 90 m^2）	所长：马国明	编制 8 人，在职 8 人；21 台（件），7.5 万元
1986 年	三门峡市标准计量局（正处级） 地址：三门峡市六峰路饭店楼 （计量科）	副局长：* 郑继东 （科长：张国存）	计量科 2 人	三门峡市计量管理所 （湖滨区政府招待所二楼；办公室 30 m^2，实验室 90 m^2）	所长：马国明	编制 8 人，在职 8 人；21 台（件），7.5 万元
1987 年	三门峡市标准计量局（正处级） 地址：三门峡市六峰路饭店楼（计量科）	副局长：* 郑继东 （科长：张国存）	计量科 2 人	三门峡市计量测试所 （湖滨区政府招待所二楼；办公室 30 m^2，实验室 90 m^2）	所长：张铭岐	编制 10 人，在职 10 人；21 台（件），7.5 万元
1989 年 10 月	三门峡市标准计量局（正处级） 地址：三门峡市六峰路饭店楼 （计量科）	局长、局党组书记：张郁民 副局长：* 郑继东 （科长：张国存）	计量科 2 人	三门峡市计量测试所 （湖滨区政府招待所二楼，办公室 30 m^2，实验室 90 m^2）	所长：张铭岐	编制 10 人，在职 10 人；22 台（件），8.2 万元

续表

类别 时间	行政部门名称 （下属部门名称）	主要领导人 （下属部门负责人）	计量行政人员	直属机构名称（地址、面积）	主要领导人	人员、设备资产
1990 年	三门峡市标准计量局（正处级） 地址：三门峡市六峰路饭店楼 （计量科）	局长、局党组书记：张郁民 副局长：＊郑继东 （科长：张国存）	计量科 2 人	三门峡市计量测试所 （湖滨区政府招待所二楼，办公室 40 m^2，实验室 110 m^2）	所长：张旺林	编制 22 人，在职 22 人；23 台（件），10.2 万元
1990 年 10 月	三门峡市技术监督局（正处级） 地址：三门峡市崤山路政府大楼 （计量科）	局长、局党组书记：徐谷安 副局长：＊郑继东、周铁项（1991 任职） （科长：张国存）	计量科 2 人	三门峡市计量测试所 （湖滨区政府招待所二楼；办公室 40 m^2，实验室 110 m^2）	所长：张旺林	编制 22 人，在职 22 人；23 台（件），10.2 万元
1993 年	三门峡市技术监督局 （正处级） 地址：三门峡市崤山路政府大楼 （计量科）	局长、局党组书记：徐谷安 副局长：＊郑继东、周铁项 （科长：张国存）	计量科 2 人	三门峡市计量测试所 （湖滨区文明路东段 6 号；办公室 110 m^2，实验室 280 m^2）	所长：张旺林	编制 22 人，在职 22 人；23 台（件），10.2 万元
1993 年 4 月	三门峡市技术监督局 （正处级） 地址：三门峡市崤山路政府大楼 （计量科）	局长、局党组书记：荆根昌 副局长：＊郑继东、周铁项 （科长：张国存）	计量科 2 人	三门峡市计量测试所 （湖滨区文明路东段 6 号；办公室 110 m^2，实验室 280 m^2）	所长：张旺林	编制 22 人，在职 22 人；23 台（件），10.2 万元
1996 年	三门峡市技术监督局 （正处级） 地址：三门峡市崤山路政府大楼 （计量科）	局长、局党组书记：荆根昌 副局长：＊周铁项 （科长：张国存）	计量科 2 人	三门峡市计量测试所 （湖滨区文明路东段 6 号；办公室 110 m^2，实验室 280 m^2）	所长：石洪波	编制 22 人，在职 22 人；36 台（件），32.4 万元
1996 年 2 月	三门峡市技术监督局 （正处级） 地址：三门峡市崤山路政府大楼 （计量科）	局长、局党组书记：周铁项 副局长：＊吕希龙 （科长：张国存）	计量科 2 人	三门峡市计量测试所 （湖滨区文明路东段 6 号；办公室 110 m^2，实验室 280 m^2）	所长：石洪波	编制 22 人，在职 22 人；36 台（件），32.4 万元
1997 年	三门峡市技术监督局 （正处级） 地址：三门峡市崤山路政府大楼 （计量科）	局长、局党组书记：周铁项 副局长：＊吕希龙、马明亭（1997.9 任职） （科长：张国存）	计量科 2 人	三门峡市计量测试所 （湖滨区文明路东段 6 号；办公室 110 m^2，实验室 280 m^2）	所长：石洪波	编制 22 人，在职 22 人；39 台（件），38.7 万元
1998 年 8 月	三门峡市技术监督局（正处级） 地址：三门峡市崤山路政府大楼 （计量科）	局长、局党组书记：周铁项 副局长：＊马明亭 （科长：张旺林）	计量科 2 人	三门峡市计量测试所 （湖滨区文明路东段 6 号；办公室 110 m^2，实验室 280 m^2）	所长：石洪波	编制 22 人，在职 22 人；39 台（件），38.7 万元

续表

时间＼类别	行政部门名称（下属部门名称）	主要领导人（下属部门负责人）	计量行政人员	直属机构名称（地址、面积）	主要领导人	人员、设备资产
1999 年	三门峡市技术监督局（正处级） 地址：三门峡市崤山路政府大楼 （计量科）	局长、局党组书记：周铁项 副局长：* 马明亭、远红军 （科长：张旺林）	计量科 2 人	三门峡市计量测试所 （湖滨区文明路东段 6 号；办公室 110 m^2，实验室 280 m^2）	所长：石洪波	编制 22 人，在职 22 人；41 台（件），40 万元
2001 年 10 月	三门峡市质量技术监督局（正处级） 地址：三门峡市崤山路中段 （计量科）	局长、局党组书记：远红军 副局长：* 索继军、刘伟、李长周 纪检组长：买金亮 （科长：马龙昌）	计量科 2 人	三门峡市计量测试所 （湖滨区文明路东段 6 号；办公室 110 m^2，实验室 280 m^2）	所长：石洪波	编制 25 人，在职 25 人；48 台（件），50.8 万元
2002 年	三门峡市质量技术监督局（正处级） 地址：三门峡市崤山路中段 （计量科）	局长、局党组书记：远红军 副局长：* 索继军、刘伟、李长周 纪检组长：买金亮 （科长：马龙昌）	计量科 2 人	三门峡市质量技术监督检验测试中心（以下简称三门峡市检测中心） （湖滨区文明路东段 6 号；办公室 110 m^2，实验室 280 m^2）	主任：孙中仁 副主任：赵普红、* 陆杰、左志强	编制 25 人，在职 25 人，聘用 6 人；49 台（件），51.3 万元
2004 年	三门峡市质量技术监督局（正处级） 地址：三门峡市崤山路中段 （计量科）	局长、局党组书记：远红军 副局长：* 索继军、李长周、买金亮 纪检组长：孙中仁 （科长：马龙昌）	计量科 3 人	三门峡市检测中心 （湖滨区文明路东段 6 号；办公室 110 m^2，实验室 280 m^2）	主任：孙中仁 副主任：赵普红、* 陆杰、左志强	编制 25 人，在职 25 人，聘用 6 人；52 台（件），53.5 万元
2005 年 3 月	三门峡市质量技术监督局（正处级） 地址：三门峡市崤山路中段 （计量科）	局长、局党组书记：袁文忠 副局长：* 索继军、李长周、孙中仁 纪检组长：莫瑞庄 （科长：马龙昌）	计量科 3 人	三门峡市检测中心 （湖滨区文明路东段 6 号；办公室 110 m^2，实验室 280 m^2）	主任：孙中仁 副主任：赵普红、* 陆杰、左志强	编制 25 人，在职 25 人，聘用 6 人；53 台（件），53.8 万元
2006 年	三门峡市质量技术监督局（正处级） 地址：三门峡市崤山路中段 （计量科）	局长、局党组书记：袁文忠 副局长：* 索继军、李长周、孙中仁 纪检组长：莫瑞庄 （科长：马龙昌）	计量科 3 人	三门峡市检测中心 （湖滨区文明路东段 6 号；办公室 110 m^2，实验室 280 m^2）	主任：谢贵强 副主任：赵普红、* 左志强	编制 25 人，在职 25 人，聘用 6 人；56 台（件），59.6 万元
2008 年	三门峡市质量技术监督局（正处级） 地址：三门峡市崤山路中段 （计量科）	局长、局党组书记：袁文忠 副局长：* 索继军、李长周、莫瑞庄 纪检组长：宋松林 （科长：马龙昌）	计量科 3 人	三门峡市检测中心 （湖滨区文明路东段 6 号；办公室 110 m^2，实验室 280 m^2）	主任：谢贵强 副主任：赵普红、* 左志强	编制 25 人，在职 25 人，聘用 7 人；69 台（件），79.1 万元
2010 年	三门峡市质量技术监督局（正处级） 地址：三门峡市崤山路中段 （计量科）	局长、局党组书记：袁文忠 副局长：* 索继军、李长周、莫瑞庄 纪检组长：周志勇 （科长：马龙昌）	计量科 3 人	三门峡市检测中心 （湖滨区文明路东段 6 号；办公室 110 m^2，实验室 280 m^2）	主任：谢贵强 副主任：师若景、* 员丁强（2009 年 4 月任职）	编制 25 人，在职 25 人，聘用 8 人；96 台（件），112.6 万元

续表

类别 时间	行政部门名称 （下属部门名称）	主要领导人 （下属部门负责人）	计量行政人员	直属机构名称（地址、面积）	主要领导人	人员、设备资产
2011 年 4 月	三门峡市质量技术监督局 （正处级） 地址：三门峡市崤山路中段 （计量科）	局长：王民学 局党组书记：远红军 副局长：* 李长周、莫瑞庄、孔维玲 纪检组长：谢贵强 （科长：马龙昌）	计量科 3 人	三门峡市检测中心 （湖滨区文明路东段 6 号；办公室 110 m^2，实验室 280 m^2）	主任：乌新平 副主任：师若景 * 员丁强	编制 25 人，在职 25 人，聘用 8 人；96 台（件），112.6 万元
2012 年 7 月	三门峡市质量技术监督局 （正处级） 地址：三门峡市崤山路中段 （计量科）	局长：王民学 局党组书记：远红军 副局长：* 李长周、莫瑞庄、孔维玲 纪检组长：谢贵强 （科长：马龙昌）	计量科 3 人	三门峡市检测中心 （湖滨区文明路东段 6 号；办公室 110 ㎡，实验室 280 ㎡）	主任：乌新平 副主任：师若景 * 员丁强	编制 32 人，在职 32 人，聘用 10 人；117 台（件），180 万元
2013 年	三门峡市质量技术监督局 （正处级） 地址：三门峡市崤山路中段 （计量科）	局长：王民学 局党组书记：远红军 副局长：* 李长周、莫瑞庄、孔维玲 纪检组长：谢贵强 （科长：马龙昌）	计量科 3 人	三门峡市检测中心 （湖滨区文明路东段 6 号；办公室 110 m^2，实验室 280 m^2）	主任：乌新平 副主任：师若景 * 员丁强	编制 32 人，在职 32 人，聘用 10 人；129 台（件），236 万元
2013 年 3 月	三门峡市质量技术监督局 （正处级） 地址：三门峡市崤山路中段 （计量科）	局长：王民学 局党组书记：索继军 副局长：* 李长周、莫瑞庄、孔维玲、谢贵强 纪检书记：徐书卿 （科长：马龙昌、庄剑敏 2013 年 8 月任科长）	计量科 3 人	三门峡市检测中心 （湖滨区文明路东段 6 号；办公室 110 m^2，实验室 280 m^2）	主任：乌新平 副主任：师若景 * 员丁强	编制 32 人，在职 32 人，聘用 10 人；129 台（件），236 万元
2014 年	三门峡市质量技术监督局 （正处级） 地址：三门峡市崤山路中段 （计量科）	局长：王民学 局党组书记：索继军 副局长：* 莫瑞庄、孔维玲、谢贵强 纪检书记：徐书卿 （科长：庄剑敏）	计量科 3 人	三门峡市检测中心 （湖滨区文明路东段 6 号；办公室 110 m^2，实验室 280 m^2）	主任：乌新平 副主任：师若景 * 员丁强	编制 32 人，在职 32 人，聘用 10 人；146 台（件），329 万元

说明：

1. 分管三门峡市技术监督局、质量技术监督局内设计量业务管理部门和计量技术机构的局领导姓名的左边加“*”号；分管三门峡市质量技术监督检验测试中心计量工作的市中心的主任或副主任的姓名左边加“*”号。

2. 建筑面积主要包含办公室面积、实验室面积，不包含住宅面积。

3. 设备台（件）数仅包含计量标准器具和辅助计量仪器设备。

4. 设备资产（万元）指计量标准器具和辅助计量仪器设备的原值。

第十三节 商丘市计量大事记

编辑工作领导组 **组　长** 刘　伟
副组长 曹大领　朱万忠
编　写　组 **组　长** 张茂友
成　员 徐容礼　李纪明　吴秀英　郭俊杰

1962 年 **是年** 商丘专区行政公署计量管理办公室成立，归属商丘专区行政公署科委。

1964 年 **是年** 商丘专区行政公署计量管理办公室更名为商丘地区行政公署计量标准所（以下简称专区所），杜群任所长。职工有杜群、李继明、任秀举、李宝荣。办公地址在原行署院内，两间办公用房。

1965 年 **6 月** 鹿邑县、郸城县被划出商丘专区，民权县、睢县被重新划归商丘专区。
是年 专区所迁至凯旋西路，行署划拨 2.8 亩地，建了 7 间办公用房。

1966 年 **是年** 专区所分配来靳长庆等 5 名专业技术人员。

1967 年 **是年** 商丘专区改为商丘地区，专区所改为地区所。

1971 年 **是年** 张世亮任地区所党支部书记。

1974 年 **是年** 刘新灵任地区所党支部书记，任秀举任所长。

1979 年 **1 月** 孟凡彬任地区所党支部书记，任秀举任所长。

1982 年 **3 月** 李连祥任地区所党支部书记，任秀举任所长。
是年 地区所开展“杂砣杆秤改制”，改杂砣杆秤为定量砣（市斤），改制近 2 万支。

1983 年 **是年** 郭继文任地区所党支部书记，任秀举任所长。地区所由原归属商丘地区科委改归属商丘地区经委。

1984 年 **4 月** 地区所开展“企业计量定、升级”工作，经验收合格，批准三级计量企业近 200 家。
11 月 在夏邑县举办了商丘地区衡器计量检定人员培训班，培训 80 人。

1985 年 **4 月** 地区所、商丘地区商业局开展“物价计量信得过”活动，评出“物价计量信得过”单位 32 家。
10 月 李德金任地区所党支部书记，董圣彦任所长。
是年 地区所李继明同起草了 JJG 19—1985《量提》。

1986 年

2 月 25 日，李汉华任地区所计量管理科科长。

是年—1987 年 商丘市共改制杆秤 1.8 万支，案秤 2000 架，台秤近 4000 台，地中衡 50 台。

1987 年

3 月 地区所安装设计了商丘地区第一台封闭式地中衡。

1991 年

10 月 商丘地区技术监督局（以下简称地区局）成立，内设计量管理科等，下设计量测试研究所、产品质量监督检验所和计量测试学会。

是年 强制检定计量器具 10 项 25 种，品种覆盖率 23%，检测各种计量器具 101812 台（件）。

1992 年

6 月 23 日，地区所更名为商丘地区计量测试研究所（以下简称地区所）。

12 月 1 日，李汉华任地区所所长，戚其昌任地区所党支部书记。

是年 地区局、地区物价局等联合开展“物价计量信得过活动”，共评出“双信”单位 16 家。土地面积计量单位改革试点工作在永城县进行。进行了煤炭称量计量误差试点，共复秤 400 多个零售数据，为国家技术监督局颁布《零售商品称量计量误差规定》提供了依据。完成法定计量检定机构的 16 项计量标准和企业的 34 项计量检定装置的复查换证。

1993 年

是年 地区所共检定各种计量器具 35000 台（件）。

1995 年

6 月 15 日，贯彻落实在公共贸易中限制使用杆秤的工作。

12 月 地区局升格为正县级单位，尚云秀任局党组书记、局长。

是年 核发“计量器具制造许可证”7 个，通过计量合格确认企业 8 家。

1996 年

是年 检查公用电话计时计费器 281 部。

1997 年

3 月 10 日，对全市法定计量检定机构和授权单位进行考核。

6 月 商丘地区行政公署、商丘市和商丘县撤并为地级商丘市。

8 月 市局查处了虞城县三庄乡黑刘庄 310 国道加油站利用多路无线遥控装置进行计量作弊的案件，此案在全国十多家新闻媒体进行了报道。

11 月 市所通过省局法定计量检定机构考核，通过计量标准 20 项。

12 月 完成了商丘正星机器公司计量检测体系确认，是全国加油机行业第一家。

1998 年

6 月 商丘地区技术监督局和商丘地区计量测试研究所分别更名为商丘市技术监督局（以下简称市局）和商丘市计量测试研究所（以下简称市所）。

9 月 市局组织对全市辖区内 6 县、1 市的法定计量检定机构进行考核。

1999 年

6 月 省以下技术监督系统实行垂直管理，市局归属省局领导。

9 月 围绕农村电网改造，全市共检测电能表 2 万余块。

11 月 22 日，市房屋土地面积公正计量站成立。

是年 市所安装出租汽车计价器 1300 余个，检测计价器 2700 余辆（次）。

2000 年

7 月 商丘市技术监督局更名为商丘市质量技术监督局（以下简称市局）。

10 月 19 日，开始实施“光明工程”。

2001 年

2 月 市质量技术监督检验测试中心（以下简称市中心）成立，由原商丘市计量测试研究所，商丘市产品质量监督检验所、商丘市技术监督情报所合并成立，孟凡真任市中心主任。

5 月 11 日，开展眼镜行业计量、质量等级评定。当年累计评定一级眼镜店 4 家、二级眼镜店 25 家、三级眼镜店 16 家。

10 月 孙立超任市局标准计量科科长。

是年 23 家企业取得“制造计量器具许可证”。

2002 年

3 月 20 日，开展对集贸市场和加油站的专项整治。

7 月 30 日，省局聘用吴秀英、张茂友为省级法定计量技术机构考评员。

10 月 17 日，孙瑜任市中心主任。

12 月 9 日，市局查处了睢阳区临河店乡大杨堂村电能表违法案件。

2003 年

2 月 9 日，省人大执法检查组到商丘市就《河南省计量监督管理条例》执行情况进行检查。

◎ 李东玉任市局计量科长。

7 月 市中心通过省局法定计量检定机构考核，通过计量标准 30 项。

10 月 26 日，市局组织 464 人参加了省局组织的全省计量检定员基础知识考试，合格率 89.8%。

2004 年

5 月 20 日，市局举办“5・20 世界计量日”宣传活动。

8 月 31 日，市中心取缔平台镇一非法校表点。

是年 市局开展了餐饮业、电话计时计费装置和加油机计量监督检查。

2005 年

3 月 29 日，宋志强获“国家计量标准二级考评员证书”。

5 月 30 日，郭俊杰、万磊被聘为省级法定计量技术机构考评员。

是月 尚延礼任市中心主任。

8 月 4 日，朱万忠任市局计量科科长。

◎ 16 日，开展《计量法》颁布 20 周年纪念活动。

是年 市局组织开展了棉花市场、医疗卫生用强检计量器具监督检查。

2006 年

3 月 高中友任市局党组书记、局长。

6 月 1 日，市局、市国家税务局联合开展对加油机税控装置和计量性能监督检查。

6 月 26 日，商丘市虞城县被中国计量协会授予“中国钢卷尺城”称号。

8 月 11 日，市中心参加省局组织的材料试验机检定装置测量能力比对活动。

◎ 16 日，市政府批转市工经委等部门《商丘市重点用能单位节能管理办法》。

是年 市局开展了称重计量站、粮食市场收购、销售环节、药品生产企业计量器具专项监督检查。市局对民权等 4 县中心进行了考核。至此，已全部完成对县级法定计量检定机构计量授权考核。

2007 年

3 月 市局下达医疗计量器具的强检计划。

5月 永煤集团车集选煤厂等8家企业通过A级计量合格确认。当年市局完成B级计量合格确认40家。

6月 5日，39家眼镜店获二级或三级证书，3家眼镜店获一级证书。

7月 23日，市局发文，实施强制检定工作计量器具建档工作方案。

12月 10日，市中心投资36万元购置检衡车一部，增加了标准大砝码，扩展了大量程电子汽车衡的检定。

是年 市局组织开展了汽车衡、燃油经营场所计量监督检查。

2008年

1月 7日，市局组织开展2008年双节及上半年定量包装商品净含量定期监督抽查和集贸市场检查，共检查65个批次，合格32批次。

◎ 20日，河南省钢卷尺产品质量监督检验站获省级检测机构资质认定。

4月 1日，市局为商丘供电公司电能计量中心颁发计量授权证书。

6月 市中心通过省局法定计量检定机构计量授权考核，通过计量标准30项、计量检测项目3项。

10月 9日，市局开展"健康计量进医院"活动。

2009年

3月 17日，市4座加油站获省局等联合表彰的"管理示范加油站"称号。

5月 22日，商丘市有7个单位获"河南省计量工作先进单位"称号，10人获"河南省计量工作先进个人"称号。

8月 20日，市局为永煤集团新桥煤矿举行"河南省能源计量评定合格企业"颁证仪式，这是河南省第一家取得能源计量合格称号的企业。

9月 14日，市政府发布实施质量兴市战略的意见，要求加强民生计量、能源计量和诚信计量工作。

10月 中石化商丘石油分公司、新奥燃气商丘分公司通过省局的商业服务业诚信计量示范单位现场评审，这是商丘市首批诚信计量示范单位。

2010年

3月，曹大领任市中心主任。

9月 30日，组织检查汽车衡87台，均按规定进行了周期检定。

10月 14日，本年度推进诚信计量、建设和谐城乡行动工作完成。

◎ 15日，组织检查了4家企业10种产品过度包装，合格率100%。

2011年

是年 完成计量标准证书审批发证4项，B级计量确认企业22家。

2012年

4月 20日，市局、市卫生局联合发文，加强全市医疗机构计量管理工作。

10月 15日，市局在"计量服务走进中小企业"活动期间，为40家企业组织开展了计量服务。

2013年

2月 19日，市局发文，检查水泥质量及缺斤短两情况，落实政协委员提案。市局对机动车维修企业计量器具开展周期检定。

4月 16日，市局检查56家金银制品商铺的金银制品292件。

5月 市局要求继续做好计量检定服务窗口建设，开展眼镜制配场所计量监督检查。

11月 常炳金任市中心主任。

2014年

7月 15日，市局组织开展下半年定量包装商品净含量监督检查，共检查51个批次，合格 45 批次，平均合格率 88%。

11 月 14 日，市局组织完成加气机改造，将以体积显示改为以质量显示。

是年 市局核发“计量标准证书”30 项，B 级计量确认企业 3 家。全市有 154 家商业服务业机构公布了诚信计量承诺，10 家企业获诚信计量示范单位称号。

表8-13-1　商丘市计量行政部门、直属机构沿革一览表

类别 时间	行政部门名称 （地址、下属部门名称）	主要领导人 （下属部门负责人）	计量行政人员	直属机构名称 （地址、面积）	主要领导人	人员、 设备资产
1962 年	商丘行政公署科委（正县级） 地址：商丘市凯旋中路			商丘行政公署标准计量所 （商丘市行署院内；60 m^2）	所长：杜群	4 人； 37 台（件），3 万
1965 年	商丘行政公署科委（正县级） 地址：商丘市凯旋中路			商丘行政公署计量管理所 （商丘市凯旋中路；150 m^2）	所长：杜群	4 人； 49 台（件），12 万
1971 年	商丘行政公署科委（正县级） 地址：商丘市凯旋中路			商丘行政公署计量管理所 （商丘市凯旋中路；150 m^2）	支部书记：张士亮（主持工作）	10 人； 58 台（件），32 万
1974 年	商丘行政公署科委（正县级） 地址：商丘市凯旋中路			商丘行政公署计量管理所 （商丘市凯旋中路；150 m^2）	支部书记：张新灵（主持工作） 所长：任秀举	12 人； 74 台（件），41 万
1979 年	商丘行政公署科委（正县级） 地址：商丘市凯旋中路			商丘行政公署计量管理所 （商丘市凯旋中路；150 m^2）	支部书记：孟凡彬（主持工作） 所长：任秀举	19 人； 103 台（件），53 万
1982 年 3 月	商丘行政公署科委（正县级） 地址：商丘市凯旋中路			商丘行政公署计量管理所 （商丘市凯旋中路；150 m^2）	支部书记：李连祥（主持工作） 所长：任秀举 副所长：王书华	22 人； 124 台（件），76 万
1983 年	商丘地区经委（正县级） 地址：商丘市凯旋中路			商丘地区计量管理所所 （商丘市凯旋中路；150 m^2）	支部书记：郭继文（主持工作） 所长：任秀举 副所长：付君家	24 人； 137 台（件），78 万
1985 年 10 月	商丘地区经委（正县级） 地址：商丘市凯旋中路			商丘地区计量管理所 （商丘市凯旋中路；150 m^2）	支部书记：李德金（主持工作） 所长：董圣彦 副所长：付君家	27 人； 150 台（件），98 万
1991 年 10 月	商丘地区技术监督局（副县级） 地址：商丘市凯旋中路 （计量科）	局长：冯汉江	计量科 3 人	商丘地区计量管理所 （商丘市凯旋中路；150 m^2）	支部书记：李德金（主持工作） 所长：董圣彦 副所长：蒋为群	36 人； 172 台（件），101 万
1992 年 7 月	商丘地区技术监督局（副县级） 地址：商丘市凯旋中路 （计量科）	局长：冯汉江	计量科 3 人	商丘地区计量测试研究所 （商丘市凯旋中路；150 m^2）	支部书记：李德金（主持工作） 所长：董圣彦 副所长：蒋为群	36 人； 198 台（件），105 万
1993 年 9 月	商丘地区技术监督局（副县级） 地址：商丘市凯旋中路 （计量科）	局长：万进轩 局党组书记：冯汉江	计量科 1 人	商丘地区计量测试研究所 （商丘市凯旋中路；150 m^2）	所长：李汉华 支部书记：戚其昌 副所长：蒋为群	36 人； 212 台（件），113 万

续表

类别 时间	行政部门名称 （地址、下属部门名称）	主要领导人 （下属部门负责人）	计量行政人员	直属机构名称 （地址、面积）	主要领导人	人员、 设备资产
1995 年 12 月	商丘地区技术监督局（正县级） 地址：商丘市凯旋中路 （计量科）	局长、局党组书记：尚云秀 副局长：冯汉江、张冬凯、 *王国庆 纪检组长：任学义 （科长：吴秀英）	计量科 1 人	商丘地区计量测试研究所 （商丘市凯旋中路；800 m^2）	所长：李汉华 支部书记：戚其昌 副所长：蒋为群、周春林	38 人； 224 台（件），117 万
1998 年 6 月	商丘市技术监督局（正县级） 地址：商丘市凯旋中路 （计量科）	局长、局党组书记：尚云秀 副局长：张冬凯、黄文光、 *王国庆、高中友 纪检组长：任学义 （科长：郭海方）	计量科 2 人	商丘市计量测试研究所 （商丘市凯旋中路；800 m^2）	所长：李汉华 支部书记：戚其昌 副所长：周春林	38 人； 247 台（件），126 万
2000 年 7 月	商丘市质量技术监督局(正县级) 地址：商丘市凯旋中路 （计量科）	局长、局党组书记：尚云秀 副局长：张冬凯、黄文光、* 王国庆、高中友 纪检组长：任学义 （科长：吴秀英）	计量科 2 人	商丘市计量测试研究所 （商丘市凯旋中路；800 m^2）	所长：李汉华 支部书记：戚其昌 副所长：周春林	39 人； 285 台（件），142 万
2001 年 2 月	商丘市质量技术监督局(正县级) 地址：商丘市凯旋中路 （计量科）	局长、局党组书记：尚云秀 副局长：张冬凯、黄文光、 *王国庆、高中友 纪检组长：任学义 （科长：翟庆新）	计量科 3 人	商丘市质量技术监督检验测试中心（以下简称商丘市检测中心） （商丘市凯旋中路；800 m^2）	主任：孟凡真 副主任：徐宏伟、陈跃梅、 *朱万忠、常炳金、周春林	69 人； 294 台（件），153 万
2001 年 10 月	商丘市质量技术监督局(正县级) 地址：商丘市凯旋中路 （计量科）	局长、局党组书记：尚云秀 副局长：张冬凯、黄文光、 *王国庆、高中友 纪检组长：任学义 （科长：孙立超）	计量科 3 人	商丘市检测中心 （商丘市凯旋中路；800 m^2）	主任：孟凡真 副主任：徐宏伟、陈跃梅、 *朱万忠、常炳金、*周春林	69 人； 294 台（件），153 万
2002 年 10 月	商丘市质量技术监督局(正县级) 地址：商丘市长江路 259 号 计量科）	局长、局党组书记：尚云秀 副局长：张冬凯、黄文光、 *王国庆、高中友 纪检组长：任学义 （科长：孙立超）	计量科 3 人	商丘市检测中心 （商丘市长江路 259 号；900 m^2）	主任：孙瑜 副主任：徐宏伟、陈跃梅、 常炳金、*周春林	68 人； 343 台（件），161 万

续表

类别 / 时间	行政部门名称（地址、下属部门名称）	主要领导人（下属部门负责人）	计量行政人员	直属机构名称（地址、面积）	主要领导人	人员、设备资产
2003 年 2 月	商丘市质量技术监督局（正县级） 地址：商丘市长江路 259 号 （计量科）	局长、局党组书记：尚云秀 副局长：张冬凯、黄文光、* 王国庆、高中友 纪检组长：任学义 （科长：李东玉）	计量科 3 人	商丘市检测中心 （商丘市长江路 259 号；900 m^2）	主任：孙瑜 副主任：徐宏伟、陈跃梅、常炳金、* 周春林	68 人； 343 台（件），161 万
2005 年 5 月	商丘市质量技术监督局（正县级） 地址：商丘市长江路 259 号 （计量科）	局长、局党组书记：尚云秀 副局长：* 高中友、蒋学舜、刘伟 纪检组长：孟凡真 （科长：吴秀英）	计量科 2 人	商丘市检测中心 （商丘市长江路 259 号；900 m^2）	主任：尚延礼 副主任：徐宏伟、* 杨宝峰、* 周春林、裴红波、孟琳	69 人； 382 台（件），189 万
2005 年 8 月	商丘市质量技术监督局（正县级） 地址：商丘市长江路 259 号 （计量科）	局长、局党组书记：尚云秀 副局长：高中友、蒋学舜、* 刘伟 纪检组长：孟凡真 （科长：朱万忠）	计量科 2 人	商丘市检测中心 （商丘市长江路 259 号；900 m^2）	主任：尚延礼 副主任：徐宏伟、* 杨宝峰、* 周春林、裴红波、孟琳	69 人； 382 台（件），189 万
2006 年 3 月	商丘市质量技术监督局（正县级） 地址：商丘市长江路 259 号 （计量科）	局长、局党组书记：高中友 副局长：蒋学舜、* 刘伟 纪检组长：孟凡真 （科长：朱万忠）	计量科 2 人	商丘市检测中心 （商丘市长江路 259 号；900 m^2）	主任：尚延礼 副主任：徐宏伟、* 杨宝峰、* 周春林、裴红波、孟琳	70 人； 483 台（件），246 万
2010 年 3 月	商丘市质量技术监督局（正县级） 地址：商丘市长江路 259 号 （计量科）	局长、局党组书记：高中友 副局长：蒋学舜、* 刘伟、蒋伟群 纪检组长：尚延礼 （科长：朱万忠）	计量科 2 人	商丘市检测中心 （商丘市长江路 259 号；900 m^2）	主任：曹大领 副主任：徐宏伟、* 杨宝峰、周春林、裴红波、孟琳	157 人； 520 台（件），380 万
2013 年 11 月	商丘市质量技术监督局（正县级） 地址：商丘市长江路 259 号 （计量科）	局长、局党组书记：高中友 副局长：* 刘伟、尚延礼 纪检组长：曹大领 （科长：朱万忠）	计量科 2 人	商丘市检测中心 （商丘市长江路 259 号；900 m^2）	主任：常炳金 副主任：* 周春林、胡序建、王燕、孟琳	157 人； 580 台（件），520 万

说明：

1. 分管商丘市技术监督局、质量技术监督局内设计量业务管理部门和计量技术机构的局领导姓名的左边加“*”号；分管商丘市质量技术监督检验测试中心计量工作的市中心的主任或副主任的姓名左边加“*”号。

2. 建筑面积主要包含办公室面积、实验室面积，不包含住宅面积。

3. 设备台（件）数仅包含计量标准器具和辅助计量仪器设备。

4. 设备资产（万元）指计量标准器具和辅助计量仪器设备的原值。

第十四节 周口市计量大事记

编撰领导小组（2011 年 10 月 13 日） **组　长** 葛占国
副组长 陈书生
成　员 何永祥　李振东　林平德　陈振洲
领导小组办公室主任 李振东

编撰领导小组（2015 年 10 月 23 日） **组　长** 李宪中
副组长 陈书生
成　员 张新栋　豆玉玲　李振东
领导小组办公室主任 豆玉玲

1963 年

10 月 商水县计量所（以下简称县所）成立，归属商水县手工业管理局。周口镇为县辖镇，属许昌地区商水县。

1964 年

4 月 县所发布《关于加强计量管理工作的意见》。

5 月 县所下发《计量检定管理试行办法》。

1965 年

6 月 6 日，周口专区成立，下辖 9 县，即：原商丘专区的鹿邑、郸城、沈丘、项城、淮阳、太康县和原许昌专区的西华、扶沟、商水县。

6 月 29 日，周口专员公署成立。

是年 县所更名为周口专员公署科委计量管理所（以下简称专区所），归属专署科委（以下简称专科委）。专区所移交周口镇，搬迁至潘公街，此时，属双重领导，人员归周口镇委，业务、经费归专科委。

◎ 专区所建立力学室，主要开展衡器、压力表的检定修理，以修理为主。

1966 年

是年 周口专区有 23 家企业建立了计量室。

1967 年

是年 专区所购置 4 吨 5 等砝码和标准长度量端器。

1969 年

4 月 周口地区革命委员会成立。

是年 专科委撤销，专区所更名为周口地区计量管理所（以下简称地区所），地区所成立革命领导小组，归属周口专署计委。地区所建立电学、长度、热工计量标准，开展计量检定。

1970 年

是年 地区所搬迁到原商水县政府院内，地址周口新街 4 号，归属专计委、财委。

1972 年

是年 原商水计量所人、财、物整体移交给地区所。

1973 年

是年 地区科委恢复，地区所隶属地区科委。周口镇计量所组建，邝国喜任所长。

1974 年

是年 地区所内设长度、力学、电学、热工、农业化验室。

1978 年 **是年** 开展医用计量器具戥秤改革。

1979 年 **4 月** 地区所印发周期检定计量器具通知，检查地衡、台秤、案秤，合格率 51%，木杆秤、直尺，合格率 49%。

11 月 在周口颍河饭店召开全区贯彻《河南省厂矿企业计量管理细则》会议，决定对全区厂矿企业进行计量检查整顿。周口地区革命委员会改称周口地区行政公署（以下简称行署）。

1980 年 **9 月** 26 日，周口镇改为周口市，仍归属周口地区。

是年 地区所会同行业主管部门对 12 家厂矿企业进行抽查。

1981 年 **是年** 行署颁布《关于加强计量管理的通告》。

1982 年 **是年** 地区所、商业局、供销社、工商局联合发文要求木杆秤实行定量砣。地区所被省局授予“河南省度量衡管理先进单位”。

1983 年 **是年** 地区科委、工商局联合印发《关于加强个体秤工监督管理工作的通知》。

1984 年 **是年** 地区所开展工业企业定级升级工作。

1985 年 **11 月** 地区所、商业局、供销社联合开展商业企业“物价计量信得过”活动，评出物价计量信得过单位 26 家。

12 月 行署召开全区推行法定计量单位动员大会。19 家企业被授予三级计量合格单位。

1986 年 **5 月** 地区所召开《计量法》宣传贯彻大会，200 多人参会。行署副专员作电视讲话。

是月 全区组织商贸计量大检查，共检查国营单位 66 个、集体单位 43 个，个体摊点 157 个，检查计量器具 349 台（件）。

是年 地区所检定计量器具 6000 多台（件），创历史最高水平。

1987 年 **1 月—3 月** 周口衡器厂、淮阳计量所获《制造计量器具生产许可证》。

11 月 地区所与安徽省阜阳地区标准计量局召开边界会议，项城、沈丘、郸城、鹿邑和安徽省的太和、阜阳市、亳县、界首、临泉等计量部门领导人参加了会议，对边界集贸市场和个体秤工的管理达成共识。

1988 年 **是年** 地区所更名为地区计量测试所（以下简称地区所），挂周口地区计量管理办公室牌子，履行计量行政执法职能。

1989 年 **1 月** 地区计量办表彰 1988 年 15 家工业计量先进单位。

是年 查处计量违法案件 165 起。地区所建立血压计标准和心脑电图仪计量标准。

1990 年 **6 月** 8 日，行署召开会议，传达布置推行法定计量单位自查验收和抽查工作。

9 月 6 日，周口地区计量办公室和周口地区标准办公室合并，成立周口地区技术监督局（以下简称地区局）。

10月 5日，地区局、地区卫生局联合发文，要求对医疗卫生用计量器具进行普查登记。

是年 周口地区推行法定计量单位工作通过省局验收。

1991年

1月 17日，地区局发文，加强计量器具经营和使用管理。

6月 5日，地区局加强对农用物资农副产品计量监督检查，共检查单位702个，其中有违法行为的81个，占11.54%；检查计量器具1070台（件），合格614台（件），占57.38%，没收计量器具456台（件）。

7月 地区局帮助宋河酒厂通过国家一级计量企业验收。宋河酒厂赠送“热情服务企业，振兴我区计量”锦旗一面 。

9月 16日—20日，地区局组织对地区味精厂开展计量帮扶，对全厂计量器具登记造册，实行A、B、C三级管理。

12月 地区所参加省局组织的力学砝码和长度量块比对，获优秀成绩。

1992年

2月 地区局被评为全国计量函授学习“优秀集体”，全区获优秀个人称号的19人，张宏被评为国家计量函授优秀教师。

7月 2日，地区局、地区卫生局联合对医疗卫生单位进行监督检查，共检查48个单位，检定医用计量器具1989台（件），合格率为81%。

7月 5日，地区局开展“无假冒伪劣无缺斤短尺商品一条街”活动。

8月 18日，黄泛区农场技术监督分局成立，属地区局派出机构。

11月 地区局、地区物价局开展“物价计量信得过活动”，评出双信单位23个。

1993年

是年 对群众反映强烈的加油站、点进行计量监督检查。

1994年

是年 地区局对新闻出版、广播电视部门法定计量单位使用情况进行了监督检查。

1995年

是年 地区局、地区电业局联合对11个电业计量所进行监督检查。

1996年

是年 完成计量合格确认企业25家。

1997年

是年 县（市）级计量技术机构建立的36项计量标准通过考核发证。

1998年

是年 地区所通过省局组织的法定计量检定机构考核验收。

1999年

6月 全省技术监督系统实行省以下垂直管理。

2000年

6月 地区开展农产品收购季节计量执法大检查，地区局局长担任领导组组长。

8月 周口撤地设市，设立川汇区，行政区域为原县级周口市行政区域。

◎ 地区局组织培训班，宣传贯彻《河南省计量监督管理条例》，在周口电视台、《周口日报》举办宣传专栏。

11月 周口市先后有7家计量技术机构开展了对电能表的检定工作，得到省局肯定，并在周口市召开现场会。

12月 地区局、地区建委联合发文，决定对住宅等建设中使用电能表等4种计量器具安装前实施首次强制检定。

是年 周口地区技术监督局更名为周口市质量技术监督局（以下简称市局），原周口市质量技术监督局更名为川汇区质量技术监督局。

2001年

1月 市局开展加油机安装税控装置防爆安全工作。

是月 周口市质量技术监督检验测试中心成立（以下简称市中心），规格为副县级，由原周口市计量测试研究所，周口市产品质量监督检验所合并成立。市中心内设业务室、办公室、理化检定室、热工检定室、流量检定室、电学检定室和力学检定室。

3月 开展“光明工程”活动。

8月 市局、市公安局联合发文，对汽车车速里程表实施强制检定。

9月 14日，市局开展眼镜店计量、质量等级评定。

11月 20日，市局向市政府报送《关于对河南移动公司周口分公司进行计量执法检查情况的报告》。

11月 23日，市局向市委、市政府报送《关于沈丘、商水两县电业局伪造数据多计电量增加用户负担情况的报告》。

2002年

1月 市局印发《2002年周口市计量工作要点》。

3月 16日，市局印发《全市计量生产企业基本情况调查摸底工作方案》。

5月 29日，市局印发宣传贯彻集贸市场计量监督管理办法实施方案。

9月，对本辖区内定量包装商品生产企业及销售（分装）定量包装商品的大型集贸市场、商场（店）进行监督检查及检验。

10月 市中心新上长度检定室。

是年 市局组织开展集贸市场和加油站专项整治，对加油站负责人进行培训，在夏粮收购中进行计量监督检查。

2003年

1月 市局印发《2003年全市计量工作要点》及《2003—2005三年计量工作规划》。

3月 市局对全市定量包装商品生产企业开展全面调查摸底，建立管理档案。

4月 市局印发“5·20世界计量日”宣传方案。

7月 市局印发《关于加强对计量标准监督管理的通知》，对全市所有建标单位开展监督检查。

8月 市局对全市计量授权单位进行监督检查。

10月 市局开展辖区内强制检定工作计量器具普查登记工作。

11月 市局对辖区内检测机构进行监督检查。

是年 市中心开展汽车车速里程表等强制检定，全市共有236家企业通过计量合格确认。

2004年

2月 市局召开全市计量工作会议。

3月 市局开展定量包装产（商）品监督及检验，结果予以新闻公告。

9月 市局对实验室计量认证情况开展专项检查。

是年 组织开展燃油加油机、水表强制检定监督检查。

2005年

9月 13日，市局开展《计量法》颁布20周年纪念活动。

10月 31日，市局安排部署对电厂及其他耗能企业开展能源计量状况调查。

是月 组织对属于全省十纵十横交通沿线加油站进行计量执法检查。

11月 14日，组织开展电能计量监督检查。

2006年

1月 26日，市局、市交通局联合发文，对机动车维修企业的计量器具和检测设备进行年度周期检定。

3月 9日，开展水表、电能表、燃气表、衡器、燃油加油机、出租车计价器6种国家重点管理的计量器具的监督检查，共抽查4万台（块），抽查合格率91.2%。

3月 23日，市局发文加强加油机封缄管理。

6月—9月 监督检查药品生产企业10家，检查强制检定计量器具385台。

7月 25日，市局、市国税局对加油机税控装置和计量性能监督检查。

10月 12日，市局林平德、何永祥、陈振洲、张歌红被省局聘任为国家计量标准二级考评员。

2007年

3月 20日，开展在用汽车衡专项监督检查。

4月 23日，全市开展燃油经营单位计量监督检查，依法查封了涉嫌计量作弊的15家加油站的27台加油机。

8月 8日，市局发文，布置开展强制检定工作计量器具建档工作。

12月 26日，市局对周口供电公司电能计量中心计量授权。

2008年

5月 30日，市局加强燃油加油机监督管理，组织开展对燃油加油机的综合整治，河南电视台和周口电视台分别进行了报道。

8月 25日，市局开展“光明工程”服务活动，检查眼镜制配场所38家，检查计量器具71台（件）。

是月 在全市开展“关注民生、计量惠民”专项行动及重点耗能企业能源计量评定。市局曹晓东、吴静获河南省能源计量评定考评员。

11月 17日，省局对市中心计量授权：开展检定项目45项，校准项目2项，检测项目3项。

是年 市局开展了夏粮收购、医疗卫生、出租车计价器等计量器具软件的监督检查。

2009年

10月 22日，市局完成对9个县级法定计量检定机构计量授权现场考核。

12月 14日，市中心刘红侠参加第五届全省机关事业单位技术工人技能竞赛获加油机专业先进个人三等奖。

是年 市局组织开展了定量包装商品净含量和集贸市场、网吧内用电子计时器、加油机防弊功能、进口计量器具的计量监督检查。

2010年

4月 市局发文，开展定量包装商品净含量、商品过度包装和加油站及集贸市场（超市）等计量专项监督检查工作。

5月 17日，市局在周口迎宾馆举行“5·20世界计量日”计量高层论坛，中国工程院院士张钟华作了“21世纪计量科学”报告。副市长刘保仓，省政府参事、省局巡视员肖继业，市政协副主席石敬平，省局计量处处长王有全，省计量院院党委书记陈传岭，市委副秘书长史豪，市政府副秘书长刘旭勃，市委宣传部副部长张治光等300多人听报告。周口电视台、周口人民广播电台、《周口日报》《周口晚报》等媒体进行了报道。

5月 19日，市局在周口市五一广场举行“度量衡之光”文化广场文艺晚会。副市长刘保仓，市委宣传部副部长张治光，市政府副秘书长刘旭勃、许国民，省局副巡视员傅新立，省局计量处副处长范新亮等现场观看。

8月 10日，市局党组书记、局长葛占国走进周口人民广播电台《监督热线》栏目直播室，围绕市局当前工作重点及社会上群众关心的计量热点问题进行记者访谈和听众提问。

9月 8日，市局对沈丘、项城、郸城、商水、西华、扶沟、鹿邑、商水、淮阳9个县法定计量检定机构计量授权。

12月 河南恒昌自控设备有限公司被省委、省政府授予河南省高成长性民营企业，其研制的GPRS远程流量计算仪、微机动态配料控制装置2010年2月获国家专利。

是年 市中心检测计量器具2.7万台（件），计量收入231.2万元。

2011年

4月 全市有48人通过注册计量师报名和资格审查。

5月 18日，市局授予周口供电公司电能计量中心等10个单位为诚信计量工作先进单位称号。

5月 19日，市委常委、副市长刘保仓，省局副巡视员傅新立等领导亲临现场观看第二届“度量衡之光”文艺晚会。

7月 18日，完成商水等10个县（市、区）电业局电能计量中心专项计量授权考核发证。

10月 20日，市局开展能效标识计量监督检查。

2012年

1月 市局组织开展双节期间诚信计量进市场活动。20日下午，市委副书记、代市长岳文海，副市长刘国连、杨廷俊等到万果园购物中心视察。

5月 16日，市委常委、宣传部长、副市长刘保仓，市委副秘书长石豪，市委宣传部副部长张治光，省局副局长冯长宇，省局计量处处长孟宪忠等现场观看第三届“度量衡之光”文艺晚会。晚会上表彰了河南天豫薯业、中石化、中石油等12家计量诚信单位，并颁发荣誉证书。

是月 市局召开座谈会，布置重点耗能企业能源计量数据采集工作。

9月 开展“计量服务走进千家中小企业”活动。

是年 市中心通过省局能力验证评审和实验室资质认定工作。

是年 市局组织开展国道沿线汽车衡、农资定量包装、加油机计量监督检查。

2013年

3月 11日，李振东、陈振洲、钱磊通过河南省法定计量检定机构考评员考试。

5月 9日，对8个法定计量检定机构计量检定服务窗口进行监督检查。

5月 20日，由市委宣传部主办、市局承办的第四届“度量衡之光”文艺晚会在市五一劳动广场举行。市人大副主任谢冰山、副市长李廷俊、省局计量处处长苏君等现场观看。

6月 15日，抽查定量包装生产企业19家，检查定量包装商品107批次，合格率100%。

6月 30日，省局对市中心20项计量标准、36项检定项目、42种计量器具的检定、3项检测项目进行计量授权。

9月 25日，市局代表队在河南电视台演播厅参加《计量发展规划（2013-2020年）》知识竞赛决赛，获集体二等奖。

11月 28日，市局组织完成辖区内加油站普查登记，全市共有加油站475个，其中：中石化系统106个，中石油系统54个，社会加油站315个。

是年 市局组织金银饰品、重点领域、眼镜配制场所、医疗卫生单位计量监督检查。

2014 年

1 月 6 日，市局组织开展双节暨上半年定量包装商品净含量和集贸市场计量器具监督检查工作。

4 月 23 日，市中心参加省局开展的 0.4 级精密压力表量值比对，获先进名次。

6 月 20 日，市局发文，继续组织开展“计量惠民生、诚信促和谐”活动。

9 月 23 日，市局召开医疗卫生机构在用计量器具普查及建立信息库动员会。

10 月 14 日，市局召“开车用压缩天然气加气机由‘体积’改为‘质量’计量”的座谈会。

11 月 市辖区内的 10 个加气站 65 杆枪已全部完成改造。

11 月 27 日，市局局长、局党组书记李宪中参加市纪委组织的电视问政栏目，解答群众关心的计量问题。

是月 市中心刘新红在省局组织的第十届全省机关事业单位工勤技能岗位流量计量检定专业技能竞赛中，获全省第一名，荣获一等奖，省人社厅、省总工会给予表彰，省局发给证书并给予物质奖励。

12 月 质监系统由省级以下垂直管理变为地方政府管理，结束了 15 年来省级以下质监系统垂直管理的模式。

是年 市局组织开展了对民用“四表”、压缩天然气加气机、集贸市场计量监督检查。市局计量监督管理工作被省局计量处表彰为优秀单位；市中心被省局计量处授予“计量技术机构能力验证先进单位”。市局组织发表计量新闻稿件 14 篇。

表8-14-1　周口市计量行政部门、直属机构沿革一览表

类别 时间	行政部门名称 （地址、下属部门名称）	主要领导人 （下属部门负责人）	计量行政人员	直属机构名称 （地址、面积）	主要领导人	人员、设备资产
1963 年 10 月	商水县计量所 地址：周口镇人和街	所长：韩有恒	4 人	135 m^2		
1965 年	周口专员公署科委计量管理所 地址：周口镇潘公街	代理所长：赵继孔	9 人	255 m^2		
1969 年	周口地区计量管理所 地址：周口镇山货街	组长：胡福才	14 人	210 m^2		
1970 年	周口地区计量管理所 地址：周口新街 4 号	所长：张明亮	15 人	210 m^2		
1975 年	周口地区计量管理所 地址：周口新街 4 号	副组长：胡福才	19 人	210 m^2		
1976 年	周口地区计量管理所 地址：周口新街 4 号	临时负责人：左国卿	19 人	210 m^2		
1978 年	周口地区计量管理所 地址：周口新街 4 号	所长：施道德 副所长：何尧鑫	21 人	210 m^2		
1982 年	周口地区计量管理所 地址：周口新街 4 号	所长、所党支部书记：王克俭（科委副主任兼） 副所长：毛爱平、何尧鑫	20 人	210 m^2		
1984 年	周口地区计量管理所 地址：周口新街 4 号	所长、所党支部书记：刘占盈 副所长：何尧鑫	23 人	210 m^2		
1985 年	周口地区计量管理所 地址：周口新街 4 号 （计量管理科）	所长、所党支部书记：刘占盈 副所长：何尧鑫 （科长：张宏）	23 人 （1 人）	210 m^2		
1988 年	周口地区计量测试所（并挂周口地区计量管理办公室牌子） 地址：周口新街 4 号 （计量管理科）	主任、所党支部书记：刘占盈 副主任：董全勇、何尧鑫 （科长：张宏）	23 人 （1 人）	210 m^2		

续表

类别 时间	行政部门名称 （地址、下属部门名称）	主要领导人 （下属部门负责人）	计量行政人员	直属机构名称 （地址、面积）	主要领导人	人员、 设备资产
1990 年 9 月	周口地区质监局（副处级） 地址：市文明路北段 （计量科）	局长、局党组书记：陈学升 副局长：* 刘占盈，李新平 纪检副组长：皮俊清 （科长：何尧鑫）	计量科 3 人	周口地区计量测试所 （周口新街 4 号；总面积 210 m^2）	所长、支部书记：贾传洲 副所长：刘洪才、何中海	编制 25 人， 在职 34 人； 固定资产：19.7 万元
1991 年 4 月	周口地区质监局（副处级） 地址：市文明路北段 （计量科）	局长、局党组书记：陈学升 副局长：* 刘占盈，李新平 纪检副组长：皮俊清 （科长：张宏）	计量科 3 人	周口地区计量测试所 （周口新街 4 号；总面积 210 m^2）	所长、支部书记：贾传洲 副所长：刘洪才、何中海	编制 25 人， 在职 34 人； 固定资产：22 万元
1992 年 9 月	周口地区质监局（副处级） 地址：市文明路北段 （计量科）	局长、局党组书记：陈学升 副局长：* 刘占盈，李新平 纪检副组长：皮俊清 （科长：张宏）	计量科 3 人	周口地区计量测试所 （周口新街 4 号；总面积 410 m^2）	所长、支部书记：贾传洲 副所长：刘洪才、何中海	编制 30 人， 在职 34 人； 固定资产：30 万元
1993 年 8 月	周口地区质监局（副处级） 地址：市七一路生产资料公司院内 （标准计量科）	局长、局党组书记：陈学升 副局长：崔树青、李新平、王自新 纪检副组长：皮俊清 总工：* 齐文善 ［副科长：董全勇（主持工作）、曹凤兰］	计量科 2 人	周口地区计量测试所 （周口新街 4 号；总面积 410 m^2）	所长、支部书记：张宏 副所长：何尧鑫、张彦峰	编制 30 人， 在职 38 人； 固定资产：38.5 万元
1994 年 10 月	周口地区质监局（正处级） 地址：七一路生产资料公司院内 （计量科）	局长、局党组书记：陈学升 副局长：崔树青、李新平、王自新 纪检副组长：皮俊清 总工：* 齐文善 （科长：何尧鑫，副科长：曹凤兰）	计量科 2 人	地区计量测试所 （周口新街 4 号；总面积 410 m^2）	所长、支部书记：林平德 副所长：张彦峰、何中海	编制 30 人， 在职 36 人； 固定资产：40 万元
1996 年 4 月	周口地区质监局（正处级） 地址：七一路生产资料公司院内 （计量科）	局长、局党组书记：陈学升 副局长：王志国、* 宋建立、高林 纪检副组长：皮俊清 （科长：何晓鑫，副科长：田雪梅）	计量科 2 人	地区计量测试所 （周口新街 4 号；总面积 410 m^2）	所长、支部书记：林平德 副所长：张彦峰、何中海	编制 30 人， 在职 35 人； 固定资产：42 万元
2000 年 6 月	周口市质监局（正处级） 地址：市人民路 135 号 （计量科）	局长、局党组书记：陈学升 副局长：王志国、* 宋建立、高林 纪检组长：石玉山 （科长：张宏）	计量科 3 人	地区计量测试所 （周口新街 4 号；总面积 410 m^2）	所长、支部书记：林平德 副所长：何永祥、邢海荣	编制 30 人， 在职 41 人； 固定资产：46 万元

续表

类别 时间	行政部门名称 （地址、下属部门名称）	主要领导人 （下属部门负责人）	计量行政人员	直属机构名称 （地址、面积）	主要领导人	人员、 设备资产
2001 年 2 月	周口市质监局（正处级） 地址：人民路 135 号 （计量科）	局长、局党组书记：陈学升 副局长：苏君、＊宋建立、丁铭生 纪检组长：石玉山 （科长：林平德）	计量科 3 人	周口市检测中心 （人民路 135 号；总面积：1000 m^2，其中：办公室面积：200 m^2，实验室面积：800 m^2）	主任、支部书记：朱立新 副主任：＊何永祥、祁云华	编制 55 人， 在职 56 人； 固定资产：50 万元
2001 年 10 月	周口市质监局（正处级） 地址：人民路 135 号 （计量科）	局长、局党组书记：苏君 副局长：丁铭生、＊石玉山 纪检组长：李宪中 （科长：林平德）	计量科 2 人	周口市检测中心 （人民路 135 号；总面积：1000 m^2，其中：办公室面积：200 m^2，实验室面积：800 m^2）	主任、支部书记：朱立新 副主任：＊何永祥、祁云华、张祥鹏	编制 55 人， 在职 57 人； 固定资产：55 万元
2002 年 10 月	周口市质监局（正处级） 地址：人民路 135 号 （计量科）	局长、局党组书记：苏君 副局长：丁铭生、＊石玉山 纪检组长：李宪中 （科长：林平德）	计量科 2 人	周口市检测中心 （人民路 135 号；总面积：1000 m^2，其中：办公室面积：200 m^2，实验室面积：800 m^2）	主任、支部书记：侯建鹏 副主任：＊何永祥、祁云华、张祥鹏	编制 55 人， 在职 57 人； 固定资产：61 万元
2004 年 4 月	周口市质监局（正处级） 地址：人民路 135 号 （计量科）	局长、局党组书记：丁铭生 副局长：＊石玉山、李宪中、黄发林 纪检组长：朱立新 （科长：林平德）	计量科 3 人	周口市检测中心 （人民路 135 号；总面积：1500 m^2，其中：办公室面积：300 m^2，实验室面积：1200 m^2）	主任、支部书记：侯建鹏 副主任：＊何永祥、祁云华、张祥鹏	编制 55 人， 在职 57 人； 固定资产：66 万元
2005 年 10 月	周口市质监局（正处级） 地址：人民路 135 号 （计量科）	局长、局党组书记：宋建立 副局长：＊石玉山、李宪中、陈书生 纪检组长：朱立新 （科长：林平德）	计量科 3 人	周口市检测中心 （人民路 135 号；总面积：1500 m^2，其中：办公室面积：300 m^2，实验室面积：1200 m^2）	主任、支部书记：张玉然 （市局副局长兼） 副主任：＊何永祥、祁云华、张祥鹏	编制 55 人， 在职 57 人； 固定资产：74 万元
2007 年 4 月	周口市质监局（正处级） 地址：人民路 135 号 （计量科）	局长、局党组书记：宋建立 副局长：＊石玉山、张玉然、李宪中、陈书生 纪检组长：朱立新 （科长：李振东）	计量科 3 人	周口市检测中心 （人民路 135 号；总面积：1500 m^2，其中：办公室面积：300 m^2，实验室面积：1200 m^2）	主任、支部书记：张玉然 （市局副局长兼） 副主任：＊何永祥、祁云华、张祥鹏	编制 55 人， 在职 57 人； 固定资产：160 万元
2009 年 1 月	周口市质监局（正处级） 地址：人民路 135 号 （计量科）	局长、局党组书记：宋建立 副局长：张玉然、李宪中、＊陈书生 纪检组长：朱立新 （科长：李振东）	计量科 3 人	周口市检测中心 （人民路 135 号；总面积：1500 m^2，其中：办公室面积：300 m^2，实验室面积：1200 m^2）	主任、支部书记：何永祥 副主任：＊吴静＊梅玉强、＊樊伟洲、	编制 55 人， 在职 57 人； 固定资产：168 万元

续表

类别 时间	行政部门名称 （地址、下属部门名称）	主要领导人 （下属部门负责人）	计量行政人员	直属机构名称 （地址、面积）	主要领导人	人员、 设备资产
2009 年 10 月	周口市质监局（正处级） 地址：人民路 135 号 （计量科）	局长、局党组书记：葛占国 副局长：张玉然、李宪中、* 陈书生 纪检组长：朱立新 （科长：李振东，副科长：曹晓冬）	计量科 3 人	周口市检测中心 （人民路 135 号；总面积：1800 m^2，其中：办公室面积：300 m^2，实验室面积：1500 m^2）	主任、支部书记：何永祥 副主任：* 梅玉强、* 樊伟洲	编制 55 人， 在职 56 人； 固定资产：182 万元
2012 年 8 月	周口市质监局（正处级） 地址：人民路 135 号 （计量科）	局长、局党组书记：葛占国 副局长：张玉然、李宪中、* 陈书生 纪检组长：赵学军 （科长：李振东）	计量科 2 人	周口市检测中心 （人民路 135 号；总面积：1500 m^2，其中：办公室面积：300 m^2，实验室面积：1200 m^2）	主任、支部书记：陈亚成 副主任：* 梅玉强、* 樊伟洲	编制 55 人， 在职 56 人； 固定资产：318 万元
2014 年 2 月	周口市质监局（正处级） 地址：人民路 135 号 （计量科）	局长、局党组书记：李宪中 副局长：* 陈书生、赵学军、何永祥 纪检组长：陈亚成 （科长：豆玉玲）	计量科 2 人	周口市检测中心 （人民路 135 号；总面积：1800 m^2，其中：办公室面积：400 m^2，实验室面积：1400 m^2）	主任、支部书记：张新栋 副主任：* 梅玉强、* 樊伟洲、* 陈振洲	编制 55 人， 在职 56 人； 固定资产：448 万元

说明：

1. 分管周口市技术监督局、质量技术监督局内设计量业务管理部门和计量技术机构的局领导姓名的左边加“*”号；分管周口市质量技术监督检验测试中心计量工作的市中心的主任或副主任的姓名左边加“*”号。

2. 建筑面积主要包含办公室面积、实验室面积，不包含住宅面积。

3. 设备台（件）数仅包含计量标准器具和辅助计量仪器设备。

4. 设备资产（万元）指计量标准器具和辅助计量仪器设备的原值。

第十五节　驻马店市计量大事记

编辑委员会　**主　任**　陈长海
副主任　杨鹤林　马宝安
编　委　郭卫华　王宗芳　李明泽　张卫锋
陈卫生　叶志国　骆　涛　肖　威
主　编　杨鹤林
撰　稿　郭卫华　王宗芳　李明泽
校　对　张卫锋

1965年

6月　15日，国务院批准河南省增设驻马店地区行政公署。随后行署批准成立了驻马店地区计量所（以下简称地区所），隶属科委，正科级单位，所长朱文德，有职工3人，建立1项长度计量标准。

1966年

是年　检修计量器具597件。

1967年—1968年

计量工作处于半瘫痪状态。

1969年

2月　10日，地区革命委员会决定，将驻马店地区电业管理总所与地区所合并为驻马店地区电力计量服务站。

是年　开展长度、热工、力学、电学共20多种计量器具的计量检定。

1970年

1月　5日，设置河南省驻马店地区计量管理所（以下简称地区所）。

3月　14日，驻马店地区革命委员会计委转发地区所《关于做好计量器具周期检定的通知》。

6月　18日，地区所印发《关于进一步加强计量管理工作的意见》。

是年　地区所有行政人员5人、检定人员12人、职工9人。

1971年

1月　4日，地区所启用1971年度计量检定印证，合格印证为“71N06”；“71”代表1971年，“N”代表河南省，“06”系全省统一编号。

1972年

2月　21日，地区所启用1972年度计量检定印证，合格印证为“72N06”；“72”代表1972年，“N”代表河南省，“06”系全省统一编号。不合格印证为ш，原“71N06”同时作废。

1973年

4月29日，地区所发文，规定锅炉压力表和血压计（表）免收检修费。

1974年

2月　29日，地区所革命委员会成立。

12月　5日，地区所召开热工计量工作座谈会。

1975年

12月　5日，地区革命委员会科委将地区所改为地区革委会标准计量所。

1976年 **6月** 2日，县、镇所接上级通知，凡属标准计量工作人员，工资和办公费用，每月向同级财政部门领发。

1977年 **是年** 地区所宣传贯彻《中华人民共和国计量管理条例》。

1978年 **3月** 4日，田福洲任地区所党支部书记。

11月 29日，地区所更名为地区标准计量管理所（以下简称地区所）。

1983年 **是年** 黄德武任地区所所长。

1984年 **1月** 13日，地区行署批复地区所等事业机构设置及人员编制，设置计量管理科，新定事业编制47人。

8月 10日，地区行署撤销"驻马店地区标准化办公室""驻马店地区标准计量管理所"，建立"驻马店地区标准计量管理办公室"，事业编制，副局级机构，业务归地区经委领导。

1985年 **3月** 地区编委批复：地区标准计量办公室内设计量管理科、驻马店地区计量测试所（以下简称地区所），事业编制30人。

1986年 **11月** 26日，驻马店地区标准计量办公室对外称驻马店地区标准计量局（以下简称地区局）。

1987年 **3月** 2日，地区局请示建立豫南计量测试中心。

1988年 **8月** 公布地区第一批强制检定计量器具目录，共有砝码等10种。

9月 地区局任命曹光明等12人为计量监督员。

1989年 **4月** 5日，地区计量标准考核委员会（以地简称地委）成立。

9月 8日，地委决定撤销驻马店地区标准计量局，成立驻马店地区技术监督局（以下简称地区局），增加事业编制13名。

1990年 **3月** 22日，开展推行法定计量单位检查工作。

1991年 **4月** 2日，地区编委批复地区局，保留计量管理科，配副科级干部1名。

10月 5日，地区局开展改革土地面积计量单位。

1992年 **7月** 地区局开展对医疗卫生部门的计量监督检查工作；开展乡镇企业计量工作。

1993年 **是年** 地区所开展了对医疗卫生系统计量器具、电能表、计量罐、计量罐车、汽车车速表、里程表的强制检定。

12月 12日，地区局、商业局、工商局等联合发文，开展对零售商品称重计量监督。

◎ 14日，开展对集贸市场在用计量器具、定量包装食品等质量、计量监督检查。

1994 年

5 月 31 日，地区局开展庆祝法定计量单位颁布十周年活动。

10 月 地区局加强计量器具制造业监督管理，实行计量器具制造业年度审查制度。

1995 年

7 月 4 日，授予驻马店市北京商场等 16 家企业“质量计量信得过单位”。

是年 地区局升格为正处级单位，全区 9 县 1 市相继成立县、市技术监督局，县局为正科级单位。

1996 年

8 月 30 日，地区局保留驻马店地区计量测试所。

11 月 25 日，地区局组织开展医疗卫生单位计量合格确认工作。

1997 年

1 月 1 日，地区局组织开展石油零售企业“计量质量信得过”活动。

3 月 26 日，地区局分设计量科，人员 2 人。

5 月 20 日，地区局、地区邮电局、地区物价局联合发文，对公用电话计费器实施强制检定。

6 月 1 日，地区局对驻马店市自来水公司计量授权。

◎ 14 日，地区计量协会成立。

是年 全区检定计量器具 76369 台（件），地区所检定收入首次突破 100 万元。

1998 年

9 月 10 日，地区局内设计量科。

1999 年

7 月 16 日，地区局、地区农业局联合发文，加强农业和农村计量监督管理工作。

9 月 15 日，李合长任地区计量协会理事长；肖振清任秘书长。

10 月 成立驻马店地区质量技术监督局，隶属省局，实行垂直领导，下设事业单位驻马店地区质量技术监督检验测试中心（以下简称地区中心）。区、县（市）两级技术监督局统一更名为质量技术监督局，实行垂直管理。

◎ 18 日，地区所对住宅电能表、水表、燃气表安装前实施首次强制检定。

◎ 19 日，地区局请示新建地区质量技术监督综合楼，计划在原地区计量所（32 间房，640 m^2）建 9 层 4500 m^2 的综合楼。

2000 年

3 月 开展了汽车油罐车强制检定。

6 月 在全区统一组织开展夏粮征购计量执法监督检查。

2001 年

2 月 程新建任计量科科长。

3 月 对公路超限运输监控室设置的动态轴重仪实施强制检定。

6 月 程新建任计量协会理事长，肖振清任秘书长。

10 月 报请市政府，将解放路 231 号原地区计量所的土地及地上建筑物转让以筹集资金用于市局综合检测楼的建设。

是年 市局 7100 m^2 具有欧式建筑风格的综合检测楼已接近竣工。市中心全年实现业务收入 307 万元，是去年的 173%。

2002 年

1 月 河南金雀电气股份有限公司获制造、修理计量器具许可证。

5 月 市中心内设 14 个科（室），其中有：长度、热工、力学、衡器、车检、理化、电学计量室，机构规格正科级。

11 月 对河南金雀电气集团有限公司发出《关于对电表产品进行出厂检定的通知》。

2003 年

3 月　对定量包装商品生产企业调查摸底，建立档案。对燃油加油机采用强制检定标志管理。

10 月　对强制检定工作计量器具进行普查登记。

是年　向 190 人颁发了“计量检定员证书”。

2004 年

5 月　表彰计量先进单位 21 个和先进个人 27 人。

10 月　对定量装料衡器（称重控制器）加强监督管理。

12 月　双节期间对定量包装生产企业、集贸市场、餐饮业、超市、专卖店开展计量监督专项检查。

是年　首次对电信行业的 IP、IC 卡、智能卡电话计量检定；首次对大型医疗计量器具 CT 机计量检定。

2005 年

6 月　22 日，地区局开展《计量法》颁布 20 周年纪念活动，表彰了 20 年来实施计量法的先进集体和先进个人。

10 月　25 日，地区局开展“十纵十横”交通主干线沿线加油站计量执法检查。

11 月　地区局对电话计时计费装置实施强制检定。

是年　完成了对市、县法定计量检定机构的考核，换发了计量授权证书，开展食品企业计量合格确认。

2006 年

1 月　25 日，开展定量包装商品生产企业计量保证能力评价工作。

7 月　20 日，市局会同市国家税务局联合开展对加油站在用加油机税控装置和计量性能进行监督检查。

10 月　首次组织了“全市企业精密压力表检定装置检测能力比对”活动。

12 月　7 日，开展公路速度检测仪检定并进行普查。

是年　计量合格确认 9 家。

2007 年

3 月　开展汽车衡专项监督检查和“电子眼”等机动车测速仪强制检定工作。

5 月　开展“能源计量进企业，民生计量进社区”活动，召开了近 100 家企业参加的纪念“5・20 世界计量日”座谈会。

2008 年

1 月　对驻马店供电公司电能计量中心计量授权。

6 月　17 日，要求计量认证实验室按照“实验室资质认定评审准则”的要求进行质量体系转换工作，并举办培训班一期。

7 月　开展“关注民生、计量惠民”专项行动。

8 月　21 日，开展“诚信计量进市场”“健康计量进医院”“光明计量进镜店”“服务计量进社区乡镇”服务活动。

是月　开展了重点耗能企业能源计量评定工作。

2009 年

是年　市局组织开展了电子计价器、进口计量器具、加油机防弊功能计量监督检查。在河南省总工会、河南省人事厅举办的河南省第五届机关事业单位技术工人技能竞赛决赛中，市局代表获电能表检定决赛团体三等奖，泌阳县中心杨国华获加油机检定个人三等奖。

2010 年

2 月　制发《强检计量器具建档制度》。

3月 启动了“商业、服务业诚信计量示范单位”评定活动。

4月 针对市人大代表提案“群众反映加油站有计量违法现象”，开展了加油站计量专项检查，查处破坏加油机铅封、擅自改动加油机计量装置等违法案件12起。

5月 18日，市局召开大会，表彰先进单位69个、先进个人72个。

9月 参加第六届全省机关事业单位技术工人技能大比武活动，驻马店市获得衡器专业比武团体二等奖。

10月 市局与市总工会联合组织了加油机技术比武活动，第一名市中心李志锋获市级五一劳动奖章。对已获计量认证的40多家实验室进行监督检查。

12月 对电力系统9个县级电能计量中心计量授权。

是年 市中心被市文明委命名表彰为“驻马店市文明服务窗口”单位。

2011年

2月 市驿城区中心同市中心合并。

5月 组织“5·20世界计量日”宣传活动，局长李姝接受《驻马店日报》记者专访。

6月 完成了9个县级法定计量检定机构计量授权复查换证考核。

9月 市局与市总工会联合组织电能表检定项目技术比武活动，第一名市中心曹璐获市级五一劳动奖章。

10月 市中心李双明、吴新礼、杨晓东获一级注册计量师资格，李志锋等13人获二级注册计量师资格。

2012年

2月 开展诚信计量工作。

9月 开展“计量服务走进千家中小企业”活动，选择了56家企业作为重点服务对象进行帮扶。

10月 市局连续3年与市总工会联合开展“技术工人比武”活动，当年选定B超检定项目开展技术比武，第一名市中心龚勋获市五一劳动奖章。

11月 参加全省“计量知识竞赛”，市局获“集体二等奖”，李双明、吴新礼获“个人二等奖”。

2013年

6月 市中心通过省局组织的法定计量检定机构计量授权复查考核，授权检定、校准/检测项目70项。

7月 组织开展了电能表检定装置测量能力的比对活动，10个法定计量检定机构和10个授权的电能计量中心全部参加，比对结果在满意范围。

10月 组织5人代表队参加省局和省电视台联合组织的《计量发展规划（2013—2020年）》电视知识竞赛，获集体三等奖。

是年 定量包装商品监督共抽查107家企业197个批次的产品，合格的195个，合格率98.9%。完成能源审查7家。上蔡县率先实现电能表检定不收百姓费用，由县电力公司年出资25万元支付的新突破。为60名贫困生免费配备了价值2万多元的眼镜。市中心共发表了《加油机检定相关问题的探讨》等论文17篇。

2014年

4月 集贸市场免费检定列入了2014年市政府六项惠民工程之一，首次实现对市区16个集贸市场计量器具免费检定。由财政拨付35万元对市中心城区16个集贸市场配备“公平秤”40台，免费检定各种磅秤4300台（件），5月20日举行了“放心秤”惠民工程启动仪式，受到社会和政府的好评。

8月 14日，市政府印发《驻马店市人民政府关于贯彻豫政〔2014〕40号文件的实施意见》。

9 月 开展了加气机体积结算改为质量结算工作。全市 11 个加气站如期完成了加气机的改造和检定工作。

10 月 参加全省加油机检定员技术比武，赵慧君获个人第二名。

12 月 质监系统由省级以下垂直管理变为地方政府直管，市中心管理体制一起改变。

是年 完成了 9 家重点用能企业的能源计量审查。市中心业务收入突破 700 万元。

表8-15-1 驻马店市计量行政部门、直属机构沿革一览表

类别 / 时间	行政部门名称（下属部门名称）	主要领导人（下属部门负责人）	计量行政人员	直属机构名称（地址、面积）	主要领导人	人员、设备资产
1965 年 5 月	驻马店地区计量所（正科级） 地址：解放路中段 231 号	所长：朱文德	3 人			
1970 年 1 月	驻马店地区计量所（正科级） 地址：解放路中段 231 号	所长：朱文德	管理人员、检定员共 26 人			
1972 年 3 月	驻马店地区计量所（正科级） 地址：解放路中段 231 号	所长：朱文德 副所长：周永才	管理人员、检定员共计 27 人			
1974 年 2 月	驻马店地区计量管理所革命委员会（正科级） 地址：解放路中段 231 号	主任：朱文德 副主任：张玉云、周振远	管理人员、检定员共计 26 人			
1976 年 8 月	驻马店地区计量管理所（正科级） 地址：解放路中段 231 号	所长：田福洲	管理人员、检定员共计 25 人			
1979 年 4 月	驻马店地区计量管理所（正科级） 地址：解放路中段 231 号	副所长：赵英贤（主持工作）	管理人员、检定员共计 26 人			
1983 年 4 月	驻马店地区计量管理所（正科级） 地址：解放路中段 231 号	所长：黄德武 党支部书记：赵子书	管理人员、检定员共计 25 人			
1984 年 1 月	驻马店地区标准计量管理所（正科级） 地址：解放路中段 231 号	所长：黄德武 党支部书记：赵子书	管理人员、检定员共计 25 人			
1984 年 8 月	驻马店标准计量管理办公室（副局级） 地址：解放路中段 231 号	所长：黄德武 党支部书记：赵子书	管理人员、检定员共计 27 人			

续表

类别 时间	行政部门名称 （下属部门名称）	主要领导人 （下属部门负责人）	计量行政人员	直属机构名称（地址、面积）	主要领导人	人员、设备资产
1984 年 12 月	驻马店标准计量管理办公室（副局级） 地址：解放路中段 231 号	副主任：康成勋（主持工作） 副主任：王玺	管理人员、检定员共计 27 人			
1985 年 3 月	驻马店地区标准计量办公室（副局级） 地址：解放路中段 231 号 （计量科）	副主任：康成勋（主持工作） （科长：赵启义）	计量科 5 人	驻马店地区计量测试所 （解放路 231 号；建筑面积：600 m^2；其中办公面积 200 m^2， 实验室面积 400 m^2）	副所长：李世营（主持工作）	22 人； 16 台（件）
1986 年 11 月	驻马店地区标准计量办公室对外称驻马店地区标准计量局（副局级） 地址：解放路中段 231 号 （计量科）	主任：孔令学书记：杨全德 副主任：* 戴俊良、康成勋 （科长：赵启义）	计量科 3 人	驻马店地区计量测试所 （解放路 231 号；建筑面积：600 m^2；其中办公面积 200 m^2， 实验室面积 400 m^2）	副所长：李世营（主持工作）	22 人； 16 台（件）
1989 年 9 月	驻马店地区技术监督局（副局级） 地址：解放路中段 231 号 （计量科）	局长：孔令学 党总支书记：杨全德 副局长：* 戴俊良 （科长：赵启义）	计量科 3 人	驻马店地区计量测试所 （解放路 231 号；建筑面积：600 m^2；其中办公面积 200 m^2， 实验室面积 400 m^2）	副所长：李世营（主持工作）	24 人； 18 台（件）
1991 年 1 月	驻马店地区技术监督局（副局级） 地址：解放路水文站办公楼内 （计量科）	局长：黄天甫 党总支书记：杨全德 副局长：* 戴俊良、卞天元、陈林辉 （科长：赵启义）	计量科 4 人	驻马店地区计量测试所 （解放路 231 号；建筑面积：600 m^2；其中办公面积 200 m^2， 实验室面积 400 m^2）	副所长：李世营（主持工作）	26 人； 23 台（件）
1993 年 3 月	驻马店地区技术监督局（副处级） 地址：解放路中段（地区医院西） （计量科）	局长、局党组书记：黄天甫 副局长：* 戴俊良、翟德力、于慧昕 （科长：李合长）	计量科 2 人	驻马店地区计量测试所 （解放路 231 号；建筑面积：600 m^2；其中办公面积 200 m^2， 实验室面积 400 m^2）	所长：谢振启	32 人； 42 台（件）
1996 年 1 月	驻马店地区技术监督局（正处级） 地址：解放路中段（地区医院西） （计量科）	局长、局党组书记：陈继曾 副局长：于慧昕、翟德力 纪检组长：* 戴俊良 （科长：李合长）	计量科 2 人	驻马店地区计量测试所 （解放路 231 号；建筑面积：600 m^2；其中办公面积 200 m^2， 实验室面积 400 m^2）	所长：张宝琴	35 人； 67 台（件）

续表

类别 时间	行政部门名称 （下属部门名称）	主要领导人 （下属部门负责人）	计量行政人员	直属机构名称（地址、面积）	主要领导人	人员、设备资产
1998 年 10 月	驻马店地区质量技术监督局（正处级） 地址：解放路行署综合楼 （计量科）	局长、局党组书记：陈继曾 副局长：于慧昕、翟德力、* 张百顺 纪检组长：戴俊良 （科长：李合长）	计量科 2 人	驻马店地区计量测试所 （解放路 231 号；建筑面积：600 m^2；其中办公面积 200 m^2，实验室面积 400 m^2）	所长：张宝琴	45 人； 67 台（件）
2001 年 2 月	驻马店市质量技术监督局（正处级） 地址：解放路行署综合楼 （计量科）	局长、局党组书记：陈继曾 副局长：翟德力、张百顺、* 戴俊良 纪检组长：韩志英 （科长：程新建）	计量科 2 人	驻马店地区计量测试所 （解放路 231 号；建筑面积：600 m^2；其中办公面积 200 m^2， 实验室面积 400 m^2）	主任：李隽 副主任：* 陈卫生、宋舜星、陈留军	编制 111 个， 在职 130 人； 126 台（件）
2002 年 10 月	驻马店市质量技术监督局（正处级） 地址：文明路 1277 号 （标准计量科）	局长、局党组书记：陈继曾 副局长：翟德力、张百顺、戴俊良、* 王振亚 纪检组长：杨鹤林 （科长：刘再力）	计量科 4 人	驻马店市质量技术监督检验测试中心（以下简称驻马店市检测中心） （文明路 1277 号，面积：3000 m^2，其中办公面积 1000 m^2，实验室面积 2000 m^2）	主任：李隽 副主任：* 陈卫生、陈留军	126 人； 179 台（件）
2005 年 2 月	驻马店市质量技术监督局（正处级） 地址：文明路 1277 号 （计量科）	局长、局党组书记：徐西河 副局长：翟德力、张百顺、戴俊良、田德良 纪检组长：杨鹤林 （科长：郭卫华）	计量科 3 人	驻马店市检测中心 （文明路 1277 号，面积：3000 m^2，其中办公面积 1000 m^2，实验室面积 2000 m^2）	主任：李隽 副主任：* 陈卫生、陈留军	126 人； 179 台（件）
2010 年 10 月	驻马店市质量技术监督局（正处级） 地址：文明路 1277 号 （计量科）	党组书记：李姝（主持工作） 局长：王民学 副局长：戴俊良、田德良、杨鹤林、李合长、李隽 纪检组长：李隽（兼） （科长：郭卫华）	计量科 3 人	驻马店市检测中心 （文明路 1277 号，面积：3000 m^2，其中办公面积 1000 m^2，实验室面积 2000 m^2）	主任：张大琳 副主任：* 陈卫生、陈留军	编制 111 个， 在职 120 人； 294 台（件）
2011 年 4 月	驻马店市质量技术监督局（正处级） 地址：文明路 1277 号 （计量科）	局长、局党组书记：李姝 副局长：戴俊良、田德良、杨鹤林、李合长、李隽 纪检组长：李隽（兼） （科长：郭卫华）	计量科 3 人	驻马店市检测中心 （文明路 1277 号，面积：3000 m^2，其中办公面积 1000 m^2，实验室面积 2000 m^2）	主任：马宝安 副主任：* 陈卫生、陈留军	编制 111 个， 在职 118 人； 338 台（件）

续表

时间 \ 类别	行政部门名称（下属部门名称）	主要领导人（下属部门负责人）	计量行政人员	直属机构名称（地址、面积）	主要领导人	人员、设备资产
2012 年 4 月	驻马店市质量技术监督局（正处级） 地址：文明路 1277 号 （计量科）	局长、局党组书记：韩志英 副局长：田德良、杨鹤林、李隽 纪检组长：张大琳 （科长：郭卫华）	计量科 3 人	驻马店市检测中心 （文明路 1277 号，面积：3000 m^2，其中办公面积 1000 m^2，实验室面积 2000 m^2）	主任：马宝安 副主任：* 陈卫生	120 人； 338 台（件）
2014 年 4 月	驻马店市质量技术监督局（正处级） 地址：文明路 1277 号 （计量科）	局长、局党组书记：陈长海 田德良、杨鹤林、李隽 纪检组长：张大琳 （科长：郭卫华）	计量科 4 人	驻马店市检测中心 （文明路 1277 号，面积：3000 m^2，其中办公面积 1000 m^2，实验室面积 2000 m^2）	主任：马宝安 副主任: * 陈卫生、王大清、翟彦民	编制 111 个， 在职 110 人； 393 台（件）

说明：

1. 分管驻马店市技术监督局、质量技术监督局内设计量业务管理部门和计量技术机构的局领导姓名的左边加“*”号；分管驻马店市质量技术监督检验测试中心计量工作的市中心的主任或副主任的姓名左边加“*”号。
2. 建筑面积主要包含办公室面积、实验室面积，不包含住宅面积。
3. 设备台（件）数仅包含计量标准器具和辅助计量仪器设备。
4. 设备资产（万元）指计量标准器具和辅助计量仪器设备的原值。

第十六节　南阳市计量大事记

编撰工作领导小组　**组　长**　张居文
副组长　卢建成　王思红
成　员　王灵耀　绳新伟　陈晓文　孙明信　徐思伶

编撰办公室　**主　任**　卢建成
副主任　绳新伟　赵毅伟　孙明信　冯富成　徐思伶
李春亭　朱阿醒　邓学忠　高书珍　刘春华
成　员　李玉柱　陶　炜

编　撰　组　**组　长**　绳新伟
副组长　赵毅伟
成　员　李玉柱　陶　炜

1949 年　**是年**　南阳行政督查专员公署成立。

1950 年　**是年**　南阳市人民政府召开会议，要求全市统一实行新制市斤（1 斤为 500 克）单位制，废除旧制市斤（1 斤非 500 克或其他旧杂制市斤）单位制。

1958 年　**是年**　南阳专员公署科委计量管理所（以下简称专区所）筹建了力学和长度实验室。

1959 年　**是年**　专区所建立三等弹簧式标准压力表、五等标准量块计量标准，开展检定压力表、千分尺等。

1961 年　**是年**　专区所建立二等克组标准砝码，开展检定各种天平、砝码。

1962 年　**12 月**　29 日，南阳专员公署转发专科委计量所《关于一般衡器的检定报告》，要求各县（市）人民委员会认真贯彻国务院《关于统一我国计量制度的命令》，由计量所组织衡器检定人员对全专区的衡器开展一次普检普修。

1963 年　**8 月**　6 日，南阳专员公署发布《关于加强计量器具管理的通告》。截至年底，共改秤 104800 支，使全区实现“杆秤十两化”。

1965 年　**10 月**　1 日，专区所建立 0.5 级电能计量标准，开展检定单相电度表。

1976 年　**1 月**　1 日，地区所迁至南阳市文化宫街 52 号，总占地面积 4.5 亩（3000 m^2）。

1978 年　**8 月**　24 日，地区革命委员会批转地区科委、卫生局、商业局、军分区后勤部《关于中医处方用药计量单位改革工作中有关问题的请示报告》。自下一年度开始，南阳地区中医处方用药计量单位全部实行米制。

1980 年　**3 月**　12 日，省局授予地区所“五查评比先进单位”。

4 月　23 日，地区经委、地区科委发文，在厂矿企业计量机构开展“五查评比”。该工作历时 6 个月圆满结束。

1982 年

是年　地区行署召开“南阳地区科学大会”。地区所张志锋的“数字式工频表新方案—64fx”获地区科技成果二等奖；雷全恩的“衡器检修应用技术的研究与推广”获地区科技成果二等奖，同时获河南省科技成果三等奖。

1983 年

是年　地区完成了推行杆秤定量砣的工作，省局授予地区所“量值传递先进单位”。

1984 年

7 月　20 日，地区所完成“创优质产品计量审查”工作，通过审查，13 家企业认证合格，12 家企业获得优质产品。

12 月　14 日，地区行署召开“全区推行法定计量单位工作会议”。地委副书记、行署专员张洪华作了“切实加强计量工作 认真推行法定计量单位”的报告，省局局长魏翊生出席会议并讲话。

是月　省计量测试研究所检定员对南阳地区人民医院放射科用于癌症放射性治疗的 3 台 ^{60}钴照射治疗机进行检定时发现：3 台中只有 1 台能正常工作，其中 1 台没有射线，另 1 台射线焦点照不到病灶上，而是照在正常组织上。此事震动了省局和国家计量局，责令南阳地区人民医院立即改正并通报批评。

1985 年

3 月　10 日，南阳地区工业企业计量定级升级工作会议在柴油机厂召开，工业企业计量定级升级工作全面开展。

10 月　29 日，南阳地区能源计量验收现场工作会议在邓县化肥一厂召开，全面开展企业能源计量验收工作。

1986 年

是年　地区所编纂完成《南阳计量志》（初稿），由孙明信、徐思伶、邓学忠、张玉科、高书珍、雷全恩共同完成。在全省实验室考核评比中，地区所获优秀计量所称号。

1987 年

4 月　30 日，地区地方志编纂委员会表彰孙明信、徐思伶在地方计量志编纂工作中取得的成绩，奖励等级“优”。

是年　邓县标准计量管理所计量工程师邓学忠编著的《台式血压计和血压表的检定与修理》由中国计量出版社出版。该书填补了南阳地区计量专业著作出版的空白。

1988 年

9 月　12 日，以省人大常委会教科文卫委员会副主任李广照为团长，省计量局办公室副主任程新选为副团长，省计量局计量处靳长庆、省计量所陈瑞芳为成员的河南省人大常委会《计量法》实施情况检查团豫南分团在南阳地区行署秘书长孙海晏和地区人大联络处、地区经委、地区科委负责人的陪同下，对桐柏县贯彻实施《计量法》情况进行检查。桐柏县人大常委会主任王德堂、副主任杨喜昌和县政府副县长张世尊向检查分团汇报了工作，县科委主任张忠祥、桐柏县计量所负责人等参加汇报会。

1989 年

12 月　13 日，南阳地区技术监督局（以下简称地区局）举办首届计量管理学习班，地区局局长常先定在开幕式上作动员讲话。

1990 年

4 月　10 日，地区行署发文，推动全区法定计量单位的实施。

是年　地区局完成企业计量工作定级升级 41 家，受到行署表彰。

1993 年

10 月 15 日，地区所新建 10 项社会公用计量标准。

1994 年

是年 地区所李春亭研制的 pHs-93 数字式酸度计获省科委科技进步奖三等奖。

1998 年

是年 南阳市技术监督局（以下简称市局）成立南阳市房屋面积公正计量站，设在市所内。

1999 年

1 月 1 日，全市农田土地面积统一推行法定计量单位。

是年 市局对全市电话计时计费器实施强制检定。市政府批转市局的报告，对车速里程表实施强制检定。

2000 年

6 月 3 日，南阳市质量技术监督局行政执法人员查处内乡电业部门恶意破坏电能表准确度案件两起，均被《大河报》《质量时报》等媒体曝光，引起省、市电业局及内乡县委高度重视，县电业局稽查队长、计量室主任、电管所长及相关人员受到停职反省、调离岗位的处分。

7 月 3 日，南阳暴雨，天冠集团大量计量器具被泥水浸泡，计量检测工作一度停顿。市质量技术监督检验测试中心（以下简称市中心）派出计量技术人员，对计量器具逐台件清洗、调试、修理、检定、保养，在最短的时间内，恢复了企业的正常计量检测工作。

2001 年

3 月 23 日，市局举办眼镜行业从业人员培训班，对考核合格者，分别颁发相应职业技能等级证书。

2003 年

2 月 28 日，《南阳日报》以答记者问的形式刊载市局局长傅新立就实施《加油站计量监督管理办法》的署名文章。市局开展加油站专项计量监督检查工作。

5 月 20 日，为搞好“5·20 世界计量日”宣传活动，市局局长傅新立在《南阳日报》发表了《全面加强计量工作，推动经济快速发展》的署名文章，同时在市区金玛特广场、万客隆广场举办宣传活动。

6 月 26 日，市局开展电话计时计费装置强制检定。

2004 年

2 月 4 日，市局开展加油站专项整治，成效显著，《中国质量报》进行了报道。

7 月 4 日，全市 482 人参加全省计量检定员统一考试。

10 月 25 日，市局计量行政执法人员对镇平县电业局电表检定中心的违法行为进行查处。该局将所检电表全部人为调为正误差，控制在 +2.0% 允差范围内，虽然单块表合格，但整批表明显损害了消费者合法权益。经批评教育，该局对其不当行为予以纠正。

2005 年

2 月 1 日，市局对市区 12 个专业市场进行检查，市四大班子领导亲临现场检查。

5 月 20 日，市政府副市长陈光杰在《南阳日报》发表《加强计量工作，推动经济发展》的文章。同版，市局局长傅新立发表了《履行计量监督职能，维护市场经济秩序》的文章。

6 月 10 日，《中国计量》2005 年第 6 期发表了桐柏县质监局邓学忠、姚明万、邓红亮和省计量科学研究院陈桂兰的论文《民国时期河南省的度量衡划一工作》。

是年 市三届人大二次会议上，人大代表郭明臣提出“关于四类计量表校验应由市质监局负责”的建议，傅新立局长亲自主持召开专题会议，借助人大提案东风，理顺民用四表检定工作。

2006 年

3 月 13 日，全市突击检查对外称重地中衡 15 家，4 家被查出安装有作弊器，当场予以拆除并立案调查。省局计量处转发了市局的地中衡整治工作经验。

5 月 10 日，市中心对全市燃气表（沼气表）实施强制检定。

◎ 20 日，南阳日报刊发了南阳市张宪中《加强计量工作，推动经济社会全面进步》和市局局长傅新立《科学发展观为指导，认真履行计量监督职能》的文章。

6 月 30 日，市局检查加油机计量性能及税控功能。

2007 年

8 月 14 日，市局发文对市政协第 21 号提案“市技术监督局应加强对群众使用的水表的监管，防止坑害群众事件的发生”予以答复，汇报了南阳市水表检定管理工作的现状和下一步相关工作打算。

2008 年

5 月 18 日，市局组织开展“关注民生、计量惠民”专项行动，计划用 2 年时间，集中组织开展“四个走进”，即：诚信计量进市场、健康计量进医院、光明计量进镜店、服务计量进社区乡镇（含学校）的服务活动。

◎ 28 日，市局对南阳供电公司电能计量中心计量授权。

10 月 15 日，市局发文（宛质监发〔2008〕257 号）对市政协第 208 号提案（李义祥、张建军委员提出的“禁止使用杆秤，保护消费者权益”的建议）进行答复，对限制使用杆秤的现状和工作计划进行了说明。

◎ 17 日，市局、市发展改革委、市统计局联合发文，对全市的省重点耗能企业进行能源计量评定。

◎ 23 日，对全市 46 家资质认定获证实验室开展专项监督检查。

2009 年

2 月 10 日，《中国计量》第 2 期发表了邓学忠（桐柏县质监局）、朱阿醒（南阳市质监局）、邓红潮（桐柏县质监局）的论文《清道光内乡校准石斗量值科学性的探讨》。

4 月 8 日，市局开展了电子计价秤专项整治。

是年 市局对 11 个县级电业局电能计量技术机构、河南油田分公司技术监测中心计量检定站和市水务集团水表检定站专项计量授权；对邓州市中心等 11 个法定计量检定机构计量授权；同时颁发计量授权证书。

2010 年

4 月 6 日，市局开展汽车衡计量专项整治，检查在用汽车衡 352 台，查处 6 起违法行为。

是月 开展加油站计量专项整治。

5 月 19 日，市局发文，成立《南阳市计量史》编辑工作领导小组和编委会，组织人员收集、整理、撰写 1949 年—2009 年的南阳市计量史料。

9 月 30 日，市局对医疗卫生机构在用计量器具专项监督检查，摸清底数，登记造册。

2011 年

5 月 20 日，《南阳日报》专版报道了市局局长朱萍答记者问——“强化民生计量 服务社会发展”。

6 月 30 日，市局对石油石化、化工、冶金等行业安全防护用强检计量器具专项监督检查，检查石油石化企业 124 家、冶金企业 6 家、化工企业 19 家，企业自查安全防护用强检计量器具 9971 台（件），检定合格率为 97.2%，有效保证了安全生产。

11 月 15 日，市局开展公路管理速度监测仪的监督检查。

2012 年

3 月 13 日，市局组织开展一般压力表、电子计价秤、燃油加油机、电能表的量值比对工作。

4 月 24 日，市局发文，对市政协四届四次会议第 503 号提案《关于严防“电子眼”执法变成“电子眼”经济的建议》作出答复，获得提案时天范委员满意评价。

是月 完成了中心城区 1800 台出租车计价器运价调整。

5 月 17 日，20 家医疗卫生机构签订诚信计量公开承诺书。

12 月 3 日，市局计量科科长王灵耀被国家质检总局授予全国质量技术监督“民生计量工作先进个人”荣誉称号。

2013 年

3 月 19 日，市局发文，开展重点用能单位能源计量审查工作，对 51 家重点用能单位的 75 名能源计量管理人员和各县区 13 名计量股长进行《重点用能单位能源计量审查规范》的宣传贯彻培训。

4 月 23 日，市局开展金银制品加工和销售领域专项计量监督检查。

6 月 30 日，市中心通过省局组织的法定计量检定机构复查考核，获省局计量授权：计量标准 48 项、计量检定项目 80 项、计量校准项目 11 项、定量包装商品检测项目 5 项。

10 月 18 日，市中心搬迁至新综合楼，实验、办公面积增至 4000 m^2。

2014 年

4 月 26 日，市局对民用“四表”开展计量专项监督检查。

7 月 1 日，市局印发《关于贯彻落实〈河南省人民政府关于贯彻国务院计量发展规划（2013—2020 年）的实施意见〉的意见》。

◎ 29 日，全省贯彻落实国务院《计量发展规划（2013—2020 年）》及河南省人民政府《关于贯彻国务院计量发展规划（2013—2020 年）的实施意见》宣传贯彻会在南阳市召开，46 人参加会议。国家质检总局计量司副司长钟新明宣讲辅导，省局副局长冯长宇，市政府副市长张明体出席并致辞。省局计量处副处长范新亮对《实施意见》作了宣贯。省局计量处处长苏君就推进《计量发展规划》及《实施意见》的贯彻落实提出要求。

8 月 30 日，市局对 10 个县电业局计量管理中心计量授权。

9 月 3 日，市局开展医疗卫生机构在用计量器具普查建档工作，截至 12 月底普查上传计量器具信息 1.5 万余台（件）。

10 月 30 日，市局对 10 个县（市）计量授权。

是年 市局、市物价办联合发文，组织落实车用压缩天然气加气机由“体积”改为“质量”计量，已完成 22 个加气站 127 台（枪）加气机的改装、检定工作。

表8-16-1　南阳市计量行政部门、直属机构沿革一览表

类别 时间	行政部门名称 （下属部门名称）	主要领导人 （下属部门负责人）	计量行政人员	直属机构名称 （地址、面积）	主要领导人	人员、设备资产
1958 年 2 月	南阳专员公署科学技术委员会			南阳专员公署科学技术委员会计量所	副所长：郭建中、刘顺三	在职 7 人
1962 年 5 月	南阳专员公署科学技术委员会			南阳专员公署科学技术委员会计量管理所	副所长：李智信	在职 5 人
1968 年 8 月	南阳地区计委			南阳地区计量管理所革命委员会	革委会主任：陈明有（兼职） 革委会委员：翟永林（主持常务工作）	
1969 年 9 月	南阳地区计委			南阳地区计量管理所革命委员会	革委会主任：刘极盛	
1975 年 7 月	南阳地区科委			南阳地区计量管理所革命委员会	革委会主任：刘极盛 革委会副主任：黄学斌	在职 27 人
1980 年 3 月	南阳地区科委			南阳地区计量管理所	革委会主任：刘极盛 革委会副主任：黄学斌、郭春定	在职 37 人
1984 年 10 月	南阳地区科委			南阳地区计量管理所	党支部书记：曾照印 所长：李春亭 副所长：张志峰	在职 37 人
1987 年 5 月	南阳地区经济委员会			南阳地区计量管理所 南阳地区计量测试学会	党支部书记：曾照印 所长：李春亭 副所长：张志峰 理事长：李春亭	在职 37 人
1989 年 9 月	南阳地区技术监督局（正处级） 地址：南阳市中州路中段 （计量科）	局长、局党组书记：常先定 副局长、局党组成员：＊刘怀谦 总工程师：李醒之 （科长：孙明信）	计量科 3 人	南阳地区计量测试所 （南阳市文化宫街 52 号；占地面积 1500 m^2，建筑面积 2000 m^2，其中：办公室面积 800 m^2，实验室面积 1200 m^2）	党支部书记：曾照印 所长：李春亭	编制 40 人，在职 41 人；100 台（件）
1992 年 1 月	南阳地区技术监督局（正处级） 地址：南阳市中州路中段 （计量科）	局长、局党组书记：常先定 副局长、局党组成员：＊刘怀谦 总工程师：李醒之 （科长：孙明信）	计量科 3 人	南阳地区计量测试所 （南阳市文化宫街 52 号；占地面积 1500 m^2，建筑面积 2000 m^2，其中：办公室面积 800 m^2，实验室面积 1200 m^2）	党支部书记、所长：孙明信 副所长：徐思伶、孙长记、戴晓 总工程师：李春亭	编制 40 人，在职 41 人；100 台（件）

续表

类别 时间	行政部门名称 （下属部门名称）	主要领导人 （下属部门负责人）	计量行政人员	直属机构名称 （地址、面积）	主要领导人	人员、设备资产
1994 年 9 月	南阳市技术监督局（正处级）（以下简称市局） 地址：南阳市中州路中段 （计量科）	局长、局党组书记：常先定 副局长、局党组成员：* 刘怀谦、赵河 总工程师：李醒之 （科长：孙明信）	计量科 3 人	南阳市计量测试所 （南阳市文化宫街 52 号；占地面积 1500 m^2，建筑面积 2000 m^2，其中：办公室面积 800 m^2，实验室面积 1200 m^2）	副所长：朱阿醒（主持工作）、徐思伶、孙长记、戴晓 总工程师：李春亭	编制 40 人，在职 41 人；100 台（件）
1997 年 4 月	市局 地址：南阳市中州路中段 （计量科）	局长、局党组书记：杨文荣 副局长、局党组成员：* 刘怀谦、赵河 总工程师：李醒之 （科长：冯富成 副科长：刘春华）	计量科 4 人	南阳市计量测试所 （南阳市文化宫街 52 号；占地面积 1500 m^2，建筑面积 2000 m^2，其中：办公室面积 800 m^2，实验室面积 1200 m^2）	副所长：徐思伶、孙长记 总工程师：李春亭	编制 40 人，在职 41 人；100 台（件）
2001 年 10 月	市质监局 地址：南阳市中州路中段 （计量科）	局长、局党组书记：赵晓政 副局长、局党组副书记：赵河 副局长、局党组成员：赵国强、* 赵合婷 纪检组长、党组成员：朱萍 （科长：冯富成）	计量科 3 人	南阳市质量技术监督检验测试中心（以下简称南阳市检测中心） （南阳市伏牛路中段；占地面积 1600 m^2，建筑面积 2000 m^2，其中：办公室面积 800 m^2，实验室面积 1200 m^2）	主任：梁殿武 副主任：* 绳新伟、李国林、方振玉、韩青松（挂职锻炼）、高学军	编制 131 人，在 152 人；200 台件），300 万元
2002 年 10 月	市质监局 地址：南阳市伏牛路中段 （计量科）	局长、局党组书记：傅新立 副局长、局党组成员：赵国强、* 赵合婷、朱萍 纪检组长、局党组成员：牛小领 （科长：冯富成）	计量科 3 人	南阳市检测中心 （南阳市伏牛路中段；占地面积 1600 m^2，建筑面积 2000 m^2，其中：办公室面积 800 m^2，实验室面积 1200 m^2）	主任：梁殿武 副主任：* 绳新伟、李国林、方振玉、高学军	编制 131 人，在职 152 人；200 台（件），300 万元
2003 年 6 月	市质监局 地址：南阳市伏牛路中段 （计量科）	局长、局党组书记：傅新立 副局长、局党组成员：赵国强、* 赵合婷、朱萍 纪检组长、局党组成员：牛小领 （科长：卢建成）	计量科 3 人	南阳市检测中心 （南阳市伏牛路中段；占地面积 1600 m^2，建筑面积 2000 m^2，其中：办公室面积 800 m^2，实验室面积 1200 m^2）	主任：梁殿武 副主任：* 绳新伟、李国林、方振玉、高学军	编制 131 人，在职 152 人；200 台（件），300 万元
2005 年 5 月	市质监局 地址：南阳市伏牛路中段 （计量科）	局长、局党组书记：傅新立 副局长、局党组成员：赵国强、* 赵合婷、朱萍 纪检组长、局党组成员：张照 （科长：卢建成）	计量科 3 人	南阳市检测中心 （南阳市伏牛路中段；占地面积 1600 m^2，建筑面积 2000 m^2，其中：办公室面积 800 m^2，实验室面积 1200 m^2）	主任：刘振江 副主任：* 绳新伟、方振玉、高学军、于军	编制 131 人，在职 152 人；200 台（件），300 万元

续表

类别 时间	行政部门名称 （下属部门名称）	主要领导人 （下属部门负责人）	计量行政人员	直属机构名称 （地址、面积）	主要领导人	人员、设备资产
2006年5月	市质监局 地址：南阳市伏牛路中段 （计量科）	局长、局党组书记：傅新立 副局长、局党组成员：赵国强、*朱萍、皮丙申 纪检组长、局党组成员：张照 （科长：卢建成）	计量科 3人	南阳市检测中心 （南阳市伏牛路中段；占地面积1600 m^2，建筑面积2000 m^2，其中：办公室面积800 m^2，实验室面积1200 m^2）	主任：刘振江 副主任：绳新伟、方振玉、高学军、*于军	编制131人，在职152人；200台（件），300万元
2008年1月	市质监局 地址：南阳市伏牛路中段 （计量科）	局长、局党组书记：傅新立 副局长、局党组成员：赵国强、*朱萍、皮丙申） 纪检组长、局党组成员：张照 （科长：王灵耀）	计量科 3人	南阳市检测中心 （南阳市伏牛路中段；占地面积1600 m^2，建筑面积2000 m^2，其中：办公室面积800 m^2，实验室面积1200 m^2） 南阳市计量测试学会	主任：刘振江 副主任：绳新伟、方振玉、高学军、*于军 理事长：赵合婷	编制131人，在职143人，聘用1人；200台（件），300万元
2009年9月	市质监局 地址：南阳市伏牛路中段 （计量科）	局长、局党组书记：朱萍 副局长、局党组成员：*皮丙申、张照、刘振江 （科长：王灵耀）	计量科 3人	南阳市检测中心 （南阳市伏牛路中段；占地面积1600 m^2，建筑面积2000 m^2，其中：办公室面积800 m^2，实验室面积1200 m^2）	主任：卢建成 副主任：绳新伟、高学军、*于军、黄达伟	编制131人，在职143人，聘用1人；200台（件），300万元
2011年10月	市质监局 地址：南阳市伏牛路中段 （计量科）	局长、局党组书记：朱萍 副局长、局党组成员：*皮丙申、张照、刘振江 副局长、纪检组长、局党组成员：王林 （科长：王灵耀）	计量科 3人	南阳市检测中心 （南阳市伏牛路中段；占地面积1600 m^2，建筑面积2000 m^2，其中：办公室面积800 m^2，实验室面积1200 m^2）	主任：卢建成 副主任：*高学军、黄达伟、张克力、李峰	编制131人，在职143人，聘用1人；200台（件），300万元
2012年1月	市质监局 地址：南阳市伏牛路中段 （计量科）	局长、局党组书记：朱萍 副局长、局党组成员：*皮丙申、张照、刘振江 副局长、纪检组长、局党组成员：王林 （科长：王灵耀）	计量科 3人	南阳市检测中心 （南阳市伏牛路中段；占地面积1600 m^2，建筑面积2000 m^2，其中：办公室面积800 m^2，实验室面积1200 m^2）	主任：卢建成 副主任：*高学军、黄达伟、张克力、李峰	编制131人，在职143人，聘用1人；200台（件），300万元
2013年12月	市质监局 地址：南阳市伏牛路中段 （计量科）	局长、局党组书记：朱萍 副局长、局党组成员：*皮丙申、张照、刘振江 纪检组长、局党组成员：方剑 （科长：王灵耀 副科长：赵毅伟）	计量科 3人	南阳市检测中心 （南阳市伏牛路中段；占地面积4920 m^2，建筑面积4100 m^2，其中：办公室面积180 m^2，实验室面积2350 m^2）	主任：卢建成 副主任：*高学军、黄达伟、张克力、李峰	编制131人，在职137人，聘用32人；300台（件），600万元

续表

类别/时间	行政部门名称（下属部门名称）	主要领导人（下属部门负责人）	计量行政人员	直属机构名称（地址、面积）	主要领导人	人员、设备资产
2014 年 5 月	市质监局 地址：南阳市伏牛路中段 （计量科）	局长、局党组书记：朱萍 调研员：局党组成员：皮炳申 副局长、局党组成员：张照、刘振江、* 卢建成 纪检组长、局党组成员：方剑 稽查大队长、局党组成员：曹德玉 （科长：王灵耀　副科长：赵毅伟）	计量科 3 人	南阳市检测中心 （南阳市伏牛路中段；占地面积 4920 m^2，建筑面积 4100 m^2，其中：办公室面积 180 m^2，实验室面积 2350 m^2）	主任：王子钊 副主任：高学军、黄达伟、张克力、* 李峰	编制 131 人，在职 137 人，聘用 32 人；300 台（件），600 万元

说明：

1. 分管南阳市技术监督局、质量技术监督局内设计量业务管理部门和计量技术机构的局领导姓名的左边加“*”号；分管南阳市质量技术监督检验测试中心计量工作的市中心的主任或副主任的姓名左边加“*”号。

2. 建筑面积主要包含办公室面积、实验室面积，不包含住宅面积。

3. 设备台（件）数仅包含计量标准器具和辅助计量仪器设备。

4. 设备资产（万元）指计量标准器具和辅助计量仪器设备的原值。

第十七节 信阳市计量大事记

编辑委员会 **主 任** 程功浩
副主任 张志中
编 委 扶 志 李志军 刘德讲
主 编 扶 志
撰 稿 芦 倩 李文军 张冬冬
校 对 李文军 张莹莹

1956 年 **是年** 市商业局选派马元舟、李积才、付继忠去南京参加国家计量局“计量干部培训班”学习。

1957 年 **是年** 信阳专区商业局以马元舟、李积才、付继忠为骨干，在信阳市商业局内筹建计量机构，筹建处设在本市大同路中段（现在四一路中段），仅有 100 m^2 的砖木结构上下两层简陋的楼房内。固始县成立商业局计量检定所，隶属县商业局。

1958 年 **是年** 市人委批准成立信阳市商业局计量检定所（以下简称市所），隶属市商业局。同期，省商业厅计量处调拨工业天平 4 架，量块（5 等 83 块组）1 套，四等 25kg 标准砝码 20 个，共计 0.5 吨，建立了度量衡器标准，开展了 16 种计量器具检定和管理。

1959 年 **是年** 市所对木杆秤取消 16 两为 1 斤旧制，改用 10 两为 1 斤市制。

1960 年 **6 月** 19 日，市人委颁发《信阳市计量检定管理办法（草案）》。
是年 市所划归信阳市科学技术委员会接管，更名为信阳市计量检定管理所（以下简称市所）。

1962 年 **是年** 市人委印发《关于计量器具管理事项的通知》。

1964 年 **5 月** 18 日，信阳专署批复同意将信阳专区计量标准管理所更名为信阳专区科学技术委员会计量管理所。

1965 年 **是年** 信阳专署同意将市所并入信阳专署科学技术委员会计量管理所，同时更名为信阳专区标准计量检定管理所（以下简称专区所），内设长度室、力学室、热电室和办公室。全所共有 7 人，其中计量专业人员 5 人；建立了 6 项计量标准，开展了对 21 种计量器具的量值传递与修理。

1970 年 **是年** 专区所下放归属市计划建设委，直到“文化大革命”结束，在这期间基本没开展工作。

1973 年 **12 月** 20 日，专区所印发 1974 年度的计量器具周期检定工作安排。

1978 年

是年 地区革命委员会决定，由信阳地区收回市所，仍隶属地区科委，改为信阳地区计量管理所（以下简称地区所）。

1981 年

1 月 8 日，地区行署印发《关于加强计量管理的通告》。

1985 年

是年 对林业部信阳木工机械厂等 11 家企业进行计量审查和能源计量器具配备等情况综合审查。

1986 年

7 月 1 日，信阳电视台摄制了地区所主持的记者招待会，行署副专员张钦文、省局副局长张祥林、地区科委主任项竟国、地区经委副主任孟宪裕就《计量法》正式实施的宣传贯彻及执行情况，分别回答了记者们的提问。

11 月 19 日，地区编委给地区标准计量局的二级机构计量测试所下达编制，正式定编 20 人。

12 月 2 日—6 日，省局在信阳召开计量监督会议，省局副局长张祥林向全省 92 名计量监督人员颁发了证书。

是年 潢川县所配合省局，撰写出中国第一套计量监督法律文书格式，后经省局行文在全省范围内使用。

1991 年

7 月 1 日，地区局对信阳水表检定测试站计量授权。

1992 年

8 月 15 日，开展对计量器具制造、修理业专项监督检查。

1993 年

4 月 3 日，开展对加油机的监督抽查，共抽查 30 个加油站的 57 台加油机，合格 17 台，合格率仅为 29.82%。

1994 年

7 月 13 日，推行土地面积计量单位改革。

◎ 26 日，地区所参加省局组织的可见分光光度计检定装置计量标准比对，获通过，受省局通报表扬。

1995 年

5 月 30 日，地区局、卫生局联合发文，要求加强医疗卫生系统计量器具管理检定。

6 月 8 日，开展对粮食、棉花、烟草收购、农用生产资料销售中使用的计量器具进行监督检查。

◎ 18 日，全区在公众贸易中开始限制使用杆秤。

7 月 10 日，全区实施水表首次检定、到期轮换制度。

1996 年

3 月 18 日，地区局公布地区强制检定计量器具目录。

9 月 19 日，地区局对 9 县 1 市计量所计量授权。

是年 对电话自动计费器、谷物容重器和出租车计价器实施了强制检定。

1997 年

7 月 3 日，全区开展专项检查，历时一个半月。组织检查加油机 165 台，合格率为 65.45%。

8 月 13 日，开展对面粉、食用油等 15 种定量包装商品净含量的计量监督检查。

1998 年

5 月 4 日，地区局对医疗卫生系统通过计量合格确认的信阳地区人民医院等 10 家医疗卫生单位进行通报表彰。

6月 3日，全区对广电系统和报社贯彻执行法定计量单位和《量和单位》(93年版)国家标准执行情况进行检查。

是年 信阳地区改地设市，9月，信阳地区技术监督局更名为信阳市技术监督局（以下简称市局）。对汽车油罐车、电能表实施强制检定。开展全区强制检定工作计量器具登记造册。

1999年

4月 1日，市所开展对土地、房屋面积公正计量测量业务。

11月 29日，开展对医疗卫生单位使用的强制检定的计量器具专项监督检查。

2000年

1月 6日，市局表彰1999年度20个企事业计量工作先进单位和15个先进个人。

10月 16日，开展对信阳市住宅建设中使用的电能表、水表、燃气表、热量表安装前的首次强检工作。

2001年

1月 3日，市中心建立“公用称重站”。

5月 8日，市中心“眼镜片顶焦度标准器组”与“验光镜片检定装置标准”建标，并开展检定业务。

◎ 18日，市中心将电话计时计费器检定业务划归浉河分中心，将全市衡器检定、压力表检定及平桥区水、电表检定业务划归平桥分中心。

10月 19日，开展对计量罐、计量罐车进行执法检查。

2002年

6月 3日，市局发文，对制造、修理计量器具的企业实施年度审核。

◎ 25日，开展下半年对集贸市场、加油站计量专项整治。

9月 15日，对为社会提供公证数据的产品质量检验机构和其他检测机构进行监督检查。

2003年

4月 11日，市政府副市长李广胜撰文纪念“5·20世界计量日”,《信阳日报》全文刊发，并专题采访了市局局长杨道友。

8月 1日，开展对眼镜制配场所计量监督检查，共检查眼镜制配企业57家，在用计量器具178台（件），受检率87.6%。

是年 开展了电话计时计费装置、医疗卫生用计量器具监督检查；开展对医疗卫生单位在用强检计量器具调查统计。

2004年

6月 16日，市中心开展出租车计价器强制检定。

8月 16日，开展对电能表、水表、燃气表、热量表的首次强制检定。

是年 开展对定量包装产（商）品、燃油加油机、餐饮业计量专项监督检查。

2005年

1月 4日，市局分别对瓶装液化气、食品和金银饰品、电话计时计费装置开展专项计量监督检查。

3月 6日，开展05年度上半年定量包装商品净含量专项监督抽查，共抽查27类商品。

◎ 30日，市局发文，对县级法定计量检定机构进行复查考核。

4月 27日，市局发文，规定实行“周五计量免费咨询服务日”制度。

5月 16日，市局举办5·20世界计量日“计量在你身边”电视计量知识竞赛活动。

2006年

6月 27日，市局计量科、稽查大队和检测中心联合开展对医用计量器具监督检查和强制检定。

7月 19日—28日，省局组织专家对信阳市CT机和加速器等医用计量器具进行计量检定。

是年 市局组织对制售金银饰品、电话计时计费装置、电能计量进行专项监督检查。

2007年

4月 5日，市局对通过考核的8个县级法定计量检定机构进行计量授权。

5月 18日，市计量测试学会换届。

7月 18日，市局要求各单位开展本辖区强检计量器具的建档工作，并于7月底前完成上报。

11月 13日，市局对机动车安全技术检验机构进行计量监督检查。

12月 4日，市局开展定量包装商品生产企业计量保证能力“C”标志评价工作。

是年 市局开展定量包装商品净含量、电话计时计费装置、眼镜配制场所、粮食市场计量监督检查。

2008年

2月 8日，市局组织对餐饮业、集贸市场（含商店超市）、加油站、液化气充装站、出租车、眼镜制配场所等重点领域的计量监督检查工作。

3月 4日，市局要求各县、区局和检测实验室，结合《实验室和检测机构资质认定管理办法》和《实验室资质认定评审准则》，进行质量体系转换，并将转换文件上报。

4月 1日，全市对所有眼镜制配经营单位开展行业计量质量等级评定。

8月 12日，市局开展“关注民生、计量惠民”专项活动。

10月 30日，市局举办全市计量技能竞赛活动。

2009年

1月 18日，开展2009年上半年定量包装商品净含量和集贸市场监督检查工作。

5月 12日，信阳市中心医院等14个先进单位和扶志等14个先进个人受省局表彰。

8月 26日，开展治理商品过度包装工作。

2010年

4月 13日，市局开展汽车衡计量专项整治。

5月 16日，开展“能源计量进企业，民生计量进社区”活动。

7月 15日，市局对全市生产免烧砖企业在用定量装料衡器进行强制检定。

12月 20日，市局对通过考核的8个县级法定计量检定机构计量授权。

2011年

5月 19日，市局印发《关于开展编辑整理〈河南省计量史〉（信阳市部分）的通知》。

6月 3日，市局对信阳水表检定测试站计量授权。

9月 7日，市局开展诚信计量体系建设深化民生计量活动。

2012年

1月 9日，市局对大口径水表开展强制检定。

6月 4日，市局组织开展电子计价秤专项整治活动，检查集贸市场142个，电子计价秤547台，超检定周期21台（件）。未发现因电子计价秤作弊、欺诈等行为。

◎ 5日，市局组织开展“计量服务走进千家中小企业”活动。

9月 25日，市局组织开展2012年下半年定量包装商品净含量和集贸市场监督检查工作，共抽查方便面、食用油、白酒等24个品种361个批次，批次合格率95%；检查集贸市场37个，计量器具1214台（件），计量器具合格率97%。

2013 年

5 月 20 日—27 日，“5·20 世界计量日”宣传活动期间，市中心、供电公司、燃气公司、自来水公司分别进入 16 个社区，为群众免费检修电能表 37 块、燃气表 28 块、水表 9 块、血压计 241 台和人体秤 31 台。

◎ 30 日，信阳供电公司电能计量中心获计量授权。

7 月 15 日，市局组织对全市医疗卫生单位的在用计量器具进行登记备案，建立强检计量器具台账。

2014 年

4 月—5 月 市局对 3 家燃气公司 11 个加气站点 38 台加气机开展了专项计量监督检查。

5 月 3 日，市局开展对金银制品加工和销售领域进行专项计量监督检查。

8 月 29 日，市中心对集贸市场在用计量器具进行调查统计并建立了一览表。

9 月 4 日，市局开展医疗卫生机构在用计量器具普查及建立信息库的工作。

表 8-17-1　信阳市计量行政部门、直属机构沿革一览表

类别 时间	行政部门名称 （地址、下属部门名称）	主要领导人 （下属部门负责人）	计量行政人员	直属机构名称 （地址、面积）	主要领导人	人员、设备资产 （台件、元）
1958 年	信阳市商业局 地址：信阳市四一路中段 （信阳市商业局计量检定所）	以马元舟、李积才、付继忠三人为骨干	计量检定所 3 人	信阳专区计量机构(地址: 信阳市四一路中段; 占地面积 90 m^2)		在职 2 人
1960 年	信阳市计量检定管理所（挂靠信阳市科委） 地址：新华西路 139 号	所长：朱景章	在职 2 人			
1962 年	信阳市计量检定管理所 地址：社会路中段	所长：朱景章	在职 6 人			
1965 年	信阳专区标准计量检定管理所	所长：朱景章	在职 6 人			
1983 年	信阳地区计量管理所	所长、所党支部书记：赵贵月 副所长：韦有柱				
1985 年	信阳地区计量管理所 （计量管理科）	所长、所党支部书记：赵贵月 副书记：李小顺、韦有柱 （科长：张有生）				
1986 年	地区标准计量局（副局级） （标准计量办公室）	局长兼局党支部书记：阎宗省 副书记：赵贵月 副局长：万衍俊、韦有柱 （主任：陈以煌）	标准计量办公室 3 人	信阳地区计量测试所	负责人：刘成华	编制 10 人
1989 年 3 月	信阳地区技术监督局（副处级）	局长兼局党支部书记：阎宗省 副局长：万衍俊、赵贵月、韦有柱	5 人	信阳地区计量测试所	所长：赵发斌 副所长：刘成华	27 人
1991 年	信阳地区技术监督局（副处级）	所长、局党支部书记：刘永志 副局长：赵贵月、韦有柱	5 人	信阳地区计量测试所	所长：赵发斌 副所长：刘成华	27 人
1992 年	信阳地区技术监督局（副处级）	局长、局党支部书记：刘永志 副局长：陈昌楚、赵贵月、韦有柱	5 人	信阳地区计量测试所	所长：赵发斌 副所长：刘成华	27 人

续表

类别 时间	行政部门名称 （地址、下属部门名称）	主要领导人 （下属部门负责人）	计量行政人员	直属机构名称 （地址、面积）	主要领导人	人员、设备资产 （台件、元）
1993 年	信阳地区技术监督局 （副处级）	局长、局党组书记：刘永志 副局长：陈昌楚、赵贵月、韦有柱、马国玺	5 人	信阳地区计量测试所	所长：赵发斌 副所长：刘成华	27 人
1994 年	信阳地区技术监督局 （正处级）	局长、局党组书记：刘永志 副局长：陈昌楚、赵贵月、韦有柱、马国玺	5 人	信阳地区计量测试所	所长：赵发斌 副所长：刘成华	27 人
1996 年	信阳地区技术监督局 （正处级）	局长、局党组书记：朱庆来 副局长：张运森、张德源 纪检组长：朱清顺	5 人	信阳地区计量测试所	所长：马国玺 副所长：赵发斌	在职 8 人
1997 年 5 月	信阳地区技术监督局 （正处级） 地址：信阳市鸡公山大街 273 号 （计量科）	局长、局党组书记：朱庆来 副局长：张运森、张德源、马国玺 纪检组长：朱清顺 （科长：张善喜）	计量科 3 人	信阳地区计量测试所	所长：马国玺 副所长：赵发斌	在职 10 人
2000 年	信阳市质量技术监督局 （正处级） 地址：信阳市鸡公山大街 273 号 （计量科）	局长、局党组书记：杨道友 党组副书记、副局长：陈世勋 副局长：张德源、梅诗明 纪检组长：朱清顺 （科长：张善喜）	计量科 3 人	信阳市检测中心 （信阳市白坡路 5 号；占地面积 4531.11 m^2，建筑面积 1927 m^2，其中办公室面积 150 m^2，实验室面积 480 m^2）	主任：詹兵 副主任：赵发斌	在职 10 人
2002 年	信阳市质量技术监督局 （正处级） 地址：信阳市鸡公山大街 273 号 （计量科）	局长、局党组书记：杨道友 党组副书记、副局长：朱清顺 副局长：梅诗明、刘道星 纪检组长：程功浩 （科长：张善喜）	计量科 3 人	信阳市检测中心 （信阳市白坡路 5 号；占地面积 4531.11 m^2，建筑面积 1927 m^2，其中办公室面积 150 m^2，实验室面积 480 m^2）	主任：詹兵 副主任：赵发斌	在职 10 人
2003 年 9 月	信阳市质量技术监督局 （正处级） 地址：信阳市鸡公山大街 273 号 （计量科）	局长、局党组书记：杨道友 党组副书记、副局长：朱清顺 副局长：梅诗明、刘道星 纪检组长：程功浩 （科长：扶志）	计量科 4 人	信阳市检测中心 （信阳市白坡路 5 号；占地面积 4531.11 m^2，建筑面积 1927 m^2，其中办公室面积 150 m^2，实验室面积 480 m^2）	主任：詹兵 副主任：赵发斌	

续表

类别 时间	行政部门名称 （地址、下属部门名称）	主要领导人 （下属部门负责人）	计量行政人员	直属机构名称 （地址、面积）	主要领导人	人员、设备资产 （台件、元）
2005 年 3 月	信阳市质量技术监督局 （正处级） 地址：信阳市鸡公山大街 273 号 （计量科）	局长、局党组书记：陈世勋 副局长：＊陈东升、孔维清 纪检组长：程功浩 （科长：扶志）	计量科 4 人	信阳市检测中心 （信阳市白坡路 5 号；占地面积 4531.11 m^2，建筑面积 1927 m^2，其中办公室面积 150 m^2，实验室面积 480 m^2）	党总支书记：张志中 中心主任：张义国 副主任：＊赵发斌、李志军	
2007 年 3 月	信阳市质量技术监督局 （正处级） 地址：信阳市鸡公山大街 273 号 （计量科）	局长、局党组书记：陈世勋 副局长：＊陈东升、孔维清、程功浩 纪检组长：尹德华 （科长：扶志）	计量科 4 人	信阳市检测中心 （信阳市白坡路 5 号；占地面积 4531.11 m^2，建筑面积 1927 m^2，其中办公室面积 150 m^2，实验室面积 480 m^2）	党总支书记：张志中 中心主任：张义国 副主任：＊赵发斌、李志军	
2009 年 3 月	信阳市质量技术监督局 （正处级） 地址：信阳市鸡公山大街 273 号 （计量科）	局长、局党组书记：陈世勋 副局长：＊孔维清、程功浩、尹德华、张志中、丁朝中 纪检组长：尹德华 （科长：扶志）	计量科 4 人	信阳市检测中心 （信阳市白坡路 5 号；占地面积 4531.11 m^2，建筑面积 1927 m^2，其中办公室面积 150 m^2，实验室面积 480 m^2）	党总支书记：李杰 中心主任：张义国 副主任：＊赵发斌、李志军	
2010 年 7 月	信阳市质量技术监督局 （正处级） 地址：信阳市鸡公山大街 273 号 （计量科）	局长、局党组书记：陈世勋 副局长：＊孔维清、程功浩、尹德华、张志中、丁朝中 纪检组长：尹德华 （科长：扶志）	计量科 4 人	信阳市检测中心 （信阳市白坡路 5 号；占地面积 4531.11 m^2，建筑面积 1927 m^2，其中办公室面积 150 m^2，实验室面积 480 m^2）	党总支书记：李杰 中心主任：张义国 副主任：＊赵发斌、李志军、夏长国、刘德讲	编制 47 人，在职 89 人，聘用 42 人；234 台（件），198 万元
2011 年 3 月	信阳市质量技术监督局 （正处级） 地址：信阳市鸡公山大街 273 号 （计量科）	局长、局党组书记：程功浩 副局长：＊张志中、尹德华、丁朝中 纪检组长：尹德华 （科长：扶志）	计量科 4 人	信阳市检测中心 （信阳市白坡路 5 号；占地面积 4531.11 m^2，建筑面积 1927 m^2，其中办公室面积 150 m^2，实验室面积 480 m^2）	党总支书记：李杰 中心主任：张义国 副主任：＊赵发斌、李志军、夏长国、刘德讲	编制 47 人，在职 89 人，聘用 42 人；234 台（件），198 万元
2012 年 3 月	信阳市质量技术监督局 （正处级） 地址：信阳市鸡公山大街 273 号 （计量科）	局长、局党组书记：程功浩 副局长：＊张志中、尹德华、张义国 纪检组长：李杰 （科长：扶志）	计量科 4 人	信阳市检测中心 （信阳市白坡路 5 号；占地面积 4531.11 m^2，建筑面积 1927 m^2，其中办公室面积 150 m^2，实验室面积 480 m^2）	中心主任、党总支书记：余剑韬 副主任：李志军、夏长国、＊刘德讲	编制 52 人，在职 93 人，聘用 40 人；265 台（件），230 万元

续表

类别 时间	行政部门名称 （地址、下属部门名称）	主要领导人 （下属部门负责人）	计量行政人员	直属机构名称 （地址、面积）	主要领导人	人员、设备资产 （台件、元）
2013 年 3 月	信阳市质量技术监督局 （正处级） 地址：信阳市鸡公山大街 273 号 （计量科）	局长、局党组书记：程功浩 副局长：* 张志中、尹德华、张义国 纪检组长：李杰 （科长：扶志）	计量科 4 人	信阳市检测中心 （信阳市白坡路 5 号；占地面积 4531.11 m^2，建筑面积 1927 m^2，其中办公室面积 150 m^2，实验室面积 480 m^2）	中心主任、党总支书记：余剑韬 副主任：李志军、夏长国、* 刘德讲	编制 52 人，在职 93 人，聘用 40 人；265 台（件），230 万元

说明：

1. 分管信阳市技术监督局、质量技术监督局内设计量业务管理部门和计量技术机构的局领导姓名的左边加“*”号；分管信阳市质量技术监督检验测试中心计量工作的市中心的主任或副主任的姓名左边加“*”号。

2. 建筑面积主要包含办公室面积、实验室面积，不包含住宅面积。

3. 设备台（件）数仅包含计量标准器具和辅助计量仪器设备。

4. 设备资产（万元）指计量标准器具和辅助计量仪器设备的原值。

第十八节　济源市计量大事记

编撰委员会　**主任委员**　牛永清
副主任委员　卫同升　张建民　赵建平
委　　员　李世柱　李　怡　贺晓中
编审人员　**主　审**　张建民
主　编　赵建平　卢珺珺　贺晓中
编　辑　李世柱　李　怡
校　对　李世柱

1949年

2月　20日，太岳行政公署工商字第十一号令：《统一换用市尺由》。

3月　21日，济源县（以下简称县）政府下发《统一改用市尺由》，要求：设立制尺工厂。市秤尺改换，新尺须有验讫方准使用，6月底全县一律改用完毕。

◎　县政府通令，工商字第二号《取消粮食交易过斗一律以新市秤计算由》。

6月　18日，县政府令：《为统一度量衡换市秤市尺由》。

7月　10日，太岳第三专署工商字第十三号对县下发了《关于统一度量衡工作的指示》。

1950年—1964年

此期间，本县没有专门机构统一管理计量器具。粮食、商业、工业等行业使用的计量器具均由本系统自己管理。

1965年

12月　县委下达计量通告，成立县计量检定管理所（以下简称县所），隶属县科委。

1966年

1月　13日，县委下发《关于启用县所印章的通知》。

1967年

是年　县所购置5 kg天平标准装置，修焦枝铁路时，到工地检修天平。

1968年

是年　县革命委员会成立，县所划归县计委。

1969年

是年　县革命委员会印发《关于计量管理的通告》，建长度室。

1970年

是年　县所开展尺、提类检定工作。

1971年

是年　县所筹建电表检定室，购置一套电能表检定设备。

1972年

是年　县所筹集1700元建立土壤化验室。在卫庄村试点，推广配方施肥。

1974年

是年　各厂矿企业组建计量室对尺、提、秤等进行“缺斤短两”专项检查。

1975年

是年　县所开展衡器、长度、热工、力学、电学等项目的计量检修工作；成功改装1台地中衡。

1976 年　**是年**　对经销单位、厂矿企业使用的计量器具进行检定修理。

1977 年　**4 月**　5 日，改革中医处方用药计量单位，交旧秤领新秤，发放戥秤 500 多支。

1978 年　**是年**　县所帮助煤矿一号井制作 2 t 地秤 1 台；开展戥秤推广试点。

1979 年　**5 月**　5 日，计量检定管理所更名为县标准计量管理所（以下简称县所）。

1980 年　**是年**　县所建立血压计标准装置 1 台。

1981 年　**是年**　县 4 家电度表厂的产品，均由县所进行抽检，合格方准出厂。

1982 年　**是年**　县所史才玉制定木杆秤检定规程。

1984 年　**是年**　县所史才玉获县五一劳动奖章。

1985 年　**是年**　开始企业计量定升级工作；民用电表检定由电力部门移交县所；26000 旧杆秤更换为定量砣新秤。

1987 年　**是年**　检修计量器具 6470 台（件），制售杆秤 1300 支；完成 8 家企业计量定级工作。

1988 年　**是年**　济源撤县改市，县所改为市所。

1989 年　**是年**　市所联合有关部门对市场在用计量器具进行综合执法。

1990 年　**5 月**　19 日，济源市技术监督局（以下简称市局）成立，下设济源市计量检定测试所（以下简称市所）。

是年　帮助 10 家企业取得计量定升级合格证；检修计量器具 1200 余台（件）；更换千克木杆秤 15000 多支；改制压力表、乙炔表 1800 余件。

1991 年　**是年**　主持考核企事业单位最高计量标准 18 项；取得制造计量器具许可证企业 5 家；考核通过计量定升级企业 54 家。

1992 年　**是年**　与贺坡村合资 6 万余元，建立 50 t 社会公平秤。筹集资金 13 余万元，购置 8 项计量标准设备及 1 辆计量检测车。检测能力达 15 项 40 种。

1993 年　**是年**　查处 4 起违法校验电能表行为，没收电能表校验仪 4 台。

1994 年　**是年**　三次对市场在用计量器具和定量包装商品量进行检查。

1995 年　**4 月**　27 日，市所与市自来水公司联合成立济源市水表检定站。

9 月　10 日，表彰先进单位和先进个人各 10 名。

1996 年　**是年**　开展出租车计价器检定；7 家企业获“制造计量器具许可证”；20 家企业通过计

量合格确认。

1997 年

7 月 17 日，市局对全市面粉等 15 种定量包装商品净含量进行检查。

10 月 10 日，市所开展公用电话计费器周期检定工作。

是年 建立 5000 台（件）计量器具档案。

1998 年

是年 市局查处黄河小浪底三标计量违法案。国家质监局于是年 3 月 24 日，对市局查处黄河小浪底三标计量违法案中违法所得计算问题请示给予批复。市所 46 项检定项目首次通过省局考核。

1999 年

4 月 6 日，市土地房屋面积公正计量站成立。

◎ 23 日，市所开展汽车车速里程表周期检定。

6 月 5 日，济源市眼镜公正计量站成立。

11 月 16 日，济源市计量测试协会成立。

2000 年

是年 核发 8 家“制造计量器具许可证”。

2001 年

5 月 8 日，济源市定量包装公正计量站成立。

10 月 26 日，市局对定量包装生产企业商品净含量进行国家监督专项抽查。

12 月 25 日，市局与市物价局联合开展“价格计量信得过活动”。

是年 实施“光明工程”。

2002 年

1 月 5 日，市局对市煤气责任有限公司煤气表检定站计量授权。

3 月 市计量所和市质检所合并，成立济源市质量技术监督检验测试中心（以下简称市中心）。

2003 年

10 月 8 日，市局开展眼镜制配场所计量监督检查。

是年 购置 1 台万能材料试验机检定装置；帮助 2 家企业通过 A 级计量合格确认、9 家企业通过 B 级计量合格确认。

2004 年

4 月 8 日，市计量测试协会更名为市计量协会。

2005 年

3 月 24 日，市局对济源市自来水公司水表检定站计量授权。

9 月 5 日，市局表彰 18 家计量管理先进单位。

2006 年

是年 1 家企业通过了定量包装商品计量保障能力“C”标志认证。

2007 年

3 月 市局组织开展汽车衡、燃油经营单位计量监督检查。

7 月 30 日，市局组织建立贸易结算强制检定工作计量器具档案。

2008 年

3 月 23 日，市局组织开展用能单位能源计量评定工作。

4 月 24 日，市局授权济源供电公司电能计量中心承担系统内所使用电能表的强制检定工作。

8 月 1 日，市局组织开展“关注民生、计量惠民”专项活动。

2009 年

11 月 23 日，省局“关注民生、计量惠民”专项行动简报第 8 期，介绍济源市局出租车计价器专项整治工作经验。全市在册的 848 辆出租车计价器全部启用一次性防作弊铅封。

是年 市局组织在“五一”和“十一”前进行两次大规模的定量包装商品净含量的专项检查；检定计量器具 3 万余台（件）。

2010 年

3 月 25 日，市局组织对 19 家计量器具制造、修理企业进行专项整治。

6 月 1 日，市局组织开展 37 家重点用能单位能源计量评定工作。

是年 市局开展了加油机、汽车衡、电子计价秤、定量包装商品净含量和商品过度包装专项整治。

2011 年

5 月 20 日，市局在南街集贸市场，举办“政府为百姓称斤论两”计量惠民专项行动启动仪式。

7 月 4 日，市局对集聚区 25 家企业开展计量合格确认工作。

2012 年

7 月 4 日，市局开展推进商业、服务业诚信计量体系建设工作。

8 月 1 日，市局联合市交通局对用于治超的动态汽车衡进行专项检查。

◎ 24 日，市局组织对 18 家互感器生产企业进行质量监督抽查。

9 月 18 日，在河南省计量知识竞赛活动中，市中心位志鹏获二等奖、卢珺珺获三等奖。

10 月 22 日，市局组织对全市 80 家加油站在用的 451 把枪全部启动加油机防欺骗功能。

12 月 10 日，在第八届全省质监系统机关事业单位技术工人技能竞赛活动中，市中心李明生获二等奖、卢珺珺获三等奖。

是年 检定计量器具 42000 余台（件）。

2013 年

4 月 8 日，市局组织对电能表、燃气表、水表等 3 家计量授权单位检定合格待装的表进行 20% 的复核检定。

5 月 13 日，市局组织开展为期一周的“5・20 世界计量日”系列宣传活动。

10 月 8 日，市中心首次开展热量表检定工作。

11 月 14 日，在第九届全省质监系统机关事业单位工勤技能岗位人员技能竞赛中，市中心吕振峰获三等奖。

2014 年

4 月 15 日，市局组织开展电子计价秤计量专项整治。

9 月 1 日，全市 10 个加气站 52 台车用压缩天然气加气机全部由“体积”计量更改为以“质量”计量。

10 月 10 日，市局组织开展定量包装商品净含量监督检查。

是年 全市有 2 家企业获计量合格确认 A 级，8 家企业获计量合格确认 B 级；市中心社会公用计量标准达 35 项；检定计量器具 21000 余台（件）。

表8-18-1　济源市计量行政部门、直属机构沿革一览表

类别 时间	行政部门名称 （下属部门名称）	主要领导人 （下属部门负责人）	计量行政人员	直属机构名称 （地址、面积）	主要领导人	人员、设备资产
1949年	济源县人民政府财委 地址：宣化街 （办公室）	主任：王俊华 秘书：石蕊 （计量负责人：杨才仁）	2人			
1958年	济源县科学技术委员会 地址：西街大槐树 （办公室）	主任：赵永文 （计量负责人：张文朝）	3人			
1966年1月	济源县科学技术委员会 地址：南街 （办公室）	主任：王佩亚 （计量负责人：张文朝）	3人	济源县计量检定管理所 （西街大槐树；占地面积60 m^2）	所长：王玉良	编制5人，在职5人；5台（件），3万余元
1969年	济源县计划委员会 地址：宣化街 （办公室）	主任：李传国 （计量负责人：张文朝）	1人	济源县计量检定管理所 （西街大槐树；占地面积60 m^2）	所长：郭行庄	编制5人，在职5人；8台（件），5万余元
1974年	济源县科学技术委员会 地址：南街 （办公室）	主任：连世清 （计量负责人：张文朝）	2人	济源县计量检定管理所 （西街大槐树；占地面积60 m^2）	所长：史才玉	编制5人，在职5人；18台（件），8万余元
1979年	济源县科学技术委员会 地址：南街 （办公室）	主任：谭怀山 （计量负责人：张文朝）	2人	济源县计量检定管理所 （西街大槐树；占地面积200 m^2）	所长：史才玉	编制11人，在职11人；20台（件），12万元
1980年4月	济源县科学技术委员会 地址：南街 （办公室）	主任：张学群 （计量负责人：张文朝）	2人	济源县计量检定管理所 （南街32号；占地面积440 m^2）	所长：李兴国	编制13人，在职13人；28台（件），22万元
1990年5月	济源市技术监督局 地址：宣化街 （办公室）	局长、局党组书记：李志远 （计量负责人：王相林）	2人	济源市计量检定测试所 （南街32号；占地面积440 m^2）	所长：李兴国 副所长：姚天征	编制20人，在职21人；31台（件），26万元
1990年9月	济源市技术监督局 地址：宣化街 （计量管理科）	局长、局党组书记：李志远 （计量负责人：王相林）	2人	济源市计量检定测试所 （南街32号；占地面积440 m^2）	所长：李兴国 副所长：姚天征	编制25人，在职25人；31台（件），26万元

续表

类别 时间	行政部门名称 （下属部门名称）	主要领导人 （下属部门负责人）	计量行政人员	直属机构名称 （地址、面积）	主要领导人	人员、设备资产
1994 年 5 月	济源市技术监督局 地址：宣化街 （计量管理科）	局长：李军星 局党组书记：李志远 副局长：* 酒同义、王秀华 纪检组长：周备轩 （科长：王相林）	4 人	济源市计量检定测试所 （南街 32 号；占地面积 440 m^2）	所长：李兴国 副所长：姚天征	编制 25 人，在职 22 人；31 台（件），26 万元
1997 年 7 月	济源市技术监督局 地址：沁园路 106 号 （计量管理科）	局长：李军星 局党组书记：李志远 副局长：* 酒同义 纪检组长：周备轩 （科长：王相林）	4 人	济源市计量检定测试所 （南街 32 号；占地面积 440 m^2）	所长：贺晓忠 副书记：琚恒建 副所长：聂乃建、张红卫	编制 35 人，在职 36 人；31 台（件），26 万元
1998 年 2 月	济源市技术监督局 地址：沁园路 106 号 （计量科）	局长：李军星 局党组书记：李志远 副局长：卫同升、* 酒同义 纪检组长：周备轩 （科长：赵功杰）	4 人	济源市计量检定测试所 （南街 32 号；占地面积 440 m^2）	所长：贺晓忠 副书记：琚恒建 副所长：聂乃建、张红卫	编制 35 人，在职 38 人；35 台（件），28.3 万元
1998 年 12 月	济源市技术监督局 地址：沁园路 106 号 （计量科）	局长、局党组书记：张福庆 副局长：* 卫同升、牛永清 纪检组长：周备轩 （科长：赵功杰）	4 人	济源市计量检定测试所 （南街 32 号；占地面积 440 m^2）	所长：贺晓忠 副书记：琚恒建 副所长：聂乃建、张红卫	编制 35 人，在职 38 人；35 台（件），28.3 万元
1999 年 1 月	济源市技术监督局 地址：沁园路 106 号 （计量科）	局长、局党组书记：张福庆 副局长：* 卫同升、牛永清 纪检组长：周备轩 （科长：李占红）	4 人	济源市计量检定测试所 （南街 32 号；占地面积 440 m^2）	所长：李有福 副书记：琚恒建 副所长：聂乃建、张红卫	编制 35 人，在职 39 人；45 台（件），53.7 万元
1999 年 12 月	济源市质量技术监督局 地址：沁园路 106 号 （计量科）	局长、局党组书记：张福庆 副局长：* 卫同升、牛永清 纪检组长：周备轩 （科长：李占红）	4 人	济源市计量检定测试所 （南街 32 号，占地面积 440 m^2）	所长：李有福 副书记：琚恒建 副所长：聂乃建、张红卫	编制 35 人，在职 39 人；45 台（件），53.7 万元
2001 年 2 月	济源市质量技术监督局 地址：沁园路 106 号 （计量科）	局长、局党组书记：徐西河 副局长：* 卫同升、牛永清 纪检组长：周备轩 （科长：李占红）	4 人	济源市计量检定测试所 （南街 32 号；占地面积 440 m^2）	所长：李有福 副书记：琚恒建 副所长：聂乃建、张红卫、张亚平	编制 45 人，在职 46 人；52 台（件），70.6 万元

续表

类别 时间	行政部门名称 （下属部门名称）	主要领导人 （下属部门负责人）	计量行政人员	直属机构名称 （地址、面积）	主要领导人	人员、设备资产
2002年3月	济源市质量技术监督局 地址：沁园路106号 （计量科）	局长、局党组书记：徐西河 副局长：* 卫同升、牛永清 纪检组长：周备轩 （科长：李占红）	4人	济源市检测中心 （沁园路106号；占地面积2000 m^2）	主任：李有福 副书记：* 琚恒建 副主任：李世柱 总工程师：安亚平	编制45人，在职53人；85台（件），157万元
2003年2月	济源市质量技术监督局 地址：沁园路106号 （计量科）	局长、局党组书记：徐西河 副局长：* 卫同升、牛永清 纪检组长：吴涛 （科长：李占红）	4人	济源市检测中心 （沁园路106号；占地面积2000 m^2）	主任：李有福 副书记：薛贵芳 副主任：李世柱、* 张亚平、李建设 总工程师：安亚平	编制45人，在职50人；85台（件），157万元
2004年2月	济源市质量技术监督局 地址：沁园路106号 （计量科）	局长、局党组书记：徐西河 副局长：* 卫同升、牛永清 纪检组长：吴涛 （科长：范志勇）	4人	济源市检测中心 （沁园路106号；面积2000 m^2）	主任：李有福 副书记：薛贵芳 副主任：* 张亚平、李建设 总工程师：安亚平	编制45人，在职52人；85台（件），157万元
2005年1月	济源市质量技术监督局 地址：沁园路106号 （计量科）	局长、局党组书记：远红军 副局长：* 卫同升、牛永清 纪检组长：吴涛 （科长：范志勇）	4人	济源市检测中心 （沁园路106号；面积2000 m^2）	主任：李有福 副书记：薛贵芳 副主任：* 张亚平、李建设 总工程师：安亚平	编制45人，在职49人；130台（件），320万元
2008年4月	济源市质量技术监督局 地址：沁园路106号 （计量科）	局长、局党组书记：何增涛 副局长：* 卫同升、牛永清 纪检组长：吴涛 （科长：范志勇）	2人	济源市检测中心 （沁园路106号；面积2000 m^2）	主任：李有福 副书记：薛贵芳 副主任：* 张亚平、李建设、赵银玲、孔捷、杨静婉	编制45人，在职56人；155台（件），373万元
2008年5月	济源市质量技术监督局 地址：沁园路106号 （计量科）	局长、局党组书记：何增涛 副局长：* 卫同升、牛永清 纪检组长：吴涛 （科长：李世柱）	2人	济源市检测中心 （沁园路106号；面积2000 m^2）	主任：王锋 副书记：薛贵芳 副主任：* 张亚平、李建设、赵银玲、孔捷、杨静婉	编制45人，在职56人；155台（件），373万元

续表

类别 时间	行政部门名称 （下属部门名称）	主要领导人 （下属部门负责人）	计量行政人员	直属机构名称 （地址、面积）	主要领导人	人员、设备资产
2009 年 9 月	济源市质量技术监督局 地址：黄河路 699 号 （计量科）	局长、局党组书记：何增涛 副局长：* 卫同升、牛永清、吴涛 纪检组长：张建民 （科长：李世柱）	2 人	济源市检测中心 （黄河路 699 号；面积 2200 m^2）	主任：赵建平 副主任：* 张亚平、李建设、赵银玲、孔捷	编制 45 人，在职 56 人；195 台（件），820 万元
2010 年 7 月	济源市质量技术监督局 地址：黄河路 699 号 （计量科）	局长：牛永清 局党组书记：梁万魁 副局长：* 卫同升、吴涛 纪检组长：张建民 （科长：李世柱）	2 人	济源市检测中心 （黄河路 699 号；面积 2200 m^2）	主任：赵建平 副主任：* 张亚平、李建设、赵银玲、孔捷	编制 45 人，在职 56 人，聘用 12 人； 233 台（件）， 1055 万元
2012 年 10 月	济源市质量技术监督局 地址：黄河路 699 号 （计量科）	局长：牛永清 局党组书记：* 卫同升 副局长：吴涛、王小庄 纪检组长：张建民 （科长：李世柱）	2 人	济源市检测中心 （黄河路 699 号；面积 2200 m^2）	主任：赵建平 副主任：赵银玲、* 孔捷	编制 45 人，在职 56 人，聘用 12 人； 233 台（件）， 1055 万元

说明：

1. 分管济源市技术监督局、质量技术监督局内设计量业务管理部门和计量技术机构的局领导姓名的左边加“*”号；分管济源市质量技术监督检验测试中心计量工作的市中心的主任或副主任的姓名左边加“*”号。

2. 建筑面积主要包含办公室面积、实验室面积，不包含住宅面积。

3. 设备台（件）数仅包含计量标准器具和辅助计量仪器设备。

4. 设备资产（万元）指计量标准器具和辅助计量仪器设备的原值。

第九章

河南省省直管县（市）计量大事记

（1949—2014）

第一节　巩义市计量大事记

编撰工作小组　组　长　祖世泉
　　　　　　　成　员　赵海勇　宋培军　宋国强　王岭渠
编撰工作办公室　主　任　吴义遵
　　　　　　　成　员　张春丽　李会晓　卢欣豪

1958 年

10 月　巩县计量所（以下简称县所）成立，隶属县科学技术委员会，人员 4 名，曹克信负责。

1960 年

6 月　县所更名为巩县标准计量所（以下简称县所），增加标准化工作。

1967 年

4 月　县所撤销。

1975 年

3 月　县革命委员会批准，恢复县所，县科委李元喜兼管县所。

1978 年

4 月　县所迁址县科委三楼。

9 月　县革委会发布《关于加强计量器具管理的布告》，明确县所是管理全县标准计量工作的职能部门。

1979 年

6 月　王石头任县所所长。

1980 年

6 月　李书永任县所所长。

1982 年

3 月　县政府批转县所《关于计量管理及奖惩办法的若干规定》。

10 月　县所、县商业局等联合印发《关于木杆秤实行定量铊的通知》，废除非定量铊、旧杂秤。

1983 年

5 月　曹志高任巩县标准计量所所长。

1984 年

5 月　县政府批准标准计量分设，标准所由任世章负责，计量所仍由曹志高任所长。

8 月　县政府办公室发文，要求做好工业企业计量整顿工作。

1985 年

1 月　县政府召开“巩县推行法定计量单位工作会议”。

3 月　县政府发布《巩县全面推行法定计量单位实施意见》。

8 月　县科委决定标准计量合署办公。

是月　实施杆秤改革。

9 月　县物价局、县所开展“物价计量信得过”活动。

1986 年

2 月　县政府印发《关于宣传贯彻实施计量法的几点意见》。

3 月　县所 13 人获“检定员证书”。

8 月 成立巩县标准计量局（以下简称县局），张永道任县局副局长，主持工作。

1987 年

7 月 县编委发文，规定县局为科级，行政编制 10 人。

12 月 县政府发布《巩县强制检定工作计量管理办法》。

是年 县所开展了对压力表、百分表、千分尺、衡器的计量检定。

1988 年

3 月 县所更名为巩县计量测试所（以下简称县所）。

是年 县所开展了对燃油加油机、单相、三相电能表、电压表、电流表、电流互感器的计量检定。

1989 年

1 月 丁小平任县局局长。

1990 年

3 月 县局更名为巩县技术监督局（以下简称县局）。

1991 年

4 月 县所开展了对砝码、天平的周期检定。

6 月 巩县撤县建市，县局更名为巩义市技术监督局（以下简称市局），县所更名为巩义市计量测试所（以下简称市所）。

1994 年

7 月 市所开展了对材料试验机的周期检定。

1996 年

1 月 祖九州任市局局长。

11 月 市局、市所均迁址市人民东路 15 号。

1998 年

7 月 巩义市计量测试所更名为巩义市计量检定测试所（以下简称市所）。

2001 年

1 月 市局成立巩义市技术监督检验测试中心（以下简称市中心），赵海勇任巩义市中心主任。

2002 年

1 月 李海陆任市局局长。

3 月 市所为独立法人。

2003 年

1 月 巩义市技术监督局更名为巩义市质量技术监督局（以下简称市局），同时，巩义市技术监督检验测试中心更名为巩义市质量技术监督检验测试中心（以下简称市中心）。

2006 年

6 月 市局、税务部门联合开展加油站在用加油机税控功能和计量性能监督检查，对辖区 60 个加油站的 213 台加油机实施防作弊封缄。

2007 年

12 月 单相、三相电能表的检定由授权的市供电公司电能室进行。

2009 年

是年 市中心开展光干涉式甲烷测定器、医用诊断 X 射线辐射源的周期检定。

2010 年

5 月 20 日，市电视台播出《计量——公平正义之桥》巩义计量工作纪实片。

11 月 祖世泉任市局局长。

2011 年

2 月 王岭渠任市中心主任。

6 月 市中心购买 10t 检衡车一台，面包车一台。

2012 年

是年 市中心开展读数测量显微镜、投影仪、火花试验机、耐压试验仪、电桥（便携式）的周期检定。

2013 年

9 月 市水务有限公司水表检定测试站获“专项计量授权证书”。

2014 年

1 月 1 日，巩义市正式成为河南省省直管市，由河南省政府全面管辖。

◎ 市供电公司计量室获“专项计量授权证书”。

6 月 河南中孚实业股份有限公司建立 7 项企业最高计量标准。

是年 市中心开展常用玻璃量器、燃气表、可燃气体检测报警器、环境试验设备的周期检定。

表9-1-1　巩义市计量行政部门、直属机构沿革一览表

类别／时间	行政部门名称（下属部门名称）	主要领导人（下属部门负责人）	计量行政人员	直属机构名称（地址、面积）	主要领导人	人员、设备资产
1958 年 10 月	巩县计量所 地址：站街东头	所长：曹克信	4 人			
1975 年 3 月	巩县标准计量所 地址：教育局三楼	所长：李元喜	5 人			
1979 年 6 月	巩县标准计量所 地址：科学技术委员会三楼	所长：王石头	5 人			
1980 年 6 月	巩县标准计量所 地址：科学技术委员会三楼	所长：李书永	5 人			
1983 年 5 月	巩县标准计量所 地址：科学技术委员会三楼	所长：曹志高	5 人			
1986 年 8 月	巩县标准计量局（正科级） 地址：科学技术委员会三楼 （标准计量科）	副局长：张永道（主持工作） 副局长：* 杜芒生 （科长：李景州）	标准计量科 5 人	巩县标准计量所 （科学技术委员会三楼；占地面积 400 m^2，建筑面积 400 m^2，其中：办公室面积 100 m^2，实验室面积 300 m^2）	所长：曹志高	编制 23 人，在职 23 人；10 台（件），1 万元
1989 年 1 月	巩县标准计量局（正科级） 地址：南洋贸易公司三楼 （标准计量科）	局长：丁小平 副局长：* 张永道、杜芒生 （科长：李景州　副科长：朱鹏宇）	标准计量科 5 人	巩县计量测试所 （科学技术委员会三楼；占地面积 400 m^2，建筑面积 400 m^2，其中：办公室面积 100 m^2，实验室面积 300 m^2）	所长：曹志高	编制 23 人，在职 23 人；20 台（件），2 万元
1990 年 3 月	巩县技术监督局（正科级） 地址：南洋贸易公司三楼 （标准计量科）	局长：丁小平 副局长：* 张永道、杜芒生 （科长：李景州，副科长：朱鹏宇）	标准计量科 3 人	巩县计量测试所 （科学技术委员会三楼；占地面积 400 m^2，建筑面积 400 m^2，其中：办公室面积 100 m^2，实验室面积 300 m^2）	所长：曹志高	编制 23 人，在职 23 人；20 台（件），2 万元
1991 年 6 月	巩义市技术监督局（正科级） 地址：南洋贸易公司三楼 （标准计量科）	局长：丁小平 副局长：* 张永道、杜芒生 （科长：王朝臣，副科长：朱鹏宇）	标准计量科 3 人	巩义市计量测试所 （科学技术委员会三楼；占地面积 400 m^2，建筑面积 400 m^2，其中：办公室面积 100 m^2，实验室面积 300 m^2）	所长：李景州	编制 23 人，在职 23 人；25 台（件），3 万元

续表

类别 时间	行政部门名称 （下属部门名称）	主要领导人 （下属部门负责人）	计量行政人员	直属机构名称 （地址、面积）	主要领导人	人员、设备资产
1992 年 3 月	巩义市技术监督局（正科级） 地址：南洋贸易公司三楼 （标准计量科）	局长：丁小平 局党组书记：宋银良 副局长：* 张永道、杜芒生 （科长：王朝臣，副科长：朱鹏宇）	标准计量科 3 人	巩义市计量测试所 （科学技术委员会三楼；占地面积 400 m^2，建筑面积 400 m^2，其中：办公室面积 100 m^2，实验室面积 300 m^2）	所长：马三轩	编制 23 人，在职 23 人；25 台（件），3 万元
1996 年 1 月	巩义市技术监督局（正科级） 地址：南洋贸易公司三楼 （标准计量科）	局长：祖九州 局党组书记：丁小平 副局长：* 张永道、杜芒生 稽查队长：祖世泉 （科长：王朝臣，副科长：朱鹏宇）	标准计量科 3 人	巩义市计量测试所 （科学技术委员会三楼；占地面积 400 m^2，建筑面积 400 m^2，其中：办公室面积 100 m^2，实验室面积 300 m^2）	所长：张克卿	编制 23 人，在职 23 人；40 台（件），25 万元
1996 年 11 月	巩义市技术监督局（正科级） 地址：人民路 15 号 （标准计量科）	局长：祖九州 局党组书记：丁小平 副局长：* 张永道、祖海斌 稽查队长：祖世泉 （科长：王朝臣，副科长：战峥明）	标准计量科 3 人	巩义市计量测试所 （人民路 15 号；占地面积 526.5m^2，建筑面积 700 m^2，其中：办公室面积 200 m^2，实验室面积 500 m^2）	所长：李玉德	编制 33 人，在职 33 人；80 台（件），65 万元
2001 年 1 月	巩义市技术监督局（正科级） 地址：人民路 15 号 （标准计量科）	局长：祖九州 局党组书记：丁小平 副局长：张永道、* 祖海斌 稽查队长：祖世泉 （科长：李景周，副科长：战峥明）	标准计量科 5 人	巩义市技术监督检验测试中心（以下简称巩义市检测中心） （人民路 15 号；占地面积 526.5m^2，建筑面积 700 m^2，其中：办公室面积 200 m^2，实验室面积 500 m^2）	中心主任：赵海勇	编制 33 人，在职 33 人；80 台（件），65 万元
2002 年 1 月	巩义市技术监督局（正科级） 地址：人民路 15 号 （标准计量科）	局长、局党组书记：李海陆 副局长：贾延方、* 祖世泉 纪检组长：李永杰 稽查队长：赵海勇 （科长：李景周，副科长：战峥明）	标准计量科 5 人	巩义市检测中心 （人民路 15 号；占地面积 526.5m^2，建筑面积 700 m^2，其中：办公室面积 200 m^2，实验室面积 500 m^2）	中心主任：空缺 计量所长：张克卿	编制 33 人，在职 33 人；80 台（件），65 万元
2003 年 1 月	巩义市质量技术监督局（正科级） 地址：人民路 15 号 （标准计量科）	局长、局党组书记：李海陆 副局长：贾延方、* 祖世泉 纪检组长：李永杰 稽查队长：赵海勇 （科长：李景周，副科长：王岭渠）	标准计量科 5 人	巩义市检测中心 （人民路 15 号；占地面积 526.5m^2，建筑面积 700 m^2，其中：办公室面积 200 m^2，实验室面积 500 m^2）	中心主任：空缺 计量所长：张克卿	编制 33 人，在职 33 人；80 台（件），65 万元

续表

类别 时间	行政部门名称 （下属部门名称）	主要领导人 （下属部门负责人）	计量行政人员	直属机构名称 （地址、面积）	主要领导人	人员、设备资产
2006年1月	巩义市质量技术监督局（正科级） 地址：人民路15号 （计量科）	局长、局党组书记：李海陆 副局长：贾延方、* 祖世泉 纪检组长：李永杰 稽查队长：赵海勇 （科长：宋培军，副科长：焦红森）	计量科3人	巩义市检测中心 （人民路15号；占地面积526.5m^2，建筑面积700 m^2，其中：办公室面积200 m^2，实验室面积500 m^2）	中心主任：空缺 计量所长：马鹏飞	编制33人，在职33人，聘用5人；80台（件），65万元
2010年11月	巩义市质量技术监督局（正科级） 地址：人民路15号 （计量科）	局长、局党组书记：祖世泉 副局长：* 贾延方、赵海勇 纪检组长：李永杰 （科长：宋培军，副科长：焦红森）	计量科3人	巩义市检测中心 （人民路15号；占地面积526.5m^2，建筑面积700 m^2，其中：办公室面积200 m^2，实验室面积500 m^2）	中心主任：空缺 计量所长：马鹏飞	编制33人，在职33人，聘用6人；115台（件），130万元
2011年2月	巩义市质量技术监督局（正科级） 地址：人民路15号 （计量科）	局长、局党组书记：祖世泉 副局长：赵海勇、刘贵东 纪检组长：* 宋培军 稽查队长：宋国强 （科长：吴义遵，副科长：马元福）	计量科3人	巩义市检测中心 （人民路15号；占地面积526.5m^2，建筑面积700 m^2，其中：办公室面积200 m^2，实验室面积500 m^2）	中心主任：王岭渠	编制33人，在职33人，聘用7人；120台（件），180万元
2014年1月	巩义市质量技术监督局（正科级） 地址：人民路15号 （计量科）	局长、局党组书记：祖世泉 副局长：赵海勇、宋培军 纪检组长：宋国强 党组成员、中心主任：* 王岭渠 （科长：吴义遵）	计量科2人	巩义市检测中心 （人民路15号；占地面积526.5m^2，建筑面积1000 m^2，其中：办公室面积300 m^2，实验室面积700 m^2）	中心主任：王岭渠	编制33人，在职33人，聘用8人；156台（件），226万元

说明：

1. 分管巩义市技术监督局、质量技术监督局内设计量业务管理部门和计量技术机构的局领导姓名的左边加“*”号；分管巩义市质量技术监督检验测试中心计量工作的市中心的主任或副主任的姓名左边加“*”号。

2. 建筑面积主要包含办公室面积、实验室面积，不包含住宅面积。

3. 设备台（件）数仅包含计量标准器具和辅助计量仪器设备。

4. 设备资产（万元）指计量标准器具和辅助计量仪器设备的原值。

第二节 兰考县计量大事记

编撰工作领导小组 **组 长** 许家书
副组长 李现玲 马百红 李 广 王 勇
成 员 何国胜 张全鸿 程亚芬 蔡尚帅
左艮召 陈聚顺 齐 原 李 红

编撰办公室 **主 任** 马百红
副主任 何国胜 程亚芬
成 员 张全鸿 蔡尚帅 左艮召

编 撰 组 **组 长** 马百红
副组长 何国胜
成 员 张全鸿 蔡尚帅

1960年 **是年** 兰考县废除16两秤，改10两为1市斤，中药房司药仍沿用16两秤。

1975年 **是年** 兰考县标准计量管理所（以下简称县所）成立，计量人员6名，主要从事衡器检修和计量制度改革。

1976年 **是年** 县所派计量专业人员到省、市学习，保证了全县在用计量器具周期检定和及时修理。

1977年 **是年** 中药房司药计量废除市制，改为公制，以克为计量单位。

1980年 **是年** 全县凡制造、修理、经销、使用的计量器具均由计量部门统一管理。全县有木杆秤修理、制造人员51人，核发许可证31人。全县在用衡器受检率98%以上，合格率90%以上。

1982年 **4月** 规定木杆秤一律使用定量砣，即15 kg的秤砣重750 g。

1983年 **是年** 全县一切旧制木杆秤和秤砣停止使用。

1984年 **是年** 实行法定计量单位，使用公斤秤、米尺等。

1985年 **是年** 成立兰考县标准计量办公室（以下简称县计量办）。

1987年 **是年** 县政府拨款13800元购置计量标准设备。县计量所增置四等标准砝码20个、30公斤天平1架、测试压力机1部、标准血压计和分析天平各1台，为计量器具检定创造了条件。
◎ 成立兰考县标准计量局（以下简称县局），内设计量组等。

1988年 **是年** 县所开展检定衡器、血压计、血压表。

◎ 全县共检修衡器326台、天平18架、血压计、血压表25台（块）。

1989年 **是年** 县所建立了精密压力表标准装置，开展量值传递。

1990年 **3月** 20日，县局内设计量管理监督股等。

1991年 **1月** 26日，国家技术监督局科技司司长丁其东在省局副局长史新川、科技宣传处处长程新选陪同下，到县局、县所调研。县局局长李国振作了工作汇报。司长丁其东、副局长史新川充分肯定了兰考县技术监督工作。丁其东说："兰考县技术监督工作基础差、底子薄，但在组建两年多的时间里，做出这样的成绩，打开这样的局面不简单。"县长刘运清陪同丁其东等国家局科技司、省局、市局领导拜谒了焦裕禄烈士墓。

◎ 县局查处县人民路批发街定量包装商品负差20%伪造数据案。

1992年 **11月** 12日，兰考县标准计量局更名为兰考县技术监督局（以下简称县局）。

1993年 **5月** 30日，县局拨款52000元购置单、三相电能表标准装置各1台。

是年 县所开展燃油加油机和电能表强制检定。

1994年 **2月** 县局查处加油站变换齿轮数，减少出油量的计量违法案件。

1996年 **10月** 县局查处粮食收购点在秤砣上打孔灌铅，增加秤砣重量的计量违法行为。

是年 县所建立了汽车车速里程表标准装置，开展强制检定。

1997年 **6月** 县局查处加油站变换集成块，改变流量系数，减少出油量等计量违法案件。

1999年 **5月** 兰考县技术监督局更名为兰考县质量技术监督局（以下简称县局）。

12月 16日，县局为开封市局直属机构，规格正科级，行政编制18名。

2000年 **3月** 3日，兰考县计量所、质检所合并，成立兰考县质量技术监督检验测试中心（以下简称县中心），为县局直属事业单位，规格副科级，事业编制55名。

2002年 **12月** 从1990年1月—2002年12月，共计检定各种衡器（属强检范围的衡器）1.45万台（件）、天平495台（件）、压力表931块（次）、燃油加油机3713台（次）、电能表1.55万块（次）、电话计时器156台、血压计（表）953台、汽车里程表786块，检定合格率92%以上。

2003年 **6月** 县春光眼镜店获二级店证书。

12月 从1991年1月—2003年12月，县局共查处计量违法案件1656起，没收违法计量器具426台（件）。

是年 县局共抽查16家企业20个批次产（商）品的定量包装商品净含量，涉及葡萄酒、食用盐、调味品、小磨香油、纯净水等，抽查合格率100%。

2005年 **6月** 28日，县局对县供电公司电能计量中心计量授权。

2006 年

6 月 30 日，县财政拨款 4200 元，县中心建立了真空表计量标准，进行量值传递。

2008 年

7 月 兰考县路易葡萄酿酒有限公司通过省定量包装商品生产企业计量保证能力评价，允许其使用“C”标志。

2010 年

10 月 31 日，县财政拨款 74700 元，县中心建立了电能表、心脑、心电监护仪、医用超声诊断仪超生源计量标准，进行量值传递。

2011 年

是年 兰考县成为河南省政府直管试点县，县局归省局直管。

2012 年

2 月 29 日，县中心宋巧芬被省局评为“质量技术监督工程师”。

5 月 20 日，县局组织开展“5·20 世界计量日”宣传活动，在焦裕禄陵园门口设立咨询台，悬挂条幅、标语，张贴宣传画，对民用计量器具进行免费检测等。县电视台对该活动进行了报道。

2013 年

是年 县财政拨款 231965 元，为县中心购置标准砝码 10 吨（500 kg/ 块）、汽车随车吊 1 台和心脑电图机标准装置 1 台。

2014 年

1 月 1 日，兰考县正式成为河南省直管县，由河南省政府全面管辖。

1 月 16 日，兰考凯力电子有限公司生产的电子吊秤获制造计量器具许可证。

4 月 取消质监系统省级以下垂直管理后，县局调整为兰考县政府管理。

5 月 26 日，县政府转发《河南省人民政府关于贯彻国务院计量发展规划（2013—2020）的实施意见》。

8 月 27 日，县局开展了强检计量器具摸底普查及建立强检计量器具信息库工作。

是年 县财政拨款 72200 元为县中心购置 F1 等级克组砝码标准装置 1 套和环境试验设备温湿度校准装置 1 套。

表 9-2-1 兰考县计量行政部门、直属机构沿革一览表

类别 时间	行政部门名称 （下属部门名称）	主要领导人 （下属部门负责人）	计量行政人员	直属机构名称 （地址、面积）	主要领导人	人员、设备资产
1962 年	县科委					
1975 年				兰考县标准计量管理所 （兰考县陵园路 2 号：占地面积 6000 m^2，建筑面积 231 m^2。其中：办公室面积 168 m^2，实验室面积 63 m^2）	所长：孔德海 副所长：翟永林	编制 6 人， 在职 6 人；2 件， 0.004 万元
1983 年				兰考县标准计量管理所 （兰考县陵园路 2 号：占地面积 6000 m^2，建筑面积 231 m^2。其中：办公室面积 168 m^2，实验室面积 63 m^2）	所长：刘执允 副所长：翟永林 副所长：黄令彬	编制 6 人， 在职 7 人， 聘用 1 人；2 件， 0.004 万元
1985 年	兰考县标准计量办公室			兰考县标准计量管理所 （兰考县陵园路 2 号：占地面积 3100 m^2，建筑面积 331 m^2。其中：办公室面积 168 m^2，实验室面积 163 m^2）	所长：刘执允 副所长：翟永林 副所长：黄令彬	编制 7 人， 在职 8 人， 聘用 1 人；2 件， 0.004 万元
1987 年	兰考县标准计量局 （副科级）	副局长：王怀彦		兰考县标准计量管理所 （兰考县陵园路 2 号：占地面积 3100 m^2，建筑面积 331 m^2。其中：办公室面积 168 m^2，实验室面积 163 m^2）	所长：刘执允 副所长：翟永林 副所长：黄令彬	编制 7 人， 在职 9 人 聘用 2 人； 25 台（件）， 1.384 万元
1988 年 12 月	兰考县标准计量局 （副科级）	局长：李国振 副局长：王怀彦		兰考县标准计量管理所 （兰考县陵园路 2 号：占地面积 3000 m^2，建筑面积 331 m^2。其中：办公室面积 168 m^2，实验室面积 163 m^2）	所长：刘执允 副所长：翟永林、黄令彬	编制 10 人， 在职 12 人， 聘用 2 人； 25 台（件）， 1.384 万元
1989 年 5 月	兰考县标准计量局 （副科级） 地址：兰考县建设路中段 （计量股）	局长、局党组书记：李国振 副局长：王怀彦、绳飞 （股长：张先存）	计量股 4 人	兰考县标准计量管理所 （兰考县陵园路 20 号：占地面积 3000 m^2，建筑面积 231 m^2。其中：办公室面积 126 m^2，实验室面积 205 m^2）	所长：刘执允 副所长：翟永林、张献民	编制 16 人， 在职 18 人， 聘用 2 人； 25 台（件）， 1.384 万元

续表

类别 时间	行政部门名称 （下属部门名称）	主要领导人 （下属部门负责人）	计量行政人员	直属机构名称 （地址、面积）	主要领导人	人员、设备资产
1991 年	兰考县标准计量局 （副科级） 地址：兰考县建设路中段 （计量股）	局长、局党组书记：李国振 副局长：王怀彦、雷中杰 （股长：张先存）	计量股 4 人	兰考县标准计量管理所 （兰考县陵园路 20 号：占地面积 3000 m^2，建筑面积 231 m^2。其中：办公室面积 126 m^2，实验室面积 205 m^2）	所长：王信起 副所长：黄令彬、张献民	编制 16 人， 在职 18 人， 聘用 2 人； 25 台（件）， 1.384 万元
1992 年 11 月	兰考县技术监督局 （正科级） 地址：兰考县建设路中段 （计量股）	局长、局党组书记：李国振 副局长：* 胡兴国、雷中杰 （股长：张先存）	计量股 4 人	兰考县标准计量管理所 （兰考县陵园路 20 号：占地面积 3000 m^2，建筑面积 231 m^2。其中：办公室面积 126 m^2，实验室面积 205 m^2）	所长：王信起 副所长：黄令彬、张献民	编制 24 人， 在职 26 人， 聘用 2 人； 25 台（件）， 1.384 万元
1993 年	兰考县技术监督局 （正科级） 地址：兰考县建设路中段 （计量股）	局长、局党组书记：李国振 副局长：* 胡兴国、雷中杰 局长助理：绳飞 （股长：张先存）	计量股 4 人	兰考县标准计量管理所 （兰考县陵园路 20 号：占地面积 600 m^2，建筑面积 352 m^2。其中：办公室面积 56 m^2，实验室面积 296 m^2）	所长：王信起 副所长：黄令彬、张献民	编制 24 人， 在职 26 人， 聘用 2 人； 29 台（件）， 6.584 万元
1995 年 3 月	兰考县技术监督局 （正科级） 地址：兰考县陵园路 20 号 （计量股）	局长、局党组书记：王学义 副局长：雷中杰、* 胡兴国 局长助理：绳飞 （副股长：李合领）	计量股 4 人	兰考县标准计量管理所 （兰考县陵园路 20 号：占地面积 600 m^2，建筑面积 352 m^2。其中：办公室面积 56 m^2，实验室面积 296 m^2）	所长：张献民 副所长：黄令彬、马百红	编制 24 人， 在职 28 人， 聘用 4 人； 30 台（件）， 6.974 万元
1996 年 2 月	兰考县技术监督局 （正科级） 地址：兰考县陵园路 20 号 （计量股）	局长、局党组书记：王学义 副局长：胡兴国、* 刘治安 局长助理：绳飞 （副股长：李合领）	计量股 4 人	兰考县标准计量管理所 （兰考县陵园路 20 号：占地面积 600 m^2，建筑面积 352 m^2。其中：办公室面积 56 m^2，实验室面积 296 m^2）	所长：张献民 副所长：马百红、刘长路	编制 24 人， 在职 32 人， 聘用 8 人； 30 台（件）， 6.974 万元
1997 年 9 月	兰考县技术监督局 （正科级） 地址：兰考县陵园路 20 号 （计量股）	局长、局党组书记：王学义 副局长：胡兴国、* 刘治安、绳飞 （股长：李家众）	计量股 4 人	兰考县标准计量管理所 （兰考县陵园路 20 号：占地面积 600 m^2，建筑面积 352 m^2。其中：办公室面积 56 m^2，实验室面积 296 m^2）	所长：张献民 副所长：刘长路、何国胜	编制 32 人， 在职 40 人， 聘用 8 人； 30 台（件）， 6.974 万元

续表

类别 时间	行政部门名称 （下属部门名称）	主要领导人 （下属部门负责人）	计量行政人员	直属机构名称 （地址、面积）	主要领导人	人员、设备资产
1998 年 7 月	兰考县技术监督局（正科级） 地址：兰考县陵园路 20 号 （计量股）	局长：何成 局党组书记：袁东亮 副局长：胡兴国、* 刘治安、绳飞 （股长：李家众）	计量股 4 人	兰考县标准计量管理所 （兰考县陵园路 20 号：占地面积 600 m^2，建筑面积 352 m^2。其中：办公室面积 56 m^2，实验室面积 296 m^2）	所长：张献民 副所长：刘长路、何国胜	编制 32 人，在职 40 人，聘用 8 人；30 台（件），6.974 万元
1999 年 5 月	兰考县技术监督局（正科级） 地址：兰考县陵园路 20 号 （计量股）	局长、局党组书记：何成 副局长：蔡继国、胡兴国、* 刘治安、绳飞 （股长：李家众）	计量股 4 人	兰考县标准计量管理所 （兰考县陵园路 20 号：占地面积 600 m^2，建筑面积 352 m^2。其中：办公室面积 56 m^2，实验室面积 296 m^2）	所长：张献民 副所长：刘长路、王长军	编制 32 人，在职 40 人，聘用 8 人；30 台（件），6.974 万元
2001 年 4 月	兰考县技术监督局（正科级） 地址：兰考县陵园路 20 号 （计量股）	副局长、局党组副书记：绳飞主持工作 副局长：胡兴国、* 刘治安 （股长：李家众）	计量股 4 人	兰考县标准计量管理所 （兰考县陵园路 20 号：占地面积 600 m^2，建筑面积 352 m^2。其中：办公室面积 56 m^2，实验室面积 296 m^2）	所长：张献民 副所长：刘长路、王长军	编制 32 人，在职 40 人，聘用 8 人；30 台（件），6.974 万元
2001 年 8 月	兰考县质量技术监督局（正科级） 地址：兰考县陵园路 20 号 （计量股）	局长：局党组书记：陈德生 副局长：* 刘治安、王学政 纪检组长：胡兴国 （股长：代祯）	计量股 2 人	兰考县质量技术监督检验测试中心（以下简称兰考县检测中心） （兰考县陵园路 20 号：占地面积 600 m^2，建筑面积 352 m^2。其中：办公室面积 56 m^2，实验室面积 296 m^2）	中心主任：厉书政 副主任：* 王勇、李根成、刘长路	编制 55 人，在职 45 人，聘用 20 人；30 台（件），6.974 万元
2004 年 5 月	兰考县技术监督局 （正科级） 地址：兰考县陵园路 20 号 （计量股）	局长、局党组书记：绳飞 副局长：* 李家众 副局长：张立志 纪检组长：李现玲 （股长：代祯）	计量股 2 人	兰考县检测中心 （兰考县陵园路 20 号：占地面积 600 m^2，建筑面积 352 m^2。其中：办公室面积 56 m^2，实验室面积 296 m^2）	中心主任：张三群 副主任：* 王勇、李根成、陈凤国	编制 55 人，在职 55 人；30 台（件），6.974 万元
2005 年 9 月	兰考县技术监督局 （正科级） 地址：兰考县陵园路 20 号 （计量股）	局长、局党组书记：绳飞 副局长：* 李家众 副局长：张立志 纪检组长：李现玲 （股长：何国胜）	计量股 2 人	兰考县检测中心 （兰考县陵园路 20 号：占地面积 600 m^2，建筑面积 352 m^2。其中：办公室面积 56 m^2，实验室面积 296 m^2）	中心主任：张三群 副主任：* 王勇、李根成、陈凤国	编制 55 人，在职 55 人；30 台（件），6.974 万元

续表

类别 时间	行政部门名称 （下属部门名称）	主要领导人 （下属部门负责人）	计量行政人员	直属机构名称 （地址、面积）	主要领导人	人员、设备资产
2008 年 8 月	兰考县质量技术监督局 （正科级） 地址：兰考县陵园路 20 号 （计量股）	局长：局党组书记：绳飞 副局长：* 李家众 副局长：李现玲 纪检组长：张三群 （股长：何国胜）	计量股 2 人	兰考县检测中心 （兰考县陵园路 20 号：占地面积 600 m^2，建筑面积 352 m^2。其中：办公室面积 56 m^2，实验室面积 296 m^2）	中心主任：王勇 副主任：李根成、* 孙继伟、吕金坪	编制 55 人，在职 58 人，聘用 3 人；31 台（件），7.394 万元
2013 年 9 月	兰考县质量技术监督局 （正科级） 地址：兰考县陵园路 20 号 （计量股）	局长、局党组书记：绳飞 副局长：李现玲 副局长：李广 纪检组长：* 马百红 （股长：何国胜）	计量股 2 人	兰考县检测中心 （兰考县陵园路 20 号：占地面积 600 m^2，建筑面积 352 m^2。其中：办公室面积 56 m^2，实验室面积 296 m^2）	中心主任：王勇 副主任：李根成、* 孙继伟、吕金坪	编制 55 人，在职 57 人，聘用 2 人；51 台（件），45.2805 万元
2014 年 8 月	兰考县质量技术监督局 （正科级） 地址：兰考县陵园路 20 号 （计量股）	局长、局党组书记：绳飞 副局长：李现玲 副局长：李广 纪检组长：* 马百红 （股长：何国胜）	计量股 2 人	兰考县检测中心 （兰考县陵园路 20 号：占地面积 600 m^2，建筑面积 352 m^2。其中：办公室面积 56 m^2，实验室面积 296 m^2）	中心主任：王勇 副主任：李根成、* 孙继伟、吕金坪	编制 55 人，在职 57 人，聘用 2 人；51 台（件），45.2805 万元

说明：

1. 分管兰考县技术监督局、质量技术监督局内设计量业务管理部门和计量技术机构的局领导姓名的左边加“*”号；分管兰考县质量技术监督检验测试中心计量工作的县中心的主任或副主任的姓名左边加“*”号。

2. 建筑面积主要包含办公室面积、实验室面积，不包含住宅面积。

3. 设备台（件）数仅包含计量标准器具和辅助计量仪器设备。

4. 设备资产（万元）指计量标准器具和辅助计量仪器设备的原值。

第三节　汝州市计量大事记

编撰工作组　**组　长**　李振国
副组长　张灵霞
成　员　武红芳　孙玉珍　王爱庆
编撰工作办公室　**主　任**　孙玉珍
副主任　郭树利
成　员　张蕊蕊　吴园园

1949 年　**6 月**　29 日，临汝县人民民主政府改为临汝县人民政府，隶属许昌专署。

1954 年　**10 月**　临汝县改属洛阳专署。

1959 年　**是年**　县计量工作归县科委管理。全县使用 10 两秤，把原定衡器 16 两为 1 市斤改为 10 两为 1 市斤。

1977 年　**是年**　县医疗行业用的“斤、两”改以“克”为计量单位。

1979 年　**是年**　县科委会下设县标准计量所（以下简称县所）。

1980 年　**是年**　县电业局成立校表室，建立电度表、互感器标准，溯源于省电力工业局。

1984 年　**7 月**　县科委改为县科技局。

1985 年　**11 月**　县科技局恢复为县科委。
是年　县科技局、工商局、粮食局、商业局、供销社、轻工局联合印发《关于杆秤竹木直尺计量单位改制实施意见（试行）的通知》。

1986 年　**2 月**　18 日，临汝县改为隶属平顶山市。
是年　县所划归县经委管理。全县完成公斤秤和竹木直尺改为法定计量单位的工作。

1988 年　**8 月**　1 日，省政府决定：撤销临汝县，设立汝州市（县级），由省直辖，实行计划单列，委托平顶山市代管。

1989 年　**10 月**　8 日，经汝州市政府批准，成立汝州市技术监督局（以下简称市局），隶属市政府。市局的前身是汝州市标准计量所（以下简称市所），隶属市经济委员会。

1990 年　**11 月**　市所更名为汝州市计量测试所（以下简称市所）。
是年　拍摄“技术监督在汝州”电视专题。

1991 年　**1 月**　市木杆秤管理所组建，前身是市轻工局油漆衡器社。

是年 市所检定台秤、杆秤、天平、地秤、血压计（表）、压力（计）表等共1486台件。

1992年 **3月** 对木杆秤制造销售企业登记。

1993年 **是年** 市局在加油站开展“质量计量信得过”活动。

1995年 **11月** 市局开展庆祝《计量法》颁布十周年宣传活动。

1996年 **7月** 23日，市局要求限制使用杆秤。

1997年 **是年** 市所建立电能表、B超、心脑电图机等计量标准。市局开展企业计量合格确认。

1999年 **12月** 16日，市局隶属平顶山市质量技术监督局。

2000年 **4月** 市局更名为汝州市质量技术监督局（以下简称市局）。

2002年 **是年** 市所和市产品质量检验所合并为汝州市质量技术监督检验测试中心（以下简称市中心），事业编制42名。

2003年 **是年** 计量合格确认企业1家。

2004年 **是年** 市局及其直属机构搬迁至汝州市朝阳中路106号。

2005年 **9月** 29日，平顶山市局授予天瑞集团铸造有限公司“计量工作先进单位”称号。
是年 获平顶山市局颁发的“计量合格确认证书”企业2家。

2006年 **是年** 获平顶山市局颁发的“计量合格确认证书”企业1家。

2007年 **是年** 1家企业获“A级计量合格确认证书”。

2008年 **是年** 市局开展了商业服务业诚信计量工作和“关注民生、计量惠民”专项活动。

2009年 **是年** 市局开展计量服务进社区活动。市中心建立了单、三相电能表检定装置计量标准。市局推行“光明工程”活动。

2010年 **是年** 创建省级诚信计量示范单位1个；培育商业服务业诚信计量单位2个。

2011年 **是年** 市局开展了煤矿等部分行业在用计量器具专项监督检查。

2012年 **9月** 对眼镜店等进行了监督检查。

2013年 **是年** 市中心建立了E2等级克组砝码标准器组、F2等级公斤组砝码标准装置、环境试验设备温度标准装置。

2014 年

1 月 1 日，汝州市实行由省直管。

10 月 11 日，市局对全市 3 家加气站的 8 台加气机开展计量监督检查。

是年 市中心建立的社会公用计量标准累计 10 项，检定员 30 人，检定计量器具 4170 台（件）。市中心对医疗卫生机构的 1348 台（件）在用计量器具进行了普查建档和信息录入，并上传至河南省计量监管平台。市中心购置了医用数字摄影（CR、DR）系统 X 射线辐射源检定装置标准、婴儿培养箱检定装置、酸度计检定仪，累计 38.472 万元。对家用电子计价秤、家用血压计和集贸市场电子计价秤开展免费检定活动。

表9-3-1　汝州市计量行政部门、直属机构沿革一览表

类别 时间	行政部门名称 （下属部门名称）	主要领导人 （下属部门负责人）	计量行政人员	直属机构名称 （地址、面积）	主要领导人	人员、 设备资产
1959 年	临汝县科学技术委员会 地址：临汝县县前街					
1979 年	临汝县科学技术委员会 地址：汝州市丹阳中路 268 号			临汝县标准计量管理所 （临汝县政府四楼）	所长：王成林	编制 9 人， 在职 2 人
1986 年	临汝县经济委员会 地址：汝州市丹阳中路 65 号	主任：董跃臣		临汝县标准计量管理所 （临汝县政府四楼）	所长：吴效峰	编制 11 人， 在职 11 人
1989 年 9 月	汝州市经济委员会 地址：汝州市丹阳中路 65 号	主任：常镇		汝州市标准计量管理所 （临汝县政府四楼）	所长：吴效峰	编制 16 人， 在职 16 人； 4 台（件），5 万元
1989 年 10 月	汝州市技术监督局（正科级） 地址：汝州市丹阳中路 65 号 （计量科）	局长：李天立 （科长：邱国强）	计量科 4 人	汝州市标准计量测试所 （汝州市丹阳中路 65 号；建筑面积 150 m^2，其中办公面积 100 m^2，实验室面积 50 m^2）	所长：吴效峰 副所长：高爱环	编制 4 人， 在职 4 人； 6 台（件），5 万元
1992 年 4 月	汝州市技术监督局（正科级） 地址: 汝州市丹阳中路 65 号（业务科）	局长：赵武现 副局长：陈新泰 （科长：柴新峰）	业务科 4 人	汝州市计量测试所 （汝州市丹阳中路 65 号；建筑面积 150 m^2，其中办公面积 100 m^2，实验室面积 50 m^2）	所长：吴效峰 副所长：张闯	编制 6 人， 在职 8 人； 6 台（件），5 万元
1996 年 6 月	汝州市技术监督局（正科级） 地址：汝州市丹阳中路服务楼 （标准计量科）	局长：李立 党组书记：杨铁栓 副局长：王其昌、宁素兰 纪检组长：* 郭东风 （科长：吴效峰）	标准 计量科 6 人	汝州市计量测试所 （汝州市丹阳中路 65 号；建筑面积 150 m^2，其中办公面积 100 m^2，实验室面积 50 m^2）	所长：袁世跃	编制 11 人， 在职 11 人； 8 台（件），5.044 万元
1997 年 9 月	汝州市技术监督局（正科级） 地址：汝州市丹阳中路服务楼 （标准计量科）	局长：马素卿 党组书记：陈东山 副局长：* 孔本重、王其昌 （科长：吴效峰）	标准 计量科 6 人	汝州市计量测试所 （汝州市丹阳中路 65 号；建筑面积 150 m^2，其中办公面积 100 m^2，实验室面积 50 m^2）	所长：杨胜贤 副所长：毛新华	编制 13 人， 在职 13 人； 9 台（件），5.674 万元
1998 年 10 月	汝州市技术监督局（正科级） 地址：汝州市丹阳中路 107 号 （标准计量科）	局长、党组书记：陈创有 纪检组长、党副组书记：王次会 副局长：樊新智、* 孔本重 （科长：吴效峰）	标准 计量科 6 人	汝州市计量测试所 （汝州市丹阳中路 65 号；建筑面积 150 m^2，其中办公面积 100 m^2，实验室面积 50 m^2）	所长：毛新华 副所长：王军伟	编制 15 人， 在职 15 人； 9 台（件）， 5.674 万元

续表

类别 时间	行政部门名称 （下属部门名称）	主要领导人 （下属部门负责人）	计量行政人员	直属机构名称 （地址、面积）	主要领导人	人员、设备资产
2000 年 4 月	汝州市质量技术监督局（正科级） 地址：汝州市丹阳中路 107 号 （标准计量科）	局长、党组书记：樊新智 副局长：孔本重、* 邱国强 纪检组长：张素咏 （科长：李良斌，副科长：孙玉珍）	标准计量科 6 人	汝州市计量测试所 （汝州市丹阳中路 65 号；建筑面积 150 m^2，其中办公面积 100 m^2，实验室面积 50 m^2）	所长：毛新华	编制 15 人， 在职 15 人； 9 台（件）， 5.674 万元
2002 年 5 月	汝州市质量技术监督局 （正科级） 地址：汝州市丹阳中路 107 号 （标准计量科）	局长、党组书记：樊新智 副局长：柴现和、孔本重、邱国强、* 吴效峰 纪检组长：台兴伟 （副科长：孙玉珍）	标准计量科 4 人	汝州市质量技术监督检验测试中心 （以下简称汝州市检测中心） （汝州市丹阳中路 65 号；建筑面积 150 m^2，其中办公面积 100 m^2，实验室面积 50 m^2）	主任：陈志伟 副主任：* 毛新华、闫西国	编制 42 人， 在职 15 人； 9 台（件），5.674 万元
2007 年 8 月	汝州市质量技术监督局 （正科级） 地址：汝州市朝阳中路 106 号 （标准计量科）	局长、党组书记：王祎民 副局长：刘建功、吴效峰、* 柴现和 纪检组长：王新宇 （科长：孙玉珍）	标准计量科 2 人	汝州市检测中心 （汝州市朝阳中路 106 号；占地面积 5000 m^2，建筑面积 700 m^2，其中办公面积 300 m^2，实验室面积 400 m^2）	主任：陈志伟 副主任：* 毛新华、闫西国	编制 42 人， 在职 16 人； 10 台（件），5.724 万元
2009 年 5 月	汝州市质量技术监督局 （正科级） 地址：汝州市朝阳中路 106 号 （标准计量科）	局长、党组书记：王祎民 副局长：吴效峰、* 李良斌、* 陈志伟 纪检组长：张志奇 （科长：孙玉珍）	标准计量科 2 人	汝州市检测中心 （汝州市朝阳中路 106 号；占地面积 5000 m^2，建筑面积 700 m^2，其中办公面积 300 m^2，实验室面积 400 m^2）	主任：王益红 副主任：武红芳、闫西国、 * 毛新华、李金星	编制 42 人， 在职 18 人； 17 台（件）， 28.483 万元
2011 年 5 月	汝州市质量技术监督局 （正科级） 地址：汝州市朝阳中路 106 号 （综合科）	局长、党组书记：王岳锋 副局长：吴效峰、* 陈志伟、张志奇 纪检组长：* 王益宏 （科长：孙玉珍）	综合科 3 人	汝州市检测中心 （汝州市朝阳中路 106 号；占地面积 5000 m^2，建筑面积 700 m^2，其中办公面积 300 m^2，实验室面积 400 m^2）	主任：无 副主任：武红芳、闫西国、 * 毛新华、李金星	编制 42 人， 在职 21 人； 17 台（件）， 28.48 万元
2014 年 3 月	汝州市质量技术监督局（正科级） 地址：汝州市朝阳中路 106 号 （标准计量科）	局长、党组书记：樊新智 副局长：* 吴效峰、陈志伟、* 张志奇 纪检组长：王益宏 （科长：孙玉珍）	标准计量科 2 人	汝州市检测中心 （地址：汝州市朝阳中路 106 号；占地面积 5000 m^2，建筑面积 700 m^2，其中办公面积 300 m^2，实验室面积 400 m^2）	主任：武红芳 副主任：闫西国、 * 毛新华、李金星	编制 41 人， 在职 27 人； 24 台（件），73.4 万元

说明：

1. 分管汝州市技术监督局、质量技术监督局内设计量业务管理部门和计量技术机构的局领导姓名的左边加“*”号；分管汝州市质量技术监督检验测试中心计量工作的市中心的主任或副主任的姓名左边加“*”号。

2. 建筑面积主要包含办公室面积、实验室面积，不包含住宅面积。

3. 设备台（件）数仅包含计量标准器具和辅助计量仪器设备。

4. 设备资产（万元）指计量标准器具和辅助计量仪器设备的原值。

第四节　滑县计量大事记

总　编　刘建璞　董跃文
副总编　禹英林　江红立　董　辉　卢才普
主　编　卢才普
副主编　李文博　常长利　张广亮　闫光远　马瑞红
编　辑　李文博　常长利
校　对　马瑞红　闫光远　张广亮

1959 年　**是年**　成立滑县商业局计量检定管理所（以下简称县所），隶属县商业局。

1975 年　**是年**　更名为滑县计量行政管理所（以下简称县所），由商业局划归县计委。

1978 年　**是年**　县所由县计委划归县科委。

1986 年　**是年**　县所由县科委划归县经委。

1988 年　**10 月**　县所建立压力表检定装置。

1990 年　**8 月**　13 日，县编委发文，成立县技术监督局（以下简称县局），县政府直属，正科级，内设标准计量股。

1991 年　**11 月**　28 日，县所更名为县计量检测所（以下简称县所）和县产品质量监督检验所，隶属县局。

1992 年　**7 月**　10 日，滑县编委核定县所事业编制 20 名，经费自收自支。

1993 年　**10 月**　23 日，县所建立加油机检定装置。

1994 年　**是年**　县所通过法定计量检定机构考核。

1995 年　**是年**　县所建立血压计、二等克组砝码、衡器、三等公斤组砝码计量标准装置。

1997 年　**1 月**　赵继朝任县所所长。

1999 年　**12 月**　县所建立三相电能表检定装置。

2001 年　**是年**　技术监督系统实行省以下垂直管理，更名为滑县质量技术监督检验测试中心（以下简称县中心）。县中心投资 70 万元购一处办公院，由政府院搬至县公路段胡同，土地面积 1666 m^2，建筑面积 410 m^2。

2004 年

9 月　县所建立环境温度校准装置。

10 月　县所建立医用超声源、医用诊断 X 射线辐射源检定装置。

2009 年

是年　省质监局局长高德领等到县中心视察、调研。

2010 年

3 月　22 日，卢才普任县中心主任。

4 月　郭凤娟在 2009 年第五届全省机关事业单位技术工人技能加油机竞赛中获一等奖，同时获得省总工会颁发的河南省“五一”劳动奖章。

2012 年

10 月　12 日，县人大常委会主任徐永战和副主任张佩防、李翠平、王敏，副县长刘宏民等 30 多人检查县中心的工作。

是年　省人民政府参事、省局原巡视员肖继业在副县长刘宏民陪同下到县中心检查指导工作。县中心搬入新址，占地面积 10 亩，建筑面积 3200 m^2。

2013 年

5 月　25 日，省局检查组对县中心进行技术机构达标验收。

10 月　10 日，省局副局长刘永春等在副县长刘宏民陪同下到县中心检查指导工作。

12 月　31 日，县中心常长利、杨朝红、孟艳芳获二级计量师注册。

2014 年

1 月　1 日，滑县成为河南省省直管县，由河南省政府全面管辖。

3 月　13 日，卢才普任县中心主任。

4 月　县中心被省工信厅授予河南省中小企业公共服务平台称号。

11 月　20 日，县中心获法定计量检定机构计量授权：计量检定项目 14 项、检测项目 2 项。

是年　县中心 26 万元购置检衡车，5 万余元更换加油机标准器，计量业务受理实现了网络化办公。省局同意县中心筹建心脑电图机、膜式燃气表、环境试验设备温度湿度校准装置和 0.05 级三相电能表检定装置。

表 9–4–1　滑县计量行政部门、直属机构沿革一览表

类别 时间	行政部门名称 （下属部门名称）	主要领导人 （下属部门负责人）	计量行政人员	直属机构名称 （地址、面积）	主要领导人	人员 设备资产
1976 年	滑县计委 地址：滑县人民政府院内			滑县计量行政管理所 （滑县人民政府院内；占地面积 660 m^2）	所长：席运 副所长：赵增朝、郭国照	在职 12 人，
1980 年	滑县科委 地址：滑县人民政府院内			滑县计量行政管理所 （滑县人民政府院内；占地面积 660 m^2）	所长：李东旺 副所长：＊马士刚	在职 15 人； 10 台（件）， 31.2 万元
1985 年	滑县经委（正科级） 地址：滑县人民政府院内 （计量办公室）			滑县计量行政管理所 （滑县人民政府院内；占地面积 660 m^2）	副所长：＊马士刚、江红喜	在职 17 人； 12 台（件）， 29.2 万元
1990 年	滑县技术监督局（正科级） 地址：滑县人民政府院内 （计量股）	局党组书记、局长：张子绍 副局长：＊赵友君、王庆丰 （股长：王自喜）	1 人	滑县计量行政管理所 （滑县人民政府院内；占地面积 660 m^2）	所长：郭海龙 副所长：＊马士刚、江红喜	在职 18 人； 17 台（件）， 30.2 万元
1991 年	滑县技术监督局（正科级） 地址：滑县人民政府院内 （计量股）	局党组书记、局长：张子绍 副局长：＊赵友君、王庆丰 （股长：王自喜）	1 人	滑县计量行政管理所 （滑县人民政府院内；占地面积 990 m^2）	所长：郭海龙 副所长：＊马士刚、江红喜	在职 21 人； 18 台（件）， 33.4 万元
1992 年	滑县技术监督局（正科级） 地址：滑县人民政府院内 （计量股）	局党组书记、局长：张子绍 副局长：＊赵友君、王庆丰 （股长：王自喜）	1 人	滑县计量行政管理所 （滑县人民政府院内；占地面积 660 m^2）	所长：赵友君（兼） 副所长：＊马士刚、江红喜	在职 21 人， 临时 6 人； 19 台（件）， 33.8 万元
1995 年	滑县技术监督局 地址：滑县人民路北段 （计量股）	局党组书记、局长：郑其飞 副局长：＊赵友君、王庆丰 （股长：王自喜）	1 人	滑县计量行政管理所 （滑县人民政府院内；占地面积 660 m^2）	所长：赵继朝 副所长：＊马士刚、张红宾	在职 21 人， 临时 11 人： 19 台（件）， 33.8 万元
1996 年	滑县技术监督局 地址：滑县人民路北段 （计量股）	局党组书记、局长：郑其飞 副局长：＊赵友君、郭海龙、组明社 （股长：王自喜）	1 人	滑县计量行政管理所 （滑县人民政府院内；占地面积 660 m^2）	所长：赵继朝 副所长：＊马士刚、张红宾	19 台（件）， 33.8 万元
2001 年	滑县技术监督局 地址：滑县人民路北段 （计量股）	局党组书记、局长：郑其飞 副局长：＊郭海龙、刘艳军 （股长：王自喜）	1 人	滑县计量行政管理所 （滑县人民政府院内；占地面积 660 m^2）	主任：赵继朝 副主任：＊马士刚、张红宾	编制 43 人； 22 台（件）， 40.8 万元

续表

时间 \ 类别	行政部门名称（下属部门名称）	主要领导人（下属部门负责人）	计量行政人员	直属机构名称（地址、面积）	主要领导人	人员设备资产
2002 年	滑县技术监督局 地址：滑县人民路北段 （计量股）	局党组书记、局长：郭海龙 副局长：俎明社、禹英林、* 刘建璞 （股长：王自喜）	1 人	滑县质量技术监督检验测试中心 （以下简称滑县检测中心） （滑县公路段胡同；占地面积 1500 m^2，实验室面积 900 m^2）	主任：赵继朝 副主任：* 马士刚、张红宾	22 台（件），40.8 万元
2003 年	滑县质量技术监督局 地址：滑县人民路北段 （计量股）	局党组书记、局长：郭海龙 副局长：俎明社、禹英林、* 刘建璞 （股长：王自喜）	1 人	滑县检测中心 （滑县公路段胡同；占地面积 1500 m^2，实验室面积 900 m^2）	主任：赵继朝 副主任：* 马士刚、张红宾、卢才普	24 台（件），41.7 万元
2005 年	滑县质量技术监督局 地址：滑县人民路北段 （计量股）	局党组书记、局长：郭海龙 副局长：俎明社、禹英林、* 刘建璞 （股长：王自喜）	1 人	滑县检测中心 （滑县公路段胡同；占地面积 1500 m^2，实验室面积 900 m^2）	主任：赵继朝 副主任：* 卢才普	29 台（件），46.7 万元
2006 年	滑县质量技术监督局 （计量股）	局党组书记、局长：郭海龙 副局长：俎明社、禹英林、* 刘建璞 （股长：王自喜）	1 人	滑县检测中心 （滑县公路段胡同；占地面积 1500 m^2，实验室面积 900 m^2）	主任：赵继朝 副主任：* 卢才普	29 台（件），46.7 万元
2007 年	滑县质量技术监督局 地址：滑县人民路北段 （计量股）	局党组书记、局长：郭海龙 副局长：* 刘建璞、禹英林、俎明社 纪检组长：江红立 （股长：王自喜）	1 人	滑县检测中心 （滑县公路段胡同；占地面积 1500 m^2，实验室面积 900 m^2）	主任：卢才普 副主任：* 徐守忠	32 台（件），64.2 万元
2008 年	滑县质量技术监督局 地址：滑县人民路北段 （计量股）	局党组书记、局长：郭海龙 副局长：* 刘建璞、禹英林、俎明社 纪检组长：江红立 （股长：赵继朝）	1 人	滑县检测中心 （滑县公路段胡同；占地面积 1500 m^2，实验室面积 900 m^2）	主任：卢才普 副主任：* 徐守忠	37 台（件），66 万元
2009 年	滑县质量技术监督局 地址：滑县人民路北段 （计量股）	局党组书记、局长：郭海龙 副局长：* 刘建璞、禹英林、俎明社 纪检组长：江红立 （股长：赵继朝）	1 人	滑县检测中心 （滑县公路段胡同；占地面积 1500 m^2，实验室面积 900 m^2）	主任：卢才普 副主任：* 徐守忠、常长利、宋利杰	41 台（件），79.2 万元
2010 年	滑县质量技术监督局 地址：滑县人民路北段 （计量股）	局党组书记、局长：贾利明 副局长：禹英林、刘建璞、* 俎明社 纪检组长：江红立 （股长：赵继朝）	1 人	滑县检测中心 （滑县公路段胡同；占地面积 1500 m^2，实验室面积 900 m^2）	中心主任：卢才普 副主任：* 常长利、常合印、宋利杰	49 台（件），90.2 万元

续表

类别 时间	行政部门名称 （下属部门名称）	主要领导人 （下属部门负责人）	计量行政人员	直属机构名称 （地址、面积）	主要领导人	人员 设备资产
2011 年	滑县质量技术监督局 地址：滑县人民路北段 （计量股）	局党组书记、局长：贾利明 副局长：禹英林、刘建璞、* 组明社 纪检组长：江红立 （股长：赵继朝）	1 人	滑县检测中心 （滑县公路段胡同；占地面积 1500 m^2，实验室面积 900 m^2）	中心主任：卢才普 副主任：* 常长利、常合印、宋利杰	在职 29 人， 聘用 2 人； 49 台（件）， 90.2 万元
2012 年	滑县质量技术监督局 地址：滑县人民路北段 （计量股）	局党组书记、局长：贾利明 副局长：禹英林、刘建璞、* 组明社 纪检组长：江红立 （股长：赵继朝）	1 人	滑县检测中心 （滑县人民路与长江路交汇处；占地面积 6600 m^2，建筑面积 3200 m^2，其中：办公室面积 800 m^2，实验室面积 2400 m^2）	中心主任：卢才普 副主任：* 常长利、常合印、宋利杰	在职 25 人， 聘用 6 人： 52 台（件）， 91 万元
2013 年	滑县质量技术监督局 地址：滑县人民路北段 （计量股）	局党组书记、局长：贾利明 副局长：禹英林、刘建璞、* 组明社 纪检组长：江红立 （股长：赵继朝）	1 人	滑县检测中心 （滑县人民路与长江路交汇处；占地面积 6600 m^2，建筑面积 3200 m^2，其中：办公室面积 800 m^2，实验室面积 2400 m^2）	党组成员、中心主任：卢才普 副主任：* 常长利、常合印、宋利杰	聘用 16 人： 52 台（件）， 91 万元
2014 年	滑县质量技术监督局 地址：滑县人民路北段 （计量股）	局党组书记：刘建璞 局长：董跃文 副局长：* 禹英林、江红立、 纪检组长：董辉 党组成员：卢才普 （股长：赵继朝）	1 人	滑县检测中心 （滑县人民路与长江路交汇处；占地面积 6600 m^2，建筑面积 3200 m^2，其中：办公室面积 800 m^2，实验室面积 2400 m^2）	党组成员、中心主任：卢才普 副主任：* 常长利、常合印、宋利杰	编制 42 人， 在职 25 人， 聘用 16 人： 61 台（件）， 125 万元

说明：

1. 分管滑县技术监督局、质量技术监督局内设计量业务管理部门和计量技术机构的局领导姓名的左边加“*”号；分管滑县质量技术监督检验测试中心计量工作的县中心的主任或副主任的姓名左边加“*”号。

2. 建筑面积主要包含办公室面积、实验室面积，不包含住宅面积。

3. 设备台（件）数仅包含计量标准器具和辅助计量仪器设备。

4. 设备资产（万元）指计量标准器具和辅助计量仪器设备的原值。

第五节 长垣县计量大事记

编撰领导小组 **组　长** 逯彦胜
副组长 张富谦　王光明　贾鹏军
成　员 张广富　李迎阳　张卫华　陈红梅　杨文明
编 撰 小 组 **组　长** 张卫华
成　员 张广富　李迎阳　陈红梅　杨文明

1959 年
是年 县科学技术委员会组织旧杂制木杆秤改革，将 16 两 1 斤改为 10 两 1 斤。

1962 年
3 月 县计量检定所（以下简称县所）成立，龙成周任所长。
5 月 县所建立衡器社会公用计量标准。

1964 年
3 月 县所建立检定竹木直尺计量标准。

1965 年
4 月 县所对市场及企业计量器具进行检定。

1970 年
2 月 县所更名为长垣县革委会标准计量所（以下简称县所），牛保琛任所长。

1981 年
7 月 县所建立了血压计标准装置。

1982 年
1 月 县所对全县计量器具开展检定。
7 月 县所衡器社会公用计量标准测量范围扩至（0 ~ 1000）kg。

1984 年
6 月 县所更名为县人民政府计量管理所（以下简称县所），张广富任所长。

1986 年
9 月 县所建立玻璃容量计量标准。

1990 年
5 月 县技术监督局（以下简称县局）帮助樊相化工总厂获国家二级计量单位。
是年—1993 年 对 394 家企业单位的 1362 台（件）计量器具进行了注册登记。

1991 年
5 月 县人民政府计量管理所更名为县计量测试所（以下简称县所）。
10 月 县局积极宣传《计量法》。
11 月 全县 15 家企业通过省级计量合格确认。
12 月 县局帮助新乡市中原起重机械总厂等 2 家企业获国家三级计量单位称号。

1992 年
12 月 县局帮助新乡市矿山起重机厂等 3 家企业获国家三级计量单位称号。

1994 年
6 月 县局帮助县 3 家企业计量定级升级换证。
11 月 县局对全县的在用计量器具进行了大检查。

1995年

7月 县局帮助4家企业计量定级升级和复查换证。

1996年

7月 县局帮助4家企业计量定级升级和复查换证。

12月 县所建立加油机检定装置。

1997年

5月 县局开展定量包装商品计量监督。

11月 县技监局、县物价局评选出县级物价计量信得过单位18家。

1998年

6月 县所建立单相电能表检定装置，开展电能表检定。

11月 县技监局与县物价局配合，评出市、县级物价计量信得过单位16家，1999年15家，2001年16家。

1999年

3月 县质量技术监督局（以下简称县局）对13家定量包装企业进行监督检查。

2000年

5月 县计量测试所与县产品质量监督检验所合并，成立县质量技术监督检验测试中心（以下简称县中心），张甫生任县中心主任。

县局组织对11家定量包装企业进行监督检查。

2001年

11月 县局为24家企业办理计量合格确认复审换证。

2002年

8月 县中心建立三相电能表检定装置，开展量值传递。

2003年

1月 贾鹏军任县中心主任。

是年 县中心对游标类、测微类、指示类量具和精密压力表开展计量检定。

2004年

1月 县中心被市局授予"2003年度技术机构先进单位"称号。

7月 县局积极帮助18家企业完善了计量检测体系。

9月 县局开展了定量包装商品净含量监督抽查。

12月 县中心通过法定计量检定机构考核。

2005年

3月 赵洪源、王绍义、杨文明的《燃油加油机在计量检定中应注意的几个问题》在《中国计量》第3期发表。

6月 县局组织开展电表、天然气、水表三表专项整治。

9月 张广富从事计量工作年满三十年以上，国家质检总局向其颁发了荣誉证书。赵洪源、杨文明被新乡市局授予"新乡市计量工作先进个人"称号。

2006年

9月 赵洪源、王绍义、杨文明的《预置加油多出油的原因及排除方法》在《中国计量》第9期发表。

2007年

8月 县局对加油机专项整治。

12月 县局组织对全县强检计量器具进行登记备案。

2008年

6月 县局配合新乡市质监局公平计量站对全县开展了"定量包装商品净含量"专项整治。

2009 年

3 月 县中心购置了交直流指示仪表校验仪。

5 月 县局组织开展“民生计量”工作。县中心被新乡市局授予“新乡市计量工作先进单位”荣誉称号。杨文明被市局授予“新乡市计量工作先进个人”荣誉称号。

6 月 县局组织建立了计量器具检定业务管理系统。

2010 年

6 月 县局组织开展农资计量专项整治。

9 月 县局组织开展汽车衡专项整治。县局积极推进诚信计量、建设和谐城乡行动计划。

2011 年

9 月 县局组织开展煤矿化工等部分行业计量器具专项监督检查。杨文明、赵洪源撰写的《血压表示值误差的测量不确定度评定》在《医学信息》2011 第 9 期发表。

11 月 赵洪源、杨文明撰写的《一般压力表示值误差测量结果的测量不确定度评定》在《中国高新技术企业》2011 第 31 期发表。

2012 年

9 月 县局开展电子计价秤专项整治。购置了一台温湿场环境检测装置。对辖区内 125 台加油机进行监督检查。

10 月 县局开展了农资市场计量监督检查。通过 B 级合格确认 46 家。

是年 赵洪源、王绍义、杨文明撰写的《加油机检定中应推广使用防爆工具》在《中国计量》2012 第 5 期发表。

2013 年

2 月 26 日，杨文明、王胜豪、杨海杰、李凌敏获“国家二级注册计量师资格证书”。

5 月 20 日，县局组织开展“5·20 世界计量日”宣传活动。

6 月 13 日，赵洪源、杨文明获法定计量检定机构省级考评员资格。

◎ 20 日，县中心购置了智能心脑电图心电监护仪检定装置、水平仪示值检定仪、水平仪零位检定器和直角尺检查仪。

9 月 26 日，县中心投资 16.2 万元购置了 1 台高精度经纬仪水准仪检定装置。对电力公司电能中心所检定的电能表按要求进行复核检定。

10 月 县局组织对 26 家企业 26 个批次商品净含量进行监督检查。对金银制品加工和销售领域进行专项计量监督检查。

2014 年

1 月 1 日，长垣县成为河南省直管县，由河南省政府全面管辖。

8 月 13 日，县局开展“计量惠生，诚信促和谐”专项行动；开展民用四表计量专项监督检查。

11 月 县局组织开展压缩天然气加气机专项计量监督检查。

是年 县中心购置了 1 台 20L 二等标准金属量器、1 台三相智能电能表检定装置、智能标准测力仪、电导率检定仪、酸度计检定仪、分光光度计标准物质、燃气表检定装置、三等标准金属线纹尺、数显钢卷尺检定台、计价器车速里程表综合检定装置、医用 CR、DR 辐射源检定装置、压缩天然气（CNG）加气机检定装置、气体压力发生器、0.4 级精密压力表、数显测力仪设备、投影卧式光学计检定装置。

表9-5-1　长垣县计量行政部门、直属机构沿革一览表

类别/时间	行政部门名称（地址、下属部门名称）	主要领导人（下属部门负责人）	计量行政人员	直属机构名称（地址、面积）	主要领导人	人员、设备资产
1962 年 3 月	长垣县工业管理局（正科级） 地址：县城马号街			长垣县计量检定所（县城马号街；占地面积 20 m^2）	所长：龙成周	编制 3 人，在职 3 人；2 台（件），0.1 万元
1970 年 2 月	长垣县科学技术委员会（正科级） 地址：县城马号街			长垣县革命委员会标准计量所（县城马号街；占地面积 40 m^2）	所长：牛保琛	编制 3 人，在职 3 人；2 台（件），0.1 万元
1984 年 6 月	长垣县标准计量办公室（正科级） 地址：县政府院内			长垣县政府计量管理所（县城马号街；占地面积 80 m^2）	所长：张广富 副所长：陈玉洁	编制 3 人，在职 3 人；4 台（件），0.35 万元
1988 年 4 月	长垣县标准计量办公室（正科级） 地址：县政府院内	标准计量办公室主任：于俊华	1 人	长垣县政府计量管理所（县城马号街；占地面积 80 m^2）	所长：张广富 副所长：李迎阳	编制 3 人，在职 3 人；4 台（件），0.5 万元
1990 年 3 月	长垣县技术监督局（正科级） 地址：县政府院内	局长、局党组书记：于俊华 副局长：赵学义、* 李洪学、陈文杰	1 人	长垣县计量测试所（县城马号街；占地面积 80 m^2）	所长：张广富 副所长：李迎阳、李普军	编制 3 人，在职 9 人，聘用 6 人；4 台（件），0.35 万元
1993 年 3 月	长垣县技术监督局 地址：县政府院内 （标准计量股）	局长、局党组书记：马新民 副局长：赵学义、李跃瑞、* 贾顺堂、吕宗宪 （计量标准股长：李顺英）	2 人	长垣县计量测试所（县城马号街；占地面积 80 m^2）	所长：张广富 副所长：李迎阳、李普军、罗勤生、毛国敬	编制 7 人，在职 16 人，聘用 9 人；10 台（件），7.4 万元
1996 年 1 月	长垣县技术监督局 地址：县政府院内 （标准计量股）	局长、局党组书记：马新民 副局长：贾顺堂、陶国然、吕宗宪、于风钦、部景连 纪检组长：* 张富谦 （计量标准股长：李顺英）	2 人	长垣县计量测试所（县城马号街；占地面积 80 m^2）	所长：张广富 副所长：李迎阳、毛国敬	编制 7 人，在职 18 人，聘用 11 人；17 台（件），17.40 万元

续表

类别 时间	行政部门名称 （地址、下属部门名称）	主要领导人 （下属部门负责人）	计量行政人员	直属机构名称 （地址、面积）	主要领导人	人员、 设备资产
1999 年 9 月	长垣县质量技术监督局 地址：县政府院内 （标准计量股）	局长、局党组书记：马新民 副局长：贾顺堂、陶国然、吕宗宪、* 李良彬 纪检组长：张富谦 （计量标准股长：李顺英）	2 人	长垣县计量测试所 （县城马号街；占地面积 80 m^2）	所长：张广富 副所长：李迎阳、毛国敬	编制 7 人， 在职 18 人， 聘用 11 人； 17（台）件， 17.4 万元
2000 年 11 月	长垣县质量技术监督局 地址：县政府院内 （标准计量股）	局长、局党组书记：李国胜 副局长：贾顺堂、陶国然、* 吕宗宪 纪检组长：张富谦 （计量标准股长：李顺英）	2 人	长垣县质量技术监督检验测试中心（以下简称长垣县检测中心） （县宏力大道中段；占地面积 110 m^2）	主任：张甫生 副主任：贾鹏军、* 毛国敬	编制 55 人， 在职 20 人； 28（件）， 27.8 万元
2001 年 12 月	长垣县质量技术监督局 地址：县政府院内 （标准计量股）	局长、局党组书记：李国胜 副局长：贾顺堂、陶国然、* 吕宗宪 纪检组长：张富谦 （计量标准股长：李顺英）	2 人	长垣县检测中心 （县宏力大道中段；占地面积 110 m^2）	主任：张甫生 党支部书记：付宏伟 副主任：贾鹏军、* 毛国敬	编制 55 人， 在职 20 人； 28（件）， 27.8 万元
2003 年 12 月	长垣县质量技术监督局 地址：宏力大道中段 （标准计量股）	局长、局党组书记：李国胜 副局长：* 吕宗宪、逯彦胜 纪检组长：张富谦 （计量标准股长：李顺英）	2 人	长垣县检测中心 （县宏力大道中段；占地面积 110 m^2）	主任：贾鹏军 党支部书记：付宏伟 副主任：毛国敬	编制 55 人， 在职 23 人； 46 台（件）， 36.1 万元
2004 年 4 月	长垣县质量技术监督局 地址：宏力大道中段 （计量股）	局长、局党组书记：李国胜 副局长：逯彦胜、* 张富谦 纪检组长：罗勤生 （计量股长：王东山，计量副股长：张卫华）	2 人	长垣县检测中心 （县宏力大道中段；占地面积 110 m^2）	主任：贾鹏军 党支部书记：翟娟 副主任：毛国敬	编制 55 人， 计量在职 23 人； 64 台（件）， 48.09 万元
2009 年 12 月	长垣县质量技术监督局 地址：宏力大道中段 （计量股）	局长、局党组书记：吴刚 副局长：* 张富谦、罗勤生、王光明 纪检组长：张会峰 （计量股长：张卫华）	2 人	长垣县检测中心 （县宏力大道中段；占地面积 110 m^2）	主任：贾鹏军 党支部书记：翟娟 副主任：毛国敬	编制 55 人， 在职 23 人； 66 台（件）， 551.69 万元
2011 年 1 月	长垣县质量技术监督局 地址：宏力大道中段 （计量股）	局长、局党组书记：韩兵 副局长：* 张富谦、罗勤生、王光明 纪检组长：张会峰 （计量股长：张卫华）	2 人	长垣县检测中心 （县宏力大道中段；占地面积 110 m^2）	主任：贾鹏军 党支部书记：翟娟 副主任：王书才	编制 55 人， 在职 23 人； 70 台（件）， 59.49 万元

续表

类别 时间	行政部门名称 （地址、下属部门名称）	主要领导人 （下属部门负责人）	计量行政人员	直属机构名称 （地址、面积）	主要领导人	人员、设备资产
2013 年 2 月	长垣县质量技术监督局 地址：宏力大道中段 （计量股）	局长、局党组书记：逯彦胜 副局长：＊张富谦、罗勤生、王光明 纪检组长；张会峰 （计量股长：张卫华）	2 人	长垣县检测中心 （县宏力大道中段；占地面积 110 m^2）	主任：贾鹏军 党支部书记：翟娟 总工程师：李普军、＊赵洪源	编制 55 人，在职 30 人；80 台（件），143.42 万元

说明：

1. 分管长垣县技术监督局、质量技术监督局内设计量业务管理部门和计量技术机构的局领导姓名的左边加“*”号；分管长垣县质量技术监督检验测试中心计量工作的县中心的主任或副主任的姓名左边加“*”号。
2. 建筑面积主要包含办公室面积、实验室面积，不包含住宅面积。
3. 设备台（件）数仅包含计量标准器具和辅助计量仪器设备。
4. 设备资产（万元）指计量标准器具和辅助计量仪器设备的原值。

第六节　邓州市计量大事记

编撰工作委员会　**主　任**　李绍锦
副主任　陈迎新　王　峰　董红义　梁向军
成　员　余　军　王志群　唐　伟　王建珍　房红哲　熊占峰
编撰委员会办公室　**主　任**　余　军
成　员　王志群　房红哲　岳风超　唐　伟

1979 年　**7 月**　10 日，成立县标准计量管理所（原邓县计量管理所）（以下简称县所），全面管理全县计量工作。

1985 年　**4 月**　15 日，成立县计量测试站，对全县计量器具开展检定。

1988 年　**8 月**　30 日，撤销县所，成立县政府标准计量办公室。
11 月　17 日，经国务院批准，撤销邓县，设立邓州市（县级）。邓县政府标准计量办公室更名为邓州市政府标准计量办公室。

1991 年　**2 月**　26 日，撤销市政府标准计量办公室，成立邓州市技术监督局（副科级）（以下简称市局），由科委代管，王玉鼎任市局局长。

1992 年　**5 月**　12 日，撤销市计量测试站，成立邓州市技术监督检验测试所（以下简称市所）。

1993 年　**是年**　按上级要求，市局对企业的计量定级升级工作停止。

1994 年　**是年**　王英豪任市局局长。

1995 年　**6 月**　市局对电业局计量所专项授权，对全市的电能表开展检定。

1996 年　**2 月**　25 日，市局升格为正科级单位，内设：综合管理科、法制科、办公室；下设：计量所等。
5 月　15 日，孙天刚任市局局长。
11 月　1 日，市局自筹资金 55 余万元购买政府大门东侧办公楼，搬入新地点办公。

1998 年　**是年**　夏征期间，市局查处了十林粮管所利用计量器具作弊的严重计量违法行为。

1999 年　**11 月**　2 日，市计量学会成立。

2000 年　**8 月**　18 日，市局对市自来水公司水表检定站专项授权，对全市水表开展检定。

2001 年　**1 月**　1 日，市局属南阳市质监局直属机构，更名为邓州市质量技术监督局（以下简称市局）。

4月 6日，市局内设标计科等。

12月 12日，市局将市计量所、市质检所合并，成立邓州市质量技术监督检验测试中心（以下简称市中心），副科级单位。

2002年

1月 16日，王树勤任市局局长、局党组书记。

1月 20日，申建中任市中心主任。

2004年

2月 28日，李绍锦任市中心主任。

2005年

是年 市局下设标计科等。

2007年

是年 市局新建综合办公检测大楼1栋，2008年整体竣工。

2008年

4月 16日，市局迁入新办公大楼（邓州市北京大道北段），办公条件进一步改善。

2009年

1月 16日，梁向军任市中心主任。

2010年

3月 30日，曹德玉任市局局长、局党组书记。

2011年

3月 21日，索景峰任标计科科长。

5月 市中心投资55万元购置大型检衡车1辆，砝码30t。

2013年

8月 28日，王子钊任市局局长、局党组书记。

2014年

1月 1日，邓州市正式成为河南省省直管市，由河南省政府全面管辖。

4月 2日，李绍锦任市局局长、局党组书记。

10月 6日，市中心购砝码20t。

◎ 16日，市局成立计量史编撰工作委员会。

12月 5日，市中心投资30万元购置3辆皮卡工具车，基本满足计量检定需要。

表9-6-1 邓州市计量行政部门、直属机构沿革一览表

类别 时间	行政部门名称 （下属部门名称）	主要领导人 （下属部门负责人）	计量行政人员	直属机构名称 （地址、面积）	主要领导人	人员、 设备资产
1979年7月	邓县科学技术委员会（正科级） 邓县新华中路100号 （计量管理所）	科委主任：宋建友 副主任：温金成、* 马友勤 （所长：王光林）	计量所5人	邓县标准计量管理所 （邓县新华中路100号；办公室面积15 m^2）	所长：王光林	编制5人，聘用3人；6台（件）
1985年4月	邓县科学技术委员会（正科级） 邓县新华中路100号 （计量管理所）	科委主任：宋建友 副主任：* 温金成 （所长：王光林）	计量所5人	邓县标准计量管理所 （邓县新华中路100号；办公室面积15 m^2）	所长：王光林 副所长：邓学忠	编制3人，聘用3人；6台（件）
1988年8月	邓县科学技术委员会（正科级） 地址：邓州市新华中路100号 政府计量办	主任：蒋志堂 副主任：李志杰、杨秀奇、* 王玉鼎、董建生 主任：王光林 副主任：王英豪	计量办7人 聘用5人	邓州市政府计量办公室 （邓州市新华中路100号；办公室面积50 m^2，实验室面积30 m^2）	主任：王光林 副主任：王英豪	编制7人，在职10人，聘用5人；22台（件）
1991年2月	邓州市技术监督局（副科级） 邓州市新华中路100号	局长：王玉鼎 副局长：王光林、* 王英豪	综合科9人 聘用5人	邓州市计量测试所 （邓州市新华中路100号；办公室面积60 m^2）	所长：余军 副所长：李绍锦、辛涯、尹涛	编制9人，在职30人；35台（件）
1992年	邓州市技术监督局（副科级） 邓州市新华中路100号	局长：王英豪 副局长：* 王光林	综合科3人	邓州市计量测试所 （邓州市新华中路100号；办公室面积70 m^2，实验室面积15 m^2）	所长：余军 副所长：李绍锦、辛涯、尹涛	编制17人，在职30人；38台（件）
1996年2月	邓州市质量技术监督局（正科级） 邓州市新华中路100号 （综合科）	局长、局党组书记：孙天刚 副局长：王书勤、王建业、* 苗相云 （科长：王光林）	综合科3人	邓州市计量测试所 （邓州市新华中路100号；办公室面积90 m^2，实验室面积30 m^2）	所长：余军 副所长：李绍锦、辛涯、尹涛	编制64人，聘用3人；65台（件），7万元
2001年1月	邓州市质量技术监督局（正科级） 邓州市新华中路100号 （标准计量科）	局长、局党组书记：孙天刚 副局长：王书勤、鲁旭东、* 陈迎新 纪检组长：张明昌 （计量科长：余军）	标准计量科2人	邓州市质量技术监督局检验测试中心（以下简称邓州市检测中心） （邓州市新华中路100号；办公室面积90 m^2；实验室面积40 m^2）	主任：申建中 副主任：李绍锦、梁宗端、邓国营	编制64人，聘用3人；70台（件），25万元

续表

类别 时间	行政部门名称 （下属部门名称）	主要领导人 （下属部门负责人）	计量行政人员	直属机构名称 （地址、面积）	主要领导人	人员、 设备资产
2002 年	邓州市质量技术监督局（正科级） 邓州市新华中路 100 号 （计量科）	局长、局党组书记：王书勤 副局长：鲁旭东、* 陈迎新 纪检组长：张明昌 （计量科长：余军）	计量科 1 人	邓州市检测中心 （邓州市新华中路 100 号；办公室面积 90 m^2；实验室面积 40 m^2）	主任：申建中 副主任：邓国营、梁宗端	编制 64 人，聘用 3 人；85 台（件），38 万元
2004 年 2 月	邓州市质量技术监督局（正科级） 邓州市新华中路 100 号 （计量科）	局长、局党组书记：王书勤 副局长：鲁旭东、* 陈迎新 纪检组长：张明昌 （科长：余军）	计量科 1 人	邓州市检测中心 （邓州市新华中路 100 号；办公室面积 90 m^2，实验室面积 40 m^2）	中心主任：李绍锦 副主任：邓国营、梁宗端、申建中	编制 64 人，聘用 3 人；85 台（件），38 万元
2009 年 3 月	邓州市质量技术监督局（正科级） 邓州市北京大道北段 （标准计量科）	局长、局党组书记：王书勤 副局长：鲁旭东、* 陈迎新 纪检组长：李绍锦 （科长：余军）	计量科 2 人	邓州市检测中心 （邓州市北京大道北段；办公室面积 320 m^2，实验室面积 300 m^2）	主任：梁向军 副主任：邓国营、梁宗端、申建中、房红哲	编制 64 人，聘用 3 人；125 台（件），120 万元
2010 年 4 月	邓州市质量技术监督局（正科级） 邓州市北京大道北段 （标准计量科）	局长、局党组书记：曹德玉 副局长：鲁旭东、* 陈迎新 纪检组长：李绍锦 （科长：余军）	标准 计量科 1 人	邓州市检测中心 （邓州市北京大道北段；办公室面积 320 m^2，实验室面积 300 m^2）	主任：梁向军 副主任：邓国营、申建中、房红哲	编制 64 人，聘用 3 人；125 台（件），150 万元
2013 年 8 月	邓州市质量技术监督局（正科级） 邓州市北京大道北段 （标准计量科）	局长、局党组书记：王子钊 副局长：* 陈迎新 纪检组长：李绍锦 （科长：余军）	标准计量科 1 人	邓州市检测中心 （邓州市北京大道北段；办公室面积 3m^2，实验室面积 300 m^2）	主任：梁向军 副主任：邓国营、申建中、房红哲、熊占峰	编制 64 人，聘用 3 人；125 台（件），160 万元
2014 年 4 月	邓州市质量技术监督局（正科级） 邓州市北京大道北段 （标准计量科）	局长、局党组书记：李绍锦 副局长：陈迎新、王峰 纪检组长：* 梁向军 （科长：余军）	标准计量科 1 人	邓州市检测中心 （邓州市北京大道北段；办公室面积 320 m^2，实验室面积 300 m^2）	副主任：房红哲 （主持工作） 副主任：申建中、邓国营、熊占峰	编制 64 人，聘用 7 人；135 台（件），210 万元

说明：

1. 分管邓州市技术监督局、质量技术监督局内设计量业务管理部门和计量技术机构的局领导姓名的左边加“*”号；分管邓州市质量技术监督检验测试中心计量工作的市中心的主任或副主任的姓名左边加“*”号。

2. 建筑面积主要包含办公室面积、实验室面积，不包含住宅面积。

3. 设备台（件）数仅包含计量标准器具和辅助计量仪器设备。

4 设备资产（万元）指计量标准器具和辅助计量仪器设备的原值。

第七节 永城市计量大事记

编委会 **主 任** 翟庆新
副主任 欧阳波 黄奇鸿 聂 强 周 鹏
主 编 夏复夏
编 委 孙少杰 郝建设 朱新启 丁 宇 王建华 王 静

1953 年 **是年** 永城县购置 1 台旧发动机，电磁仪表开始使用。

1957 年 **是年** 永城县建小型机械厂，机械用仪表开始使用。

1959 年 **是年** 永城县科委配专人负责计量管理工作。商丘专区计量所配给永城县五等砝码 1 吨、提具检定标准 1 套和检定市尺用的量端器。

1970 年 **是年** 永城电业局设校表室。白布尺（销售土布专用尺，每尺约合 1.5 市尺）被取消。

1976 年 **是年** 成立永城县计量所（以下简称县所），隶属县科学技术委员会，专职计量人员 6 人。

1977 年 **是年** 县所对商业计量器具实行周期检定。县革命委员会成立计量器具普查小组。

1979 年—1986 年 莫如运任县所所长，专职计量人员 16 人，获省局颁发合格证书的 2 人。县所有计量标准：四等千克组标准砝码 1 套，四等砝码 2.5 吨，五千克七级天平 1 架，0.5 级 5A 标准电度表 1 块，电表校验台 1 架。开展了电表检定。

1987 年—1988 年 县所改为县标准计量局（以下简称县局），莫如运任局长。陈思敬任县所所长。开展了卡尺、加油机检定。

1990 年 **7 月** 县局组织对全县计量器具登记造册。
11 月 县标准计量管理所更名为县计量测试所（以下简称县所）。

1991 年 **11 月** 成立永城县技术监督局（以下简称县局），莫如运任局长，内设计量股。县所为县局直属机构。

1992 年 **3 月** 县局对木杆秤制造销售企业登记，规定区域，加强管理。
是年 县局计量科与标准化科合并为标准计量科。

1993 年 **是年** 县局对加油站等开展“质量计量信得过”活动。

1995 年 **11 月** 县局开展庆祝《计量法》颁布十周年宣传活动。

1996年 **10月** 永城撤县设市，由省直辖，商丘市代管。县局、县所改为市局、市所。

1997年 **是年** 市局开展企业计量合格确认工作。

1999年 **是年** 市所建立四等砝码、二等砝码、三用表校验装置计量标准。

2000年 **4月** 市局更名为永城市质量技术监督局（以下简称市局）；市计量测试所和市产品质量检验所合并为永城市质量技术监督检验测试中心（以下简称市中心）。

2003年 **是年** 市局对眼镜制配场所加强计量监督。市中心建标8项。

2004年 **是年** 市局及直属机构整体搬迁至工业路。

2005年 **4月** 13日，市电业公司获商丘市质监局颁发的“计量合格确认证书”。

是年 市局对米面等10多种定量包装商品专项监督抽查，对医疗卫生系统的强检计量器具进行登记备案。

2006年 **是年** 永城市中石化环岛加油站获计量合格确认证书。市中心心脑电图标准检定装置建标。

2007年 **是年** 市中心医用超声源检定装置建标。

2008年 **是年** 市局开展“关注民生、计量惠民”专项活动；开展商业服务业诚信计量工作，有2个加油站获“商业服务业诚信计量合格单位证书”。

2009年 **5月** 20日，市局组织市中心、电业公司、燃气公司、宝视达眼镜店、明视达眼镜店、永煤医院等7个单位在新城一处大型社区开展了服务计量进社区集中宣传活动，对血压计、台秤等免费检定。

是年 市局组织开展“四表”、衡器、出租车计价器、加油机等强检计量器具的登记备案。

2010年 **是年** 全年检测计量器具8446台（件）。

2011年 **是年** 市中心甲烷测定器检定装置建标。8月16日—9月10日，市局开展煤矿等部分行业在用计量器具专项检查。

2012年 **4月** 25日，市局指导永煤集团通过A级计量合格确认。

9月 市局对8个眼镜店等进行了监督检查。

是年 市局对地中衡、容重器、电子计价秤、超限站用汽车衡、加油机、医用计量器具等进行了监督检查。

2013年 **是年** 市中心购置F2等级公斤组砝码标准装置和E2等级克组砝码标准器组装置，2014年9月建标。

2014 年

1 月　1 日，永城市正式成为河南省省直管市，由河南省政府全面管辖。

10 月　市局组织完成了全市 3 家加气站 8 台 12 枪在用加气机的显示计量单位改制。

11 月　市中心建立了医用数字摄影（C R、D R）系统 X 射线辐射源检定装置标准。

11 月　26 日，市局组织完成了 1349 台（件）在用医用计量器具档案信息录入，并上传至河南计量信息网计量器具平台系统。

是年　检测计量器具 18980 台（件）。

表 9-7-1 河南省永城市计量行政部门、直属机构沿革一览表

时间＼类别	行政部门名称（下属部门名称）	主要领导人（下属部门负责人）	计量行政人员	直属机构名称（地址、面积）	主要领导人	人员、设备资产
1977 年 1 月	永城县科委（正科级） 地址：永城市中山街	局长、局党组书记：丁绍禹 副局长：葛春荣 * 郭子龙		永城县计量所 （永城市中县山街；占地面积 1000 m^2，建筑面积 500 m^2，其中：办公室面积 300 m^2）	代所长：张存礼	编制 6 人， 在职 6 人； 5 台（件）， 1 万元
1979 年 1 月	永城县科委（正科级） 地址：永城市中山街	局长、局党组书记：丁绍禹 副局长：葛春荣、* 郭子龙		永城县计量所 （永城市中山街；占地面积 1000 m^2，建筑面积 500 m^2，其中：办公室面积 300 m^2）	所长：莫如运	编制 6 人， 在职 6 人； 5 台（件）， 1 万元
1988 年 1 月	永城市标准计量局（副科级） 地址：永城市中山街	局长、局党组书记：莫如运 副局长：* 丁成贵		永城市计量测试所 （永城市文化路北段；占地面积 1000 m^2，建筑面积 500 m^2，其中：办公室面积 300 m^2，实验室面积 200 m^2）	所长：苗玉林 副所长：陈思敬	编制 30 人， 在职 30 人； 5 台（件）， 3 万元
1989 年 1 月	永城市标准计量局（副科级） 地址：永城市中山街 （标准计量股）	局长、局党组书记：莫如运 副局长：* 丁成贵、陈连瑞 （股长：朱新启）	标准 计量股 2 人	永城市计量测试所 （永城市中山街；占地面积 1000 m^2，建筑面积 500 m^2，其中：办公室面积 300 m^2，实验室面积 200 m^2）	所长：苗玉林 副所长；陈思敬	编制 40 人， 在职 40 人； 10 台（件）， 5 万元
1996 年 1 月	永城市质量技术监督局（副科级） 地址：永城市中山街 （标准计量股）	局长、局党组书记：丁桂林 副局长：* 李春朗、朱玉 （股长：朱新启）	标准 计量股 2 人	永城市计量测试所 （永城市文化路北段；占地面积 1000 m^2，建筑面积 500 m^2，其中：办公室面积 300 m^2，实验室面积 200 m^2）	中心主任：苗玉林 中心副主任：郝建设、高德福	在职 78 人； 15 台（件）， 6 万元
1997 年 6 月	永城市质量技术监督局（正科级） 地址：永城市中山街 （标准计量科）	局长、局党组书记：丁桂林 副局长：* 李春朗、朱玉、谢立新 （科长：许兴华）	标准 计量科 2 人	永城市计量测试所 （永城市文化路北段；占地面积 1000 m^2，建筑面积 500 m^2，其中：办公室面积 300 m^2，实验室面积 200 m^2）	所长：高德福 副所长：陈思敬	在职 90 人； 20 台（件）， 15 万元
2000 年 6 月	永城市质量技术监督局（正科级） 地址：永城市中山街 （标准计量科）	局长、局党组书记：张体成 副局长：* 李春朗、丁桂林 （科长：许兴华）	标准 计量科 2 人	永城市计量测试所 （永城市文化路北段；占地面积 1000 m^2，建筑面积 500 m^2，其中：办公室面积 300 m^2，实验室面积 200 m^2）	中心主任：高德福 中心副主任：郝建设、刘如意	编制 36 人， 在职 60 人； 25 台（件）， 18 万元

续表

类别 时间	行政部门名称 （下属部门名称）	主要领导人 （下属部门负责人）	计量行政人员	直属机构名称（地址、面积）	主要领导人	人员、设备资产
2002 年 7 月	永城市质量技术监督局 （正科级） 地址：永城市工业路 （标准计量科）	局长、局党组书记：孙立超 副局长：黄奇鸿、丁桂林 纪检组长：* 欧阳波 （科长：孙少杰）	标准 计量科 2 人	永城市质量技术监督检验测试中心（以下简称永城市检测中心） （永城市文化路北段；占地面积 4000 m^2，建筑面积 3000 m^2，其中：办公室面积 1300 m^2，实验室面积 1400 m^2）	中心主任：高森 中心副主任：郝建设、刘如意	编制 36 人，在职 60 人；25 台（件），20 万元
2005 年 8 月	永城市质量技术监督局 （正科级） 地址：永城市工业路 （标准计量科）	局长、局党组书记：翟庆新 副局长：黄奇鸿、欧阳波 纪检组长：* 高德福 （科长：丁宇）	标准 计量科 2 人	永城市检测中心 （永城市文化路北段；占地面积 4000 m^2，建筑面积 3000 m^2，其中：办公室面积 400 m^2，实验室面积 1200 m^2）	中心主任：孙少杰 中心副主任：郝建设中心副主任：王永峰	编制 36 人，在职 60 人；25 台（件），20 万元
2014 年 1 月	永城市质量技术监督局 （正科级） 地址：永城市文化路北段 （计量科）	局长、局党组书记：翟庆新 副局长：* 欧阳坡、黄奇鸿、聂强 （科长：夏复夏）	计量科 2 人	永城市检测中心 （永城市文化路北段；占地面积 9000 m^2，建筑面积 8000 m^2，其中：办公室面积 1200 m^2，实验室面积 1100 m^2）	中心主任：孙少杰 中心副主任：郝建设 中心副主任：王永峰	编制 36 人，在职 60 人；56 台（件），45.66 万元

说明：

1. 分管永城市技术监督局、质量技术监督局内设计量业务管理部门和计量技术机构的局领导姓名的左边加“*”号；分管永城市质量技术监督检验测试中心计量工作的市中心的主任或副主任的姓名左边加“*”号。

2. 建筑面积主要包含办公室面积、实验室面积，不包含住宅面积。

3. 设备台（件）数仅包含计量标准器具和辅助计量仪器设备。

4. 设备资产（万元）指计量标准器具和辅助计量仪器设备的原值。

第八节　固始县计量大事记

编撰办公室　**主　任**　朱岩宏
副主任　翁玉海
成　员　苏建军

1949 年　**6 月**　11 日，县爱国民主政府改称固始县人民政府，设立工商科。计量器具的使用由市场行户自行掌握，计量状况混乱。

1954 年　**是年**　县政府颁发《关于对杆秤、直尺检定的通告》，规定集市贸易使用的杆秤、直尺，要经过检定合格，加盖火印。

1955 年　**是年**　撤销县工商科，建立县商业科。

1956 年　**是年**　县商业科改为县商业局。

1957 年　**是年**　计量改革，县人委颁发《关于杆秤、戥秤改制的通告》，将杆秤 1 市斤 16 两制改为 10 两制，允许医用戥秤保留 16 两制。县科委制发《关于杆秤、戥秤改制的实施细则》。

◎　县编委批准，成立固始县计量检定所（以下简称县所），隶属县商业局。

1958 年　**是年**　县所更名为县计量管理所（以下简称县所）。

1959 年　**是年**　县人委发布《固始县衡器管理条令》。

1964 年　**是年**　县人委发出《关于加强度量衡器管理的通知》。

1968 年　**是年**　县财税市场管理站负责管理计量工作，制定《衡器检定标准》，并从安徽六安地区购 22 根标准秤、尺，下发到各公社、镇财税所。

1970 年—1979 年　县办企业大都有计量器具管理制度。

1982 年　**是年**　全县杆秤实行定量铊，取消单刀、麻毫、水银星、毛铊等杂秤。

1984 年　**1969 年—1984 年**　县所由于隶属关系多变，由工商科－商业局－财政科－财政局－财政科－财政局，计量管理处于瘫痪状态，计量管理人员只是依靠检定维修组织收入，很少管理。

1986 年　**是年**　县政府印发《关于推行法定计量单位的通知》。

1987 年　**4 月**　县所更名为县标准计量管理所（以下简称县所）。

5月 17日，县政府授权县所代行计量行政主管部门职权。全县开始工业计量定级升级和乡镇企业计量验收工作。计量器具周检率100%，合格率95%。

7月 10日，县所查处胡族铺乡粮食管理所计量违法案件，处2000元罚款。该所不服，于9月14日起诉到县法院，县法院判定县所胜诉。

是年 县所对100多个商业单位和几百个个体工商户计量检查，查处计量违法案件194起，没收不合格的计量器具1300多件，罚没收入5万多元。全县有台秤4000台，共换米尺2500只。

1990年 **6月** 10日，成立县技术监督局（以下简称县局），胡建海任局长；下辖县计量检定测试所和产品质量监督检验所。

1991年 **4月** 县所开展砝码、天平的周期检定。

1994年 **7月** 县所开展材料试验机的检定。

1995年 **11月** 胡斌任县局党支部书记。

1996年 **4月** 县所建立温度二次仪表检定装置，开展计量检定。

1997年 **是年** 县所建立血压计（表）、医用超声源、可见分光光度计、心脑电图机检定装置，开展计量检定。

1998年 **1月** 梅诗明任县局党支部书记、局长。

3月 县局更名为县质量技术监督局（以下简称县局）。

4月 县局党支部升格为县局党总支。

9月 县局查获福建连氏父子在固始县黎集、胡族两加油站利用遥控装置计量作弊案。

1999年 **是年** 县局新增出租车计价器、线缆测长仪、硬度计、涡流式测厚仪、三相电能表检定装置，开展了计量检测。

2000年 **7月** 梅诗民任县局局长。

10月 14日，县局查获312国道城郊乡美达加油站遥控装置控制加油机计量作弊案。

是年 县局开展创建“购物放心一条街”活动。

2001年 **2月** 陈广明任县局局长、局党总支书记。

3月 按照质量技术监督系统省以下垂直管理体制改革要求，县计量所、质检所合并成立县质量技术监督检验检测中心（以下简称县中心）。

是年 县局印发服务企业“532”工程实施意见。全局投入资金40多万元，购置了电子秤、锅炉测厚仪等检测设备，县局及二级机构购置了传真、打印机、打卡机等现代办公用具。

2002年 **3月** 县中心为独立法人资格。

5月 王宇飞任县中心主任。

2003 年

是年 县局、县建设局发文，开展建筑工程民用“四表”首次检定。

2006 年

6 月 县局同税务部门联合开展加油站在用加油机税控功能和计量性能监督检查，对 60 个加油站 213 台加油机实施防作弊封缄。

8 月 余剑韬任县局局长。

2007 年

1 月 肖刚任县局局长。

12 月 全县单相、三相电能表的检定由县局授权的县电业局计量所进行。

2009 年

4 月 县局对“民用四表”加强监督管理。

6 月 县供水公司水表检定测试站水表计量检定装置通过省局考核验收。

2010 年

5 月 20 日，县局联合县电视台制作“计量——公平正义之桥”固始计量工作纪实片。

2012 年

7 月 朱岩宏任县局局长。

2013 年

11 月 县局查处了县健康体检中心使用未经检定医疗计量器具案，现场查获未经检定 B 超、心电图仪、X 光机等医疗计量器具 9 台（件），处罚款 2000 元，没收违法所得 8000 元。

2014 年

1 月 1 日，固始县正式成为河南省省直管县，由河南省政府全面管辖。

表9–8–1　固始县计量行政部门、直属机构沿革一览表

类别 时间	行政部门名称 （下属部门名称）	主要领导人 （下属部门负责人）	计量行政人员	直属机构名称 （地址、面积）	主要领导人	人员、 设备资产
1949 年 10 月—1957 年 12 月	固始县人民政府 （工商科）	科长：曹荣科（49.10–53.5）–芦多发（53.2–53.6）–刘中华（53.6–53.11）–白仁轩（54.4–56.8）–周传新（56.9–57.4）	2 人			
1958 年 1 月—1981 年 8 月	财政科 – 财政局 – 财政科 – 财政局 地址：老八大局院内 （固始县计量管理所）	科长：熊金富（–58.5）–李杰（62.6–67.12）– 李泰（70.5–72.5）– 李杰（72.5–73.3）– 张德运（73.675.7）–昌学良（75.7–77.12）– 李殿恒（78.1–81.8）	2 人	固始县计量管理所		
1981 年 9 月	固始县人民政府办公室 地址：中山大街中段 （固始县计量管理所）	办公室主任：张雨琴 （陶启林、* 王国贤）	2 人	固始县计量管理所 （县城中山大街固始一小对面；建筑面积 30 m^2）	所长：陶启林 副所长：王国贤	
1985 年 9 月	固始县科学技术局（科级） 地址：迎宾路中段 （固始县计量管理所）	局长：洪传贵、王庆术 （朱本生、* 焦建国）	2 人	固始县计量管理所 （县城中山大街固始一小对面；建筑面积 30 m^2）	所长、书记：朱本生 副所长：* 焦建国	编制 8 人， 在职 8 人， 聘用 2 人； 15 台（件），3 万元
1990 年 6 月	固始县技术监督局（科级） 地址：政府招待所院内 5 楼 （固始县技术监督局办公室）	局长、党组书记：胡建海 副局长：朱本生、* 焦建国、* 柏铸钢、郭文夫 （王国贤、张胜）	3 人	固始县计量检定测试所 （固始县农场路中段；占地面积 4620 m^2，建筑面积 300 m^2，其中：办公室面积 100 m^2，实验室面积 100 m^2）	所长：穆大安、辛海金 书记：黄永江、昌建军 副所长：* 裴文伟	编制 15 人， 在职 15 人， 聘用 2 人； 15 台（件），3 万元
1995 年 11 月	固始县技术监督局（科级）（以下简称县局） 地址：政府招待所院内 5 楼 （固始县技术监督局办公室）	局长：胡建海 党组书记：胡斌 副局长：* 柏铸钢、郭文夫 （王国贤、张胜）	3 人	固始县计量检定测试所 （固始县农场路中段；占地面积 4620 m^2，建筑面积 300 m^2，其中：办公室面积 100 m^2，实验室面积 100 m^2）	书记、所长：辛海金 副所长：* 裴文伟	编制 15 人， 在职 15 人； 31 台（件），32 万元
1998 年 1 月	县局（科级） 地址：固始宾馆 （固始县技术监督局办公室）	书记、局长：梅诗明 副书记、副局长：陈广明 副局长：* 张治中 纪检组长：穆昌海 （张胜、翁玉海）	3 人	固始县计量检定测试所 （固始县农场路中段；占地面积 4620 m^2，建筑面积 300 m^2，其中：办公室面积 100 m^2，实验室面积 100 m^2）	书记、所长：辛海金 副所长：* 裴文伟	编制 15 人， 在职 56 人； 31 台（件），35 万元

续表

类别 时间	行政部门名称 （下属部门名称）	主要领导人 （下属部门负责人）	计量行政人员	直属机构名称 （地址、面积）	主要领导人	人员、 设备资产
2000 年 7 月	县局（科级） 地址：县城中原路与蓼北路交叉口 （固始县技术监督局办公室）	书记、局长：梅诗明 副书记、副局长：陈广明副局长：* 王惠民 纪检组长：穆昌海 （张胜、翁玉海）	3 人	固始县计量检定测试所 （固始县农场路中段；占地面积 4620 m^2，建筑面积 300 m^2，其中：办公室面积 100 m^2，实验室面积 100 m^2）	所长：辛海金 副所长：* 裴文伟	编制 15 人， 在职 145 人； 106 台（件），65 万元
2001 年 2 月	县局（科级） 地址：县城中原路与蓼北路交叉口 （固始县技术监督局办公室）	书记、局长：陈广明 副局长：* 穆昌海 纪检组长：张胜 （翁玉海、李晓雷）	3 人	固始县质量技术监督检验测试中心（以下简称固始县检测中心） （县城中原路与蓼北路交叉口；占地面积 4662 m^2，建筑面积 460 m^2，其中：办公室面积超过 180 m^2，实验室面积 280 m^2）	主任：朱岩宏 副主任：* 裴文伟、王宗喜	编制 60 人， 在职 128 人； 806 台（件），100 多万元
2002 年 5 月	县局（科级） 地址：县城中原路与蓼北路交叉口 （计量股）	书记、局长：陈广明 副局长：* 张胜、朱岩宏 纪检组长：翁玉海 （股长：苏建军、副股长：黄维侠）	计量股 2 人	固始县检测中心 （县城中原路与蓼北路交叉口；占地面积 4662 m^2，建筑面积 460 m^2，其中：办公室面积超过 180 m^2，实验室面积 280 m^2）	主任：王宇飞 副主任：* 裴文伟、王宗喜	编制 60 人， 在职 128 人； 806 台（件），100 多万元
2006 年 8 月	固始县质量技术监督局（科级） 地址：县城中原路与蓼北路交叉口 （计量股）	书记、局长：余剑韬 副局长：* 张胜、翁玉海 纪检组长：李晓雷 （股长：苏建军、副股长：黄维侠）	计量股 2 人	固始县检测中心 （县城中原路与蓼北路交叉口；占地面积 4662 m^2，建筑面积 460 m^2，其中：办公室面积超过 180 m^2，实验室面积 280 m^2）	主任：王宇飞 副主任：* 裴文伟、王宗喜	编制 60 人， 在职 128 人； 806 台（件），100 多万元
2007 年 1 月	固始县质量技术监督局（科级） 地址：县城中原路与蓼北路交叉口 （计量股）	书记、局长：肖刚 副局长：* 张胜、翁玉海 纪检组长：李晓雷 （股长：苏建军、副股长：黄维侠）	计量股 2 人	固始县检测中心 （县城中原路与蓼北路交叉口；占地面积 4662 m^2，建筑面积 460 m^2，其中：办公室面积超过 180 m^2，实验室面积 280 m^2）	主任：王宇飞 副主任：* 裴文伟、王宗喜	编制 60 人， 在职 85 人； 956 台（件），200 多万元
2012 年 7 月	固始县质量技术监督局（科级） 地址：县城中原路与蓼北路交叉口 （计量股）	书记、局长：朱岩宏 副局长：* 张胜、翁玉海 纪检组长：李晓雷 （股长：苏建军、副股长：黄维侠）	计量股 2 人	固始县检测中心 （县城中原路与蓼北路交叉口；占地面积 4662 m^2，建筑面积 460 m^2，其中：办公室面积超过 180 m^2，实验室面积 280 m^2）	主任：王宇飞 副主任：* 裴文伟	编制 60 人， 在职 83 人； 1056 台（件），230 多万元

续表

类别 时间	行政部门名称 （下属部门名称）	主要领导人 （下属部门负责人）	计量行政人员	直属机构名称 （地址、面积）	主要领导人	人员、 设备资产
2013 年 7 月	固始县质量技术监督局（科级） 地址：县城中原路与蓼北路交叉口 （计量股）	书记、局长：朱岩宏 副局长：＊翁玉海、李晓雷 纪检组长：王宇飞 （股长：苏建军、副股长：黄维侠）	计量股 2 人	固始县检测中心 （县城中原路与蓼北路交叉口；占地面积 4662 m^2，建筑面积 460 m^2，其中：办公室面积 180 m^2）	主任：方俊 副主任：＊裴文伟	编制 60 人， 在职 78 人； 1125 台（件），250 多万元

说明：

1. 分管固始县技术监督局、质量技术监督局内设计量业务管理部门和计量技术机构的局领导姓名的左边加“*”号；分管固始县质量技术监督检验测试中心计量工作的县中心的主任或副主任的姓名左边加“*”号。

2. 建筑面积主要包含办公室面积、实验室面积，不包含住宅面积。

3. 设备台（件）数仅包含计量标准器具和辅助计量仪器设备。

4. 设备资产（万元）指计量标准器具和辅助计量仪器设备的原值。

第九节　鹿邑县计量大事记

编撰组（2015 年 6 月）　**组长**　武卫民
成员　胥　健　田乐营　史建民
编撰组（2016 年 4 月）　**组长**　武卫民
成员　张风田　胥　健　田乐营　陈广涛　彭　博

1950 年
6 月　全县旧杂制改为市用制。制有标准竹木直尺、标准提具、标准杆秤和验讫。在城乡各集市普查检定，合格者打上火印，不合格者改制或销毁。
是年　全县推行木杆秤 1.2 万根，改制木杆秤 1.6 万根，销毁不合格木杆秤 1.5 万根。

1951 年
是年　县粮食部门各仓库使用秤（磅秤）；煤建公司安装地中衡；县医院化验室配有天平；县电厂配压力表、电流表、电度表、钳形表，购置游标卡、千分尺、百分表；气象部门配备干湿表、气压表、蒸发计；县农科所配备分析天平、水分快速测定仪、光电比色计。

1953 年
是年　全县升、斗被取缔，粮食系统使用台秤和案秤。

1956 年
10 月　县科学技术普及协会成立，主管县计量管理所（以下简称县所）。

1958 年
10 月　设立县科学技术委员会，内设计量管理所。

1959 年
7 月　县政府贯彻执行国务院《关于统一我国计量制度的命令》，将 16 两市制改为 10 两市制。

1960 年
1 月　县所没收销毁旧制木杆秤 0.9 万根，新制木杆秤 1.8 万根。

1962 年
9 月　县科委更名为县科学研究委员会，不久又复称县科委，内设县计量管理股。

1965 年
2 月　全县统一长度、地积、容器、重量换算值，取消石、斗、升、合等计量单位的使用，改用市制以克、升为主单位，以毫克、毫升为辅助单位。全部戥秤予以更换。县所开展了衡器、量端器、血压计的检定。

1968 年
9 月　撤销县科委，计量工作交由县计委代管。
是年　县所开展工业计量器具检定测试。

1971 年
是年　县所对工厂、商店、集市的计量器具检查检定。

1973 年
8 月　复设县科委，兼管计量工作。

1976 年
3 月　计量工作从县科委析出，设立县计量管理所（以下简称县所），配 6 人。

1977 年 **是年** 磅秤检修 289 台，检修后合格 289 台；检定木杆秤 2127 杆，合格 748 杆，改造能用 563 杆，没收销毁 816 杆，罚款 356 杆，新制木杆秤 1470 杆；竹木尺检定 571 个，合格 214 个，没收销毁 357 个。

1978 年 **是年** 全县戥秤改革，对 16 两制医用计量器具改制。

1979 年 **是年** 全县改换戥秤 200 余支，医疗卫生部门均使用千克戥秤。

1980 年 **是年** 县所检查检修衡器等。

1981 年 **12 月** 县内对杆秤的标准、规格、长度、材质、星点、定量铊、标志均作出具体规定。

1982 年 **3 月** 全县推广使用木杆秤定量砣。

1983 年 **是年** 全县完成定量砣改制。

1984 年 **是年** 全县推行法定计量单位，改定量砣秤为千克秤。至年末改制木杆秤 3586 杆，直尺 851 把，台、地、案秤 2418 台；开展企业计量定级升级考核。

1985 年 **7 月** 县政府制发《关于全面推行法定计量单位的布告》。
11 月 县所评出度量衡器信得过门市部、商店 39 个。

1986 年 **是年** 县所对使用法定计量单位实施监督检查。

1989 年 **5 月** 撤销县计量管理所，成立县标准计量管理所（以下简称县所）。
是年 县所对计量器具进行法定计量单位量值改制。

1990 年 **是年** 县所 3 人获周口地区计量监督员证，12 人获检定员证。

1991 年 **是年** 县所对 12 家医院 200 多台（件）医用计量器具进行检查，平均受检率 40%。

1993 年 **9 月** 组建县技术监督局（以下简称县局），下设县计量所（以下简称县所）。

1994 年 **是年** 县局开展对企业计量合格确认工作，授权县电业局对电能表开展检定。

1995 年 **是年** 县局对 26 家医疗卫生单位的 X 光机、B 超机、血压计、心脑电图机等 13 种 346 台件应强检的计量器具进行监督检查。

1996 年 **是年** 县局开展定量包装商品、电能表、粮食收购台秤、燃油加油机等监督检查。县内开始计量认证工作。

1997 年 **是年** 县局对面粉等 15 种定量包装商品的 183 家商贸企业监督检查，没收不合格计量器具 32 件。

1998年 **是年** 县所开展B超、电话计费器计量检定。

1999年 **12月** 成立县质量技术监督检验测试中心（以下简称县中心）。

2000年 **是年** 县技术监督局更名为县质量技术监督局（以下简称县局），实行垂直管理，内设标准计量股，辖市中心。全县80%以上乡镇卫生医疗机构通过计量确认。

2002年 **是年** 全县强检计量器具强检率98%。

2003年 **是年** 县局监督检查集贸市场23个、24个加油站。

2004年 **是年** 县局检查眼镜店12家、定量包装商品净含量420批次。进行县级法定计量检定机构和授权技术机构复查考核。

2005年 **是年** 县中心新建计量标准114项。

2006年 **是年** 县中心开展出租车计价器检定。

2007年 **是年** 全县136家企业通过计量合格确认，48家企业通过计量保证能力确认。

2008年 **7月** 县局组织对超市定量包装商品进行计量执法检查。抽查含乳饮料、速冻食品4家企业13个批次样品，合格率达78%；小麦粉、挂面20家企业40个批次，合格率达到84.3%；袋装糕点、袋装膨化食品30家企业80个批次的样品，合格率达到89.6%。

2009年 **3月** 县局组织对13家金银饰品进行专项检查。

是年 县局帮助县属重点企业宋河酒业和辅仁药业完成能源计量器具配备率、合格率达100%。

2010年 **8月** 县中心对12台加油车上税控燃油加油机进行了强检，合格率不足67%。对不合格加油机依法进行了校准，加贴强检标志。

2011年 **6月** 县局开展计量护农行动，力助三夏生产。

2012年 **4月** 县局对计量器具进行专项计量执法检查。

5月 县局开展“5·20世界计量日”宣传和“光明计量进校园”活动。

2013年 **4月** 县局组织突击检查加油机217台，查处加油机作弊案6起，涉案金额12120元。

2014年 **1月** 1日，鹿邑县正式成为河南省省直管县，由河南省政府全面管辖。

6月 县局组织开展加油机专项治理，查处计量违法案件11起，涉案金额近5万元；在县城各主要路口共安装72组电子眼；对316辆出租车计价器强制检定，开出罚单17份，罚款3200元，移交案件1起。

10 月 省计量院对县内各类医疗机构在用心脑电图仪、X 光机、医用 PET 扫描仪等大型医疗计量器具依法强制检定，强检率 100%，结束了大型医疗计量器具由于缺乏技术力量多年没有检定的历史。

11 月 县局组织对企业所有计量器具登记造册，一企一册，一台一表，实行档案管理。

表 9-9-1　鹿邑县计量行政部门、直属机构沿革一览表

类别 时间	行政部门名称 （下属部门名称）	主要领导人 （下属部门负责人）	计量行政人员	直属机构名称 （地址、面积）	主要领导人	人员、设备资产
1949 年 10 月	民政科（正科级） 地址：鹿邑县政府	科长：陈九思				
1956 年 10 月	县科学技术普及协会（正科级） 地址：鹿邑县政府	主任：黄凤伦（县长兼） 副主任：方玉				
1962 年 9 月	县科学研究委员会（正科级） 地址：鹿邑县政府 （计量管理所）	主任：王亚凡				
1968 年 9 月	县生产指挥部计划统计组（正科级） 地址：鹿邑县政府 （计量管理所）	组长：刘朝兴				
1970 年 10 月	县计划委员会（正科级） 地址：鹿邑县政府 （计量管理所）	主任：武彦（兼）				
1973 年 9 月	县科学技术委员会（正科级） 地址：鹿邑县政府 （计量管理所）	主任：田广才				
1977 年 5 月	鹿邑县计量所（股级） 地址：鹿邑县政府	所长：陈永祥 副所长：胡青岫				
1981 年 3 月	鹿邑县计量所（股级） 地址：鹿邑县政府	所长：胡青岫 副所长：胥祖文				
1983 年 5 月	鹿邑县计量所（股级） 地址：鹿邑县政府	所长：胥祖文 副所长：马文新				
1984 年 3 月	鹿邑县计量所（股级） 地址：鹿邑县政府	所长：马文新 副所长：李运秋				
1989 年 3 月	鹿邑县计量所（股级） 地址：鹿邑县政府	所长：李运秋 副所长：胥建				
1993 年 9 月	鹿邑县技术监督局（副科级） 地址：鹿邑县老君台西街	局长：赵忠海（正科级）		鹿邑县计量所 （鹿邑县面粉站；建筑面积 160 m^2）	所长：李运秋 副所长：胥建	编制 27 人， 在职 29 人，聘用 2 人； 20 台（件），1 万元

续表

类别 时间	行政部门名称 （下属部门名称）	主要领导人 （下属部门负责人）	计量行政人员	直属机构名称 （地址、面积）	主要领导人	人员、 设备资产
1995 年 6 月	鹿邑县技术监督局（正科级） 地址：鹿邑县老君台西街	局长、局党组书记：丁太春（正科级） 副局长：李华然、李运秋、 ＊丁震		鹿邑县计量所 （鹿邑县面粉站；建筑面积 160 m^2）	所长：马文新 副所长：胥建	编制 38 人，在职 38 人； 20 台（件），1 万元
1995 年 9 月	鹿邑县技术监督局（正科级） 地址：鹿邑县老君台西街	局长、局党组书记：张玉然 副局长：李华然、李运秋、 ＊丁震		鹿邑县计量所 （鹿邑县面粉站；建筑面积 160 m^2）	所长：马文新 副所长：胥建	编制 38 人，在职 38 人； 20 台（件），1 万元
1999 年 3 月	鹿邑县技术监督局（正科级） 地址：鹿邑县老君台西街 （计量股）	局长、局党组书记：张玉然 副局长：李华然、李运秋 纪检组长：＊杨革新 （股长：胥健）	计量股 2 人	鹿邑县计量所 （鹿邑县面粉站；建筑面积 160 m^2）	所长：孙继华 副所长：田乐营	编制 61 人， 在职 80 人，聘用 19 人； 30 台（件），3 万元
2001 年 3 月	鹿邑县质量技术监督局 （正科级） 地址：鹿邑县谷阳路东段 （计量股）	局长、局党组书记：李宪忠 副局长：刘喆、丁利民 纪检组长：＊杨革新 （股长：胥健）	计量股 2 人	鹿邑县质量技术监督检验测试中心（以下简称鹿邑县检测中心） （鹿邑县谷阳路东段；建筑面积 200 m^2）	主任：王晓飞 副主任：＊牛广峰	编制 61 人， 在职 80 人，聘用 19 人； 45 台（件），6 万元
2002 年 9 月	鹿邑县质量技术监督局 （正科级） 地址：鹿邑县谷阳路东段 （计量股）	局长、局党组书记：丁利民 副局长：刘喆、杨革新 纪检组长：＊王晓飞 （股长：胥健）	计量股 2 人	鹿邑县检测中心 （鹿邑县谷阳路东段；建筑面积 200 m^2）	中心主任：樊伟洲 副主任：＊牛广峰	编制 61 人， 在职 80 人，聘用 19 人； 45 台（件），6 万元
2003 年 8 月	鹿邑县质量技术监督局 （正科级） 地址：鹿邑县谷阳路东段 （计量股）	局长、局党组书记：丁震 副局长：苏彦奎、杨革新 纪检组长：＊赵富华 （股长：武卫民）	计量股 2 人	鹿邑县检测中心 （鹿邑县谷阳路东段；建筑面积 200 m^2）	中心主任：樊伟洲 副主任：＊牛广峰	编制 61 人， 在职 80 人，聘用 19 人； 50 台（件），10 万元
2005 年 3 月	鹿邑县质量技术监督局 （正科级） 地址：鹿邑县谷阳路东段 （计量股）	局长、局党组书记：丁震 副局长：苏彦奎、杨革新 纪检组长：＊赵富华 （股长：冯俊）	计量股 2 人	鹿邑县检测中心 （鹿邑县谷阳路东段；建筑面积 200 m^2）	中心主任：樊伟洲 副主任：牛广峰、 ＊张超峰	编制 61 人， 在职 80 人，聘用 19 人； 50 台（件），10 万元
2006 年 5 月	鹿邑县质量技术监督局 （正科级） 地址：鹿邑县谷阳路东段 （计量股）	局长、局党组书记：殷德伦 副局长：孙文正、杨革新 纪检组长：＊赵富华 （股长：冯俊）	计量股 2 人	鹿邑县检测中心 （鹿邑县谷阳路东段；建筑面积 200 m^2）	中心主任：樊伟洲 副主任：牛广峰、 ＊张超峰	编制 61 人， 在职 80 人，聘用 19 人； 60 台（件），15 万元

续表

类别/时间	行政部门名称（下属部门名称）	主要领导人（下属部门负责人）	计量行政人员	直属机构名称（地址、面积）	主要领导人	人员、设备资产
2007 年 3 月	鹿邑县质量技术监督局（正科级） 地址：鹿邑县谷阳路西段 （计量股）	局长、局党组书记：殷德伦 副局长：杨革新、王晓飞 纪检组长：* 田建晖 （股长：冯俊）	计量股 2 人	鹿邑县检测中心 （鹿邑县谷阳路西段；建筑面积 750 m^2，其中：办公室面积 210 m^2，实验室面积 540 m^2）	中心主任：陈向阳 副主任：牛广峰、* 张超峰	编制 61 人， 在职 80 人，聘用 19 人； 60 台（件），15 万元
2009 年 3 月	鹿邑县质量技术监督局（正科级） 地址：鹿邑县谷阳路西段 （计量股）	局长、局党组书记：薛斌 副局长：杨革新、王晓飞 纪检组长：* 田建晖 （股长：胥健 副股长：史建民）	计量股 2 人	鹿邑县检测中心 （鹿邑县谷阳路西段；建筑面积 750 m^2，其中：办公室面积 210 m^2，实验室面积 540 m^2）	中心主任：陈向阳 副主任：牛广峰、* 张超峰	编制 61 人， 在职 80 人，聘用 14 人； 65 台（件），20 万元
2010 年 3 月	鹿邑县质量技术监督局（正科级） 地址：鹿邑县谷阳路西段 （计量股）	局长、局党组书记：薛斌 副局长：杨革新、王晓飞 纪检组长：* 武卫民 （股长：史建民）	计量股 2 人	鹿邑县检测中心 （鹿邑县谷阳路西段；建筑面积 750 m^2，其中：办公室面积 210 m^2，实验室面积 540 m^2）	中心主任：张风田 副主任：牛广峰、张超峰、* 董永新	编制 61 人， 在职 80 人，聘用 19 人； 65 台（件），20 万元
2014 年 1 月	鹿邑县质量技术监督局（正科级） 地址：鹿邑县谷阳路西段 （计量股）	局长、局党组书记：薛斌 副局长：王晓飞、* 武卫民 纪检组长：陈锐 （股长：史建民）	计量股 2 人	鹿邑县检测中心 （鹿邑县谷阳路西段；建筑面积 750 m^2，其中：办公室面积 210 m^2，实验室面积 540 m^2）	中心主任：张风田 副主任：牛广峰、张超峰、* 董永新、胡伟鹏	编制 61 人， 在职 80 人，聘用 19 人； 65 台（件），20 万元

说明：

1. 分管鹿邑县技术监督局、质量技术监督局内设计量业务管理部门和计量技术机构的局领导姓名的左边加“*”号；分管鹿邑县质量技术监督检验测试中心计量工作的县中心的主任或副主任的姓名左边加“*”号。

2. 建筑面积主要包含办公室面积、实验室面积，不包含住宅面积。

3. 设备台（件）数仅包含计量标准器具和辅助计量仪器设备。

4. 设备资产（万元）指计量标准器具和辅助计量仪器设备的原值。

第十节 新蔡县计量大事记

编撰组 **组 长** 黄 杰
副组长 冯 涛
成 员 李志平

1954 年

4 月 县政府组织部分秤工，成立县度量衡联合生产合作社，开始生产国家统一标准衡器，兼具计量管理职权。

1963 年

9 月 贯彻执行国务院《关于统一我国计量制度的命令》，全县改市斤 16 两进位为 10 两进位，斤重量值不变。

1977 年

6 月 成立县标准计量管理所（以下简称县所），张杰任所长，人员 2 人，实施计量监督管理。

1979 年

1 月 1 日，全县实施戥秤改革，以克、毫克、升、毫升为计量单位。

1982 年

1 月 1 日，推行杆秤定量砣制。

1984 年

1 月 全县推行法定计量单位。

1987 年

4 月 成立县标准计量管理局（以下简称县局），曹广明任局长；县标准计量管理所同时改称县标准计量所（以下简称县所），直属其辖，邹东风任所长。

1989 年

11 月 县技术监督局成立（以下简称县局），曹广明任局长。

1990 年

7 月 县局组织对全县计量器具实施统一登记造册。

11 月 县所更名为县计量测试所（以下简称县所）。

1992 年

1 月 县局内设机构计量股与标准化股合并为标准计量股。

2 月 县局下达强检计划。

3 月 县局对木杆秤制造销售企业进行登记，规定区域，加强管理。

1993 年

是年 县局主要对加油站开展“质量计量信得过”活动。

1995 年

11 月 县局开展庆祝《计量法》颁布十周年宣传活动。

1996 年

1 月 杨溢声任县局局长、局党组书记；李元春任县标准计量股股长。

1997 年

3 月 县局开展企业计量合格确认。

2000 年 **4 月** 县局更名为县质量技术监督局（以下简称县局），杨溢声任县局局长；县计量测试所和县产品质量检验所合并为县质量技术监督检验测试中心（以下简称县中心），邹东风任县中心主任。

2001 年 **9 月** 县局变更为上划单位，实行质监系统省以下垂直管理。

2002 年 **2 月** 张国友任县局局长、局党组书记；邹东风兼任县中心主任。

3 月 县局机关搬迁至县棉麻公司四楼。

2003 年 **4 月** 耿伟任县中心主任。

2004 年 **4 月** 县局及直属机构整体搬迁至县大众街 57 号办公楼。

2005 年 **5 月** 20 日，县局组织开展“5·20 世界计量日”宣传活动。在县区主要街道、大型超市门前张贴悬挂宣传标语、横幅；开放实验室，对血压计等免费检定。

7 月 黄冠任县局局长、局党组书记。

8 月 县局对医疗卫生系统的强检计量器具进行登记备案。

10 月 县局指导帮助县电业公司通过驻马店市局计量合格确认。

2007 年 **12 月** 黄杰任县局局长、局党组书记。

2008 年 **6 月** 县局组织市中心、电业公司、医院、眼镜店参加的“关注民生、计量惠民”专项活动。

2009 年 **5 月** 县局推行“光明工程”，对 7 家眼镜店进行监督检查。

8 月 县局开展民用“四表”、衡器、加油机等强制检定计量器具登记备案。

10 月 李志平获驻马店市计量知识竞赛第三名，段学敏获驻马店市衡器检定三等奖。

2010 年 **4 月** 县局对 115 座加油站 197 台加油机进行专项计量监督检查。

6 月 县局组织开展农资计量专项整治。

2011 年 **7 月** 县局组织治理月饼过度包装。

10 月 县局开展推进诚信计量体系建设，深化民生计量。

2012 年 **8 月** 县局继续深入开展“推进诚信计量、建设和谐城乡”主题行动。

是年 县局加强强检计量器具检定。

2014 年 **1 月** 1 日，新蔡县正式成为河南省省直管县，由河南省政府全面管辖。

9 月 县局开展“计量惠民生、诚信促和谐”活动，有 41 家实现诚信计量自我承诺。

是年 县中心检定加油机 896 枪次、压力表 123 块、水表 5500 块、电能表 2560 块、台秤 286 台、电子汽车衡 198 台、血压计 665 台、B 超 56 台。截至年底，县中心共建立了 M1 等大砝码标准器组、单相电能表检定装置、血压计（表）检定装置、加油机容量检定装置、医用超声诊断仪超声源检定装置、F1 等克组砝码、水表检定装置、压力表检定装置 8 项计量标准。

表 9-10-1 新蔡县计量行政部门、直属机构沿革一览表

类别 时间	行政部门名称 （下属部门名称）	主要领导人 （下属部门负责人）	计量行政人员	直属机构名称 （地址、面积）	主要领导人	人员、设备资产
1954 年 4 月	新蔡县商业局（科级） 地址：新蔡县政府街 （新蔡县度量衡联合生产合作社）					
1958 年 1 月	新蔡县商业局（科级） 地址：县政府街 （新蔡县计量管理所）					
1977 年 6 月	新蔡县科委（科级） 地址：新蔡县人民街			新蔡县标准计量管理所 （新临路；面积 50 m^2）	所长：张杰 副所长：段世忠	编制 2 人
1987 年 4 月	新蔡县标准计量管理局 （副科级） 地址：新蔡县政府街	局长：曹广明		新蔡县标准计量管理所 （新临路；面积 50 m^2）	所长：邹东风 副所长：李凤鸣	编制 2 人
1989 年 11 月	新蔡县技术监督局 （副科级） 地址：新蔡县政府街	局长：曹广明		新蔡县标准计量管理所 （新临路；面积 50 m^2）	所长：邹东风 副所长：李凤鸣	编制 4 人
1990 年 11 月	新蔡县技术监督局 （副科级） 地址：新蔡县政府街 （计量股）	局长：曹广明 （股长李元春）	计量股 1 人	新蔡县计量测试所 （新临路；面积 100 m^2，其中办公室面积 30 m^2，实验室面积 70 m^2）	所长：邹东风 副所长：李凤鸣	编制 4 人； 5 台，3 万元
1992 年 10 月	新蔡县技术监督局局 （副科级） 地址：新蔡县政府街 （标准计量股）	局长：曹广明 （股长：李元春）	标准 计量股 1 人	新蔡县计量测试所 （新临路；面积 100 m^2，其中办公室面积 30 m^2，实验室面积 70 m^2）	所长：邹东风 副所长：李凤鸣	编制 4 人； 7 台，4 万元
1995 年 1 月	新蔡县技术监督局局 （副科级） 地址：新蔡县政府街 （标准计量股）	局长：王立志 （股长：李元春）	标准 计量股 1 人	新蔡县计量测试所 （新临路；面积 200 m^2，其中办公室 60 m^2，实验室 140 m^2）	所长：邹东风 副所长：李凤鸣	编制 10 人， 在职 10 人； 10 台，5 万元
1996 年 3 月	新蔡县技术监督局局 （正科级） 地址：新蔡县政府街 （标准计量股）	局长：杨溢声 副局长：* 邹广言 （股长：李元春）	标准 计量股 2 人	新蔡县计量测试所 （新临路；面积 200 m^2，其中办公室 60 m^2，实验室 140 m^2）	所长：邹东风 副所长：李凤鸣	编制 16 人， 在职 16 人； 12 台，6 万元

续表

类别 / 时间	行政部门名称（下属部门名称）	主要领导人（下属部门负责人）	计量行政人员	直属机构名称（地址、面积）	主要领导人	人员、设备资产
1998 年 3 月	新蔡县技术监督局局（正科级） 地址：新蔡县政府街 （标准计量股）	局长：杨溢声 副局长：*邹广言、黄振良、黄杰、余述敬 （股长：李元春）	标准计量股 2 人	新蔡县计量测试所 （新临路；面积 200 m^2，其中办公室 60 m^2，实验室 140 m^2）	所长：邹东风 副所长：李凤鸣	编制 16 人 在职 16 人； 13 台，6.5 万元
2001 年 3 月	新蔡县质量技术监督局（正科级） 地址：新蔡县政府街 （标准计量股）	局长：杨溢声 副局长：*邹广言、黄振良、黄杰、余述敬 （股长：李元春）	标准计量股 2 人	新蔡县质量技术监督检验测试中心（以下简称新蔡县检测中心） （新临路；面积 200 m^2，其中办公室 60 m^2，实验室 140 m^2）	主任：邹东风 副主任：耿伟、李凤鸣	编制 48 人， 在职 48 人； 15 台，7 万元
2002 年 3 月	新蔡县质量技术监督局（正科级） 地址：新蔡县棉麻公司四楼 （标准计量股）	局长：张国友 副局长：邹广言、黄振良、邹东风、*柴站国 纪检组长：余述敬 （股长：李元春）	标准计量股 2 人	新蔡县检测中心 （新临路；面积 200 m^2，其中办公室 60 m^2，实验室 140 m^2）	主任：邹东风 副主任：耿伟、*段学敏	编制 48， 在职 48 人； 16 台，8 万元
2003 年 4 月	新蔡县质量技术监督局（正科级） 地址：新蔡县政府街 （标准计量股）	局长：张国友 副局长：*邹广言、黄振良、邹东风、 纪检组长：余述敬 （股长：李元春）	标准计量股 3 人	新蔡县检测中心 （新临路；面积 200 m^2，其中办公室 60 m^2，实验室 140 m^2）	主任：耿伟 副主任：*段学敏、田峰	编制 48 人 在职 48 人； 16 台，8 万元
2004 年 4 月	新蔡县质量技术监督局（正科级） 地址：新蔡县大众街 57 号 （标准计量股）	局长：张国友 副局长：*邹广言、黄振良、邹东风、 纪检组长：余述敬 （股长：李元春）	标准计量股 3 人	新蔡县检测中心 （新蔡县大众街 57 号；面积 360 m^2，其中办公室 260 m^2，实验室 100 m^2）	主任：耿伟 副主任：*段学敏、田峰、高健、李新良	编制 48 人 在职 46 人； 18 台，10 万元
2005 年 7 月	新蔡县质量技术监督局（正科级） 地址：新蔡县大众街 57 号 （标准计量股）	局长、局党组书记：黄冠 副局长：叶志国、*霍继勇 叶志国兼任纪检组长 （股长：李元春）	标准计量股 3 人	新蔡县检测中心 （新蔡县大众街 57 号；面积 360 m^2，其中办公室 260 m^2，实验室面积 100 m^2）	主任：耿伟 副主任：段学敏、田峰、高健、李新良	编制 48 人 在职 45 人； 18 台，10 万元
2007 年 12 月	新蔡县质量技术监督局（正科级） 地址：新蔡县大众街 57 号 （标准计量股）	局长、局党组书记：黄杰 副局长：邹东风、*霍继勇、冯涛 （股长：李元春）	标准计量股 3 人	新蔡县检测中心 （新蔡县大众街 57 号；面积 360 m^2，其中办公室 260 m^2，实验室面积 100 m^2）	主任：耿伟 副主任：段学敏、田峰、高健、李新良	编制 48 人 在职 42 人； 20 台，13 万元

续表

类别 时间	行政部门名称 （下属部门名称）	主要领导人 （下属部门负责人）	计量行政人员	直属机构名称 （地址、面积）	主要领导人	人员、设备资产
2009 年 2 月	新蔡县质量技术监督局（正科级） 地址：新蔡县大众街 57 号 （标准计量股）	局长、局党组书记：黄杰 副局长：邹东风、*霍继勇、冯涛、黄丽 （股长：李志平）	标准计量股 2 人	新蔡县检测中心 （新蔡县大众街 57 号；面积 360 m^2，其中办公室 260 m^2，实验室面积 100 m^2）	主任：耿伟 副主任：*王伟、田峰、高健	编制 48 人 在职 42 人； 20 台，13 万元
2012 年 3 月	新蔡县质量技术监督局局（正科级） 地址：新蔡县大众街 57 号 （标准计量股）	局长、局党组书记：黄杰 副局长：邹东风、冯涛、*黄丽 （股长：李志平）	标准计量股 2 人	新蔡县检测中心 （新蔡县大众街 57 号；面积 360 m^2，其中办公室 260 m^2，实验室 100 m^2）	主任：耿伟 副主任：*王伟、田峰、高健	编制 48 人， 在职 40 人； 20 台，15 万元
2014 年 5 月	新蔡县质量技术监督局局（正科级） 地址：新蔡县大众街 57 号 （标准计量股）	局长、局党组书记：黄杰 副局长：*冯涛 （股长：李志平）	标准计量股 2 人	新蔡县检测中心 （新蔡县大众街 57 号；面积 360 m^2，其中办公室 260 m^2，实验室 100 m^2）	主任：耿伟 副主任：*王伟、田峰、高健	编制 48 人， 在职 38 人； 25 台，23 万元

说明：

1. 分管新蔡县技术监督局、质量技术监督局内设计量业务管理部门和计量技术机构的局领导姓名的左边加“*”号；分管新蔡县质量技术监督检验测试中心计量工作的县中心的主任或副主任的姓名左边加“*”号。

2. 建筑面积主要包含办公室面积、实验室面积，不包含住宅面积。

3. 设备台（件）数仅包含计量标准器具和辅助计量仪器设备。

4. 设备资产（万元）指计量标准器具和辅助计量仪器设备的原值。

附 录

附录一　计量法规规章

一、河南省计量监督管理条例

河南省计量监督管理条例

（2000年5月27日河南省第九届人民代表大会常务委员会第十六次会议通过，
根据2005年3月31日河南省第十届人民代表大会常务委员会第十五次会议
《关于修改〈河南省计量监督管理条例〉的决定》修正，
《决定》自2005年5月1日起施行）

第一章　总　则

第一条　为了加强计量监督管理，保障国家计量单位制的统一和量值的准确可靠，保护消费者和经营者的合法权益，维护社会主义市场经济秩序，根据《中华人民共和国计量法》和有关法律、法规，结合本省实际，制定本条例。

第二条　凡在本省行政区域内使用计量单位，建立计量标准，开展计量认证，进行计量检定、校准、测试，制造（含组装）、修理（含改造、安装）、进口、销售、使用计量器具，出具计量公证数据，对产（商）品、服务量进行计量结算，实施计量监督管理等，必须遵守国家有关规定和本条例。

第三条　县级以上计量行政主管部门，在本行政区域内实施计量监督管理。县级以上人民政府有关部门在各自职责范围内，做好计量监督管理工作。

第四条　县级以上人民政府应当将计量科技进步纳入国民经济和社会发展计划，鼓励开展计量科学技术研究，推广使用先进的计量器具。

第二章　法定计量单位的使用

第五条　实行法定计量单位制度。法定计量单位的名称、符号的使用和非法定计量单位的废除，按照国务院有关规定执行。

第六条　进口商品、个别科学技术领域中仍需要使用非国家法定计量单位的，必须经省级以上计量行政主管部门批准。

第三章　计量器具的管理

第七条　制造计量器具新产品，必须经过定型鉴定或样机试验。

第八条　从事制造计量器具的单位和个人，应当依法取得《制造计量器具许可证》；从事修理计量器具的单位和个人，应当依法取得《修理计量器具许可证》。任何单位和个人不得骗取、伪造、转让、租用或借用《制造计量器具许可证》、《修理计量器具许可证》。

第九条　制造、修理计量器具的单位和个人，应当按照许可证批准的项目、种类、测量范围、准确度等级进行制造、修理。

企业名称、地址发生变化的，应当自营业执照变更之日起三十日内到原发证机关办理许可证变更手续。计量行政主管部门应当在十日内办理完毕。

许可证批准的项目、种类、测量范围、准确度等级和制造、修理场所等内容发生变化的，应当重新办理许可证审批手续。

第十条 销售计量器具的单位和个人取得营业执照后，应当书面告知当地计量行政主管部门。

销售者应当执行进货检验制度，验明企业名称、地址及产品合格证，制造计量器具许可证和编号及其他标识，不得销售不合格计量器具。

第十一条 任何单位和个人进口列入《中华人民共和国进口计量器具型式审查目录》计量器具的，应当向国家计量行政主管部门申请办理型式批准。

进口的计量器具，在海关验放后，收货单位应当按照国家有关规定申请检定。

第十二条 任何单位或个人不得制造、销售下列计量器具（含标准物质）：

（一）国家明令淘汰或禁止使用的；

（二）以旧充新、以次充好、以不合格冒充合格的；

（三）无合格印、证，无《制造计量器具许可证》标志及编号，无产品标准代号，无生产厂名、地址的。

禁止伪造、冒用、转让、借用《制造计量器具许可证》标志及编号，禁止伪造、冒用生产厂名、地址。

修理计量器具不得使用不合格零配件。

第十三条 安装、出租的计量器具，依法应当实行强制检定的，未按照规定申请检定或者检定不合格的，不得使用、出租。

第十四条 使用计量器具涉及公共利益和他人利益的，不得有下列行为：

（一）使用无检定合格印、证标记，超过检定周期的或者经检定不合格的计量器具；

（二）使用国家明令淘汰或者已失去应有准确度的计量器具；

（三）破坏计量器具准确度；

（四）弄虚作假、伪造数据；

（五）伪造或者破坏计量检定印、证标记。

第四章 商贸计量

第十五条 任何单位和个人在生产、销售、收购等经营活动中，必须保证商品量的量值准确。

商品交易市场和大型商场应当设置便于公众复验使用的计量器具。

第十六条 经营者应当配备示值清晰、准确度符合国家规定的计量器具。

经营者经销商品按计量单位结算的商品量或提供的服务量实际值与结算值应当相符，其计量偏差应符合国家和本省的有关规定，没有规定的，由供需双方合同约定。

按照规定应当计量计费的，不得估算计费。

第十七条 对生产定量包装商品的企业实施重点监督管理。

生产、分装、销售定量包装的商品，应当在包装物的显著位置按照规定的标注方式和项目标明内装商品的净含量，未标明净含量的定量包装商品不得出售。其净含量标注方法和计量偏差必须符合国家和省有关规定。

第十八条 现场计量交易的商品，应当明示计量操作过程和计量器具示值。对方有异议时，应当重新操作，并显示其示值。

第十九条 用于水、电、燃气、热力、燃油等贸易结算的计量器具，必须经强制检定合格后，方可投入使用。

强制检定由水、电、燃气、热力、燃油等供应方提出申请，由法定检定机构或者县级以上计量行政主管部门依法授权的检定机构检定。强制检定计量器具应当按规定限期使用，并由供应方按规定期限更换。

第二十条 经营者用于贸易结算的电话计时计费装置、里程计价表等各类计费计量器具，必须经强制检定合格后，方可使用。强制检定由法定检定机构或者县级以上计量行政主管部门依法授权的检定机构承担。

第二十一条 贸易计量数据经双方确认后为有效结算数据。对计量数据有异议的，供需双方任何一方均可向当地计量行政主管部门申请仲裁检定。

第二十二条 房产交易必须标注实际建筑面积和使用面积，并按照国家和省有关面积结算方式的规定结算。

县级以上计量行政主管部门对房产交易中的面积计量实施监督；房地产或者建设行政主管部门应当协助计量行政主管部门做好对房产交易面积计量的监督检查。

从事房产面积测量的单位，应当依据国家和省有关规定，取得相应资格。

第五章 计量检定、认证和确认

第二十三条 属于强制检定的工作计量器具，使用单位或个人必须按照国家和本省的有关规定到县级以上计量行政主管部门登记备案，并申请周期检定。

属于非强制检定管理的计量器具，使用单位可依法自主管理。

对反映强烈未列入强制检定管理目录的计量器具，县级以上计量行政主管部门应当进行监督检查。

第二十四条 计量检定机构应当在计量行政主管部门授权的项目及范围内按照计量检定规程进行检定。涉及被检定单位的商业秘密的，应当为其保密。

计量检定机构接到受检计量器具后，应当在二十日内完成计量检定、校准工作，确实需要延长的，由双方协商确定。

第二十五条 计量器具经检定合格的，由计量检定机构按照计量检定规程的规定，出具检定证书、检定合格证或加盖检定合格印记。

计量器具经检定不合格的，由计量检定机构出具检定结果通知书，注销原检定合格印记。

计量检定证书、检定结果通知书应当由检定、核验、主管人员签字，并加盖计量检定机构印章。

任何单位和个人不得伪造、盗用、倒卖计量检定合格印、证标记，不得擅自开启、损毁计量检定合格印证。

第二十六条 社会公用计量标准和企业、事业单位使用的最高计量标准，由省辖市以上计量行政主管部门主持考核。凡不具备考核能力的，应当报省计量行政主管部门组织考核，计量标准考核合格发证后，方可投入使用。

计量标准考核实行考评员考核制度。

第二十七条 县级以上计量行政主管部门可以根据需要设置计量检定机构或者授权其他计量检定机构执行强制检定和其他检定、校准、测试任务。

计量检定机构必须经省辖市以上计量行政主管部门考核合格，取得计量授权证书。

计量检定机构应建立完善的质量保证体系，接受计量行政主管部门的监督检查。

第二十八条 在本省内设置的计量中介服务机构应当具备下列条件：

（一）具有独立承担民事责任能力；

（二）具有经考核合格的、足够数量的专业技术人员；

（三）具有与开展业务相适应的技术设施和工作场所；

（四）具有完善的质量管理体系。

第二十九条 为社会提供公证数据的产品质量检验机构，应当经省级以上计量行政主管部门计量认证，并按国家有关规定申请复查。新增加项目必须申请单项计量认证。

第三十条 经计量认证合格的产品质量检验机构应当按照认证的项目范围开展工作，对出具的数据负责。

第三十一条 企业、事业单位应当配备与生产、科研、经营管理相适应的计量检测设施，需要对本单位计量检测体系或检测数据有效性进行评定的，可向省辖市以上计量行政主管部门申请计量确认。

第三十二条 法定计量检定机构和依法授权的计量检定机构的检定人员必须经县级以上计量行政主管部门考核合格，取得计量检定人员资格证件后，方可从事计量检定工作。

第六章 计量监督

第三十三条 计量监督实行经常监督和重点监督相结合的制度。对与国民经济和人民生活联系密切的贸易结算、医疗卫生、安全防护、环境监测等计量器具实施重点监督。

第三十四条 计量监督行政执法人员执行公务时，应当有两人以上参加，并出示行政执法证件，严格执行法定程序，公正、文明、廉洁执法。为被检查方保守技术秘密和商业秘密。

第三十五条 计量行政主管部门在进行计量监督检查时，有权采取下列措施：

（一）询问有关当事人和证人，调查与被监督计量行为有关的活动；

（二）进入生产、经营场地和产（商）品存放地检查、按规定抽取样品；

（三）查阅、复制与被监督计量行为有关的票据、账册、合同、凭证、文件、业务函件等资料；

（四）使用检测等技术手段取得所需的证据材料；

（五）依法封存涉嫌计量违法的计量器具。采取封存措施应当经县级以上计量行政主管部门负责人批准，封存期限不得超过三十日；特殊情况需要延长的，应当经上一级计量行政主管部门批准，但延长时间不得超过二十日。

（六）登记保存涉嫌计量违法的其他物品。

第三十六条 任何单位和个人不得拒绝、阻碍计量行政主管部门依法进行的监督检查，不得纵容、包庇计量违法行为；不得擅自处理、转移被计量行政主管部门依法封存和登记保存的物品。

第三十七条 任何单位和个人均有权对计量违法行为进行监督和举报。受理举报的部门应当为举报者保密。对举报有功者，可由计量行政主管部门给予奖励。对举报者，任何单位和个人不得进行打击报复。

第七章 法律责任

第三十八条 违反本条例规定的下列行为，按照以下规定处理：

（一）骗取、伪造、租用、借用、受让《制造计量器具许可证》、《修理计量器具许可证》从事制造、修理业务的，属于无证经营，收缴骗取、伪造的证件，并按照计量法律、行政法规的有关规定处罚；

（二）伪造、出让、出租、出借《制造计量器具许可证》、《修理计量器具许可证》的，收缴伪造的证件，给予警告，没收违法所得，对有关责任人处以五千元罚款；

（三）制造、修理计量器具的单位和个人超出许可证批准的项目、种类、测量范围、准确度等级等范围进行制造、修理的，超过范围部分视为无证经营，依照计量法律、行政法规的有关规定予以处罚；

（四）制造、销售计量器具以旧充新、以次充好、以不合格冒充合格的，依照产品质量法律、法规的有关规定处罚；

（五）修理计量器具使用不合格零配件的，责令改正，没收不合格零配件，并处以该项经营收入百分之三十的罚款。

第三十九条 违反本条例规定的下列行为，损害社会公共利益和他人利益的，责令改正，没收不合格计量器具，没收违法所得，并处违法所得一倍以上五倍以下的罚款：

（一）计量偏差超出国家和本省有关规定的；

（二）改变计量器具准确度的。

给用户和消费者造成损失的，责令补足商品数量，增加赔偿商品价款一倍的损失。

第四十条 违反本条例规定的下列行为，按照下列规定处理：

（一）属于强制检定管理的计量器具，未按照有关规定实施强制检定的，责令改正，没收违法所得，并处以每台（件）二百元以上五百元以下的罚款；

（二）未取得计量授权证书或超出授权的项目范围开展计量检定、校准的，责令停业，没收所收取的费用，并处以所收取费用一倍以上三倍以下的罚款；

（三）未取得计量认证合格证书的产品质量检验机构使用计量认证标记及编号为社会提供数据的，责令改正，没收所收取的费用，并处以所收取费用一倍以上三倍以下的罚款。

第四十一条 当事人擅自处理、转移被封存、登记保存的计量器具或物品的，责令改正，处以五百元以上五千元以下罚款。其中，属于正在使用的计量器具的，视为不合格计量器具，还应依照计量法律、法规的有关规定处罚；其他计量器具或物品确认属于违法物品的，依照有关法律、法规的规定处理。

拒绝、阻碍依法进行的计量监督检查的，责令改正，给予警告，拒不改正的，处以一千元以上二千元以下罚款。

第四十二条 为社会提供服务的计量检定机构伪造数据的，责令改正，没收所收取的费用，并处以所收取费用一倍以上三倍以下的罚款，情节严重的，撤销或吊销资格证件。给当事人造成损失的，依法承担赔偿责任。

为社会提供服务的计量检定机构出具错误数据，给当事人造成损失的，依法承担赔偿责任。

计量检定人员伪造数据的，给予行政处分，取消资格证书，三年内不得重新取得计量检定人员资格证书；构成犯罪的，依法追究刑事责任。

第四十三条 计量检定机构未按时完成计量检定工作的，免收计量检定费用。给送检单位造成损失的，依法承担赔偿责任；损坏送检计量器具的，应当予以修理或赔偿。泄露被检单位的商业秘密的，依法承担赔偿责任。

第四十四条 计量监督管理人员有下列行为之一的，给予行政处分，收缴行政执法证件；情节严重，构成犯罪的，依法追究刑事责任：

（一）玩忽职守、失职渎职的；

（二）徇私舞弊、索贿受贿的；

（三）违法办理许可证件的；

（四）违反规定收费、罚款的；

（五）有违反法律、法规规定的其他行为的。

第四十五条 本条例规定的行政处罚，由县级以上计量行政主管部门决定。法律、行政法规另有规定的，从其规定。

第四十六条 对持续性计量违法行为实施处罚，需要计算违法所得或违法经营额，当事人故意隐瞒事实真相或不提供真实账簿、记录等证据的，可按照计量器具最后检定日期扣除必要的安装维护时间，确定违法行为的持续期间；违法期间的经营额，可以按照同期的纳税额予以推定，并计算出违法所得。

第四十七条 当事人对行政处罚决定不服的，可依法申请行政复议或者提起诉讼。

当事人逾期不申请复议也不提起诉讼又不履行处罚决定的，由作出处罚决定的计量行政主管部门申请人民法院强制执行。

第八章 附 则

第四十八条 本条例自2000年8月1日起施行。

河南省人民政府关于贯彻国务院计量发展规划（2013—2020年）的实施意见（豫政〔2014〕40号）

各省辖市、省直管县（市）人民政府，省人民政府各部门：

为认真贯彻落实国务院《计量发展规划（2013—2020 年）》，进一步加强我省计量工作，全面提升计量工作能力和水平，充分发挥计量在保障民生、促进经济社会发展等方面的重要技术支撑作用，现提出如下实施意见。

一、充分认识计量工作在经济社会发展中的重要作用

计量是实现单位统一、保证量值准确可靠的活动，是促进经济社会发展、维护市场经济秩序、保证人民生命健康安全和促进社会和谐的重要技术保障，关系国计民生。

近年来，我省计量工作实现了快速发展，量传溯源体系逐步完善，计量测试技术、管理水平得到有效提升，在保障和改善民生、促进节能减排、提高产品质量、维护消费者权益等方面发挥了重要作用，为我省经济社会又好又快发展做出了积极贡献。但是，目前我省计量工作的基础还很薄弱，与发达地区相比还有差距，社会公用计量标准建设迟缓，计量服务保障能力滞后于经济社会发展需要，监管手段不完备，计量人才特别是高精尖人才缺乏。本世纪第二个十年，是全面建成小康社会、加快推进社会主义现代化建设的关键时期，是深化改革开放、加快转变经济发展方式的攻坚时期，是建设国家粮食生产核心区、中原经济区、郑州航空港经济综合实验区的重要时期。在新形势下，加强计量工作、夯实计量基础、完善计量体系、增强计量保障能力是建设富强河南、文明河南、平安河南、美丽河南的迫切需要，是加快我省“四化”（工业化、信息化、城镇化、农业现代化）同步发展的有力支撑，是提升我省综合实力、促进经济社会又好又快发展的必然要求。

二、总体要求和发展目标

（一）总体要求。高举中国特色社会主义伟大旗帜，以邓小平理论、“三个代表”重要思想、科学发展观为指导，坚持“突出重点、夯实基础，统筹兼顾、服务发展，完善法制、依法监管”的基本原则，加大基础建设、法制建设和人才队伍建设力度，加强实用型、新型和专用计量测试技术研究，科学规划全省社会公用计量标准建设，进一步完善量传溯源体系、计量监管体系和诚信计量体系，为推动科技进步、促进经济社会发展提供重要的技术基础和技术保障。

（二）发展目标。到 2020 年，计量保障能力全面提升，计量监管工作全面加强，计量科研水平全面提高，基本满足我省经济社会发展需要。

保障能力方面：围绕我省国家粮食生产核心区、中原经济区、郑州航空港经济综合实验区三大国家战略规划实施，加强现代制造业、新一代信息技术产业、节能减排、环境保护等方面的社会公用计量标准建设，推动计量测试能力提升，建成符合我省经济社会发展需要的高水平量传溯源体系、计量测试服务体系和能源资源计量服务体系。到 2020 年，全省社会公用计量标准满足社会 95% 以上的量传溯源需求，省级社会公用计量标准数量达到 350 项，市级社会公用计量标准平均达到 100 项，县级社会公用计量标准平均达到 25 项；建设国家级产业计量测试中心 3 个以上，能效标识计量检测实验室 5 个以上，计量器具型式评价实验室 10 个以上。建立健全能源资源计量管理和服务平

台，为政府实施节能管理提供权威准确的能源资源计量数据，向社会提供全面的节能计量技术服务。

法制监管方面：建立权责明确、行为规范、监督有效、保障有力的计量监管体系，加强民生计量、能源资源计量、安全计量等重点领域监管，推进诚信计量体系建设，打造我省公平、公正的计量环境。到 2020 年，国家重点管理计量器具受检率达到 95% 以上，民用四表（电能表、水表、燃气表、热量表）受检率达到 98% 以上；定量包装商品净含量抽检合格率达到 90% 以上；引导并培育诚信计量示范单位 3000 家以上；实现我省列为国家万家重点用能单位的能源资源计量数据实时、在线采集。

科学技术方面：加强计量标准、标准物质及量传溯源所需技术研究，提升全省科学计量水平，完成一批满足我省高新技术产业、战略性新兴产业发展需要的量传溯源和计量测试技术科研项目。到 2020 年，完成省部级科研项目 30 项以上，获得省部级以上科技奖励 10 项以上。研制农业、食品安全、医疗卫生、环境保护等领域和新兴产业急需的标准物质达到 100 种以上。制（修）订计量技术规范、规程和计量器具地方标准 70 项以上。

三、重点任务

（一）提升计量服务与保障能力

1. 提升量传溯源能力。加快食品安全、节能减排、环境保护等重点领域社会公用计量标准建设。加速提升数据流量等关键量和温室气体、水、粮食、能源资源等重点对象的量传溯源能力。统筹全省计量资源，科学规划量传溯源体系，全面提升全省计量技术机构量传溯源能力。到 2020 年，全省社会公用计量标准总数达到 5000 项以上。

省级计量技术机构：针对我省“四化”同步发展特点，建立全省最高社会公用计量标准，重点开展技术含量高、影响面大、风险指数高、易产生危险的计量器具和高新技术产业、战略性新兴产业、节能减排等重点领域、重大工程、重点项目的计量器具检定校准工作，适应我省产业发展及产业集聚区建设需求。

市级计量技术机构：完善适应本地经济社会发展和强制检定需要的社会公用计量标准，重点满足食品安全、安全生产以及特种设备安全、节能减排、环境保护等领域的发展需要。

县级计量技术机构：完善适应县域经济社会发展和强制检定需要的社会公用计量标准，重点满足食品安全、安全生产、贸易结算、医疗卫生等领域的发展需要。

专项计量授权技术机构：作为法定计量技术机构的有效补充，针对专业性强的行业特点，完善专项计量标准，满足行业计量检定需要。

企（事）业计量技术机构：建立企（事）业内部量值传递所需的最高计量标准，加强对计量标准、工作计量器具的管理，采用先进的计量器具和检测仪器设备，满足生产工艺过程控制、产品质量升级需要。

2. 加强计量技术机构基础建设。各级计量技术机构要着眼长远发展，立足工作实际及经济社会发展需求，加强基础建设，全面提升计量技术支撑和保障能力。省级计量技术机构项目建设要立足高端，具有先导性、全局性和战略性；加快基础设施、技术装备更新和改造，积极引进和培养高精尖计量人才，打造国际先进、国内一流的高效、公正、权威的计量公共服务平台。市、县级计量技术机构项目建设要立足特色，具有优势性、区域性和基础性；基础设施、装备水平、人员素质等关键要素满足实际工作需要。

3. 构建产业计量测试服务体系。在高技术产业、战略性新兴产业、现代服务业、现代农业等重点领域，建设国家级和省级产业计量测试中心，开展具有产业特点的量值传递技术和产业关键领域关键参数的测量、测试技术以及服务产品全寿命周期的计量技术研究，开发产业专用测量、测试装备，为我省构建结构优化、技术先进、清洁安全、附加值高、吸纳就业能力强的产业体系提供计量技术支撑。围绕郑州航空港经济综合实验区建设，加强物流配送、物联网、电子商务、航空安全、航空科技等产业的计量技术服务保障，筹划在郑州航空港经济综合实验区建设现代物流产业计量测试中心。加强与山西、河北、山东、安徽等省的协作配合，根据中原经济区战略规划定位，联合建设中原经济区计量技术保障协作网，形成高效、有序、协作的计量服务环境。提升涉外计量服务能力，满足我省涉外企业计量检测需要；根据我省企业在国外分布情况，积极谋划建立我省驻外计量工作分支机构。

4. 构建能源资源计量服务体系。积极开展城市能源资源计量建设示范活动，夯实能源资源计量工作基础。以国家城市能源计量中心（河南）为引领，加快省级城市能源资源计量中心建设，构建全省能源资源计量管理和服务平台，建立多层次、全方位的能源资源计量服务体系，为政府实施节能管理提供权威准确的能源资源计量数据，向社会提供能源资源计量技术服务。加强能效标识计量检测基地建设，有效推进节能减排设备在线检测工作。

5. 加强企业计量检测能力和管理体系建设。加强计量检测公共服务平台建设，为煤炭、粮食、矿石、水、油等物料交接、产品质量检验以及企业间的计量技术合作提供检测服务。强化企业计量技术基础建设，鼓励企业建立符合要求的计量实验室和计量控制中心，在生产加工、工艺控制、产品检验等关键过程合理配置计量器具，实现对生产过程的精确控制和计量检测数据的有效应用，推动企业技术创新和产品升级。新建企业、新上项目等要将计量检测设施与其他基础设施一起设计、一起施工、一起投入使用。健全企业计量测量管理体系分类指导制度，推动大型企业按照国际标准建立计量测量管理体系，帮助中小企业完善计量检测手段和计量管理制度，全面提升企业计量管理水平。

6. 提升计量器具产业核心竞争力。围绕产业转型升级和经济结构战略性调整，积极推动计量器具制造企业技术创新，提升我省计量器具产业核心竞争力，打造一批专业特色鲜明、品牌形象突出的现代计量器具产业集群。大力扶持我省具有竞争优势的计量器具产业发展，推进仪器仪表产业集聚区建设，争取更多计量器具产品获得国际法制计量组织的评价互认，提高“河南制造”仪器仪表在国际、国内的竞争力。

（二）加强计量监督管理

1. 加强计量法规体系建设。做好国家计量法律、法规贯彻落实工作，加快《河南省计量监督管理条例》修订和能源资源计量立法工作，加强配套制度建设，形成统一、协调的计量法规体系，满足经济社会发展需求。

2. 加强计量监管体系建设。由质监部门牵头，联合发展改革、工业和信息化、环保、交通运输、卫生、安全监管、工商等部门，建立强检计量器具重点使用行业监督检查机制，加强对医疗卫生、环境保护、交通运输、安全防护、贸易结算等强检计量器具的监管，确保相应行业的强检计量器具量值准确可靠，维护人民群众合法权益，促进社会和谐稳定。

完善计量器具制造、经销、使用等环节的监管措施，落实计量器具产品质量监督抽查制度，提高计量器具产品质量，到 2020 年，计量器具产品质量总体抽样合格率达到 90% 以上。充实计量执法装备，完善计量监管手段，提高执法人员综合素质和执法水平。加强计量技术机构监管，规范检定、校准行为。加快计量信息化建设，提升计量管理信息化水平。充分发挥新闻媒体、社会团体、人民群众的监督作用，不断拓宽计量监督平台和渠道。

3. 加强诚信计量体系建设。在服务业领域推进诚信计量体系建设，开展“计量惠民生、诚信促和谐”活动，培育诚信计量示范单位，强化经营者主体责任。加强计量技术机构诚信建设，增强计量检测数据的可信度和可靠性。实行诚信计量分类监管，建立健全诚信计量档案，建立诚信计量信用信息收集与发布和计量失信“黑名单”制度，建立守信激励和失信惩戒制度。每年培育诚信计量示范单位 450 家以上。

4. 强化民生计量监管。认真组织开展与人民群众生活密切相关的民用四表、加油（气）机、出租车计价器、医用计量器具、集贸市场结算用衡器等计量器具的强制检定工作。深入开展计量惠民服务“进市场、进医院、进企业、进社区”等活动，推动计量惠民服务制度化、规范化、常态化。强化定量包装商品生产企业计量监管，完善定量包装商品企业计量保证能力监管模式；开展定量包装商品净含量监督抽查工作，到 2020 年，定量包装商品净含量抽检合格率达到 90% 以上。在服务业领域推行计量器具强制检定合格公示制度，依法接受社会监督。有针对性地开展计量专项整治，维护消费者合法权益。

5. 强化能源资源计量监管。加强对用能单位能源资源计量器具配备、强制检定的监管。依法开展能源资源计量审查，积极组织能源资源计量评定、能效对标计量诊断等活动，培育能源资源计量示范单位。引导用能单位合理配备和正确使用能源资源计量器具，建立能源资源计量管理体系，落实用能单位能源资源计量主体责任。实行能源资源消费分类计量，完善相关的配套激励措施，加强重点用能单位能源资源计量数据实时、在线采集，强化能源资源计量数据综合分析和应用。到2020年，实现1100家重点用能单位能源资源计量数据实时、在线采集。

6. 强化安全计量监管。加强与安全相关计量器具制造监管，为生产安全、环境安全、交通安全、食品安全、医疗安全等提供高质量的计量器具。加强煤炭、石油化工、非煤矿山、交通等重点行业安全用计量器具强制检定，督促使用单位建立完善安全用计量器具管理制度，按要求配备经检定合格的计量器具，确保安全用强制检定计量器具依法处于受控状态。开展安全用计量器具提前预测、自动报警、检测数据自动存贮、实时传输等相关技术研发和应用，提高智能化水平。建立健全计量预警机制和风险分析机制，完善计量突发事件应急预案。

7. 严厉打击计量违法违规行为。加强计量作弊防控技术和查处技术研究，提高依法查处、快速处理能力。加强计量器具制造环节监管，严厉查处制造带有作弊功能的计量器具的行为。加强计量器具使用环节监管，对重点产品加大检查力度，严厉查办利用高科技手段计量违法行为。加强执法协作，建立健全查处重大计量违法案件快速反应机制和执法联动机制，加强行业性、区域性计量违法问题集中整治和专项治理。开展商品包装和能效标识计量监督检查，严厉打击商品过度包装和伪造、虚标能效标识行为。

（三）加强计量科技基础研究

1. 加强计量科技基础及量传溯源所需技术研究。加强计量科技基础及前沿技术研究，建立一批经济社会发展急需的高准确度、高稳定性的社会公用计量标准。为满足高端产业、高端产品、高端技术的计量服务需求，加强互联网、物联网、传感网等领域计量传感技术、远程测试技术和在线测量等相关量传溯源所需技术和方法研究。加强电力、交通、节能、环保、气象等专用计量测试技术研究，提升专业计量测试水平。提高食品安全、药品安全、突发事故检测报警、环境和气候监测等领域的计量测试技术水平，增强快速检测能力。研究加油（气）机、电子计价秤等计量器具防作弊技术，为计量执法提供技术保障。

2. 加强计量标准物质研制。加快食品安全、环境监测、生物化学、安全防护等领域标准物质研制和生产，重点开展用于食品安全领域中农药残留标准物质和空气质量监测、水质监测、临床生化检验、安全防护等领域标准物质研究，积极参与食品安全、临床检验、环境监测、材料科学等领域国家标准物质研制。完善我省标准物质量传溯源体系，满足食品安全、医疗卫生、环境监测、材料科学等领域和新兴产业检测技术配套和支撑需求。每年研制新标准物质15种以上。

3. 加快计量科技创新。积极探索计量科技与物理、化学、材料、信息等学科交叉融合。加强计量技术机构与高校、科研院所以及部门科研项目的合作，根据产业需求，开展重点领域、重点专业、重点技术难题专项研究。加大投入支持计量技术开发和应用，强化省级计量工程技术研究中心的带动作用。改善对超长、超高、超宽、超重和洁净有较高要求的先进测量、高精密测量的实验环境控制条件和配套设施。构建以计量前沿科研为主体、计量科研创新发展为手段、服务产业技术创新为重点、推动创新型河南建设为宗旨的检学研相结合的计量技术创新体系。

4. 积极组织和参与计量比对。积极参与国际计量比对，每年参加15项以上国家计量比对。积极支持作为主导实验室组织开展全国计量比对，每年组织2~3个项目开展省内计量比对，提高我省计量检定能力。加快校准测量能力建设，提升我省在国内及国际计量领域的竞争力和影响力。

5. 制（修）订计量技术规范。及时制（修）订计量技术规范，满足量传溯源及计量执法需要。加大经济发展、节能减排、安全生产、医疗卫生等领域计量技术规范制（修）订力度。根据计量发展需要，成立专业计量技术委员会和计量器具标准化技术委员会，负责提出、起草、技术审查我省计量技术规范、规程和计量器具地方标准。每年至少制（修）订计量技术规范10项。

四、保障措施

（一）加强组织领导

各级政府要高度重视计量工作，把计量发展规划纳入国民经济和社会发展规划，并加强对计量工作的统筹协调和监督指导。建立由省质监、发展改革、财政、科技、人力资源和社会保障、工业和信息化、公安、环保、交通、卫生、统计、能源等部门参与的联席会议制度，研究制定支持计量发展的政策措施，掌握本实施意见的落实情况，督促本实施意见落实。各级、各部门要按照本实施意见确定的目标、任务和政策措施，结合自身实际制定具体的实施方案，分解细化目标，落实相关责任，确保本实施意见提出的各项任务顺利完成。

（二）完善配套政策

各级政府要建立计量经费保障机制。要增加对计量技术机构的投入。要支持开展计量惠民活动，逐步实现与人民生活、生命健康安全密切相关的计量器具免费强制检定，不断加大能源资源计量监管、计量器具监督检查、诚信计量体系建设等工作经费的投入力度；把社会公用计量标准建设、基层医疗卫生机构医用计量器具检定、集贸市场在用衡器检定、民用四表检定、定量包装商品净含量抽查、商品过度包装计量监管等费用纳入同级财政预算。发展改革、财政、科技、人力资源社会保障等部门要制定促进计量发展的投资、财政、科技、人才、价格等支持政策。发展改革部门要在对城市能源资源计量中心、产业计量测试中心建设予以政策、资金倾斜；科技部门要在部门预算中安排计量科研经费，加强对计量科研的支持。

（三）加强计量队伍建设

建立河南省计量专家库。将紧缺的高层次计量人才引进纳入河南省高层次创新创业人才引进计划，面向海内外引进计量人才；支持年轻计量技术骨干参加国家级、省级重大科研项目和重点平台的研究、实验活动，培养一批计量学术带头人；加强与高校、科研机构和企业的协同创新，培育一批计量专业领域的领军人才。支持和引导高校按照《学位授予和人才培养学科目录（2011 年）》，优化学科专业结构，设置计量相关课程；依托省计量科学研究院建设计量学重点实验室和计量相关学科研究生培养基地，积极申请计量相关学科硕士研究生学位授予权和博士后流动工作站。健全计量培训机制，组建培训骨干队伍，分层级、分类别做好各地、各部门和各企业的计量技术人员培训工作，打造一支业务精湛的计量技术队伍；加强计量行政管理人员和计量检定人员培养，提升计量队伍的监管能力和业务水平。

（四）加强计量宣传

充分发挥广播、电视、报纸、期刊、网络等媒体优势，大力宣传国务院《计量发展规划（2013—2020 年）》和计量法律、法规，普及计量科学技术知识。利用“3・15”国际消费者权益日、“5・20”世界计量日、“质量月”等主题宣传活动和计量法规讲座、计量知识竞赛、计量实验室开放等专题宣传活动，进行计量工作宣传，提高全社会对计量工作的关注和重视程度。

（五）强化检查考核

各级政府、各有关部门要建立落实国务院《计量发展规划（2013—2020 年）》和本实施意见的工作责任制，定期开展检查考核，分析进展情况，确保取得实效。2016 年对贯彻落实本实施意见的进展情况进行中期评估，评价所取得的成效和存在的问题，对需要调整的内容报省政府批准后实施。2020 年对本实施意见落实情况进行全面评估、考核和总结，并向社会公布考核结果，对在贯彻落实国务院《计量发展规划（2013—2020 年）》和本实施意见工作中取得突出成绩的单位和个人，按照有关规定予以表彰奖励。

河南省人民政府

2014 年 4 月 28 日

附录二　中华人民共和国成立前的度量衡管理

一、计量机构

清朝以前，河南省度量衡机构无考。

中华民国时期，河南省设有省、县两级行政管理和技术检定统一的度量衡机构。

（一）省级计量行政机构

计量行政机构是各级政府主管计量的职能部门，主要职责是代表政府施行计量法令，管理本地区的计量工作。河南省的计量行政机构始建于 1931 年。

1931 年 9 月，河南省在建设厅内设河南省度量衡检定所，主管全省度量衡事宜。该所是行政与技术合一的机构，负责在全省贯彻执行中央颁布的计量法令，推行公制，组织建立县级度量衡机构，建立度量衡标准，开展度量衡器具检定和检查等。全所共 14 人。1937 年侵华日军入侵河南省后，度量衡检定所不复存在。1945 年日军投降，河南省建设厅重新开始筹建度量衡机构。

（二）县级计量行政机构

中华民国时期，河南省建有行政管理和技术检定合署的县级度量衡机构。1933 年开始，除潢川、光山、固始、商城、桐柏、经扶（今新县）、内乡、淅川、罗山等 9 县未设度量衡机构外，其余各县均设立了度量衡检定所。郑县配有 3 名检定员，其他各县度量衡检定所都只有 1 名检定员，且有些并未到职。1937 年，侵华日军入侵河南省，县级度量衡机构不复存在。

（三）企业机构

中华民国时期，河南省工业基础薄弱，厂矿企业生产虽使用计量器具，但无一企业建有计量机构。

二、计量管理

中国历代王朝都建立有严格的度量衡管理制度，特别是秦统一后建立起的度量衡管理法制比较完备，对以后各代产生了很大影响。

中华民国时期，政府曾颁布度量衡法令，并制发了一些配套法规，但由于政局不稳，战事频繁，成效甚微。

（一）管理法规

中国古代已对度量衡进行管理。周、秦、汉、隋、唐、宋、明、清等王朝都发布有度量衡管理方面的诏书和规定。中华民国时期颁布了《权度法》《权度标准方案》《度量衡法》。

夏商时期已制定有度量衡管理办法。周朝对度量衡管理比较严格，“犯禁者举而罚之，市中成贾，必以量度”（《周礼》）。

春秋战国时期，秦国商鞅制定了“平斗桶、权衡、丈尺”之法。公元前 221 年，秦始皇统一全国后，发布统一度量衡诏书：“廿六年，皇帝尽并兼天下诸侯，黔首大安，立号为皇帝，乃诏丞相状、绾，法度量，则不壹，歉疑者，皆明壹之”。其大意为：“秦始皇二十六年（公元前 221 年）统一了天下，百姓安宁，立皇帝称号，下诏书给丞相隗状和王绾，制定度量衡法律制度，其不合法定的，都必须明确统一起来。”见下图。同时，还规定了严格的度量衡管理制度。度量衡器具要定期校正；使用的度、量、衡器超出允差，就要受到处罚。

汉代基本沿用秦制，同时规定铸造四铢钱所用衡器不准，要罚服苦役 10 天。

秦始皇统一度量衡铜诏版

秦始皇统一度量衡铜诏版拓本

唐宋承隋制，加强了度量衡管理。凡不按规定进行校正，或制造、使用不合格的度量衡器具的，都要受到惩处。《唐律疏议》规定："有校勘不平者，杖七十，监校官吏不觉，减仗罪一等，合仗六十，知情者与同罪"；"使用斛、斗、秤、度出入官物而不平，有增减者，以坐赃论，入已者以盗论"；"其在市用虽平，而不经官司印者，笞四十"。情节严重的，甚至处以死刑。宋代规定度量衡器由太府寺监制，不许民间私造。年号有了变化要加盖印记。

明清两代，在度量衡管理上又有加强。据《明会典》记载，明王朝从洪武元年（1368 年）到嘉靖四十五年（1566 年），共 17 次颁布度量衡法令。

清代，政府不仅制发了标准器，而且还有严格的处罚措施，如收钱粮，若私改部颁权度，受笞刑 100；因私铸权量而得益者，按坐赃论罪，其工匠也要受笞刑 80；监督官吏知情不举，与犯者同罪，但死罪减一等；私用未经官府校勘烙印之度量衡，笞刑 40。

中华民国时期，北洋政府于 1915 年公布了《权度法》，但多数省未予执行。1928 年，南京国民政府公布了《中华民国权度标准方案》，1929 年发布《度量衡法》，随后又陆续公布了 30 多种法规。1935 年，在中华民国政府明令公布的《刑法》中，列有"伪造度量衡罪"一章。1932 年 6 月，河南省宣布实施《度量衡法》。是年 12 月，河南省政府公布了《省建设厅考核各县县长办理度量衡划一奖惩办法》，但此《办法》并未全面实施。

（二）制造修理管理

中国历代王朝都重视度量衡器具的制造修理管理。到了近代，以尺、斗、秤为主的度量衡器生产已相当普遍。1935 年，河南省经申请核准生产尺、斗、秤的厂店有 40 余家。

1. 制造修理

河南殷墟出土的骨尺和牙尺，证明商代已有度量衡器具生产。大量出土文物表明，春秋战国时期，度量衡器具生产已相当普遍。秦始皇统一全国后，监制了大量的度量衡标准器，发往全国各地。西汉时期，度量衡标准器由中央统一制造，地方上的郡县、大族也都可以自制度量衡器具，但单位量值必须符合国家标准。新莽时期，中央统一监制发放了一大批度量衡标准器，并科学地制造发明了"嘉量""卡尺"等度量衡器具，其准确、精细程度达到前所未有的高度。其后 1000 多年，欧洲才有了游标卡尺。南北朝时期，由于管理混乱，民间私造度量衡器具较多。唐、宋以后，政府明令规定，度量衡器具由政府统一监制，不准私人制造。北宋时期，政府官员刘承珪首制精密秤，表明戥秤起源于河南。

清末到中华民国时期，河南各地尺、斗、秤生产已相当普遍。1932 年 3 月，河南省建设厅下设度量衡制造厂，8 月划归河南省度量衡检定所领导。该厂主要产品是木尺、圆斗、升和各种秤，有管理、检定员各 1 人，雇佣工匠 40 人。河南省度量衡检定所曾监制了一批标准铁砝码，用于衡器检定。据 1935 年《河南省政府年刊》记载，当年申请核发民营度量衡营业许可执照的有 25 个县的 44 家厂店，其主要产品是尺、斗、秤，雇工都在 10 人以下。

古代和近代，河南省没有专业度量衡修理厂店，生产厂店兼营修理业务。

2. 监督管理检查

中华民国时期，曾规定制造度量衡器具必须符合《度量衡法》的要求，即只准生产公、市制器具；生产、修理、贩卖度量衡器具者须经地方主管部门许可；如有违背《度量衡法》的行为，主管部门有权停止其营业；伪造度量衡器具者依法论处；河南省度量衡检定所对河南省建设厅度量衡制造厂派出专职检定员驻厂检定，其余民营厂、店的产品，送当地度量衡检定所检定。但是，由于度政机构不健全，度政管理松弛，不经检定出售乃至伪造度量衡器具者仍为数不少。

三、计量单位制

先秦以后，中国度量衡单位制度几经变革，单位量值逐渐增大。中华民国时期，政府颁布《度量衡法》，推行公制，但河南省并未普遍实行，度量衡单位制度终未统一。

（一）古代度量衡单位制

中国度量衡历史悠久。夏代就有了度量衡器具，并建立了度量衡制度。春秋、战国时期，度量衡经历了由混乱趋向统一的发展过程。秦统一中国后，把商鞅制定的度量衡标准推行全国，首次统一了度量衡，并一直沿用到东汉末年。其间，单位量值略有增长。三国、两晋、南北朝时期，度量衡制度十分混乱，单位量值剧增，出现了“南人适北，视升为斗”的局面。隋统一后，把增大了的度量衡量值确定下来，再度统一度量衡。唐、宋沿用隋制，单位量值相对稳定。唐度量衡又分大、小二制，官民日常用大制，调钟律、测晷影、合汤药以及冠冕之制用小制。辽、金、元文献罕有记载，据推测单位量值比宋又有增大。明、清两代度量衡单位量值较为接近。光绪三十四年（1908 年），清政府采用营造尺库平制，以营造尺的长度和库平两的重量为准，同时规定尺、升、两分别为度、量、衡的主单位。

从秦至清 2000 多年间，度量衡制度不断演变，单位量值逐渐增大。尺度由每尺 23 厘米增至 32 厘米，容量由每升 200 毫升增至 1000 多毫升，衡重由每升 250 克增至 600 克。到清末，长度和容量都已是 10 进位制，唯衡重是 16 进位制。

1. 尺度

夏、商二代尺度记载甚少。出土于殷墟的骨尺、牙尺，长在（15.78 ~ 16.95）厘米之间。

先秦尺度至今所见实物，只有洛阳东周古墓出土的铜尺，长 23.1 厘米。

秦统一后，1 尺约合 23 厘米。西汉尺长仍为 23 厘米左右，至东汉渐长至 24 厘米。

三国、西晋时，尺度 24.2 厘米。东晋至梁，尺度继续伸长至 25 厘米。同时期的北朝常用尺增长更快，至北朝末，北周 1 尺长 29.6 厘米，北齐 1 尺长 30.1 厘米。

由于三国、两晋、南北朝以后尺度增长迅速，影响到天文测量和律管制作数据的精确性，天文尺和乐律尺逐渐从民用尺中分离出来，各自作为尺度的一个分支而单独发展，其量值各朝虽有增减，但总的变化不大。

隋、唐沿用北周的尺度，官定尺长 29.6 厘米。中唐以后略有伸长，至唐末、五代已达 31 厘米。唐代尺分大、小二制，大制 1 尺（29.6 厘米）相当于小制 1 尺 2 寸。宋尺长大抵与五代相同，为 31 厘米。辽、金、元尺度由于缺乏记载和实物，尚不能确定，只是“传闻至大”。

明代尺分营造、裁衣、量地 3 种。营造尺长 32 厘米，量地尺长 32.7 厘米，裁衣尺长 34 厘米。清代尺以营造尺长度为准，一尺长 32 厘米。

2. 容量

战国之前的容量单位量值至今无法确知。

战国时期，量制比较混乱，容量单位至少有20余种，各诸侯国容量有2、4、5、10、16进位。量值也各不相同，如：秦1升合今200毫升，赵1升合175毫升，韩1升合169毫升，楚1升合225毫升。战国末年，容量单位量值呈统一趋势，“升”“斗”被普遍使用，且多为10进位制，10升为斗，10斗为斛，每升的单位量值在200毫升上下。

秦统一度量衡后，1升合今200毫升，单位是龠、合、升、斗、斛，10进位制。汉袭秦制。

南北朝时，南朝1升合今200毫升；北魏时1升合400毫升；北周末年增至600毫升。

隋统一后，以古3升为1升，合今600毫升。唐沿用隋制，容量分大、小二制，大制1升（今600毫升）为小制3升。

宋代改进容量单位，将原10斗为1斛改为5斗为1斛，10斗为1石，同时单位量值略有所增，1升合（600~670）毫升。

明代1升合今1022毫升，清代1升合今1035毫升。

3. 衡重

战国之前，衡重的单位和量值目前尚不能确定。

战国时期，各国的衡制存在着差异。随着各国间经济交往日益频繁，以斤、两为主单位的衡制逐步形成，量值也基本统一。秦、楚1斤约合今250克，燕1斤约合今248克，赵1斤约合今217克。

秦统一衡制，1斤约合今250克。汉承秦制。秦、汉衡制的单位是铢、两、斤、钧、石，24铢为1两，16两为1斤，30斤为1钧，4钧为1石。

三国、两晋和南朝各代，单位量值比秦汉略有所增，北朝则增长迅速。北魏时1斤约合今500克。此后继续增长，至隋时，以古秤3斤为1斤。

唐代衡制分大、小二制，3小斤为1大斤，1斤相当于（640~680）克。唐又改进了衡制单位，以“两、钱、分、厘”10进位代替“两、铢（24铢为1两）、累（10累为1铢）、黍（10黍为1累）”非10进位制。

宋单位量值与唐较为接近。据出土衡器考证，1斤合今（625~640）克。

明代1斤约合今593克，清代1斤约合今597克。

（二）公制、市制和杂制

公制和市制是中华民国时期开始推行的度量衡制度。公制又称米制，市制是公制的辅制。中华民国时期，北洋政府和南京国民政府先后颁布《权度法》和《度量衡法》，在全国推行公制。但是在河南省，公制并未推行开，作为辅制的市制却比较普遍地通行起来。这一时期，出现在生产和流通领域的还有历史遗留和国际交往中流入的各种旧杂制。

1. 公制

中华民国成立时，世界上许多国家都采用了米制。1915年，北京政府公布《权度法》，规定营造尺库平制为甲制，米制为乙制，两制兼用。此后13年，米制在全国大部分省、市未能实施，河南省也仅拟定了“划一权度简章”。

1928年—1929年，南京国民政府又先后颁布《中华民国权度标准方案》和《度量衡法》，明确万国公制（即米突制）为中华民国标准制，长度以1公尺（100厘米）为标准尺，容量以1公升（1000毫升）为标准升，重量以1公斤（1000克）为标准斤。暂设市用制为辅制。要求从1930年起在全国推行新制，至1935年完成划一。但是，河南省在推行新制过程中，公制未能实施。

2. 市制

1928年，南京国民政府公布《中华民国权度标准方案》，以公制为标准制，暂设市制为辅制。长度以1标准尺的1/3为1市尺（约33.3厘米），地积以6000平方尺为1亩，容量以1标准升为1升（1000毫升），重量以1标准斤的1/2为1市斤（500克）。市制的名称及其与公制的比率关系从此确立。

市制既与公制有明确的比率关系，又大体沿用了营造尺库平制的量值，兼顾国民的传统习惯，易于为群众接受。河南省在新制推行过程中，公制未能实施，而作为辅制的市制却在不少市、县城乡通行开来。

中华民国政府原规定河南省于1931年底以前完成度量衡划一，但由于河南省度量衡检定所1931年9月始成立，不能如期完成任务。河南省建设厅遂呈中华民国政府实业部核准延期一年划一。

1932年6月1日，河南省省内开始推行度量衡新制，自省会开封始。首先是对度量衡器具的生产、经营进行登记，接着分3批要求开封城乡工商业者更换使用的度量衡旧器。第一批要求是年6月30日以前更换完毕；第二批要求是年7月30日以前更换完毕；第三批要求是年9月15日以前更换完毕。新制推行计划公布后，各行各业更换度量衡新器者寥寥无几，如馍面铺290家有旧制秤460支，只换用新制秤70支。

在公用度量衡器具划一方面，各机关也多不按要求进行，敷衍政令者不少。

直至1933年1月，河南省度量衡检定所才宣布开封完成划一。继开封之后，各县开始推行新制，但进展缓慢。至1935年年底，全省宣布完成划一的县仅有淇县、登封；宣布城关、集镇及部分居民实行新制的有灵宝等8县；宣布城关及集镇实施新制的有郑县等40个县；仅城关推行新制的有通许等36个县；正在筹办的有沈丘等15个县；另有潢川等9个县未办理新制推行事宜。

1937年，侵华日军入侵后，河南省沦陷，新制推行陷于停滞，大部分地区新、旧制混合使用，一部分地区完全恢复了旧制。1941年，日伪河南省政府对34个县、市的度量衡使用情况进行了调查，完全恢复旧制的有14个县，新旧制并用的有20个县。

3. 杂制

河南省历史上的杂制分古代遗留与外来两类。

历史遗留下来的杂制度量衡器具数量繁多，单位量值不统一，边远地区尤甚。新制推行的不彻底，更加剧了度量衡的混乱。这种状况从本“史”第一章第一节“1949年河南度量衡情况调查”中可见一斑。

鸦片战争以后，外国的计量制度相继传入中国，英制和日制都曾在河南省出现。当时，纺织工业中使用有英制尺，商贸中常见有码（1码为91.44厘米）、磅（1磅为0.4536公斤）、打（1打为12只）等计量单位。

四、计量标准

周、秦、汉、晋、唐、宋、明、清等各王朝都有中央权力机关掌管的度量衡标准。

中华民国时期，河南省仅建立有几种度量衡标准，数量少，准确度低，只能对一些量大面广的尺、斗、秤进行检定。

（一）长度计量标准

清代以前，河南省的长度标准没有记载。但从出土的度量衡文物看，河南省的古尺年代久远，数量较多，不少为国之珍品。清时，以营造尺为长度标准。

中华民国时期，河南省度量衡检定所于1931年建立了一种正副量端器标准，仅可用以校正商、民用尺。之后，部分县也建立了该项长度标准。

（二）温度计量标准

中华民国及以前，河南省没有建立温度计量标准。

（三）力学计量标准

力学计量标准包括古代度量衡中的量和衡两项。

河南省出土有不少古代量器、衡器，有的年代较早，为国家珍品，如战国时期的廪陶量、秦权等。

中华民国时期，河南省度量衡检定所仅于1931年购置了铜斗和5公斤、20公斤、30公斤铁砝码、克组铜砝码，准确度等级偏低，只能用于检定斗、杆秤、台秤等量器、衡器，不能检定与其等级相同的县级标准。

（四）电磁计量标准

古代没有电磁计量。中华民国时期，河南省工业不发达，电磁仪表极少，河南省度量衡检定机构亦无力开展此项检定。

五、量值传递

量值传递就是通过对测量仪器的校准或检定，将国家测量标准所实现的单位量值通过各等级的测量标准传递到工作测量仪器的活动，以保证测量所得的量值准确一致。

古代，度量衡有定期校验制度。中华民国时期，也有度量衡检定的规定，但执行不够严格。

计量检定是量值传递中的一个重要步骤，将国家的计量基准量值逐级传递到工作计量器具必须经过这一环节。

古代，为保证度量衡量值准确，大多数王朝都规定有度量衡定期校验制度。《礼记・月令》载：周时“每逢仲春之月，日夜分，则同度量，钧衡石，角斗甬，正权槩；仲秋之月，日夜分，则同度量，平权衡，正钧石，角斗甬。”意即一年分春分、秋分两次校正度量衡器具。之所以选择这样的时间，在于“昼夜均而寒暑平”，排除了度量衡器具热胀冷缩的因素，保证了检定数据的准确。秦代制度大致相同。秦《工律》规定，校正度量衡器具不得超过一年。高奴铜权是战国时期秦发至高奴的标准器，秦始皇统一中国后，将权调到咸阳检定，并加刻诏书。秦二世时又将权调回检定，加刻二世诏书。汉代也选在仲春、仲秋校验度量衡，违者依法处置。东汉大司农铜斛等均镶有“检封”字样，此系官方检定后的封印。唐代每年八月校正斛、斗、秤、度，并加盖印署后方准使用。宋代每逢改元之年即校正印烙度量衡器具。明太祖时，在京兵马指挥司和管市司每三日校正一次街市斛斗秤尺，省、府、州使用的度量衡器具也都有校正规定。清代，民间“私用未经官府校勘烙印的度量衡，虽大小轻重与法定制度相等，亦受笞刑四十”（《中国度量衡史》）。

中华民国时期，河南省也规定有度量衡逐级校正制度。1931年河南省度量衡检定所成立后，于1932年4月开展了度量衡器具的检定工作，当年检定度量衡器具29372件。1932年下半年，河南省度量衡检定所举办了3等度量衡检定员训练班，为各县培养检定人员。1934年，全省开展度量衡器具检定的县有61个，次年达81个。1935年，河南省度量衡检定所及各县共检定度量衡器具96825件。但是，由于经费不足，河南省度量衡检定所仅建立了低等级的、与各县基本相同的标准，只能对制造、使用的部分量大面广的度量衡器具进行检定，而不能检定各县的度量衡标准。

六、河南省出土和现存的部分度量衡器

河南省地处中原，历史悠久，是中华民族的重要发源地之一，相当长历史时期内是华夏政治、经济、文化中心，度量衡之发生发展，成绩卓著，彰显了中国古代近代度量衡的璀璨文化，诸多重大计量实践和理论创新成果，对于统一巩固国家政权，促进社会发展起到了重要基石作用。

（一）贾湖骨笛（新石器时代）

1987年舞阳县贾湖遗址出土，长22.7厘米，7孔，磨制精细，距今8000多年，河南博物院藏。贾湖骨笛是迄今为止中国考古发现的最古老的乐器，也是世界上最早的可吹奏乐器，见图附录二-6-1。

图附录二-6-1
新石器时代 贾湖骨笛

（二）安阳骨尺

安阳殷墟出土的骨尺和牙尺是迄今发现年代最久远的量器。骨尺长 16.95 厘米，分、寸均刻 10 进位。牙尺有二：一是长 15.78 厘米，宽 1.6 厘米，厚 0.5 厘米，正面刻 10 寸，每寸刻 10 分，现收藏于中国历史博物馆；一是长 15.8 厘米，宽 1.8 厘米，厚 0.5 厘米，正面刻 10 寸，每寸刻 10 分，上海博物馆藏，见图附录二 -6-2、图附录二 -6-3、图附录二 -6-4。

图附录二 -6-2
商　骨尺

图附录二 -6-3
商　牙尺

图附录二 -6-4
商　牙尺

（三）战国铜尺

尺长 23.1 厘米，宽 1.7 厘米，厚 0.4 厘米，与新莽尺长短相近，横断面略呈拱形，正背两面无刻度，仅在一侧刻 10 寸，第一寸处刻 11 格，第五寸处刻交午线，一端有孔。1931 年前后洛阳金村东周墓群出土，为战国中晚期器物，由美国人福开森购得后赠金陵大学（福开森曾撰《得周尺记》，发表于 1935 年 7 月 6 日《大公报》），现存南京大学，见图附录二 -6-5。

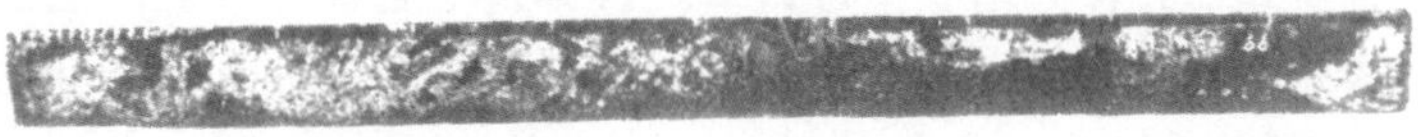

图附录二 -6-5
战国　铜尺

（四）战国廪陶量

登封县出土的战国廪陶量，高 11.2 厘米，口径 15.5 厘米，容积 1670 毫升，鼓腹、敛口、平底，1977 年登封县告成古阳城战国建筑遗址出土。为战国器物一斗量器，用于官府贮藏粮食仓库（古代官府粮仓用量器多为标准器），河南博物院藏，见图附录二 -6-6。

图附录二 -6-6　战国　廪陶量

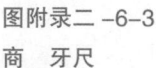

图附录二 -6-7　战国・韩　阳城陶量

（五）战国阳城陶量

登封县告成出土的战国阳城陶量，高 10.9 厘米，口径 16.7 厘米，容积 1690 毫升，直腹平底，周身饰暗弦纹，口沿有“阳城”印文三方，器壁与底部有三处刻划“又”符号，1977 年登封县告成古阳城炼铁遗址出土，为战国时韩国器物，河南博物院藏，见图附录二 –6–7。

（六）秦铁权

1986 年宝丰县商酒务乡古城村出土的秦铁权，高 15 厘米，底径 25.7 厘米，重 30 公斤，上有拱状纽，环绕腹部有秦始皇统一度量衡的 40 字诏书，宝丰县文化馆藏，见图附录二 –6–8。

图附录二 –6–8
秦　铁权

（七）汉代牙尺

尺长 23.3 厘米，宽 1 厘米，厚 3 厘米，刻 10 寸，每寸对边各刻 10 分，一端有孔，洛阳玻璃厂出土，为汉代器物，现存洛阳文物工作队，见图附录二 –6–9。

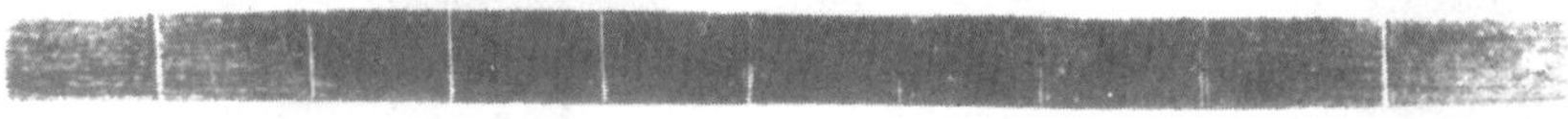

图附录二 –6–9
汉　牙尺

（八）汉 · 新朝　铜斛

中牟县出土的铜斛，为汉 · 新朝量器，高 26.1 厘米，口径 32.8 厘米，器身刻篆书 81 字铭文，记载王莽在全国范围内颁布标准度量衡器的史实，中国国家博物馆藏，见图附录二 –6–10。

（九）汉 · 新朝　铜撮

始建国铜撮，长 11.5 厘米，高 1.22 厘米，口径 2 厘米，容积 2.1 毫升，圆口、平底、有长柄，器壁一周刻“……积百六十二分，容四圭”，柄刻“始建国元年正月癸酉朔日制”。经实测四圭为一撮，五撮为龠。1956 年陕县隋墓出土，系新莽器物，见图附录二 –6–11。

图附录二 –6–10　汉 · 新朝　铜斛

图附录二 –6–11　汉 · 新朝　铜撮

（十）东汉光和大司农农铜斛

睢县出土的东汉光和大司农铜斛，高 22.4 厘米，口径 37 厘米，容积 20400 毫升，上口及底部略侈，腰部围三道弦纹，两侧有短柄，近柄处有银检封用的凸起小方框。口沿、底沿皆刻相同铭文 89 字，大意是：大司农按规定制造度量衡器发至各州，并在秋分日检定，以保证全国量值统一。铜斛相传于 1815 年在睢县出土，系东汉器物，上海博物馆藏，见图附录二 –6–12。

（十一）东汉张衡发明地动仪

候风地动仪（东汉）由东汉时期天文学家张衡制造，见图附录二 –6–13（仿）。

张衡（公元 78 年—公元 139 年），南阳西鄂（今河南省南阳市石桥镇）人，为我国天文学、机械技术、地震学的发展做出了不可磨灭的贡献。他采用齿轮系统把浑象（天球仪）和计时漏壶结合起来，制成了世界上第 1 台大型天文仪器“浑天仪”，用来演示星空变化。公元 132 年，张衡发明了最早的地动仪，曾成功测到过洛阳的一次地震。据当时记载：“验之以事，合契若神。”这台仪器不仅博得当时人的叹服，就连今天的科学家也无不赞叹。由于他的贡献突出，联合国天文组织曾将太阳系中的 1802 号小行星命名为“张衡星”。

图附录二 –6–12　东汉光和大司农铜斛

图附录二 –6–13　东汉　候风地动仪

（十二）东汉　百一十斤权

直径 29 厘米，厚 15.4 厘米，重 23940 克，青石制作，略呈扁圆形，正面拱起，背面平直，上部权纽已残缺。权身阴文隶书“百一十斤”（每斤合 217.6 克）。相传洛阳出土，为东汉器物，故宫博物院藏，见图附录二 –6–14。

（十三）北魏　铁秤砣

高 3 厘米，底径 4.7 厘米，重 155 克，瓜形，八棱，上有瓜叶状纹饰鼻纽，重量不规律，为杆秤秤砣。1974 年渑池县出土，系北魏器物，河南博物院藏，见图附录二 –6–15。

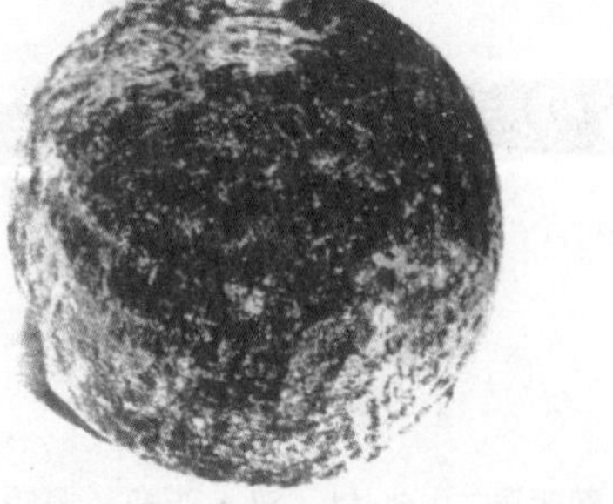

图附录二 –6–14　东汉　百一十斤权

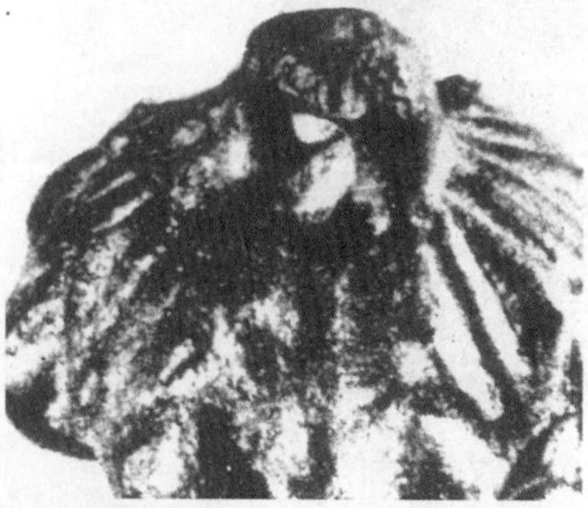

图附录二 –6–15　北魏　铁秤砣

（十四）北宋精密戥秤

刘承珪（949 年—1012 年），自宋初当宦官，历事三朝，深所倚信。他掌管内藏 30 年，对度量衡很有研究，为宋朝的权衡改制，作出了突出的贡献。《太宗实录》及《册府元龟》等史籍的编修，就有刘承珪的一份心血。另外他还曾参与封查府库，平定土民动乱，防备契丹等事件。刘承珪是宋代宦官中较有作为的人物。他在北宋开封首制的戥秤，见图附录二 –6–16（仿），称量比一般杆秤精确，深受行市、商贾、百姓欢迎，成为此后称量金银、药物等贵重物品的专用衡器而沿用了一千年。

（十五）元代观星台（量天尺）

元代郭守敬在登封县告成镇建观星台，台北有一石圭，又称量天尺，是中国古代测量日影长度的圭表装置。该装置以 36 方青石铺平而成，长 31.19 米，宽 0.545 米，高（56~62）厘米，圭面刻双股水道，深 2 厘米，宽 2.5 厘米，两水道间隔 15 厘米，南端有注水池，北端有泄水池，方位与当地子午线方向相符。见图附录二 –6–17。

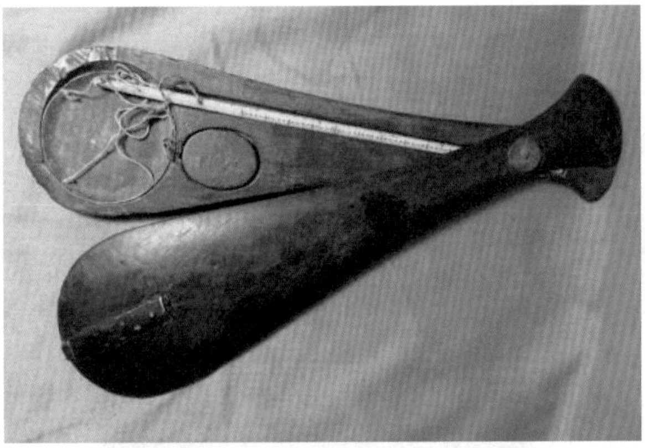

图附录二 –6–16　北宋　精密戥秤（仿）

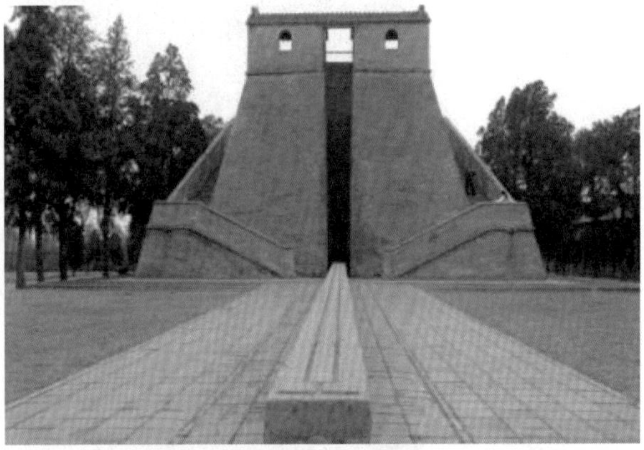

图附录二 –6–17　元　观星台（量天尺）

观星台是中国元代的天文台，是中国著名的天文科学建筑物，见图附录二 –6–17。观星台位于登封县城东南 12 公里的告成镇周公庙内，距周公测景台 20 米。至元十三年（公元 1276 年）由元代天文学家郭守敬创建，至今已有 700 余年的历史，其作用是：昼测日影，夜观极星，以正朝夕。郭守敬通过实地测验，掌握了日月星辰和地球的运转规律，测定出一年二十四节气，夏至和冬至，春分和秋分的精确时刻，实行了当时世界最先进的历法《授时历》，推算出一个回归年为 365 天 5 时 49 分 12 秒，与现在的测定仅相差 26 秒，与世界上通用的《格里高利历》分秒不差，但郭守敬的《授时历》比《格里高利历》早 300 余年。观星台是一座具有侧影、观星和计时等多种功能的天文台。观星台系砖石混合建筑结构，由盘旋台阶踏道环绕的台体和自台北壁凹槽内向北平铺的石圭两个部分组成。石圭用来度量日影长短，所以又称“量天尺”。通过仿制横梁、景符进行实测，证明观星台的测量误差相当于太阳天顶距误差 1/3 角分。1961 年，国务院批准登封观星台为全国重点文物保护单位。

郭守敬（1231 年—1316 年），字若思，元朝著名的天文学家、数学家、水利工程专家。他建造了登封“观星台”（又名量天尺）。他创制和改进了简仪、圭表、候极仪、浑天象、仰仪、立运仪、景符、窥几等 10 多件天文仪器仪表；在中国各地设立 27 个观测站，进行了大规模的“四海测量”，天文历法著作有《推步》《立成》《历议拟稿》《仪象法式》《上中下三历注式》和《修历源流》等 14 部，共 105 卷。为纪念郭守敬的功绩，国际天文学会将月球背面的一环形山命名为“郭守敬环形山”；国际小行星中心将小行星 2012 命名为“郭守敬小行星”。

（十六）明代朱载堉著《律学新说》

《律学新说》点注本见图附录二 –6–18。

朱载堉（公元 1536 年—公元 1611 年），生于怀庆府河内县（今河南省焦作市沁阳市），是明太祖朱元璋的第八世孙，中国明代伟大的自然科学家和艺术家，著作有《律学新说》等。他首创了十二平均律的弦乐器和管乐器，为世界上相同律制乐器的始祖；谱写了世界上最早的平均律曲谱；提出了严格的管乐器的管口校正方法和校正公式，比西方同样的理论早300年；第一个提出了“舞学”一词，并为之规定了内容大纲；首创了求解等比数列的计算方法；第一个解决了不同进位制的换算方法；第一个在珠算上进行开方运算；他还精确地测算出北京的地理纬度和地磁偏角；精确地计算出回归年的长度值和水银比重，被中外学者誉为“东方文艺复兴式的圣人”，被列为“世界历史文化名人”。

（十七）明二十五两铜砝码

长8厘米，宽5厘米，厚3厘米，重928.4克。1977年荥阳县汜水虎牢关出土，自铭刻“贰拾伍两……崇祯丁丑年置……”，为明代器物，每两合37.14克，1斤合594.24克，郑州市博物馆藏，见图附录二-6-19。

图附录二-6-18　明　朱载堉《律学新说》点注本封面

图附录二-6-19　明　二十五两铜砝码

（十八）中华民国时期铁砝码

中华民国时期，河南省度量衡检定所建立的质量标准——5千克、20千克、30千克铁砝码，见图附录二-6-20。

（十九）中华民国时期铜斗

中华民国时期，河南省度量衡检定所建立的容量标准——铜斗，见图附录二-6-21。

图附录二-6-20　中华民国时期　铁砝码

图附录二-6-21　中华民国时期　铜斗

附录三　计量名词术语

一、量和单位

1. 量

现象、物体或物质的特性，其大小可用一个数和一个参照对象表示。

注：

（1）量可指一般概念的量或特定量，如表所示。

一般概念的量		特定量
长度，l	半径，r	圆 A 的半径 r_A 或 r(A)
	波长，λ	钠的 D 谱线的波长 λ 或 λ(D; Na)
能量，E	动能，T	给定系统中质点 i 的动能 T_i
	热量，Q	水样品 i 的蒸汽热量，Q_i
电荷，Q		质子电荷，e
电阻，R		给定电路中电阻器 i 的电阻，R_i
实体 B 的物质的量浓度，c_B		酒样品 i 中酒精的物质的量浓度，c_i(C_2H_5OH)
实体 B 的数目浓度，C_B		血样品 i 中红血球的数目浓度，C(E_{rys}; B_i)
洛氏 C 标尺硬度（150kg 负荷下），HRC（150kg）		钢样品 i 的洛氏 C 标尺硬度，HRC（150kg）

（2）参照对象可以是一个测量单位、测量程序、标准物质或其组合。

（3）量的符号见国家标准《量和单位》的现行有效版本，用斜体表示。一个给定符号可表示不同的量。

（4）国际理论与应用物理联合会（IUPAC）/ 国际临床化学联合会（IFCC）规定实验室医学的特定量格式为“系统 - 成分；量的类型”。

（5）这里定义的量是标量，然而，各分量是标量的向量或张量也可认为是量。

（6）“量”从概念上一般可分为物理量、化学量、生物量，或分为基本量和导出量。

2. 量纲

给定量与量制中各基本量的一种依从关系，它用与基本量相应的因子的幂的乘积去掉所有数字因子后的部分表示。

注：

（1）因子的幂是指带有指数（方次）的因子。每个因子是一个基本量的量纲。

（2）基本量量纲的约定符号用单个大写正体字母表示。导出量量纲的约定符号用定义该导出量的基本量的量纲的幂的乘积表示。量 Q 的量纲表示为 dim$Q$。

（3）在导出某量的量纲时不需要考虑该量的标量、向量或张量特性。

（4）在给定量制中。

——同类量具有相同的量纲；

——不同量纲的量通常不是同类量；

——具有相同量纲的量不一定是同类量。

（5）在国际量制（ISQ）中，基本量的量纲符号见下表。

基本量	量纲符号
长度	L
质量	M
时间	T
电流	I
热力学温度	Θ
物质的量	N
发光强度	J

由此，量 Q 的量纲为 $\dim Q=L^{\alpha}M^{\beta}T^{\gamma}I^{\delta}\Theta^{\varepsilon}N^{\zeta}J^{\eta}$，其中的指数称为量纲指数，可以是正数、负数或零。

3. 国际单位制（SI）

由国际计量大会（CGPM）批准采用的基于国际量制的单位制，包括单位名称和符号、词头名称和符号及其使用规则。

注：

（1）国际单位制建立在ISQ的7个基本量的基础上，规定了基本量和相应基本单位的名称和符号。

（2）SI的基本单位和一贯导出单位形成一组一贯的单位，称为“一组一贯SI单位”。

（3）关于国际单位制的完整描述和解释，见国际计量局（BIPM）发布的SI小册子的最新版本，在BIPM网页上可获得。

（4）量的算法中，通常认为“实体的数”这个量是基本单位为一、单位符号为1的基本量。

（5）规定了倍数单位和分数单位的SI词头。

4. 法定计量单位

国家法律、法规规定使用的测量单位。

5. 测量单位

又称计量单位，简称单位。根据约定定义和采用的标量，任何其他同类量可与其比较使两个量之比用一个数表示。

注：

（1）测量单位具有根据约定赋予的名称和符号。

（2）同量纲量的测量单位可具有相同的名称和符号，即使这些量不是同类量。例如，焦耳每开尔文和J/K既是热容量的单位名称和符号也是熵的单位名称和符号，而热容量和熵并非同类量。然而，在某些情况下，具有专门名称的测量单位仅限用于特定种类的量，如测量单位“秒的负一次方”（1/s）用于频率时称为赫兹，用于放射性核素的活度时称为贝克（Bq）。

（3）量纲为一的量的测量单位是数。在某些情况下这些单位有专门名称，如弧度、球面度和分贝；或表示为商，如毫摩尔每摩尔等于10^{-3}，微克每千克等于10^{-9}。

（4）对于一个给定量，“单位”通常与量的名称连在一起，如“质量单位”或“质量的单位”。

6. 量值

全称量的值，简称值。用数和参照对象一起表示的量的大小。

注：

（1）根据参照对象的类型，量值可表示为：一个数和一个测量单位的乘积，量纲为一，测量单位1；一个数和一个作为参照对象的测量程序；一个数和一个标准物质。

（2）数可以是复数。

（3）一个量值可用多种方式表示。

（4）对向量或张量，每个分量有一个量值。

7. 量的真值

简称真值，指与量的定义一致的量值。

注：

（1）在描述关于测量的“误差方法”中，认为真值是唯一的，实际上是不可知的。在“不确定度方法”中认为，由于定义本身细节不完善，不存在单一真值，只存在与定义一致的一组真值，然而，从原理上和实际上，这一组值是不可知的。另一些方法免除了所有关于真值的概念，而依靠测量结果计量兼容性的概念去评定测量结果的有效性。

（2）在基本常量的这一特殊情况下，量被认为具有一个单一真值。

（3）当被测量的定义的不确定度与测量不确定度其他分量相比可忽略时，认为被测量具有一个“基本唯一”的真值。这就是GUM和相关文件采用的方法，其中“真”字被认为是多余的。

8. 约定量值

又称量的约定值，简称约定值。指对于给定目的，由协议赋予某量的量值。

注：

（1）有时将术语“约定真值”用于此概念，但不提倡这种用法。

（2）有时约定量值是真值的一个估计值。

（3）约定量值通常被认为具有适当小（可能为零）的测量不确定度。

9. 量子物理

研究微观粒子运动规律和物质微观结构的理论。

10. 物理常数

在人类探索自然界物质运动基本规律的历史过程中发现和确定的物理基本常量。它们不随时间、地点的改变而改变。与物理科学和其他许多科学及应用有密切的关系，在实验和理论中起着很重要的作用。

11. 动态量

当时间或空间变化时，描述动态过程特征的量。

二、测量

1. 测量

通过实验获得并可合理赋予某量一个或多个量值的过程。

注：

（1）测量不适用于标称特性。

（2）测量意味着量的比较并包括实体的计数。

（3）测量的先决条件是对测量结果预期用途相适应的量的描述、测量程序以及根据规定测量程序（包括测量条件）进行操作的经校准的测量系统。

2. 计量

实现单位统一、量值准确可靠的活动。

3. 计量学

测量及其应用的科学。

注：计量学涵盖有关测量的理论及其不论其测量不确定度大小的所有应用领域。

4. 计量比对

在规定条件下，对相同准确度等级或指定不确定度范围的同种测量仪器复现的量值之间比较的过程。

5. 国际比对

各国国家测量标准之间所进行的双边或多边的标准比对，以及一国或多国国家测量标准与国际计量局保存的国际测量标准之间所进行的比对，目的是使不同国家的国家测量标准所保存的同一测量单位保持一致性。

6. 主导实验室

对计量比对的组织、实施负主要技术责任的实验室。

7. 计量校准

在规定条件下，为确定测量仪器或测量系统所指示的量值，或实物量具或参考物质所代表的量值，与对应的由标准所复现的量值之间关系的操作。

8. 测量校准能力

指通常提供给用户的最高校准测量水平，它用包含因子 k=2 的扩展不确定度表示，有时也称为最佳测量能力。

三、测量结果

1. 测量结果

与其他有用的相关信息一起赋予被测量的一组量值。

注：

（1）测量结果通常包含这组量值的“相关信息”，诸如某些可以比其他方式更能代表被测量的信息。它可以概率密度函数（PDF）的方式表示。

（2）测量结果通常表示为单个测得的量值和一个测量不确定度。对某些用途，如果认为测量不确定度可忽略不计，则测量结果可表示为单个测得的量值。在许多领域中这是表示测量结果的常用方式。

（3）在传统文献和1993版VIM中，测量结果定义为赋予被测量的值，并按情况解释为平均示值、未修正的结果或已修正的结果。

2. 测量误差

简称误差，指测得的量值减去参考量值。

注：

（1）测量误差的概念在以下两种情况下均可使用：

①当涉及存在单个参考量值，如用测得值的测量不确定度可忽略的测量标准进行校准，或约定量值给定时，测量误差是已知的；

②假设被测量使用唯一的真值或范围可忽略的一组真值表征时，测量误差是未知的。

（2）测量误差不应与出现的错误或过失相混淆。

3. 测量不确定度

简称不确定度，指根据所用到的信息，表征赋予被测量量值分散性的非负数参数。

注：

（1）测量不确定度包括由系统影响引起的分量，如与修正量和测量标准所赋量值有关的分量及定义的不确定度。有时对估计的系统影响未作修正，而是当作不确定度分量处理。

（2）此参数可以是诸如称为标准测量不确定度的标准偏差（或其特定倍数），或是说明了包含概率的区间半宽度。

（3）测量不确定度一般由若干分量组成。其中一些分量可根据一系列测量值的统计分布，按测量不确定度的A类评定进行评定，并可用标准差表征。而另一些分量则可根据基于经验或其他信息所获得的概率密度函数，按测量不确定度的B类评定进行评定，也用标准偏差表征。

（4）通常，对于一组给定的信息，测量不确定度是相应于所赋予被测量的值的。该值的改变将导致相应的不确定度的改变。

（5）本定义按2008版VIM给出的。而在GUM中的定义是：表征合理地赋予被测量之值的分散性，与测量结果相联系的参数。

四、测量仪器

1. 测量仪器

又称计量器具，指单独或与一个或多个辅助设备组合，用于进行测量的装置。

注：

（1）一台可单独使用的测量仪器是一个测量系统。

（2）测量仪器可以是指示式测量仪器，也可以是实物量具。

（3）能用以直接或者间接测出被测对象量值的装置、仪器仪表、量具和用于统一量值的标准物质，包括计量基准、计量标准和工作计量器具。

2. 测量系统

一套组装的并适用于特定量在规定区间内给出测得值信息的一台或多台测量仪器，通常还包括其他装置，诸如试剂和电源。

注：一个测量系统可以仅包括一台测量仪器。

3. 工作计量器具

在日常工作中用以获得某给定量计量结果的计量器具。

五、测量仪器的特征

1. 示值

由测量仪器或测量系统给出的量值。

注：

（1）示值可用可视形式或声响形式表示，也可传输到其他装置。示值通常由模拟输出显示器上指示的位置、数字输出所显示或打印的数字、编码输出的码形图、实物量具的赋值给出。

（2）示值与相应的被测量值不必是同类量的值。

2. 示值区间

极限示值界限内的一组量值。

注：

（1）示值区间可以用标在显示装置上的单位表示，例如：99V ～ 201V。

（2）在某些领域中，本术语也称“示值范围”。

3. 标称量值

简称标称值，指测量仪器或测量系统特征量的经化整的值或近似值，以便为适当使用提供指导。

4. 测量区间

又称工作区间。指在规范条件下，由具有一定的仪器不确定度的测量仪器或测量系统能够测量出的一组同类量的量值。

注：

（1）在某些领域。此术语也称“测量范围”或“工作范围”。

（2）测量区间的下限不应与检测限相混淆。

5. 准确度等级

在规定工作条件下，符合规定的计量要求，使测量误差或仪器不确定度保持在规定极限内的测量仪器或测量系统的等别或级别。

注：

（1）准确度等级通常用约定采用的数字或符号表示。

（2）准确度等级也适用于实物量具。

6. 最大允许测量误差

简称最大允许误差，又称误差限，指对给定的测量、测量仪器或测量系统，由规范或规程所允许的，相对于已知参考量值的测量误差的极限值。

注：

（1）通常，术语“最大允许误差”或“误差限”是用在有两个极端值的场合。

（2）不应该用术语“容差”表示“最大允许误差”。

7. 示值误差

测量仪器示值与对应输入量的参考量值之差。

六、测量标准

1. 计量基准

经国务院计量行政部门批准，在中华人民共和国境内为了定义、实现、保存、复现量的单位或者一个或多个量值，用作有关量的测量标准定值依据的实物量具、测量仪器、标准物质或者测量系统。

2. 计量标准

指准确度低于计量基准、用于检定或者校准的实物量具、测量仪器、标准物质或者测量系统。

3. 工作测量标准

简称工作标准，指用于日常校准或检定测量仪器或测量系统的测量标准。

注：工作测量标准通常用参考测量标准校准或检定。

4. 社会公用计量标准

指县级以上人民政府计量行政部门建立的，作为统一本地区量值的依据，并对社会实施计量监督具有公证作用的各项计量标准。

5. 参考物质

又称标准物质，指具有足够均匀和稳定的特定特性的物质，其特性被证实适用于测量中或标称特性检查中的预期用途。

注：

（1）标称特性的检查提供一个标称特性值及其不确定度。该不确定度不是测量不确定度。

（2）赋值或未赋值的标准物质都可用于测量精密度控制，只有赋值的标准物质才可用于校准或测量正确度控制。

（3）“标准物质”既包括具有量的物质，也包括具有标称特性的物质。

（4）标准物质有时与特制装置是一体化的。

（5）有些标准物质的量值计量溯源到SI制外的某个测量单位。这类物质包括量值溯源到由世界卫生组织指定的国际单位（IU）的疫苗。

（6）在某个特定测量中，所给定的标准物质只能用于校准或质量保证两者中的一种用途。

（7）对标准物质的说明应包括该物质的追溯性，指明其来源和加工过程。

（8）国际标准化组织/标准物质委员会有类似定义，但采用术语“测量过程”意指“检查”，它既包含了量的测量，也包含了标称特性的检查。

6. 标准物质定值

指对标准物质特性量赋值的全过程。标准物质作为计量器具的一种，它能复现、保存和传递量值，保证在不同时间与空间量值的可比性与一致性。

7. 标准物质分离

将标准物质进行纯化的过程。

8. 有证标准物质

附有由权威机构发布的文件，提供使用有效程序获得的具有不确定度和溯源性的一个或多个特性量值的标准物质。

注：

(1)“文件”是以“证书”的形式给出。

(2)有证标准物质制备和颁发证书的程序是有规定的。

(3)在定义中，“不确定度”包含了测量不确定度和标称特性值的不确定度两个含义，这样做是为了一致和连贯。“溯源性”既包含量值的计量溯源性，也包含标称特性值的追溯性。

(4)“有证标准物质”的特定量值要求附有测量不确定度的计量溯源性。

七、法制计量和计量管理

1. 计量法

定义法定计量单位、规定法制计量任务及其运作的基本架构的法律。

2. 法制计量

为满足法定要求，由有资格的机构进行的涉及测量、测量单位、测量仪器、测量方法和测量结果的计量活动，它是计量学的一部分。

3. 计量保证

法制计量中用于保证测量结果可信性的所有法规、技术手段和必要的活动。

4. 法制计量控制

用于计量保证的全部法制计量活动。

注：法制计量控制包括：

——测量仪器的法制控制；

——计量监督；

——计量检定。

5. 法定计量机构

负责在法制计量领域实施法律或法规的机构。

注：法定计量机构可以是政府机构，也可以是国家授权的其他机构，其主要任务是执行法制计量控制。

6. 测量仪器的法制控制

针对测量仪器所规定的法定活动的总称，如型式批准、检定等。

7. 计量监督

为检查测量仪器是否遵守计量法律、法规要求并对测量仪器的制造、进口、安装、使用、维护和维修所实施的控制。

注：计量监督还包括对商品量和向社会提供公证数据的检测实验室能力的监督。

8. 计量鉴定

以举证为目的的所有操作，例如参照相应的法定要求，为法庭证实测量仪器的状态并确定其计量性能，或者评价公证用的检测数据的正确性。

9. 型式评价大纲

对测量仪器指定型式的一个或多个样品性能进行的系统检查和试验，以确定是否可对该型式予以批准所依据的计量技术规范。

10. 型式评价

根据文件要求对测量仪器指定型式的一个或多个样品性能所进行的系统检查和试验，并将其结果写入型式评价报告中，以确定是否可对该型式予以批准。

11. 型式批准

根据型式评价报告所做出的符合法律规定的决定，确定该测量仪器的型式符合相关的法定要求并适用于规定领域，以期它能在规定的期间内提供可靠的测量结果。

12. 计量技术规范

根据《计量法》的规定，政府计量行政部门在其计量工作权限范围内，按照规定程序制定、批准和颁布的，对计量技术工作具有普遍约束力的技术文件。

13. 国家计量检定系统表

国家计量主管部门组织制定并批准颁布，在全国范围内施行，对计量基准到各等级的计量标准直至工作计量器具的检定程序作出规定的计量技术规范。它给出了从国家计量基准的量值逐级传递到工作计量器具，或从工作计量器具的量值溯源到国家计量基准的一个比较链，以确保全国量值的准确可靠。

14. 计量检定规程

为评定计量器具的计量特性，规定了计量性能、法制计量控制要求、检定条件和检定方法以及检定周期等内容，并对计量器具作出合格与否的判定的计量技术法规。

15. 国家计量检定规程

国家计量主管部门组织制定并批准颁布，在全国范围内施行，作为计量器具特性评定和法制管理的计量技术法规。

16. 计量校准规范

根据被评定测量仪器的功能，规定了评价的项目和方法，从而保证校准结果在一定的不确定度范围内的一致性，实现量值的溯源性的计量技术规范。

17. 量值传递

通过对测量仪器的校准或检定，将国家测量标准所实现的单位量值通过各等级的测量标准传递到工作测量仪器的活动，以保证测量所得的量值准确一致。

18. 量值溯源

通过一条具有不确定度的不间断的比较链，使测量结果或测量标准的值能够与规定的参考标准，通常是与国家测量标准或国际测量标准联系起来的特性。

19. 测量仪器的检定

又称计量器具的检定，简称计量检定或检定，指查明和确认测量器具符合法定要求的活动，它包括检查、加标记和/或出具检定证书。

注：在 VIM 中，将“提供客观证据证明测量仪器满足规定的要求”定义为验证。

20. 强制检定

由县级以上人民政府计量行政部门指定的法定计量检定机构，对规定为强制检定的计量器具实行的定点定期检定。

21. 国际建议

国际法制计量组织的出版物之一，旨在提出某种测量器具必须具备的计量特性，并规定了检查其合格与否的方法与设备。

22. 定量包装商品

以销售为目的，在一定量限范围内具有统一的质量、体积、长度、面积、计数标注等标识内容的批量预包装商品。

23. 定量包装商品净含量

定量包装商品中除去包装容器和其他包装材料或浸泡液后内装商品的量。

注：不仅商品的包装材料，还是任何与该商品包装在一起的其他材料，均不得记为净含量。

24. 过度包装

超出适度的功能需求，其包装空隙率、包装层数、包装成本超过必要程度的包装。

25. 能效标识产品

能效标识又称能源效率标识，是附在耗能产品或其最小包装物上，表示产品能源效率等级等性能指标的一种信息标签，目的是为用户和消费者的购买决策提供必要的信息，以引导和帮助消费者选择高能效节能产品。我国强制实施能源效率标识制度的产品即为能效标识产品。

26. 测量管理体系

为实现计量确认和测量过程的连续控制而必需的一组相关的或相互作用的要素。

27. 首次检定

对未被检定过的测量仪器进行的检定。

28. 后续检定

测量仪器在首次检定后的一种检定，包括强制周期检定和修理后检定。

29. 强制周期检定

根据计量检定规程规定的周期和程序，对测量仪器定期进行的一种后续检定。

30. 测量仪器的监督检查

为验证使用中的测量仪器符合要求所做的检查。

注：检定项目一般包括：检定标记和/或检定证书有效性，封印是否损坏，检定后测量仪器是否遭到明显改动，其误差是否超过使用中的最大允许误差。

31. 型式批准证书

证明型式批准已获通过的文件。

32. 计量检定证书

证明计量器具已经检定并符合相关法定要求的文件。

33. 计量鉴定证书

以举证为目的，由授权机构发布和注册的文件，该文件说明进行计量鉴定的条件和所做的调查报告及获得的结果。

34. 不合格通知书

说明计量器具被发现不符合或不再符合相关法定要求的文件。

注：根据现行《计量法》，不合格通知书称为“检定结果通知书”。

35. 计量标准考核

由国家主管部门对计量标准测量能力的评定或利用该标准开展量值传递的资格的确认。

36. 检测

对给定产品，按照规定程序确定某一种或多种特性、进行处理或提供服务所组成的技术操作。

37. 检验

检验是基于测试数据或者其他信息来源，依靠人的经验和知识，对测试对象是否符合相关规定进行判定的活动，其输出为判定结论。

38. 实验室认可

对校准和检测实验室有能力进行特定类型校准和检测所做的一种正式承认。

39. 能力验证

利用实验室间比对确定实验室的检定、校准和检测的能力。

40. 计量确认

为确保计量设备处于满足预期使用要求的状态所需要的一组操作。

注：

(1)计量确认通常包括：校准和验证、各种必要的调整或维修及随后的再校准、与设备预期使用的计量要求相比较及所要求的封印和标签。

(2)只有测量设备已被证实适合于预期使用并形成文件，计量确认才算完成。

(3)预期使用要求包括：测量范围、分辨力、最大允许误差。

(4)计量要求通常与产品要求不同，并不在产品要求中规定。

后记

中华人民共和国成立以来，在中共河南省委和河南省人民政府的领导下，经过几代计量人的艰辛探索和不懈奋斗，河南省计量事业从无到有，从小到大，从弱到强，为国民经济建设、科学技术进步和社会全面发展做出了重要贡献。

中华人民共和国成立以来，由于各种原因，河南省计量史料大量散失，全省第一代年轻的近现代计量工作者也已年过八旬，有的已经过世。抢救性的编撰《河南省计量史》已刻不容缓。河南省质监局计量处处长苏君提出了编撰《河南省计量史》的建议，得到了河南省质监局局长李智民、副局长冯长宇的高度重视和鼎力支持。2014年9月29日，局长李智民主持召开局长办公会议，决定编撰《河南省计量史（1949—2014）》，并任《河南省计量史》编撰工作领导小组组长；计量处处长苏君任《河南省计量史》编撰办公室主任；河南省计量科学研究院原院长程新选任《河南省计量史》编撰组组长。河南省质监局的这一重要决策，代表了河南省几代计量人的心愿。2014年9月30日，河南省质监局发出《关于编撰〈河南省计量史〉的通知》（豫质监函字〔2014〕56号），编撰《河南省计量史（1949—2014）》的工作在全省全面展开。

编撰《河南省计量史（1949—2014）》期间，河南省质监局领导高度重视，省局领导先后主持召开了三次《河南省计量史（1949—2014）》编撰工作领导小组会议和全省《河南省计量史（1949—2014）》及《河南省计量科学进步历程》篇的编撰工作会议，安排部署编撰工作。编撰组人员顶严寒，冒酷暑，加班加点，夜以继日，甚至节假日双休日也在进行编撰工作；克服困难，不辞劳苦，多方收集到大量繁杂散乱的计量史料，经过考证、取舍、提炼、概括，十易其稿，终于编撰完成了共170万字、323幅图、155张表的《河南省计量史（1949—2014）》。《河南省计量史（1949—2014）》这部恢宏史著，既是一部计量纪实史，也是一部计量文化史，更是一部计量工具书。

《河南省计量史（1949—2014）》各章、节编撰人员和编撰的具体内容是：程新选编撰了凡例、目录、概述、第五章、第七章“河南省计量大事记（1989—2014）”和“河南省计量行政部门、直属机构沿革一览表（1989—2014）”、附录一、附录二、附录三及后记；修改了第六章、第八章和第九章；对《河南省计量史（1949—2014）》进行了统稿。程晓军、程新选、郭魏华编撰了第一章。程晓军、程新选、李莲娣编撰了第二章。赵建新、程新选、杨倩、张静静编撰了第三章。柯存荣、程新选、任方平编撰了第四章。徐成编撰了第七章“河南省计量大事记（1949—1965）”和“河南省计量行政部门、直属机构沿革一览表（1949—1965）”。杜书利编撰了第七章“河南省计量大事记（1966—1988）”和“河南省计量行政部门、直属机构沿革一览表（1966—1988）”。王丽玥在编撰组工作期间做了部分计量史料的打印和校对工作。

《河南省计量史（1949—2014）》的编撰及出版是全省质监系统共同努力和社会各界大力支持的结果。第一，中共河南省委办公厅档案室、河南省机构编制委员会办公室、河南省档案馆、河南省地方史志办公室、河南省人大法工委、《河南日报》社等关心支持，尽最大努力提供了计量史料。第二，河南省质监局计量处、办公室、人事处、财务处、科技处、老干部处等处、室和河南省计量院、省局稽查总队、省标准院等直属机构以及河南省计量学会、河南省计量协会提供了大量的计量文件、统计报表、年鉴、专辑、工作总结、简报、领导讲话、证件、书籍、刊物、画册、照片等计量史料。第三，离休退休老领导、老同志全力支持，积极提供计量史料。第四，各省辖市、省直管县（市）质监局编撰完成了当地《计量大事记》和《计量行政部门、直属机构沿革一览表》。在此，我代表编撰组全体人员向上述单位和个人表示衷心的感谢！

中共十九大精神和习近平新时代中国特色社会主义思想为计量文化建设指明了发展方向。存史资治，功在当代；彰往昭来，利在千秋。《河南省计量史（1949—2014）》的出版必将起到存史、资治、教化的作用，对于河南省计量事业的发展具有重要的现实意义和深远的历史意义。由于年代久远，史料难寻，编撰经验不足等原因，《河南省计量史（1949—2014）》总会有一些不足和遗憾，殷切期望社会各界提出宝贵意见，不断补充完善河南省计量史。

总编撰 程新选

2017年12月9日